Visual C++ 2013 入门经典

(第 7 版)

[美] Ivor Horton 著
李周芳 江 凌 译

清华大学出版社
北 京

Ivor Horton's Beginning Visual C++ 2013
EISBN：978-1-118-84571-4

北京市版权局著作权合同登记号 图字：01-2014-7591

图书在版编目(CIP)数据

Visual C++ 2013 入门经典(第 7 版) / (美) 霍尔顿(Horton,I.) 著；李周芳，江凌译. —北京：清华大学出版社，2015（2018.5 重印）
(.NET 开发经典名著)
书名原文: Ivor Horton's Beginning Visual C++ 2013
ISBN 978-7-302-38505-9

Ⅰ.①V… Ⅱ.①霍… ②李… ③江… Ⅲ.①C 语言—程序设计 Ⅳ.①TP312

中国版本图书馆 CIP 数据核字(2014)第 260961 号

责任编辑：王　军　于　平
装帧设计：牛静敏
责任校对：成凤进
责任印制：沈　露

出版发行：清华大学出版社
　　网　　址：http://www.tup.com.cn，http://www.wqbook.com
　　地　　址：北京清华大学学研大厦 A 座　　邮　　编：100084
　　社 总 机：010-62770175　　邮　　购：010-62786544
　　投稿与读者服务：010-62776969，c-service@tup.tsinghua.edu.cn
　　质 量 反 馈：010-62772015，zhiliang@tup.tsinghua.edu.cn
印 刷 者：清华大学印刷厂
装 订 者：三河市铭诚印务有限公司
经　　销：全国新华书店
开　　本：185mm×260mm　印　张：49.5　插　页：1　字　数：1328 千字
版　　次：2015 年 1 月第 1 版　印　次：2018 年 5 月第5 次印刷
印　　数：10001～12000
定　　价：128.00 元

产品编号：060442-02

译 者 序

Visual C++是一个功能强大的面向对象的可视化集成编程系统。它不但具有程序框架自动生成、灵活方便的类管理、代码编写和界面设计集成交互操作、可开发多种程序等优点，而且通过简单的设置就可使其生成的程序框架支持数据库接口、OLE2，WinSock 网络、3D 控制界面。自 1993 年 Microsoft 公司推出 Visual C++1.0 后，随着其新版本的不断问世，Visual C++已成为专业程序员进行软件开发的首选工具。而 C++是一种高效实用的程序设计语言，它既可进行过程化程序设计，也可进行面向对象程序设计，因而成为编程人员最广泛使用的工具。学好 C++，很容易触类旁通其他软件，C++架起了通向强大、易用、真正的软件开发应用的桥梁。

本书是久负盛名的 Visual C++经典教程，其内容是世界著名的计算机图书大师 Ivor Horton 丰富的实践经验和对 C++标准深入理解的完美结合，已经帮助全球无数程序员学会了 Visual C++。本版对前一版进行了彻底的修订，内容经过了重新组织，既显著改善了可读性，又充分体现了 C++语言的最新进展和当前的业界最佳实践。

本书的第一部分通过一个详细的循序渐进式教程，讲授了使用 Visual Studio Professional 2013 编写 C++程序的基础知识。您将了解 C++语言的语法和用法，并通过有效的示例，获得实际运用它的经验和信心。该教程也介绍和说明了 C++标准库功能的用法，因为开发程序时极有可能使用它们。还将学习标准模板库(Standard Template Library，STL)提供的强大工具。本书最后通过循序渐进地开发一个有效的游戏示例，来学习如何使用 Microsoft 基本类(Microsoft Foundation Classes，MFC)来开发 Windows 桌面应用程序。并附带说明如何编写面向平板电脑、运行 Windows 8 的应用程序。

书中不但包含大量教学辅助内容，而且附带了许多来自实战的示例，用于强调重要的知识点，提醒常见的错误，推荐优秀的编程实践，给出使用提示，并在每章结束时给出了一组练习，读者可以应用所学的技术来试着解答这些练习。

对 C++基本概念和技术全面而且权威的阐述，对现代 C++编程风格的强调，使本书成为 C++初学者的最佳指南。有一定 Visual C++基础，希望使用最新的工具和技术，扩展在 Windows 环境下编程技能的读者，也可以把本书作为能随时查阅的参考资料。

在这里要感谢清华大学出版社的编辑，他们为本书的翻译投入了巨大的热情并付出了很多心血。没有他们的帮助和鼓励，本书不可能顺利付梓。本书全部章节由李周芳、江凌翻译，参与本次翻译活动的还有孔祥亮、陈跃华、杜思明、熊晓磊、曹汉鸣、陶晓云、王通、方峻、李小凤、曹晓松、蒋晓冬、邱培强、洪妍、李亮辉、高娟妮、曹小震、陈笑。在此一并表示感谢！对于这本经典之作，译者在翻译过程中力求“信、达、雅”，但是鉴于译者水平有限，错误和失误在所难免，如有任何意见和建议，请不吝指正。

译 者

作 者 简 介

Ivor Horton 原来是一位数学家，却因向往信息技术工作轻松而收入丰厚，因而涉足信息技术领域。尽管现实情况常常是工作辛苦而收入却相对不高，但他仍坚持从事计算机工作至今。在不同的时期，他从事过的工作包括程序设计、系统设计、顾问工作以及管理和实现相当复杂的项目。

Horton 在计算机系统的设计和实现方面，拥有多年的工作经验，这些系统应用于多种行业的工程设计和制造运营。他不仅能运用多种编程语言开发特殊用途的应用程序，而且还为科研人员和工程人员提供教学，以帮助他们完成这类工作，在这些方面他都拥有相当丰富的经验。他多年来一直从事程序设计方面书籍的撰写工作，目前出版的著作有 C、C++和 Java 等教程。目前，他既没有忙于写书，也不提供咨询服务，而是在钓鱼、旅游和尽情地享受生活。

技术编辑简介

Giovanni Dicanio 是一位 Microsoft Visual C++ MVP、计算机程序员和 Pluralsight 作家。他的计算机编程生涯可以追溯到 Commodore 64 和 Commodore 500 时期，他最初使用 C=64 BASIC，然后转向汇编语言、Pascal、C、C++、Java 和 C#。Giovanni 在意大利计算机杂志上发表了关于 C++、MFC、OpenGL 和其他编程主题的计算机编程文章。他还为一些开源项目提供代码，包括为 QCAD 的第一个版本提供 C++数学表达式解析器。Giovanni 还拥有 C++、Win32、COM 和 ATL 的 Windows 编程经验。他最喜欢的编程语言是 C 和 C++。

他最近开始对移动平台和嵌入式系统感兴趣。

他的联系方式是 giovannid.dicanio@gmail.com。

Marc Gregoire 是来自比利时的一位软件工程师。他毕业于比利时天主教鲁汶大学，获得了“Burgerlijk ingenieur in de computer wetenschappen”学位(等同于计算机科学工程的科学硕士学位)。此后，他以优异成绩获得了同一所大学的人工智能硕士学位，并开始供职于一家大型软件咨询公司(Ordina 公司网址：http://www.ordina.be)。他在西门子和诺基亚西门子通信公司为大型电信运营商开发运行于 Solaris 上至关重要的 2G 和 3G 软件，这需要在国际团队中工作，包括南美、USA、EMEA 和亚洲。现在，Marc 在尼康公司开发 3D 扫描软件。

他主要擅长 C/C++，具体地说就是 Microsoft VC++和 MFC framework。他在开发全天候运行在 Windows 和 Linux 平台上的 C++程序方面，也具有一定的经验，例如 KNX/EIB 家用自动控制软件。除 C/C++之外，他也喜欢 C#，并使用 PHP 制作网页。

由于在 Visual C++方面具有杰出的专业技能，Marc Gregoire 自从 2007 年 4 月开始，每年都荣获了 Microsoft MVP(Most Valuable Professional)大奖。

Marc 不仅是 Belgian C++用户组(www.becpp.org)的创始人、C++高级编程的作者(ISBN978-047-0-93244-9，Wrox 出版社出版)和 CodeGuru 论坛的活跃分子(会员名是 Marc G)。他维护其博客 www.nuonsoft.com/blog/。

致　谢

在为本书的出版而付出劳动的所有人员组成的大型团队中，作者只是其中的一员。感谢 John Wiley & Sons 公司和 Wrox 出版社的编辑和生产团队，感谢他们自始至终提供的帮助和支持。

尤其要感谢技术编辑 Marc Gregoire 和 Giovanni Dicanio，感谢他们审阅本书，并认真核对了书中提供的所有代码段和示例。他们对以更好的方式呈现书中内容提出了很多建设性意见和建议，这毫无疑问使本书成为一本更出色的教程。

前　　言

欢迎使用本书。通过学习本书，你可以使用 Microsoft 公司最新的应用程序开发系统 Visual Studio 2013，成为优秀的 C++程序员。本书旨在讲述 C++程序设计语言，然后讲述如何运用 C++语言开发自己的 Windows 应用程序。在此过程中，读者将了解这一最新 Visual C++版本所提供的很多激动人心的新功能。

Visual C++ 2013 是 Microsoft 开发环境 Visual Studio Professional 2013 的所有版本的一部分，本书提到 Visual C++时，都是指 Visual Studio Professional 2013 包含的 Visual C++ 2013 功能。注意 Visual Studio Express 2013 版本没有提供本书的全部功能。第 11 到 18 章的示例不能用 Visual Studio Express 2013 创建。

0.1　本书读者对象

本书针对任何想要学习如何使用 Visual C++编写在 Microsoft Windows 操作系统下运行的 C++应用程序的读者。阅读本书不需要预先具备任何特定编程语言的知识。如果属于下列 3 种情形之一，你就适合学习本教程：

- 属于编程新手，十分渴望投入编程世界，并最终掌握 C++。要取得成功，你至少需要对计算机的工作原理有大体的理解。
- 具备一些其他语言的编程经验，如 BASIC；渴望学习 C++，并想提升实际的 Microsoft Windows 编程技能。
- 有一些使用 C 语言或 C++语言的经验，但使用环境不是 Microsoft Windows；希望使用最新的工具和技术，扩展在 Windows 环境下编程的技能。

0.2　本书主要内容

本书的第一部分通过一个详细的循序渐进式教程，讲授了使用 Visual Studio Professional 2013 编写 C++程序的基础知识。你将了解 C++语言的语法和用法，并通过有效的示例，获得实际运用它的经验和信心，示例代码演示了 C++的几乎所有方面。本书也提供了一些练习，可以检验所学的知识，并且可以下载练习题答案。

本语言教程也介绍和说明了 C++标准库功能的用法，因为开发程序时极有可能使用它们。随着深入地学习 C++语言，你的标准库知识会不断增加。还将学习标准模板库(Standard Template Library，STL)提供的强大工具。

对 C++的运用有信心之后，就可以继续学习 Windows 编程了。通过创建超过 2000 行代码的大型可运行的应用程序，学习如何使用 MFC 来开发 Windows 桌面应用程序。开发此应用程序贯穿多章内容，用到了 MFC 提供的一系列用户界面功能。还要学习如何编写面向平板电脑、运行 Windows 8 的应用程序，通过循序渐进地开发一个有效的游戏示例，来学习如何创建带有 Windows 8 现代界面的应用程序。

0.3 本书结构

本书内容的结构安排如下：

- 第 1 章介绍使用 C++编写程序所需要理解的基本概念，以及在 Visual C++开发环境中体现的主要思想，还叙述了如何使用 Visual C++的功能来创建本书其余部分要学习的各种 C++应用程序。
- 第 2~9 章讲授 C++语言。首先是简单的过程式程序示例，然后学习类和面向对象的编程。
- 第 10 章介绍如何使用标准模板库(Standard Template Library，STL)。STL 是一组功能强大且全面的工具，用来组织和操作 C++程序中的数据。由于 STL 是独立于应用程序的，因此可以在上下文中大量应用它。
- 第 11 章讨论 Microsoft Windows 桌面应用程序的组织方式，并描述和展示了在所有为 Windows 操作系统编写的桌面应用程序中都存在的基本元素。本章通过基础示例解释了 Windows 应用程序的工作原理，还将创建使用 C++语言、Windows API 和 MFC 的程序。
- 第 12~17 章讲述 Windows 桌面应用程序的编程。详细描述了如何使用 MFC 提供的构建 GUI 的功能编写 C++ Windows 应用程序。我们将学习如何创建并使用通用控件来构建应用程序的图形用户界面，还将学习如何处理因用户与程序的交互作用而产生的事件。除了学习构建 GUI 的技术以外，还将从开发该应用程序的过程中学到如何打印文档，以及应用程序如何处理文件。
- 第 18 章讲述为 Windows 8 编写应用程序的基本概念，开发一个使用 Windows 8 现代用户界面的完整、有效的应用程序。

本书各章内容都包括许多工作示例，通过这些示例阐明所讨论的编程技术。每章结束时都总结了该章所讲述的要点，大多数章节都在最后给出了一组练习，可以应用所学的技术来试着解答这些练习。练习的答案连同书中的所有代码都可以从 Wrox 出版社的网站上下载。

0.4 使用本书的前提

Visual Studio 2013 有几个版本，它们都有不同的功能。本书假定你安装了 Visual Studio Professional 2013（或更高版本)。换言之，只要安装付费的 Visual Studio 2013 版本即可。如果你是全日制学生，则可以使用低成本的学生版本。只安装免费的 Express 版本是不够的。

如果安装了 Visual Studio 和 Windows 7 或 Windows 8，就可以使用第 1~17 章的使用示例和练习，要使用第 18 章的示例，Visual Studio 的版本必须安装在 Windows 8 环境下。

第 2~10 章的示例可以使用 Windows 桌面的 Visual Studio Express 2013 创建和执行，但第 11~18 章的示例不行。

0.5 源代码

读者在阅读本书提供的代码时，既可以亲自输入所有代码，也可以使用随书提供的代码文件。本书所有代码均可以从 http://www.wrox.com/或 http://www.tupwk.com.cn/downpage 网站下载。进入该网站后，读者可以根据本书的书名查找本书(既可以使用搜索框，也可以使用书名列表进行查找)，然后单击本书详细内容页面上提供的 Download Code 链接，就可以下载本书提供的所有代码。

注意：

由于许多书籍名称与本书类似，读者也可以通过 ISBN 进行查找，本书的 ISBN 为：978-1-118-84571-4。

另外，读者可以从前面提到的 CodePlex 网站下载本书或其他 Wrox 书籍的代码，也可以从 Wrox 的代码下载页面 http://www.wrox.com/dynamic/books/download.aspx 和 http://www. tupwk.com.cn/downpage 下载本书或其他 Wrox 书籍的代码。

0.6 练习

许多章节都有一组练习用于检验你所学的知识。尽量完成所有的练习。如果有问题，可以从 http://www.wrox.com/go/beginingvisualc 上下载练习题的答案。

0.7 勘误表

为了避免本书文字和代码中存在错误，我们已经竭尽全力。然而，世界上并不存在完美无缺的事物，所以本书可能仍然存在错误。如果读者在我们编写的某本书籍中发现了诸如拼写错误或代码缺陷等问题，那么请告诉我们，我们对此表示感谢。利用勘误表反馈错误信息，可以为其他读者节省大量时间，同时，我们也能够受益于读者的帮助，这样有助于我们编写出质量更高的专业著作。

如果读者需要参考本书的勘误表，请在网站 http://www.wrox.com 中用搜索框或书名列表查找本书书名。然后，在本书的详细内容页面上，单击 Book Errata 链接。在随后显示的页面中，读者可以看到与本书相关的所有勘误信息，这些信息是由读者提交、并由 Wrox 的编辑们加上的。通过访问 http://www.wrox.com/misc-pages/booklist.shtml，读者还可以看到 Wrox 出版的所有书籍的勘误表。

如果读者没有在 Book Errata 页面上找到自己发现的错误，那么请转到页面 http://www. wrox.com/contact/techsupport.shtml，针对你所发现的每一项错误填写表格，并将表格发给我们，我们将对表格内容进行认真审查，如果确实是我们书中的错误，我们将在该书的 Book Errata 页面上标明该错误信息，并在该书的后续版本中改正。

0.8 关于 p2p.wrox.com 论坛

如果读者希望能够与作者进行讨论，或希望能够参与到读者的共同讨论中，那么请加入

p2p.wrox.com 论坛。该论坛是一个基于 Web 的系统，读者可以在论坛发表与 Wrox 出版的书籍及相关技术的信息，并与其他读者和技术用户进行讨论。论坛提供了订阅功能，可以将与读者所选定主题相关的新帖子定期发送到读者的电子邮箱。Wrox 的作者、编辑、业界专家，以及其他读者都会参与论坛中的讨论。

读者可以在 http://p2p.wrox.com 参与多个论坛的讨论，这些论坛不仅能够帮助读者更好地理解本书，还有助于读者更好地开发应用程序。如果读者希望加入论坛，那么请按照以下步骤执行：

(1) 进入 http://p2p.wrox.com 页面，单击 Register 链接。

(2) 阅读使用条款，然后单击 Agree 按钮。

(3) 填写必要的信息及可选信息，然后单击 Submit 按钮。

(4) 随后读者会收到一封电子邮件，邮件中说明了如何验证账户并完成整个加入过程。

读者无须加入 P2P 论坛即可阅读论坛消息，但如果需要发表主题或发表回复，那么必须加入论坛。

成功加入论坛后，读者就可以发表新主题了。此时，读者还可以回复其他用户发表的主题。读者在任何时间都可以阅读论坛信息，如果需要论坛将新的信息发送到自己的电子邮箱，那么可以单击论坛列表中论坛名称旁的 Subscribe to this Forum 图标完成这项功能设置。

如果读者需要获得更多与 Wrox P2P 相关的信息，请阅读 P2P FAQs，这样可以获得大量与 P2P 和 Wrox 出版的书籍相关的具体信息。阅读 FAQs 时，请单击 P2P 页面上的 FAQs 链接。

目　　录

第 1 章 使用 Visual C++编程

本章要点

- Visual C++的主要组件
- 解决方案和项目的概念及创建过程
- 控制台程序
- 如何创建并编辑程序
- 如何编译、链接并执行 C++控制台程序
- 如何创建并执行基本的 Windows 程序

本章源代码下载地址(wrox.com)：

打开网页 http://www.wrox.com/go/beginningvisualc，单击 Download Code 选项卡即可下载本章源代码。这些代码在 Chapter 1 文件夹中，文件都根据本章的内容单独进行了命名。

1.1 使用 Visual C++学习

Windows 编程并不难。事实上，Microsoft Visual C++使之变得相当容易，读者在本书所有章节中都将领会到这一点。学习过程中的唯一障碍是：在接触 Windows 编程细节之前，必须十分熟悉 C++编程语言的功能，特别是该语言在面向对象方面的功能。面向对象的技术决定了 Visual C++为 Windows 编程提供的所有工具的有效性，因此很好地理解这些技术是必需的，而这正是本书所要详述的内容。

本章概述了用 C++编程涉及的一些基本概念，同时带领读者快速浏览一下随同 Visual C++一起提供的集成开发环境(Integrated Development Environment，IDE)。IDE 在操作方面十分简单，通常也较直观，因此读者在本章将能够完全掌握该环境的用法。熟悉 IDE 的最好方法是完成创建、编译并执行某个简单程序的整个过程。现在让我们打开计算机，启动 Windows，运行强大的 Visual C++，然后开始我们的旅程。

1.2 编写 C++应用程序

就使用 Visual C++可以开发的应用程序和程序组件的类型而言，我们拥有非常大的灵活性。可以开发的应用程序有两大类：桌面应用程序和 Windows Store 应用程序。我们熟悉并喜欢桌面应用程序，它们有应用程序窗口，这些窗口上一般有一个菜单栏、一个工具栏，在应用程序窗口的底部常常有一个状态栏。本书主要介绍桌面应用程序。

Windows Store 应用程序不同于桌面应用程序，它们的用户界面完全不同于桌面应用程序。其重点是用户与数据直接交互操作的内容，而不是与菜单项和工具栏按钮等控件的交互操作。

一旦学习了 C++，本书就重点关注如何使用 Microsoft Foundation Classes(MFC)和 C++建立桌面应用程序。Windows 桌面应用程序的应用程序编程接口称为 Win32。Win32 的历史很长，在面向对象编程方法出现之前很早就有了，因此没有任何面向对象的特征。如果在今天编写 Win32 API，就肯定有这个特质。MFC 包含一组 C++类，它们封装了创建和控制用户界面的 Win32 API，因此大大简化了程序的开发过程。不管怎样，没有人强迫我们使用 MFC。如果需要的是最佳性能，那么可以编写能直接访问 Windows API 的 C++代码。但显然这不大容易。

图 1-1 给出了开发 C++应用程序时的基本选择。

图 1-1 是不全面的。桌面应用程序可以面向 Windows 7、Windows 8 或 Windows Vista。Windows Store 应用程序只能在 Windows 8 上执行，且必须在 Windows 8 或更新版本上安装 Visual Studio 2013，才能开发它们。Windows Store 应用程序通过 Windows 运行库 WinRT 与操作系统通信。第 18 章将介绍 Windows 8 应用程序的编写。

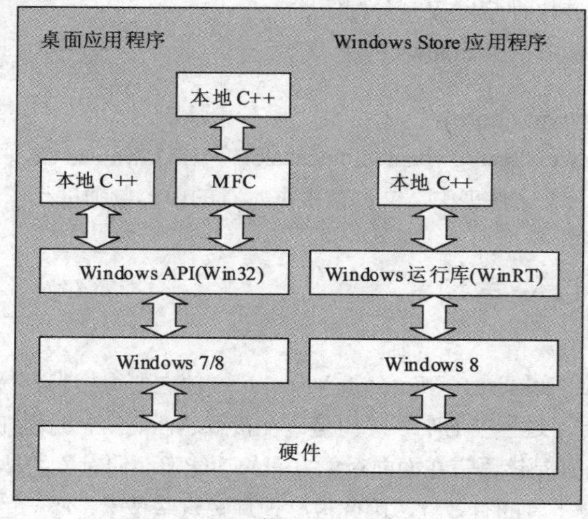

图 1-1

1.3 学习桌面应用程序的编程

对于在 Windows 下执行的交互式桌面应用程序来说，总是有两个基本方面要考虑：需要创建图形用户界面(Graphical User Interface，GUI)的代码，用户将与 GUI 进行交互；还需要处理这些交互的代码，以提供应用程序的功能。Visual C++在这两个方面都提供了大量帮助。如本章后面所述，可以在根本不编写任何代码的情况下，创建一个能够工作的 GUI Windows 程序。创建 GUI 的全部基本代码都可以由 Visual C++自动生成，但是必须理解这种自动生成的代码的工作过程，因为我们需要扩展并修改这种代码，从而使其完成我们希望它完成的事情。而要达到上述目的，就需要全面理解 C++。

因此，我们将首先学习 C++，但不考虑任何 Windows 编程事项。在熟悉 C++之后，将学习如何开发成熟的 Windows 应用程序。这意味着在学习 C++时，将使用仅涉及命令行输入和输出的程序。通过使用这种相当有限的输入和输出功能，我们将能够集中于 C++语言工作过程的细节，从而避免在 GUI 构建和控制方面不可避免的复杂性。在熟悉 C++之后，我们将发现在 Windows 应用程序的开发中应用 C++是一件容易、自然的事情。

如第 18 章所述，Windows Store 应用程序是不同的。它要在 XAML 中指定 GUI，XAML 用于给 GUI 元素生成 C++程序代码。

1.3.1　学习 C++

Visual C++支持 2011 年发布的最新 ISO/IEC C++标准所定义的 C++语言。该标准在 ISO/IEC 14882:2011 文档中定义，通常称为 C++ 11。Visual C++编译器支持这个最新标准引入的所有新语言特性，且包含下一个标准草案 C++ 14 中的某些功能。虽然程序使用的库函数(特别是与构建图形用户界面有关的函数)是迁移难易程度的主要决定因素，但是用标准 C++编写的程序可以相当容易地从一种系统环境迁移到另一种系统环境。ISO/IEC 标准的 C++一直是许多专业程序开发人员的首选，因为该版本得到非常广泛的支持，而且是今天功能最强大的编程语言之一。

本书第 2~第 9 章将讲述 C++语言，介绍一些最常用的 C++标准库功能。第 10 章解释如何使用 C++的标准模板库(STL)来管理数据集合。

1.3.2　C++概念

与几乎所有编程语言一样，解释 C++也有一个“鸡生蛋、蛋生鸡”的问题。肯定会有这种情形：在详细讨论某种语言特性之前，就需要引用或利用它。本节概述 C++的主要语言元素，以帮助解决这个难题。当然，这里提及的所有内容都将在本书后面详细解释。

1. 函数

每个 C++程序通常包含许多函数（至少包含一个函数）。函数是一个命名的可执行代码块，使用其名称来调用它。C++程序必须总是有一个 main 函数，且系统总是从 main()函数开始执行。函数名后面的括号可以指定调用函数时传递给它的信息。本书总是在函数名的后面加上括号，以便与其他语言元素区分开。程序里所有的可执行代码都包含在函数中。最简单的 C++程序只包含 main()函数。

2. 数据和变量

数据存储在变量中。变量是一个命名的内存区域，可以存储特定类型的数据项。有几种标准的基本数据类型来存储整数、小数和字符数据。还可以定义自己的数据类型，这更便于编写出处理实际对象的程序。对象存储在自定义类型的变量中，因为每个变量只能存储给定类型的数据，所以 C++是一种类型安全的语言。

3. 类和对象

类是定义数据类型的代码块。类的名称就是数据类型的名称。类类型的数据项称为对象。创建可以存储自定义数据类型的变量时，就使用类类型的名称。

4. 模板

程序常常需要几个不同的类或函数，它们之间的区别仅在于所处理的数据类型。对于这种情形，使用模板可以大大减少编码量。

模板是用户创建的一个处方或规范，编译器使用模板可以在需要时自动在程序中生成代码。可以定义类模板，编译器使用它可以生成一系列类。还可以定义函数模板，编译器使用它可以生成函数。每个模板都有一个名称，需要编译器创建模板的实例时，就可以使用该名称。

编译器从模板中生成的类或函数代码取决于一个或多个模板变元。这些变元通常是类型，但并不总是类型。在使用类模板时，一般应显式指定模板变元。编译器通常可以通过上下文推断出函数模板的变元。

5. 程序文件

C++程序代码存储在两种文件中。源文件包含可执行代码，扩展名是.cpp。头文件包含可执行代码使用的元素的定义，例如类和模板的定义。头文件的扩展名是.h。

1.3.3 控制台应用程序

Visual C++控制台应用程序允许编写、编译并测试没有任何 Windows 桌面应用程序所需元素的 C++程序。这些程序称为控制台应用程序，因为用户是在字符模式中通过键盘和屏幕与它们通信的，所以它们实质上就是基于字符的命令行程序。

第 2~10 章仅使用控制台应用程序。编写控制台应用程序似乎偏离了 Windows 编程的主要目标，但就学习 C++而言，它是最好的方法。即使简单的 Windows 程序中也有大量代码，而学习 C++细节时不被 Windows 的复杂性分散注意力非常重要。因此，在本书前面与 C++工作过程相关的几章，我们将花费些时间来讨论一些轻量级控制台应用程序，然后接触 Windows 中重量级的代码段。

1.3.4 Windows 编程概念

Visual C++提供的项目创建工具可以自动生成各种 C++应用程序的框架代码。与典型的控制台程序相比，Windows 程序具有完全不同的结构，而且更复杂。在控制台程序中，可以得到来自键盘的输入，并将输出直接写回命令行。但 Windows 程序只能利用主机环境提供的函数来访问计算机的输入和输出设备，直接访问硬件资源是不允许的。因为在 Windows 下可能同时活动着多个程序，所以 Windows 必须确定给出的原始输入(如单击鼠标或按下键盘上的某个按键)是针对哪个应用程序的，然后相应地通知有关程序。因此，Windows 操作系统总是控制着与用户的所有通信。

另外，用户和 Windows 桌面应用程序之间的界面的本质是：任何给定时刻通常都可能有各种不同的输入。用户可能选择许多菜单选项中的任意一个，可能单击某个工具栏按钮，或者在应用程序窗口中的某个位置单击鼠标。因为无法预知将要发生的是什么类型的输入，所以精心设计的 Windows 应用程序必须准备好在任何时刻处理任何可能类型的输入。首先操作系统收到这些用户动作，并且它们会被 Windows 认为是事件。应用程序用户界面中发生的事件通常将导致执行一段特定程序代码。因此，程序的执行过程是由用户的动作序列决定的。以这种方式工作的程序称为事件驱动程序，它们与只有单一执行顺序的传统过程化程序不同。过程化程序的输入是由程序代码控制的，而且只能发生在程序允许它发生的时候。因此，Windows 程序主要是由响应事件的代码段组成的，而这些事件是由用户动作或 Windows 本身引起的。图 1-2 说明了这类程序的结构。

在图 1-2 中，桌面应用程序块中的每个方块代表一段为处理特定事件而专门编写的代码。由于有很多相互分离的代码块，因此这种程序可能看起来有点儿零碎，但是将程序组合成一个整体的首要因素是 Windows 操作系统本身。我们可以将程序看作定制 Windows 以提供一组特定的功能。

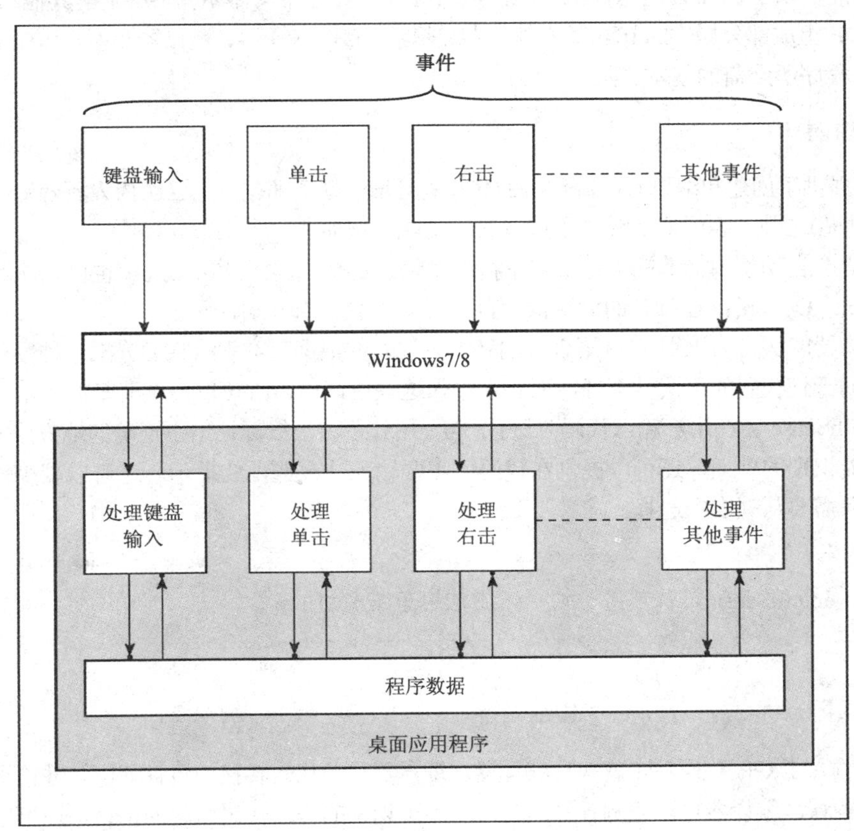

图 1-2

当然，为各种外部事件(如选择菜单或单击鼠标)提供服务的模块，通常都可以访问特定程序中应用程序专用的一组公用数据。这种应用程序数据包含与程序正在执行的操作有关的信息——例如，跟踪棒球队表现的程序中记录球员得分的文本块，还包含与程序执行过程中发生的某些事件有关的信息。这种共享的数据集合使看起来独立的程序的不同部分能够相互通信，并以协作和综合的方式进行工作。本书后面的章节将更加详细地探讨这一点。

即使是基本的 Windows 程序也包括若干行代码。对于用随 Visual C++一起提供的 Application

Wizard 生成的 Windows 程序来说，“若干行”就变成了“许多行”。为了简化理解 C++工作原理的过程，需要某种尽可能简单的环境，同时，有相应的工具来简化代码段的创建和导航。幸运的是，Visual C++就提供了一种专用于该目的的环境。

1.4 集成开发环境简介

随 Visual C++一起提供的 IDE 是一个用于创建、编译、链接、测试和调试各种 C++程序的完全独立的环境，它还是一个很好的学习 C++的环境(尤其是当与一本很好的教材结合起来时)。

IDE 包括许多完全集成的工具，设计这些工具的目的是使编写 C++程序的整个过程更轻松。本章就会介绍这些工具中的一部分，但与其被抽象、枯燥的功能和选项的叙述所折磨，还不如首先看一下基本功能，以了解 IDE 是怎样工作的，然后继续学习时在具体环境中再了解其他功能。

作为 IDE 组成部分提供的 IDE 基本部件有编辑器、C++编译器、链接器和库。这些部件是编写和执行 C++程序所必需的基本工具。

1.4.1 编辑器

编辑器提供了创建和编辑 C++源代码的交互式环境。除了那些肯定已经为人所熟知的常见功能(如剪切和粘贴)之外，编辑器还提供了许多其他功能，例如：

- 代码会自动使用标准的缩进量和空格来布置。这是代码的默认布局，也可以从菜单中选择 Tools | Options，在打开的对话框中自定义代码的组织方式。
- 编辑器能够自动识别 C++语言中的基本单词，并根据其类别给它们分配一种颜色。这不仅有助于使代码的可读性更好，而且在输入这些单词出错时可以提供清楚的指示。
- IntelliSense 会在用户输入代码时进行分析，用红色波浪线标记出不正确的地方或 IntelliSense 不能识别的单词，还可以提供在代码中需要输入什么选项的提示。这可以减少输入量，因为只需要从列表中选择。

IntelliSense 不仅可用于 C++，还可用于 XAML。

1.4.2 编译器

给程序输入了 C++代码后，就执行编译器。编译器将源代码转换为目标代码，并检测和报告编译过程中的错误。编译器可以检测各种因无效或不可识别的程序代码引起的错误，还可以检测结构性错误(如部分程序永远不能执行)。编译器输出的目标代码存储在扩展名是.obj 的目标文件中。

1.4.3 链接器

链接器组合编译器根据源代码文件生成的各种模块，从作为 C++组成部分提供的标准库中添加所需的代码模块，并将所有模块整合成可执行的整体，通常放在.exe 文件中。链接器也能检测并报告错误(如程序缺少某个组成部分)，或者引用了不存在的库组件。

1.4.4　库

库是预先编写的例程集合，它通过提供专业制作的标准代码单元，支持并扩展了 C++语言。我们可以将这些代码合并到自己的程序中，以执行常见的操作。库实现了一些操作，由于节省了用户亲自编写并测试这些操作的代码所需的工作，从而大大提高了生产率。

1.4.5　标准 C++库

标准 C++库定义了一组为所有 ISO/IEC 标准 C++编译器所共用的基本例程，其中包括各种各样的常用例程，如计算平方根及计算三角函数这样的数值函数，分类字符以及比较字符串这样的字符处理例程和字符串处理例程等。它还定义了数据类型和标准模板，以生成定制的数据类型和函数。随着 C++知识的增加，我们将知道相当多的基本例程。

1.4.6　Microsoft 库

Windows 桌面应用程序是由称作 MFC 的库支持的。MFC 大大减少了为应用程序建立图形用户界面所需的工作。研究完 C++语言的细节后，我们将了解更多有关 MFC 的内容。桌面应用程序还有其他 Microsoft 库，但本书不讨论它们。

1.5　使用 IDE

在本书中，所有程序的开发和执行都是在 IDE 内完成的。当启动 Visual C++后，会出现一个如图 1-3 所示的应用程序窗口。

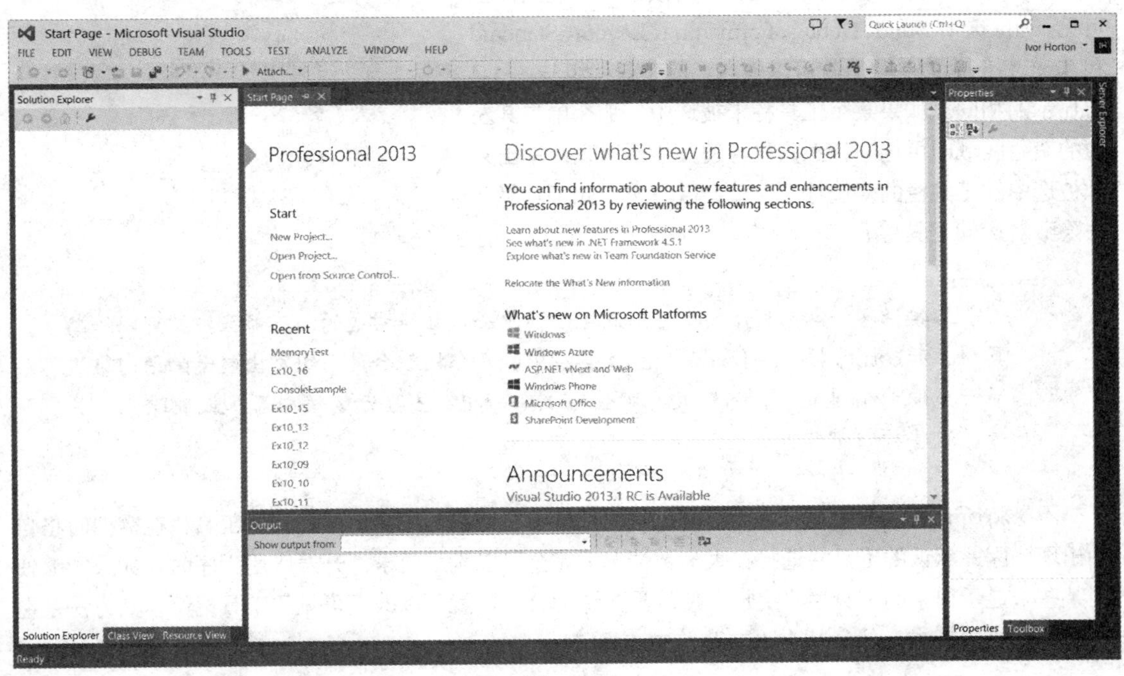

图　1-3

图 1-3 中左边的窗格是 Solution Explorer 窗口，目前显示 Start 页面的中间窗格是 Editor 窗口，窗格底部可见的选项卡是 Output 窗口。右边的 Properties 面板显示程序中各种实体的属性。Solution Explorer 窗口允许浏览程序文件，将程序文件的内容显示在 Editor 窗口中，并向程序中添加新文件。Solution Explorer 窗口可以显示其他选项卡(图 1-3 只显示了 3 个选项卡)，可以在 View 菜单上选择要显示的其他窗口。拖动标记就可以重新安排窗口。Editor 窗口是输入和修改应用程序的源代码及其他组件的地方。Output 窗口显示编译并链接项目时所产生的输出。我们可以从 View 菜单选择显示其他窗口。

注意，在 Visual Studio 应用程序窗口中，一般可以取消窗口停靠。这只需要右击想要取消停靠的窗口的标题栏，并从弹出菜单中选择 Float 项即可。本书显示的窗口一般都处于取消停靠的状态。要将窗口还原到停靠状态，只需要右击它的标题栏，并从弹出菜单中选择 Dock 项即可，或者用鼠标左键把它拖放到应用程序窗口中需要的位置上。

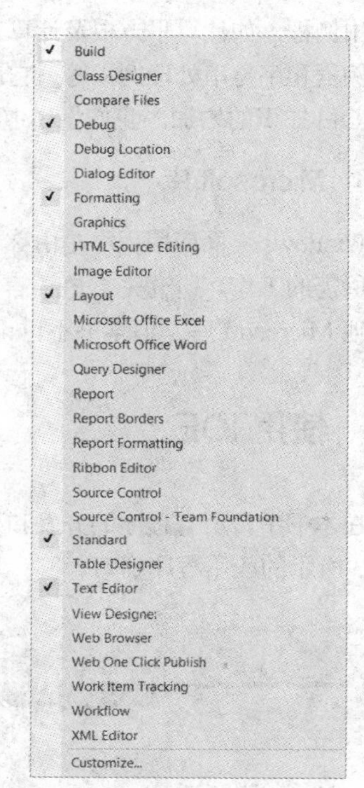

图 1-4

1.5.1 工具栏选项

在工具栏区域内右击，可以选择显示哪些工具栏。列表中工具栏的范围取决于所安装的 Visual Studio 2013 的版本。出现的弹出式菜单包括工具栏列表(见图 1-4)，当前显示在窗口内的工具栏都带有复选标记(在旁边)。

可以在工具栏列表中决定在任何时候都让哪些工具栏可见。确保选中 Build、Debug、Formatting、Layout、Standard 和 Text Editor 菜单项，就可以使自己的工具栏组与图 1-4 所显示的相同。如果某个工具栏未被选中，那么单击其左边的灰色区域即可选中该工具栏，使其显示出来；单击某个被选中的工具栏的复选标记，就会取消选中此工具栏，并隐藏对应的工具栏。

工具栏不一定会显示所有可用的按钮。单击按钮组右边的向下箭头，就可以给工具栏添加或删除按钮。Text Editor 工具栏中的几个按钮会使一组突出显示的语句缩进显示或取消缩进显示，另外几个按钮可以给一组突出显示的语句添加或删除注释符号，这些按钮都非常有用。

不必将所有可能在某个时刻需要的工具栏都堆放在应用程序窗口中。有些工具栏在需要时将自动出现，因此默认的工具栏选择在大多数情况下完全可以满足要求。开发应用程序时，如果能够使用某些未显示出来的工具栏将更加方便。只要认为合适，就可以改变可见的工具栏组，其方法是在工具栏区域内右击，然后从上下文菜单中选择。

与许多其他 Windows 应用程序类似，工具栏也带有工具提示。只需要将鼠标指针停留在某个工具栏按钮上方一两秒钟，就会出现一个显示该工具栏按钮功能的标签。

1.5.2　可停靠的工具栏

可停靠的工具栏就是可以用鼠标到处拖动，以便放在窗口中某个方便位置的工具栏。任何工具栏都可以停靠在应用程序窗口 4 个边框的任意一个边框上。如果右击工具栏区域，并从弹出菜单中选择 Customize 项，则会显示 Customize 对话框。我们可以选择某个特定工具栏的停靠位置，方法是选中它，并单击 Modify Selection 按钮。然后，从下拉列表中选择想要将工具栏停靠在哪里。

许多工具栏图标也存在于其他 Windows 应用程序中，但读者可能还没有准确地理解这些图标在 Visual C++环境中的作用，因此笔者将在使用它们的时候详细描述。

因为我们将为每个要开发的程序使用新项目，所以介绍一下项目究竟是什么，并理解定义项目的机制是怎样工作的，这将成为我们掌握 Visual C++的一个很好的起点。

1.5.3　文档

如果想知道关于 Visual C++及其功能和选项的更多信息，按 Ctrl +F1 组合键可以在浏览器中显示在线产品文档。在代码中把光标放在 C++语言或标准库的元素上，按下 F1 通常会打开浏览器窗口，显示该元素的文档。Help 菜单也提供了进入文档的不同路径，还提供了访问程序示例和技术支持的路径。

1.5.4　项目和解决方案

项目是构成某个程序的全部组件的容器，该程序可能是控制台程序、基于窗口的程序或某种其他程序。项目通常由几个包含用户代码的源文件组成，可能还要加上其他包含辅助数据的文件。某个项目的所有文件都存储在相应的项目文件夹中，关于该项目的详细信息存储在一个扩展名为.vcxproj 的 XML 文件中，该文件同样存储在相应的项目文件夹中。项目文件夹还包括其他文件夹，它们用来存储编译及链接项目时所产生的输出。

解决方案是一种将一个或多个程序和其他资源(它们是某个具体的数据处理问题的解决方案)聚集到一起的机制。例如，用于企业经营的分布式订单录入系统可能由若干不同的程序组成，而各个程序可能是作为同一个解决方案内的项目开发的，因此，解决方案就是存储与一个或多个项目有关的所有信息的文件夹，这样就有一个或多个项目文件夹是解决方案文件夹的子文件夹。与某个解决方案中的项目有关的信息存储在扩展名为.sln 的文件中。当创建某个项目时，如果没有选择在现有的解决方案中添加该项目，那么系统将自动创建一个新的解决方案。.suo 文件没有那么重要，甚至可以删除.suo 文件，Visual C++会在打开解决方案时重新创建它。

当创建项目及解决方案时，可以在同一个解决方案中添加更多的项目。我们可以在现有的解决方案中添加任意种类的项目，但通常只添加在某个方面与该解决方案内现有项目相关的项目。一般来说，各个项目都应该有自己的解决方案，除非我们有很好的理由不这样做。本书中创建的各个实例都是其解决方案内的单个项目。

1. 定义项目

编写Visual C++程序的第一步，是使用主菜单上的File | New | Project菜单项，或者按Ctrl+Shift+N组合键，为该程序创建一个项目；也可以简单地在 Start 页面上单击 New Project 项来创建一个项目。除包含定义所有代码及其他数据的文件之外——这些代码和数据将构成我们的程序，项目文件夹内的 XML 文件还记录了为项目设置的选项。目前，介绍性的内容有这些已经足够，是时候开始动手实践了。

试一试：为 Win32 控制台应用程序创建项目

首先，选择 File | New | Project 菜单项，或者用前面提到的其他方法之一，打开 New Project 对话框。New Project 对话框中的左边窗格显示了可以创建的项目类型，在这个例子中，单击 Win32。该操作同时也确定了为本项目创建初始内容的应用程序向导。右边窗格显示了可供左边窗格选定的项目类型使用的模板列表。这里选择的模板将用于创建构成项目的文件。在下一个对话框中，可以定制当单击该对话框中的 OK 按钮时创建的文件。就大多数类型/模板选项而言，应用程序向导都会自动创建一组基本的程序源文件。在这个例子中选择 Win32 Console Application。

现在，在 Name:文本框中为该项目输入一个合适的名称(如 Ex1_01)，或者使用其他项目名称。Visual C++支持长文件名，因此我们拥有很大的灵活性。解决方案文件夹的名称出现在底部的文本框中，默认情况下，该名称与项目的名称相同。如果需要，也可以修改此项。该对话框还允许修改包含本项目的解决方案的位置，这可以在 Location:文本框中实现。如果仅仅输入项目名称，解决方案文件夹就自动设置为与项目同名的文件夹，其存储路径显示在 Location:文本框中。默认情况下，如果该解决方案文件夹不存在，那么将自动创建它。如果想为解决方案文件夹指定不同的路径，那么只需要在 Location:文本框中输入新路径即可。另外，还可以使用 Browse 按钮来为解决方案选择其他路径。单击 OK 按钮将显示 Win32 Application Wizard 对话框。

该对话框解释了当前有效的设置。在这个例子中，可以单击左边的 Application Settings 项，以显示该向导的 Application Settings 页面(如图 1-5 所示)。

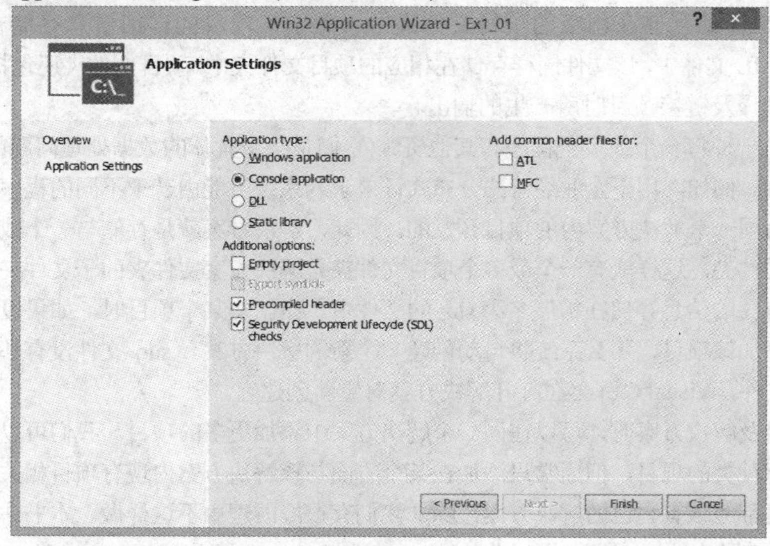

图 1-5

Application Settings 页面允许选择希望在本项目中应用的选项。目前我们是在创建控制台应用程序，而不是 Windows 应用程序。Precompiled header 选项用于编译源文件，例如标准库中不频繁修改的源文件。对代码进行修改或添加后，重新编译程序时，预先编译的、没有修改的代码就会重用，这样程序的编译会更快。可以取消选择 Security Development Lifecycle Checks 复选框，这个功能可用于管理大型专业项目，这里不使用它。在对话框的右边有使用 MFC(如前所述)和 ATL(Application Template Library，这超出了本书的范围)的选项。在本例中，我们可以让所有选项都保持原状，并单击 Finish 按钮。之后，应用程序向导将创建一个包含所有默认文件的项目。

项目文件夹的名称将与前面给出的项目名称相同，该文件夹还将容纳构成该项目定义的所有文件。如果不加修改，则解决方案文件夹具有与项目文件夹相同的名称，而且包含项目文件夹和定义解决方案内容的文件。如果使用 Windows Explorer 来查看解决方案文件夹的内容，那么将看到该文件夹包含如下 4 个文件：

- 扩展名为.sln 的文件，记录关于解决方案中项目的信息。
- 扩展名为.suo 的文件，记录应用于该解决方案的用户选项。
- 扩展名为.sdf 的文件，记录与解决方案的 IntelliSense 有关的数据。IntelliSense 是在 Editor 窗口中输入代码时提供自动完成和提示功能的工具。
- 扩展名为.opensdf 的文件，记录关于项目状态的信息。此文件只在项目处于打开状态时才有。

如果使用 Windows Explorer 查看 Ex1_01 项目文件夹，那么将看到最初有 7 个文件，其中名称为 ReadMe.txt 的文件包含已经为该项目创建的所有文件的内容摘要。如图 1-6 所示，创建的项目将自动在 Solution Explorer 窗格中打开。

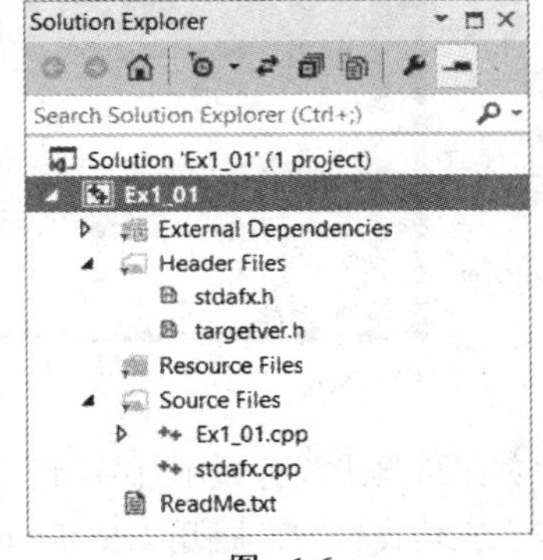

图　1-6

Solution Explorer 窗格给出了当前解决方案内所有项目及其包含文件的视图——这里当然只有一个项目。只需要双击 Solution Explorer 选项卡中某个文件的名称，就可以在 Editor 窗格中显示该文件的内容(该文件成为附加的选项卡)。在 Editor 窗格中，只需要单击适当的选项卡，就可以在任意已经显示出来的文件之间即时切换。

Class View 选项卡显示项目内定义的类，还显示各个类的内容。在该应用程序中还没有任何类，所以类视图为空。到讨论类的时候，就可以使用 Class View 选项卡来迅速、容易地移动与应用程序中的所有类有关的代码。

在 View 菜单中选择 Property Manager，就可以显示该选项卡，它显示了为项目的 Debug 版本和 Release 版本设定的属性。稍后将在本章中解释这两种版本。通过右击某个属性，并从上下文菜单中选择 Properties 项，就可以修改显示的任何属性。该操作将打开一个对话框，可以在该对话框中设定项目属性。还可以随时按下 Alt+F7 组合键来显示 Property Pages 对话框。当介绍程序的 Debug 版本和 Release 版本时，还将更详细地论述属性对话框。

从 View 菜单中选择相应的项或按下 Ctrl+Shift+E 组合键，可以显示 Resource View 选项卡。它显示程序使用的对话框、图标、菜单、工具栏和其他资源。因为这是一个控制台程序，所以没有使用任何资源。但是，当开始编写 Windows 应用程序时，将在这里看到大量内容。利用该选项卡，可以编辑或添加项目的可用资源。

像 IDE 的大多数元素一样，当用户右击选项卡中显示的条目或者某些情况下右击选项卡的空白区域时，Solution Explorer 选项卡和其他选项卡也提供了与上下文相关的弹出式菜单。如果觉得 Solution Explorer 窗格妨碍了我们编写代码，那么可以通过单击 Auto Hide 图标来隐藏该窗格。如果要重新显示，则只要单击 IDE 窗口中左边的 Name 选项卡即可。

修改源代码

应用程序向导生成的是完整的、可以编译和执行的 Win32 控制台程序。但是，该程序运行时不做任何事情，因此为了使之更有意义，需要对其进行修改。如果该程序在 Editor 窗格中还不可见，则双击 Solution Explorer 窗格中的 Ex1_01.cpp。该文件是该程序的主源文件，如图 1-7 所示。

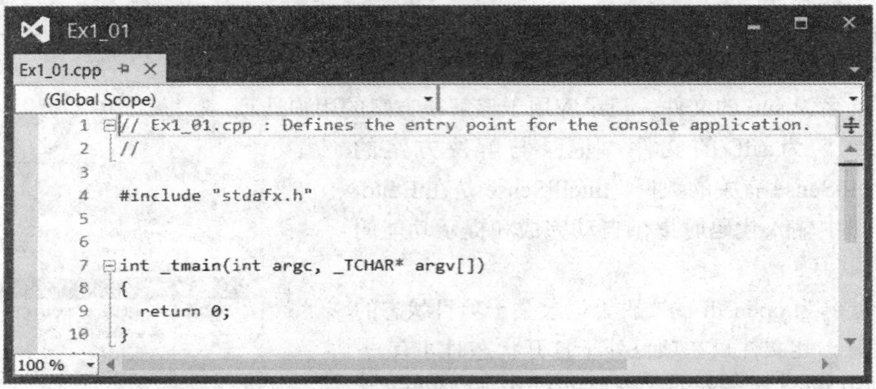

```
Ex1_01
Ex1_01.cpp
(Global Scope)
1  // Ex1_01.cpp : Defines the entry point for the console application.
2  //
3
4  #include "stdafx.h"
5
6
7  int _tmain(int argc, _TCHAR* argv[])
8  {
9    return 0;
10 }
100 %
```

图 1-7

如果屏幕上没有显示行号，请从主菜单中选择 Tools | Options 菜单项，则会显示 Options 对话框。如果在左边窗格中，展开 Text Editor 子树的 C/C++选项，并从展开的树中选择 General 选项，则可以在 Options 对话框的右边窗格中选择 Line Numbers 选项。这里首先大致讲述一下图 1-7 中代码的作用，后面将看到与之有关的更多讲解。

前两行只是注释。编译器将忽略一行内跟在“//”后面的任何内容。如果想在某行内添加说明性注释，则应该在那些文本前面输入“//”。

第 4 行是#include 指令。该指令将 stdafx.h 文件的内容添加到这个文件中，以代替这条#include 指令。在 C++程序中，这是将.h 源文件的内容添加到.cpp 源文件的标准方法。

第 7 行是本文件中可执行代码的第一行，是函数_tmain()的开始。在 C++程序中，函数只是有名称的可执行代码单元，每个 C++程序都至少由一个(通常是许多)函数组成。

第 8 行和第 10 行分别有左、右大括号，它们包围着函数_tmain()中所有的可执行代码。因此，只有第 9 行是可执行代码，其唯一功能就是结束程序。

现在，可以在 Editor 窗口中添加下面两行代码：

```
// Ex1_01.cpp : Defines the entry point for the console application.
//

#include "stdafx.h"
#include <iostream>

int _tmain(int argc, _TCHAR* argv[])
```

```
{
    std::cout << "Hello world!\n";
    return 0;
}
```

应该添加的新行以粗体显示，其他行是自动生成的。为了添加各个新行，我们将光标放在前一行文本的最后，然后按下 Enter 键，这样即可产生用来输入新代码的空行。确保程序完全与前面例子中显示的一样，否则该程序可能无法编译。

第一个新行是#include 指令，该指令在 Ex1_01.cpp 源文件中添加一个 C++标准库文件的内容。iostream 库定义了基本的 I/O 操作功能。添加的第二行(将输出写到命令行)使用的 std::cout 是标准输出流的名称，我们在这条语句中将字符串"Hello world!\n"写到第二个新加语句的 std::cout 后面。那对双引号之间的内容将写到命令行上。

构建解决方案

要构建解决方案，按 F7 键或选择菜单项 Build | Build Solution。另外，还可以单击对应于该菜单项的工具栏按钮。Build 菜单的工具栏按钮可能没有显示出来，但很容易改变这种情况，只需要在工具栏区域右击，然后从列表中选择 Build 工具栏即可。之后，上述程序应能成功编译。如果出现错误，则可能是输入新代码时产生的，所以请非常仔细地检查刚才输入的两行代码。

构建控制台应用程序时创建的文件

成功构建了上面的例子之后，使用 Windows Explorer 查看项目文件夹时，将看到解决方案文件夹 Ex1_01 中出现了一个新的子文件夹 Debug。此文件夹是 Ex1_01\Debug，而不是 Ex1_01\Ex1_01\Debug。该文件夹包含刚才构建项目时产生的输出。注意，这个文件夹包含 3 个文件。

除.exe 文件(可执行的程序)之外，关于这些文件的内容我们不必知道太多。不过，如果读者比较好奇，就会发现链接器在构建项目时使用.ilk 文件。它使链接器能够将根据修改的源代码生成的目标文件增量地链接到现有的.exe 文件，从而避免每次修改程序时都重新链接所有文件。而.pdb 文件包含调试信息，在调试模式中执行程序时要使用该调试信息。在调试模式中，可以动态检查程序执行过程中所生成的信息。

Ex1_01 项目文件夹也有一个 Debug 子目录。这包含在构建过程中生成的很多文件，从 Windows Explorer 的 Type 描述中可以看到它们包含何种信息。

2. 程序的 Debug 版本和 Release 版本

通过 Project | Ex1_01 Properties 菜单项，可以设定许多项目选项。这些选项决定了在编译和链接阶段处理源代码的方式。产生具体的可执行程序版本所对应的选项集合称为配置。当创建新的项目工作空间时，Visual C++自动创建可产生两种应用程序版本的配置。一种称作 Debug 版本，该版本包括帮助用户调试程序的信息。使用程序的 Debug 版本，可以在出现问题时单步执行代码，以检查程序中的数据值。另一种称作 Release 版本，它不包括调试信息，但打开了编译器的代码优化选项，以提供最高效的可执行模块。就本书而言，这两种配置已经足够了。但如果需要为应用程序添加其他配置，也能通过 Build | Configuration Manager 菜单项实现。注意，该菜单项在尚未加载任何项目时不会出现。这显然不是什么问题，但当读者正好在浏览菜单想看看都有什么选项时，这一点可能使人迷惑。

可以从工具栏的下拉列表中选择采用哪个程序配置。如果从下拉列表中选择 Configuration Manager 选项，则会显示 Configuration Manager 对话框。当解决方案包含多个项目时，使用 Configuration Manager 对话框。在这里，可以选择每个项目的配置，并可以选择想要构建哪些项目。

在使用调试配置测试过应用程序，且看起来可以正确工作之后，通常重新构建该程序作为 Release 版本，这样将产生没有调试和跟踪能力的优化代码，使程序运行得更快，而且占用更少的内存。

执行程序

在成功编译过解决方案之后，可以按下 Ctrl+F5 组合键来执行程序，窗口应如图 1-8 所示。

可以看出，双引号之间的文本写到了命令行上。文本字符串最后的“\n”是表示换行符的特殊序列——称作转义序列。转义序列用来表示文本串中不能直接从键盘输入的字符。最后一行提示，在显示了控制台程序的输出后如何继续执行。按下回车键会关闭窗口。本书在显示程序的输出后，不显示这一行。

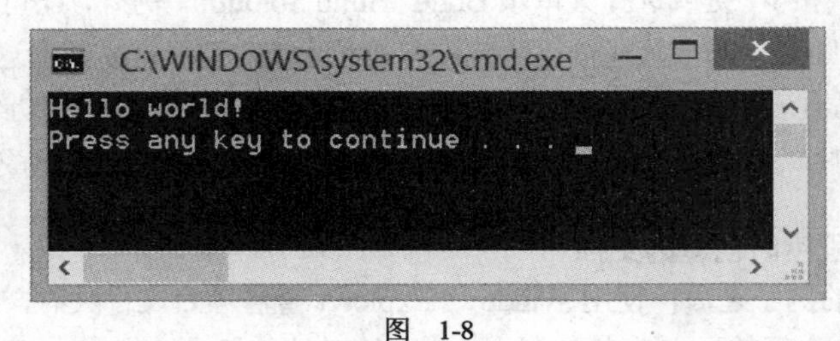

图 1-8

试一试：创建空控制台项目

当学习简单的 C++语言示例时，前面的项目包含了一些我们不需要的累赘。默认选中的预编译头文件选项使该项目创建 stdafx.h 文件。当程序中有大量文件时，这种机制可以使编译过程效率更高，但在我们的许多例子中都是不必要的。在这些实例中，首先需要创建一个空项目，然后在其中添加自己的源文件。在新的解决方案中为名为 Ex1_02 的 Win32 控制台程序创建新项目，我们将看到创建空项目的整个过程。在输入项目名称并单击 OK 按钮之后，单击随后出现的对话框左边的 Application Settings 选项。之后就可以从附加选项中选择 Empty Project 复选框，取消选择 SDL。单击 Finish 按钮之后，还是像以前一样创建项目，但这次没有任何源文件。

接下来，向项目中添加新的源文件。右击 Solution Explorer 窗格，然后从上下文菜单中选择 Add | New Item 菜单项。这时会出现一个对话框，单击其左边窗格中的 Code 选项和右边窗格中的 C++ File(.cpp)选项。然后输入文件名 Ex1_02。

单击对话框中的 Add 按钮之后，就在项目中添加了这个新文件，并显示在 Editor 窗口中。当然，该文件是空的，因此不会显示任何内容。在 Editor 窗口中输入下面的代码：

```
// Ex1_02.cpp A simple console program
#include <iostream>                   // Basic input and output library

int main()
{
  std::cout << "This is a simple program that outputs some text." << std::endl;
  std::cout << "You can output more lines of text" << std::endl;
```

```
    std::cout << "just by repeating the output statement like this." << std::endl;
    return 0;                              // Return to the operating system
  }
```

注意输入代码时发生的自动缩进。C++使用缩进使程序更加清晰、可读，编辑器基于前面一行的内容，自动缩进用户输入的每一行代码。可以修改缩进，具体做法是选择 Tools | Options 菜单项，显示 Options 对话框。在此对话框的左窗格中选择 Text Editor | C/C++ | Tabs 选项，会在右窗格中显示缩进选项。默认情况下，编辑器插入制表符，但如果需要，也可以修改为插入空格。

我们还看到在输入时会用不同的颜色来突出显示语法。由于编辑器根据语言元素的种类自动给它们分配颜色，因此程序的某些元素以不同的颜色显示。

前面的代码是完整的程序。读者可能注意到，该程序与前一个例子中由应用程序向导生成的代码相比有两处不同。这里没有 stdafx.h 文件的#include 指令。因为这里不使用预编译的头文件功能，所以没有使该文件成为项目的组成部分。这里的函数名称是 main，而前面的名称是_tmain。事实上，所有 ISO/IEC 标准 C++程序都是在 main()函数中开始执行的。当使用 Unicode 字符时，微软公司还提供了相应的 wmain 函数。而名称_tmain 定义为 main 或 wmain(在 tchar.h 头文件中)，这取决于程序是否将使用 Unicode 字符。就前一个例子而言，名称_tmain 在后台被定义为 wmain，因为项目设置是 Unicode。所有的 C++例子都使用标准名称 main，输出语句有些区别。main()中的第一条语句是：

```
std::cout << "This is a simple program that outputs some text." << std::endl;
```

这条语句中有两个<<运算符，二者都将后面跟着的内容发送到标准输出流 std::cout。首先是双引号之间的字符串被发送到输出流，然后是 std::endl，而 std::endl 在标准程序库中定义为换行符。在前面，使用转义序列\n 来表示双引号之间字符串内的换行符。因此前面的语句还可以写成下面的形式：

```
std::cout << "This is a simple program that outputs some text.\n";
```

但这不同于使用 std::endl。使用 std::endl 会输出一个换行符，再刷新输出缓存。仅使用\n，不会立即刷新缓存。

最后一个语句是 return，它结束 main()和程序。严格来说，这里不需要这个语句，可以省略它。如果执行到 main()末尾，没有遇到 return 语句，就等价于执行 return 0。

现在，可以用与前一个例子相同的方式构建该项目。注意，构建项目时，Editor 窗格中任何打开的源文件都将自动保存——如果还没有保存的话。在成功编译该程序之后，按下 Ctrl+F5 组合键执行它。如果一切正常，将显示如下输出：

```
This is a simple program that outputs some text.
You can output more lines of text
just by repeating the output statement like this.
```

注意，按下 Ctrl+F5 组合键时，如果项目不是最新的，就先构建项目，再执行它。

3. 处理错误

当然，如果没有正确地输入程序，则将报告错误。为了显示其工作原理，我们可以故意将错误引入这个程序。如果已经有错误，那么可以使用那些错误来做这个练习。回到 Editor 窗格，删除大括号之间倒数第二行(第 8 行)最后的分号，然后重新构建源文件。应用程序窗口底部的 Output 窗格将出现下面这条错误消息：

```
C2143: syntax error : missing ';' before 'return'
```

编译过程的所有错误消息都有能够在文档中查找到的错误编号。这里的问题是显而易见的。但在某些更含糊的情况下，文档可以帮助我们弄清楚引起错误的原因。要得到关于错误的帮助文档，在 Output 窗格中单击包含错误编号的那一行，然后按 F1 键。这时将出现一个新窗口，其中包含关于该错误的更多信息。如果愿意，读者可以用上面那个简单的错误试一下。

当改正错误之后，就可以重新构建项目。构建操作将高效率地进行，因为项目定义会记录构成该项目的那些文件的状态。在正常的构建过程中，Visual C++只重新编译那些自上次编译或构建程序以来修改过的文件。这意味着如果某个项目有好几个源文件，而自上次构建该项目以来仅修改过其中一个文件，就只重新编译该文件，然后链接、创建新的.exe 文件。如果修改了头文件，包含该头文件的所有文件都会重新编译。

1.5.5 设置 Visual C++的选项

可以设置的选项有两组。可以设置应用于 Visual C++提供的工具的选项，这些选项将应用到每个项目上下文中。还可以设置某个项目特有的、决定如何在编译和链接时处理项目代码的选项。从主菜单上选择 Tools | Options 菜单项，将会显示 Options 对话框，通过该对话框可以设置应用到每个项目的各种选项。之前曾使用此对话框改变过编辑器采用的代码缩进。Options 对话框如图 1-9 所示。

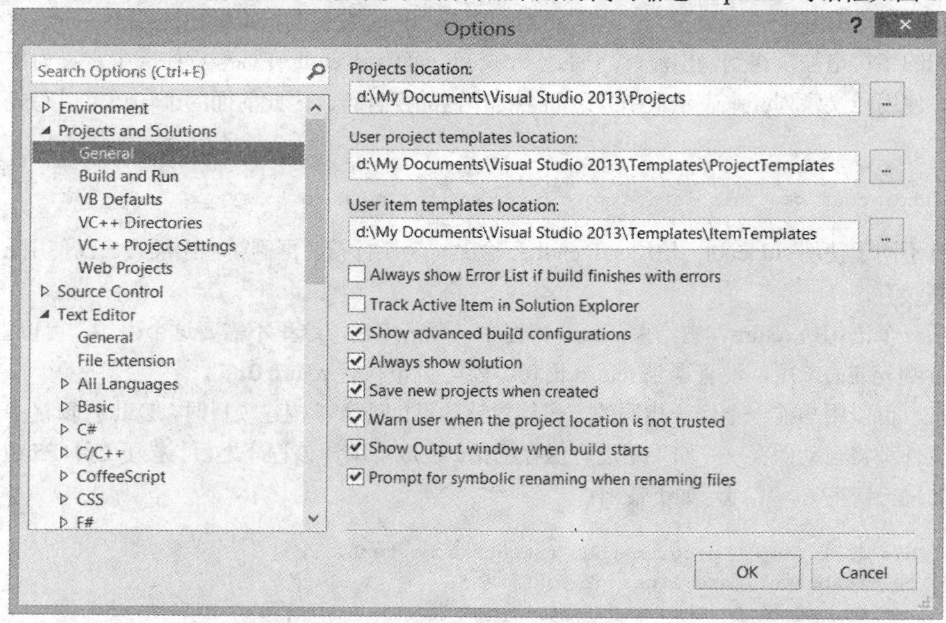

图 1-9

单击左边窗格中任意一项旁边的空心符号，将显示出子主题列表。图 1-9 显示了 Projects and Solutions 下面 General 子主题的选项。右边窗格显示对应于左边窗格选定主题的可设置选项。此时，我们仅应当关心少数几个选项，但最好花点时间看看可用的选项。单击该对话框右上方的 Help 按钮(带问号的按钮)，将显示当前选项的解释。

我们可能希望选择某个路径作为创建新项目时的默认路径，通过设置图 1-9 所示的第一个选项就能做到这一点。只需要将该路径设定为希望用来存储项目和解决方案的那个位置即可。

在 Options 对话框的左边窗格中选择 Projects and Solutions | VC++ Project Settings 主题，可以设置应用于所有 C++项目的选项。通过选择主菜单上的 Project | Ex1_02 Properties 菜单项，或者按下 Alt+F7 组合键，又可以设定当前项目所特有的选项。该菜单项的标签是定制的，以反映当前项目的名称。

1.5.6　创建和执行 Windows 应用程序

为了演示创建和执行 Windows 应用程序不是一件难事，现在就创建一个。讲完必要的基础知识后，才讨论生成这个程序的过程，确保读者能够在细节上理解它们。但是，这个过程十分简单。

1. 创建 MFC 应用程序

在开始时，如果某个现有项目处于活动状态——Visual C++主窗口标题栏中出现的项目名称指出了活动的项目，可以从 File 菜单上选择 Close Solution 菜单项。另一种方法是创建新项目，使当前解决方案自动关闭。在 New Project 对话框中默认选择为解决方案创建目录。

要创建 Windows 程序，选择 File | New | Project 菜单项或者按 Ctrl+Shift+N 组合键，然后在左窗格中选择项目类型 MFC，并选择 MFC Application 作为该项目的模板。之后，可以输入项目名称 Ex1_03。单击 OK 按钮，就会显示 MFC Application Wizard 对话框。该对话框包含许多选项，它们决定应用程序将包括哪些功能。该对话框左边列表中的条目标识了这些选项。

单击 Application Type 显示这些选项。单击 Tabbed documents 选项以取消选中此选项。从右边的下拉列表中选择 Windows Native/Default 选项。此时对话框应该如图 1-10 所示。

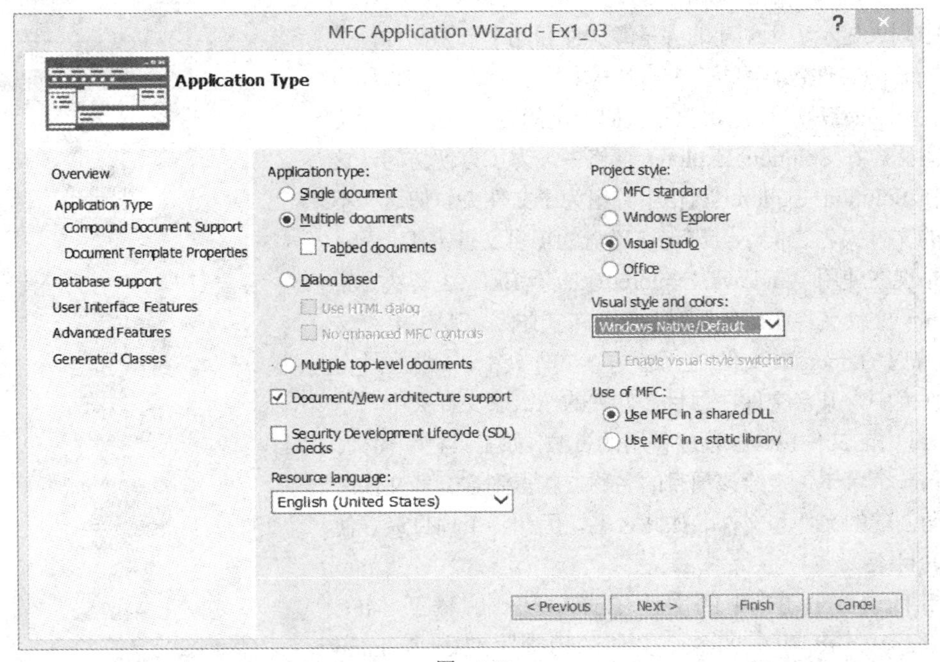

图　1-10

接下来单击 Advanced Features，取消除 Printing and Print Preview 和 Common Control Manifest 选项之外的其他选项，此时的对话框如图 1-11 所示。注意选中和取消选中复选框时，对话框左上角的小图像会改变。

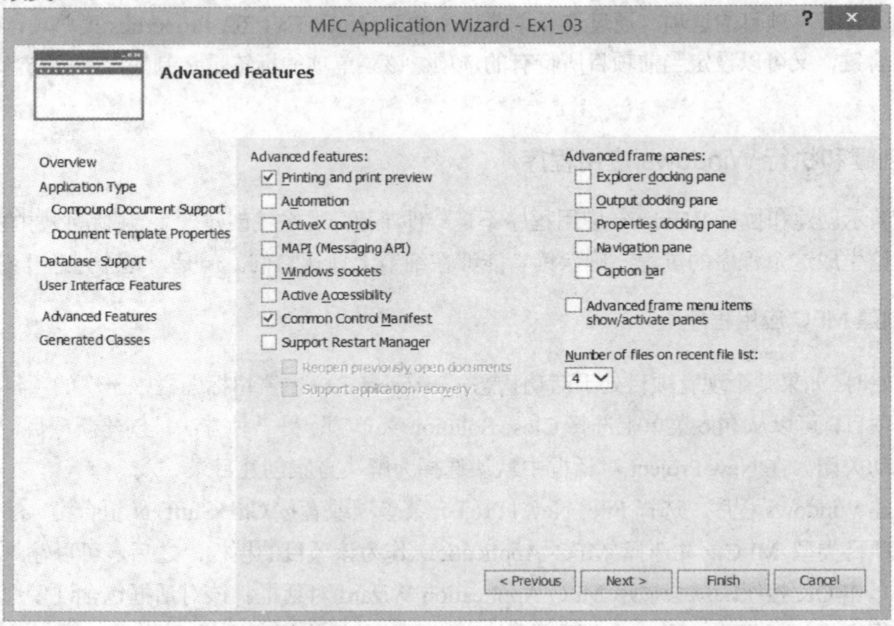

图 1-11

最后，单击 Finish 按钮以创建项目。IDE 窗口中取消停靠的 Solution Explorer 窗格，如图 1-12 所示。

图中列表显示了所创建的大量源文件和几个资源文件。扩展名为.cpp 的文件包含可执行的 C++源代码，而.h 文件(称为头文件)包含的 C++代码由可执行代码使用的定义组成。.ico 文件包含图标。在 Solution Explorer 窗格中，为了方便访问，这些文件在 Solution Explorer 窗格中分组为子文件夹。但这些不是真正的文件夹，它们不会出现在磁盘的项目文件夹中。

如果现在使用 Windows Explorer 来查看 Ex1_03 解决方案文件夹和子文件夹，那么将看到生成了许多文件。其中 4 个文件(包括临时的.opensdf 文件)在解决方案文件夹中，一些文件在项目文件夹中，其余文件在项目文件夹的 res 子文件夹中。子文件夹 res 中的文件包含该程序使用的资源，如工具栏和图标。仅仅输入一个希望指定给该项目的名称，就得到这么多文件。由于自动创建的文件和文件名如此之多，因此各个项目最好使用单独的目录。

项目目录 Ex1_03 中的文件 ReadMe.txt 解释了 MFC Application Wizard 生成的各个文件的用途。双击 Solution Explorer 窗格中的 ReadMe.txt，就可以在 Editor 窗口中查看它。

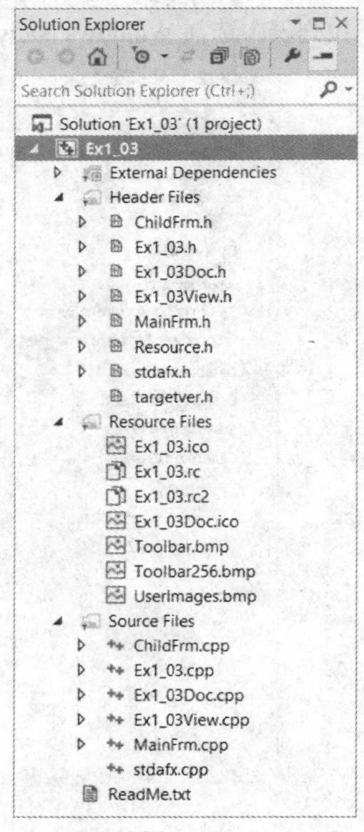

图 1-12

2. 构建和执行 MFC 应用程序

在执行程序之前，必须构建项目——即编译源代码并链接程序模块。这些操作与在控制台应用程序例子中所做的完全相同。为节省时间，按下 Ctrl+F5 组合键就能构建并执行项目。

在构建项目之后，Output 窗口指示没有任何错误，可执行代码开始运行。所生成程序的窗口如图 1-13 所示。

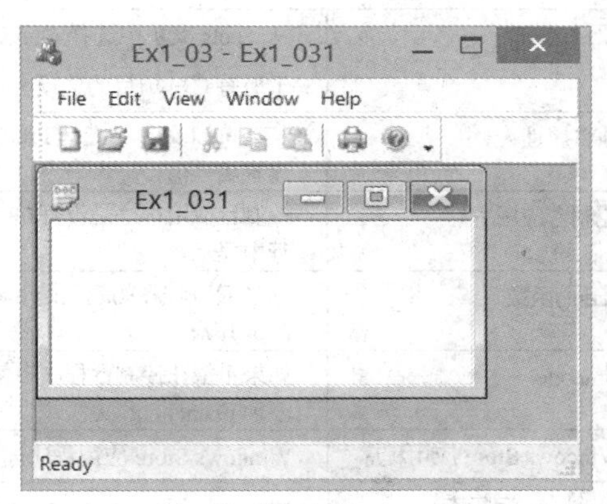

图 1-13

可以看出，该窗口包括菜单和工具栏。尽管程序中没有任何具体的功能——需要添加代码才能使之成为有用的程序，但所有菜单都可以工作。读者可以试着用一下，甚至可以选择 File | New 菜单项来创建新窗口。

用 MFC Application Wizard 创建 Windows 程序并不困难。后面章节将要把这里的基本程序开发成能够完成一些有趣事情的程序，那时将需要稍微多一点的时间，但也不会太难。当然，对许多人来说，如果没有 Visual C++的帮助，用老式的方法编写一个重要的 Windows 程序，那么在着手之前至少需要几个月的时间考虑很多因素。现在有了 Visual C++，那些全都成了过去。但是，我们永远不知道在编程技术方面又有什么新事物即将来临。

1.6 小结

本章简要介绍了使用 Visual C++创建各种应用程序的基本过程。我们创建并执行了控制台程序，并在应用程序向导的帮助下创建了基于 MFC 的 Windows 程序。 创建和执行项目是很容易的。

从下一章开始，所有说明 C++语言元素使用方法的例子都是用 Win32 控制台应用程序执行的。一旦结束钻研 C++的奥妙，我们就回过头来使用应用程序向导创建基于 MFC 的程序。

1.7 本章主要内容

本章主要内容如表 1-1 所示。

表 1-1

主　题	概　念
C++	Visual C++支持遵循 C++ 11 语言标准的 C++语句，C++ 11 语言标准是在 ISO/IEC 14882:2011 文档中定义的。Visual C++实现了该标准定义的大多数语言特性，和下一个标准 C++ 14 中的一些功能
解决方案	解决方案是一个或多个项目的容器，这些项目形成某种信息处理问题的解决方案
项目	项目是代码和资源元素的容器，代码和资源元素构成程序中的功能单元
Solution Explorer 窗格	Solution Explorer 窗格中的一个或多个选项卡显示了项目的不同方面。Solution Explorer 选项卡显示了项目文件，Class View 选项卡显示了项目中的类，Resource View 选项卡显示了项目资源

(续表)

主　　题	概　　念
项目选项	从 Tools 菜单中选择 Options，显示 Options 对话框，就可以通过该对话框显示和修改应用于所有 C++项目的选项
项目属性	从 Project 菜单中选择 Properties，显示 Properties 对话框，就可以通过该对话框为当前项目设置属性值
控制台应用程序	控制台应用程序是没有 GUI 的基本 C++应用程序，一般，其输入来自于键盘，输出在命令行中显示
main()函数	标准 C++程序的起点是 main()函数。New Project 对话框生成的控制台应用程序从_tmain()函数开始
Unicode	如果希望在控制台程序中使用标准的 main()函数，就可以生成一个空的 Win32 项目，之后添加 main()的源文件
Windows Store 应用程序	Windows Store 应用程序面向运行 Windows 8 操作系统的平板电脑和桌面 PC
Windows 运行库	Windows 运行库 WinRT 为 Windows Store 应用程序提供了与 Windows 8 及以后操作系统的接口
Windows 桌面应用程序	Windows 桌面应用程序有一个应用程序窗口和一个 GUI，GUI 用来集成菜单、工具栏和对话框等控件。桌面应用程序通过 Win32 函数集与操作系统交互操作。桌面应用程序在 Windows 7 、Windows 8 和后续版本下执行
Microsoft Foundation Classes	MFC 是一组封装了 Win32 函数的 C++类。MFC 简化了开发 Windows 桌面应用程序的过程
MFC 项目	在 New Project 对话框中选择 MFC，再选择 MFC Application，就可以创建 MFC 项目

第 2 章 数据、变量和计算

本章要点

- C++程序结构
- 名称空间
- C++中的变量
- 定义变量和常量
- 基本的键盘输入和屏幕输出
- 执行算术运算
- 强制转换操作数
- 变量作用域
- auto 关键字的作用
- 如何获取表达式的类型

本章源代码下载地址(wrox.com):

打开网页 http://www.wrox.com/go/beginningvisualc，单击 Download Code 选项卡即可下载本章源代码。这些代码在 Chapter 2 文件夹中，文件都根据本章的内容单独进行了命名。

2.1 C++程序结构

控制台应用程序从命令行读取数据，然后将结果输出到命令行。用于了解 C++语言如何运行的所有示例都是控制台程序，以避免创建和使用 Windows 应用程序的复杂性，之后详细探讨 Windows 应用程序的运行方式。这样读者能完全专注于 C++语言，在掌握了 C++语言以后，就可以创建和管理 Windows 应用程序及其涉及的代码。我们首先了解控制台程序的构成。

C++程序由一个或多个函数组成。函数是一个具有唯一名称的自包含代码块，要想执行函数，可以使用函数的名称标识函数。第 1 章中的 Win32 控制台程序示例只包含 main 函数，main 是函数的名称。每个 C++程序都包含函数 main()，这是系统开始执行的地方。任何规模的程序都包含几个函数——main()函数，以及其他一些函数。

如第 1 章中所述，由 Application Wizard 生成的控制台程序具有一个名称为_tmain 的主函数。这是一个 Microsoft 专用的编程结构，根据程序是否使用 Unicode 字符，它允许函数的名称是 main 或 wmain。wmain 或_tmain 是 Microsoft 专有的，不是标准的 C++名称。标准 C++中的主函数名称是 main。在所有的控制台示例中都将使用名称 main，因为这是可移植性最好的选项。如果打算只编译 Visual C++代码，且希望对 main 使用 Microsoft 专有的名称，就可以使用 Application Wizard 生成的默认控制台应用程序。此时，只需要将控制台程序示例中 main 函数体的代码复制到_tmain 即可。

图 2-1 展示了典型的控制台程序的结构。所示程序的执行流始于函数 main()的开始处。然后执行流由 main()传递到函数 input_names()，该函数将执行流返回到紧跟在 main()函数中调用它的位置之后。然后从 main()函数调用 sort_names()函数，在控制权返回到 main()以后，将调用函数 output_names()。output_names()完成后，执行流再次返回到 main()，这时该程序结束。

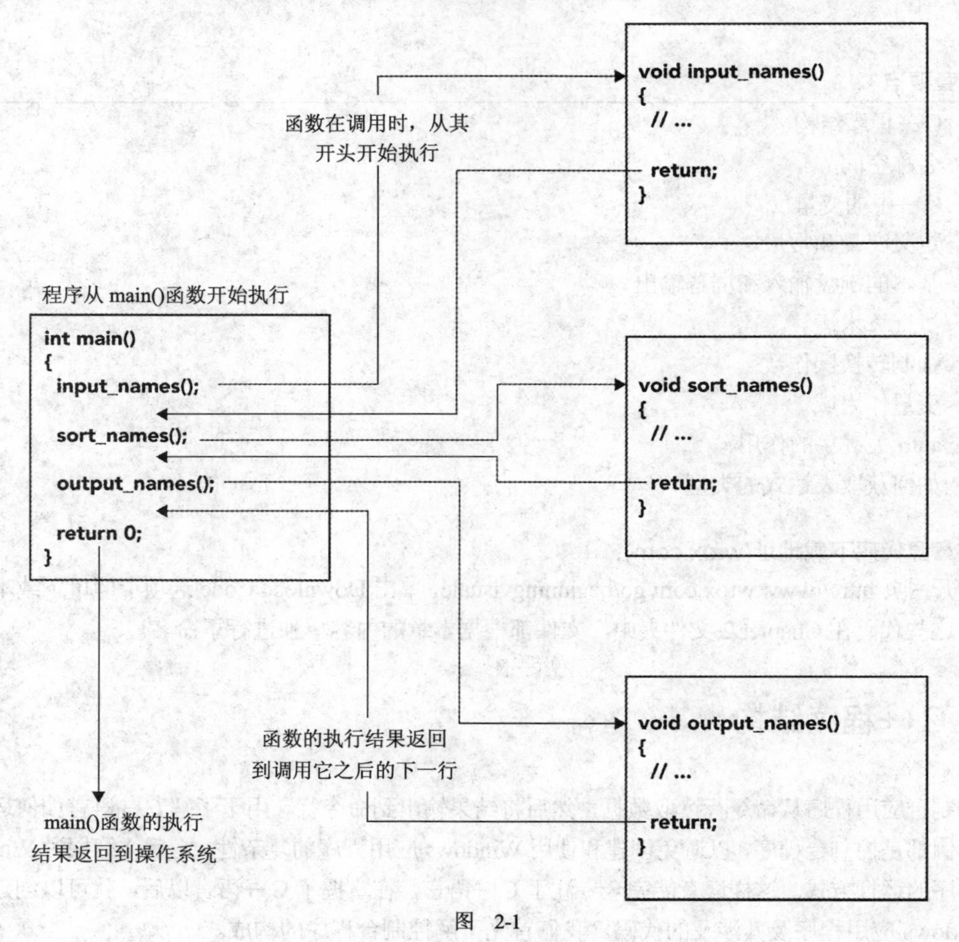

图 2-1

当然，不同的程序可能有截然不同的函数结构，但是它们都从 main()的开始处开始执行。将一个程序分成多个函数的主要优点是，可以分别编写和测试每个函数。另一个优点是，为执行特定任务而编写的函数可以在其他程序中重用。C++附带的库提供了大量可以在程序中使用的标准函数，它们可以为您省去大量的工作。

第 5 章将详细介绍函数的创建和使用。

试一试：使用 main()的简单程序

这个示例演示了在 VC++控制台程序中使用 main()需要执行的操作。首先创建一个新项目——其捷径是使用 Ctrl+Shift+N 组合键。当出现 New Project 对话框时，在项目类型中选择 Win32，在模板中选择 Win32 Console Application。可以将这个项目命名为 Ex2_01。

如果单击 OK 按钮，则将出现如图 2-2 所示的对话框，它概述了 Application Wizard 将生成什么。

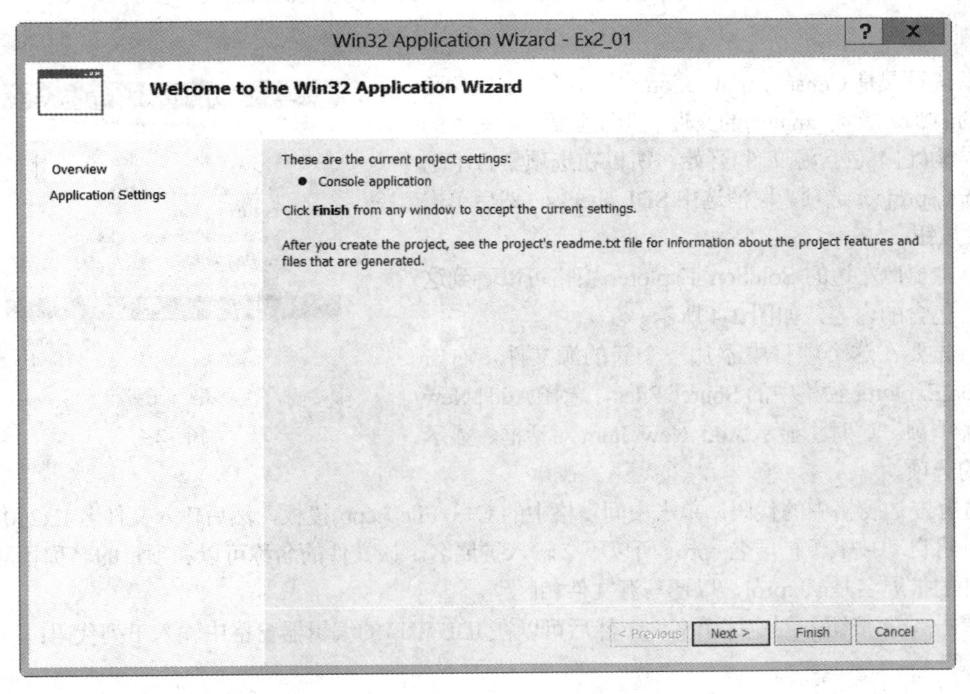

图　2-2

现在，如果单击这个对话框左边的 Application Settings 选项，则将显示 Win32 应用程序的更多选项，如图 2-3 所示。

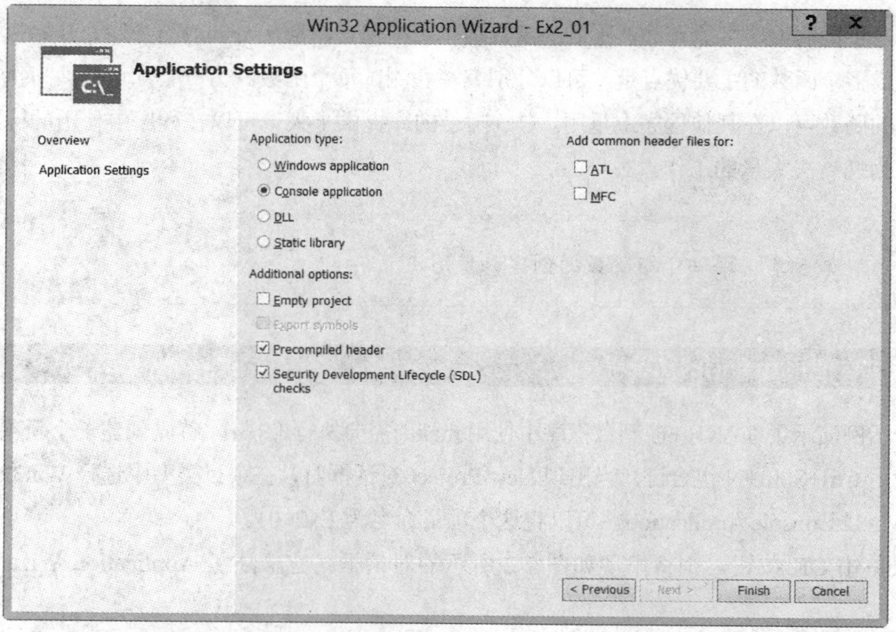

图 2-3

默认设置是 Console application，它包括一个包含函数 main()默认版本_tmain()的文件，但因为要从最基本的项目结构(它不包含源文件)开始，所以在选项集合中选择 Empty project 选项，取消选中 SDL checks，然后单击 Finish 按钮。

从主窗口左边的 Solution Explorer 窗格可以看到这个项目包含的内容，如图 2-4 所示。

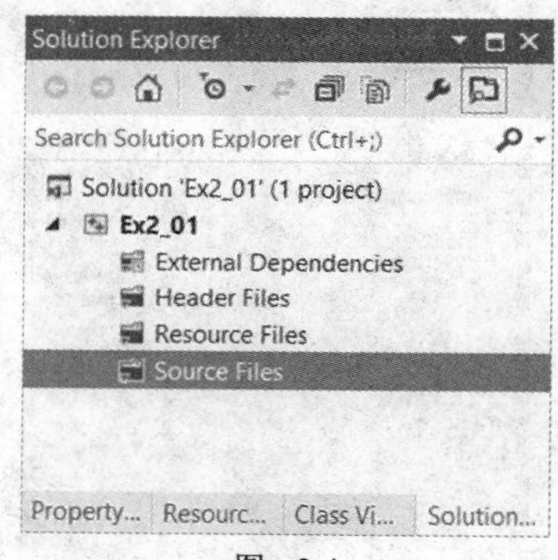

图 2-4

首先要在这个项目中添加一个新的源文件，右击 Solution Explorer 窗格中的 Source Files，选择 Add | New Item 菜单项。这时将显示 Add New Item 对话框，显示可用的选项。

选择左边窗格中的代码，单击中间窗格中的 C++ File (.cpp)模板，然后输入文件名 Ex2_01。这个文件将自动被赋予扩展名.cpp，所以不必输入扩展名。该文件的名称可以和项目的名称相同。项目文件的扩展名是.vcxproj，以便与源文件相区别。

单击 Add 按钮，创建这个文件。然后可以在 IDE 窗口的编辑器窗格中输入下列代码：

```
// Ex2_01.cpp
// A Simple Example of a Program
#include <iostream>

using std::cout;
using std::endl;

int main()
{
   int apples, oranges;                    // Declare two integer variables
   int fruit;                              // ...then another one
```

```
    apples = 5; oranges = 6;                    // Set initial values
    fruit = apples + oranges;                   // Get the total fruit

    cout << endl;                               // Start output on a new line
    cout << "Oranges are not the only fruit... " << endl
         << "- and we have " << fruit << " fruits in all.";
    cout << endl;                               // Output a new line character

    return 0;                                   // Exit the program
}
```

这演示了编写C++语句的一些方法，它并不是一个良好的编程样式。输入代码时，编辑器将进行检查。编辑器会在它认为不正确的代码下面标上红色的波浪线，所以输入代码时要留意它们。如果看到这样的红色波浪线，通常意味着有拼写错误。把鼠标悬停在红色波浪线上，会显示一个消息，指出错误所在。

源文件根据其扩展名标识为包含C++代码的文件，因此编辑器识别出来的各种语言元素会上色，以突出显示它们。本章后面将详细介绍彩色编码方式。

如果观察Solution Explorer窗格(按Ctrl+Alt+L组合键可以显示它)，就将看到新建的源文件名。Solution Explorer窗格始终显示一个项目中的所有文件。从View菜单中选择Class View项，或者按下Ctrl+Shift+C组合键，可以显示Class View窗格。它由两个窗格组成，上面的窗格显示这个项目中的全局函数和宏(在着手创建一个包含类的项目时，这个窗格还将显示类)，下面的窗格目前是空的。如果在Class View上面的窗格中选择了Global Functions and Variables项，那么在下面的窗格中将出现main()函数，如图2-5所示。后面将详细讨论其含义，但是，全局函数和变量实质上是可以从程序的任何地方访问的函数和变量。

从View菜单中选择相应的项，可以显示Property Manager窗格。如果单击空心箭头，展开树中的条目，就会如图2-6所示。图2-6显示了可以构建的两种可能版本，用于测试的Debug版本和已经测试过程序的Release版本。图2-6还显示了项目的各个版本的属性，双击任一属性将出现一个对话框，显示Property Pages，必要时可以在这个对话框中修改属性。

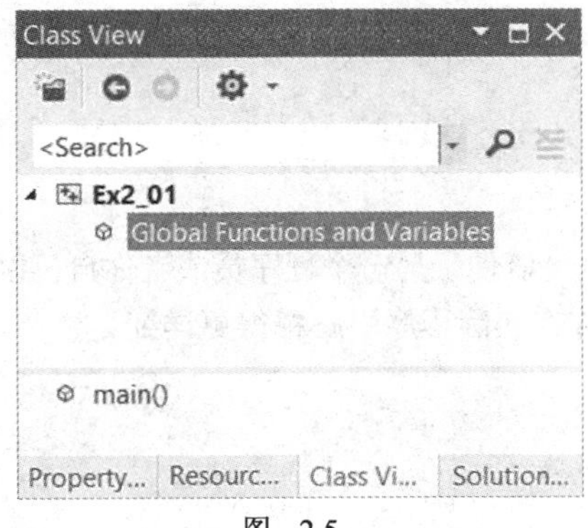

图 2-5

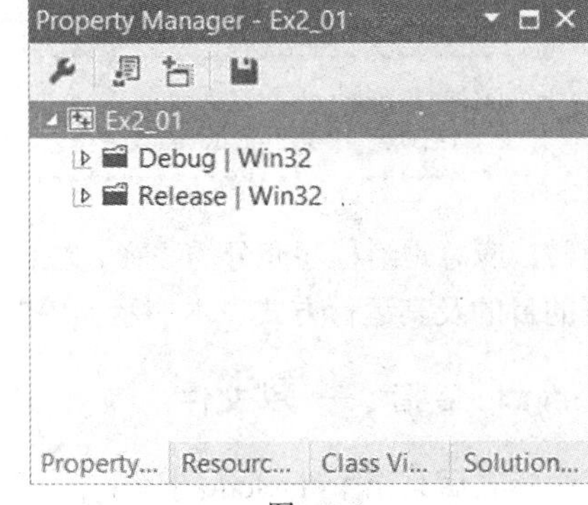

图 2-6

可以使用三种方法编译和链接这个程序：可以从Build菜单中选择Build Ex2_01菜单项，可以按F7功能键，或者选择适当的工具栏按钮——把鼠标指针放在一个工具栏按钮上，就可以识别它的功能。如果将鼠标放在上面时，没有显示工具提示Build Ex2_01的工具栏按钮，那么当前不显示Build工具栏。补救办法是：在工具栏的一个空白区域上右击，从显示的工具栏列表中选择Build选项。这是一个非常长的列表，您可能会根据正在做的事情选择显示不同的工具栏组。

假设编译操作是成功的，那么通过按 Ctrl+F5 组合键，或者从 Debug 菜单中选择 Start Without Debugging 菜单项，就可以执行这个程序，并在命令行窗口中得到下列输出：

```
Oranges are not the only fruit...
- and we have 11 fruits in all.
Press any key to continue . . .
```

前两行代码由这个程序生成，最后一行代码说明如何结束这个执行过程，并关闭该命令行窗口。虽然在其他控制台示例中不会显示最后一行输出，但它一直是存在的。

1. 程序注释

上面这个程序中的前两行是注释。注释是所有程序的一个重要部分，但它们不是可执行代码，它们只是为了增强程序的可读性。编译器将忽略所有注释。在任意一行代码中，如果出现两个不包含在文本字符串(后面将介绍文本字符串)中的连续斜杠(//)，则表示这一行的其余部分是一个注释。这个程序的几个代码行包含注释。

注释的另一种形式是以/*和*/为界。例如，这个程序的第一行可以写成：

```
/*  Ex2_01.cpp  */
```

使用//的注释只包括这一行中两个连续斜杠后面的部分，而/*…*/这种形式将把包含在/*和*/之间的所有内容定义为注释，并且可以跨越几行。例如，可以编写下列代码：

```
/*
  Ex2_01.cpp
  A Simple Program Example
*/
```

下面 4 行代码都是注释，编译器会忽略它们。如果想突出显示某些特定的注释行，则可以利用一些框框修饰它们：

```
/*****************************
* Ex2-01.cpp *
* A Simple Program Example *
*****************************/
```

通常，应总是给程序充分的注释。注释应当非常充分，以便于另一个程序员或者你自己以后了解代码的目的及其运行方式。本书示例中的注释经常比你在实际程序中解释得更详细。

2. #include 指令——头文件

在注释之后有一个#include 指令：

```
#include  <iostream>
```

之所以称其为指令，是因为它命令编译器完成某项任务——此处是在编译之前，在此程序的源文件中插入文件 iostream 的内容，该文件名位于尖括号之间。iostream 文件称为头文件，因为它总是插入到另一个源文件中。iostream 头文件是标准 C++库的一部分，它包含一些使用输入和输出语句所需的定义。如果没有在此程序中包括 iostream 的内容，那么不能编译这个程序，因为在这个程序中使用的输出语句依赖该文件中的一些定义。Visual C++提供了许多不同的标准头文件，它们具有各种各样的功能。在进一步学习语言工具时，将看到更多的头文件。

由#include 指令插入的文件的名称不一定写在尖括号之间。头文件名也可以写在双引号中。因此上面的代码也可以写成：

```
#include "iostream"
```

两者之间的唯一区别是编译器将在什么地方查找此文件。如果头文件名是用双引号引起来的，则编译器先在包含此指令的源文件所在的目录中搜索头文件。如果头文件未找到，编译器再搜索存储标准头文件的目录。

如果文件名是用尖括号括起来的，则编译器只搜索包含标准头文件的目录。因此，想在源文件中包含标准头文件时，应该将文件名用尖括号括起来，因为这样的搜索速度更快。而要包含其他头文件，一般是自己创建的头文件，则应该将文件名用双引号引起来；否则，根本找不到。

#include 语句是几个预处理器指令中的一个，本书后面将介绍其他预处理指令。编辑器会在编辑窗口中用蓝色突出显示它们。预处理器指令是由编译的预处理阶段执行的命令，这个阶段在代码编译成目标代码之前执行，在编译源代码之前，预处理器指令通常以某种方式作用于它们。预处理器指令都以#字符开头。

3. 名称空间和 using 声明

如第 1 章所述，标准库是一个大型的例程集合，用于执行许多常见的任务，如处理输入和输出，以及执行基本的数学计算。由于标准库中的这些例程以及其他具有名称的事物数量巨大，因此用户使用的名称可能无意中与标准库中的名称雷同。名称空间是一种机制，它可以将无意中使用重名的风险降至最低，其方法是将一组给定的名称(如标准库中的名称)与一种姓(family name)关联起来，这种姓就是名称空间名称。

在名称空间的代码中定义的每个名称都有一个关联的名称空间名称。标准库工具定义在 std 名称空间内，所以标准库中的每一项都有自己的名称，以及作为限定符的名称空间名称 std。标准库中 cout 和 endl 的全名是 std::cout 和 std::endl，第 1 章介绍过这些名称。将名称空间名称和实体名分隔开的两个冒号构成了称为“作用域解析运算符”的运算符，本书后面将介绍这种运算符的其他用途。在程序中使用全名会使代码看起来有点混乱，所以最好使用不由名称空间名称 std 限定的简化名。在前面的程序中，iostream 的#include 指令后面的两行代码使之得以实现：

```
using std::cout;
using std::endl;
```

这些是using 声明，它们告诉编译器，要在不指定名称空间名称的情况下使用名称空间 std 中的名称 cout 和 endl。编译器假定，在第一个 using 声明之后，只要使用名称 cout，就表示 std::cout。名称 cout 表示对应于命令行的标准输出流，名称 endl 表示换行符，并刷新输出缓存。本章后面会详细介绍名称空间，包括如何自定义名称空间。

在头文件中使用 using 声明时要小心，尤其是它们包含在其他几个源文件中时。在头文件中应避免把 using 声明放在全局作用域中，因为它们会应用于包含该头文件的所有源文件。

2.1.1 main()函数

上述示例中的函数 main()包括将它定义为 main()的函数头，以及从第一个左大括号({)到对应的右大括号(})之间的所有语句。这对括号将这个函数中的可执行语句包围起来，它们总称为函数体。

所有函数都包括一个定义函数名称的头，然后是函数体，它由包括在大括号之间的一些程序语句组成。函数体也可以不包含任何语句，这时它不做任何事情。

不做任何事情的函数似乎有些多余，但是在编写大程序时，一开始可以先勾画出函数中的完整程序结构，而忽略许多函数的代码，使它们有一个空的或者最小的函数体。这意味着，可以随时编译和执行包含所有函数的整个程序，并逐步给函数添加详细的代码。

2.1.2 程序语句

main()函数体的每个程序语句都以一个分号结束。分号表示语句的结束，而不是这一行的结束。因此，为了使代码更易于理解，可以把一个语句扩展成几行，也可以把几个语句放在同一行中。程序语句是定义程序功能的基本单元。这有点像文章中一个段落的句子，每个句子都独立地表达一个行为或想法，和这个段落中的其他句子联系和组合起来，就表达出比较全面的想法。一个语句就是计算机将要执行的一个行为的自包含定义，和其他语句组合起来， 就可以定义比较复杂的行为或计算。

函数的行为始终由一些语句来表达，每个语句都以分号结束。看看刚才编写的示例中的语句，大致了解它是如何运行的。本章后面将讨论每种类型的语句。

在 main()函数体中，第一个语句是：

```
int apples, oranges;          // Declare two integer variables
```

这个语句定义了两个变量 apples 和 oranges。变量是一段已命名的计算机内存，用于存储数据，引入一个或多个变量名称的语句称为变量声明。关键字 int 表明 apples 和 oranges 变量将存储整数值。每当把一个变量的名称引入程序时，都要指定它将存储的数据类型，这称为变量的类型。

接下来的这个语句声明了另一个整型变量 fruit：

```
int fruit;                    // ...then another one
```

虽然可以在同一个语句中声明几个变量，如同前面的语句声明 apples 和 oranges 那样。但是，一般最好用一个语句声明一个变量，独占一行，这样就可以单独注释，以解释它们的用途。

示例中的下一行代码是：

```
apples = 5; oranges = 6;      // Set initial values
```

这行代码包含两个语句，每个语句都以一个分号结束。这样做的目的是说明可以把多个语句放在一行中。这不是强制的，但良好的编程习惯一般是一行只编写一个语句，使代码较容易理解。良好的编程习惯是采用使代码易于理解、且使出错的可能性降至最低的编码方法。

这两个语句分别将数值 5 和 6 存储到变量 apples 和 oranges 中。这些语句称为赋值语句，因为它们把新值赋给变量，=是赋值运算符。

下一个语句是：

```
fruit = apples + oranges;     // Get the total fruit
```

这也是一个赋值语句，但稍有不同，因为在赋值运算符的右边是一个算术表达式。这个语句把存储在变量 apples 和 oranges 中的数值相加，然后在变量 fruit 中存储结果。

下面的 3 个语句是：

```
cout << endl;        // Start output on a new line
cout << "Oranges are not the only fruit... " << endl
     << "- and we have " << fruit << " fruits in all.";
cout << endl;        // Output a new line character
```

它们都是输出语句。第一个语句把由 endl 表示的换行符发送到屏幕的命令行中。在 C++中，输入的来源或输出的目的地称为流。名称 cout 指定“标准的”输出流，运算符<<表明，该运算符右边的内容将发送到输出流 cout。<<运算符“指出”数据流动的方向，从这个运算符右边的变量、字符串或表达式到左边的输出目的地。因此，在第一个语句中，由名称 endl 表示的值(即换行符)将发送到由名称 cout 标识的流——传输到 cout 的数据会写入命令行。把 endl 发送到流，也会刷新流缓存，然后把所有输出发送到命令行。

名称 cout 和运算符<<的含义定义在头文件 iostream 中，该文件利用#include 指令在程序代码中添加。cout 是标准库中的名称，所以它在名称空间 std 内。如果不使用 using 指令，就不会识别 cout，除非使用了其全限定名 std::cout。cout 定义为表示标准输出流，因此不应当把它用于其他目的，将相同的名称用于不同的事情很可能引起混淆。

第 2 个输出语句扩展成如下两行：

```
cout << "Oranges are not the only fruit... " << endl
     << "- and we have " << fruit << " fruits in all.";
```

如前所述，每个语句都可以扩展成许多行。语句的结束始终用分号表示，而不是一行的结束。编译器将读取连续的行，并把它们组合成一个语句，直至发现定义该语句结束的分号。当然，这也意味着，如果忘记在语句的结尾处放置分号，那么编译器将假定下一行是同一语句的一部分，并将它们连接到一起。这通常会产生编译器无法理解的东西，所以您将得到一个错误消息。

这个语句将文本字符串"Oranges are not the only fruit…"发送到命令行，后跟另一个换行符(endl)，然后是另一个文本字符串"- and we have "，接着是存储在变量 fruit 中的值，最后是另一个文本字符串"fruits in all."。可以按照这种方法把想输出的一系列内容串起来。这个语句从左向右执行，每一项都依次发送到 cout。注意，发送到 cout 的每一项的前面都有自己的<<运算符。

第三个也就是最后一个输出语句把另一个换行符发送到屏幕，这 3 个语句将生成前述的输出。这个程序中的最后一个语句是：

```
return 0;                    // Exit the program
```

它将终止 main()函数的执行，从而停止这个程序的执行。控制权返回到操作系统，返回的代码 0 告诉操作系统：应用程序成功终止。忽略 main()的 return 语句，程序应能编译并执行。本章的后面将详细地讨论所有这些语句。

程序中的语句按照编写它们的顺序执行，除非一个语句明确改变了这个自然顺序。第 3 章将讨论改变执行顺序的语句。

2.1.3 空白

空白包含空格、制表符、换行符、换页符和注释的任意序列。空白将语句的各个部分分隔开，从而使编译器能够识别语句中的一个元素(如 int)在何处结束，下一个元素在何处开始。否则，将忽略空白，且不会产生任何影响。

以下面的语句为例：

```
int fruit;                        // ...then another one
```

为了使编译器能够区分 int 和 fruit，它们之间至少有一个空白字符，但是如果添加更多的空白字符，它们将被忽略。这一行分号后面的内容全部是空白，所以都被忽略。

另一方面，下面的语句：

```
fruit = apples + oranges;         // Get the total fruit
```

fruit 和=之间，=和 apples 之间不需要空白字符，但也可以添加一些空白字符。这是因为=不是字母或数字字符，所以编译器可以将它与其周围的内容区分开。类似地，符号+的两边也不需要有空白字符，但是也可以添加一些。

除了在语句元素之间用作分隔符的空白之外，编译器将忽略其他空白(当然，在双引号之间的一串字符中使用的空白除外)。可以添加一些空白，使程序更具可读性，记住，每当出现分号时，语句就结束。

2.1.4 语句块

可以把几个语句括在一对大括号中，这时它们就变成了块或复合语句。函数体就是块的一个示例。可以把这样的复合语句看成单个语句(在第 3 章讨论判断语句时，将看到这种情况)。只要是可以放单个语句的地方，都可以放置一个用大括号括起来的语句块。因此，块可以置入其他块中。实际上，块可以嵌套(一个块在另一个块内)至任意深度。

语句块对变量产生重要影响，本章后面讨论变量作用域时，将讨论它。

2.1.5 自动生成的控制台程序

上一个示例生成了一个没有源文件的空项目，然后添加了源文件。如果允许 Application Wizard 生成这个项目，如第 1 章所述，则这个项目将包含几个文件，下面深入分析它们的内容。创建一个新的 Win32 控制台项目 Ex2_01A，这次允许 Application Wizard 完成这个项目，而不在 Application Settings 对话框中设置任何选项。这个项目有 4 个包含代码的文件：Ex2_01A.cpp 和 stdafx.cpp 源文件、stdafx.h 头文件以及 targetver.h 文件，其中 targetver.h 文件指定能运行应用程序的 Windows 的最早版本。这表示一个不执行任何任务的有效程序。从主菜单上选择 File | Close Solution 菜单项，可以关闭打开的项目。在现有项目打开的情况下，可以创建一个新项目，这时将自动关闭旧项目，除非选择在相同的解决方案中添加它。

Ex2_01A.cpp 的内容是：

```
// Ex2_01A.cpp : Defines the entry point for the console application.
```

```
//

#include "stdafx.h"

int _tmain(int argc, _TCHAR* argv[])
{
   return 0;
}
```

这确实和前一个示例不同。其中有一个用于 stdafx.h 头文件的#include 指令，和程序执行的起始函数_tmain()，而不是 main()。第 5 章将介绍函数头中圆括号的内容。

1. 预编译的头文件

Application Wizard 生成的 stdafx.h 头文件是该项目的一部分，观察一下其中的代码，将看到还有 3 个#include 指令，分别用于前面提到的 targetver.h 头文件，以及标准库头文件 stdio.h 和 tchar.h。stdio.h 是用于标准 I/O 的老式头文件，在 C++当前的标准出台之前使用，它的功能和 iostream 头文件类似，但没有定义相同的名称。这个控制台示例使用 iostream 符号，所以需要包含它。tchar.h 是 Microsoft 特有的头文件，它定义文本函数。

stdafx.h 仅在修改代码时编译，而不是在每次编译程序时重新编译它。编译 stdafx.h 会得到一个.pch 文件(预编译的头文件)，只有没有对应的.pch 文件，或者.pch 文件的时间戳比 stdafx.h 文件的时间戳早，编译器才重新编译 stdafx.h。一些标准库头文件非常大，所以这个功能可以显著减少编译项目所需的时间。如果仅在 Ex2_01A.cpp 中给 iostream 包含#include 指令，则每次编译程序时，都重新编译它。如果把它放在 stdafx.h 中，iostream 就只编译一次。因此，stdafx.h 应包含不常修改的所有头文件的#include 指令。这包括项目的标准头文件和很少修改的所有自定义项目头文件。在学习 C++时，不会使用出现在 stdafx.h 中的这两种头文件。

2. Main 函数名

如前所述，在编写使用 Unicode 字符的程序时，Visual C++支持 wmain()作为 main()的替代函数，wmain()是 main()的 Microsoft 特有定义，不是标准 C++的一部分。tchar.h 头文件定义了名称_tmain，它一般由 main 取代，但是如果定义了符号_UNICODE，它就由 wmain 取代。为了把程序标识为使用 Unicode，需要在 stdafx.h 头文件的开始处添加下列语句：

```
#define _UNICODE
#define UNICODE
```

为什么需要两个语句？定义符号_UNICODE，会让 Windows 头文件假定，Unicode 字符是默认的。定义_UNICODE 会给 C++标准库附带的 C 例程头文件带来相同的效果。Ex2_01A 项目并不需要这么做，因为 Character Set 项目属性默认设置为使用 Unicode 字符。前面详细解释了 main()函数，C++控制台示例坚持使用普通但成熟的 main()函数，它是标准 C++函数，因此是可移植性最好的编码方法。

如果愿意，可以给本书中的控制台示例使用默认的控制台项目。此时只需要把示例中的 main()函数体作为_tmain()函数体，还应把标准库头文件的所有#include 指令放在 stdafx.h 中。

2.2 定义变量

在所有的计算机程序中，一个基本的目标是操作数据，获得结果。这个过程中的一个基本元素是获得一段内存，可以称其为自己的内存，使用一个有意义的名称引用它，并在其中存储一条数据。所指定的每段内存都称为一个变量。

我们知道，每种变量都存储一种特定的数据，在定义了变量后，它可以存储的数据类型就是固定的。存储整数的变量，就不能存储小数。变量在某一时刻包含的值由程序中的语句确定，随着程序计算的进展，它的值通常多次改变。

2.2.1 命名变量

变量的名称(其实是 C++中所有事物的名称)可以是任意字母和数字的序列，其中下划线_算作字母，其他字符则不允许使用，如果在名称中使用了一些其他字符，编译程序时就会得到一个错误消息。名称必须以字母或下划线开头，通常表明所存储的信息的种类。名称也称为标识符。

在 Visual C++中，变量名最长可以有 2048 个字符，因此给变量命名有相当大的灵活性。如果使用长名称会使程序难以阅读，除非键盘技巧很高，否则长名称很难输入。更严重的问题是，并非所有编译器都支持这么长的名称。事实上，很少需要使用 10 或 15 个字符以上的名称。

最好避免使用以下划线开头、且包含大写字母的名称，如_Upper 和_Lower，因为它们可能与相同形式的标准库名称发生冲突。由于同样的原因，还应当避免使用以双下划线开头的名称。

下面是一些有效的变量名：

```
price   discount   pShape   value_   COUNT

five NaCl sodiumChloride tax_rate
```

涉及两个或多个单词的有意义的名称可以用各种方式构建：第二个单词和以后各单词的首字母大写，或者在各单词之间插入下划线。前面列表里有一些示例。本书的代码中给名称使用各种样式，但最好在一个程序中只使用一种样式。

8_Ball、7Up 和 6_pack 不是合法的名称。Hash！或 Mary-Ann 也不是合法的名称。最后这个示例是一个很常见的错误，但带有下划线的 Mary_Ann 是合法的。当然，Mary Ann 不是合法的名称，因为变量名不允许有空白。名称 republican 和 Republican 是不同的，因为名称是区分大小写的。一个常见的约定是类名以大写字母开头，变量名以小写字母开头，参见第 8 章。

2.2.2 关键字

关键字是 C++中的保留字，它们在该语言内有特殊的意义。关键字不能用作代码中的名称。编辑器用特定的颜色突出显示关键字，默认为蓝色。如果没有突出显示关键字，那么说明输入了不正确的关键字。如果不喜欢编辑器使用的默认颜色来标识各种语言元素，可以修改颜色：从 Tools 菜单中选择 Options 菜单项，在出现的对话框左窗格中选择 Environment/Fonts and Colors 选项，就可以进行修改了。

记住，关键字和名称一样，也是区分大小写的。例如，本章前面输入的程序包含关键字 int 和 return，如果把它们写成了 Int 或 Return，这些就不是关键字，不会被识别出来，也不会突出显示为蓝色。在学习本书的过程中，您将看到更多的关键字。

2.2.3 声明变量

如前所述，变量声明是一个语句，它指定变量的名称和类型。例如：

```
int value;
```

这个语句声明了一个名称为 value 的变量，它可以存储整数。在变量 value 中可以存储的数据类型由关键字 int 指定，所以只能使用 value 存储 int 类型的数据。

一个声明可以指定几个变量的名称：

```
int cost, discount_percent, net_price;
```

不推荐这么做，比较好的方法一般是用一个语句声明一个变量，每行只写一个语句。本书有时会违背这个规则，但这仅仅是为了不让代码占用太多篇幅。

为了存储数据，需要将一段计算机内存与变量名关联起来。这个过程称为变量定义。除了本书提及的一些特殊情况之外，变量声明也是一个定义，它引入了变量名，并将它与适当容量的一段内存联系起来。

下面的语句

```
int value;
```

既是一个声明，又是一个定义。已声明的变量名 value 用来访问与之关联的一段计算机内存，这段内存可以存储一个 int 类型的值。这样区别声明和定义明显有一些学究气，因为将遇到的语句是声明而不是定义。为了避免编译器报告错误消息，必须在第一次使用变量之前声明它。最好在接近于首次使用变量的位置声明它们。

2.2.4 变量的初始值

在声明变量时，还可以给它赋予初始值。将初始值赋给变量的声明称为初始化。初始化有三种语法形式，最后介绍推荐方式。下列语句给每个变量赋予一个初始值：

```
int value = 0;
int count = 10;
int number = 5;
```

value 的值是 0，cout 的值是 10，number 的值是 5。

初始化变量的第二种方式是使用函数表示法。这时不使用等号和数值，而是把数值写入变量名后面的圆括号内。前面的声明可以重写为：

```
int value(0);
int count(10);
int number(5);
```

第三种是推荐方式：初始化列表。前面三个语句可以写为：

```
int value{};
int count{10};
int number{5};
```

初始值放在变量名后面的花括号中。如果花括号为空，如 value 的定义，就假定 value 的值是 0。这种记号由 C++ 11 标准引入，前面两种方法仍是有效的，但目前第三种是推荐方式。因为这种记号可以用在几乎每种情形下，使初始化统一起来。本书的后面就使用这种形式，并指出不能使用该形式的一些情形。

如果没有提供初始值，变量就通常将包含前一个程序在该变量占用的内存中留下的无用信息(本章后面将遇到一个例外情形)。应尽可能在定义变量时进行初始化。如果变量一开始就有已知值，在出错时就比较容易解决所发生的问题。有一件事是确定的——一定会出现差错。

2.3 基本数据类型

变量可以保存的信息种类由其数据类型确定。程序中的所有数据和变量都必须是某种已定义的类型。C++提供了一系列由特定关键字指定的基本数据类型。之所以称为基本数据类型，是因为它们存储表示计算机中基本数据的值，特别是数值，字符也是数值，因为字符由数字字符代码表示。前面介绍过整型变量的关键字 int。

基本类型分为 3 类：

- 存储整数的类型
- 存储非整数值的类型，也称为浮点类型
- 指定空的值集或者不指定任何类型的 void 类型

2.3.1 整型变量

整型变量只能包含整数值。足球队中球员的数量就是一个整数，至少在比赛开始时是这样。可以使用关键字 int 来声明整型变量。int 型变量在内存中占用 4 个字节，可以存储正负整数值。int 型变量的值的上下限对应于最大和最小的带符号二进制数字，它们可以表示为 32 位。int 型变量的上限是 $2^{31}-1$，即 2 147 483 647；下限是 $-(2^{31})$，即 −2 147 483 648。下面是定义 int 型变量的一个示例：

```
int toeCount {10};
```

关键字 short 可以定义占用 2 个字节的整型变量。关键字 short 等同于 short int，所以利用下列语句可以定义两个 short 型变量：

```
short feetPerPerson  {2};
short int feetPerYard  {3};
```

这两个变量具有相同的类型，因为 short 的含义和 short int 完全相同。在此使用这两种形式的类型名称是为了说明它们的用法，但最好只使用一种表示方法，short 用得更多一些。

Visual C++中的整数类型 long 占用 4 个字节，因此存储的值域与 int 类型相同。在其他一些 C++编译器中，long 类型占用 8 个字节。该类型也可以写作 long int。下面的语句声明了 long 型变量。

```
long bigNumber {1000000L};
long int largeValue {};
```

这些语句声明了变量 bigNumber 和 largeValue，它们的初值分别是 1 000 000 和 0。字面值结尾处附加的字母 L 指定它们是 long 类型。也可以将小写字母 l 用于相同的目的，但其缺点是，它容易和数字 1 混淆。没有附加 L 的整型字面值属于 int 型。

在代码中编写数值时，不能包括逗号。在正文中可以把数字写成 12,345，但是在代码中，必须把它写成 12345。

使用 long long 型变量可以存储更大的整数：

```
long long huge {100000000LL};
```

long long 型变量占用 8 个字节，可存储的值的范围是－9 223 372 036 854 775 808 ~ 9 223 372 036 854 775 807。表明整数为 long long 类型的后缀是 LL 或 ll，最好避免使用小写形式，因为它看起来像数字 11。

2.3.2　字符数据类型

数据类型 char 有双重用途。它指定 1 字节变量，可以存储给定值域内的整数，或者存储单个 ASCII(American Standard Code for Information Interchange，美国信息交换标准代码)字符的代码。可以利用下列语句声明 char 型变量：

```
char letter {'A'};
```

这个语句声明了变量 letter，并把它初始化为常量'A'。指定的值是位于单引号之间的单个字符，而不是前面在定义要显示的一串字符时使用的双引号。由于'A'是由 ASCII 码表示的十进制数值 65，因此可以把上面的语句写成：

```
char letter {65};          // Equivalent to A
```

这个语句产生的结果和前面那个语句相同。可以存储在 char 型变量中的整数的范围是－128~127。

C++标准不要求 char 型变量必须表示有符号的 1 字节整数。至于 char 型变量是表示－128~127 的有符号整数，还是 0~255 的无符号整数，是由编译器的实现方式决定的。如果要将 C++代码移植到一个不同的环境，就需要考虑这一点。

类型 wchar_t 的叫法源于它是宽字符类型，VC++中这种类型的变量存储 2 字节字符代码，值域为 0~65535。下面是定义 wchar_t 型变量的一个示例：

```
wchar_t letter {L'Z'};       // A variable storing a 16-bit character code
```

这个语句定义了变量 letter，并用字母 Z 的 16 位代码初始化它。字符常量'Z'前面的字母 L 告诉编译器，这是一个 16 位字符代码值。

也可以使用十六进制常量初始化整型变量，包括 char 型变量。十六进制数是利用十六进制数字的标准表示法编写的：0~9，A~F(或者 a~f)——表示数字值 10~15。为了与十进制值相区分，它还以 0x(或者 0X)开头。因此，为了得到完全一致的结果，可以把上面的语句重写成：

```
wchar_t letter{0x5A};        // A variable storing a 16-bit character code
```

不要写具有前置零的十进制整数值。编译器将把这样的值翻译为八进制值(基数为 8)，所以写成 065 的值将等同于十进制表示法中的 53。

Microsoft Windows 提供了一个字符映射(Character Map)实用程序，它能够根据可用的字体查找字符。它将显示十六进制的字符代码，并指出输入这个字符时要使用的键。

2.3.3 整型修饰符

char、int、short、long 或 long long 整型变量存储有符号的整数值，所以可以使用这些类型存储正值或负值。这是因为这些类型假定具有默认的类型修饰符 signed。因此，只要使用 int 或 long，都可以把它们分别写成 signed int 或 signed long。

还可以单独使用关键字 signed 来指定变量的类型，这时它表示 signed int。例如：

```
signed value {-5};          // Equivalent to signed int
```

这种用法不常见，笔者更喜欢使用 int，这会使含义比较明显。

可以存储在 char 型变量中的值的范围为－128~127，这和 signed char 型变量相同。尽管如此，char 型和 signed char 型仍然是不同的类型，因此不应当错误地认为它们是一样的。char 型是否带符号一般由具体的实现方式来决定。Visual C++把它定义为 signed char，但其他编译器可能不是这样。

如果确信不需要存储负值(例如，如果记录一周内行驶的英里数)，则可以把变量指定为 unsigned：

```
unsigned long mileage {0UL};
```

变量 mileage 可以存储的最小值是 0，最大值是 4294967295(即 $2^{32}-1$)。比较这个值域与 signed long 的－2147483648~2147483647(-2^{31}~$2^{31}-1$)。signed 变量中用于确定数值符号的位，在 unsigned 变量中是数值的一部分。因此，unsigned 变量可以存储更大的正值，但不能表示负值。注意要把 U(或 u)附加到 unsigned 常量上。在前面的示例中，还附加了 L，表明这个常量是 long 型。可以使用 U 和 L 的大写或小写字母，而且它们的顺序并不重要。但最好采用一致的方法。

也可以单独把 unsigned 作为变量的类型规范，这时指定的类型是 unsigned int。

signed 和 unsigned 都是关键字，不能用作变量名。

2.3.4 布尔类型

布尔变量只能存储两个值：true(真)和 false（假)。布尔变量也称为逻辑变量，逻辑变量的类型是 bool，这是以 George Boole 的名字命名的，他开发了布尔代数，类型 bool 被认为是整数类型。bool 型变量用来存储可以是 true 或 false 的测试结果，如两个值是否相等。

可以利用下列语句声明 bool 型变量：

```
bool testResult;
```

当然，也可以在声明 bool 变量时进行初始化：

```
bool colorIsRed {true};
```

TRUE 和 FALSE 这两个值广泛应用于数字类型的变量，特别是 int 型变量。这是时代的遗留物，在 C++中实现 bool 类型之前，通常使用 int 型变量表示逻辑值。此时，零被视为假，而非零被视为真。符号 TRUE 和 FALSE 仍然在 MFC 内使用，它们分别表示非零整数值和 0。注意，TRUE 和 FALSE(写成大写字母)不是关键字，只是在 Win32 SDK 内部定义的符号。TRUE 和 FALSE 不是合法的 bool 值，所以不能混淆 true 和 TRUE。

2.3.5　浮点类型

不是整数的数值存储为浮点数。浮点数可以表示为 112.5 这样的小数值，或者具有指数的小数值，如 1.125E2，其中小数部分与 E(代表指数)后面指定的 10 的幂相乘。因此，1.125E2 是 1.125×10^2，即 112.5。

浮点常量必须包含一个小数点、一个指数或者两者都有。如果数字值既没有小数点也没有指数，那么它是一个整数。

如下列语句所示，可以使用关键字 double 指定浮点型变量：

```
double in_to_mm {25.4};
```

double 型变量占用 8 个字节的内存，它存储的值可以精确到大约 15 个小数位，所存储值的值域则比 15 个数位精度表示的值域宽得多，从 1.7×10^{-308}~1.7×10^{308}，包括正数和负数。如果不需要 15 个数位的精度，也不需要 double 型变量提供的大值域，那么可以使用关键字 float 声明占用 4 个字节的浮点型变量。例如：

```
float pi {3.14159f};
```

这个语句定义了初始值为 3.141 59 的变量 pi。常量结尾的 f 指定它属于 float 型。如果没有 f，这个常量就是 double 型。float 型的变量有大约 7 个小数位的精度，值域为 3.4×10^{-38}~ 3.4×10^{38}，包括正数和负数。

C++标准还定义了 long double 浮点类型，在 Visual C++中实现时，这种类型具有和 double 类型相同的值域和精度。在某些编译器中，long double 浮点类型对应于 16 字节的浮点值，它的值域和精度都比 double 类型的大得多。

2.3.6　C++中的基本类型

表 2-1 总结了 Visual C++支持的所有基本类型和值域。

表 2-1

类　型	字节数	值　域
bool	1	true 或 false
char	1	默认情况下和 signed char 型一样：－128~127。另外，也可以使 char 型变量的值域和 unsigned char 型一样
signed char	1	－128~127
unsigned char	1	0~255
wchar_t	2	0~65 535
short	2	－32 768~32 767
unsigned short	2	0~65 535
int	4	－2 147 483 648~2 147 483 647
unsigned int	4	0~4 294 967 295
long	4	－2 147 483 648~2 147 483 647
unsigned long	4	0~4 294 967 295
long long	8	－9 223 372 036 854 775 808 ~ 9 223 372 036 854 775 807
unsigned long long	8	0 ~ 18 446 744 073 709 551 615
float	4	$\pm 3.4\times 10^{\pm 38}$，精度大约为 7 个数位
double	8	$\pm 1.7\times 10^{\pm 308}$，精度大约为 15 个数位
long double	8	$\pm 1.7\times 10^{\pm 308}$，精度大约为 15 个数位

2.3.7 字面值

前面使用大量的显式常数来初始化变量，所有种类的常数都称为字面值。字面值是特定类型的值，所以 23、3.14159、9.5f 和 true 这些值分别是 int 型、double 型、float 型和 bool 型字面值的示例。“Samuel Beckett”是一个字符串字面值的示例，第 4 章将讨论字符串的类型。表 2-2 总结了如何书写各种类型的字面值。

表 2-2

类　型	字面值示例
char、signed char 或 unsigned char	'A'、'Z'、'8'、'*'
wchar_t	L'A'、L'Z'、L'8'、L'*'
int	－77、65、12 345、0x9FE
unsigned int	10U、64000u
long	－77L、65L、12345l
unsigned long	5UL、999999UL、25ul、35Ul
long long	－777LL、66LL、1234567ll

(续表)

类　型	字面值示例
unsigned long long	55ULL、999999999ULL、885ull、445Ull
float	3.14f、34.506F
double	1.414、2.71828
long double	1.414L、2.71828l
bool	true、false

不能指定 short 型或 unsigned short 型字面值，但如果这些类型变量的初值是 int 型字面值，且在 int 型的值域内，那么编译器将接受这些初值。

计算时，经常需要使用字面值，例如，把 12 英尺转换成英寸，把 25.4 英寸转换成毫米。但是，应当避免显式地使用含义不明显的数字字面值。2.54 是 1 英寸对应的厘米数，这未必对每个人都是显而易见的。最好声明一个有固定值的变量—— 例如，可以命名一个值为 2.54 的变量 inchesToCentimeters。然后，只要在代码中使用 inchesToCentimeters，它的含义都非常明显。本章稍后将讨论如何固定变量的值。

2.3.8　定义类型的别名

typedef 关键字能够为现有的类型定义自己的类型名称。例如，利用下列声明可以把名称 BigOnes 定义为标准 long int 类型的别名：

```
typedef long int BigOnes;      // Defining BigOnes as a type name
```

这个语句把 BigOnes 定义为 long int 的别名，因此可以利用下列声明把变量 mynum 声明为 long int 型：

```
BigOnes mynum {};              // Define a long int variable
```

这个声明和使用内置类型名称的声明没有任何区别。也可以使用：

```
long int mynum {};             // Define a long int variable
```

定义了类型别名如 BigOnes 后，在同一个程序内，就可以使用这两种类型说明符声明具有相同类型的不同变量。

C++ 11 标准引入了另一个语法，它使用 using 关键字来定义类型别名。BigOnes 别名的定义可以写为：

```
using BigOnes = long int;
```

在=的左边写类型别名，在=的右边写原来的类型。这个语句的作用与使用 typedef 相同。后面的示例将使用这种形式，但 typedef 也是可用的。

类型别名只是现有类型的同义词，所以它看来有点无关紧要，但事实并非如此。如后面所述，类型别名能够发挥非常有益的作用。它可以为较复杂的类型规范定义简单的名称，简化了复杂的声明，提高了代码的可读性。

2.4 基本的输入/输出操作

这里只介绍接着学习 C++所需的输入和输出操作。这并不困难——事实上正好相反——但是对于 Windows 编程来说，根本不需要了解它们。C++输入/输出围绕着数据流这个概念，可以把数据插入输出流，或者从输入流中提取数据。如前所述，到命令行的标准输出流称为 cout，来自键盘的互补输入流称为 cin。当然，这两个流的名称都定义在 std 名称空间中。

2.4.1 从键盘输入

使用流的析取运算符>>,可以通过标准输入流 cin 从键盘获得输入。要从键盘把 2 个整数值读入整型变量 num1 和 num2，可以编写下列语句：

```
std::cin >> num1 >> num2;
```

析取运算符(>>)“指向”数据流动的方向——在这个例子中，数据从 cin 依次流动到这两个变量。存储输入的变量类型确定需要的数据类型。跳过输入中所有前置的空白，所输入的第一个整数值被读入 num1。这是因为该输入语句从左向右执行。忽略 num1 后面的所有空白，所输入的第二个整数值被读入 num2。在连续的值之间必须有一些空白，以便区分它们。在按下 Enter 键时，流输入操作结束，然后继续执行下一个语句。当然，如果输入了错误的数据，就会出现错误，但这里假定您始终没犯错误！

读入浮点值的方法和整数完全相同，当然，可以混合使用这两种值。流输入和操作将自动处理各种基本类型的变量和数据。例如：

```
int num1 {}, num2 {};
double factor {};
std::cin >> num1 >> factor >> num2;
```

最后一行将把一个整数读入 num1，然后把一个浮点值读入 factor，最后把一个整数读入 num2。

2.4.2 到命令行的输出

前面提及到命令行的输出，这里再介绍一下。输出将按照输入的互补方式操作。标准输出流是 cout，使用插入运算符(<<)把数据传递到输出流。这种运算符也“指向”数据移动的方向。前面已经使用这种运算符输出了文本字符串。下面利用一个简单的程序演示输出变量值的过程。

试一试：到命令行的输出

假设已经创建了一个新的空项目，即首先在这个项目中添加新的源文件，然后把源文件编译成可执行文件。下面是在创建了项目 Ex2_02 后，需要放入源文件的代码：

```
// Ex2_02.cpp
// Exercising output
#include <iostream>

using std::cout;
using std::endl;

int main()
```

```
{
    int num1 {1234}, num2 {5678};
    cout << endl;                            // Start on a new line
    cout << num1 << num2;                    // Output two values
    cout << endl;                            // End on a new line
    return 0;                                // Exit program
}
```

示例说明

由于对 std::cout 和 std::endl 使用了 using 声明，因此可以在代码中使用非限定的流名称。main()中的第一个语句声明并初始化两个整型变量 num1 和 num2。然后是三个输出语句，第一个输出语句将屏幕光标移动到新行。由于输出语句从左向右执行，因此第二个输出语句显示 num1 的值，紧接着显示 num2 的值。

在编译和执行这个程序后，将得到下列输出：

```
12345678
```

这个输出是正确的，但没有用。我们真正需要的是至少由一个空格分开的两个输出值。默认的流输出只输出数字，不能把连续的输出值分隔开，以便区分它们。像现在这样，无法分辨第一个数据结束的位置和第二个数字开始的位置。

2.4.3　格式化输出

只需要在两个数值之间输出一个空格，就可以轻松地解决这个问题。为此，只需要把原来程序中的

```
cout << num1 << num2;                  // Output two values
```

替换成下列语句：

```
cout << num1 << ' ' << num2;           // Output two values
```

如果有几行输出，且想在列中对齐它们，就需要某种额外的操作，因为事先不知道每个数值中有多少数字。利用操作符可以处理这种情况。操作符将修改数据输出到流(或者从流输入)的方式。

操作符在头文件 iomanip 中定义，因此需要添加这个头文件的#include 指令。要使用的操作符是 std::setw(n)，它使下一个输出值在 n 个字符宽的字段中右对齐，所以 std::setw(6)使下一个输出值在宽度为 6 个空格的字段中显示。下面看看它的使用情况。

试一试：使用操作符

为了获得更合适的输出，可以把上面的程序修改成：

```
// Ex2_03.cpp
// Exercising output
#include <iostream>
#include <iomanip>

using std::cout;
using std::endl;
using std::setw;
```

```
int main()
{
    int num1 {1234}, num2 {5678};
    cout << endl;                                    // Start on a new line
    cout << setw(6) << num1 << setw(6) << num2;      // Output two values
    cout << endl;                                    // Start on a new line
    return 0;                                        // Exit program
}
```

示例说明

对 Ex2_02.cpp 的修改有：添加了用于 iomanip 头文件的#include 指令，针对 std 名称空间中的名称 setw 添加了一个 using 声明，在输出流中每个数值的前面插入了 setw()操作符。现在的输出非常整齐：

```
  1234  5678
```

注意，setw()操作符插入流中后，只应用于其后的单个输出值。后续的数值都以默认的方式输出。对每个要在给定字段宽度内输出的数值，都必须在它们的前面插入这个操作符。

iomanip 头文件中的另一个有用的操作符是 std::setiosflags。它可以使输出在给定字段宽度内左对齐，而不是默认的右对齐。其用法如下：

```
cout << std::setiosflags(std::ios::left);
```

std::ios::left 是该操作符设置的标记，它使输出在给定字段宽度内左对齐，也可以设置其他标记，使用 std::setiosflags 来控制数字输出的格式，这值得探讨。

2.4.4 转义序列

在双引号之间编写单个字符或字符串时，要通过特殊的字符序列（称作转义序列）来指定一些字符。之所以称为转义序列，是因为它们通过避开一些字符的默认解释，允许指定不能利用其他方法表示的字符。不能在双引号之间包含的字符或指定为单个字符字面值的示例是换行符。按下回车键来表示换行符，只会把光标移动到下一行——该字符本身不会输入到代码中。

转义序列以反斜杠字符(\)开头，反斜杠字符告诉编译器按照特殊的方法解释后面的字符。例如，制表符写作\t，所以编译器将 t 理解为表示制表符，而不是字母 t。观察下面的两个语句：

```
cout << endl << "This is output.";
cout << endl << "\tThis is output after a tab.";
```

它们将输出下面这些行：

```
This is output.
        This is output after a tab.
```

第二个语句中的\t 使输出缩进到第一个制表符位置。可以在每个字符串中使用换行字符的转义序列\n，而不是 endl，所以前面的语句可以重写为：

```
cout << "\nThis is output.";
cout << "\n\tThis is output after a tab.";
```

输出是相同的，但注意\n 与 endl 不完全相同。endl 会输出一个新行，并刷新数据流，而\n 仅输出一个新行，但不刷新数据流。刷新输出流会使流缓存中的所有数据写入设备。

表 2-3 给出了一些非常有用的转义序列。

表　2-3

转 义 序 列	作　用	转 义 序 列	作　用
\a	发出蜂鸣声	\b	退格
\n	换行	\t	制表符
\'	单引号	\"	双引号
\\	反斜杠	\?	问号

显然，如果希望在字符串中把反斜杠或双引号作为字符显示，就必须使用适当的转义序列来表示它们。否则，反斜杠将被解释为另一个转义序列的开始，双引号将表示字符串的结束。同样，要定义单引号字符字面值，必须使用'\''。

当然，在初始化 char 型变量时，可以使用转义序列。例如：

```
char Tab {'\t'};              // Initialize with tab character
```

可以把问号放在字符串或字符字面值中。\?转义序列可以避免与“三联符序列”冲突，三联符序列是一个 C 语言结构，它包含以??开头的三个字母，来定义不能用其他方法表示的字符。三联符序列目前很少使用，但仍是语言标准的一部分。

试一试：使用转义序列

下列程序使用了表 2-3 中的一些转义序列：

```
// Ex2_04.cpp
// Using escape sequences
#include <iostream>

using std::cout;

int main()
{
    char newline {'\n'};              // Newline escape sequence
    cout << newline;                  // Start on a new line
    cout << "\"We\'ll make our escapes in sequence\", he said.";
    cout << "\n\tThe program\'s over, it\'s time to make a beep beep.\a\a";
    cout << newline;                  // Start on a new line
    return 0;                         // Exit program
}
```

如果编译和执行这个示例，那么将产生下列输出：

```
"We'll make our escapes in sequence", he said.
        The program's over, it's time to make a beep beep.
```

示例说明

main()函数中的第一行把变量 newline 定义为 char 型，并利用换行符的转义序列来初始化它。然后就可以使用 newline 代替标准库中的 endl。

把 newline 写入 cout 以后，输出了一个使用双引号(\")和单引号(\')转义序列的字符串。在这里不必使用单引号的转义序列，因为这个字符串由双引号定界，编译器会识别单引号字符，不会把它解释为定界符。但是，在这个字符串中必须使用双引号的转义序列。这个字符串以一个换行转义序列开头，然后是一个制表符转义序列，所以输出行将按照制表符距离缩进。这个字符串还以蜂鸣声转义序列的两个实例结束，所以您将听到从 PC 的扬声器中发出两个嘀嘀声。

2.5 C++中的计算

现在开始处理输入的数据。前面介绍了如何完成简单的输入和输出，下面要开始了解中间环节：程序的“处理”部分。C++计算的几乎所有方面都相当直观，所以这一部分应当很容易学习。

2.5.1 赋值语句

前面介绍了赋值语句的一些示例。典型的赋值语句如下所示：

```
whole = part1 + part2 + part3;
```

这个赋值语句计算等号右边的表达式的值，在这个例子中是 part1、part2 和 part3 的和，并把结果存储在等号左边指定的变量中，在这个例子中是 whole 变量。在这个语句中，whole 是它的各个部分的和。

还可以编写连续赋值的语句，如：

```
a = b = 2;
```

这相当于把值 2 赋给 b，然后把 b 的值赋给 a，所以这两个变量最后都将存储值 2。

2.5.2 算术运算

基本算术运算符是加法、减法、乘法和除法，分别由符号+、-、* 和 /表示。除了除法在处理整数时稍有偏差之外，它们的运算在一般情况下和预期的一样。可以编写如下所示的语句：

```
netPay = hours * rate - deductions;
```

这里将计算 hours 和 rate 的乘积，然后从得到的值中减去 deductions。乘法和除法运算在加法和减法运算之前执行。本章后面将更完整地讨论表达式中各种运算符的执行顺序。表达式 hours * rate – deductions 的计算结果将存储在变量 netPay 中。

上一个语句使用的减号有两个操作数——它从其左边操作数的值中减去其右边操作数的值。由于涉及两个值，因此这称为二元运算符。减号也可以用于一个操作数，改变它所涉及的值的符号，这时它称作一元减号。可以编写下列语句：

```
int a {};
int b {-5};
a = -b;                        // Changes the sign of the operand so a is 5
```

其中，a 被赋予值+5，因为右边表达式中的一元减号改变了操作数 b 的值的符号。

赋值语句不等同于高中代数中的方程。赋值语句指定一个要执行的动作，而不是声明一个事实。在执行过程中，将对赋值运算符右边的表达式进行计算，然后把结果存储在左边指定的位置。

看下列语句：

```
number = number + 1;
```

这个语句表示“给存储在 number 中的当前值加 1，然后把结果放回 number 中”。作为正常的代数语句，它没有任何意义。但作为一个编程操作，显然是有意义的。

一般情况下，赋值语句左边的表达式是一个变量名，但这不是必须的。它可以是某种表达式，但是，如果它是一个表达式，则其计算结果必须是一个 lvalue。如后面所述，lvalue 是一个持久的内存位置，赋值运算符右边的表达式的结果可以存储在这里。

试一试：基本算术运算

通过计算给一个房间贴壁纸时需要多少卷标准壁纸，以练习一下基本算术运算。下面的示例可以做到这一点：

```
// Ex2_05.cpp
// Calculating how many rolls of wallpaper are required for a room
#include <iostream>

using std::cout;
using std::cin;
using std::endl;

int main()
{
    double height {}, width {}, length {};          // Room dimensions
    double perimeter {};                            // Room perimeter

    const double rollWidth {21.0};                  // Standard roll width
    const double rollLength {12.0*33.0};            // Standard roll length(33ft.)

    int strips_per_roll {};                         // Number of strips in a roll
    int strips_reqd {};                             // Number of strips needed
    int nrolls {};                                  // Total number of rolls

    cout << endl                                    // Start a new line
         << "Enter the height of the room in inches: ";
    cin >> height;

    cout << endl                                    // Start a new line
         << "Now enter the length and width in inches: ";
    cin >> length >> width;

    strips_per_roll = rollLength / height;          // Get number of strips per roll
    perimeter = 2.0*(length + width);               // Calculate room perimeter
```

```
    strips_reqd = perimeter / rollWidth;              // Get total strips required
    nrolls = strips_reqd / strips_per_roll;           // Calculate number of rolls

    cout << endl
         << "For your room you need " << nrolls << " rolls of wallpaper."
         << endl;

    return 0;
}
```

除非打字比较熟练，否则在第一次编译这个程序时，可能会出现几个错误。一旦修正了输入错误，它就能很好地编译和运行。编译器将产生两个警告消息。不用担心，编译器只是想确保你理解正在发生的事情。下面将解释出现警告消息的原因。

示例说明

首先需要澄清一件事，如果由于使用这个程序而用完了壁纸，我将不承担任何责任！您将看到，在估计需要的卷数时，出现所有错误的原因都在于 C++运行的方式以及贴壁纸时不可避免出现的浪费——通常在 50%以上。

下面将按顺序解释这个程序中的语句，同时讲解一些有趣、新颖甚至令人兴奋的功能。现在你已经熟悉了 main()函数体之前的语句，所以它们不成问题。

代码的布局有几个地方值得注意。首先，main()函数体中的语句是缩进的，以便于看到函数体的范围。其次，各组语句由一个空行隔开，以表明它们是功能组。缩进语句是布置 C++代码时的一个基本技巧。这么做一般是为了给出程序中各种逻辑块的可见提示。

1. const 修饰符

在 main()函数体一开始，有一个语句块，它们声明程序中使用的变量。这些语句相当常见，但是其中两个语句包含新功能：

```
const double rollWidth {21.0};                    // Standard roll width
const double rollLength {12.0*33.0};              // Standard roll length(33ft.)
```

它们都以一个新的关键字 const 开头。这是一种类型修饰符，表明变量不仅是 double 类型，而且是常量。这告诉编译器，这些是常量，因此编译器将检查是否有试图修改这些变量值的语句，如果发现了这样的语句，编译器将生成一个错误消息。可以对此进行检验，其方法是在声明 rollWidth 之后的任何地方添加如下语句：

```
rollWidth = 0;
```

程序将不再编译，同时返回错误消息：

```
'error C3892: 'rollWidth' : you cannot assign to a variable that is const'.
```

把常量定义为 const 变量是非常有用的，特别是要在程序中多次使用同一个常量时。首先，与遍布程序的、也许没有明显含义的零星字面值相比，这是一种更好的方法。数值 42 可能指的是生命的价值、宇宙和任何东西，但是如果使用了一个名为 myAge、值为 42 的 const 变量，那么很明显，所指的不是这些东西。其次，如果修改了 const 变量的初值，这个变化应用于源文件的所有地方。如果使用显式的字面值，就必须逐个修改所有的字面值实例。

2. 常量表达式

const 变量 rollLength 用算术表达式(12.0*33.0)初始化。使用常量表达式初始化变量，就不必亲自计算数值。这种方法也更有意义，如在这个例子中，33 英尺乘以 12 英寸所表达的意思就比简单地写成 396 清楚得多。编译器能准确地计算常量表达式，但是如果你亲自计算，则根据表达式的复杂性和你处理数字的能力，这可能会出错。

在编译时，可以使用能够计算为常量的任何表达式，包括已经定义的 const 变量。例如，如果这样做在这个程序中有用，那么可以把一标准卷壁纸的面积声明为：

```
const double rollArea {rollWidth*rollLength};
```

这个语句需要放在初始化 rollArea 时使用的两个 const 变量的声明后面，因为在出现常量表达式的地方，编译器必须已经知道出现在常量表达式中的所有变量。

3. 程序输入

在声明了一些整型变量后，这个程序的下面 4 个语句将处理来自键盘的输入：

```
cout << endl                                        // Start a new line
     << "Enter the height of the room in inches: ";
cin  >> height;

cout << endl                                        // Start a new line
     << "Now enter the length and width in inches: ";
cin  >> length >> width;
```

其中，把文本写入 cout，提示需要的输入，然后使用标准输入流 cin 读取键盘的输入。首先得到了 height 值，然后依次读取 length 和 width 的值。在实际的程序中，需要检查错误，也许还需要确保输入值是切合实际的，但是你现在还没有足够的知识能做到这一点！

4. 计算结果

对于尺寸给定的房间，如下 4 个语句计算所需要的标准卷壁纸的数量：

```
strips_per_roll = rollLength / height;      // Get number of strips in a roll
perimeter = 2.0*(length + width);           // Calculate room perimeter
strips_reqd = perimeter / rollWidth;        // Get total strips required
nrolls = strips_reqd / strips_per_roll;     // Calculate number of rolls
```

利用长度对应于房间高度这个关系，通过用一个值除以另一个值，第一个语句将计算可以由一个标准壁纸卷得到的壁纸条的数量。因此，如果房间高 8 英尺，那么用 96 除 396，得到浮点型结果 4.125。这里有一个微妙之处。存储这个结果的变量 strips_per_roll 是 int 型，所以它只能存储整数。任何要存储为整数的浮点值都向下舍入为最接近的整数，在这个例子中是 4，这个值将被存储起来。这实际上就是此处想要的结果，因为零碎的壁纸条可以贴在窗户下面或者门的上面，但是在估算时最好忽略它们。

值从一种类型转换成另一种类型称为类型转换。上面这个示例是隐式类型转换，因为代码没有显式地声明类型需要转换，所以编译器必须自己进行处理。在编译期间发出两个警告的原因是，插入的隐式类型转换意味着信息可能会由于一种类型到另一种类型的转换而丢失。

在代码需要隐式类型转换时应当非常谨慎。编译器并不总是给隐式类型转换发出警告，如果把一种类型的值赋给某种类型的变量，而这种类型的变量具有较小的值域，就有丢失信息的风险。如果无意中把隐式类型转换包括到程序中，就可能出现难以查找的 bug。

在导致信息丢失的类型转换无法避免时，可以显式地指定转换。为此，要把赋值语句右边的值显式类型转换或强制转换成 int，因此第一个语句将变成：

```
strips_per_roll = static_cast <int> (rollLength / height);     // Get number
                                                                // of strips in
                                                                // a roll
```

在右边添加的 static_cast<int>以及包围表达式的圆括号告诉编译器，要把圆括号内表达式的值转换成尖括号中的类型 int。虽然仍将丢失这个值的小数部分，但是编译器假定你知道正在做什么，不会发出警告。本章后面将详细地讨论 static_cast<int>()和其他类型转换。

注意下一个语句计算房间的周长。为了将 length 与 width 的和同 2 相乘，计算这两个变量之和的表达式放在圆括号内。这将确保首先执行加法运算，得到的结果再与 2.0 相乘，得到周长的值。可以使用圆括号来保证计算按照要求的顺序执行，因为圆括号内的表达式始终先计算。在有嵌套圆括号的地方，圆括号内的表达式按照从最里面到最外面的顺序计算。

第三个语句计算贴满整个房间需要多少壁纸条，它的作用与第一个语句一样：因为结果存储到整型变量 strips_reqd 中，所以它向下舍入为最近的整数。这不是实际需要的结果。在估计时最好向上舍入，不过您现在还没有足够的知识来做到这一点。在学习了第 3 章后，就可以回过头来进行修改。

最后一个算术语句用所需壁纸条的数量(整数)除以一卷壁纸中壁纸条的数量(也是整数)，计算需要的壁纸卷的数量。由于用一个整数除以另一个整数，因此结果肯定是整数，忽略余数。如果变量 nrolls 是浮点型，那么这仍然是一个问题。由这个表达式得到的整数值在存储到 nrolls 中之前，将转换成浮点形式。所得到的结果实际上与计算出浮点型结果然后向下舍入为最近的整数时相同。同样，这不是您想要的结果，如果想使用这个结果，则需要修改它。

5. 显示结果

计算的结果由下列语句显示：

```
cout << endl
     << "For your room you need " << nrolls << " rolls of wallpaper."
     << endl;
```

这是一个扩展成 3 行的输出语句。它首先输出一个换行符，然后输出文本字符串"For your room you need "，接着是变量 nrolls 的值，最后是文本字符串" rolls of wallpaper."。可以看到，输出语句非常简单。换行符可以使用转义序列来表示，如下所示：

```
cout << "\nFor your room you need " << nrolls << " rolls of wallpaper.\n";
```

最后，当执行下列语句时，这个程序结束：

```
return 0;
```

此处的 0 值是返回值，它将返回到操作系统。第 5 章将详细讨论返回值。

2.5.3　计算余数

如前所述，用一个整数值除以另一个整数值，会得到一个忽略所有余数的整数值，所以 11 除以 4 的结果是 2。由于除法运算以后的余数可能非常重要，如在孩子们之间分甜饼时，因此 C++提供了一种特殊的运算符%。下列语句处理分甜饼的问题：

```
int residue {}, cookies {19}, children {5};
residue = cookies % children;
```

变量 residue 最后的值是 4，即 19 除以 5 之后剩余的数字。要计算每个孩子得到的甜饼数量，只需要使用除法运算，如下列语句所示：

```
each = cookies / children;
```

2.5.4　修改变量

经常需要修改变量的现有值，如增加它的值，或者使它的值增加一倍。可以使用下列语句增加变量 count 的值：

```
count = count + 5;
```

这个语句把 5 和 count 的当前值相加，然后把结果存储到 count 中，所以如果 count 开始的值是 10，那么它最后的值是 15。

这个语句还有一种简写方式：

```
count += 5;
```

这条语句表示“取出 count 中的值，给它增加 5，然后把结果存储到 count 中”。还可以对其他运算符使用这种表示法。例如：

```
count *= 5;
```

这条语句把 count 的当前值和 5 相乘，然后把结果存储到 count 中。一般来说，可以编写下列形式的语句：

```
lhs op= rhs;
```

lhs 代表这个语句左边的任何合法表达式，通常(但不一定)是一个变量名。rhs 代表这个语句右边的任何合法表达式。其中，op 是下列运算符之一：

+	-	*	/	%
<<	>>	&	^	|

前 5 个运算符已经介绍过，其他的是移位和逻辑运算符，本章后面将介绍它们。

这个语句的通用形式等同于：

```
lhs = lhs op (rhs);
```

括住 rhs 的圆括号表示将首先求这个表达式的值，得到的结果将变成 op 的右操作数。

这意味着可以编写如下语句：

```
a /= b + c;
```

这个语句的效果和下列语句相同:

```
a = a/(b + c);
```

因此，a 的值将除以 b 与 c 的和，得到的结果将存储到 a 中，覆盖以前的值。

2.5.5 增量和减量运算符

现在介绍一些不寻常的算术运算符，称作增量和减量运算符，一旦对 C++的应用有了进一步的兴趣，将发现它们非常有用。这些是一元运算符，用于给变量中存储的值增 1 或减 1。例如，假设变量 count 是 int 型，则下面 3 个语句具有完全相同的效果:

```
count = count + 1;      count += 1;      ++count;
```

它们都把变量 count 的值增加 1。最后一种使用增量运算符的形式无疑最简洁。

增量运算符不仅修改它涉及的变量的值，而且产生值。因此，使用增量运算符把变量的值增加 1，也可以作为较复杂表达式的一部分。表达式++count 增加变量的值，所得的结果是表达式的值。例如，假设 count 的值是 5，把变量 total 定义为 int 型。假设编写了下列语句:

```
total = ++count + 10;
```

这个语句首先把 count 的值增加到 6，表达式++count 的结果是 count 的最终值 6，然后将这个结果和 10 相加，因此 total 的值是 16。

前面一直把增量运算符++写在它所涉及的变量的前面，这称为增量运算符的前缀形式。增量运算符还有后缀形式，这时运算符写在所涉及变量的后面，其效果稍有不同。运算符所涉及变量的值只有在上下文中使用过以后才增加。例如，把 count 的值重新设置为 5，并把前一个语句重写成:

```
total = count++ + 10;
```

假设 count 的值是 5，则 total 的值是 15，因为 count 的值先用于计算表达式，再增加 1。前面的语句等同于下面两个语句:

```
total = count + 10;
++count;
```

在前面那个后缀形式的示例中，一群“+”号可能会导致混乱。一般说来，最好不要这样编写增量运算符。写成下列语句则比较清楚:

```
total = 6 + count++;
```

也可以给 count++加上括号。如果表达式是 a++ + b 甚至 a+++b，则它们的含义或者编译器如何处理就不太明显。它们实际上是一样的，但是在第二种情况下，其本意可能是 a + ++b，这是一个不同的表达式。它的计算结果比另外两个表达式大 1。

前述有关增量运算符的规则同样适用于减量运算符--。例如，如果 count 的初始值是 5，那么下列语句

```
total = --count + 10;
```

将把值 14 赋给 total，而

```
total = 10 + count--;
```

则把 total 的值设置为 15。这两种运算符通常用于整数，特别是用于循环的上下文中，第 3 章将对此进行介绍，也可以把它们用于浮点变量。如后面各章所述，它们还可应用于其他数据类型，特别是存储地址的变量。

试一试：逗号运算符

逗号运算符能够指定几个表达式，通常只有其中一个表达式可能出现。通过如下演示逗号运算符的示例，能很好地理解这个概念。

```
// Ex2_06.cpp
// Exercising the comma operator
#include <iostream>

using std::cout;
using std::endl;

int main()
{
    long num1 {}, num2 {}, num3 {}, num4 {};

    num4 = (num1 = 10L, num2 = 20L, num3 = 30L);
    cout << endl
         << "The value of a series of expressions "
         << "is the value of the rightmost: "
         << num4;
    cout << endl;

    return 0;
}
```

示例说明

如果编译和运行这个程序，将得到下列输出：

```
The value of a series of expressions is the value of the rightmost: 30
```

这个输出相当容易理解，main()中的第一条语句创建了 4 个变量，即 num1 到 num4，并将它们初始化为 0。变量 num4 接受 3 个赋值语句中最后一个赋值语句的值，该赋值语句的值就是赋给其左边变量 num4 的值。在对 num4 赋值的语句中，圆括号是必须有的。可以尝试一下没有这对圆括号时的结果。如果没有圆括号，那么在一系列由逗号分隔开的表达式中，第一个表达式将变成：

```
num4 = num1 = 10L
```

这样，num4 的值是 10L。

当然，由逗号分隔开的表达式不一定是赋值语句。同样可以编写下列语句：

```
long num1 {1L}, num2 {10L}, num3 {100L}, num4 {};
num4 = (++num1, ++num2, ++num3);
```

这个赋值语句的作用是把变量 num1、num2 和 num3 的值增加 1，然后把 num4 的值设置为最后一个表达式的值，即 101L。这个示例旨在说明逗号运算符的作用，而不是说明如何编写良好的代码。

2.5.6 计算的顺序

前面没有讨论如何确定求表达式的值时所涉及的计算顺序。在处理基本的算术运算符时，这和您在学校学过的一样，但是 C++还有许多其他的运算符。为了了解这些运算符，需要了解 C++中用于确定这个顺序的机制。这种机制称为运算符优先顺序。

运算符优先顺序

运算符优先顺序按照优先级顺序排列运算符。在表达式中，具有最高优先顺序的运算符先执行，然后执行具有次高优先顺序的运算符，依此类推，直至具有最低优先顺序的运算符。表 2-4 给出了运算符的优先顺序。

表 2-4

<table>
<tr><th>顺 序</th><th>运算(操作)符</th><th>关 联 性</th></tr>
<tr><td>1</td><td>::</td><td>无</td></tr>
<tr><td>2</td><td>() [] -> .
后缀 ++ 后缀 --
typeid
const_cast dynamic_cast static_cast
reinterpret_cast</td><td>从左向右</td></tr>
<tr><td>3</td><td>logical not ! one's complement ~
unary + unary -
prefix ++ prefix --
address-of & indirection *
type cast (type)
sizeof decltype
new new[] delete delete[]</td><td>从右向左</td></tr>
<tr><td>4</td><td>.* ->*</td><td>从左向右</td></tr>
<tr><td>5</td><td>* / %</td><td>从左向右</td></tr>
<tr><td>6</td><td>+ -</td><td>从左向右</td></tr>
<tr><td>7</td><td><< >></td><td>从左向右</td></tr>
<tr><td>8</td><td>== !=</td><td>从左向右</td></tr>
<tr><td>9</td><td>&</td><td>从左向右</td></tr>
<tr><td>10</td><td>^</td><td>从左向右</td></tr>
<tr><td>11</td><td>|</td><td>从左向右</td></tr>
<tr><td>12</td><td>&&</td><td>从左向右</td></tr>
<tr><td>13</td><td>||</td><td>从左向右</td></tr>
<tr><td>14</td><td>?:(条件运算符)</td><td>从右向左</td></tr>
<tr><td>15</td><td>= *= /= %= += -= &= ^= |= <<= >>=</td><td>从右向左</td></tr>
<tr><td>16</td><td>throw</td><td>从右向左</td></tr>
<tr><td>17</td><td>,</td><td>从左向右</td></tr>
</table>

const_cast、static_cast、dynamic_cast、reinterpret_cast 和 typeid 没有包含在表中，这里有许多运算符还没有介绍过，不过学完本书以后，您将全部认识它们。本书包括了所有的运算符，这样，如果无法确定一个运算符相对于另一个运算符的优先顺序，可以查阅表 2-4。

具有最高优先顺序的运算符位于表2-4的顶部。同一行中的所有运算符都具有相同的优先顺序。如果表达式中没有圆括号，那么具有相同优先顺序的运算符将按照由其关联性确定的顺序执行。如果关联性是“从左向右”，那么表达式中最左边的运算符先执行，然后向右一直执行到最右边的运算符。这意味着，a+b+c+d这样的表达式在执行时，可以写成(((a + b) + c) + d)，因为二元运算符+是从左向右关联的。

注意，如果一个运算符既有一元形式(处理一个操作数)又有二元形式(处理两个操作数)，一元形式始终具有较高的优先顺序，因而首先执行。

始终可以使用圆括号重写运算符的优先顺序。由于运算符非常多，因此有时难以确定谁的优先顺序高。最好插入圆括号来确保优先顺序。圆括号的另一个优点是它们经常使代码更容易阅读。

2.6 类型转换和类型强制转换

计算只能在相同类型的值之间进行。在编写的表达式涉及不同类型的变量或常量时，对于每个二元运算，编译器都必须把其中一个操作数的类型转换成与另一个操作数相匹配的类型。这个转换过程称为隐式类型转换。例如，如果要把一个double型的值与一个整型值相加，首先将整数值转换成double型，然后执行加法运算。当然，包含被转换值的变量本身不会改变。编译器把转换后的值存储在一个临时的内存位置，在计算完成以后，将丢弃这个值。

在任何运算中，都有确定转换哪个操作数的选择规则。任何表达式都分解成一系列两个操作数之间的运算。例如，表达式2*3－4+5分解为“2×3得6，6－4得2，最后2+5得7”这个序列。因此，在必要时转换操作数类型的规则只需要根据一对操作数的类型来定义。因此，对于类型不同的任何一对操作数，编译器根据表2-5所示的由高到低的类型排序，来确定将哪个操作数转换成另一个操作数的类型。

表 2-5

1. long double
2. double
3. float
4. unsigned long long
5. long long
6. unsigned long
7. long
8. unsigned int
9. int

因此，如果运算的两个操作数分别是long long类型和unsigned int类型，则后者会转换成long long类型。任何char、signed char、unsigned char、short或unsigned short类型的操作数在操作之前至少会转换成int类型。

隐式类型转换可能会产生意想不到的结果。例如，考虑下面这些语句：

```
unsigned int a {10u};
signed int b {20};
std::cout << a - b << std::endl;
```

你可能以为这段代码输出 -10，其实不是。它输出 4294967286。这是因为 b 的值转换成 unsigned int 类型，以匹配 a 的类型，所以减法运算的结果是无符号整数值。这就意味着，如果整型操作涉及不同类型的操作数，除非非常有把握，否则不应依赖隐式类型转换来生成想要的结果。

2.6.1 赋值语句中的类型转换

在示例 Ex2_05.cpp 中，赋值语句右端表达式的结果与左端的变量有不同的类型时，就要插入隐式的类型转换。这可能导致丢失信息。例如，如果把一个值为 float 或 double 型的表达式赋给一个类型为 int 或 long 的变量，将丢失 float 或 double 型的值的小数部分，而只存储整数部分(如果结果超过了整数类型的值域，就可能丢失更多的信息)。

例如，在执行下列代码之后，

```
int number {};
float decimal {2.5f};
number = decimal;
```

number 的值将是 2。注意 2.5f 末尾的字母 f 告诉编译器，它是单精度浮点型。如果没有 f，则它的类型将是 double。任何包含小数点的常量都是浮点型。如果不希望它们成为双精度浮点型，那么需要附加字母 f。大写字母 F 具有相同的作用。

2.6.2 显式类型转换

对于涉及基本类型的混合表达式，编译器将在必要的地方自动安排类型转换，也可以使用显式类型转换(也叫强制转换)，强制进行从一种类型到另一种类型的转换。要把表达式的值强制转换成给定的类型，可以编写下列形式的强制转换语句：

```
static_cast<要转换成的类型>(表达式)
```

关键字 static_cast 表明将静态地检查类型强制转换，也就是说，在编译程序时检查。在执行程序时，不再检查这种转换的应用是否安全。在后面介绍类时，会遇到 dynamic_cast，它将动态检查转换，也就是说，在执行程序时检查。还有两种类型的强制转换，const_cast 用于删除表达式中的 const 属性，reinterpret_cast 是一种无条件的强制转换，这里不再介绍它们。

static_cast 运算的作用是将表达式求得的值转换成在尖括号内指定的类型。表达式没有限制，从单个变量到包含许多嵌套圆括号的复杂表达式都可以。

下面是使用 static_cast< >( )的一个示例：

```
double value1 {10.5};
double value2 {15.5};
int whole_number {};
whole_number = static_cast<int>(value1) + static_cast<int>(value2);
```

赋予变量 whole_number 的值是 value1 和 value2 的整数部分的和，因此它们都显式地强制转换成类型 int，变量 whole_number 的值是 25。强制转换不影响存储在 value1 和 value2 中的值，它们仍然分别是 10.5 和 15.5。由强制转换产生的数值 10 和 15 只是临时存储起来，供计算时使用，随后丢弃。虽然这两个强制转换在计算时都丢失了信息，但是编译器假定，在显式地指定强制转换时，你了解自己正在做的事情。

可以对任何数字类型应用显式类型强制转换，但是应当意识到存在信息丢失的可能性。如果把一个类型为 float 或 double 的值强制转换成整数类型，转换后将丢失这个值的小数部分，如果这个值开始时小于 1.0，那么结果将是 0。如果把一个 double 值强制转换成类型 float，将损失精度，因为 float 型变量只有 7 位精度，而 double 型变量有 15 位精度。根据所涉及的值，甚至在整数类型之间进行强制转换，也有可能丢失数据。例如，一个类型为 long long 的整数值可能超过能在 int 型变量中存储的最大值，所以从 long long 型数值到 int 型数值的强制转换就可能会丢失信息。

一般来说，应当尽可能地避免强制转换。如果发现程序需要大量的强制转换，就应看看程序的结构，以及选择数据类型的方法，以了解是否可以消除，至少减少强制转换数量。

2.6.3 老式的类型强制转换

在 static_cast< >( )(以及本书后面将要讨论的其他类型强制转换 const_cast< >( )、dynamic_cast< >( )和 reinterpret_cast< >( ))引入 C++之前，显式强制转换写为：

```
(要转换成的类型)表达式
```

表达式的结果强制转换成圆括号之间的类型。例如，计算 strips_per_roll 的语句可以写成：

```
strips_per_roll = (int)(rollLength / height);      //Get number of strips in a roll
```

有 4 种不同的强制转换，老式的强制转换语法涵盖了所有这些转换。由此，使用老式类型强制转换的代码更容易出错——它们往往不能清楚地说明您的意图，可能得不到期望的结果。虽然老式的类型强制转换仍在广泛地使用(它仍然是语言的一部分，由于历史的原因，在 MFC 代码中它仍然存在)，但强烈建议在代码中坚持只使用新式的类型强制转换。

2.7 auto 关键字

可以在定义语句中将 auto 关键字用作变量的类型，变量的类型根据提供的初始值来推断。下面是几个例子：

```
auto n = 16;                        // Type is int
auto pi = 3.14159;                  // Type is double
auto x = 3.5f;                      // Type is float
auto found = false;                 // Type is bool
```

在每种情况下，分配给所定义变量的类型与用作初始值的字面值的类型是相同的。当然，以这种方式使用 auto 关键字时，必须为变量提供初始值。

注意不应联合使用初始化列表和 auto 关键字，因为初始化列表有类型。编译器不从列表的项中，而是根据列表推断出类型。假定有如下代码：

```
auto n {16};
```

则赋予 n 的类型不是 int，而是 std::initializer_list<int>，这是这个初始化列表的类型。本书后面介绍 std::initializer_list<>类型。

可以联合使用初始化的函数形式和 auto 关键字：

```
auto n (16);
```

变量 n 的类型是 int。使用 auto 关键字定义的变量也可以指定为常量：

```
const auto e = 2.71828L;          // Type is const long double
```

当然，也可以使用函数式记数法：

```
const auto dozen(12);             // Type is const int
```

初始值也可以是一个表达式：

```
auto factor(n*pi*pi);             // Type is double
```

在此情况下，变量 n 和 pi 的定义必须在此语句之前。

使用 auto，就是让编译器推断出变量的类型。在这一点上，关键字 auto 似乎是 C++中一个微不足道的特性，但在本书后面(尤其是第 10 章)会看到，这不但可以在确定复杂的变量类型时省去很多工作，而且使代码更优美。建议仅在使用 auto 有好处时使用它，不要把它用于定义基本类型的变量。

2.8 类型的确定

typeid 操作符能确定表达式的类型。要获得表达式的类型，只需要编写 typeid(表达式)，这会产生一个类型为 type_info 的对象，该对象封装了表达式的类型。下面看一个示例。

假定变量 x 和 y 的类型分别是 int 和 double。表达式 typeid(x*y)产生一个 type_info 对象，此对象表示 x*y 的类型，现在我们知道是 double 类型。因为 typeid 操作符的结果是一个对象，所以不能直接将它写到标准输出流。但是，可以像下面这样输出表达式 x*y 的类型：

```
cout << "The type of x*y is " << typeid(x*y).name() << endl;
```

这会产生如下输出：

```
The type of x*y is double
```

第 7 章学习关于类和函数的更多内容后，就会更好地理解其工作过程。不需要经常使用 typeid 操作符，但需要使用时，它是极为有用的。

2.9 按位运算符

按位运算符把操作数看作是一系列单独的位，而不是一个数字值。它们只处理整型变量或整型常量，所以只能用于数据类型 short、int、long、long long、signed char 和 char，以及这些类型的无符号变体。按位运算符在编程硬件设备中非常有用，因为设备的状态经常表示为一系列单独的标志(也就是说，字节的每个位可以表示设备各个方面的状态)，在需要把一组开关标志装入单个变量中时，按位运算符也非常有用。在详细分析输入/输出时，你将看到它们的作用，其中单个位用于控制处理数据的选项。

按位运算符有 6 个，如下所示：

&	按位与(AND)	|	按位或(OR)	^	按位异或(EOR)
~	按位取反(NOT)	>>	右移	<<	左移

下面几节将分析它们的作用。

2.9.1　按位 AND 运算符

按位 AND 运算符(&)是一个二元运算符，它将对应的位组合后，如果对应的位都是 1 位，那么结果位是 1；如果任一个位或者两个位是 0，则结果位是 0。

二元运算符的作用可以利用真值表来表示。真值表给出操作数的各种可能组合的结果。&的真值表如表 2-6 所示。

表　2-6

按位 AND 运算符	0	1
0	0	0
1	0	1

对于每个行和列的组合，&的结果就是该行和列交叉处的项。如下面的示例：

```
char letter1 {'A'}, letter2 {'Z'}, result {};
result = letter1 & letter2;
```

为了了解所发生的情况，需要观察位模式。字母 A 和 Z 分别对应于十六进制值 0x41 和 0x5A。图 2-7 给出了按位 AND 运算符对这两个值的操作方式。查看真值表中对应位如何利用&进行组合，可以对此进一步证实。在赋值以后，result 就是 0x40，它对应于字符@。

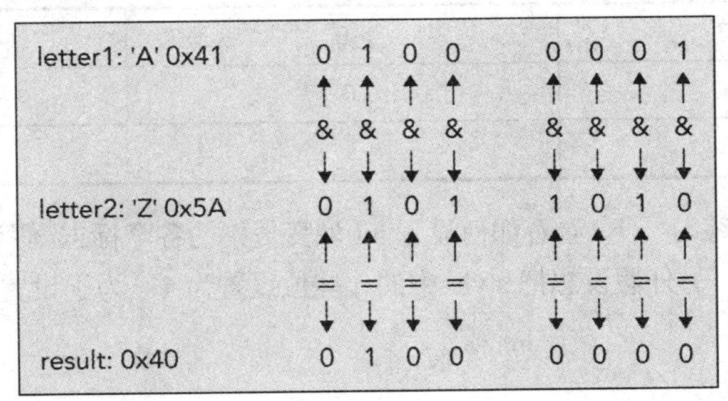

图　2-7

由于任何一位是 0，&运算的结果就是 0，因此可以使用这个运算符把变量中特定的位设置成 0。其方法是创建一个“掩码”，然后使用&将它与原变量组合起来。掩码的值是，在需要保留位的地方为 1，而在需要把位设置成 0 的地方为 0。在屏蔽位是 0 的地方，掩码和变量“按位与”的结果将是 0 位，而在屏蔽位是 1 的地方，结果是变量中原始位的值。假设变量 letter 是 char 类型，要消除高阶的 4 个位，而保留低阶的 4 个位。这很容易办到，如下所示，利用&将 0x0F 和 letter 的值组合起来：

```
letter = letter & 0x0F;
```

或者写成更简洁的形式：

```
letter & = 0x0F;
```

如果 letter 开始时是 0x41，那么经过以上任何一个语句的处理后，它最后的结果都将是 0x01。这个操作如图 2-8 所示。掩码中的 0 位使 letter 中的对应位设置成 0，而掩码中的 1 位将使 letter 中的对应位保持不变。

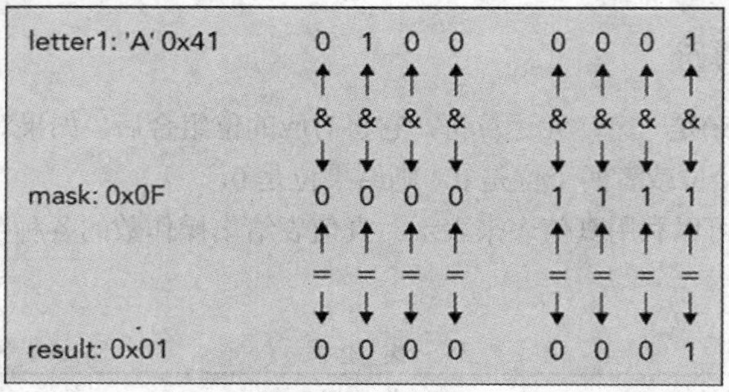

```
letter1: 'A' 0x41    0 1 0 0    0 0 0 1
                     & & & &    & & & &
mask: 0x0F           0 0 0 0    1 1 1 1
                     = = = =    = = = =
result: 0x01         0 0 0 0    0 0 0 1
```

图 2-8

类似地，可以使用掩码 0xF0 保留 4 个高阶位，而把 4 个低阶位设置成 0。因此，下列语句

```
letter & = 0xF0;
```

使 letter 的值由 0x41 变成 0x40。

2.9.2 按位 OR 运算符

按位 OR 运算符(|)有时称为 OR(或)运算符，它将对应的位组合后，如果任一个操作数位是 1，那么结果是 1；如果两个操作数位都是 0，那么结果是 0。按位 OR 运算符的真值表如表 2-7 所示。

表 2-7

按位 OR 运算符	0	1
0	0	1
1	1	1

可以通过一个示例练习一下，看看如何设置 int 型变量中的各个标志。假设 style 是 short 型变量，它包含 16 个 1 位标志。另外假设想把 style 中的一些位设置为 1。为了设置最右边的位，可以定义下列掩码：

```
short vredraw {0x01};
```

为了设置从右数的第二位，可以把变量 hredraw 定义为：

```
short hredraw {0x02};
```

下列语句把变量 style 最右边的两个位设置成 1：

```
style = hredraw | vredraw;
```

这个语句的作用如图 2-9 所示。当然，要将 style 的第三位设置为 1，将使用 0x04。

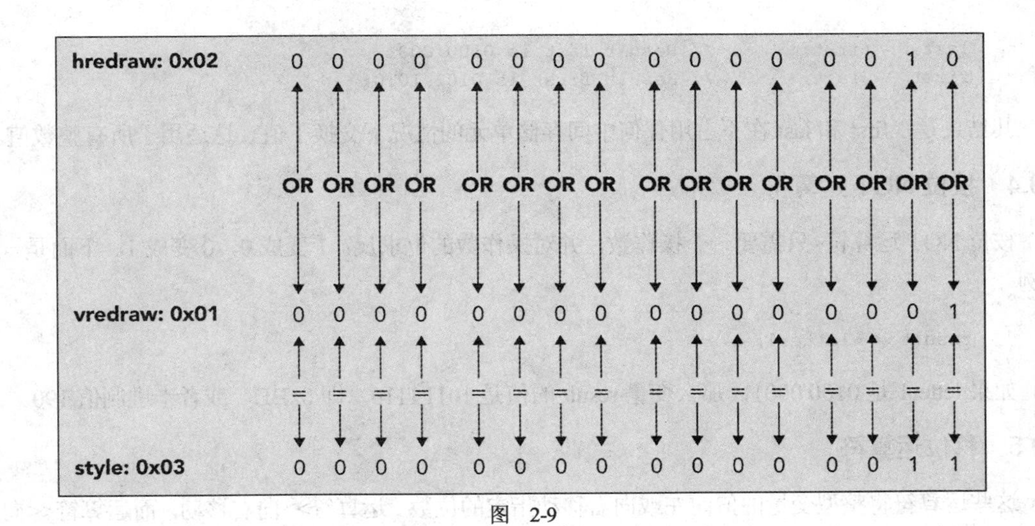

图 2-9

一个非常普遍的要求是，设置变量中的特定位。利用下面的语句很容易地实现：

```
style |= hredraw | vredraw;
```

这个语句把变量 style 最右边的两个位设置成 1，其他位保持不变。

2.9.3　按位 XOR 运算符

之所以称其为“异或(XOR)”运算符(^)，是因为它的运算方式和 OR 运算符类似，但是两个操作数都是 1 时，它将产生 0。它的真值表如表 2-8 所示。

表 2-8

按位 XOR 运算符	0	1
0	0	1
1	1	0

利用介绍 AND 运算符时使用的变量值，可以观察下列语句的结果：

```
result = letter1 ^ letter2;
```

这个运算是对如下二进制值进行 XOR 操作：

```
letter1  0100 0001
letter2  0101 1010
```

得到：

```
result  0001 1011
```

变量 result 设置成 0x1B，即十进制记数法的 27。

^运算符有一个相当令人惊讶的特性。假设有两个 char 型变量，first 的值是‘A’，last 的值是‘Z’。如果编写下列语句：

```
first ^= last;        // Result first is 0001 1011
```

```
last ^= first;         // Result last is 0100 0001
first ^= last;         // Result first is 0101 1010
```

其结果是，first 和 last 在不占用任何中间存储单元的情况下交换了值。这适用于所有整数值。

2.9.4 按位 NOT 运算符

按位 NOT 运算符~只需要一个操作数，并对操作数的位求反：1 变成 0，0 变成 1。下面是一个示例

```
result = ~letter1;
```

如果 letter1 是 0100 0001，那么变量 result 的值是 1011 1110，即 0xBE，或者十进制值 190。

2.9.5 移位运算符

这些运算符将整型变量的值向左或向右移动指定的位数。运算符>>向右移动，而运算符<<向左移动。“离开”变量任一端的位都将丢失。图 2-10 演示了向左和向右移动一个 2 字节变量的结果和这个变量的初值。

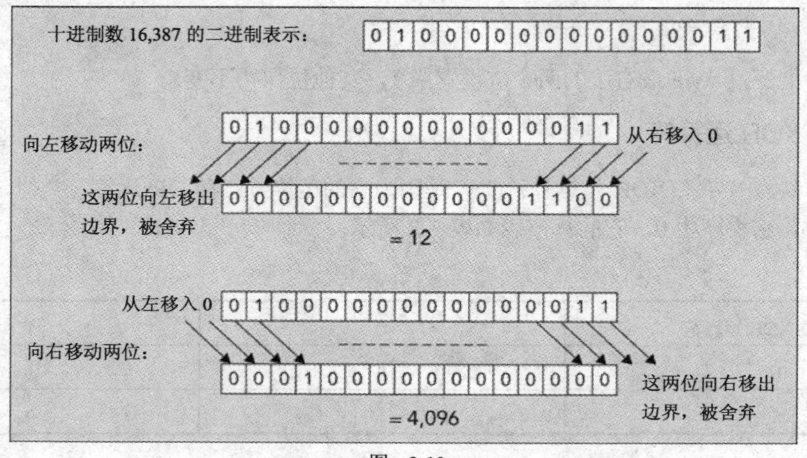

图 2-10

下列语句声明和初始化变量 number：

```
unsigned short number {16387U};
```

如前所述，无符号整数字面值要在数字的末尾附加 U 或 u。可以利用下列语句左移 number 变量的内容：

```
number <<= 2;                    // Shift left two bit positions
```

移位运算符的左操作数是要移位的值，这个值被移动的位数由右操作数指定。图 2-10 说明了这一运算的结果。把值 16 387 向左移动两位将产生值 12。数值出现如此大的变化的原因是高阶位在移出后丢失了。

也可以向右移动这个值。首先把 number 的值复位到初值 16 387。然后编写下列语句：

```
number >>= 2;                // Shift right two bit positions
```

这把值 16387 向右移动两位，最后存储的值是 4096。向右移动两位实际上是把这个值除以 4(舍弃余数)。图 2-10 也说明了这一运算。

只要位不丢失，向左移动 *n* 位相当于这个值和 2 相乘 *n* 次。换句话说，相当于乘以 2^n。类似地，向右移动 *n* 位相当于除以 2^n。但是要注意：正如在左移变量 number 时看到的那样，如果有效位丢失，那么其结果将与您期望的大相径庭。但是，这和乘法运算没有关系。如果把 number 和 4 相乘，那么将得到相同的结果，所以左移和乘法仍然是等效的。之所以出现精度问题，在于乘法运算的结果超出了 2 字节整数的值域。

输入和输出运算符和移位运算符之间可能出现混乱。就编译器而言，它们的含义在上下文中始终应当明确。否则，编译器将生成一条错误消息，但需要格外小心。例如，如果想输出变量 number 左移 2 位的结果，那么可以编写下列语句：

```
cout << (number << 2);
```

其中的圆括号是必须有的。如果没有，则移位运算符将解释为流运算符，这样就得不到想要的结果，这时的输出将是 number 的值，然后是数值 2。

右移运算类似于左移运算。例如，假设变量 number 的值是 24，执行下列语句：

```
number >>= 2;
```

结果是 number 获得值 6，这实际上是将原值除以 4。但是，右移运算符以特殊的方法处理负整数类型(也就是说，最左边的符号位是 1)。在这种情况下，符号位将向右传递。例如，声明一个 char 型变量 number，并初始化为十进制值 -104：

```
char number {-104};        // Binary representation is 1001 1000
```

现在可以利用下列运算将它向右移动 2 位：

```
number >>= 2;              // Result 1110 0110
```

因为符号位被复制下来，所以结果是十进制值 -26。对无符号整数类型进行运算时，将不复制符号位，而是出现 0。

为什么移位运算符<<和>>与标准流使用的运算符一样呢？因为 cin 和 cout 是流对象，可以由运算符重载过程重新定义运算符在不同上下文中的意义。>>运算符重定义为输入流对象(如 cin)，因此能以前述方式使用。<<运算符也重定义为输出流对象(如 cout)中。第 8 章将介绍运算符重载。

2.10　lvalue 和 rvalue

每个表达式的结果都是 lvalue 或 rvalue。有时，它们也分别写作 l-value 和 r-value，但读音不变。lvalue 指的是内存中持续存储数据的一个地址。而 rvalue 是临时存储的表达式结果。之所以称为 lvalue，是因为所有产生 lvalue 的表达式都可以出现在赋值语句中等号的左边。如果表达式结果不是

lvalue，则它是 rvalue。

考虑下面的语句：

```
int a {}, b {1}, c {2};
a = b + c;
b = ++a;
c = a++;
```

第一条语句声明类型为 int 的变量 a、b 和 c，并分别初始化为 0、1 和 2。在第二条语句中，求表达式 b+c 的值，结果存储在变量 a 中。表达式 b+c 的结果是临时存储的，并将此值复制到 a。一旦此语句执行完毕，则丢弃存储 b+c 结果的内存位置。因此，表达式 b+c 的结果是一个 rvalue。

在第三条语句中，表达式++a 是一个 lvalue，因为它的结果是递增之后的 a。第四条语句中的表达式 a++是一个 rvalue，因为它临时将 a 的值存储为表达式的结果，然后递增 a。

只包含一个命名变量的表达式始终是 lvalue。

这绝不是 lvalue 和 rvalue 的全部内容。大多数时候，都不需要太在意表达式是 lvalue 还是 rvalue。但有时，却必须在意。本书不时地还会出现 lvalue 和 rvalue，因此要牢记这一概念。

2.11 了解存储时间和作用域

所有变量都有一个有限的生存期。从声明它们之时开始存在，然后在某个时刻消失——最起码，它们在程序终止时消失。特定变量的生存时间由一个称作存储时间的属性确定。变量可以有 3 种不同的存储时间：

- 自动存储时间
- 静态存储时间
- 动态存储时间

变量具有哪种存储时间取决于它的创建方式。第 4 章将讨论动态存储时间，本章将讨论其他两种存储时间的特性。

变量的另一种属性是作用域。变量的作用域是这个变量名在其中有效的那部分程序。在变量的作用域内，可以合法地引用它、设置它的值，或者在表达式中使用它。在变量的作用域之外，不能引用它的名称——任何尝试都将导致编译器错误。注意，变量仍然可以在它的作用域外存在，即使不能引用它。稍后将看到这种情况的一些示例。

前面声明的所有变量都具有自动存储时间，因而称为自动变量。下面将对其进行详细的分析。

2.11.1 自动变量

前面声明的变量都是在一个代码块内声明的。也就是说，是在一对大括号的范围内声明的。这些称为自动变量，它们具有局部作用域或者代码块作用域。自动变量“在作用域中”的时间从声明它的那一刻开始，一直到包含其声明的代码块结束为止。自动变量占用的空间在一个称为栈的内存区域中分配，栈是专门为此而留出的内存。栈的默认容量是 1MB，这对于大多数情况来说足够了，如果不够用，则可以把项目的/STACK 或/F 编译器命令行选项设置为所选的一个值，也可以把栈的大小设置为一个链接器属性。

自动变量“出生”于它被定义之时，它占用的空间在栈上进行分配，在包含其定义的代码块结束时自动消失。这个位置在与声明该变量之前的第一个左大括号对应的右大括号处。每次执行包含自动变量声明的语句块时，就重新创建这个变量，如果指定了自动变量的初值，就每次重新初始化它。当自动变量消失时，将释放它在栈上的内存，而由其他自动变量使用。下面的示例将具体说明前述的作用域这个概念。

试一试：自动变量

下列示例演示了作用域对自动变量的影响。

```
// Ex2_07.cpp
// Demonstrating variable scope
#include <iostream>

using std::cout;
using std::endl;

int main()
{                                          // Function scope starts here
   int count1 {10};
   int count3 {50};
   cout << endl
        << "Value of outer count1 = " << count1
        << endl;

   {                                       // New scope starts here...
     int count1 {20};                      // This hides the outer count1
     int count2 {30};
     cout << "Value of inner count1 = " << count1
        << endl;
     count1 += 3;                          // This affects the inner count1
     count3 += count2;
   }                                       // ...and ends here

   cout << "Value of outer count1 = " << count1
        << endl
        << "Value of outer count3 = " << count3
        << endl;

   // cout << count2 << endl;           // uncomment to get an error

   return 0;
}                                       // Function scope ends here
```

这个示例的输出是：

```
Value of outer count1 = 10
Value of inner count1 = 20
Value of outer count1 = 10
Value of outer count3 = 80
```

示例说明

前两个语句声明、定义了 count1 和 count3，其初始值分别是 10 和 50。这两个变量从这个位置开始存在，直到该程序结尾处的大括号结束。它们的作用域也延伸到 main()函数结尾处的右大括号。

记住，变量的生存期和作用域是两个不同的概念。千万不要混淆这两个概念。生存期是从创建这个变量时开始，到销毁这个变量并释放其占用的内存时结束的一个期间。作用域是可以访问这个变量的程序代码区域。

在变量定义的后面，将 count1 的值输出到 cout，产生如上所示的第一行输出。然后是第二个大括号，它开始一个新的代码块。在这个代码块中定义了两个变量 count1 和 count2，它们的值分别是 20 和 30。此处的 count1 和第一个 count1 不同。虽然第一个 count1 仍然存在，但是它的名称被第二个 count1 掩盖。在内部代码块中，在这个声明之后使用的名称 count1 指的都是在该代码块中声明的 count1。

之所以在这里使用相同的变量名 count1，是为了举例说明发生的情况。虽然这段代码是合法的，但不是好的编程方法。在实际编程时，必将造成混淆，使用相同的名称很容易无意中隐藏定义在外部作用域中的变量。

第二个输出行中显示的值表明，在内部代码块中，使用了内部作用域中的 count1——即最里面的大括号内的 count1：

```
cout << "Value of inner count1 = " << count1
     << endl;
```

如果仍在使用外部的 count1，那么这个语句应该输出 10。下列语句将增加变量 count1 的值：

```
count1 += 3; // This affects the inner count1
```

这个增量运算应用于内部作用域中的 count1，因为外部的 count1 仍然被隐藏着。但是，下一个语句增加在外部作用域中定义的 count3 的值，没有任何问题：

```
count3 += count2;
```

这表明，可以在内部作用域中访问在外部作用域开始处声明的变量。如果 count3 是在第二对内部大括号之后声明的，那么它仍然在外部作用域内部，但不存在于内部作用域。

在结束内部作用域的大括号之后，count2 和内部的 count1 不再存在。变量 count1 和 count3 仍然在外部作用域中，显示的值表明，的确在内部作用域中增加了 count3 的值。

如果解除下列代码行的注释：

```
// cout << count2 << endl;      // uncomment to get an error
```

程序将不再编译，因为它试图输出一个不存在的变量。得到如下错误消息：

```
c:\microsoft visual studio\myprojects\Ex2_07\Ex2_07.cpp(29) : error
     C2065: 'count2' : undeclared identifier
```

这是因为 count2 这时在作用域之外。

2.11.2　决定变量声明的位置

在决定变量定义的位置时，有很大的灵活性。要考虑的最重要的问题是变量需要有什么作用域。除此之外，应把定义放在靠近第一次使用变量的地方。在编写程序时，要尽量使其他程序员容易理解，在第一次使用变量的地方声明它有助于达到这个目的。

可以把变量的声明放在构成程序的所有函数之外。下一节将分析声明位置对变量的影响。

2.11.3　全局变量

在所有代码块和类(本书后面将讨论类)之外声明的变量称为全局变量，它们具有全局作用域(也称作全局名称空间作用域或者文件作用域)。这意味着，在声明全局变量的位置之后，文件内的所有函数都可以访问它们。如果在程序的顶部声明了全局变量，那么从文件内的所有位置都可以访问它们。

全局变量默认具有静态存储时间。静态存储时间意味着，全局变量将从程序开始执行时存在，直到程序执行结束时为止。如果没有指定全局变量的初始值，它就默认初始化为 0。全局变量的创建和初始化发生在 main()函数执行之前，所以在变量作用域的任何代码内，始终可以使用它们。

图 2-11 给出了源文件 Example.cpp 的内容，箭头表示变量的作用域。

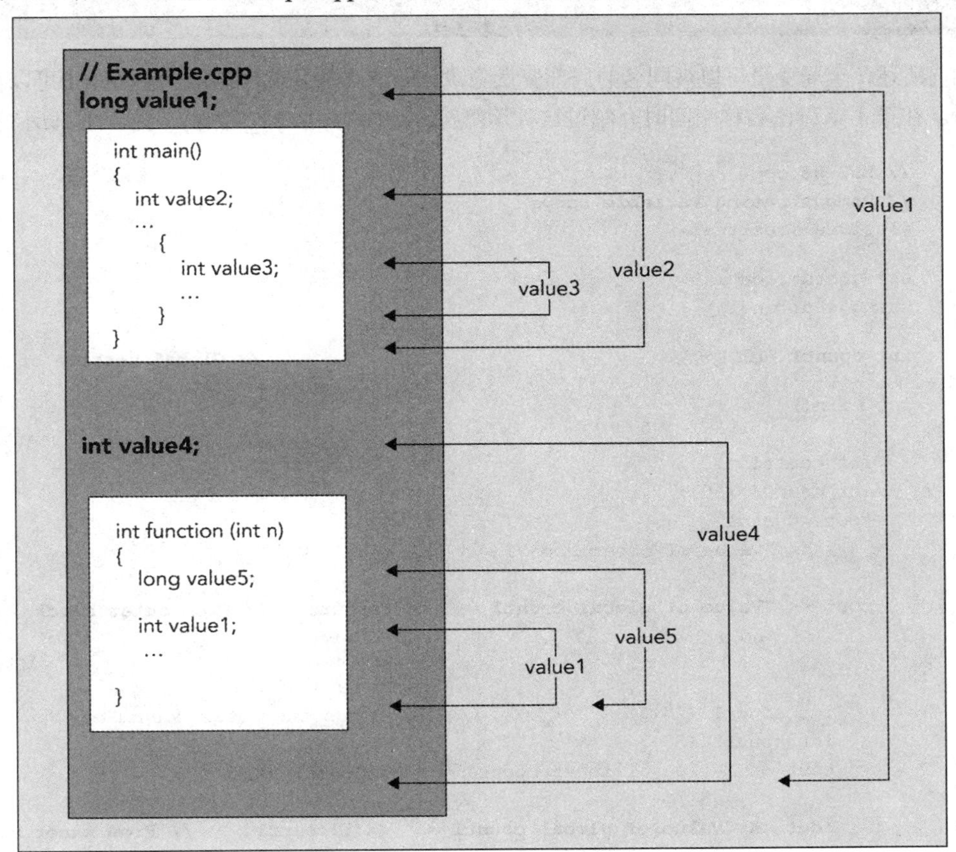

图　2-11

变量 value1 出现在文件开头，所以是在全局作用域内声明的，value4 也是如此，它出现在 main()

函数的后面。每个全局变量的作用域都从定义它们的地方延伸到文件结尾处。尽管 value4 在执行开始时就存在，但是在 main()函数内不能引用它，因为 main()函数不在这个变量的作用域内。要使 main()函数使用 value4，它的定义必须移到 main()之前。value1 和 value4 默认初始化为 0，自动变量则不是这样。function()中的局部变量 value1 隐藏了全局变量 value1。

只要程序正在运行，全局变量就一直存在，这可能会引发一个问题，“为什么不让所有变量都成为全局变量，从而避免与局部变量混淆的情况呢？”这听起来很吸引人，但这样会产生严重的副作用，完全是得不偿失的。

实际的程序一般由大量的语句、函数和变量组成。在全局作用域中声明所有变量将大大增加意外错误修改变量的可能性，它们的命名工作也难以处理。它们还将在程序执行的整个期间内占用内存。而将变量声明为函数或代码块的局部变量，可以确保它们几乎完全不受外部影响的干扰，只在获得定义至所在代码块结束这段区间内存在和占用内存，整个开发过程也更加容易管理。这并不是说不应在全局作用域内定义变量。有时，定义全局常量是非常方便的。

在 Class View 窗格中，观察前面创建的任一个示例，单击空心箭头，展开这个项目的类树，将看到一个名为 Global Functions and Variables 的条目。单击这个条目，会显示一个列表，它包含所有具有全局作用域的内容。这包括所有全局函数和所有全局变量。

试一试：作用域解析运算符

如前所述，全局变量可以被同名的局部变量隐藏。但是，使用作用域解析运算符(::)可以获得全局变量。在第 1 章讨论名称空间时介绍过这种运算符。下面利用 Ex2_07.cpp 的修订版演示它：

```
// Ex2_08.cpp
// Demonstrating variable scope
#include <iostream>

using std::cout;
using std::endl;

int count1 {100};                                  // Global version of count1

int main()
{                                                  // Function scope starts here
  int count1 {10};
  int count3 {50};
  cout << endl
       << "Value of outer count1 = " << count1
       << endl;
  cout << "Value of global count1 = " << ::count1  // From outer block
       << endl;

  {                                   // New scope starts here...
    int count1 {20};                  // This hides the outer count1
    int count2 {30};
    cout << "Value of inner count1 = " << count1
         << endl;
    cout << "Value of global count1 = " << ::count1      // From inner block
         << endl;

    count1 += 3;                     // This affects the inner count1
    count3 += count2;
```

```
    }                                  // ...and ends here.

    cout << "Value of outer count1 = " << count1
         << endl
         << "Value of outer count3 = " << count3
         << endl;

    //cout << count2 << endl;          // uncomment to get an error
    return 0;
  }                                    // Function scope ends here
```

输出如下：

```
Value of outer count1 = 10
Value of global count1 = 100
Value of inner count1 = 20
Value of global count1 = 100
Value of outer count1 = 10
Value of outer count3 = 80
```

示例说明

用粗体显示的代码是对前一个示例的修改，在此只讨论它们的作用。在定义函数 main()之前定义的变量 count1 是全局的，因此原则上可以在函数 main()中的任何地方使用它。这个全局变量初始化为 100：

```
int count1 {100};                              // Global version of count1
```

但是，在函数 main()中还定义了其他两个名称为 count1 的变量，所以在整个程序中，局部变量 count1 隐藏了全局变量 count1。第一个新的输出语句是：

```
cout << "Value of global count1 = " << ::count1          // From outer block
     << endl;
```

这个语句使用作用域解析运算符(::)引用全局变量 count1，而不是局部变量 count1。从输出的值中就可以看到这一点。

在内部代码块中，两个名称为 count1 的变量(内部的 count1 和外部的 count1)隐藏了全局变量 count1：在内部代码块中，全局作用域解析运算符大显身手，从所添加的语句生成的输出中，也可以看到这一点：

```
cout << "Value of global count1 = " << ::count1        // From inner block
     << endl;
```

和以前一样，这个语句将输出值 100——以这种方式使用时，作用域解析运算符始终能够触及全局变量。

如前所述，利用名称空间名 std 限定一个名称，如 std::cout 或者 std::endl，就可以引用名称空间 std 中的这个名称。如果作用域解析运算符的左操作数指定了一个名称，那么编译器就在此名称的名称空间中，搜索指定为右操作数的名称。在前面的示例中，使用作用域解析运算符在全局名称空间中搜索变量 count1。如果在运算符的前面没有指定名称空间名，编译器将在全局名称空间中搜索运算符后面的名称。第 9 章讨论面向对象编程时，将详细讨论这种运算符，它在面向对象编程中使用得非常广泛。

2.11.4 静态变量

可能需要这样的变量：可以对它进行局部定义和访问，但是在退出声明它的代码块后，它还继续存在。换句话说，需要在代码块作用域内声明一个变量，但是它要有静态存储时间。static 说明符提供了这样的方法，第 5 章开始处理函数时，这样做的必要性会比较明显。

即使静态变量是在一个代码块内声明，只能在这个代码块(或者它的子代码块)内部使用，但是在程序的生存期内，它将持续存在。它的作用域仍然是这个代码块，但具有静态存储时间。要声明一个静态整型变量 count，可以编写下列语句：

```
static int count;
```

如果没有给静态变量提供初值，它将初始化为 0，且转换成适合于该变量的类型。注意自动变量并非如此。

2.12 具有特定值集的变量

有时变量需要有限的可能值集，这些值可以通过标签来引用，例如星期、月份或扑克牌中的花色。枚举提供了这个功能。枚举有两种，一种用 C++ 11 标准引入的语法来定义，另一种用旧语法来定义。这里介绍这两种枚举，是因为旧语法使用得很广泛，但新语法有几个优点，所以应只使用新语法。

2.12.1 旧枚举

用刚才的一个例子来说明——变量可以假定其值对应于星期。这个变量可以定义为：

```
enum Weekdays{Mon, Tues, Wed, Thurs, Fri, Sat, Sun} today;
```

这个语句声明了一个枚举类型 Weekdays 和变量 today，该变量 today 是枚举类型 Weekdays 的一个实例，它只能有大括号中指定的常量值。如果赋给 today 的值不属于指定的值集，就会出错。大括号中列出的名称称为枚举器。每个星期名称都自动定义为表示一个固定的整数值，其类型默认为 int。列表中的第一个名称 Mon 的值是 0，第二个名称 Tues 的值是 1，依此类推。

可以把一个枚举常量赋给 today 变量，如下所示：

```
today = Thurs;
```

today 的值是 3，因为枚举器按顺序赋值，默认从 0 开始。后续的每个枚举器的值都比其前面的枚举器大 1，但如果希望从另一个值开始赋值，就只需要编写如下代码：

```
enum Weekdays {Mon = 1, Tues, Wed, Thurs, Fri, Sat, Sun} today;
```

现在，枚举常量的值是从 1 到 7。枚举器的值甚至不必是不同的，例如用下面的语句可以把 Mon 和 Tues 都定义为 1：

```
enum Weekdays {Mon = 1, Tues = 1, Wed, Thurs, Fri, Sat, Sun} thisWeek;
```

因为 Weekdays 的枚举器是 int 类型，所以变量 today 存储了一个 int 类型的值，占据 4 个字节，Weekdays 类型的所有变量都是如此。枚举类型的枚举器和变量都会在需要时隐式转换为 int 类型。

例如，可以将一个枚举器赋值给整数变量：

```
int value {};
value = Wed;
```

如果愿意，也可以把特定的值赋予所有枚举器。例如，可以定义如下枚举：

```
enum Punctuation {Comma = ',', Exclamation = '!', Question = '?'} things;
```

这个语句把 things 的可能值定义为对应字符的代码值。枚举器分别是十进制的 44、33 和 63。可以看出，枚举器的值不一定按升序排列。没有指定值的枚举器会得到比前一个枚举器值大 1 的值。

也可以把枚举器的值写入标准输出流：

```
cout << today << endl;
```

编译器会插入一个类型转换操作，把 today 的值转换为 int 类型。一般情况下，如果使用枚举类型的枚举器或变量，编译器就会插入一个类型转换操作，把该值转换为表达式需要的数值类型。这是一个不受欢迎的功能，因为这可能导致无意中把枚举类型的变量用作数值类型。

定义了枚举类型后，就可以定义另一个变量：

```
enum Weekdays tomorrow;
```

这个语句把变量 tomorrow 定义为 Weekdays 类型，还可以省略 enum 关键字。前面的语句可以替换为：

```
Weekdays tomorrow;
```

可以像其他变量那样，声明并初始化枚举类型的变量，例如：

```
Weekdays myBirthday {Tues};
Weekdays yourBirthday {Thurs};
```

不需要用枚举名限定枚举常量，当然也可以这么做：

```
Weekdays myBirthday {Weekdays::Tues};
```

enum 类型名称与枚举器名称用范围解析操作符分隔开。

如果以后不需要定义这个类型的其他变量，就可以省略枚举类型。例如：

```
enum {Mon, Tues, Wed, Thurs, Fri, Sat, Sun} today, tomorrow, yesterday;
```

这里声明了 3 个变量，它们可以采用从 Mon 到 Sun 的任意值。因为没有指定枚举类型，所以不能引用它。注意，因为不允许重复这个定义，所以不能定义这种枚举类型的其他变量。这样做就意味着重新定义 Mon 到 Sun 的值。这是不允许的。

不一定要接受枚举器的默认类型，而可以把枚举器的类型显式指定为除 wchar_t 之外的其他整数类型。下面是一个例子：

```
enum Weekdays : unsigned long {Mon, Tues, Wed, Thurs, Fri} tomorrow;
```

现在 Weekdays 的枚举器是 unsigned long 类型。

枚举器名称默认导出到封闭的范围内，所以在引用它们时，不需要限定名称。但这会导致一个问题。看看下面两个枚举：

```
enum Suit {Clubs, Diamonds, Hearts, Spades};
enum Jewels {Diamonds, Emeralds, Opals, Rubies, Sapphires};
```

如果把这些定义放在 main()中，它们不会编译。两组枚举器名称都在封闭的范围内使用，即在 main()的代码体中使用。但不能把 Jewels 枚举重定义为 Diamonds。

2.12.2 类型安全的枚举

C++ 11 引入了一种新的枚举，这些枚举称为类型安全的，因为不能把枚举器的值隐式转换为另一种类型。在 enum 的后面使用 class 关键字，就可以指定新枚举类型。下面是一个例子：

```
enum class Suit {Clubs, Diamonds, Hearts, Spades};
```

有了这种形式的枚举，枚举器的名称就不会导出到封闭的范围内，而必须使用类型的名称来限定它们，例如：

```
Suit suit {Suit::Diamonds};
```

上一节不能编译的两个枚举可以重写为类型安全的枚举：

```
enum class Suit {Clubs, Diamonds, Hearts, Spades};
enum class Jewels {Diamonds, Emeralds, Opals, Rubies, Sapphires};
```

这些语句是可以编译的。其中没有名称冲突，因为枚举器名称没有导出到封闭的范围内。枚举器名称必须总是用枚举类型名称来限定，所以 Suit::Diamonds 总是与 Jewels::Diamonds 不同。

如果希望把一个枚举值转换为另一种类型，就可以使用显式类型转换。例如：

```
Suit suit{Suit::Diamonds};                    // Create and initialize suit
int suitValue {static_cast<int>(suit)}; // Convert suit to int
```

不把 suit 显式转换为 int 类型，这些语句就不会编译。

枚举器的值默认为 int 类型，但可以改变枚举器的类型：

```
enum class Jewels : char {Diamonds, Emeralds, Opals, Rubies, Sapphires};
```

这里把枚举器的值存储为 char 类型。下面的例子演示了两种枚举。

试一试：使用枚举

这个例子演示了两种枚举类型：

```
// Ex2_09.cpp
// Demonstrating type-safe and non-type-safe enumerations
#include <iostream>

using std::cout;
using std::endl;

// You can define enumerations at global scope
//enum Jewels {Diamonds, Emeralds, Rubies};  // Uncomment this for an error
enum Suit : long {Clubs, Diamonds, Hearts, Spades};
```

```
int main()
{
  // Using the old enumeration type...
   Suit suit {Clubs};                          // You can use old enumerator names directly
   Suit another {Suit::Diamonds};              // or you can qualify them

  // Automatic conversion from enumeration type to integer
   cout << "suit value: " << suit << endl;
   cout << "Add 10 to another: " << another + 10 << endl;

   // Using type-safe enumerations...
   enum class Color : char {Red, Orange, Yellow, Green, Blue, Indigo, Violet};
   Color skyColor{Color::Blue};                // You must qualify enumerator names
   // Color grassColor{Green};                 // Uncomment for an error

   // No auto conversion to numeric type
   cout << endl
        << "Sky color value: "
        << static_cast<long>(skyColor) << endl;

   //cout << skyColor + 10L << endl;           // Uncomment for an error
   cout << "Incremented sky color: "
        << static_cast<long>(skyColor) + 10L // OK with explicit cast
        << endl;

   return 0;
}
```

如果编译并运行这个例子，结果就如下所示：

```
suit value: 0
Add 10 to another: 11
Sky color value: 4
Incremented sky color: 14
```

示例说明

从这个例子可以看出，枚举可以定义为全局范围，此时它们可以在整个源文件中访问。在代码块内部定义的局部枚举，其使用范围是从定义它们的位置开始到代码块末。可以把枚举类型的定义放在自己创建的.h 文件中，接着使用#include 指令把该头文件包含到要使用该枚举的任意源文件中。

去掉 Jewels 枚举定义的注释符号，会产生一个编译错误，因为 Diamonds 重复定义了。如果 Suit 和 Jewels 类型都定义为类型安全的枚举，就不会出现名称冲突。

main()函数先使用旧样式的枚举，说明枚举器名称的类型限定是可选的。这些语句显示，在操作时会自动进行类型转换：

```
cout << "suit value: " << suit << endl;
cout << "Add 10 to another: " << another + 10 << endl;
```

编译器允许把 suit 输出为一个整数，但它是 Suit 类型的。也可以在算术表达式中使用它。

Color 枚举是类型安全的：

```
enum class Color : char {Red, Orange, Yellow, Green, Blue, Indigo, Violet};
```

如果尝试使用没有限定的枚举器名称，就会得到编译器发出的错误消息。编译器要求，如果希望把 Color 值转换为另一种类型，就必须插入一个显式类型转换语句。

总是使用类型安全的枚举，这会使代码更不容易出错。

2.13 名称空间

前面多次提到名称空间，现在应该详细地了解它们的用途了。它们不是用在支持 MFC 的库中，但标准库广泛地使用名称空间。

我们知道，标准库中的名称是在名称为 std 的名称空间中定义的。这意味着，这些名称都有一个额外的限定名 std；例如，cout 其实是 std::cout。添加 using 声明，可以将一个名称从 std 名称空间导入源文件中。例如：

```
using std::cout;
```

这就允许使用名称 cout，且它被解释为 std:cout。

名称空间提供了一种将在程序某一部分使用的名称与在另一部分使用的名称分隔开的方法。如果大型项目需要由多个程序员小组分别负责程序的不同部分，则这种方法是非常有用的。每个小组都可以有自己的名称空间名，不必担心两个小组会将相同的名称用于不同的函数。

看看下面的代码：

```
using namespace std;
```

这是一个 using 指令，它与 using 声明是不同的。其作用是将 std 名称空间的所有名称导入源文件，这样就可以引用在该名称空间中定义的所有名称，而不必限定名称。因此，可以编写名称 cout 和 endl，而不必编写 std::cout 和 std::endl。这听起来是一个很大的优点，但这个 using 指令有一个缺点：它实际上否定了使用名称空间的主要原因——即防止意外的名称冲突。有两种方法可以访问名称空间中的名称而没有这个副作用，第一种方法是利用名称空间名显式地限定每个名称。但是，这会使代码非常长，并降低代码的可读性。第二种方法是利用 using 声明引入要在代码中使用的名称，例如，在前面的例子中看到的下列声明：

```
using std::cout;              // Allows cout usage without qualification
using std::endl;              // Allows endl usage without qualification
```

每个 using 声明都从指定的名称空间引入一个名称，并且在之后的程序代码中使用此名称时无需限定符。这是从名称空间导入名称的更好方法，因为只导入实际使用的名称。但 using 声明的数量很大。当然，可以利用所选择的名称来定义自己的名称空间，参见下一节。

在头文件中不应使用 using 指令，因为它们会应用于包含头文件的所有源文件。在头文件的全局作用域中应避免使用 using 声明。

2.13.1　声明名称空间

使用关键字 namespace 可以声明一个名称空间，例如：

```
namespace myStuff
{
   // Code that I want to have in the namespace myStuff...
}
```

这段代码定义了一个名称为 myStuff 的名称空间。大括号之间的代码中的所有名称声明都在 myStuff 名称空间内定义，要从此名称空间外面的一个位置访问名称，则该名称必须由名称空间名 myStuff 限定，在 myStuff 名称空间内，只使用无限定的名称。

不能在函数内声明名称空间。它的使用方法正好相反。使用名称空间包含函数、全局变量和其他有名称的实体，如类。但一定不能把函数 main()的定义放在名称空间内。函数 main()表明执行开始，必须始终在全局作用域内，否则编译器不能识别它。

在一个示例中，可以在一个名称空间内定义变量 value，再使用它：

```
// Ex2_10.cpp
// Declaring a namespace
#include <iostream>

namespace myStuff
{
   int value {};
}

int main()
{
   std::cout << "enter an integer: ";
   std::cin >> myStuff::value;
   std::cout << "\nYou entered " << myStuff::value
         << std::endl;
   return 0;
}
```

myStuff 名称空间定义了一个作用域，在这个作用域内定义的所有名称都由该名称空间名限定。要从名称空间的外面引用其中的一个名称，必须利用该名称空间名限定这个名称。在名称空间作用域内，不用进行限定即可引用在其中声明的名称——它们都是同一个家庭的成员。必须利用名称空间名 myStuff 限定名称 value，否则，这个程序将不编译。函数 main()引用两个不同名称空间内的名称，一般说来，可以在程序中根据需要声明多个名称空间。添加 using 指令以后，就不需要限定 value：

```
// Ex2_11.cpp
// Using a using directive
#include <iostream>

namespace myStuff
```

```
{
    int value {};
}

using namespace myStuff;                    // Make all the names in myStuff available

int main()
{
  std::cout << "enter an integer: ";
  std::cin >> value;
  std::cout << "\nYou entered" << value
            << std::endl;
  return 0;
}
```

也可以对 std 使用 using 指令。一般来说，如果使用名称空间，那么不应当在代码中给它们添加 using 指令，此外，也不要在一开始就干扰名称空间。本书某些示例仍然对 std 添加一个 using 指令，以使代码不混乱，容易阅读。当开始使用新的编程语言时，应使代码简单易读，无论复杂的代码在实践中是多么有用。

2.13.2 多个名称空间

实际的程序很可能包括多个名称空间。对于给定名称的名称空间，可以有多个声明，所有具有给定名称的名称空间块的内容都可以在同一个名称空间内。例如，一个程序文件包括两个名称空间：

```
namespace sortStuff
{
   // Everything in here is within sortStuff namespace
}
namespace calculateStuff
{
   // Everything in here is within calculateStuff namespace
   // To refer to names from sortStuff they must be qualified
}
namespace sortStuff
{
   // This is a continuation of the namespace sortStuff
   // so from here you can refer to names in the first sortStuff namespace
   // without qualifying the names
}
```

对给定名称的名称空间的第二个声明是第一个声明的继续，所以可以从第二个名称空间块引用第一个名称空间块中的名称，而不必限定它们。它们都在相同的名称空间中。当然，通常不会故意按照这种方法组织源文件，但是头文件常常会这么做。例如，下面这样的代码：

```
#include <iostream>          // Contents are in namespace std
#include "myheader.h"        // Contents are in namespace myStuff
#include <string>            // Contents are in namespace std

// and so on...
```

其中，iostream 和 string 是标准库头文件，myheader.h 代表一个包含程序代码的头文件。这个名称空间的情况和前面的例子相似。

以上介绍了名称空间的作用。虽然有关名称空间的知识还有很多，但是如果掌握了本节讨论的内容，那么在需要时，就能毫不费力地找到更多有关名称空间的知识。

2.14　小结

本章讨论了计算的基本知识，学习了 C++提供的所有基本数据类型，以及直接操作这些类型的所有运算符。

虽然讨论了所有的基本类型，但不要误认为只有这么多。还有一些基于基本集的复杂类型，而且还可以创建自己的原始类型。

2.15　练习

1. 编写一个程序，要求用户输入一个数字，然后把它打印出来，这时要把整数作为局部变量。

2. 编写一个程序，将从键盘输入的一个整数值读取到一个 int 型变量中，使用一个按位运算符(不能使用%运算符！)来确定这个值除以 8 时的正余数。例如，29＝(3×8)+5 和 −14＝(−2×8)+2 除以 8 的正余数分别是 5 和 2。

3. 给下列表达式加上完整的括号，以显示优先顺序和关联性：

```
1 + 2 + 3 + 4

16 * 4 / 2 * 3

a > b? a: c > d? e: f

a & b && c & d
```

4. 使用下列语句编写一个计算计算机屏幕高宽比的程序，宽度和高度值(单位为像素)已给定：

```
int width {1280};
int height {1024};

double aspect {width / height};
```

在输出结果后，得到的答案是什么？它令人满意吗？如果不能令人满意，那么如何在不添加变量的情况下修改代码？

5. (高级题)如果不运行下列代码，可以计算出它将输出什么值吗？为什么？

```
unsigned s {555};

int i {static_cast<int> ((s >> 4) & ~(~0 << 3))};
cout << i;
```

2.16 本章主要内容

本章主要内容如表 2-9 所示。

表 2-9

主　题	概　念
main()函数	C++程序包含一个或多个函数，且必须包含 main()函数，它是程序开始执行的位置
函数体	函数的可执行部分由包括在大括号之间的语句组成
语句	语句以分号结束，可以放在多个代码行上
名称	命名的对象，如变量或函数，可以定义一个由字母、下划线和数字序列组成的名称，其中第一位是字母或下划线。大写和小写字母是有区别的
保留字	C++中的保留字称为关键字。关键字不能用作代码中的名称
基本类型	C++中的所有常量和变量都有给定的类型。基本类型是 char、signed char、unsigned char、wchar_t、short、unsigned short、int、unsigned int、long、unsigned long、long long、unsigned long long、bool、float、double 以及 long double
声明	变量的名称和类型在以分号结束的声明语句中定义。变量也可以在声明中赋予初始值
const 修饰符	利用修饰符 const 可以保护变量的值。这将防止在程序内直接修改变量，尝试修改常量值，编译器会报告错误
自动变量	默认情况下，变量是自动变量，这意味着它的生存期始于它被声明之时，止于定义它的作用域终止之时，终止点由其声明之后对应的右大括号表示
static 变量	可以把一个变量声明为 static，在这种情况下，它将在程序的生存期内持续存在。只能在定义它的作用域内访问它
全局变量	可以在一个程序的所有代码块之外声明变量，这时它们具有全局名称空间作用域。除名称与全局变量相同的局部变量所在的部分以外，可以在整个程序内访问具有全局名称空间作用域的变量。即使这样，使用作用域解析运算符仍然可以访问它们
枚举	枚举是用固定值集定义的一种类型。应使用类型安全的枚举，它使用关键字 enum class 来定义

(续表)

主　　题	概　　念
名称空间	名称空间定义一个作用域，其中声明的每个名称都由该名称空间的名称限定。从名称空间外部引用名称时，需要限定这些名称。使用名称空间名来限定对象名，就可以在名称空间的外部访问该名称空间中的各个对象。另外，还可以给名称空间中要引用的每个名称提供 using 声明
标准库	标准库包含可以在程序中使用的大量函数、运算符和常量，它们包含在名称空间 std 内
lvalue 和 rvalue	C++中的每个表达式都是 lvalue 或 rvalue。lvalue 是一个持续存在的地址，可以出现在赋值语句的左边。非 const 变量就是 lvalue 的一个示例。不是 lvalue 的结果都是 rvalue，这表示，rvalue 不能用在赋值语句的左边

第 3 章 判断和循环

本章要点

- 如何比较数据值
- 如何基于比较结果来改变程序的执行序列
- 如何使用逻辑运算符和表达式
- 如何处理多选情形
- 如何在程序中编写并使用循环

本章源代码下载地址(wrox.com)：

打开网页 http://www.wrox.com/go/beginningvisualc，单击 Download Code 选项卡即可下载本章源代码。这些代码在 Chapter 3 文件夹中，文件都根据本章的内容单独进行了命名。

3.1 比较数据值

如果不希望作出武断的决定，就需要一种比较机制。这种机制涉及一些新的运算符，即关系运算符。因为计算机中的所有信息最终都表示为数值(第 2 章学习过如何用数字代码来表示字符信息)，所以数值比较是所有判断的本质。总共有 6 个运算符用于比较两个值，如表 3-1 所示。

表 3-1

<	小于	<=	小于等于
>	大于	>=	大于等于
==	等于	!=	不等于

"等于"比较运算符有两个连续的"="号，它与仅由一个"="号组成的赋值运算符不同。以赋值运算符代替"等于"比较运算符是常见的错误，务必注意这个潜在的错误根源。

表 3-1 中的各个运算符都比较两个操作数的值，返回一个 bool 类型值：比较结果为真返回 true，为假则返回 false。看看几个简单的比较示例，就能明白这些运算符的工作过程。操作数可以是变量、字面值或表达式。假设创建了两个整型变量 i 和 j，二者的值分别是 10 和 -5，那么表达式

```
i > j     i != j     j > -8     i <= j + 15
```

都返回 true。

再假设定义了下面两个变量：

```
char first {'A'}, last {'Z'};
```

下面几个比较示例使用了这两个字符变量：

```
first == 65     first < last     'E' <= first     first != last
```

上面 4 个表达式都比较 ASCII 码值。第一个表达式返回 true，因为 first 初始化为'A'，而'A'的 ASCII 码值与十进制数 65 相等。第二个表达式检查 first 的值'A'是否小于 last 的值'Z'。大写字母的 ASCII 码是用 65~90 的数值升序表示的，即 65 表示'A'，90 表示'Z'，因此第二个比较表达式同样返回 true。第三个表达式返回 false，因为'E'大于 first 的值。最后一个表达式返回 true，因为'A'肯定不等于'Z'。

考虑几个略复杂的数值比较示例。下列语句定义了 4 个变量：

```
int i {-10}, j {20};
double x {1.5}, y {-0.25E-10};
```

观察下面这些表达式：

```
-1 < y     j < (10 - i)     2.0*x >= (3 + y)
```

这里用结果为数值的表达式作为操作数。第 2 章的运算符优先表指出，上面的圆括号都不是必需的，但它们有助于使表达式更清楚。第一个表达式为真，因此返回 bool 值 true。变量 y 的值是 -0.000000000025，因此大于 -1。第二个比较返回 false，因为表达式 10 - i 的值是 20，与 j 相等。第三个表达式返回 true，因为表达式 3＋y 略小于 3。

可以使用关系运算符来比较任何基本类型或枚举类型的数值，因此现在所需的就是用比较结果改变程序行为的办法。

3.1.1 if 语句

基本的 if 语句允许在给定条件表达式的值为 true 时，执行一条语句或被大括号包围的语句块，当条件为 false 时跳过该语句或语句块。执行过程如图 3-1 所示。

下面是一个简单的 if 语句示例：

```
if('A' == letter)
   cout << "The first capital, alphabetically speaking.";
```

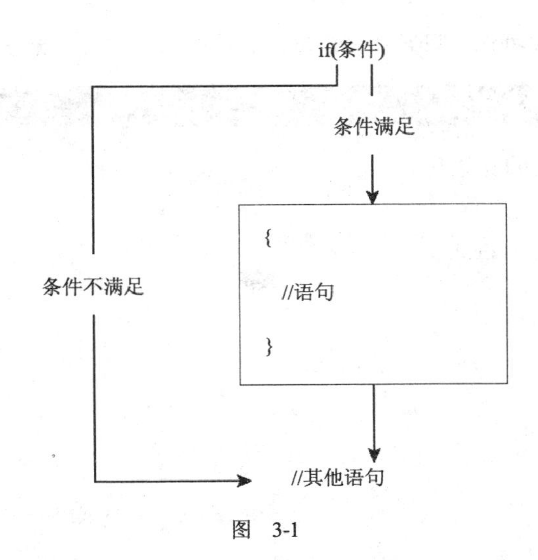

图　3-1

被测试的条件在紧跟关键字 if 的圆括号中，其后是条件为 true 时要执行的语句。注意这里分号的位置，它位于 if 和圆括号内条件表达式后的那条语句之后，在圆括号包围的条件表达式后不应该有分号，因为实质上这两行构成了一条语句。我们还看到，if 后面的语句是缩进编排的，其作用是指出该语句仅当 if 条件返回 true 时才执行。缩进不是必需的，但有助于读者了解 if 条件及依赖该条件的语句之间的关系。该代码段中的输出语句仅当变量 letter 的值为'A'时才执行。

当使用==运算符比较某种类型的变量和常量时，最好将常量写在==运算符的左边，如'A' ==letter。这样，如果不小心写成'A' = letter，则编译器会给出错误消息。而如果写成 letter = 'A'，这是完全合法的，所以不会产生错误消息，尽管这并不是你的本来意思。

可以用下面的方法来扩展这个示例，即如果 letter 的值是'A'，则改变该变量的值：

```
if('A' == letter)
{
   cout << "The first capital, alphabetically speaking.";
   letter = 'a';
}
```

if 语句控制的语句块由大括号包围，本例中仅当条件('A' == letter)为 true 时才执行块中的语句。如果没有大括号，则只有第一条语句从属于 if，而给 letter 赋值'a'的语句将总是执行。注意，块中每条语句后面都有一个分号，但在块尾的大括号后面没有分号。块内可以有任意多条语句。现在，如果 letter 的值为'A'，则输出与以前相同的消息之后，该变量的值将修改为'a'。如果条件表达式返回 false，那么这两条语句都不会执行。

3.1.2　嵌套的 if 语句

当 if 语句中的条件为真时，要执行的语句同样可以是 if 语句。这种结构称作嵌套的 if 语句。只有外部 if 语句的条件为 true 时，才测试内部 if 语句的条件。嵌套在一个 if 语句内部的 if 语句同样可以再包含另一个嵌套的 if 语句。只要知道自己在做什么，通常可以无限制地嵌套 if 语句。

试一试：使用嵌套的 if 语句

下面的示例包含嵌套的 if 语句。

```
// Ex3_01.cpp
// A nested if demonstration
#include <iostream>

using std::cin;
using std::cout;
using std::endl;

int main{}
{
  char letter {};                      // Store input in here

  cout << endl
     << "Enter a letter: ";            // Prompt for the input
  cin >> letter;                       // then read a character

  if(letter >= 'A')                    // Test for 'A' or larger
  {
    if(letter <= 'Z')                  // Test for 'Z' or smaller
    {
      cout << endl
           << "You entered a capital letter."
           << endl;
      return 0;
    }
  }

  if(letter >= 'a')                    // Test for 'a' or larger
  {
    if(letter <= 'z')                  // Test for 'z' or smaller
    {
      cout << endl
           << "You entered a lowercase letter."
           << endl;
      return 0;
    }
  }

  cout << endl << "You did not enter a letter." << endl;
  return 0;
}
```

示例说明

该程序开头照例是注释行，然后是#include 语句，以嵌入支持输入/输出的头文件，再后面是属于 std 名称空间的 cin、cout 和 endl 的 using 声明。main()函数体中的第一个动作是提示用户输入某个字母，该字母存储在名为 letter 的 char 型变量中。

输入后面的 if 语句检查输入的字符是否大于等于'A'。小写字母的 ASCII 码(97~122)大于大写字母的 ASCII 码(65~90)，所以输入小写字母也将使程序执行第一个 if 块，因为对任何小写字母而言，条件表达式(letter >='A')都将返回 true。在这种情况下，程序将执行检查输入是否小于等于'Z'的嵌套 if。如果该字母小于等于'Z'，说明输入的是个大写字母，因此将显示相应的消息。我们的任务至此已经完成，于是执行 return 语句来结束程序。这两条语句都被大括号包围，因此当嵌套的 if 条件返回 true 时都会执行。

下一条 if 语句检查输入的字符是否是小写字母，使用的机制与第一个 if 语句本质上相同，然后显示消息并返回。

如果输入的字符不是字母，则执行最后一个 if 块后面的输出语句。该语句显示一条消息，大意是输入的字符不是字母，然后执行 return 语句。

可以看出，嵌套 if 语句与输出语句之间的关系因使用了缩进而非常容易理解。

本示例的典型输出如下：

```
Enter a letter: T
You entered a capital letter.
```

只需要在检查输入是否为大写字母的 if 块后添加一条语句，就能将大写字母变为小写字母：

```
if(letter >= 'A')                  // Test for 'A' or larger
  if(letter <= 'Z')                // Test for 'Z' or smaller
  {
    cout << endl
         << "You entered a capital letter."
         << endl;
    letter += 'a' - 'A';            // Convert to lowercase
    return 0;
  }
```

上面的代码添加了一条语句。这条将大写字母转换为小写字母的语句使变量 letter 的值增加了，增加的量是'a' - 'A'。这是正确的，因为 A~Z 与 a~z 的 ASCII 码是两组连续的数值，分别是 65~90 和 97~122，所以表达式'a' - 'A'就是为得到等价小写字母而需要在大写字母的代码值上增加的数值，即 97 - 65=32。因此，如果在'K'的 ASCII 码值 75 上增加 32，就得到'k'的 ASCII 码值 107。

这里，同样可以使用等价的 ASCII 码值来表示字母，但使用字母，能够确保所编写的代码在不使用 ASCII 字符集的计算机上也能工作，唯一前提是大写和小写字母都是用连续的数值序列表示的。

有一个将字母转换为大写字母的标准库函数，因此通常不必自己编写这种代码。该函数的名称为 toupper()，位于标准头文件 ctype 中。当专门学习如何编写函数时，将介绍更多的标准库函数。

扩展的 if 语句

前面使用的 if 语句都仅在指定的条件返回 true 时才执行某些语句，之后，程序将按顺序执行下一条语句。另一种 if 版本是条件返回 true 时执行一条语句，而条件返回 false 时执行另一条语句。之后，程序将按顺序执行下一条语句。如第 2 章中所述，语句块总是能够代替一条语句，该原则同样适用于 if 语句。

试一试：扩展的 if 语句

下面的示例包含扩展的 if 语句：

```
// Ex3_02.cpp
// Using the extended if
#include <iostream>

using std::cin;
using std::cout;
using std::endl;

int main()
{
  long number {};                  // Store input here
  cout << endl
      << "Enter an integer number less than 2 billion: ";
  cin >> number;

  if(number % 2L)                  // Test remainder after division by 2
    cout << endl                   // Here if remainder 1
        << "Your number is odd." << endl;
  else
    cout << endl                   // Here if remainder 0
        << "Your number is even." << endl;

  return 0;
}
```

该程序的输出如下：

```
Enter an integer less than 2 billion: 123456
Your number is even.
```

示例说明

将输入值读入 number 之后，求出将它除以 2 之后的余数(使用第 2 章学习的求余数运算符%)来测试输入值，并使用余数作为执行这条 if 语句的条件。在这种情况下，if 语句的条件返回的是整数，而不是 bool 值。if 语句将条件返回的非零值解释为 true，将零值解释为 false。换句话说，这条 if 语句的条件表达式

```
(number % 2L)
```

等价于

```
(number % 2L != 0)
```

如果余数是 1，则条件为 true，因此执行紧跟 if 的语句。如果余数是 0，则条件是 false，因此执行紧跟 else 关键字的语句。在这里，if 表达式完成的工作一目了然。但是，对于复杂的表达式，则最好再添加额外的几个字符与 0 比较一下，以确保代码容易理解。

在 if 语句中，条件可以是结果为任意基本数据类型(见第 2 章)的数值表达式。当条件表达式的结果是数值时，编译器自动将表达式的结果强制转换为 bool 类型。bool 类型的非零值强制转换为 true，而零值强制转换为 false。

整数除以 2 得到的余数只能是 1 或 0。输出相应消息之后，执行 return 语句来结束程序。

与该语句的 if 部分类似，关键字 else 后面也不跟分号。缩排还是用于指示不同语句之间的关系。我们可以清楚地看出哪条语句对应于 true 或非零结果，哪条对应于 false 或零结果。应该在程序中始终缩排语句，以表明相应的逻辑结构。

if-else 组合是在两个选项中进行选择的，其一般逻辑如图 3-2 所示。

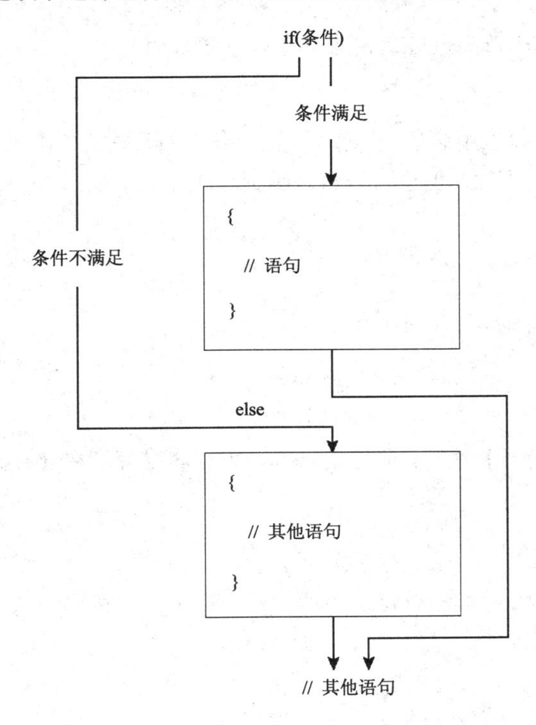

图　3-2

图 3-2 中的箭头指出了语句的执行顺序，这取决于 if 条件是返回 true 还是 false。

3.1.3　嵌套的 if-else 语句

如前所述，可以在 if 语句内嵌套 if 语句。同样，也可以在 if 语句内嵌套 if-else 语句，在 if-else 语句内嵌套 if 语句，以及在 if-else 语句内嵌套 if-else 语句。这也很容易让人混淆程序，因此需要看几个示例。下面的示例是在 if 语句内嵌套 if-else 语句。

```
if('y' == coffee)
  if('y' == donuts)
    cout << "We have coffee and donuts.";
  else
    cout << "We have coffee, but not donuts";
```

仅当 coffee 的测试结果返回 true 时，才执行对 donuts 的测试，因此输出消息反映的是每种情况下的正确状况，但这种嵌套结构很容易造成混淆。如果用不正确的缩进编写完全相同的代码，就可能得到错误的结论：

```
if('y' == coffee)
  if('y' == donuts)
    cout << "We have coffee and donuts.";
else                                     // This else is indented incorrectly
    cout << "We have no coffee...";      // Wrong!
```

这里的错误还容易看出来，但在更复杂的 if 结构中，就需要记住哪个 if 拥有哪个 else 的规则。

else 总是属于前面最近的、还没有对应 else 的 if。

对于复杂的情形，可以应用这条规则来处理。当编写程序时，使用大括号肯定能使代码更清楚。在上例中，大括号不是必需的，但也可以将该示例写成如下形式：

```
if('y' == coffee)
{
  if('y' == donuts)
    cout << "We have coffee and donuts.";
  else
    cout << "We have coffee, but not donuts";
}
```

现在的程序应该是绝对清楚的。知道了规则，就很容易理解在 if-else 语句内嵌套 if 的情形。

```
if('y' == coffee)
{
  if('y' == donuts)
    cout << "We have coffee and donuts.";
}
else
  if('y' == tea)
    cout << "We have tea, but not coffee";
```

这里的大括号是必需的。如果将其省略，则 else 属于第二个 if，即对 donuts 进行测试的 if。在这类情况下，通常很容易忘记添加大括号，从而产生难以发现的错误。包含这类错误的程序可以正确编译，有时甚至还能产生正确的结果。

如果删除本示例中的大括号，则仅当 coffee 和 donuts 都等于'y'，从而不执行 if('y' = = tea)测试时，才能得到正确结果。

下面是在 if-else 语句内嵌套 if-else 语句的示例。这种结构即使只有一级嵌套，也可能非常混乱。

```
if('y' == coffee)
  if('y' == donuts)
    cout << "We have coffee and donuts.";
  else
    cout << "We have coffee, but not donuts";
else
  if('y' == tea)
    cout << "We have no coffee, but we have tea, and maybe donuts...";
  else
```

```
    cout << "No tea or coffee, but maybe donuts...";
```

即使有正确的缩进，该程序的逻辑也非常不明显。大括号不是必需的，因为前面学习的规则能够验证每个 else 都属于正确的 if，但如果加上大括号，该程序看起来将更加清楚。

```
if('y' == coffee)
{
  if('y' == donuts)
    cout << "We have coffee and donuts.";
  else
    cout << "We have coffee, but not donuts";
}
else
{
  if('y' == tea)
    cout << "We have no coffee, but we have tea, and maybe donuts...";
  else
    cout << "No tea or coffee, but maybe donuts...";
}
```

有更好的方法来处理程序中的这种逻辑。如果将多个嵌套 if 语句放在一起，那么几乎肯定会在某个地方产生错误。下一节将有助于使问题简化。

3.1.4　逻辑运算符和表达式

如前所述，当有两个或更多相关条件时，使用 if 语句会比较麻烦。在用 if 语句查找 coffee 和 donuts 时，我们已经发挥出了自己的聪明才智，但是，实际上我们可能想要测试更为复杂的条件。

逻辑运算符提供了简洁方便的解决方案。使用逻辑运算符，可以将一系列比较组合成一个逻辑表达式。因此，只要判断问题最终归结为在真假两种可能性之间选择，则无论条件集多么复杂，最终需要的都只是一条 if 语句。

逻辑运算符只有 3 个：

&&	逻辑与
||	逻辑或
!	逻辑非

1. 逻辑与

如果两个条件必须都是 true 时结果才为真，则可以使用“与(AND)”运算符&&。当两个操作数的值都是 true 时，&&运算符的结果才是 true，否则结果是 false。

当测试某个字符以确定其是否为大写字母时，可以使用&&运算符，被测试的数值必须既大于等于'A'，又小于等于'Z'。这两个条件必须都返回 true，才能确定被测试的字符是大写字母。

如前所述，用逻辑运算符组合起来的条件可能返回数值。记住，这种情况下非零值强制转换为 bool 值 true，而零值强制转换为 false。

还以在 char 型的变量 letter 中存储数值为例，可以用仅包括一个 if 和&&运算符的表达式来代替原来使用了两个 if 语句的测试条件。

```
if((letter >= 'A') && (letter <= 'Z'))
  cout << "This is a capital letter.";
```

if 条件表达式内的圆括号确保比较操作首先执行，这样会使语句更清楚。输出语句仅当&&运算符组合的两个条件都为 true 时才执行。

如果&&运算符左边的操作数是 false，则不再对右边的操作数求值。当右边的操作数是一个会改变某些东西的表达式，如涉及++或--运算符的表达式时，这一特点就非常重要。例如，在表达式 x >=5 && ++n < 10 中，如果 x 小于 5，则 n 将不递增。

2. 逻辑或

如果希望两个条件之一或全部为真时结果为 true，则应该使用“或(OR)”运算符 ||。例如，只有年收入至少为 100 000 美元，或者有 1 000 000 美元现金，银行才认为我们有资格申请贷款。下面的 if 语句可以测试这个条件。

```
if((income >= 100000.00) || (capital >= 1000000.00))
  cout << "How much would you like to borrow, Sir (grovel, grovel)?";
```

当这两个条件中的一个或两个为 true 时，才会显示这条响应消息。只有当两个操作数的值都是 false 时，|| 运算符的结果才是 false。

如果 || 运算符左边的操作数是 true，则不再对右边的操作数求值。例如，在表达式 x >=5 || ++n < 10 中，如果 x 大于等于 5，则变量 n 将不递增。

3. 逻辑非

第三个逻辑运算符 ! 将某个 bool 类型操作数的值取反。因此，如果变量 test 的值为 true，则 !test 为 false；如果 test 为 false，则 !test 为 true。以一个简单的表达式为例，如果 x 的值是 10，则表达式!(x > 5)为 false，因为 x > 5 为 true。

还可以在 Charles Dickens 特别喜爱的一个表达式中应用 ! 运算符：

```
!(income > expenditure)
```

如果该表达式为 true，则悲惨的生活至少从银行开始拒付支票那一刻起就开始了。

最后，可以对其他基本数据类型应用 ! 运算符。假设变量 rate 是 float 类型，值为 3.2。如果想通过测试来证明 rate 的值不是零，则可以使用下面的表达式：

```
!(rate)
```

值 3.2 是非零值，因此转换为 bool 值 true，这样该表达式的结果就是 false。

试一试：组合逻辑运算符

只要认为合适，就可以任意地组合条件表达式和逻辑运算符。例如，可以仅使用一个 if 语句就构造出测试某个变量是否包含某个字母的条件。下面将其写成一个可运行的示例：

```
// Ex3_03.cpp
// Testing for a letter using logical operators
#include <iostream>

using std::cin;
using std::cout;
using std::endl;

int main()
{
  char letter {};                                    // Store input in here

  cout << endl
       << "Enter a character: ";
  cin >> letter;

  if(((letter >= 'A') && (letter <= 'Z')) ||
      ((letter >= 'a') && (letter <= 'z')))         // Test for alphabetic
    cout << endl
         << "You entered a letter." << endl;
  else
    cout << endl
         << "You didn't enter a letter." << endl;

  return 0;
}
```

示例说明

本示例首先在提示输入之后读取一个字符，这与 Ex3_01.cpp 完全相同。该程序中 if 语句的条件比较有意思。该条件由用 || (或)运算符组合在一起的两个逻辑表达式组成，因此任何一个表达式为 true，该条件就返回 true，于是显示下面的消息：

```
You entered a letter.
```

如果两个逻辑表达式都是 false，则执行 else 语句，显示下面的消息：

```
You didn't enter a letter.
```

每个逻辑表达式又用&&(与)运算符组合了一对比较条件，因此两个比较必须都返回 true，相应的逻辑表达式才能是 true。如果输入大写字母，则第一个逻辑表达式返回 true；如果输入是小写字母，则第二个表达式返回 true。

3.1.5　条件运算符

条件运算符有时称作三元运算符，因为它牵涉 3 个操作数。通过示例来理解该运算符应该是最好的办法。假设有两个变量 a 和 b，我们希望将 a 和 b 中的最大值赋给第三个变量 c。可以用下面的语句来实现：

```
c = a > b ? a : b;          // Set c to the maximum of a or b
```

条件运算符的第一个操作数必须是结果为 bool 值 true 或 false 的表达式，本例中的表达式是 a > b。如果该表达式返回 true，则第二个操作数(本例中是 a)被选为结果值。如果第一个参数返回 false，则第三个操作数(本例中是 b)被选为结果值。因此，如果 a 大于 b，则条件表达式 a > b ? a : b 的结果是 a；否则是 b。作为赋值操作的结果，该数值存储在 c 中。该赋值语句中使用条件运算符等价于下面的 if 语句：

```
if(a > b)
  c = a;
else
  c = b;
```

条件运算符通常可以写成下面的形式：

```
condition ? expression1 : expression2
```

如果 condition 为 true，则结果是 expression1 的值；如果 condition 为 false，则结果是 expression2 的值。

试一试：在输出中使用条件运算符

条件运算符的常见用途是根据表达式的结果或变量的值来控制输出。可以根据指定的条件，通过选择文本字符串来改变输出的消息。

```
// Ex3_04.cpp
// The conditional operator selecting output
#include <iostream>

using std::cout;
using std::endl;

int main()
{
  int nCakes {1};           // Count of number of cakes

  cout << endl
       << "We have " << nCakes << " cake" << ((nCakes > 1) ? "s." : ".")
       << endl;

  ++nCakes;

  cout << endl
       << "We have " << nCakes << " cake" << ((nCakes > 1) ? "s." : ".")
       << endl;
  return 0;
}
```

该程序的输出如下：

```
We have 1 cake.
```

```
We have 2 cakes.
```

示例说明

首先用数值 1 初始化变量 nCakes，然后是一条显示蛋糕数量的输出语句。使用条件运算符只是想测试一下变量 nCakes，以确定是有一块还是多块蛋糕：

```
((nCakes > 1) ? "s." : ".")
```

如果 nCakes 大于 1，则该表达式为"s."；否则为"."。该表达式能够为任意数量的蛋糕使用同一条输出语句，并得到语法上正确的输出。为证实这一点，在示例中使变量 nCakes 递增，然后重复执行相同的输出语句。

还有许多其他可以应用这类机制的情况，例如，在"is"和"are"之间进行选择。

3.1.6　switch 语句

switch 语句能够基于给定表达式的一组定值，从多个选项中进行选择。其原理就像旋转开关一样，可以从多个选项中选择一项，有些洗衣机就是以这种方式供用户操作的。开关上有多个位置，如棉、毛料、合成纤维等，旋转手柄，指向需要的选项，就可以选择任意一个位置。

在 switch 语句中，作出的选择由指定表达式的值决定。可以用一个或多个 case 值来定义 switch 的位置。如果 switch 表达式的值与某个分情形值(case 值)相同，则选择相应的 case 值。switch 语句的每种选择对应一个 case 值，所有 case 值都不相同。

switch 语句的一般形式如下：

```
switch(expression)
{
case c1:
  // One or more statements for c1...
  break;
case c2:
  // One or more statements for c2...
  break;
// More case statements...
default:
  // Statements for default case...
  break;
}
```

switch 和 case 都是关键字，c1、c2 等都是整型常量，或编译器可以计算的、得到整型常量的表达式，即不是必须在运行期间计算的表达式。case 语句的顺序可以任意，每个 case 值都必须唯一，才能让编译器区分它们。当 expression 计算为其中一个 case 值时，就执行该 case 语句后面的语句。

如果 switch 表达式的值不与任何 case 值匹配，则 switch 自动选择默认的 case 值。也可以省略默认的 case 值，此时默认的 case 语句什么也不做。

在执行了某个 case 语句后，每个 case 语句末尾的 break 语句将程序的执行传递给 switch 块后面的语句。如果没有这条语句，程序将继续执行下一个 case 语句，默认 case 后面的 break 不是必需的，但最好包含它，以便于以后在默认 case 后面添加 case 语句。下面看看其工作过程。

试一试： switch 语句

通过下面的示例，可以分析 switch 语句的工作过程。

```
// Ex3_05.cpp
// Using the switch statement
#include <iostream>

using std::cin;
using std::cout;
using std::endl;

int main()
{
  int choice {};                    // Store selection value here

  cout << endl
      << "Your electronic recipe book is at your service." << endl
      << "You can choose from the following delicious dishes: "
      << endl
      << endl << "1 Boiled eggs"
      << endl << "2 Fried eggs"
      << endl << "3 Scrambled eggs"
      << endl << "4 Coddled eggs"
      << endl << endl << "Enter your selection number: ";
  cin >> choice;

  switch(choice)
  {
  case 1: cout << endl << "Boil some eggs." << endl;
          break;
  case 2: cout << endl << "Fry some eggs." << endl;
          break;
  case 3: cout << endl << "Scramble some eggs." << endl;
           break;
  case 4: cout << endl << "Coddle some eggs." << endl;
          break;
  default: cout << endl <<"You entered a wrong number, try raw eggs."
                << endl;
           break;
  }

  return 0;
}
```

示例说明

在流输出语句中显示了输入选项，并将选择的数字读入变量 choice 之后，switch 语句把条件指定为关键字 switch 后圆括号内的 choice。switch 中的选项包围在大括号之间，分别用 case 标签来标识。case 标签是关键字 case，后跟与该选项对应的 choice 值，并以冒号结束。

可以看出，特定 case 下要执行的语句写在 case 标签结束处冒号的后面，以一条 break 语句结束。break 语句将程序的执行传递给 switch 后面的语句。break 不是必需的，但如果没有这条语句，程序将继续执行后面的 case 语句，这通常不是我们想要的。可以试一下，看看删除本示例中的 break 语句之后会发生什么事情。

对特定情形要执行的语句也可以用大括号括起来，有时必须这么做。例如，如果在 case 语句中创建一个变量，则必须包含括号。下面的语句会导致错误消息：

```
switch(choice)
{
case 1:
  int count {2};
  cout << "Boil " << count
       << " eggs." << endl;
  // Code to do something with count...
  break;

default:
  cout << endl <<"You entered a wrong number, try raw eggs." << endl;
  break;
}
```

由于 count 变量可能未在 switch 块中初始化，因此会得到下面的错误消息：

```
error C2360: initialization of 'count' is skipped by 'default' label
```

可以将前面这段代码修改为：

```
switch(choice)
{
case 1:
  {
    int count {2};
    cout << "Boil " << count
         << " eggs." << endl;
    // Code to do something with count...
    break;
  }

default:
  cout << endl <<"You entered a wrong number, try raw eggs." << endl;
  break;
}
```

如果 choice 的值与指定的任何 case 值都不符合，则执行 default 标签后面的语句。default case 不是必需的。在缺少该 case 的情况下，如果测试表达式的值与任何 case 都不符合，则退出 switch 语句，程序继续执行 switch 后面的语句。

试一试：共享某种 case

switch 语句中的每个 case 表达式都必须是可以在编译期间计算的常量表达式，且必须是互不相同的整数值。任何两个 case 常量都不能相同，原因是编译器将无法知道应该执行哪条 case 语句，但是不同的 case 不一定要采取不同的动作。如下所示，若干 case 可以共享相同的动作。

```
// Ex3_06.cpp
```

```
// Multiple case actions
#include <iostream>

using std::cin;
using std::cout;
using std::endl;

int main()
{
  char letter {};
  cout << endl
       << "Enter a small letter: ";
  cin >> letter;

  switch(letter*(letter >= 'a' && letter <= 'z'))
  {
   case 'a':  case 'e': case 'i': case 'o': case 'u':
     cout << endl << "You entered a vowel.";
     break;

   case 0:
     cout << endl << "That is not a small letter.";
     break;

   default: cout << endl << "You entered a consonant.";
  }

  cout << endl;
  return 0;
}
```

示例说明

在本示例中，switch 语句中的表达式更为复杂。如果输入的字符不是小写字母，则表达式

```
(letter >= 'a' && letter <= 'z')
```

结果为 false；否则为 true。因为 letter 要乘以该表达式的值，所以该逻辑表达式的值被转换为整数。如果是 false，则转换为 0；如果是 true，则转换为 1。因此，如果输入的不是小写字母，则 switch 表达式的值为 0；如果是小写字母，则该表达式的值就是 letter 的值。只要 letter 中存储的字符代码不是小写字母，程序就执行 case 0 后面的语句。

如果输入的是小写字母，则 switch 表达式的值与 letter 的值相同。因此，对于所有对应元音的值来说，执行把元音作为值的 case 标签序列后面的输出语句。无论输入的是哪个元音，执行的都是同一条语句，因为选中这些 case 标签中的任何一个，都要执行后续的语句，直至遇到 break 语句为止。我们看到，在要执行的语句之前接连写出各个 case 标签，就可以为多种不同的 case 采取相同的动作。如果输入的小写字母是辅音，则执行 case 标签 default 后面的语句。

3.1.7 无条件转移

if 语句提供了根据指定条件选择执行哪组语句的灵活性，因此程序中语句的执行顺序因数值的不同而不同。与此相反，goto 语句却很死板。该语句允许无条件转移到指定的程序语句。位于

转移目的地的语句必须用某个语句标签来标识，这种标签也是按照定义变量名的规则来定义的标识符。语句标签后面应该跟一个冒号，还应该放在需要标记的语句前面。下面是一条被标记语句的示例。

```
myLabel: cout << "myLabel branch has been activated" << endl;
```

该语句的标签是 myLabel，无条件转移到这条语句的语句如下所示：

```
goto myLabel;
```

只要可能，就应该避免在程序中使用 goto 语句。这些 goto 语句往往导致错综复杂的、难以理解的代码。

理论上，程序中的 goto 语句不是必需的，因为总有替代 goto 语句的方法，所以某些程序员声称应该永远不使用 goto 语句。笔者不同意这样的极端观点。goto 语句毕竟是一条合法语句，而且在有些场合下使用起来很方便，例如必须从一个深度嵌套的循环(下一节将介绍)中退出时。但是，笔者还是建议仅当能够看到明显优于其他可用选择时才使用 goto；否则，可能得到难以理解、更难以维护的、错综复杂且容易出错的代码。

3.2 重复执行语句块

对大多数应用程序而言，重复一组语句的功能是基本要求。如果没有这种功能，则公司每当雇用一名新员工时就需要修改工资计算程序，每当我们想要玩自己喜欢的游戏时就需要重新加载。因此，下面首先介绍一下循环的工作原理。

3.2.1 循环的概念

循环即重复执行一个语句序列，直到特定的条件为 true 或 false 为止。实际上，我们用目前所学过的语句就能编写出循环，需要的只是 if 和令人畏惧的 goto 而已。看下面的示例：

```
// Ex3_07.cpp
// Creating a loop with an if and a goto
#include <iostream>

using std::cout;
using std::endl;

int main()
{
  int i {1}, sum {};
  const int max {10};

loop:
  sum += i;            // Add current value of i to sum
  if(++i <= max)
     goto loop;        // Go back to loop until i = 11
```

```
  cout << endl
       << "sum = " << sum << endl
       << "i = "  << i   << endl;
  return 0;
}
```

本示例是累加整数 1~10 的和。首次执行该语句序列时，i 的初始值是 1，该变量与最初是 0 的 sum 相加。在 if 语句中，i 递增为 2，但只要它小于等于 max，就无条件转移到 loop，然后 i 的值(现在是 2)再次与 sum 相加。每次使 i 递增并与 sum 相加的动作重复执行，直到最后在 if 语句中 i 递增到 11 时，才不再重复这一过程。如果运行该示例，则得到下面的输出。

```
sum = 55
i = 11
```

本示例非常清楚地展示了循环的工作过程，但使用了 goto 语句，还在程序中引入一个标签，这两者都是应该尽可能避免的。使用下面这条专门用于编写循环的 for 语句，可以实现相同的功能，甚至更多。

试一试：使用 for 循环

可以使用 for 循环来重写上一个示例。

```
// Ex3_08.cpp
// Summing integers with a for loop
#include <iostream>


using std::cout;
using std::endl;

int main()
{
  int i {1}, sum {};
  const int max {10};

  for(i = 1; i <= max; i++)         // Loop specification
     sum += i;                      // Loop statement

  cout << endl
       << "sum = " << sum << endl
       << "i = "  << i   << endl;
  return 0;
}
```

示例说明

如果编译并运行该程序，那么将得到与前面的示例完全相同的输出，但这里的代码更加简单。决定循环操作的条件位于关键字 for 后面的圆括号中。该圆括号内共有 3 个以分号隔开的表达式：

- 第一个表达式最初执行一次，以设定循环的初始条件，在本示例中，该表达式将 i 设置为 1。

- 第二个是逻辑表达式，它决定是否应该继续执行循环语句(或语句块)。如果第二个表达式为 true，则继续执行循环；如果是 false，则结束循环，然后执行循环后面的语句。在本示例中，只要 i 小于等于 max，就一直执行下面的循环语句。
- 在循环语句(或语句块)执行之后，计算机将求出第三个表达式的值，在本示例中，每次循环都使 i 加 1。在计算该表达式之后，第二个表达式再次被计算，以确定循环是否应该继续。

实际上，该循环与 Ex3_07.cpp 中的版本不完全相同。在这两个程序中都将 max 的值设置为 0，然后再次运行两个程序，就可以证明这一点。我们将发现在 Ex3_07.cpp 中 sum 的值是 1，在 Ex3_08.cpp 中 sum 的值是 0，i 的值也不同。原因是 if 版本的程序总是至少执行一次循环，因为直到最后才检查测试条件。for 循环却不是这样，因为测试条件是在最开始检查的。

for 循环的通用形式如下：

```
for (initializing_expression ; test_expression ; increment_expression)
    loop_statement;
```

当然，loop_statement 可以是一条语句，也可以是大括号之间的语句块。执行 for 循环的事件序列如图 3-3 所示。

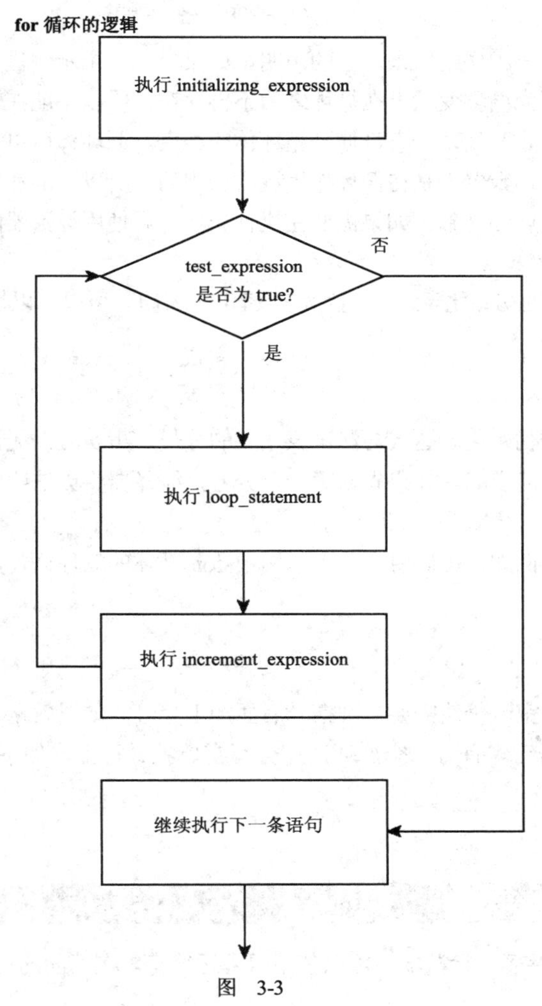

图 3-3

控制 for 循环的表达式是非常灵活的。甚至可以为每个控制表达式编写两个或更多以逗号运算符分开的表达式。该特点在 for 循环的用途方面提供了巨大的空间。

较有数学头脑的人知道，不使用循环，就可以计算出前 n 个整数之和。从 1 到 n 的整数之和可以用表达式 n(n+1)/2 来计算。但使用这个表达式不能学到循环的知识。

3.2.2 for 循环的变体

大多数时候，for 循环中的表达式都是以相当标准的方式使用的：第一个表达式用于初始化一个或多个循环计数器，第二个表达式用于测试循环是否应该继续，第三个表达式递增或递减一个或多个循环计数器。但是，不必以这种方式使用表达式，for 循环有相当多的变体。

for 循环中的初始化表达式也可以包括循环变量的声明。在前面的示例中，还可以这样编写循环，即在第一个控制表达式中包括循环计数器 i 的声明。

```
for(int i {1}; i <= max; i++)          // Loop specification
  sum += i;                             // Loop statement
```

当然，可能需要省略该程序中原来对 i 的声明。如果对上一个示例进行这样的修改，则将发现该程序现在不能编译。因为循环变量 i 在循环之后不再存在，所以不能在输出语句中引用该变量。循环的作用域从 for 表达式开始，一直延伸到循环体的结束。循环体可以是大括号之间的代码块，也可以是一条语句。现在计数器 i 是在循环作用域内声明的，所以不能在输出语句中引用该变量，因为输出语句在循环作用域的外部。如果需要在执行循环之后使用计数器的值，则必须在循环作用域的外部声明计数器变量。

可以完全省略循环中的初始化表达式。因为 i 具有初始值 1，所以可以将该循环写成下面的形式：

```
for(; i <= max; i++)                   // Loop specification
  sum += i;                             // Loop statement
```

该循环仍然需要分开初始化表达式与测试表达式的分号。事实上，无论是否省略任何或全部控制表达式，两个分号都不能省略。如果省略第一个分号，编译器将无法判断省略了哪个表达式，或者说遗漏了哪个分号。

循环语句可以为空。例如，可以将上一个示例中 for 循环的循环语句放入递增表达式内部，这种情况下该循环就成为：

```
for(; i <= max; sum += i++);    // The whole loop
```

为了指示循环语句为空，仍然需要在圆括号后面加上分号。如果省略该分号，则紧跟这行代码的语句将被解释为循环语句。有时，空循环语句会写在单独一行上，如下所示。

```
for(; i <= max; sum += i++)    // The whole loop
  ;
```

试一试：使用多个计数器

为了在 for 循环中包括多个计数器，可以使用逗号运算符。在下面的程序中，将看到这种用法。

```
// Ex3_09.cpp
// Using multiple counters to show powers of 2
#include <iostream>
#include <iomanip>


using std::cout;
using std::endl;
using std::setw;

int main()
{
  const long max {10L};

  for(long i {}, power {1L}; i <= max; i++, power += power)
     cout << endl
          << setw(10) << i << setw(10) << power;     // Loop statement

  cout << endl;
  return 0;
}
```

示例说明

在 for 循环的初始化部分创建并初始化两个变量，然后在递增部分将它们递增。可以创建任意多的变量，只要它们具有相同的类型即可。

也可以在第二个表达式中指定多个以逗号分开的条件，该表达式是 for 循环的测试部分，决定着循环是否应该继续，但它一般没有用，因为只有最右边的条件影响循环结束的时间。

变量 i 每递增一次，变量 power 的值就通过与自身相加而倍增。这样将产生我们所期待的 2 的幂值，因此程序产生下面的输出。

```
         0         1
         1         2
         2         4
         3         8
         4        16
         5        32
         6        64
         7       128
         8       256
         9       512
        10      1024
```

在第 2 章介绍的 setw()操作符用来精确地对齐输出。我们已经嵌入了 iomanip 头文件，还为 std 名称空间中的 setw 名称添加了 using 声明，因此可以不加限定名来使用 setw()。

试一试：无穷 for 循环

如果省略为 for 循环指定测试条件的第二个控制表达式，则该表达式的值将被假定为 true，因此循环将无限期继续，除非提供从循环中退出的其他手段。事实上如果愿意，则可以省略 for 后面圆括号中的所有表达式。这样做可能看起来没有用处，但实际上恰恰相反。我们会经常遇到需要多次执行某个循环的情况，但预先不知道需要的循环次数。请看下面的程序：

```
// Ex3_10.cpp
// Using an indefinite for loop to compute an average
#include <iostream>

using std::cin;
using std::cout;
using std::endl;

int main()
{
  double value {};                       // Value entered stored here
  double sum {};                         // Total of values accumulated here
  int i {};                              // Count of number of values
  char indicator {'n'};                  // Continue or not?

  for(;;)                                // Indefinite loop
  {
     cout << endl
         << "Enter a value: ";
     cin >> value;                       // Read a value
     ++i;                                // Increment count
     sum += value;                       // Add current input to total

     cout << endl
         << "Do you want to enter another value (enter y or n)? ";
     cin >> indicator;                   // Read indicator
     if (('n' == indicator) || ('N' == indicator))
       break;                            // Exit from loop
  }

  cout << endl
     << "The average of the " << i
     << " values you entered is " << sum/i << "."
     << endl;
  return 0;
}
```

示例说明

该程序计算任意数量的值的平均值。在输入每个值之后，需要输入一个字符 y 或 n，来指示是否想输入另一个值。执行该示例的典型输出如下：

```
Enter a value: 10

Do you want to enter another value (enter y or n)? y

Enter a value: 20

Do you want to enter another value (enter y or n)? y

Enter a value: 30
```

```
Do you want to enter another value (enter y or n)? n

The average of the 3 values you entered is 20.
```

在声明并初始化要使用的变量之后，进入一个未指定任何表达式的 for 循环，因此没有关于循环结束条件的规定。紧跟其后的语句块是重复执行的循环主体。

循环块完成 3 个基本动作：

- 读取某个值
- 将从 cin 读取的值与 sum 相加
- 检查用户是否想继续输入值

循环块中的第一个动作是提示用户输入一个值，然后将其读入变量 value。输入的值与 sum 相加，同时计数器 i 递增。在累加 sum 中的值之后，程序询问用户是否想输入另一个值，并提示用户输入 y，如果已经结束就输入 n。输入的字符存储在变量 indicator 中，该变量在 if 语句中用于测试输入的字符是否是 n 或 N。如果既不是 n 也不是 N，则循环继续；否则执行 break。循环中 break 的作用类似于它在 switch 语句中的作用。在这种情况下，break 将控制权传递给循环块的右大括号后面的语句，使循环立即结束。

最后，输出输入值的个数以及将 sum 除以 i 后得到的平均值。当然，计算之前 i 被升级为 double 类型，参见第 2 章关于类型强制转换的讨论。

1. 使用 continue 语句

continue 语句可以简明地写成下面的形式：

```
continue;
```

执行循环内部的 continue 语句将跳过循环体中其他剩余的语句，而立即启动下一次循环迭代。可以用下面的代码来示范 continue 语句的作用：

```
#include <iostream>

using std::cin;
using std::cout;
using std::endl;

int main()
{
  int value {}, product {1};

  for(int i {1}; i <= 10; i++)
  {
    cout << "Enter an integer: ";
    cin >> value;

    if(0 == value)                   // If value is zero
      continue;                      // skip to next iteration

    product *= value;
  }
```

```
    cout << "Product (ignoring zeros): " << product
         << endl;

    return 0;
}
```

该循环读取 10 个数值，目的是得到输入值的乘积。if 语句检查每个输入值，如果是 0，则 continue 语句跳到下一次迭代。这样，即使某个输入值为 0，也不会得到等于 0 的乘积。显然，如果最后一次迭代时输入值为 0，则该循环将结束。当然还有其他一些方法可以得到相同的结果，但 continue 语句提供了非常有用的功能，特别是在需要从循环体的不同位置跳到当前迭代结束处这样的复杂循环中。

在 for 循环的逻辑中，break 和 continue 语句的作用如图 3-4 所示。

显然，在实际情况中将在某些条件测试逻辑中使用 break 和 continue 语句，以确定何时应该退出循环，或者何时应该跳过循环的迭代。还可以在本章稍后讨论的其他类型循环中使用 break 和 continue 语句，它们还是以完全相同的方式工作。

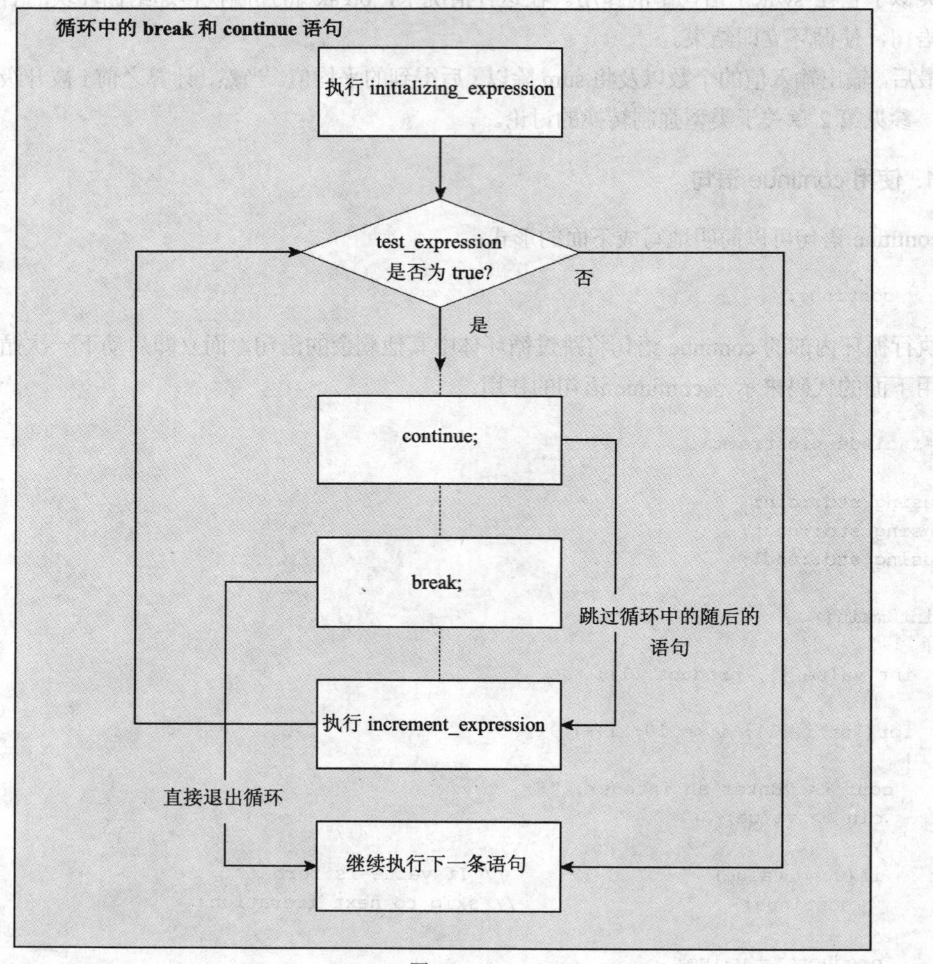

图 3-4

试一试：在循环中使用其他数据类型

前面仅使用整数来记录循环的迭代次数。在使用何种变量类型来记录循环迭代次数方面，没有任何限制。请看下面的示例：

```
// Ex3_11.cpp
// Display ASCII codes for alphabetic characters
#include <iostream>
#include <iomanip>

using std::cout;
using std::endl;
using std::hex;
using std::dec;
using std::setw;

int main()
{
  for(char capital {'A'}, small {'a'}; capital <= 'Z'; capital++, small++)
  {
     cout << endl
          << "\t" << capital                  // Output capital as a character
          << hex << setw(10) << static_cast<int>(capital)   // and as hexadecimal
          << dec << setw(10) << static_cast<int>(capital)   // and as decimal
          << " " << small                 // Output small as a character
          << hex << setw(10) << static_cast<int>(small)     // and as hexadecimal
          << dec << setw(10) << static_cast<int>(small);    // and as decimal
  }

  cout << endl;
  return 0;
}
```

示例说明

我们给几个新的操作符名称提供了 using 声明，这些操作符在本程序中用来影响输出的显示方式。

本示例中的循环由 char 类型的变量 capital 控制，我们在初始化表达式中声明了该变量及 small 变量。在循环的第三个控制表达式中，还使这两个变量递增，这样 capital 的值将从'A'变化到'Z'，而 small 的值将相应地从'a'变化到'z'。

该循环只包含一条输出语句，但此语句分 7 行写完，第一行是：

```
cout << endl
```

这一行代码使结果在屏幕上换行输出。

接下来的 3 行代码如下：

```
<< "\t" << capital                  // Output capital as a character
<< hex << setw(10) << static_cast<int>(capital)   // and as hexadecimal
<< dec << setw(10) << static_cast<int>(capital)   // and as decimal
```

每次迭代时，在输出制表符之后，capital 的值将以字符、十六进制数和十进制数 3 种形式显示 3 次。

当将 hex 操作符插入 cout 流时，将使后面的整数值以十六进制数形式显示，而不是以默认的十进制表示法显示。因此，capital 的第二次输出是其字符的十六进制表示法。

然后，将 dec 操作符插入 cout 流，从而使后面的数值再次以十进制形式输出。默认情况下，char 类型的变量被输出流解释为字符，而不是数值。使用第 2 章介绍的 static_cast< >()运算符，将 char 类型变量 capital 的值强制转换为 int 类型，就可以使该变量以数值形式输出。

输出语句的后 3 行代码以类似的方式输出 small 的值：

```
<< " " << small                              // Output small as a character
<< hex << setw(10) << static_cast<int>(small)   // and as hexadecimal
<< dec << setw(10) << static_cast<int>(small);  // and as decimal
```

因此，该程序产生下面的输出：

```
A    41    65  a    61    97
B    42    66  b    62    98
C    43    67  c    63    99
D    44    68  d    64   100
E    45    69  e    65   101
F    46    70  f    66   102
G    47    71  g    67   103
H    48    72  h    68   104
I    49    73  i    69   105
J    4a    74  j    6a   106
K    4b    75  k    6b   107
L    4c    76  l    6c   108
M    4d    77  m    6d   109
N    4e    78  n    6e   110
O    4f    79  o    6f   111
P    50    80  p    70   112
Q    51    81  q    71   113
R    52    82  r    72   114
S    53    83  s    73   115
T    54    84  t    74   116
U    55    85  u    75   117
V    56    86  v    76   118
W    57    87  w    77   119
X    58    88  x    78   120
Y    59    89  y    79   121
Z    5a    90  z    7a   122
```

2. 浮点循环计数器

还可以使用浮点数作为循环计数器。下面的 for 循环示例就使用了这种计数器：

```
double a {0.3}, b {2.5};
for(double x {}; x <= 2.0; x += 0.25)
  cout << "\n\tx = " << x
      << "\ta*x + b = " << a*x + b;
```

该代码段计算 a*x+b 的值，x 的值以 0.25 为步长从 0.0 增加到 2.0，但我们需要注意何时在循环中使用浮点计数器。许多小数值不能以二进制浮点形式精确表示，因此累积数值时可能产生误差。这意味着 for 循环的结束不应该取决于浮点循环计数器达到某个精确值。例如，下面这个设计拙劣的循环将永远不会结束。

```
for(double x {}; x != 1.0; x += 0.1)
  cout << x << endl;
```

该循环的意图是随着 x 从 0.0 变化到 1.0，输出该变量的值，但 0.1 不能精确表示成二进制浮点数，这样 x 的值就永远不会精确等于 1。因此，第二个循环控制表达式始终为 false，这样该循环将无限继续下去。

很容易看出为什么一些十进制的小数值不能精确地表示为二进制值。在二进制的小数部分，小数点右边的数字等价于 1/2、1/4、1/8/、1/16 等的十进制小数部分。因此十进制的小数部分总是上述一个或多个分数之和。1/3 或 1/10 等这样具有古怪分母或古怪分子的十进制小数，永远不能精确地表示为分母为偶数的分数之和。

3.2.3　while 循环

C++的第二种循环是 while 循环。for 循环主要用来以指定的迭代次数重复执行某条语句或某个语句块，而 while 循环用来在指定条件为 true 时执行某条语句或某个语句块。while 循环的通用形式如下：

```
while(condition)
  loop_statement;
```

只要 condition 表达式的值为 true，就重复执行 loop_statement。当条件变为 false 之后，程序继续执行循环后面的语句。和往常一样，可以用大括号之间的语句块来取代单个的 loop_statement。

while 循环的逻辑可以用图 3-5 来表示。

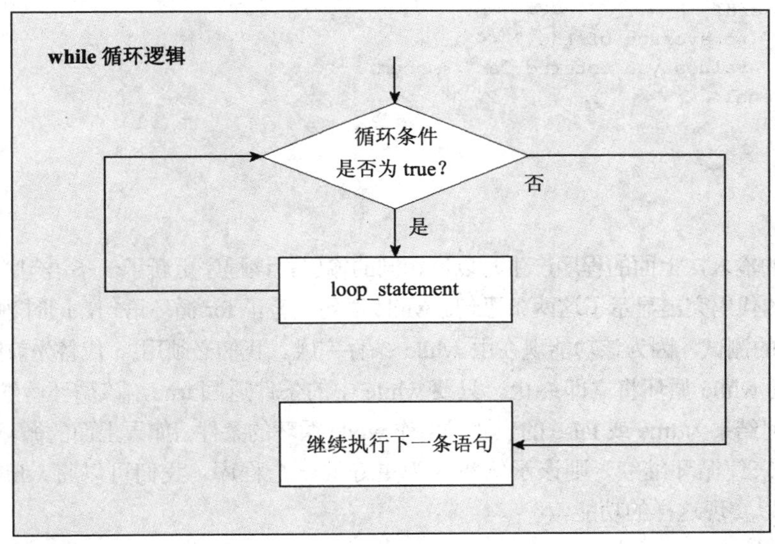

图　3-5

试一试：使用 while 循环

可以使用 while 循环来重写前面计算平均值的示例(Ex3_10.cpp)。

```
// Ex3_12.cpp
// Using a while loop to compute an average
#include <iostream>

using std::cin;
using std::cout;
using std::endl;

int main()
{
  double value {};                       // Value entered stored here
  double sum {};                         // Total of values accumulated here
  int i {};                              // Count of number of values
  char indicator {'y'};                  // Continue or not?

  while('y' == indicator )               // Loop as long as y is entered
  {
    cout << endl
         << "Enter a value: ";
    cin >> value;                        // Read a value
    ++i;                                 // Increment count
    sum += value;                        // Add current input to total

    cout << endl
         << "Do you want to enter another value (enter y or n)? ";
    cin >> indicator;                    // Read indicator
  }

  cout << endl
       << "The average of the " << i
       << " values you entered is " << sum/i << "."
       << endl;
  return 0;
}
```

示例说明

对于相同的输入，上面的程序产生与以前相同的输出。该程序更新了一条语句，另外添加了一条语句。上面的代码突出显示了这两条语句。while 语句代替了 for 循环语句，同时删除了在 if 语句中对 indicator 的测试，因为该功能现在由 while 条件完成。我们必须用 y 代替先前的 n 来初始化 indicator，否则 while 循环将立即终止。只要 while 中的条件返回 true，该循环就继续。

可以将任何结果为 true 或 false 的表达式用作 while 循环的条件。如果上面的循环条件扩展为允许输入'Y'及'y'来使循环继续，则该示例将成为更好的一个程序。我们可以将 while 条件修改成下面的样子，以实现这样的功能。

```
while(('y' == indicator) || ('Y' == indicator))
```

使用始终为 true 的条件，还可以建立无限期执行的 while 循环。这样的循环可以写成下面的形式：

```
while(true)
{
...
}
```

也可以用整数值 1 作为循环控制表达式，1 将转换为 bool 值 true。当然，这里的要求与无穷 for 循环的情形相同：必须在循环块内提供一种退出循环的方法。第 4 章将介绍其他使用 while 循环的方式。

3.2.4　do-while 循环

do-while 循环与 while 循环的类似之处是只要指定的循环条件为 true，循环就继续。主要区别是 do-while 循环在循环结束时才检查循环条件，这与 while 循环和 for 循环相反，后两者在循环开始时检查循环条件。因此，do-while 循环语句总是至少执行一次。do-while 循环的通用形式如下：

```
do
{
  loop_statements;
}while(condition);
```

do-while 循环的逻辑如图 3-6 所示。

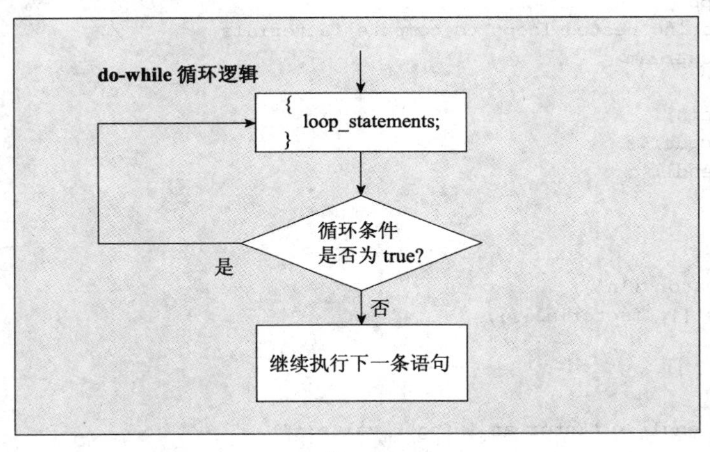

图　3-6

可以用 do-while 循环代替前面程序中的 while 循环，以计算平均值。

```
do
{
  cout << endl
       << "Enter a value: ";
  cin >> value;                  // Read a value
  ++i;                          // Increment count
  sum += value;                  // Add current input to total

  cout << "Do you want to enter another value (enter y or n)?";
  cin >> indicator;              // Read indicator
} while(('y' == indicator) || ('Y' == indicator));
```

do-while 循环的正确运行不依赖 indicator 的初始值设定，除此之外，这两种循环之间没有区别。只要是至少想输入一个值——就我们所讨论的计算问题而言这是合理的，do-while 循环就更合适。

3.2.5 基于范围的循环

这里介绍这种循环，这样就把可用的所有循环都放在一起讨论。基于范围的 for 循环可以用非常简单的方式迭代集合中的每一项。我们还没有遇到可以使用这种循环的集合，但下一章在介绍数组时，就可以使用这种循环。那时会详细讨论如何使用基于范围的 for 循环，在第 10 章学习可以使用基于范围的 for 循环的其他集合类型。

3.2.6 嵌套的循环

可以在一个循环内部嵌套另一个循环。在第 4 章，嵌套循环的常见用途将更加明显——通常用来重复不同等级的动作。例如，首先计算某班学生的总分，然后对全校各班重复该过程。

试一试：嵌套的循环

通过计算一个简单公式的值，可以看出嵌套循环的作用。某个整数的阶乘是从 1 到该整数所有整数的乘积，因此 3 的阶乘是 1×2×3，结果是 6。下面的程序计算所输入的整数的阶乘(直到不再输入新的整数为止)：

```
// Ex3_13.cpp
// Demonstrating nested loops to compute factorials
#include <iostream>

using std::cin;
using std::cout;
using std::endl;

int main()
{
  char indicator {'n'};
  long value {}, factorial {};

  do
  {
     cout << endl << "Enter an integer value: ";
     cin >> value;

     factorial = 1L;
     for(long i {2L}; i <= value; i++)
        factorial *= i;

     cout << "Factorial " << value << " is " << factorial;
     cout << endl << "Do you want to enter another value (y or n)? ";
     cin >> indicator;
  } while(('y' == indicator) || ('Y' == indicator));

  return 0;
}
```

如果编译并执行该示例，则产生的典型输出如下：

```
Enter an integer value: 5
Factorial 5 is 120
Do you want to enter another value (y or n)? y

Enter an integer value: 10
Factorial 10 is 3628800
Do you want to enter another value (y or n)? y

Enter an integer value: 13
Factorial 13 is 1932053504
Do you want to enter another value (y or n)? y

Enter an integer value: 22
Factorial 22 is -522715136
Do you want to enter another value (y or n)? n
```

示例说明

阶乘值以非常快的速度增长。事实上，12 是能够使该示例产生正确结果的最大输入值。13 的阶乘实际上是 6 227 020 800，不是该程序算出的 1932053504。如果使用更大的输入值运行该程序，则变量 factorial 所存储的结果将丢失前导数字，也可能得到负的阶乘值，就像前面计算 22 的阶乘时所发生的情形一样。

这种情况不会引起任何错误消息，因此最重要的是确保程序中所处理的值不超出其数据类型限定的范围。我们还需要考虑不正确输入的影响。这种悄悄发生的错误可能非常难以发现。

两个嵌套循环的外部是 do-while 循环，它控制着程序结束的时间。只要在提示时继续输入 y 或 Y，该程序就继续计算阶乘值。输入整数的阶乘是在内部 for 循环中计算的。该循环执行 value-1 次，将变量 factorial(初始值为 1)乘以从 2 到 value 的连续整数。

试一试：另一个嵌套的循环

嵌套循环可能使人感到迷惑，因此我们再看一个示例。该程序可以生成一个给定大小的乘法表。

```
// Ex3_14.cpp
// Using nested loops to generate a multiplication table
#include <iostream>
#include <iomanip>

using std::cout;
using std::endl;
using std::setw;

int main()
{
  const int size {12};                    // Size of table
  int i {}, j {};                         // Loop counters

  cout << endl                            // Output table title
      << size << " by " << size << " Multiplication Table" << endl << endl;

  cout << endl << "    |";
```

```
  for(i = 1; i <= size; i++)          // Loop to output column headings
    cout << setw(3) << i << "  ";

  cout << endl;                       // Newline for underlines

  for(i = 0; i <= size; i++)
    cout << "_____";                  // Underline each heading

  for(i = 1; i <= size; i++)          // Outer loop for rows
  {
    cout << endl
         << setw(3) << i << " |";    // Output row label
    for(j = 1; j <= size; j++)        // Inner loop for the rest of the row
      cout << setw(3) << i*j << "  "; // End of inner loop
  }                                   // End of outer loop
  cout << endl;

  return 0;
}
```

该示例的输出如下：

```
12 by 12 Multiplication Table

    |  1    2    3    4    5    6    7    8    9   10   11   12
_________________________________________________________________
  1 |  1    2    3    4    5    6    7    8    9   10   11   12
  2 |  2    4    6    8   10   12   14   16   18   20   22   24
  3 |  3    6    9   12   15   18   21   24   27   30   33   36
  4 |  4    8   12   16   20   24   28   32   36   40   44   48
  5 |  5   10   15   20   25   30   35   40   45   50   55   60
  6 |  6   12   18   24   30   36   42   48   54   60   66   72
  7 |  7   14   21   28   35   42   49   56   63   70   77   84
  8 |  8   16   24   32   40   48   56   64   72   80   88   96
  9 |  9   18   27   36   45   54   63   72   81   90   99  108
 10 | 10   20   30   40   50   60   70   80   90  100  110  120
 11 | 11   22   33   44   55   66   77   88   99  110  121  132
 12 | 12   24   36   48   60   72   84   96  108  120  132  144
```

示例说明

表标题是程序中第一条输出语句产生的。下一条输出语句与后面跟着的循环共同生成了列标题。每列是 5 个字符宽，因此标题值显示在 setw(3)操作符指定的 3 字符宽的字段中，后面跟着两个空格。该循环前面的输出语句在包含行标题的第一列上面输出 4 个空格和一条竖线。然后，一串下划线字符显示在列标题的下面。

嵌套循环生成主表的内容。外部循环为每一行重复一次，因此 i 是行号。输出语句

```
cout << endl
     << setw(3) << i << " |";    // Output row label
```

首先转到下一行，然后在 3 字符宽的字段中输出行标题 i 的值，后面是一个空格和一条竖线。

下面的内部循环生成各行的数值：

```
    for(j = 1; j <= size; j++)          // Inner loop for the rest of the row
      cout << setw(3) << i*j << " ";     // End of inner loop
```

该循环输出 i*j 的值，这些值是当前行值 i 与依次从 1 变化到 size 的各个列值 j 的乘积。因此，对于外部循环的每次迭代而言，内部循环执行 size 次迭代。得到的乘积以与列标题相同的方式定位。当外部循环完成时，输出一个换行符，执行 return 语句以结束该程序。

3.3　小结

本章学习了在 C++程序中进行判断的所有基本机制。比较值和改变程序执行过程的能力使计算机区别于简单的计算器。我们必须自如地运用讨论过的所有判断语句，因为会经常使用它们。我们也讨论了重复执行一组语句的所有功能。循环是在编写每个程序中都需要使用的基本编程技术。for 循环使用得最多，其次是 while 循环。

3.4　练习

1. 编写一个程序，要求能够读取 cin 中的数字，然后求出这些数的总和，当输入 0 时停止程序。分别用 while、do-while 和 for 循环构建此程序。

2. 编写一个程序，要求能够读取从键盘输入的字符，然后计算元音字母的个数。遇到 Q 或 q 时停止计数。使用一个无穷循环组合来读取字符，并用一个 switch 语句计数字符。

3. 编写一个程序，逐列打印出 2~12 的乘法表。

4. 假设要在程序中基于“文件类型”和“打开方式”这两个特性来设置“文件打开模式”变量。文件类型可以是文本或二进制，打开方式可以是读、写或添加数据。使用按位运算符(&和|)和一组标志，设计一种方法使一个整型变量能设置成这两种特性的任意组合。编写一个程序来设置这样的变量，然后解码该变量，为所有可能的特性组合打印出该变量的设置。

3.5　本章主要内容

本章主要内容如表 3-2 所示。

表 3-2

主　　题	概　　念
关系运算符	关系运算符可以组合逻辑值或结果为逻辑值的表达式，它们会生成 bool 值 true 或 false，作为可以在 if 语句中使用的结果
基于数值进行判断	可以基于返回非 bool 值的条件进行判断。当测试条件时，任何非零值都被强制转换为 true，零值被强制转换为 false
判断语句	C++中基本的判断功能是由 if 语句提供的。switch 语句和条件运算符提供了更大的灵活性
循环语句	重复执行语句块有 4 种基本方法：for 循环、while 循环、do-while 循环和基于范围的 for 循环。for 循环允许循环重复执行给定的次数。while 循环使循环在给定条件返回 true 时继续。do-while 循环至少执行一次循环，然后使循环在给定条件返回 true 时继续。基于范围的 for 循环允许迭代集合中的所有项

(续表)

主　题	概　念
嵌套循环	任何循环都可以嵌套在其他循环内部
continue 关键字	关键字 continue 允许跳过循环中当前迭代的剩余语句，而直接进入下一次迭代
break 关键字	关键字 break 导致循环立即退出。break 如果位于 case 语句的最后，还会从 switch 中退出

第 4 章 数组、字符串和指针

本章要点

- 如何使用数组
- 如何声明和初始化不同类型的数组
- 如何对数组使用基于范围的 for 循环
- 如何声明和使用多维数组
- 如何使用指针
- 如何声明和初始化不同类型的指针
- 数组和指针之间的关系
- 如何声明引用，关于使用引用的几点初步建议

本章源代码下载地址(wrox.com)：

打开网页 http://www.wrox.com/go/beginningvisualc，单击 Download Code 选项卡即可下载本章源代码。这些代码在 Chapter 4 文件夹中，文件都根据本章的内容单独进行了命名。

4.1 处理多个相同类型的数据值

我们已经知道如何声明和初始化那些仅容纳单项信息的各类变量——本书将这些单项数据称为数据元素。最容易想到的对变量的扩展是用单个变量名引用特定类型的多个数据元素，这样将能够处理更宽范围的应用问题。

看看下面这个例子。假设需要编写工资计算程序。为每个人的工资、应缴税款等信息使用单独命名的变量，这是一项艰巨的任务。处理此类问题的简便方法是使用某种通用名(如 employeeName)来引用员工，用其他通用名来引用与每个员工有关的数据，如工资、应缴税款等。当然，还需要一种从全体员工中挑选出个别员工的方法，以及从相关的同类变量中挑选出数据的方法。这种需求随着程序中出现要处理的相似实体的集合而出现，这些实体可能是棒球运动员，也可能是战舰。自然，C++提供了处理集合的方法。

4.1.1 数组

解决此类问题的一种方法是使用数组。数组就是一组名为数组元素或简称元素的内存位置，各个内存位置可以存储相同数据类型的数据项，而我们可以用相同的变量名引用所有内存位置。在工资计算程序中，可以在一个数组中存储员工姓名，在另一个数组中存储各个员工的工资，在第三个数组中存储应缴税款。

数组中的各个数据项由索引值指定；索引值就是表示数组元素编号的顺序整数。第一个元素的编号是 0，第二个是 1，以此类推。也可以将数组元素的索引值视为相对于数组中第一个元素的偏移量。第一个元素的偏移量是 0，因此其索引值是 0，索引值 3 指的是第 4 个数组元素。

数组的基本结构如图 4-1 所示。

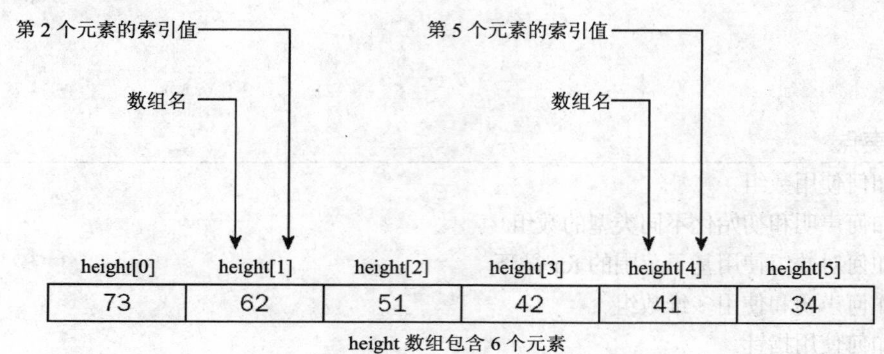

图 4-1

如图 4-1 所示，数组 height 有 6 个元素，各个元素存储的数值是某个家庭中所有成员的身高(精确到英寸)。因为有 6 个元素，所以索引值为 0~5。如果要引用某个元素，则应该先写出数组名称，然后在方括号内写上该元素的索引值。例如，height[2]将引用第 3 个元素。如果将索引值看作相对于第 1 个元素的偏移量，则很容易理解第 4 个元素的索引值是 3。

存储各个元素所需的内存量取决于元素的类型，数组的所有元素都存储在连续的内存区域中。

4.1.2 声明数组

数组的声明方法基本上与此前所看到的变量声明方法相同，唯一区别是应该在紧跟数组名的方括号内指出数组元素的数量。例如，可以用下面这条声明语句，声明图 4-1 中的整数数组 height:

```
long height[6];
```

每个 long 值占用 4 个字节，所以整个数组共需 24 个字节。数组长度只受运行该程序的计算机上内存总量的限制。

数组可以声明成任意类型。例如，可以用下面这条语句，声明两个数组，来存储一组发动机的体积和功率：

```
double engine_size[10];      // Engine size in cubic inches
double horsepower[10];       // Engine power output
```

这两个数组可存储 10 台发动机的体积和功率，其索引值为 0~9。与其他变量一样，可以用一条语句声明多个同类型的数组，但实践中在分开的语句中声明变量往往更合适。

试一试：使用数组

为练习如何使用数组，假设需要记录每次给汽车购买的汽油量和相应的里程表读数。可以编写程序来分析这些数据，以了解不同时间段的汽油消耗情况。

```
// Ex4_01.cpp
// Calculating gas mileage
#include <iostream>
#include <iomanip>

using std::cin;
using std::cout;
using std::endl;
using std::setw;

int main()
{
  const int MAX {20};                      // Maximum number of values
  double gas[ MAX ];                       // Gas quantity in gallons
  long miles[ MAX ];                       // Odometer readings
  int count {};                            // Loop counter
  char indicator {'y'};                    // Input indicator

  while( ('y' == indicator || 'Y' == indicator) && count < MAX )
  {
    cout << endl << "Enter gas quantity: ";
    cin >> gas[count];                     // Read gas quantity
    cout << "Enter odometer reading: ";
    cin >> miles[count];                   // Read odometer value

    ++count;
    cout << "Do you want to enter another(y or n)? ";
    cin >> indicator;
  }

  if(count <= 1)                      // count = 1 after 1 entry completed
  {                                   // ... we need at least 2
    cout << endl << "Sorry - at least two readings are necessary.";
    return 0;
  }

  // Output results from 2nd entry to last entry
  for(int i {1}; i < count; i++)
  {
   cout << endl
       << setw(2) << i << "."              // Output sequence number
       << "Gas purchased = " << gas[i] << " gallons" // Output gas
       << " resulted in "                  // Output miles per gallon
       << (miles[i] - miles[i - 1])/gas[i] << " miles per gallon.";
  }
  cout << endl;
  return 0;
}
```

程序假设每次都给油箱加满汽油，因此购买的汽油量就是行驶的里程所需的汽油消耗量。下面是本程序产生的输出：

```
Enter gas quantity: 12.8
Enter odometer reading: 25832
Do you want to enter another(y or n)? y

Enter gas quantity: 14.9
Enter odometer reading: 26337
Do you want to enter another(y or n)? y

Enter gas quantity: 11.8
Enter odometer reading: 26598
Do you want to enter another(y or n)? n

 1.Gas purchased = 14.9 gallons resulted in 33.8926 miles per gallon.
 2.Gas purchased = 11.8 gallons resulted in 22.1186 miles per gallon.
```

示例说明

因为必须得到两次里程表读数的差值，才能计算用掉的汽油所能行驶的里程，所以只使用第一对输入值的里程表读数，而忽略第一次购买的汽油量，这些汽油是在以前行驶的路程中消耗掉的。在输出中显示的第二段时间内，交通状况必定相当糟糕，或者是经常踩刹车。

用来存储输入数据的两个数组 gas 和 miles 的大小取决于常量 MAX。改变 MAX 的值，可以使该程序适应最大数量不同的输入值集合。这种技术经常用来使程序灵活地适应要处理的信息量。当然，编写程序代码时必须考虑 const 变量指定的数组大小或任何其他参数。不过，上述要求增加的难度不算大，因此没有任何理由不采用这种技术。稍后还将学习如何在程序执行时动态分配内存，从而不必再预先给数据分配固定数量的内存。

输入数据

while 循环读取数据值。因为循环变量 count 的范围是从 0 到 MAX - 1，所以该程序不允许其用户输入超过数组容量的数据量。程序分别将变量 count 和 indicator 初始化为 0 和 y，因此 while 循环至少执行一次。程序提示用户输入要求的各个值，然后将输入值读入适当的数组元素中。用来存储特定值的元素由变量 count 确定，第一次输入时该变量是 0。我们以 count 作为索引值，在 cin 语句中指定数组元素，然后递增 count，从而为下次输入做好准备。

输入各个值之后，程序提示用户确认是否要输入另外的值。输入的字符被读入 indicator 变量中，然后在循环条件中进行测试。如果没有输入 y 或 Y，则终止循环，变量 count 小于指定的最大值 MAX。

输入循环结束以后(无论通过什么方法)，count 的值将比每个数组中最后输入的元素的索引值大 1(记住，每次输入新元素之后都递增该变量)。检查该变量可以验证是否至少输入了两对数值。如果不是，则程序将以一条适当的消息结束，因为计算里程至少需要两个里程表值。

生成结果

输出是在 for 循环中产生的。控制变量 i 从 1 变化到 count - 1，使程序计算当前元素 miles[i]和前一个元素 miles[i - 1]之间的差值，以作为本次行驶的里程。注意，数组的索引值可以是任何结果为整数的表达式，前提是该整数是相应数组的合法索引值，即从0到数组元素的数量减1。

如果索引表达式的值不在合法数组元素的范围之内，那么程序将引用一个错误的数据位置，其中可能包含其他数据、无用信息甚至程序代码。如果错误元素的引用出现在表达式中，则程序将使用随机的一个数据值进行计算，这当然会产生意外结果。如果需要将某种结果存储在数组元素中，但使用的是非法索引值，则将重写位于该位置的任何数据。如果被破坏的数据是程序代码的组成部分，则结果是灾难性的。当使用非法索引值时，编译或运行过程中并没有产生任何警告。唯一能够避免此类错误的方法是用程序代码来防止其发生。

VC++有一个代码分析功能，通过ANALYZE菜单可以访问它，它会扫描代码中的问题，有时能检测出问题并发出警告，例如访问了超出范围的数组元素。

最后一个循环的单个语句为除第一个值以外的所有输入值生成输出。程序还使用循环控制变量i，为每行输出生成一个行号。每加仑汽油行驶的英里数是在输出语句中直接计算的。在表达式中使用数组元素的方式与使用任何其他变量完全相同。

4.1.3　初始化数组

为了在声明时初始化数组，应该将初始化数值放入初始化列表内。下面是一个示例：

```
int engine_size[5] { 200, 250, 300, 350, 400 };
```

该数组的名称是engine_size，包括5个元素，各存储一个int型数值。初始化列表内的值对应于连续的数组索引值，因此engine_size[0]的值是200，engine_size[1]的值是250，engine_size[2]的值是300，以此类推。

指定的初始化数值不能比数组的元素多，但可以比数组的元素少。如果少，则列表中的初始值被分配给从第一个元素(对应于索引值0)开始的连续元素。没有得到初始值的数组元素初始化为0。如果根本没有提供初始化列表，情况就不是这样。如果没有初始化列表，那么数组元素包含的将是无用数据。使用空的初始化列表，可以将所有数组元素初始化为0。例如：

```
long data[100] {};          // Initialize all elements to zero
```

如果提供了初始化值，也可以省略数组的大小。数组元素的个数就是初始化值的个数。例如：

```
int value[] { 2, 3, 4 };
```

这个语句定义的数组有3个元素，其初始值分别是2、3和4。

初始化数组的旧语法是把=放在初始化列表的前面，因此

```
int value[] = { 2, 3, 4 };
```

这个语法仍旧有效，所以我们常常会看到它。

试一试：初始化数组

这个例子演示了未初始化的数组包含无用数据。

```
// Ex4_02.cpp
// Demonstrating array initialization
#include <iostream>
#include <iomanip>

using std::cout;
using std::endl;
using std::setw;

int main()
{
   int value[5] { 1, 2, 3 };
   int junk [5];

   cout << endl;
   for(int i {}; i < 5; i++)
     cout << setw(12) << value[i];

   cout << endl;
   for(int i {}; i < 5; i++)
     cout << setw(12) << junk[i];

   cout << endl;
   return 0;
}
```

该示例声明了两个数组 value 和 junk。部分初始化第一个数组 value，但完全没有初始化第二个数组 junk。该程序生成两行输出，笔者计算机上的输出结果如下：

```
           1           2           3           0           0
-858993460  -858993460  -858993460  -858993460  -858993460
```

在你的计算机上，第二行值(对应于 junk[0]到 junk[4]的值)可能完全不同。

示例说明

数组 value 的前 3 个值是初始值，后两个是默认值 0。在 junk 数组中，所有值都是荒谬的，因为根本没有提供任何初始值。数组元素包含上次使用这些内存位置的程序遗留下来的值。

在调试模式下，未初始化变量中的字节设置为 0xcc，所以值不是随意的。在前面的输出中，未初始化变量的值都是相同的，因为这是在调试模式下编译的。

4.1.4 使用基于范围的 for 循环

使用 for 循环可以迭代数组中的所有元素，而基于范围的 for 循环使之更容易完成。这个循环用一个例子来理解比较简单：

```
double temperatures[] {65.5, 68.0, 75.0, 77.5, 76.4, 73.8,80.1};
double sum {};
int count {};
for(double t : temperatures)
{
  sum += t;
  ++count;
}
double average = sum/count;
```

这段代码计算了存储在 temperatures 数组中的值的平均值。for 关键字后面的括号包含用冒号隔开的两个部分：第一部分指定了访问集合中每个值的变量，第二部分指定了集合。在执行循环体之前，给 t 变量赋予 temperatures 数组中每个元素的值，用于累加数组中所有元素之和。该循环还在 count 中累加了数组元素的总个数，以便在循环之后计算平均值。

还可以使用 auto 关键字来编写该循环：

```
for(auto temperature : temperatures)
{
  sum += temperature;
  ++count;
}
```

auto 关键字告诉编译器，需要确定包含数组当前值的本地变量的类型。编译器知道数组元素是 double 类型的，所以 t 也应是 double 类型。

在基于范围的 for 循环中，不能修改数组元素的值，如上所示。只能访问元素值，用于其他地方。编写好循环后，就把元素值复制到循环变量中。把循环变量指定为引用，可以直接访问数组元素。引用参见本章后面的内容。

C++库提供了_countof()函数，只需要把数组名放在这个函数的括号中，就可以获得数组中的元素个数。cstdlib 头文件需要包含在程序中，才能使用该函数。许多其他标准库头文件都包含 cstdlib，例如 iostream。平均温度的计算如下：

```
for(auto temperature : temperatures)
{
  sum += temperature;
}
sum /= _countof(temperatures);
```

_countof()是一个 Microsoft 扩展，不是标准的 C++。

4.1.5　多维数组

只有一个索引值的数组称为一维数组。数组还可以有多个索引值，这样的数组称作多维数组。假设有一块农田，我们在上面种植了豆类作物，每行 10 株，共 12 行(因此总共有 120 株)。可以使用下面这条语句，声明一个数组来记录每株作物的产量：

```
double beans[12][10];
```

这条语句声明了一个二维数组 beans，第一个索引值是行号，第二个索引值是行内的编号。引用任何一个元素都需要两个索引值。例如，可以用下面的语句，设定对应于第 3 行第 5 株作物的元素的值。

```
beans[2][4] = 10.7;
```

记住，索引值是从 0 开始的，因此行索引值是 2，行内第 5 株作物的索引值是 4。

农民可能有好几块相同的农田，上面以相同的模式种植着豆类作物。假设有 8 块农田，那么可以用三维数组来记录产量，其声明语句如下：

```
double beans[8][12][10];
```

该数组可以记录每块农田内所有作物的产量，最左边的索引值引用具体的田块。如果豆类种植业已经达到国际规模，则可以使用四维数组，增加的那一维用来表示国家。假定您也擅长销售，就可以增加豆类作物的产量，直至可能影响臭氧层。

数组在内存中的存储方式是使最右边的索引值最快地变化。因此，数组 data[3][4]是 3 个各自包含 4 个元素的一维数组。该数组的排列如图 4-2 所示。

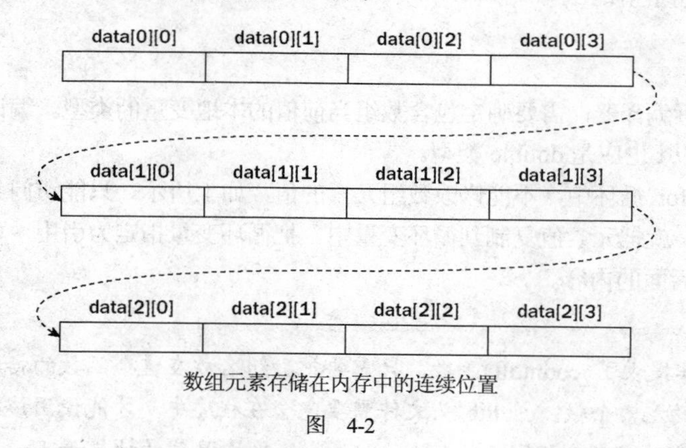

图 4-2

如图 4-2 中的箭头所示，数组元素存储在连续的内存区域中。第一个索引值选择数组的某一行，第二个索引值选择这一行内的元素。

二维数组实际上是一维数组的一维数组。三维数组实际上也是一维数组，其中各个元素又都是一维数组的一维数组。多数时候，这不是我们需要担心的事情。就图 4-2 中的数组而言，这意味着表达式 data[0]、data[1]和 data[2]都是一维数组。

初始化多维数组

为了初始化多维数组，需要扩展原来初始化一维数组的方法。例如，可以用下面这条声明语句初始化二维数组 data：

```
long data[2][4] {
                  { 1,  2,  3,  5 },
                  { 7, 11, 13, 17 }
                };
```

如上所示，该数组中每行的初始值都包围在各自的大括号内。因为每行有 4 个元素，所以每组有 4 个初始值，因为 data 数组共有两行，所以外层大括号内共有两组初始值，组与组之间用逗号分开。

可以在某行内省略某些初始值，这样未获得初始值的数组元素将初始化为 0。例如：

```
long data[2][4]  {
                    { 1, 2, 3     },
                    { 7, 11       }
                 };
```

上面为省略掉的初始值留出了空间，以便使读者看清省略初始值的位置。元素 data[0][3]、data[1][2]和 data[1][3]没有初始值，因此值是 0。

如果希望将整个数组初始化为 0，则只需要写成：

```
long data[2][4] {};
```

如果要初始化更多维的数组，则记住一点：数组中有多少维，初始值组就需要多少层嵌套的大括号，除非用 0 初始化数组。

可以让编译器推断出数组第一维的大小，但无论数组有多少维，编译器都只能推断出第一维的大小。

试一试：使用多维数组

使用多维数组可以确定一块农田中每一行豆类作物的平均产量。

```
// Ex4_03.cpp
// Storing bean plant production in an array
#include <iostream>                         // For stream I/O
#include <iomanip>                          // For stream manipulators
using namespace std;                        // Any name in std namespace

int main()
{
  const int plant_row_count{ 6 };          // Count of plants in a row
  double beans[][plant_row_count] {        // Production for each plant
    { 12, 15 },
    { 0, 10, 13, 0, 11, 2 },
    { 8, 7, 10, 10, 13    },
    { 9, 8, 11, 13, 16    }
  };

  double averages[_countof(beans)] {};     // Stores average plant production
  for (int row{}; row < _countof(beans); ++row)
  {
    for (int plant{}; plant < plant_row_count; ++plant)
    {
      averages[row] += beans[row][plant];
    }
    averages[row] /= plant_row_count;
  }

  cout << "Average production per row is :"
```

```
        << setiosflags(ios::fixed)                  // Fixed point output
        << setprecision(2)                         // 2 decimal places
        << endl;

  int n{};                                        // Row number
  for (double ave : averages)
    cout << "Row " << ++n << setw(10) << ave << endl;

   return 0;
}
```

示例说明

程序包含一个 using 指令，所以 std 名称空间中的所有名称在使用时都不需要限定。main()中的第一个语句把 plant_row_count 定义为 const 变量，并存储一行中的豆类作物数量。下一个语句定义并初始化了二维数组 beans。其第一维由编译器从初始化列表中推断，第二维由 plant_row_count 指定。如果 plant_row_count 不是 const，就会显示一个错误消息。每一行元素的初始值都放在大括号中，内部大括号对的数量确定了第一行的维数。一行中的元素个数是显式定义的，所以如果不小心指定了比行中元素还多的初始值，就会得到一个错误消息。如果给一行指定的初始值个数小于 plant_row_count，该行剩余的值就是 0。

下一个语句定义并初始化了一个数组，来存储每行作物的平均产量：

```
double averages[_countof(beans)] {};   // Stores average plant production
```

_countof()宏确定 beans 中的行数。只需要指定数组名，即可引用行的数组。带一个索引的数组名会引用特定的一行，所以_countof(beans[0])返回第一行的元素个数。初始化列表中没有值，所以 averages 中的所有元素都初始化为 0。

在嵌套循环中计算各行的平均值：

```
for (int row{}; row < _countof(beans); ++row)
{
  for (int plant{}; plant < plant_row_count; ++plant)
  {
    averages[row] += beans[row][plant];
  }
  averages[row] /= plant_row_count;
}
```

外部的 for 循环迭代各行。内部循环迭代行中的农作物，把每个产量值添加到该行的 averages 元素中。将 averages[row]中累加的和除以该行农作物的个数，就计算出平均值。

嵌套循环结束时，执行如下语句：

```
cout << "Average production per row is :"
     << setiosflags(ios::fixed)                    // Fixed point output
     << setprecision(2)                           // 2 decimal places
     << endl;
```

这个语句输出一个消息，放在平均值的输出之前，并将两个操作符写入输出流。std::setiosflags()操作符用于设置标记，来影响输出的显示方式。在这里 ios::fixed 出现在圆括号中，确保浮点数用固定小数点的方式显示，而不使用科学计数法来显示。把 std::setprecision()发送给输出流，会使后续的浮点数输出包含圆括号内指定的小数位数。

使用基于范围的 for 循环输出平均值：

```
int n{};                                    // Row number
for (double ave : averages)
  cout << "Row " << ++n << setw(10) << ave << endl;
```

循环变量 ave 依次被赋予 averages 数组中的每个值。这里可以使用 auto 代替 double。

4.2　处理 C 样式的字符串

char 类型的数组称作字符数组，通常用来存储 C 样式的字符串。字符串是附加有特殊字符(字符串结尾标志)的字符序列。该特殊字符由转义序列'\0'定义，有时称为空字符，占用一个字节，其中 8 位全为 0。用空字符终止的字符串称作 C 型字符串，因为它起源于 C 语言。

这不是唯一能用的字符串表示法，第 8 章将介绍其他更安全的表示方法。在新代码中应避免使用 C 型字符串。但它们常常出现在已有程序中，所以需要了解它们。

非 Unicode 字符串中的每个字符占用一个字节，因此算上最后的空字符，字符串需要的字节数要比包含的字符数多一个。可以声明字符数组，并用字符串字面值来初始化它。例如：

```
char movie_star[15] {"Marilyn Monroe"};     // 14 characters plus null
```

终止字符 '\0' 是自动添加的。如果在该字符串字面值中显式添加 '\0' ，则最终将得到两个空字符。但是，指定数组维数时必须考虑终止空字符的存在。

可以省略数组的维数，让编译器推断出它：

```
char president[] {"Ulysses Grant"};
```

编译器将分配足够的内存空间来容纳该初始化字符串及终止空字符，所以这个数组有 14 个元素。当然，如果稍后使用该数组来存储另一个字符串，则其长度(包括终止空字符)不能超过 14 个字节。通常，确保数组足以存储随后希望存储的任何字符串是编程人员的职责。

也可以创建由 Unicode 字符组成的字符串，字符串中的字符类型为 wchar_t：

```
wchar_t president[] {L"Ulysses Grant"};
```

前缀 L 表示字符串字面值是一个宽字符串，因此字符串中的每个字符(包括终止空字符)都会占两个字节。当然，索引字符串会引用字符，而不是字节，因此 president[2]对应于字符 L'y'。

类型 wchar_t 的 Unicode 编码是 UTF-16。还有其他编码，例如 UTF-8 和 UTF-32。本书只要提到 Unicode，就表示 UTF-16。

在初始化字符数组时，还可以在初始化列表前面使用=，但应优先使用没有=的语法。

4.2.1 字符串输入

iostream 头文件包含许多从键盘上读取字符的函数定义。下面将看到的是 getline()函数，该函数读取从键盘输入的字符序列，并将其以字符串形式(以'\0'字符终止)存入字符数组中。通常像下面这样使用 getline()函数：

```
const int MAX {80};                 // Maximum string length including \0
char name[MAX];                     // Array to store a string
cin.getline(name, MAX, '\n');       // Read input line as a string
```

这些语句首先声明一个有 MAX 个元素的 char 型数组 name，然后使用 getline()函数从 cin 中读取字符。如上所示，数据源 cin 与函数名称之间有一个句点。句点表示调用的 getline()函数属于 cin 对象。稍后讨论类时，我们将学习更多与这种语法形式有关的知识。在此期间，只需视之为理所当然，并在示例中使用它即可。getline()函数中各个参数的意义如图 4-3 所示。

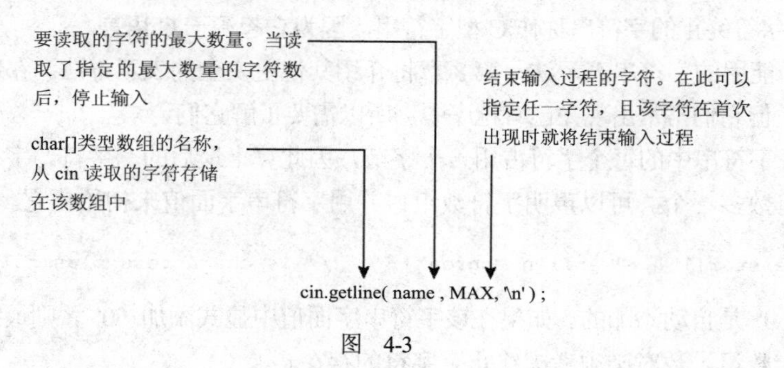

图 4-3

因为 getline()函数的最后一个参数是'\n'(换行符或行结束字符)，而第二个参数是 MAX，所以如果读到'\n'字符，或者已经读入 MAX－1 个字符，则无论哪种情况先发生，都停止从 cin 读取字符。可读取的字符的最大数量是 MAX－1 而不是 MAX，因为数组中存储的字符序列要附加'\0'字符。在键盘上按 Return 键将产生'\n'字符，因此它通常是输入终止最方便的字符。当然，可以改变最后一个参数，指定其他字符。输入数组 name 中不存储'\n'字符，但前面曾经说过，'\0'字符将附加到数组中输入字符串的结尾。

试一试：编程处理字符串

下面的程序从键盘上读取字符串并计算其中包含多少字符。

```
// Ex4_04.cpp
// Counting string characters
#include <iostream>
using std::cin;
using std::cout;
using std::endl;

int main()
{
  const int MAX {80};                // Maximum array dimension
```

```
  char buffer[MAX];                 // Input buffer
  int count {};                     // Character count

  cout << "Enter a string of less than "
      << MAX << " characters:\n";
  cin.getline(buffer, MAX, '\n');   // Read a string until \n

  while(buffer[count] != '\0')      // Increment count as long as
    count++;                        // the current character is not null

  cout << endl
      << "The string \"" << buffer
      << "\" has " << count << " characters.";
  cout << endl;
  return 0;
}
```

该程序的典型输出如下所示：

```
Enter a string of less than 80 characters:
Radiation fades your genes
The string "Radiation fades your genes" has 26 characters.
```

示例说明

该程序首先声明一个字符数组 buffer，然后显示一条提示用户输入的消息，之后将从键盘输入的字符串读入 buffer 数组中。当用户按下 Return 键，或者已经读入 MAX - 1 个字符时，则结束从键盘读取字符的操作。

while 循环用来计算输入字符的个数。只要 buffer[count]引用的当前字符不是'\0'，该循环就继续执行。像这样一边在数组中逐步前进，一边检查当前的字符，是常见的一种方法。该循环中的唯一动作是每看到一个非空字符，就使 count 加 1。库函数 strlen()的功能和该循环的功能相同，本章后面将介绍这个函数。

在示例的最后，用一条输出语句来显示输入的字符串和字符数量。注意，使用转义字符'\"'是为了输出双引号。

4.2.2　字符串字面量

在双引号之间可以编写一个字符串字面量，还可以添加前缀 L，来表示 Unicode 字符串。要把一个长字符串放在多行上，可以给该字符串的每一行都加上双引号，例如：

```
"This is a very long string that "

"has been spread over two lines."
```

C++支持通过 refex 头文件使用正则表达式。本书不介绍这个内容，但正则表达式通常涉及带有大量反斜杠字符的字符串。对于每个反斜杠字符，都必须使用转义序列，这会使正则表达式很难正确输入和阅读。原字符串字面量解决了这个问题。原字符串字面量可以包含任意字符，且不需要使用转义序列。下面是一个例子：

```
R"(The "\t" escape sequence is a tab character.)"
```

其正常的字符串字面量如下：

```
"The \"\\t\" escape sequence is a tab character."
```

R 表示原字符串字面量的开头，字符串用"(和)"界定。界定符之间的所有字符都保持不变——不再识别转义序列。这将带来一个问题：如何把)"包含在原字符串字面量中？这其实不是什么问题。一般，原字符串字面量的界定符可以是开头的"char_sequence(和结尾的) char_sequence"。char_sequence 是一个字符序列，两头必须相同，至多可以有 16 个字符。它不能包含括号、空格、控制符或反斜杠。下面是一个例子：

```
R"*("a = b*(c-d)")*" is equivalent to "\"a = b*(c-d)\""
```

原字符串包含"*(和)*"之间的所有字符。使用前缀 R 和 L，可以定义原宽字符串。

4.2.3 给字符串使用基于范围的 for 循环

可以使用基于范围的 for 循环访问字符串中的字符：

```
char text[] {"Exit signs are on the way out."};
int count {};
cout << "The string contains the following characters:" << endl;
for (auto ch : text)
{
  ++count;
  cout << ch << "  ";
}
cout << endl << "The string contains "
<< (count-1) << " characters." << endl;
```

该循环输出了字符串中的每个字符，包括末尾的空字符，并累计字符的总数。该总数包含字符串末尾的空字符，所以在输出之前应给它减去 1。

试一试：存储多个字符串

可以使用二维数组存储多个 C 型字符串。下面就是一个这样的示例程序：

```
// Ex4_05.cpp
// Storing strings in an array
#include <iostream>
using std::cout;
using std::cin;
using std::endl;

int main()
{
   char stars[6][80] { "Robert Redford",
                       "Hopalong Cassidy",
                       "Lassie",
                       "Slim Pickens",
                       "Boris Karloff",
                       "Oliver Hardy"
                     };
   int dice {};
```

```
    cout << endl
        << "Pick a lucky star!"
        << "Enter a number between 1 and 6: ";
    cin >> dice;

    if(dice >= 1 && dice <= 6)          // Check input validity
      cout << endl                      // Output star name
          << "Your lucky star is " << stars[dice - 1];
    else
      cout << endl                      // Invalid input
          << "Sorry, you haven't got a lucky star.";

    cout << endl;
    return 0;
}
```

示例说明

本示例的要点是数组 stars 的声明。stars 是二维数组，元素的类型为 char，该数组可以容纳 6 个字符串，各个字符串可包含 80 个字符(包括终止空字符)。该数组的初始化字符串包围在大括号之间，相互以逗号分开。

以这种方式使用数组的缺点之一是，几乎总有一些未使用的内存。本例中所有字符串都小于 80 个字符，因此数组中各行剩余的元素都白白浪费了。本章后面将讨论如何避免这种情形。

也可以省略数组第一维的大小，而让编译器来算出有多少个字符串：

```
char stars[][80] { "Robert Redford",
                   "Hopalong Cassidy",
                   "Lassie",
                   "Slim Pickens",
                   "Boris Karloff",
                   "Oliver Hardy"
                 };
```

这样声明将使编译器根据初始化字符串的个数确定第一维的大小。因为有 6 个字符串，所以结果是完全相同的，但是这样可以避免出错的可能性。在这里，不能省略第二维。只能省略数组第一维的大小。

当然，如果省略数组第一维的大小，就需要更新其余代码，指出其维数，而不是硬编码的 6。此时可以使用_countof()函数。要更新的语句如下：

```
cout << endl
  << "Pick a lucky star!"
  << "Enter a number between 1 and " << _countof(stars) << ": ";
cin >> dice;

if (dice >= 1 && dice <= _countof(stars))      // Check input validity
  cout << endl                                 // Output star name
  << "Your lucky star is " << stars[dice - 1];
else
  cout << endl                                 // Invalid input
  << "Sorry, you haven't got a lucky star.";
```

在下面语句中需要给 Ex4_05.cpp 的输出引用某个字符串的位置，只需要指定第一个索引值：

```
cout << endl                               // Output star name
     << "Your lucky star is " << stars[dice - 1];
```

单个索引值将选择特定的有 80 个元素的子数组，输出操作将显示出子数组中终止空字符之前的所有内容。指定的索引值是 dice－1，因为 dice 的值是 1~6，而索引值无疑应该是 0~5。

4.3 间接数据访问

前面讨论的变量使我们能够命名某个内存位置，然后在其中存储特定类型的数据。变量的内容或者是从某种外部设备(如键盘)输入的，或者是根据其他数值计算出来的。还有一种变量不存储输入或计算出来的数据，却大大扩展了程序的功能和灵活性。此类变量称为指针。

4.3.1 指针的概念

PC 的各个内存位置都有地址。地址给硬件提供了引用该地址的途径。指针变量存储特定类型的另一个变量的地址。就像其他变量一样，指针变量也有名称，而且指针还有类型，以指出其内容引用的是什么类型的变量。注意，指针变量的类型隐含着该变量是指针的事实。如果某个指针变量可以保存包含 int 类型值的内存位置的地址，则该变量的类型是“指向 int”类型的指针。

4.3.2 声明指针

除了在名称前面用星号表明是指针变量以外，指针的声明与普通变量类似。例如，为了声明 long 类型的指针 pnumber，可以使用下面的语句：

```
long* pnumber;
```

该语句中星号离类型名称更近。如果愿意，也可以写成下面的形式：

```
long *pnumber;
```

编译器根本不介意我们怎样写，但变量 pnumber 的类型是“指向 long 类型的指针”，因此使星号离类型名称更近往往能更清楚地表明这一点。无论选择哪种书写指针类型的方法，结果都相同。

可以在同一条语句中混合普通变量和指针的声明。例如：

```
long* pnumber, number {99};
```

像前面一样，这条语句声明了变量 pnumber，其类型为“指向 long 类型的指针”，同时还声明了 long 类型的变量 number。一般来说，将指针的声明同其他变量分开更好，不然可能会使人误解所声明的变量的类型，尤其当星号离类型名称更近时。下面的语句看起来更清楚，而且将声明分开写在两行上，可以分别给它们添加注释，这有助于使程序更易于理解。

```
long number {99};    // Declaration and initialization of long variable
long* pnumber;       // Declaration of variable of type pointer to long
```

使用以字母 p 开始的变量名表示指针是通用惯例，这能更容易看清程序中哪些变量是指针，从而使程序更易于理解。

下面举例说明指针的工作过程，暂时先不管指针的用途。我们很快就将学习如何使用指针。假设有一个 long 类型的变量 number(上面声明过)，其包含的值是 99，还有一个变量 pnumber，其类型为“指向 long 类型的指针”，可用来存储变量 number 的地址。但是，如何获得变量的地址呢？

取址运算符

我们需要的是取址运算符&。这是一元运算符，用于获得变量的地址。也可以称为引用运算符，本章稍后再讨论如此命名的原因。为了设置刚才讨论的指针，可以使用下面这条赋值语句：

```
pnumber = &number;              // Store address of number in pnumber
```

该操作的结果如图 4-4 所示。

可以使用&运算符获得任何变量的地址，但需要有适当类型的指针来存储地址。例如，如果希望存储 double 型变量的地址，则相应的指针必须声明为 double*类型，即“指向 double”类型的指针。

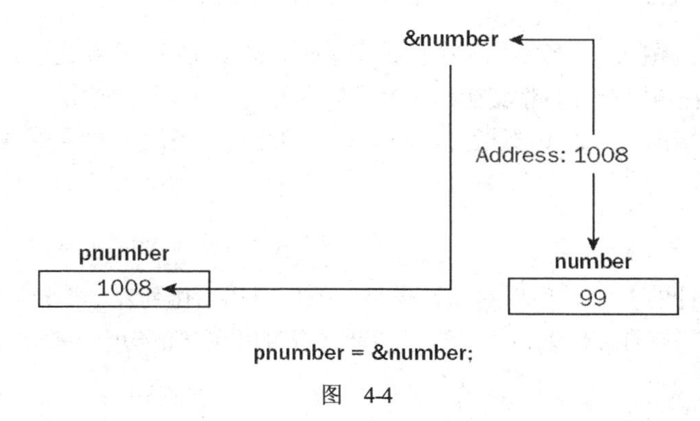

图　4-4

4.3.3　使用指针

前面非常清楚地介绍了如何获得变量的地址并将其存储入某个指针变量，但真正有趣的是如何使用指针。指针的重要用途是访问指针所指变量中的数据值，这需要使用间接寻址运算符*。

1. 间接寻址运算符

将间接寻址运算符*与某个指针一起使用，可以访问该指针指向的变量的内容。“间接寻址运算符”的名称源于间接访问数据的事实。该运算符也称为解除引用运算符，而访问指针所指的变量中数据的过程称为解除引用指针。

该运算符可能使人混淆，因为相同的符号*现在有多种不同用途。星号*是乘法运算符，还是间接寻址运算符，此外还用于指针的声明。每次使用*符号时，编译器都能根据上下文区分其意义。使两个变量相乘时(如 A*B)，该表达式除了是乘法操作以外，没有任何其他有意义的解释。

2. 使用指针的原因

为什么一定要使用指针？毕竟，取出我们已经知道的某个变量的地址，然后将其放入某个指针内，以便能够解除对该指针的引用，看起来似乎是完全不必要的额外开销。但指针实际上非常重要，原因不止一种。

使用指针符号可以处理数组中存储的数据。另外，当稍后学习如何定义自己的函数时，将广泛使用指针，在函数内部访问在函数外部定义的大块数据(如数组)。但最重要的一点是能够动态地(即在程序执行过程中)为变量分配存储空间。这种功能使程序可以根据实际的输入，调整自己的内存使用量。因为预先不知道将动态创建多少个变量，所以首选方法是使用指针。因此，一定要真正掌握指针的用法。

4.3.4 初始化指针

使用未初始化的指针是相当危险的。很容易通过未初始化的指针重写随机的内存区域，由此产生的危害完全取决于运气，因此，一定要初始化指针。将指针初始化为某个已定义变量的地址非常简单。从下面可以看出，只需要在变量 number 的名称前面加上&运算符，就可以将指针 pnumber 初始化为该变量的地址。

```
int number {};                       // Initialized integer variable
int* pnumber {&number};              // Initialized pointer
```

记住，用另一个变量的地址初始化某个指针变量时，必须在指针声明之前已经声明过该变量。

当然，有时不想在声明指针时将其初始化为具体变量的地址。这种情况下，可以将其初始化成等于 0 的指针。指针字面值 nullptr 不指向任何对象，因此可以使用下面这条语句来声明并初始化指针：

```
int* pnumber {nullptr};              // Pointer not pointing to anything
```

nullptr 相当于指针的 0 值，所以对指针也可以使用空初始化列表。把指针设置为 nullptr，可以确保该指针不包含任何有效地址，同时赋予指针一个可以在 if 语句中检查的值，例如：

```
if(pnumber == nullptr)
   cout << endl << "pnumber does not point to anything.";
```

在 nullptr 添加到 C++语言中之前，过去使用 0 或 NULL(编译器用来代替 0 的宏)来初始化指针，当然它们现在仍然可以使用。但是，使用 nullptr 初始化指针要好得多。

在 C++语言中引入 nullptr 的原因是为了避免混淆作为整数值的字面值 0 和作为指针的 0。字面值 0 的双重含义在有些情况下会产生问题。而 nullptr 是 std::nullptr_t 类型，不会与任何其他类型的值混淆。nullptr 可以隐式转换为任何指针类型，但不能隐式转换为除 bool 类型以外的其他任何整数类型。

因为字面值 nullptr 可以隐式转换为 bool 类型，所以可以如下面这样来检查指针 pnumber 的状态：

```
if(!pnumber)
    cout << endl << "pnumber does not point to anything.";
```

nullptr 转换为 bool 值 false，其他任何指针值都转换为 true。因此，如果 pnumber 包含 nullptr，则 if 表达式是 true，消息会写到输出流。

试一试：使用指针

在下面的示例中，可以试一试指针操作的各种用法。

```
// Ex4_06.cpp
// Exercising pointers
#include <iostream>
using std::cout;
using std::endl;
using std::hex;
using std::dec;

int main()
{
   long* pnumber {};            // Pointer definition & initialization
   long number1 {55}, number2 {99};

   pnumber = &number1;           // Store address in pointer
   *pnumber += 11;              // Increment number1 by 11
   cout << endl
        << "number1 = " << number1
        << "   &number1 = " << hex << pnumber;

   pnumber = &number2;           // Change pointer to address of number2
   number1 = *pnumber*10;        // 10 times number2

   cout << endl
        << "number1 = " << dec << number1
        << "   pnumber = " << hex << pnumber
        << "   *pnumber = " << dec << *pnumber;

   cout << endl;
   return 0;
}
```

应该编译并执行此示例的发布版本。调试版本会增加额外的字节以用作调试，这将导致变量占用 12 个字节，而不是 4 个字节。在笔者计算机上，本示例生成下面的输出：

```
number1 = 66   &number1 = 003CF7F0
number1 = 990   pnumber = 003CF7F4   *pnumber = 99
```

示例说明

本示例没有输入，所有操作都是用变量的初始值执行的。将 number1 的地址存储入指针 pnumber 之后，number1 的值通过下面这条语句中的指针而间接地增加：

```
*pnumber += 11;                    // Increment number1 by 11
```

间接寻址运算符将 pnumber 所指变量(即 number1)的内容加上 11。如果忘记在这条语句中写上*号，则计算机将使该指针存储的地址加上 11。

显示 number1 的值以及存储在 pnumber 中的 number1 的地址。程序使用 hex 操作符，以生成十六进制形式的地址输出。

使用 hex 操作符，可以使普通整型变量的值也以十六进制的形式输出。只要以与发送 endl 完全相同的方式将 hex 发送到输出流中，则所有后面跟着的输出都是十六进制。如果希望后面的输出再变为十进制，则需要在下一条输出语句中使用 dec 操作符，将输出再次切换回十进制模式。

在第一行输出之后，将 pnumber 的内容设置为 number2 的地址。变量 number1 的值则变为 number2 的 10 倍：

```
number1 = *pnumber*10;              // 10 times number2
```

计算是借助于指针通过间接访问 number2 的内容进行的。第二行输出显示计算的结果。

在输出中看到的地址值可能与上面的示例输出完全不同，因为这些值反映的是内存中加载该程序的位置，这取决于操作系统的配置情况。

注意，地址&number1 和&number2 相差 4 个字节。这表明 number1 和 number2 占用着相邻的内存位置，因为每个 long 类型变量占用 4 个字节。输出结果表明一切与我们的预期相同。

4.3.5 指向 char 类型的指针

const char*类型的指针具有非常有意思的属性，即可以用字符串字面值初始化。例如，可以用下面的语句声明并初始化这类指针：

```
const char* proverb {"A miss is as good as a mile."};
```

该语句看起来类似于初始化 char 数组，但两者有细微的区别。这条语句用引号之间的字符串创建一个以\0 终止的字符串字面值(实际上是 const char 类型的数组)，并将该字面值的地址存储在指针 proverb 中。该字面值的地址将是其第一个字符的地址(见图 4-5)。

可以在非 const 的指针中存储字符串字面值的地址。C++ 11 标准从 C++中删除了这个功能，但 VC++编译器仍允许这么做，以避免现有代码的崩溃。在非 const 的指针中存储字符串字面值的地址是很危险的，不应这么做。设置/Zc:strictStrings 编译器选项会使编译器遵循标准。

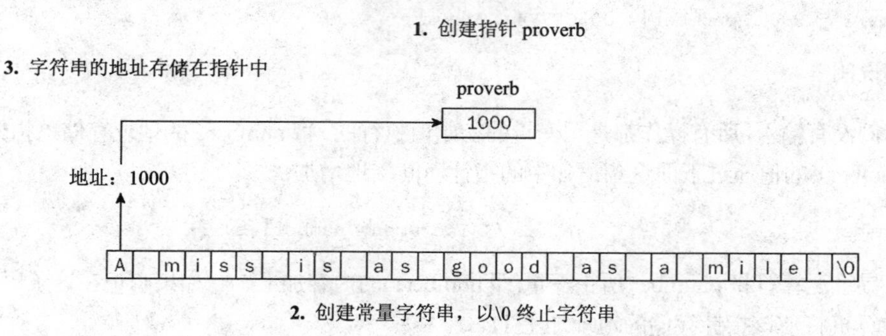

图 4-5

试一试：指针版的幸运之星程序

可以使用指针代替数组，重写幸运之星程序。

```
// Ex4_07.cpp
// Initializing pointers with strings
#include <iostream>
using std::cin;
using std::cout;
using std::endl;

int main()
{
   const char* pstr1 {"Robert Redford"};
   const char* pstr2 {"Hopalong Cassidy"};
   const char* pstr3 {"Lassie"};
   const char* pstr4 {"Slim Pickens"};
   const char* pstr5 {"Boris Karloff"};
   const char* pstr6 {"Oliver Hardy"};
   const char* pstr {"Your lucky star is "};

   int dice {};

   cout << endl
        << "Pick a lucky star!"
        << "Enter a number between 1 and 6: ";
   cin >> dice;

   cout << endl;
   switch(dice)
   {
      case 1: cout << pstr << pstr1;
              break;
      case 2: cout << pstr << pstr2;
              break;
      case 3: cout << pstr << pstr3;
              break;
      case 4: cout << pstr << pstr4;
              break;
      case 5: cout << pstr << pstr5;
              break;
      case 6: cout << pstr << pstr6;
              break;

      default: cout << "Sorry, you haven't got a lucky star.";
   }

   cout << endl;
   return 0;
}
```

示例说明

Ex4_05.cpp 中的数组被 pstr1 到 pstr6 共 6 个指针代替，各个指针分别初始化为某个姓名。另外还声明了一个指针 pstr，并将其初始化成希望在正常的输出行开始处使用的短语。因为这些指针是离散的，所以使用 switch 语句来选择适当的输出消息，比原来版本中使用 if 语句更容易。任何不正确的输入值都由 switch 的 default 选项处理。

输出指针指向的字符串简单得不能再简单了。可以看出，只需要写出指针名称即可。此刻的问题是：在 Ex4_06.cpp 的输出语句中写出某个指针名称，显示出来的是该指针包含的地址，为什么这里却不同呢？答案在于流输出操作看待“指向 char”类型的指针类型的方式。输出操作以一种特殊的方式来看待这种类型的指针，即将其视为字符串(即 char 数组)，因此输出字符串本身，而不是字符串的地址。

该程序使用指针消除了使用数组的版本中出现的内存浪费现象，但似乎有点儿冗长。应当还有更好的方法，就是使用指针数组。

试一试：指针数组

在 char 类型的指针数组中，每个元素可以指向一个独立的字符串，各个字符串的长度可以不同。可以用与声明普通数组完全相同的方式来声明指针数组。下面直接使用指针数组重写前面的示例：

```
// Ex4_08.cpp
// Initializing pointers with strings
#include <iostream>
using std::cin;
using std::cout;
using std::endl;

int main()
{
  const char* pstr[] { "Robert Redford",  // Initializing a pointer array
                       "Hopalong Cassidy",
                       "Lassie",
                       "Slim Pickens",
                       "Boris Karloff",
                       "Oliver Hardy"
                     };
  const char* pstart {"Your lucky star is "};

  int dice {};

  cout << endl
       << "Pick a lucky star!"
       << "Enter a number between 1 and "<< _countof(pstr) << ": ";
  cin >> dice;

  cout << endl;
  if(dice >= 1 && dice <= _countof(pstr))    // Check input validity
    cout << pstart << pstr[dice - 1];        // Output star name

  else
    cout << "Sorry, you haven't got a lucky star."; // Invalid input

  cout << endl;
  return 0;
}
```

示例说明

本示例几乎达到了最完美的境界。声明了一个指向 char 类型的一维指针数组，让编译器根据初始化字符串的数量确定数组的维数。由此产生的内存使用情况如图 4-6 所示。

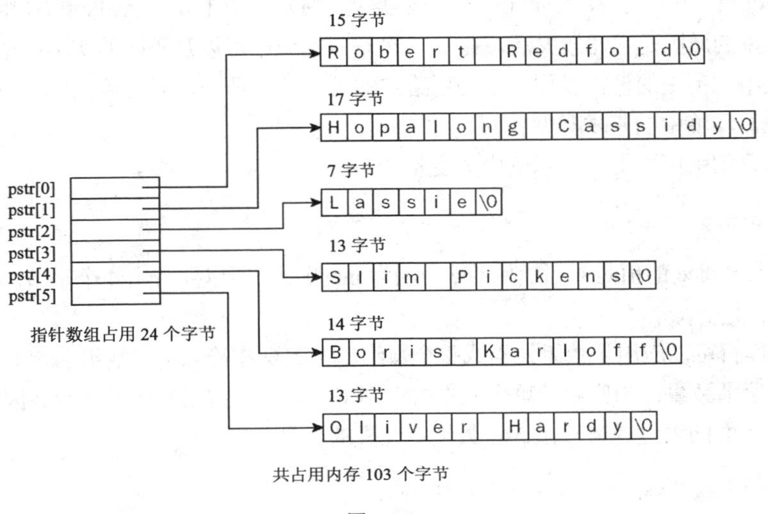

图　4-6

与使用“正常”数组相比，指针数组在空间占用方面通常意味着较低的系统开销。在普通数组中，需要使每一行的长度等于最长的那个字符串。如果每行 17 个字节，则 6 行就是 102 个字节。因此，使用指针数组反而多占用了 1 个字节！问题出在什么地方？对于相对较短的少量字符串而言，额外增加的指针数组对总体内存需求具有较大影响，这就是事情的真相。如果处理的是更多、更长且长度变化更大的字符串，则当然能节省不少存储单元。

空间节省不是使用指针得到的唯一好处，许多情况下还节省了时间。如果希望将“Oliver Hardy”移到第一个位置，将“Robert Redford”移到最后的位置，考虑一下将发生什么事情。使用 Ex4_08.cpp 中的指针数组，只需要交换两个指针即可，而字符串本身仍然保持原来的位置。如果将它们存储成字符串，那么将需要进行大量的复制工作。需要将整个字符串“Robert Redford”复制到临时的位置，同时将“Oliver Hardy”复制到原来“Robert Redford”的位置，然后再将“Robert Redford”复制到最后的位置。执行这些操作需要相当多的计算机时间。

因为将 pstr 用作指针数组的名称，所以容纳输出消息开始部分的变量需要换一个名称，现在是 pstart。与该程序原来的版本类似，用非常简单的 if 语句选择希望输出的字符串。程序或者显示某个选中的幸运之星，或者当用户输入无效值时显示适当的消息。

该程序的编写方式有一个缺点，就是即使编译器是根据提供的初始化字符串的数量为指针数组分配空间，程序代码也认为只有 6 种选项。因此，如果希望在列表中添加新的字符串，则必须相应地修改程序的其他部分。如果能够添加字符串，并使程序自动适应字符串的数量，那么该程序将更完美。

4.3.6 sizeof 操作符

这里有一种新的操作符可以帮助我们。sizeof 操作符产生 size_t 类型的整数值，给出其操作数占用的字节数量，其中 size_t 是由标准库定义的类型。很多标准库函数会返回 size_t 类型的值，size_t 类型是用 typedef 语句定义的，等价于一个基本类型，通常等价于 unsigned int。使用 size_t 而不是直接使用基本类型的原因是它比较灵活，在不同的 C++实现中可以是不同的实际类型。C++标准允许基本类型提供不同范围的值，以便充分利用给定的硬件体系结构，并且可以定义 size_t，使它与最适合于当前机器环境中的基本类型相同。

下面这条语句引用了上一个示例中的变量 dice：

```
cout << sizeof dice;
```

表达式 sizeof dice 的值是 4，因为 dice 声明为 int 类型，所以要占用 4 个字节。因此，这条语句输出值为 4。

sizeof 操作符可以应用于数组元素或整个数组。当该操作符应用于数组名称本身时，将产生整个数组占用的字节数量；当应用于单个元素时，则得到该元素占用的字节数量。因此，在上一个示例中，可以用下面的表达式来输出 pstr 数组中元素的数量：

```
cout << (sizeof pstr)/(sizeof pstr[0]);
```

表达式(sizeof pstr)/(sizeof pstr[0])将整个指针数组占用的字节数量除以数组中第一个元素占用的字节数量。因为该数组中各个元素占用相同数量的内存，所以结果是数组元素的数量。前面计算温度数组的平均值的代码段可以编写为：

```
double temperatures[] {65.5, 68.0, 75.0, 77.5, 76.4, 73.8, 80.1};
double sum {};
for(auto t : temperatures)
  sum += t;
double average = sum/((sizeof temperatures)/(sizeof temperatures[0]));
```

当然，如前所述，使用_countof()可以得到数组元素的个数，代码就会更清楚，如果把一个指针传递给它，而不是数组名，就会产生一个编译错误消息。

还可以将 sizeof 操作符应用于类型名称，其结果是该类型的变量占用的字节数量。在这种用法中，类型名称应该用圆括号括起来。例如，

```
size_t long_size {sizeof(long)};
```

变量 long_size 的初始值将是 4。将变量 long_size 声明为 size_t 类型，以匹配 sizeof 操作符产生的结果。为 long_size 使用不同的整数类型，可能使编译器给出一条警告消息。

4.3.7 常量指针和指向常量的指针

在 Ex4_08.cpp 中，pstr 的定义如下：

```
const char* pstr[]  { "Robert Redford",  // Initializing a pointer array
                      "Hopalong Cassidy",
                      "Lassie",
                      "Slim Pickens",
                      "Boris Karloff",
```

```
                        "Oliver Hardy"
                      };
```

数组中的各个指针初始化成“Robert Redford”、“Hopalong Cassidy”等字符串字面值的地址。字符串字面值的类型是 const char 数组，因此我们是在 const 的指针中存储 const 数组的地址。这将阻止修改用作初始化器的字面值，这很不错。上面的代码明确指出，pstr 指针数组的元素指向 const 字符串。如果现在试图修改这些字符串，则在编译时编译器将这标志为错误。

当然，仍然可以合法地编写下面的语句：

```
pstr[0] = pstr[1];
```

那些应该得到 Redford 先生的幸运者现在将得到 Cassidy 先生，因为上面两个指针现在都指向同一个姓名。注意，这条语句并没有改变指针数组元素指向的对象的值，改变的只是 pstr[0]中存储的指针的值。我们应该禁止这种修改，因为有些人可能认为当年的 Hoppy 不像 Robert 那样成熟。为此，可以使用下面的语句：

```
// Array of constant pointers to constants
const char* const pstr[] = { "Robert Redford",
                             "Hopalong Cassidy",
                             "Lassie",
                             "Slim Pickens",
                             "Boris Karloff",
                             "Oliver Hardy"
                           };
```

现在，字符串中的字符不能修改，数组中的地址也不能修改。

可以区分下面三种与 const、指针及指针指向的对象有关的情形：

- 指向常量对象的指针
- 指向某个对象的常量指针
- 指向常量对象的常量指针

在第一种情况中，不能修改被指向的对象，但可以使指针指向其他对象：

```
int value {5};
const int* pvalue {&value};
*pvalue = 6;                              // Will not compile!
pvalue = nullptr;                         // OK
```

在第二种情况中，不能修改指针中存储的地址，但可以修改指针指向的对象：

```
int value {5};
int* const pvalue {&value};
*pvalue = 6;                              // OK
pvalue = nullptr;                         // Will not compile!
```

在最后一种情况中，指针和被指向的对象都定义成常量，因此都不能修改：

```
int value {5};
const int* const pvalue {&value};
*pvalue = 6;                              // Will not compile!
pvalue = nullptr;                         // Will not compile!
```

当然，这三种情形适用于指向任何类型的指针。这里使用指向 int 类型的指针只是为了说明问题。一般来说，为了正确地解释更复杂的指针类型，只需要从右向左读它们。例如，类型 const char*是一个指向字符的指针，且这些字符是 const。类型 char* const 是一个指向字符的 const 指针。

4.3.8 指针和数组

某些环境中，数组名称可以像指针一样使用。在大多数情况下，如果单独使用一维数组的名称，则该名称将自动转换为指向数组第一个元素的指针。注意，当数组名称用作 sizeof 操作符的操作数时，情况就不是这样。

如果声明语句如下所示：

```
double* pdata {};
double data[5];
```

则可以进行下面的赋值操作：

```
pdata = data;       // Initialize pointer with the array address
```

该语句将数组 data 中第一个元素的地址赋给指针 pdata。单独使用数组名称将引用该数组的地址。如果使用带索引值的数组名 data，则引用的是对应于该索引值的元素的内容。因此，如果希望在指针中存储该元素的地址，则必须使用取址运算符：

```
pdata = &data[1];
```

现在，指针 pdata 包含的是数组中第二个元素的地址。

1. 指针算术运算

可以用指针执行算术操作。在算术方面，指针只能进行加、减运算，但还可以比较指针值，从而产生逻辑结果。指针算术隐式地认为指针指向某个数组，而算术运算是在指针包含的地址上进行的。以指针 pdata 为例，可以使用下面这条语句将数组 data 中第 3 个元素的地址赋给指针 pdata：

```
pdata = &data[2];
```

在这种情况下，表达式 pdata＋1 将是数组 data 中第 4 个元素 data[3]的地址，因此通过下面这条语句，就可以使指针 pdata 指向元素 data[3]：

```
pdata += 1;         // Increment pdata to the next element
```

该语句使 pdata 中包含的地址增加了数组 data 中一个元素占用的字节数。通常，表达式 pdata＋n (其中 n 可以是任何结果为整数的表达式)将使指针 pdata 包含的地址加上 n*sizeof(double)，因为 pdata 声明为指向 double 的指针。图 4-7 说明了这一点。

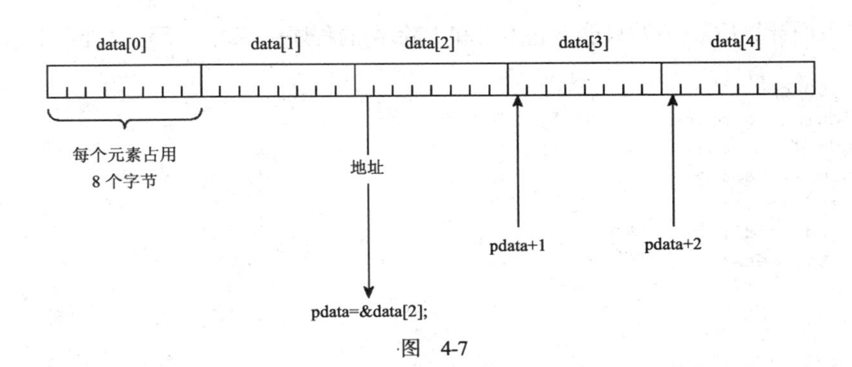

图　4-7

换句话说，递增或递减指针的操作与指针指向的对象类型有关。使指向 long 的指针加 1，就是将其内容修改为下一个 long 的地址，因此该指针包含的地址将加 4。同样，使指向 short 的指针加 1 将使该指针包含的地址加 2。使指针递增的常用方法是使用递增运算符。例如：

```
pdata++;            // Increment pdata to the next element
```

该++形式的语句与+=形式等价，且这种形式比+=形式更常用。但前面使用+=形式的目的是，为了更清楚地说明虽然实际指定的递增值是 1，但结果通常是递增某个大于 1 的值，指向 char 类型的指针除外。

指针算术运算产生的地址范围可以从数组第一个元素的地址到最后一个元素之后的第一个地址。如果超出该范围，则指针的行为是不确定的。这包括最后一个元素之后的第一个地址。

对于作为指针算术运算结果的指针来说，当然可以解除对它的引用(否则该指针就没用途)。例如，假设 pdata 仍然指向 data[2]，则语句

```
*(pdata + 1) = *(pdata + 2);
```

等价于语句：

```
data[3] = data[4];
```

使某个指针包含的地址递增之后，又希望解除对该指针的引用时，圆括号是必不可少的，因为间接运算符的优先级高于算术运算符＋或－的优先级。如果表达式写成*pdata＋1 而非*(pdata＋1)，则使 pdata 指向的地址中存储的数值加 1，即等价于执行 data[2]＋1。因为该表达式不是一个 lvalue，所以用于前面的赋值语句时将使编译器生成一条错误消息。

在处理数组元素时，可以像使用指针一样使用数组名称。如果数组定义如下：

```
long data[5];
```

那么使用指针符号，可以将元素 data[3]写成*(data＋3)。这种符号是普遍适用的，因此对应于元素 data[0]、data[1]、data[2]，可以写成*data、*(data＋1)、*(data＋2)等。

试一试：将数组名用作指针

可以在下面计算质数(质数只能被它本身和 1 除尽)的程序中练习一下这种处理数组的方法。

```
// Ex4_09.cpp
// Calculating primes
#include <iostream>
#include <iomanip>
using std::cout;
using std::endl;
using std::setw;

int main()
{
  const int MAX {100};               // Number of primes required
  long primes[MAX] { 2,3,5 };        // First three primes defined
  long trial {5};                    // Candidate prime
  int count {3};                     // Count of primes found
  bool found {false};                // Indicates when a prime is found

  do
  {
    trial += 2;                      // Next value for checking
    found = false;                    // Set found indicator

    for(int i {}; i < count; i++)    // Try division by existing primes
    {
      found = (trial % *(primes + i)) == 0;// True for exact division
       if(found)                           // If division is exact
         break;                           // it's not a prime
    }

    if (!found)                       // We got one...
      *(primes + count++) = trial;  // ...so save it in primes array
  }while(count < MAX);

  // Output primes 5 to a line
  for(int i {}; i < MAX; i++)
  {
    if(i % 5 == 0)                // New line on 1st, and every 5th line
      cout << endl;
    cout << setw(10) << *(primes + i);
  }
  cout << endl;

  return 0;
}
```

如果编译并执行该程序，应该得到下面的输出：

```
         2         3         5         7        11
        13        17        19        23        29
        31        37        41        43        47
        53        59        61        67        71
```

```
   73        79        83        89        97
  101       103       107       109       113
  127       131       137       139       149
  151       157       163       167       173
  179       181       191       193       197
  199       211       223       227       229
  233       239       241       251       257
  263       269       271       277       281
  283       293       307       311       313
  317       331       337       347       349
  353       359       367       373       379
  383       389       397       401       409
  419       421       431       433       439
  443       449       457       461       463
  467       479       487       491       499
  503       509       521       523       541
```

示例说明

我们使用#include 语句嵌入供输入和输出使用的 iostream 头文件，另外还嵌入了 iomanip 头文件，因为后面将使用流操作符设定输出字段的宽度。

我们使用常量 MAX 定义希望该程序产生的质数数量。存储结果的数组 primes 包含前 3 个已经确定的质数，以便启动寻找质数的过程。所有工作都是在两个循环中完成的：外部的 do-while 循环挑选出下一个要检查的数值，并当该数值是质数时将其添加到 primes 数组中；内部的 for 循环检查某个数值是否是质数。

for 循环中的算法非常简单，其依据是如果某个数不是质数，则必定可以被目前已经找到的质数(全部小于被检查的那个数)之一除尽，因为任何一个数要么是质数，要么是质数的乘积。事实上，只需要将被检查的数除以小于或等于其平方根的质数即可，因此该程序没有达到可以达到的效率。

```
found = (trial % *(primes + i)) == 0;  // True for exact division
```

如果 trial 除以当前质数*(primes＋i)(该表达式等价于 primes[i])时没有余数，这条语句就将变量 found 设置为 true，否则将其设置为 false。如果 found 的值是 true，则 if 语句将使 for 循环终止，因为这种情况下 trial 中的候选数不可能是质数。

在 for 循环结束以后(无论何种原因)，判断一下 trial 的值是否是质数很有必要。指示器变量 found 中的值是判断 trial 是否是质数的标志。

```
*(primes + count++) = trial;   // ...so save it in primes array
```

如果 trial 确实是质数，这条语句就在 primes[count]中存储该质数，然后用后缀递增运算符使 count 递增。

找到 MAX 个质数之后，通过下面这条语句，将这些质数以每行 5 个的形式输出到屏幕上，各字段占 10 个字符的宽度：

```
if(i % 5 == 0)              // New line on 1st, and every 5th line
   cout << endl;
```

当 i 包含 0、5、10 等数值时，上面的代码就开始新的一行。

试一试：再谈计算字符的个数

为了了解如何用指针符号来处理字符串，可以重写前面那个计算字符串中字符个数的程序。

```
// Ex4_10.cpp
// Counting string characters using a pointer
#include <iostream>
using std::cin;
using std::cout;
using std::endl;

int main()
{
   const int MAX {80};                  // Maximum array dimension
   char buffer[MAX];                    // Input buffer
   char* pbuffer {buffer};              // Pointer to array buffer

   cout << endl                         // Prompt for input
        << "Enter a string of less than "
        << MAX << " characters:"
        << endl;

   cin.getline(pbuffer, MAX, '\n');    // Read a string until \n

   while(*pbuffer)                      // Continue until \0
     pbuffer++;

   cout << endl
        << "The string \"" << buffer
        << "\" has " << pbuffer - buffer << " characters.";
   cout << endl;

   return 0;
}
```

下面是该程序的输出示例：

```
Enter a string of less than 80 characters:
The tigers of wrath are wiser than the horses of instruction.
The string "The tigers of wrath are wiser than the horses of
instruction." has 61 characters.
```

示例说明

该程序使用指针 pbuffer 而非数组名 buffer 进行工作。我们不需要 count 变量，因为指针 pbuffer 是在 while 循环中递增的，发现'\0'字符之后递增将停止。当发现'\0'字符时，pbuffer 将包含该字符在字符串中的地址。因此，输入的字符串中字符的个数就是指针 pbuffer 中存储的地址与 buffer 指示的数组开始地址的差值。

将 while 循环写成下面的形式，也可以使 pbuffer 指针在循环中递增。

```
while(*pbuffer++);              // Continue until \0
```

现在，该循环不包含任何语句，而只有测试条件。这样也能工作，只是指针 pbuffer 在遇到'\0'之后将继续递增，这样其包含的地址就比字符串中最后一个位置大 1。因此，需要将字符串中字符的个数表示成 pbuffer - buffer - 1。

注意，不能用与使用指针相同的方式使用数组名。表达式 buffer++绝对是非法的，因为不能修改数组名表示的地址。尽管可以在表达式中像使用指针一样使用数组名，但数组名不是指针，因为它表示的地址是固定的。

2. 使用指针处理多维数组

使用指针存储一维数组的地址相对简单，但当处理多维数组时，事情就变得稍微复杂一些。如果不打算这么做，则可以跳过这部分内容，因为这确实有些晦涩难懂，但如果使用过 C++语言，那么这部分内容还是值得一看的。

如果不得不使用指针来处理多维数组，则需要清楚地意识到所发生的事情。为了说明问题，可以使用 beans 数组，其声明语句如下所示：

```
double beans[3][4];
```

可以声明一个指针 pbeans，并给它赋值：

```
double* pbeans;
pbeans = &beans[0][0];
```

在这里，将指针设置为数组中第一个元素的地址，元素的类型是 double。也可以用下面的语句，将指针设置为数组中第一行的地址：

```
pbeans = beans[0];
```

这等价于使用一维数组的名称，指针得到的是该数组的地址。在前面的讨论中已经使用过这种方法，但由于 beans 是二维数组，因此不能用下面的语句设置指针中的地址：

```
pbeans = beans;          // Will cause an error!!
```

问题在于类型不同。前面定义的指针类型是 double*，但数组 beans 的类型是 double [3][4]。存储该数组地址的指针必须是 double*[4] 类型。C++将数组的维度与类型联系在一起，上面的语句仅当将指针声明为要求的维度时才合法。这种声明形式比前面所介绍的都复杂一些：

```
double (*pbeans)[4];
```

此处的圆括号是必需的，否则声明的将是一个指针数组。前面那条语句现在是合法的，但该指针只能用来存储规定维度的数组的地址。这里可以使用 auto 关键字。语句可以如下所示：

```
auto pbeans = beans;
```

现在编译器就会推断出正确的类型。

3. 多维数组的指针形式

可以使用数组名的指针形式来引用数组的元素。要引用前面声明的 beans 数组(每行 4 个元素，共 3 行)中的各个元素，可以用两种方法：

- 使用带两个索引值的数组名
- 使用指针形式的数组名

因此，下面两条语句是等价的：

```
beans[i][j]
*(*(beans + i) + j)
```

我们来看一下工作过程。第一行使用正常的数组索引值，引用数组中第 i 行偏移量为 j 的元素。

可以从内向外确定第二行的意义。beans 引用数组第一行的地址，因此 beans＋i 引用数组的第 i 行。表达式*(beans＋i)是第 i 行第一个元素的地址，因此*(beans＋i)＋j 是 i 行中偏移量为 j 的那个元素的地址。因此，整个表达式引用该元素的值。

如果你真的愿意把自己搞糊涂——我们不建议这样做，那么可以混合使用数组和指针两种形式。下面两条语句也是对该数组中相同元素的合法引用。

```
*(beans[i] + j)
(*(beans + i))[j]
```

使用指针的另一个好处是，可以给变量动态分配内存，这才是最重要的。接下来就学习这部分内容。

4.4 动态内存分配

在程序中处理固定数量的变量，这样的应用非常有限。在执行期间，经常需要根据程序的输入数据，来决定应该给存储不同类型的变量分配的空间量。任何涉及处理事先不知道的数据项的程序，都可以利用这个功能在运行时分配内存来存储数据。例如，如果需要实现一个程序来存储一个班的学生的信息，由于学生数目不固定，学生名字的长度也不一样，因此要最有效地处理该数据，肯定是在执行时动态地分配空间。

显然，因为不可能在编译期间定义任何动态分配的变量，所以源程序中将没有它们的名称。当创建这些变量时，计算机用内存中相应的地址来标识它们，该地址存储在指针中。借助于指针的力量和 Visual C++的动态内存管理工具，能很快、很轻松地使编写的程序具备这种灵活性。

4.4.1 堆的别名——空闲存储器

大多数情况下，当执行程序时，计算机中有部分未使用的内存。这些内存称为堆，有时还称为空闲存储器。使用一种特殊的操作符，可以在空闲存储器中为特定类型的新变量分配空间。该操作符返回分配给变量的内存地址，它就是 new 操作符，与其配对的是 delete 操作符，其作用是释放先前 new 分配的内存。

可以在程序中为某些变量在空闲存储器中分配空间，当不再需要这些变量时，再将分配的空间释放并返回到空闲存储器。这样，这部分内存就可以被其他动态分配的变量重用。这种技术非常强大，能够非常高效地使用内存，在许多情况下，使用这种技术的程序可以处理许多原本不可能处理的、涉及大量数据的非常庞大的问题。

4.4.2　new 和 delete 操作符

假设某个 double 变量需要空间。我们可以定义一个指向 double 类型的指针，然后在运行时再请求分配内存。这项任务可以在下面的语句中用 new 操作符来完成：

```
double* pvalue {};
pvalue = new double;      // Request memory for a double variable
```

现在是复习“所有指针都应该初始化”这条原则的好时机。动态使用内存通常涉及大量四处漂浮的指针，因此确保它们不包含虚假值非常重要。如果指针没有包含合法的地址值，就应该将其设置为 nullptr。

前面第二行代码中的 new 操作符应该返回空闲存储器中分配给 double 变量的内存地址，并在指针 pvalue 中存储该地址。之后，使用前面学过的间接寻址运算符，可以通过指针 pvalue 来引用 double 变量。例如：

```
*pvalue = 9999.0;
```

当然，系统或许没有分配我们请求的内存，原因可能是空闲存储器中的内存已经用完，或者空闲存储器由于前面的使用而破碎——即没有足够的连续字节提供给需要获得空间的变量。不过，我们不必过多担心这一点。如果系统因故不能分配内存，那么 new 操作符将抛出一个异常，从而使程序终止。异常是 C++中报告错误的机制，第 6 章将学习异常。

new 创建的变量也可以初始化。以前面 new 分配的 double 变量为例，其地址存储在 pvalue 中，可以用下面这条语句，在创建该变量的同时将其初始化为 999.0：

```
pvalue = new double {999.0};   // Allocate a double and initialize it
```

当然，也可以只用一条语句创建此指针并进行初始化：

```
double* pvalue { new double{999.0} };
```

当不再需要动态分配的某个变量时，可以用 delete 操作符将其占用的内存释放到空闲存储器中：

```
delete pvalue;                // Release memory pointed to by pvalue
```

这样将确保这块内存以后可以被另一个变量使用。如果不使用 delete，随后又在 pvalue 指针中存入一个不同的地址值，那么将无法再释放这块内存，或使用其包含的变量，因为我们失去了访问该地址的途径。这种情况称为内存泄漏——特别是出现在用户程序中的时候。

在释放指针指向的内存时，还应把该指针的值设置为 nullptr，否则，就会出现“悬挂的指针”，我们可能通过这种指针访问已释放的内存。

第 10 章将介绍智能指针，这是本章讨论的指针的替代品。动态分配内存时，尤其是给数组或更复杂的对象动态分配内存时，最好使用智能指针。不再需要智能指针时，会自动释放内存，所以我们不再需要担心内存的释放。第 10 章才介绍智能指针，是因为在理解智能指针之前，还需要先学习几个内容。

4.4.3 为数组动态分配内存

为数组动态分配内存非常简单。要给 char 类型的数组分配空间，则可以编写下面的语句：

```
char* pstr {new char[20]};    // Allocate a string of twenty characters
```

该语句为 20 个字符的 char 数组分配空间，并将其地址存储入 pstr 中。为了删除刚才创建的数组，必须使用 delete 操作符。相应的语句如下所示：

```
delete [] pstr;               // Delete array pointed to by pstr
```

注意，使用方括号是为了指出要删除的是一个数组。从空闲存储器中删除数组时，应该总是包括方括号，否则结果将不可预料。另外请注意，不用指定任何维数，只需要写出[]即可。

当然，指针 pstr 现在包含的内存地址可能已经分配给有其他用途的变量，因此当然不应该再使用该指针。如下所示，当使用 delete 操作符抛弃之前分配的某些内存之后，还应该总是将该指针重新设置成 nullptr:

```
pstr = nullptr;
```

这可以确保我们不会试图访问已经删除的内存。

可以初始化在空闲存储器中分配空间的数组：

```
int *data {new int[10] {2,3,4}};
```

这个语句创建了一个包含 10 个整数元素的数组，并把前三个元素初始化为 2、3 和 4。其余元素初始化为 0。

第 10 章还会介绍容器，它存储数据项集合的方式比标准数组灵活得多。

试一试：使用空闲存储器

通过重写计算任意多个质数的程序——这次使用空闲存储器内的内存来存储质数，可以了解动态内存分配的工作过程。

```
// Ex4_11.cpp
// Calculating primes using dynamic memory allocation
#include <iostream>
#include <iomanip>
using std::cin;
```

```
using std::cout;
using std::endl;
using std::setw;

int main()
{
  int max {};                          // Number of primes required
  cout << endl
    << "Enter the number of primes you would like (at least 4): ";
  cin >> max;

  if(max < 4)                          // Test the user input, if less than 4
    max = 4;                           // ensure it is at least 4

  // Allocate prime array and initialize with seed primes
  long* pprime {new long[max] {2L, 3L, 5L} };

  long trial {5L};                     // Candidate prime
  int count {3};                       // Count of primes found
  bool found {false};                  // Indicates when a prime is found

  do
  {
    trial += 2L;                       // Next value for checking
    found = false;                     // Set found indicator

    for(int i {}; i < count; i++)      // Division by existing primes
    {
      found =(trial % *(pprime + i)) == 0;// True for exact division
      if(found)                        // If division is exact
        break;                         // it's not a prime
    }

    if (!found)                        // We got one...
      *(pprime + count++) = trial;     // ...so save it in primes array
  } while(count < max);

  // Output primes 5 to a line
  for(int i {}; i < max; i++)
  {
    if(i % 5 == 0)                     // New line on 1st, and every 5th line
      cout << endl;
    cout << setw(10) << *(pprime + i);
  }

  delete [] pprime;                    // Free up memory...
  pprime = nullptr;                    // ...and reset the pointer
  cout << endl;
  return 0;
}
```

下面是该程序的输出示例：

```
Enter the number of primes you would like (at least 4): 20
        2           3           5           7          11
       13          17          19          23          29
       31          37          41          43          47
       53          59          61          67          71
```

示例说明

程序将需要的质数数量存入 int 型变量 max 中后，就确保 max 不小于 4，因为程序至少需要为 3 个种子质数外加一个新质数分配空间。我们将变量 max 放入数组类型后面的方括号，以指定所需的数组大小。

```
long* pprime {new long[max] {2L, 3L, 5L} };
```

如果不能给 pprime 分配内存，程序就终止。该语句还把前三个数组元素初始化为前 3 个质数的值。其余元素则为 0。

质数的计算完全与以前相同，唯一变化是这里的指针名称 pprime 代替了前面版本中使用的数组名 primes。同样，输出过程也相同。动态获得空间根本不是问题。系统以这种方式分配的内存绝不会影响到计算的编写方法。

当不再需要该数组之后，使用 delete 操作符从空闲存储器中将其删除，记住写上方括号，以表明要删除的是一个数组。

```
delete [] pprime;            // Free up memory
```

尽管这里不是必需的，但还是将该指针设置为 nullptr：

```
pprime = nullptr;            // and reset the pointer
```

当程序结束时，系统将释放在空闲存储器中给它分配的所有内存，但养成“将不再指向有效内存区域的指针复位成 nullptr”这样的习惯，是没有坏处的。

4.4.4　多维数组的动态分配

与一维数组相比，在空闲存储器中为多维数组分配内存需要以略微复杂的形式使用 new 操作符。假设已经声明了指针 pbeans：

```
double (*pbeans)[4] {};
```

为了使本章前面曾经用过的数组 beans[3][4]获得空间，可以使用下面这条语句：

```
pbeans = new double [3][4];              // Allocate memory for a 3x4 array
```

只需要在数组元素类型名之后的方括号内指定数组维数即可。当然，也可以一步完成：

```
double (*pbeans)[4] {new double [3][4]};
```

如下所示，用 new 操作符给三维数组分配空间只需要再指定第三维即可：

```
auto pBigArray (new double [5][10][10]); // Allocate memory for a 5x10x10 array
```

这个语句使用 auto 自动推断指针类型。不要忘了，不能联合使用初始化列表和 auto。可以编写如下语句：

```
auto pBigArray = new double [5][10][10]; // Allocate memory for a 5x10x10 array
```

无论创建的数组有多少维，都可以用下面这条语句将数组销毁，并将内存释放到空闲存储器中：

```
delete [] pBigArray;                  // Release memory for array
pBigArray = nullptr;
```

始终只需要在 delete 操作符后面跟上一对方括号即可，而无论相关数组的维数是多少。

前面曾经看到，可以使用变量来指定 new 分配的一维数组的维数。对二维或多维数组来说同样如此，但仅限于用变量指定最左边那一维。所有其他维都必须是常量或常量表达式。因此可以这样写：

```
pBigArray = new double[max][10][10];
```

其中 max 是一个变量。但是，给不是最左边的维指定变量，将使编译器生成错误消息。

4.5　使用引用

引用在许多方面都类似于指针，所以在这里进行讨论，但实际上两者根本不是一回事。仅当我们研究引用在函数中的用途时，特别是在面向对象编程的环境中，引用的重要性才能浮出水面。不要被引用的简单性和似乎很平常的概念误导。如稍后所述，引用提供了一些特别强大的功能，在某些环境中可以实现那些不使用它们就不可能实现的结果。

4.5.1　引用的概念

实质上，引用是可用作其他对象的别名的一个名称。引用分为两种类型：lvalue 引用和 rvalue 引用。

lvalue 引用是另一个变量的别名，之所以称为 lvalue 引用是因为它引用的是一个可出现在赋值操作左边的持久存储位置。因为 lvalue 引用是别名，所以声明引用时必须指出对应的变量。与指针不同的是，我们不能修改引用，使其表示另一个变量。

与 lvalue 引用一样，rvalue 引用也可用作变量的别名，但它与 lvalue 引用的区别在于，它也能引用 rvalue，这实质上是一个暂存的临时值。

4.5.2　声明并初始化 lvalue 引用

假设声明了一个变量：

```
long number {};
```

可以用下面这条声明语句为该变量声明一个 lvalue 引用：

```
long& rnumber {number};        // Declare a reference to variable number
```

类型名称 long 后面、变量名 rnumber 前面的&表明：声明的是一个 lvalue 引用，该引用表示的变量名 number 作为初始值写在圆括号内。因此，变量 rnumber 属于“指向 long 的引用”类型。现在可以使用引用代替原来的变量名。例如，下面这条语句的作用是使变量 number 加上 10。

```
rnumber += 10L;
```

注意，不能写成下面这样：

```
int& rfive {5};                    // Will not compile!
```

字面量 5 是一个常量，不能改变。为保持常量值的完整性，必须使用一个 const 引用：

```
const int& rfive {5};              // OK
```

现在可以通过 rfive 引用访问字面量 5。因为将 rfive 声明为 const，所以不能用它来改变它所引用的值。

比较上面定义的 lvalue 引用 rnumber 与下面语句中声明的指针 pnumber：

```
long* pnumber {&number};         // Initialize a pointer with an address
```

该语句声明了指针 pnumber，并将其初始化为变量 number 的地址。之后，可以用下面这样的语句使变量 number 递增：

```
*pnumber += 10L;                 // Increment number through a pointer
```

使用指针与使用引用之间存在重大区别。指针需要被解除引用，才能访问表达式中指针指向的变量。而在使用引用的情况下，不必解除引用。在某些方面，引用就像是已经被解除引用的指针，但不能改为引用别的对象。lvalue 引用完全等价于被引用的变量。

4.5.3 在基于范围的 for 循环中使用引用

本章前面的一个代码段使用基于范围的 for 循环迭代一个温度数组：

```
for(auto t : temperatures)
{
  sum += t;
  ++count;
}
```

t 变量没有引用数组元素，只引用了其值，所以不能使用它修改元素。但可以使用引用来修改它：

```
const double FtoC {5.0/9.0};            // Convert Fahrenheit to Centigrade
for(auto& t : temperatures)
  t = (t - 32)*FtoC;
for(auto& t : temperatures)
  cout << "  " << t;
cout << endl;
```

t 变量现在是 double&类型，会直接依次引用每个数组元素。这个循环把数组中的值从华氏温度改为摄氏温度。

在处理对象集合时，在基于范围的 for 循环中使用引用来访问集合中的项是非常有效的。复制对象的时间成本很高，所以使用引用类型来避免复制操作，可以使代码更高效。第 10 章介绍基于范围的 for 循环时，会学习对象集合。

如果要在基于范围的 for 循环中使用引用，以提高性能，但不希望修改值，就可以使用 const auto&，如下所示：

```
for (const auto& t : temperatures)
  cout << "  " << t;
```

4.5.4 创建 rvalue 引用

这里介绍 rvalue 引用，是因为这个概念与 lvalue 引用相关，但不能详细介绍 rvalue 引用。rvalue 引用在第 5 章介绍的函数中非常重要，后面的章节也会介绍 rvalue 引用。

C++中的每个表达式要么是 lvalue 要么是 rvalue。变量是 lvalue，是因为它表示一个内存位置，但 rvalue 不同，它表示计算表达式的结果。因此，rvalue 引用是对有名称的变量的引用，并允许变量表示的内存内容通过 lvalue 引用来访问。rvalue 引用是对包含表达式结果的内存位置的引用。

在类型名后面使用两个&来指定一个 rvalue 引用类型。下面是一个示例：

```
int x {5};
int&& rExpr {2*x + 3};                    // rvalue reference
cout << rExpr << endl;
int& rx {x};                              // lvalue reference
cout << rx << endl;
```

在这里，rvalue 引用初始化为引用表达式 2*x+3 的求值结果，它是一个临时值，即 rvalue。结果是 13。lvalue 引用则不能这么做。那么这还有用吗？在这种情况下是没有用的，但是，在另一种不同的环境中，这还是非常有用的。

前面的代码段会编译并执行，但它肯定不是使用 rvalue 引用的方式，这里仅演示了 rvalue 引用的概念。

4.6 字符串的库函数

cstring 标准头文件包含操作以空字符结尾的字符串(null-terminated string)的函数。它们是 C++ 标准特有的一组函数，在 std 名称空间中定义。尽管其中部分函数也有非标准的替换函数，因此不在 std 名称空间中。但是它们提供了比原始版本更安全的实现。一般来说，安全函数的名称以_s 结尾，本书会在示例中使用更安全的版本。下面探讨 cstring 头文件提供的最有用的函数。

string 标准头定义了代表字符串的 string 和 wstring 类。string 类代表 char 类型的字符串，wstring 类代表 wchar_t 类型的字符串。两者都在 string 头文件中定义为模板类，它们是 basic_string<T>类模板的实例。类模板是参数化的类(在本例中是参数 T)，可以用来创建新类以处理不同类型的数据。在第 8 章之前不会讨论模板，也不会讨论 string 和 wstring 类，不过这里要提一下，因为它们更好用、更安全。

4.6.1 确定以空字符结尾的字符串的长度

strlen()函数将 char*类型的参数字符串的长度作为一个 size_t 类型的值返回。wcslen()函数对 wchar_t*类型的字符串执行相同的操作。

下面的代码说明了如何使用 strlen()函数：

```
const char* str {"A miss is as good as a mile."};
std::cout << "The string contains " << std::strlen(str) << " characters.";
```

执行这段代码会产生如下输出：

```
The string contains 28 characters.
```

从该输出中可以看出，返回的长度值不包括结尾的空字符。一定要记住这一点，尤其是使用字符串的长度来创建另一个字符串时更要注意。

strlen()和 wcslen()函数都通过查找结尾的空字符来确定长度。如果结尾没有空字符，函数就会继续在字符串之外检查整个内存，希望找到一个空字符。因此，当使用来自不受信任的外部来源的数据时，使用这些函数意味着有安全风险。在这种情况下，可以使用 strnlen()和 wcsnlen()函数，这两个函数都要求使用第二个参数来指定第一个参数所指定的字符串要存储的缓冲区的长度。例如：

```
char str[30] {"A miss is as good as a mile."};
std::cout << "The string contains " << strnlen(str, _countof(str))
        << " characters.";
```

strnlen()的第二个参数由_countof()宏提供。

在这个示例中，使用了 char str[30]，而前一个示例使用了 const char*。这是因为_countof()不能处理类型 const char*。

4.6.2 连接以空字符结尾的字符串

strcat()函数用来拼接两个以空字符结尾的字符串，该函数已废弃，因为它不安全。strcat_s()函数是其安全版本。在第一个参数指定的字符串后面添加第二个参数指定的字符串。下面是使用该函数的一个示例：

```
const size_t count {30};
char str1[count] {"Many hands"};
const char* str2 {" make light work."};

errno_t error {strcat_s(str1, str2)};

if(error == 0)
   std::cout << "Strings joined successfully.\n"
           << str1 << std::endl;

else if(error == EINVAL)
  std::cout <<"Error! Source or destination string address is a null pointer."
```

```
            << std::endl;

  else if(error == ERANGE)
    std::cout << "Error! Destination string too small." << std::endl;
```

为了方便起见，数组大小定义为常量 count。strcat_s()函数的第一个参数是目标字符串，在其后面添加第二个参数指定的源字符串。函数返回一个 errno_t 类型的整数值，表示操作的执行情况。如果操作成功，返回值就是 0；如果源或目标字符串是 nullptr，返回值就是 EINVAL；如果目标字符串的长度太小，返回值就是 ERANGE。出错时，目标字符串不会有变化。错误代码值 EINVAL 和 ERANGE 在 cerrno 头文件中定义，它直接包含在 iostream 头文件中，当然，不需要测试函数可能返回的错误代码，但这是一个好的编程方法。

如图 4-8 所示，第二个参数指定的字符串的第一个字符重写了第一个参数结尾的空字符，第二个字符串余下的所有字符都被复制过去，包括结尾的空字符。因此，这段代码的输出将为：

```
Strings joined successfully.
Many hands make light work.
```

wcscat_s()函数是 wcscat()函数的安全版本，它拼接宽字符串，不过其他方面与 strcat_s ()函数的运行方式完全相同。

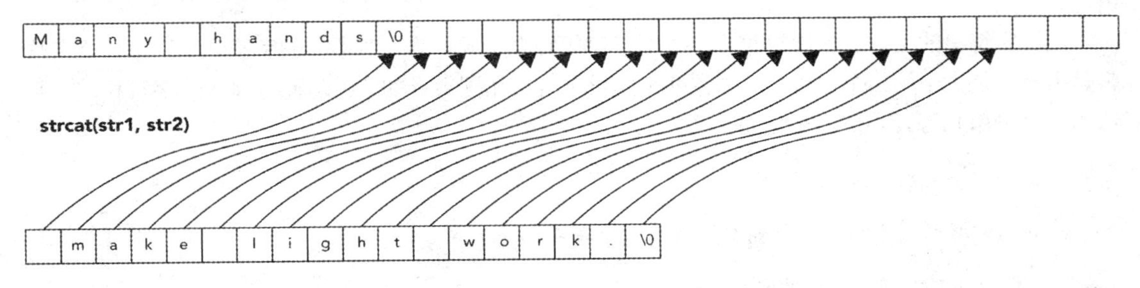

图 4-8

用 strncat_s ()函数可以将一个以空字符结尾的字符串的一部分附加到另一个字符串后面。前两个参数分别是目标字符串和源字符串，第三个参数是要从源字符串中附加的字符个数。对于图 4-8 中定义的字符串，这里有一个使用 strncat_s ()函数的示例：

```
errno_t error{ strncat_s(str1, str2, 11) };
```

执行这个语句后，str1 就包含字符串"Many hands make light"。这个运算将 str2 中的 11 个字符附加到 str1 上，重写了 str1 中结尾的'\0'，然后在末尾加上一个'\0'字符。wcsncat_s ()函数提供的功能与 strncat_s()函数相同，只是它用于宽字符串。

4.6.3　复制以空字符结尾的字符串

标准库函数 strcpy()将字符串从源位置复制到目标位置。strcpy_s()函数是 strcpy()的一个安全版本。第一个参数是指向目标位置的指针，第二个参数是指向源字符串的指针；第一个参数的类型为

char*。第二个参数的类型为 const char*。strcpy_s()函数验证目标字符串和源字符串都不是 nullptr，且目标字符串有足够的空间容纳源字符串。如果两个参数中有一个是 nullptr，或者目标字符串过小，程序就会崩溃，并提供关闭程序或开始调试的选项，因此防止无法控制的复制操作。wcscpy_s()提供了这个复制函数的宽字符版本。

4.6.4 比较以空字符结尾的字符串

strcmp()函数可以比较通过参数(const char*类型的指针)指定的两个以空字符结尾的字符串。该函数返回一个 int 类型的值，根据第一个参数指向的字符串小于、等于还是大于第二个参数指向的字符串，返回值将会小于 0、等于 0 或大于 0。举例如下：

```
const char* str1 {"Jill"};
const char* str2 {"Jacko"};
int result {std::strcmp(str1, str2)};
if(result < 0)
  std::cout << str1 << " is less than " << str2 << '.' << std::endl;
else if(0 == result)
  std::cout << str1 << " is equal to " << str2 << '.' << std::endl;
else
  std::cout << str1 << " is greater than " << str2 << '.' << std::endl;
```

这个代码片段比较字符串 str1 与 str2，并根据 strcmp()函数的返回值执行 3 条输出语句中的一条语句。

比较字符串的工作通过比较对应字符的字符代码来完成。第一对不同的字符确定了第一个字符串是小于还是大于第二个字符串。如果两个字符串含有相同数目的字符，而且对应的字符相同，则这两个字符串相等。当然，输出是：

```
Jill is greater than Jacko.
```

wcscmp()函数是对应于 strcmp()函数的宽字符串版本。

4.6.5 搜索以空字符结尾的字符串

strspn()函数可以搜索字符串中不包含在给定集合中的第一个字符，并返回该字符的索引。第一个参数是指向要搜索的字符串的指针，第二个参数是指向包含该字符集合的字符串的指针。可以如下面这样搜索不是元音的第一个字符：

```
char str[] {"I agree with everything."};
const char* vowels {"aeiouAEIOU "};
size_t index {std::strspn(str, vowels)};
std::cout << "The first character that is not a vowel is '" << str[index]
          << "' at position " << index << std::endl;
```

这段代码在 str 中搜索第一个不包含在 vowels 中的字符。注意，vowels 集合中包括一个空格，因此在搜索时会忽略空格。这段代码的输出为：

```
The first character that is not a vowel is 'g' at position 3
```

strspn()函数的返回值表示子串的长度，该子串从第一个参数字符串的第一个字符开始，且完全由第二个参数字符串中的字符组成。在本例中该子串是前三个字符“I a”。wcsspn()函数是 strspn()

的宽字符串版本。

strstr()函数返回一个指针，指向第一个参数中第二个参数指定的子字符串的位置。下面的代码显示了运行中的 strstr()函数：

```
char str[] {"I agree with everything."};
const char* substring {"ever"};
char* psubstr {std::strstr(str, substring)};

if(!psubstr)
  std::cout << "\"" << substring << "\" not found in \"" << str << "\"" <<
std::endl;
else
  std::cout << "The first occurrence of \"" << substring
            << "\" in \"" << str << "\" is at position "
            << psubstr-str << std::endl;
```

第三个语句调用 strstr()函数，在 str 中搜索子串第一次出现的位置。如果找到子字符串，则该函数返回一个指向子字符串位置的指针，如果没有找到子字符串，则返回 NULL。if 语句根据有没有在 str 中找到 substring，返回一条消息。表达式 psubstr-str 给出了子字符串中第一个字符的索引位置。这段代码产生的输出是：

```
The first occurrence of "ever" in "I agree with everything." is at position 13
```

试一试：搜索以空字符结尾的字符串

本示例搜索一个给定的字符串来确定给定子字符串出现的次数。代码如下：

```
// Ex4_12.cpp
// Searching a string
#include <iostream>
#include <cstring>
using std::cout;
using std::endl;

int main()
{
  char str[] { "Smith, where Jones had had \"had had\" had had \"had\"."
    "\n\"Had had\" had had the examiners' approval." };
  const char* word { "had" };
  cout << "The string to be searched is: " << endl << str << endl;

  int count {};                        // Number of occurrences of word in str
  char* pstr { str };                   // Pointer to search start position
  char* found {};                      // Pointer to occurrence of word in str
  const size_t wordLength { std::strlen(word) };
  while (true)
  {
    found = std::strstr(pstr, word);
    if (!found)
      break;
    ++count;
    pstr = found + wordLength;
 // Set next search start as 1 past the word found
```

```
    }
    cout << "\"" << word << "\" was found "
         << count << " times in the string." << endl;
    return 0;
}
```

这个示例的输出为：

```
The string to be searched is: Smith, where Jones had had "had had" had had "had".
"Had had" had had the examiners' approval.
"had" was found 10 times in the string.
```

示例说明

所有动作都发生在无限期的 while 循环中：

```
while(true)
{
  found = std::strstr(pstr, word);
  if (!found)
   break;
  ++count;
  pstr = found + wordLength;
// Set next search start as 1 past the word found
}
```

第一步是在字符串中从位置 pstr 开始搜索 word，它最初是字符串的开头。我们将 strstr()返回的地址存储在 found 中；如果在 pstr 中没有找到 word，返回值就为 nullptr。因此，在这种情况下 if 语句会结束循环。

如果 found 不为 nullptr，就递增 word 的出现次数，并更新 pstr 指针，使它指向在 str 中找到的 word 实例后面的那个字符。它将是在下一个循环迭代上搜索的起点。从输出中可以看出，在 str 中找到了 10 次 word。当然“Had”不计算在内，因为它是以大写字母开头的。

4.7 小结

现在，我们已经熟悉 C++中所有基本的数据类型，如何创建并使用各种类型的数组，以及如何创建并使用指针，还介绍了引用的概念。但是，并没有彻底研究所有这些主题，本书后面将重新讨论数组、指针和引用。

指针机制有时令人迷惑，因为指针可以在相同程序的不同层次上操作。指针有时是作为地址使用，有时又可以用来处理某个地址中存储的值。掌握指针的使用方法非常重要。因此如果发现有任何不清楚的地方，就应该亲自编写几个示例进行试验，直到建立起应用它们的信心。

4.8 练习

1. 编写一个程序，允许无限地输入值，并将它们存储在空闲存储器中分配的数组中。然后，该程序应该 5 个一行输出这些值，之后输入这些值的平均值。最初的数组应该包含 5 个元素。程序应该在必要时创建比旧数组多 5 个元素的新数组，并将旧数组中的值复制到新数组中。

2. 重做前面的练习，但自始至终使用指针而非数组。

3. 声明一个字符数组，并将其初始化为适当的字符串。使用循环将所有字符修改为大写字母。

在 ASCII 字符集中，大写字符的代码值比对应的小写字符小 32。

4. 定义一个 double 型元素的数组，其中包含 12 个随机值，用华氏温度表示月均温度值。使用基于范围的 for 循环将这些值转换为摄氏温度，输出最高、最低和平均摄氏温度值。

4.9　本章主要内容

本章主要内容如表 4-1 所示。

表　4-1

主　题	概　念
数组	数组允许使用一个名称管理相同类型的多个变量。数组的每一维是在数组声明语句中数组名后面的方括号内定义的
数组维数	数组每一维的索引值都是从 0 开始的。因此，一维数组中第 5 个元素的索引值是 4
初始化数组	在声明语句中将初始值放入大括号（即初始化列表）内，可以初始化数组
基于范围的 for 循环	使用基于范围的 for 循环可以迭代数组中的每个元素
指针	指针是包含另一个变量地址的变量。我们将指针声明为“指向某种类型的指针”，并且只能用给定类型的变量的地址给指针赋值
指向 const 的指针和 const 指针	指针可以指向常量对象。这种情况下可以重新给指针赋值，使其指向另一个对象。指针也可以被定义成 const，这种情况下指针不能被重新赋值
引用	引用是另一个变量的别名，lvalue 引用可以用来代替被引用的变量，rvalue 引用可以表示存储在临时位置的值。引用必须在声明时初始化。我们不能通过给引用重新赋值，而使其指向另一个变量
sizeof 操作符	sizeof 操作符返回其参数指定的对象占用的字节数，圆括号内的参数可以是变量或类型名称
new 操作符	new 操作符动态分配空闲存储器中的内存。当根据请求成功分配内存之后，该操作符返回一个指向提供的内存区域头部的指针，如果因故不能分配内存，则默认抛出一个使程序终止的异常
delete 操作符	使用 delete 操作符可以释放前面用 new 操作符分配的内存

第 5 章 程序结构(1)

本章要点

- 如何声明并编写自己的 C++函数
- 函数参数的定义和使用方法
- 如何传递进出函数的数组
- 按值传递的意义
- 如何给函数传递指针
- 如何使用引用作为函数参数，按引用传递的意义
- const 修饰符对函数参数的影响
- 如何从函数中返回值
- 递归的使用方法

本章源代码下载地址(wrox.com)：

打开网页 http://www.wrox.com/go/beginningvisualc，单击 Download Code 选项卡即可下载本章源代码。这些代码在 Chapter 5 文件夹中，文件都根据本章的内容单独进行了命名。

5.1 理解函数

迄今为止，我们还不能真正以模块化的方式组织程序代码，因为只能将程序构造成单个 main()函数。但是，我们已经在使用各种库函数和属于对象的函数。无论何时编写 C++程序，都应该从一开始就对程序的模块化结构做到心中有数。充分理解实现函数的方法是面向对象编程的基础，我们将来就会明白这一点。

构造 C++程序涉及的内容非常多，为了避免囫囵吞枣，本章只介绍其中的一部分。在掌握本章所讲内容的全部内涵以后，我们将在第 6 章进一步研究该主题的内容。

首先看一下函数工作的大致原则。函数是有具体用途的自包含的代码块。函数名既是函数的标识，又用来在程序中调用函数。如果函数名不在名称空间中定义，它就是全局的，否则就要用名称

空间的名称来限定它。函数名不必是唯一的，第 6 章将解释这一点。但是，执行不同动作的函数通常应该拥有不同的名称。

函数名的命名规则与变量相同。因此，函数名也是字母和数字的序列，其中第一个字符必须是字母——此处的下划线被视为字母。函数名通常应该反映出自身的作用，因此计算豆子数量的函数可以名为 count_beans()。

我们通过调用时指定的实参(argument)给函数传递信息。这些实参需要与函数定义中出现的形参(parameter)一致。当执行函数时，指定的实参将代替函数定义中使用的形参。这样，函数代码执行时就像是使用实参编写的。图 5-1 说明了函数调用中的实参与函数定义中指定的形参之间的关系。

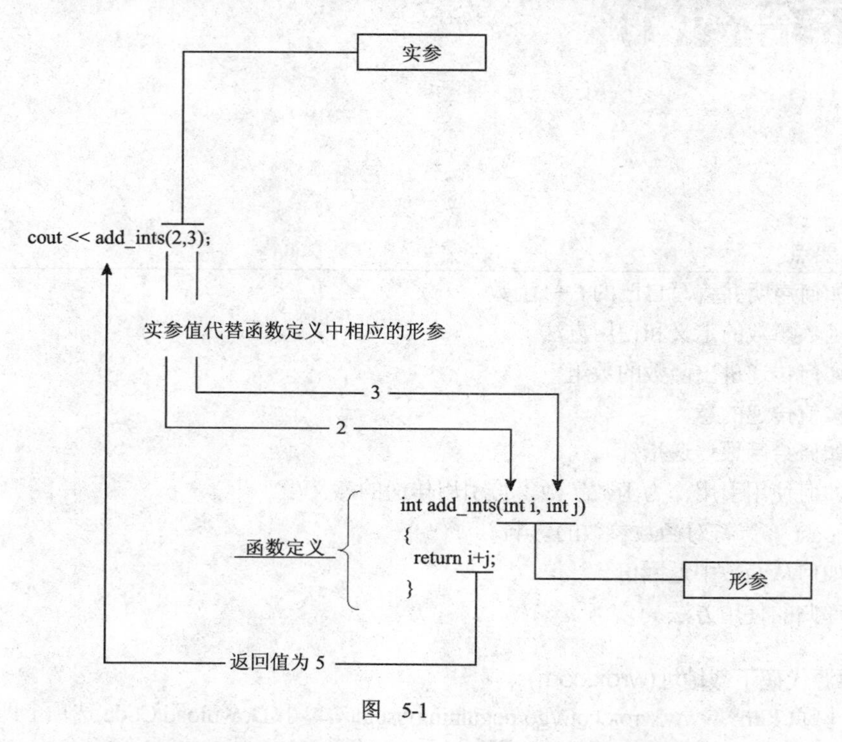

图 5-1

在图 5-1 中，add_ints()函数返回传递给它的两个实参的和。通常，函数将一个值返回程序中调用它的位置，或者什么也不返回，这取决于函数的定义方式。或许有人认为从函数中返回一个值是一种局限，但返回的值可以是指针，该指针可能包含着某个数组的地址。稍后将介绍从函数中返回数据的更多方法。

5.1.1 需要函数的原因

函数的主要优点之一是根据需要可以在程序的不同位置执行任意次。如果不能将代码块封装到函数中，则程序将最终成为庞然大物，因为那样通常需要在程序的不同位置复制相同的代码。使用函数，还可以将程序分为易于管理的代码块，以方便开发和测试，复杂的大型程序如果包含几个小代码块，就比编写为一个大代码块更容易理解和测试。

设想有个相当大的程序，如有100万行代码。如果没有函数，那么如此之大的程序实际上是不可能编写和调试的。函数能够将程序分段，这样就能逐段编写代码，并在组合成整体之前单独测试每一段。函数还允许在编程团队成员中间分配工作，使每名成员负责一段严格说明的、与其余代码之间有明确功能接口的程序。

5.1.2　函数的结构

当编写 main()函数时已经看到，函数由标识该函数的函数头和后面跟着的函数体组成。函数体位于大括号之间，包含函数的可执行代码。下面看一个示例。我们可以编写函数来计算数值的幂，即计算使 x 乘以自身 n 次的结果 x^n：

```
// Function to calculate x to the power n, with n greater than or
// equal to 0
double power(double x, int n)          // Function header
{                                      // Function body starts here...
  double result {1.0};                 // Result stored here
  for(int i {1}; i <= n; i++)
    result *= x;

  return result;
}                                      // ...and ends here
```

1. 函数头

首先分析本示例的函数头。下面是该函数的第一行：

```
double power(double x, int n)         // Function header
```

本行由三部分组成：

- 返回值的类型(本例中是 double)
- 函数名(本例中是 power)
- 圆括号中的函数形参(本例中是 x 和 n，分别为 double 和 int 类型)

当执行该函数时，返回值将被返回给调用函数，因此当调用该函数时，将在调用所在的表达式中产生一个 double 类型的值。

上面的函数有两个形参：double 类型的底数 x 和 int 类型的指数 n。该函数执行的计算使用这两个形参和函数体中声明的另一个变量 result 来编写。对函数而言，形参名称和函数体中定义的任何变量都是局部变量。

函数头末尾和函数体右大括号后面都不需要分号。

函数头的通用形式

函数头的通用形式可以写成：

```
return_type function_name(parameter_list)
```

return_type 可以是任何合法的类型。如果函数没有返回值，则由关键字 void 来指定返回类型。关键字 void 还用来指示没有形参的情况，因此既无形参又无返回值的函数，其函数头如下所示：

```
void my_function(void)
```

空形参列表同样表示该函数不接受任何实参，因此可以像下面这样省略圆括号之间的关键字 void：

```
void my_function()
```

调用程序的表达式中不应该使用返回值类型为 void 的函数。这种函数不返回任何值，因此显然不能成为表达式的组成部分，以这种方式使用函数将使编译器生成一条错误消息。

2. 函数体

我们希望函数执行的计算是由函数头后面函数体中的语句完成的。在上面的 power()示例中，第一条语句声明变量 result，并将其初始化为 1.0。与函数体中声明的所有自动变量一样，result 对该函数来说是局部变量，这意味着变量 result 在函数结束执行之后将不复存在。此刻我们可能立即想到的问题是：如果当函数停止执行时变量 result 不复存在，那么如何返回计算结果呢？答案是系统将自动生成返回值的副本，该副本可以在程序中的返回点获得。

power()中的计算是在 for 循环中执行的。for 循环中还声明了循环控制变量 i，它将从 1 连续变化到 n。每次循环迭代时，变量 result 就乘以 x ，这样共乘以 n 次即可得到需要的值。如果 n 是 0，则根本不会执行循环中的语句，因为循环条件立即成为 false，这样 result 仍然是 1.0。

如前所述，形参和函数体内声明的所有变量都是该函数的局部变量。如果为其他函数中的变量使用相同的名称而且目的不一致，并没有任何问题。实际上，我们要庆幸这种情况，因为在包含大量函数的程序中确保变量名的唯一性特别困难。如果这些函数的编写者不是同一个人，则更是如此。

在函数内声明的变量，其作用域的确定方法与前面讨论过的相同。变量产生于定义它的位置，在包含它的代码块结束时不复存在。有一类变量不适用这条原则，即声明为 static 的变量。本章稍后再讨论静态变量。

同名局部变量屏蔽全局变量的情况应值得我们注意。最初在第 2 章遇到过这种情况，当时是使用作用域解析运算符::来访问全局变量的。

3. return 语句

return 语句将 result 的值返回到调用函数的位置。return 语句的通用形式如下：

```
return expression;
```

此处 *expression* 的结果必须是函数头中为返回值指定的类型。只要最终能得到所需类型的值，expression 就可以是任何表达式。如本章后面所述，expression 还可以包括函数调用——甚至可调用包含这条语句的同一个函数。

如果指定的返回值类型是 void，则在 return 语句中不能出现任何表达式，该语句必须简写为：

```
return;
```

当没有返回值，return 语句是函数体的最后一条语句时，也可以省略它。

5.1.3 替代的函数语法

编写函数头有一种替代语法。下面是前面的 power()函数，它使用替代语法来定义：

```
auto power(double x, int n)-> double     // Function header
{                                         // Function body starts here...
  double result {1.0};                    // Result stored here
  for(int i {1}; i <= n; i++)
    result *= x;

  return result;
}                                         // ...and ends here
```

其工作方式与该函数前面的版本完全相同。函数的返回类型放在函数头中“->”的后面，这称为拖尾返回类型。开头的 auto 关键字告诉编译器，返回类型在以后确定。

那么，为什么需要引入替代语法？旧语法不够好吗？不是。下一章将学习函数模板，当函数的返回类型需要随函数体的执行结果而变化时，就需要使用函数模板。这不能使用旧语法来指定，而替代语法允许这么做，参见第 6 章。

5.1.4 使用函数

在程序中使用函数时，编译器必须知道有关信息才能编译相应的函数调用。编译器需要足够多的信息才能识别函数，并验证使用方法是否正确。如果函数的定义没有出现在相同源文件的前面，就必须使用所谓的“函数原型”语句来声明函数。

函数原型

函数原型给编译器提供了为检查我们是否在正确使用函数而需要的基本信息。函数原型指定要传递给函数的形参、函数名和返回值类型，基本上包含出现在函数头中的相同信息，只是增加了一个分号。显然，函数定义中函数头包含的形参数量和类型必须与函数原型相同。

从其他函数内调用一个函数时，该函数的原型或定义必须在调用语句之前，通常都放在程序源文件的开头部分。为使用标准库函数而嵌入的头文件，其中就包含着标准库提供的函数的原型。

就示例中的 power()函数而言，可以将其原型写成：

```
double power(double value, int index);
```

记住，函数原型后面需要写上分号。不然，我们将得到编译器给出的错误消息。

注意，函数原型中指定的形参名称与定义函数时函数头中使用的名称不同。这仅仅是为了表明可以这样做。大多数情况下，函数原型和函数定义中的函数头使用相同的名称，但不是必须这样。在函数原型中可以使用更长的、可表达更多信息的形参名称，以帮助理解形参的意义。然后在函数定义中使用较短的形参名称，以使函数体中的代码不因名称过长而难以阅读。

如果可以，甚至可以在原型中完全省略形参名称，而仅仅写成：

```
double power(double, int);
```

这种形式可以给编译器提供所需的足够信息，但最好在原型中使用某种有意义的名称，因为这样有助于增强可读性，而且有些情况下，清晰的代码与混乱的代码之间的区别完全在于有没有使用有意义的名称。如果某个函数有两个类型相同的形参(例如，假设 power()函数中的指数也是 double 类型)，则使用适当的名称可以指明两者出现的先后次序。若没有形参名称，就不会提供这个信息。

试一试：使用函数

在下面这个练习使用 power()函数的示例中，可以看到所有这些是如何相辅相成的。

```
// Ex5_01.cpp
// Declaring, defining, and using a function
#include <iostream>
using std::cout;
using std::endl;

double power(double x, int n);    // Function prototype

int main()
{
  int index {3};                   // Raise to this power
  double x {1};                    // Different x from that in function power
  double y {};

  y = power(5.0, 3);               // Passing constants as arguments
  cout << endl << "5.0 cubed = " << y;

  cout << endl << "3.0 cubed = "
       << power(3.0, index);       // Outputting return value

  x = power(x, power(2.0, 2.0));  // Using a function as an argument
  cout << endl                     // with auto conversion of 2nd parameter
       << "x = " << x;

  cout << endl;
  return 0;
}

// Function to compute positive integral powers of a double value
// First argument is value, second argument is power index
double power(double x, int n)
{                                  // Function body starts here...
  double result {1.0};             // Result stored here
  for(int i {1}; i <= n; i++)
    result *= x;
  return result;
}                                  // ...and ends here
```

该程序通过以不同的方式给函数指定实参，示范了几种使用 power()函数的方法。如果运行该程序，那么将得到下面的输出：

```
5.0 cubed = 125
3.0 cubed = 27
x = 81
```

示例说明

在通常的#include 语句(用于输入/输出)和 using 声明之后，是函数 power()的原型。如果删除这条语句，然后尝试重新编译该程序，则编译器将不能处理 main()函数中对 power()函数的调用，因而会多次生成下面这条错误消息：

```
error C3861: 'power': identifier not found
```

本程序相对于以前示例的变化是，在 main()函数中通常出现形参列表的位置使用了新的关键字 void，以表明不给该函数提供任何参数。以前，包围形参列表的圆括号为空，这在 C++中同样解释为没有任何参数。以这种方式使用 void 的习惯仍保留在 C 中，但在 C++中不常见。如前所述，关键字 void 还可以用作函数的返回类型，表明不返回任何值。如果将某个函数的返回类型指定为 void，则不能在该函数的任何 return 语句中放入值，不然将得到编译器给出的错误消息。

从前面一些示例中知道，函数使用起来非常简单。为了在本示例中使用 power()函数来计算 5.0^3，并将结果存储在变量 y 中，使用下面这条语句：

```
y = power(5.0, 3);
```

这里的值 5.0 和 3 都是该函数的实参。它们碰巧是常量，但也可以使用表达式作为实参，只要最终能产生类型正确的值就行。power()函数的实参将取代函数定义中使用的形参 x 和 n。计算过程是使用这两个值完成的，然后结果 125 的副本返回到主调函数 main()，随之存储在变量 y。可以认为函数把这个值放在语句或表达式中。然后，输出 y 的值：

```
cout << endl << "5.0 cubed = " << y;
```

接下来的函数调用在输出语句中：

```
cout << endl << "3.0 cubed = "
     << power(3.0, index);        // Outputting return value
```

这里，函数的返回值直接传递到输出流中。因为没有将返回值存储在任何变量中，所以不能再在其他位置使用返回值。该函数调用中的第一个实参是个常量，第二个实参是个变量。

接下来，在下面这条语句中再次使用 power()函数：

```
x = power(x, power(2.0, 2.0));    // Using a function as an argument
```

在这里，调用了两次 power()函数。第一次调用在表达式的最右边，其结果作为左边调用的第二个实参。虽然子表达式 power(2.0, 2.0)中的实参都指定为 double 类型的字面值 2.0，但实际调用函数时使用的第一个实参是 2.0，第二个实参是整型字面值 2。编译器将给第二个实参指定的 double 类型数值转换为 int 类型，因为它从函数原型(下面再次给出)中知道，第二个形参的类型指定为 int。

```
double power(double x, int n);       // Function prototype
```

第一次调用将 double 类型的结果 4.0 返回给 power()函数。转换为 int 类型之后，数值 4 作为第二个实参传递给第二次函数调用，这次 x 是第一个实参。因为 x 的值是 3.0，所以函数计算 3.0^4 的值，结果 81.0 存储在 x。事件顺序如图 5-2 所示。

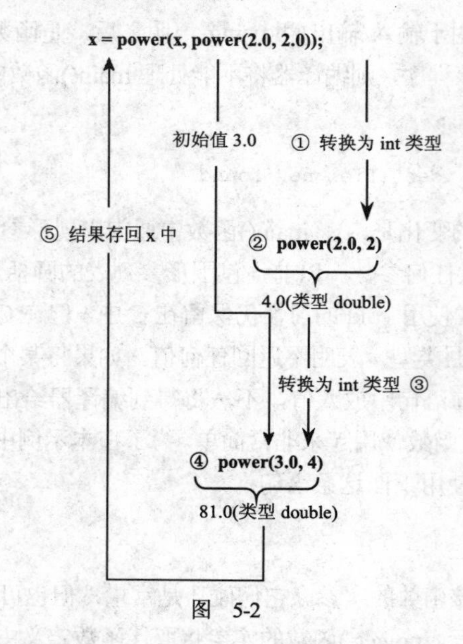

图 5-2

该语句涉及两次编译器插入的从 double 到 int 的隐式类型转换。从 double 类型转换为 int 类型时有可能丢失数据，因此在这种情况下编译器将发出警告消息，即使转换操作就是编译器自己插入的也一样。通常，依赖可能造成数据丢失的自动转换是一种危险的编程习惯，而且从代码中根本看不出这种转换在计划之中。需要时在代码中显式使用 static_cast 操作符要好得多。示例中这条语句如果写成下面这样，则远比原来的要好：

```
x = power(x, static_cast<int>(power(2.0, 2)));
```

如此编码便可以避免编译器发出两条警告消息。使用静态强制转换，不能排除从一种类型转换为另一种类型的过程中数据丢失的可能性。不过因为是显式指定，无疑表明这种转换在计划之中，我们也知道可能发生数据丢失。

还可以在 power()函数中编写循环，如下所示：

```
for(auto i = 1; i <= n; i++)
  result *= x;
```

编译器从初始值中推断出 i 的合适类型。在这个示例中，最好显式指定类型为 int，因为这会使代码更容易理解。

5.2 给函数传递实参

理解给函数传递实参的过程非常重要，它影响编写函数的方式和函数最终的工作原理。另外，这里有许多易犯的错误需要避免，因此本节将非常详细地分析参数传递机制。

调用函数时指定的实参通常在类型和顺序方面应该与函数定义中出现的形参一致。如上一个示例所示，如果函数调用中指定的实参类型与函数定义中形参的类型不一致，编译器就将其转换为所需的类型(如果可能)，转换遵循的规则与第 2 章讨论的强制转换操作数的规则相同。如果不能进行转换，则编译器将生成一条错误消息。但即使转换是可行的，代码也能正确编译，这种转换也可能造成数据丢失(例如，从 long 类型转换为 short 类型)，因此应该尽量避免。

通常使用两种机制给函数传递实参。第一种机制适用于函数定义中指定的形参是普通变量(不是引用)的情况，称为给函数传递数据的按值传递方法，下面首先来了解这种机制。

5.2.1　按值传递机制

在按值传递机制中，指定为实参的变量、常量或表达式值根本没有传递给函数。而是创建这些实参的副本，并将这些副本用作被传递的值。图 5-3 以 power()函数为例说明了这一点。

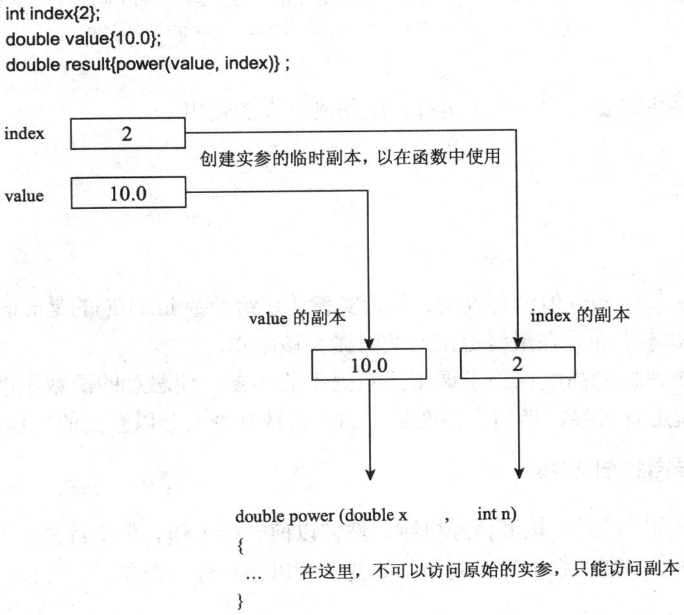

```
int index{2};
double value{10.0};
double result{power(value, index)} ;
```

index　2

创建实参的临时副本，以在函数中使用

value　10.0

value 的副本　10.0

index 的副本　2

```
double power (double x      ,     int n)
{
  ...      在这里，不可以访问原始的实参，只能访问副本
}
```

图　5-3

在图 5-3 中，power()返回的值用于初始化 result。每当调用 power()函数时，编译器就把实参的副本存储在临时的内存区域中。在该函数的执行过程中，所有对函数形参的引用都映射到这些临时的实参副本上。

试一试：按值传递

按值传递机制的后果之一是函数不能直接修改被传递的实参。下面在示例中试着故意修改实参，就可以证明这一点。

```
// Ex5_02.cpp
// A futile attempt to modify caller arguments
#include <iostream>
using std::cout;
using std::endl;

int incr10(int num);          // Function prototype
```

```
int main()
{
  int num {3};

  cout << endl << "incr10(num) = " << incr10(num) << endl
      << "num = " << num << endl;
  return 0;
}

// Function to increment a variable by 10
int incr10(int num)            // Using the same name might help...
{
  num += 10;                   // Increment the caller argument ¨C hopefully
  return num;                  // Return the incremented value
}
```

当然，该程序注定要失败。如果运行，则得到下面的输出：

```
incr10(num) = 13
num = 3
```

示例说明

输出证明，原来的 num 值没有改变。作为实参传递给函数 incr10()的是 num 的副本，加法运算也发生在 num 的副本上面，在最终退出函数时抛弃该副本。

显然，按值传递机制高度保护了调用函数提供的实参，使恶意的函数不能破坏它们。但有时可能确实要修改调用者实参，当然，办法是有的。指针有令人难以置信的用途，您还不知道吗？

5.2.2 给函数传递指针实参

当使用指针作为实参时，按值传递机制仍然像以前一样工作。但指针是另一个变量的地址，如果创建该地址的副本，则副本仍然指向相同的变量。以指针作为形参可以使函数处理调用者实参，道理就在于此。

试一试：指针传递

为了证实其效果，可以将上一个示例修改成使用指针作为实参。

```
// Ex5_03.cpp
// A successful attempt to modify caller arguments
#include <iostream>
using std::cout;
using std::endl;

int incr10(int* num);              // Function prototype

int main()
{
 int num {3};

 int* pnum {&num};                 // Pointer to num

 cout << endl << "Address passed = " << pnum;
```

```
  int result {incr10(pnum)};
  cout << endl << "incr10(pnum) = " << result;

  cout << endl << "num = " << num << endl;
  return 0;
}

// Function to increment a variable by 10
int incr10(int* num)                // Function with pointer argument
{
  cout << endl << "Address received = " << num;

  *num += 10;                       // Increment the caller argument
                                    //  - confidently
  return *num;                      // Return the incremented value
}
```

该示例的输出如下：

```
Address passed = 0012FF6C
Address received = 0012FF6C
incr10(pnum) = 13
num = 13
```

你的计算机上输出的地址值可能与上面的不同，但输出的两个值应该相同。

示例说明

在本示例中，对前一个版本的主要修改都与传递指针 pnum 而非原来的变量 num 有关。现在，函数原型的形参类型指定为"指向 int 类型的指针"，main()函数声明了一个指针 pnum，并将其初始化为 num 的地址。main()函数和 incr10()函数分别输出发送和接收的地址，以确认两个位置使用的实际上是相同的地址。因为 incr10()函数是写到 cout 的，所以现在可以在输出语句之前调用它，并将返回值存储在 result 中：

```
int result {incr10(pnum)};
cout << endl << "incr10(pnum) = " << result;
```

这样就确保了正确的输出顺序。该输出表明，这次变量 num 的值递增了，现在与函数的返回值相同。

在重写的 incr10()函数版本中，使传递给函数的值加 10 的语句和 return 语句现在都要取消对指针的引用，以使用存储的数值。

5.2.3　给函数传递数组

还可以给函数传递数组，但这种情况下，即使仍然应用按值传递的方法传递实参，也不会复制被传递的数组。编译器将数组名转换为指针，指向数组头部的指针副本通过按值传递机制被传递给函数。这是十分有利的，因为复制大型数组非常耗时。但有一点你可能已经想到了，在函数内可以修改数组的元素，因此数组是唯一不能按值传递的类型。

试一试：传递数组

编写一个函数来计算传递给函数的数组中若干元素的平均值,可以阐明传递数组所涉及的细节。

```
// Ex5_04.cpp
// Passing an array to a function
#include <iostream>
using std::cout;
using std::endl;

double average(double array[], int count);     //Function prototype

int main()
{
  double values[] { 1.0, 2.0, 3.0, 4.0, 5.0, 6.0, 7.0, 8.0, 9.0, 10.0 };

  cout << endl << "Average = "
      << average(values, _countof(values)) << endl;
  return 0;
}

// Function to compute an average
double average(double array[], int count)
{
  double sum {};                          // Accumulate total in here
  for(int i {}; i < count; i++)
     sum += array[i];                     // Sum array elements

  return sum/count;                       // Return average
}
```

该程序产生下面的输出：

```
Average = 5.5
```

示例说明

average()函数可以处理任意长度的数组。从原型可以看出，该函数接受两个实参：数组和元素数量的计数。在 main()中的下面这条语句内调用该函数：

```
cout << endl << "Average = "
     << average(values, _countof(values)) << endl;
```

调用该函数的第一个实参是数组名 values，第二个实参是计算数组中元素数量的表达式。

元素数量用_countof()宏生成。注意不能把这个宏应用于函数中的数组形参，因为只知道数组的地址。

在函数体内，计算的表示方式与预料的一样。它与直接在 main()中编写同样的计算相比没有明显区别。

输出证实，一切都在按照我们预期的工作。

试一试：传递数组时使用指针符号

数组名是作为指针传递给函数的。准确地说，传递的是指向数组的指针的副本。因此，我们完全不必认为在函数内要处理的是数组中的数据。可以修改上一个示例中的函数，从而自始至终使用指针符号，虽然实际上还是在使用数组。

```
// Ex5_05.cpp
// Handling an array in a function as a pointer
#include <iostream>
using std::cout;
using std::endl;

double average(double* array, int count);     //Function prototype

int main()
{
  double values[] { 1.0, 2.0, 3.0, 4.0, 5.0, 6.0, 7.0, 8.0, 9.0, 10.0 };

  cout << endl << "Average = "
       << average(values, _countof(values)) << endl;
  return 0;
}

// Function to compute an average
double average(double* array, int count)
{
  double sum {};                   // Accumulate total in here
  for(int i {}; i < count; i++)
    sum += *array++;               // Sum array elements

  return sum/count;                // Return average
}
```

该程序的输出与上一个示例完全相同。

示例说明

可以看出，该程序仅需要非常少的改动，就能够以指针形式使用数组。我们修改了函数原型和函数头，但这两处改动都不是绝对必需的。如果将它们还改回原来的版本，即将第一个形参指定为 double 类型的数组，而保留用指针编写的函数体，则该函数照样正常工作。该版本最有趣的是 for 循环语句的循环体：

```
sum += *array++;               // Sum array elements
```

在这里，我们俨然打破了“不能修改用作数组名的地址”这条规则，因为该语句使 array 中存储的地址递增。事实上，我们根本没有打破什么规则。记住，按值传递机制创建并传递原来数组地址的副本，因此这里修改的只是副本，原来的数组地址完全不受影响。所以，只要给函数传递的是一维数组，就可以在各种意义上将传递的数值视为指针，并以任何喜欢的方式修改地址。

数组没有记录其大小信息，所以不能对作为实参传递给函数的数组使用基于范围的 for 循环。

给函数传递多维数组

给函数传递多维数组也十分简单。下面的语句声明了一个二维数组 beans：

```
double beans[2][4];
```

然后，可以像下面这样写出假想的 yield()函数的原型：

```
double yield(double beans[2][4]);
```

编译器如何得知我们是在定义维数如上所示的数组而非单个数组元素作为实参？答案很简单：虽然在调用函数时可以传递单个数组元素作为实参，但不能在函数定义或原型中写上单个数组元素作为形参。接受单个数组元素实参的形参，将只有一个变量名及其类型。数组内容不能应用。

当定义多维数组作为形参时，同样可以省略第一维值。当然，函数需要通过某种方式获悉第一维的大小。例如，可以写出下面这条语句：

```
double yield(double beans[][4], int index);
```

在这里，第二个形参将提供关于第一维的必要信息。该函数可以处理第一维由第二个实参指定、第二维固定是 4 的二维数组。

试一试：传递多维数组

在下面的示例中定义一个这样的函数：

```
// Ex5_06.cpp
// Passing a two-dimensional array to a function
#include <iostream>
using std::cout;
using std::endl;

double yield(double array[][4], int n);

int main()
{
  double beans[3][4]   {    { 1.0,  2.0,  3.0,  4.0 },
                            { 5.0,  6.0,  7.0,  8.0 },
                            { 9.0, 10.0, 11.0, 12.0 }  };

  cout << endl << "Yield = " << yield(beans, _countof(beans))
       << endl;
  return 0;
}

// Function to compute total yield
double yield(double beans[][4], int count)
{
  double sum {};
  for(int i {}; i < count; i++)      // Loop through number of rows
```

```
    for(int j {}; j < 4; j++)          // Loop through elements in a row
      sum += beans[i][j];
  return sum;
}
```

该示例的输出如下：

```
Yield = 78
```

示例说明

该程序使用不同的名称来表示函数头和函数原型中的形参，这样做仅仅为了表明可以如此。不过在本示例中，这样做确实对程序没有任何改善。第一个形参定义成行数任意的数组，每行有 4 个元素。实际调用该函数时使用的是有 3 行元素的数组 beans。通过用数组的总字节大小除以第一行的字节大小(结果是数组的行数)来指定第二个实参。

函数中的计算只不过是嵌套的 for 循环，其中内部循环累加单行的元素，外部循环使每一行都重复相同的过程。

在函数中使用指针代替多维数组作为实参，事实上不是特别适合本例。当传递数组时，实际传递的是指向一个 4 元素数组(一行)的地址值，这不利于在函数内执行指针操作。必须将嵌套 for 循环中的语句修改成：

```
sum += *(*(beans + i) + j);
```

因此，用数组符号编写计算过程可能更清楚。

5.2.4　给函数传递引用实参

现在讨论第二种给函数传递实参的机制。将函数的某个形参指定为引用，将改变给该形参传递数据的方法。使用的方法不是按值传递——其中在传递给函数之前复制实参，而是按引用传递，即形参其实是被传递实参的别名。该机制不再复制所提供的实参，允许函数直接访问调用函数中的实参。同时意味着，传递和使用指向值的指针时所需的取消引用操作也是多余的。

当使用类类型对象时，对函数使用引用形参具有特殊的意义。对象可能会很大、很复杂，此时复制过程可能会耗费很多时间。在这样的情况下，使用引用形参可以大大加快代码的执行速度。

试一试：按引用传递

修改前面那个非常简单的示例 Ex5_03.cpp 的版本，以了解使用引用形参的工作过程：

```
// Ex5_07.cpp
// Using an lvalue reference to modify caller arguments
#include <iostream>
using std::cout;
using std::endl;

int incr10(int& num);                // Function prototype

int main()
{
```

```
    int num {3};
    int value {6};

    int result {incr10(num)};
    cout << endl  << "incr10(num) = " << result
         << endl << "num = " << num;

    result = incr10(value);
    cout << endl << "incr10(value) = " << result
         << endl << "value = " << value << endl;
    return 0;
  }

  // Function to increment a variable by 10
  int incr10(int& num)                // Function with reference argument
  {
    cout << endl << "Value received = " << num;
    num += 10;                        // Increment the caller argument
                                      //  - confidently
    return num;                       // Return the incremented value
  }
```

执行该程序的输出如下：

```
Value received = 3
incr10(num) = 13
num = 13
Value received = 6
incr10(value) = 16
value = 16
```

示例说明

应该发现，该程序以不同寻常的方式工作。除 incr10()函数使用 lvalue 引用作为形参以外，本示例基本上与 Ex5_03.cpp 相同。我们修改了函数原型，以反映形参是引用这一事实。当调用该函数时，就像在进行按值传递操作一样指定实参，因此实参的用法与前面的版本相同。实参的值并没有传递给函数。函数的形参初始化为实参的地址，因此函数中只要使用形参 num，就将直接访问调用函数中的实参。

为了打消你关于在 main()和 incr10()函数中使用 num 标识符的疑虑，该程序以变量 value 作为实参，再次调用函数 incr10()。乍看之下，可能觉得与前面讲过的引用的基本属性相矛盾，即声明并初始化引用之后，不能将其重新分配给另一个变量。实际上并不矛盾，原因是每当调用该函数时，都将创建和初始化作为函数形参的引用，而当函数结束时将它销毁。因此，每次使用函数时，得到的都是全新的引用。

在该函数内，从主调程序中收到的值显示在屏幕上。虽然使用的语句基本上与前面输出指针中存储的地址所用的语句相同，但因为 num 现在是引用，所以输出的是数据值而非地址值。

输出结果清楚地说明了引用和指针之间的区别。引用是另一个变量的别名，因此可以用作引用该变量的替代方法。使用引用与使用原来的变量名是等价的。输出结果表明，函数 incr10()直接修改了作为调用者实参传递给它的变量。

如果企图使用数值(如 20)作为 incr10()的实参，就会发现编译器将输出一条错误消息，因为编译器知道在函数内可以修改引用形参，而我们的意图是使常量的值不时地改变，因为这样的程序更加令人兴奋。我们也不能对 lvalue 引用形参对应的实参使用表达式，除非此表达式是一个 lvalue。实质上，lvalue 引用形参对应的实参必然会导致某些数据永久地存储在内存中。

第 4 章提到，引用还有另一种类型，即 rvalue 引用。rvalue 引用类型的形参允许传递到函数的表达式是 rvalue。本章后面将介绍它。

使用 rvalue 引用形参获得的这种安全性固然不错，但如果函数不能修改值，我们自然不希望编译器每当传递的引用实参是常量时就产生这些错误消息。确实应该有某种方法允许我们使用常量实参吗？正如 Ollie 说的那样："当然有，Stanley！"

5.2.5　使用 const 修饰符

可以给函数的形参使用 const 修饰符，以告诉编译器我们不想以任何方式修改这个形参。这样编译器将检查代码是否确实没有修改实参，而且当使用常量实参时不会产生错误消息。

试一试：传递常量

为了演示 const 修饰符是如何使情况发生变化的，可以修改前面的程序。

```
// Ex5_08.cpp
// Using a reference to modify caller arguments

#include <iostream>
using std::cout;
using std::endl;

int incr10(const int& num);                  // Function prototype

int main()
{
  const int num {3};        // Declared const to test for temporary creation
  int value {6};

  int result {incr10(num)}
  cout << endl << "incr10(num) = " << result
       << endl << "num = " << num;

  result = incr10(value);
  cout << endl << "incr10(value) = " << result;
  cout << endl << "value = " << value;

  cout << endl;
  return 0;
}
```

```
// Function to increment a variable by 10
int incr10(const int& num)       // Function with const reference argument
{
  cout << endl << "Value received = " << num;
//   num += 10;                  // this statement would now be illegal
  return num+10;                 // Return the incremented value
}
```

执行该程序的输出如下：

```
Value received = 3
incr10(num) = 13
num = 3
Value received = 6
incr10(value) = 16
value = 6
```

示例说明

为了说明当 incr10()函数的形参声明为 const 之后，给该函数传递 const 对象时编译器将不再产生错误消息，在 main()函数中将变量 num 声明为 const。

另外，令在 incr10()函数中使 num 加 10 的语句以注释形式存在也是必要的。如果没有注释掉这一行，那么该程序将不能编译，因为编译器不允许 num 出现在赋值语句的左边。当在函数头和原型中将 num 指定为 const 之后，即承诺不修改该变量，因此编译器要检查我们是否遵守该承诺。一切都像以前一样工作，只是 incr10()函数不能再修改 main()中的变量。

现在，使用 lvalue 引用形参，得到了两方面的好处。一方面，可以编写直接访问调用者实参的函数，而且避免了按值传递机制中隐式的复制。另一方面，如果不打算修改某个实参，则只需要给 lvalue 引用类型使用 const 修饰符，就能避免意外修改该参数。

5.2.6 rvalue 引用形参

下面简短地说明 rvalue 引用类型的形参与 lvalue 引用类型的形参的差别，而并不介绍如何使用 rvalue 引用。本书后面将介绍如何使用 rvalue 引用。下面看一个与 Ex5_07.cpp 相似的例子。

试一试：使用 rvalue 引用形参

下面是此示例的代码：

```
// Ex5_09.cpp
// Using an rvalue reference parameter

#include <iostream>
using std::cout;
using std::endl;

int incr10(int&& num);              // Function prototype

int main()
{
  int num {3};
  int value {6};
```

```
  int result {};
/*
  result = incr10(num);                          // Increment num
  cout << endl << "incr10(num) = " << result
       << endl << "num = " << num;

  result = incr10(value);                        // Increment value
  cout << endl << "incr10(value) = " << result
       << endl << "value = " << value;
*/
  result = incr10(value+num);                     // Increment an expression
  cout << endl << "incr10(value+num) = " << result
       << endl << "value = " << value;

  result = incr10(5);                             // Increment a literal
  cout << endl << "incr10(5) = " << result
       << endl << "5 = " << 5;

  cout << endl;
  return 0;
}

// Function to increment a variable by 10
int incr10(int&& num)      // Function with rvalue reference argument
{
  cout << endl << "Value received = " << num;
  num += 10;
  return num;              // Return the incremented value
}
```

编译并执行上面的代码，将产生如下输出：

```
Value received = 9
incr10(value+num) = 19
value = 6
Value received = 5
incr10(5) = 15
5 = 5
```

示例说明

incr10()函数现在有一个 rvalue 引用形参类型。在 main()函数中，使用表达式 value+num 作为实参来调用 incr10()函数。输出结果表明，此函数的返回值是该表达式的值加 10。当然，我们在前面曾看到过，如果试图将一个表达式作为 lvalue 引用形参对应的实参来传递，则编译器是不允许这么做的。

接下来传递字面量 5 作为实参，返回结果再次表明 incr10()函数执行了增加 10 的操作。输出结果也表明字面量 5 没有改变，这是什么原因呢？在此例中，实参是一个只由字面量 5 组成的表达式。表达式求值的结果是 5，并且存储在由函数形参引用的临时位置。

如果取消 main()函数一开始的那些语句的注释，则代码编译通不过。具有 rvalue 引用形参的函数只能通过 rvalue 实参来调用。因为 sum 和 value 是 lvalue，所以编译器将它们作为实参传递给 incr10()的那些语句标志为有错误。

尽管此示例表明可以将表达式作为 rvalue 引用对应的实参来传递，而且可以在此函数中访问和修改存储表达式值的临时位置，但在此情况下并未起作用。当深入讨论在某些情况下定义类时，将会看到 rvalue 引用形参具有很大的优势。

需要牢记的一个要点是，虽然 rvalue 引用形参可以引用一个 rvalue——即表达式的临时结果，但 rvalue 引用形参本身并不是一个 rvalue，而是一个 lvalue。有时我们希望将 rvalue 引用形参从 lvalue 转换为 rvalue。第 8 章将看到什么情况下会产生这种情况，以及如何使用 std::move()库函数将 lvalue 转换为 rvalue。

5.2.7 main()函数的实参

可以将 main()定义成不带任何形参，也可以指定一个参数列表，以允许 main()函数从命令行上获得值。从命令行上作为实参传递给 main()的值总是解释为字符串。如果希望 main()从命令行上获得数据，则必须像下面这样定义 main():

```
int main(int argc, char* argv[])
{
  // Code for main()¡-
}
```

第一个形参是命令行上出现的、包括程序名在内的字符串的数量，第二个形参是一个数组，它包含指向这些字符串的指针，还有一个为空值的附加元素。因此，argc 始终至少是 1， 因为至少要输入程序名。接收的实参数量取决于为了执行程序而在命令行上输入的内容。例如，假设用下面这条命令来执行 DoThat 程序:

```
DoThat.exe
```

这里只有该程序.exe 文件的名称，因此 argc 是 1，而数组 argv 包含两个元素，argv[0]指向字符串“DoThat.exe”，argv[1]包含 nullptr。

假设在命令行上输入下面的内容:

```
DoThat or else "my friend" 999.9
```

argc 现在是 5，而 argv 包含 6 个元素，最后一个元素是 nullptr，前 5 个元素指向下面这些字符串:

```
"DoThat" "or" "else" "my friend" "999.9"
```

从上面可以看出，如果希望包括空格的字符串作为单个字符串被接收，则必须将其包围在双引号之间。还可以看出，数值是作为字符串读取的，因此如果希望再将其转换为数值，则由编程人员实现。

我们看一下实际的工作情况。

试一试：接收命令行参数

该程序只输出从命令行接收的参数。

```
// Ex5_10.cpp
```

```
// Reading command line arguments
#include <iostream>
using std::cout;
using std::endl;

int main(int argc, char* argv[])
{
  cout << endl << "argc = " << argc << endl;
  cout << "Command line arguments received are:" << endl;
  for(int i {}; i <argc; i++)
    cout << "argument " << (i+1) << ": " << argv[i] << endl;
  return 0;
}
```

当输入命令行参数时，有两种选择。在构建该示例之后，可以在包含.exe 文件的文件夹内打开命令窗口，然后输入程序名和命令行参数。另外，还可以在执行该程序之前，在 IDE 中指定命令行参数。只需要从主菜单上选择 Project | Properties 菜单项，打开项目属性窗口，然后单击加号(+)，展开左窗格中的 Configuration Properties 树。单击 Debugging 文件夹，并输入要传递到应用程序中作为 Command Arguments 属性值的数据。

例如，在命令行窗口中包含程序.exe 文件的当前目录下输入下列代码：

```
Ex5_10 trying multiple "argument values" 4.5 0.0
```

下面是从命令窗口输入时，该示例的输出：

```
argc = 6
Command line arguments received are:
argument 1: Ex5_10
argument 2: trying
argument 3: multiple
argument 4: argument values
argument 5: 4.5
argument 6: 0.0
```

示例说明

该程序首先输出 argc 的值，然后在 for 循环中输出 argv 数组中各个实参的值。从输出中可以看出第一个实参值是程序名。"argument values"因为用双引号括了起来，所以它被作为一个实参对待。

可以利用 argv 中最后一个元素为 nullptr 的事实，将输出命令行实参的循环编写成如下形式：

```
int i{-1};
while(argv[++i]
  cout << "argument " << (i+1) << ": " << argv[i] << endl;
```

当程序执行到 argv[argc]时，该 while 循环终止，因为那个元素是 nullptr。

5.2.8　接受数量不定的函数实参

可以将函数定义成能够接受任意数量的实参。将省略号(3 个句点...)写在函数定义中形参列表的最后，即可表示调用该函数时可以提供数量可变的实参。例如：

```
int sumValues(int first,...)
{
```

```
  //Code for the function
}
```

函数定义中至少要有一个普通形参，但也可以有多个。省略号必须总是放在形参列表的最后。

显然，定义中没有关于可变列表中实参的类型或数量的任何信息，因此函数代码必须弄清楚自己被调用时接收的是什么。C++库在 cstdarg 头文件中定义了 va_start、va_arg 和 va_end 宏，以帮助我们做这件事。用示例来说明其用法是最容易的。

试一试：接收数量不定的实参

该程序使用的函数仅仅求出传递进来的数量不定的实参值的总和。

```
// Ex5_11.cpp
// Handling a variable number of arguments
#include <iostream>
#include <cstdarg>
using std::cout;
using std::endl;

int sum(int count, ...)
{
  if(count <= 0)
    return 0;

  va_list arg_ptr;                    // Declare argument list pointer
  va_start(arg_ptr, count);           // Set arg_ptr to 1st optional argument

  int sum {};
  for(int i {}; i<count; i++)
    sum += va_arg(arg_ptr, int);      // Add int value from arg_ptr and increment

  va_end(arg_ptr);                    // Reset the pointer to null
  return sum;
}

int main(int argc, char* argv[])
{
  cout << sum(6, 2, 4, 6, 8, 10, 12) << endl;
  cout << sum(9, 11, 22, 33, 44, 55, 66, 77, 66, 99) << endl;
  return 0;
}
```

本示例产生下面的输出：

```
42
473
```

示例说明

main()函数在两条输出语句中调用了 sum()函数，第一次有 7 个实参，第二次有 10 个实参。每种情况下的第一个实参都指定了跟着的实参个数。重要的是不要忘记这一点，因为如果省略了第一个计数实参，就会产生无用的结果。

sum()函数有一个 int 类型的普通形参，它表示后面跟着的实参的数量。形参列表中的省略号表明可以传递任意数量的实参。有两种方法可以确定调用该函数时有多少实参：第一种方法是像 sum()函数一样，由一个固定的形参指定实参的数量；第二种方法是要求最后一个实参具有特殊的标记值，以便能够检查和识别。

要开始处理可变的实参列表，首先声明一个 va_list 类型的指针：

```
va_list arg_ptr;                    // Declare argument list pointer
```

va_list 类型是在 cstdarg 头文件中定义的，该指针用来依次指向各个实参。

va_start 宏用来初始化 arg_ptr，使其指向列表中的第一个实参：

```
va_start(arg_ptr, count);           // Set arg_ptr to 1st optional argument
```

这个宏的第二个实参是函数形参列表中省略号前面固定形参的名称，用来确定第一个可变实参的位置。

在 for 循环中检索列表中各个实参的值：

```
int sum {};
for(int i {} ; i<count; i++)
  sum += va_arg(arg_ptr, int);      // Add int value from arg_ptr and increment
```

va_arg 宏返回 arg_ptr 指向的位置存储的实参值，并使 arg_ptr 递增，以指向下一个实参值。va_arg 宏的第二个实参是第一个实参的类型，决定着我们得到的值以及 arg_ptr 递增的方式，因此，如果该实参不正确，那么将造成混乱。程序也许会执行，但检索到的值将是无用数据，而且 arg_ptr 将被错误地递增，从而指向其他无用数据。

当结束检索实参值之后，用下面这条语句重置 arg_ptr：

```
va_end(arg_ptr);                    // Reset the pointer to null
```

va_end 宏将传递给它的实参——va_list 类型的指针重置成空值。最好总是这样做，因为在处理过实参之后，arg_ptr 将指向某个不包含有效数据的位置。

5.3　从函数返回值

迄今创建的所有示例函数都仅仅返回单值。可以返回不是单值的其他数据吗？直接返回不行，但如前所述，返回的单值不一定都是数值，也可以是地址，这是返回任意多个数据的关键。只需要使用指针即可。但是，使用指针也会留下隐患，因此需要提前对这样的冒险保持清醒的头脑。

5.3.1　返回指针

返回指针值非常容易。指针值只是地址而已，因此，如果希望返回变量 value 的地址，只需要编写下面这条语句：

```
return &value;                      // Returning an address
```

只要函数头和函数原型恰当地指出了返回类型，这种用法就没有任何问题——或者说至少没有明显的问题。假设变量 value 是 double 类型，包含上面那条 return 语句的 treble 函数的原型可以写成下面这样：

```
double* treble(double data);
```

这里的形参列表是随意定义的。

下面是一个返回指针的函数。该函数不能工作，但具有教学意义。假设需要一个返回指针的函数，该指针指向的存储单元包含的数值应该是函数实参值的 3 倍。我们最初尝试实现的函数如下所示：

```
// Function to treble a value - mark 1
double* treble(double data)
{
  double result {};
  result = 3.0*data;
  return &result;
}
```

试一试：返回不恰当的指针

我们可以创建一个小测试程序，看看将发生什么事情(记住，treble()函数将不能像我们预期的那样工作)：

```
// Ex5_12.cpp
#include <iostream>
using std::cout;
using std::endl;

double* treble (double);                    // Function prototype

int main()
{
  double num {5.0};                         // Test value
  double* ptr {};                           // Pointer to returned value

  ptr = treble(num);

   out << endl << "Three times num = " << 3.0*num;

  cout << endl << "Result = " << *ptr;   // Display 3*num

  cout << endl;
  return 0;
}

// Function to treble a value - mark 1
double* treble(double data)
{
  double result {};
  result = 3.0*data;
  return &result;
}
```

该程序显然不能像我们预想的那样工作，因为编译时编译器生成了下面这条警告消息：

```
warning C4172: returning address of local variable or temporary
```

执行该程序后的输出如下：

```
Three times num = 15
Result = 4.10416e-230
```

示例说明(不能正确工作的原因)

main()函数调用 treble()函数，并将返回的地址存储在指针 ptr 中，该指针应该指向一个是实参 num 的 3 倍的数值。然后，显示 num 乘以 3 的结果，再显示 treble()函数返回的地址包含的数值。

显然，第二行输出没有反映出正确值 15，但错误在哪里呢？该错误不是个秘密，因为编译器对此给出了清楚的警告。之所以出现该错误，是因为函数 treble()中的变量 result 是在该函数开始执行时创建的，并在该函数退出时被销毁，因此指针 ptr 指向的内存不再包含原来的变量值。先前分配给 result 的内存现在可用于其他目的，这里显然已经有其他数据使用了这块内存。

返回地址的规则

有一条绝对不能违反的返回地址的规则是：

永远不要从函数中返回局部自动变量的地址。

我们显然不能使用无法工作的函数，那么如何改正问题呢？可以使用引用形参，并修改原来的变量，但那样做不是我们的本意。我们的意图是返回指向某些有用数据的指针，以便最终能够返回多项数据。一种方法是动态内存分配(第 4 章介绍过)。使用操作符 new，可以在空闲存储器中创建一个新变量，该变量一直存在，直到最终被 delete 销毁，或者直到程序结束。使用这种方法，treble()函数将如下所示：

```
// Function to treble a value - mark 2
double* treble(double data)
{
  double* result {new double{}};
  *result = 3.0*data;
  return result;
}
```

现在，没有将 result 声明为 double 类型，而是将其声明为 double*类型，并将 new 操作符返回的地址存入其中。因为 result 是指针，所以修改函数的其余部分以反映这一点。最后，result 中包含的地址返回给主调程序。我们可以用这个版本代替上一个示例中的 treble()函数，以练习该版本的用法。

需要记住，在像 treble()这样的函数中使用动态内存分配时，每次调用该函数时都要多分配一些内存。当不再需要内存时，主调程序需要将其删除，但实践中人们很容易忘记这么做，结果就是空闲存储器的内存被逐渐消耗，直到某个时刻内存用尽且程序失败。前面曾经提到，此类问题称为内存泄漏。

下面是这个函数的用法。需要对原来代码做的唯一改动是不再使用 treble()函数返回的指针时，立即使用 delete 操作符释放内存。

```
#include <iostream>
```

```
using std::cout;
using std::endl;

double* treble(double);                    // Function prototype

int main()
{
  double num {5.0};                        // Test value
  double* ptr {};                          // Pointer to returned value

  ptr = treble(num);

  cout << endl << "Three times num = " << 3.0*num;

  cout << endl << "Result = " << *ptr;    // Display 3*num
  delete ptr;                              // Don't forget to free the memory
  ptr = nullptr;
  cout << endl;
  return 0;
}

// Function to treble a value - mark 2
double* treble(double data)
{
  double* result {new double{}}
  *result = 3.0*data;
  return result;
}
```

第 10 章将学习智能指针，那时就不需要使用 delete 释放用 new 分配的内存了。使用智能指针，也可以避免内存泄漏的危险。

5.3.2 返回引用

还可以从函数中返回一个 lvalue 引用。返回引用就像返回指针一样充满潜在的错误，因此我们同样需要当心。因为 lvalue 引用不能独自存在(它总是其他对象的别名)，所以必须确保其引用的对象在函数执行完之后仍然存在。在函数中使用引用时很容易忘记这一点，因为它们看起来就像普通变量一样。

在面向对象编程的上下文中，引用作为返回类型非常重要。正如稍后将看到的那样，引用允许完成一些没有引用就不可能做到的事情(特别适用于 8.4 节)。从函数返回 lvalue 引用意味着可以在赋值语句的左边使用函数的结果。

试一试：返回引用

接下来看一个说明引用返回类型用法的示例，同时示范一下如何在赋值操作的左边使用返回 lvalue 的函数。该示例假设有个数组包含一组混合型数值。当需要向数组中插入新值时，我们希望替换掉值最小的那个元素。

```
// Ex5_13.cpp
// Returning a reference
#include <iostream>
#include <iomanip>
using std::cout;
using std::endl;
using std::setw;

double& lowest(double values[], int length); // Function prototype

int main()
{

  double data[] { 3.0, 10.0, 1.5, 15.0, 2.7, 23.0,
                  4.5, 12.0, 6.8, 13.5, 2.1, 14.0 };
  int len {_countof(data)};                   // Number of elements
  for(auto value : data)
    cout << setw(6) << value;

  lowest(data, len) = 6.9;                    // Change lowest to 6.9
  lowest(data, len) = 7.9;                    // Change lowest to 7.9

  cout << endl;
  for (auto value : data)
    cout << setw(6) << value;

  cout << endl;
  return 0;
}

// Function returning a reference
double& lowest(double a[], int len)
{
  int j {};                                   // Index of lowest element
  for(int i {1}; i < len; i++)
    if(a[j] > a[i])                           // Test for a lower value...
      j = i;                                  // ...if so update j
  return a[j];                                // Return reference to lowest element
}
```

该示例的输出如下：

```
     3    10   1.5    15   2.7    23   4.5    12   6.8  13.5   2.1    14
     3    10   6.9    15   2.7    23   4.5    12   6.8  13.5   7.9    14
```

示例说明

首先看一下 lowest()函数的实现方法。函数 lowest()的原型使用 double&作为返回类型的说明，因此属于“double 的引用”类型。引用类型返回值的书写方式与我们学过的引用变量声明方式完全相同，都是在数据类型后面附加&。该函数有两个形参，一个是 double 类型的一维数组；另一个是 int 类型的形参，用来指定数组的长度。

函数体使用简单的 for 循环，确定传递给它的数组中哪个元素包含最小值。起初，将包含最小值的数组元素的索引 j 随意设定为 0，然后在循环中如果当前元素 a[i]小于 a[j]时则修改 j。因此从循环中退出时，j 包含对应于具有最小值的那个数组元素的索引值。return 语句如下所示：

```
return a[j];                    // Return reference to lowest element
```

尽管这条语句看起来与返回单值的语句相同，但因为返回类型声明为引用，所以实际返回的是数组元素 a[j]的引用，而不是该元素包含的值。a[j]的地址用来初始化要返回的引用。该引用是编译器创建的，因为返回类型声明为引用。

不要混淆返回&a[j]与返回引用。如果将返回值写成&a[j]，则指定的是 a[j]的地址——那是一个指针。如果将返回类型指定为引用之后还这样写，则编译器将生成一条错误消息。具体的消息如下所示：

```
error C2440: 'return' : cannot convert from 'double *' to 'double &'
```

练习使用 lowest()函数的 main()函数非常简单。声明一个 double 类型的数组，并用任意 12 个值初始化该数组，然后使用_countof()宏将 int 类型变量 len 初始化成该数组的长度。我们将数组中的初始值输出，以便进行比较。

再说一遍，该程序使用流操作符 setw()是为了均匀地隔开这些值，所以需要有嵌入 iomanip 头文件的#include 指令。

然后，main()函数在赋值语句的左边调用 lowest()函数，以修改数组中的最小值。程序中以这种方式两次调用 lowest()函数，以表明实际上这样确实可以工作，而绝不是偶然事件。之后再次把数组的内容输出到显示器中，字段宽度与以前相同，这样对应的值将上下对齐。

从输出可以看出，在第一次调用 lowest()时，数组的第三个元素 array[2]包含最小值，因此该函数返回对 array[2]的引用，main()函数将该元素的值修改为 6.9。同样，在第二次调用时，array[10]被修改为 7.9。该示例非常清楚地证明，返回引用将允许在赋值语句的左边使用函数，其效果就像 return 语句中指定的变量出现在赋值语句的左边一样。

当然，如果愿意，也可以在赋值语句右边或任何其他合适的表达式中使用这样的函数。假设有两个数组 x 和 y，其元素数量分别由 lenx 和 leny 指定，那么用下面这条语句，可以将数组 x 的最小元素设定为数组 y 中最小元素的两倍：

```
lowest(x, lenx) = 2.0*lowest(y, leny);
```

该语句两次调用 lowest()函数，第一次是在赋值语句右边的表达式中，实参为 y 和 leny，另一次以 x 和 lenx 作为实参，以获得存储右边表达式结果的地址。

返回引用的规则

从函数返回指针的规则同样适用于返回引用：

永远不要从函数中返回对局部变量的引用。

我们将暂停对从函数中返回引用的主题的讨论。当讨论用户定义类型和面向对象编程时，我们将再次探讨该主题，那时将发现一些能够用引用完成的更神奇的事情。

5.3.3 函数中的静态变量

在函数中，有些事情用自动变量是不能完成的。例如，不能计算调用函数的次数，因为无法在多次调用中累积数值。有多种方法可以解决该问题。例如，可以使用引用形参来更新调用程序中的计数器，但如果程序中的许多不同位置都调用该函数，这种方法将无济于事。还可以使用在函数中递增的全局变量，但这样做是有风险的，因为程序中的任何位置都可以访问全局变量，它们非常容易被意外修改。

在具有多个访问全局变量的执行线程的应用程序中，全局变量同样是危险的，因此必须特别注意管理从不同线程中访问全局变量的方式。当多个线程都可以访问某个全局变量时，必须处理的基本问题是：一个线程使用全局变量时，另一个线程可以修改该变量的值。在这样的情况下，最好的解决方案是完全避免使用全局变量。

为了创建在这次与下次函数调用之间其值继续存在的变量，可以在函数内将某个变量声明为 static，声明形式与第 2 章声明 static 变量时所用的形式完全相同。例如，为了将 count 声明为 static，可以使用下面这条语句：

```
static int count {};
```

该语句同时将变量 count 初始化为 0。

函数内静态变量的初始化仅仅发生在第一次调用该函数的时候。事实上，初次调用函数时将创建并初始化静态变量。之后，该变量在程序执行期间将继续存在，退出函数时该变量包含的任何值都可以在下次调用函数时使用。

试一试：在函数中使用静态变量

可以用下面这个简单的示例来说明静态变量在函数中的行为：

```
// Ex5_14.cpp
// Using a static variable within a function
#include <iostream>
using std::cout;
using std::endl;

void record();      // Function prototype, no arguments or return value

int main()
{
  record();

  for(int i {}; i <= 3; i++)
     record();

  cout << endl;
  return 0;
}

// A function that records how often it is called
void record()
{
  static int count {};
  cout << endl << "This is the " << ++count;
```

```
    if((count > 3) && (count < 21))          // All this....
      cout <<"th";
    else
      switch(count%10)                       // is just to get...
      {
      case 1: cout << "st";
              break;
      case 2: cout << "nd";
              break;
      case 3: cout << "rd";
              break;
      default: cout << "th";                 // the right ending for...
      }                                      // 1st, 2nd, 3rd, 4th, etc.
     cout << " time I have been called";
     return;
  }
```

本示例中的 record()函数仅仅用来记录自己被调用的次数。如果编译并执行该程序，则得到下面的输出：

```
This is the 1st time I have been called
This is the 2nd time I have been called
This is the 3rd time I have been called
This is the 4th time I have been called
This is the 5th time I have been called
```

示例说明

在函数中用 0 初始化静态变量 count，并在第一条输出语句中递增它。因为递增运算符是该变量的前缀，所以这条输出语句显示递增之后的值。该值在第一次调用时是 1，第二次调用时是 2，依此类推。因为 count 是静态变量，所以在函数调用之间将继续存在，并保留其值不变。

函数的其余部分都是为了算出何时应该将 st、nd、rd 或 th 附加到显示的 count 值后面。令人意外的是，这不符合规则。

注意 return 语句。因为函数的返回类型是 void，所以如果该语句包含返回值，将导致编译器错误。在这种特殊情况下，实际上不需要 return 语句，因为直接写出函数体的右大括号就等价于没有返回值的 return 语句。即使不包括 return 语句，该程序也将正确地编译和运行。

5.4 递归函数调用

当函数包含对自身的调用时，称之为递归函数。递归的函数调用也可以是间接的，即函数 fun1 调用函数 fun2，后者再调用 fun1。

递归可以看作实现无穷循环的一种方法，如果我们不小心，就会发生这种情况。无穷循环将锁住计算机，需要按 Ctrl+Alt+Del 组合键才能终止程序，这永远是件令人讨厌的事情。避免无穷循环的前提是函数包含某种使递归调用过程停止的方法。

如果以前没有接触过递归技术，那么很可能不了解应用递归的范围。在物理和数学方面，有许多问题可以被视为包含递归。整数的阶乘就是个简单的例子。对于给定的整数 N 来说，其阶乘是乘积 1×2×3×…×N。人们经常用这个例子来说明递归的工作过程。递归还可以应用于编译过程中对程序的分析。不过，我们将看一个更简单的示例。

试一试：递归函数

在本章开始时(见 Ex5_01.cpp)，我们编写过一个计算值的整数次幂的函数——即计算 x^n，这等价于使 x 乘以自身 n 次。可以将其改写成递归函数，以初步说明递归的工作过程。还可以改进该函数的实现，以便能够处理负指数值(x^{-n} 等价于 $1/x^n$)。

```
// Ex5_15.cpp (based on Ex5_01.cpp)
// A recursive version of x to the power n
#include <iostream>
using std::cout;
using std::endl;

double power(double x, int n);    // Function prototype

int main()
{
  double x {2.0};                 // Different x from that in function power
  double result {};

  // Calculate x raised to powers -3 to +3 inclusive
  for(int index {-3}; index <= 3; index++)
    cout << x << " to the power " << index << " is " << power(x, index)<< endl;

  return 0;
}

// Recursive function to compute integral powers of a double value
// First argument is value, second argument is power index
double power(double x, int n)
{
  if(n < 0)
  {
     x = 1.0/x;
     n = -n;
  }
  if(n > 0)
     return x*power(x, n-1);
  else
     return 1.0;
}
```

该程序的输出如下：

```
2 to the power -3 is 0.125
2 to the power -2 is 0.25
2 to the power -1 is 0.5
2 to the power 0 is 1
2 to the power 1 is 2
2 to the power 2 is 4
2 to the power 3 is 8
```

示例说明

该函数现在支持 x 的正数和负数次幂，因此第一个动作是检查指数 n 是否为负数：

```
if(n < 0)
{
  x = 1.0/x;
  n = -n;
}
```

支持负数次幂很容易，只需要利用 x^{-n} 等价于 $(1/x)^n$ 的事实即可。因此，如果 n 是负数，就将 x 修改为 1.0/x，并改变 n 的符号使其成为正数。

下一条 if 语句判断 power()函数是否应该再次调用自身：

```
if(n > 0)
  return x*power(x, n-1);
else
  return 1.0;
```

该 if 语句为 n 等于 0 的情况提供了返回值 1.0，在所有其他情况中都返回表达式 x*power(x, n - 1)的结果。该表达式以 n - 1 为指数再次调用 power()函数。因此，该 if 语句中 else 子句提供了避免无穷递归函数调用所需要的基本机制。

无疑，如果在 power()函数内 n 不等于 0，则发生对 power()函数的再次调用。事实上，对于任何给定的不等于 0 的 n 来说，该函数都将调用自身 n 次(忽略 n 的符号)。图 5-4 阐明了这种机制，其中假设指数实参为 3。

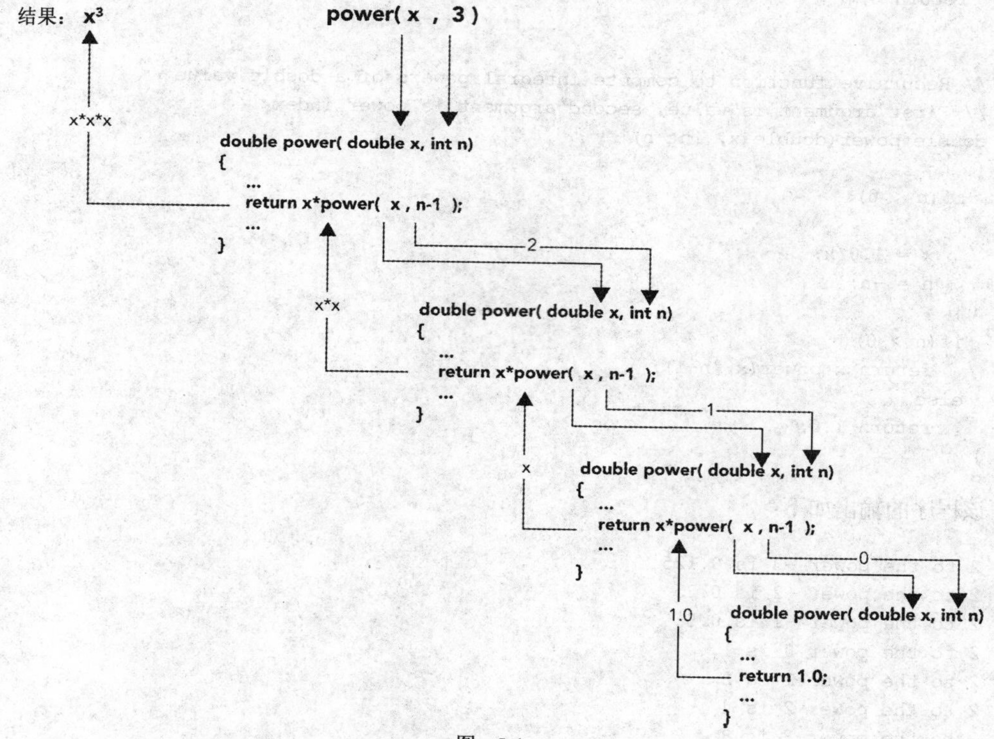

图 5-4

可以看出，总共调用了 4 次 power()函数才得到 x^3，其中 3 次是自己调用自己的递归调用。

使用递归

除非遇到的问题特别适于使用递归函数，或者没有明显的替代方法，否则使用其他方法一般(如循环)会更好。使用循环比使用递归的函数调用的效率更高。想象一下，为了计算一个简单的乘积 x*x*…*x(x 乘 n 次)，上一个示例中将发生什么事情。在每次调用中，编译器都要生成该函数两个实参的副本，还必须记住执行每条 return 时返回的位置。另外，保存计算机中各种寄存器的内容，以便在 power()函数中使用这些寄存器也是必要的。每次从函数返回时，它们当然还需要还原到原来的状态。在深度适中的递归调用中，系统开销也可能大大超过使用循环时的开销。

这样说的意思不是我们永远不应该使用递归。当问题适于用递归函数调用来解决时，递归就是非常强大的技术，可以大大简化代码。第 6 章将介绍这样的示例。

5.5　小结

本章讲述了程序结构的基础知识。我们应该熟练掌握函数的定义方法、给函数传递数据的方法以及将结果返回到调用程序的方法。函数对 C++编程而言非常重要，我们此后所做的一切都将涉及在程序中使用多个函数。

将引用作为实参使用是非常重要的概念，因此一定要建立起使用它们的信心。当研究面向对象的编程时，我们将看到把引用作为函数实参的大量其他例子。

5.6　练习

1. 4 的阶乘(写作 4!)是 4×3×2×1＝24，而 3 的阶乘是 3×2×1＝6，由此可见，4!＝4×3!，推而广之，可以得到下面的公式：

```
fact(n) = n*fact(n - 1)
```

极限情形是 n 等于 1 时，1!＝1。因此，0! 定义为 1。编写计算阶乘的递归函数，并进行测试。

2. 编写一个函数，要求能够交换两个整数，使用指针作为实参。使用该函数编写一个程序，并测试该程序能正确工作。

3. 标准 cmath 库中的三角函数(sin()、cos()和 tan())接受以弧度为单位的实参。编写 3 个名为 sind()、cosd()和 tand()的等价函数，接收以角度为单位的实参。所有实参和返回值都应该是 double 类型。

4. 编写一个程序，从键盘读取一个数字(整数)和一个名称(不超过 15 个字符)。设计程序，要求一个函数负责数据输入，另一个函数负责数据输出。将数据保留在 main()主程序中。当输入整数 0 时，该程序终止。考虑如何在函数之间传递数据——传值、传指针，还是传引用？

5. (高级题)编写如下所述的函数：当传递由单个空格分开的单词组成的字符串时，该函数返回第一个单词。以 nullptr 作为实参再次调用它，则返回第二个单词，依此类推，直到处理完该字符串之后返回 nullptr。这是 C++运行时库例程 strtok()工作方式的简化版本。因此，当传递字符串“one two three”时，该函数返回“one”，然后是“two”，最后是“three”。传递新字符串将使该函数在处理新字符串之前，丢弃当前字符串。

5.7 本章主要内容

本章主要内容如表 5-1 所示。

表 5-1

主　题	概　念
函数	函数应该是具有明确目的的简洁的代码单元。通常情况下，程序应该由大量小函数，而非少量大函数组成
函数原型	在调用程序中定义的函数之前，必须为该函数提供函数原型
引用形参	使用引用给函数传递值可以避免在实参的按值传递机制中隐式复制。应该将函数中不需要修改的形参指定为 const
返回引用或指针	从函数中返回引用或指针时，应该确保被返回的对象具有正确的作用域。永远不要返回函数的局部对象的指针或引用
函数中的 static 变量	在函数体中定义的静态变量会在多次函数调用过程中保持其值不变

第 6 章 程序结构(2)

本章要点

- 函数指针的概念
- 如何定义和使用函数指针
- 如何定义和使用函数指针的数组
- 异常的概念，如何编写处理异常的异常处理程序
- 如何编写多个同名函数，以自动处理不同类型的数据
- 函数模板的概念，如何定义和使用函数模板
- 如何使用多个函数编写有实际价值的程序

本章源代码下载地址(wrox.com)：

打开网页 http://www.wrox.com/go/beginningvisualc，单击 Download Code 选项卡即可下载本章源代码。这些代码在 Chapter 6 文件夹中，文件都根据本章的内容单独进行了命名。

6.1 函数指针

到目前为止，指针存储的都是另一个变量的地址值。这提供了相当大的灵活性，能够通过一个指针在不同的时间使用不同的变量。指针还可以存储函数的地址，该功能可以通过指针来调用函数，最近一次赋给指针的地址所包含的函数将被调用。

显然，指向函数的指针必须包含想调用的函数的内存地址。但为了正确运行，这种指针还必须包含被指向函数的形参列表以及返回类型等信息。因此指向函数的指针类型必须考虑被指向函数的形参类型和返回类型。无疑，这样将限制函数指针中可以存储的内容。

如果声明的函数指针接受一个 int 类型的实参，并返回一个 double 类型的值，就只能存储形式完全相同的函数的地址。如果希望存储接受两个 int 类型的实参，并且返回类型为 char 的函数的地址，则必须定义另一个具备这些特性的指针。

6.1.1 声明函数指针

可以声明一个指针 pfun，指向接受两个类型为 char*和 int 的实参，返回值类型为 double 的函数。声明语句如下所示：

```
double (*pfun)(char*, int);          // Pointer to function declaration
```

最初，我们可能发现第一对圆括号使该语句看起来有点怪异。该语句声明一个名为 pfun 的指针，它可以指向接受两个类型为 char*和 int 的实参，且返回值类型为 double 的函数。包围指针名称 pfun 的圆括号和星号都是必不可少的。如果没有它们，那么该语句将是函数声明而非指针声明。在这种情况下，该语句将如下所示：

```
double *pfun(char*, int);
```

这条语句是有两个形参并返回 double 类型指针的函数的原型。声明函数指针的通用形式如下：

```
return_type (*pointer_name)(list_of_parameter_types);
```

函数指针的声明由三部分组成：

- 指向函数的返回类型
- 指针名称(前面是指明其指针身份的星号)
- 指向函数的形参类型

这种指针只能指向具有声明中指定的 return_type 和 list_of_parameter_types 的函数。如果试图赋给指针一个与指针声明中的类型不相符的函数，则编译器将生成一条错误消息。

在函数指针的声明语句中，可以用函数名来初始化指针。下面是一个示例：

```
long sum(long num1, long num2);      // Function prototype
long (*pfun)(long, long) {sum};      // Pointer to function points to sum()
```

通常，可以使这里声明的指针 pfun 指向任何接受两个 long 类型实参并返回一个 long 类型值的函数。在上面的示例中，用其原型在第一条语句中给出的 sum()函数的地址来初始化 pfun 指针。

在声明中初始化函数指针时，可以使用 auto 关键字来表示类型。上面的声明可以写为：

```
auto pfun = sum;
```

在源文件中，只要 sum()的原型或定义在这个语句之前，编译器就可以识别出指针类型。

当然，还可以使用赋值语句来初始化函数指针。假设已经像上面那样声明了指针 pfun，那么可以用下面这些语句使该指针指向另一个函数：

```
long product(long, long);          // Function prototype
...
pfun = product;                    // Set pointer to function product()
```

如同指向变量的指针一样，必须确保在调用函数前初始化函数指针。如果没有初始化，则必定会出现灾难性故障。

试一试：函数指针

为了正确认识这些新奇的指针及其工作过程，让我们在程序中试一试。

```
// Ex6_01.cpp
// Exercising pointers to functions
#include <iostream>
using std::cout;
using std::endl;

long sum(long a, long b);                  // Function prototype
long product(long a, long b);              // Function prototype

int main()
{
  long (*pdo_it)(long, long);              // Pointer to function declaration

  pdo_it = product;
  cout << endl
       << "3*5 = " << pdo_it(3, 5);        // Call product thru a pointer

  pdo_it = sum;                            // Reassign pointer to sum()
  cout << endl
       << "3*(4 + 5) + 6 = "
       << pdo_it(product(3, pdo_it(4, 5)), 6);   // Call thru a pointer,
                                           // twice
  cout << endl;
  return 0;
}

// Function to multiply two values
long product(long a, long b)
{
  return a*b;
}

// Function to add two values
long sum(long a, long b)
{
  return a + b;
}
```

该示例产生的输出如下：

```
3*5 = 15
3*(4 + 5) + 6 = 33
```

示例说明

这是一个几乎没有用的程序，但确实非常简单地演示了函数指针的声明、赋值及随后用来调用函数的方法。

在通常的开端之后，声明了一个函数指针 pdo_it，它可以指向已经定义的两个函数 sum()和 product()中的任意一个。在下面这条赋值语句中，给该指针赋予函数 product()的地址：

```
pdo_it = product;
```

只需要提供函数名作为指针的初始值，不需要圆括号或其他附属物。编译器自动将函数名转换为地址，并将其存储在该指针中。使用下面的语句也可以替代 main()中的前两个语句：

```
auto pdo_it = product;
```

这个语句声明了 pdo_it，并用函数 product()的地址初始化它。

在输出语句中，通过指针 pdo_it 间接调用函数 product()。

```
cout << endl
     << "3*5 = " << pdo_it(3, 5);      // Call product thru a pointer
```

就像使用函数名那样使用指针名，后面跟着圆括号包围的实参，与直接使用原始函数名时的书写形式完全相同。

仅仅为了表明可以这样做，我们将该指针修改为指向函数 sum()。

```
pdo_it = sum;                        // Reassign pointer to sum()
```

然后，在一个复杂表达式中再次使用该指针，以执行简单的算术运算：

```
cout << endl
     << "3*(4 + 5) + 6 = "
     << pdo_it(product(3, pdo_it(4, 5)), 6);  // Call thru a pointer,
                                               // twice
```

该语句表明，可以用与函数完全相同的方式使用指向函数的指针。该表达式中的动作序列如图 6-1 所示。

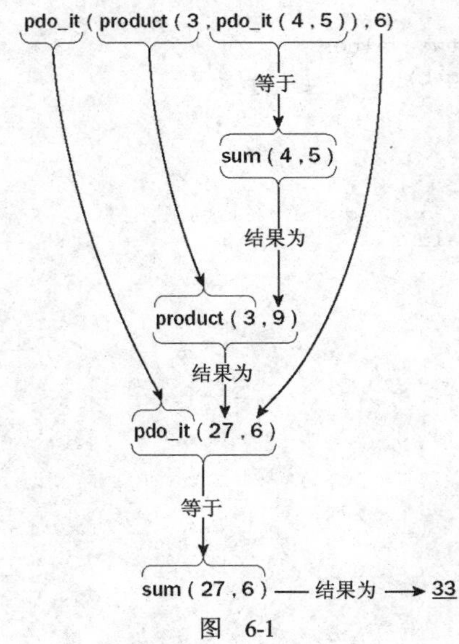

图 6-1

6.1.2 函数指针作为实参

因为“指向函数的指针”是完全合理的类型，所以函数还可以拥有类型为函数指针的形参。然后，这样的函数可以调用实参指向的函数。指针在不同的环境中可以指向不同的函数，这样，从某个函数内部调用的具体函数可以由主调程序决定。这种情况下，可以显式传递函数名作为实参。

试一试：传递函数指针

假设需要这样一个处理数组的函数：某些情况下，该函数应该产生数组中所有数的平方和；其他情况下，它应该计算所有数的立方和。一种实现方法是使用函数指针作为实参。

```
// Ex6_02.cpp
// A pointer to a function as an argument
#include <iostream>
using std::cout;
using std::endl;

// Function prototypes
double squared(double);
double cubed(double);
double sumarray(const double data[], size_t len, double (*pfun)(double));

int main()
{
  double data[] { 1.5, 2.5, 3.5, 4.5, 5.5, 6.5, 7.5 };
  size_t len {_countof(data)};

  cout << endl << "Sum of squares = " << sumarray(data, len, squared);
  cout << endl << "Sum of cubes = " << sumarray(data, len, cubed);
  cout << endl;
  return 0;
}

// Function for a square of a value
double squared(double x)
{
  return x*x;
}

// Function for a cube of a value
double cubed(double x)
{
  return x*x*x;
}

// Function to sum functions of array elements
double sumarray(const double data[], size_t len, double (*pfun)(double))
{
  double total {};                  // Accumulate total in here

  for(size_t i {}; i < len; i++)
    total += pfun(data[i]);

  return total;
}
```

如果编译并运行该程序，则应该看到下面的输出：

```
Sum of squares = 169.75
Sum of cubes = 1015.88
```

示例说明

第一条有意思的语句是函数 sumarray()的原型，其第三个形参是形参类型为 double 且返回值类型为 double 的函数的指针。

```
double sumarray(double array[], int len, double (*pfun)(double));
```

函数 sumarray()使用第三个实参指向的函数来处理作为第一个实参传递给它的数组中的各个元素。然后，该函数返回处理过的数组元素的总和。第三个实参必须是一个返回一个 double 值、接受一个 double 实参的函数。

在 main()中两次调用 sumarray()函数，第一次以函数名 squared 作为第三个实参，第二次使用 cubed。在每种情况下，对应于用作实参的函数名的地址都将在 sumarray()函数体中代替那个函数指针，因此 for 循环中将调用合适的函数。

显然有更容易的方法来实现本示例达到的目标，但使用函数指针更普遍。我们可以给精心定义的 sumarray()传递任何函数，只要该函数接受一个 double 类型的实参，并返回 double 类型的值。

6.1.3 函数指针的数组

可以用与常规指针相同的方式来声明函数指针的数组，还可以在声明语句中将它们初始化。下面是声明这种指针数组的示例。

```
double sum(const double, const double);           // Function prototype
double product(const double, const double);       // Function prototype
double difference(const double, const double);    // Function prototype
double (*pfun[])( const double, const double)
                 { sum, product, difference };    // Array of function pointers
```

各个数组元素分别初始化为大括号内初始化列表中对应的函数的地址。数组的长度由列表中的初始值的个数来确定。不能使用 auto 推测出数组的类型，所以必须在这里明确指定类型。

为了使用该指针数组的第二个元素调用 product()函数，可以这样写：

```
pfun[1](2.5, 3.5);
```

选择函数指针数组元素的方括号紧跟数组名之后，位于被调用函数的实参前面。当然，我们可以将借助于函数指针数组的元素实现的函数调用放在任何适当的、原始函数可以合法出现的表达式中，而选择指针的索引值也可以是任何结果为有效索引值的表达式。

6.2 初始化函数形参

就迄今为止使用过的所有函数而言，都必须在函数调用中提供对应于每个形参的实参。如果能够在函数调用中省略一个或多个实参，并为这些省略掉的实参自动提供默认值，就会非常方便。在函数原型中初始化形参，就可以达到上述目的。

假设要编写一个显示消息的函数，其中被显示的消息是传递给它的实参。下面是该函数的定义：

```
void showit(const char message[])
{
  cout << endl
       << message;
  return;
}
```

如下所示，在函数原型中指定初始化字符串，可以指定该函数形参的默认值：

```
void showit(const char message[] = "Something is wrong.");
```

在这里，形参 message 的默认值是一个字符串字面值。如果在调用该函数时省略了实参，就使用其默认值。

试一试：省略函数实参

如果调用函数时省略实参，则函数使用默认值执行；如果提供实参，则实参将代替默认值。可以使用 showit()函数来输出一组消息。

```
// Ex6_03.cpp
// Omitting function arguments
#include <iostream>
using std::cout;
using std::endl;

void showit(const char message[] = "Something is wrong.");

int main()
{
  const char mymess[] {"The end of the world is nigh."};

  showit();                                   // Display the basic message
  showit("Something is terribly wrong!");     // Display an alternative
  showit();                                   // Display the default again
  showit(mymess);                             // Display a predefined message

  cout << endl;
  return 0;
}

void showit(const char message[])
{
  cout << endl
       << message;
  return;
}
```

如果执行该示例，那么将得到下面这些预告世界末日的输出：

```
Something is wrong.
Something is terribly wrong!
Something is wrong.
The end of the world is nigh.
```

示例说明

可以看出，只要省略掉实参，就会得到函数原型中指定的默认消息；否则，该函数将正常工作。

如果函数有多个实参，那么可以为任意个数的实参提供初始值。如果想要省略多个实参以利用默认值，则被省略的那个实参的所有右边实参也必须省略掉。例如，假设有下面这个函数：

```
int do_it(long arg1 = 10, long arg2 = 20, long arg3 = 30, long arg4 = 40);
```

如果希望在调用时省略一个实参，则只能省略最后一个——即 arg4。如果希望省略 arg3，则必须同时省略 arg4。如果省略 arg2，则必须省略 arg3 和 arg4。如果希望使用 arg1 的默认值，则必须在函数调用中省略所有实参。

由此可以得出结论，应该将拥有默认值的参数依次全部放在函数原型中形参列表的最后，使最可能被省略的参数最后出现。

6.3 异常

如果你已经做过前面几章的练习，则很可能遇到过编译器生成的错误和警告消息，以及程序运行时发生的错误。异常是标志程序中发生的错误或意外状态的方法。我们已经知道，如果系统不能分配请求的内存，则 new 操作符将抛出一个异常。

迄今为止，处理程序中错误状态的方法通常是使用 if 语句测试某个表达式，然后执行处理错误的特定代码。C++还提供了另外一种更通用的错误处理机制，能够将处理错误状态的代码与这些状态不出现时要执行的代码分开。异常不能替代程序中应该有的数据检查和验证，认识到这一点非常重要。使用异常时生成的代码将带来相当大的系统开销，因此异常真正适用于可能出现异常且接近致命状态的环境，而不是在正常事件序列中通常预料到将出现的环境。读取磁盘错误需要使用异常来处理，而输入的无效数据项就不需要使用异常来处理。

异常机制使用了 3 个新的关键字：

- try——标识可能出现异常的代码块。try 块后面必须紧跟至少一个 catch 块
- throw——使异常状态产生，并抛出特定类型的异常
- catch——标识处理异常的代码块。在前面的 try 块中抛出异常时，执行 catch 块，其中 try 块的类型用 catch 关键字后面圆括号中的内容来指定。try 块可以后跟几个 catch 块，每个 catch 块捕获不同类型的异常

在下面的示例中，可以看看异常机制的实际工作过程。

试一试：抛出和捕获异常

通过完成一个示例，很容易了解异常处理的工作过程。这里使用一种非常简单的异常环境。假设需要编写程序来计算在某台机器上制造一个零件所需的时间(单位：分钟)。每小时制造的零件数量已经被记录下来，但我们必须记住：这台机器经常停机，而停机期间不可能制造任何零件。

如下所示，可以使用异常处理机制编写该程序：

```
// Ex6_04.cpp  Using exception handling
#include <iostream>
```

```
using std::cout;
using std::endl;

int main()
{
  int counts[] {34, 54, 0, 27, 0, 10, 0};
  double time {60};                    // One hour in minutes
  int hour {};                         // Current hour

  for(auto count : counts)
  {
    try
    {
      cout << endl << "Hour " << ++hour;

      if(0 == count)
        throw "Zero count - calculation not possible.";

      cout << " minutes per item: " << time/count;
    }
    catch(const char aMessage[])
    {
      cout << endl << aMessage << endl;
    }
  }
  return 0;
}
```

如果运行该示例，则输出如下：

```
Hour 1 minutes per item: 1.76471
Hour 2 minutes per item: 1.11111
Hour 3
Zero count - calculation not possible.

Hour 4 minutes per item: 2.22222
Hour 5
Zero count - calculation not possible.

Hour 6 minutes per item: 6
Hour 7
Zero count - calculation not possible.
```

示例说明

try 代码块中的代码是以正常顺序执行的，该代码块用来确定异常可能出现的位置。从输出可以看出，当抛出异常时，执行序列在 catch 代码块中继续，抛出 const char[]类型的异常时，执行这个 catch 代码块。当执行过 catch 代码块中的代码之后，执行继续进入下一次循环迭代。当然，如果没有抛出异常，则不执行 catch 代码块。

在 if 语句检查除数之后，在输出语句中执行除法。当执行 throw 语句时，控制权立即传递给 catch 代码块中的第一条语句，因此抛出异常时将绕过执行除法的语句。在 catch 代码块中的语句执行之后，循环继续进行下次迭代(如果还没有结束)。

6.3.1 抛出异常

在 try 代码块中的任何位置都可以使用 throw 语句抛出异常，throw 语句的操作数决定着异常的类型。前面示例中抛出的异常是字符串字面值，因此属于 const char[]类型。throw 关键字后面的操作数可以是任何表达式，而表达式结果的类型决定着被抛出异常的类型。必须有一个 catch 代码块来捕获可能抛出的异常类型。

也可以在从 try 代码块调用的函数中抛出异常，如果该异常没有在函数中捕获，就由 try 代码块后面的 catch 代码块捕获。为证明这一点，可以给前面的示例添加一个函数，其定义如下：

```
void testThrow()
{
  throw " Zero count - calculation not possible.";
}
```

然后，在前面的示例中用该函数的调用语句代替原来的 throw 语句：

```
  if(0 == count)
    testThrow();            // Call a function that throws an exception
```

只要数组元素是 0，testThrow()函数就抛出异常，并由 catch 代码块捕获，因此输出与以前相同。如果在源代码的最后添加 testThrow()的定义，那么不要忘记在前面添加函数原型。

6.3.2 捕获异常

在前面的示例中，try 代码块后面的 catch 代码块将捕获任何 const char[]类型的异常，这取决于 catch 关键字后面的圆括号中出现的形参说明。必须为 try 代码块提供至少一个 catch 代码块，而且 catch 代码块必须紧跟 try 代码块。catch 代码块将捕获前面紧邻的 try 代码块中出现的任何异常(具有正确的类型)，包括从 try 代码块内直接或间接调用的函数中抛出的异常。

如果希望使某个 catch 代码块处理 try 代码块中抛出的任何异常，则必须将省略号(...)放入包围异常声明的圆括号之间：

```
catch (...)
{
  // code to handle any exception
}
```

这个 catch 代码块会捕获任何类型的异常。如果还为相关的 try 代码块定义了其他 catch 代码块，则上面的 catch 代码块必须出现在最后。

下面的 try 代码块后跟两个 catch 代码块：

```
try
{
  ...
}
catch (const type1& ex)
{
  ...
}
catch (type2 ex)
{
```

```
  ...
}
```

在后跟多个 catch 代码块的 try 代码块中抛出异常时，会按顺序检查 catch 代码块，直到找到匹配的异常类型。并执行第一个异常类型匹配的 catch 代码块中的代码。

试一试：嵌套的 try 代码块

可以在 try 代码块内嵌套 try 代码块。这种情况下，如果内部 try 代码块抛出异常，而该代码块后面又没有对应于被抛出的异常类型的 catch 代码块，则会搜索外部 try 代码块的异常处理程序。下面的示例可以证明这一点：

```
// Ex6_05.cpp
// Nested try blocks
#include <iostream>
using std::cin;
using std::cout;
using std::endl;

int main()
{
  int height {};
  const int minHeight {9};                    // Minimum height in inches
  const int maxHeight {100};                  // Maximum height in inches
  const double inchesToMeters {0.0254};
  char ch {'y'};

  try                                         // Outer try block
  {
    while('y' == ch || 'Y' == ch)
    {
      cout << "Enter a height in inches: ";
      cin >> height;                          // Read the height to be
                                              // converted

      try                                     // Defines try block in which
      {                                       // exceptions may be thrown
        if(height > maxHeight)
          throw "Height exceeds maximum";     // Exception thrown
        if(height < minHeight)
          throw height;                       // Exception thrown

        cout << static_cast<double>(height)*inchesToMeters
             << " meters" << endl;
      }
      catch(const char aMessage[])            // start of catch block which
      {                                       // catches exceptions of type
        cout << aMessage << endl;             // const char[]
      }
      cout << "Do you want to continue(y or n)?";
      cin >> ch;
    }
  }
  catch(int badHeight)
```

```
    {
      cout << badHeight << " inches is below minimum" << endl;
    }
    return 0;
  }
```

示例说明

该示例中外部 try 代码块包围着 while 循环，内部 try 代码块可能抛出两种不同类型的异常。const char[]类型的异常将被对应内部 try 代码块的 catch 代码块捕获，但 int 类型的异常没有与内部 try 代码块相关的异常处理程序。因此，将执行外部 try 代码块中的 catch 处理程序。这种情况下，程序将立即终止，因为 catch 代码块后面的语句是 return。

6.3.3 重新抛出异常

捕获异常时，可能希望把它传送给调用程序，执行某些附加的操作，而不是在 catch 块中处理它。此时就可以重新抛出异常，在上层处理它。例如：

```
try
{
  …
}
catch (const type1& ex)
{
  …
}
catch (type2 ex)
{
  // Process the exception¡-
  throw;              // Rethrow the exception for processing by the caller
}
```

使用没有操作数的 throw，会重新抛出要处理的异常。在 catch 块中，只能使用没有操作数的 throw。重新抛出异常会使外部的 try/catch 块或该函数的调用者捕获异常。调用函数必须把对该函数的调用放在 try 块中，来捕获重新抛出的异常。

6.3.4 MFC 中的异常处理

此刻是提出 MFC 与异常问题的最佳时机，因为我们要在某种程度上使用它们。如果浏览随 Visual C++提供的文档，在索引中可以看到 TRY、THROW 和 CATCH。它们是 MFC 内定义的宏，产生于 C++语言实现异常处理机制之前。这些宏酷似 C++语言中的 try、throw 和 catch 操作，但 C++语言的异常处理功能实际上已经过时，因此我们不应该使用宏。然而，这些宏仍然存在，其原因有两个。因为有大量程序仍然在使用这些宏，而最大程度地确保旧代码仍然能够编译很重要。另外，大多数抛出异常的 MFC 都是根据这些宏实现的。在任何情况下，新程序都应该使用 C++中的 try、throw 和 catch 关键字，因为它们可以与 MFC 一起工作。

当使用抛出异常的 MFC 函数时，我们需要记住一点细微的区别。抛出异常的 MFC 函数通常抛出类类型的异常——我们将在开始使用 MFC 之前学习有关类类型的知识。即使 MFC 函数抛出的异常是特定的类类型(如 CDBException)，也需要将异常当作指针，而非具体的异常类型进行捕获。因此，如果抛出的异常是 CDBException 类型，则作为 catch 代码块形参出现的类型应该是 CBDException*。如果没有重新抛出该异常，就还必须在 catch 块中调用其 Delete()函数，删除异常对象。例如：

```
try
{
   // Execute some code that might throw an MFC exception...
}
catch (CException* ex)
{
   // Handle the exception here...
   ex->Delete();                          // Delete the exception object
}
```

不应使用 delete 删除异常对象，因为该对象可能没有在堆上分配内存。CException 是所有 MFC 异常的基类，所以这里的 catch 块会捕获任何类型的 MFC 异常。

6.4　处理内存分配错误

当使用 new 操作符为变量分配内存时(参见第 4 章和第 5 章)，忽略了内存可能没有分配的可能性。如果没有分配内存，该操作符将抛出一个使程序终止的异常。在大多数情况下，忽略该异常是完全可以接受的，因为没有多余的内存通常是程序的终止条件，此刻我们通常不能做任何事情。但是，有些情况下我们可能有机会自己进行相应的处理，或者希望以自己的方式报告出现的问题。此时，我们可以捕获 new 操作符所抛出的异常。下面设计一个示例，以演示其工作过程。

试一试：捕获 new 操作符抛出的异常

当不能分配内存时，new 操作符抛出的异常是 std::bad_alloc 类型。bad_alloc 是 new 标准头文件中定义的类类型，因此需要一条相应的#include 指令。代码如下：

```
// Ex6_06.cpp
// Catching an exception thrown by new
#include<new>                    // For bad_alloc type
#include<iostream>
using std::bad_alloc;
using std::cout;
using std::endl;

int main()
{
  char* pdata {};
  size_t count {~static_cast<size_t>(0)/2};
  try
  {
    pdata = new char[count];
    cout << "Memory allocated." << endl;
  }
  catch(bad_alloc& ex)
  {
```

```
    cout << "Memory allocation failed." << endl
         << "The information from the exception object is: "
         << ex.what() << endl;
  }
  delete[] pdata;
  return 0;
}
```

在笔者的计算机上，该示例产生下面的输出：

```
Memory allocation failed.
The information from the exception object is: bad allocation
```

示例说明

该示例动态地为 char[]类型的数组分配内存，数组长度由下面这条语句定义的 count 变量指定：

```
size_t count {~static_cast<size_t>(0)/2};
```

数组的大小是 size_t 类型的整数，所以将 count 声明为这种类型。count 的值由一个复杂的表达式生成。值 0 是 int 类型，因此表达式 static_cast<size_t>(0)产生的值是 size_t 类型的 0。使用~操作符对所有位取反，然后得到一个所有位都是 1 的 size_t 值，它对应于 size_t 可以表示的最大值，因为 size_t 是无符号类型。该值超出了 new 操作符一次可以分配的最大内存容量，因此令其除以 2，以落入允许的范围之内。即便如此，该表达式的结果仍然是个非常大的数，因此除非计算机拥有特别大的内存，否则分配请求必将失败。

内存的分配发生在 try 代码块内。如果分配成功，那么将看到一条提示消息；但如果分配如我们预期的那样失败，则 new 操作符将抛出一个 bad_alloc 类型的异常，致使 catch 代码块中的代码得以执行。bad_alloc 对象的引用 ex 调用 what()函数，将返回一个字符串来描述导致异常的问题，并且在输出中可以看到该调用的结果。所有标准的异常类都实现了 what()函数，以提供字符串来描述抛出异常的原因。

为积极处理缺少内存的状况，无疑必须拥有某种将内存返回到空闲存储器的方法。在大多数情况下，这项任务涉及对程序产生影响的危险操作，因此我们通常不那样做。

6.5 函数重载

假设已经编写出一个函数，来确定元素类型为 double 的数组中的最大值：

```
// Function to generate the maximum value in an array of type double
double maxdouble(const double data[], const size_t len)
{
   double maximum {data(0)};

   for(size_t i {1}; i < len; i++)
      if(maximum < data[i])
         maximum = data[i];

   return maximum;
}
```

现在，想要创建一个函数，来确定 long 类型的数组中的最大值，因此需要编写另一个类似的函数，其原型如下：

```
long maxlong(const long data[], const size_t len);
```

选择函数名称来反映待处理的特定任务，就两个函数而言这样做当然不错，但可能还需要为许多其他实参类型编写同样的函数。看来我们得不断发明新名称才行。理想的情况是，无论实参类型是什么，都使用相同的函数名 max()，同时还能使程序执行合适的版本。确实可以这样实现，使之成为可能的 C++机制称为函数重载。

6.5.1　函数重载的概念

函数重载允许使用相同的函数名定义多个函数，条件是这些函数的形参列表各不相同。当调用函数时，编译器基于提供的实参列表选择正确的版本。显然，编译器必须在任何特定的函数调用实例中能准确地判断出应该选择哪一个函数，因此一组重载函数中各个函数的形参列表必须是唯一的。继续以 max()函数为例，可以用下面这些原型创建一组重载函数：

```
int max(const int data[], const size_t len);          // Prototypes for
long max(const long data[], const size_t len);        // a set of overloaded
double max(const double data[], const size_t len);    // functions
```

这些函数共用相同的名称，但具有不同的形参列表。形参个数相同的重载函数，至少要有一个形参有不同的类型。重载函数可以通过形参的不同数量进行区分。

注意，不同的返回类型不足以区别函数。我们不能给前面的函数集添加下面的函数：

```
double max(const long data[], const size_t len);      // Not valid overloading
```

原因是该函数不能与具有如下原型的函数区别开来：

```
long max(const long data[], const size_t len);
```

如果这样定义函数，则编译器将给出下面这条错误消息：

```
error C2556: 'double max(const long [],const size_t)' :
   overloaded function differs only by return type from 'long max(const long [],const
size_t)'
```

该程序将不能编译。这似乎有点不合理，直到记起我们可以像下面这样编写代码之后才恍然大悟：

```
long numbers[] {1, 2, 3, 3, 6, 7, 11, 50, 40};
const size_t len {_countof(numbers)}
max(numbers, len);
```

此处对 max()函数的调用没有多大意义，因为我们抛弃了其结果——这是合法的。如果允许返回类型作为区别特征，那么在上面的代码实例中，编译器将不能决定是选择返回类型为 long 的版本，还是选择返回类型为 double 的版本。因此，不能将返回类型视为重载函数的区别特征。

事实上，所有函数(而非只有重载函数)都有签名，函数的签名由名称和形参列表确定。程序中所有函数都必须有唯一的签名，否则不能编译程序。

试一试：使用重载函数

可以用已经定义过的 max()函数来练习重载功能。本示例包括用于 int、long 和 double 类型数组的 3 个函数版本。

```
// Ex6_07.cpp
// Using overloaded functions
#include <iostream>
using std::cout;
using std::endl;

int max(const int data[],const size_t  len);             // Prototypes for
long max(const long data[],const size_t  len);           // a set of overloaded
double max(const double data[],const size_t  len);       // functions

int main()
{
  int small[] {1, 24, 34, 22};
  long medium[] {23, 245, 123, 1, 234, 2345};
  double large[] {23.0, 1.4, 2.456, 345.5, 12.0, 21.0};

  const size_t lensmall {_countof(small)};
  const size_t lenmedium {_countof(medium)};
  const size_t lenlarge {_countof(large)};

  cout << endl << max(small, lensmall);
  cout << endl << max(medium, lenmedium);
  cout << endl << max(large, lenlarge);

  cout << endl;
  return 0;
}

// Maximum of ints
int max(const int x[],const size_t len)
{
  int maximum {x[0]};
  for(size_t i {1}; i < len; i++)
    if(maximum < x[i])
      maximum = x[i];
  return maximum;
}

// Maximum of longs
long max(const long x[],const size_t  len)
{
  long maximum {x[0]};
  for(size_t i {1}; i < len; i++)
    if(maximum < x[i])
      maximum = x[i];
  return maximum;
}

// Maximum of doubles
```

```
double max(const double x[],const size_t len)
{
  double maximum {x[0]};
  for(size_t i {1}; i < len; i++)
    if(maximum < x[i])
      maximum = x[i];
  return maximum;
}
```

该示例如预期的那样工作，产生的输出如下：

```
34
2345
345.5
```

示例说明

我们有对应于 max()函数 3 个重载版本的 3 个原型。在 3 条输出语句中，编译器基于实参列表的类型，选择合适的 max()函数版本。该程序正常工作，因为每个 max()函数版本都有唯一的签名，其形参列表与其他两个 max()函数的不同。

6.5.2　引用类型和重载选择

当然，重载函数中的形参可以使用引用类型，但必须确保编译器能够选择一种合适的重载形式。假设用下面的原型定义函数：

```
void f(int n);
void f(int& rn);
```

这两个函数的差别在于单一形参的类型不同，但使用这两个函数的代码将不能编译。当用类型为 int 的实参调用 f()时，编译器没有办法确定应该选择哪个函数，因为这两个函数都适用。一般来说，不能重载给定类型 type 与此类型的 lvalue 引用 type&。

但是，编译器能够区分具有下面原型的重载函数：

```
void f(int& arg);        // Lvalue reference parameter
void f(int&& arg);       // Rvalue reference parameter
```

虽然对于某些实参类型，两个函数都适用，但编译器选择更好的那个。当实参是 lvalue 时，编译器将始终选择 f(int&)函数。只有当实参是 rvalue 时，编译器才选择 f(int&&)版本。例如：

```
int num{5};
f(num);                  // Calls f(int&)
f(2*num);                // Calls f(int&&)
f(25);                   // Calls f(int&&)
f(num++);                // Calls f(int&&)
f(++num);                // Calls f(int&)
```

只有第一条语句和最后一条语句调用 lvalue 引用形参的重载形式，因为其他语句调用具有 rvalue 实参的函数。

rvalue 引用类型形参主要用来处理特定的问题，当讨论类的定义时，将具体了解这些特定的问题。

6.5.3 何时重载函数

函数重载提供了确保函数名能够描述所执行函数的方法，使函数名不因为正在处理的数据类型等外部信息而混乱。这与 C++的基本操作类似。两个数相加时，无论操作数是什么类型，都使用相同的运算符。而无论正在处理的数据是什么类型，重载函数 max()都有相同的名称。这样有助于使代码更易读，并使函数更易于使用。

函数重载的意图是清楚的：允许使用单个函数名，以不同的操作数执行相同的操作。因此，只要有多个函数执行本质上相同的操作，但使用不同类型的实参，就应该重载这些函数，并使用相同的函数名。或者编写一个函数模板，如下所述。

6.6 函数模板

上一个示例有点冗长。仅仅因为变量和形参的类型不同，就不得不为每个函数重复编写本质上相同的代码。不过，我们有办法避免这样做。可以创建一种方法，让编译器自动生成形参类型不同的函数。定义用于生成一组函数的方法的代码称为函数模板。

函数模板有一个或多个类型形参，通过为模板的每个形参提供具体的类型实参来生成具体的函数。因此，函数模板生成的函数都有相同的基本代码，但因为提供的类型实参而各不相同。下面为前面示例中的 max()函数定义一个函数模板，来了解函数模板的实际工作过程。

使用函数模板

如下所示，可以为 max()函数定义一个模板：

```
template<class T> T max(const T x[], const size_t len)
{
  T maximum {x[0]};
  for(size_t i{1}; i < len; i++)
    if(maximum < x[i])
      maximum = x[i];
  return maximum;
}
```

template 关键字将上面的代码标识为模板定义。template 关键字后面的尖括号包围着以逗号分开的、用来创建具体函数实例的类型形参，本例中只有一个类型形参 T。T 前面的关键字 class 表明，T 是该模板的类型形参；class 是表示类型的通用术语。本书后面将看到，定义类实质上就是定义自己的数据类型。因此，我们不仅拥有 C++中的基本类型(如 int 和 char 类型)，还拥有自己定义的类型。可以使用关键字 typename 代替 class 来标识函数模板中的形参，这样该模板的定义将如下所示：

```
template<typename T> T max(const T x[], const size_t len)
{
  T maximum {x[0]};
  for(size_t i {1}; i < len; i++)
    if(maximum < x[i])
      maximum = x[i];
  return maximum;
}
```

有些编程人员喜欢使用 typename 关键字，因为 class 关键字倾向于表示用户定义的类型，而 typename 更加中性，因此更容易被理解为既表示用户定义类型又表示基本类型。在实践中，这两个关键字的应用都很广泛。

函数模板定义中任何出现 T 的位置，都将由创建该模板的实例时提供的具体类型实参(如 long)代替。如果通过在模板中 T 的位置插入 long 进行手动试验，那么将看到生成一个计算 long 类型数组中最大值的函数：

```
long max(const long x[], const size_t len)
{
  long maximum {x[0]};
  for(size_t i {1}; i < len; i++)
    if(maximum < x[i])
      maximum = x[i];
  return maximum;
}
```

具体函数实例的创建称为实例化。当在程序中使用 max()函数时，编译器就检查对应于在函数调用中使用的实参类型的函数是否已经存在。如果所需的函数不存在，编译器就以函数调用中使用的实参类型代替相应模板定义的源代码中的所有形参 T，而创建一个新函数。

如果在代码中使用模板定义，编译器就只处理一个模板定义。这意味着，如果不使用该模板，就不会标识出该模板中的错误。

可以用上一个示例中使用的 main()函数来练习使用 max()函数的模板。

试一试：使用函数模板

下面的版本修改了上一个示例，其中使用了 max()函数的模板：

```
// Ex6_08.cpp
// Using function templates

#include <iostream>
using std::cout;
using std::endl;

// Template for function to compute the maximum element of an array
template<typename T> T max(const T x[], const size_t len)
{
  T maximum {x[0]};
  for(size_t i {1}; i < len; i++)
```

```
    if(maximum < x[i])
      maximum = x[i];
  return maximum;
}

int main()
{
  int small[] { 1, 24, 34, 22};
  long medium[] { 23, 245, 123, 1, 234, 2345};
  double large[] { 23.0, 1.4, 2.456, 345.5, 12.0, 21.0};

  size_t lensmall {_countof(small)};
  size_t lenmedium {_countof(medium)};
  size_t lenlarge {_countof(large)};


  cout << endl << max(small, lensmall);
  cout << endl << max(medium, lenmedium);
  cout << endl << max(large, lenlarge);

  cout << endl;
  return 0;
}
```

如果运行该程序，则得到与上一个示例完全相同的输出。

示例说明

编译器使用模板，为每条输出数组中最大值的语句实例化一个 max()的新版本。当然，如果增加一条用先前使用过的类型之一调用 max()函数的语句，则没有新版本代码生成。

注意，使用模板不能减小已编译程序的大小。编译器生成需要的每一个函数的源代码版本。事实上，使用模板通常会增加程序的大小，因为即使现有的函数版本可以强制转换为相应的实参而满足使用要求，但编译器仍然可能自动创建新版本。可以通过显式地包括函数的声明，强制创建模板的具体实例。例如，如果希望创建对应 float 类型的 max()函数模板的实例，可以将下面的声明放在模板定义的后面：

```
float max (const float[], const size_t);
```

该语句将强制创建函数模板的 float 版本。在本示例中，这种用法没有多大价值，但当我们知道可能生成某个函数模板的多种版本，而希望强制生成一个子集，以处理根据需要强制转换为适当类型的实参时，该功能就有用。

6.7 使用 decltype 操作符

使用 decltype 操作符可以得到一个表达式的类型，因此 decltype(exp)是表达式 exp 求值的结果值的类型。例如，可以编写下面的语句：

```
double x {100.0};
int n {5};
```

```
decltype(x*n) result(x*n);
```

最后一条语句指定 result 的类型是表达式 x*n 的类型，即 double 类型。尽管上面的代码展示了 decltype 操作符的作用，但实际上此操作符主要用于定义函数模板。偶尔，具有多个类型形参的模板函数的返回类型可能取决于模板实例化时所用的类型。假设要编写一个模板函数，使类型可能不同的两个数组的对应元素相乘，并返回这些乘积的和。由于这两个数组的类型可能不同，结果的类型将取决于数组实参的实际类型，因此无法指定一个具体的返回类型。这个函数模板可以如下所示：

```
template<typename  T1, typename  T2>
return_type f(T1 v1[], T2 v2[], const size_t count)
{
  decltype(v1[0]*v2[0]) sum {};
  for(size_t i {}; i<count; i++) sum += v1[i]*v2[i];
  return sum;
}
```

return_type 必须是两个数组的对应元素相乘的结果的类型。decltype 操作符是有帮助的，但下面的代码不会编译：

```
template<typename  T1, typename  T2>
decltype(v1[0]*v2[0]) f(T1 v1[], T2 v2[], const size_t count)   // Will not compile!
{
  decltype(v1[0]*v2[0]) sum {};
  for(size_t i {}; i<count; i++) sum += v1[i]*v2[i];
  return sum;
}
```

这段代码指定我们需要获得什么，但编译器不能编译代码，因为 v1 和 v2 没有在处理返回类型说明的地方定义。

这需要另一种语法来处理：

```
template<typename T1, typename T2>
auto f(T1 v1[], T2 v2[], const size_t count) -> decltype(v1[0]*v2[0])
{
  decltype(v1[0]*v2[0]) sum {};
  for(size_t i {}; i<count; i++) sum += v1[i]*v2[i];
  return sum;
}
```

如第 5 章所述，这称为拖尾返回类型。返回类型使用关键字 auto 来指定。实际的返回类型是在创建模板实例时由编译器确定的，因为此时才能知道参数 v1 和 v2 已经被解析。->后面的 decltype 表达式将确定任何模板实例的返回类型。下面看看具体的工作过程。

试一试：使用 decltype 操作符

下面这个简单的例子使用了刚才介绍的模板：

```
// Ex6_09.cpp Using the decltype operator
#include <iostream>
using std::cout;
using std::endl;
```

```
template<typename T1, typename T2>
auto product(T1 v1[], T2 v2[], const size_t count) -> decltype(v1[0]*v2[0])
{
  decltype(v1[0]*v2[0]) sum {};
  for(size_t i {}; i<count; i++) sum += v1[i]*v2[i];
  return sum;
}

int main()
{
  double x[] {100.5, 99.5, 88.7, 77.8};
  short y[] {3, 4, 5, 6};
  long z[] {11L, 12L, 13L, 14L};
  size_t n {_countof(x)};
  cout << "Result type is " << typeid(product(x, y, n)).name() << endl;
  cout << "Result is " << product(x, y, n) << endl;
  auto result = product(z, y, n);
  cout << "Result type is " << typeid(result).name() << endl;
  cout << "Result is " << result << endl;

  return 0;
}
```

下面所示是产生的输出结果：

```
Result type is double
Result is 1609.8
Result type is long
Result is 230
```

示例说明

product()函数模板生成的返回类型由表达式 decltype(v1[0]*v2[0])来确定。main()中的第一个模板实例是下面的语句：

```
cout << "Result type is "<< typeid(product(x, y, n)).name() << endl;
cout << "Result is " << product(x, y, n) << endl;
```

从输出结果可以看出，前两个实参分别是 double 类型和 short 类型的数组时，product()函数实例的返回值类型是 double 类型，确实应该如此。执行接下来的三条语句可以看出，前两个实参分别是 short 类型和 long 类型的数组时，product()函数实例的返回值类型是 long。auto 关键字确定变量的类型是 product()的返回值的类型，于是得到了 result 的类型。显而易见，decltype 操作符的工作情况与预期完全相同。

result 的类型与 product()的返回值相同，这是由 auto 关键字确定的。

```
template<typename T> auto max(const T x[], const size_t len) -> T
{
  T maximum {x[0]};
  for (size_t i {1}; i < len; i++)
    if(maximum < x[i])
      maximum = x[i];
  return maximum;
}
```

6.8 使用函数的示例

迄今为止，我们已经学习了大量 C++的基础知识，还在本章学习了大量与函数有关的知识。在艰难地看完各种语言功能的菜单之后，我们往往不容易看出它们之间的关系。现在将是了解这些功能如何相互配合，以构成包含更多实质内容的程序而非简单示范程序的合适时机。

下面介绍一个更实际的示例，以了解如何将问题分解为函数。该过程包括定义要解决的问题，为确定如何用 C++实现而分析该问题，以及最后编写代码。这里的方法旨在说明各种函数如何相互配合，从而构成最终的结果，而不是提供关于如何开发程序的教程。

6.8.1 实现计算器

假设需要一个具备计算器功能的程序。我们并不打算设计很多华而不实的按钮，而只需要它具有算术计算的功能即可。我们确实可以使用它，从键盘上输入一个算术表达式进行计算，并立即显示答案。下面是可以输入的表达式示例：

```
2*3.14159*12.6*12.6 / 2 + 25.2*25.2
```

为避免使操作复杂化，暂且不允许表达式中出现括号，并要求整个表达式必须在一行内输入。但是，为了允许用户使输入内容更美观，在任何位置都可以出现空格。输入的表达式可以包含分别以*、/、+、－表示的乘、除、加、减运算符，该表达式将使用常规的算术规则进行计算，因此乘法和除法的优先级高于加法和减法。

该程序允许多次、连续执行计算，输入空行时终止运行程序，还能够提供有用的、友好的错误消息。

分析问题

首先从输入开始分析。该程序读取一行内任意长度的算术表达式，它可以是给定条件内的任何结构。构成表达式的任何元素都是不确定的，所以必须把它当作字符串来读取，然后在程序中分析其构成情况。我们很轻松地就能处理多达 80 个字符的字符串，因此需要将其存储在用下面这两条语句声明的数组中：

```
const size_t MAX {80};        // Maximum expression length including '\0'
char buffer[MAX];             // Input area for expression to be evaluated
```

要想改变该程序处理的最大字符串长度，只需要修改 MAX 的初始值即可。

第 8 章将讨论 string 类，该类可以处理任意长度的字符串，而不必提前确定字符串的长度。

我们需要理解输入字符串中信息的基本结构，因此必须逐步将其分解。

为了确保输入在处理时尽可能整洁，在开始分析输入字符串之前，我们将去除其中的空格。可以调用函数 eatspaces()来做这件事。该函数在输入缓冲区(即数组 buffer[])中逐步移动字符，以覆盖所有空格。该过程使用缓冲区数组的两个索引 i 和 j，两者都从缓冲区的头部开始。通常，将在位置

i 存储元素 j。随着向前经过那些数组元素，每当发现空格时，就递增 j，但使 i 保持不变，这样位置 i 包含的空格将被下一个在索引位置 j 找到的非空格字符覆盖掉。图 6-2 说明了该过程的逻辑。

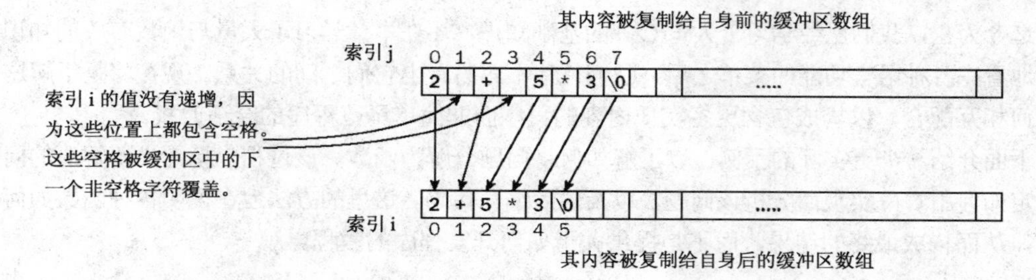

图 6-2

这是一个将数组 buffer[]的内容复制到自身的过程，复制时排除任何空格。图 6-2 显示出复制前后的缓冲区数组，图中的箭头指出了将复制哪些字符，以及各个字符被复制到的位置。

当删除输入字符串中的空格之后，即可计算表达式的值。可以定义一个 expr()函数，使其返回计算输入缓冲区中整个表达式得到的值。为了决定在 expr()函数内执行哪些操作，需要更仔细地分析输入的结构。加、减运算符具有最低的优先级，因此最后计算。可以把输入字符串看作是由+或－运算符连接的一个项或多个项构成的，这两个运算符可称作 addop。使用该 term，可以像下面这样表示输入表达式的通用形式：

```
expression: term addop term ... addop term
```

该表达式至少包含一个 term，后面可以有任意多个 addop term 组合。事实上，假设已经删除了所有空格，则每个 term 后面只可能有 3 个合法的字符：

- 字符'\0'，表明已经抵达字符串尾部。
- 字符'－'，这种情况下应该从此前表达式产生的结果中减去下一个 term。
- 字符'+'，在这种情况下应该使下一个 term 的值与此前累积的表达式结果相加。

如果 term 后面是其他字符，则该字符串不是我们预期的，因此应该抛出一个异常。图 6-3 给出了一个示例表达式的结构。

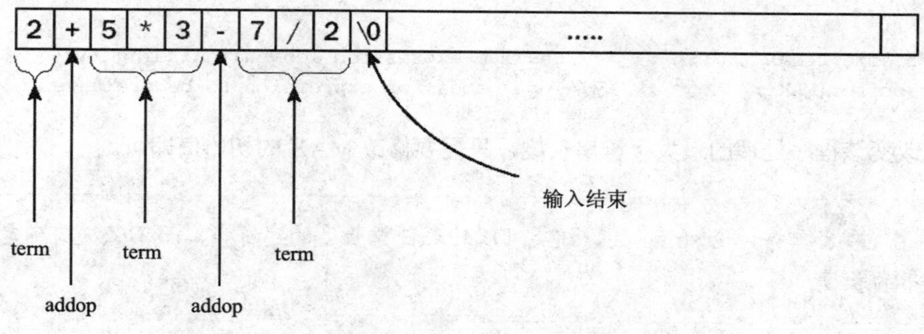

图 6-3

接下来，需要更详细和更准确的 term 定义。term 是以*或/运算符连接的一系列数。因此，term 通常如下所示：

```
term: number multop number ... multop number
```

multop 表示乘法或除法运算符。我们可以定义一个函数 term()来返回 term 的值。这需要首先扫描字符串中的数，然后寻找后面跟着另一个数的 multop。如果找到的字符不是 multop，term()函数就认为那是 addop 字符，并返回此前得到的值。

在编写程序之前，需要解决的最后一件事情是如何识别数字。为了最大程度地降低代码的复杂度，我们将只识别无符号数。因此，由一系列数字组成的数后面可以跟有小数点和其他数字。为了确定某个数值，需要逐步通过缓冲区以查找数字。如果发现任何不是数字的字符，则检查该字符是否为小数点。如果不是小数点，则说明该字符与数毫无关系，因此返回已经得到的数。如果找到一个小数点，则应该查找其他数字。只要发现任何非数字的字符，就表明我们已经得到完整的数，因此将其返回。我们设想用 number()函数来识别数并返回数的值。图 6-4 给出一个将表达式分解为项和数的示例。

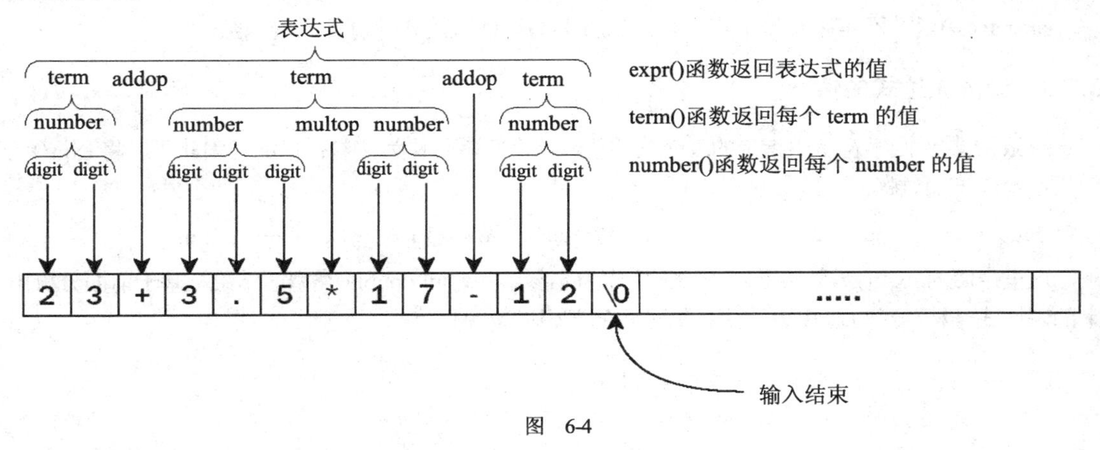

图 6-4

我们现在对该问题已经有了足够的理解，可以编写一些代码了。我们可以先完成需要的函数，然后编写 main()函数将它们整合起来。要编写的第一个、也可能是最容易的函数是 eatspaces()，其用途是删除输入字符串中的空格。

6.8.2　从字符串中删除空格

可以将 eatspaces()函数的原型写成下面这样：

```
void eatspaces(char* str);          // Function to eliminate blanks
```

该函数不需要任何返回值，因为利用作为实参传递过来的指针直接修改原来的字符串，可以就地删除字符串中的空格。删除空格的过程非常简单。如前所述，我们将该字符串复制到自身，复制时覆盖掉全部空格。

下面是该函数的定义：

```
// Function to eliminate spaces from a string
void eatspaces(char* str)
{
  size_t i {};                              // 'Copy to' index to string
  size_t j {};                              // 'Copy from' index to string
```

```
  while((*(str + i) = *(str + j++)) != '\0')  // Loop while character is not \0
    if(*(str + i) != ' ')                     // Increment i as long as
      i++;                                    // character is not a space
  return;
}
```

eatspaces()函数的工作原理

所有动作都发生在 while 循环内。循环条件通过将位置 j 的字符移到位置 i 来复制字符串，然后使 j 递增到下一个字符。如果被复制的字符是'\0'，则表明已经抵达字符串尾部，这时我们的工作结束。

循环语句中的唯一动作是，如果最近一个被复制的字符不是空格，就使 i 递增到下一个字符。如果是空格，则 i 保持不变，因此该空格将被下次迭代时复制的字符覆盖。

eatspaces()函数不难吧！接下来，可以试着编写返回表达式计算结果的函数。

6.8.3 计算表达式的值

expr()函数返回字符串中指定的表达式的值，该字符串是作为实参提供的，因此可以将 expr()函数原型写成下面这样：

```
double expr(char* str);                  // Function evaluating an expression
```

这里声明的 expr()函数接受一个字符串作为实参，并返回 double 类型的结果。基于前面分析出来的表达式结构，可以画出表达式计算过程的逻辑图，见图 6-5。

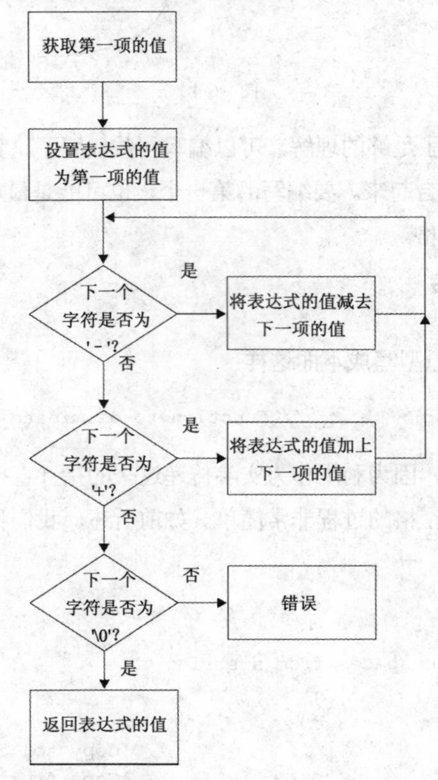

图 6-5

使用图中基本的逻辑定义，现在可以编写 expr()函数：

```
// Function to evaluate an arithmetic expression
double expr(const char* str)
{
  double value {};                  // Store result here
  int index {};                     // Keeps track of current character position

  value = term(str, index);         // Get first term

  for(;;)                           // Indefinite loop, all exits inside
  {
    switch(*(str + index++))        // Choose action based on current character
    {
      case '\0':                    // We're at the end of the string
         return value;              // so return what we have got

      case '+':                     // + found so add in the
         value += term(str, index); // next term
         break;

      case '-':                     // - found so subtract
         value -= term(str, index); // the next term
         break;

      default:                      // If we reach here the string is junk
         char message[38] {"Expression evaluation error. Found: "}
         strncat_s(message, str + index - 1, 1);  // Append the character
         throw message;
         break;

    }
  }
}
```

expr()函数的工作原理

考虑到该函数要分析我们提供的算术表达式(条件是使用我们的运算符子集)，这些代码并不算多。我们定义了一个 int 类型的变量 index，该变量用来记住被处理字符串的当前位置。将其初始化为 0，这对应于字符串中第一个字符的索引位置。还定义了一个 double 类型的变量 value，该变量用来累计在 char 数组 str 中传递给该函数的表达式的值。

因为表达式必须至少有一个项，所以该函数的第一个动作是调用 term()函数——我们也必须编写该函数，以获得第一项的值。这实际上对 term()函数提出了 3 点要求：

(1) term()函数的形参应该是一个 char*指针和一个 int 变量，第二个形参是提供的字符串中相应项的第一个字符的索引。

(2) term()函数应该更新传递过来的索引值，使其指向找到的这一项中最后一个字符后面的字符。

(3) term()函数应该返回 double 类型的值。

程序的其余部分是一个无穷 for 循环。在该循环内，采取的动作取决于 switch 语句，而 switch 语句又由字符串中的当前字符控制。如果该字符是'+'，就调用 term()函数来获得表达式中下一项的值，并在 value 变量中添加它。如果该字符是'-'，就从 value 变量中减去 term()返回的值。如果该字符是'\0'，则表明已经抵达字符串尾部，因此将变量 value 的当前内容返回给主调程序。如果该字符是任何其他字符，这是不应该的，因此抛出一个异常，异常是追加了错误字符的字符串。

只要发现'+'或'-'，就继续该循环。每次调用 term()都将变量 index 的值更新为指向相应项后面的字符，而那个字符应该是'+'或'-'，或者是串尾字符'\0'。因此，该函数或者抵达'\0'字符时正常终止，或者抛出异常而异常终止。

还可以使用递归函数分析算术表达式。如果换个角度考虑表达式的定义，可以把表达式当作一个项，或者是其后跟表达式的一个项。该定义是递归的(即定义中包含被定义的对象)，这种方法在定义编程语言结构时很常见。该定义提供了与第一个定义相同的灵活性，但从这样的基本概念出发，可以得到 expr()的递归版本，而不是像上面的实现中那样使用循环。在完成第一个版本之后，可以试验一下这种替代方法，作为一次练习。

6.8.4 获得项值

term()函数返回 double 类型的一个项的值，接收两个实参：被分析的字符串和字符串中当前位置的索引。还有其他方法可以达到相同的目的，但该方法最简明。因此，可以按如下方式写出 term()函数的原型：

```
double term(const char* str, size_t& index);       // Function analyzing a term
```

我们将第二个形参指定为引用，因为希望该函数能够修改主调程序中 index 变量的值，以使其指向输入字符串中被处理的这一项最后一个字符后面的字符。如果以值形式返回 index，就需要以其他方式返回这一项的值，因此这种处理方法最自然。

分析某一项的逻辑在结构上与分析表达式类似。项是一个数，可能跟着一个或多个乘法或除法运算符与另一个数的组合。可以像下面这样编写 term()函数的定义：

```
// Function to get the value of a term
double term(const char* str, size_t& index)
{
  double value {};                      // Somewhere to accumulate
                                        // the result

  value = number(str, index);           // Get the first number in the term

  // Loop as long as we have a good operator
  while(true)
  {

    if(*(str + index) == '*')           // If it's multiply,
      value *= number(str, ++index);    // multiply by next number

    else if(*(str + index) == '/')      // If it's divide,
      value /= number(str, ++index);    // divide by next number
    else
      break;
  }
  return value;                         // We've finished, so return what
                                        // we've got
}
```

term()函数的工作原理

首先声明一个 double 类型的局部变量 value，用来累计当前项的值。因为项必须至少包含一个数，所以该函数的第一个动作是通过调用 number()函数获得第一个数的值，并将结果存储在 value 中。这意味着 number()函数应该接受字符串和字符串中当前位置的索引作为实参，并返回找到的数值。因为 number()函数还必须将字符串的索引更新为找到的数后面的位置，所以定义该函数时将再次把第二个形参指定为引用。

Term()函数的其余部分是一个while 循环，只要下一个字符是'*'或'/'，该循环就继续执行。在循环内部，如果在当前位置找到的字符是'*'，就使index 变量递增到下一个数的开始位置，调用number()函数获得下一个数的值，然后将 value 的内容乘以返回的值。以类似的方式，如果当前字符是'/'，就递增 index 变量，并将 value 的内容除以 number()返回的值。因为 number()函数自动将 index 变量的值修改为找到的数后面的字符，所以下次迭代时 index 已设置为选择字符串中下一个可用的字符。当找到非乘法或除法运算符的字符时，终止该循环，随之将变量 value 中累计的这一项的当前值返回给调用程序。

我们需要的最后一个分析函数是 number()，该函数用来求出字符串中任何数的数值。

6.8.5　分析数

基于在 term()函数内使用 number()函数的方式，其原型应该如下所示：

```
double number(const char* str, size_t& index);   // Function to recognize a number
```

第二个形参指定为引用，这样该函数就可以直接更新主调程序中的实参——这正是我们所需的。

在这里，可以利用标准库中提供的函数。cctype 头文件提供了许多用于测试单字符的函数定义。这些函数返回 int 类型的数值，非 0 值对应于 true，0 对应于 false。表 6-1 给出 4 个这样的函数。

表 6-1

函　　数	说　　明
int isalpha(int c)	如果实参是字母，则返回非 0；否则返回 0
int isupper(int c)	如果实参是大写字母，则返回非 0；否则返回 0
int islower(int c)	如果实参是小写字母，则返回非 0；否则返回 0
int isdigit(int c)	如果实参是数字，则返回非 0；否则返回 0

<cctype>头文件还提供了许多其他函数，但这里不再详述。如果你对此感兴趣，可以查阅 Visual C++ Help。搜索“is routines”能够找到它们。

在本程序中，只需要表 6-1 中的最后一个函数。记住，isdigit()测试的是像'9' (以十进制表示是 ASCII 字符 57)这样的字符，而非数值 9，因为输入的是字符串。可以像下面这样定义 number()函数：

```
// Function to recognize a number in a string
double number(const char* str, size_t& index)
{
```

```
  double value {};                      // Store the resulting value

  // There must be at least one digit...
  if(!isdigit(*(str + index)))
  { // There's no digits so input is junk...
    char message[31] {"Invalid character in number: "}
    strncat_s(message, str+index, 1); // Append the character
    throw message;

  }

  while(isdigit(*(str + index)))        // Loop accumulating leading digits
    value = 10*value + (*(str + index++) - '0');

                                        // Not a digit when we get to here
  if(*(str + index) != '.')             // so check for decimal point
    return value;                       // and if not, return value

  double factor {1.0};                  // Factor for decimal places
  while(isdigit(*(str + (++index))))    // Loop as long as we have digits
  {
    factor *= 0.1;                      // Decrease factor by factor of 10
    value = value + (*(str + index) - '0')*factor;   // Add decimal place
  }

  return value;                         // On loop exit we are done
}
```

number()函数的工作原理

首先声明一个 double 类型的局部变量 value，以存储找到的数的值。我们将其初始化为 0.0，因为在前进过程中要添加那些数字的值。对于要验证的数，至少要有一个数字，因此，第一步就是确认这一点。如果开头的字符不是数字，则说明输入格式不对，因此抛出一个异常来标识问题和错误的字符。

当字符串中的数是一系列 ASCII 字符形式的数字时，该函数一个数字一个数字地遍历字符串，从而将这个数的值累计起来。该过程分为两个阶段：第一个阶段累计小数点前面的数字，然后如果发现有小数点，则第二个阶段累计小数点后面的数字。

第一个阶段在 while 循环中。只要变量 index 选择的当前字符是数字，就继续执行该循环。在下面这条循环语句中，提取该数字的值，并添加到 value 变量中：

```
value = 10*value + (*(str + index++) - '0');
```

该语句的构成方式值得进一步分析。数字字符的 ASCII 值在 48(对应于数字 0)和 57(对应于数字 9)之间。因此，如果令某个数字的 ASCII 代码减去'0'的 ASCII 代码，则该数字就转换为等价的 0~9 的数字值。包围子表达式*(str + index++) - '0'的圆括号不是必需的，但可以使我们的意图更明确。在加入数字值之前，将变量 value 的内容乘以 10，从而使 value 向左移动一位，因为我们是从左向右寻找数字的——即首先寻找最高有效位。该过程如图 6-6 所示。

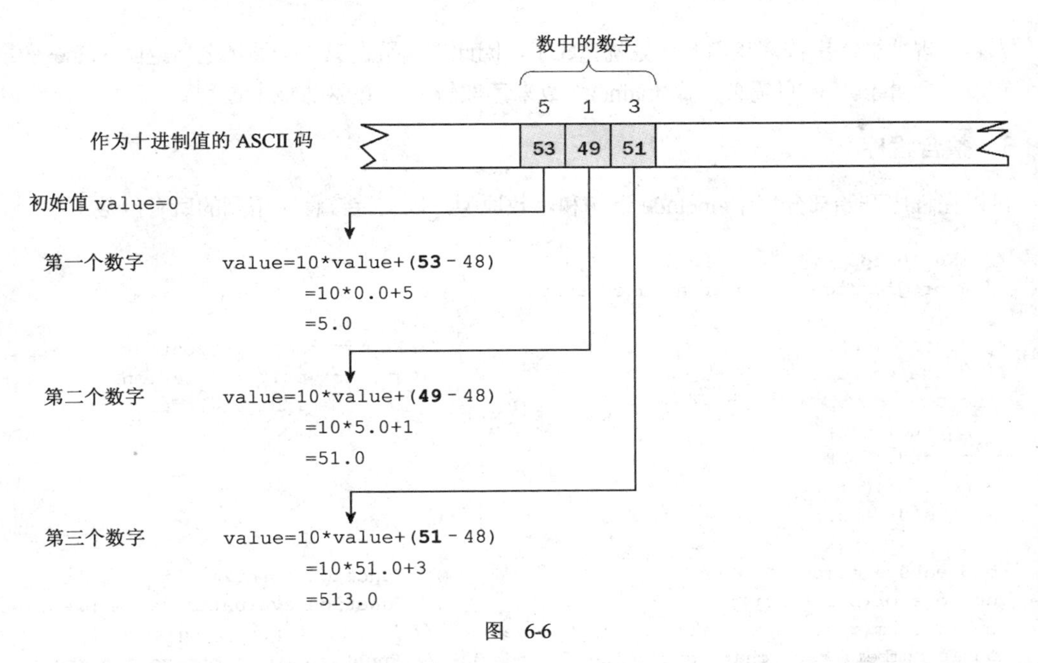

图 6-6

如果遇到非数字的字符，则该字符可以是小数点，也可以是其他字符。如果不是小数点，则任务结束，因此将变量 value 的内容返回给主调程序。如果是小数点，就在第二个循环中累计对应于小数部分的数字。在该循环中，使用初始值为 1.0 的 factor 变量来设定当前数字的小数位，因此每发现一个数字就令 factor 乘以 0.1。这样，小数点后面的第一个数字将乘以 0.1，第二个数字乘以 0.01，第三个数字乘以 0.001，依此类推。该过程如图 6-7 所示。

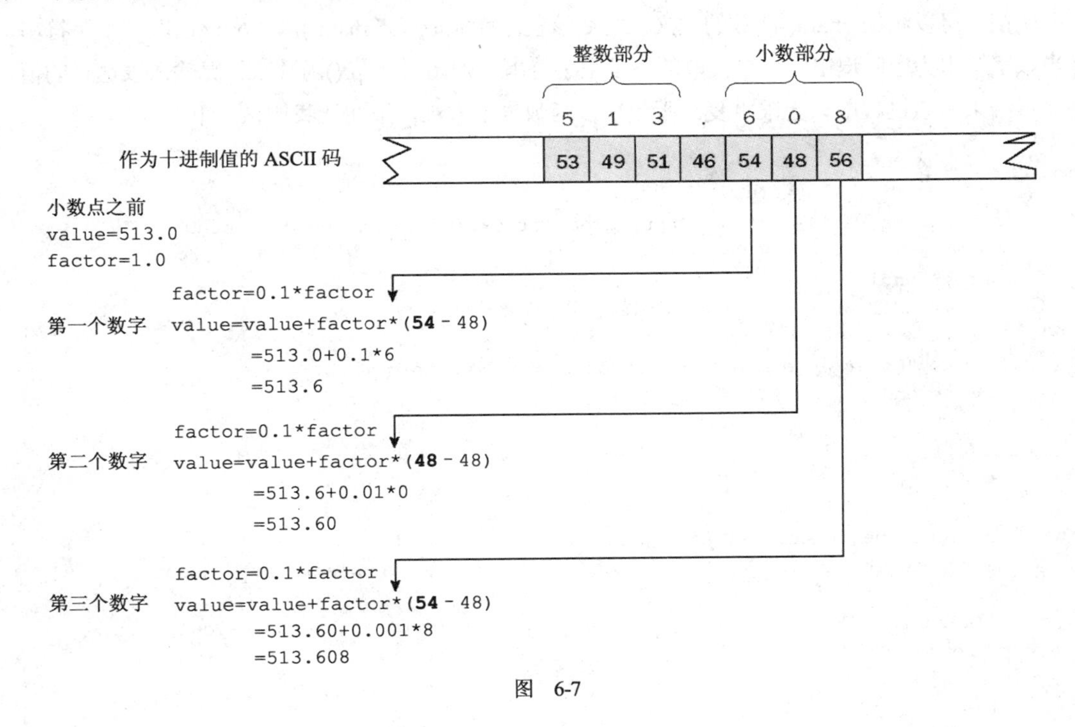

图 6-7

一旦发现非数字字符，我们的任务就完成了，因此该函数在第二个循环之后返回 value 变量的值。现在，万事俱备，只需要一个 main()函数来读取输入，并驱动整个过程。

6.8.6 整合程序

可以在程序开始部分集中#include 语句和函数原型，以支持该程序用到的所有函数：

```
// Ex6_10.cpp
// A program to implement a calculator

#include <iostream>                          // For stream input/output
#include <cstdlib>                           // For the exit() function
#include <cctype>                            // For the isdigit() function
using std::cin;
using std::cout;
using std::cerr;
using std::endl;

void eatspaces(char* str);                   // Function to eliminate blanks
double expr(char* str);                      // Function evaluating an expression
double term(const char* str, size_t& index);  // Function analyzing a term
double number(const char* str, size_t& index); // Function to recognize a number

const size_t MAX {80};                      // Maximum expression length,
                                            // including '\0'
```

我们还定义了一个全局变量 MAX，它是该程序处理的表达式中字符的最大数量(包括终止字符'\0')。

现在，可以添加 main()函数的定义，之后该程序就完成了。main()函数应该读取一个字符串，并当该字符串为空时退出。如果读取的不是空字符串，则调用 expr()函数来计算输入表达式的值，并显示结果。该过程应该无限重复。听起来该函数也不太难，下面让我们试一下。

```
int main()
{
  char buffer[MAX] {};    // Input area for expression to be evaluated

  cout << endl
       << "Welcome to your friendly calculator."
       << endl
       << "Enter an expression, or an empty line to quit."
       << endl;

  for(;;)

  {
    cin.getline(buffer, sizeof buffer);       // Read an input line
    eatspaces(buffer);                        // Remove blanks from input

    if(!buffer[0])                            // Empty line ends calculator
      return 0;

    try
```

```
    {
      cout << "\t= " << expr(buffer)             // Output value of expression
           << endl << endl;
    }
    catch( const char* pEx)
    {
      cerr << pEx << endl;
      cerr << "Ending program." << endl;
      return 1;
    }
  }
}
```

main()函数的工作原理

在 main()函数中，创建了一个 char 类型的数组 buffer，以接受最长为 80 个字符的表达式(包括字符串终止字符)。该表达式是在无穷 for 循环中使用输入函数 getline()读取的。得到输入之后，调用 eatspaces()函数从字符串中删除空格。

main()函数提供的所有其他动作都在该循环内。首先检查输入的是否是仅由空字符'\0'组成的空字符串，这种情况下终止程序。还要输出 expr()函数的返回值。执行这些操作的语句在一个 try 块中，因为在出错时，它间接调用的 expr()函数和 number()函数会抛出一个异常。这两个函数抛出的异常具有相同的类型。catch 块会捕获 const char*类型的异常，所以它会捕获这两个函数抛出的异常。抛出了异常后，catch 块就输出异常字符串，结束程序。

在代码中添加所有函数的定义，编译运行程序之后，应该得到类似下面的输出：

```
2 * 35
        = 70
2/3 + 3/4 + 4/5 + 5/6 + 6/7
        = 3.90714
1 + 2.5 + 2.5*2.5 + 2.5*2.5*2.5
        = 25.375
```

我们想计算多少个表达式都行。当不想再计算时，只需要按下 Enter 键即可终止程序。如果想看看错误的处理，只需要输入无效的表达式。

6.8.7 扩展程序

既然有了一个有效的计算器，就可以考虑如何对其进行扩展。如果该程序能够处理表达式中的圆括号，不是更完美吗？实现这样的扩展并不难，让我们试一试。

考虑一下表达式中的圆括号内的内容与我们已经分析过的表达式之间的关系。下面是要处理的表达式示例：

```
2*(3 + 4) / 6 - (5 + 6) / (7 + 8)
```

注意，按照原来的说法，圆括号中的表达式始终都是 term 的组成部分。无论给出的是何种计算，这一点永远正确。事实上，如果将圆括号内表达式的值代入原来的字符串，那么将得到已经有办法处理的表达式。这给我们指出一条处理圆括号的可能途径。我们或许能够像处理一个数那样处理圆括号中的表达式，因而可以修改 number()函数来求出圆括号之间表达式的值。

听起来这主意不错，但“求出”圆括号中表达式的值需要稍加考虑：获得成功的关键在这里使用的术语中。圆括号内的表达式是非常好的普通表达式示例，而我们已经有可返回表达式值的 expr()函数。如果能够使 number()函数得到圆括号内的内容，并将其从字符串中提取出来，就可以将得到的子字符串传递给 expr()函数，因此使用递归方法将简化该问题。另外，我们不必担心嵌套的圆括号。因为任何一对圆括号包含的都是已经被定义为表达式的字符串，函数将自动处理嵌套圆括号。递归在这里再次占据优势。

下面试着重写 number()函数，以识别圆括号之间的表达式。

```
// Function to recognize an expression in parentheses
// or a number in a string
double number(const char* str, size_t& index)
{
  double value {};                      // Store the resulting value

  if(*(str + index) == '(')             // Start of parentheses
  {
    char* psubstr {};                   // Pointer for substring
    psubstr = extract(str, ++index);    // Extract substring in brackets
    value = expr(psubstr);              // Get the value of the substring
    delete[]psubstr;                    // Clean up the free store
    return value;                       // Return substring value
  }

  // There must be at least one digit...
  if(!isdigit(*(str + index)))
  { // There's no digits so input is junk...
    char message[31] {"Invalid character in number: "}
    strncat_s(message, str+index, 1);  // Append the character
    throw message;

  }

  while(isdigit(*(str + index)))       // Loop accumulating leading digits
    value = 10*value + (*(str + index++) - '0');
                                       // Not a digit when we get to here
  if(*(str + index)!= '.')             // so check for decimal point
    return value;                      // and if not, return value

  double factor{1.0};                  // Factor for decimal places
  while(isdigit(*(str + (++index)))) // Loop as long as we have digits
  {
    factor *= 0.1;                     // Decrease factor by factor of 10
    value = value + (*(str + index) - '0')*factor;  // Add decimal place
  }
  return value;                        // On loop exit we are done
}
```

该函数还不完整，因为仍然需要 extract()函数，但很快我们将修正。

Number()函数的工作原理

为了支持圆括号而需要的改动并不多。有人可能觉得该函数有点儿作弊，因为我们使用了一个尚未编写出来的函数(extract())。但只要有了这个函数，就能处理任意多层嵌套的圆括号。这一切都要归功于递归的魔力！

Number()函数首先要测试当前字符是不是左括号。如果是，该函数就调用另一个函数 extract()，从原来的字符串中提取圆括号之间的子字符串。这个新子字符串的地址存储在 psubstr 指针中，随后将该指针作为实参，传递给 expr()函数，以处理获得的子字符串，结果存储在 value 中。在释放 extract()函数(我们最后实现该函数)中的空闲存储器上分配的内存之后，我们返回从子字符串获得的值，就好像它是一个常规数一样。当然，如果最初没有左括号，则 number()函数完全像以前一样继续执行。

6.8.8　提取子字符串

现在需要编写 extract()函数。该函数不难，但也不是很简单。主要是因为圆括号内的表达式还可能包含其他圆括号，因此在找到左括号后，不能径直寻找可能找到的第一个右括号。我们必须注意还有没有其他左括号。每找到一个左括号，就应该忽略对应的右括号。我们可以在前进时记录左括号的数量，每找到一个左括号就使计数器加 1。如果左括号的计数不是 0，则每找到一个右括号就使计数器减 1。当然，如果左括号计数是 0，并找到一个右括号，则表明已经抵达该子字符串的尾部。提取圆括号内子字符串的机制如图 6-8 所示。

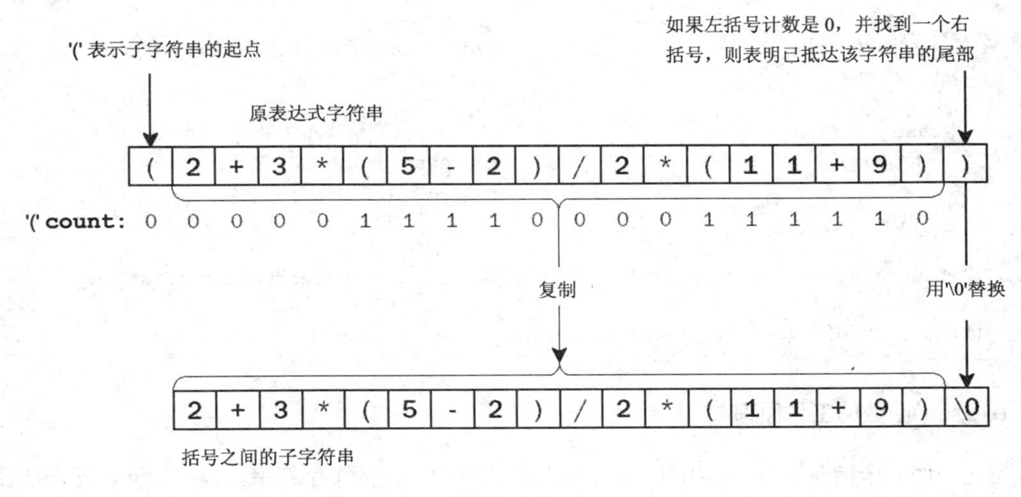

图　6-8

因为这里提取的字符串还包含圆括号内的子表达式，所以必须再次调用 extract()进行处理。

extract()函数还需要为子字符串分配内存，并返回指向子字符串的指针。当然，原始字符串中当前位置的索引最终应该选择该子字符串后面的字符，因此需要将索引形参指定为引用。extract()的原型如下所示：

```
char* extract(const char* str, size_t& index); //Function to extract a substring
```

现在，我们可以试着完成 extract()函数的定义。

```
// Function to extract a substring between parentheses
// (requires cstring header file)
char* extract(const char* str, size_t& index)
{
  char* pstr {};                      // Pointer to new string for return
  size_t numL {};                     // Count of left parentheses found
  size_t bufindex {index};            // Save starting value for index

  do
  {
    switch(*(str + index))
    {
      case ')':
        if(0 == numL)
        {
          ++index;
          pstr = new char[index - bufindex];
          if(!pstr)
          {
            throw "Memory allocation failed.";
          }
          // Copy substring to new memory
          strncpy_s(pstr, index-bufindex, str+bufindex, index-bufindex-1);

          return pstr;                 // Return substring in new memory
        }
        else
          numL--;                      // Reduce count of '(' to be matched
          break;

      case '(':
        numL++;                        // Increase count of '(' to be
                                       // matched
        break;
    }
  } while(*(str + index++) != '\0');   // Loop - don't overrun end of string

  throw "Ran off the end of the expression, must be bad input.";
}
```

extract()函数的工作原理

首先声明一个指向字符串的指针 pstr，它最终指向要返回的子字符串。声明的计数器 numL 用来记录子字符串中左括号的数量。Index 的初始值(该函数开始执行时)存储在 bufindex 变量中。使用该变量和递增过的 index 值来确定要从 str 中提取的字符范围，并返回之。

该函数的可执行部分是一个大的 do-while 循环，它遍历 str 来查找圆括号。每次循环迭代时，都查找左括号或右括号。如果找到一个左括号，则 numL 加 1；如果找到的是右括号，并且 numL 不是 0，则使 numL 减 1。如果找到右括号时 numL 等于 0，则表明已经抵达该子字符串的尾部。在空闲存储器上分配足够的内存来容纳该子字符串，地址存储在 pstr 中。然后，使用 cstring 头文件中声明的 strcpy_s()函数，将 str 中的子字符串复制到通过 new 操作符获得的内存中。该函数将第三个实参 str+bufindex 指定的字符串复制到第一个实参指定的地址中。pstr.str+bufindex 是指向 str 中子字符串开始字符的指针，第二个实参是目标字符串 pstr 的长度，第四个实参是从源字符串中复制的字符数。

如果执行到该循环的底部，即已经抵达 str 中表达式最后的'\0'字符，但还没有发现配对的右括号，则抛出一个异常，在 main()中捕获它。

6.8.9 运行修改过的程序

在替换掉旧版本程序的 number()函数，为<cstring>头文件添加#include 语句，并加入刚刚编写的新函数 extract()的原型和定义之后，即可运行这个多功能的计算器。如果已经将所有函数准确无误地组合在一起，就可以得到类似下面的输出：

```
Welcome to your friendly calculator.
Enter an expression, or an empty line to quit.
1/(1+1/(1+1/(1+1)))
          = 0.6
(1/2-1/3)*(1/3-1/4)*(1/4-1/5)
          = 0.000694444
3.5*(1.25-3/(1.333-2.1*1.6))-1
          = 8.55507
2,4-3.4
Expression evaluation error. Found:, Ending program.
```

最后一行输出中之所以出现一条友好的错误消息，是因为此错误消息上面一行的表达式中应该是 2.4 的那个数使用了逗号而非小数点。可以看出，通过简单地扩展该程序，就能处理任何深度的嵌套括号，这一切都要归功于递归的神奇力量。

6.9 小结

现在，我们已经学习了相当全面的编写和使用函数的知识，并使用重载功能来实现一组提供相同操作但形参类型不同的函数。还知道如何定义函数模板，用于删除相同函数的不同版本。在后续章节中将介绍更多的重载函数。

通过完成计算器示例，我们还获得一些在程序中使用多个函数的经验。但要记住，迄今为止所有对函数的使用都是在传统的面向过程编程环境中进行的。当开始考虑面向对象编程时，仍将大量使用函数，但在程序结构和问题解决方案的设计方面，将使用完全不同的方法。

6.10 练习

1. 考虑下面的函数：

```
int ascVal(size_t i, const char* p)
{
  // Return the ASCII value of the char
  if (!p || i > strlen(p))
    return -1;
  else
```

```
        return p[i];
    }
```

编写一个程序，通过指针调用上面的函数，并验证其是否工作正常。为了使用 strlen()函数，程序中需要有嵌入 cstring 头文件的#include 指令。

2. 编写一组名为 equal()的重载函数，它们都接受两个类型相同的实参，如果两者相等，则返回 1，否则返回 0。给出接受 char、int、double 和 char*实参的版本(使用运行时库中的 strcmp()函数，测试字符串的相等性。如果不知道如何使用 strcmp()，则可以参阅联机帮助文档。程序中需要有嵌入 cstring 头文件的#include 指令)。编写测试代码，以验证被调用的是否为正确版本。

3. 目前，当计算器程序遇到无效输入字符时，将输出一条错误消息，但不能指出出现错误的位置。编写一个错误处理例程，输出输入字符串，在错误字符下面给出一个脱字符号(^)，例如：

```
12 + 4,2*3
      ^
```

4. 给计算器程序添加一个与*和/并列的求幂运算符^。这种实现方式的局限性是什么？如何克服？

5. (高级题)扩展计算器程序，使之能够处理三角函数和其他数学函数，以允许用户输入类似下面的表达式：

```
2 * sin(0.6)
```

数学库函数都使用弧度为单位，请编写一个允许用户使用角度为单位的三角函数版本，例如：

```
2 * sind(30)
```

6.11 本章主要内容

本章主要内容如表 6-2 所示。

表 6-2

主　题	概　念
函数指针	函数指针存储函数的地址，还包括函数形参的数量与类型以及返回类型等信息
异常	异常是一种通知程序出错的方法，可以区分开错误处理代码与正常操作代码
抛出异常	在使用关键字 throw 的语句中抛出异常
try 代码块	可能抛出异常的代码应该放在 try 代码块内，处理具体异常类型的代码应该放在紧跟 try 代码块的 catch 代码块内。一个 try 代码块后面可能有多个 catch 代码块，各自捕获不同类型的异常
重载函数	重载函数是名称相同但形参列表不同的函数
调用重载函数	当调用重载函数时，编译器基于指定的实参数量和类型，选择调用函数
函数模板	函数模板是自动生成重载函数的方法

(续表)

主　　题	概　　念
函数模板形参	函数模板有一个或多个作为类型变量的形参。编译器为每个与函数模板的类型实参相对应的函数调用创建该模板的实例——即函数定义
函数模板实例	通过在原型声明中指定所需的函数，可以强制编译器根据函数模板创建某个具体的实例
decltype 操作符	decltype 操作符产生表达式求值结果的类型
拖尾返回类型	当模板函数的返回类型取决于特定的模板形参时，可以使用 auto 关键字指定返回类型，在函数头的->后面用 decltype 操作符来定义返回类型

第7章 自定义数据类型

本章要点

- 结构的使用方法
- 类的使用方法
- 类的基本组件以及如何定义类类型
- 如何创建和使用类的对象
- 如何控制对类成员的访问
- 如何创建构造函数
- 默认的构造函数
- 类在上下文中的引用
- 复制构造函数的实现方法

本章源代码下载地址(wrox.com)：

打开网页 http://www.wrox.com/go/beginningvisualc，单击 Download Code 选项卡即可下载本章源代码。这些代码在 Chapter 7 文件夹中，文件都根据本章的内容单独进行了命名。

7.1 C++中的结构

本章将讨论如何创建合适的数据类型，以适应具体的问题，还将讨论如何创建对象——面向对象编程的构件。对象在外行看来似乎有点儿神秘，但如本章所述，对象只不过是一种数据类型的实例而已。

结构是使用关键字 struct 定义的用户定义类型。结构起源于 C 语言，C++继承并扩展了结构。C++中的结构在功能上可以由类代替，因为任何使用结构能够做到的事情都可以使用类做到。但是，因为 Windows 是在广泛应用 C++之前用 C 语言编写的，所以结构遍布在 Windows 编程的各个方面。今天，结构仍然被广泛使用，因此我们确实需要了解结构。本章将在探讨类提供的更多功能之前，首先介绍一下(C 型)结构。

7.1.1 结构的概念

我们迄今看到的几乎所有变量都只能存储一种类型的实体——某种数、字符或元素类型相同的数组。但现实世界更为复杂，几乎任何我们能够想到的物理对象，即使是进行最低限度的描述，也都需要好几项数据才行。考虑一下要描述像一本书这样简单的事物需要多少信息。我们首先可能想到书名、作者、出版社、出版日期、页数、定价、主题或分类以及 ISBN 号，还可能不太困难地就想到一些其他信息。我们可以指定相互独立的变量来容纳描述一本书所需的每项信息，但更希望能够使用一种数据类型(如 BOOK)来包含所有这些信息。这正是结构能够为我们做的事情。

7.1.2 定义结构

继续以书为例，假设只需要在书的定义中包括书名、作者、出版社和出版年份。如下所示，可以声明一个结构来包含这些信息：

```
struct Book
{
  char title[80];
  char author[80];
  char publisher[80];
  int year;
};
```

这里的代码没有定义任何变量，但实际上创建了一种新的类型，该类型的名称是 BOOK。关键字 struct 将 BOOK 定义成结构，构成本类型对象的元素是在大括号内定义的。注意，结构中定义元素的每一行代码都以分号结束，右大括号后面也有一个分号。结构内的元素可以是除所定义的结构类型以外的任何类型。例如，BOOK 的结构定义中不能包括类型为 BOOK 的元素。我们可以认为这是一种局限性，但 BOOK 定义中可以包括 BOOK 类型变量的指针，稍后将介绍这一点。

在上面的定义中，大括号内的元素 Title、Author、Publisher 和 Year 还可以称作 BOOK 结构的成员或字段。BOOK 类型的每个对象称为类型的实例，它们都包含成员 Title、Author、Publisher 和 Year。现在，可以用创建其他类型变量的方式来创建 BOOK 类型的变量：

```
Book novel;                              // Declare variable novel of type Book
```

这条语句声明了一个名为 Novel 的变量，可以用来存储与书有关的信息。我们现在需要理解如何将数据存储在构成 BOOK 类型变量的多个成员中。

7.1.3 初始化结构

第一种将数据存入结构成员的方法，是在声明语句中为结构成员定义初始值。假设我们喜爱的一本书是 Gutter Press 出版社 1981 年出版的 *Paneless Programming*，现在希望初始化变量 Novel，使之包含这本书的数据。该书讲述了一个住在圆顶小屋中的人，英勇地完成代码开发的故事。我们知道，据此改编的好莱坞电影 *Gone with the Window* 取得极好的票房。这本书由 I.C. Fingers 撰写，他还是经典作品 *The Connoisseur's Guide to the Paper Clip* 的作者。有了这些信息，可以将变量 Novel 的声明写成：

```
Book novel
{
 "Paneless Programming",             // Initial value for title
 "I.C. Fingers",                     // Initial value for author
 "Gutter Press",                     // Initial value for publisher
  1981                               // Initial value for year
};
```

这些初始化值位于初始化列表内，相互之间以逗号分开，这种方式与为数组成员定义初始值的方式完全相同。如同数组的情况一样，初始值的顺序显然必须与结构定义中成员的顺序相同。正如注释指出的那样，Novel 结构的每一个成员都有相应的初始值。

7.1.4 访问结构的成员

为了访问结构的各个成员，可以使用成员选择操作符“.”，有时称之为成员访问操作符。要引用某个具体的成员，必须写出结构变量名，后面是“.”和希望访问的成员名。例如，如果想修改 Novel 结构的 Year 成员，可以这样写：

```
novel.year = 1988;
```

该语句将 Year 成员的值设置为 1988。使用该结构成员的方式与使用和成员类型相同的其他变量完全一样。例如，为了使 Year 成员加 2，可以这样写：

```
novel.year += 2;
```

该语句使 Novel 的 Year 的值增加。

试一试：使用结构

这个例子说明了如何引用结构的成员。假设要编写一个程序来处理可能在庭院内发现的对象，图 7-1 给出一些专业园林式庭院内可能有的对象。

图 7-1 中将庭院左上角的坐标任意指定为(0，0)，右下角坐标是(100，120)。因此，第一个坐标值是相对于左上角的水平量度，值从左向右增加；第二个坐标值是相对于同一个参考点的垂直量度，值从上向下增加。图 7-1 还给出水池和两个棚屋相对于庭院左上角的位置。因为庭院、棚屋和水池都是矩形，所以可以定义一个结构类型来表示这些对象：

```
struct Rectangle
{
  int left;                          // Top-left point
  int top;                           // coordinate pair

  int right;                         // Bottom-right point
  int bottom;                        // coordinate pair
};
```

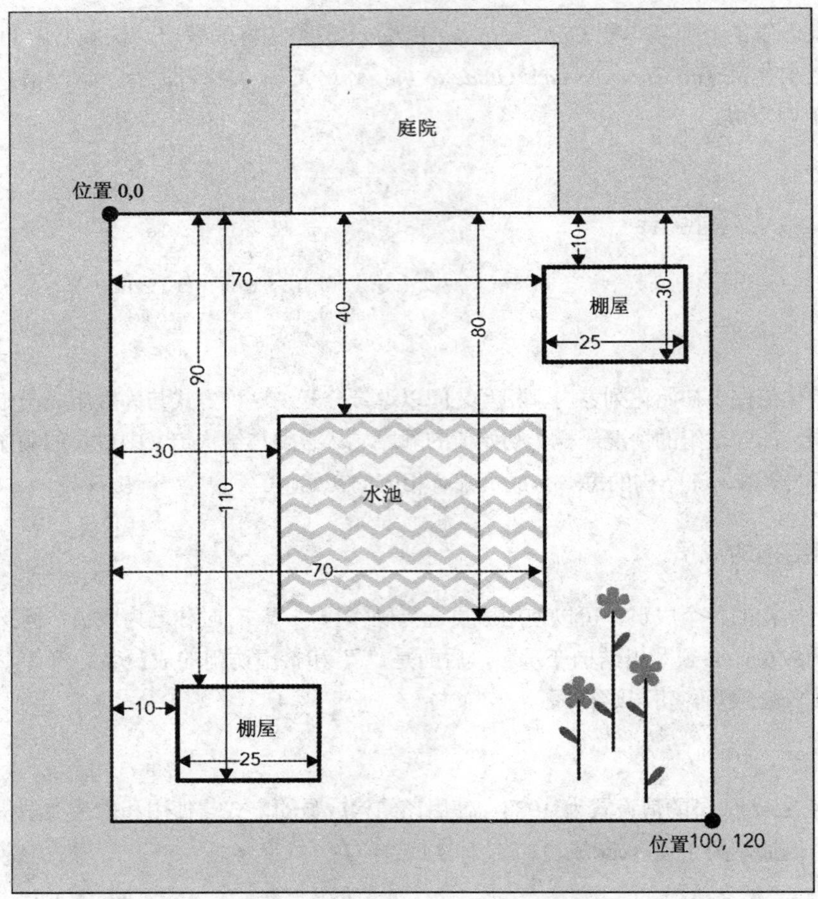

图 7-1

Rectangle 结构类型的前两个成员对应于矩形左上角的坐标，后两个成员对应于右下角的坐标。如下所示，可以在处理庭院对象的示例中使用 Rectangle 结构：

```
// Ex7_01.cpp
// Exercising structures in the yard
#include <iostream>
using std::cout;
using std::endl;

// Definition of a struct to represent rectangles
struct Rectangle
{
  int left;                              // Top-left point
  int top;                               // coordinate pair

  int right;                             // Bottom-right point
  int bottom;                            // coordinate pair
};

// Prototype of function to calculate the area of a rectangle
long area(const Rectangle& aRect);
```

```
// Prototype of a function to move a rectangle
void moveRect(Rectangle& aRect, const int x, const int y);

int main()
{
  Rectangle yard { 0, 0, 100, 120 };
  Rectangle pool { 30, 40, 70, 80 };
  Rectangle hut1, hut2;


  hut1.left = 70;
  hut1.top = 10;
  hut1.right = hut1.left + 25;
  hut1.bottom = 30;

  hut2 = hut1;                          // Define hut2 the same as hut1
  moveRect(hut2, 10, 90);               // Now move it to the right position

  cout << "Coordinates of hut2 are "
       << hut2.left << "," << hut2.top << " and "
       << hut2.right << "," << hut2.bottom << endl;

  cout << "The area of the yard is " << area(yard) << endl;

  cout << "The area of the pool is " << area(pool) << endl;

  return 0;
}

// Function to calculate the area of a rectangle
long area(const Rectangle& aRect)
{
  return (aRect.right - aRect.left)*(aRect.bottom - aRect.top);
}

// Function to Move a Rectangle
void moveRect(Rectangle& aRect, const int x, const int y)
{
  const int length {aRect.right - aRect.left}; // Get length of rectangle
  const int width {aRect.bottom - aRect.top};  // Get width of rectangle

  aRect.left = x;                              // Set top-left point
  aRect.top = y;                               // to new position
  aRect.right = x + length;                    // Get bottom-right point as
  aRect.bottom = y + width;                    // increment from new position
  return;
}
```

该示例的输出如下：

```
Coordinates of hut2 are 10,90 and 35,110
The area of the yard is 12000
The area of the pool is 1600
```

示例说明

注意，本示例的结构定义出现在全局作用域中。在该项目的 Class View 选项卡中将能够看到这个结构。将结构的定义放在全局作用域，能够在.cpp 文件的任何位置声明 Rectangle 类型的变量。在含有大量代码的程序中，此类定义通常应该存储在.h 文件中，然后需要时使用#include 指令添加到各个.cpp 文件中。

我们定义了两个函数来处理 Rectangle 对象。area()函数计算作为引用实参传递给它的 Rectangle 对象的面积。矩形的面积是长和宽的乘积，长是定义点的水平位置之间的差值，宽是定义点的垂直位置之间的差值。形参是常量，因为函数不改变传递给它的实参。通过传递引用，程序代码将运行得更快些，因为不需要复制实参。MoveRect()函数修改 Rectangle 对象的定义点，将其移动到作为引用实参传递给它的坐标(x，y)标识的位置。

我们认为 Rectangle 对象的位置就是(Left，Top)点的位置。因为 Rectangle 对象是作为引用传递的，所以该函数能够直接修改 Rectangle 对象的成员。在计算过 Rectangle 对象的长和宽之后，Left 和 Top 成员分别设置成 x 和 y，然后令 x 和 y 加上原来 Rectangle 对象的长和宽，从而计算出新的 Right 和 Bottom 成员。

在 main()函数中，使用图 7-1 所示的坐标位置初始化 Rectangle 变量 yard 和 pool。变量 hut1 表示图中右上角的棚屋，使用赋值语句赋予该变量的成员适当的数值。变量 hut2 对应于庭院左下角的棚屋。在下面这条赋值语句中，首先使 hut2 与 hut1 相同：

```
hut2 = hut1;                          // Define Hut2 the same as Hut1
```

该语句将 hut1 成员的值复制到对应的 hut2 成员中。只能将某种类型的结构变量赋给相同类型的变量，而不能直接使结构递增，或者在算术表达式中使用结构。

为了修改 hut2 的位置，使其移到庭院左下角，我们以目标位置的坐标作为实参，调用 moveRect()函数。这种间接获得 hut2 坐标的方法完全是不必要的，这里仅仅是为了演示如何将结构用作函数实参。

7.1.5 伴随结构的智能感知帮助

Visual C++中的编辑器非常智能化，例如，它知道变量的类型。这是因为它具有智能感知(IntelliSense)功能。如果在编辑器窗口中将鼠标光标悬停在某个变量名的上方，编辑器将弹出一个显示该变量类型的小方框。编辑器还可以为结构(还有类，稍后将看到)的使用提供大量帮助，因为它不仅知道普通变量的类型，还知道结构类型的变量的成员。在结构变量名后面输入成员选择操作符时，编辑器将弹出一个显示成员列表的窗口。如果单击其中之一，编辑器将显示原来的结构定义中出现的注释，这样我们就能知道该成员的用途。图 7-2 显示的就是这种情形，图中代码是上一个示例的一部分。

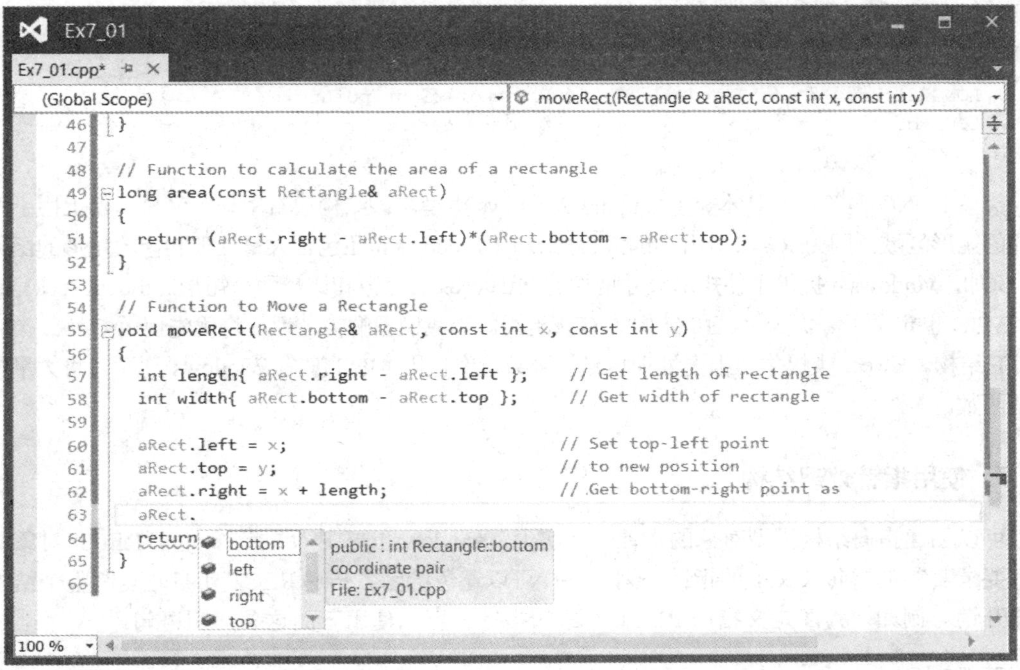

```
Ex7_01
Ex7_01.cpp*
(Global Scope)    moveRect(Rectangle & aRect, const int x, const int y)
46  }
47
48  // Function to calculate the area of a rectangle
49  long area(const Rectangle& aRect)
50  {
51    return (aRect.right - aRect.left)*(aRect.bottom - aRect.top);
52  }
53
54  // Function to Move a Rectangle
55  void moveRect(Rectangle& aRect, const int x, const int y)
56  {
57    int length{ aRect.right - aRect.left };    // Get length of rectangle
58    int width{ aRect.bottom - aRect.top };     // Get width of rectangle
59
60    aRect.left = x;                            // Set top-left point
61    aRect.top = y;                             // to new position
62    aRect.right = x + length;                  // Get bottom-right point as
63    aRect.
64    return  bottom   public : int Rectangle::bottom
65  }         left     coordinate pair
66            right    File: Ex7_01.cpp
              top
100 %
```

图　7-2

现在，我们有了添加注释并使之简明扼要的实际动机。如果双击列表中的某个成员或者在某个成员突出显示时按下 Enter 键，则自动将该成员插入成员选择操作符之后，从而减少了部分打字工作。

可以关闭任何一项或全部智能感知功能。要打开或关闭智能感知功能，首先需要从 Tools 菜单选择 Options 菜单项。通过单击空心符号展开所显示对话框左边窗格中的 Text Editor 树，然后单击 C/C++旁边的空心符号。单击 Advanced 选项，将看到右边窗格中显示的 IntelliSense 选项。将一个选项设置为 false，就会关闭它。

当输入调用某个函数的代码时，编辑器还能显示出该函数的形参列表。几乎在输入实参列表左括号的同时，显示形参列表。该功能对我们使用库函数特别有用，因为记住所有库函数的形参列表很难。当然，源代码中必须已经嵌入头文件的#include 指令，该功能才能起作用。如果没有#include 指令，编辑器就不知道库函数的原型。另外要注意，当没有包含库函数的 using 语句时，如果省略 std 名称空间前缀，则编辑器将无法识别函数。当学习关于类的更多内容时，我们将看到更多编辑器可以提供帮助的情形。

现在还是回到结构的讨论上。

7.1.6　RECT 结构

在 Windows 程序中，矩形用得很多。因此，包含在 windows.h 的 windef.h 头文件中有一个预定义的 RECT 结构，其定义本质上与上一个示例中定义的结构相同：

```
struct RECT
{
```

```
  LONG left;                    // Top-left point
  LONG top;                     // coordinate pair

  LONG right;                   // Bottom-right point
  LONG bottom;                  // coordinate pair
};
```

类型 LONG 是等价于基本类型 long 的 Windows 类型。该结构通常用来定义显示器上用于各种目的的矩形区域。因为 RECT 应用如此广泛，所以 windows.h 还包含大量处理和修改矩形的函数原型。例如，windows.h 提供了使矩形尺寸增加的 InflateRect()函数和比较两个矩形的 EqualRect()函数。

MFC 也定义了等价于 RECT 结构的 CRect 类。当我们理解类之后，将优先使用 CRect 类而非 RECT 结构。CRect 类提供了很多处理矩形的函数，在使用 MFC 编写 Windows 程序时将大量使用这些函数。

7.1.7 使用指针处理结构

可以创建指向结构类型对象的指针。事实上，windows.h 中声明的许多处理 RECT 对象的函数都要求实参是指向 RECT 的指针，因为这样可以避免给函数传递 RECT 实参时复制整个结构的系统开销。例如，为了定义指向 RECT 对象的指针，可以使用下面这条声明语句：

```
RECT* pRect {};                 // Define a pointer to a RECT
```

假设已经定义了一个 RECT 对象 aRect，那么可以使用通常的方式将 aRect 变量的地址赋予 pRect 指针：

```
pRect = &aRect;                 // Set pointer to the address of aRect
```

前面介绍 struct 概念的时候讲过，struct 不能包含与被定义结构类型相同的成员，但可以包含指向 struct 的指针，其中包括指向相同类型 struct 的指针。例如，可以像下面这样定义一个结构：

```
struct ListElement
{
  RECT aRect;                   // RECT member of structure
  ListElement* pNext;           // Pointer to a list element
};
```

ListElement 结构的第一个元素属于 RECT 类型，第二个元素是指向 ListElement 类型(与定义的类型相同)结构的指针。该定义使 ListElement 类型的对象可以菊链接到一起，其中每个 ListElement 对象可以包含下一个 ListElement 对象的地址，最后一个对象包含的指针为 nullptr，如图 7-3 所示。

图 7-3 中的每个方框代表一个 ListElement 类型的对象，除最后一个对象的 pNext 是 nullptr 以外，每个对象的 pNext 成员都存储着链内下一个对象的地址。这种安排通常称为链表，其优点是只要知道表中第一个元素，就能找到所有元素。这一点对于动态创建变量特别重要，因为可以使用链表来记录所有被创建的变量。每当创建一个新变量时，只需要在表尾添加即可，方法是将该变量的地址存储在链中最后一个对象的 pNext 成员中。

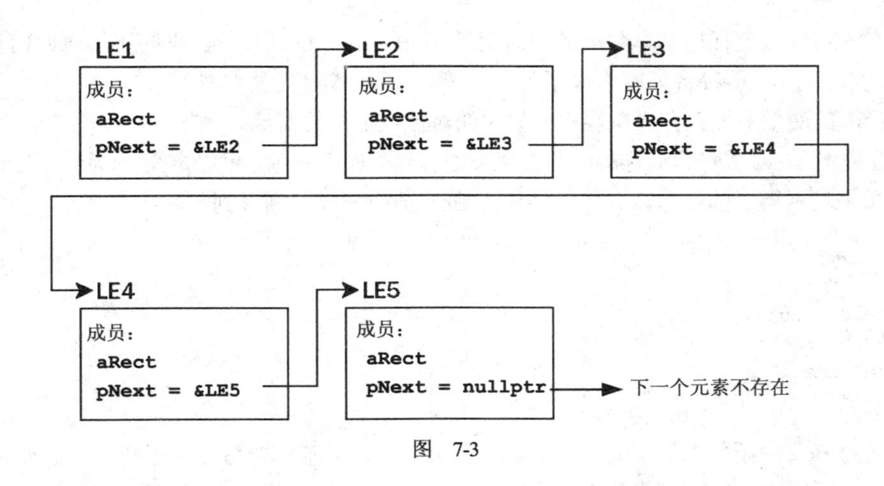

图 7-3

1. 通过指针访问结构成员

考虑下面的语句：

```
RECT aRect {0, 0, 100, 100};
RECT* pRect {&aRect};
```

第一条语句声明并定义了一个 RECT 类型的对象 aRect，将第一对成员初始化为(0，0)，将第二对成员初始化为(100，100)。第二条语句将 pRect 声明为指向 RECT 类型的指针，并将其初始化为 aRect 的地址。现在，可以用下面的语句，通过指针访问 aRect 的成员：

```
(*pRect).top += 10;                // Increment the Top member by 10
```

括号用来解除对指针的引用，这是必不可少的，因为成员访问操作符的优先级高于解除引用操作符。如果没有括号，这条语句的意图将变为将指针当作结构对待，并试图访问其成员，因此将不能编译。执行这条语句之后，Top 成员的值将变为 10，其余成员当然保持不变。

这里使用的通过指针访问 struct 成员的方法看起来相当笨拙。这种操作在 C++中出现得相当频繁，因此 C++提供了一个特殊操作符，以更为易懂和直观的方式来表示此类操作。接下来将介绍这种方式。

2. 间接成员选择操作符

间接成员选择操作符->专用于通过指针访问结构(或类)的成员，这种操作符亦称作间接成员访问操作符。该操作符看起来像个小箭头(->)，是由减号(-)和大于号(>)构成的。可以像下面这样重写通过指针 pRect 访问 aRect 的成员 Top 的语句：

```
pRect->top += 10;                  // Increment the top member by 10
```

该语句更清楚地表示出自己的用途。在本书中会经常看到该操作符。

7.2 数据类型、对象、类和实例

在讨论类的语言、语法和编程技术之前，首先了解一下前面所学知识和类的关系。目前，我们知道使用 C++可以创建任何基本数据类型的变量：int、long、double 等。我们还知道如何使用 struct 关键字来定义结构，然后将其用作表示好几个变量复合体的变量类型。

基本类型的变量不能充分模拟现实世界中的对象或虚构的对象。例如，很难用 int 模拟一个箱子，但可以使用 struct 成员为这样的对象定义一组特性。如下所示，可以定义 length、width 和 height 这 3 个变量来表示箱子的尺寸，并将它们作为 Box 结构的成员捆绑到一起：

```
struct Box
{
  double length;
  double width;
  double height;
};
```

有了名为 Box 的新数据类型的定义之后，就可以像定义基本类型变量那样定义该类型的变量。在程序中，可以创建、处理和销毁任意数量的 Box 对象。这意味着可以使用 struct 来模拟对象，并围绕对象编写程序。

因此，这就是面向对象编程，对吗？对，但不完全对。面向对象编程(OOP) 基于与对象类型相关的 3 个基本概念，即封装、多态性和继承性，而我们目前所看到的不完全与之吻合。此刻不要担心这些术语的意思，我们将在本章其他部分及所有后续章节中学习。

在 C++中，struct 的概念远远超出了 C 语言中原来的 struct 概念，它现在合并了类的面向对象思想。类的思想——可以创建数据类型并像使用已有类型那样使用，对 C++而言非常重要，因此该语言引入了一个新关键字 class 来描述类这一概念。在 C++中，除了成员(稍后将在本章获悉更多有关成员的信息)的访问控制以外，关键字 struct 和 class 几乎是等同的。保留关键字 struct 是为了向后兼容 C 语言，但使用 struct 能实现的一切都可以用类来实现，而且类可以比 struct 实现更多的功能。

接下来，看看如何定义表示箱子的类：

```
class CBox
{
public:
  double m_Length;
  double m_Width;
  double m_Height;
};
```

与定义 Box 结构的情况类似，将 CBox 定义成类时，实质上是在定义新的数据类型。仅有的区别是使用了关键字 class 代替 struct，还在类成员的定义前面使用了后跟冒号的关键字 public。作为类组成部分被定义的变量称作类的数据成员，因为它们是存储数据的变量。

public 关键字提供了区别结构和类之间的线索。以该关键字定义的类成员通常是可以访问的，其访问方式与访问结构成员相同。默认情况下，类成员一般是不可访问的，而是私有的(private)。为了使类成员可访问，就必须在它们的定义前面使用关键字 public。但是，结构成员默认都是公有的。类成员默认情况下之所以是私有的，一般是因为类对象应该是自包含实体，这样的数据使对象应该被封装起来，并且只能在受控制的情形下修改。公共的数据成员是非常少见的例外情况。但是，如本章后面所述，也可以对类成员的可访问性设置其他限制。

另外，我们将这个类命名为 CBox 而非 Box。继续称之为 Box 是允许的，但 MFC 采用了在所有类名前以 C 作为前缀的约定，因此我们也要养成这样的习惯。MFC 还给类的数据成员添加 m_前缀，以便将它们与其他变量区别开来，因此本书也采用这种约定。但请记住，在其他可能使用没有 MFC 的 C++上下文中，情况就不是这样。有时命名类及其成员的约定可能不同；也有些情况下，根本就没有采用任何特别的实体命名约定。

可以像下面这样，声明一个表示 CBox 类类型的实例 bigBox：

```
CBox bigBox;
```

该语句与声明结构或其他类型变量的语句完全相同。在定义过 CBox 类之后，该类型变量的声明是非常标准的。

7.2.1　类的起源

类的概念是一位英国人为使普通人保持心情愉快而发明的，它源于“知道自己在社会中的地位和作用的人们，生活中将比那些对此茫然无知的人更感到安全和舒适”这一理论。著名的 C++发明者丹麦人 Bjarne Stroustrup 在英国剑桥大学期间学到了深奥的类概念，并非常成功地将之应用到他的新语言中。

类通常都有非常精确的任务和一组可以执行的动作，从这一点来讲，C++中的类与英语原意相同。但是，C++中的类与英语原意是有区别的，因为它们在很大程度上专注于实现工作类的价值。实际上，在某些方面它们甚至与英语原意相悖，因为 C++中的工作类往往位于那些完全不做任何事情的类背后。

7.2.2　类的操作

在 C++中，可以创建新的数据类型——类，来表示任何希望表示的对象。类(以及结构)不仅仅限于容纳数据，还可以定义成员函数，甚至可定义在类对象之间使用标准 C++运算符执行的操作。例如，可以用 CBox 类编写下面的语句完成我们希望的任务：

```
CBox box1;
CBox box2;

if(box1 > box2)          // Fill the larger box
  box1.fill();
else
  box2.fill();
```

还可以在 CBox 类中实现使 box 相加、相减乃至相乘的操作。事实上，几乎任何在 box 上下文中有实际意义的操作都可以实现。

这里谈论的是令人难以置信的强大技术，它使我们采用的编程方法产生了重大变化。我们不再根据本质上与计算机相关的数据类型(整数、浮点数等)分解问题，然后编写程序，而是根据与问题相关的数据类型(换一种说法就是类)进行编程。这些类可能名为 CEmployee、CCowboy、CCheese 或 CChutney，它们都是为解决某种问题而专门定义的，其中包括为处理该类型的实例而需要的函数和运算符。

现在，面向对象的程序设计过程首先要确定解决手头的问题需要哪些新的专用数据类型，并把它们定义为类，然后根据与该问题相关的具体类型(CCoffins 或者 CCowpokes)可以执行的操作编写程序。

7.2.3 术语

首先概述几个讨论 C++类时将用到的术语：

- 类是用户定义的数据类型。
- 面向对象编程(OOP)是一种编程风格，它基于将自己的数据类型定义成类的思想，这些数据类型专用于打算解决的问题的问题域。
- 声明类的对象有时称作实例化，因为这是在创建类的实例。
- 类的实例称为对象。
- 对象在定义中隐式地包含数据和操作数据的函数，这种思想称为封装。

深入探讨面向对象编程的细节时，会发现某些方面似乎很复杂，但回到事情的本质上来通常有助于使问题更清楚，因此请牢记对象的实际用途——即根据问题域所特有的对象编写程序，围绕类的所有功能都是为了使之尽可能全面和灵活。让我们静下心来，好好认识一下类。

7.3 理解类

类是用户定义的数据类型的说明，其包含的数据元素可以是基本类型或其他用户定义类型的变量。类的数据元素可以是单数据元素、数组、指针、几乎任何种类的指针数组或其他类的对象，因此在类类型可以包括的数据方面有非常大的灵活性。类还包含通过访问类内的数据元素来处理本类对象的函数。因此，类组合了构成对象的元素数据的定义和处理本类对象中数据的方法。

类中的数据和函数称为类的成员。奇怪的是类的数据项称为数据成员，函数的类成员称为函数成员或成员函数。类的成员函数有时也称作方法，本书不使用这个术语，但第 18 章将使用它。

定义类时，就是在定义某种数据类型的蓝图。我们没有实际定义任何数据，但确实定义了类名的意义——即类对象将由哪些数据组成，对这样的对象可以执行什么操作。如果要编写基本类型 double 的说明，则情况完全相同。我们编写的不是 double 类型的实际变量，而是这种变量的构成和操作的定义。为了创建基本数据类型的变量，需要使用声明语句。创建类变量的情形完全相同。

7.3.1 定义类

重新看看前面提到的类示例——箱子类。如下所示，使用关键字 class 定义数据类型 CBox：

```
class CBox
{
public:
  double m_Length;                    // Length of a box in inches
  double m_Width;                     // Width of a box in inches
  double m_Height;                    // Height of a box in inches
};
```

类名跟在 class 关键字后面，3 个数据成员是在大括号内定义的。数据成员的定义使用我们已经很熟悉的声明语句，整个类定义以分号结束。所有类成员的名称都是该类的局部变量。因此，可以在程序中的其他地方使用相同的名称，包括其他类定义。

类的访问控制

public 关键字决定着后面那些类成员的访问属性。将数据成员指定为 public，意味着在包含这些成员的类对象的作用域内的任何位置都可以访问它们。还可以将类成员指定为 private 或 protected，此时这些成员不能在类的外部访问，详见后面的内容。事实上，如果完全省略访问说明，则成员的默认访问属性是 private(这是类和结构之间的唯一区别——结构的默认访问说明符是 public)。

我们现在只定义了 CBox 类，它是一种数据类型，还没有声明过任何类类型的对象。当谈论访问类成员(如 m_Height)时，指的是访问一个具体对象的数据成员，并且需要在某个地方定义该对象。

7.3.2 声明类的对象

声明类对象的方法与声明基本类型对象的方法完全相同。因此，可以用下面的语句声明类类型 CBox 的对象：

```
CBox box1;                          // Declare box1 of type CBox
CBox box2;                          // Declare box2 of type CBox
```

如图 7-4 所示，box1 和 box2 这两个对象都拥有各自的数据成员。

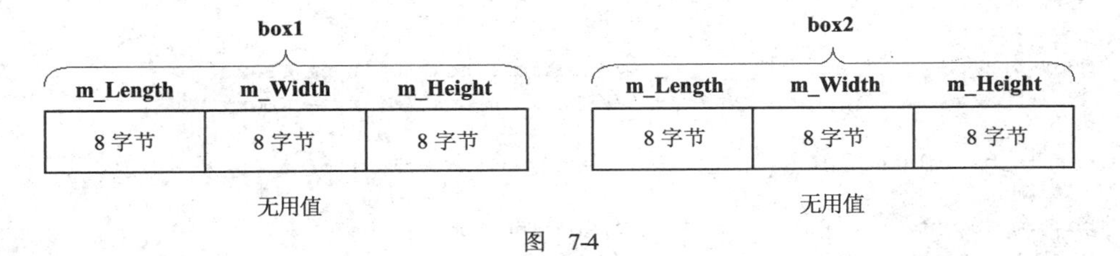

图 7-4

对象名 box1 表示整个对象，它包括 3 个数据成员。不过，对象的数据成员都没有初始化为任何值——仅仅包含无用值，因此我们需要了解访问它们的方法，以达到赋予其具体值的目的。

7.3.3 访问类的数据成员

可以使用访问结构成员时用过的直接成员选择操作符来引用类对象的数据成员。因此，如果想把 box2 对象的数据成员 m_Height 设定为 18.0，则可以使用下面这条赋值语句：

```
box2.m_Height = 18.0;               // Setting the value of a data member
```

因为 m_Height 成员的访问特性指定为 public，所以在类外部的函数中可以以这种方式访问该数据成员。如果不是 public，则不能编译这条语句。我们很快就将了解关于访问特性的更多信息。显然，可以给 box2 的其他公共数据成员赋值。

还可以把一个对象的成员值复制给另一个对象。例如：

```
CBox box1;
CBox box2;
box1.m_Length = box1.m_Width = box1.m_Height = 2;
box2 = box1;                        // Member-wise copying from box1 to box2
```

创建两个 CBox 对象后，把 box1 的所有成员设置为 2.0。最后一个语句把 box1 的成员值复制给

box2，所以 box2 的所有成员都是 2.0。将一个对象的成员值复制给另一个对象总是可行的，无论数据成员的访问特性是什么。

试一试：第一次使用类

这个示例说明了，可以以与结构相同的方式使用类：

```
// Ex7_02.cpp
// Creating and using boxes
#include <iostream>
using std::cout;
using std::endl;

class CBox                              // Class definition at global scope
{
public:
  double m_Length;                      // Length of a box in inches
  double m_Width;                       // Width of a box in inches
  double m_Height;                      // Height of a box in inches
};

int main()
{
  CBox box1;                            // Declare box1 of type CBox
  CBox box2;                            // Declare box2 of type CBox

  double boxVolume {};                  // Stores the volume of a box

  box1.m_Height = 18.0;                 // Define the values
  box1.m_Length = 78.0;                 // of the members of
  box1.m_Width = 24.0;                  // the object box1

  box2.m_Height = box1.m_Height - 10;  // Define box2
  box2.m_Length = box1.m_Length/2.0;   // members in
  box2.m_Width = 0.25*box1.m_Length;   // terms of box1

  // Calculate volume of box1
  boxVolume = box1.m_Height*box1.m_Length*box1.m_Width;

  cout << "Volume of box1 = " << boxVolume << endl;

  cout << "box2 has sides which total "
       << box2.m_Height+ box2.m_Length+ box2.m_Width
       << " inches." << endl;

  // Display the size of a box in memory
  cout << "A CBox object occupies "
       << sizeof box1 << " bytes." << endl;

  return 0;
}
```

在输入 main()的代码时，只要在类对象名称后面输入成员选择操作符，编辑器就给出成员名称列表进行提示。然后，可以通过双击从列表中选择所需的成员，也可以使用键盘上的箭头键在成员列表上移动，并在找到需要的成员时按下回车键。将鼠标光标悬停在代码中任何变量的上方片刻，就会显示该变量的类型。

示例说明

根据从结构获得的经验，这里的所有代码都像预期的那样工作。CBox 类的定义出现在 main() 函数外部，因此具有全局作用域，同时能够在源程序的任何地方声明该类的对象，该类会在程序编译之后出现在 Class View 选项卡中。

在 main()函数内声明了两个 CBox 类型的对象 box1 和 box2。当然，和基本类型的变量一样，box1 和 box2 对象相对 main()而言是局部变量。类对象与基本类型的变量都遵守相同的作用域规则。

前 3 条赋值语句设定 box1 的数据成员的值。在后面 3 条赋值语句中，用 box1 的数据成员的值来定义 box2 的数据成员。

然后，计算 box1 的体积——即 3 个数据成员的乘积，并将结果输出到屏幕上。紧接着，直接在输出语句中写出计算 box2 的 3 个数据成员总和的表达式，将它们的和输出到屏幕上。本程序中的最后一个动作是输出用 sizeof 操作符得到的 box1 占用的字节数。

如果运行该程序，则应该得到下面的输出：

```
Volume of box1 = 33696
box2 has sides which total 66.5 inches.
A CBox object occupies 24 bytes.
```

最后一行表明，box1 对象占用 24 个字节的内存，这是拥有 3 个各占用 8 个字节内存的数据成员的结果。产生最后一行输出的语句还可以这样写：

```
cout << "A CBox object occupies " << sizeof(CBox) << " bytes." << endl;
```

这里在括号内使用类型名而非具体的对象名作为 sizeof 操作符的操作数。第 4 章提到，这是 sizeof 操作符的标准语法。

本示例证实了访问类的 public 数据成员的机制，同时表明这些成员的使用方式与普通变量完全相同。

7.3.4 对象成员的初始化

因为 CBox 对象的数据成员是 public，所以在创建对象时，可以在初始化列表中指定它们的值：

```
CBox box1 {2.5, 3.5, 4.5};
```

box1 的成员按顺序获取列表中的值，所以 m_Length 是 2.5，m_Width 是 3.5，m_Height 是 4.5。如果在列表中提供的值少于数据成员的个数，未获取值的成员就设置为 0。例如：

```
CBox box2 {2.5, 3.5};
```

这里，box2 的 m_Height 就是 0。

也可以提供一个空列表，把所有成员都初始化为 0：

```
CBox box3 {};            // All data members 0
```

如果数据成员是 private，就不能这么做。如果类包含构造函数定义，也不能以这种方式使用初始化列表。本章稍后介绍构造函数。

7.3.5 初始化类成员

可以在类类型的定义中指定数据成员的初始值。CBox 类的成员存储盒子的尺寸，这些尺寸都不应为负，所以应把初始值设置为 1.0。如下所示：

```
class CBox
{
public:
  double m_Length {1.0};              // Length of a box in inches
  double m_Width {1.0};               // Width of a box in inches
  double m_Height {1.0};              // Height of a box in inches
};
```

初始化类成员的语法与普通变量相同，也是使用初始化列表。初始值应用于所创建的任何 CBox 对象的成员，除非成员的值通过其他方式设置。

不必初始化每个数据成员。没有提供初始值的成员将包含无用值。如果为一个或多个成员提供了初始值，就不能在创建对象时指定初始值，如上一节所述。如果尝试这么做，编译器就把它标记为一个错误。要恢复这个功能，必须在类中包含一个构造函数。如前所述，本章后面将介绍构造函数。

7.3.6 类的成员函数

类的成员函数是其定义或原型在类定义内部的函数，它们可以处理本类的任何对象，有权访问本类对象的所有成员，而不管访问指定符是什么。在成员函数体中使用的类成员名称自动引用用于调用函数的特定对象的成员，且只能给该类类型的特定对象调用该函数。如果尝试在调用成员函数时不指定对象名，程序就不会编译。下面就试一试。

试一试：给 CBox 类添加成员函数

下面这个示例将 CBox 类进行扩展，使之包括一个计算 CBox 对象体积的成员函数，以演示如何从函数成员内访问类成员。

```
// Ex7_03.cpp
// Calculating the volume of a box with a member function
#include <iostream>
using std::cout;
using std::endl;

class CBox                              // Class definition at global scope
{
public:
  double m_Length{ 1.0 };               // Length of a box in inches
  double m_Width{ 1.0 };                // Width of a box in inches
  double m_Height{ 1.0 };               // Height of a box in inches

  // Function to calculate the volume of a box
```

```
  double volume()
  {
    return m_Length*m_Width*m_Height;
  }
};

int main()
{
  CBox box1;                              // Declare box1 of type CBox
  CBox box2;                              // Declare box2 of type CBox
  CBox box3;                              // Declare box3 of type CBox

  double boxVolume{ box1.volume() };      // Stores the volume of a box

  cout << "Default box1 volume : " << boxVolume << endl;

  box1.m_Height = 18.0;                   // Define the values
  box1.m_Length = 78.0;                   // of the members of
  box1.m_Width = 24.0;                    // the object box1

  boxVolume = box1.volume();              // Calculate new volume of box1
  cout << "Volume of box1 is now: " << boxVolume << endl;

  box2.m_Height = box1.m_Height - 10;     // Define box2
  box2.m_Length = box1.m_Length / 2.0;    // members in
  box2.m_Width = 0.25*box1.m_Length;      // terms of box1
  cout << "Volume of box2 = " << box2.volume() << endl;

  box3 = box2;
  cout << "Volume of box3 = " << box3.volume() << endl;

  cout << "A CBox object occupies "
      << sizeof box1 << " bytes." << endl;

  return 0;
}
```

如果执行该示例，则产生下面的输出：

```
Default box1 volume : 1
Volume of box1 is now: 33696
Volume of box2 = 6084
Volume of box3 = 6084
A CBox object occupies 24 bytes.
```

示例说明

在 CBox 类定义中添加的新代码就是 volume()成员函数的定义。该函数拥有与数据成员相同的访问特性——public，因为某个访问特性后面声明的每个类成员都将拥有该特性，直到类定义内指定另一个访问特性为止。volume()函数返回 CBox 对象的体积，返回值的类型为 double。return 语句中的表达式只不过是 CBox 类的 3 个数据成员的乘积。

在成员函数内访问类成员时，不需要以任何方式限定这些成员的名称。未限定的成员名自动引用调用该成员函数时当前对象的成员。只要写出被处理对象的名称，后跟句点和成员函数名，调用的就是该对象的成员函数。成员函数自动访问自己被调用时当前对象的数据成员，因此第一次使用 volume()是计算 box1 的体积，返回的值用于初始化 boxVolume。输出显示，box1 的数据成员包含执行 volume()成员函数时在类定义中指定的初始值。

给对象的成员设置新值后，第二次使用成员函数，输出 box1 的体积。当然，输出反映了新尺寸的盒子的体积。给 box2 的成员计算出值后，就在输出语句中第二次直接使用该成员函数，返回的值写到输出流中。使用对象的成员函数与使用普通函数没有什么区别。

通过一个赋值语句给 box3 的成员指定与 box2 相同的值。输出确认，box3 的值与 box2 相同。

注意，CBox 对象仍然占用相同的字节数。给类添加成员函数不会影响类对象的大小。显然，成员函数必定存储在内存中，但只有一个副本，与创建的类对象数量无关。当 sizeof 操作符计算对象占用的字节数时，不包括成员函数占用的内存。

尝试注释掉 public 关键字，此时代码不再编译，因为 CBox 类的所有成员默认都是私有的。

第 9 章将学习向类添加虚函数，这会增加类对象的大小。

7.3.7 在类的外部定义成员函数

可以在类的外部定义成员函数。此时只需要将函数原型放在类内部。如果这样重写前面的 CBox 类，并将函数定义放在类的外部，则类定义将如下所示：

```
class CBox                              // Class definition at global scope
{
public:
  double m_Length {1.0};                // Length of a box in inches
  double m_Width {1.0};                 // Width of a box in inches
  double m_Height {1.0};                // Height of a box in inches
  double volume();                      // Member function prototype
};
```

因为 volume()成员函数的定义在类的外部，所以必须以某种方式告诉编译器：该函数属于 CBox 类——即给函数名加上类名作为前缀，并用作用域解析运算符::(两个冒号)将二者分开。函数定义现在如下所示：

```
// Function to calculate the volume of a box
double CBox::volume()
{
  return m_Length*m_Width*m_Height;
}
```

该函数将产生与上一个示例相同的输出，但两者不是相同的程序。在第二个示例中，所有函数调用都以熟悉的方式进行处理。但是，当像 Ex7_03.cpp 那样在类定义内部定义函数时，编译器暗中将其当作内联函数对待。

7.3.8　内联函数

在内联函数中，编译器设法以函数体代码代替函数调用。这样可以避免调用函数时的大量系统开销，加速代码的运行。图 7-5 说明了这一点。

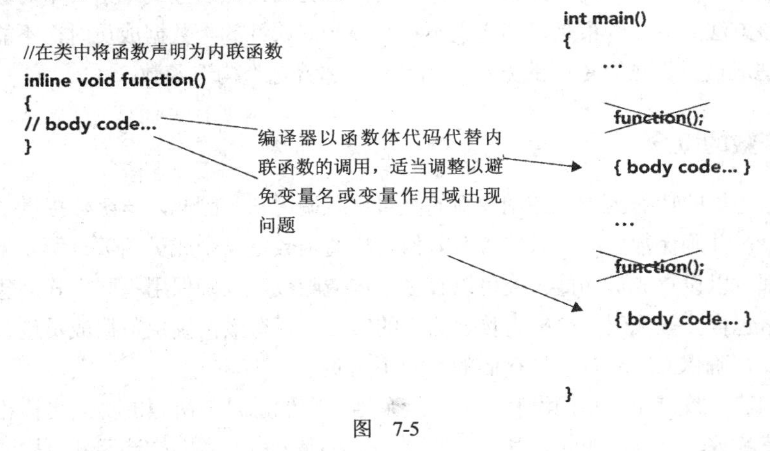

图　7-5

当然，编译器将确保展开内联函数时不引起任何与变量名冲突或作用域有关的问题。

把函数指定为内联，并不能保证函数是内联的。编译器不一定总能插入内联函数的代码(如递归函数或返回地址的函数)，但通常应该没有问题。内联函数最适用于那些非常短的简单函数，如 CBox 类的 volume()函数，因为这样的函数执行得更快，而且插入其函数体的代码不会显著增加可执行模块的大小。编译器不能把函数变成内联函数时，代码仍能编译运行。

在函数定义位于类定义外部时，也可以告诉编译器将函数视为内联函数——即在函数头前面加上关键字 inline：

```
// Function to calculate the volume of a box
inline double CBox::Volume()
{
  return m_Length*m_Width*m_Height;
}
```

使用上面的函数定义，程序将与原来完全相同。因此可以把成员函数的定义放在类的外部，且仍然保留内联函数在执行性能方面的优势。也可以对程序中与类毫不相干的普通函数应用关键字 inline，并得到相同的效果。但请记住，该关键字最适合用于短小的简单程序。

如前所述，给内联函数使用关键字 inline 不是必须的。即使该函数没有标记为 inline，编译器有时也可以确定内联函数是否有意义。

现在，需要更进一步理解声明类对象时所发生的事情。

7.4 类构造函数

在前面的程序示例中，声明了 CBox 对象 box1 和 box2，然后显式地给每个对象的每个成员赋予了初始值。该方法的主要约束是，当定义不具有 public 属性的类数据成员时，不能以任何方式从类外部访问这些成员。必须有更好的方法，当然——那就是类构造函数。

7.4.1 构造函数的概念

类构造函数是类的特殊函数，在创建新的类对象时调用它。因此，该函数提供了创建对象时进行初始化的机会，并确保数据成员只包含有效值。构造函数是一个成员函数，所以无论成员的访问特性是什么，都可以设置成员的值。类可以有多个构造函数，以确保用不同方式创建对象。构造函数可以而且常常包含一些代码，来检查传递给它的实参是否有效，确保数据成员包含对该成员类型合法的值。例如，确保 CBox 对象中存储的尺寸不为负。

在命名类构造函数方面，我们没有任何回旋余地，它们总是与所属的类的名称相同，甚至类有两个或多个构造函数时，也是如此。例如，函数 CBox()是 CBox 类的构造函数。构造函数没有任何返回类型。给构造函数指定返回类型是错误的，即使写成 void 也不允许。类构造函数的首要目的是给类的数据成员赋予初始值，因此任何返回类型都是不必要或不允许的。如果不小心指定了构造函数的返回类型，编译器就会报告一条错误信息。

试一试：给 CBox 类添加构造函数

下面扩展前面的 CBox 类，以加入构造函数。

```
// Ex7_04.cpp
// Using a constructor
#include <iostream>
using std::cout;
using std::endl;

class CBox                            // Class definition at global scope
{
public:
  double m_Length {1.0};              // Length of a box in inches
  double m_Width {1.0};               // Width of a box in inches
  double m_Height {1.0};              // Height of a box in inches

  // Constructor definition
  CBox(double lv, double wv, double hv)
  {
    cout << "Constructor called." << endl;
    m_Length = lv;                    // Set values of
    m_Width = wv;                     // data members
    m_Height = hv;
  }

  // Function to calculate the volume of a box
  double volume()
```

```
  {
    return m_Length* m_Width* m_Height;
  }

};

int main()
{
  CBox box1 {78.0,24.0,18.0};        // Declare and initialize box1
  CBox cigarBox {8.0,5.0,1.0};       // Declare and initialize cigarBox

  cout << "Volume of box1 = " << box1.volume() << endl;
  cout << "Volume of cigarBox = " << cigarBox.volume() << endl;
  return 0;
}
```

示例说明

构造函数 CBox()有 3 个 double 类型的形参，分别对应于 CBox 对象中 m_Length、m_Width 和 m_Height 这 3 个成员的初始值。该构造函数的第一条语句输出一条消息，因此可以辨别调用该函数的时间。我们在产品程序中不会这样做，但因为此类语句非常有助于显示调用构造函数的时间，所以经常用来测试程序。本书经常为说明性目的而使用这样的语句。构造函数的函数体代码非常简单，只是将调用该构造函数时传递的实参赋给对应的数据成员而已。如果有必要，那么还可以检查一下提供的实参是不是有效的非负数。在实际的上下文中，我们可能需要这样做，但此处先看看该机制的工作过程。

在 main()函数内，声明对象 box1 时顺序给出了对应于 m_Length、m_Width 和 m_Height 这 3 个数据成员的初始值。

```
CBox box1 {78.0,24.0,18.0};        // Declare and initialize box1
```

构造函数的实参放在对象名后面的初始化列表内。也可以使用函数表示法来调用构造函数：

```
CBox box1(78.0,24.0,18.0);         // Declare and initialize box1
```

这是旧语法，它仍在使用，但最好使用初始化列表，因为几乎所有对象都可以用这种方式初始化。

注意调用构造函数完全不同于包含公共数据成员值的初始化列表中提供的语句。该初始化列表可以包含较少的值，为提供初始值的成员初始化为 0。而这里的初始化列表包含构造函数的实参。有三个形参，所以列表中必须有三个值。

调用构造函数创建第二个 CBox 对象 cigarBox。

与上一个示例一样，使用成员函数 volume()计算 box1 的体积，然后在屏幕上显示。还显示出 cigarBox 的体积值。该示例的输出如下：

```
Constructor called.
Constructor called.
Volume of box1 = 33696
Volume of cigarBox = 40
```

头两行输出来自两次对构造函数 CBox()的调用，每声明一个对象调用一次。当声明 CBox 对象时，程序将自动调用类定义中提供的构造函数，因此两个 CBox 对象都以初始化列表中出现的初始值进行初始化。这些初始值是作为实参传递给构造函数的，顺序与列表中的书写顺序相同。可以看出，box1 的体积与以前相同，而 cigarBox 的体积似乎也是其长、宽、高的乘积，这让我们长长松了口气。

7.4.2 默认的构造函数

试着修改上一个示例，添加前面 Ex7_o3.cpp 中 box2 的声明语句：

```
CBox box2;                              // Define box2 of type CBox
```

当重新编译该版本的程序时，将得到一条错误消息：

```
error C2512: 'CBox': no appropriate default constructor available
```

这意味着编译器在寻找 box2 的默认构造函数(也称作无实参构造函数，因为被调用时不要求提供实参)，显示错误消息是因为没有提供初始化列表，其中包含类中定义的构造函数需要的实参。默认的构造函数如下所示：

```
CBox()                        // Default constructor
{}                            // Totally devoid of statements
```

因为没有为数据成员提供任何初始值。

默认构造函数既可以是定义中没有指定任何形参的构造函数，也可以是实参全部有默认值的构造函数。那么，这条语句在 Ex7_02.cpp 中完全符合要求，为什么现在却不能工作呢？

答案是前面的示例使用了编译器提供的默认无实参构造函数。编译器之所以提供这样一个构造函数，是因为我们没有提供。在本示例中，因为确实提供了构造函数，所以编译器认为我们负责处理创建 CBox 对象的所有问题，从而没有提供默认构造函数。因此，如果我们仍然希望声明没有初始化列表的 CBox 对象，则必须自己在类中添加默认构造函数的定义。不必把它编写得像类中的上述代码段，而可以告诉构造函数提供默认构造函数，但在我们给类定义了其他构造函数时，就抑制默认构造函数。下面是对 CBox 类的处理：

```
class CBox                                      // Class definition at global scope
{
public:
  double m_Length{ 1.0 };                       // Length of a box in inches
  double m_Width{ 1.0 };                        // Width of a box in inches
  double m_Height{ 1.0 };                       // Height of a box in inches

  // Constructor definition
  CBox(double lv, double wv, double hv)
  {
    cout << "Constructor called." << endl;
    m_Length = lv;                              // Set values of
    m_Width = wv;                               // data members
    m_Height = hv;
  }

  CBox() = default;                             // Default constructor
```

```
  // Function to calculate the volume of a box
  double volume() {  return m_Length* m_Width* m_Height;  }
};
```

=后面的 default 关键字指定，无参 CBox 构造函数应包含在类中。以这种方式指定它，清楚地说明，默认的构造函数包含在类中。我们可以实际看一个这样的构造函数。

试一试：提供默认的构造函数

下面给上一个示例添加我们自己提供的默认构造函数和 box2 的声明语句，并给 box2 的数据成员赋予初始值。我们必须扩充默认的构造函数，以表明它被调用。下面是该程序的第二版：

```
// Ex7_05.cpp
// Supplying and using a default constructor
#include <iostream>
using std::cout;
using std::endl;

class CBox                                // Class definition at global scope
{
public:
  double m_Length{ 1.0 };                 // Length of a box in inches
  double m_Width{ 1.0 };                  // Width of a box in inches
  double m_Height{ 1.0 };                 // Height of a box in inches

  // Constructor definition
  CBox(double lv, double wv, double hv)
  {
    cout << "Constructor called." << endl;
    m_Length = lv;                        // Set values of
    m_Width = wv;                         // data members
    m_Height = hv;
  }

  // Default constructor definition
  CBox()
  {
    cout << "Default constructor called." << endl;
  }

  // Function to calculate the volume of a box
  double volume()
  {
    return m_Length* m_Width* m_Height;
  }
};

int main()
{
  CBox box1{ 78.0, 24.0, 18.0 };          // Define and initialize box1
  CBox box2;                              // Define box2 - no initial values
  CBox cigarBox{ 8.0, 5.0, 1.0 };         // Define and initialize cigarBox
```

```
    cout << "Volume of box1 = " << box1.volume() << endl;;
    cout << "Volume of cigarBox = " << cigarBox.volume() << endl;;

    box2.m_Height = box1.m_Height - 10;       // Define box2
    box2.m_Length = box1.m_Length / 2.0;      // members in
    box2.m_Width = 0.25*box1.m_Length;        // terms of box1
    cout << "Volume of box2 = " << box2.volume() << endl;
    return 0;
  }
```

示例说明

既然已经添加了自己提供的默认构造函数，那么编译器将不会再给出任何错误消息，现在一切都工作正常。该程序产生下面的输出：

```
Constructor called.
Default constructor called.
Constructor called.
Volume of box1 = 33696
Volume of cigarBox = 40
Volume of box2 = 6084
```

默认构造函数的工作就是显示一条消息。显然，在声明对象 box2 时调用了该函数。还得到了 3 个 CBox 对象的正确的体积值，因此程序的其余部分都在像我们预期的那样工作。

类中包含了默认构造函数的完整定义，所以可以看到它被调用了。如果希望它使用 default 关键字工作，就用如下语句替换定义：

```
  CBox() = default;
```

显然，可以像在第 6 章重载函数那样重载构造函数。刚执行的示例有两个形参列表不同的构造函数，一个有 3 个 double 类型的形参，另一个根本没有任何形参。

7.4.3 默认的形参值

我们知道，可以在函数原型中给函数的形参指定默认值。对类的成员函数(包括构造函数)也可以这样做。如果将成员函数的定义放在类定义内部，就可以将形参的默认值放在函数头中。如果类定义中仅包括函数原型，则默认形参值应该放在原型中，而不是函数定义中。

可以使用这种技术，给 CBox 类的数据成员指定初始值。将上一个示例中的类定义修改成下面这样：

```
class CBox                              // Class definition at global scope
{
public:
  double m_Length;                      // Length of a box in inches
  double m_Width;                       // Width of a box in inches
  double m_Height;                      // Height of a box in inches

  // Constructor definition
  CBox(double lv = 1.0, double wv = 1.0, double hv = 1.0)
  {
    cout << "Constructor called." << endl;
    m_Length = lv;                      // Set values of
```

```
    m_Width = wv;                       // data members
    m_Height = hv;
  }

  // Default constructor definition
  CBox()
  {
    cout << "Default constructor called." << endl;
  }

  // Function to calculate the volume of a box
  double Volume()
  {
    return m_Length*m_Width*m_Height;
  }
};
```

如果对上一个示例进行这样的修改，那么结果将怎样呢？我们当然将得到来自编译器的另外一条错误消息。在大量信息中，编译器给出的下面两行注释对我们很有用：

```
warning C4520: 'CBox': multiple default constructors specified
error C2668: 'CBox::CBox': ambiguous call to overloaded function
```

这意味着编译器不知道是应该调用拥有默认形参值的构造函数，还是调用没有任何形参的构造函数。这是因为 box2 的声明要求使用无参数的构造函数，而两个构造函数现在都可以被不带参数地调用。最明显的解决方法是去掉不接受任何参数的构造函数，这实际上是有利的。去掉该构造函数之后，任何未显式初始化的 CBox 对象的数据成员都将自动初始化为 1。我喜欢在类成员的初始化中设置这些默认值，但下面看看如何处理默认构造函数的实参值。

试一试：提供默认的构造函数实参值

可以用下面的简化示例演示这种构造函数的工作过程。

```
// Ex7_06.cpp
// Supplying default values for constructor arguments
#include <iostream>
using std::cout;
using std::endl;

class CBox                              // Class definition at global scope
{
public:
  double m_Length;                      // Length of a box in inches
  double m_Width;                       // Width of a box in inches
  double m_Height;                      // Height of a box in inches

  // Constructor definition
  CBox(double lv = 1.0, double wv = 1.0, double hv = 1.0)
  {
    cout << "Constructor called." << endl;
    m_Length = lv;                      // Set values of
    m_Width = wv;                       // data members
    m_Height = hv;
```

```
    }

    // Function to calculate the volume of a box
    double volume()
    {
      return m_Length*m_Width*m_Height;
    }
  };

  int main()
  {
    CBox box2;                        // Declare box2 - no initial values
    cout << "Volume of box2 = " << box2.volume() << endl;

    return 0;
  }
```

示例说明

我们只声明了一个未初始化的 CBox 变量 box2，因为就演示目的而言这已经足够了。该版本的程序产生下面的输出：

```
Constructor called.
Volume of box2 = 1
```

输出表明，拥有默认形参值的构造函数履行给没有指定初始值的对象赋值的义务。

我们不应该由此认为这是唯一的或者说是推荐的实现默认构造函数的方式。实践中将有很多情况都不希望以这种方式赋予对象的默认值，那时将需要编写单独的默认构造函数。甚至有时候，虽然定义了另一个构造函数，但根本不希望使用默认构造函数。

7.4.4 在构造函数中使用初始化列表

可以在构造函数定义的开头使用构造函数的初始化列表初始化数据成员。这不同于在调用构造函数时使用初始化列表。初始化列表只包含传递给构造函数的实参。使用另一个 CBox 构造函数可以演示这种方法：

```
// Constructor definition using an initialization list
CBox(double lv = 1.0, double wv = 1.0, double hv = 1.0):
                          m_Length {lv}, m_Width {wv}, m_Height {hv}
{
  cout << "Constructor called." << endl;
}
```

这种编写方式假定构造函数位于类定义内部。构造函数的初始化列表与形参列表之间以冒号分开，各个成员的初始化器之间以逗号分开。数据成员的值不在构造函数体的赋值语句中设置，它们都在函数头的初始化列表中定义初始值。例如，成员 m_Length 初始化为实参 lv 的值。函数表示法也是有效的，但最好使用统一的初始化语法。在构造函数头初始化成员比使用赋值语句(像前面的示例那样)的效率高。成员初始化列表总是在函数体之前执行，所以可以在构造函数体中使用已在列表中初始化的成员值。如果替换 Ex7_06.cpp 中的构造函数，将发现它同样工作得很好。

对于 const 或引用类型的类成员，其初始化方式是无法选择的。唯一的方式是在构造函数中使用成员初始化列表。构造函数体中的赋值语句是无效的。还要注意，成员初始化的顺序不同于它们在构造函数初始化列表中的顺序，而与它们在类定义中的顺序相同。

7.4.5 声明显式的构造函数

本节假定，带三个形参的 CBox 构造函数没有指定默认的形参值。这是因为带三个形参的构造函数可以用作带一个实参的构造函数和带两个实参的构造函数，因为没有指定实参的形参会使用其默认值。

如果定义一个具有单一形参的构造函数，则编译器使用此构造函数时需要隐式转换，而我们可能并不希望它进行隐式转换。例如，假设像下面这样定义 CBox 类的一个构造函数：

```
CBox(double side): m_Length {side}, m_Width {side}, m_Height {side} {}
```

当想要为立方体(即长、宽、高的尺寸都一样)定义一个 CBox 对象时，这个构造函数很方便。由于此构造函数只有单一的形参，因此必要时编译器将它用于从类型 double 到 CBox 的隐式转换。例如，考虑下面代码片段：

```
CBox box;
box = 99.0;
```

第一条语句调用默认构造函数创建 box，因此默认构造函数必须出现在类中。第二条语句将用实参 99.0 调用构造函数 CBox(double)，因此值要进行从类型 double 到 CBox 的隐式转换。这可能是我们所期望的，但对于很多单实参构造函数的类，我们并不希望它隐式转换。此时，可以在构造函数的定义中使用 explicit 关键字来阻止这种行为：

```
explicit CBox(double side): m_Length {side}, m_Width {side}, m_Height {side} {}
```

构造函数声明为 explicit，则只能显式调用它，且不用于隐式转换。构造函数声明为 explicit，则不能编译将值 99.0 赋给 box 对象的语句。一般来说，除非希望单一形参的构造函数用作隐式类型转换，否则最好将这样的构造函数都声明为 explicit。

由于前面语句包含 CBox 显式构造函数，下面的语句不会编译：

```
CBox box = 4.0;
```

这个语句隐式地把值 4.0 从 double 类型转换为 CBox 类型，但编译器不允许这么做，因此下面的语句可以编译：

```
CBox box {4.0};
```

这不是一个转换，而是显式调用了含单一形参的构造函数。

还有另一种方式可以得到不期望的隐式转换。在前面的 CBox 类版本中，构造函数的 3 个形参都有默认值。这看起来是它在函数头使用初始化列表的方式：

```
CBox(double lv = 1.0, double wv = 1.0, double hv = 1.0):
                                    m_Length {lv}, m_Width {wv}, m_Height {hv}
{
  cout << "Constructor called." << endl;
}
```

因为第二个和第三个参数有默认值，所以下面的语句可以编译：

```
CBox box;
box = 99.0;
```

这一次将隐式调用上面的构造函数，第一个实参值是 99.0，其他两个实参值是默认值。这不可能是我们期望的。为防止出现这种情况，声明显式的构造函数：

```
explicit CBox(double lv = 1.0, double wv = 1.0, double hv = 1.0):
                                  m_Length(lv), m_Width(wv), m_Height(hv)
{
  cout << "Constructor called." << endl;
}
```

7.4.6 委托构造函数

类定义了两个或多个构造函数时，一个构造函数可以调用另一个构造函数，以帮助创建对象，但只能在构造函数头的构造函数初始化列表中调用，此时，该列表中不能有其他初始化内容。下面的示例说明了其工作方式。假定定义了 CBox 类的构造函数：

```
explicit CBoxCbox(double lv, double wv, double hv):
                         m_Length{lv}, m_Width{wv}, m_Height{hv}    {}
```

现在可以定义带一个参数的构造函数，如下所示：

```
explicit CBox(double side): CBox {side, side, side}
{}
```

它调用成员初始化列表中的前一个构造函数。这个技术可以在几个构造函数中避免重复代码，在这些构造函数中，一些成员总是用相同的方式初始化，但其他成员的初始化方式是不同的，取决于所使用的构造函数。

在给定的类中，一个构造函数调用另一个构造函数的唯一方式是通过成员初始化列表。不能在 CBox 构造函数体中，通过创建对象来调用 CBox 构造函数。在构造函数体中调用构造函数或者任何函数，都会创建一个独立的对象。

7.5 类的私有成员

有了给类对象的数据成员赋值的构造函数，但仍然允许程序的任何部分搞混实质上属于对象的成员，这大概有点儿矛盾。就好像安排了水平高超的外科医生(如 Dr. Kildare，其技能是多年训练磨炼出来的)在我们体内动刀之后，又让当地的水电工或泥瓦匠去，这很难说是合适的。我们需要对类的数据成员采取保护措施。

在定义类成员时使用关键字 private，可以得到所需的安全性。通常情况下，私有类成员只能被类的成员函数访问。当然有一种情况例外，但我们稍后再考虑它。如图 7-6 所示，普通的函数没有访问私有类成员的直接途径。

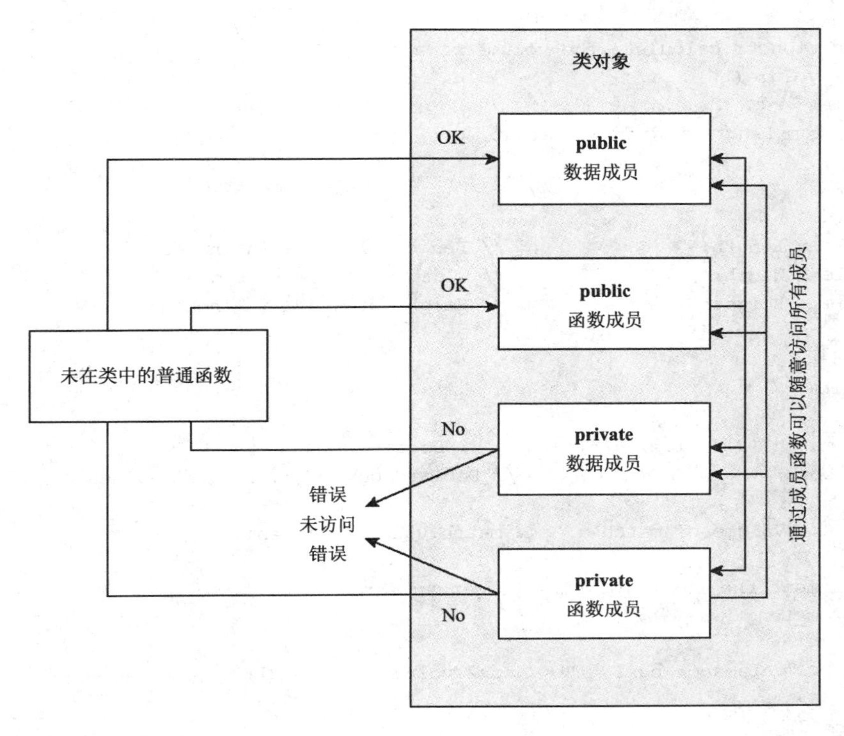

图 7-6

指定私有类成员还能够将类的接口与类的内部实现分开。类的接口由 public 成员和 public 函数成员组成，在必要时，public 函数成员可以提供对包括 private 成员在内的所有类成员的间接访问。例如，将类的内部成员指定为 private，就可以修改它们以改善性能，但不必修改通过公有接口使用这个类的代码。为了保证类的数据成员和函数成员的安全，使之免遭不必要的干预，将那些不需要暴露的成员声明为 private 是一种好习惯。仅将那些为了使用类而必需的成员声明为 public。

试一试：私有数据成员

可以重写 CBox 类，将其数据成员指定为 private。

```
// Ex7_07.cpp
// A class with private members
#include <iostream>
using std::cout;
using std::endl;

class CBox                                    // Class definition at global scope
{
public:
  // Constructor definition using an initialization list
  explicit CBox(double lv = 1.0, double wv = 1.0, double hv = 1.0):
                          m_Length {lv}, m_Width {wv}, m_Height {hv}
  {
    cout << "Constructor called." << endl;
  }
```

```
  // Function to calculate the volume of a box
  double volume()
  {
    return m_Length*m_Width*m_Height;
  }

private:
  double m_Length;                    // Length of a box in inches
  double m_Width;                     // Width of a box in inches
  double m_Height;                    // Height of a box in inches
};

int main()
{
  CBox match {2.2, 1.1, 0.5};        // Declare match box
  CBox box2;                         // Declare box2 - no initial values

  cout << "Volume of match = " << match.volume() << endl;

// Uncomment the following line to get an error
// box2.m_Length = 4.0;

  cout << "Volume of box2 = " << box2.volume() << endl;

  return 0;
}
```

示例说明

现在 CBox 构造函数声明为 explicit，从而可以避免我们不期望的隐式转换。CBox 类的定义现在包含两部分。前面是包含构造函数和成员函数 volume()的 public 部分，后面是包含数据成员的 private 部分。现在，3 个数据成员只能被本类的成员函数访问。不必修改任何成员函数，无论如何它们都可以访问本类的所有数据成员。然而，如果使 main()函数中给对象 box2 的 m_Length 成员赋值的语句不再是注释形式，那么将从编译器得到一条错误消息，说明该数据成员是不可访问的。如果还没有这样做，那么可以在 Class View 选项卡中看一下 CBox 类的成员。每个成员旁边的图标指出了该成员的可访问性。如果某成员是私有成员，则图标中将显示一个小挂锁。

要记住的一点是，现在使用构造函数或成员函数是给对象的私有数据成员赋值的唯一方法。必须确保所有用于设定或修改类的私有数据成员的方法都是通过成员函数提供的。

还可以将函数放入类的 private 部分。这种情况下，它们只能被同类的其他函数成员调用。如果将函数 volume()放入 private 部分，则编译器将给出一条错误消息，因为 main()函数中的语句试图使用这个函数。如果将构造函数放入 private 部分，那么将不能声明该类的任何对象。

该示例生成的输出如下：

```
Constructor called.
Constructor called.
Volume of match = 1.21
Volume of box2 = 1
```

输出证明，在数据成员定义成拥有 private 访问特性之后，CBox 类仍然可以正常工作。主要区别是这些成员现在被完全保护起来，不会遭受未经授权的访问和修改。

如果没有另外指定，则类成员的默认访问特性都是 private。因此，我们可以将所有私有成员放在类定义的开始部分，并通过省略关键字 private，使它们拥有默认的 private 访问特性。但任何情况下都显式指定访问特性则更好，这样对于我们的意图就不存在任何疑问了。

当然，不必使所有数据成员都成为 private。根据类的用途，可以将某些数据成员定义为 private，而将另外一些定义成 public，这完全取决于我们的目的。如果没有将类成员指定为 public 的理由，则最好将它们指定为 private，这样可以使类更加安全。普通函数不能访问类的任何 private 成员。

7.5.1　访问私有类成员

经过反复考虑，将类的数据成员声明为 private 有点极端。这样确实非常好地保护了成员免遭未经授权的修改，但没有理由使它们的值成为秘密。我们需要一个针对私有成员的《信息自由法案》。

我们不必给州参议员写信要求得到该法案——它就在我们手中。只需编写一个返回数据成员值的成员函数即可。看看下面这个 CBox 类的成员函数：

```
inline double CBox::getLength()
{
  return m_Length;
}
```

只是为了说明格式，将其写成类外部的成员函数定义。该函数指定为 inline，这样可以提升程序运行的速度，但代码体积却增加得并不太多。如前所述，这在 VC++中不是严格必须的。假设已经在类的 public 部分声明了该函数，那么可以通过编写下面的语句来使用它：

```
double len {box2.getLength()};          // Obtain data member length
```

需要为每个希望在外部使用的数据成员编写一个类似的函数。这样，既可以访问这些成员的值，又不会危及类的安全性。当然，如果将这些函数的定义放在类定义中，则它们默认都是内联函数。

7.5.2　类的友元函数

有些情况下，由于某种原因，我们希望某些虽然不是类成员的函数能够访问类的所有成员——它们拥有特殊权限。这样的函数称为类的友元函数，使用关键字 friend 来定义。可以在类定义中添加友元函数的原型，也可以添加整个函数定义。在类定义内定义的友元函数默认也是内联函数。

友元函数不是类的成员，因此访问特性不适用于它们。这些函数只是拥有特殊权限的普通全局函数。

假设我们希望在类 CBox 中实现一个友元函数，来计算 CBox 对象的表面积。

试一试：使用友元函数计算表面积

在下面的示例中，可以看到友元函数的工作过程：

```
// Ex7_08.cpp
```

```
// Creating a friend function of a class
#include <iostream>
#include <iomanip>
using std::cout;
using std::endl;
using std::setw;

class CBox                          // Class definition at global scope
{
public:
  // Constructor definition
  Box(double lv, double wv, double hv) :
    m_Length{ lv }, m_Width{ wv }, m_Height{ hv }
          { cout << "3-arg Constructor called." << endl; }

  explicit CBox(double side) : CBox{ side, side, side }
          { cout << "1-arg Constructor called." << endl; }

  CBox() = default;

  // Function to calculate the volume of a box
  double volume()
  {
    return m_Length*m_Width*m_Height;
  }

private:
  double m_Length;                    // Length of a box in inches
  double m_Width;                     // Width of a box in inches
  double m_Height;                    // Height of a box in inches

  // Friend function
  friend double boxSurface(const CBox& aBox);
};

// friend function to calculate the surface area of a Box object
double boxSurface(const CBox& aBox)
{
  return 2.0*(aBox.m_Length*aBox.m_Width +
    aBox.m_Length*aBox.m_Height +
    aBox.m_Height*aBox.m_Width);
}

int main()
{
  CBox match{ 2.2, 1.1, 0.5 };         // match box using 3-arg constructor
  CBox cube{ 5.0 };                    // Define cube using 1-arg constructor
  CBox box;                            // Define box using default constructor

  cout << "Volume of match =" << setw(10) << match.volume()
       << "  Surface area = " << boxSurface(match) << endl;


  cout << setw(16) << "Volume of cube  =" << setw(10) << cube.volume()
     << "  Surface area = " << boxSurface(cube) << endl;
```

```
  cout << "Volume of box   =" << setw(10) << box.volume()
     << "   Surface area = " << boxSurface(box) << endl;

  return 0;
}
```

这个示例还在成员初始化列表中调用构造函数，并使用default关键字指定应包含默认构造函数。其输出如下：

```
3-arg Constructor called.
3-arg Constructor called.
1-arg Constructor called.
Volume of match =      1.21   Surface area = 8.14
Volume of cube  =       125   Surface area = 150
Volume of box   =-7.92985e+185   Surface area = 5.14037e+124
```

示例说明

在类定义中，在函数原型前面写上关键字 friend，就将函数 BoxSurface()声明为 CBox 类的友元。因为 BoxSurface()函数本身是全局函数，所以类定义内 friend 声明的位置不会造成任何影响，但始终一致地安排此类声明的位置是一种好习惯。本书选择将友元函数放在类的所有 public 和 private 成员之后。记住，友元函数不是类的成员，因此访问属性不适用。

该函数的定义在类定义之后。注意，使用作为形参传递给 BoxSurface()函数的 CBox 对象，在该函数的定义内指定对 CBox 对象数据成员的访问。因为 friend 函数不是类成员，所以不能仅仅通过名称引用数据成员。就像在普通函数中一样，每个数据成员都必须以对象名加以限定，当然，普通函数是不能访问私有类成员的。除了可以不加限制地访问将其声明为友元的类的所有成员以外，友元函数与普通函数相同。

输出与我们预料的完全相同。第一行输出来自创建 match 对象的构造函数。第二行输出来自单参构造函数的初始化列表中对三参构造函数的调用。第三行输出来自单参构造函数体，所以这说明，成员初始化列表在构造函数体之前执行。

友元函数 BoxSurface()根据 private 数据成员的值计算出 CBox 对象的表面积。对于默认构造函数创建的 box 对象，尺寸是无用值，所以体积和表面积也是无用值。

将友元函数定义放入类内部

可以在 CBox 类定义内部，将友元函数 BoxSurface()的声明与定义相结合。程序代码将像以前一样运行。该函数在类内的定义如下：

```
friend double boxSurface(const CBox& aBox)
{
  return 2.0*(aBox.m_Length*aBox.m_Width +
              aBox.m_Length*aBox.m_Height +
              aBox.m_Height*aBox.m_Width);
}
```

但是，这样写会影响代码的可读性。虽然该函数仍然具有全局作用域，但这一点对代码阅读者来说可能不明显，因为该函数隐藏在类定义体之内。

7.5.3 默认复制构造函数

假设使用下面这条语句，声明并初始化一个 CBox 对象 box1：

```
CBox box1 {78.0, 24.0, 18.0};
```

现在，要创建另一个与 box1 相同的 CBox 对象，希望能够用 box1 将其初始化。让我们试一试。

试一试：在实例之间复制信息

下面的示例演示了这一过程：

```
// Ex7_09.cpp
// Initializing an object with an object of the same class
#include <iostream>
using std::cout;
using std::endl;

class CBox                                    // Class definition at global scope
{
public:
  // Constructor definition
  explicit CBox(double lv = 1.0, double wv = 1.0, double hv = 1.0) :
                 m_Length {lv}, m_Width {wv}, m_Height {hv}
                 { cout << "Constructor called." << endl; }

  // Function to calculate the volume of a box
  double volume()
  {
    return m_Length*m_Width*m_Height;
  }

private:
  double m_Length;                             // Length of a box in inches
  double m_Width;                              // Width of a box in inches
  double m_Height;                             // Height of a box in inches
};

int main()
{
  CBox box1 {78.0, 24.0, 18.0};
  CBox box2 {box1};                            // Initialize box2 with box1

  cout << "box1 volume = " << box1.volume() << endl
       << "box2 volume = " << box2.volume() << endl;

  return 0;
}
```

该示例产生下面的输出：

```
Constructor called.
box1 volume = 33696
box2 volume = 33696
```

示例说明

该程序像我们期望的那样工作，结果是两个箱子具有相同的体积。但从输出可以看出，仅在创建 box1 时调用了一次构造函数。那么，box2 是如何创建出来的呢？

这里的机制类似于前面没有定义构造函数时所使用的机制——即编译器提供默认的构造函数，以允许创建对象。本示例中，编译器生成一个默认的复制构造函数。

复制构造函数做的就是我们在这里做的事情——即通过用同类的现有对象进行初始化来创建类对象。复制构造函数的默认版本通过逐个成员地复制现有的对象来创建新对象。

对于像 CBox 这样的简单类而言，默认复制构造函数工作得不错，但对许多类来说——如拥有指针成员的类，该函数将不能正常工作。实际上，对这些类应用默认复制构造函数进行逐个成员地复制，可能产生严重的程序错误。这些情况下，必须创建自己的复制构造函数，来替代默认的复制构造函数，但需要一种特殊的方法。在本章最后以及第 8 章我们将更全面地学习这种方法。

7.6　this 指针

在 CBox 类中，用类定义中的类成员名编写 volume()函数。当然，创建的所有 CBox 类型的对象都包含这些成员，因此必须有某种机制使该函数能够引用调用它的具体对象的成员。

任何成员函数执行时，都自动包含一个名为 this 的隐藏指针，它指向调用该函数时使用的对象。因此，m_Length 成员名出现在 volume()函数体中时，实际上是 this->m_Length——用于调用函数的对象成员的全称。编译器负责在函数中给成员名添加必要的指针名 this。

如果需要，也可以在成员函数中显式地使用 this 指针。例如，我们希望返回一个指向当前对象的指针。

试一试：显式使用 this 指针

可以给 CBox 类添加一个公有函数来比较两个 CBox 对象的体积。

```
// Ex7_10.cpp
// Using the pointer this
#include <iostream>
using std::cout;
using std::endl;

class CBox                          // Class definition at global scope
{
public:
  // Constructor definition
  explicit CBox(double lv = 1.0, double wv = 1.0, double hv = 1.0) :
            m_Length {lv}, m_Width {wv}, m_Height {hv}
  {
    cout << "Constructor called." << endl;
  }

  // Function to calculate the volume of a box
  double volume()
  {
```

```
    return m_Length*m_Width*m_Height;
  }

  // Function to compare two boxes which returns true
  // if the first is greater than the second, and false otherwise
  bool compare(CBox& xBox)
  {
    return this->volume() > xBox.volume();
  }

private:
  double m_Length;                    // Length of a box in inches
  double m_Width;                     // Width of a box in inches
  double m_Height;                    // Height of a box in inches
};

int main()
{
  CBox match {2.2, 1.1, 0.5};              // Define match box
  CBox cigar {8.0, 5.0, 1.0};              // Define cigar box

  if(cigar.compare(match))
    cout << "match is smaller than cigar" << endl;
  else
    cout << "match is equal to or larger than cigar" << endl;

  return 0;
}
```

示例说明

如果调用成员函数的前缀 CBox 对象的体积大于指定的实参 CBox 对象，成员函数 compare()就返回 true；否则返回 false。compare()函数的形参是一个引用，从而可以避免不必要的实参复制。在 return 语句中，通过 this 指针以及间接成员访问操作符->来引用前缀对象。

记住，通过对象访问成员时使用直接成员访问操作符，通过对象的指针访问成员时使用间接成员访问操作符。this 是一个指针，因此使用->操作符。

对于类对象的指针而言，->操作符的工作情况与我们处理结构时完全相同。在本程序中，使用 this 证实了该指针确实存在，而且能够正常工作，但此处显式使用 this 完全没有必要。如果将 compare()函数中的 return 语句修改成下面这样：

```
return volume() > xBox.volume();
```

该程序同样能够正常工作。任何对不加限定的成员名的引用，编译器将自动认为是引用 this 指向的那个对象的成员。

在 main()中使用compare()函数检查对象 match 和 cigar 的体积之间的关系。该程序的输出如下：

```
Constructor called.
Constructor called.
match is smaller than cigar
```

输出证实，cigar 对象大于 match 对象。

将 compare()函数定义成类成员同样不是必须的。还可以将其定义成普通函数，以 CBox 对象作为参数。注意，volume()函数不属于这种情况，因为它需要访问类的 private 数据成员。当然，如果将 compare()函数作为普通函数来实现，那么该函数将无权使用 this 指针，但仍然非常简单：

```
// Comparing two CBox objects - ordinary function version
bool compare(CBox& box1, CBox& box2)
{
 return box1.volume() > box2.volume();
}
```

该版本接受两个对象实参，如果第一个对象的体积大于第二个，则返回 true。通过下面这条语句，我们将使用该函数实现与上一个示例相同的功能：

```
  if(compare(cigar, match))
     cout << "match is smaller than cigar" << endl;
  else
     cout << "match is equal to or larger than cigar" << endl;
```

如果有区别，则该版本比原来的版本更好些，而且更易于理解。但还有更好的方法来实现相同的功能，我们将在第 8 章学习。

7.7　类的 const 对象

我们为 CBox 类定义的 Volume()函数没有修改调用自身的那个对象，返回 m_Height 成员值的 getHeight()函数也没有。同样，上一个示例中的 Compare()函数也根本没有修改类对象。乍看之下，这似乎是个很不相干的事实，但实际上不然，这一点十分重要。

我们时常需要创建固定的类对象，正如可能将 pi 或 inchesPerFoot 这样的值声明为 const double 一样。如果希望将某个 CBox 对象定义成 const，因为该对象是个非常重要的标准尺寸的箱子。可以用下面这条语句进行定义：

```
const CBox standard {3.0, 5.0, 8.0};
```

既然已经将箱子的标准尺寸定义成 3×5×8 这么大，我们当然不希望有人再来更改它。也就是说，我们不希望修改该对象的数据成员中存储的值。但如何确保这一点呢？

我们已经在上面做到了。如果将某个类对象声明为 const，则编译器将不允许该对象调用任何可能修改它的成员函数。证实这一点非常容易，只需将上一个示例中 cigar 对象的声明修改成下面这样即可：

```
const CBox cigar {8.0, 5.0, 1.0};          // Declare cigar box
```

如果尝试重新编译修改过的程序，那么错误消息如下：

```
error C2662: 'CBox::compare' : cannot convert 'this' pointer

from 'const CBox' to 'CBox &' Conversion loses qualifiers
```

该消息因 if 语句调用 cigar 的 Compare()成员而产生。声明为 const 的对象其 this 指针也是 const，因此编译器将不允许调用任何没有将传递给它的 this 指针指定为 const 的成员函数。我们需要弄清楚如何使成员函数中的 this 指针成为 const。

7.7.1 类的 const 成员函数

为了使成员函数中的 this 指针成为 const，必须在类定义内将该函数声明为 const。下面看看如何修改 CBox 类的 Compare()和 Volume()成员：

```
class CBox                          // Class definition at global scope
{
public:
  // Constructor definition
  explicit CBox(double lv = 1.0, double wv = 1.0, double hv = 1.0) :
              m_Length {lv}, m_Width {wv}, m_Height {hv}
  {
    cout << "Constructor called." << endl;
  }

  // Function to calculate the volume of a box
  double volume() const
  {
    return m_Length*m_Width*m_Height;
  }

  // Function to compare two boxes which returns true (1)
  // if the first is greater than the second, and false (0) otherwise
  bool compare(const CBox& xBox) const
  {
    return this->volume() > xBox.volume();
  }

private:
  double m_Length;                    // Length of a box in inches
  double m_Width;                     // Width of a box in inches
  double m_Height;                    // Height of a box in inches
};
```

这段代码可以在下载文件的 Ex7-10A.cpp 中找到。要指定 const 成员函数，只需在函数头后面附加 const 关键字即可。注意，只能对类成员函数这么做，对普通全局函数不能这么做。仅当某个函数是类成员时，将其声明为 const 才有意义，其作用是使该函数中的 this 指针成为 const，这意味着不能在该函数的定义内在赋值语句左边写上类的数据成员——那将被编译器标志为错误。const 成员函数不能调用同类的非 const 成员函数，因为那样也有可能修改当前对象。这就意味着，因为compare()函数调用 volume()，所以 volume()成员也必须声明为 const。由于 volume()函数声明为 const，因此可以使 compare()函数的形参为 const。当 volume()是类的非 const 成员时，使 compare()函数的形参为 const 会导致编译器报 C2662 错误消息。当将某个对象声明为 const 之后，该对象可以调用的成员函数也都必须声明为 const，否则将不能编译程序。compare()函数现在可以用于 CBox 类的 const 对象和非 const 对象。

7.7.2　类外部的成员函数定义

当 const 成员函数的定义出现在类外部时，函数头必须添加关键字 const，就像类内部的声明那样。事实上，我们应该总是将所有不修改当前类对象的成员函数声明为 const。时刻记着这一点，CBox 类可以定义成下面这样：

```
class CBox                               // Class definition at global scope
{
public:
  // Constructor
  explicit CBox(double lv = 1.0, double wv = 1.0, double hv = 1.0);

  double volume() const;                 // Calculate the volume of a box
  bool compare(const CBox& xBox) const;  // Compare two boxes

private:
  double m_Length;                       // Length of a box in inches
  double m_Width;                        // Width of a box in inches
  double m_Height;                       // Height of a box in inches
};
```

根据该定义，包括构造函数在内的所有函数成员都是在类的外部定义的。现在，将 volume()和 compare()声明为 const，volume()函数现在的定义如下：

```
double CBox::volume() const
{
  return m_Length*m_Width*m_Height;
}
```

compare()函数的定义如下：

```
bool CBox::compare(const CBox& xBox) const
{
  return this->volume() > xBox.volume();
}
```

可以看出，两个函数的定义中都出现了 const 修饰符。如果省略 const，则不能编译代码。虽然名称和形参完全相同，但使用 const 修饰符的函数与没有该修饰符的函数是不同的。事实上，可以在类中定义某个函数的 const 和非 const 两种版本，有时候这是非常有用的。

使用上面声明的类，构造函数也需要单独定义：

```
CBox::CBox(double lv, double wv, double hv):
                  m_Length {lv}, m_Width {wv}, m_Height {hv}
{
  cout << "Constructor called." << endl;
}
```

7.8　类对象的数组

可以创建类对象的数组，其方式与创建元素为基本类型之一的普通数组完全相同。类对象数组的每个未初始化元素都将调用默认构造函数。

试一试：类对象的数组

这个示例中 CBox 的类定义包括一个具体的默认构造函数：

```
// Ex7_11.cpp
// Using an array of class objects
#include <iostream>
using std::cout;
using std::endl;

class CBox                          // Class definition at global scope
{
public:
  // Constructor definition
  explicit CBox(double lv, double wv = 1.0, double hv = 1.0) :
           m_Length{ lv }, m_Width{ wv }, m_Height{ hv }
  {
    cout << "Constructor called." << endl;
  }

  CBox()                            // Default constructor
  {
    cout << "Default constructor called." << endl;
    m_Length = m_Width = m_Height = 1.0;
  }

    // Function to calculate the volume of a box
    double volume() const
    {
      return m_Length*m_Width*m_Height;
    }
  private:
    double m_Length;                  // Length of a box in inches
    double m_Width;                   // Width of a box in inches
    double m_Height;                  // Height of a box in inches
};
int main()
{
  CBox boxes[5];                      // Array of CBox objects defined
  CBox cigar(8.0, 5.0, 1.0);            // Define cigar box
  cout << "Volume of boxes[3] = " << boxes[3].volume()<< endl
       << "Volume of cigar = " << cigar.volume() << endl;

  return 0;
}
```

该程序产生的输出如下：

```
Default constructor called.
Default constructor called.
Default constructor called.
Default constructor called.
Default constructor called.
Constructor called.
Volume of boxes[3] = 1
Volume of cigar = 40
```

示例说明

我们修改了接受实参的构造函数，现在只提供两个默认值，还添加了一个默认构造函数，该函数在显示一条内容为默认构造函数被调用的消息后，将数据成员初始化为 1。现在，我们将能够看出何时调用了哪个构造函数。两个构造函数现在有完全不同的形参列表，因此不存在编译器混淆两者的可能性。

从输出可以看出，默认构造函数被调用了 5 次，boxes 数组的每个元素都需要调用一次。调用另一个构造函数是为了创建 cigar 对象。输出清楚地表明，默认构造函数的初始化工作是令人满意的，因为数组元素 boxes[3]的体积是 1。

当然，可以在声明对象数组时对其进行初始化。例如：

```
CBox boxes[5] {CBox {1,2,3},CBox {1,3,2}};
```

初始值在初始化列表中定义。前两个元素通过三个实参来调用构造函数，进行初始化。其他三个元素使用默认的构造函数。

7.9　类的静态成员

可以将类的数据成员和函数成员声明为 static。因为相应的上下文是类定义，所以与类外部 static 关键字的作用相比，这里需要稍微多一些解释，下面看一下静态数据成员。

7.9.1　类的静态数据成员

将类的某个数据成员声明为 static 时，只能定义一次该静态数据成员，而且要被同类的所有对象共享。各个对象都拥有类中每一个普通数据成员的副本，但每个静态数据成员只有一个实例存在，与定义了多少类对象无关。这种情况如图 7-7 所示。

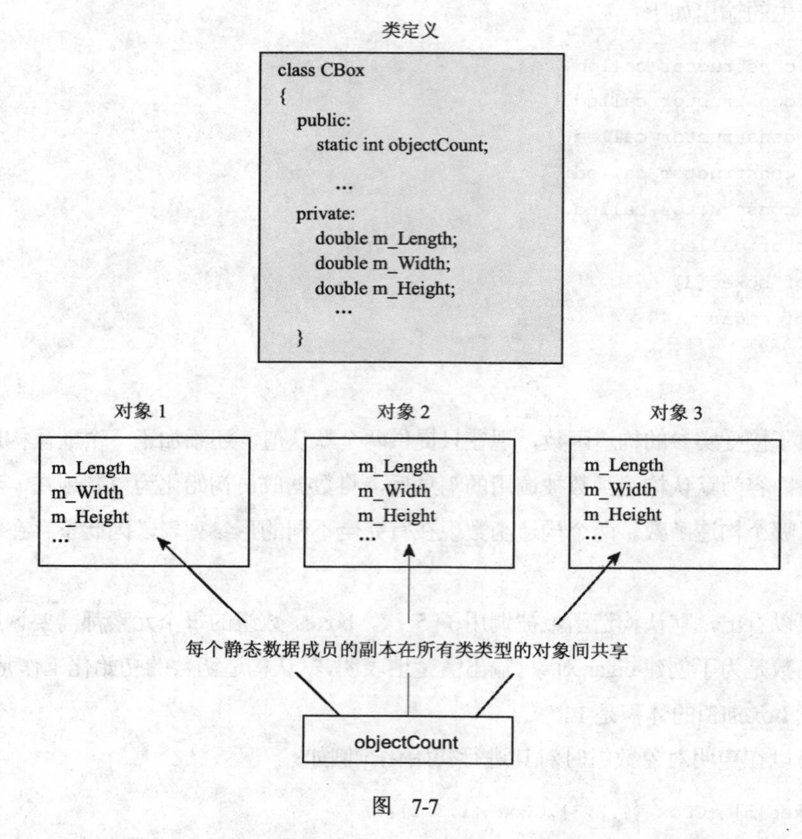

图 7-7

静态数据成员的用途之一是统计实际存在多少个对象。给前面的类定义添加下面这条语句，可以给 CBox 类的公有部分添加一个静态数据成员：

```
static int objectCount;                    // Count of objects in existence
```

现在有个问题，那就是如何初始化静态数据成员。

不能在类定义中初始化静态数据成员，除非类是 const，此时它是一个数值或枚举类型。我们也不想在构造函数中初始化该成员，因为我们的意图是每当调用构造函数时就使其递增，以便累计已创建的对象数量。不能在另一个成员函数中进行初始化，因为成员函数与对象相关，而我们希望在创建任何对象之前初始化该成员。答案是用下面这条语句，在类定义外部进行静态数据成员的初始化：

```
int CBox::objectCount {};          // Initialize static member of CBox class
```

注意，在初始化语句中没有使用 static 关键字，不过确实需要使用类名和作用域解析运算符来限定成员名，以使编译器理解我们在引用类的静态成员。不然，编译器将认为我们只是在创建一个与类毫不相干的全局变量而已。

试一试：统计类类型的实例个数

给上一个示例添加 static 数据成员和对象计数功能。

```
// Ex7_12.cpp
// Using a static member to count objects
#include <iostream>
using std::cout;
using std::endl;

class CBox                                 // Class definition at global scope
{
public:
  static int objectCount;                  // Count of objects in existence

  // Constructor definition
  explicit CBox(double lv, double wv = 1.0, double hv = 1.0) :
            m_Length{ lv }, m_Width{ wv }, m_Height{ hv }
  {
    cout << "Constructor called." << endl;
    objectCount++;
  }

  CBox()                                   // Default constructor
  {
    cout << "Default constructor called." << endl;
    m_Length = m_Width = m_Height = 1.0;
    objectCount++;
  }

  // Function to calculate the volume of a box
  double volume() const
  {
    return m_Length*m_Width*m_Height;
  }

private:
  double m_Length;                         // Length of a box in inches
  double m_Width;                          // Width of a box in inches
  double m_Height;                         // Height of a box in inches
};

int CBox::objectCount {};                  // Initialize static member of CBox class

int main()
{
  CBox boxes[5];                           // Array of CBox objects defined
  CBox cigar{ 8.0, 5.0, 1.0 };             // Declare cigar box

  cout << "Number of objects (accessed through class) = "
    << CBox::objectCount << endl;

  cout << "Number of objects (accessed through object) = "
    << boxes[2].objectCount << endl;

  return 0;
}
```

该示例产生下面的输出：

```
Default constructor called.
Default constructor called.
Default constructor called.
Default constructor called.
Default constructor called.
Constructor called.
Number of objects (through class) = 6
Number of objects (through object) = 6
```

示例说明

该程序表明，引用静态成员 objectCount(通过类本身或者类对象)的方式对结果没有任何影响。该成员的数值是相同的，等于已创建的类对象的个数。6 个对象显然是 boxes 数组的 5 个元素，再加上 cigar 对象。注意，有趣的是即使没有任何类对象存在，类的静态成员也可能存在。该示例显然就是如此，因为在声明任何 boxes 对象之前初始化了静态成员 objectCount。

静态数据成员是程序启动时自动创建的，并且初始化为 0——除非将其初始化为其他值。因此，仅当希望类的静态数据成员最初是非零值时，才需要初始化它们。但仍需要定义它们，例如：

```
int CBox::objectCount;
```

该语句定义了 objectCount，但没有显式初始化它，所以其值默认为 0。

7.9.2 类的静态函数成员

通过将某个函数成员声明为 static 可以使该函数独立于本类的任何具体对象。因此它没有 this 指针。static 成员函数的优点是：即使本类的任何对象都不存在，它们也能存在并被调用。在这种情况下，静态成员函数只能使用静态数据成员，因为后者是唯一存在的数据成员。因此，即使不能肯定是否有类对象存在，也可以调用类的静态函数成员来检查静态数据成员。这样，即可使用静态成员函数来确定是否已经创建本类的对象，或者实际创建的数量。

静态函数的原型可以如下所示：

```
static void aFunction(int n);
```

可以用下面这条语句通过具体对象调用静态函数：

```
aBox.aFunction(10);
```

该函数不能访问 aBox 的非静态成员。不通过引用对象也可以调用同一个函数，这种情况下该语句的形式如下：

```
CBox::aFunction(10);
```

类名 CBox 限定了函数。使用类名和作用域解析运算符，可以告诉编译器 afunction()函数属于哪个类。

7.10　类对象的指针和引用

使用类对象的指针和引用——特别是引用，在面向对象编程和函数形参说明方面非常重要。类对象可能涉及相当多的数据，因此对对象使用按值传递机制非常耗时和低效，因为需要复制每一个实参对象。使用引用形参可以避免这个系统开销，而且引用形参对于一些类的操作是必不可少的。如稍后将看到的那样，如果不使用引用形参，将不能编写复制构造函数。

7.10.1　类对象的指针

能以声明其他指针的相同方式，声明指向类对象的指针。例如，下面这条语句声明了一个指向 CBox 类对象的指针：

```
CBox* pBox {};              // Declare a pointer to CBox - initialized to nullptr
```

现在，可以使用取址运算符，按通常的方式在赋值语句中使用该指针来存储 CBox 对象的地址：

```
pBox = &cigar;              // Store address of CBox object cigar in pBox
```

正如在 compare()成员函数中使用 this 指针那样，可以使用对象的指针来调用函数。例如，可以像下面语句中那样通过指针 pBox 调用函数 volume()：

```
cout << pBox->volume();      // Display volume of object pointed to by pBox
```

该语句再次使用了间接成员访问操作符。在这种情况下通常都使用该操作符，因此从现在开始，本书也将大量使用。

试一试：类对象的指针

下面深入探讨间接成员访问操作符的用法。我们将在 Ex7_10.cpp 的基础上做一些修改。

```
// Ex7_13.cpp
// Exercising the indirect member access operator
#include <iostream>
using std::cout;
using std::endl;

class CBox                          // Class definition at global scope
{
  public:
    // Constructor definition
    explicit CBox(double lv = 1.0, double wv = 1.0, double hv = 1.0) :
              m_Length{ lv }, m_Width{ wv }, m_Height{ hv }
    {
      cout << "Constructor called." << endl;
    }

    // Function to calculate the volume of a box
    double volume() const
    {
      return m_Length*m_Width*m_Height;
```

```
    }

    // Function to compare two boxes which returns true
    // if the first is greater than the second, and false otherwise
    bool compare(const CBox* pBox) const
    {
      if(!pBox)
        return false;
      return this->volume() > pBox->volume();
    }
  private:
    double m_Length;                   // Length of a box in inches
    double m_Width;                    // Width of a box in inches
    double m_Height;                   // Height of a box in inches
};
int main()
{
  CBox boxes[5];                       // Array of CBox objects defined
  CBox match {2.2, 1.1, 0.5};          // Declare match box
  CBox cigar {8.0, 5.0, 1.0};          // Declare cigar Box
  CBox* pB1 {&cigar};                  // Initialize pointer to cigar object address
  CBox* pB2 {};                        // Pointer to CBox initialized to nullptr
  cout << "Address of cigar is " << pB1 << endl     // Display address
       << "Volume of cigar is " << pB1->volume()    // Volume of object pointed to
       << endl;
  pB2 = &match;

  if(pB2->compare(pB1))                       // Compare via pointers
    cout << "match is greater than cigar" << endl;
  else
    cout << "match is less than or equal to cigar" << endl;

  pB1 = boxes;                               // Set to address of array
  boxes[2] = match;                          // Set 3rd element to match

  // Now access through pointer
  cout << "Volume of boxes[2] is " << (pB1 + 2)->volume() << endl;
  return 0;
}
```

如果运行该示例，则输出结果大致如下：

```
Constructor called.
Constructor called.
Constructor called.
Constructor called.
Constructor called.
Constructor called.
Constructor called.
Address of cigar is 00B3FA5C
Volume of cigar is 40
match is less than or equal to cigar
Volume of boxes[2] is 1.21
```

当然，在用户的计算机上，对象 cigar 的地址值有可能不同。

示例说明

对类定义的修改不是重要的实质性修改。只是将 compare()函数改为接受 CBox 对象的指针作为实参。compare()函数中新增加了一条 if 语句，用来防止实参为空。因为 compare()函数也不修改对象，所以将其声明为 const。main()函数只是用各种方式(相当随意的方式)练习使用 CBox 对象的指针而已。

在 main()函数声明过数组 Boxes 以及 CBox 对象 cigar 和 match 之后，声明了两个 CBox 对象的指针。第一个指针 pB1 初始化为对象 cigar 的地址，第二个指针 pB2 初始化为 nullptr。这两条语句使用指针的方式与使用基本类型的指针时完全相同。事实上，对自定义类型使用指针没有区别。

使用 pB1 与间接成员访问操作符获得被指向对象的体积，并显示结果。然后，将 match 的地址赋给 pB2，并在调用比较函数时使用了 pB1 和 pB2 两个指针。因为 compare()函数的实参是 CBox 对象的指针，所以该函数为实参对象调用 volume()函数时使用了间接成员访问操作符。

为了证实使用指针 pB1 选择成员函数时可以执行地址算术，将 pB1 设定为 CBox 类型数组 boxes 中第一个元素的地址。之后，选择数组的第三个元素，并计算其体积。结果与 match 的体积相同。

从输出可以看出，共调用了 7 次 CBox 对象构造函数，其中 5 次是创建数组 Boxes，另外创建对象 cigar 和 match 各需要一次。总之，使用类对象的指针与使用基本类型(如 double 类型)的指针之间实质上没有任何区别。

7.10.2　类对象的引用

当随同类一起使用时，才能真正体现引用的价值。如同指针一样，在声明和使用类对象的引用与声明和使用基本类型变量的引用之间，实质上没有任何区别。例如，为了声明对象 cigar 的引用，可以这样写：

```
CBox& rcigar {cigar};                // Define reference to object cigar
```

为了使用引用计算对象 cigar 的体积，只需在应该出现对象名的位置使用引用名即可：

```
cout << rcigar.volume();             // Output volume of cigar thru a reference
```

我们可能还记得，引用用作被引用对象的别名，因此其用法与使用原来的对象名完全相同。

实现复制构造函数

引用的重要性实际体现在函数(特别是类的成员函数)的形参和返回值等上下文中。现在仍以复制构造函数为例。目前，我们暂且回避何时需要编写自己的复制构造函数这个问题，而全神贯注于如何编写复制构造函数。我们将使用 CBox 类，这仅仅是为了使讨论更具体。

复制构造函数是用同类的现有对象进行初始化，从而创建新对象的构造函数，因此需要接受同类的对象作为实参。经过考虑，可能写出下面的原型：

```
CBox(CBox initB);
```

现在，考虑调用该构造函数时将发生什么事情。如果编写

```
CBox myBox(cigar);
```

这样一条声明语句，那么将生成如下所示对复制构造函数的调用。该语句似乎没有任何问题，

但其实参是通过按值传递机制传递的。在可以传递对象 cigar 之前，编译器需要安排创建该对象的副本。因此，编译器为了处理复制构造函数的这条调用语句，需要调用复制构造函数来创建实参的副本。但是，由于是按值传递，第二次调用同样需要创建实参的副本，因此还得调用复制构造函数，就这样持续不休。最终得到的是对复制构造函数的无穷调用。

解决方法是使用 const 引用形参。可以将复制构造函数的原型写成如下形式：

```
CBox(const CBox& initB);
```

现在，不再需要复制复制构造函数的实参。实参是用来初始化引用形参的，因此没有复制发生。记得前面关于引用的讨论中说过，如果函数的形参是引用，则调用该函数时不需要复制实参。函数直接访问被调用函数中的实参变量。const 限定符用来确保该函数不能修改实参。

这是 const 限定符的另一个重要用途。我们应该总是将函数的引用形参声明为 const，除非该函数将修改实参。

可以像下面这样实现这个复制构造函数：

```
CBox::CBox(const CBox& initB) :
    m_Length {initB.m_Length}, m_Width {initB.m_Width}, m_Height {initB.m_Height}
{}
```

该复制构造函数的定义假定其位于类定义外部，因此构造函数名用类名和作用域解析运算符加以限定。被创建对象的各个数据成员用传递给构造函数的实参对象的对应成员进行初始化。

该示例不是那种需要编写复制构造函数的情况。如前所述，默认的复制构造函数在处理 CBox 对象时工作得很好。第 8 章将探讨需要自己编写复制构造函数的原因和时机。

7.11 小结

现在，我们已经理解了 C++类的基本思想。本书剩余部分将介绍更多与使用类有关的内容。

7.12 练习

1. 定义一个包含两个整数数据项的结构 Sample。编写程序，声明两个名为 a 和 b 的 Sample 类型的对象。设定属于 a 的数据项的值，然后检查通过简单的赋值语句即可将这些值复制到 b 中。

2. 给练习 1 的 Sample 结构添加一个名为 sPtr 的 char*成员。当设定 a 的数据时，动态创建一个字符串缓冲区，将其初始化为“Hello World!”，并使 a.sPtr 指向该字符串，然后将 a 复制到 b 中。当改变 a.sPtr 指向的字符缓冲区的内容，然后输出 b.sPtr 指向的字符串内容时结果怎样？解释原因，并说明如何避免该问题。

3. 创建一个函数，接受指向 Sample 类型对象的指针作为实参，并输出传递给它的任何 Sample 对象的成员值。扩展练习 2 中创建的程序，测试该函数。

4. 定义一个包含两个私有数据成员的类 CRecord，第一个成员存储最长 14 个字符的名字，第二个成员存储一个整数。定义 CRecord 类的 getRecord()和 putRecord()函数成员，getRecord()函数通过读取键盘输入设定数据成员的值，putRecord()函数输出数据成员的值。当输入值是 0 时，主调程序应该能够检测到。用 main()函数测试这个 CRecord 类，在函数中读取并输出 CRecord 对象，直到输入 0 为止。

5. 定义一个表示整数下推栈的类。栈是只允许从一端添加(压入)或删除(弹出)数据、依据后入先出原则工作的数据项列表。例如，如果栈包含[10 4 16 20]，那么 pop()函数将返回 10，之后栈将包含[4 16 20]；随后的 push(13)将使该栈成为[13 4 16 20]。如果不首先弹出上面的数据项，就不能获得栈内的其他数据项。这个类应该实现 push()和 pop()函数，以及能够检查栈内容的 print()函数。目前，在内部将栈列表存储为数组。编写一个测试程序，验证该栈类能否正常工作。

6. 如果要弹出的数据项比已经压入的数据项多，或者要保存的数据项比数组能够容纳的数据项多，那么使用练习 5 的解决方案将发生什么情况？能不能想出一种可靠的办法避免该问题？有时候，我们可能希望看看栈顶是什么数，但不想将其删除。实现 peek()函数来完成这项任务。

7.13　本章主要内容

本章主要内容如表 7-1 所示。

表　7-1

主　　题	概　　念
类	类提供了自己定义数据类型的途径，这些类型可以反映特定问题所需的任何类型的对象
类成员	类可以包含数据成员和函数成员。类的函数成员总是有权自由访问同类的数据成员
类的构造函数	类的对象是使用构造函数创建和初始化的。当声明对象时，将自动调用构造函数。构造函数可以重载，以提供初始化对象的不同方法
默认构造函数	编译器会在没有定义构造函数的类中提供一个默认构造函数。默认构造函数没有形参，什么也不做。在类中定义任何构造函数，会禁止插入默认构造函数，所以如果需要默认构造函数，就必须指定它
显式构造函数	使用 explicit 关键字指定的构造函数只能显式调用，因此不能用于从另一个类型的隐式转换。这是与单参构造函数和带有多个默认实参的构造函数的唯一相关的地方
成员初始化列表	在构造函数头，类成员可以在成员初始化列表中初始化。以这种方式初始化成员比在构造函数体中使用赋值语句更高效
委托构造函数	构造函数可以调用同一个类中的另一个构造函数，但只能在构造函数的初始化列表中调用。构造函数调用必须是初始化列表中的唯一语句
类成员访问	类成员可以指定为 public，此时，程序中的任何函数都可以自由访问它们。类成员还可以指定为 private，此时，只能由同类的成员函数或友元函数访问
静态类成员	类成员可以定义成 static。无论创建了多少个类对象，每个静态类成员都只有一个供所有类实例共享的实例。静态函数成员没有 this 指针
this 指针	类的所有非静态对象都包含 this 指针，它指向调用函数的当前对象
const 成员函数	声明为 const 的成员函数拥有 const this 指针，因此不能修改调用它的那个类对象的数据成员，也不能调用另一个非 const 成员函数
调用 const 成员函数	声明成 const 的成员函数不能调用另一个非 const 成员函数，不能为 const 对象调用非 const 成员函数
通过引用传递对象给函数	使用类对象的引用作为函数调用的实参，可以避免给函数传递复杂对象时带来的大量系统开销
复制构造函数	使用同类的现有对象初始化对象的复制构造函数，其形参必须指定为 const 引用

第8章 深入理解类

本章要点

- 类析构函数的概念，需要析构函数的情形和原因
- 如何实现类析构函数
- 如何在空闲存储器中创建类的数据成员，不再需要时如何将它们删除
- 何时必须编写类的复制构造函数
- 联合的概念和用法
- 如何使类的对象使用+或*这样的运算符
- 如何使用 rvalue 引用形参来避免不必要地复制类对象
- 类模板的概念，定义和使用类模板的方法
- 模版特例的概念、定义和使用方式
- 完美转发的概念和实现方式
- 如何使用标准的 string 类进行字符串操作

本章源代码下载地址(wrox.com)：

打开网页 http://www.wrox.com/go/beginningvisualc，单击 Download Code 选项卡即可下载本章源代码。这些代码在 Chapter 8 文件夹中，文件都根据本章的内容单独进行了命名。

8.1 类析构函数

虽然本节标题是析构函数，但还与动态内存分配有关。在空闲存储器中为类成员分配内存时，除必须利用构造函数以外，还必须利用析构函数，另外，使用动态分配的类成员还要求编写自定义复制构造函数，本章后面将介绍这一点。

8.1.1 析构函数的概念

析构函数用于销毁不再需要或超出其作用域的对象。当对象超出其作用域时，程序将自动调用类的析构函数。销毁对象需要释放该对象的数据成员(即使没有类对象存在时也将继续存在的静态成员除外)占用的内存。类的析构函数是与类同名的成员函数，只是类名前需要加个波形符(~)。类析构函数不返回任何值，也没有形参。就 CBox 类来说，其析构函数的原型如下：

```
~CBox();              // Class destructor prototype
```

因为析构函数有特定的名称，没有任何形参，所以一个类只能有一个析构函数。

给析构函数指定返回值或形参是错误的。

8.1.2 默认的析构函数

迄今为止使用过的所有对象都是由类的默认析构函数自动销毁的。如果没有定义自己的类析构函数，编译器就总是自动生成默认的析构函数。默认的析构函数不能删除在空闲存储器中分配的对象或对象成员。如果类成员占用的空间是在构造函数中动态分配的，就必须自定义析构函数，然后释放以前分配的内存，就像销毁普通变量一样。我们需要在编写析构函数方面实践一下，因此下面就来试一试。

第 10 章将学习智能指针，它能自动删除空闲存储器中不再需要的内存，所以在许多情况下不再需要析构函数。

试一试：简单的析构函数

为了解何时调用类的析构函数，可以在 CBox 类中添加析构函数。下面是本示例的代码：

```
// Ex8_01.cpp
// Class with an explicit destructor
#include <iostream>
using std::cout;
using std::endl;

class CBox                        // Class definition at global scope
{
public:
  // Destructor definition
  ~CBox()
  {
    cout << "Destructor called." << endl;
  }

  // Constructor definition
  explicit CBox(double lv = 1.0, double wv = 1.0, double hv = 1.0):
                              m_Length {lv}, m_Width {wv}, m_Height {hv}
```

```
  {
    cout << "Constructor called." << endl;
  }

  // Function to calculate the volume of a box
  double volume() const
  {
    return m_Length*m_Width*m_Height;
  }

  // Function to compare two boxes which returns true
  // if the first is greater than the second, and false otherwise
  bool compare(const CBox* pBox) const
  {
    if(!pBox)
      return false;
    return this->volume() > pBox->volume();
  }

  private:
    double m_Length;                // Length of a box in inches
    double m_Width;                 // Width of a box in inches
    double m_Height;                // Height of a box in inches
};

// Function to demonstrate the CBox class destructor in action
int main()
{
  CBox boxes[5];                    // Array of CBox objects defined
  CBox cigar {8.0, 5.0, 1.0};       // Declare cigar box
  CBox match {2.2, 1.1, 0.5};       // Declare match box
  CBox* pB1 {&cigar};               // Initialize pointer to cigar object address
  CBox* pB2 {};                     // Pointer to CBox initialized to nullptr

  cout << "Volume of cigar is " << pB1->volume() << endl;

  pB2 = boxes;                      // Set to address of array
  boxes[2] = match;                 // Set 3rd element to match

  cout << "Volume of boxes[2] is " << (pB2 + 2)->volume() << endl;

  return 0;
}
```

示例说明

CBox 类的析构函数仅显示一条宣称"析构函数被调用"的消息。该示例的输出如下：

```
Constructor called.
Constructor called.
Constructor called.
Constructor called.
Constructor called.
Constructor called.
Constructor called.
```

```
Volume of cigar is 40
Volume of boxes[2] is 1.21
Destructor called.
Destructor called.
Destructor called.
Destructor called.
Destructor called.
Destructor called.
Destructor called.
```

在 main()结束时，每个对象都需要调用一次析构函数。每出现一次构造函数的调用，就有一次匹配的析构函数调用。在这里，不需要显式调用析构函数。当某个类对象需要销毁时，编译器将自动安排调用该类的析构函数。本示例中，析构函数的调用发生在 main()函数的执行结束之后，因此在 main()函数安全终止之后因析构函数存在错误而使程序崩溃也是非常有可能的。

8.1.3 析构函数与动态内存分配

程序中经常需要为类的数据成员动态分配内存。可以在构造函数中使用 new 操作符来为对象成员分配空间。在这种情况下，必须提供适当的析构函数，在不再需要该对象时释放内存(或者使用智能指针，参见第 10 章)。下面首先定义一个简单的类，以进行这样的练习。

假设定义一个类，其中每个对象都是描述性的消息(如文本字符串)。这个类应该尽可能高效地利用内存，因此不能将数据成员定义成足以容纳所需最大长度字符串的 char 数组。应该在创建对象时在空闲存储器中为消息分配内存。类定义如下所示：

```
//Listing 08_02_1
class CMessage
{
  private:
    char* m_pMessage;                    // Pointer to object text string

  public:

    // Function to display a message
    void showIt() const
    {
      cout << m_pMessage << endl;
    }

    // Constructor definition
    CMessage(const char* text = "Default message")
    {
      size_t length {strlen(text) + 1};
      m_pMessage = new char[length + 1];         // Allocate space for text
      strcpy_s(m_pMessage, length + 1, text);    // Copy text to new memory
    }

    ~CMessage();                                 // Destructor prototype
};
```

该类仅定义了一个数据成员 m_pMessage，该成员是一个指向文本串的指针。这是在类的 private 部分定义的，因此不能从类外部访问。

在 public 部分，showIt()函数为 CMessage 对象输出字符串。还定义了构造函数，并添加了该类的析构函数~CMessage()的原型，我们很快就会讨论它。

类的构造函数要求实参是字符串，但如果不传递任何实参，则它使用为形参指定的默认字符串。构造函数使用在 cstring 头文件中声明的库函数 strlen()，在空闲存储器中为消息分配足够的内存。如果内存分配失败，则将抛出异常并且终止程序。如果我们希望管理此类故障，以便程序顺利运行，那么应该在构造函数代码中捕获此类异常(见第 6 章关于处理内存不足状况的信息)。

之后，使用也是在 cstring 头文件中声明的 strcpy_s()库函数，将给构造函数提供的字符串实参复制到为字符串分配的内存中。strcpy_s()函数将第三个指针实参指定的字符串复制到第一个指针实参包含的地址中。第二个实参指定目标位置的长度。

cstring 头文件声明了来自 C 运行库中的函数，它们不在名称空间中定义，所以函数名可以不使用名称空间名来限定。因为这些函数也是 C++标准库的一部分，所以这些函数名也在 std 名称空间中定义。因此可以用 std 限定它们。strcpy_s()是 Microsoft 专用的函数，不是标准库函数，所以不能用 std 限定该函数名。

现在需要编写类的析构函数，以释放为消息分配的内存。如果不给该类提供析构函数，那么程序将无法释放为类对象分配的内存。如果按照现状在程序中使用这个类创建大量的 CMessage 对象，那么将逐渐耗尽空闲存储器，直至程序失败为止。在不容易发现此类问题的环境中，却很容易出现上述现象。例如，如果要在一个被程序多次调用的函数中创建临时的 CMessage 对象，则可能认为在从函数返回时销毁该对象。当然，这种看法是正确的，只是没有释放空闲存储器中的内存。因此，每调用一次该函数，就有更多的空闲存储器内存被抛弃的 CMessage 对象占用。

CMessage 类析构函数的代码如下所示：

```
// Listing 08_02_2
// Destructor to free memory allocated by new
CMessage::~CMessage()
{
  cout << "Destructor called." << endl;     // Just to track what happens
  delete[] m_pMessage;                      // Free memory assigned to pointer
}
```

因为是在类定义外部定义析构函数，所以必须以类名 CMessage 限定析构函数名。析构函数的作用只是显示一条消息，告诉我们调用了析构函数，然后使用 delete 操作符释放 m_pMessage 成员指向的内存。注意，delete 后面的方括号是必需的，因为我们是在删除数组(char 类型)。

试一试：使用消息类

通过下面这个小示例，可以练习 CMessage 类的用法。

```
// Ex8_02.cpp
// Using a destructor to free memory
#include <iostream>          // For stream I/O
#include <cstring>           // For strlen() and strcpy()
using std::cout;
using std::endl;
```

```
// Put the CMessage class definition here (Listing 08_02_1)

// Put the destructor definition here (Listing 08_02_2)

int main()
{
  // Declare object
  CMessage motto {"A miss is as good as a mile."};

  // Dynamic object
  CMessage* pM {new CMessage {"A cat can look at a queen."}};

  motto.showIt();              // Display 1st message
  pM->showIt();                // Display 2nd message

  delete pM;                   // Manually delete object created with new
  return 0;
}
```

记着用上一节的 CMessage 类和析构函数定义的代码代替此处代码中的注释，如果没有它们，那么将不能编译该程序(下载的源代码中含有本示例的所有代码)。

示例说明

在 main()的开始部分，以通常的方式声明并定义了一个已初始化的 CMessage 对象 motto。在第二条声明语句中，定义了一个指向 CMessage 对象的指针 pM，并使用 new 操作符为该指针指向的 CMessage 对象分配内存。对 new 操作符的调用将调用 CMessage 类的构造函数，结果是再次调用 new 操作符为数据成员 m_pMessage 指向的消息文本分配空间。如果构建并执行该示例，那么将得到下面的输出：

```
A miss is as good as a mile.
A cat can look at a queen.
Destructor called.
Destructor called.
```

输出中记录了两次析构函数调用，用于两个 CMessage 对象。如前所述，编译器不负责删除在空闲存储器中创建的对象。编译器之所以为对象 motto 调用析构函数，是因为虽然该对象的数据成员占用的内存是由构造函数在空闲存储器中分配的，但它只是一个普通的自动对象。pM 指向的对象就不同了。在空闲存储器中为该对象分配内存，因此必须使用 delete 将其删除。使下面这条出现在 main()中 return 语句之前的语句是注释形式：

```
  // delete pM;                // Manually delete object created with new
```

如果现在运行该程序，则得到下面的输出：

```
A miss is as good as a mile.
A cat can look at a queen.
Destructor called.
```

现在，只调用了一次析构函数，这有些令人惊奇。显然，delete 只处理 main()函数中 new 操作符分配的内存，即只释放指针 pM 指向的内存。因为指针 pM 指向一个 CMessage 对象(该类的析构函数已经定义过)，所以 delete 操作符还要调用析构函数来释放该对象的成员所占用的内存。因此，当使用 delete 操作符删除动态创建的对象时，delete 操作符将在释放该对象占用的内存之前，首先调用该对象的析构函数。这可以确保也释放为类成员动态分配的任何内存。

8.2　实现复制构造函数

当动态地为类成员分配空间时，在空闲存储器中存在着一些不合适的对象。就 CMessage 类来说，默认的复制构造函数就不合适。假设写出下面这两条语句：

```
CMessage motto1 {"Radiation fades your genes."};
CMessage motto2 {motto1};     // Calls the default copy constructor
```

在这里，默认复制构造函数的作用是将类对象 motto1 的指针成员存储的地址复制到 motto2 中，因为默认复制构造函数实现的复制过程只是将原来对象的数据成员中存储的值复制到新对象中。因此，这两个对象将共享仅有的一个文本字符串，图 8-1 说明了这种情况。

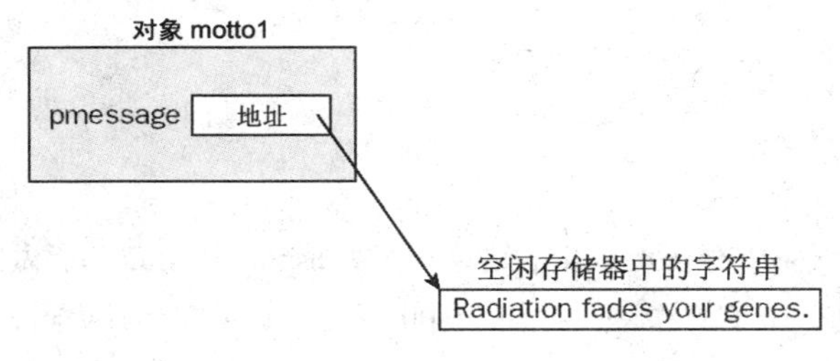

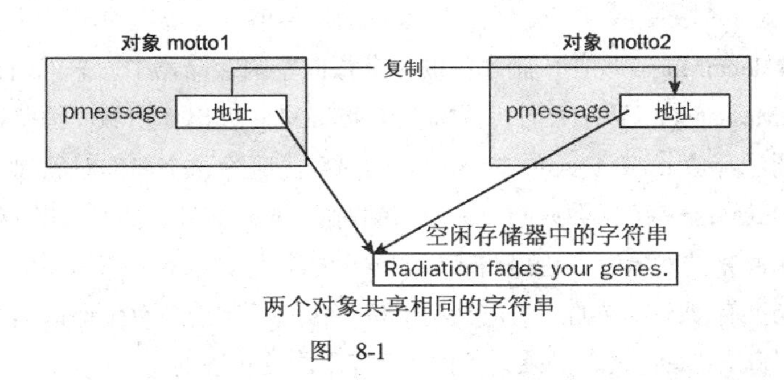

两个对象共享相同的字符串

图　8-1

在任何一个对象中对字符串进行的修改，也会修改另一个对象，因为两个对象共享相同的字符串。如果销毁 motto1，那么 motto2 中的指针将指向已经被释放、现在可能用于其他对象的内存区域，因此肯定会发生混乱。当然，如果删除 motto2，那么也会出现相同的问题。motto1 包含的指针成员将指向一个不存在的字符串。

解决方案是提供一个复制构造函数来代替默认版本。如下所示，可以在类的 public 部分实现该函数：

```
CMessage(const CMessage& aMess)
{
  size_t len {strlen(aMess.m_pMessage)+1};
  m_pMessage = new char[len];
  strcpy_s(m_pMessage, len, aMess.m_pMessage);
}
```

第 7 章讲过，为了避免对复制构造函数的无穷调用，必须将形参指定为 const 引用。该复制构造函数首先分配足够容纳 aMess 对象中字符串的内存，将地址存入新对象的数据成员 m_pMessage 中，然后复制初始化对象中的文本字符串。现在，新对象与旧对象相同，但与旧对象完全无关。

不要因为没有用另一个 CMessage 类对象初始化同类的对象，就认为我们是安全的，就不需要为复制构造函数烦恼。另一个潜伏在空闲存储器中的“恶魔”可能在我们毫无防备的情况下，突然冒出来攻击我们。考虑下面的语句：

```
CMessage thought {"Eye awl weighs yews my spell checker."};
displayMessage(thought);     // Call a function to output a message
```

其中 displayMessage()函数的定义如下所示：

```
void displayMessage(CMessage localMsg)
{
  cout << "The message is: " << endl;
  localMsg.showIt();
  return;
}
```

看起来很简单，但代码中存在着致命的错误！函数 displayMessage()所做的事情实际上与此无关，问题在于形参。形参是一个 CMessage 对象，因此调用过程中实参是通过传值方式传递的。使用默认的复制构造函数，将发生一系列事件：

(1) 创建 thought 对象，在空闲存储器中为消息“Eye awl weighs yews my spell checker”分配空间。

(2) 调用 displayMessage()函数。因为实参是通过传值方式传递的，所以使用默认复制构造函数创建实参的副本 localMsg。现在，副本中的指针指向空闲存储器中原来的对象所指向的字符串。

(3) displayMessage()函数结束时，局部对象 localMsg 超出作用域，因此程序调用 CMessage 类的析构函数，通过释放 m_pMessage 指针指向的内存，删除这个局部对象(副本)。

(4) 从 displayMessage()函数返回时，原来的对象 thought 包含的指针仍然指向刚释放的内存区域。下次再使用原来的对象时，程序将表现出异常的行为。

如果某个类拥有动态定义的成员，又利用按值传递机制给函数传递该类的对象，那么对这个函数的任何调用都将出错。因此，必须无条件地遵守下面这条规则：

如果动态地为类的成员分配空间，则必须实现复制构造函数。除非使用第 10 章介绍的智能指针，否则还应实现析构函数。

8.3 运算符重载

运算符重载是非常重要的功能，因为它能够使用像+、-、*这样的标准 C++运算符，来处理自定义数据类型的对象。该功能允许编写重新定义特定运算符的函数，从而使该运算符处理类对象时执行特定的动作。例如，可以重新定义<运算符，从而使该运算符用于前面看到的 CBox 类对象时，如果第一个实参的体积比第二个小，就返回 true。

运算符重载功能不允许使用新的运算符，也不允许改变运算符的优先级，因此运算符的重载版本在计算表达式的值时，优先级与原来的基本运算符相同。运算符的优先级表可以在本书第 2 章和 MSDN 库中找到。

虽然我们不能重载所有运算符，但限制不是特别严格。下面给出了不能重载的运算操作符。

::	作用域解析运算符
?:	条件运算符
.	直接成员选择操作符
sizeof	sizeof 操作符
.*	对指向类成员的指针解除引用的操作符

任何其他运算符都是可以重载的，这给予我们相当大的灵活性。显然，确保标准运算符的重载版本与原来的正常用途一致，或者至少在操作上相当直观，是正确的想法。如果为某个类重载的+运算符执行使类对象相乘的操作，这可能就不是明智的做法。理解运算符重载机制如何工作的最好方法是完成一个示例，因此下面为 CBox 类实现刚才提到的小于运算符<。

8.3.1 实现重载的运算符

为了给某个类实现重载的运算符，必须编写特殊的函数。假设在类定义内重载<运算符的函数是 CBox 类的成员，则该函数的声明如下所示：

```
class CBox
{
  public:
    bool operator<(const CBox& aBox) const;  // Overloaded 'less than'

  // Rest of the class definition...
};
```

这里的单词 operator 是个关键字。该关键字结合运算符符号或名称，本例中是<，将定义一个运算符函数。本例中的函数名是 operator<()。在运算符函数的声明中，关键字 operator 和运算符之间有无空格都行，前提是没有歧义。歧义出现在运算符是名称而非符号的时候，如 new 或 delete。如果写成不加空格的 operatornew 和 operatordelete，则它们都是合法的普通函数名。因此，如果要编写这些运算符的运算符函数，则必须在关键字 operator 和运算符名称之间加个空格。重载运算符函数看起来最奇怪的函数名是 operator()()。看起来似乎是输入错误，实则不然。事实上，它是重载函数调用运算符()的一个函数。注意，将 operator<()函数声明为 const，因为该函数不修改本类的数据成员。

在 operator<()运算符函数中，运算符的右操作数由函数形参定义，左操作数由 this 指针隐式定义。因此，如果有下面这条 if 语句：

```
if(box1 < box2)
   cout << "box1 is less than box2" << endl;
```

则括号中的表达式将调用重载的运算符函数，它与下面这个函数调用等价：

```
if(box1.operator<(box2))
   cout << "box1 is less than box2" << endl;
```

表达式中的 CBox 对象与运算符函数形参之间的对应关系如图 8-2 所示。

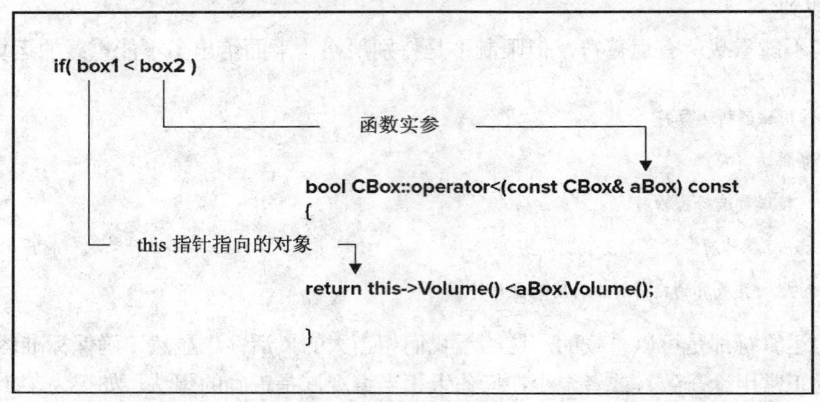

图 8-2

下面介绍 operator<()函数的工作原理：

```
// Operator function for 'less than' which
// compares volumes of CBox objects.
bool CBox::operator<(const CBox& aBox) const
{
  return this->volume() < aBox.volume();
}
```

该函数使用引用形参，以避免调用时不必要的复制开销。因为该函数不需要修改调用它的对象，所以可将其声明为 const。如果不这样做，则根本不能使用该运算符比较 CBox 类型的 const 对象。该函数也声明为 const，是因为该函数不需要修改调用它的 CBox 对象。

return 表达式使用成员函数 volume()计算 this 指向的 CBox 对象的体积，然后使用基本运算符<比较结果与对象 aBox 的体积。

对 CBox 对象进行相等比较也很容易实现：

```
bool CBox::operator==(const CBox& aBox) const
{
  return this->volume() == aBox.volume();
}
```

如果两个对象的体积相同，这段代码就假定两个对象相等。也可以将相等定义为其他方式。相等比较的更严格、更现实的实现方法是对象有相同的尺寸，这留给读者来思考。

试一试：运算符重载

可以通过如下示例练习如何使用 CBox 对象的 operator<()函数：

```
// Ex8_03.cpp
// Exercising the overloaded 'less than' and equality operators
#include <iostream>                          // For stream I/O
using std::cout;
using std::endl;

class CBox                                   // Class definition at global scope
{
  public:
    // Constructor definition
    explicit CBox(double lv = 1.0, double wv = 1.0, double hv = 1.0):
                              m_Length(lv), m_Width(wv), m_Height(hv)
    {
      cout << "Constructor called." << endl;
    }

    // Function to calculate the volume of a box
    double volume() const
    {
      return m_Length*m_Width*m_Height;
    }

    bool operator<(const CBox& aBox) const;  // Overloaded 'less than'

    // Overloaded equality operator
    bool operator==(const CBox& aBox) const
    {
      return this->volume() == aBox.volume();
    }

    // Destructor definition
    ~CBox()
    {
      cout << "Destructor called." << endl;
    }
  private:
    double m_Length;                          // Length of a box in inches
    double m_Width;                           // Width of a box in inches
    double m_Height;                          // Height of a box in inches
};

// Operator function for 'less than' that
// compares volumes of CBox objects.
inline bool CBox::operator<(const CBox& aBox) const
{
  return this->volume() < aBox.volume();
}

int main()
{
  const CBox smallBox {4.0, 2.0, 1.0};
```

```
    const CBox mediumBox {10.0, 4.0, 2.0};
    CBox bigBox {30.0, 20.0, 40.0};
    CBox thatBox {4.0, 2.0, 10.0};

    if(mediumBox < smallBox)
      cout << "mediumBox is smaller than smallBox" << endl;

    if(mediumBox < bigBox)
      cout << "mediumBox is smaller than bigBox" << endl;
    else
      cout << "mediumBox is not smaller than bigBox" << endl;

    if(thatBox == mediumBox)
      cout << "thatBox is equal to mediumBox" << endl;
    else
      cout << "thatBox is not equal to mediumBox" << endl;

    return 0;
}
```

示例说明

operator<()运算符函数的原型出现在类的 public 部分。把函数定义放在类定义外部的唯一原因是演示这种可能性。完全可以将函数定义放在类定义中，就像 operator==()函数那样。这种情况下将不需要在函数名前面用 CBox 加以限定。

main()函数中有两条对类成员使用<运算符的 if 语句，它们将自动调用重载的运算符函数。如果想确认这一点，那么可以给运算符函数添加一条输出语句。此外还有一条使用==运算符的语句。该示例的输出如下：

```
Constructor called.
Constructor called.
Constructor called.
Constructor called.
mediumBox is smaller than bigBox
thatBox is equal to mediumBox
Destructor called.
Destructor called.
Destructor called.
Destructor called.
```

输出证实，使用运算符函数的 if 语句工作正常，重载的运算符可用于 const 和非 const 对象。因此直接用 CBox 对象表示 CBox 问题的解决方案开始成为很现实的命题。

8.3.2 实现对比较运算符的完全支持

有了前面实现的 operator<()运算符函数，我们仍然有许多事情不能做。用 CBox 对象指定问题的解决方案可能涉及像下面这样的语句：

```
if(aBox < 20.0)
  // Do something...
```

函数不会处理这里的表达式。如果试图使用比较 CBox 对象与数值的表达式，代码将无法编译。为了支持该功能，需要编写另一个版本的 operator<()函数作为重载函数。

要支持刚刚看到的表达式类型非常容易。类内的成员函数定义如下所示：

```
// Function to compare a CBox object with a constant
bool CBox::operator<(const double value) const
{
  return this->volume() < value;
}
```

<运算符的右操作数对应于这里的函数形参。作为左操作数的 CBox 对象是由隐式指针 this 传递的。没有比这更简单的事情了，不是吗？但使用<运算符处理 CBox 对象仍然存在问题。我们希望写出下面这样的语句：

```
if(20.0 < aBox)
  // do something...
```

有人可能认为，实现接受 double 类型右实参的 operator>()运算符函数，然后相应重写上面这条语句，同样可以完成相同的功能，这么说非常正确。实际上无论如何，实现>运算符都是比较 CBox 对象所必需的。但是，在实现对某种对象类型的支持时，不应该人为地限制在表达式中使用这种对象的方式。对象的使用应该尽可能自然。现在的问题是如何来做。

成员运算符函数总是以左边的实参作为指针 this。因为本例中左边的实参是 double 类型，所以不能以成员函数的形式实现该运算符。剩下的只有两种选择：普通函数或友元函数。因为不需要访问 CBox 类的 private 成员，所以该函数不必是友元函数。这样可以将左操作数属于 double 类型的重载<运算符实现为普通函数，如下所示：

```
// Function comparing a constant with a CBox object
inline bool operator<(const double value, const CBox& aBox)
{
  return value < aBox.volume();
}
```

如前所述，普通函数(就这一点而论也包括友元函数)使用直接成员选择运算符和对象名访问对象的公有成员。成员函数 volume()是公有的，因此这里使用该函数没有问题。

如果 CBox 类没有公有函数 volume()，可以将运算符函数声明为能够直接访问私有数据成员的友元函数，或者提供一组返回私有数据成员数值的成员函数，然后在普通函数中使用这些函数来实现比较功能。

还有另一种方式。我们需要用到>、>=、<=和!=运算符。读者可以自己实现这些运算符，也可以使用标准库所提供的功能。Utility 头文件为运算符函数定义了一组模板，如下所示：

```
template <class T> bool operator!=(const T& x, const T& y);    // Requires ==
template <class T> bool operator>(const T& x, const T& y);     // Requires <
template <class T> bool operator<=(const T& x, const T& y);    // Requires <
template <class T> bool operator>=(const T& x, const T& y);    // Requires <
```

这些模板会给任意类创建比较运算符函数。上面的注释说明必须实现 operator<()和 operator==()，这些模板才能用于类。这些模板在 std::rel_ops 名称空间中定义，所以可以在源文件中使用下面的 using 指令启用这些模板：

```
using namespace std::rel_ops;
```

有了上述指令，就可以对类自由运用这 4 个附加的运算符函数。下面就试一试。

试一试：完成比较运算符>的完全重载

可以在示例中将这些放在一起以说明实际的工作过程：

```
// Ex8_04.cpp
// Implementing the comparison operators
#include <iostream>                        // For stream I/O
#include <utility>                         // For operator overload templates
using std::cout;
using std::endl;
using namespace std::rel_ops;

class CBox                               // Class definition at global scope
{
  public:
    // Constructor definition
    explicit CBox(double lv = 1.0, double wv = 1.0, double hv = 1.0):
                           m_Length {lv}, m_Width {wv}, m_Height {hv}
    {
      cout << "Constructor called." << endl;
    }

    // Function to calculate the volume of a box
    double volume() const
    {
      return m_Length*m_Width*m_Height;
    }

    // Operator function for 'less than' that
    // compares volumes of CBox objects.
    bool operator<(const CBox& aBox) const
    {
      return this->volume() < aBox.volume();
    }
    // 'Less than' operator function to compare a CBox object volume with a constant
    bool operator<(const double value) const
    {
      return this->volume() < value;
    }
    // 'Greater than' function to compare a CBox object volume with a constant
    bool operator>(const double value) const
    {
      return this->volume() > value;
    }

    // Overloaded equality operator
    bool operator==(const CBox& aBox) const
    {
      return this->volume() == aBox.volume();
    }

    // Destructor definition
    ~CBox()
```

```
    { cout << "Destructor called." << endl; }

  private:
    double m_Length;                  // Length of a box in inches
    double m_Width;                   // Width of a box in inches
    double m_Height;                  // Height of a box in inches
};

// Function comparing a constant with a CBox object
inline bool operator<(const double value, const CBox& aBox)
{
  return value < aBox.volume();
}

int main()
{
  CBox smallBox {4.0, 2.0, 1.0};
  CBox mediumBox {10.0, 4.0, 2.0};
  CBox otherBox {2.0, 1.0, 4.0};
  if(mediumBox != smallBox)
    cout << "mediumBox is not equal to smallBox" << endl;

  if(mediumBox > smallBox)
    cout << "mediumBox is bigger than smallBox" << endl;
  else
    cout << "mediumBox is not bigger than smallBox" << endl;

  if(otherBox >= smallBox)
    cout << "otherBox is greater than or equal to smallBox" << endl;
  else
    cout << "otherBox is smaller than smallBox" << endl;

  if(otherBox >= mediumBox)
    cout << "otherBox is greater than or equal to mediumBox" << endl;
  else
    cout << "otherBox is smaller than mediumBox" << endl;

  if(mediumBox > 50.0)
    cout << "mediumBox capacity is more than 50" << endl;
  else
    cout << "mediumBox capacity is not more than 50" << endl;

  if(10.0 < smallBox)
    cout << "smallBox capacity is more than 10"<< endl;
  else
    cout << "smallBox capacity is not more than 10"<< endl;

  return 0;
}
```

示例说明

注意普通版本 operator<()函数的原型所处的位置。该原型需要跟在类定义后面，因为它要引用 CBox 对象。如果将其放在类定义前面，则将不能编译该示例，因为那时 CBox 类型还没有定义。

有一种将函数原型放在源文件开头的方法：使用未完成的类声明，也称为类类型的前向声明。这样该函数的原型就可以放在类定义之前，声明语句如下所示：

```
class CBox;                              // Incomplete class declaration
inline bool operator<(const double value, const CBox& aBox); // Prototype
```

前向声明告诉编译器 CBox 是一个类，这足以使编译器正确处理第二行的函数原型，因为它现在知道 CBox 是后面将要指定的用户定义类型。

如果有两个类，而每个类都有一个指针成员指向另一个类的对象，在此类情形中同样需要上述机制。这两个类都要求首先声明另一个类，通过使用未完成的类声明就可以打破这样的僵局。

前向声明可以用于类类型和 enum 类型。例如：

```
enum class Suit;
```

即使还没有定义 enum 类型，这个前向声明也允许在该语句后使用 Suit enum 类型来声明变量。但是在提供该 enum 的完整定义之前，不能引用 enum 类型的枚举值。

这个示例的输出如下：

```
Constructor called.
Constructor called.
Constructor called.
mediumBox is not equal to smallBox
mediumBox is bigger than smallBox
otherBox is greater than or equal to smallBox
otherBox is smaller than mediumBox
mediumBox capacity is more than 50
smallBox capacity is not more than 10
Destructor called.
Destructor called.
Destructor called.
```

在声明 CBox 对象而输出的构造函数消息之后是 if 语句的输出，每条语句都像我们预期的那样工作。其中第一个语句调用了operator!=()函数，它是由编译器从 utility 头文件提供的模板中生成的。模板需要类中有==运算符函数的定义。

输出结果说明模板生成的所有运算符函数都是有效的。目前，我们把两个运算符函数都定义为类的普通成员函数，因为它们都只需要访问公有的 volume()函数，该函数为 public。

任何类类型的比较运算符都可以用这里演示的方式来实现，它们仅在细节方面有些不同，这取决于对象的本质。

8.3.3 重载赋值运算符

如果我们不亲自给类提供重载的赋值运算符函数，则编译器将提供一个默认的函数。默认版本只提供逐个成员的复制过程，与默认复制构造函数的功能类似；但是，不要混淆默认复制构造函数与默认赋值运算符。当定义以现有的同类对象进行初始化的类对象，或者通过以传值方式给函数传递对象时，调用默认复制构造函数。另一方面，当赋值语句的左边和右边是同类类型的对象时，调用默认赋值运算符。

就 CBox 类来说，使用默认赋值运算符没有任何问题，但对于那些给成员动态分配空间的类而言，就需要自己实现赋值运算符。如果在此类情形中不考虑赋值运算符，则程序中可能产生混乱。

让我们暂时返回到讨论复制构造函数时使用的 CMessage 类。记得该类有个成员 m_m_pMessage，它是指向字符串的指针。现在考虑默认赋值运算符可能对 CMessage 类产生的结果。假设有该类的两个实例 motto1 和 motto2。如下所示，可以尝试使用默认赋值运算符，使 motto2 的成员等于 motto1 的成员。

```
motto2 = motto1;
```

为该类使用默认赋值运算符的结果基本上与使用默认复制构造函数相同，即灾难降临！因为两个对象都有一个指向相同字符串的指针，所以只要修改一个对象的字符串，受影响的就是两个对象。另外一个问题是：当销毁该类的实例之一时，其析构函数将释放该字符串占用的内存，因此另一个对象包含的指针将指向可能已经被其他对象占用的内存。我们需要赋值运算符做的事情是将源对象的文本复制到目标对象所拥有的内存区域。

修正问题

可以使用自己的赋值运算符函数来修正上述问题，该函数在类定义内部定义。下面仅是基本代码，目前还不足以执行正确的操作：

```
// Overloaded assignment operator for CMessage objects
CMessage& operator=(const CMessage& aMess)
{
  // Release memory for 1st operand
  delete[] m_pMessage;
  size_t length { strlen(aMess.m_pMessage) + 1};
  m_pMessage = new char[length];
  // Copy 2nd operand string to 1st
  strcpy_s(this->m_pMessage, length, aMess.m_pMessage);

  return *this;                      // Return a reference to 1st operand
}
```

这里的赋值看起来非常简单，但几点微妙之处需要进一步深究。首先要注意的是，从赋值运算符函数中返回的是引用。这么做的理由似乎并不一目了然——毕竟，赋值运算符函数确实能够完成赋值操作，将复制赋值运算符右边的对象到左边。表面上看，不需要返回任何东西，但需要进一步考虑该运算符的使用方式。

有时可能需要在表达式的右边使用赋值操作的结果，考虑下面这条语句：

```
motto1 = motto2 = motto3;
```

因为赋值运算符具有右结合性(right-associative)，即首先执行将 motto3 赋给 motto2 的操作，所以该语句可翻译成下面这条语句：

```
motto1 = (motto2.operator=(motto3));
```

此处运算符函数调用的结果在等号的右边，因此该语句最终变为：

```
motto1.operator=(motto2.operator=(motto3));
```

要使这条语句工作，当然必须有返回对象。括号内对 operator=()函数的调用必须返回一个对象作为另一个 operator=()函数调用的实参。本例中，返回类型为 CMessage 或 CMessage&都可以，在此类情形中返回引用不是必需的，但无论如何都必须返回 CMessage 对象。

但是，考虑下面的例子：

```
(motto1 = motto2) = motto3;
```

这是完全合法的代码，括号旨在确保首先执行最左边的赋值。该语句可翻译成下面的语句：

```
(motto1.operator=(motto2)) = motto3;
```

当将剩下的赋值操作表示成显式的重载函数调用时，该语句最终变为：

```
(motto1.operator=(motto2)).operator=(motto3);
```

现在的情况是，从函数 operator=()返回的对象用来调用 operator=()函数。如果返回类型仅仅是 CMessage，则该语句是不合法的，因为实际返回的是原始对象的临时副本，它是 rvalue，编译器不允许使用 rvalue 调用成员函数。确保此类语句能够正确编译和工作的唯一方法是返回一个引用，它是 lvalue，因此如果希望实现使用赋值运算符处理类对象的灵活性，则唯一可能的返回类型是 CMessage&。

注意，C++语言对赋值运算符的形参和返回类型没有任何限制，但如果希望自己的赋值运算符函数支持常规的赋值用法，那么以刚才描述的方式声明赋值运算符就具有现实意义。

第二点微妙之处是，两个对象都已经拥有为字符串分配的内存，因此赋值运算符函数首先要删除分配给第一个对象的内存，然后重新分配足够的内存，以容纳属于第二个对象的字符串。做完这件事之后，就可以将来自第二个对象的字符串复制到第一个对象现在拥有的新内存中。

该运算符函数中仍然存在缺点。如果写出下面这条语句，那么将发生什么事情呢？

```
motto1 = motto1;
```

显然，我们不会直接那样做，但此类现象很容易隐藏在指针的背后，就像在下面的语句中的那样：

```
motto1 = *pMessage;
```

如果指针 pMessage 指向 motto1，那么实质上这是前面那条赋值语句。这种情况下，目前的赋值运算符函数将释放供 motto1 使用的内存，然后基于已删除的字符串的长度另外分配一些内存，并试图复制当时很可能已经被破坏的旧内存。通过在函数的开头检查左右操作数是否相同，就可以修正上述问题，因此现在 operator=()函数的定义将如下所示：

```
// Overloaded assignment operator for CMessage objects
CMessage& operator=(const CMessage& aMess)
{
  if(this != &aMess)                    // Check addresses are not equal
  {
    // Release memory for 1st operand
    delete[] m_pMessage;
    size_t length { strlen(aMess.m_pMessage) + 1};
    m_pMessage = new char[length];
```

```
    // Copy 2nd operand string to 1st
    strcpy_s(this->m_pMessage, length, aMess.m_pMessage);
  }

  return *this;                    // Return a reference to 1st operand
}
```

试一试：重载赋值运算符

下面将完整的 operator=()函数代码放在可运行的示例中，同时还向 CMessage 类中添加一个 Reset()成员函数。该函数的作用仅是将消息重新设置为星号字符串。

```
// Ex8_05.cpp
// Overloaded assignment operator working well
#include <iostream>
#include <cstring>
using std::cout;
using std::endl;

class CMessage
{
  private:
    char* m_pMessage;                    // Pointer to object text string

  public:
    // Function to display a message
    void showIt() const
    {
      cout << m_pMessage << endl;
    }

    //Function to reset a message to *
    void reset()
    {
      char* temp {m_pMessage};
      while(*temp)
        *(temp++) = '*';
    }
    // Overloaded assignment operator for CMessage objects
    CMessage& operator=(const CMessage& aMess)
    {
      if(this != &aMess)                 // Check addresses are not equal
      {
        // Release memory for 1st operand
        delete[] m_pMessage;
        size_t length {strlen(aMess.m_pMessage) + 1};
        m_pMessage = new char[length];

        // Copy 2nd operand string to 1st
        strcpy_s(this->m_pMessage, length, aMess.m_pMessage);
      }
      return *this;                      // Return a reference to 1st operand
    }
```

```
    // Constructor definition
    CMessage(const char* text = "Default message")
    {
      size_t length {strlen(text) + 1};
      m_pMessage = new char[length];          // Allocate space for text
      strcpy_s(m_pMessage, length, text);      // Copy text to new memory
    }

    // Copy constructor definition
    CMessage(const CMessage& aMess)
    {
      size_t length {strlen(aMess.m_pMessage)+1};
      m_pMessage = new char[length];
      strcpy_s(m_pMessage, length, aMess.m_pMessage);
    }

    // Destructor to free memory allocated by new
    ~CMessage()
    {
      cout << "Destructor called." << endl;    // Just to track what happens
      delete[] m_pMessage;                     // Free memory assigned to pointer
    }
};

int main()
{
  CMessage motto1 {"The devil takes care of his own."};
  CMessage motto2;
  cout << "motto2 contains:" << endl;
  motto2.showIt();
  motto2 = motto1;                            // Use new assignment operator
  cout << "motto2 contains:" << endl;
  motto2.showIt();

  motto1.reset();                             // Setting motto1 to * doesn't
                                              // affect motto2
  cout << "motto1 now contains:" << endl;
  motto1.showIt();
  cout << "motto2 still contains:" << endl;
  motto2.showIt();

  return 0;
}
```

从该程序的输出可以看出，一切都完全按照要求工作，两个对象的消息之间没有任何联系：

```
motto2 contains:
Default message
motto2 contains:
The devil takes care of his own
motto1 now contains:
********************************
motto2 still contains:
The devil takes care of his own
```

```
Destructor called.
Destructor called.
```

由此得到另一条黄金规则：

如果需要给类的数据成员动态分配空间，则必须实现赋值运算符。

实现赋值运算符之后，在+=这样的操作中将发生什么事情呢？除非实现这样的运算符，否则它们不能工作。对于希望用来处理类对象的每种 op=形式，都需要编写另一个运算符函数。

8.3.4　重载加法运算符

本节将介绍如何为 CBox 类重载加法运算符。这是个有趣的问题，因为涉及创建和返回新的对象。新对象是两个操作数(两个 CBox 对象)的和(无论将和的意义定义成什么)。

那么，我们真正希望两个箱子的和是什么？关于这一点有很多合法的可能性，但我们在这里将力求简单。下面这样定义两个 CBox 对象的和：它是个 CBox 对象，其体积足够容纳这两个摞在一起的箱子。理想情况下，可通过把两个箱子的最短尺寸合并起来将它们连接起来。为此，可以确保箱子的高度总是最小的尺寸。如果使箱子的长度总是大于或等于宽度，即可使两个箱子相加的结果不大于需要的空间。相加所得的新对象的 m_Length 成员等于两个相加对象中较大的 m_Length 成员，并以类似的方式求出 m_Width 成员，然后使 m_Height 成员等于两个操作数对象的 m_Height 成员的和，即可使合成的 CBox 对象足以包含这两个 CBox 对象。这种实现方法未必是最优的解决方案，因为两个箱子可以绕着高度轴旋转，得到更有效的合并方式，但就我们的目的而言已经足够。通过修改构造函数，还将使 CBox 对象的长度、宽度和高度按降序排列。

CBox 类的加法运算符版本更容易通过图形来解释，因此在图 8-3 中阐明了相加的过程。

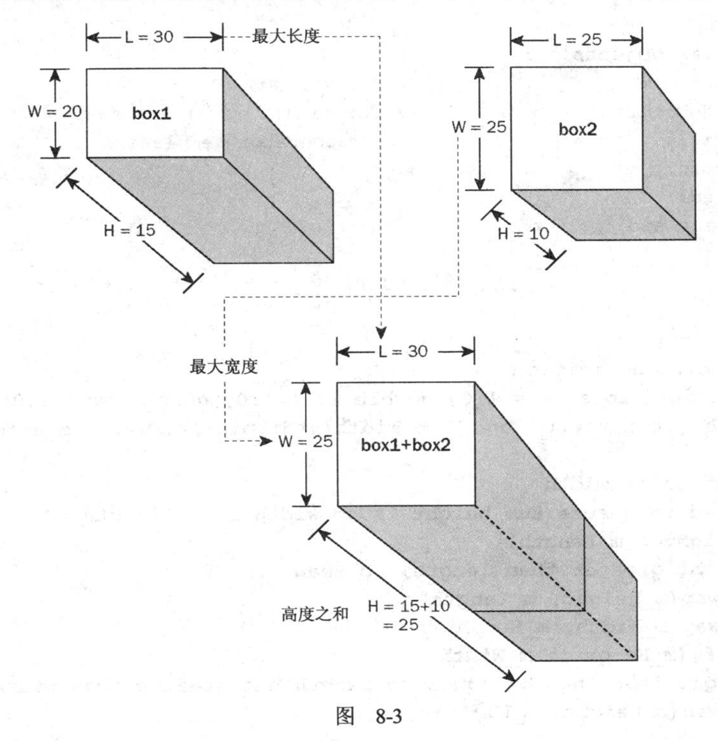

图　8-3

因为需要访问 CBox 对象的私有成员，所以应该将 operator+()实现为该类的成员函数。该函数成员在类定义内部的声明如下所示：

```
CBox operator+(const CBox& aBox) const; // Function adding two CBox objects
```

我们将形参定义成引用，以避免调用该函数时不必要地复制右边的实参。我们还将形参声明为 const 引用，因为该函数不修改实参。形参必须声明为 const 引用，才允许将 const 对象传递给这个函数，该运算符函数也必须声明为 const，才允许左操作数是 const CBox 对象。

algorithm 头文件定义了 max()和 min()的函数模板，分别返回两个值中的较大者和较小者。使用第一个函数模板定义 operator+()函数，如下所示：

```
// Function to add two CBox objects
CBox CBox::operator+(const CBox& aBox) const
{
  // New object has larger length and width, and sum of heights
  return CBox(std::max(m_Length, aBox.m_Length),
              std::max(m_Width , aBox.m_Width) ,
              m_Height + aBox.m_Height);
}
```

根据当前对象(*this)和传递的实参对象 aBox，我们构造出一个局部的 CBox 对象。返回过程将创建局部对象的临时副本，并将此副本(而非从函数返回时将被抛弃的局部对象)返回给调用程序。

试一试：练习使用重载的加法运算符

在这个示例中，介绍了 CBox 类中重载加法运算符的工作过程。

```
// Ex8_06.cpp
// Adding CBox objects
#include <iostream>                    // For stream I/O
#include <algorithm>                   // For min(), max() and swap()
#include <utility>                     // For operator templates
using std::cout;
using std::endl;
using namespace std::rel_ops;

class CBox                            // Class definition at global scope
{
 public:
  // Constructor definition
  explicit CBox(double lv = 1.0, double wv = 1.0, double hv = 1.0):
    m_Length {std::max(lv, wv)}, m_Width{std::min(lv, wv)}, m_Height{hv}
  {
   // height is <= width
   // We need to ensure the height is <= width is <= length
   if (m_Height > m_Length)
   { // height greater than length, so swap them
     std::swap(m_Height, m_Length);
     std::swap(m_Width, m_Height);
   } else if (m_Height > m_Width)
   { // height less than or equal to length but greater than width so swap
     std::swap(m_Height, m_Width);
```

```
    }
  }

  // Function to calculate the volume of a box
  double volume() const
  {
    return m_Length*m_Width*m_Height;
  }

  // Operator function for 'less than' that
  // compares volumes of CBox objects.
  bool operator<(const CBox& aBox) const
  {
    return this->volume() < aBox.volume();
  }

  // 'Less than' operator function to compare a CBox object volume with a constant
  bool operator<(const double value) const
  {
    return this->volume() < value;
  }

  // 'Greater than' function to compare a CBox object volume with a constant
  bool operator>(const double value) const
  {
    return this->volume() > value;
  }

  // Overloaded equality operator
  bool operator==(const CBox& aBox) const
  {
    return this->volume() == aBox.volume();
  }

  // Function to add two CBox objects
  CBox operator+(const CBox& aBox) const
  {
    // New object has larger length & width, and sum of heights
    return CBox(std::max(m_Length, aBox.m_Length),
                std::max(m_Width , aBox.m_Width) ,
                m_Height + aBox.m_Height);
  }

  // Function to show the dimensions of a box
  void showBox() const
  {
    cout << m_Length << " " << m_Width  << " " << m_Height << endl;
  }

private:
  double m_Length;                      // Length of a box in inches
  double m_Width;                       // Width of a box in inches
  double m_Height;                      // Height of a box in inches
};
```

```
// Function comparing a constant with a CBox object
inline bool operator>(const double value, const CBox& aBox)
{
  return value > aBox.volume();
}

int main()
{
  CBox smallBox {4.0, 2.0, 1.0};
  CBox mediumBox {10.0, 4.0, 2.0};
  CBox aBox;
  CBox bBox;
  cout << "smallBox dimensions are ";
  smallBox.showBox();
  cout << "mediumBox dimensions are ";
  mediumBox.showBox();
  aBox = smallBox + mediumBox;
  cout << "aBox dimensions are ";
  aBox.showBox();
  bBox = aBox + smallBox + mediumBox;
  cout << "bBox dimensions are ";
  bBox.showBox();
  return 0;
}
```

本章后面将再次使用 CBox 类的定义。因此现在请在书上作好记号，稍后可能需要返回到这里。

示例说明

在该示例中，我们稍微修改了 CBox 类的成员。我们删除了析构函数，因为对 CBox 类而言它不是必需的。构造函数修改成确保 m_Length、m_Width 和 m_Height 成员按降序排列，这使用 algorithm 头文件定义的 max()、min()和 swap()模板函数来实现。swap()模板函数交换其实参的值。

我们还添加了一个输出 CBox 对象尺寸的 showBox()函数。使用该函数能够验证重载的加法操作是否像预期的那样工作。

该程序的输出如下：

```
smallBox dimensions are 4 2 1
mediumBox dimensions are 10 4 2
aBox dimensions are 10 4 3
bBox dimensions are 10 6 4
```

该输出看来与前面定义的使 CBox 对象相加的概念一致。另外可以看出，该函数还可以处理表达式中的多次加法操作。为了计算 bBox，调用了两次重载的加法运算符。结果显示，这种合并方式并不是最优的。

也可以以友元函数的形式实现 CBox 类的加法操作，其原型如下：

```
friend CBox operator+(const CBox& aBox, const CBox& bBox);
```

除需要使用直接成员选择操作符获得函数两个实参的成员以外，得出结果的过程将完全相同。

algorithm 头文件还定义了许多其他的模板函数，在处理容器时可以使用它们，参见第 10 章。

8.3.5　重载递增和递减运算符

本节简要介绍在类中重载递增和递减运算符的机制，因为它们有一些区别于其他一元运算符的特性。我们需要一种方法来处理++和--运算符有前缀和后缀两种形式，而且根据其是否在其前缀或后缀形式中应用运算符结果是不同的。对应于递增、递减运算符的前缀和后缀形式的重载运算符是不同的。例如，下面是在名为 Length 的类中定义这些运算符的方法：

```
class Length
{
  private:
    double m_Length;                    // Length value for the class

  public:
    Length& operator++();               // Prefix increment operator
    const Length operator++(int);       // Postfix increment operator

    Length& operator--();               // Prefix decrement operator
    const Length operator--(int);       // Postfix decrement operator

  // rest of the class...

};
```

这个简单的类只是将长度存储为 double 类型的值。在现实中，也许需要定义更复杂的 length 类，但此处的代码旨在说明如何重载递增和递减运算符。

区分重载运算符前缀和后缀形式的首要方法是利用形参列表。前缀形式没有形参，后缀形式有一个 int 类型的形参。后缀运算符函数的形参只是为了将其同前缀形式区别开来，除此之外它在函数实现中没有任何用处。

前缀形式的递增和递减运算符在表达式中使用操作数的值之前将其递增或递减，因此在递增或递减当前对象之后，只需要返回该对象的引用即可。下面是 Length 类的前缀 operator++()函数的实现示例：

```
inline Length& Length::operator++()
{
  ++(this->m_Length);
  return *this;
}
```

而在后缀形式中，操作数是在表达式中使用其当前值之后递增的。要实现这一点，需要在递增当前对象之前创建当前对象的副本，并在修改过当前对象之后返回新创建的副本对象。下面是实现重载 Length 类的后缀++运算符的函数示例：

```
inline const Length Length::operator++(int)
{
```

```
    Length length {*this};                // Copy the current object
    ++*this;                              // Increment the current object
    return length;                        // Return the copy
  }
```

复制了当前对象后，使用类的前缀++运算符递增它，然后返回当前对象原来未递增时的副本，运算符所在的表达式中使用的正是这个值。将返回值声明为const，以防止编译类似data++++这样的表达式。

8.3.6 重载函数调用操作符

函数调用操作符是()，因此，此操作符的函数重载是operator()()。重载函数调用操作符的类对象称为函数对象或仿函数(functor)，因为我们可以像使用函数名一样使用对象名。先来看一个简单的例子。下面是重载了函数调用操作符的一个类：

```
class Area
{
 public:
 int operator()(int length, int width) { return length*width; }
};
```

此类中的操作符函数计算一个面积，它是两个整数实参的乘积。为了使用此操作符函数，只需要创建一个类型为Area的对象，例如：

```
Area area;                                        // Create function object
int pitchLength {100}, pitchWidth {50};
int pitchArea {area(pitchLength, pitchWidth)};    // Execute function call overload
```

第一条语句创建第三条语句中使用的area对象，第三条语句使用此对象来调用对象的函数调用操作符。在此例中，返回的是足球场的面积。

当然，也可以将一个函数对象传递给另一个函数，就像传递任何其他对象一样。看看下面这个函数：

```
void printArea(int length, int width, Area& area)
{
  std::cout << "Area is " << area(length, width) << std::endl;
}
```

下面是使用此函数的语句：

```
printArea(20, 35, Area());
```

这条语句调用printArea()函数，前两个实参分别指定矩形的长和宽。第三个实参调用默认构造函数，以创建一个Area对象，函数中计算面积时要使用此Area对象。因此，函数对象提供了一种方式，可以将函数作为实参传递给另一个函数。与使用函数指针相比，这种方式既简单又容易。

定义函数对象的类一般不需要数据成员，也没有定义的构造函数，因此创建和使用函数对象的开销是最小的。函数对象类通常也定义为模板，因为这会增加灵活性。

注意：第 10 章将学习 std::function<>模板，它为传递函数提供了更大的灵活性。

8.4　对象复制问题

按值传递实参到函数时，复制是隐式进行的。当实参是基本类型时，这样没有问题。但是，如果实参是类类型的对象时，这就可能有问题了。对象复制操作所产生的系统开销会很大，尤其是当对象很大或占用的内存是动态分配时。对象复制是通过调用类的复制构造函数完成的，因此，此类函数的效率对于执行性能来说至关重要。在讨论 CMessage 类时我们已看到过，赋值运算符也涉及对象的复制。但是，有些情况下，这样的复制操作实际上是没有必要的，如果能够找到合适的办法避免这样的复制操作，则执行时间可能会大大缩短。rvalue 引用实参是解决这一问题的关键。

8.4.1　避免不必要的复制操作

通过修改 Ex8_05.cpp 的 CMessage 类，我们来看看如何避免不必要的复制操作。下面是 CMessage 类实现相加运算符之后的版本。

```
class CMessage
{
  private:
    char* m_pMessage;                   // Pointer to object text string

  public:
    // Function to display a message
    void showIt() const
    {
      cout << m_pMessage << endl;
    }

    // Overloaded addition operator
    CMessage operator+(const CMessage& aMess) const
    {
      cout << "Add operator function called." << endl;
      size_t len {strlen(m_pMessage) + strlen(aMess.m_pMessage) + 1};
      CMessage message;
      message.m_pMessage = new char[len];
      strcpy_s(message.m_pMessage, len, m_pMessage);
      strcat_s(message.m_pMessage, len, aMess.m_pMessage);
      return message;
    }

    // Overloaded assignment operator for CMessage objects
    CMessage& operator=(const CMessage& aMess)
    {
      cout << "Assignment operator function called." << endl;
      if(this != &aMess)                   // Check addresses are not equal
      {
```

```
      // Release memory for 1st operand
      delete[] m_pMessage;
      size_t length {strlen(aMess.m_pMessage) + 1};
      m_pMessage = new char[length];

      // Copy 2nd operand string to 1st
      strcpy_s(this->m_pMessage, length, aMess.m_pMessage);

    }
    return *this;                          // Return a reference to 1st operand
  }

  // Constructor definition
  CMessage(const char* text = "Default message")
  {
    cout << "Constructor called." << endl;
    size_t length {strlen(text) + 1};
    m_pMessage = new char[length];          // Allocate space for text
    strcpy_s(m_pMessage, length, text);     // Copy text to new memory
  }

  // Copy constructor definition
  CMessage(const CMessage& aMess)
  {
    cout << "Copy constructor called." << endl;
    size_t length {strlen(aMess.m_pMessage) + 1};
    m_pMessage = new char[length];
    strcpy_s(m_pMessage, length, aMess.m_pMessage);
  }

  // Destructor to free memory allocated by new
  ~CMessage()
  {
    cout << "Destructor called." << endl;  // Just to track what happens
    delete[] m_pMessage;                    // Free memory assigned to pointer
  }
};
```

对 Ex8_05.cpp 版本所做的修改采用突出显示。现在从构造函数和赋值运算符函数的输出，来跟踪何时调用它们。此类中还有一个复制构造函数和一个 operator+()函数。operator+()函数用来将两个 CMessage 对象加起来。我们可以添加将 CMessage 对象用字符串字面量连接起来的版本，但根据目前的用途，没必要这么做。通过 CMessage 对象上的一些简单操作，来看看复制时都发生了些什么。

试一试：跟踪对象的复制操作

下面的代码用来练习 CMessage 类：

```
// Ex8_07.cpp
// How many copy operations?
#include <iostream>
#include <cstring>
using std::cout;
using std::endl;
```

```
// Insert CMessage class definition here...

int main()
{
  CMessage motto1 {"The devil takes care of his own. "};
  CMessage motto2 {"If you sup with the devil use a long spoon.\n"};
  CMessage motto3;
  cout << " Executing: motto3 = motto1 + motto2 " << endl;
  motto3 = motto1 + motto2;
  cout << " Done!! " << endl << endl;

  cout << " Executing: motto3 = motto3 + motto1 + motto2 " << endl;
  motto3 = motto3 + motto1 + motto2;
  cout << " Done!! " << endl << endl;

  cout << "motto3 contains:" << endl;
  motto3.showIt();

  return 0;
}
```

此示例产生如下输出：

```
Constructor called.
Constructor called.
Constructor called.
 Executing: motto3 = motto1 + motto2
Add operator function called.
Constructor called.
Copy constructor called.
Destructor called.
Assignment operator function called.
Destructor called.
 Done!!

 Executing: motto3 = motto3 + motto1 + motto2
Add operator function called.
Constructor called.
Copy constructor called.
Destructor called.
Add operator function called.
Constructor called.
Copy constructor called.
Destructor called.
Assignment operator function called.
Destructor called.
Destructor called.
 Done!!

motto3 contains:
The devil takes care of his own. If you sup with the devil use a long spoon.
The devil takes care of his own. If you sup with the devil use a long spoon.

Destructor called.
Destructor called.
```

```
Destructor called.
```

示例说明

我们感兴趣的第一条语句是：

```
motto3 = motto1 + motto2;            // Use new addition operator
```

这条语句调用 operator+()将 motto1 和 motto2 相加，此运算符函数调用构造函数来创建要返回的临时对象。然后，复制构造函数复制返回的对象，可以从析构函数调用中看到，析构函数销毁了此返回对象。然后 operator=()函数将副本复制到 motto3 中。最后，通过调用析构函数，销毁作为赋值操作右操作数的临时对象。这条语句导致了两个复制临时对象(rvalue)的操作。

我们感兴趣的第二条语句是：

```
motto3 = motto3 + motto1 + motto2;
```

首先调用 operator+()函数连接 motto3 和 motto1，此运算符函数调用构造函数来创建要返回的对象。然后使用复制构造函数来复制返回的对象，在析构函数销毁函数中创建的原始对象之后，通过再一次调用 operator+()函数，连接副本与 motto2，重复执行函数调用序列。最后，调用 operator=()函数来存储结果。因此对于这条简单的语句，有 3 个临时对象复制操作，两个操作来自复制构造函数调用，一个操作来自赋值运算符。

如果 CMessage 是一个十分复杂的大对象，那么所有这些复制操作在运行时间方面是非常昂贵的。如果可以避免这些复制操作，就可以大大地提高执行效率。我们来看看如何能够做到这一点。

8.4.2 应用 rvalue 引用形参

当源对象是一个临时对象，在复制操作之后立即就被销毁时，复制的替代方案是偷用由 m_m_pMessage 成员指向的临时对象的内存，并传送到目标对象。如果可以这么做，那么不需要为目标对象分配更多的内存，不需要复制对象，也不需要释放源对象拥有的内存。在操作完成之后将立即销毁源对象，因此这么做没有风险——只是加快了执行速度。实现此技术的关键是检测复制操作中的源对象何时是一个 rvalue。这正是 rvalue 引用形参能做的事情。

可以像下面这样额外创建 operator=()函数的重载：

```
CMessage& operator=(CMessage&& aMess)
{
  cout << "Move assignment operator function called." << endl;
  delete[] m_pMessage;              // Release memory for left operand
  m_pMessage = aMess.m_pMessage;     // Steal string from rhs object
  aMess.m_pMessage = nullptr;       // Null rhs pointer
  return *this;                   // Return a reference to 1st operand
}
```

当右操作数是一个 rvalue，即临时对象时，调用此运算符函数。当右操作数是一个 lvalue 时，调用具有 lvalue 引用形参的原始函数。函数的 rvalue 引用版本删除目标对象的 m_pMessage 成员指向的字符串，并复制源对象的 m_pMessage 成员中存储的地址。然后将源对象的 m_pMessage 成员设置为 nullptr。这么做是必需的，源对象的析构函数调用会删除消息。需要注意的是，在此例中，不能将形参指定为 const，因为您正在修改它。

添加具有 rvalue 引用形参的复制构造函数的重载，可以将相同的逻辑应用于复制构造函数操作：

```
CMessage(CMessage&& aMess)
{
  cout << "Move constructor called." << endl;
  m_pMessage = aMess.m_pMessage;
  aMess.m_pMessage = nullptr;
}
```

不是将源对象的消息复制到被构造的对象，取而代之的只是将消息字符串的地址从源对象传输到新对象，因此在此例中，复制只是一个移动操作。与以前一样，将源对象的 m_pMessage 设置为 nullptr，以防止析构函数删除消息字符串。具有 rvalue 引用形参的复制构造函数称为移动构造函数。

试一试：高效的对象复制操作

创建一个新的控制台应用程序 Ex8_08，并复制 Ex8_07 的代码。然后添加重载的 operator=()函数，并将刚才讨论的构造函数复制到 CMessage 类定义中。此例子会产生如下输出：

```
Constructor called.
Constructor called.
Constructor called.
 Executing: motto3 = motto1 + motto2
Add operator function called.
Constructor called.
Move constructor called.
Destructor called.
Move assignment operator function called.
Destructor called.
 Done!!

 Executing: motto3 = motto3 + motto1 + motto2
Add operator function called.
Constructor called.
Move constructor called.
Destructor called.
Add operator function called.
Constructor called.
Move constructor called.
Destructor called.
Move assignment operator function called.
Destructor called.
Destructor called.
 Done!!

motto3 contains:
The devil takes care of his own. If you sup with the devil use a long spoon.
The devil takes care of his own. If you sup with the devil use a long spoon.

Destructor called.
Destructor called.
Destructor called.
```

示例说明

从输出结果可以看到，上例中涉及对象复制的所有操作现在都执行为移动操作。与复制构造函数调用一样，赋值运算符函数调用现在使用的是具有 rvalue 引用形参的版本。输出结果还表明，motto3 字符串的最后结果与以前相同，因此一切工作正常。

对于定义复杂对象的类，实现移动赋值运算符、移动构造函数、赋值运算符和复制构造函数，会大大地提高性能。

如果在类中定义 operator=()成员函数和复制构造函数时，将形参定义为非常量 rvalue 引用，则需要确保也定义了具有 const lvalue 引用形参的标准版本。否则，编译器会提供它们的默认版本，逐一成员地进行复制。这肯定不是我们所期望的。

8.4.3 命名的对象是 lvalue

当调用 CMessage 类中的移动赋值运算符函数时，我们肯定知道实参(即右操作数)是一个 rvalue，因此，它是一个临时对象，我们可以偷用它的内存。但是，在此运算符函数的函数体内，形参 aMess 是一个 lvalue。这是因为任何表达式，如果是一个命名的变量，则它是一个 lvalue。这可能会重新导致效率低下，我们会通过使用 CMessage 类的修改版本来演示这一点。

```
class CMessage
{
private:
  CText m_Text;                     // Object text string

public:
  // Function to display a message
  void showIt() const
  {
    m_Text.showIt();
  }

  // Overloaded addition operator
  CMessage operator+(const CMessage& aMess) const
  {
    cout << "CMessage add operator function called." << endl;
    CMessage message;
    message.m_Text = m_Text + aMess.m_Text;
    return message;
  }

  // Copy assignment operator for CMessage objects
  CMessage& operator=(const CMessage& aMess)
  {
    cout << "CMessage copy assignment operator function called." << endl;
    if(this != &aMess)              // Check addresses not equal
    {
      m_Text = aMess.m_Text;
    }
```

```
    return *this;                  // Return a reference to 1st operand
  }

  // Move assignment operator for CMessage objects
  CMessage& operator=(CMessage&& aMess)
  {
    cout << "CMessage move assignment operator function called." << endl;
    m_Text = aMess.m_Text;
    return *this;                  // Return a reference to 1st operand
  }

  // Constructor definition
  CMessage(const char* str = "Default message")
  {
    cout << "CMessage constructor called." << endl;
    m_Text = CText(str);
  }

  // Copy constructor definition
  CMessage(const CMessage& aMess)
  {
    cout << "CMessage copy constructor called." << endl;
    m_Text = aMess.m_Text;
  }

  // Move constructor definition
  CMessage(CMessage&& aMess)
  {
    cout << "CMessage move constructor called." << endl;
    m_Text = aMess.m_Text;
  }
};
```

消息文本现在存储为 CText 类型的对象，CMessage 类的成员函数也进行了相应的修改。需要注意的是，CMessage 类具有 rvalue 引用版本的复制构造函数和赋值运算符，因此在可能的情况下，它应该是移动而不是创建新对象。下面是 CText 类的定义：

```
class CText
{
private:
  char* pText;

public:
  // Function to display text
  void showIt() const
  {
    cout << pText << endl;
  }

  // Constructor
  CText(const char* pStr="No text")
  {
    cout << "CText constructor called." << endl;
    size_t len {strlen(pStr)+1};
```

```
    pText = new char[len];                          // Allocate space for text
    strcpy_s(pText, len, pStr);                     // Copy text to new memory
  }

  // Copy constructor definition
  CText(const CText& txt)
  {
    cout << "CText copy constructor called." << endl;
    size_t len {strlen(txt.pText)+1};
    pText = new char[len];
    strcpy_s(pText, len, txt.pText);
  }

  // Move constructor definition
  CText(CText&& txt)
  {
    cout << "CText move constructor called." << endl;
    pText = txt.pText;
    txt.pText = nullptr;
  }

  // Destructor to free memory allocated by new
  ~CText()
  {
    cout << "CText destructor called." << endl;    // Just to track what happens
    delete[] pText;                                 // Free memory
  }

  // Assignment operator for CText objects
  CText& operator=(const CText& txt)
  {
    cout << "CText assignment operator function called." << endl;
    if(this != &txt)                          // Check addresses not equal
    {
      delete[] pText;                         // Release memory for 1st operand
      size_t length {strlen(txt.pText) + 1};
      pText = new char[length];

      // Copy 2nd operand string to 1st
      strcpy_s(this->pText, length, txt.pText);
    }
    return *this;                             // Return a reference to 1st operand
  }

  // Move assignment operator for CText objects
  CText& operator=(CText&& txt)
  {
    cout << "CText move assignment operator function called." << endl;
    delete[] pText;                           // Release memory for 1st operand
    pText = txt.pText;
    txt.pText = nullptr;
    return *this;                             // Return a reference to 1st operand
  }

  // Overloaded addition operator
```

```
  CText operator+(const CText& txt) const
  {
    cout << "CText add operator function called." << endl;
    size_t length {strlen(pText) + strlen(txt.pText) + 1};
    CText aText;
    aText.pText = new char[length];
    strcpy_s(aText.pText, length, pText);
    strcat_s(aText.pText, length, txt.pText);
    return aText;
  }
};
```

看起来似乎有很多代码，这是因为 CText 类具有重载的复制构造函数和赋值运算符版本，并定义了 operator+()函数、移动构造函数和移动赋值运算符。CMessage 类在实现自己的成员函数时使用了它们。同时还用输出语句来跟踪何时调用了每个函数。下面通过一个示例来练习这些类的用法。

试一试：重新导致效率低下

下面是一个简单的 main()函数，它使用 CMessage 类的复制构造函数和赋值运算符：

```
// Ex8_09.cpp Creeping inefficiencies
#include <iostream>
#include <cstring>
using std::cout;
using std::endl;

// Insert CText class definition here...
// Insert CMessage class definition here...

int main()
{
  CMessage motto1 {"The devil takes care of his own. "};
  CMessage motto2 {"If you sup with the devil use a long spoon.\n"};

  cout << endl << " Executing: CMessage motto3{motto1+motto2}; " << endl;
  CMessage motto3 {motto1+motto2};
  cout << " Done!! " << endl << endl << "motto3 contains:" << endl;
  motto3.showIt();
  CMessage motto4;
  cout << " Executing: motto4 = motto3 + motto2; " << endl;
  motto4 = motto3 + motto2;
  cout << " Done!! " << endl << endl << "motto4 contains:" << endl;
  motto4.showIt();

  return 0;
}
```

示例说明

main()函数中相对很少的语句却产生了很多输出。我们只讨论几个有意思的地方。首先考虑执行下面这条语句产生的输出：

```
CMessage motto3 {motto1+motto2};
```

输出如下所示：

```
CMessage add operator function called.
CText constructor called.
CMessage constructor called.
CText constructor called.
CText move assignment operator function called.
CText destructor called.
CText add operator function called.
CText constructor called.
CText move constructor called.
CText destructor called.
CText move assignment operator function called.
CText destructor called.
CText constructor called.
CMessage move constructor called.
CText assignment operator function called.
CText destructor called.
```

要了解到底发生了些什么事，需要将输出消息与被调用函数中的代码关联起来。首先调用CMessage类的operator+()函数，将motto1与motto2连接起来。在operator+()函数体内，调用CMessage构造函数来创建消息对象，在此过程中，调用CText构造函数。一切进行得很顺利，直到到达输出的倒数第二行，即表明调用 CMessage 移动构造函数的那行输出后面。当此构造函数执行时，实参必须是临时的(即一个 rvalue)，因此，函数体中存储 text 成员值的赋值语句应该是 CText 对象的一个移动赋值操作，而不是复制赋值操作。于是问题就出现了，因为在CMessage移动构造函数内，aMess形参是一个 lvalue(因为它有名称)，尽管事实上我们肯定知道传递给函数的实参是一个 rvalue。这就意味着 aMess.text 也是一个 lvalue。如果不是，则会调用 CMessage 复制构造函数。

下面这条语句也会产生同样的问题：

```
motto4 = motto3 + motto2;
```

如果看一下这条语句的输出，就会发现当调用 CMessage 对象的移动赋值运算符时会产生完全相同的问题。当实际上可以移动实参的 text 成员时，却对它进行了复制。

如果有办法在CMessage类的移动赋值和移动构造函数中强制aMess.text成为一个rvalue，就可以修复这些效率低下的问题。utility头文件特意提供了std::move()函数，它所完成的工作完全符合我们的期望。此函数返回作为 rvalue 传递给它的任何实参。可以像下面这样更改 CMessage 移动构造函数：

```
CMessage(CMessage&& aMess)
{
  cout << "CMessage move constructor called." << endl;
  m_Text = std::move(aMess.m_Text);
}
```

现在，赋值语句右边是一个 rvalue，此语句设置新对象的 m_Text 成员，所以调用 CText 类中的移动赋值运算符函数，而不是复制赋值运算符函数。

可以用相似的方式修改移动赋值运算符函数：

```
CMessage& operator=(CMessage&& aMess)
{
```

```
    cout << "CMessage move assignment operator function called." << endl;
    m_Text = std::move(aMess.m_Text);
    return *this;                    // Return a reference to 1st operand
  }
```

std::move()函数在 utility 头文件中声明，所以需要在此示例中添加它的#include 指令。这个版本在下载文件的 Ex8_09.cpp 中。如果重新编译程序并再次执行它，则从输出可以看到，已经修改的两个函数调用了 CText 移动赋值运算符函数。在类中实现构造函数和赋值运算符函数称为移动语义。

8.5　默认的类成员

请记住，编译器能为类默认提供一切所需要的。假定定义了如下类：

```
class MyClass
{
public:
  int data {};
};
```

这个类只定义了一个数据成员，似乎可做的工作很少，但编译器提供了一些成员。如果没有指定，编译器将提供如下成员的定义：

- 默认的构造函数：

```
MyClass(){}
```

- 执行逐个成员复制操作的复制构造函数：

```
MyClass(const MyClass& obj) {/* Copy members */}
```

- 析构函数定义如下：

```
~MyClass(){}
```

- 执行逐个成员复制操作的默认赋值操作符：

```
MyClass& operator=(const MyClass& obj) {/* Copy members */}
```

如果定义了构造函数，编译器就不提供默认构造函数。如果不希望默认复制构造函数和赋值运算符受影响，就必须定义它们。如果不希望把它们包含在类中，就可以用= delete 标记它们。使用 default 关键字可以指定包含默认提供的成员，所以 MyClass 的定义如下：

```
class MyClass
{
public:
  int data {};

  MyClass() = default;                                  // No-arg constructor
  MyClass(const MyClass& obj) = default;                // Copy constructor
  MyClass& operator=(const MyClass& obj) = default;     // Assignment operator
  ~MyClass() = default;                                 // Destructor
};
```

指定这些成员，就说明我们希望包含它们。

Visual C++当前没有实现自动定义的移动构造函数和移动赋值操作符，不能使用 default 关键字给类创建它们，所以必须在需要时自己创建它们。这与最新的语言标准不一致，该标准指定，这些成员应默认生成。

8.6 类模板

第 6 章讲到，可以定义函数模板，以自动生成在实参类型或返回值类型方面不同的函数。C++具有适用于类的类似机制。类模板本身不是类，而只是编译器用来生成类代码的一种方法。从图 8-4 可以看出，类模板如同函数模板一样，我们也是通过指定模板中尖括号内的形参类型(本例中是 T)来确定希望生成的类。以这种方式生成的类称作类模板的实例，根据模板创建类的过程称为实例化模板。与函数模板一样，类模板也可以有几个参数。

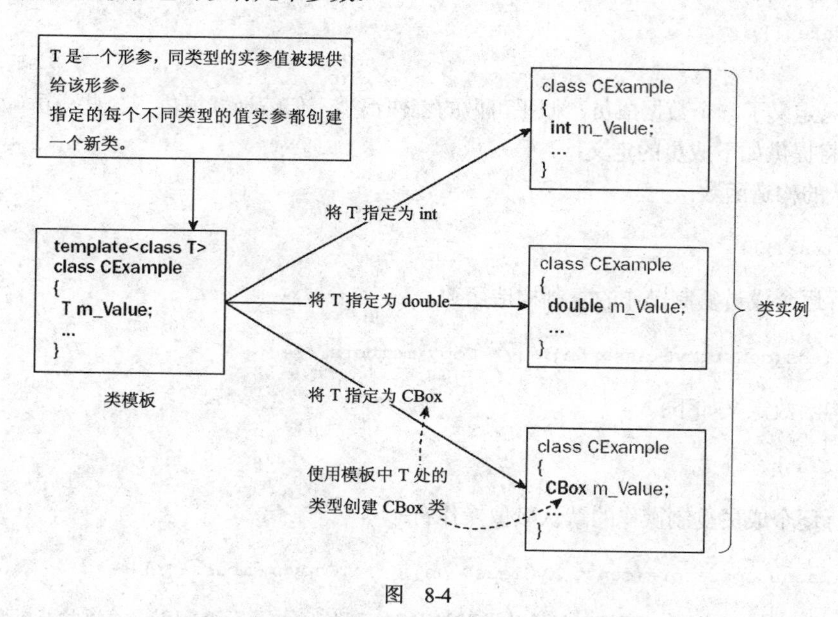

图 8-4

以特定的类型实例化模板类的某个对象时，编译器将生成适当的类定义，因此一个类模板可以生成任意数量、各不相同的类。类模板的主要用途是定义库类，尤其是组织和存储对象集合的容器类。

一般不给一个应用程序定义模板，所以不需要经常定义自己的类模板。但标准库常常使用类模板，一定要理解模板的定义和工作方式，因为它们的使用过程中有潜在的问题。第 10 章将学习定义容器类的模板。通过一个示例，我们将能够充分地理解类模板的定义和实际工作过程。

8.6.1 定义类模板

我们将选择一个简单的示例来说明如何定义和使用类模板，并且不过多考虑因误用而可能出现的错误，那样将使问题复杂化。假设要定义几个可以存储大量数据样本的类，每个类都应当提供一个求出所存储样本中最大值的 Max()函数。可以定义一个类模板，用来生成可以存储任何类型样本的 CSamples 类。

```
template <class T>
class CSamples
{
 public:
   // Constructor definition to accept an array of samples
   CSamples(const T values[], int count)
   {
     m_Next = count < maxSamples ? count : maxSamples; // Don't exceed the array
     for(int i {}; i < m_Next; i++)                    // Store count samples
       m_Values[i] = values[i];
   }

   // Constructor to accept a single sample
   CSamples(const T& value)
   {
     m_Values[0] = value;                  // Store the sample
     m_Next = 1;                           // Next is free
   }

   CSamples() = default;                   // Default constructor

   // Function to add a sample
   bool add(const T& value)
   {
     bool OK {m_Next < maxSamples};        // Indicates there is a free place
     if(OK)
       m_Values[m_Next++] = value;         // OK true, so store the value
     return OK;
   }

   // Function to obtain maximum sample
   T max() const
   {
     // Set first sample as maximum
     T theMax {m_Values[0]};

     for(int i {1}; i < m_Next; i++)       // Check all the samples
       if(m_Values[i] > theMax)
         theMax = m_Values[i];             // Store any larger sample
     return theMax;
   }

 private:
   static const size_t maxSamples {100};   // Maximum number of samples
   T m_Values[maxSamples];                 // Array to store samples
   int m_Next {};                          // Index of next free location
};
```

关键字 template 表示正在定义的是模板，关键字 template 在关键字 class 和类名 CSamples 之前，在尖括号内的类型形参 T 之前。该语法实质上与函数模板的语法相同。可以使用 typename 代替 class，来指定形参。

创建 T 类型的对象时，编译器会给特定的 T 创建 CSamples<T>的定义。模板定义中出现形参 T 的任何位置，都将由对象声明中指定的类型代替，这将创建一个对应于指定类型的类定义。可以给 T 指定任何类型(基本数据类型或类类型)，但指定的类型必须在类模板的上下文中有意义。任何用来根据模板实例化某个类的类类型，都必须已经定义过模板的成员函数处理本类对象时要使用的所有运算符。例如，如果类没有实现 operator>()，则不能使用上面的 CSamples<T>类模板。

回到本示例上来，存储样本的数组的类型指定为 T。因此，该数组将成为声明 CSamples<T>对象时为 T 指定的那种类型的数组。可以看出，不仅在 Add()和 Max()函数中，而且还在类的两个构造函数中也使用了类型 T。当使用该模板实例化类对象时，同样替换掉构造函数中出现的这些 T。

构造函数支持创建空对象、只有一个样本的对象以及用样本数组进行初始化的对象。Add()函数允许一次一个地在对象中添加样本。也可以重载这个函数，以允许添加样本数组。在 Add()函数中和在接受样本数组的构造函数中，类模板提供了基本的措施来防止超过 m_Values 数组的最大容量。

如前所述，理论上可以创建可处理任何数据类型的 CSamples 类的对象：int 类型、double 类型、CBox 类型或任何已经定义过的类类型。在实践中，类模板的实例不一定能编译，且像我们预期的那样工作。实际情况完全取决于模板定义所做的事情，通常一个模板仅适用于特定的类型范围。无疑，通常定义的模板只是为了处理某些类型而非此外的其他类型，但无法限制应用到模板上的类型。

模板成员函数

可以将类模板成员函数的定义放在模板定义的外部。此时，其定义必须放在包含模板定义的头文件中，而不是单独的.cpp 文件中。在模板的外部定义成员函数的语法不是特别明显，因此我们来看一下应该如何做。以常规方式将函数声明放在类模板定义的内部。例如：

```
template <typename T>
class CSamples
{
  // Rest of the template definition...
  T max() const;              // Function to obtain maximum sample
  // Rest of the template definition...
}
```

此处的代码将 Max()函数声明为类模板的成员，但没有定义该函数。现在，需要为这个成员函数的定义创建单独的函数模板，它必须放在头文件中。创建时必须使用模板类的名称加上尖括号内的形参，以标识函数模板所属的类模板：

```
template<typename T>
T CSamples<T>::max() const
{
  // Set first sample as maximum
  T theMax {m_Values[0]};

  for(int i {1}; i < m_Next; i++)          // Check all the samples
    if(theMax < m_Values[i])
      theMax = m_Values[i];                // Store any larger sample
  return theMax;
}
```

因为该函数模板是形参为 T 的类模板的成员，所以这里的函数模板定义应该有与类模板定义相同的形参。本例中只有一个形参 T，但通常可能有好几个。如果类模板有两个或更多形参，则每个定义成员函数的模板也应该有同样多的形参。

注意，函数名用模板名后跟尖括号中的形参 T 来限定。模板名和形参的组合可以识别出函数模板的实例属于哪个类。类模板的类型是 CSamples<T>，其中 T 由声明对象使用的类型实参来替代。每个从模板中生成的类都有 max()函数的定义。这意味着如果从模板中创建 10 个不同的类，内存中就有 max()函数的 10 个副本。

在类模板定义外部定义构造函数或析构函数与此类似。可以将接受样本数组的构造函数的定义写成下面的形式：

```
template<typename T>
CSamples<T>::CSamples(const T values[], int count)
{
  m_Next = count < maxSamples ? count : maxSamples; // Don't exceed the array

  for(int i {}; i < m_Next; i++)
    m_Values[i] = values[i];                        // Store count number of samples
}
```

我们以定义普通成员函数时使用的相同方式，在模板中指定构造函数属于哪个类。注意，构造函数名不要求形参说明——它只能是 CSamples，但需要用类模板类型 CSamples<T>加以限定。

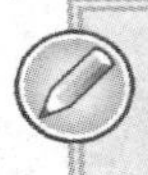

在类模板定义的外部定义的成员函数，必须放在定义类模板的头文件中；否则模板就不能编译。

8.6.2　根据类模板创建对象

当使用函数模板定义的函数时，编译器能够根据函数实参的类型推断出模板类型实参。函数模板的类型形参是使用特定的函数隐式确定的。类模板有些不同。为了以类模板为基础创建对象，必须在声明中指定类名后面的类型形参。

例如，为了声明一个 CSamples<T>对象来处理 double 类型的样本，需要将声明写成下面这样：

```
CSamples<double> myData {10.0};
```

该语句定义了一个 CSamples<double>类型的对象，它可以存储 double 类型的样本。该对象是用一个存储的样本创建的。

试一试：使用类模板

可以根据 CSamples< >模板的略扩展版本，创建一个存储 CBox 对象的对象。这是没有问题的，因为 CBox 类实现了重载大于运算符的 operator>()函数。利用下面代码中给出的 main()函数，我们可以练习类模板的用法：

```
// Ex8_10.cpp
// Using a class template
#include <iostream>
```

```
#include <utility>                         // For operator overload templates
#include <algorithm>                       // For max(), swap() used in CBox
using std::cout;
using std::endl;
using namespace std::rel_ops;

// Put the CBox class definition from Ex8_06.cpp here...

// CSamples class template definition
template <typename T> class CSamples
{
 public:
   // Constructors
   CSamples(const T values[], int count);
   CSamples(const T& value);
   CSamples(T&& value);
   CSamples() = default;

   bool add(const T& value);              // Insert a value
   bool add(T&& value);                   // Insert a value with move semantics
   T max() const;                         // Calculate maximum

 private:
   static const size_t maxSamples {100};   // Maximum number of samples
   T m_Values[maxSamples];                 // Array to store samples
   int m_Next {};                          // Index of free location in m_Values
};

// Constructor template definition to accept an array of samples
template<typename T> CSamples<T>::CSamples(const T values[], int count)
{
 m_Next = count < maxSamples ? count : maxSamples;      // Don't exceed the array
 for(int i {}; i < m_Next; i++)              // Store count of samples
   m_Values[i] = values[i];
}

// Constructor to accept a single sample
template<typename T> CSamples<T>::CSamples(const T& value)
{
 m_Values[0] = value;                     // Store the sample
 m_Next = 1;                              // Next is free
}

// Constructor to accept a temporary sample
template<typename T> CSamples<T>::CSamples(T&& value)
{
 cout << "Move constructor." << endl;
 m_Values[0] = std::move(value);           // Store the sample
 m_Next = 1;                               // Next is free
}

// Function to add a sample
template<typename T> bool CSamples<T>::add(const T& value)
{
 cout << "Add." << endl;
```

```
  bool OK {m_Next < maxSamples};          // Indicates there is a free place
  if(OK)
    m_Values[m_Next++] = value;           // OK true, so store the value
  return OK;
}

template<typename T> bool CSamples<T>::add(T&& value)
{
  cout << "Add move." << endl;
  bool OK {m_Next < maxSamples};            // Indicates there is a free place
  if(OK)
    m_Values[m_Next++] = std::move(value); // OK true, so store the value
  return OK;
}

// Function to obtain maximum sample
template<typename T> T CSamples<T>::max() const
{
  T theMax {m_Values[0]};                   // Set first sample as maximum
  for(int i {1}; i < m_Next; i++)           // Check all the samples
    if(theMax < m_Values[i])
      theMax = m_Values[i];                 // Store any larger sample
  return theMax;
}

int main()
{
  CBox boxes[]  {                           // Create an array of boxes
                CBox { 8.0, 5.0, 2.0 },     // Initialize the boxes...
                CBox { 5.0, 4.0, 6.0 },
                CBox { 4.0, 3.0, 3.0 }
              };

  // Create the CSamples object to hold CBox objects
  CSamples<CBox> myBoxes {boxes, _countof(boxes)};

  CBox maxBox {myBoxes.max()};                 // Get the biggest box
  cout << "The biggest box has a volume of "  // and output its volume
       << maxBox.volume() << endl;
  CSamples<CBox> moreBoxes {CBox { 8.0, 5.0, 2.0 }};
  moreBoxes.add(CBox { 5.0, 4.0, 6.0 });
  moreBoxes.add(CBox { 4.0, 3.0, 3.0 });
  cout << "The biggest box has a volume of "
       << moreBoxes.max().volume() << endl;
  return 0;
}
```

应该用 Ex8_06.cpp 中 CBox 类和函数的定义代替该程序开头相应的注释。除默认构造函数以外，该模板的所有成员函数都是通过单独的函数模板定义的，本例只是为了给出一个说明类模板用法的完整示例。CSamples 类模板还包括一个构造函数和带移动语义的 Add()函数。

在 main()函数中，创建了一个包含 3 个 CBox 对象的数组，然后使用该数组初始化一个 CSamples 对象。CSamples 对象的声明基本上与普通类对象的声明相同，但在模板类名称后面增加了以尖括号包围的模板类型形参。

接着用不同的方式创建 moreBoxes 对象。这次调用了构造函数和带移动语义的 Add()函数，因为实参是 rvalue。

该程序产生下面的输出：

```
The biggest box has a volume of 120
Move constructor.
Add move.
Add move.
The biggest box has a volume of 120
```

注意，当创建类模板的实例时，不能理解成用于创建函数成员的那些函数模板的实例也被创建。编译器只创建程序中实际调用的那些成员函数的模板实例。事实上，与普通函数的模板相同，函数模板甚至可以包含编码错误，而且只要不调用该模板生成的成员函数，编译器就不会报错。我们可以利用该示例证实这一点。试着给非移动的 Add()成员的模板引入几处错误——例如删除一个分号。该程序仍然能够编译和运行，因为它没有调用该 Add()函数。

可以尝试修改上面的示例，看看用不同类型的模板实例化类时会发生什么事情。

如果给类的构造函数添加一些输出语句，其结果会令人惊讶。CBox 的构造函数被调用了 103 次！看一看在 main()函数中究竟发生了什么。首先创建了一个包含 3 个 CBox 对象的数组，因此发生了 3 次调用。然后创建了一个容纳这些对象的 CSamples 对象，但 CSamples 对象包含的数组有 100 个 CBox 类型的变量，因此需要再调用默认构造函数 100 次，每个数组元素需要一次。当然，maxBox 对象将由默认复制构造函数创建。

8.6.3 有多个形参的类模板

要在类模板中使用多个类型形参，只需要简单地扩展使用单个形参的示例即可。可以在模板定义中的任何位置使用各个类型形参。例如，可以定义一个使用两个类型形参的类模板：

```
template<typename T1, typename T2>
class CExampleClass
{
  // Class data members

  private:
    T1 m_Value1;
    T2 m_Value2;

  // Rest of the template definition...
};
```

上面那两个类数据成员的类型取决于初始化类模板的对象时为形参提供的类型。可以显式实例化模板而无须定义任何对象。例如，在 CSamples 模板的定义后面可以编写如下语句：

```
template class CSamples<Foo>;
```

这个语句显式实例化了 Foo 类型的 CSamples，但它没有实例化任何对象。Foo 类必须可用，代码才能编译。如果 Foo 没有实现模板所需要的所有成员函数，那么编译器在进行上述显式实例化时将生成一个错误消息，就好像在定义这种类型的对象那样生成错误消息。

类模板中形参的类型不受限制。还可以在类定义中使用一些需要以常量或常量表达式进行替换的形参。在前面的 CSamples 模板中，我们随意将数组 m_Values 定义成包含 100 个元素。还可以让该模板的用户在实例化对象时选择数组的大小，方法是将该模板定义成如下形式：

```
template <typename T, size_t Size> class CSamples
{
 private:
   T m_Values[Size];                    // Array to store samples
   int m_Next {};                       // Index of free location in m_Values

 public:
   // Constructor definition to accept an array of samples
   CSamples(const T values[], int count)
   {
     m_Next = count < Size ? count : Size; // Don't exceed the array

     for(int i {}; i < m_Next; i++)
      m_Values[i] = values[i];                 // Store count number of samples
   }

   // Constructor to accept a single sample
   CSamples(const T& value)
   {
     m_Values[0] = value;                // Store the sample
     m_Next = 1;                        // Next is free
   }

   CSamples() = default;

   // Function to add a sample
   int add(const T& value)
   {
     int OK {m_Next < Size};                  // Indicates there is a free place
     if(OK)
       m_Values[m_Next++] = value;           // OK true, so store the value
     return OK;
   }

   // Function to obtain maximum sample
   T max() const
   {
     // Set first sample as maximum
     T theMax {m_Values[0]};

     for(int i {1}; i < m_Next; i++)      // Check all the samples
       if(m_Values[i] > theMax)
         theMax = m_Values[i];            // Store any larger sample
     return theMax;
   }
 };
```

创建模板的实例时给 Size 提供的数值将代替整个模板定义中该形参的所有实例。现在，可以像下面这样声明前面示例中的 CSamples 对象：

```
CSamples<CBox, 3> myBoxes {boxes, _countof(boxes)};
```

因为可以为 Size 形参提供任何常量表达式，所以还可以这样写：

```
CSamples<CBox, _countof(boxes)> myBoxes {boxes, _countof(boxes)};
```

不过，该示例的这种模板用法不太好，原来的版本要灵活得多。使 Size 成为模板形参的结果是，那些存储相同类型的对象但 Size 形参值不同的模板实例是完全不同的类，而且不能混用。例如，CSamples<double, 10>类型的对象不能在包含 CSamples<double, 20>类型对象的表达式中使用。

当实例化模板时，需要小心处理包含比较运算符的表达式。看看下面的语句：

```
CBox myBoxes[] = {CBox {1,2,3}, CBox {2,3,4},CBox {4,5,6}, CBox {5,7,8}};
CSamples<CBox, _countof(myBoxes) > 3 ? 3 : 2 > mySamples {myBoxes,4};// Wrong!
```

该语句不能正确编译，因为表达式中_countof(myBoxes)前面的>解释为实参列表尾部的右尖括号。应该将这条语句写成：

```
CSamples<CBox, (_countof(myBoxes) > 3 ? 3 : 2) > mySamples {myBoxes,4};
```

括号确保先计算第二个模板实参的表达式，且不会与尖括号混淆。

8.6.4 函数对象模板

定义函数对象的类一般是由模板来定义的，这么做的理由很明显，这样定义的函数对象能够使用各种实参类型。下面是之前看到过的 Area 类的模板：

```
template<typename T> class Area
{
public:
  T operator()(const T length, const T width){ return length*width; }
};
```

此模板允许定义函数对象来计算任何数值类型尺寸的面积。可以将以前看到的 printArea()函数定义为函数模板：

```
template<typename T> void printArea(const T length, const T width, Area<T> area)
{ cout << "Area is " << area(length, width); }
```

现在，可以像下面这样调用 printArea()函数：

```
printArea(1.5, 2.5, Area<double>());
printArea(100, 50, Area<int>());
```

定义如下模板，可以避免指定 printArea()函数模板实例的第三个实参：

```
template<typename T>
void printArea(const T length, const T width, Area<T> area = Area<T>())
{ cout << "Area is " << area(length, width); }
```

现在 printArea()的用法如下：

```
printArea(1.5, 2.5);          // 3rd argument deduced as Area<double>()
printArea(100, 50);           // 3rd argument deduced as Area<int>()
```

编译器会根据第三个形参的默认规范，推断出正确的类型实参，该类型与前两个实参的类型相同，当然，前两个实参的类型必须相同。

像这样使用模板有一个缺点。模板的每个实例都有自己的函数定义。例如，如果使用带类型实参 int、long 和 long long 的 Area 模板，就会给函数调用运算符重载生成三个定义，每个定义都会占用内存。其实使用一个 long long 类型的函数定义就足够了。很容易导致模板不必要的代码膨胀，所以要注意这一点。

函数对象广泛应用于标准模板库，这将在第 10 章学习，因此，我们将会看到在那种环境下有关函数对象用法的一些实用示例。

8.7 完美转发

完美转发是一个重要的概念，因为它能显著提升大对象的性能，这些大对象会花很多时间进行复制或创建。完美转发仅与类模板或函数模板的环境相关。初看起来它似乎有点复杂，但一旦掌握了这个概念，它就会变得非常简单。那么什么是完美转发呢？

假定有一个函数 fun1()，它用一个类类型 T 来参数化。这可以用一个函数模板来定义，或者在类模板中定义。再假定将 fun1()定义为带一个 T&&类型的 rvalue 引用形参。如第 6 章所述，fun1()可以用一个 lvalue、lvalue 引用或 rvalue 实参来调用。lvalue 或 lvalue 引用实参会使 fun1()模板实例有一个 lvalue 引用形参，否则它就有一个 rvalue 引用形参。

接着假定 fun1()调用了另一个函数 fun2()，fun2()有两个版本，一个版本有一个 lvalue 引用形参，另一个版本有一个 rvalue 引用形参。fun1()把它接收的实参传送给 fun2()。理想情况下，当 fun1()接收的实参是一个 rvalue 引用时，它就应调用有 rvalue 引用形参的 fun2()版本，这样初始参数就不会移动或复制。当实例化 fun1()并用 lvalue 或 lvalue 引用实参调用时，它就应调用有 lvalue 引用形参的 fun2()版本。换言之，fun1()的实参要进行完美转发，使代码总保持最佳性能。

当实参是 rvalue 时，需要一种将 fun1()中的形参引用从 lvalue 转换为 rvalue 的方式，这样就可以把它作为 rvalue 传送给 fun2()。于是该实参就不会复制或移动。fun1()的实参是 lvalue 或 lvalue 引用时，它就应保持不变，就像在对 fun2()的调用中一样。这就是 utility 头文件中声明的 std::forward()函数模板的作用。如果给它传送一个 rvalue 引用实参，它就把该实参返回为 rvalue。如果给它传送一个 lvalue 引用，它就把该实参返回为一个 lvalue 引用。下面看看其工作方式。

试一试：完美转发

这个例子使用本章末尾详细讨论的 string 类。除了演示完美转发之外，该例子还演示了如何把模板函数定义为非模板类的一个成员，以及如何使用带两个类型形参的模板。该示例定义的 Person 类如下所示：

```
class Person
{
public:
  // Constructor template
```

```
  template<typename T1, typename T2>
  Person(T1&& first, T2&& second) :
    firstname {std::forward<T1>(first)}, secondname {std::forward<T2>(second)} {}
//    firstname {first}, secondname {second} {}

  // Access the name
  string getName() const
  {
    return firstname.getName() + " " + secondname.getName();
  }

private:
  Name firstname;
  Name secondname;
};
```

这是一个普通的类，其构造函数由一个带两个类型形参 T1 和 T2 的模板来定义，这样构造函数的实参就可以是不同的类型，例如 string 类型和 char*类型。存储一个人的姓名的数据成员是 Name 类型，这将稍后定义。Person 构造函数用实参初始化数据成员之前，把它们传送给 utility 头文件中的 std::forward()。这将确保 rvalue 引用实参用于初始化 Person 类的数据成员时仍是 rvalue 引用。后面会注释掉这一行代码。getName()成员返回 Person 对象的字符串表示。

下面是 Name 类的定义：

```
class Name
{
public:
  Name(const string& aName) : name {aName}
  {  cout << "Lvalue Name constructor." << endl;  }

  Name(string&& aName) : name {std::move(aName)}
  {  cout << "Rvalue Name constructor." << endl;  }

  const string& getName() const { return name; }

private:
  string name;
};
```

这个类把一个名字封装为一个 string 对象。string 对象可以从以空字符结尾的字符串或另一个 string 对象中创建。该类有两个构造函数，一个带 lvalue 引用实参，另一个带 rvalue 引用实参，后者仅在实参是 rvalue 引用时调用。移动 rvalue 引用实参的原因是 string 类支持移动语义。

使用这些类的程序如下：

```
// Ex8_11.cpp
// Perfect forwarding
#include <iostream>
#include <utility>
#include <string>
using std::string;
using std::cout;
using std::endl;
```

```
// Put the Name class definition here...

// Put the Person class definition here...

int main()
{
  cout << "Creating Person{string{\"Ivor\"} , string{\"Horton\"}} - rvalue arguments:"
       << endl;
  Person me{string{"Ivor"} , string{"Horton"}};
  cout << "Person is " << me.getName() << endl << endl;
  string first{"Fred"};
  string second{"Fernackerpan"};
  cout << "Creating Person{first , second} - lvalue arguments:" << endl;
  Person other{first,second};
  cout << "Person is " << other.getName() << endl << endl;
  cout << "Creating Person{first , string{\"Bloggs\"}} - lvalue, rvalue arguments:"
       << endl;
  Person brother{first , string{"Bloggs"}};
  cout << "Person is " << brother.getName() << endl << endl;
  cout << "Creating Person{\"Richard\" , \"Horton\"} - rvalue const char* arguments:"
       << endl;
  Person another{"Richard", "Horton"};
  cout << "Person is " << another.getName() << endl << endl;
  return 0;
}
```

这个例子的输出如下：

```
Creating Person{string{"Ivor"} , string{"Horton"}} - rvalue arguments:
Rvalue Name constructor.
Rvalue Name constructor.
Person is Ivor Horton
Creating Person{first , second} - lvalue arguments:
Lvalue Name constructor.
Lvalue Name constructor.
Person is Fred Fernackerpan
Creating Person{first , string{"Bloggs"}} - lvalue, rvalue arguments:
Lvalue Name constructor.
Rvalue Name constructor.
Person is Fred Bloggs
Creating Person{"Richard" , "Horton"} - rvalue const char* arguments:
Rvalue Name constructor.
Rvalue Name constructor.
Person is Richard Horton
```

示例说明

从输出结果可以看出，当 Person 构造函数的对应实参是一个 lvalue 引用时，就调用带 lvalue 引用形参的 Name 构造函数；当 Person 构造函数的实参是一个 rvalue 时，就调用带 rvalue 引用形参的 Name 构造函数。显然，std::forward()函数的工作方式与期望的相同。

现在，在 Person 类中去掉加了注释符号的代码行中的注释符号，并给其上面的一行代码加上注释符号。现在构造函数的实参不再转发，其输出是：

```
Creating Person{string{"Ivor"} , string{"Horton"}} - rvalue arguments:
Lvalue Name constructor.
Lvalue Name constructor.
Person is Ivor Horton
Creating Person{first , second} - lvalue arguments:
Lvalue Name constructor.
Lvalue Name constructor.
Person is Fred Fernackerpan
Creating Person{first , string{"Bloggs"}} - lvalue, rvalue arguments:
Lvalue Name constructor.
Lvalue Name constructor.
Person is Fred Bloggs
Creating Person{"Richard" , "Horton"} - rvalue const char* arguments:
Rvalue Name constructor.
Rvalue Name constructor.
Person is Richard Horton
```

这与没有应用完美转发功能的情况相一致，但最后一个 Person 对象除外。若不使用完美转发，如何调用带 rvalue 引用形参的 Name 构造函数？答案是：字面量保持 rvalue。如果允许把字面量实参表示为 lvalue，就可以修改它，这与字面量的定义相悖。

在 Person 类中为构造函数使用模板有一个重要的方面，它允许从两个实参中创建一个 Person 对象，这两个实参可以是临时的 string 对象、lvalue 字符串对象，以空字符结尾的临时字符串，或以空字符结尾的 lvalue 字符串。为了提供这两个实参而不使用模板，需要编写 16 个类构造函数。而使用模板源代码会短得多，如果使用的构造函数实参组合少于 16 个，可执行的模块就较小。

8.8 模板形参的默认实参

在函数模板和类模板中，可以给形参指定默认实参。类模板的形参最有可能使用这些默认实参。函数模板的形参值通常可以由编译器推断出来，因此形参不需要指定默认值。返回类型需要比较灵活时，可以使用函数模板的默认形参值，因为返回类型不一定能推断出来。下面先讨论函数模板的默认形参值。

8.8.1 函数模板的默认实参

看看下面的函数模板：

```
template<typename T, typename R=double>
R sigma(T values[], size_t count)
{
  double mean {};
  for (size_t i {}; i < count; i++)
    mean += values[i];
  mean /= count;

  double deviation {};
  for (size_t i {}; i < count; i++)
    deviation += std::pow(values[i] - mean, 2);

  return static_cast<R>(std::sqrt(deviation/count));
}
```

这个函数计算一组样本的标准偏差(用希腊字母σ表示)。是否熟悉它并不重要，但如果不熟悉，就应知道，标准偏差表示一个集合中的值与平均值的偏移量。σ较低，表示集合中的值接近平均值，σ较高，表示集合中的值比较分散。返回值的类型用第二个模板形参R指定，R默认为double类型。该模板的用法示例如下：

```
int heights[] {67, 72, 69, 74, 75, 66, 67, 78};              // In inches
std::cout << sigma(heights, _countof(heights)) << std::endl;  // Outputs 4.12311
```

没有提供模板形参的实参，所以返回值是默认类型double。也可以按如下方式使用模板：

```
std::cout << sigma<int, int>(heights, _countof(heights))      // Outputs 4
          << std::endl;
```

这个示例提供了两个形参值。第一个形参推断为int类型，但如果希望指定第二个形参的实参，就不能忽略第一个形参。

下面是该模板的另一个用法示例：

```
int heights[] {52, 72, 53, 74, 75, 46, 67, 79};              // In inches
std::cout << sigma<int, float>(heights, _countof(heights)) << std::endl;
```

其结果是11.7447，因为这些值都比较分散。函数返回float类型的结果。

用户可能希望，返回类型与数组元素的类型相同，但仍可以选择返回类型。为此，模板应定义如下：

```
template<class T, class R=T>
R sigma(T values[], size_t count)
{
  // Code as before¡-

  return static_cast<R>(std::sqrt(deviation/count));
}
```

R的默认类型是T，所以，如果不指定，默认的返回类型就是元素类型。

在模板定义中，有默认值的模板形参必须放在没有默认值的形参后面。为形参提供实参时，列表中所有前面的形参都必须指定实参。

当然，模板并不是替代sigma()函数的最佳方式。模板形参的每个不同的组合都令编译器生成占用内存的另一个函数重载，程序最终需要的内存量将远远大于它需要的内存量。

在sigma()模板中使用的sqrt()和pow()函数分别计算平方根和幂。它们与许多其他函数一起在cmath头文件中声明。

8.8.2 类模板的默认实参

类模板的任何形参或所有形参都可以有默认实参。定义默认形参值的规则是相同的——所有指定默认值的形参都必须放在形参列表的尾部。如果创建模板的实例时为任意形参提供了值，就必须指定列表中所有前面的形参值。下面为前面的CSamples模板指定默认值：

```
template <class T=double, size_t Size=100> class CSamples
{
  public:
    // Constructors
    CSamples(const T values[], int count);
    CSamples(const T& value);
    CSamples(T&& value);
    CSamples() = default;

    bool add(const T& value);                   // Insert a value
    bool add(T&& value);                        // Insert a value with move semantics
    T max() const;                              // Calculate maximum

  private:
    T m_Values[Size];                           // Array to store samples
    int m_Next {};                              // Index of free location in m_Values
};
```

下面是使用这个模板的示例：

```
  double values[] { 2.5, 3.6, 4.7, -15.0, 6.8, 7.2, -8.1 };
  CSamples<> data{ values, _countof(values) };
```

模板形参都没有指定值，所以使用 double 的默认值和 100。注意尖括号必不可少，即使没有形参值，也不能省略它们。如果希望指定 Size 形参的值，就必须也指定第一个形参的值，如下所示：

```
  CSamples<double, _countof(values)> data{ values, _countof(values) };
```

如果省略了第一个形参值，该语句就不能编译。下面是一个示例。

试一试：类模板中的默认形参值

这个示例演示了带默认形参值的 CSamples<>模板，它使用了 Ex8_10 中的 CBox 类：

```
// Ex8_12.cpp
// Default values for class template parameters
#include <iostream>
#include <utility>                              // For operator overload templates
#include <algorithm>                            // For max(), swap() used in CBox
using std::cout;
using std::endl;
using namespace std::rel_ops;

// Insert code for CBox class and its member from Ex8_10 here...

// CSamples class template definition
template <typename T=double, size_t Size=100> class CSamples
{
public:
  // Constructors
  CSamples(const T values[], int count);
  CSamples(const T& value);
  CSamples(T&& value);
  CSamples() = default;
```

```
  bool add(const T& value);              // Insert a value
  bool add(T&& value);                   // Insert a value with move semantics
  T max() const;                         // Calculate maximum

private:
  T m_Values[Size];                      // Array to store samples
  int m_Next {};                         // Index of free location in m_Values
};

// Constructor template definition to accept an array of samples
template<typename T, size_t Size>
CSamples<T, Size>::CSamples(const T values[], int count)
{
  m_Next = count < Size ? count : Size;    // Don't exceed the array
  for (int i {}; i < m_Next; i++)          // Store count of samples
    m_Values[i] = values[i];
}

// Constructor to accept a single sample
template<typename T, size_t Size>
CSamples<T, Size>::CSamples(const T& value)
{
  m_Values[0] = value;                     // Store the sample
  m_Next = 1;                              // Next is free
}

// Constructor to accept a temporary sample
template<typename T, size_t Size>
CSamples<T, Size>::CSamples(T&& value)
{
  cout << "Move constructor." << endl;
  m_Values[0] = std::move(value);          // Store the sample
  m_Next = 1;                              // Next is free
}

// Function to add a sample
template<typename T, size_t Size>
bool CSamples<T, Size>::add(const T& value)
{
  cout << "Add." << endl;
  bool OK {m_Next < Size};                 // Indicates there is a free place
  if (OK)
    m_Values[m_Next++] = value;            // OK true, so store the value
  return OK;
}

template<typename T, size_t Size>
bool CSamples<T, Size>::add(T&& value)
{
  cout << "Add move." << endl;
  bool OK {m_Next < Size};                   // Indicates there is a free place
  if (OK)
    m_Values[m_Next++] = std::move(value);  // OK true, so store the value
  return OK;
}
```

```
// Function to obtain maximum sample
template<typename T, size_t Size>
T CSamples<T, Size>::max() const
{
  T theMax {m_Values[0]};                    // Set first sample as maximum
  for (int i {1}; i < m_Next; i++)           // Check all the samples
  if (theMax < m_Values[i])
    theMax = m_Values[i];                    // Store any larger sample
  return theMax;
}

int main()
{
  CBox boxes[] {                             // Create an array of boxes
      CBox { 8.0, 5.0, 2.0 },               // Initialize the boxes...
      CBox { 5.0, 4.0, 6.0 },
      CBox { 4.0, 3.0, 3.0 }
  };

  // Create the CSamples object to hold CBox objects
  CSamples<CBox> myBoxes { boxes, _countof(boxes) };

  CBox maxBox { myBoxes.max() };                // Get the biggest box
  cout << "The biggest box has a volume of " // and output its volume
    << maxBox.volume() << endl;

  double values[] { 2.5, 3.6, 4.7, -15.0, 6.8, 7.2, -8.1 };
  CSamples<> data{ values, _countof(values) };
  cout << "Maximum double value = " << data.max() << endl;

  // Uncomment next line for an error
  // CSamples <, _countof(values)> baddata{ values, _countof(values) };

  int counts[] { 21, 32, 444, 15, 6, 7, 8 };
  CSamples<int, _countof(counts)> dataset{ counts, _countof(counts) };
  cout << "Maximum int value = " << dataset.max() << endl;

  return 0;
}
```

结果如下：

```
The biggest box has a volume of 120
Maximum double value = 7.2
Maximum int value = 444
```

示例说明

模板的函数成员在其定义的外部指定，以说明如何处理指定了默认值的多个形参。注意，位于模板定义外部的每个成员函数的定义都包含了类模板形参，但没有默认值。

main()函数首先给 CBox 对象数组实例化模板，其中第一个模板形参指定了值，第二个形参 Size 使用默认值 100。

接着给 CSamples<>模板使用一组 double 值。这里也没有指定模板形参，所以应用默认值。没有指定形参值时，必须提供尖括号，这与函数模板不同。如果希望给 Size 形参指定值，就必须也给 T 指定值。对下一行代码解除注释，可以看到，没有这么做会显示编译器错误消息。

最后给 CSamples<>使用一组 int 值。两个模板形参都指定了值，可以忽略 Size 值，而使用默认值 100，如下所示：

```
CSamples<int> dataset{ counts, _countof(counts) };  // Default 2nd parameter value
```

在第 10 章介绍的容器类模板中，模板形参的实参值使用得较频繁。

8.9 类模板的别名

对于指定了一些或全部形参值的类模板，可以给它定义别名。这会使代码更易读。为此要使用 using 关键字。下面是一个示例：

```
using BoxSamples = CSamples<CBox>;
```

在 Ex8_12 的 main()中有了这个别名，就可以定义 myBoxes：

```
BoxSamples myBoxes { boxes, _countof(boxes) };
```

现在，只要希望指定 CSamples<CBox>类型，就可以使用 BoxSamples。以这种方式多次使用模板是非常有效的，因为代码更简洁了。定义该类型的变量时，如果所有模板形参都有默认值，可以使用一个别名来取代空的尖括号：

```
using Samples = CSamples<>;                    // Default parameter values
Samples data { values, _countof(values) };
```

因此 data 是一个变量，其类型用 CSamples 模板的实例来定义，其中第一个形参值的类型是 double，Size 形参的值是 100，所以其类型是 CSamples<double, 100>。

第 10 章处理标准模板库中的容器类模板时，类型别名对简化代码很有帮助。

8.10 模板特例

函数或类模板中的一些形参值可能是无效的。例如，给 sigma()函数模板使用 CBox 类型作为实参就是无效的。另外，指针类型通常不能用于模板，除非为模板提供了一个特殊的规范。要处理这种情形，可以定义一个模板特例，模板特例是为一组特殊的形参值制定的一个额外的模板定义。下面用一个非常简单的示例演示如何定义模板特例。假定定义了如下函数模板，来计算平均值：

```
template<typename T>
T average (T values[], size_t count)
{
  T mean {};
```

```
  for (size_t i {}; i < count; i++)
    mean += values[i];

  return mean/count;
}
```

这里使用 typename 替代 class，来指定能使用的形参。假定现在要将它用于一个 CBox 对象数组，且定义了一个“平均的” CBox 对象，其尺寸是一组 CBox 对象的平均尺寸。假定 CBox 类的成员 getWidth()、getHeight()和 getLength()返回盒子的尺寸，就可以给盒子定义如下模板特例：

```
template<>
CBox average(CBox boxes[], size_t count)
{
  double height {}, width {}, length {};
  for(size_t i {}; i<count; ++i)
  {
    height += boxes[i].getHeight();
    width += boxes[i].getWidth();
    length += boxes[i].getLength();
  }
  return CBox {length/count, width/count, height/count};
}
```

带空尖括号的第一行代码告诉编译器，这是已有模板的一种特殊情况。模板实参由编译器通过第一个实参的类型来推断。采用如下定义，可以显式声明特例的实参：

```
template<>
CBox average<CBox>(CBox boxes[], size_t count)
{
  // Code as above...
}
```

模板实参不能由编译器推断出来时，这种形式就是必须的。

模板特例的用法如下：

```
CBox boxes[] {CBox {8.0, 5.0, 2.0},CBox {5.0, 4.0, 6.0},CBox {4.0, 3.0, 3.0}};
average(boxes, _countof(boxes)).showBox();
```

把 boxes 数组作为 average()的第一个实参，编译器就会生成模板的特例版本，并在这里调用它。返回的 CBox 对象用于调用 showBox()成员，来输出尺寸。

当然，可以定义一个函数重载，而不是定义模板特例。它们有什么区别？如果在程序中使用这个函数，定义重载的函数和定义模板特例是没有区别的。如果不使用它，就有区别。如果不使用，模板就不实例化，而函数重载总是会编译，并包含在可执行模块中。但是，模板主要用于创建库功能，这些库在许多应用程序中重用，而不是仅在一个应用程序中使用。

类模板的特例以类似的方式定义。例如，可以用一个形参定义 CSample 类模板的一个特例，来处理 CBox 对象，如下所示：

```
template <>
class CSamples<CBox>
{
 public:
```

```
    // Constructor definition to accept an array of sample boxes
    CSamples(const CBox boxes[], int count)
    {
      m_Next = count < maxSamples ? count : maxSamples;   // Don't exceed the array
      for(int i {}; i < m_Next; i++)                      // Store count samples
        m_Boxes[i] = boxes[i];
    }

    // Constructor to accept a single sample
    CSamples(const CBox& box)
    {
      m_Boxes[0] = box;                         // Store the sample
      m_Next = 1;                               // Next is free
    }

    CSamples() = default;                       // Default constructor

    // Function to add a box
    bool add(const CBox& box))
    {
      bool OK {m_Next < maxSamples};            // Indicates there is a free place
      if(OK)
        m_Boxes[m_Next++] = box;                // OK true, so store the box
      return OK;
    }

    // Function to obtain maximum box
    CBox max() const
    {
      // Set first box as maximum
      CBox maxBox {m_Boxes[0]};

      for(int i {1}; i < m_Next; i++)           // Check all the boxes
        if(m_Boxes[i].volume() > maxBox.volume())
          maxBox = m_Boxes[i];                  // Store any larger box
      return maxBox;
    }

  private:
    static const size_t maxSamples {100};       // Maximum number of samples
    CBox m_Boxes[maxSamples];                   // Array to store boxes
    int m_Next {};                              // Index of next free location
};
```

空尖括号前面的 template 关键字告诉编译器，这是在定义一个模板特例。这个特例的类型出现在尖括号中，其前面是模板名 CSamples。需要把 CBox 作为形参值创建 CSamples 模板的实例时，编译器就使用该特例来创建类。

前面的特例称为完整特例，因为它仅应用于一个特定的形参值。带多个形参的模板在创建其特例时，如果指定了其所有形参，也是完整特例。还可以定义仅应用于一部分实参类型的模板特例，例如给任意指针类型定义模板特例。这称为部分特例，其语法略有区别。给指针定义 CSample 模板特例的代码如下：

```
template <typename T>
```

```
class CSamples<T*>
{
 public:
   // Constructor definition to accept an array of pointers to samples
   CSamples(T* pSamples[], int count)
   {
     m_Next = count < maxSamples) ? count : maxSamples;  // Don't exceed the array
     for(int i {}; i < m_Next; i++)                       // Store count samples
       m_pSamples[i] = pSamples[i];
   }


   // Function to obtain address of maximum sample
   T* max() const
   {
     // Set first sample as maximum
     T* pMax {m_pSamples[0]};

     for(int i {1}; i < m_Next; i++)          // Check all the samples
       if(*m_pSamples[i] > *pMax)
         pMax = m_pSamples[i];                // Store any larger sample
     return pMax;
   }

   // Plus other members adjusted for pointers...

  private:
   static const size_t maxSamples {100};    // Maximum number of samples
   T* m_pSamples[maxSamples];               // Array to store pointers
   int m_Next {};                           // Index of next free location
};
```

第一行代码指定，模板形参是 T，类型 T*在尖括号之间，其前面是模板类型名，CSamples 是这个模板特例应用的形式，例如任意指针类型。因此如果 T 是 double*或 CBox*，就使用这个特例。下面的代码使用了这个特例：

```
CBox boxes[] { CBox {8.0, 5.0, 2.0},
               CBox {5.0, 4.0, 6.0},
               CBox {4.0, 3.0, 3.0}
             };
CBox* pBoxes[] {boxes, boxes + 1, boxes + 2};
CSamples<CBox*> pBoxSamples { pBoxes, _countof(pBoxes) };
pBoxSamples.max()->showBox();
```

第一个语句创建了一个 CBox 对象数组，第二个语句创建了指向这些对象的数组。pBoxSamples 是 CSamples<CBox*>类型的对象，使用指针数组来构建。最后一行代码输出最大 CBox 对象的尺寸。

模板有多个形参时，可以定义一个部分特例，允许一个或多个形参是可变的。下面是 CSamples<T, Size>模板的一个部分特例：

```
template<size_t Size>
class CSamples<CBox, Size>
{
  // Code for a CBox version¡-
};
```

模板关键字后面的类型仍是一个变量，CSamples 后面尖括号中的类型表示，该特例的第一个类型形参值固定为 CBox，第二个形参是 Size，仍是可变的。

8.11 使用类

我们已经接触到大多数定义类的基本内容，因此应该看一看如何使用类来解决问题。为了使本书的篇幅适中，需要使问题尽量简单，因此下面将考虑几个可以使用扩展版 CBox 类的问题。

8.11.1 类接口的概念

扩展 CBox 类的实现应该引入类接口的概念。我们打算给任何想处理 CBox 对象的人员提供一个工具箱，因此需要汇总一套表示箱子接口的函数。因为接口是处理 CBox 对象的唯一方法，所以被定义的接口应当充分覆盖到那些人们有可能对 CBox 对象做的事情，而且应该尽量以防止误用或偶然性错误的方式实现。

在设计类方面，首先需要考虑打算解决的问题的本质，并由此确定应该在类接口中提供哪些功能。

8.11.2 定义问题

箱子的首要功能是包含这种或那种对象，因此简言之：这是个包装问题。我们将尝试提供一个大体上使包装工作更容易的类，然后看一看如何使用它。假设人们总是将 CBox 对象打包到其他 CBox 对象中，因为如果我们希望将糖果包装在箱子中，那么总能将每块糖果表示成理想化的 CBox 对象。我们希望在 CBox 类中提供的基本操作包括：

- 计算 CBox 的体积。体积是 CBox 对象的基本特性，我们已经有实现该功能的函数。
- 比较两个 CBox 对象的体积，以确定哪个更大。应该为 CBox 对象实现一套完整的比较运算符。
- 比较 CBox 对象的体积与指定的值，反之亦然。
- 将两个 CBox 对象相加，将产生包含原来两个对象的 CBox 对象。因此，结果至少将是原来两个体积的和，也可能更大。
- 使 CBox 对象乘以一个整数(反之亦然)，以提供一个新的 CBox 对象来包含指定数量的原对象。这实际上是在设计一个纸板箱。
- 确定有多少个给定尺寸的 CBox 对象可以放入另一个给定尺寸的 CBox 对象。该功能实际上是除法问题，因此可以通过重载/运算符来实现。
- 确定放入最大数量给定尺寸的 CBox 对象之后，CBox 对象中剩余的空间。

我们最好就此打住！无疑还有其他可能非常有用的功能，但为了节省篇幅，我们将只考虑完成上面这些功能，不考虑诸如访问尺寸之类的附属功能。

8.11.3 实现 CBox 类

我们实际上需要考虑希望嵌入 CBox 类内部的错误防护程度。为说明类的各个方面而定义的基本的 CBox 类可以作为一个始点，但还应该更深入地考虑其他几点。构造函数不够完善，因为不能确保 CBox 对象的尺寸有效，因此可能首先应该确保始终获得有效的对象。为此，可以重新定义基本的 CBox 类：

```
class CBox
{
public:
  CBox(const CBox& obj) = default;                // Copy constructor
  CBox& operator=(const CBox& obj) = default;     // Assignment operator
  ~CBox() = default;                              // Destructor

  explicit CBox(double lv = 1.0, double wv = 1.0, double hv = 1.0):
    m_Length {std::max(lv, wv)}, m_Width {std::min(lv, wv)}, m_Height {hv}
  {
    // height is <= width
    // We need to ensure the height is <= width is <= length
  if (m_Height > m_Length)
  { // height greater than length, so swap them
    std::swap(m_Height, m_Length);
    std::swap(m_Width, m_Height);
  } else if (m_Height > m_Width)
  { // height less than or equal to length but greater than width so swap
    std::swap(m_Height, m_Width);
  }
  }

  double volume() const                           // Calculate the volume of a box
  {  return m_Length*m_Width*m_Height;  }

  double getLength() const { return m_Length; }  // Return the length of a box
  double getWidth() const { return m_Width; }    // Return the width of a box
  double getHeight() const { return m_Height; }  // Return the height of a box

private:
  double m_Length;                                // Length of a box in inches
  double m_Width;                                 // Width of a box in inches
  double m_Height;                                // Height of a box in inches
};
```

构造函数现在是可靠的，因为在构造函数中，只要类的用户试图将任何尺寸设置成小于 0 的值，都会抛出一个异常。

该类的默认复制构造函数和默认赋值运算符是令人满意的，因为我们不需要给数据成员动态分配内存。在该情况下，默认析构函数同样工作得很好，因此不需要定义它。现在，应该考虑要支持 CBox 类对象的比较功能都需要做些什么。

1. 比较 CBox 对象

我们应该包括对>、>=、==、<和<=运算符的支持，使它们能够处理两个操作数都是 CBox 对象的情况，还能处理一个操作数是 CBox 对象、另一个操作数是 double 类型数值的情况。这样总共有 18 个运算符函数。一旦定义了<和==运算符函数，就可以从 utility 头文件的模板中得到 4 个带双操作数的运算符函数，这些都在 Ex8_06 中完成了：

```
bool operator<(const CBox& aBox) const          // Less-than operator
{  return this->volume() < aBox.volume();  }

bool operator==(const CBox& aBox) const         // Compare for equality
```

```
{ return this->volume() == aBox.volume(); }
```

比较左操作数是 CBox 对象、右操作数是一个常量的所有 4 个运算符函数可以放在类中：

```
bool operator>(const double value) const       // CBox > value
{ return volume() > value; }

bool operator<(const double value) const       // CBox < value
{ return volume() < value; }

bool operator>=(const double value) const      // CBox >= value
{ return volume() >= value; }

bool operator<=(const double value) const      // CBox <= value
{ return volume() <= value; }

bool operator==(const double value) const      // CBox == value
{ return volume() == value; }

bool operator!=(const double value) const      // CBox != value
{ return volume() != value; }
```

这些默认定义为内联函数。

必须在类外部把左操作数是 double 类型的运算符函数定义为普通函数：

```
inline bool operator>(const double value, const CBox& aBox)  // value > CBox
{ return value > aBox.volume(); }

inline bool operator<(const double value, const CBox& aBox)  // value < CBox
{ return value < aBox.volume(); }

inline bool operator>=(const double value, const CBox& aBox) // value >= CBox
{ return value >= aBox.volume(); }

inline bool operator<=(const double value, const CBox& aBox) // value <= CBox
{ return value <= aBox.volume(); }

inline bool operator==(const double value, const CBox& aBox) // value == CBox
{ return value == aBox.volume(); }

inline bool operator!=(const double value, const CBox& aBox) // value != CBox
{ return value != aBox.volume(); }
```

现在，我们已经得到一套完整的比较运算符。这些运算符同样可以处理表达式，只要表达式最终产生类型正确的对象就行。

2. 合并 CBox 对象

现在可以在 CBox 类中重载+、*、/和%运算符，下面依次实现它们。Ex8_06.cpp 中的加法操作具有下面的原型：

```
CBox operator+(const CBox& aBox) const;    // Function adding two CBox objects
```

虽然原来实现的加法运算符并不理想，但还是要继续使用，以避免使 CBox 类过于复杂。最好是设计一个程序来检查两个操作数是否有尺寸相同的面，如果有，则顺着这样的面进行连接，但编码工作会很麻烦。当然，如果这是个实际的应用程序，那么可以稍后再来开发更好的加法操作，并替换现有的版本，而使用原来版本编写的任何程序都无需修改就能继续运行。类的接口与实现相分离，对于有效的 C++编程具有决定性意义。

注意，本书不再详述减法运算符。这是个明智的决定，可以避免结果是 CBox 对象时实现过程中固有的复杂性。如果您实在对此充满热情，而且觉得实现该运算符切合实际，那么可以试一下，但需要决定当得到的体积结果为负数时应该怎么办。如果允许体积为负数，则需要解决哪些箱子的尺寸可以是负数，以及在随后的操作中如何处理这类箱子等问题。更简单的概念可能是 CBox 对象相减得到一个体积。

乘法操作非常容易，只是创建一个可包含 n 个箱子的箱子而已，其中 n 是乘数。最简单的解决方案是保持对象的 m_Length 和 m_Width 不变，然后使高度乘以 n，从而得到新 CBox 对象的尺寸。我们可以使该函数更智能化一些，即检查一下乘数是不是偶数，如果是，则使 m_Width 加倍，这样箱子将并排堆放，然后只需要使 m_Height 乘以 n 的 1/2 即可。该机制如图 8-5 所示，CBox 对象是 aBox 乘以 3 和 6 的结果。

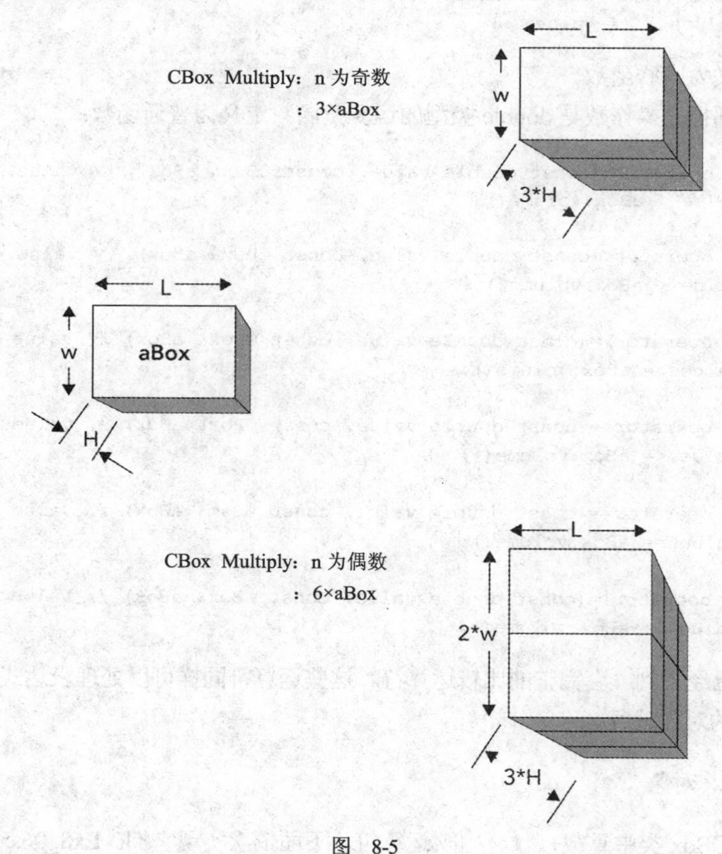

图 8-5

当然，不需要检查新对象的长度和宽度哪个更大，因为构造函数会自动将较大的值挑出来。可以将 operator*()函数编写成左操作数是 CBox 对象的成员函数：

```
// CBox multiply operator this*n
```

```
CBox operator*(int n) const
{
  if(n % 2)
    return CBox {m_Length, m_Width, n*m_Height};          // n odd
  else
    return CBox {m_Length, 2.0*m_Width, (n/2)*m_Height};  // n even
}
```

在这里，使用%运算符判断n是偶数还是奇数。如果是奇数，则n % 2的值是1，if语句为true。如果是偶数，则n % 2的值是0，if语句为false。

现在即可使用刚才编写的函数，实现左操作数是整数的版本。可以将该函数编写成普通的非成员函数：

```
// CBox multiply operator n*aBox
CBox operator*(int n, const CBox& aBox)
{
  return aBox*n;
}
```

该版本的乘法操作仅仅将操作数的顺序颠倒了一下，这样就可以直接使用前面的乘法运算符版本。至此，为CBox对象定义的算术运算符就全部完成了。最后可以看看如何实现两个分解运算符函数operator/()和operator%()。

3. 分解CBox对象

除法操作确定左操作数指定的CBox对象可以包含多少个右操作数指定的CBox对象。为了使问题相对简单，假设所有CBox对象都是以正常层序包装的——即高度是垂直的，另外假设它们都是以相同的朝向包装的——即长度方向相同。如果没有这些假设，问题可能变得相当复杂。

这样，该问题实际上就变为求出一层可以放多少个右操作数对象，再求出左操作数CBox对象中可以放几层。可以将该运算符编写成下面这样的成员函数：

```
int operator/(const CBox& aBox) const
{
  // Number of boxes in horizontal plane this way
  int tc1 {static_cast<int>((m_Length / aBox.m_Length))*
             static_cast<int>((m_Width / aBox.m_Width))};
  // Number of boxes in horizontal plane that way
  int tc2 {static_cast<int>((m_Length / aBox.m_Width))*
             static_cast<int>((m_Width / aBox.m_Length))};
  //Return best fit
  return static_cast<int>((m_Height/aBox.m_Height)*(tc1 > tc2 ? tc1 : tc2));
}
```

该函数首先求出左、右操作数CBox对象的长度方向相同时，一层可以容纳多少个右操作数CBox对象，并将结果存入tc1。然后再求出右操作数CBox的长度与左操作数CBox的宽度同向时，一层可以容纳多少个右操作数对象。最后，使tc1和tc2中较大的数乘以可以包装的层数，并返回得到的值。该过程如图8-6所示。

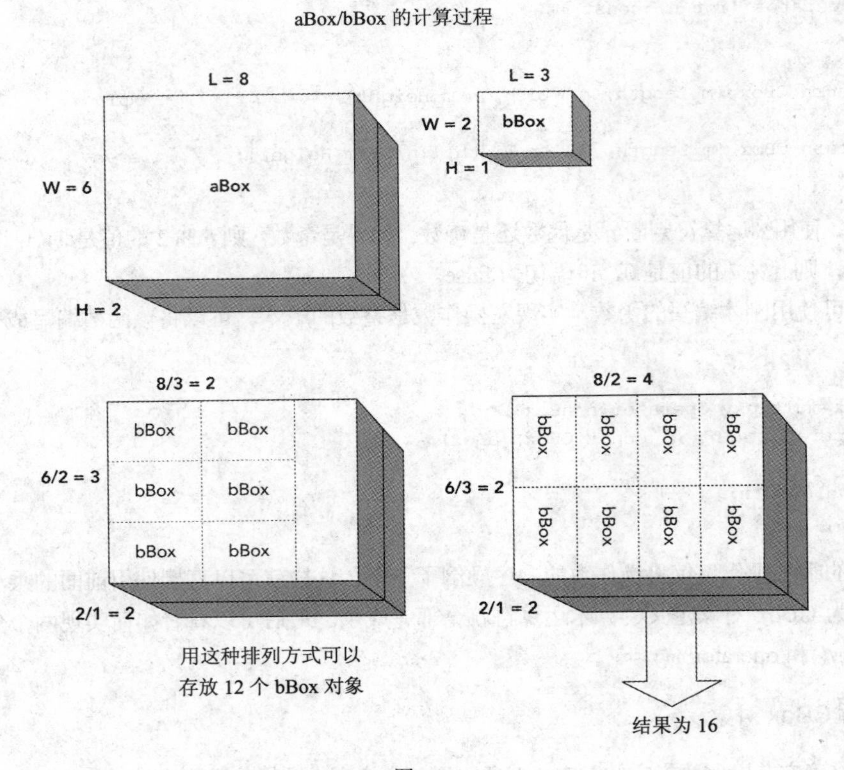

图 8-6

有两种将 bBox 放入 aBox 的可能性：一是 bBox 的长度与 aBox 的长度同向，二是 bBox 的长度与 aBox 的宽度同向。从图 8-6 可以看出，最好的包装结果是旋转 bBox，用 aBox 的长度除以 bBox 的宽度。

另一个用于获得已包装好的 aBox 中剩余空间的分解运算符函数 operator%()更加简单，因为可以使用刚才编写的运算符来实现。可以将其编写成普通的全局函数，因为该函数不需要访问 CBox 类的私有成员。

```
// Operator to return the free volume in a packed box
inline double operator%(const CBox& aBox, const CBox& bBox)
{
  return aBox.volume() - ((aBox/bBox)*bBox.volume());
}
```

使用现有的类函数，这里的计算变得非常容易。结果是大箱子 aBox 的体积减去可以容纳的全部 bBox 箱子的体积。aBox 中包装的 bBox 对象的数量由表达式 aBox/bBox 给出，该表达式使用了前面重载的/运算符。得到的数量再乘以 bBox 对象的体积，就是要从大箱子 aBox 的体积中减去的体积。

至此类的接口就完成了。对于生产问题的解决方案来说，无疑还需要更多其他函数。但作为有趣的、示范如何为解决具体问题而对类进行设计的实用模型，这个类已经足够了。我们现在可以继续前进，试着解决一个实际的问题。

试一试：使用 CBox 类的多文件项目

在实际编写使用 CBox 类及其重载运算符的代码之前，首先需要将类定义汇编成一个连贯的整体。我们将采用与以前完全不同的方法——即编写多文件的项目。还要使用 Visual C++提供的功能来创建和维护类，这意味着只需要做较少的工作，但也意味着代码中某些地方将略微不同。

首先创建一个名为 Ex8_12 的 WIN32 控制台应用程序项目，然后选中 Empty project 应用程序选项。取消选中 Security Development Lifecycle 选项。

Class View 选项卡将显示项目中所有类的视图，不过此刻当然一个类也没有。虽然还没有定义的类或与之相关的其他内容，但 Visual C++已经为包括这些类预先作了安排。可以创建 CBox 类的框架和与之相关的文件。在 Class View 中右击 Ex8_13，并从弹出菜单中选择 Add | Class 选项。然后，可以在显示的 Add Class 对话框左窗格中，从类种类列表中选择 C++，并在右窗格中选择 C++ Class 模板，之后按下 Enter 键。(忽略这个对话框中的 Name 和 Location 输入字段，它们是禁用的。)接着在如图 8-7 所示的对话框中，可以输入希望创建的类的名称 CBox。

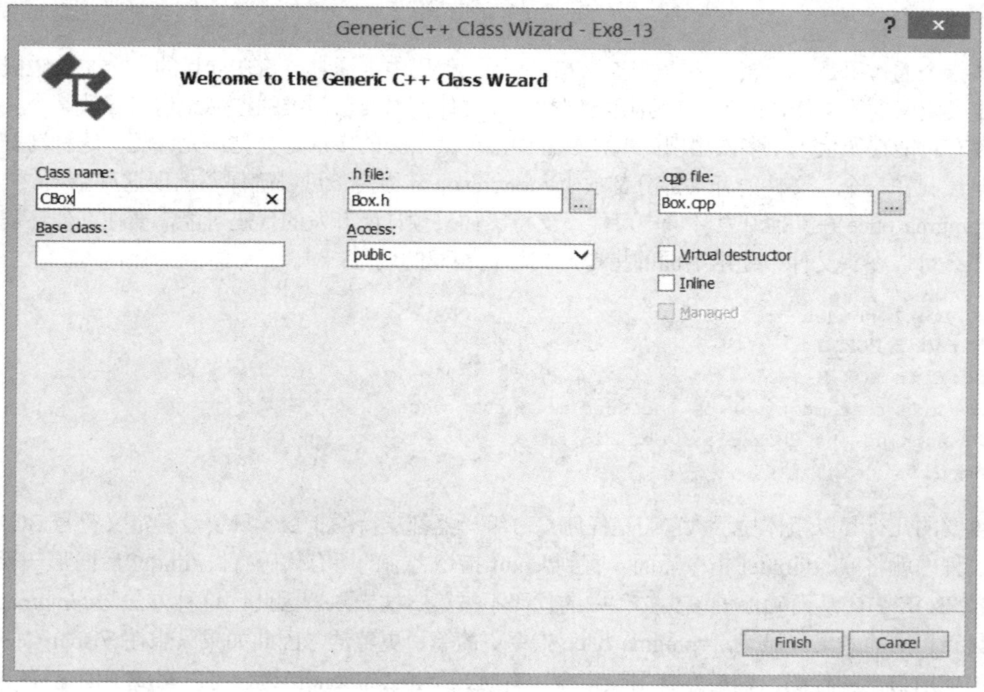

图　8-7

Box.cpp 文件包含由类的函数成员定义(它们不在类定义中)组成的类实现代码——即类的可执行代码。如果愿意，那么可以修改该文件的名称，但 Box.cpp 看起来是个不错的文件名。类定义将存储在名为 Box.h 的文件中。这是组织程序的标准方式。由类定义组成的代码存入扩展名为.h 的文件，而定义函数的代码则存入扩展名为.cpp 的文件。通常，各个类定义存入各自的.h 文件，而各个类实现代码存入各自的.cpp 文件。

当单击该对话框中的 Finish 按钮时，将发生两件事情：

(1) 创建包含 CBox 类定义框架的 Box.h 文件，其中包括无参数的构造函数和析构函数。

(2) 创建 Box.cpp 文件，其中包括 CBox 类定义中构造函数和析构函数的框架实现代码——两个函数体当然都是空的。

编辑器窗格目前显示 Box.h 文件中类定义的代码。编辑器窗格中的第二个选项卡显示 Box.cpp 文件的内容，下面以 Visual C++自动提供的代码为基础来开发 CBox 类。

4. 定义 CBox 类

如果在 Class View 选项卡上单击 Ex8_13 左边的符号⇨，则会展开该项目树，我们看到现在项目中已经定义了 CBox 类。项目中的所有类都将显示在这个树中。通过双击树中的类名，就可以查看为类定义提供的源代码。

已经生成的 CBox 类定义首先是一条预处理器指令：

```
#pragma once
```

该指令的作用是防止该文件的内容多次嵌入到源代码中。通常，将在项目的多个文件中嵌入包含给定类定义的头文件，因为每个引用特定类名的文件都需要访问类的定义。这将导致某个头文件的内容有可能在源代码中多次出现。编译过程中出现某个类的多次定义是不允许的，这种情况将标志为错误。在每个头文件的开头部分都放上#pragma once 指令，可以确保不出现这种错误。

#pragma once 在其他开发环境中可能不支持。如果预计所开发的代码可能需要在其他环境中编译，那么可以在头文件中使用下面的指令形式达到相同的效果：

```
// Box.h header file
#ifndef BOX_H
#define BOX_H
// Code that must not be included more than once
// such as the CBox class definition
#endif
```

重要的几行都以粗体显示，它们是任何 C++编译器都支持的指令。只要没有定义符号 BOX_H，编译过程中就将嵌入#ifndef 指令后面一直到#endif 指令之前的所有代码行。#ifndef 后面那一行定义了符号 BOX_H，从而确保了该头文件中的代码不被第二次嵌入。因此，这种方法与#pragma once 指令具有相同的效果。显然，#pragma once 指令更简单、更整洁，因此如果只想在 Visual C++开发环境中使用自己的代码，则最好使用该指令。有时， #ifndef/#endif 组合可以写成下面这样：

```
#if !defined BOX_H
#define BOX_H
// Code that must not be included more than once
// such as the CBox class definition
#endif
```

Class Wizard 生成的 Box.cpp 文件包含下面的代码：

```
#include "Box.h"


CBox::CBox()
{
```

```
}

CBox::~CBox()
{
}
```

第一行是一条#include 预处理器指令，其作用是将 Box.h 文件的内容(即类定义)嵌入 Box.cpp 文件中。这是必要的，因为 Box.cpp 文件中的代码引用了类名 CBox，而只有类定义可用时才能确定名称 CBox 的意义。

添加数据成员

现在可以添加 double 类型的私有数据成员 m_Length、m_Width 和 m_Height。在 Class View 中右击 CBox，并从弹出菜单中选择 Add | Add Variable 选项。然后在 Add Member Variable Wizard 对话框中，我们可以为希望添加到该类的第一个数据成员指定名称、类型和访问特性。

在该对话框中指定新数据成员的方式非常简单。只有定义关联到某控件上的 MFC 变量时，才给变量应用上下限。如果愿意，可以在下半部分的输入字段中添加注释。当单击 Finish 按钮时，将在类定义中添加该变量以及提供的注释。我们应该为其他两个类数据成员 m_Width 和 m_Height 重复上述过程。之后，Box.h 文件中的类定义将修改成如下形式：

```
#pragma once

class CBox
{
public:
  CBox();
  ~CBox();
private:
  double m_Length;
  double m_Width;
  double m_Height;
};
```

如果愿意，那么完全可以在代码中直接手动输入这些成员的声明。我们有权选择是否使用 IDE 提供的自动功能，也可以手动删除掉自动生成的内容，但不要忘记有时候需要同时修改.h 和.cpp 文件。手动修改之后最好保存所有文件。

如果查看 Box.cpp 文件，那么可以看到 Wizard 已经在构造函数定义中为刚才添加的那些数据成员添加了初始化列表，列表中使用旧语法将各个变量初始化为 0。也可以把这些改为使用新语法。接下来将修改构造函数，以便做我们想做的事情。

定义构造函数

需要修改类定义中无参数构造函数的声明，从而使其包含带默认值的参数，修改后的原型如下：

```
explicit CBox(double lv = 1.0, double wv = 1.0, double hv = 1.0);
```

现在，可以实现该函数。打开 Box.cpp 文件——如果尚未打开的话，将构造函数的定义修改成如下形式：

```
CBox::CBox(double lv, double wv, double hv) :
   m_Length {std::max(lv, wv)}, m_Width {std::min(lv, wv)}, m_Height {hv}
{
  if (lv < 0.0 || wv < 0.0 || hv < 0.0)
    throw "Negative dimension specified for CBox object.";
  // Ensure the height is <= width is <= length
  if (m_Height > m_Length)
  { // height greater than length, so swap them
    std::swap(m_Height, m_Length);
  }
  else if (m_Height > m_Width)
  { // height less than or equal to length but greater than width so swap
    std::swap(m_Height, m_Width);
  }
}
```

在 Box.cpp 中，需要为 algorithm 头文件添加一个#include 指令。记住，成员函数形参的初始化列表只应该出现在类定义的成员声明中，而非函数的定义中。如果将它们放在函数定义中，则不能编译代码。前面曾经介绍过这里的代码，因此不再讨论。此刻最好单击 Save 工具栏按钮保存文件。应该养成在切换到其他窗口之前，保存所编辑文件的习惯。如果需要再次编辑构造函数，那么通过在 Class View 选项卡底下的窗格中双击相应的项目，即可轻松地使之再次出现在屏幕上。

在 Class View 窗格中单击类名可以把类的成员显示在下部的窗格中。还可以通过在 Class View 窗格中右击相应的名称，并从出现的上下文菜单中选择适当的菜单项，直接进入.cpp 文件中某个成员函数的定义或.h 文件中该函数的声明。

添加函数成员

现在需要给 CBox 类添加前面看到的所有函数。此前，在类定义内部定义了一些函数成员，因此这些函数将自动成为内联函数。如前所述，首先在 Box.h 中为 utility 头文件添加一个#include 指令，再添加如下 using 指令：

```
Using std::rel_ops::operator<=;
using std::rel_ops::operator>;
using std::rel_ops::operator>=;
using std::rel_ops::operator!=;
```

这使 std::rel_ops 名称空间中一些比较运算符的模板名称可用。千万不要在头文件中添加“using 名称空间”，这样上述声明的替代方案就只能是自己定义比较运算符函数。

为了把 operator<()添加为内联函数，在 Class View 窗格中右击 CBox，并从上下文菜单中选择 Add | Add Function 菜单项，然后就可以在显示的对话框中输入定义函数的数据，该对话框如图 8-8 所示。

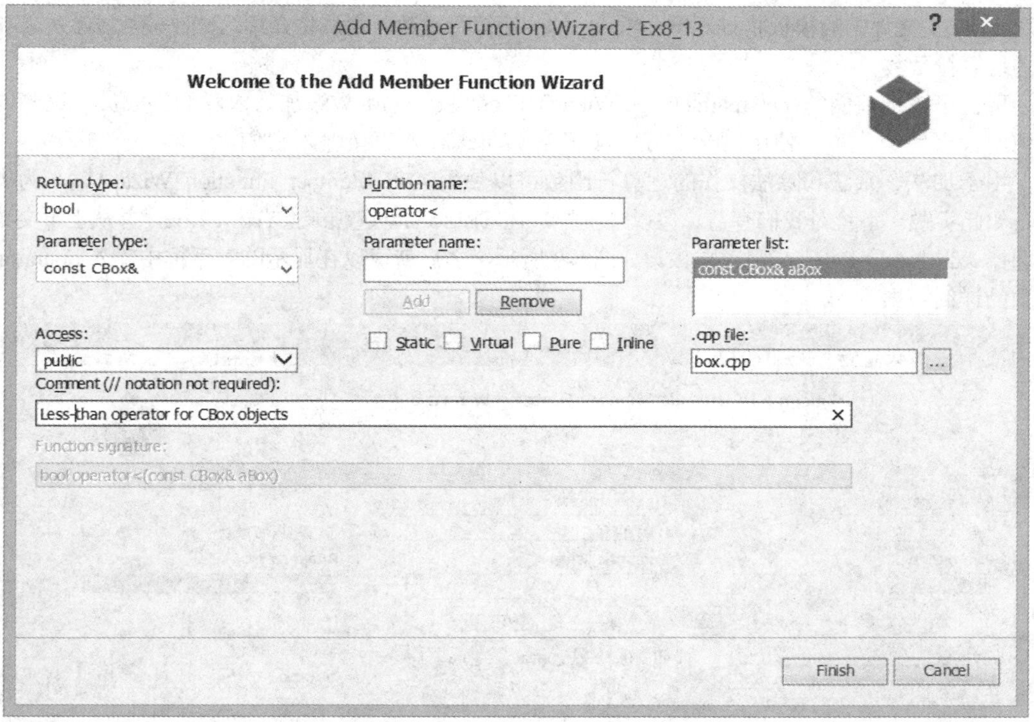

图　8-8

Return Type 和 Parameter Type 下拉列表包含一组有限范围的类型。如果需要的类型没有出现在列表中，只需手工输入它们。图 8-10 显示了输入定义函数的数据之后、添加形参之前的对话框。必须添加 Add 按钮，才能添加形参。接着形参就显示在对话框右边的形参列表中。如果没有选中 Inline，该函数定义就出现在 Box.cpp 中。选中 Inline 后单击 Finish，会在类定义中创建函数定义的框架。还必须在 CBox 类定义中编辑声明，使该函数声明为 const，再给函数体添加实现代码。现在它应如下所示：

```
// Less-than operator for CBox objects
bool operator<(const CBox& aBox) const
{
  return volume() < aBox.volume();
}
```

可以用相同的方式把前面实现的 operator==()和 volume()成员添加到类定义中：

```
// Operator function for == comparing CBox objects
bool operator==(const CBox& aBox) const
{
  return volume() == aBox.volume();
}

// Calculate the box volume
double volume() const
{
 return m_Length*m_Width*m_Height;
}
```

utility 头文件中的模板将处理!=、>、<=和>=运算符函数。稍后将介绍这些比较 CBox 对象和数值的运算符函数。

现在可以把前面的 getHeight()、getWidth()和 getLength()函数添加为内联的类成员。这些内容将留给读者完成，可以使用 Add | Add Function 菜单选项或直接输入它们。

用于加法、乘法和除法操作的运算符函数可以使用 Add Member Function Wizard 输入为类成员，如此实践一番将对我们有益。像以前一样，在 Class View 选项卡上右击 CBox，并从上下文菜单中选择 Add | Add Function…菜单项。如图 8-9 所示，之后就可以在显示的对话框中输入 operator+()函数的详细数据。

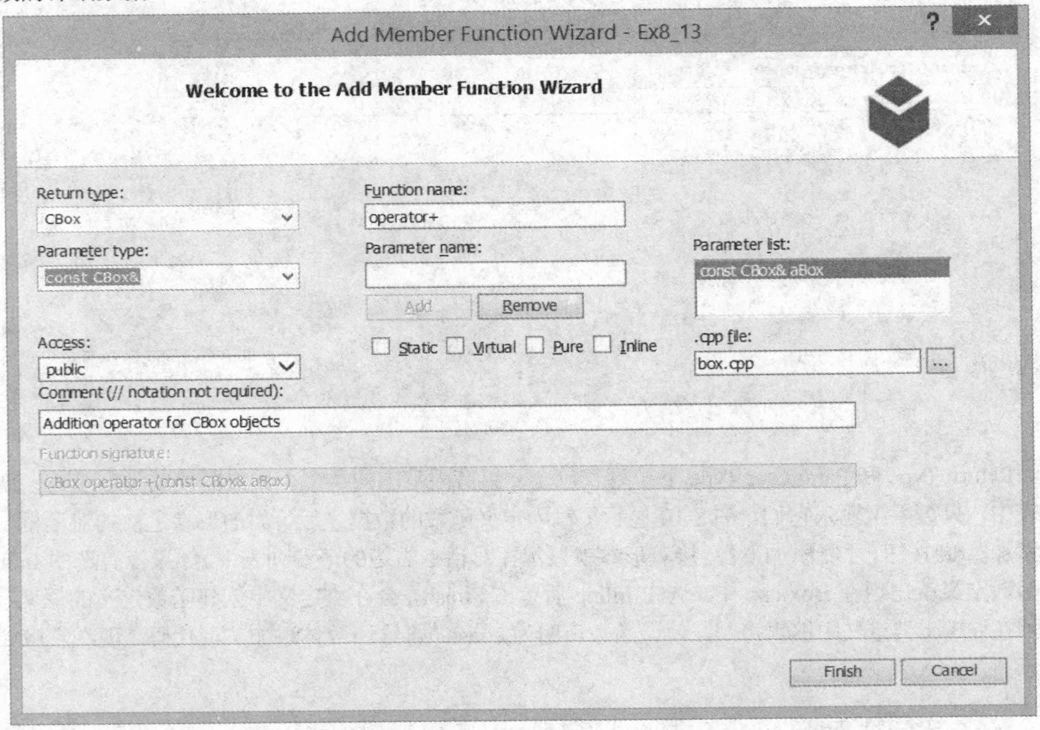

图 8-9

图 8-9 显示了单击 Add 按钮给列表添加形参后的对话框。在这个实例中没有选择 Inline。当单击 Finish 按钮时，将在 Box.h 文件的类定义中添加该函数的声明，在 Box.cpp 文件中添加其框架定义。operator+()函数需要声明为 const，因此必须在类定义内该函数的声明中以及 Box.cpp 文件内该函数的定义中添加 const 关键字，还必须添加如下所示的函数代码体：

```
CBox CBox::operator+(const CBox& aBox) const
{
  // New object has larger length and width and sum of the heights
  return CBox {std::max(m_Length, aBox.m_Length),
               std::max(m_Width, aBox.m_Width),
               m_Height + aBox.m_Height};
}
```

当为前面介绍的 operator*()函数和 operator/()函数重复上述过程，之后 Box.h 文件中的类定义应该如下所示：

```
#pragma once
#include <utility>                    // For operator overload templates
using namespace std::rel_ops;

class CBox
{
public:
  explicit CBox(double lv = 1.0, double wv = 1.0, double hv = 1.0);
  ~CBox();
private:
  double m_Length;
  double m_Width;
  double m_Height;
public:

  // Less-than operator for CBox objects
  bool operator<(const CBox& aBox) const
  {
    return volume() < aBox.volume();
  }

  // Operator function for == comparing CBox objects
  bool operator==(const CBox& aBox) const
  {
    return volume() == aBox.volume();
  }

  // Calculate the box volume
  double volume()@@@remove MG OK IH@@@) const
  {
    return m_Length*m_Width*m_Height;
  }

  double getLength() const { return m_Length; }
  double getWidth() const { return m_Width; }
  double getHeight() const { return m_Height; }

  CBox operator+(const CBox& aBox) const;    // Addition operator for CBox objects
  CBox operator*(int n) const;               // Multiply operator for CBox objects
  int operator/(const CBox& aBox) const;     // Division operator for CBox objects
};
```

可以用自己喜欢的方式编辑或重新整理这里的代码，当然，代码必须编写正确。

如果单击 Class View 选项卡后再单击 CBox 类名，那么该类的所有成员都将显示在底部窗格中。

至此 CBox 类的成员就介绍完了，但是为了将 CBox 对象的体积与数值进行比较，还需要定义几个实现运算符的全局函数。它们是短小而高效的内联函数。

添加全局函数

您可能以为，应像其他函数定义那样把内联函数的定义放在.cpp 文件中，但其实并非如此。在编译好的代码中，内联函数并不是“真正”的函数，因为编译器会在调用内联函数的地方插入内联函数体的代码。在编译包含调用内联函数的文件时，内联函数的代码必须是可用的，否则就会出现连接错误，程序就不会运行。包含在.cpp 文件中的.h 文件必须包含编译器编译.cpp 文件中代码所需的所有内容。如果在.cpp 文件中调用了内联函数，内联函数的定义就必须出现在.h 文件中，而该.h 文件必须包含在.cpp 文件中。这也适用于在类定义外部定义的内联成员函数。

支持 CBox 对象操作的全局函数都是内联函数。可以在 Box.h 中把支持 CBox 对象操作的全局函数放在 CBox 类定义的后面，但为了获得经验，把另一个.h 文件添加到项目中以包含它们。单击 Solution Explorer 选项卡显示解决方案浏览器(当前显示的应该是 Class View 选项卡)，并右击 Header Files 文件夹。然后从上下文菜单中选择 Add | New Item 菜单项，以显示对话框。将种类选择成 Code，并在对话框右窗格中将模板选择成 Header File (.h)，然后输入文件名 BoxOperators。

现在，可以在编辑器窗格中输入下面的代码：

```
// BoxOperators.h
// CBox object operations that don't need to access private members
#pragma once
#include "Box.h"

// Function for testing if a constant is > a CBox object
inline bool operator>(const double value, const CBox& aBox)
{ return value > aBox.volume(); }

// Function for testing if a constant is < CBox object
inline bool operator<(const double value, const CBox& aBox)
{ return value < aBox.volume(); }

// Function for testing if CBox object is > a constant
inline bool operator>(const CBox& aBox, const double value)
{ return aBox.volume() > value; }

// Function for testing if CBox object is < a constant
inline bool operator<( const CBox& aBox, const double value)
{ return aBox.volume() < value; }

// Function for testing if a constant is >= a CBox object
inline bool operator>=(const double value, const CBox& aBox)
{ return value >= aBox.volume(); }

// Function for testing if a constant is <= CBox object
inline bool operator<=(const double value, const CBox& aBox)
{ return value <= aBox.volume(); }

// Function for testing if CBox object is >= a constant
inline bool operator>=( const CBox& aBox, const double value)
{ return aBox.volume() >= value; }

// Function for testing if CBox object is <= a constant
inline bool operator<=( const CBox& aBox, const double value)
{ return aBox.volume() <= value; }

// Function for testing if a constant is == CBox object
inline bool operator==(const double value, const CBox& aBox)
{ return value == aBox.volume(); }

// Function for testing if CBox object is == a constant
inline bool operator==(const CBox& aBox, const double value)
```

```
{ return aBox.volume() == value; }

// Function for testing if a constant is != CBox object
inline bool operator!=(const double value, const CBox& aBox)
{
  return value != aBox.volume();
}

// Function for testing if CBox object is != a constant
inline bool operator!=(const CBox& aBox, const double value)
{
  return aBox.volume() != value;
}

// CBox multiply operator n*aBox
inline CBox operator*(int n, const CBox& aBox)
{ return aBox * n; }

// Operator to return the free volume in a packed CBox
inline double operator%( const CBox& aBox, const CBox& bBox)
{ return aBox.volume() - (aBox / bBox) * bBox.volume(); }
```

#pragma once 指令将确保在编译过程中只能嵌入一次本文件的内容。上面的代码中有一条嵌入 Box.h 文件的#include 指令，因为这些函数要引用 CBox 类。保存该文件。完成这些代码的输入之后，可以选择 Class View 选项卡。Class View 选项卡现在包括 Global Functions and Variables 文件夹，其中包含刚才添加的所有函数。

当在一个非内联函数的项目中定义全局函数时，可以把它们的定义放在一个.cpp 文件中。还需要把这些函数的原型放在一个开头包含#pragma once 指令的.h 文件中。接着把这个.h 文件包含到调用任意全局函数的.cpp 文件中，这样编译器就知道它们是什么。

现在可以着手将这些全局函数和 CBox 类应用到箱子的问题上来。

使用 CBox 类

假设我们在包装糖果。这些糖果都在破碎机上各占用 1.5 英寸长、1 英寸宽、1 英寸高的空间。可以使用 4.5 英寸长、7 英寸宽、2 英寸高的标准糖果盒，现在想知道盒中能够容纳多少块糖果，以便制定价格。还有一种标准的纸板箱，长 2 英尺 6 英寸、宽 18 英寸、深 18 英寸。我们想知道该纸板箱可以容纳多少个糖果盒，装满之后有多大的未用空间。

万一标准糖果盒不是合适的解决方案，我们还想知道定制多大尺寸的糖果盒才合适。如果糖果盒的长度在 3~7 英寸之间，宽度在 3~5 英寸之间，高度在 1~2.5 英寸之间(这些尺寸可以以半英寸为步距变化)，就能卖个好价钱。糖果盒中至少需要 30 块糖果，因为这是绝大多数顾客一次消费的最低数量。另外，糖果盒不应该有剩余空间，那样将使消费者感到上当受骗。理想情况下我们还希望纸板箱塞满，这样糖果盒将不会晃荡。我们也不希望包装得太紧，那样将增加包装的难度，因此如果纸板箱的剩余空间小于一个糖果盒的体积，就可以说没有浪费空间。

使用 CBox 类，该问题很容易解决，解决方案由下面的 main()函数给出。像以前一样，右击 Solution Explorer 窗格中的 Source Files 文件夹，从弹出的上下文菜单中选择适当的菜单项，给本项目添加一个新的源文件 Ex8_13.cpp，然后输入下面显示的代码：

```
// Ex8_13.cpp
// A sample packaging problem
#include <iostream>
#include "Box.h"
#include "BoxOperators.h"
using std::cout;
using std::endl;

int main()
{
  CBox candy {1.5, 1.0, 1.0};                // Candy definition
  CBox candyBox {7.0, 4.5, 2.0};             // Candy box definition
  CBox carton {30.0, 18.0, 18.0};            // Carton definition

  // Calculate candies per candy box
  int numCandies {candyBox/candy};

  // Calculate candy boxes per carton
  int numCboxes {carton/candyBox};

  // Calculate wasted carton space
  double wasted {carton%candyBox};

  cout << "There are " << numCandies << " candies per candy box" << endl
     << "For the standard boxes there are " << numCboxes
     << " candy boxes per carton " << endl << "with "
     << wasted << " cubic inches wasted." << endl;

  cout << endl << "CUSTOM CANDY BOX ANALYSIS (No Waste)" << endl;
  const int minCandiesPerBox {30};

  // Try the whole range of custom candy boxes
  for (double length{3.0}; length <= 7.5; length += 0.5)
  {
    for (double width {3.0}; width <= 5.0; width += 0.5)
    {
      for (double height {1.0}; height <= 2.5; height += 0.5)
      {
        // Create new box each cycle
        CBox tryBox(length, width, height);

        if ((carton%tryBox < tryBox.volume()) && // Carton waste < a candy box
          (tryBox%candy == 0.0) &&               // & no waste in candy box
          (tryBox/candy >= minCandiesPerBox))    // & candy box holds minimum
        {
          cout << "Trial Box L = " << tryBox.getLength()
               << " W = " << tryBox.getWidth()
               << " H = " << tryBox.getHeight()
               << endl;
          cout << "Trial Box contains " << tryBox / candy << " candies"
               << " and a carton contains " << carton / tryBox
               << " candy boxes." << endl;
        }
      }
    }
```

```
    }
    return 0;
}
```

首先来看该程序的结构。该程序被分为多个文件，这在C++编程中很常见。如果切换到 Solution Explorer 选项卡(见图 8-13)，就能够看到这些文件。Ex8_13.cpp 文件包含 main()函数和嵌入 iostream 标准头文件的#include 指令，而 Box.h 头文件 CBox 的定义，BoxOperators.h 包含内联非成员函数的定义。

C++控制台程序通常分为多个文件，它们各自属于下列 3 个基本类别之一：

(1) 包含库文件#include 指令、全局常量和变量、类定义以及函数原型的.h 文件。换句话说，.h 文件包含除可执行代码以外的一切。它们还包含内联函数的定义。当程序中有多个类定义时，通常将这些类分别放入单独的.h 文件中。

(2) 包含程序的可执行代码的.cpp 文件，其中还包含可执行代码所需全部定义的#include 指令。

(3) 包含 main()函数的另一个.cpp 文件。

实际上不需要解释 main()函数中的代码 ——它们几乎就是对问题定义的直接文字表示，因为是类接口中的运算符对 CBox 对象执行面向问题的动作。

使用标准箱子这个问题的答案在 main()函数开始部分的声明语句中，这些语句将所需的答案计算出来作为初始化值。然后，输出这些值，输出时添加了一些解释性的注释。

该问题的第二部分是使用 3 个嵌套的 for 循环解决的。这些循环在 m_Length、m_Width 和 m_Height 的允许范围内迭代，从而评估所有可能的组合。可以将这些组合全部输出到屏幕上，但因为涉及的组合多达 200 个，而我们可能只对其中一小部分感兴趣，所以程序中使用一条 if 语句来识别那些我们感兴趣的选项。仅当纸板箱中没有浪费的空间、当前试验的糖果盒中没有浪费的空间，并且该糖果盒至少包含 30 块糖果时，if 表达式才是 true。

示例说明

该程序的输出如下：

```
There are 42 candies per candy box
For the standard boxes there are 144 candy boxes per carton
with 648 cubic inches wasted.

CUSTOM CANDY BOX ANALYSIS (No Waste)
Trial Box L = 5 W = 4.5 H = 2
Trial Box contains 30 candies and a carton contains 216 candy boxes.
Trial Box L = 5 W = 4.5 H = 2
Trial Box contains 30 candies and a carton contains 216 candy boxes.
Trial Box L = 6 W = 3 H = 2.5
Trial Box contains 30 candies and a carton contains 216 candy boxes.
Trial Box L = 6 W = 4.5 H = 2
Trial Box contains 36 candies and a carton contains 180 candy boxes.
Trial Box L = 6 W = 4.5 H = 2.5
Trial Box contains 45 candies and a carton contains 144 candy boxes.
Trial Box L = 6 W = 5 H = 1.5
Trial Box contains 30 candies and a carton contains 216 candy boxes.
Trial Box L = 6 W = 5 H = 2
```

```
Trial Box contains 40 candies and a carton contains 162 candy boxes.
Trial Box L = 6 W = 5 H = 2.5
Trial Box contains 50 candies and a carton contains 129 candy boxes.
Trial Box L = 7.5 W = 3 H = 2
Trial Box contains 30 candies and a carton contains 216 candy boxes.
```

因为嵌套循环中既评估长 5 英寸、宽 4.5 英寸的箱子，也评估长 4.5 英寸、宽 5 英寸的箱子，所以得到一个重复的解决方案。因为 CBox 类的构造函数能够确保长度不小于宽度，所以这两个答案是相同的。可以包括一些避免出现重复方案的其他逻辑，但这样做几乎没有效果。如果愿意，可以将其当作一道练习题试一下。

8.12 组织程序代码

在示例 Ex8_13 中，第一次将程序代码分布在多个文件中。这种做法不仅在 C++应用程序中常见，而且在 Windows 编程中也必不可少。即使最简单的 Windows 程序所包含的大量代码，也有必要将它分为若干可使用的代码块。

如 8.9 节所述，C++程序有两种基本的源代码文件：.h 和.cpp 文件，图 8-10 说明了这一点。

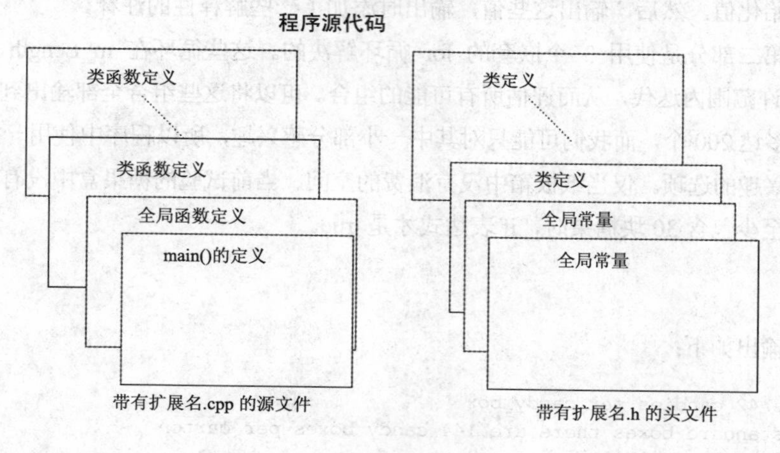

图 8-10

我们可能时常需要在新项目中使用现有文件中的代码。这种情况下，只需要给新项目添加.cpp 文件即可，为此可以使用 Project | Add Existing Item 菜单项。另外，右击 Solution Explorer 选项卡中的 Source Files 或 Header Files 文件夹，然后从上下文菜单中选择 Add | Existing Item 菜单项，也可以在新项目中添加文件。我们不需要给新项目添加.h 文件，不过如果希望.h 文件立即出现在 Solution Explorer 窗格中，那么添加它们也无妨。作为指定的#include 指令的结果，将.h 文件中的代码添加到需要它们的.cpp 文件的开始部分。我们需要#include 指令来嵌入包含标准库函数和其他标准定义的头文件，以及我们自己的头文件。Visual C++能够自动记住所有这些文件，并允许在 Solution Explorer 选项卡中查看它们。如上一个示例所示，还可以在 Class View 选项卡中查看类定义、全局常量和变量。

在 Windows 程序中，还有其他几种用于说明像菜单和工具栏按钮这样一些对象的定义。这些定义存储在扩展名为.rc 和.ico 的文件中。Visual C++会自动创建并跟踪它们。

命名程序文件

如前所述，无论类的复杂性如何，通常都应该将类定义存储在文件名基于类名的.h 文件中，将在类外部定义的函数成员的实现存储在同名的.cpp 文件中。以此为根据，CBox 类的定义出现在名为 Box.h 的文件中。同理，类的实现存储在 Box.cpp 文件中。本章前面的示例没有遵守这项约定，因为那些示例非常短小，而且名称由章编号和章内示例序号构成的示例更容易引用。无论程序的大小如何，以这种方式组织代码都是必要的，最好从现在开始养成创建.h 和.cpp 文件来容纳程序代码的习惯。

将程序分为.h 和.cpp 文件是一种非常方便的方法，使我们很容易找到任何类的定义或实现。如果使用的开发环境没有包括 Visual C++提供的全部工具，则上述优点更加明显。只要知道类名，就能直接找到想要的文件。但这不是一条严格的规则。有时候，需要将一组紧密相关的类的定义集中到一个文件中，并以类似的方式将它们的实现也汇编在一起。但无论选择怎样的文件组织方式，Class View 选项卡都将显示所有的类以及各个类的全部成员。双击 Class View 树中的任意一项将直接进入相关的源代码。

8.13　字符串的库类

第 4 章已经提及，string 头文件中定义了表示字符串的 string 和 wstring 类。将这两个类都定义为类模板 basic_string<T>的实例：string 类定义为 basic_string <char>，wstring 类定义为 basic_string <wchar_t>。因此 string 类表示 char 类型的字符串，而 wstring 类表示 wchar_t 类型的字符串。

这些字符串类型比以空字符结尾的字符串容易使用得多，它们还配备了一整套功能强大的函数。因为 string 和 wstring 都是同一个模板 basic_string<T>的实例，它们提供的功能相同，因此本节仅讨论 string 类型的功能与用法。除了字符串中含有 Unicode 字符代码，并且必须在代码中字符串字面值前加上前缀 L 外，wstring 类型的运行与 string 类型完全一样。后续的代码假定，包含 std::string 头文件的 using 声明。

8.13.1　创建字符串对象

字符串对象的创建非常容易，但具体如何创建有不少选择。首先，可以像下面这样创建并初始化一个字符串对象：

```
string sentence {"This sentence is false."};
```

sentence 对象用初始化列表中的字面值来初始化。由于字符串对象末尾没有空字符，因此字符串长度是字符串中的字符个数，在本实例中是 23。可以通过调用字符串对象的 length()成员函数，来查看字符串对象所封装的字符串的长度。例如：

```
cout << "The string is of length " << sentence.length() << endl;
```

执行该语句将产生如下输出：

```
The string is of length 23
```

顺便提一下，可以用与任何其他变量相同的方式将字符串对象输出到 cout:

```
cout << sentence << endl;
```

该代码在单独的一行上显示 sentence 字符串。也可以像下面这样将字符串读到字符串对象中:

```
cin >> sentence;
```

以这种方式从 stdin 中读取字符串时会忽略开头的空格，直到发现非空格的字符。当在一个或多个非空格字符后面输入一个空格时，这种方式也会终止输入。我们常常希望将包括空格的文本读入一个字符串对象(可能跨多行)中。在本例中，使用在 string 头文件中定义的 getline()函数模板要方便得多。例如:

```
getline(cin, sentence, '*');
```

这个函数模板专门用来将数据从流中读入到 string 或 wstring 对象中。第一个实参是作为输入源的流——它不一定是 cin；第二个实参是接收输入的对象；第三个实参是终止读取的字符。这里将终止字符指定为'*'，因此该语句会将 cin 中的文本(包括空格)读入 sentence 中，直到从输入流中读到以星号指示的输入末尾。

如果在创建 string 对象时没有指定初始字符串字面值，该对象就会包含一个空字符串:

```
string astring;                    // Create an empty string
```

调用字符串 astring 的 length()将返回结果 0。

另一种可能性是用一个重复指定次数的字符来初始化字符串对象:

```
string bees(7, 'b');               // String is "bbbbbbb"
```

该构造函数的第一个实参是第二个实参指定的字符的重复次数。注意不能在这里使用统一的初始化形式，因为构造函数是使用初始化列表来选择的。

最后一种方式是用另一个字符串对象的全部或一部分来初始化字符串对象。

```
string letters {bees};
```

这里用 bees 中包含的字符串来初始化 letters 对象。

为了选择一个字符串对象的一部分作为初始值设定项，我们调用带 3 个实参的字符串构造函数，第一个实参是作为初始化字符串来源的字符串对象，第二个实参是要选择的第一个字符的索引位置，第三个实参是要选择的字符个数。例如:

```
string sentence {"This sentence is false."};
string part {sentence, 5, 11};
```

这里用 sentence 中从第 6 个字符(第一个字符位于索引位置 0)开始的 11 个字符来初始化 part 对象。因此 part 包含字符串“sentence is”。

当然，可以用常规表示法创建 string 对象的数组，并初始化它们。例如:

```
string animals[] { "dog", "cat", "horse", "donkey", "lion"};
```

上面的代码创建包含 5 个字符串对象的一个数组，用大括号内的字符串字面值初始化这些元素。

8.13.2 连接字符串

字符串最常见的运算可能是连接两个字符串形成一个新的字符串了。可以用+运算符连接两个字符串对象或者一个字符串对象和一个字符串字面值。下面是一些示例：

```
string sentence1 {"This sentence is false."};
string sentence2 {"Therefore the sentence above must be true!"};
string combined;                    // Create an empty string
sentence1 = sentence1 + "\n";       // Append string containing newline
combined = sentence1 + sentence2;   // Join two strings
cout << combined << endl;           // Output the result
```

前 3 个语句创建字符串对象。下一个语句将字符串字面值"\n"附加到 sentence1 后面，并将结果存储在 sentence1 中。再下一个语句连接 sentence1 和 sentence2，并将结果存储在 combined 中。最后一个语句输出字符串 combined。执行这些语句将得到下面的输出：

```
This sentence is false.
Therefore the sentence above must be true!
```

字符串可以用+运算符连接，是因为 string 类实现了 operator+()。这意味着操作数之一必须为 string 对象，因此不能用+运算符连接两个字符串字面值。记住，每次用+运算符连接两个字符串时，都是在创建一个新的 string 对象，这会带来一定的开销。但是，字符串类会尽可能使用移动语义。

也可以用+运算符将一个字符连接到一个字符串对象上，因此前面代码片段中的第 4 个语句可以写成：

```
sentence1 = sentence1 + '\n';       // Append newline character to string
```

string 类也实现了 operator+=()，因此右操作数可以是一个字符串字面值、一个字符串对象或者一个字符。前面的语句可以写成：

```
sentence1 += '\n';
```

或者写成：

```
sentence1 += "\n";
```

使用+=运算符与使用+运算符有一个区别。如前所述，+运算符创建一个包含合并后的字符串的新字符串对象。+=运算符将作为右操作数的字符串或字符附加到作为左操作数的 string 对象后面，因此直接修改 string 对象，而不创建新的对象。

下面用一个示例来练习上面描述的概念。

试一试：创建与连接字符串

这一简单示例通过键盘输入姓名和年龄，然后列出输入的内容。代码如下：

```
// Ex8_14.cpp
// Creating and joining string objects
#include <iostream>
#include <string>
using std::cout;
using std::endl;
```

```
using std::string;

// List names and ages
void listnames(string names[], string ages[], size_t count)
{
  cout << "The names you entered are: " << endl;
  for(size_t i {}; i < count && !names[i].empty(); ++i)
    cout << names[i] + " aged " + ages[i] + '.' << endl;
}

int main()
{
  const size_t count {100};
  string names[count];
  string ages[count];
  string firstname;
  string secondname;

  for(size_t i {}; i<count; ++i)
  {
    cout << "Enter a first name or press Enter to end: ";
    std::getline(cin, firstname, '\n');
    if(firstname.empty())
    {
      listnames(names, ages, i);
      cout << "Done!!" << endl;
      return 0;
    }

    cout << "Enter a second name: ";
    std::getline(std::cin, secondname, '\n');

    names[i] = firstname + ' ' + secondname;
    cout << "Enter " + firstname + "'s age: ";
    std::getline(std::cin, ages[i], '\n');
  }
  cout << "No space for more names." << endl;
  listnames(names, ages, count);
  return 0;
}
```

ages 通常是一个整数数组，但这里把它当成是一个字符串数组，只是为了更多地使用字符串。这个示例产生类似下面的输出：

```
Enter a first name or press Enter to end: Marilyn
Enter a second name: Munroe
Enter Marilyn's age: 26

Enter a first name or press Enter to end: Tom
Enter a second name: Crews
Enter Tom's age: 45

Enter a first name or press Enter to end: Arnold
Enter a second name: Weisseneggar
Enter Arnold's age: 52
```

```
Enter a first name or press Enter to end:

The names you entered are:
Marilyn Munroe aged 26.
Tom Crews aged 45.
Arnold Weisseneggar aged 52.
Done!!
```

示例说明

listnames 函数列出存储在数组中的姓名和年龄(它们作为前两个实参传递)。第三个实参是数组中元素的个数。数据的清单出现在一个循环中：

```
for(size_t i {}; i < count && !names[i].empty(); ++i)
  cout << names[i] + " aged " + ages[i] + '.' << endl;
```

循环条件是双重保险(belt and brace)控制机制，它不仅检查索引 i 是否小于作为第三个实参传递的 count，还调用当前元素的 empty()函数来确认它不是空字符串。循环体中的那个语句连接 names[i]中的当前字符串与字面值"aged"、ages[i]字符串及字符'.'，并将产生的字符串写到 cout 中。这个连接字符串的表达式等价于：

```
((names[i].operator+(" aged ")).operator+(ages[i])).operator+('.')
```

每次调用 operator+()函数都会返回一个新的 string 对象。所以此表达式演示了将一个 string 对象与一个字符串字面值合并，将一个 string 对象与另一个 string 对象合并，以及将一个 string 对象与一个字符字面值合并。

虽然上面的代码演示说明了 string::operator+()函数的用法，但出于性能考虑最好使用下面的语句：

```
cout << names[i] << " aged " << ages[i] << '.' << endl;
```

这避免了调用运算符函数和由此而导致的创建字符串对象。

在 main()中，首先创建两个 string 对象的数组，长度为 count：

```
const size_t count {100};
string names[count];
string ages[count];
```

names 和 ages 数组将存储从键盘上输入的姓名和相应的年龄值。

在 main()的 for 循环内，分别用 getline()函数模板来读取姓和名：

```
cout << "Enter a first name or press Enter to end: ";
std::getline(std::cin, firstname, '\n');
if(firstname.empty())
{
  listnames(names, ages, i);
  cout << "Done!!" << endl;
  return 0;
}
```

```
        cout << "Enter a second name: ";
        std::getline(std::cin, secondname, '\n');
```

getline()函数允许读空字符串，而使用 cin 的>>运算符不能读空字符串。getline()的第一个实参是作为输入源的流，第二个实参是输入的目的地，第三个实参是标志输入操作结束的字符。如果省略第三个实参，输入'\n'将终止输入过程，因此这里可以省略第三个实参。这里使用读空字符串的功能，是因为要调用它的 empty()函数，来测试 firstname 中的空字符串。由于空字符串是输入结束的信号，因此调用 listnames()来输出数据，并结束程序的执行。

当 firstname 不为空时，继续用 getline()模板函数将姓读入 secondname 中。使用＋运算符连接 firstname 和 secondname，并将结果存储在 names[i]中，它是 names 数组中当前未使用的元素。

在循环中最后读入年龄字符串，并将结果存储在 ages[i]中。for 循环将条目数限制为 count，它对应于数组中的元素个数。如果执行到循环的末尾，数组就满了，所以显示一条消息，输出所输入的数据。

8.13.3 访问与修改字符串

可以使用下标操作符[]来访问 string 对象中的任何字符，从而读取或重写它。举例如下：

```
string sentence {"Too many cooks spoil the broth."};
for(size_t i {}; i < sentence.length(); i++)
{
  if(' ' == sentence[i])
    sentence[i] = '*';
}
```

这段代码依次检查 sentence 字符串中的每个字符，看看它是否为空格，如果是，则用星号替换该字符。

用 at()成员函数与用[]操作符得到的结果相同：

```
string sentence {"Too many cooks spoil the broth."};
for(size_t i {}; i < sentence.length(); i++)
{
  if(' ' == sentence.at(i))
    sentence.at(i) = '*';
}
```

这段代码与上一段代码的功能完全相同，那么使用[]与使用 at()的区别在哪里呢？利用下标值的速度比使用 at()函数快，但缺点是没有检查索引的有效性。如果索引超出了范围，那么使用下标操作符的结果将不确定。另一方面，at()函数稍微慢一点儿，但它会检查索引的有效性，如果索引无效，该函数就会抛出一个 out_of_range 异常。当索引值有可能超出范围时，可以使用 at()函数，在这种情况下把代码放在 try 块中，并恰当地处理异常。如果我们能确信不会出现索引超出范围的情况，就使用[]操作符。

可以对字符串对象使用基于范围的 for 循环，迭代字符串中的所有字符：

```
string sentence {"Too many cooks spoil the broth."};
for(auto& ch : sentence)
{
  if(' ' == ch)
```

```
    ch = '*';
}
```

这段代码也用星号替换空格，就像前面的循环一样，但这段代码要简单得多。对 ch 使用引用类型就可以修改字符串。

可以提取现有 string 对象的一部分作为一个新的 string 对象。例如：

```
string sentence {"Too many cooks spoil the broth."};
string substring {sentence.substr(4, 10)};         // Extracts "many cooks"
```

substr()函数的第一个实参是要提取的子字符串的第一个字符，第二个实参是子字符串中的字符个数。

使用字符串对象的 append()函数，可以在字符串末尾添加一个或多个字符。该函数有几个版本；包括向调用该函数的对象附加一个或多个给定字符、一个字符串字面值或者一个 string 对象。例如：

```
string phrase {"The higher"};
string word {"fewer"};
phrase.append(1, ' ');                 // Append one space
phrase.append("the ");                 // Append a string literal
phrase.append(word);                   // Append a string object
phrase.append(2, '!');                 // Append two exclamation marks
```

当执行这个代码序列后，phrase 将修改为“The higher the fewer!!”。使用带两个实参的 append()版本时，第一个实参是将被附加第二个实参指定的字符的次数。当调用 append()函数时，它返回对调用该函数的对象的引用，因此可以在一个语句中写出上面 4 个 append()调用：

```
phrase.append(1, ' ').append("the ").append(word).append(2, '!');
```

也可以用 append()将字符串字面值的一部分或 string 对象的一部分附加到一个现有字符串后面：

```
string phrase {"The more the merrier."};
string query {"Any"};
query.append(phrase, 3, 5).append(1, '?');
```

执行这些语句的结果是 query 会包含字符串“Any more?”。在最后一个语句中，对 append()函数的第一个调用有 3 个实参：

- 第一个实参 phrase 是从中提取字符并附加到 query 后面的 string 对象。
- 第二个实参 3 是要提取的第一个字符的索引位置。
- 第三个实参 5 是要附加的字符总数。

因此这个调用会将子字符串“more”附加到 query 后面。对 append()函数的第二个调用在 query 后面加上一个问号。

当想向一个字符串对象后面附加一个字符时，可以使用 push_back()函数作为 append()的替换函数。用法如下：

```
query.push_back('*');
```

此代码向 query 字符串的末尾附加一个星号字符。

有时，仅仅向字符串末尾添加字符还不够。有时可能需要在字符串中间的某个位置插入一个或多个字符。insert()函数的各种版本可以完成这一任务：

```
string saying {"A horse"};
string word {"blind"};
string sentence {"He is as good as gold."};
string phrase {"a wink too far"};
saying.insert(1, " ");                    // Insert a space character
saying.insert(2, word);                   // Insert a string object
saying.insert(2, "nodding", 3);           // Insert 3 characters of a string literal
saying.insert(5, sentence, 2, 15);        // Insert part of a string at position 5
saying.insert(20, phrase, 0, 9);          // Insert part of a string at position 20
saying.insert(29, " ").insert(30, "a poor do", 0, 2);
```

执行上面的语句后，saying 将包含字符串“A nod is as good as a wink to a blind horse”。insert()的各版本的形参如表 8-1 所示。

表 8-1

函数原型	说明
string& insert(size_t index, const char* pstring)	在 index 位置插入以空字符结尾的字符串 pstring
string& insert(size_t index, const string& astring)	在 index 位置插入 string 对象 astring
string& insert(size_t index, const char* pstring, size_t count)	在 index 位置插入以空字符结尾的字符串 pstring 中的前 count 个字符
string& insert(size_t index, size_t count, char ch)	在 index 位置插入字符 ch 的 count 个副本
string& insert(size_t index, const string& astring, size_t start, size_t count)	在 string 对象 astring 中插入从 start 位置的字符开始的 count 个字符；子字符串插入在 index 位置

insert()的这些版本都返回对调用该函数的 string 对象的一个引用。这样，就可以像上面代码片段中的最后一个语句那样，将所有调用链接在一起。

表 8-1 并不是 insert()函数的完整集合，但是可以用该表中的版本做任何事情。其他版本用第 10 章将介绍的迭代器(iterator)作为实参。

调用 swap()成员函数可以交换封装在两个 string 对象中的字符串。例如：

```
string phrase {"The more the merrier."};
string query {"Any"};
query.swap(phrase);
```

结果是 query 包含字符串“The more the merrier.”，phrase 包含字符串“Any”。当然，执行 phrase.swap(query)也能得到同样的效果。

如果需要将一个字符串对象转换为以空字符结尾的字符串，可以用 c_str()函数来完成。例如：

```
string phrase {"The higher the fewer"};
const char *pstring {phrase.c_str()};
```

c_str()函数返回一个指向以空字符结尾的字符串的指针，该字符串的内容与 string 对象相同。

调用 data()成员函数也可以获得一个字符串对象(作为 char 类型的数组)的内容。注意，该数组仅包含字符串对象中的字符，不包括结尾的空字符。

调用字符串对象的 replace()成员函数可以替换字符串对象的一部分。它也有几个版本，如表 8-2 所示。

表 8-2

函数原型	说明
string& replace(size_t index, size_t count, const char* pstring)	用 pstring 中的前 count 个字符替换从 index 位置开始的 count 个字符
string& replace(size_t index, size_t count, const string& astring)	用 astring 中的前 count 个字符替换从 index 位置开始的 count 个字符
string& replace(size_t index, size_t count1, const char* pstring, size_t count2)	用 pstring 中第一个到第 count2 个字符替换从 index 位置开始的 count1 个字符。这个版本允许替换子字符串比被替换的子字符串更长或更短
string& replace(size_t index1, size_t count1, const string& astring, size_t index2, size_t count2)	用 astring 中从 index2 位置开始的 count2 个字符替换从 index1 位置开始的 count1 个字符
string& replace(size_t index, size_t count1, size_t count2, char ch)	用 count2 个字符 ch 替换从 index 位置开始的 count1 个字符

表 8-2 的各个版本都会返回对调用该函数的 string 对象的引用。

举例如下：

```
string proverb {"A nod is as good as a wink to a blind horse"};
string sentence {"It's bath time!"};
proverb.replace(38, 5, sentence, 5, 3);
```

这段代码采用表 8-2 中 replace()函数的第 4 个版本，用“bat”替换字符串 proverb 中的“horse”。

8.13.4　比较字符串

我们有一整套比较运算符，用来比较两个字符串对象，或者比较一个字符串对象与一个字符串字面值。string 类中对下列运算符实现了运算符重载：

```
==   !=   <   <=   >   >=
```

下面是使用这些运算符的示例：

```
string dog1 {"St Bernard"};
string dog2 {"Tibetan Mastiff"};
if(dog1 < dog2)
  cout << dog1 << " comes first!" << endl;
```

```
else if(dog1 > dog2)
  cout << dog2 << " comes first!" << endl;
else
  cout << dog1 << " is equal to " << dog2 << "." << endl;
```

当比较两个字符串时，实际上是比较对应的字符，直到发现一对不同的字符，或者到达一个或两个字符串的末尾。当发现两个对应字符不相同时，字符代码的值决定比较结果。如果没有发现不同的字符对，那么字符较少的字符串小于另一个字符串。如果两个字符串包含相同的字符个数，而且对应的字符也相同，则这两个字符串相等。

试一试：比较字符串

本例说明了如何用极其低效的排序方法来使用比较运算符。代码如下：

```
// Ex8_15.cpp
// Comparing and sorting words
#include <iostream>
#include <iomanip>
#include <string>
using std::cout;
using std::endl;
using std::string;

string* sort(string* strings, size_t count)
{
  bool swapped {false};
  while(true)
  {
    for(size_t i {}; i < count-1; i++)
    {
      if(strings[i] > strings[i+1])
      {
        swapped = true;
        strings[i].swap(strings[i+1]);
      }
    }
    if(!swapped)
      break;
    swapped = false;
  }
  return strings;
}

int main()
{
  const size_t maxstrings {100};
  string strings[maxstrings];
  size_t nstrings {};
  size_t maxwidth {};

  // Read up to 100 words into the strings array
  while(nstrings < maxstrings)
  {
    cout << "Enter a word or press Enter to end: ";
```

```
    std::getline(std::cin, strings[nstrings]);
    if(maxwidth < strings[nstrings].length())
      maxwidth = strings[nstrings].length();
    if(strings[nstrings].empty())
      break;
    ++nstrings;
  }

  // Sort the input in ascending sequence
  sort(strings,nstrings);
  cout << endl
       << "In ascending sequence, the words you entered are:"
       << endl
       << std::setiosflags(std::ios::left);      // Left-justify the output
  for(size_t i {}; i < nstrings; i++)
  {
    if(i % 5 == 0)
      cout << endl;
    cout << std::setw(maxwidth+2) << strings[i];
  }
  cout << endl;
  return 0;
}
```

下面是该示例的一些典型输出：

```
Enter a word or press Enter to end: loquacious
Enter a word or press Enter to end: transmogrify
Enter a word or press Enter to end: abstemious
Enter a word or press Enter to end: facetious
Enter a word or press Enter to end: xylophone
Enter a word or press Enter to end: megaphone
Enter a word or press Enter to end: chauvinist
Enter a word or press Enter to end:

In ascending sequence, the words you entered are:

abstemious    chauvinist    facetious    loquacious    megaphone
transmogrify  xylophone
```

示例说明

sort()函数最有趣的部分是它接受两个实参：字符串数组的地址与数组元素的个数。该函数使用冒泡排序法，方法是按顺序扫描元素并逐个比较它们。所有工作都在 while 循环中完成：

```
bool swapped {false};
while(true)
{
  for(size_t i {}; i < count-1; i++)
  {
    if(strings[i] > strings[i+1])
    {
      swapped = true;
      strings[i].swap(strings[i+1]);
    }
```

```
  }
  if(!swapped)
    break;
  swapped = false;
}
```

上述代码中用>运算符比较 strings 数组中的逐个元素。如果一对元素中第一个元素大于第二个元素，就交换这两个元素。在这种情况下，通过调用一个 string 对象的 swap()函数，并将另一个 string 对象作为实参来交换元素。根据需要继续逐个比较整个数组的元素，并进行交换。这一过程一直重复到处理完所有元素，且没有元素需要交换时为止。然后，元素就变成了升序排列。bool 变量 swapped 充当指示器，表明在给定的比较过程中有没有发生交换。仅当交换两个元素时，才会将它设置为 true。

main()函数最多能在一个循环中向字符串数组中读入 100 个单词：

```
while(nstrings < maxstrings)
{
  cout << "Enter a word or press Enter to end: ";
  std::getline(std::cin, strings[nstrings]);
  if(maxwidth < strings[nstrings].length())
    maxwidth = strings[nstrings].length();
  if(strings[nstrings].empty())
    break;
  ++nstrings;
}
```

这里 getline()函数从 cin 中读取字符，直至读到'\n'。输入存储在第二个实参 strings[nstrings]指定的 string 对象中。只需按下 Enter 键就会导致一个 empty()字符串，因此当读取的最后一个 string 对象的 empty()函数返回 true 时终止循环。maxwidth 变量用来记录输入的最长字符串的长度。在对输入内容进行排序以后，输出过程中会用到它。

调用 sort()函数可以按升序对 strings 数组中的内容进行排序。结果是在一个循环中输出：

```
cout << endl
     << "In ascending sequence, the words you entered are:"
     << endl
     << std::setiosflags(ios::left);          // Left-justify the output
for(size_t i {}; i < nstrings; i++)
{
  if(i % 5 == 0)
    cout << endl;
  cout << std::setw(maxwidth+2) << strings[i];
}
```

这段代码在宽度为 maxwidth+2 个字符的字段中输出各个元素。因为调用了 setiosflags()操作符，实参为 ios::left，所以字段中的各个单词保持左对齐。与 setw()操作符不同，在重置之前 setiosflags()操作符仍然有效。

8.13.5 搜索字符串

搜索 string 对象中给定字符或子字符串的 find()函数有 4 个版本，分别列出在表 8-3 中。所有 find()函数都定义为 const。

表 8-3

函　数	说　明
size_t find(char ch, size_t offset=0)	在 string 对象中搜索从 offset 索引位置开始的字符 ch。可以省略第二个实参，在这种情况下默认值为 0
size_t find(char char* pstr, size_t offset=0)	在 string 对象中搜索从 offset 索引位置开始的以空字符结尾的字符串 pstr。可以省略第二个实参，在这种情况下默认值为 0
size_t find(const char* pstr, size_t offset, size_t count)	在 string 对象中搜索从 offset 索引位置开始的以空字符结尾的字符串 pstr 的前 count 个字符
size_t find(const string& str, size_t offset=0)	在 string 对象中搜索从 offset 索引位置开始的字符串对象 str。可以省略第二个实参，在这种情况下默认值为 0

find()函数的各个版本都返回发现的字符或子字符串的第一个字符的索引位置。如果没有找到要找的条目，该函数会返回值 string::npos。后一个值是在 string 类中定义的一个常量，表示 string 对象中的一个非法位置，它通常用来标识搜索失败。

下面的代码片段显示了 find()函数的部分用法：

```
string phrase {"So near and yet so far"};
string str {"So near"};
cout << phrase.find(str) << endl;            // Outputs 0
cout << phrase.find("so far") << endl;       // Outputs 16
cout << phrase.find("so near") << endl;      // Outputs string::npos = 4294967295
```

string::nops 的值可能根据不同的编译器实现而不同，因此为了测试它，应该总是使用 string::npos，而不是使用显式的值。

下面是反复扫描同一个字符串以搜索特定子字符串的又一示例：

```
string str {"Smith, where Jones had had \"had had\", \"had had\" had."
           " \"Had had\" had had the examiners' approval."};
string substr {"had"};

cout << "The string to be searched is:" << endl << str << endl;
size_t offset {};
size_t count {};
size_t increment {substr.length()};

while(true)
{
  offset = str.find(substr, offset);
  if(string::npos == offset)
    break;
  offset += increment;
  ++count;
}
cout << " The string \"" << substr
     << "\" was found " << count << " times in the string above."
     << endl;
```

这段代码搜索字符串 str，查看其中出现“had”的次数。此搜索在 while 循环中完成，其中 offset 记录发现的位置，该位置也用作搜索的起始位置。该搜索从索引位置 0(字符串的开头)开始，每次发现子字符串时，就将下一次搜索的新起始位置设置为发现的位置加上子字符串的长度。这样可以确保绕过发现的子字符串。每次发现子字符串时，就递增 count。如果 find()返回 string::npos，就表示没有发现子字符串，搜索结束。执行该代码片段产生如下输出：

```
The string to be searched is:
Smith, where Jones had had "had had", "had had" had. "Had had" had had the
examiners' approval.
The string "had" was found 10 times in the string above.
```

当然，“Had”与“had”不匹配，因此正确结果为 10。

find_first_of()和 find_last_of()成员函数在 string 对象中搜索给定集合中的任何字符。例如，可能在字符串中搜索空格或标点符号(它们可以用来将一个字符串分解为单个单词)。这两个函数都有几个版本，如表 8-4 所示。表中的所有函数都定义为 const，并返回 size_t 类型的值。

表 8-4

函　数	说　明
find_first_of(char ch, size_t offset=0)	在 string 对象中搜索从 offset 索引位置开始第一次出现的字符 ch，并返回发现字符的索引位置值，类型为 size_t。如果省略第二个实参，offset 的默认值就为 0
find_first_of(const char* pstr, size_t offset=0)	在 string 对象中搜索从 offset 索引位置开始第一次出现的以空字符结尾的字符串 pstr 中的任何字符，并返回发现字符的索引位置值，类型为 size_t。如果省略第二个实参，offset 的默认值就为 0
find_first_of(const char* pstr, size_t offset, size_t count)	在 string 对象中搜索从 offset 索引位置开始第一次出现的以空字符结尾的字符串 pstr 中的前 count 个字符中的任何字符，并返回发现字符的索引位置值，类型为 size_t
find_first_of(const string& str, size_t offset=0)	在 string 对象中搜索从 offset 索引位置开始第一次出现的字符串 str 中的任何字符，并返回发现字符的索引位置值，类型为 size_t。如果省略第二个实参，offset 的默认值就为 0
find_last_of(char ch, size_t offset=npos)	在 string 对象中向后搜索从 offset 索引位置开始最后一次出现的字符 ch，并返回发现该字符的索引位置值，类型为 size_t。如果省略第二个实参，offset 的默认值就为字符串的末尾字符 npos
find_last_of(const char* pstr, size_t offset=npos)	在 string 对象中向后搜索从 offset 索引位置开始最后一次出现的以空字符结尾的字符串 pstr 中的任何字符，并返回发现该字符的索引位置值，类型为 size_t。如果省略第二个实参，offset 的默认值就为字符串的末尾字符 npos
find_last_of(const char* pstr, size_t offset, size_t count)	在 string 对象中向后搜索从 offset 索引位置开始最后一次出现的以空字符结尾的字符串 pstr 中的前 count 个字符，并返回发现该字符的索引位置值，类型为 size_t
find_last_of(const string& str, size_t offset=npos)	在 string 对象中向后搜索从 offset 索引位置开始最后一次出现的字符串 str 中的任何字符，并返回发现该字符的索引位置值，类型为 size_t。如果省略第二个实参，offset 的默认值就为字符串的末尾字符 npos

对于 find_first_of()和 find_last_of()函数的所有版本，如果没有发现匹配的字符，就会返回 string::npos。使用与上一个代码片段中相同的字符串，可以看到 find_last_of()函数对字符串“had”所执行的搜索。

```
string str {"Smith, where Jones had had \"had had\", \"had had\" had."
            " \"Had had\" had had the examiners' approval."};
string substr {"had"};

cout << "The string to be searched is:" << endl << str << endl;
size_t count {};
size_t offset {string::npos};
while(true)
{
  offset = str.find_last_of(substr, offset);
  if(string::npos == offset)
    break;
  --offset;
  ++count;
}
cout << " Characters from the string \"" << substr << "\" were found "
     << count << " times in the string above." << endl;
```

这次从字符串末尾索引位置 string::npos 开始后向搜索，因为这是默认开始位置。该代码片段的输出为：

```
The string to be searched is:
Smith, where Jones had had "had had", "had had" had. "Had had" had had
the examiners' approval.
Characters from the string "had" were found 38 times in the string above.
```

结果应当不出意料。记住，我们正在搜索字符串 str 中出现的“had”中的任何字符。“Had”和“had”单词中有 32 个，其他单词中有 6 个。因为我们在沿着字符串后向搜索，因此当发现一个字符时，递减循环内的 offset。

最后一组搜索函数是 find_first_not_of()和 find_last_not_of()函数的各个版本，如表 8-5 所示。表中的所有函数都定义为 const，并返回 size_t 类型的值。

表 8-5

函　　数	说　　明
find_first_not_of(char ch, size_t offset=0)	在 string 对象中搜索从 offset 索引位置开始第一次出现的不是字符 ch 的字符，并返回发现字符的索引位置值，类型为 size_t。如果省略第二个实参，offset 的默认值就为 0
find_first_not_of(const char* pstr, size_t offset=0)	在 string 对象中搜索从 offset 索引位置开始第一次出现的不在以空字符结尾的字符串 pstr 中的字符，并返回发现字符的索引位置值，类型为 size_t。如果省略第二个实参，offset 的默认值就为 0
find_first_not_of(const char* pstr, size_t offset, size_t count)	在 string 对象中搜索从 offset 索引位置开始第一次出现的不在以空字符结尾的字符串 pstr 中的前 count 个字符中的任何字符，并返回发现字符的索引位置值，类型为 size_t
find_first_not_of(const string& str, size_t offset=0)	在 string 对象中搜索从 offset 索引位置开始第一次出现的不在字符串 str 中的任何字符，并返回发现字符的索引位置值，类型为 size_t。如果省略第二个实参，offset 的默认值就为 0
find_last_not_of(char ch, size_t offset=npos)	在 string 对象中向后搜索从 offset 索引位置开始最后一次出现的不是字符 ch 的字符，并返回发现该字符的索引位置值，类型为 size_t。如果省略第二个实参，offset 的默认值就为字符串的末尾字符 npos

(续表)

函　数	说　明
find_last_not_of(const char* pstr, size_t offset=npos)	在 string 对象中向后搜索从 offset 索引位置开始最后一次出现的不在以空字符结尾的字符串 pstr 中的任何字符，并返回发现该字符的索引位置值，类型为 size_t。如果省略第二个实参，offset 的默认值就为字符串的末尾字符 npos
find_last_not_of(const char* pstr, size_t offset, size_t count)	在 string 对象中向后搜索从 offset 索引位置开始最后一次出现的不在以空字符结尾的字符串 pstr 中的前 count 个字符中的字符。该函数返回发现该字符的索引位置值，类型为 size_t
find_last_not_of(const string& str, size_t offset=npos)	在 string 对象中向后搜索从 offset 索引位置开始最后一次出现的不在字符串 str 中的任何字符，并返回发现该字符的索引位置值，类型为 size_t。如果省略第二个实参，offset 的默认值就为字符串的末尾字符 npos

对于前面的这些搜索函数，如果没有搜索到匹配的字符，那么将返回 string::npos。这些函数有很多用法，通常用来在字符串中查找可能由各种字符隔开的令牌(token)。例如，用空格和标点符号隔开的单词组成的文本，因此，可以用这些函数在文本块中查找单词。下面举例说明其工作过程。

试一试：排序文本中的单词

本例读取一个文本块，然后提取一些单词，并以升序输出它们。在此将使用相当低效的冒泡排序函数，这在 Ex8_14 中可以看到。在第 10 章将使用一个好用得多的库函数来排序，不过在使用此函数前需要先了解一些别的知识。该程序也会计算每个单词出现的次数，并输出各个单词的个数。因此，这样的分析称为词语搭配(collocation)。代码如下：

```
// Ex8_16.cpp
// Extracting words from text
#include <iostream>
#include <iomanip>
#include <string>
using std::cout;
using std::endl;
using std::string;

// Sort an array of string objects
string* sort(string* strings, size_t count)
{
  bool swapped {false};
  while(true)
  {
    for(size_t i {}; i < count-1; i++)
    {
      if(strings[i] > strings[i+1])
      {
        swapped = true;
        strings[i].swap(strings[i+1]);
      }
    }
    if(!swapped)
      break;
    swapped = false;
```

```
  }
  return strings;
}

int main()
{
  const size_t maxwords {100};
  string words[maxwords];
  string text;
  string separators {" \".,:;!?()\n"};
  size_t nwords {};
  size_t maxwidth {};

  cout << "Enter some text on as many lines as you wish."
    << endl << "Terminate the input with an asterisk:" << endl;

  std::getline(std::cin, text, '*');

  size_t start {}, end {}, offset {};  // Record start & end of word & offset
  while(true)
  {
    // Find first character of a word
    start = text.find_first_not_of(separators, offset); // Find non-separator
    if(string::npos == start)           // If we did not find it, we are done
      break;
    offset = start + 1;                 // Move past character found


    // Find first separator past end of current word
    end = text.find_first_of(separators,offset);        // Find separator
    if(string::npos == end)             // If it's the end of the string
    {                                   // current word is last in string
      offset = end;                     // We use offset to end loop later
      end = text.length();              // Set end as 1 past last character
    }
    else
      offset = end + 1;                 // Move past character found

    words[nwords] = text.substr(start, end-start);      // Extract the word

    // Keep track of longest word
    if(maxwidth < words[nwords].length())
      maxwidth = words[nwords].length();
    if(++nwords == maxwords)            // Check for array full
    {
      cout << "Maximum number of words reached."
           << " Processing what we have." << endl;
      break;
    }

    if(string::npos == offset)          // If we reached the end of the string
      break;                            // We are done
  }

  sort(words, nwords);
```

```
  cout << endl << "In ascending sequence, the words in the text are:" << endl;

  size_t count {1};                               // Count of duplicate words
  char initial {words[0][0]};                     // First word character

  // Output words and number of occurrences
  for(size_t i {}; i<nwords; i++)
  {
    if(i < nwords-1 && words[i] == words[i+1])
    {
      ++count;
      continue;
    }

    if (initial != words[i][0])
    {                                             // New first character...
      initial = words[i][0];                      // ...so save it...
      cout << endl;                               // ...and start a new line
    }

    cout << std::setiosflags(std::ios::left)      // Output word left-justified
         << std::setw(maxwidth+2) << words[i];
    cout << std::resetiosflags(std::ios::right)  // and word count right-justified
         << std::setw(5) << count;
    count = 1;
  }
  cout << endl;
  return 0;
}
```

下面是该程序的部分输出：

```
Enter some text on as many lines as you wish.
Terminate the input with an asterisk:
I sometimes think I'd rather crow
And be a rooster than to roost
And be a crow. But I dunno.

A rooster he can roost also,
Which don't seem fair when crows can't crow
Which may help some. Still I dunno.*

In ascending sequence, the words in the text are:
A          1    And        2
But        1
I          3    I'd        1
Still      1
Which      2
a          2    also       1
be         2
can        1    can't      1    crow       3    crows      1
don't      1    dunno      2
fair       1
he         1    help       1
```

```
may         1
rather      1    roost       2    rooster     2
seem        1    some        1    sometimes   1
than        1    think       1    to          1
when        1
```

示例说明

在本示例中使用 getline()从 cin 中读取输入，将终止字符指定为一个星号。这样允许输入任意行代码。从字符串对象 text 的输入中提取单个单词，并存储在 words 数组中。这是通过 while 循环完成的。

从 text 中提取单词的第一步是找到单词的第一个字符的索引位置：

```
start = text.find_first_not_of(separators, offset);  // Find non-separator
if(string::npos == start)          // If we did not find it, we are done
  break;
offset = start + 1;               // Move past character found
```

调用 find_first_not_of()函数返回位置 offset 中第一个不是 separators 中的字符之一的字符的索引位置。这里可以使用 find_first_of()函数来搜索 A~Z、a~z 中的任何字符来得到同样的结果。当提取了最后一个单词后，搜索会到达字符串的末尾，而没有发现任何匹配的字符，因此通过比较返回的值与 string::npos 来进行测试。如果它是字符串的末尾，就提取所有单词，因此退出循环。在任何其他情况下，就在发现的字符后面一个字符处设置 offset，继续下一步。

下一步是搜索任何分隔符字符：

```
end = text.find_first_of(separators,offset);        // Find separator
if(string::npos == end)              // If it's the end of the string
{                                    // current word is last in string
  offset = end;                      // We use offset to end loop later
  end = text.length();               // Set end as 1 past last character
}
else
  offset = end + 1;                  // Move past character found
```

这段代码从索引位置 offset 处搜索任何分隔符，这是单词的第一个字符后面的字符，因此通常将会发现分隔符是单词的最后一个字符后面的字符。当单词是文本中的最后一个词，而且该单词的最后一个字符后面没有分隔符时，函数就会返回 string::npos，因此我们这样处理此类情况：将 end 设置为字符串中最后一个字符后面的字符，并将 offset 设置为 string::npos。以后在提取当前单词之后的循环中会测试 offset 变量，来判断是否应结束循环。

单词的提取并不难：

```
words[nwords] = text.substr(start, end-start);       // Extract the word
```

substr()函数在 text 中从 start 处的字符开始提取 end-start 个字符。单词的长度是 end-start，因为 start 是第一个字符，而 end 是单词中的最后一个字符后面的那个字符。

while 循环体的其余部分以前面介绍的方式跟踪最大单词长度，检查字符串结束条件，并检查 words 数组有没有满。

这些单词在一个 for 循环中输出，它们在 words 数组中的所有元素上迭代。在循环之前定义 count

来记录重复单词的个数，定义 initial 为第一个单词中的第一个字符。words 数组的第二个索引访问第一个元素选择的 string 元素中的一个字符。在后面的 while 循环中使用后者，在同一行上输出首字母相同的单词。循环中的 if 语句用来计数重复的单词：

```
if(i < nwords-1 && words[i] == words[i+1])
{
  ++count;
  continue;
}
```

count 变量记录重复的单词个数，因此它的最小值总是为 1。在循环的末尾，当写出一个单词和它的计数时，将 count 设置为 0。它充当一个指示器，表示开始计数新的单词，因此当 count 为 0 时，第一个 if 语句将它设置为 1，否则保留当前值。

第二个 if 语句检查下一个单词与当前单词是否相同，如果相同，则递增 count，并跳过当前循环迭代的其余部分。该机制用 count 累计单词的重复次数。循环条件也检查索引 i 是否小于 nwords－2，若当前单词是数组中的最后一个单词，就不用检查下一个单词。因此，当下一个单词与当前单词不同，或者当前单词是数组中的最后一个单词时，仅输出一个单词和它的计数。

给一系列重复的单词计数后，if 语句就检查当前单词的首字母是否不同于 initial 记录的字母。如果不同，就更新 initial，在输出流中写入一个换行符。

for 循环中的最后一步是输出一个单词和它的计数：

```
cout << std::setiosflags(std::ios::left)      // Output word left-justified
     << std::setw(maxwidth + 2) << words[i];
cout << std::resetiosflags(std::ios::right)   // and word count right-justified
     << std::setw(5) << count;
count = 1;
```

该输出语句将单词在比最长单词长两个字符的字段宽度中左对齐。计数输出是在宽度为 5 的字段宽度中右对齐。

8.14 小结

本章介绍了定义类以及创建和使用类对象的基础知识，还学习了如何在类中重载运算符，以允许将运算符应用于类对象。类模板是编译器使用的类类型的参数化规范，用于根据为模板提供的实参创建类实例。

8.15 练习

1. 定义一个类来表示估计的整数，如“about 40”。整数值可以被认为是精确的或估计的，因此这里的类应该有一个值类型的数据成员和一个“estimation”标志。该标志的状态将影响算术操作，因此“2*about 40”应该是“about 80”。变量的状态应该可以在“estimated”和“exact”之间切换。

为该类提供一个或多个构造函数。重载+运算符，以便在算术表达式中使用这些整数。+运算符应该是全局函数还是成员函数？需要赋值运算符吗？提供一个 Print()成员函数，以便将这些整数显示出来，输出时以前导字符“E”表示设置“estimation”标志。编写一个程序来测试这个类的工作情况，特别要检查“estimation”标志的设置是否正确。

2. 实现一个简单的字符串类，其中两个私有数据成员是一个 char*字符串和一个整数长度。提供接受 const char*类型实参的构造函数，并实现复制构造函数、赋值运算符和析构函数。验证这个类能否正常工作。我们将发现，使用 cstring 头文件中的字符串函数最为简单。

3. 修改练习 2 中的类，以支持移动语义。还需要添加哪些构造函数？列出清单并编写代码。

4. (高级题) 练习 3 实现的类能够正确处理下面的情形吗？

```
string s1;
...
s1 = s1;
```

如果不能，应该如何修改？

5. (高级题)为前面的类重载+和+=运算符，以支持字符串的连接。

6. 修改第 7 章练习 5 的栈示例，使栈的大小可以在构造函数中指定并动态分配。还需要添加什么？测试新类的工作情况。

7. 写一个程序，使用在 string 头文件中声明的 string 类，从键盘读入一个任意长度的文本字符串。然后该程序应提示输入一个或多个出现在输入文本中的单词。不管大小写，输入文本中出现的选中单词都应当用与该单词中的字母个数相同的星号替换。只替换完整的单词，因此如果字符串是"Our friend Wendy is at the end of the road."，选中的单词是"end"，则结果应为"Our friend Wendy is at the *** of the road"，而不是"Our fri*** W***y is at the *** of the road"。

8. 编写一个类 CTrace，使用该类可以在程序运行时显示何时进入代码块及何时退出代码块，例如产生类似下面这样的输出：

```
function 'f1' entry
'if' block entry
'if' block exit
function 'f1' exit
```

9. 是否有一种方法可以自动控制练习 8 输出信息的缩进，使输出如下所示？

```
function 'f1' entry
 'if' block entry
 'if' block exit
function 'f1' exit
```

8.16　本章主要内容

本章主要内容如表 8-6 所示。

表 8-6

主　题	概　念
析构函数	对象是由析构函数销毁的。为了销毁包含在堆上分配的成员的对象，本地 C++类中必须定义析构函数，因为默认的析构函数不能完成这项任务
默认复制构造函数	如果没有为本地 C++类定义复制构造函数，则编译器将自动提供一个默认的复制构造函数。默认复制构造函数不能正确处理包含在空闲存储器上分配的数据成员的类对象
定义复制构造函数	当在本地 C++类中自定义复制构造函数时，必须使用引用形参
运算符重载	为了提供类对象所特有的动作，可以重载大多数基本运算符。实现自定义类的运算符函数时，应该与基本运算符的常规意义一致
类中的赋值运算符	如果没有为类定义赋值运算符，则编译器将提供默认的版本。与复制构造函数一样，默认的赋值运算符不能正确地处理包含在空闲存储器上分配的数据成员的类对象
在堆上分配内存的类	对于包含 new 操作符分配的成员的类来说，必须提供析构函数、复制构造函数和赋值运算符。建议还添加移动构造函数和移动赋值运算符
string 类	标准库中的 string 类提供了一种功能强大的处理程序中的字符串的方式
类模板	类模板用来创建结构相同的类，但支持不同的数据类型
类模板形参	可以定义拥有多个形参的类模板，形参甚至可以是常量值而非类型
模板特例	可以重定义普通的模板，给一个或一组特定的模板类型实参提供唯一的代码。在模板的一般形式不能处理一个或一组给定的类型，就可以使用模板特例。部分特例是给一组类型(如指针)重定义模板，或者用未绑定的一个或多个模板形参来重定义模板
移动语义	可以使用 utility 头文件声明的 std::move()函数，将 lvalue 或 rvalue 转换为 rvalue，而无须复制。这样就可以在合适时移动而不是复制对象，避免不必要的复制开销
完美转发	utility 头文件声明的 std::forward<T>()模板函数支持完美转发，它允许把实参传递给另一个函数时，在带有 rvalue 引用实参的模板函数中避免不必要的复制操作
组织代码	应该将程序的定义放入.h 文件，将程序的可执行代码(即函数定义)放入.cpp 文件，然后使用#include 指令将.h 文件合并到.cpp 文件中

第9章 类继承和虚函数

本章要点

- 继承如何与面向对象的编程思想相适应
- 根据现有类定义新类
- protected 关键字的用法
- 使某个类成为另一个类的友元
- 使用虚函数
- 纯虚函数
- 抽象类
- 何时使用虚析构函数
- 在类中定义转换运算符
- 嵌套类

本章源代码下载地址(wrox.com):

打开网页 http://www.wrox.com/go/beginningvisualc，单击 Download Code 选项卡即可下载本章源代码。这些代码在 Chapter 9 文件夹中，文件都根据本章的内容单独进行了命名。

9.1 面向对象编程的基本思想

如前所述，类是为适应特定应用程序的需求而定义的数据类型。面向对象编程中的类同时定义了与程序相关的对象。设计该问题的解决方案时，要根据某个问题所特有的对象，使用可以直接处理这些对象的操作。我们可以定义一个类来表示某种抽象的事物，如数学概念中的复数，或者物理概念中的卡车。因此，除了是数据类型之外，类还可以定义现实世界中特定种类的一组对象，至少可以说是解决特定问题所需要的定义。

我们可以认为类定义了一组特定事物的特性，这些事物用一组公共的参数来表示，并使用用一组公共的、可以对它们进行处理的操作。可以应用于特定类对象的操作由类接口定义，它们对应于类定义的 public 部分包含的函数。上一章使用过的 CBox 类是个很好的例子，它以箱子的尺寸和一组公有函数来定义箱子，这些函数可以应用于 CBox 对象以解决某个问题。

当然，现实世界中有许多不同种类的箱子，如纸板箱、棺木、糖果盒和储粮箱。说出来的只是很少几个，我们肯定还能想到好多。可以按照容纳的物品、材质或许多其他方式来区分这些箱子。虽然有许多种类的箱子，但它们都有某些共同的特性——可能本质上都是四方形的。因此，虽然有许多不同特征，但仍然可以将所有种类的箱子视为彼此相关的。我们可以将某种箱子定义成具有所有箱子的一般特性——可能只是长、宽和高，然后可以给基本的箱子类型添加一些其他特性，从而将特定种类的箱子同其他箱子区别开来。我们还可能发现一些可以对特定种类的箱子执行、但不能对其他箱子执行的操作。

有些对象可能是特定种类的箱子与其他类型的对象合并得到的结果，如糖果盒或啤酒箱。为适应这种情况，可以定义一种一般的、具有四方形特性的箱子，然后定义另一种更加特殊化的箱子。图 9-1 举例说明了定义的不同种类箱子之间的关系。

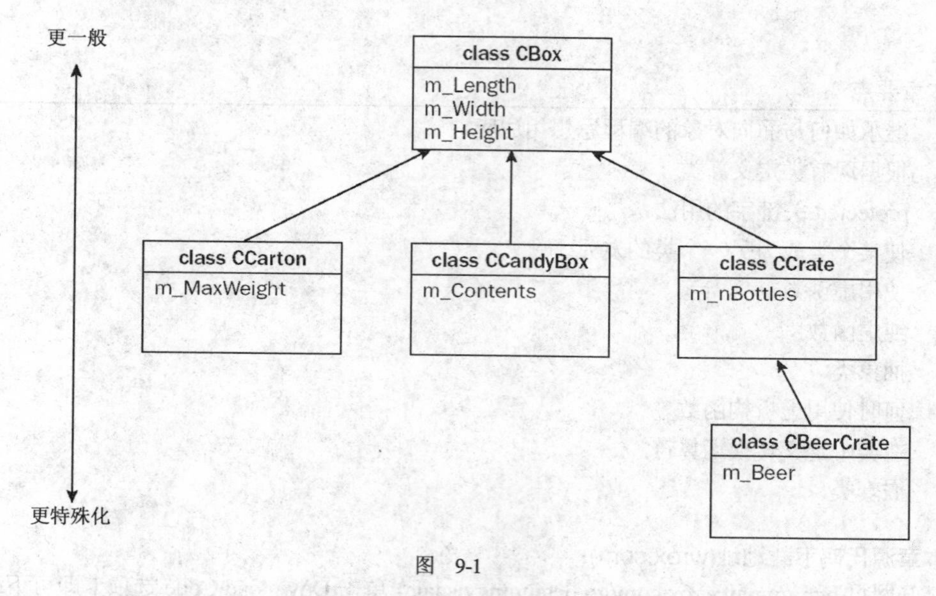

图 9-1

在图中向下移动时，箱子变得更加特殊化，箭头从特定的箱子类型指向这种箱子的父类。图 9-1 基于一般类型 CBox，定义了 3 种不同的箱子，还定义了啤酒箱作为对容纳瓶子的板条箱的进一步细化。

因此，相对准确地模拟现实世界的好方法，就是定义相互关联的类。可以将糖果盒视为具备所有基本箱子的特性，再加上少许自身特性的箱子。这句话准确地阐明了以某个类为基础定义另一个类时类之间的关系。更特殊化的类具有父类的所有特性，再加上少许区别性的自身特性。下面介绍这种方法的实际工作情况。

9.2 类的继承

当以一个类为基础定义另一个类时，后者称为派生类。派生类自动包含用来定义自己的那个类的所有数据成员，还有条件地包含了函数成员。我们说该类继承了基类的数据成员和函数成员。

派生类不继承的基类成员仅有析构函数、构造函数以及任何重载赋值运算符的成员函数。所有其他成员都将由派生类继承。当然，不继承某些基类成员的原因是派生类总是有自己的构造函数和析构函数。如果基类有赋值运算符，派生类也将提供自己的版本。我们说不继承这些函数，意思是它们不会作为派生类对象的成员存在。但如后面所述，它们仍然作为某个对象的基类组成部分而存在。

9.2.1　基类的概念

任何用作定义其他类的基础的类都是基类。例如，如果直接根据类 A 定义类 B，则 A 是 B 的直接基类。在图 9-1 中，CCrate 类是 CBeerCrate 的直接基类。当根据另一个类 CCrate 定义某个类时(如 CBeerCrate)，就说 CBeerCrate 是从 CCrate 派生的。因为 CCrate 本身又是根据 CBox 类定义的，所以说 CBox 是 CBeerCrate 的间接基类。稍后介绍如何在类定义中表示这种关系。图 9-2 说明了派生类继承基类成员的方式。

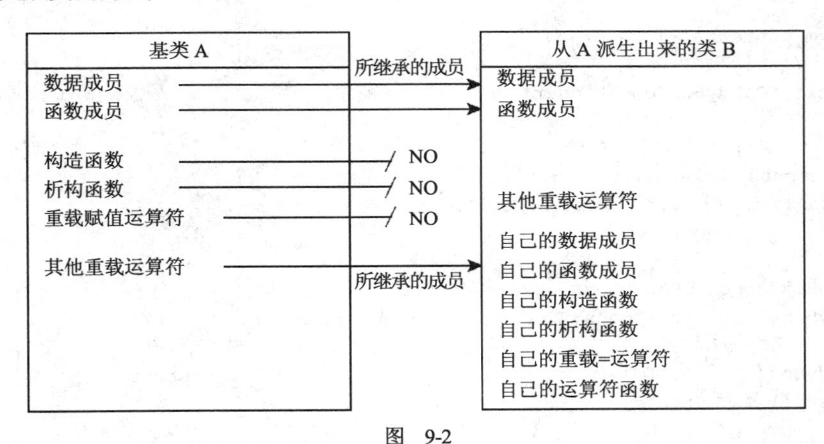

图　9-2

仅仅因为继承了成员函数，并不意味着不需要在派生类中将它们替换成新版本，必要时当然可以这样做。

9.2.2　基类的派生类

可以定义一个简单的 CBox 类，它拥有 public 数据成员：

```
// Header file Box.h in project Ex9_01
#pragma once

class CBox
{
public:
  double m_Length;
  double m_Width;
  double m_Height;

  explicit CBox(double lv = 1.0, double wv = 1.0, double hv = 1.0):
                       m_Length {lv}, m_Width {wv}, m_Height {hv} {}
};
```

新建一个名为 Ex9_01 的空 WIN32 控制台项目，将上面的代码保存在该项目中名为 Box.h 的新头文件。#pragma once 指令确保在编译过程中 CBox 的定义只出现一次。该类有一个构造函数，因此可以在声明对象的同时将它们初始化。假设现在需要另一个对象类 CCandyBox，该类的对象与 CBox 对象相同，但多了一个指向文本字符串的指针数据成员，被指向的字符串用于标识箱子容纳的内容。这里使用指针是为了演示派生类中的构造函数和析构函数。在实际的代码中，应使用 std::string 来存储字符串。

可以像下面这样以 CBox 类为基类将 CCandyBox 定义成一个派生类：

```
// Header file CandyBox.h in project Ex9_01
#pragma once
#include <cstring>                    // For strlen() and strcpy_s()
#include "Box.h"

class CCandyBox : CBox
{
public:
  char* m_Contents;

  explicit CCandyBox(const char* str = "Candy")             // Constructor
  {
    size_t length {strlen(str) + 1};
    m_Contents = new char[length];
    strcpy_s(m_Contents, length, str);
  }

  CCandyBox(const CCandyBox& box) = delete;
  CCandyBox& operator=(const CCandyBox& box) = delete;

  ~CCandyBox()                                           // Destructor
  { delete[] m_Contents; }
};
```

在 Ex9_01 项目中添加这个头文件。需要嵌入 Box.h 头文件的#include 指令，因为代码中引用了 CBox 类。如果省略这条指令，则编译器将不识别 CBox，因此不能编译代码。基类的名称 CBox 出现在派生类的名称 CCandyBox 之后，两者以冒号分开。在所有其他方面，这部分代码看起来都像是正常的类定义。我们添加了一个新成员 m_Contents，因为它是一个指向字符串的指针，所以需要有初始化该指针的构造函数和释放字符串所占用内存的析构函数。还需要一个防阴影赋值的复制运算符和复制构造函数。如果不需要它们，就把它们定义为=delete。在构造函数中，还为描述 CCandyBox 对象所包含内容的字符串设定了默认值。CCandyBox 类的对象包含基类 CBox 的所有成员，还包含新增的数据成员 m_Contents。

注意最初在第 6 章看到的 strcpy_s()函数的用法。这里有 3 个实参——复制操作的目标、目标缓冲区的长度和源。如果两个数组都是静态的，即都不是在堆上分配的，那么可以省略第二个实参，而只提供目标和源指针。这样做是可以的，因为 strcpy_s()函数还可以用作能够自动推断目标字符串长度的模板函数。因此，当处理静态字符串目标缓冲区时，调用该函数时只需要提供目标和源字符串作为实参即可。

试一试：使用派生类

现在，让我们在示例中看一下派生类的工作过程。将下面的代码添加到 Ex9_01 项目中，将其保存为名为 Ex9_01.cpp 的源文件：

```
// Ex9_01.cpp
// Using a derived class
#include <iostream>                                  // For stream I/O
#include "CandyBox.h"                                // For CBox and CCandyBox

int main()
{
  CBox myBox {4.0, 3.0, 2.0};                        // Create CBox object
  CCandyBox myCandyBox;
  CCandyBox myMintBox {"Wafer Thin Mints"};          // Create CCandyBox object

  std::cout << "myBox occupies " << sizeof myBox // Show how much memory
            << " bytes" << std::endl             // the objects require
            << "myCandyBox occupies " << sizeof myCandyBox
            << " bytes" << std::endl
            << "myMintBox occupies " << sizeof myMintBox
            << " bytes" << std::endl;

  std::cout << "myBox length is " << myBox.m_Length << std::endl;

  myBox.m_Length = 10.0;

  // myCandyBox.m_Length = 10.0;       // uncomment this for an error

  return 0;
}
```

示例说明

这里的代码包含嵌入 CandyBox.h 头文件的#include 指令，因为我们知道 CandyBox.h 包含嵌入 Box.h 的#include 指令，所以这里不必再写一条嵌入 Box.h 的指令。可以在该文件中放上嵌入 Box.h 的#include 指令，那样 Box.h 中的#pragma once 指令将防止多次嵌入 Box.h。该功能非常重要，因为每个类只能定义一次，所以代码中两次定义同一个类将引起错误。

在声明一个 CBox 对象和两个 CCandyBox 对象之后，输出每个对象所占用的字节数。输出如下所示：

```
myBox occupies 24 bytes
myCandyBox occupies 32 bytes
myMintBox occupies 32 bytes
myBox length is 4
```

第一行与我们根据第 8 章的讨论所预期的输出一致。CBox 对象有 3 个 double 类型的数据成员，它们各自占用 8 个字节，总共是 24 个字节。两个 CCandyBox 对象的大小相同，都占用 32 个字节。字符串的长度不影响对象的大小，因为容纳字符串的内存是在空闲存储器上分配的。32 个字节的构成情况如下：从基类 CBox 继承的 3 个 double 成员总共占用了 24 个字节，指针成员 m_Contents 要占用 4 个字节，加起来一共是 28 个字节。那么，其他 4 个字节从何而来？原因在于编译器要在 8 字节的倍数地址上对齐成员。再给 CCandyBox 类添加一个成员(如 int 类型)，应该能够证实这一点。我们将发现，类对象的大小仍然是 32 个字节。

还输出了 CBox 对象 myBox 的 m_Length 成员。虽然可以很容易地访问 CBox 对象的 m_Length 成员，但如果解除 main()函数中

```
// myCandyBox.m_Length = 10.0;      // uncomment this for an error
```

这条语句的注释状态，则不能编译程序，编译器将生成下面的消息：

```
error C2247: 'CBox::m_Length' not accessible because 'CCandyBox'
uses 'private' to inherit from 'CBox'
```

该消息非常清楚地说明，来自基类的 m_Length 成员不可访问，原因是 m_Length 在派生类中是私有成员。这是因为定义派生类时，默认的基类访问说明符是 private，就好像派生类定义的第一行如下：

```
class CCandyBox : private CBox
```

为了控制派生类中从基类继承的成员的状态，必须总是写出基类的访问说明符。如果省略基类的访问说明符，则编译器将默认该说明符是 private。如果将 CandyBox.h 文件中的 CCandyBox 类定义修改成如下形式：

```
class CCandyBox : public CBox
{
public:
  char* m_Contents;

  explicit CCandyBox(const char* str = "Candy")            // Constructor
  {
    size_t length {strlen(str) + 1};
    m_Contents = new char[length];
    strcpy_s(m_Contents, length, str);
  }

  CCandyBox(const CCandyBox& box) = delete;
  CCandyBox& operator=(const CCandyBox& box) = delete;

  ~CCandyBox()                                             // Destructor
  { delete[] m_Contents; }
};
```

则派生类继承的 m_Length 成员将成为 public，因此在 main()函数中是可以访问的。给基类指定 public 访问说明符，那些原来在基类中指定为 public 的成员，在被派生类继承之后将仍然具有相同的访问级别。

9.3 继承机制下的访问控制

对在派生类中访问继承下来的成员这个问题需要更仔细地审视。考虑一下派生类中基类 private 成员的状态。

在上一个示例中，我们有很好的理由选择拥有 public 数据成员的 CBox 类版本，而非后来开发的、拥有 private 数据成员的更安全的版本。原因在于，虽然基类的 private 数据成员也是派生类的成员，但它们在派生类中仍然是基类所私有的，因此在派生类中添加的成员函数不能访问它们。只有通过不属于基类 private 部分的基类函数成员，才能在派生类中访问它们。可以非常简单地演示这一点，方法是将 CBox 类的所有数据成员修改为 private，然后在派生类 CCandyBox 中添加一个 volume() 函数，这样类定义将如下所示：

```
// Version of the classes that will not compile
#include <cstring>                    // For strlen() and strcpy_s()

class CBox
{
public:
  explicit CBox(double lv = 1.0, double wv = 1.0, double hv = 1.0):
                        m_Length {lv}, m_Width {wv}, m_Height {hv} {}

private:
  double m_Length;
  double m_Width;
  double m_Height;
};

class CCandyBox : public CBox
{
public:
  char* m_Contents;

  // Function to calculate the volume of a CCandyBox object
  double volume() const               // Error - members not accessible
  { return m_Length*m_Width*m_Height; }

  // Rest of the code as before...
};
```

不能编译使用这些类的程序。CCandyBox 类中的 volume()函数试图访问基类的 private 成员，这是非法的，因此，编译器将每个实例标记上错误号 C2248。

试一试：访问基类的私有成员

使用基类的 volume()函数是合法的，因此如果将 volume()函数的定义移到基类 CBox 的 public 部分，则不仅能够编译该程序，而且还可以使用该函数来获得 CCandyBox 对象的体积。新建一个 WIN32 项目 Ex9_02，在 Box.h 文件中输入下面的内容：

```
// Box.h in Ex9_02
#pragma once

class CBox
{
public:
  explicit CBox(double lv = 1.0, double wv = 1.0, double hv = 1.0):
                        m_Length {lv}, m_Width {wv}, m_Height{hv} {}
```

```
  //Function to calculate the volume of a CBox object
  double volume() const
  { return m_Length*m_Width*m_Height; }

private:
  double m_Length;
  double m_Width;
  double m_Height;
};
```

该项目中 CandyBox.h 头文件的内容如下：

```
// Header file CandyBox.h in project Ex9_02
#pragma once
#include "Box.h"
#include <cstring>                    // For strlen() and strcpy_s()

class CCandyBox : public CBox
{
public:
  char* m_Contents;

  explicit CCandyBox(const char* str = "Candy")              // Constructor
  {
    size_t length {strlen(str) + 1};
    m_Contents = new char[length];
    strcpy_s(m_Contents, length, str);
  }

  CCandyBox(const CCandyBox& box) = delete;
  CCandyBox& operator=(const CCandyBox& box) = delete;

  ~CCandyBox()                                              // Destructor
  { delete[] m_Contents; }
};
```

本项目的 Ex9_02.cpp 文件包含以下内容：

```
// Ex9_02.cpp
// Using a function inherited from a base class
#include <iostream>                   // For stream I/O
#include "CandyBox.h"                 // For CBox and CCandyBox

int main()
{
  CBox myBox {4.0, 3.0, 2.0};                         // Create CBox object
  CCandyBox myCandyBox;
  CCandyBox myMintBox {"Wafer Thin Mints"};           // Create CCandyBox object

  std::cout << "myBox occupies " << sizeof myBox      // Show how much memory
            << " bytes" << std::endl                  // the objects require
            << "myCandyBox occupies " << sizeof myCandyBox
            << " bytes" << std::endl
            << "myMintBox occupies " << sizeof myMintBox
```

```
         << " bytes" << std::endl;
  std::cout << "myMintBox volume is " << myMintBox.volume()  // Get volume of a
            << std::endl;                                    // CCandyBox object
  return 0;
}
```

该示例产生下面的输出：

```
myBox occupies 24 bytes
myCandyBox occupies 32 bytes
myMintBox occupies 32 bytes
myMintBox volume is 1
```

示例说明

我们感兴趣的新输出是最后一行，该行显示出现在基类 public 部分的 volume()函数产生的值。在派生类内部，该函数在派生类中对基类继承的成员进行操作。volume()函数完全是派生类的成员，因此可以自由地处理派生类的对象。

派生类对象的体积值是 1，因为在创建 CCandyBox 对象时，为了创建该对象的基类部分而首先调用了默认构造函数 CBox()，该函数将默认的 CBox 尺寸设定为 1。

9.3.1　派生类中构造函数的操作

虽然前面说派生类不会继承基类的构造函数，但它们仍然存在于基类中，并且用于创建派生类对象的基类部分。因为创建派生类对象的基类部分实际上属于基类构造函数而非派生类构造函数的任务。毕竟，虽然在派生类中继承了基类的私有成员，但是不可访问，因此这些任务必须交给基类的构造函数来完成。

在上一个示例中，自动调用了默认的基类构造函数，以创建派生类对象的基类部分，但情况不一定是这样。可以在派生类的构造函数中安排调用特定的基类构造函数，这样就能用非默认的构造函数初始化基类的数据成员，实际上就是可以根据给派生类构造函数提供的数据，选择调用特定的类构造函数。

试一试：调用构造函数

通过对上一个示例作了修改的版本，可以了解构造函数的实际工作情况。为了使派生类便于使用，需要给它提供一个允许指定对象尺寸的构造函数。为此，可以在派生类中再添加一个构造函数，并显式地调用基类构造函数，以设定从基类继承的数据成员的值。

在 Ex9_03 项目中，Box.h 文件包含以下代码：

```
// Box.h in Ex9_03
#pragma once
#include <iostream>
class CBox
{
public:
  // Base class constructor
  explicit CBox(double lv = 1.0, double wv = 1.0, double hv = 1.0):
                    m_Length {lv}, m_Width {wv}, m_Height {hv}
```

```
  { std::cout << "CBox constructor called" << std::endl;  }

  //Function to calculate the volume of a CBox object
  double volume() const
  { return m_Length*m_Width*m_Height; }

private:
  double m_Length;
  double m_Width;
  double m_Height;
};
```

CandyBox.h 头文件应该包含下面的代码:

```
// CandyBox.h in Ex9_03
#pragma once
#include <cstring>                    // For strlen() and strcpy()
#include <iostream>
#include "Box.h"

class CCandyBox : public CBox
{
public:
  char* m_Contents;

  // Constructor to set dimensions and contents
  // with explicit call of CBox constructor
  CCandyBox(double lv, double wv, double hv, const char* str = "Candy")
                                              : CBox {lv, wv, hv}
  {
    std::cout << "CCandyBox constructor2 called" << std::endl;
    size_t length {strlen(str) + 1};
    m_Contents = new char[length];
    strcpy_s(m_Contents, length, str);
  }

  // Constructor to set contents
  // calls default CBox constructor automatically
  explicit CCandyBox(const char* str = "Candy")
  {
    std::cout << "CCandyBox constructor1 called" << std::endl;
    size_t length {strlen(str) + 1};
    m_Contents = new char[length];
    strcpy_s(m_Contents, length, str);
  }

  CCandyBox(const CCandyBox& box) = delete;
  CCandyBox& operator=(const CCandyBox& box) = delete;

  ~CCandyBox()                                  // Destructor
  { delete[] m_Contents; }
};
```

嵌入 iostream 头文件的#include 指令在这里不是绝对必要的，因为 Box.h 文件包含相同的代码，但放在这里也没有坏处。相反，加上这几条语句意味着如果因不再需要而从 Box.h 文件中删除相同的代码，CandyBox.h 仍然能够编译。

Ex9_03.cpp 文件的内容如下：

```
// Ex9_03.cpp
// Calling a base constructor from a derived class constructor
#include <iostream>                    // For stream I/O
#include "CandyBox.h"                  // For CBox and CCandyBox

int main()
{
  CBox myBox {4.0, 3.0, 2.0};
  CCandyBox myCandyBox;
  CCandyBox myMintBox {1.0, 2.0, 3.0, "Wafer Thin Mints"};
  std::cout << "myBox occupies " << sizeof myBox    // Show how much memory
            << " bytes" << std::endl                // the objects require
            << "myCandyBox occupies " << sizeof myCandyBox
            << " bytes" << std::endl
            << "myMintBox occupies " << sizeof myMintBox
            << " bytes" << std::endl;

  std::cout << "myMintBox volume is "               // Get volume of a
            << myMintBox.volume() << std::endl;     // CCandyBox object

  return 0;
}
```

示例说明

除了在派生类中添加了一个构造函数以外，还在每个构造函数中添加了一条输出语句，以便了解调用各构造函数的时间。对 CBox 类构造函数的显式调用出现在派生类构造函数头包含的冒号之后。这种语法与在构造函数中初始化成员的语法完全相同：

```
// Calling the base class constructor
CCandyBox(double lv, double wv, double hv, const char* str= "Candy"):
                                                      CBox {lv, wv, hv}
{
...
}
```

调用基类构造函数的语法与在初始化列表中初始化其他成员完全一致，因为实质上就是在初始化派生类对象的 CBox 子对象。在第一个实例中，为初始化列表中的 double 类型成员 m_Length、m_Width 和 m_Height 显式地调用默认的构造函数。在第二个实例中，我们是在调用 CBox 的构造函数。这样在执行 CCandyBox 构造函数之前，先调用选中的 CBox 构造函数。

如果编译并运行该示例，则得到如下所示的输出：

```
CBox constructor called
CBox constructor called
CCandyBox constructor1 called
CBox constructor called
CCandyBox constructor2 called
myBox occupies 24 bytes
myCandyBox occupies 32 bytes
```

```
myMintBox occupies 32 bytes
myMintBox volume is 6
```

表 9-1 解释了这几次构造函数的调用。

表 9-1

屏幕输出	被构造的对象
CBox constructor called	myBox
CBox constructor called	myCandyBox
CCandyBox constructor1 called	myCandyBox
CBox constructor called	myMintBox
CCandyBox constructor2 called	myMintBox

第 1 行输出是调用 CBox 类的构造函数的结果，起因源于 CBox 对象 myBox 的声明。第 2 行输出源于声明 CCandyBox 对象 myCandyBox 引起的对基类构造函数的自动调用。注意，基类构造函数总是先于派生类构造函数被调用。因为基类是派生类构建的基础，所以必须先创建基类。

第 3 行输出是为 myCandyBox 对象调用了默认的派生类构造函数造成的，因为没有给对象 myCandyBox 提供初始化值而调用该函数。第 4 行输出源于 CCandyBox 对象的新构造函数中显式指明要调用 CBox 类的构造函数。为 CCandyBox 对象的尺寸指定的实参值传递给基类的构造函数。最后一行输出来自新的派生类构造函数本身，因此这次仍然是先调用基类的构造函数，再调用派生类的构造函数。

当执行派生类的构造函数时，总是要调用基类的构造函数来构造派生类的基类部分。根据目前所看到的情况，我们对这一点应该没有疑问了。如果不指定要使用的基类构造函数，编译器就安排调用默认的基类构造函数。表 9-1 中的最后一行表明，myMintBox 对象基类部分的初始化工作完全如预期的那样进行，private 成员由 CBox 类的构造函数初始化。

基类的 private 成员只能被基类的函数成员访问总使人感到不方便。很多情况下，我们希望基类的 private 成员能够从派生类内访问。显然，C++提供了这么做的方法。

9.3.2 声明类的保护成员

类成员除了有 public 和 private 访问说明符以外，还可以将类成员声明为 protected。在类的内部，protected 关键字与 private 关键字具有相同的效果。类的保护成员只能被类的成员函数和类的友元函数访问(还能被友元类的成员函数访问—— 本章稍后将讨论友元类)。基类的保护成员可以由派生类的函数访问。使用 protected 关键字，可以将 CBox 类重新定义成如下形式：

```
// Box.h in Ex9_04
#pragma once
#include <iostream>

class CBox
{
public:
  // Base class constructor
  explicit CBox(double lv = 1.0, double wv = 1.0, double hv = 1.0):
                      m_Length {lv}, m_Width {wv}, m_Height {hv}
```

```
  { std::cout << "CBox constructor called" << std::endl; }

  // CBox destructor - just to track calls
  ~CBox()
  { std::cout << "CBox destructor called" << std::endl; }

protected:
  double m_Length;
  double m_Width;
  double m_Height;
};
```

现在，普通的全局函数仍然不能访问 3 个数据成员，从这方面来讲，它们实际上还是私有成员，但可以被派生类的成员函数访问。

试一试：使用保护成员

使用该版本的 CBox 类来派生 CCandyBox 类的新版本，并让 CCandyBox 类利用自己的成员函数 volume()访问基类的成员，就可以演示 protected 数据成员的用法。

```
// CandyBox.h in Ex9_04
#pragma once
#include "Box.h"
#include <cstring>                    // For strlen() and strcpy()
#include <iostream>

class CCandyBox : public CBox
{
public:
  char* m_Contents;

  // Derived class function to calculate volume
  double volume() const
  { return m_Length*m_Width*m_Height; }

  // Constructor to set dimensions & contents with explicit CBox constructor call
  CCandyBox(double lv, double wv, double hv,
               const char* str = "Candy") : CBox {lv, wv, hv}
  {
    std::cout <<"CCandyBox constructor2 called" << std::endl;
    size_t length{ strlen(str) + 1 };
    m_Contents = new char[length];
    strcpy_s(m_Contents, length, str);
  }

  // Constructor to set contents - calls default CBox constructor automatically
  explicit CCandyBox(const char* str = "Candy")
  {
    std::cout << "CCandyBox constructor1 called" << std::endl;
    size_t length{ strlen(str) + 1 };
    m_Contents = new char[length];
    strcpy_s(m_Contents, length, str);
  }
```

```
  CCandyBox(const CCandyBox& box) = delete;
  CCandyBox& operator=(const CCandyBox& box) = delete;

  ~CCandyBox()                                       // Destructor
  {
    std::cout << "CCandyBox destructor called" << std::endl;
    delete[] m_Contents;
  }
};
```

Ex9_04.cpp 文件中的 main()代码如下：

```
// Ex9_04.cpp
// Using the protected access specifier
#include <iostream>                          // For stream I/O
#include "CandyBox.h"                        // For CBox and CCandyBox

int main()
{
  CCandyBox myCandyBox;
  CCandyBox myToffeeBox {2, 3, 4, "Stickjaw Toffee"};
  std::cout << "myCandyBox volume is " << myCandyBox.volume() << std::endl
            << "myToffeeBox volume is " << myToffeeBox.volume() << std::endl;

  // std::cout << myToffeeBox.m_Length;  // Uncomment this for an error

  return 0;
}
```

示例说明

在该示例中，调用派生类的成员函数 volume()来计算两个 CCandyBox 对象的体积，该函数访问继承的成员 m_Length、m_Width 和 m_Height 而获得结果。这些成员在基类中都声明为 protected，在派生类中仍然是 protected。该程序产生下面的输出：

```
CBox constructor called
CCandyBox constructor1 called
CBox constructor called
CCandyBox constructor2 called
myCandyBox volume is 1
myToffeeBox volume is 24
CCandyBox destructor called
CBox destructor called
CCandyBox destructor called
CBox destructor called
```

输出显示，两个 CCandyBox 对象的体积计算是正确的。第一个对象具有调用默认 CBox 构造函数而获得的默认尺寸，因此其体积是 1。第二个对象的尺寸是由声明中的初始值确定的。

输出同时显示出构造函数和析构函数的调用次序，可以看出每个派生类对象都是分两步被销毁的。派生类对象析构函数的调用顺序与构造函数相反。这是一条普遍适用的规则。创建对象时首先调用基类的构造函数，然后调用派生类的构造函数；而销毁对象时首先调用派生类的析构函数，然后才调用基类的析构函数。

解除 main()函数中 return 语句前面那条语句的注释状态，可以证明基类的 protected 成员在派生类中仍然是 protected。如果那样做，那么编译器将给出如下的错误消息：

```
error C2248: 'CBox::m_Length': cannot access protected member declared in class 'CBox'
```

该消息非常清楚地指出，m_Length 成员是不可访问的。

9.3.3 继承类成员的访问级别

如果在派生类的定义中没有为基类提供访问说明符，则默认的访问说明符是 private，结果是从基类继承的 public 和 protected 成员在派生类中成为 private。基类的 private 成员仍然是基类所私有的，因此不能被派生类的成员函数访问。事实上，无论派生类定义中为基类指定怎样的访问说明符，这些成员始终都是基类的私有成员。

我们还使用过 public 作为基类的说明符。该说明符赋予派生类中的基类成员与原来相同的访问级别，因此 public 成员仍然是 public，protected 成员仍然是 protected。

最后一种可能性是将基类声明为 protected，结果是从基类继承的 public 成员在派生类中成为 protected 成员，而 protected 继承的成员(和 private 继承的成员)在派生类中仍然保持原来的访问级别。图 9-3 总结了这些情况，它显示了从 CBox 中继承的 CABox、CBBox 和 CCbox。

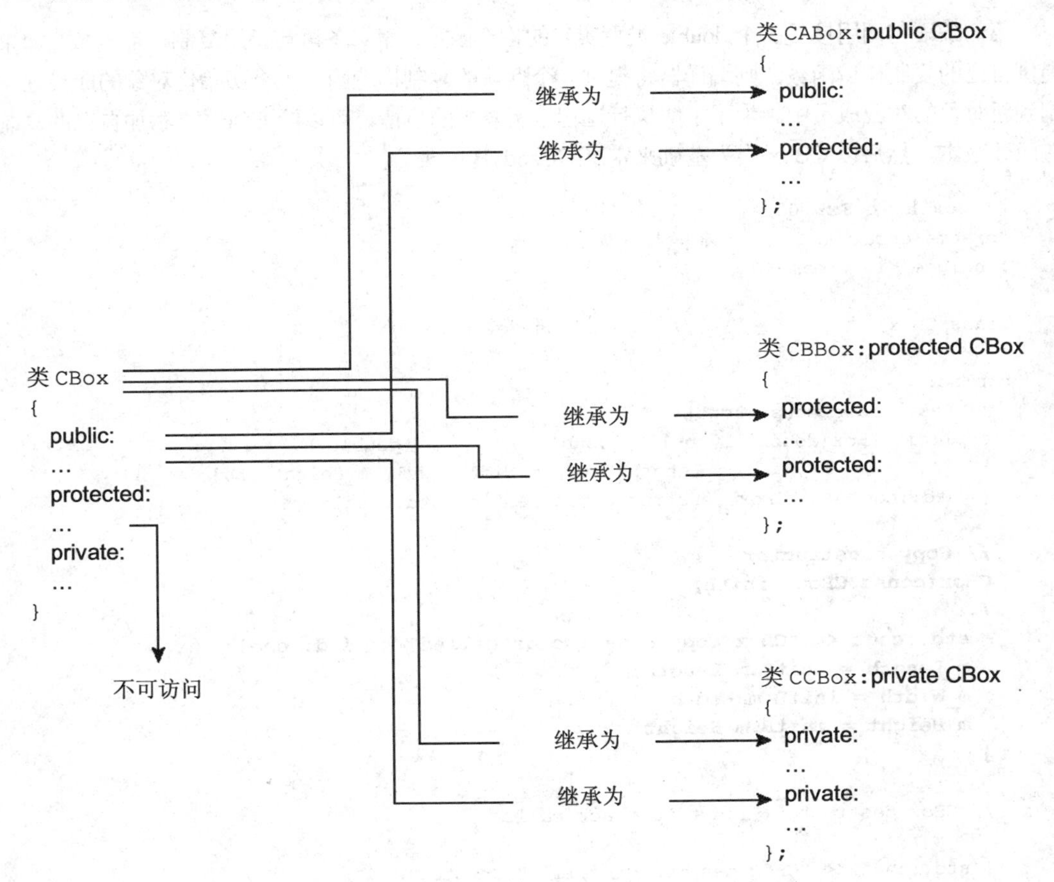

图 9-3

图 9-3 看起来可能有点复杂，不过可以将其简化为与派生类的继承成员有关的 3 点：

- 如果将基类的成员声明为 private，则它们在派生类中永远都不可访问。
- 如果将基类声明为 public，其成员在派生类中的访问级别保持不变。
- 如果将基类声明为 protected，其 public 成员在派生类中将成为 protected。

能够改变派生类中继承成员的访问级别，给予我们一定程度的灵活性，但不要忘记基类中指定的级别是不能放宽的。只能使访问级别更加严格，这意味着如果想在派生类中改变访问级别，则基类需要有 public 成员。这一点似乎与为了保护数据不受非授权访问而将其封装在类中的思想相悖，但如后面所述，经常需要以这样的方式定义基类，因为它们的唯一用途是作为定义其他类的基础，而非用来实例化对象。

9.4 派生类中的复制构造函数

记住，在声明用相同的类对象初始化的对象时，会自动调用复制构造函数。看看下面两条语句：

```
CBox myBox {2.0, 3.0, 4.0};          // Calls constructor
CBox copyBox {myBox};                // Calls copy constructor
```

第一条语句调用接受 3 个 double 类型实参的构造函数，第二条语句调用复制构造函数。如果不提供自己的复制构造函数，则编译器将提供一个默认的复制构造函数，将初始化对象的成员逐一复制到新对象的对应成员中。为了了解执行过程中所发生的事情，可以给 CBox 类添加自己的复制构造函数版本，然后以 CBox 类为基础来定义 CCandyBox 类。

```
// Box.h in Ex9_05
#pragma once
#include <iostream>

class CBox                  // Base class definition
{
public:
  // Base class constructor
  explicit CBox(double lv = 1.0, double wv = 1.0, double hv = 1.0):
                          m_Length {lv}, m_Width {wv}, m_Height {hv}
  {  std::cout << "CBox constructor called" << std::endl;  }

  // Copy constructor
  CBox(const CBox& initB)
  {
    std::cout << "CBox copy constructor called" << std::endl;
    m_Length = initB.m_Length;
    m_Width = initB.m_Width;
    m_Height = initB.m_Height;
  }

  // CBox destructor - just to track calls
  ~CBox()
  { std::cout << "CBox destructor called" << std::endl; }

protected:
```

```
  double m_Length;
  double m_Width;
  double m_Height;
};
```

我们还记得，为了避免无穷无尽地调用自身，必须将复制构造函数的形参指定为引用，否则将需要复制以传值方式传递的实参。当调用该示例中的复制构造函数时，它向屏幕上输出一条消息，因此从输出中可以看出事件发生的时间。现在需要做的只是向 CCandyBox 类添加复制构造函数。

试一试：派生类中的复制构造函数

可以在 Ex9-04 中 CCandyBox 派生类的 public 部分添加复制构造函数的下列代码：

```
// Derived class copy constructor
CCandyBox(const CCandyBox& initCB)
{
  std::cout << "CCandyBox copy constructor called" << std::endl;
  size_t length {strlen(initCB.m_Contents) + 1};
  m_Contents = new char[length];                    // Get new memory
  strcpy_s(m_Contents, length, initCB.m_Contents);    // Copy string
}
```

现在可以运行上一示例的此新版本(Ex9_05)，它具有如下的 main()函数，以便了解新复制构造函数的工作过程：

```
// Ex9_05
// Using the copy constructor in a derived class
#include <iostream>                             // For stream I/O
#include "CandyBox.h"                           // For CBox and CCandyBox

int main()
{
  CCandyBox chocBox {2.0, 3.0, 4.0, "Chockies"};  // Declare and initialize
  CCandyBox chocolateBox {chocBox};               // Use copy constructor

  std::cout << "Volume of chocBox is " << chocBox.volume() << std::endl
            << "Volume of chocolateBox is " << chocolateBox.volume() << std::endl;

  return 0;
}
```

示例说明

运行此示例，产生下面的输出：

```
CBox constructor called
CCandyBox constructor2 called
CBox constructor called
CCandyBox copy constructor called
Volume of chocBox is 24
Volume of chocolateBox is 1
CCandyBox destructor called
CBox destructor called
CCandyBox destructor called
CBox destructor called
```

虽然乍一看好像没有问题，实际上有错误。第三行输出显示，调用的是 chocolateBox 对象 CBox 部分的默认构造函数，而非复制构造函数。因此，该对象得到默认的尺寸而非初始化对象的尺寸，那么其体积值自然是错误的。原因在于，当编写派生类的构造函数时，必须确保正确地初始化派生类对象的成员，其中当然包括继承的成员。

修正方法是在 CCandyBox 类复制构造函数的初始化列表中，调用基类部分的复制构造函数。修改后的复制构造函数如下所示：

```
// Derived class copy constructor
CCandyBox(const CCandyBox& initCB): CBox {initCB}
{
  std::cout << "CCandyBox copy constructor called" << std::endl;
  size_t length {strlen(initCB.m_Contents) + 1};
  m_Contents = new char[length];                        // Get new memory
  strcpy_s(m_Contents, length, initCB.m_Contents);      // Copy string
}
```

现在，以对象 initCB 为实参调用了 CBox 类的复制构造函数。传递的只是该对象的基类部分，因此一切问题都将解决。如果通过添加对基类复制构造函数的调用，对上一个示例进行修改，则输出将如下所示：

```
CBox constructor called
CCandyBox constructor2 called
CBox copy constructor called
CCandyBox copy constructor called
Volume of chocBox is 24
Volume of chocolateBox is 24

CCandyBox destructor called
CBox destructor called
CCandyBox destructor called
CBox destructor called
```

输出显示，所有构造函数和析构函数都是以正确的顺序调用的，chocolateBox 中 CBox 部分的复制构造函数先于 CCandyBox 类的复制构造函数被调用。派生类对象 chocolateBox 的体积现在与其初始化对象相同，事情本来就应该是这样。

因此，我们又得到一条需要牢记的黄金法则：

在为派生类编写构造函数时，需要初始化包括继承成员在内的派生类对象的所有成员。

当然，在第 8 章我们已经知道，如果希望生成的类尽可能高效地在堆上分配内存，则应该重载复制构造函数，这一版本使用 rvalue 引用形参。处理方法是在 CCandyBox 类中添加下面的代码：

```
// Move constructor
CCandyBox(CCandyBox&& initCB): CBox {std::move(initCB)}
{
  std::cout << "CCandyBox move constructor called"<< std::endl;
  m_Contents = initCB.m_Contents;
```

```
  initCB.m_Contents = 0;
}
```

仍然必须调用基类复制构造函数才能得到初始化的基类成员。

9.5　禁止派生类

有时需要确保不能把类用作基类，为此可以把类指定为 final。下面演示了如何禁止派生 Ex9_05 中的 CBox 类：

```
class CBox final
{
  // Class details as before...
};
```

定义中类名后面的 final 修饰符告诉编译器不允许从 CBox 类中派生。如果以这种方式修改 Ex9_05 中的 CBox 类，其代码就不会被编译。

注意，final 不是关键字，只在这个上下文中有特殊的含义。不能把关键字用作名称，但可以把 final 用作变量名。

9.6　友元类成员

第 7 章介绍了将函数声明为类友元的方法，友元函数有权自由访问任何类成员。当然，我们没有理由说友元函数不能是另一个类的成员。

假设定义了一个表示瓶子的 CBottle 类：

```
// Bottle.h
#pragma once

class CBottle
{
public:
  CBottle(double height, double diameter) :
   m_Height {height}, m_Diameter {diameter} {}

private:
  double m_Height;                        // Bottle height
  double m_Diameter;                      // Bottle diameter
};
```

现在，需要有一个类来表示一打瓶子的包装箱，该类应该自动具有可容纳特定种类瓶子的定制尺寸。可能像下面这样进行定义——但目前不能编译：

```
// Carton.h
#pragma once
class CBottle;                            // Forward declaration

class CCarton
```

```
{
public:
  CCarton(const CBottle& aBottle)
  {
    m_Height = aBottle.m_Height;           // Bottle height
    m_Length = 4.0*aBottle.m_Diameter;     // Four rows of ...
    m_Width = 3.0*aBottle.m_Diameter;      // ...three bottles
  }

private:
  double m_Length;                         // Carton length
  double m_Width;                          // Carton width
  double m_Height;                         // Carton height
};
```

现在有两个类定义，每个类定义都引用了另一个类类型。在 Carton.h 中，CBottle 类的前向声明是必需的，没有它编译器就不知道 CBottle 引用什么。总是需要前向声明来解决两个或多个类之间的循环引用。CCarton 构造函数将包装箱的高度设定为与瓶子相同的高度，基于瓶子的直径将长度和宽度设定为刚好可以容纳 12 个瓶子。我们现在知道，这样的定义不能工作。CBottle 类的数据成员是 private，因此 CCarton 类的构造函数不能访问它们。我们还知道，在 CBottle 类中使用 friend 声明可以修正该问题：

```
// Bottle.h
#pragma once;
class CCarton;                             // Forward declaration

class CBottle
{
public:
  CBottle(double height, double diameter) :
   m_Height {height}, m_Diameter {diameter} {}

private:
  double m_Height;                         // Bottle height
  double m_Diameter;                       // Bottle diameter

// Let the carton constructor in
friend CCarton::CCarton(const CBottle& aBottle);
};
```

这里的 friend 声明与第 7 章介绍的 friend 声明之间的唯一区别是，为了识别友元函数，必须在其名称前面添加类名和作用域解析运算符。必须有一个 CCarton 类的前向声明，因为友元函数引用它。

我们可能会认为现在可以正确编译了，但还是有问题。在 CBottle 类中添加了对 CCarton 类的前向声明，在 CCarton 类中也添加了对 CBottle 类的前向声明，因此这里出现了循环依赖关系。但仍然不允许编译类。问题在于 CCarton 类的构造函数。此函数在 CCarton 类定义中，而编译器如果不先编译 CBottle 类，就不能编译此函数。另一方面，编译器不编译 CCarton 类，就不能编译 CBottle 类。解决此问题的唯一方法是将 CCarton 构造函数定义放在.cpp 文件中。这样在编译 CCarton 类时就不需要编译它了。存放 CCarton 类定义的头文件为：

```
// Carton.h
#pragma once
class CBottle;                          // Forward declaration

class CCarton
{
public:
  CCarton(const CBottle& aBottle);

private:
  double m_Length;                      // Carton length
  double m_Width;                       // Carton width
  double m_Height;                      // Carton height
};
```

Carton.cpp 文件的内容为：

```
// Carton.cpp
#include "Carton.h"
#include "Bottle.h"

CCarton::CCarton(const CBottle& aBottle)
{
  m_Height = aBottle.m_Height;              // Bottle height
  m_Length = 4.0*aBottle.m_Diameter;        // Four rows of ...
  m_Width = 3.0*aBottle.m_Diameter;         // ...three bottles
}
```

现在，编译器就能够编译两个类定义和 carton.cpp 文件。

9.6.1　友元类

还可以使某个类的所有函数成员都有权访问另一个类的数据成员，只需要将该类声明为友元类即可。通过在 CBottle 类定义内添加一条友元声明，可以将 CCarton 类定义为 CBottle 类的友元：

```
friend CCarton;
```

CBottle 类中有了这条声明语句之后，CCarton 类的所有函数成员就都能自由访问 CBottle 类的所有数据成员。

9.6.2　对类友元关系的限制

类友元关系不是互惠的。使 CCarton 类成为 CBottle 类的友元，并不意味着 CBottle 类也是 CCarton 类的友元。如果希望如此，则必须在 CCarton 类中将 CBottle 类声明为友元。

类友元关系还是不可继承的。如果以 CBottle 为基类定义了另一个类，则 CCarton 类的成员将无权访问该派生类的数据成员，即使这些成员是从 CBottle 类继承的也不行。

9.7　虚函数

让我们更仔细地观察一下继承的成员函数的行为以及它们与派生类成员函数的关系。可以给 CBox 类添加一个输出 CBox 对象体积的函数。经过简化的 CBox 类会变成如下形式：

```
// Box.h in Ex9_06
#pragma once
#include <iostream>

class CBox                               // Base class
{
public:
  // Function to show the volume of an object
  void showVolume() const
  { std::cout << "CBox usable volume is " << volume() << std::endl; }

  // Function to calculate the volume of a CBox object
  double volume() const
  { return m_Length*m_Width*m_Height; }

  // Constructor
  explicit CBox(double lv = 1.0, double wv = 1.0, double hv = 1.0)
                        :m_Length {lv}, m_Width {wv}, m_Height {hv} {}

protected:
  double m_Length;
  double m_Width;
  double m_Height;
};
```

现在，只需要根据需要调用某个 CBox 对象的 showVolume()函数，就能输出该对象的可用体积。构造函数在初始化列表中设定数据成员的值，因此其函数体中不需要任何语句。数据成员指定为 protected，因此任何派生类的成员函数都可以访问它们。

假设要为另一种箱子派生一个名为 CGlassBox 的类来容纳玻璃器皿。因为箱内是易碎品，需要添加起保护作用的包装材料，所以这种箱子的容量将小于基类 CBox 对象的容量。因此，需要用不同的 volume()函数来计算体积，下面就把这个函数添加到派生类中：

```
// GlassBox.h in Ex9_06
#pragma once
#include "Box.h"
class CGlassBox : public CBox            // Derived class
{
public:
  // Function to calculate volume of a CGlassBox
  // allowing 15% for packing
  double volume() const
  { return 0.85*m_Length*m_Width*m_Height; }

  // Constructor
  CGlassBox(double lv, double wv, double hv): CBox {lv, wv, hv} {}
};
```

派生类中可能还有其他成员，但我们将尽量使之保持简单，以便着重介绍继承函数的工作原理。派生类对象的构造函数只是在初始化列表中调用基类构造函数来设定数据成员的值，因此其函数体中不需要有任何语句。我们添加了一个新版本的 volume()函数以代替来自基类的版本，我们希望 CGlassBox 类的对象调用继承的 showVolume()函数时，该函数能够调用派生类中新版本的 volume()

成员函数。

试一试：使用继承的函数

现在看看派生类的实际工作情况。创建一个基类对象和一个派生类对象，使两者尺寸相同，然后验证计算出来的体积是否正确，就可以非常简单地演示实际的工作过程。main()函数完成此事，如下所示：

```
// Ex9_06.cpp
// Behavior of inherited functions in a derived class
#include <iostream>
#include "GlassBox.h"                    // For CBox and CGlassBox

int main()
{
  CBox myBox {2.0, 3.0, 4.0};            // Define a base box
  CGlassBox myGlassBox {2.0, 3.0, 4.0};  // Define derived box - same size

  myBox.showVolume();                    // Display volume of base box
  myGlassBox.showVolume();               // Display volume of derived box
  return 0;
}
```

示例说明

如果运行该示例，则得到下面的输出：

```
CBox usable volume is 24
CBox usable volume is 24
```

这不仅无趣且重复，而且也是灾难性的。该程序根本没有按照我们设想的方式工作，唯一令人感兴趣的事情是为什么会这样。显然，该程序没有考虑到第二次调用要处理 CGlassBox 这个派生类的对象，这一点可以从错误的输出中看出。CGlassBox 对象的体积肯定应该小于尺寸相同的基类 CBox 对象的体积。

输出错误的原因在于，showVolume()函数中对 volume()函数的调用被编译器一劳永逸地设定为基类中定义的版本。showVolume()是基类函数，在编译 CBox 时，编译器将 volume()的调用解析为基类的 volume()函数，编译器不知道有任何其他 volume()函数。该过程称为函数调用的静态解析，因为函数调用是在程序执行之前确定的。这也称为早期绑定，因为在程序编译过程（而不是执行过程）中将选中的特定 volume()函数绑定到 showVolume()函数包含的调用上。

在该示例中，我们希望在程序执行时再解决特定的对象实例中使用哪个 volume()函数的问题。这种操作称为动态链接或后期绑定。我们希望 showVolume()实际调用的 volume()函数版本由被处理的对象种类确定，而不是在程序执行之前由编译器任意确定。

事实上，C++确实提供了实现该功能的方法，你对这一点不会感到太惊讶，不然整个讨论还有什么意义！我们需要使用的是虚函数。

9.7.1　虚函数的概念

虚函数是以 virtual 关键字声明的基类函数。如果在基类中将某个函数指定为 virtual，并且派生类中有该函数的另外一个定义，则编译器将知道我们不想静态链接该函数。我们真正需要的是基于调用该函数的对象种类，在程序的特定位置选择调用哪一个函数。

试一试：修正 CGlassBox 类

要使本示例像原来希望的那样工作，只需要在两个类中给 volume()函数的定义添加 virtual 关键字即可。可以在新项目 Ex9_07 中进行试验。下面是 CBox 类的定义：

```
// Box.h in Ex9_07
#pragma once
#include <iostream>

class CBox                              // Base class
{
public:
  // Function to show the volume of an object
  void showVolume() const
  {
    std::cout << "CBox usable volume is " << volume() << std::endl;
  }

  // Function to calculate the volume of a CBox object
  virtual double volume() const
  { return m_Length*m_Width*m_Height; }

  // Constructor
  explicit CBox(double lv = 1.0, double wv = 1.0, double hv = 1.0) :
                      m_Length{ lv }, m_Width{ wv }, m_Height{ hv } {}

protected:
  double m_Length;
  double m_Width;
  double m_Height;
};
```

GlassBox.h 头文件的内容应该如下所示：

```
// GlassBox.h in Ex9_07
#pragma once
#include "Box.h"

class CGlassBox: public CBox           // Derived class
{
public:
  // Function to calculate volume of a CGlassBox allowing 15% for packing
  virtual double volume() const
  { return 0.85*m_Length*m_Width*m_Height; }

  // Constructor
  CGlassBox(double lv, double wv, double hv): CBox {lv, wv, hv} {}
};
```

Ex9_07.cpp 文件中的 main()函数与上一个示例中的相同。

示例说明

如果运行这个只是给 volume()定义添加了 virtual 关键字的程序，那么将得到下面的输出：

```
CBox usable volume is 24
CBox usable volume is 20.4
```

现在，该程序无疑做了我们原来希望它做的事情。第一次用 CBox 对象 myBox 调用 showVolume()函数时，该函数调用了 CBox 类的 volume()版本。第二次用 CGlassBox 对象 myGlassBox 调用 showVolume()函数时，该函数调用了派生类中定义的 volume()版本。

注意，虽然在派生类的 volume()函数定义中使用了 virtual 关键字，但这样做不是必需的。在基类中将该函数定义为 virtual 已经足够了。不过，建议在派生类中为虚函数指定 virtual 关键字，因为这样可以使阅读派生类定义的任何人都清楚地知道这些函数是动态选择的虚函数。

要使某个函数表现出虚函数的行为，该函数在任何派生类中都必须有与基类函数相同的名称、形参列表和返回类型。如果基类函数是 const，那么派生类中的函数也必须是 const。如果试图使用不同的形参或返回类型，或者将一个声明为 const，而另一个不然，则虚函数机制将不能工作。

虚函数的运用是一种功能特别强大的机制。我们或许听说过与面向对象编程有关的术语“多态性”，该术语指的就是虚函数功能。多态的某种事物能够以不同的外观出现，如狼人、Jekyll 医生或选举前后的政治家。根据当前对象的种类，调用虚函数将产生不同的结果。

从派生类函数的观点来看，CGlassBox 派生类中的 volume()函数实际上隐藏了该函数的基类版本。如果我们希望从某个派生类函数中调用基类的 volume()版本，则需要以 CBox::Volume()这样的形式使用作用域解析运算符来引用基类函数。

9.7.2　确保虚函数的正确执行

如前所述，任何派生类中的函数要执行为虚函数，必须与基类中的一个函数有相同的名称、参数列表和返回类型，但这很容易出错。如果忘记在 Ex9_07 的 CGlassBox 类中把 volume()函数指定为 const，程序仍会编译，但运行不正确。当派生类中的函数与它想重写的基类中的函数有不同的签名时，则根本不能重写基类函数。使用 override 修饰符可以告诉编译器派生类中的某虚函数重写了基类中的虚函数。在 Ex9_07 中可以对 CGlassBox 的 volume()函数进行这个操作：

```
class CGlassBox : public CBox          // Derived class
{
public:
  // Function to calculate volume of a CGlassBox allowing 15% for packing
  virtual double volume() const override
  { return 0.85*m_Length*m_Width*m_Height; }

  // Constructor
  CGlassBox(double lv, double wv, double hv): CBox {lv, wv, hv} {}
};
```

现在编译器会检查基类中是否有相同签名的 volume()函数。如果没有，就会收到一个错误消息。为了进行演示，可以通过添加 override 修饰符并省略 const 关键字来修改 CGlassBox 类中 volume()的定义。

如果总是在派生类中给虚函数使用 override 修饰符来重写基类函数，编译器就总是会在指定重写时报告错误。注意，与 final 修饰符一样，override 也不是关键字，它也只在这里的上下文中有特殊的含义。

9.7.3 禁止重写函数

有时可能希望禁止重写类的某个函数成员，这可能是因为希望保护某行为的特定方面。此时可以把成员函数指定为 final。例如，可以把 Ex9_07 中 CBox 类的 volume()成员指定为不能重写，如下所示：

```
class CBox                               // Base class
{
public:
  // Class definition as before...

  // Function to calculate the volume of a CBox object
  virtual double volume() const final
  { return m_Length*m_Width*m_Height; }

  // Rest of the class as before...
};
```

final 修饰符告诉编译器 volume()函数不能被重写。进行了这个修改后，编译器就把派生类中的 volume()函数标记为一个错误。

9.7.4 使用指向类对象的指针

使用指针处理基类和派生类的对象是一项重要的技术。指向基类对象的指针不仅可以包含基类对象的地址，还可以包含派生类对象的地址。因此，可以根据指向的对象种类，使用类型为“基类指针”的指针获得虚函数的不同行为。通过一个示例，可以更清楚地了解实际的工作过程。

试一试：指向基类和派生类的指针

本示例将使用与上一个示例相同的类，但对 main()函数作了少量修改，从而使该函数使用指向基类对象的指针。创建 Ex9_08 项目，其中 Box.h 和 GlassBox.h 头文件与上一个示例中的相同。可以将 Box.h 和 GlassBox.h 文件从 Ex9_07 项目复制到本项目的文件夹中。在下载的代码中，将现有的文件添加到某个项目非常容易，只需要右击 Solution Explorer 选项卡中的 Ex9_08，从弹出的菜单中选择 Add | Existing Item 菜单项，然后选择要在该项目中添加的文件即可。如果有必要，也可以选择添加多个文件。在添加头文件之后，将 Ex9_08.cpp 修改成如下形式：

```
// Ex9_08.cpp
// Using a base class pointer to call a virtual function
#include <iostream>
#include "GlassBox.h"                            // For CBox and CGlassBox

int main()
{
  CBox myBox {2.0, 3.0, 4.0};                    // Define a base box
  CGlassBox myGlassBox {2.0, 3.0, 4.0};  // Define derived box of same size
  CBox* pBox {};              // A pointer to base class objects
  pBox = &myBox;              // Set pointer to address of base object
```

```
    pBox->showVolume();          // Display volume of base box
    pBox = &myGlassBox;          // Set pointer to derived class object
    pBox->showVolume();          // Display volume of derived box

    return 0;
  }
```

在本例的下载代码中，还在 myGlassBox 类中给 volume()函数添加了 override 修饰符。

示例说明

这两个类与示例 Ex9_07.cpp 中的类相同，但 main()函数已经修改成使用指针来调用 showVolume()函数。因为使用的是指针，所以要使用间接成员选择操作符->来调用函数。调用了两次 showVolume()函数，两次调用都使用相同的基类对象指针 pBox。在第一次调用时，该指针包含基类对象 myBox 的地址。在第二次调用时，该指针包含派生类对象 myGlassBox 的地址。

产生的输出如下所示：

```
CBox usable volume is 24
CBox usable volume is 20.4
```

输出与上一个示例的输出完全相同，在上一个示例中，我们在函数调用中使用了显式的对象。从本示例可以得出这样的结论：虚函数机制借助于指向基类的指针同样能够正常工作，实际调用的函数是基于被指向的对象类型而选择的。该过程如图 9-4 所示。

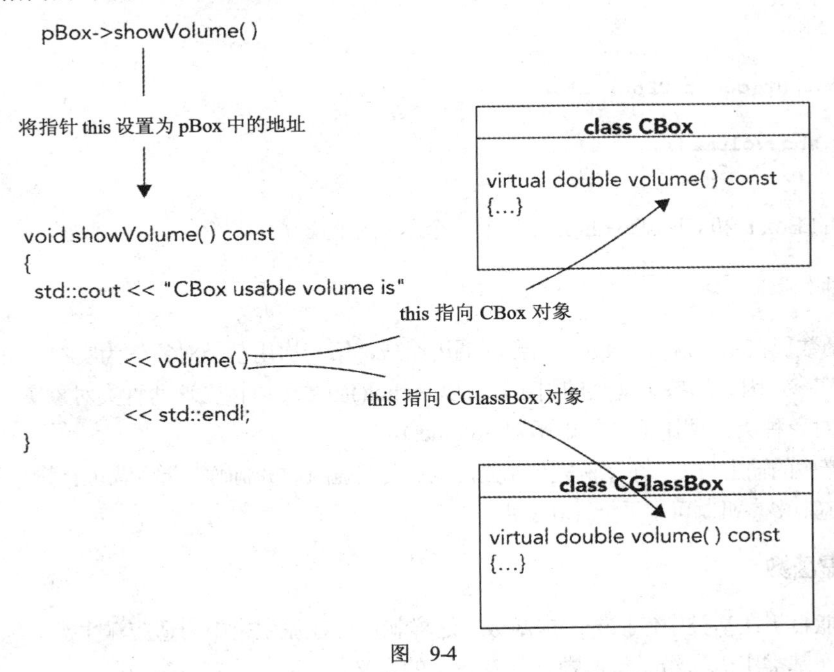

图　9-4

这是一个重要的结论。即使我们不知道程序中某个基类指针所指对象的准确类型(例如，某个指针作为实参传递给函数时)，虚函数机制也能确保调用正确的函数。这是一种特别强大的功能，因此务必充分理解。多态性是一种我们将多次使用的基本 C++机制。

9.7.5 使用引用处理虚函数

如果定义一个形参为基类引用的函数，则可以给该函数传递派生类的对象作为实参。该函数在执行时，将自动为传递进来的对象选择适当的虚函数。我们将上一个示例中的 main()函数修改成调用一个形参为引用的函数，就可以看到这种情况。

试一试：使用引用处理虚函数

把对 showVolume()的调用移到某个独立的函数中，然后从 main()中调用这个独立的函数：

```
// Ex9_09.cpp
// Using a reference to call a virtual function
#include <iostream>
#include "GlassBox.h"                          // For CBox and CGlassBox

void output(const CBox& aBox);                 // Function prototype

int main()
{
  CBox myBox {2.0, 3.0, 4.0};                  // Define a base box
  CGlassBox myGlassBox {2.0, 3.0, 4.0};        // Define derived box of same size
  output(myBox);                               // Output volume of base class object
  output(myGlassBox);                          // Output volume of derived class object

  return 0;
}

void output(const CBox& aBox)
{
  aBox.showVolume();
}
```

该示例的 Box.h 和 GlassBox.h 文件与上一个示例相同。

示例说明

main()函数现在由两次对 output()函数的调用组成，第一次用基类对象作为实参，第二次用派生类对象作为实参。因为形参是基类的引用，所以 output()函数可以接受这两种类对象实参，并根据初始化引用的对象种类，调用适当的虚函数 volume()。

该程序产生的输出与上一个示例完全相同，从而证实虚函数机制确实能够借助于引用形参起作用。现在我们知道，多态机制可用于指针和引用。

9.7.6 纯虚函数

我们可能希望在基类中包括一个虚函数，这样就可以在派生类中为适应派生类对象而重新定义该函数，但在基类中无法给予该函数任何有意义的定义。

例如，可能有一个 CContainer 类，它可以用作定义 CBox 类、CBottle 类乃至 CTeapot 类的基类。CContainer 类将没有数据成员，但我们可能希望为任何派生类提供一个允许被多态调用的虚成员函数 volume()。因为 CContainer 类没有任何数据成员，因此不占用磁盘空间，所以不能为 volume()函数编写有意义的定义。然而，我们仍然能够定义这个类——当然包括成员函数 volume()，CContainer 类定义的代码如下所示：

```
// Container.h for Ex9_10
#pragma once
#include <iostream>

class CContainer       // Generic base class for specific containers
{
public:
  // Function for calculating a volume - no content
  // This is defined as a 'pure' virtual function, signified by '= 0'
  virtual double volume() const = 0;

  // Function to display a volume
  virtual void showVolume() const
  {  std::cout << "Volume is " << volume() << std::endl;  }
};
```

定义虚函数 volume()的语句在函数头中添加等号和 0，将该函数定义成没有任何内容。这样的函数称为纯虚函数。该类还包含一个显示派生类对象体积的函数 showVolume()。因为该函数声明为 virtual，所以在派生类中可以替换。但是如果不进行替换，则程序将调用这里的基类版本。

9.7.7 抽象类

包含纯虚函数的类称为抽象类，因为不能定义包含纯虚函数的类的对象。但可以定义抽象类的指针和引用。抽象类存在的唯一用途，就是定义派生类。如果抽象类的派生类将基类的纯虚函数仍然定义为纯虚函数，则该派生类也是抽象类。

我们不应该从上一个 CContainer 类的示例中得出抽象类不能拥有数据成员的结论。抽象类可以拥有数据成员和函数成员。纯虚函数是否存在是判断给定的类是否是抽象类的唯一条件。同样的道理，抽象类可以拥有多个纯虚函数。这种情况下，派生类必须给出基类中每个纯虚函数的定义，否则将仍然是抽象类。如果忘记将派生类的 volume()函数指定为 const，则派生类同样将仍然是抽象类，因为它不仅包含定义的非 const 函数 volume()，还包含 const 纯虚函数成员 volume()。const 函数和非 const 函数总是不同的。

试一试：抽象类

可以连同原来的 CBox 类一起再实现一个 CCan 类—— 它可能表示啤酒罐或可乐罐，令这两个类都派生自 9.6.4 节定义的 CContainer 类。作为 CContainer 类的子类，CBox 类的定义如下所示：

```
// Box.h for Ex9_10
#pragma once
#include "Container.h"                  // For CContainer definition
#include <iostream>

class CBox : public CContainer          // Derived class
{
public:

  // Function to show the volume of an object
  virtual void showVolume() const override
```

```
    { std::cout << "CBox usable volume is " << volume() << std::endl; }

    // Function to calculate the volume of a CBox object
    virtual double volume() const override
    { return m_Length*m_Width*m_Height; }

    // Constructor
    explicit CBox(double lv = 1.0, double wv = 1.0, double hv = 1.0)
                             :m_Length {lv}, m_Width {wv}, m_Height{hv} {}

protected:
    double m_Length;
    double m_Width;
    double m_Height;
};
```

CBox 类实质上与以前的示例中一样，只是这次将其指定为从 CContainer 类派生。volume()函数完全在这个类中定义(如果 CBox 类要用来定义对象，那么必须如此)。仅有的其他选择是将其指定为纯虚函数，因为该函数在基类中就是纯虚函数，但那样将不能创建 CBox 对象。

可以像下面这样在 Can.h 头文件中定义 CCan 类：

```
// Can.h for Ex9_10
#pragma once
#define _USE_MATH_DEFINES                // For constants in math.h
#include <math.h>
#include "Container.h"                   // For CContainer definition

class CCan : public CContainer
{
public:
  // Function to calculate the volume of a can
  virtual double volume() const override
  { return 0.25*M_PI*m_Diameter*m_Diameter*m_Height; }

  // Constructor
  explicit CCan(double hv = 4.0, double dv = 2.0): m_Height {hv}, m_Diameter {dv} {}

protected:
  double m_Height;
  double m_Diameter;
};
```

CCan 类也定义了 volume()函数，只不过依据的公式是 hπr2，这里的 h 是罐的高度，r 是罐体横截面的半径。M_PI 常量在 math.h 中定义，在定义_USE_MATH_DEFINES 后，它就是可用的。math.h 头文件定义了许多其他数学常量，如果把光标放在代码的 math.h 上，按下 Ctrl+Shift+G 就可以看到这些常量。CCan 对象的体积是高乘以底面积。注意，在 CBox 类中重新定义了 showVolume()函数，但在 CCan 类中没有这样做。当得到程序的输出时，将看出结果有所不同。

可以用下面这个源文件，练习这些类的用法。

```
// Ex9_10.cpp
// Using an abstract class
#include "Box.h"                        // For CBox and CContainer
```

```
#include "Can.h"                    // For CCan (and CContainer)
#include <iostream>                  // For stream I/O

int main()
{
  // Pointer to abstract base class
  // initialized with address of CBox object
  CContainer* pC1 {new CBox {2.0, 3.0, 4.0}};

  // Pointer to abstract base class
  // initialized with address of CCan object
  CContainer* pC2 {new CCan {6.5, 3.0}};

  pC1->showVolume();                // Output the volumes of the two
  pC2->showVolume();                // objects pointed to

  delete pC1;                       // Now clean up ...
  delete pC2;                       // ... the free store

  return 0;
}
```

示例说明

在这个程序中，声明了两个指向基类 CContainer 的指针。虽然不能定义 CContainer 对象(因为 CContainer 是抽象类)，但仍然可以定义指向 Ccontainer*类型的指针，然后可以使用该指针来存储直接或间接派生自 CContainer 的类对象的地址。指针 pC1 被赋予在空闲存储器中由 new 操作符创建的 CBox 对象的地址。第二个指针以类似的方式被赋予 CCan 对象的地址。

当然，由于派生类对象是动态创建的，因此不再需要它们时必须使用 delete 操作符清理空闲存储器。可以返回第 4 章回顾关于 delete 操作符的内容。

该示例产生的输出如下：

```
CBox usable volume is 24
Volume is 45.9458
```

因为已经在 CBox 类中定义了 showVolume()函数，所以 CBox 对象将调用该函数的派生类版本。在 CCan 类中没有定义这个函数，因此 CCan 对象将调用从基类继承的基类版本。因为 volume()函数在两个派生类中都是以虚函数形式实现的(必须如此，因为该函数在基类中是纯虚函数)，所以在程序执行时解析该函数的调用，选中的函数版本将属于被指向的对象所属的类。因此，对指针 pC1 来说，被调用的是 CBox 类的函数版本。对指针 pC2 而言，被调用的却是 CCan 类的函数版本。因此在每种情况下，我们都能获得正确的结果。

还可以只使用一个指针，在调用 CBox 对象的 volume()函数之后，赋予该指针对象 CCan 的地址。基类指针可以包含任何派生类对象的地址，即使相同的基类派生出多个不同的子类也无妨。因此，可以在整个派生类的范围内自动选择适当的虚函数。本节的内容确实给我们留下了深刻的印象，不是吗？

9.7.8 间接基类

本章一开始就说过，子类的基类可能是从另一个基类派生出来的。稍微扩展上一个示例，就能提供这句话的例证，并示范跨越第二级继承的虚函数的用法。

试一试：多层继承

只需要在上一个示例得到的几个类中再添加一个 CGlassBox 类。现在拥有的几个类之间的关系如图 9-5 所示。

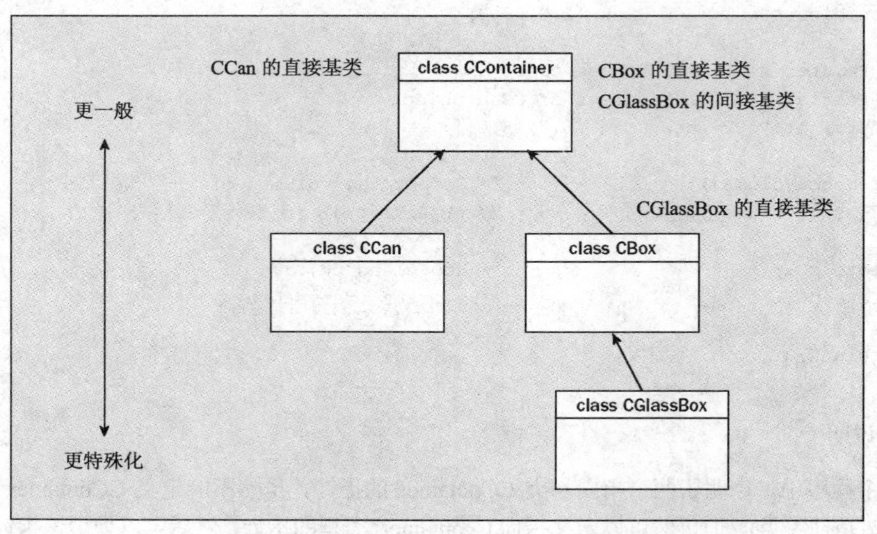

图 9-5

完全像以前那样，CGlassBox 类是从 CBox 类派生出来的，但为了表明基类的函数版本还能通过派生类传播，省略了 showVolume()函数的派生类版本。在上面显示的类层次结构中，CContainer 类是 CGlassBox 类的间接基类，是 CBox 和 CCan 类的直接基类。

该示例的 GlassBox.h 头文件包含以下代码：

```
// GlassBox.h for Ex9_11
#pragma once
#include "Box.h"                          // For CBox

class CGlassBox: public CBox              // Derived class
{
public:

  // Function to calculate volume of a CGlassBox allowing 15% for packing
  virtual double volume() const override
  { return 0.85*m_Length*m_Width*m_Height; }

  // Constructor
  CGlassBox(double lv, double wv, double hv): CBox {lv, wv, hv} {}
};
```

Container.h、Can.h 和 Box.h 头文件包含的代码与 Ex9_10 示例中的相同。

下面是新示例中的主源文件：

```
// Ex9_11.cpp
// Using an abstract class with multiple levels of inheritance
```

```
#include "Box.h"                   // For CBox and CContainer
#include "Can.h"                   // For CCan (and CContainer)
#include "GlassBox.h"              // For CGlassBox (and CBox and CContainer)
#include <iostream>                // For stream I/O

int main()
{
  // Pointer to abstract base class initialized with CBox object address
  CContainer* pC1 {new CBox {2.0, 3.0, 4.0}};
  CCan myCan {6.5, 3.0};                     // Define CCan object
  CGlassBox myGlassBox {2.0, 3.0, 4.0}; // Define CGlassBox object
  pC1->showVolume();                         // Output the volume of CBox
  delete pC1;                                // Now clean up the free store

  pC1 = &myCan;                              // Put myCan address in pointer
  pC1->showVolume();                         // Output the volume of CCan
  pC1 = &myGlassBox;                         // Put myGlassBox address in pointer
  pC1->showVolume();                         // Output the volume of CGlassBox

  return 0;
}
```

示例说明

如图 9-5 所示的类层次结构共有 3 层，其中 CContainer 是抽象的基类，因为它包含纯虚函数 volume()。main()函数现在使用指向基类的同一个指针，调用了 showVolume()函数 3 次，但每次使该指针包含不同类的对象地址。因为派生类 CCan 和 CGlassBox 都没有定义 showVolume()函数，所以每个实例中调用的都是基类版本。基类 CContainer 的独立分支定义了派生类 CCan，所以 CCan 继承 CContainer 的 showVolume()函数，而 CGlassBox 继承 CBox 的 showVolume()函数。

该示例产生下面的输出：

```
CBox usable volume is 24
Volume is 45.9458
CBox usable volume is 20.4
```

输出显示，程序的执行根据每次所涉及对象的类型，从 3 个不同的 volume()函数中选择了正确的版本。

在赋予指针另一个地址值之前，必须从空闲存储器中删除 CBox 对象。如果不这样做，就将无法清理空闲存储器，因为已经失去了原来对象的地址。当重新给指针赋值以及使用空闲存储器时，这是一个易犯的错误。使用第 10 章介绍的智能指针就可以避免这个错误。

9.7.9 虚析构函数

当使用基类指针处理派生类对象时，出现的一个问题是可能没有调用正确的析构函数。修改上一个示例，就能看到这样的结果。

试一试：调用错误的析构函数

在本示例中，只需要给每个类添加一个输出消息的公有析构函数，就可以了解销毁对象时调用的是哪一个析构函数。该示例的 Container.h 文件中 CContainer 类的析构函数如下所示：

```
~CContainer()
{ std::cout << "CContainer destructor called" << std::endl; }
```

该示例的 Can.h 文件中 CCan 类的析构函数如下：

```
~CCan()
{ std::cout << "CCan destructor called" << std::endl; }
```

Box.h 文件中 CBox 类的析构函数应该是：

```
~CBox()
{ std::cout << "CBox destructor called" << std::endl; }
```

GlassBox.h 头文件中 CGlassBox 的析构函数应该是：

```
~CGlassBox()
{ std::cout << "CGlassBox destructor called" << std::endl; }
```

最后，本程序的源文件 Ex9_12.cpp 应该如下所示：

```
// Ex9_12.cpp
// Destructor calls with derived classes using objects via a base class pointer
#include "Box.h"                          // For CBox and CContainer
#include "Can.h"                          // For CCan (and CContainer)
#include "GlassBox.h"                     // For CGlassBox (and CBox, CContainer)
#include <iostream>                       // For stream I/O

int main()
{
  // Pointer to abstract base class initialized with CBox object address
  CContainer* pC1 {new CBox{2.0, 3.0, 4.0}};
  CCan myCan {6.5, 3.0};
  CGlassBox myGlassBox {2.0, 3.0, 4.0};
  pC1->showVolume();                          // Output the volume of CBox
  std::cout << "Delete CBox" << std::endl;
  delete pC1;                                 // Now clean up the free store
  pC1 = new CGlassBox {4.0, 5.0, 6.0};        // Create CGlassBox dynamically
  pC1->showVolume();                          // ...output its volume...
  std::cout << "Delete CGlassBox" << std::endl;
  delete pC1;                                 // ...and delete it
  pC1 = &myCan;                               // Get myCan address in pointer
  pC1->showVolume();                          // Output the volume of CCan
  pC1 = &myGlassBox;                          // Get myGlassBox address in pointer
  pC1->showVolume();                          // Output the volume of CGlassBox

  return 0;
}
```

示例说明

除了给每个类添加析构函数，以输出一条大意是“某某析构函数被调用”的消息以外，其他修改仅仅是在 main()函数中添加了两处代码。其中添加了动态创建 CGlassBox 对象、输出该对象的体积值、然后将其删除的语句。另外也显示一条消息来指示删除动态创建的 CBox 对象的时间。该示例生成的输出如下所示：

```
CBox usable volume is 24
Delete CBox
CContainer destructor called
CBox usable volume is 102
Delete CGlassBox
CContainer destructor called
Volume is 45.9458
CBox usable volume is 20.4
CGlassBox destructor called
CBox destructor called
CContainer destructor called
CCan destructor called
CContainer destructor called
```

从输出可以看出，当删除 pC1 指向的 CBox 对象时，调用基类 CContainer 的析构函数，但没有调用 CBox 类的析构函数。同样，当删除添加的 CGlassBox 对象时，还是调用基类 CContainer 的析构函数，但没有调用 CGlassBox 或 CBox 类的析构函数。对于静态创建的 myCan 和 myGlassBox 对象，析构函数的调用情况是正确的，都是先调用派生类的析构函数，再调用基类的析构函数。对于 myGlassBox 对象来说，被调用的析构函数有 3 个：首先是派生类的析构函数，然后是直接基类的析构函数，最后是间接基类的析构函数。

所有问题都源于对象是在空闲存储器中创建的，程序在销毁那两个对象时都调用了错误的析构函数。出现这种情况的原因是，析构函数的链接是在编译时静态解析的。对自动对象而言，这样做没有任何问题，编译器知道它们是什么，也能够安排调用正确的析构函数。但对于动态创建并通过指针访问的对象来说，情况就不同了。当执行 delete 操作时，编译器知道的唯一信息是该指针的类型是“指向基类的指针”。编译器不知道该指针实际指向的对象的类型，因为这是在程序执行时确定的。因此，编译器只能确保使 delete 操作调用基类的析构函数。在实际的应用程序中，这一点可能造成大量的问题，可能有许多遗留的对象散布在空闲存储器中，还可能造成更严重的问题，究竟如何取决于相关对象的本质。

解决方法很简单。需要在程序执行时动态解析对析构函数的调用。在类中使用虚析构函数，就可以安排这样的解析方式。前面初次讨论虚函数时曾经说过，将基类函数声明为 virtual 足以确保任何派生类中的名称、形参列表和返回类型与其相同的所有函数也都是 virtual。这条规则不仅适用于普通的成员函数，而且适用于析构函数。需要在 Container.h 文件包含的 CContainer 类定义中，给析构函数的定义添加 virtual 关键字，这样类定义将如下所示：

```
class CContainer                    // Generic base class for containers
{
 public:

   // Destructor
   virtual ~CContainer()
   { std::cout << "CContainer destructor called" << std::endl; }

   // Rest of the class as before
};
```

现在，虽然没有显式指定，但所有派生类中的析构函数还是都自动变成了虚函数。当然，如果希望代码绝对清晰，那么也可以显式将它们指定为 virtual。

如果重新运行修改过的示例，那么将得到下面的输出：

```
CBox usable volume is 24
Delete CBox
CBox destructor called
CContainer destructor called
CBox usable volume is 102
Delete CGlassBox
CGlassBox destructor called
CBox destructor called
CContainer destructor called
Volume is 45.9458
CBox usable volume is 20.4
CGlassBox destructor called
CBox destructor called
CContainer destructor called
CCan destructor called
CContainer destructor called
```

可以看出，所有对象现在都是以正确的析构函数调用次序销毁的。在该程序中，销毁动态对象时析构函数的调用次序与销毁同类型的自动对象时相同。

此刻我们可能想到一个问题，可以将构造函数声明为 virtual 吗？答案是不能——只有析构函数和其他成员函数才可以。

当使用继承时，总是照例将基类的析构函数声明为虚函数是个好主意。在类析构函数的执行过程中有少量的系统开销，但大多数情况下不用理会这一点。使用虚析构函数能够确保正确地销毁对象，还能避免相反情形下可能出现的潜在的程序崩溃。

9.8 类类型之间的强制转换

如前所述，派生类对象的地址可以存储在指向基类类型的指针变量中，例如，CContainer*类型的变量就可以存储 CBox 对象的地址。那么，如果有一个地址存储在 CContainer*类型的指针中，可以将其强制转换为 CBox*类型吗？当然可以，dynamic_cast 操作符就是专门执行此类操作的。下面是该运算符的工作过程：

```
CContainer* pContainer {new CGlassBox {2.0, 3.0, 4.0}};
CBox* pBox {dynamic_cast<CBox*>(pContainer)};
CGlassBox* pGlassBox {dynamic_cast<CGlassBox*>(pContainer)};
```

第一条语句将在堆上创建的 CGlassBox 对象的地址存储在一个 CContainer*类型的基类指针中。第二条语句将类层次结构中底层的 pContainer 强制转换为 CBox*类型。第三条语句将 pContainer 中的地址强制转换为实际的类型 CGlassBox*。

dynamic_cast 操作符不仅可以应用于指针，也可以应用于引用。dynamic_cast 与 static_cast 之间的区别在于，dynamic_cast 操作符在运行时检查转换的有效性，而 static_cast 操作符则不然。如果 dynamic_cast 操作无效，则结果为 nullptr。编译器依赖编程人员来保证 static_cast 操作的有效性，因此应该总是使用 dynamic_cast 在类层次结构中执行向上和向下的强制转换操作，如果还希望避免程序因使用空指针而意外终止，那么还应该检查转换的结果是否为 nullptr。

9.8.1　定义转换运算符

可以在类中定义将对象转换为另一个类型的运算符函数。对象可以转换为基本类型或类类型。例如，假定要测试 CBox 对象的尺寸不是默认的 1，就可以给 CBox 对象定义一个运算符函数，将类型转换为 bool。例如，可以在 CBox 类定义中包含如下成员：

```
operator bool()
{  return m_Length == 1 && m_Width == 1 && m_Height == 1;  }
```

这就定义了 operator bool()函数。CBox 对象的所有尺寸都是 1 时，该函数就返回 true，否则返回 false。转换运算符函数的名称总是 operator 关键字后跟目标类型名。函数名中的目标类型是返回类型，所以不需要额外地指定返回类型。

在 CBox 类中定义了 operator bool()函数，就可以编写如下语句：

```
CBox box1;                            // Calls default constructor
if(box1)                              // Implicit conversion of box1 to bool
  std::cout << "box1 has default dimensions." << std::endl;
```

if 表达式的类型必须是 bool，编译器才能给 box1 插入 operator bool()函数的调用，以建立 if 表达式 box1.operator bool()。

还可以编写如下语句：

```
CBox box2 {1, 2, 3};
bool isDefault {true};
isDefault = box2;                     // Implicit conversion to bool
```

把 box2 的值指定为 isDefault，也需要一个隐式转换，所以插入一个运算符函数调用。当然，也可以编写显式的类型转换：

```
isDefault = static_cast<bool>(box1);   // Explicit conversion
```

这个语句也调用 operator bool()，所以它等价于：

```
isDefault = box1.operator bool();
```

9.8.2　显式类型转换运算符

有时可能不希望允许使用转换运算符函数执行隐式类型转换。尤其是类类型之间的隐式转换。为此，可以在转换运算符函数的前面加上 explicit 关键字。现在，编译需要隐式类型转换的语句，就会得到一个错误消息。

只有显式类型转换才能正确编译。

9.9　嵌套类

可以将某个类的定义放在另一个类定义的内部，这种情况就是在定义嵌套类。嵌套类具有封装它的类的静态成员的外部特征，而且就像任何其他类成员一样，受成员访问说明符的支配。如果将嵌套类的定义放在类的私有部分，将只能从封装类的作用域内部引用嵌套类。如果将嵌套类指定为 public，将可以从封装类的外部访问嵌套类，但这种情况下嵌套类的名称必须用外部类的名称加以限定。

嵌套类可以自由访问封装类的所有静态成员。通过封装类的对象或指向封装类对象的指针或引用，还可以访问所有实例成员。封装类只能访问嵌套类的公有成员，但在封装类所私有的嵌套类中，通常都将类成员声明为 public，以使封装类的函数能够自由访问整个嵌套类。

当需要定义一个只能在另一个类型内部使用的类型时，嵌套类就特别有用，因为可以将嵌套类声明为 private。下面是一个示例：

```
// A push-down stack to store CBox objects
#pragma once
class CBox;                              // Forward class declaration

class CStack
{
private:
  // Defines items to store in the stack
  struct CItem
  {
    CBox* pBox;                          // Pointer to the object in this node
    CItem* pNext;                        // Pointer to next item in the stack or null

    // Constructor
    CItem(CBox* pB, CItem* pN): pBox {pB}, pNext {pN} {}
  };

  CItem* pTop {};                        // Pointer to item that is at the top

public:
  CStack()=default;                      // Constructor

  // Inhibit copy construction and assignment
  CStack(const CStack& stack) = delete;
  CStack& operator=(const CStack& stack) = delete;

  // Push a Box object onto the stack
  void push(CBox* pBox)
  {
    pTop = new CItem(pBox, pTop);        // Create new item and make it the top
  }

  // Pop an object off the stack
  CBox* pop()
  {
    if(!pTop)                            // If the stack is empty
      return nullptr;                    // return null

    CBox* pBox = pTop->pBox;             // Get box from item
    CItem* pTemp = pTop;                 // Save address of the top item
    pTop = pTop->pNext;                  // Make next item the top
    delete pTemp;                        // Delete old top item from the heap
    return pBox;
  }
```

```
  // Destructor
  virtual ~CStack()
  {
    CItem* pTemp {};
    while(pTop)                         // While pTop not null
    {
      pTemp = pTop;
      pTop = pTop->pNext;
      delete pTemp;
    }
  }
};
```

CStack 类定义了一个可存储 CBox 对象的下推栈。绝对准确地说，该类存储的是指向 CBox 对象的指针，因此存储被指向的对象仍然是利用该栈类的代码的责任。嵌套的 CItem 结构定义了该栈容纳的对象。这里将 CItem 定义为嵌套结构而非嵌套类，是因为结构的成员默认都是公有的。我们当然可以将 CItem 定义为类，然后将该类的成员指定为 public，这样也能从 CStack 类的函数中访问这些成员。该栈的实现是一个 CItem 对象链表，其中每个 CItem 对象都存储着一个指向 CBox 对象的指针，还存储着栈中下一个 CItem 对象的地址。CStack 类的 Push()函数将某个 CBox 对象压到栈顶，而 Pop()函数将栈顶的对象弹出。

将对象压入栈需要创建新的 CItem 对象，以存储要被存储的 CBox 对象的地址和先前在栈顶的 CItem 对象的地址——该地址在第一次向栈压入对象时为空。从栈弹出对象的操作将返回 pTop 指向的 CItem 对象中 CBox 对象的地址，然后删除栈顶项，使下一项成为新的栈顶项。

因为 CStack 对象是在堆上创建 CItem 对象，所以需要一个析构函数来确保当销毁 CStack 对象时，删除其余的任何 CItem 对象。这个过程是向下处理栈的，只有在栈顶的 CItem 对象下面的那个对象的地址保存到 pTop 中之后，才能删除栈顶对象。让我们看看这个类能否工作。

试一试：使用嵌套类

该示例要使用 Ex9_12 示例中的 CContainer、CBox 和 CGlassBox 类，因此创建一个空 WIN32 控制台项目 Ex9_13，并在该项目中添加包含这几个类定义的头文件。然后，向该项目添加包含前面介绍的 CStack 类定义的 Stack.h 文件，再添加包含下列内容的 Ex9_13.cpp 文件：

```
// Ex9_13.cpp
// Using a nested class to define a stack
#include "Box.h"                      // For CBox and CContainer
#include "GlassBox.h"                 // For CGlassBox (and CBox and CContainer)
#include "Stack.h"                    // For the stack class with nested struct CItem
#include <iostream>                   // For stream I/O

int main()
{
  CBox* pBoxes[] { new CBox{2.0, 3.0, 4.0},
                   new CGlassBox{2.0, 3.0, 4.0},
                   new CBox{4.0, 5.0, 6.0},
                   new CGlassBox{4.0, 5.0, 6.0}
                 };
  std::cout << "The boxes have the following volumes:\n";
```

```
    for (const CBox* pBox : pBoxes)
      pBox->showVolume();                  // Output the volume of a box

    std::cout << "\nNow pushing the boxes on the stack...\n\n";
    CStack stack;                          // Create the stack
    for (CBox* pBox : pBoxes)              // Store box pointers in the stack
      stack.push(pBox);

    std::cout << "Popping the boxes off the stack presents them in reverse order:\n";
    CBox* pTemp {};
    while(pTemp = stack.pop())
      pTemp->showVolume();

    for (CBox* pBox : pBoxes)              // Delete the boxes
      delete pBox;
    return 0;
  }
```

删除 CContainer、CBox 和 CGlassBox 类析构函数中的输出语句。该示例的输出如下：

```
The boxes have the following volumes:
CBox usable volume is 24
CBox usable volume is 20.4
CBox usable volume is 120
CBox usable volume is 102

Now pushing the boxes on the stack...

Popping the boxes off the stack presents them in reverse order:
CBox usable volume is 102
CBox usable volume is 120
CBox usable volume is 20.4
CBox usable volume is 24
```

示例说明

本例创建了一个指向 CBox 对象的指针数组，因此该数组中的每个元素都能存储 CBox 对象的地址或派生于 CBox 的任何类型的地址。该数组初始化为 4 个在堆上创建的对象的地址：

```
    CBox* pBoxes[] { new CBox{2.0, 3.0, 4.0},
                     new CGlassBox{2.0, 3.0, 4.0},
                     new CBox{4.0, 5.0, 6.0},
                     new CGlassBox{4.0, 5.0, 6.0}
                   };
```

这 4 个对象是两个 CBox 对象和两个与 CBox 对象尺寸相同的 CGlassBox 对象。

在基于范围的 for 循环中计算出 pBoxes 数组的元素指向的对象的体积之后，创建了一个 CStack 对象，并在另一个基于范围的 for 循环中将 4 个对象压入栈：

```
    CStack stack;                          // Create the stack
    for (CBox* pBox : pBoxes)              // Store box pointers in the stack
      stack.push(pBox);
```

通过将数组元素作为实参传递给 CStack 对象的 push()函数，将 pBoxes 数组中的各个元素依次压入栈，结果是数组中的第一个元素位于栈底，最后一个元素位于栈顶。

在一个 while 循环中，将从栈中弹出这些对象：

```
CBox* pTemp {};
while(pTemp = stack.pop())
  pTemp->showVolume();
```

pop()函数返回栈顶元素的地址，随之使用该地址来调用被返回对象的 showVolume()函数。当 pop()函数返回 nullptr 时，循环结束。因为最后一个元素位于栈顶，所以循环以逆序输出各个对象的体积。从输出可以看出，通过使用嵌套的 struct 来定义栈中存储的对象，CStack 类的确实现了一个栈。

9.10　小结

本章论述了使用继承方面所涉及的主要思想。

现在，我们已经学习了 C++中所有重要的语言功能。我们应该已熟练掌握了类的定义和派生机制以及继承的过程，这一点很重要。使用 Visual C++进行 Windows 编程需要大量使用这些概念。

9.11　练习

1. 下面的代码有什么问题？

```
class CBadClass
{
private:
  int len;
  char* p;
public:
  CBadClass(const char* str): p {str}, len {strlen(p)} {}
  CBadClass(){}
};
```

2. 假设 CBird 类如下所示，我们希望将其用作基类以派生出 CBird 类的层次结构：

```
class CBird
{
protected:
  int wingSpan {};
  int eggSize {};
  int airSpeed {};
  int altitude {};
public:
  virtual void fly() { altitude = 100; }
};
```

通过从 CBird 派生，创建 CHawk 类合理吗？创建 COstrich 类呢？给出理由。派生一个包含这两种鸟的鸟类层次结构。

3. 已知有下面的类:

```
class CBase
{
protected:
  int m_anInt;
public:
  CBase(int n): m_anInt {n} { std::cout << "Base constructor\n"; }
  virtual void print() const = 0;
};
```

CBase 属于什么类？为什么？根据 CBase 派生一个新类，新类应该在构造对象时设定继承的整数成员 m_anInt 的值，并在需要时将该整数值打印出来。编写一个测试程序，验证这个类是否正确。

4. 如图 9-6 所示，二叉树结构由节点组成，其中每个节点都包含着一个指向“左”节点的指针、一个指向“右”节点的指针和一个数据项。

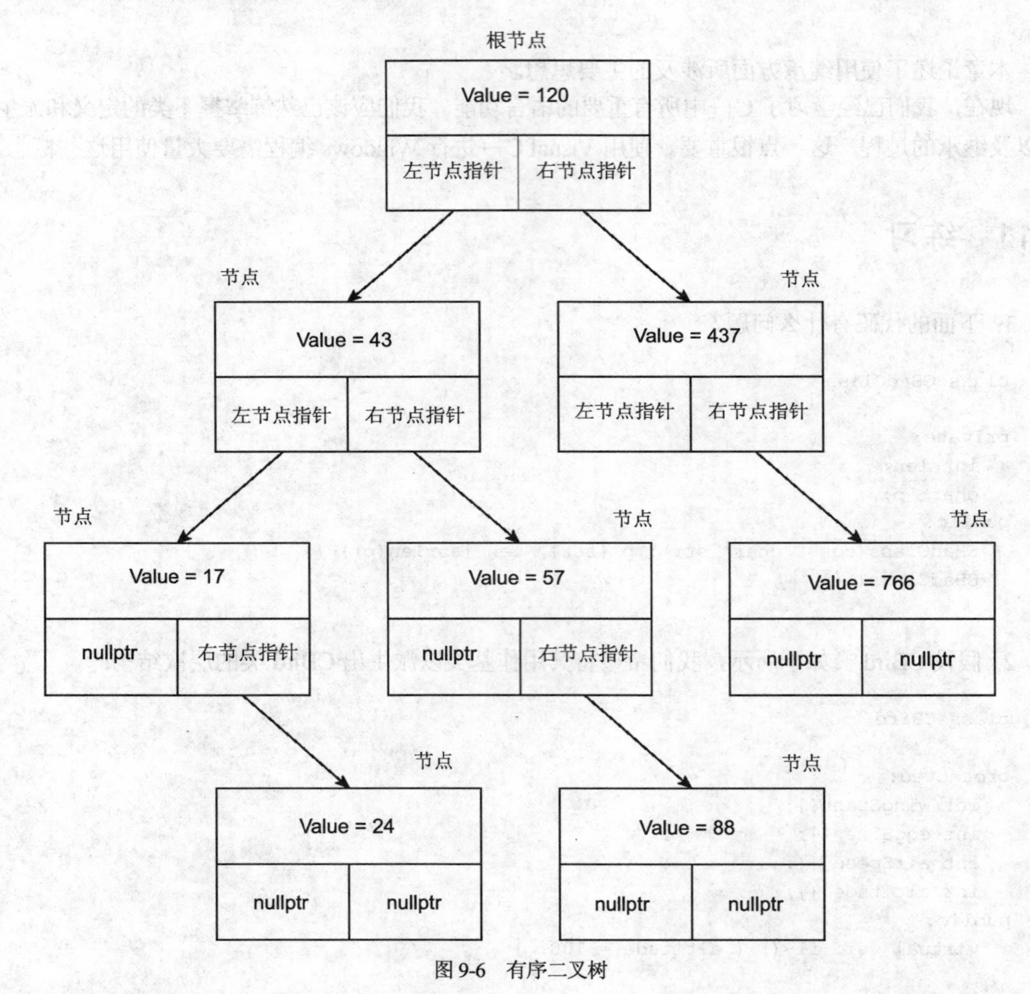

图 9-6　有序二叉树

该二叉树从根节点开始，根节点是访问树中节点的始点。节点的一个或两个指针可以是空指针。图 9-6 显示的是一棵有序的二叉树——即每个节点的值总是大于等于左节点的值，小于等于右节点的值。

定义一个类来表示存储整数值的有序二叉树。还需要定义一个 Node 类，不过它可以是 BinaryTree 类的内部类。编写一个程序，通过存储任意顺序的整数，然后以升序的方式检索并输出这些整数，测试 BinaryTree 类的工作是否正常。提示：使用递归。

9.12　本章主要内容

本章主要内容如表 9-2 所示。

表 9-2

主　题	概　念
类的继承成员	派生类继承基类中除构造函数、析构函数和重载赋值运算符以外的所有成员
类中继承成员的可访问性	基类中声明为 private 的成员在任何派生类中都不可访问。为了既获得 private 关键字的效果，又允许在派生类中访问，应该使用 protected 关键字代替 private
基类的访问说明符	可以用关键字 public、private 或 protected 指定派生类的基类。如果不指定，则默认的关键字是 private。根据为基类指定的关键字，可以修改继承成员的访问级别
派生类的构造函数	如果要编写派生类的构造函数，则不仅必须安排初始化派生类的数据成员，还必须正确安排初始化基类的数据成员
虚函数	基类中的函数可以声明为 virtual，这样将允许在执行时根据调用该函数的当前对象的类型，选择派生类中出现的该函数的其他定义
使用 override	在派生类中用 override 修饰符定义虚函数时，编译器会验证直接或间接基类是否包含签名相同的虚函数，如果不包含，就生成一个错误消息
类的 final 函数成员	如果类的函数成员用 final 修饰符指定，派生类就不能重写该函数。否则编译器会生成一个错误消息
Final 类	如果类用 final 修饰符定义，该类就不能用作另一个类的基类。尝试把 final 类用作基类，编译器会生成一个错误消息
虚析构函数	应该将类中的析构函数声明为 virtual，以确保为动态创建的派生类对象选择正确的析构函数
友元类	可以将类指定为另一个类的 friend。这种情况下，friend 类的所有函数成员都可以访问另一个类的所有成员。如果类 A 是类 B 的 friend，则类 B 并非是类 A 的 friend，除非它是这样声明的
纯虚函数	通过在函数声明最后添加=0，可以将基类中的虚函数指定为纯虚函数。这样，该类就成为不能创建任何对象的抽象类。在任何派生类中，都必须定义所有纯虚函数。如果不是，则该派生类也将成为抽象类

第10章

标准模板库

本章要点

- STL 提供的功能
- 使用智能指针
- 创建和使用容器
- 在容器中使用迭代器
- STL 可用的算法类型以及如何应用较常用的算法
- 在 STL 中使用函数对象
- 定义 λ 表达式并在 STL 中使用它们
- 如何对 λ 表达式使用多态函数包装

本章源代码下载地址(wrox.com)：

打开网页 http://www.wrox.com/go/beginningvisualc，单击 Download Code 选项卡即可下载本章源代码。这些代码在 Chapter 10 文件夹中，文件都根据本章的内容单独进行了命名。

10.1 标准模板库的定义

顾名思义，标准模板库(Standard Template Library，STL)是一个标准类与函数模板的库。我们可以用这些模板创建范围广泛、功能强大、用来组织数据的通用类，以及用各种方式处理数据的函数。由于 STL 是用 C++的标准定义的，因此总是可以被适合的编译器使用。由于 STL 的可用范围比较宽，因此它可以大大简化很多应用程序中的编程。

在深入挖掘工作示例的细节之前，此处先用通用术语解释 STL 提供的资源种类，以及它们如何彼此交互。STL 包含 6 种组件：容器、容器适配器、迭代器、算法、函数对象和函数适配器。因为 STL 组件是标准库的一部分，所以它们的名称都在 std 名称空间内定义。

STL 是一个非常大的库，其中一部分非常专业，要完全介绍这个库中的内容本身就需要一整本书来介绍。本章将介绍关于如何使用 STL 的基础知识，并描述一些比较常用的功能。我们先了解容器。

10.1.1 容器

容器是用来存储和组织其他对象的对象。实现链表的类就是一个容器的示例。提供要存储的对象的类型，就可以从STL 模板中创建容器类。例如，vector<T>是一个容器的模板，它是一个线性数组，在必要时会自动增加大小。T 是类型形参，指定要存储的对象类型。下面两个语句是创建 vector<T>容器的示例：

```
std::vector<std::string> strings;     // Stores object of type string
std::vector<double> data;             // Stores values of type double
```

第一条语句创建存储 string 类型对象的容器类 strings，第二条语句创建存储 double 类型值的容器 data。

可以在容器中存储基本类型或任何类类型的条目。如果 STL 容器模板的类型实参是一个类类型，那么容器可以存储该类型的对象或者任何派生类类型的对象，但在为基类对象创建的容器中存储派生类对象可能导致对象分片。把派生类对象按传值方式传递为基类类型时，对象的派生类部分就会出现对象分片。会调用基类复制构造函数来复制派生类对象，因为这个构造函数不了解派生类的数据成员，所以不能复制它们。要避免派生类对象的分片，可以在容器中存储指针。可以在存储基类指针的容器中存储指向派生类类型的指针。

STL 容器类的模板在标准头文件中定义，如表 10-1 所示。

表 10-1

头 文 件	内 容
vector	vector<T>容器表示一个在必要时可自动增加容量的数组，该数组存储 T 类型的元素。只能在矢量容器的末尾添加新元素
array	array<T, N>容器表示一个数组 N，它存储指定数量的 T 类型元素。与普通数组相比，这个容器的一个优点是它知道其大小，所以把 array< >容器传递给函数时，它仍知道所存储元素的个数。array< >容器优于 vector< >的一个优点是，它可以完全在栈上分配内存，而 vector< >总是需要访问堆
deque	deque<T>容器实现一个双端队列，它存储 T 类型的元素。它等价于一个矢量，但增加了向容器开头添加元素的能力
list	list<T>容器是一个双向链表，它存储 T 类型的元素
forward_list	forward_list<T>容器是一个单向链表，它存储 T 类型的元素。只要以前向方式处理链表中的元素，在 forward_list<T>中插入和删除元素就比在 list<T>中快
map	map<K, T>是一个关联容器，用关联键(类型为 K)存储 T 类型的每个元素。键/对象对在映射中存储为 pair<K, T>类型的对象，pair<K, T>是另一个 STL 模板类型。键确定键/对象对的位置，用于检索对象。映射中的每个键必须唯一 这个头文件也定义了 multimap<K, T>容器，其中键/对象对中的键不需要唯一
unordered_map	unordered_map<K, T>容器类似于 map<K, T>，但该容器中的键/对象对没有特定的顺序。该对根据从键中生成的散列值分组到桶中。 unordered_multimap<K, T>也在这个头文件中，它与 unordered_map<K, T>容器的区别是，键不必是唯一的

(续表)

头 文 件	内　　容
set	set<T>容器是一个映射，其中各对象作为自身的键。集合中的所有对象必须唯一。使用对象作为自身的键的一个后果是无法在集合中修改对象；要修改对象，必须先删除它，然后插入修改后的版本。该容器中的元素默认按升序排列，但可以让它们按自己希望的顺序排列 这个头文件也定义 multiset<T>容器，它与集合容器相似，只是其中的条目不需要唯一
unordered_set	unordered_set<T>容器类似于 set<T>，但元素进行无序排列。只是它根据从元素中生成的散列值把元素存储到桶中。与 set<T>一样，其中的条目需要唯一 这个头文件也定义 unordered_multiset<T>容器，它类似于 unordered_set<T>，只是其中的条目不需要唯一
bitset	定义表示固定位数的 bitset<T>类模板。它通常用来存储表示一组状态或条件的标志

所有模板名称都在 std 名称空间中定义。T 是存储在容器中的元素类型的模板类型形参，这里要用到键，K 是键的类型。

1. 分配器

大多数 STL 容器都会自动增大其容量来容纳所存储的元素。这些容器的附加内存用一个名为分配器的对象来提供，分配器一般会在需要时分配堆上的内存。也可以通过一个额外的类型形参，提供自己的分配器对象类型。例如，创建向量的 vector<T>模板实际上是一个 vector<T, A<T>>模板，其中的第二个类型形参 A<T>就是分配器类型。第二个类型形参的默认值是 allocator<T>，所以没有指定自己的分配器时，这就是所使用的分配器类型。

分配器必须用类型形参定义为一个类模板，这样分配器类型的实例就可以匹配存储在容器中的元素类型。例如，假定定义了自己的类模板 My_Allocator<T>，以在需要时给容器提供内存。接着创建一个矢量容器，它通过如下语句使用该分配器：

```
auto data = vector<CBox, My_Allocator<CBox>>();
```

这个容器存储了 CBox 类型的元素，并通过一个 My_Allocator<CBox>类型的对象将附加的内存分配给该容器。

那么，既然总是可以使用默认的分配器，为什么还要定义自己的分配器？主要原因是在特定情况下的效率。例如，应用程序可能需要分配堆上的一大块内存，这样分配器可以将零碎的内存块分配给容器，而不需要执行进一步的动态内存操作。接着，当不再需要容器时，就可以一次释放整块内存。这里不深入探讨如何定义自己的分配器，这不困难——但篇幅有限。

2. 比较器

一些容器使用比较器对象来确定容器中元素的顺序。例如。map<K,T>容器模板如下：

```
map<K, T, Compare=less<K>, Allocator=allocator<pair<K,T>> >
```

allocator<pair<K,T>>是键/对象对的分配器类型，compare 是一个函数对象类型，用作 K 类型的键的比较器，它确定键/对象对的存储顺序。最后两个类型形参有默认值，所以不需要提供它们。默认的比较器类型是 less<K>，它是一个在 STL 中定义的函数对象模板，在 K 类型的对象之间实现了“小于”比较操作。本章的后面将讨论函数对象。

你可能希望为映射指定自己的比较器。也可能希望在所使用的键上通过“大于”比较来排序。

但不大可能希望提供自己的分配器类型。因此，模板的分配器类型形参放在最后。

这里不再继续讨论分配器和比较器，因此在后续对容器的讨论中忽略它们的可选模板类型形参。

10.1.2 容器适配器

STL 也定义容器适配器。容器适配器是包装了现有 STL 容器类的模板类，提供了一个不同的、通常更有限制性的功能。容器适配器在头文件中定义，如表 10-2 所示。

表 10-2

头 文 件	内 容
queue	默认情况下，queue<T>容器由 deque<T>容器中的适配器定义，但可以用 list<T>容器定义它。只能访问队列中的第一个和最后一个元素，而且只能从后面添加元素，从前面删除元素。因此 queue<T>容器的运行过程或多或少就像我们在咖啡店排队一样。 这个头文件还定义一个 priority_queue<T>容器，这个队列排列它所包含的元素顺序，因此最大的元素总在最前面。只有前端的元素可以访问或删除。默认情况下，优先级队列由 vector<T>中的适配器定义，但可以用 deque<T>作为基础容器
stack	默认情况下，stack<T>容器用 deque<T>容器中的适配器定义，但可以用 vector<T>或 list<T>容器定义它。栈是一种后进先出容器，因此添加或删除元素总是发生在顶部，并且只能访问顶部的元素

10.1.3 迭代器

迭代器对象的行为与指针相似，它对于访问除容器适配器定义的内容之外的所有 STL 容器的内容非常重要，容器适配器不支持迭代器。可以从用来访问以前存储的对象的容器中获得一个迭代器。也可以创建一些迭代器，允许给定类型的对象或数据项在 C++流中输入输出。虽然基本上所有迭代器的行为类似于指针，但并不是所有迭代器都提供相同的功能。然而，它们的基础级别的能力确实相同。给定两个迭代器 iter1 和 iter2，访问同样的对象集合，不管 iter1 和 iter2 的类型是什么，都能进行比较运算 iter1= =iter2、iter1 !=iter2 和赋值运算 iter1=iter2。

1. 迭代器的类别

迭代器有 4 个类别，每个类别支持不同范围的运算，如表 10-3 所示。每个类别中所描述的运算是除了上面提到的 3 种运算之外的运算。

表 10-3

迭代器类别	说 明
输入与输出迭代器	这些迭代器读写对象的序列，可能仅使用一次。为了读或写第二次，必须获得一个新的迭代器。可以在迭代器上进行下列运算： ++iter 或 iter++ *iter 对于解除引用运算，只能对输入迭代器进行只读访问，对输出迭代器进行只写访问

(续表)

迭代器类别	说　明
前向迭代器	前向迭代器结合了输入和输出迭代器的功能，因此可以对它们应用上面显示的运算，而且可以用它们进行访问和存储操作。也可以重用前向迭代器来以向前的方向遍历一组对象，遍历的次数可以任意
双向迭代器	双向迭代器提供了与前向迭代器相同的功能，此外，还允许--iter 和 iter--运算。这意味着可以后向也可以前向遍历对象序列
随机访问迭代器	随机访问迭代器具有与前向迭代器相同的功能，而且还允许下列运算： iter+n 或 iter-n iter +=n 或 iter -=n iter1-iter2 iter1 < iter2 或 iter1 > iter2 iter1 <=iter2 或 iter1 >= iter2 iter[n] 将一个迭代器递增或递减任意值 n 的能力允许随机访问对象的集合。最后一个使用[]运算符的运算等价于*(iter +n)

因此这 4 个连续类别中的迭代器提供了越来越大的功能范围。当一个算法需要一个给定功能级别的迭代器时，可以使用能提供所需功能级别的任何迭代器。例如，如果需要前向迭代器，则必须至少使用一个前向迭代器；使用输入或输出迭代器则不行。另一方面，也可以使用双向迭代器或随机访问迭代器，因为它们都具有前向迭代器提供的功能。

注意，当获得一个访问容器内容的迭代器时，得到的迭代器类型取决于使用的容器的种类。有些迭代器的类型可能比较复杂，但多数情况下，auto 关键字可以推断出其类型。

2. SCARY 迭代器

Visual C++支持 SCARY 迭代器，尽管有 SCARY 这个名称，但它与“害怕”不沾边。SCARY 是一个陌生的、不大明显的首字母缩写，它表示“看起来错误(似乎与泛型参数冲突)，但其实使用了正确的实现方法(不受冲突的约束，因为依赖关系最少)Seemingly erroneous(appearing Constrained by conflicting generic parameters), but Actually work with the Right implementation (unconstrained bY the conflicts due to minimized dependencies).”SCARY 迭代器只有一个类型依赖存储在容器中的元素的类型，但不依赖从其模板中实例化容器所使用的其他参数，例如分配器和比较器类型。在 STL 以前的实现方案中，创建了不同的容器来存储给定类型的元素，但因为存在不同的比较器或分配器类型，就有了不同类型的迭代器。迭代器类型不需要依赖容器所用的比较器或分配器的类型。在 STL 当前的实现方案中，迭代器的类型都相同，且仅根据元素类型来确定。SCARY 迭代器使代码运行得更快、更紧凑。

3. 返回迭代器的函数

std::begin( )和 std::end( )函数都返回一个迭代器，它们分别指向容器的第一个元素和最后一个元素后面的那个元素，容器是传送为参数的 std::string 对象或数组。std::rbegin( )和 std::rend( )函数返回逆序迭代器，允许逆序遍历一个序列。std::cbegin( )和 std::cend( )函数、std::crbegin( )和 std::crend( )函数类似于前面 4 个函数，但它们返回实参的 const 迭代器。这些函数包含在大多数容器的 iterator

头文件、string 头文件中。本章后面将使用这些函数。在大多数情况下，使用这些函数时不需要 std 前缀。编译器可以从实参类型中推断出它们来自 std 名称空间。

10.2 智能指针

智能指针是一种模板类型的对象，其行为类似于指针，但有区别——它们是智能的。它们主要用于动态分配内存的对象。如果在分配堆内存时使用智能指针，智能指针就会负责在使用完堆内存后释放它们。给动态分配内存的对象使用智能指针意味着不再需要使用 delete，并避免内存泄漏。智能指针也可以存储在容器中，如下所述。

智能指针有 3 种类型。memory 头文件在表示智能指针的 std 命名空间中定义了如下模板类型：

- unique_ptr<T>类型定义了一个对象，用来存储唯一对象的指针。赋予或复制 unique_ptr<T>对象是不可能的。由一个 unique_ptr<T>对象存储的指针可以使用 std::move()移动到另一个对象中。执行这个操作后，原来的对象就失效了。
- shared_ptr<T>类型存储了 T 类型对象的地址，但几个 shared_ptr 对象可以指向相同的对象，并且引用该对象的 shared_ptr 对象数量会记录下来。指向同一个对象的所有 shared_ptr 对象必须在它们所指向的对象删除之前删除。当最后一个指向给定对象的 shared_ptr 对象删除后，它指向的对象才能删除且释放其内存。
- weak_ptr<T>类型也存储了一个链接到 shared_ptr 的指针，weak_ptr<T>不会递增或递减所链接 shared_ptr 的引用数，所以可以在引用它的最后一个 shared_ptr 删除之前，不会删除对象，释放其内存。

每次创建一个指向给定对象 obj 的新 shared_ptr 对象时，shared_ptr 的引用数都会递增，每次删除一个 shared_ptr 对象时，该引用数都会递减。最后一个指向 obj 的 shared_ptr 对象删除后，obj 对象也会删除。

有了 shared_ptr 对象，就可能无意中创建引用循环。在概念上，引用循环是指，一个 shared_ptr 对象 pA 指向另一个 shared_ptr 对象 pB，而对象 pB 又指向对象 pA。在这种情况下，两个对象都不能删除。实际上，发生这种情形的方式会更复杂一些。weak_ptr 对象就是为避免引用循环问题而设计的。使用 weak_ptr 对象指向一个 shared_ptr 对象所指向的对象，就可以避免引用循环。只需要删除 shared_ptr 对象，它指向的对象就能删除。接着与 shared_ptr 相关的 weak_ptr 对象就变为无效。

1. 使用 unique_ptr 对象

unique_ptr 对象唯一地存储一个指针。其他 unique_ptr 对象都不能包含相同的指针，所以它指向的对象肯定由 unique_ptr 对象拥有。删除 unique_ptr 对象时，它指向的对象也会删除。

智能指针的创建和初始化如下所示：

```
unique_ptr<CBox> pBox {new CBox {2,2,2}};
```

pBox 的行为类似于普通的指针，可以用相同的方式通过它调用 CBox 对象的公共成员函数。最大的区别是不必再考虑从堆中删除 CBox 对象。

下面是第 5 章中的一段代码，但改为使用 unique_ptr:

```
#include <iostream>
#include <memory>

std::unique_ptr<double> treble(double);     // Function prototype

int main()
{
   double num {5.0};
   std::unique_ptr<double> ptr {};
   ptr = treble(num);
   std::cout << "Three times num = " << 3.0*num << std::endl;
   std::cout << "Result = " << *ptr << std::endl;
}

std::unique_ptr<double> treble(double data)
{
   std::unique_ptr<double> result {new double {}};
   *result = 3.0*data;
   return result;
}
```

这些代码生成了希望的结果。执行调用 treble()函数的语句后，ptr 指向 double 值 15.0。不能复制 unique_ptr 对象，也不能将它按值传送给函数。treble()函数创建了一个本地 unique_ptr<double>对象，修改了它指向的值，再返回它。unique_ptr<double>对象不能复制，那么 treble()函数如何返回该对象？在从函数中返回 unique_ptr 对象时，会自动使用 std::move ()函数把指针从本地的 unique_ptr 对象移动到调用函数接收的对象中。把指针从一个 unique_ptr 移动到另一个对象会改变它指向的对象的拥有者，所以源 unique_ptr 对象会包含 nullptr。在容器中存储 unique_ptr 对象时就有这个作用。本章的后面将说明如何在 STL 容器中存储智能指针。

make_unique<T>()函数模板在堆上创建了一个新的 T 对象，再创建一个指向 T 对象的 unique_ptr<T>对象。传递给 make_unique<T>()的实参是 T 类构造函数的实参。下面的代码创建了一个 unique_ptr<T>对象，来保存 CBox 对象的地址：

```
auto pBox = std::make_unique<CBox>(2.0, 3.0, 4.0);
```

这个语句在堆上创建了一个 CBox 对象，把其地址保存在新的 unique_ptr<CBox>对象 pBox 中。除了它必须是唯一的之外，可以像普通指针那样使用 pBox。

make_unique<>()的另一个版本可以创建一个 unique_ptr 对象，指向空闲存储区中的新数组。例如：

```
auto pBoxes = std::make_unique<CBox[]>(6);
```

这个语句在堆上创建了一个包含 6 个 CBox 对象的数组，并把数组的地址存储在 unique_ptr<CBox[]>对象中。数组类型作为函数模板的实参，数组维数作为函数的实参。给 unique_ptr 对象 pBoxes 建立索引，就可以访问数组元素，例如：

```
pBoxes[1] = CBox {1.0, 2.0, 3.0};
```

这个语句把数组的第二个元素设置为一个 CBox 对象，其维数如上所示。因此 unique_ptr 对象类似于普通数组的数组名。

2. 使用 shared_ptr 对象

使用 shared_ptr<T>构造函数可以显式地定义 shared_ptr 对象，但最好使用 make_shared<T>()函数在堆上创建一个 T 类型的对象，再返回一个指向它的 shared_ptr<T>对象，因为内存的分配更高效。例如：

```
auto pBox = make_shared<CBox>(1.0, 2.0, 3.0); // Points to a CBox object
```

这个语句在堆上创建一个 CBox 对象，其长、宽、高分别是 1.0、2.0 和 3.0，并把指向它的 shared_ptr<CBox>对象存储在 pBox 中。

与 unique_ptr 相反，多个 shared_ptr 对象可以指向同一个对象。被指向的对象一直存在，只有在最后一个指向该对象的 shared_ptr 对象删除后，才删除被指向的对象。从函数返回 shared_ptr 对象时，会复制该对象。

可以用一个 shared_ptr 初始化另一个 shared_ptr：

```
std::shared_ptr<CBox> pBox2 {pBox};
```

pBox2 指向的对象与 pBox 相同。

使用智能指针的方式与普通指针相同：

```
std::cout << "Box volume = " << pBox->volume() << std::endl;
```

用基类类型定义的智能指针可以存储指向派生类类型的指针。例如，用第 9 章的 CBox 和 CCandyBox 类就可以定义一个 shared_ptr，如下所示：

```
shared_ptr<CBox> pBox {new CCandyBox {2,2,2}};
```

pBox 指向 CCandyBox 对象，所以智能指针在这方面也与普通指针的工作方式相同。

如果在函数中使用本地智能指针来指向堆上的对象，则该函数返回时，内存会自动释放——假定没有从函数中返回智能指针。可以把智能指针用作类的成员。如果定义了一个类，它使用智能指针跟踪堆对象，就不需要实现一个析构函数，来确保该对象的内存在类对象删除时释放。默认构造函数会为每个智能指针成员调用析构函数。

3. 在智能指针中访问裸指针

有时需要访问智能指针包含的指针；这称为裸指针。本书的后面将介绍需要裸指针的 MFC，因为 MFC 成员函数不将智能指针接受为实参。调用智能指针对象的 get()成员会返回裸指针，接着就可以把裸指针传送给需要裸指针的函数。

调用智能指针的 reset()成员，会把裸指针重置为 nullptr。当其他智能指针都不包含相同的地址时，这会删除被指向的对象。

4. 转换智能指针的类型

不能对智能指针使用标准的 C++类型转换操作符，例如 static_cast、dynamic_cast 和 const_cast。需要转换智能指针的类型时，必须使用 static_pointer_ cast、dynamic_pointer_cast 和 const_pointer_cast 来替代标准的操作符。使用 dynamic_pointer_cast 将 shared_ptr<T>对象转换为 shared_pointer<Base>

对象时，如果 Base 不是 T 的基类，结果将是包含 nullptr 的 shared_ptr。智能指针的类型转换操作在 memory 头文件中定义为函数模板。

10.3　算法

算法是操作迭代器提供的一组对象的 STL 函数模板。因为对象是由迭代器提供的，所以算法不需要知道要处理的对象的来源。对象可以由容器中甚至流中的迭代器检索。因为迭代器的运行类似于指针，所以将迭代器作为实参的所有 STL 模板函数的运行都会与正常指针的运行相同。

如后面所述，我们会经常统一用图 10-1 所示的方式使用容器、迭代器和算法。

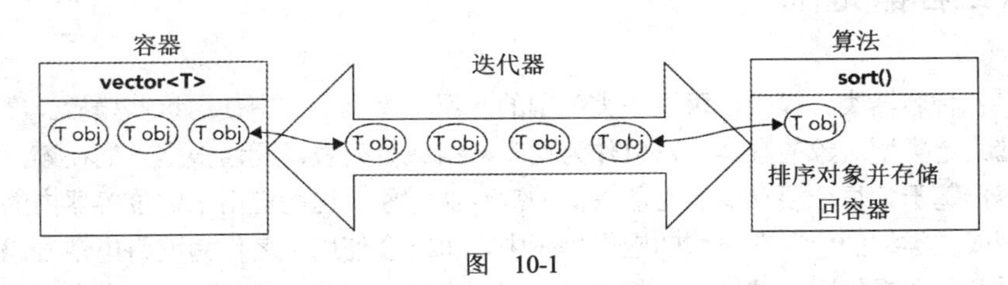

图　10-1

当向容器的内容应用算法时，我们提供指向容器内的对象的迭代器。算法用这些迭代器来顺序访问容器内的对象，并在适当的时候将它们写回容器。例如，当向一个矢量的内容应用 sort()算法时，就向 sort()函数传递两个迭代器。一个指向第一个对象，另一个指向矢量中最后一个元素的下一个位置。sort()函数使用这些迭代器来访问对象进行比较，并将对象写回容器中以确定顺序。本章后面会用一个示例来说明此工作过程。

算法在两个标准头文件中定义：algorithm 头文件和 numeric 头文件。

10.4　STL 中的函数对象

函数对象是重载()运算符(函数调用运算符)的类类型的对象，即该类实现 operator()()函数。函数对象中的 operator()()函数的实现代码可以返回任意类型的值。函数对象也称为 functor。

STL 在 functional 头文件中将一组标准函数对象定义为模板，可以使用它们来创建一个函数对象，其中 overloaded()运算符函数使用我们的对象类型。例如，STL 定义映射容器中提到的模板 less<T>。如果将该模板实例化为 less<myClass>，我们就有了一个函数对象的类型，实现 operator()()来对 myClass 类型的对象进行小于比较。为此，myClass 必须实现 operator<()函数。

很多算法使用函数对象来指定要进行的二元运算，或者指定谓词来确定要如何或是否进行特定运算。谓词是一个返回 bool 类型的值的函数，因为函数对象是一种类型的对象，实现 operator()()成员函数并返回 bool 类型的值，所以函数对象也是谓词。例如，假设定义了一个类类型 Comp，它实现 operator()()函数来比较它的两个实参，并返回一个 bool 值。如果创建一个 Comp 类型的对象 obj，表达式 obj(a,b)会返回一个 bool 值，结果来自对 a 和 b 的比较，因此它扮演了一个谓词的角色。

谓词有两个版本，分别是需要两个操作数的二元谓词和需要一个操作数的一元谓词。例如，小于和等于这样的比较以及 AND 和 OR 这样的逻辑运算作为二元谓词(它们是函数对象的成员)实现；逻辑运算 NOT 作为一元谓词(此谓词也是函数对象的成员)实现。

必要时也可以定义自己的函数对象。在本章将看到用于算法的函数对象及一些容器类函数。还可以定义 λ 表达式，如后面所述。λ 表达式常常比函数对象更容易使用。

函数适配器

函数适配器是允许合并函数对象以产生一个更复杂的函数对象的函数模板。一个简单的示例为 not1 函数适配器。它接收一个提供一元运算的现有函数对象，并反转该函数对象，因此如果该函数对象函数返回 true，那么向它应用 not1 得到的结果将是 false。笔者不打算深入讨论函数适配器，不是因为它们太难理解——其实它们并不难理解，只是能在一章的篇幅中勉强涵盖的内容实在有限。

10.5 STL 容器范围

STL 提供各种容器类的模板，可以在大范围的应用程序上下文中使用这些模板。序列容器是以线性风格存储给定类型对象的容器，可以作为动态数组或者列表，元素根据它们在容器中的位置来检索。关联容器基于为每个要存储的对象提供的键存储对象，这些键用来定位容器内的对象。键可以是基本类型或类类型的值。在典型的应用程序中，可能会使用姓名作为键将电话号码存储在关联容器中。这样，只要提供适当的姓名，就可以从容器中检索到特定的号码。集合是根据元素本身来存储和检索它们的容器，它们可以是无序的，就好像混放在袋中的对象，也可以是有序的，元素在容器中的顺序根据对象的性质来确定。有的集合允许指定一个比较器，来确定集合中的特定顺序。我们不详细讨论集合。在此首先介绍序列容器，然后深入研究关联容器以及如何使用它们。

10.6 序列容器

5 个基本序列容器的类模板是 vector<T>、array<T, N>、list<T>、forward_list<T>和 deque<T>。

在特定实例中选择使用哪个模板取决于应用程序。这些序列容器根据它们能有效进行的运算明显地区分开来，如图 10-2 所示。

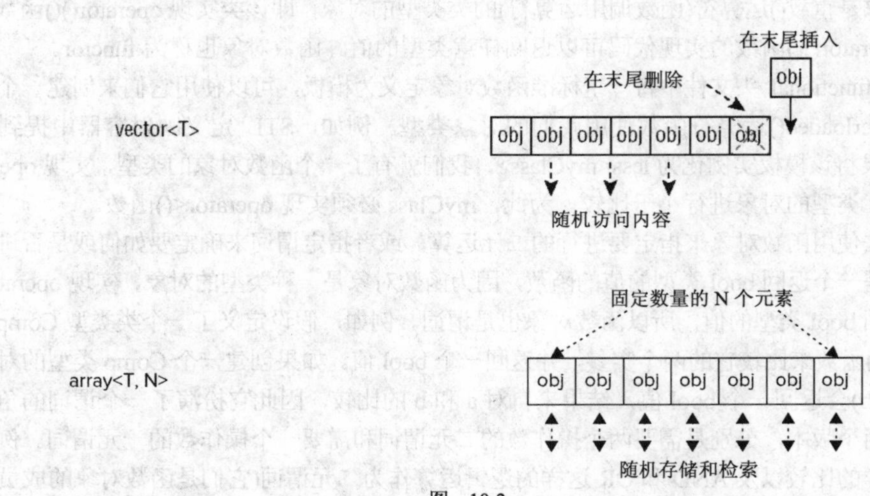

图 10-2

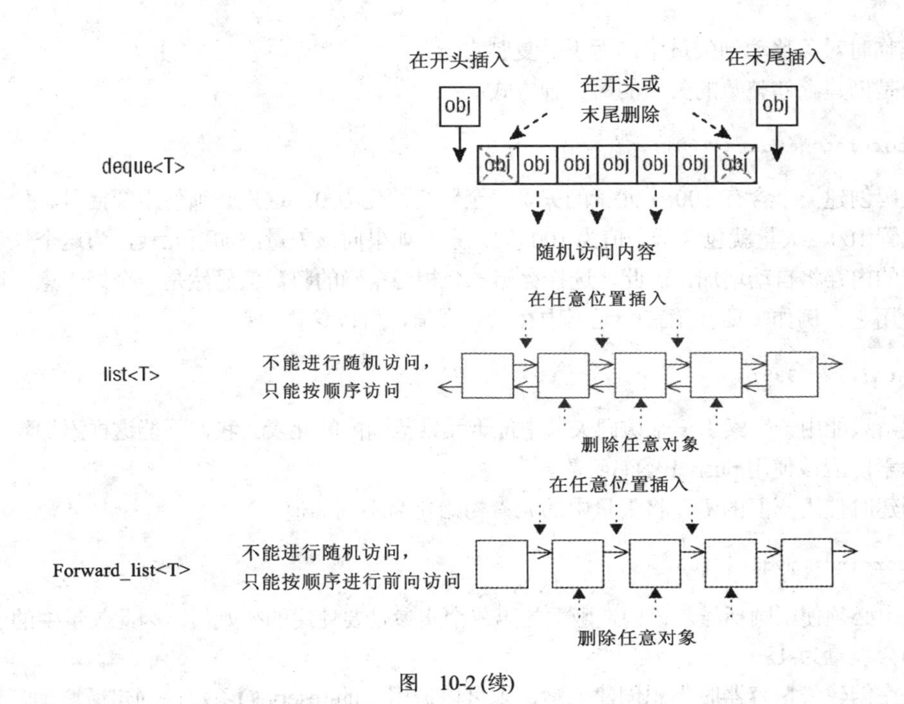

图　10-2 (续)

如果需要随机访问容量可变的容器的内容，而且喜欢总是在序列末尾添加或删除对象，则选择 vector<T>作为容器模板。虽然可以在矢量中随机地添加或删除对象，但是过程会非常慢，因为必须移动插入点或删除点后面的所有对象。如果可以存储数量固定的元素，则 array<T,N>的存储和检索操作比 vector<T>快，因为没有增加容器容量的开销。array<T,N>容器可以在栈上分配内存，也比普通的数组更灵活。

deque<T>容器非常类似于 vector<T>，且支持相同的操作，但是它还具备在序列开头添加和删除的功能。list<T>容器是双向链表，因此可以有效地在任何位置添加或删除。列表的缺点是不能随机访问内容，访问列表内部对象的唯一方式是从头开始遍历内容，或者从末尾开始反向遍历内容。

下面详细地讨论序列容器并尝试一些示例。在此将介绍一些迭代器、算法和函数对象的使用。

10.6.1　创建矢量容器

创建矢量容器最简单的方式如下：

```
vector<int> mydata;
```

该代码创建一个存储 int 类型的值的容器。存储元素的初始容量是 0，因此在插入第一个值时开始分配更多的内存。

push_back()成员函数向矢量的末尾添加一个新元素，这样要在这个矢量中存储一个值，可以用下面的代码：

```
mydata.push_back(99);
```

push_back()函数的实参是要存储的条目。此语句在矢量中存储的值是 99，因此当执行这个语句后，矢量中就会含有一个元素。push_back()函数用一个 rvalue 引用形参的版本重载了，所以上面的语句会把临时对象移动到矢量中，而不是复制它。

下面是创建存储整数的矢量的另一种方式：

```
vector<int> mydata(100);
```

此代码创建一个含有 100 个元素的矢量，全部初始化为 0。这里必须使用圆括号。如果在大括号之间放置 100，矢量就包含一个值为 100 的元素。如果向该矢量添加新元素，为这个矢量中的存储器分配的内存将自动增加，因此，选择存储一个相当精确的整数值显然是一个好主意。可以像数组那样使用它。例如，要在第三个元素中存储一个值，可以这样写：

```
mydata[2] = 999;
```

当然，只能用一个索引值来访问矢量中位于元素范围内的元素。我们不能这样添加新元素。要添加新元素，应该使用 push_back()函数。

在创建时使用下面的语句将矢量中的元素初始化为不同的值：

```
vector<int> mydata(100, -1);
```

这里也必须使用圆括号。该构造函数的第二个实参是要使用的初始值，因此矢量中的所有 100 个元素都会设置为-1。

如果在创建矢量容器时不想创建元素，则可以调用它的 reserve()函数在创建后增加其容量：

```
vector<int> mydata;
mydata.reserve(100);
```

reserve()函数的实参是要容纳的最小元素个数。如果实参小于矢量的当前容量，调用 reserve()就没有用。在这个代码片段中，调用 reserve()会导致矢量容器提供足以容纳 100 个元素的内存，但元素还没有创建。

希望给元素指定一组初始值时，可以使用初始化列表：

```
vector<int> values {100, 200, 300, 400};
```

这个语句创建了一个矢量，它包含 4 个元素，其值来自于初始化列表。

也可以用外部数组中的元素作为初始值来创建矢量。例如：

```
double data[] {1.5, 2.5, 3.5, 4.5, 5.5, 6.5, 7.5, 8.5, 9.5, 10.5};
vector<double> mydata(data, data+8);
```

这里创建的 data 数组包含 10 个 double 类型的元素，代码中已经显示了初始值。第二个语句创建一个矢量来存储 double 类型的元素，其中的 8 个元素的初始值对应于 data[0]~data[7]的值。vector<double>构造函数的实参是指针(也可以是迭代器)，其中第一个指针指向数组中的第一个初始化元素，第二个指针指向最后一个初始化元素的下一个位置。因此 mydata 矢量将含有 8 个元素，初始值分别为 1.5、2.5、3.5、4.5、5.5、6.5、7.5 和 8.5。

因为上面代码片段中的构造函数可以接受指针或迭代器实参，所以在创建矢量时可以用含有相同类型元素的另一个矢量中的值对它进行初始化。只要给构造函数提供指向要用作初始化器的第一个元素的迭代器，以及指向要使用的最后一个元素的下一个位置的第二个迭代器即可。举例如下：

```
vector<double> values(begin(mydata), end(mydata));
```

执行这个语句后，values 矢量将含有与 mydata 矢量中相同的元素。如图 10-3 所示，begin()模板函数返回一个随机访问迭代器，它指向调用该函数的矢量中的第一个元素，end()函数返回的随机访问迭代器指向最后一个元素的下一个位置。元素序列通常在 STL 中由两个迭代器指定，一个指向序列中的第一个元素，另一个指向序列中最后一个元素的下一个位置，因此我们将反复看到它。

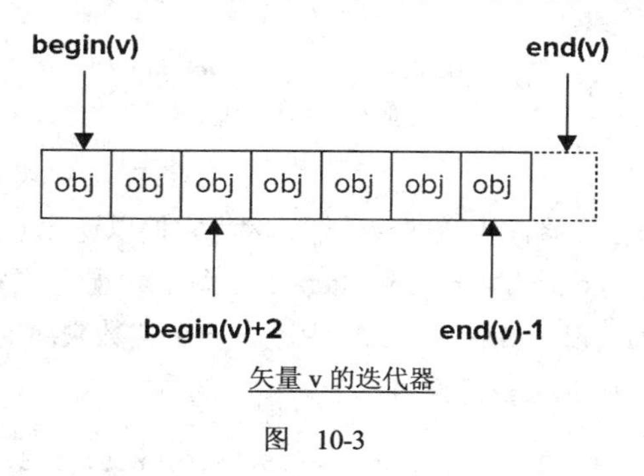

图　10-3

如果查看文档说明，就会发现矢量容器和其他序列容器有 begin()和 end()成员函数，可以在容器对象中调用它们：

```
vector<double> values(mydata.begin(),mydata.end());
```

这与前面的语句相同，但建议使用非成员的 begin()和 end()函数，因为它们更灵活，它们可以处理数组、字符串和其他容器。本章后面使用的 rbegin()、rend()、cbegin()和 cend()模板函数也是容器类的成员。

通常可以使用非成员的 begin()和 end()函数，而无须用 std 限定它们，因为编译器可以从实参中推断出函数来自 std 名称空间。

因为矢量容器的 begin()和 end()函数返回随机访问迭代器，所以在使用它们时可以修改它们指向的位置。对于 vector<T>，begin()和 end()函数返回的迭代器类型是 vector<T>::iterator，其中 T 是矢量中存储的对象的类型。多数情况下，可以使用 auto 关键字指定迭代器类型。

下面是创建一个矢量的语句，用 mydata 矢量中的第 3~7 个元素对它进行初始化：

```
vector<double> values(begin(mydata)+2, end(mydata)-1);
```

向第一个迭代器加上 2 使它指向 mydata 中的第三个元素。从第二个迭代器中减去 1 使它指向 mydata 中的最后一个元素；记住，该构造函数的第二个实参是一个指向要用作最后一个初始化器的元素的下一个位置的迭代器，因此第二个迭代器指向的对象不包括在集合中。

如前所述，用指向第一个元素的 begin 迭代器和指向最后一个元素的下一个位置的 end 迭代器来指示容器中元素的序列，是 STL 中非常标准的做法。这种方法允许通过递增 begin 迭代器，直到它等于 end 迭代器来迭代序列中的所有元素。这意味着迭代器仅需要支持等价运算符，就可以遍历序列。

偶尔，我们可能想要以逆序方式访问矢量中的内容。调用一个矢量的 rbegin()函数将返回指向最后一个元素的迭代器，rend()函数指向第一个元素的前一个位置(即第一个元素前面的位置)，如图 10-4 所示。

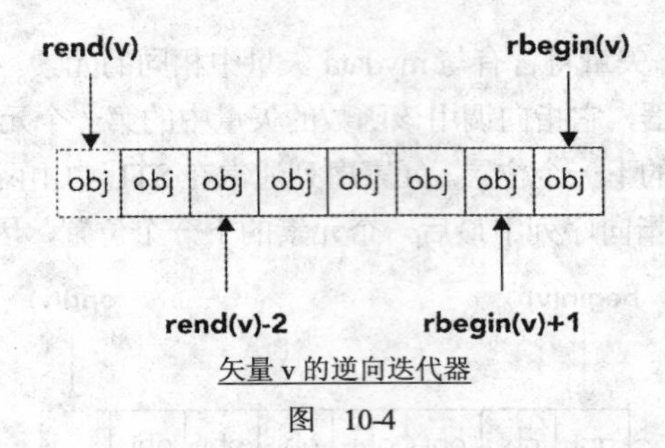

图 10-4

rbegin()和 rend()返回的迭代器称为逆向迭代器，因为它们以逆序方式呈现元素。对于 vector<T>容器，逆向迭代器的类型为 vector<T>::reverse_iterator。图 10-4 显示了如何向 rbegin()迭代器中添加一个正整数来向后遍历序列，以及如何从 rend()中减去一个整数来向前遍历序列。

下面创建了一个矢量，它以逆序包含另一个矢量中的内容：

```
double data[] {1.5, 2.5, 3.5, 4.5, 5.5, 6.5, 7.5, 8.5, 9.5, 10.5};
vector<double> mydata(data, data+8);
vector<double> values(rbegin(mydata), rend(mydate));
```

因为最后一个语句中用逆向迭代器作为构造函数的实参，所以 values 矢量将以逆序包含 mydata 中的元素。

要使用迭代器访问矢量中的元素但不希望修改元素时，可以使用 cbegin()和 cend()成员函数，它们返回 const 迭代器。例如。假定要列出存储在矢量中存储的整数值的平方：

```
std::vector<int> mydata {1, 2, 3, 4, 5};
for(auto iter = std::cbegin(mydata) ; iter != std::cend(mydata) ; ++iter)
  std::cout << (*iter) << " squared is " << (*iter)*(*iter) << std::endl;
```

使用 cbegin()和cend()就不会无意中在循环中修改 mydata 中的元素。还可以使用独立的模板函数和容器成员函数 crbegin()和 crend()提供 const 逆向迭代器。

10.6.2 矢量容器的容量和大小

容量(capacity)是在不分配更多内存的情况下容器当前可以容纳的最大对象数目。大小(size)是实际存储在容器中的对象数目，因此大小不能大于容量。

可以调用 size()和 capacity()成员函数来得到一个容器 data 的大小与容量。例如：

```
std::cout << "The capacity of the container is: "<< data.capacity() << std::endl
          << "The size of the container is: " << data.size() << std::endl;
```

调用矢量的 capacity()函数将返回当前容量，调用它的 size()函数将返回当前大小，这两个返回值的类型都是 vector<T>::size_type，这是一个由实现定义的整型，是在 vector<T>类模板内定义的。为了创建一个变量来存储 size()或 capacity()函数返回的值，将它的类型指定为 vector<T>::size_type，用容器中存储的对象类型替换其中的 T。下面的代码片段说明了这一点：

```
vector<double> values;
vector<double>::size_type cap {values.capacity()};
```

当然，使用 auto 关键字会更简单：

```
auto cap = values.capacity();
```

STL 的 Visual C++库实现代码把 vector<T>::size_type 类型定义为 size_t，size_t 是无符号整型，它也是 sizeof 操作符的结果类型。

如果 size()函数返回的值为 0，那么显然矢量中没有元素，因此可用它测试空矢量。也可以调用矢量的 empty()函数来测试空矢量：

```
if(values.empty())
  std::cout << "No more elements in the vector.";
```

empty()函数返回 bool 类型的值，当矢量为空时返回 true，否则返回 false。

尽管 max_size()函数可能不常用到，但是调用该函数可以确定矢量中元素的最大可能数目。例如：

```
std::vector<std::string> strings;
std::cout << "Maximum length of strings vector: "
          << strings.max_size() << std::endl;
```

执行这段代码将产生下面的输出：

```
Maximum length of strings vector: 153391689
```

在本例中 max_size()函数返回的最大长度是 vector<string>::size_type 类型的值。注意，矢量的最大长度取决于矢量中存储的元素的类型。如果对一个存储 int 类型的值的矢量试验此函数，得到的最大长度将为 1 073 741 823，对于存储 double 类型的值的矢量，得到的最大长度为 536 870 911。

调用矢量的 resize()函数可以增加或减小矢量的大小。如果指定一个小于当前大小的新大小，那么会从矢量的末尾删除足够的元素，使它减小到新的大小。如果新大小大于旧大小，那么会向矢量的末尾添加新元素，将长度增加到新的大小。下面的代码就说明了这一点：

```
vector<int> values(5, 66);   // Contains 66 66 66 66 66
values.resize(7, 88);        // Contains 66 66 66 66 66 88 88
values.resize(10);           // Contains 66 66 66 66 66 88 88 0 0 0
values.resize(4);            // Contains 66 66 66 66
```

resize()的第一个实参是矢量的新大小。如果第二个实参存在的话，就是组成新的大小需要添加的新元素的值。如果正在增加大小，而且没有指定新元素要使用的值，就会使用默认值。在矢量存储类类型对象的情况中，默认值将为类的无实参构造函数产生的对象。

试一试：探索矢量的大小与容量

本例将尝试前面介绍的几种创建矢量的方式，还将看到添加元素时容量如何发生变化。

```
// Ex10_01.cpp
// Exploring the size and capacity of a vector

#include <iostream>
#include <vector>
using std::vector;
```

```
// Template function to display the size and capacity of any vector
template<class T>
void listInfo(const vector<T>& v)
{
  std::cout << "Container capacity: " << v.capacity()
          << " size: " << v.size() << std::endl;
}

int main()
{
  // Basic vector creation
  vector<double> data;
  listInfo(data);

  data.reserve(100);
  std::cout << "After calling reserve(100):" << std::endl;

  listInfo(data);


  vector<int> numbers(10,-1); // Create a vector with 10 elements and initialize it
  std::cout << "The initial values are: ";

  for(auto n : numbers)        // You can use the range-based for loop with a vector
    std::cout << " " << n;
  std::cout << std::endl << std::endl;

  // See how adding elements affects capacity increments
  auto oldC = numbers.capacity();  // Old capacity
  auto newC = oldC;                // New capacity after adding element
  listInfo(numbers);
  for(int i {}; i<1000; i++)
  {
    numbers.push_back(2*i);
    newC = numbers.capacity();
    if(oldC < newC)                // Only output when capacity increases
    {
      oldC = newC;
      listInfo(numbers);
    }
  }
}
```

该示例产生下列输出：

```
Container capacity: 0 size: 0
After calling reserve(100):
Container capacity: 100 size: 0
The initial values are: -1 -1 -1 -1 -1 -1 -1 -1 -1 -1

Container capacity: 10 size: 10
Container capacity: 15 size: 11
Container capacity: 22 size: 16
Container capacity: 33 size: 23
Container capacity: 49 size: 34
```

```
Container capacity: 73 size: 50
Container capacity: 109 size: 74
Container capacity: 163 size: 110
Container capacity: 244 size: 164
Container capacity: 366 size: 245
Container capacity: 549 size: 367
Container capacity: 823 size: 550
Container capacity: 1234 size: 824
```

示例说明

vector 头文件的#include 指令在源文件中添加 vector<T>模板的定义。

使用 using 语句，就有了 listInfo()函数模板的一个定义。

```
template<class T>
void listInfo(const vector<T>& v)
{
  std::cout << "Container capacity: " << v.capacity()
            << " size: " << v.size() << std::endl;
}
```

该模板函数输出任意矢量容器的当前容量与大小。我们常常会发现在使用 STL 时写函数模板非常方便。从本例可以看出有多么容易。模板形参 T 确定函数的实参类型。可以用矢量容器作为实参来调用这个函数。将形参指定为引用类型 const vector<T>&，函数体中的代码就可以直接访问作为实参传递给函数的容器。如果将形参指定为 const vector<T>类型，那么每次调用函数时就会复制实参，这样使用大矢量容器时可能很耗时间。

main()中的第一个动作是创建一个矢量并输出它的大小与容量：

```
vector<double> data;
listInfo(data);
```

从输出中可以看出，此容器的大小和容量都为 0。添加一个元素就需要分配更多的空间。

接下来调用该容器的 reserve()函数：

```
data.reserve(100);
```

从上面的输出中可以看出，现在容量是 100，大小是 0。换言之，容器中没有元素，但是分配了可容纳 100 个元素的内存。仅当添加第 101 个元素时才会自动增加容量。

接下来用下面的语句创建另一个容器：

```
vector<int> numbers(10,-1);
```

这个语句创建一个一开始含 10 个元素的容器，每个元素初始化为-1。为了演示实际情况确实如此，用下面的循环来输出容器中的元素：

```
for(auto n : numbers)
  std::cout << " " << n;
```

这演示了如何把基于范围的 for 循环用于矢量。

另外，还可以使用常规的 for 循环来编写：

```
for(vector<int>::size_type i {}; i<numbers.size(); ++i)
  std::cout << " " << numbers[i];
```

也可以在循环中使用迭代器访问元素：

```
for(auto iter = begin(numbers); iter != end(numbers); ++iter)
 std::cout << " " << *iter;
```

循环变量是一个迭代器 iter，它的类型是 vector<int>::iterator，我们将它初始化为 begin()函数返回的迭代器。每次循环迭代会递增这个迭代器，当它到达 end(numbers)即指向最后一个元素的下一个位置时，循环就结束。注意，像指针那样解除迭代器引用以得到元素的值。

main()中的其余语句演示了添加元素时矢量的容量如何增加。前两个语句建立了两个变量，分别存储当前容量和添加一个元素后的新容量：

```
auto oldC = numbers.capacity();    // Old capacity
auto newC = oldC;                  // New capacity after adding element
```

显示初始大小与容量后，执行下面的循环：

```
for(int i {}; i<1000 ;i++)
{
  numbers.push_back(2*i);
  newC = numbers.capacity();
  if(oldC < newC)
  {
    oldC = newC;
    listInfo(numbers);
  }
}
```

这个循环调用 numbers 矢量的 push_back()函数来添加 1000 个元素。if 条件确保仅显示容量增加时的容量和大小。

输出显示了一种在容器中分配额外空间的有趣模式。由于预期的初始大小与容量为 10，因此当添加第 11 个元素时会首次发生容量的增加。这种情况下会增加容量的一半，因此容量增加到 15。下一次容量增加在大小达到 15 的时候发生，增加到 22，因此增量仍然是容量的一半。这一过程会继续发生，每次容量增加当前容量的一半。因此在需要时自动得到的内存空间越大，矢量包含的元素就越多。一方面，这种机制确保一旦占用了容器中的内存分配，就不会在每次添加一个新元素时分配更多的内存。另一方面，这也暗示了在为矢量中的大量元素预留空间时应当小心。如果建立一个容器，最初提供 100 000 个元素，比这个数目多一个元素就会导致再分配 50 000 个元素的空间。在这种情况下，可以检查有没有达到容量，并使用 reserve()来增加比较合适或者浪费不大的可用内存。

10.6.3 访问矢量中的元素

我们已经知道，可以像处理数组那样用下标运算符访问矢量中的元素。也可以使用 at()函数，它的实参是要访问的元素的索引位置。下面使用 at()函数列出上一个示例中整数元素的 numbers 矢量中的内容：

```
for(vector<int>::size_type i {}; i<numbers.size() ;i++)
```

```
std::cout << " " << numbers.at(i);
```

at()函数不同于下标操作符[]。如果用超出合法范围的下标操作符进行操作，结果就不确定。如果用 at()函数进行操作，那么会抛出 out_of_range 类型的异常。如果某个程序中下标值有可能超出合法范围，通常使用 at()函数并捕获异常比允许不确定的结果要好。

矢量的 operator[]()成员函数在调试版本中会检查索引是否超出范围，但在发布版本中不检查。

当然，要访问矢量中的所有元素，基于范围的 for 循环总是能提供较简单的机制：

```
for(auto number : numbers)
  std::cout << " " << number;
```

为了访问矢量容器中的第一个或最后一个元素，可以分别调用 front()或 back()函数：

```
std::cout << "The value of the first element is: " << numbers.front() << std::endl;
std::cout << "The value of the last element is: " << numbers.back() << std::endl;
```

这两个函数有两个版本：一个返回对存储的对象的引用，另一个返回对存储的对象的 const 引用。后一种方法在矢量对象为常量时调用。如果给 const 矢量调用 front()，就不能使用返回的引用修改元素，也不能把返回值存储在非 const 变量中。

10.6.4　在矢量中插入和删除元素

除了前面介绍的 push_back()函数外，矢量容器支持删除最后一个元素的 pop_back()操作。不管矢量中有多少元素，这两个操作的执行时间都相同。pop_back()函数的使用非常简单：

```
vec.pop_back();
```

该语句删除矢量 vec 中的最后一个元素，并将大小减去 1。如果该矢量中没有元素，调用 pop_back()就没有用。

虽然可以通过反复调用 pop_back()函数来删除矢量中的所有元素，但是使用 clear()函数会更简单：

```
vec.clear();
```

此语句删除 vec 中的所有元素，因此大小将变成 0。当然，容量仍然保持不变。

1. 插入操作

可以调用 insert()函数在矢量中的任何地方插入一个或多个新元素，不过此操作会以线性时间执行，这意味着执行时间会根据容器中的元素数目按比例增加。这是因为插入新元素涉及移动现有元素。insert()函数的最简版本在矢量中的特定位置插入一个新元素，其中第一个实参是指定要插入元素的位置的迭代器，第二个实参是要插入的元素。例如：

```
vector<int> vec(5, 99);
vec.insert(begin(vec)+1, 88);
```

第一个语句创建一个矢量，它的 5 个整型元素都初始化为 99。第二个语句在第一个元素后面插入 88，因此执行这个语句后矢量中将包含：

```
99 88 99 99 99 99
```

对于存储对象的矢量，当实参是临时对象时，这个 insert()函数调用带 rvalue 引用形参的版本，所以临时对象会移动到矢量中，而不复制它。如果 insert()函数的第二个实参是一个 lvalue，就调用带正常引用形参的版本。

也可以从一个给定位置开始插入几个相同的元素：

```
vec.insert(begin(vec)+2, 3, 77);
```

第一个实参是一个迭代器，它指定要插入第一个元素的位置，第二个实参是要插入的元素个数，第三个实参是要插入的元素。执行该语句后 vec 将包含：

```
99 88 77 77 77 99 99 99 99
```

insert()函数还有另一个在给定位置插入一个元素序列的版本。第一个实参是指向要插入第一个元素的位置的迭代器。第二个实参和第三个实参是输入迭代器，指定要插入的某个来源中的元素范围。下面是一个示例：

```
vector<int> newvec(5, 22);
newvec.insert(begin(newvec)+1, begin(vec)+1, begin(vec)+5);
```

第一个语句创建一个矢量，5 个整型元素都初始化为 22。第二个语句插入 vec 中从第二个元素开始的 4 个元素。执行这些语句后，newvec 将包含：

```
22 88 77 77 77 22 22 22 22
```

不要忘记间隔中的第二个迭代器，它指定最后一个元素的下一个位置，因此它指定的元素不包括在内。

2. 放置操作

emplace()和 emplace_back()成员函数用于在矢量中插入对象时就地创建它，而不是移动或复制它。对象使用两个或多个构造函数实参构建时，就可以使用这两个函数。emplace()函数在指定的位置上插入对象，它的第一个形参是一个指定插入位置的迭代器，其后是一个或多个 rvalue 引用形参，它们在构造函数调用中用于就地创建对象的类型 T。emplace_back()函数有一个或多个 rvalue 引用形参，指定在矢量末尾添加的对象。例如，假定定义了如下矢量：

```
std::vector<CBox> boxes;
```

然后可以给矢量添加 CBox 对象：

```
boxes.push_back(CBox {1, 2, 3});
boxes.push_back(CBox {2, 4, 6});
boxes.push_back(CBox {3, 6, 9});
```

这会创建 3 个 CBox 对象，并追加到矢量的尾部。

也可以编写如下代码：

```
boxes.emplace_back(1, 2, 3);
boxes.emplace_back(2, 4, 6);
boxes.emplace_back(3, 6, 9);
```

每个 emplace_back()调用都根据函数的实参，选择 CBox 构造函数创建要添加到矢量尾部的对象，使用 emplace_back()创建的 CBox 对象比使用 push_back()少。

3. 删除操作

erase()成员函数可以删除矢量中任何位置的一个或多个元素，但是它也是线性时间函数，通常会比较慢。下面的代码说明如何删除给定位置的一个元素：

```
newvec.erase(end(newvec)-2);
```

实参是一个指向要删除的元素的迭代器，因此这个语句删除 newvec 中的倒数第二个元素。

为了删除多个元素，提供了两个迭代器实参来指定间隔。例如：

```
newvec.erase(begin(newvec)+1, begin(newvec)+4);
```

这样会删除 newvec 中的第二个、第三个和第四个元素。第二个迭代器实参指向的元素不包括在这个操作中。

如前所述，erase()和 insert()操作比较慢，因此在使用矢量时要慎用它们。

4. 交换和赋值操作

swap()成员函数用来交换两个矢量的内容，前提当然是假定这两个矢量中的元素的类型相同。下面的代码片段用一个示例显示了其工作过程：

```
vector<int> first(5, 77);           // Contains 77 77 77 77 77
vector<int> second(8, -1);          // Contains -1 -1 -1 -1 -1 -1 -1 -1
first.swap(second);
```

在执行最后一个语句后，矢量 first 和 second 的内容就已经交换了。注意，矢量的容量和内容交换了，大小当然也交换了。

使用 assign()成员函数可以用另一个序列替换一个矢量中的全部内容，或者用给定数量的对象实例替换矢量内容。下面用一个矢量中的序列替换另一个矢量中的内容：

```
vector<double> values;
for(int i {1}; i <= 50 ;++i)
  values.emplace_back(2.5*i);
vector<double> newdata(5, 3.5);
newdata.assign(begin(values)+1, end(values)-1);
```

这个代码片段创建 values 矢量，并存储 50 个元素，值为 2.5、5.0、7.5、……与 125.0。newdata 矢量用 5 个值为 3.5 的元素创建。最后一个语句调用 newdata 的 assign()函数，用来删除 newdata 中的所有元素，然后插入 values 中除第一个和最后一个元素外的所有元素的副本。通过两个迭代器指定要插入的新序列，第一个迭代器指向要插入的第一个元素，第二个迭代器指向要插入的最后一个元素的下一个位置。因为通过两个迭代器指定要插入的新元素，所以数据可以来自任何序列，不一定要来自矢量。assign()函数也可使用常规指针，因此也可以插入 double 元素数组中的元素。

下面演示了如何通过 assign()函数用同一个元素的实例序列替换一个矢量的内容：

```
newdata.assign(30, 99.5);
```

第一个实参是替换序列中的元素个数，第二个实参是要使用的元素。这个语句将删除 newdata 的内容并用 30 个元素替换，每个元素的值都是 99.5。

10.6.5 在矢量中存储类对象

可以在矢量中存储任何类类型的对象，不过类必须满足某个最低标准。下面是一个要与矢量(事实上可以是任何序列容器)兼容的给定类 T 的最小规范：

```
class T
{
public:
  T();                                  // Default constructor
  T(const T& t);                        // Copy constructor
  ~T();                                 // Destructor
  T& operator=(const T& t);             // Assignment operator
};
```

当然，如果不为编译器提供类成员，编译器就会提供这些类成员的默认版本，因此类满足这些需求并不困难。重要的是要注意，它们是必需的，而且是很可能会使用的，因此当编译器的默认实现不能满足这些要求时，我们必须提供自己的实现。

如果在矢量中存储了类类型的对象，建议为类实现移动构造函数和移动赋值运算符，因为矢量容器完全支持移动语义。例如，如果矢量需要重置其大小以添加更多的元素，若没有移动语义，就会发生下面的事件序列：

(1) 给新大小的新矢量分配空间。

(2) 把旧矢量中的所有对象复制到新矢量中。

(3) 删除旧矢量中的所有对象。

(4) 销毁旧矢量。

如果类支持移动语义，发生的事件序列是：

(1) 给新大小的新矢量分配空间。

(2) 把旧矢量中的所有对象移动到新矢量中。

(3) 删除旧矢量中的所有对象。

(4) 销毁旧矢量。

速度会大大加快，因为不需要复制操作。

下面举例说明。

试一试：在矢量中存储对象

在本例中将创建 Person 对象，用姓名代表个人。为了使本例更有趣，假定你从来没有听说过 string 类，因此坚持使用以空字符结尾的字符串来存储姓名。这意味着如果要在 vector<Person>容器中存储对象，就必须关心类的实现过程，通常这样的类可能有大量和与人相关的数据成员，但是为简单起见，这里仅采用他们的姓和名。

下面是 Person 类的定义：

```
// Person.h in Ex10_02
// A class defining people by their names
#pragma once
#include <cstring>
#include <iostream>

class Person
{
  public:
  // Constructor, includes no-arg constructor
  Person (const char* first, const char* second)
  {
    initName(first, second);
  }

  // Copy constructor
  Person(const Person& p)
  {
    initName(p.firstname, p.secondname);
  }

  // Move constructor
  Person(Person&& p)
  {
  firstname = p.firstname;
  secondname = p.secondname;
    // Reset rvalue object pointers to prevent deletion
    p.firstname = nullptr;
    p.secondname = nullptr;
  }

  // Destructor
  virtual ~Person()
  {
    delete[] firstname;
    delete[] secondname;
  }

  // Copy assignment operator
  Person& operator=(const Person& p)
  {
    // Deal with p = p assignment situation
    if(&p != this)
    {
      delete[] firstname;
      delete[] secondname;
      initName(p.firstname, p.secondname);
    }
    return *this;
  }

  // Move assignment operator
  Person& operator=(Person&& p)
  {
    // Deal with p = p assignment situation
```

```
    if(&p != this)
    {
      // Release current memory
      delete[] firstname;
      delete[] secondname;
      firstname = p.firstname;
      secondname = p.secondname;
      p.firstname = nullptr;
      p.secondname = nullptr;
    }
    return *this;
  }
  // Less-than operator
  bool operator<(const Person& p) const
  {
    int result {strcmp(secondname, p.secondname)};
    return (result < 0 || result ==  0 && strcmp(firstname, p.firstname) < 0);
  }

  // Output a person
  void showPerson() const
  {
    std::cout << firstname << " " << secondname << std::endl;
  }

  private:
  char* firstname {};
  char* secondname {};

  // Private helper function to avoid code duplication
  void initName(const char* first, const char* second)
  {
    size_t length {strlen(first)+1};
    firstname = new char[length];
    strcpy_s(firstname, length, first);
    length = strlen(second)+1;
    secondname = new char[length];
    strcpy_s(secondname, length, second);
  }
};
```

使用私有的 initPerson()函数是因为构造函数和赋值运算符函数需要执行相同的操作来初始化类的数据成员。使用 initPerson()这一辅助性函数可以避免重复相同的代码。

因为 Person 类动态地分配内存来存储一个人的姓和名，所以当销毁对象时必须实现析构函数来释放内存。还必须实现赋值运算符，因为它需要更多的内存分配。注意，一开始处理 a = a 赋值情况的代码。如果不实现 operator=()函数来将一个对象赋值给它本身，可能会导致麻烦，尽管不那么明显。

showPerson()函数是便于输出整个姓名的函数。它声明为 const，以允许它使用 const 和非 const 的 Person 对象。operator<()函数以后再使用。

在矢量中存储 Person 对象的程序如下所示：

```
// Ex10_02.cpp
// Storing objects in a vector
```

```
#include <iostream>
#include <vector>
#include "Person.h"

using std::vector;

int main()
{
  vector<Person> people;                // Vector of Person objects
  const size_t maxlength {50};
  char firstname[maxlength];
  char secondname[maxlength];

  // Input all the people
  while(true)
  {
    std::cout << "Enter a first name or press Enter to end: ";
    std::cin.getline(firstname, maxlength, '\n');
    if(strlen(firstname) == 0)
      break;
    std::cout << "Enter the second name: ";
    std::cin.getline(secondname, maxlength, '\n');
    people.emplace_back(Person(firstname, secondname));
  }

  // Output the contents of the vector using an iterator
  std::cout << std::endl;
  auto iter = cbegin(people);
  while(iter != cend(people))
  {
    iter->showPerson();
    ++iter;
  }
}
```

下面是该程序的部分输出示例：

```
Enter a first name or press Enter to end: Jane
Enter the second name: Fonda
Enter a first name or press Enter to end: Bill
Enter the second name: Cosby
Enter a first name or press Enter to end: Sally
Enter the second name: Field
Enter a first name or press Enter to end: Mae
Enter the second name: West
Enter a first name or press Enter to end: Oliver
Enter the second name: Hardy
Enter a first name or press Enter to end:

Jane Fonda
Bill Cosby
Sally Field
Mae West
Oliver Hardy
```

示例说明

像下面这样创建一个矢量来存储 Person 对象：

```
vector<Person> people;                // Vector of Person objects
```

然后创建两个 char[]类型的数组，在从标准输入流中读取姓名时，用它作为工作存储器：

```
const size_t maxlength {50};
char firstname[maxlength];
char secondname[maxlength];
```

每个数组最多可以容纳 maxlength 个字符，包括结尾的空字符。

需要用一个无限循环从标准输入流中读取姓名：

```
while(true)
{
  std::cout << "Enter a first name or press Enter to end: ";
  std::cin.getline(firstname, maxlength, '\n');
  if(strlen(firstname) == 0)
    break;
  std::cout << "Enter the second name: ";
  std::cin.getline(secondname, maxlength, '\n');
  people.emplace_back(firstname, secondname);
}
```

使用 cin 的 getline()成员函数读取每个姓名。这样会一直读取字符，直到读到换行符，或者读了 maxlength–1 个字符。这样可以确保不超过输入数组的容量，因为两个数组都有 maxlength 个元素，允许字符串最多有 maxlength–1 个字符加上结尾的 NULL。当名字部分输入了空字符串时，循环结束。

可以在 push_back()函数的实参中创建 Person 对象，将向矢量的末尾添加对象。

最后一步是输出矢量的内容：

```
std::cout << std::endl;
auto iter = cbegin(people);
while(iter != cend(people))
{
  iter->showPerson();
  ++iter;
}
```

这里使用一个 const vector<Person>::const_iterator 类型的迭代器输出矢量的元素，此类型是从初始值自动推断的。在循环体内，输出该迭代器指向的元素，然后递增迭代器。只要 iter 不等于 end()返回的迭代器，循环就会继续。

这演示了迭代器的用法，但基于范围的 for 循环可以大大简化输出语句：

```
for(const auto& p : people)
  p.showPerson();
```

循环变量 p 的类型是 Person&，它是存储在矢量中的元素类型的引用。

10.6.6 矢量元素的排序

只要所需的对象比较是可行的，algorithm 头文件中定义的 sort()函数模板就会排序任意类型的对象序列。要排序的序列用两个随机访问迭代器来标识，这两个迭代器分别指向序列中的第一个对象，以及最后一个对象的下一个位置。注意，随机访问迭代器至关重要，容量较小的迭代器会不够用。类型参数 T 指定了函数使用的随机访问迭代器的类型。sort<T>()函数模板用<运算符来排列元素的顺序。因此可以用 sort()模板来排序提供随机访问迭代器的任何容器的内容，只要它包含的对象可以用<运算符进行比较。

在上面的示例中，我们在 Person 类中实现了 operator<()，因此可以排序 Person 对象的一个序列。下面给 vector<Person>容器的内容排序：

```
std::sort(std:begin(people), std:end(people));
```

此代码以升序方式来排序矢量中的内容。可以为 algorithm 添加一个#include 指令，并把这个语句放在输出循环之前的 main()中来查看排序过程。还需要 std::sort 的一个 using 声明。

注意，可以用 sort<T> ()模板函数对数组排序。唯一的要求是<运算符应能处理存储在数组中的元素的类型。下面的代码片段显示了如何用它来排序整数数组：

```
const size_t N {100};
int data[N];
std::cout << "Enter up to " << N << " non-zero integers. Enter 0 to end:\n";
int value {};
size_t count {};
for(size_t i {} ;i<N ;i++)            // Read up to N integers
{
  std::cin >> value;                  // Read a value
  if(!value)                          // If it is zero,
    break;                            // we are done
  data[count++] = value;
}
std::sort(data, data+count);          // Sort the integers
```

注意，标记要排序的元素序列末尾的指针必须仍然指向最后一个元素的下一个位置。

当需要以降序方式排序一个序列时，可以使用 sort()算法的一个版本：它接受二元谓词函数对象作为函数的第三个实参。functional 头文件定义比较谓词的完整函数对象集合：

```
less<T>   less_equal<T>   equal<T>   greater_equal<T>   greater<T>
```

这些模板都会创建可用于函数对象的类类型，它们用 sort()和其他算法对 T 类型的对象排序。前面代码片段中使用的 sort()函数默认情况下使用 less<int>函数对象。为了指定不同的函数对象作为排序标准，可以将它添加为第三个实参，如下：

```
std::sort(data, data+count, std::greater<int>());     // Sort the integers
```

作为函数第三个实参的表达式调用 greater<int>类型的构造函数，因此将这个类型的对象传递给 sort()函数。这个语句将以降序方式排序 data 数组中的元素。在尝试运行这段代码时，不要忘记需要包括函数对象的 functional 头文件，比较谓词也采用透明的运算符函数器的形式，说它们是透明的，是因为它们执行参数的完美传递。希望通过一个算法使用透明形式时，只需忽略模版类型参数，如下：

```
std::sort(data, data+count, std::greater<>());
```

这会给容器的内容排序，并完美地传递要比较的对象。

10.6.7 存储矢量中的指针

与其他容器一样，矢量容器为添加到其中的对象创建一个副本。在大多数情况下这是极大的优点，但是在有些情况下，这个功能可能非常不方便。例如，如果对象比较大，那么向容器中添加对象时复制它们的开销会相当大。在这种场合下，最好在容器中存储对象的智能指针。可以创建 Ex10_02.cpp 示例的一个新版本，在容器中存储 Person 对象的指针。

试一试：在矢量中存储指针

Person 类定义与前面的定义完全相同。下面是定义 main()的源文件的修订版本：

```
// Ex10_03.cpp
// Storing pointers to objects in a vector
#include <iostream>
#include <vector>
#include <memory>
#include "Person.h"
using std::vector;
using std::unique_ptr;
using std::make_unique;

int main()
{
  vector<unique_ptr<Person>> people;          // Vector of Person object pointers
  const size_t maxlength {50};
  char firstname[maxlength];
  char secondname[maxlength];
  while(true)
  {
    std::cout << "Enter a first name or press Enter to end: ";
    std::cin.getline(firstname, maxlength, '\n');
    if(strlen(firstname) == 0)
      break;
    std::cout << "Enter the second name: ";
    std::cin.getline(secondname, maxlength, '\n');
    people.push_back(make_unique<Person>(firstname, secondname));
  }
  // Output the contents of the vector
  std::cout << std::endl;
  for( const auto& p : people)
    p->showPerson();
}
```

其输出与前一示例的输出基本相同。

示例说明

本例为 memory 头文件包含了一个#include 指令，还为 shared_ptr 智能指针类型名称和 make_shared 函数名添加了 using 指令。main()中的第一个变化在容器的定义中：

```
vector<unique_ptr<Person>> people;          // Vector of Person object pointers
```

vector<T>模板类型形参现在是 shared_ptr<Person>，它是指向 Person 对象的智能指针。可以使用 unique_ptr，因为本来没有拥有权共享的问题。

在输入循环内，现在在堆上创建每个 Person 对象，unique_ptr 中的地址传递给该矢量的 push_back()函数：

```
people.push_back(make_unique<Person>(firstname, secondname));
```

make_unique<Person>()的实参是用于 Person 类构造函数的实参，它返回的 unique_ptr<Person>对象指向 Person 对象，它由 push_back()函数存储在矢量中。

使用基于范围的 for 循环输出 Person 对象：

```
for(const auto& p : people)
  p->showPerson();
```

这次 p 的类型是 unique_ptr<Person>&,所以使用间接成员选择运算符来调用每个 Person 对象的 showPerson()。

最后调用 clear()函数清空矢量。这会删除存储在容器中的所有内容，不需要删除 Person 对象，因为删除智能指针时就会删除它们。

还可以在矢量中存储 shared_ptr<Person>对象：

```
vector<shared_ptr<Person>> people;          // Vector of Person object pointers
```

在矢量中存储这些指针的语句如下：

```
people.push_back(make_shared<Person>(firstname, secondname));
```

输出 Person 对象的循环是相同的，但 unique_ptr 和 shared_ptr 之间有一个区别：下面这个相当低效的循环可处理 shared_ptr 对象：

```
for(auto p : people)
  p->showPerson();
```

但这个循环不能编译矢量中的 unique_ptr 对象，因为它们不能复制。此时必须使用引用来访问元素。

下面的语句也不能编译：

```
auto pPerson = make_unique<Person>(firstname, secondname);
people.push_back(pPerson);
```

上述语句涉及 unique_ptr 对象的复制，所以不能编译。

可以这么做：

```
people.push_back(std::move(pPerson));
```

这个语句把 pPerson 中的指针移动到矢量的 unique_ptr 中。但 pPerson 现在是无效的，所以下面的语句会抛出异常：

```
pPerson->showPerson();
```

把智能指针存储到容器中后，如果打算继续使用它，就应使用 shared_ptr 而不是 unique_ptr。

数组容器

定义在 array 头文件中的 array<T, N>模板定义了一个数组，此数组类似于普通数组，因为它有固定的长度 N，使用下标运算符可以访问数组中的元素。还可以使用初始化列表来初始化数组容器。例如：

```
std::array<double, 5> values {1.5, 2.5, 3.5, 4.5, 5.5};
```

如果所提供的初始化器比元素个数少，剩余的元素就初始化为 0。这意味着，如果元素是指针，就初始化为 nullptr，如果元素是类的对象，就初始化为默认构造函数创建的对象；如果提供了过多的初始化器，代码就不会编译。

定义数组容器时，也可以不初始化它：

```
std::array<int, 4> data;
```

该数组的大小是固定的，执行该语句会创建 4 个 int 类型的元素，其中包含无用值。基本类型的数组元素默认为不初始化，但类类型的元素要调用其无参构造函数来初始化。例如可以为 Ex10_03 中的 Person 类构造一个 Person 对象数组：

```
std::array<Person, 10> people;
```

这个容器包含 10 个 Person 类型的元素，所有 firstname 和 secondname 成员都设置为 nullptr。

数组容器指定其大小，所以把数组容器作为实参传递给函数时，可以使用基于范围的 for 循环。例如，下面的函数模板列出了 Person 对象数组容器的内容：

```
template<size_t N>
void listPeople(const std::array<Person, N>& folks)
{
  for(const auto& p : folks)
    p.showPerson();
}
```

通过带形参 N 的模板来定义函数，可以列出数组中包含的任意多个 Person 对象。如果应用程序类使用标准函数来显示对象，就可以给所存储的元素类型添加一个模板类型形参，所得的函数就会列出任意长度或类型的数组内容。但每个不同的模板形参值组合都会生成不同的模板实例。

因为数组容器的元素总是在定义它时创建，所以可以使用下标运算符引用元素，并将它用作 lvalue。例如：

```
people[1] = Person("Joe", "Bloggs");
```

这会在数组的第二个元素中存储一个 Person 对象。

下面总结了数组容器类型最有用的一些成员：

- void fill(T& arg)把所有的数组元素设置为 arg:

```
people.fill(Person("Ned", "Kelly"));   // Fill array with Ned Kellys
```

- size()把数组的大小返回为一个整数。
- back()返回最后一个数组元素的引用。

```
people.back().showPerson();            // Output the last person
```

- begin()返回一个指向第一个数组元素的迭代器。
- end()返回一个指向最后一个数组元素后下一个位置的迭代器。
- rbegin()返回一个指向最后一个数组元素的逆序迭代器。
- rend()返回一个指向第一个数组元素前一个位置的逆序迭代器。
- swap(array& right)将当前数组与 right 交换。当前数组和 right 必须存储相同类型的元素，且大小相同。

```
array<int, 3> left = {1, 2, 3};
array<int, 3> right = {10, 20, 30};
left.swap(right);            // Swap contents of left and right
```

可以使用任意比较运算符<、<=、==、>=、>和!=来比较两个数组容器，只要它们存储相同类型、相同数量的元素。这会按顺序比较对应的元素，来确定结果。例如，如果 array1 的第一个元素小于 array2 中的对应元素，array1<array2 就得到 true。如果两个数组中所有的对应元素都相等，则这两个数组就相等，如果任意一对元素有区别，它们就不等。

下面是一个数组示例。

试一试：使用数组

这个示例在数组容器中创建了一系列有趣的值：

```
// Ex10_04
// Using array containers
#include <iostream>
#include <iomanip>
#include <array>
#include <numeric>
using std::array;

// Lists array container contents
template<class T, size_t N>
void listValues(const array<T, N>& data)
{
  const int values_per_line {6};
  int count {};
  for(const auto& value: data)
  {
    std::cout << std::setw(14) << value;
    if(++count % values_per_line == 0)
      std::cout << std::endl;
  }
  std::cout << std::endl;
```

```
}

int main()
{
  // Create the famous Fibonacci series
  const size_t N {20};
  array<long, N> fibonacci {1L, 1L};
  for(size_t i {2} ;i<fibonacci.size() ;++i)
    fibonacci[i] = fibonacci[i-1] + fibonacci[i-2];
  std::cout << "Fibonacci series is:" << std::endl;
  listValues(fibonacci);

  array<long, N> numbers;
  numbers.fill(99L);
  fibonacci.swap(numbers);
  std::cout << std::endl << "After swap fibonacci contains:" << std::endl;
  listValues(fibonacci);

  // Create the series for pi/4
  array<double, 120> series;
  double factor {-1.0};
  for(size_t x {} ;x<series.size() ;++x)
  {
    factor *= -1.0;
    series[x] = factor/(2*x+1);
  }
  std::cout << std::endl << "Series for pi is:" << std::endl;
  listValues(series);
  double result {std::accumulate(cbegin(series), cend(series), 0.0)};
  std::cout << "The series sum converges slowly to pi/4. The sum x 4 is: "
            << 4.0*result << std::endl;
}
```

这里没有列出输出，因为输出的内容太多了。

示例说明

首先创建了第一个数组容器，它包含 20 个 long 类型的元素，前两个元素初始化为 1L。在斐波纳契数列中，每个元素都是其前两个元素之和，for 循环给数组中第三个元素及其后面的元素赋值。接着使用 listValues()模板函数输出数组的值，这会列出任意大小的数组容器的内容，其中可包含任意类型的元素，这些元素的值可以写到标准输出流中。

接着创建 numbers 容器以将相同个数的 long 元素存储为 fibonacci。这些元素都使用 fill()成员函数设置为 99L。再使用 swap()函数交换 numbers 和 fibonacci 的内容，输出显示，fibonacci 现在包含的元素都是 99。

第三个容器 series 包含 120 个 double 类型的元素。它们的值在 for 循环中设置为莱布尼兹系列，如果对这些值之和求极限，结果就是 π/4。

使用 numeric 头文件中定义的 accumulate()模板函数求出这 120 个元素之和。第一个实参是一个指向容器中第一个元素的迭代器，第二个实参是指向最后一个元素后面一个位置的迭代器，第三个实参是前两个实参相加后赋予元素的值。这个函数可以处理其元素支持+运算符的任意序列容器。accumulate()的另一个版本接受第四个实参，它指定在元素之间使用的操作(假设不需要对它们执行相加操作)。该操作用一个定义了二元谓词的函数对象或 λ 表达式来指定。

从输出可以看出，莱布尼兹系列中的前 120 个元素之和非常接近 π/4。

10.6.8　双端队列容器

双端队列容器模板 deque<T>是在 deque 头文件中定义的。双端队列容器非常类似于矢量，其功能与矢量容器的相同，并且包括同样的函数成员，但是也可以在序列的开头和末尾有效地添加和删除元素。用双端队列替换 Ex10_02.cpp 中使用的矢量，它也能够很好地运行：

```
std::deque<Person> people;            // Double-ended queue of Person objects
```

向容器的前端添加元素的函数是 push_front()，可以通过调用 pop_front()函数来删除第一个元素。因此，如果在 Ex10_02.cpp 中使用 deque<Person>容器，就可以在前端而不是在后端添加元素：

```
people.emplace_front(firstname, secondname);
```

使用这条语句向容器中添加元素的唯一区别是，双端队列中的元素顺序将为矢量中元素顺序的逆序。

下面是 deque<T>容器的构造函数的示例：

```
deque<string> strings;              // An empty container
deque<int> items(50);               // 50 elements initialized to default value
deque<double> values(5, 0.5);       // 5 elements of 0.5
deque<int> data(cbegin(items), cend(items));  // Initialized with a sequence
deque<int> numbers {1, 3, 5, 7, 9, 11};
```

尽管双端队列与矢量非常相似，而且能做矢量可以做的任何事情，但它有一个缺点。由于它提供了其他的能力，双端队列的内存管理比矢量复杂，因此它会稍慢一些。除非确实需要向容器的前端添加元素，否则矢量是更好的选择。下面看看运行中的双端队列。

试一试：使用双端队列

本示例将任意数目的整数存储在双端队列中，然后对它们进行运算。代码如下：

```
// Ex10_05.cpp
// Using a double-ended queue

#include <iostream>
#include <deque>
#include <algorithm>                  // For sort<T>()
#include <numeric>                    // For accumulate<T>()
#include <functional>                 // For transparent operator functors

int main()
{
  std::deque<int> data;

  // Read the data
  std::cout << "Enter a series of non-zero integers separated by spaces."
            << " Enter 0 to end." << std::endl;
  int value {};
  while(std::cin >> value, value != 0)
```

```
    data.push_front(value);

  // Output the data
  std::cout << std::endl << "The values you entered are:" << std::endl;
  for(const auto& n : data)
    std::cout << n << "  ";
  std::cout << std::endl;

  // Output the data using a reverse iterator
  std::cout << std::endl
            << "In reverse order the values you entered are:" << std::endl;
  for(auto riter = crbegin(data) ;riter != crend(data) ; ++riter)
    std::cout << *riter << "  ";
  std::cout << std::endl;

  // Sort the data in descending sequence
  std::cout << std::endl
            << "In descending sequence the values you entered are:" << std::endl;
  std::sort(begin(data), end(data), std::greater<>());   // Sort the elements
  for(const auto& n : data)
    std::cout << n << "  ";
  std::cout << std::endl;

  // Calculate the sum of the elements
  std::cout << std::endl << "The sum of the elements in the queue is: "
            << std::accumulate(cbegin(data), cend(data), 0)  << std::endl;

}
```

下面是该程序的一些示例输出：

```
Enter a series of non-zero integers separated by spaces. Enter 0 to end.
405 302 1 23 67 34 56 111 56 99 77 82 3 23 34 111 89 0

The values you entered are:
89  111  34  23  3  82  77  99  56  111  56  34  67  23  1  302  405

In reverse order the values you entered are:
405  302  1  23  67  34  56  111  56  99  77  82  3  23  34  111  89

In descending sequence the values you entered are:
405  302  111  111  99  89  82  77  67  56  56  34  34  23  23  3  1

The sum of the elements in the queue is: 1573
```

示例说明

在 main()的开头创建了双端队列容器：

```
std::deque<int> data;
```

data 容器一开始是空的。输入用一个 while 循环读入：

```
  int value {};
  while(std::cin >> value, value != 0)
```

```
data.push_front(value);
```

这个 while 循环条件用逗号分隔两个表达式，一个表达式将 cin 中的整数读入 value，另一个表达式测试正在读的值是否为非零值。第 2 章中介绍过，一系列用逗号分隔的表达式的值是最右边的表达式的值，因此只要表达式 value !=0 为真且读取的值为非零，就会继续 while 循环。在这个循环内使用 push_front()函数将值存储在队列中。

下一个循环列出队列中包含的值：

```
std::cout << std::endl << "The values you entered are:" << std::endl;
for(const auto& n : data)
  std::cout << n << "  ";
std::cout << std::endl;
```

这个循环用基于范围的 for 循环输出值，还可以把它写为使用迭代器的 while 循环：

```
auto iter = cbegin(data);
while(iter != cend(data))
  std::cout << *iter++ << "  ";
```

这里，当 iter 指向的值写到 cout 中后，就在循环内递增迭代器。这仅用于演示——并不是基于范围的 for 循环的好替代方式。

下一个循环以逆序方式输出值：

```
for(auto riter = crbegin(data) ;riter != crend(data) ;++riter)
 std::cout << *riter << "  ";
```

此输出使用一个逆序迭代器，因此循环从最后一个元素开始，当 riter 等于 rend()返回的迭代器时，循环结束。rbegin()函数返回一个指向最后一个元素的迭代器，rend()函数返回一个指向第一个元素前面一个位置的迭代器。对于矢量和双端队列容器，可以使用随机访问迭代器。auto 关键字会自动选择类型。迭代器类型是 deque<int>::reverse_iterator。

接着以降序排序元素并输出它们：

```
std::sort(begin(data), end(data), std::greater<>());   // Sort the elements
for(const auto& n : data)
  std::cout << n << "  ";
std::cout << std::endl;
```

sort<T>()函数默认使用 less<T>()函数对象作为比较器，按升序排序。把 greater<>()函数对象提供为可选的第三个实参时，整数元素就按降序排列。实参传递给比较器，是因为省略模板形参，会选择函数对象的透明版本。

也可以对队列元素按降序排列，如下所示：

```
std::sort(rbegin(data), rend(data));        // Sort into descending sequence
```

sort()算法的默认运算是对通过两个随机访问迭代器实参传递给它的序列进行升序排序。这里向函数传递逆向迭代器，因此它以相反的顺序排序这些元素，并以升序方式排序该逆向序列。结果是当以正常的前向顺序查看元素时，元素是以降序排列的。

main()中的最后一个运算是输出元素的总和：

```
std::cout << std::endl << "The sum of the elements in the queue is: "
          << std::accumulate(cbegin(data), cend(data), 0)  << std::endl;
```

可以使用一个方便的循环来完成它，不过这里使用 numeric 头文件中定义的 accumulate()算法，前面介绍过它。这里使用了默认的相加运算。

10.6.9 使用列表容器

在 list 头文件中定义的 List<T>容器模板实现了双向链表。与矢量或双端队列相比，列表容器最大的优点是可以在固定时间内在序列的任意位置插入或删除元素，主要缺点是列表不能根据位置直接访问其元素。需要访问元素时，必须从某个已知位置(通常是开头或结尾)开始遍历列表中的元素。列表容器的构造函数范围类似于矢量或双端队列。下面这个语句创建一个空列表：

```
std::list<std::string> names;
```

也可以用给定数目的默认元素创建一个列表：

```
std::list<std::string> sayings(20);              // A list of 20 empty strings
```

下面说明了如何创建包含给定数目的相同元素的列表：

```
std::list<double> values(50, 2.71828);
```

这个语句创建一个列表，它包含 50 个 double 类型的元素，这些元素的值都是 2.71828。

当然，也可以构造一个列表，其元素用两个迭代器指定的序列中的值来初始化：

```
std::list<double> samples(++cbegin(values), --cend(values));
```

这个语句用 values 列表中的内容创建一个列表，省略了 values 中的第一个和最后一个元素。注意，列表的 begin()和 end()函数返回的迭代器是双向迭代器，因此它的灵活性不如支持随机访问迭代器的矢量或双端队列容器。只能使用递增或递减运算符修改双向迭代器的值。

与其他序列容器一样，可以调用列表的 size()成员函数来查看它的元素数目。也可以通过调用列表的 resize()函数来修改它的元素数目。如果 resize()的实参小于列表中的元素数目，就从末尾删除元素；如果实参较大，就使用存储的元素类型的默认构造函数添加元素。

1. 向列表中添加元素

与双端队列的操作一样，通过调用 push_front()或 push_back()向列表的开头或末尾添加元素。为了向列表的内部添加元素，使用有 3 个版本的 insert()函数。第一个版本可以在迭代器指定的位置插入一个新元素：

```
std::list<int> data(20, 1);          // List of 20 elements value 1
data.insert(++begin(data), 77);      // Insert 77 as the second element
```

insert()的第一个实参是指定插入位置的迭代器，第二个实参是要插入的元素。递增 begin()返回的双向迭代器，使它指向列表中的第二个元素。执行后列表内容将为：

```
1 77 1 1 1 1 1 1 1 1 1 1 1 1 1 1 1 1 1 1 1
```

可以看到列表现在含有 21 个元素，从插入点开始的那些元素只是简单地向右移动。

也可以在给定位置插入相同元素的一些副本：

```
auto iter = begin(data);
  std::advance(iter, 9);     // Increment iterator by 9
data.insert(iter, 3, 88);   // Insert 3 copies of 88 starting at the 10th
```

iter 的类型是 list<int>::iterator。这里 insert()函数的第一个实参是一个指定插入位置的迭代器，第二个实参是要插入的元素数目，第三个实参是要重复插入的元素。为了得到第 10 个元素，需要调用 advance()模板函数来递增迭代器，advance()模板函数将第一个实参指定的迭代器递增第二个实参指定的次数。使用 advance()函数是必须的，因为不能仅把 9 加到双向迭代器上。因此这个代码片段从列表中的第 10 个元素开始插入 3 个 88 副本。现在列表的内容为：

```
1 77 1 1 1 1 1 1 1 88 88 88 1 1 1 1 1 1 1 1 1 1 1 1
```

现在列表中含有 24 个元素。

下面说明如何向列表中插入一个元素序列：

```
std::vector<int> numbers(10, 5);        // Vector of 10 elements with value 5
data.insert(--(--end(data)), cbegin(numbers), cend(numbers));
```

insert()的第一个实参是指向倒数第二个元素位置的迭代器。要插入的序列由 insert()函数的第二个和第三个实参指定，因此这个代码会将矢量中的所有元素插入列表中，从倒数第二个元素位置开始。执行后列表的内容将为：

```
1 77 1 1 1 1 1 1 1 88 88 88 1 1 1 1 1 1 1 1 1 1 5 5 5 5 5 5 5 5 5 5 1 1
```

在倒数第二个元素的位置插入 numbers 中的 10 个元素，会将列表中的最后两个元素向右移动。列表中现在含有 34 个元素。

有 3 个函数可以在列表中构建元素：emplace()在迭代器指定的位置上构建一个元素，emplace_front()在列表开头构建一个元素，emplace_back()在列表结尾构建一个元素。下面演示了它们的用法：

```
std::list<std::string> strings;
strings.emplace_back("first");
std::string second("second");
strings.emplace_back(std::move(second));
strings.emplace_front("third");
strings.emplace(++begin(strings), "fourth");
```

代码的第四行使用 std::move()函数把一个对 s 的 rvalue 引用传送给 emplace_back()函数。执行这个操作后，s 就是空的，因为其内容会移动到列表中。执行这些语句后，strings 会包含如下元素：

```
third  fourth  first  second
```

2. 访问列表中的元素

可以通过调用列表的 front()或 back()函数来获得对列表中第一个或最后一个元素的引用。为了访问列表的内部元素，必须使用一个迭代器，并递增或递减迭代器来得到想要的元素。如前所述，begin()和 end()函数返回一个双向迭代器，分别指向第一个元素或最后一个元素的下一个位置。rbegin()和 rend()函数返回的双向迭代器可以以逆向序列迭代所有元素。还可以对列表使用基于范围的 for 循环，这样在处理所有的元素时就不需要使用迭代器了：

```
std::list<std::string> strings;
strings.emplace_back("first");
std::string second("second");
strings.emplace_back(std::move(second));
strings.emplace_front("third");
strings.emplace(++begin(strings), "fourth");
for(const auto& s : strings)
  std::cout << s << std::endl;
```

循环变量 s 是一个引用，它依次包含每个列表元素的引用。

3. 列表元素的排序

因为 list<T>容器没有提供随机访问迭代器，所以不能使用 algorithm 头文件中定义的 sort()函数。于是 list<T>模板定义了它自己的 sort()函数成员，它有两个版本。要使列表元素以升序排列，可以调用无实参的 sort()成员函数，另外也可以指定一个函数对象或λ表达式，定义另一个谓词来比较成员。例如：

```
strings.sort(std::greater<std::string>());      // Descending sequence
```

还可以使用谓词的透明版本：

```
strings.sort(std::greater<>());                  // Perfect forwarding
```

这比较快，因为比较运算的实参是在移动，而不是复制。

下面用一个示例来说明上面所介绍的内容。

试一试：使用列表

在本示例中，通过键盘输入一些语句，并将它们存储在一个列表中。代码如下：

```
// Ex10_06.cpp
// Working with a list
#include <iostream>
#include <list>
#include <string>
#include <functional>

using std::string;

void listAll(const std::list<string>& strings)
{
  for (auto& s : strings)
    std::cout << s << std::endl;
}

int main()
{
  std::list<string> text;

  // Read the data
```

```
  std::cout << "Enter a few lines of text. Just press Enter to end:" << std::endl;
  string sentence;
  while (getline(std::cin, sentence, '\n'), !sentence.empty())
    text.push_front(sentence);

  std::cout << "Your text in reverse order:" << std::endl;
  listAll(text);

  text.sort();                          // Sort the data in ascending sequence
  std::cout << "\nYour text in  ascending sequence:" << std::endl;
  listAll(text);

  text.sort(std::greater<>());          // Sort the data in descending sequence
  std::cout << "\nYour text in  descending sequence:" << std::endl;
  listAll(text);
}
```

下面是该程序的部分输出示例：

```
Enter a few lines of text. Just press Enter to end:
This sentance contains three erors.
This sentence is false.
People who live in glass houses might as well answer the door.
If all else fails, read the instructions.
Home is where the mortgage is.

Your text in reverse order:
Home is where the mortgage is.
If all else fails, read the instructions.
People who live in glass houses might as well answer the door.
This sentence is false.
This sentance contains three erors.

Your text in ascending sequence:
Home is where the mortgage is.
If all else fails, read the instructions.
People who live in glass houses might as well answer the door.
This sentance contains three erors.
This sentence is false.

Your text in descending sequence:
This sentence is false.
This sentance contains three erors.
People who live in glass houses might as well answer the door.
If all else fails, read the instructions.
Home is where the mortgage is.
```

示例说明

帮助函数 listAll()可以输出 list<string>容器的内容，其中 list<string>容器是传递给该函数的实参。形参是一个引用，所以不会复制容器。在 listAll()函数的一个循环中输出列表的内容，如下：

```
  for(auto& s : strings)
    std::cout << s << std::endl;
```

这条语句会在一行上列出列表中的每个元素。

首先在 main()中创建一个列表容器来容纳字符串：

```
std::list<string> text;
```

然后从标准输入流 cin 中读入任意数目的文本输入：

```
string sentence;
while(getline(std::cin, sentence, '\n'), !sentence.empty())
  text.push_front(sentence);
```

此代码采用了与前面示例相同的输入习惯。while 循环条件中的第二个表达式决定何时循环结束，即在调用 sentence 的 empty()返回 true 时循环结束。使用 push_front()函数向列表中添加每个输入，不过也可以使用 push_back()。唯一的区别在于逆转列表中的元素顺序。

编写这段代码的更好方式是使用 emplace 函数：

```
while(getline(std::cin, sentence, '\n'), !sentence.empty())
  text.emplace_front(std::move(sentence));
```

这会把字符串从 sentence 移动到列表的前端，避免了复制操作，因此执行得更快。每次执行 emplace_front()操作后，sentence 对象都为空。

调用 listAll()函数输出列表的内容。输出以逆序方式显示输入，因为使用 push_front()会以逆序方式创建列表。如果使用 push_ back()，元素就按输入的顺序排列。

最后排序列表中的内容并输出：

```
text.sort();                          // Sort the data in ascending sequence
std::cout << "\nYour text in  ascending sequence:" << std::endl;
listAll(text);
```

此输出使用 list<string>对象的无参 sort()成员以升序排列内容。如果要降序排列，可以把第一个语句改为：

```
text.sort(std::greater<>());          // Sort the data in descending sequence
```

这个语句使用函数对象的透明版本获得完美转发。

4. 列表上的其他操作

clear()函数删除列表中的所有元素。erase()函数允许删除由一个迭代器指定的单个元素，或者由一对迭代器以惯用的方式(序列中的第一个元素，以及最后一个元素的下一个位置)指定的一个元素序列。

```
std::list<int> numbers {10, 22, 4, 56, 89, 77, 13, 9};
numbers.erase(++begin(numbers));      // Remove the second element

// Remove all except the first and the last two
numbers.erase(++begin(numbers), --(--end(numbers)));
```

列表最初会包含初始化列表中的所有值。第一个 erase()操作删除第二个元素，因此列表中将包含：

```
10 4 56 89 77 13 9
```

对于第二个 erase()操作，第一个实参是 begin()函数返回的迭代器递增 1，因此它指向第二个元素。第二个实参是 end()返回的迭代器递减两次，因此它指向倒数第二个元素。当然，这是序列末尾后面的一个位置，因此该迭代器指向的元素不包括在要删除的集合中，这样在这个操作之后列表内容将为：

```
10 13 9
```

remove()函数从列表中删除匹配特定值的元素。使用前面的代码片段中定义的 numbers 列表，可以用下面的语句删除所有等于 22 的元素：

```
numbers.remove(22);
```

assign()函数删除列表中的所有元素，并在列表中将单个对象复制给定的次数，或者复制由两个迭代器指定的一个对象序列。举例如下：

```
std::list<int> numbers {10, 22, 4, 56, 89, 77, 13, 9};
numbers.assign(10, 99);        // Replace contents by 10 copies of 99
numbers.assign(data+1, data+4); // Replace contents by 22 4 56
```

这段代码说明了 assign()函数有两个重载版本。第一个版本的实参是替换元素的个数和替换元素值。第二个版本的实参是以前述方式指定序列的两个迭代器或者两个指针。

unique()函数将消除列表中相邻的重复元素，因此如果先排序内容，那么应用该函数可以确保所有元素都是唯一的。举例如下：

```
std::list<int> numbers {10, 22, 4, 10, 89, 22, 89, 10} ; // 10 22 4 10 89 22 89 10
numbers.sort();                                            // 4 10 10 10 22 22 89 89
numbers.unique();                                          // 4 10 22 89
```

各操作的结果显示在注释中。

splice()函数可以删除一个列表的全部或一部分，并将它插到另一个列表中。显然，两个列表必须存储相同类型的元素。下面是使用 splice()函数的最简单方式：

```
std::list<int> numbers {1, 2, 3};                    // 1 2 3
std::list<int> values {5, 6, 7, 8};                  // 5 6 7 8
numbers.splice(++begin(numbers), values);            // 1 5 6 7 8 2 3
```

splice()函数的第一个实参是一个迭代器，指定应在何处插入元素；第二个实参是要插入的元素来自的列表。这一操作删除 values 列表中的所有元素，并将它们插入 numbers 列表中的第二个元素前面。

下面是 splice()函数的另一个版本，删除源列表中给定位置的元素，并将它们插入在目标列表的给定位置：

```
std::list<int> numbers {1, 2, 3};                         // 1 2 3
std::list<int> values {5, 6, 7, 8};                       // 5 6 7 8
numbers.splice(begin(numbers), values, --end(values));    // 8 1 2 3
```

在这个版本中，splice()函数的前两个实参与该函数的上一个版本相同。第三个实参是一个迭代器，指定要从源列表中选择第一个元素的位置；从源列表中删除这个位置到末尾的所有元素，并插入到目标列表中。执行此代码片段后，values 将包含 5、6、7。

splice()的第三个版本需要 4 个实参，并从源列表中选择一个元素范围：

```
std::list<int> numbers {1, 2, 3};                          // 1 2 3
std::list<int> values {5, 6, 7, 8};                        // 5 6 7 8
numbers.splice(++begin(numbers), values, ++begin(values),
                                   --end(values));// 1 6 7 2 3
```

这个 splice()版本的前 3 个实参与上一个版本相同，最后一个实参是要从源列表 values 中删除的最后一个元素的下一个位置。执行后，values 将包含

```
5 8
```

merge()函数删除作为一个实参提供的列表中的元素，并将它们插入调用该函数的列表中。在调用 merge()之前，两个列表都必须适当地排序；第二个列表实参的顺序就是最终合并的列表的顺序。如果列表没有按照相同的方式排序，代码的调试版本就会中断，其发布版本会运行，但结果不正确。下面的代码片段显示了它的可能用法：

```
std::list<int> numbers {1, 2, 3};                    // 1 2 3
std::list<int> values {2, 3, 4, 5, 6, 7, 8};         // 2 3 4 5 6 7 8
numbers.merge(values);                               // 1 2 2 3 3 4 5 6 7 8
```

这段代码将 values 的内容合并到 numbers 中，因此执行此操作后 values 将变空。接受一个实参的 merge()成员函数默认情况下以对应该实参的方式排列结果的顺序，因为两个列表中的值都已经排序，所以不需要排序它们。为了以降序方式合并同样的列表，代码将如下所示：

```
numbers.sort(std::greater<>());                      // 3 2 1
values.sort(std::greater<>());                       // 8 7 6 5 4 3 2
numbers.merge(values, std::greater<>());             // 8 7 6 5 4 3 3 2 2 1
```

greater<>()函数对象指定列表应以降序方式排序，然后合并到相同的序列中。这里使用了该函数对象的透明版本，其中推断出了类型实参。merge()的第二个实参是指定顺序的函数对象，它必须与列表的顺序相同，操作才是正确的。可以省略 merge()的第二个实参，此时它推断为与 values 的类型相同。

remove_if()函数基于应用一元谓词的结果来删除列表中的元素，一元谓词是一个应用到单个实参的函数对象，它返回一个 bool 值 true 或 false。如果向一个元素应用谓词的结果是 true，就会从列表中删除该元素。通常我们会定义自己的谓词来做这件事。这就需要为函数对象或 λ 表达式定义自己的类模板。STL 定义了用在这种上下文中的 unary_function<T, R>基类模板。这个模板定义的类型可由派生类继承，来指定函数对象的类型。基类模板的定义如下：

```
template<class _Arg, class _Result>
struct unary_function
{ // base class for unary functions
  typedef _Arg argument_type;
  typedef _Result result_type;
};
```

这段代码定义了 argument_type 和 result_type，用于 operator()()函数的定义中。如果要在函数适配器中使用谓词，就要使用这个基础模板。本章将在后面介绍，λ 表达式为定义谓词提供了一个更加简单的方式。

用一个具体的应用程序来解释 remove_if()函数的使用方式是最好的，因此下面在一个工作示例

中尝试一下。

试一试：定义一个过滤列表的谓词

下面介绍了如何基于 STL 中的帮助模板定义一个函数对象的模板，然后可以用它来删除列表中的负值：

```
// function_object.h
// Unary predicate to identify negative values
#pragma once
#include <functional>

template <class T> class is_negative : public std::unary_function<T, bool>
{
  public:
  result_type operator()(argument_type& value)
  {
    return value < 0;
  }
};
```

这个谓词可处理任意支持与值 0 进行小于比较的类型。基础模板非常有用，因为它标准化了谓词的实参和返回类型的表示。如果希望函数对象可用于函数适配器，则需要基础模板。函数适配器允许合并函数对象来提供更复杂的函数。我们应当能看到如何用其他方式定义过滤列表的一元谓词，如选择偶数或奇数，或者给定数字的倍数，或者落在给定范围内的数字。

如果我们不关心谓词在函数适配器中的使用，就可以非常容易地定义模板，不需要基类模板：

```
// Unary predicate to identify negative values
#pragma once

template <class T> class is_negative
{
  public:
  bool operator()(const T& value)
  {
    return value < 0;
  }
};
```

这里不需要 functional 的#include 指令，因为没有使用基础模板。这样定义比较简单，可能也更容易理解，不过在此包括原始版本只是为了显示如何使用基础模板。如果打算在更通用的上下文中使用谓词，则可能想这么做。用第一个版本创建示例，但是也可以用另一个版本，或者两个版本都试试。

为了使这个示例更有趣，下面加入向列表中输入数据和写出列表内容的函数模板。下面是使用谓词的程序：

```
// Ex10_07.cpp
// Using the remove_if() function for a list

#include <iostream>
#include <list>
```

```
#include "function_object.h"

// Template function to list the contents of a list
template <class T>
void listAll(const std::list<T>& data)
{
  for(const auto& t : data)
    std::cout << t << "  ";
  std::cout << std::endl;
}

// Template function to read data from cin and store it in a list
template<class T>
void loadList(std::list<T>& data)
{
  T value;
  while(std::cin >> value , value != T())  //Read non-zero values
    data.emplace_back(std::move(value));
}

int main()
{
  // Process integers
  std::list<int> numbers;
  std::cout << "Enter non-zero integers separated by spaces. Enter 0 to end."
            << std::endl;
  loadList(numbers);
  std::cout << "The list contains:" << std::endl;
  listAll(numbers);
  numbers.remove_if(is_negative<int>());
  std::cout << "After applying remove_if() the list contains:" << std::endl;
  listAll (numbers);

  // Process floating-point values
  std::list<double> values;
  std::cout << "\nEnter non-zero float values separated by spaces(some negative!)."
            <<  "Enter 0 to end." << std::endl;
  loadList(values);
  std::cout << "The list contains:" << std::endl;
  listAll(values);
  values.remove_if(is_negative<double>());
  std::cout << "After applying remove_if() the list contains:" << std::endl;
  listAll(values);
}
```

下面是这个程序的输出:

```
Enter non-zero integers separated by spaces. Enter 0 to end.
23 -4 -5 66 67 89 -1 22 34 -34 78 62 -9 99 -19 0
The list contains:
23  -4  -5  66  67  89  -1  22  34  -34  78  62  -9  99  -19
After applying remove_if() the list contains:
23  66  67  89  22  34  78  62  99

Enter non-zero float values separated by spaces(some negative!).Enter 0 to end.
```

```
2.5 -3.1 5.5 100 -99 -.075 1.075 13 -12.1 13.2 0
The list contains:
2.5  -3.1  5.5  100  -99  -0.075  1.075  13  -12.1  13.2
After applying remove_if() the list contains:
2.5  5.5  100  1.075  13  13.2
```

示例说明

输出显示了谓词用于 int 类型和 double 类型的值。remove_if()函数依次向列表中的各个元素应用谓词，并删除谓词返回 true 的元素。

读取输入内容的 loadlist<T>()模板函数的函数体为：

```
T value;
while(std::cin >> value , value != T())  //Read non-zero values
  data.emplace_back(std::move(value));
```

将局部变量 value 定义为类型 T，这是模板的类型形参，因此它是用来实例化函数的类型。输入在 while 循环中读取，继续读取值，直到输入 0，在这种情况下 while 循环条件中的最后一个表达式将为 false，因此结束循环。使用带 value 的 rvalue 引用的 emplace_back()，会把 value 移动到列表中而不是复制它。

listAll<T>()函数模板的函数体实际上与上例中的同名函数相同。注意如何在模板中使用 auto。这推断出 for 循环控制变量 t 的类型，它映射到作为实参传递的列表容器中的元素所需的类型。如果想在这个示例内尝试 merge()函数，则可以在 main()中的 return 语句之前添加下列代码：

```
// Another list to use in merge
std::list<double> morevalues;
std::cout << "\nEnter non-zero float values separated by spaces. Enter 0 to end."
          << std::endl;
loadlist(morevalues);
std::cout << "The list contains:" << std::endl;
listAll(morevalues);
morevalues.remove_if(is_negative<double>());
std::cout << "After applying the remove_if() function the list contains:"
          << std::endl;
listAll(morevalues);

// Merge the last two lists
values.sort(std::greater<>());
morevalues.sort(std::greater<>());
values.merge(morevalues, std::greater<>());
std::cout << "\nSorting and merging two lists produces:" << std::endl;
listAll(values);
```

使用 std::greater<>()需要包含 functional 头文件。

10.6.10　使用 forward_list 容器

forward_list 头文件定义了 forward_list 容器模板。forward_list<T>容器实现了 T 类型元素的单链表，其中每个元素都包含指向下一个元素的指针。这意味着，与 list<T>容器不同，forward_list 只能向前遍历元素。与 list<T>容器相同，不能根据位置来访问元素。访问元素的唯一方式是从头开始遍历列表。因为 forward_list<T>容器的操作类似于 list<T>，所以这里只介绍其中的几个。

只要列表非空，front()成员函数就返回列表中第一个元素的引用。如果容器对象是 const，该引用也是 const。使用 empty()成员函数可以测试列表是否为空，只要列表至少有一个元素，该成员函数就返回 false。remove()函数删除与所提供的实参对象匹配的元素。还有 remove_if()成员，给它提供一个谓词作为实参（该谓词可以是一个函数对象或λ表达式），谓词为真的所有元素都会删除。

因为 forward_list 是一个单链表，所以 forward_list<T>容器只有向前迭代器。可以对 forward_list 使用全局函数，如 begin()和 end()，来得到迭代器，但返回逆序迭代器的函数除外。

使用 push_front()或 emplace_front()可以给 forward_list 添加元素。emplace_front()函数从所提供的实参中创建一个对象并插入到列表的前面。push_front()函数把提供为参数的对象插入到列表的前面。

例如：

```
std::forward_list<std::string> words;
std::string s1 {"first"};
words.push_front(s1);
words.emplace_front("second");
std::string s2 {"third"};
words.emplace_front(std::move(s2));
words.emplace_front("fourth");
```

执行这段代码后，words 就包含：

```
fourth  third  second  first
```

forward_list<T>容器的 before_begin()函数返回一个迭代器，指向第一个元素前面的位置。它与 insert_after()、emplace_after()成员函数一起使用。使用 insert_after()函数可以在列表中的给定位置后面插入一个或多个对象，它有几个版本，下面是一些例子：

```
std::forward_list<int> datalist;

// Returns an iterator pointing to the inserted element, 11
auto iter = datalist.insert_after(datalist.before_begin(), 11); // 11

// Inserts 3 copies of the 3rd argument after iter and increments iter
iter = datalist.insert_after(iter, 3, 15);                    // 11 15 15 15

// Insert a range following iter, and increments iter to point to 5
int data[] {1, 2, 4, 5};
iter = datalist.insert_after(
                  iter, std::cbegin(data), std::cend(data)); // 11 15 15 15 1 2 4 5
```

iter 的类型是 forward_list<int>::iterator。

使用 emplace_after()函数也可以在列表中给定的位置后面插入一个元素。emplace_after()的第一个参数是一个迭代器，它指定新元素应插入到哪个元素的后面。第二个和后续的实参传送给待插入对象的类构造函数。例如：

```
words.emplace_after(std::cbegin(words), "fifth");
```

在上一个代码段给 words 添加元素后执行这个语句，该列表会包含：

```
fourth  fifth  third  second  first
```

该函数创建了一个字符串对象("fifth")，并存储在第一个参数指向的位置后面。

forward_list<T>容器提供的性能比 list<T>容器好得多。只有一个链接要维护，使其操作起来更快，且不需要跟踪元素的个数。如果需要知道元素的个数，可以使用 algorithm 头文件中的 distance()函数来获得。

```
std::cout << "Size = " << std::distance(std::cbegin(words), std::cend(words));
```

实参是迭代器，分别指定了第一个元素以及要计数的最后一个元素后面的那个元素。

10.6.11　使用其他序列容器

其余序列容器通过本章开头介绍的容器适配器来实现。笔者将简要介绍它们，并用一个示例说明它们的操作。

1. 队列容器

queue<T>容器通过适配器实现先进先出存储机制。元素只能向队列的末尾添加或从开头删除。下面是一种创建队列的方式：

```
std::queue<std::string> names;
```

此代码创建一个可以存储 string 类型元素的队列。默认情况下，queue<T>适配器类用一个 deque<T>容器作为基础，但是可以指定不同的序列容器作为基础，只要它支持 front()、back()、push_back()和 pop_front()操作。这 4 个函数用来操作队列。因此，队列可以基于列表或矢量容器。我们指定另一个容器为第二个模板形参。下面的代码说明了如何基于列表创建队列：

```
std::queue<std::string, std::list<std::string>> names;
```

适配器模板的第二个类型形参指定要使用的底层序列容器。队列适配器类用作底层容器类的包装器，可以执行的操作范围基本上限制在表 10-4 中。

表　10-4

函　数	说　明
back()	返回对队列后端的元素的引用。这个函数有两个版本，一个版本返回 const 引用，另一个版本返回非 const 引用。如果队列为空，则返回的值不确定
front()	返回对队列前端的元素的引用。这个函数有两个版本，一个版本返回 const 引用，另一个版本返回非 const 引用。如果队列为空，则返回的值不确定
push()	在队列后端添加实参指定的元素
pop()	删除队列前端的元素
size()	返回队列中的元素数目
empty()	如果队列为空则返回 true，否则返回 false

注意，表 10-4 中没有使迭代器可用于队列容器的函数。访问队列内容的唯一方式是使用 back()或 front()函数。

试一试：使用队列容器

本示例连续读取一条或多条格言，并将它们存储在队列中，然后检索并输出它们。代码如下：

```
// Ex10_08.cpp
// Exercising a queue container
#include <iostream>
#include <queue>
#include <string>

int main()
{
  std::queue<std::string> sayings;
  std::string saying;
  std::cout << "Enter one or more sayings. Press Enter to end." << std::endl;
  while(true)
  {
    std::getline(std::cin, saying);
    if(saying.empty())
      break;
    sayings.push(saying);
  }

  std::cout << "There are " << sayings.size() << " sayings in the queue.\n"
            << std::endl;
  std::cout << "The sayings that you entered are:" << std::endl;
  while(!sayings.empty())
  {
    std::cout << sayings.front() << std::endl;
    sayings.pop();
  }
}
```

下面是这个程序的部分输出示例：

```
Enter one or more sayings. Press Enter to end.
If at first you don't succeed, give up.
A preposition is something you should never end a sentence with.
The bigger they are, the harder they hit.
A rich man is just a poor man with money.
Wherever you go, there you are.
Common sense is not so common.

There are 6 sayings in the queue.

The sayings that you entered are:
If at first you don't succeed, give up.
A preposition is something you should never end a sentence with.
The bigger they are, the harder they hit.
A rich man is just a poor man with money.
Wherever you go, there you are.
Common sense is not so common.
```

示例说明

本例首先创建一个存储字符串对象的队列容器：

```
std::queue< std::string> sayings;
```

用一个 while 循环从标准输入流中读取格言，并将它们存储在队列容器中：

```
while(true)
{
  std::getline(std::cin, saying);
  if(saying.empty())
    break;
  sayings.push(saying);
}
```

getline()函数的这个版本将 cin 中的文本读入 string 对象 saying 中，直到遇到一个换行符。换行符是默认输入终止符，当要重写它时，指定终止字符作为 getline()的第三个实参。这个循环会继续，直到 if 语句中的 saying 的 empty()函数返回 true，这表示输入了空行。当 saying 中的输入不为空时，就调用 sayings 队列容器的 push()函数将它存储在该队列容器中。

当完成输入时，输出存储在队列中的格言的条数：

```
std::cout << "There are " << sayings.size() << " sayings in the queue.\n"
            << std::endl;
```

size()函数返回队列中的元素数目。

用另一个 while 循环列出队列的内容：

```
while(!sayings.empty())
{
  std::cout << sayings.front() << std::endl;
  sayings.pop();
}
```

front()函数返回对队列前端对象的引用，但是此对象仍然在那儿。因为要依次访问队列中的各个元素，所以必须在列出各个元素之后，调用 pop()函数将它从队列中删除。

由于列出队列中元素的过程也删除这些元素，因此当循环结束时队列将为空。如果要保留队列中的元素，该怎么办呢？一种办法是列出队列中的每条格言后再把它们放回队列中。代码如下：

```
for(std::queue<std::string>::size_type i {} ;i < sayings.size() ;i++)
{
  saying = sayings.front();
  std::cout << saying << std::endl;
  sayings.pop();
  sayings.push(saying);
}
```

这里用 size()返回的值迭代队列中的格言条数。将每条格言写到 cout 中后，通过调用 pop()将它从队列中删除，然后通过调用 push()将它返回到队列的后端。当循环结束时，队列会保持原来的状态。当然，如果在访问元素时不打算删除元素，那么可以使用另一种容器。

2. 优先级队列容器

priority_queue<T>容器是一个队列，它的顶部总是具有最大或最高优先级的元素，就像是从高到低排队的人。下面是一种定义优先级队列容器的方式：

```
std::priority_queue<int> numbers;
```

向队列中添加元素时，确定元素的相对优先级的默认条件是标准的 less<T>()函数对象。用 push()函数向优先级队列中添加一个元素：

```
numbers.push(99);                    // Add 99 to the queue
```

向队列中添加元素时，如果队列不为空，函数就会用 less<T>()谓词来确定在何处插入新对象。这会导致元素从队列的后端向前以升序排列。当元素在优先级队列中时，不能修改元素，因为这样可能会使已经建立起来的元素顺序失效。

优先级队列的完整操作集合如表 10-5 所示。

表 10-5

函　数	说　明
top()	返回对优先级队列前端元素的 const 引用，它将是容器中最大或最高优先级的元素。如果优先级队列为空，则返回的值不确定
push()	将实参指定的元素添加到优先级队列中由容器的谓词确定的位置，谓词默认为 less<T>
pop()	删除优先级队列前端的元素，它将是容器中最大或最高优先级的元素
size()	返回优先级队列中的元素数目
empty()	如果优先级队列为空则返回 true，否则返回 false

注意，优先级队列与队列容器的可用函数之间有一个明显的区别。使用优先级队列时不能访问队列后端的元素，只能访问前端的元素。

默认情况下，优先级队列适配器类使用的基础容器为 vector<T>。可以选择指定不同的序列容器作为基础，并选择一个备用函数对象来确定元素的优先级。代码如下：

```
std::priority_queue<int, std::deque<int>, std::greater<>> numbers;
```

这个语句基于 deque<int>容器定义优先级队列，用 greater<>类型的透明函数对象插入元素。这个优先级队列中的元素将以降序排列，顶部是最小的元素。3 个模板形参是元素类型、要用作基础的容器类型、要用来排列元素顺序的谓词类型。

如果想应用默认谓词(在这种情况下是 less<int>)，则可以省略第三个模板形参。如果想用不同的谓词但是要保留默认基础容器，则必须像这样显式地指定它：

```
std::priority_queue<int, std::vector<int>, std::greater<>> numbers;
```

这段代码指定默认基础容器 vector<int>和用来决定元素顺序的谓词类型 greater<>。

试一试：使用优先级队列容器

在本示例中将 Person 对象存储在容器中，这次用定义的 Person 类来保存 string 类型的姓名：

```
// Person.h
// A class defining a person
#pragma once
#include <iostream>
#include <string>

class Person
{
public:
  Person(const std::string first, const std::string second) :
            firstname {std::move(first)}, secondname {std::move(second)} {}


  Person()=default;


  // Less-than operator
  bool operator<(const Person& p)const
  {
    return (secondname < p.secondname ||
          ((secondname == p.secondname) && (firstname < p.firstname)));
  }

  // Greater-than operator
  bool operator>(const Person& p)const
  {
    return p < *this;
  }

  // Output a person
  void showPerson() const
  {
    std::cout << firstname << " " << secondname << std::endl;
  }

private:
  std::string firstname;
  std::string secondname;
};
```

注意，实现了小于和大于运算符。这样，就可以在以升序或降序排列的优先级队列中添加对象。下面是在优先级队列中存储 Person 对象的程序：

```
// Ex10_09.cpp
// Exercising a priority queue container
#include <vector>
#include <queue>
#include <functional>
#include "Person.h"

int main()
{
  std::priority_queue<Person, std::vector<Person>, std::greater<>> people;
  std::string first, second;
  while(true)
```

```
  {
    std::cout << "Enter a first name or press Enter to end: " ;
    std::getline(std::cin, first);
    if(first.empty())
      break;

    std::cout << "Enter a second name: " ;
    std::getline(std::cin, second);
    people.push(Person {first,second});
  }

  std::cout << "\nThere are " << people.size() << " people in the queue."
            << std::endl;

  std::cout << "\nThe names that you entered are:" << std::endl;
  while(!people.empty())
  {
    people.top().showPerson();
    people.pop();
  }
}
```

这个示例的输出如下：

```
Enter a first name or press Enter to end: Oliver
Enter a second name: Hardy
Enter a first name or press Enter to end: Stan
Enter a second name: Laurel
Enter a first name or press Enter to end: Harold
Enter a second name: Lloyd
Enter a first name or press Enter to end: Mel
Enter a second name: Gibson
Enter a first name or press Enter to end: Brad
Enter a second name: Pitt
Enter a first name or press Enter to end:

There are 5 people in the queue.

The names that you entered are:
Mel Gibson
Oliver Hardy
Stan Laurel
Harold Lloyd
Brad Pitt
```

示例说明

Person 类比前面的版本简单，因为姓名存储为 string 对象，不需要动态分配内存。我们不需要定义赋值运算符、复制构造函数，因为使用默认的就可以。定义 operator<()运算符函数足以允许 Person 对象存储在默认优先级队列中， operator>()运算符允许用 greater<>谓词排列 Person 对象。

如下所示在 main()中定义优先级队列：

```
std::priority_queue<Person, std::vector<Person>, std::greater<>> people;
```

因为要指定第三个模板类型形参，所以必须提供 3 个形参，即便基础容器类型是默认类型也是如此。顺便提及，不要将模板实例中使用的类型实参 greater<>与可能作为 sort()算法实参的对象 greater<>()相混淆。

当然，优先级队列模板的第三个形参不一定是模板类型。可以使用自己的函数对象类型，只要它在类中有 operator()()的合适实现。例如：

```
// function_object.h
#pragma once
#include <functional>
#include "Person.h"

class PersonComp : public std::binary_function<Person, Person, bool>
{
public:
  result_type operator()(const first_argument_type& p1,
                         const second_argument_type& p2) const
  {
    return p1 > p2;
  }
};
```

对于使用 STL 的函数对象，二元谓词必须用两个形参实现 operator()()，如果希望谓词使用函数适配器，则函数对象类型必须有 binary_function<ArglType, Arg2Type, ResultType>模板的一个实例作为基础。虽然我们通常会令二元谓词的两个实参是相同的类型，但是基类并不要求这样，因此当它有意义时，谓词可以应用到不同类型的实参。

如果不打算在函数适配器中使用函数对象，则可以像下面这样定义类型：

```
// function_object.h
#pragma once
#include "Person.h"

class PersonComp
{
public:
  bool operator()(const Person& p1, const Person& p2) const
  {
    return p1 > p2;
  }
};
```

使用这种函数对象类型，可以将优先级队列对象定义为：

```
std::priority_queue<Person, std::vector<Person>, PersonComp> people;
```

可以在 while 无限循环中从标准输入流读取姓名：

```
while(true)
{
  std::cout << "Enter a first name or press Enter to end: " ;
  std::getline(std::cin, first);
  if(first.empty())
    break;
```

```
    std::cout << "Enter a second name: " ;
    std::getline(std::cin, second);
    people.push(Person {first, second});
  }
```

空的名字会结束循环。读取姓之后，在向优先级队列添加对象的 push()函数的实参表达式中创建 Person 对象。它会插入在 greater<>谓词定义的位置。这会导致对象在优先级队列中的排列顺序是顶部为最小值。可以从输出中看出姓名是以按照姓氏升序排列的。

用 size()函数输出队列中的元素数目后，在一个 while 循环中输出队列的内容：

```
while(!people.empty())
{
  people.top().showPerson();
  people.pop();
}
```

top()函数返回对队列前端对象的一个引用，用这个引用调用 showPerson()函数来输出姓名。然后调用 pop()删除队列前端的元素，如果不这么做就无法访问下一个元素。

当循环结束时，优先级队列将为空。无法访问所有元素并把它们留在队列中。如果要保留它们，就必须将它们放到别的地方，也许是放到另一个优先级队列中。

3. 栈容器

stack<T>适配器模板在 stack 头文件中定义，默认情况下基于 deque<T>容器实现向下推栈。向下推栈是一种后进先出的存储机制，只能访问最近在栈中添加的对象。

下面一行代码用于定义栈：

```
std::stack<Person> people;
```

此代码定义一个存储 Person 对象的栈。

基础容器可以是支持 back()、push_back()和 pop_back()操作的任何序列容器。可以像下面这样基于一个列表来定义栈：

```
std::stack<std::string, std::list<std::string>> names;
```

与以前一样，第一个模板类型实参是元素类型，第二个实参是要用作栈的基础的容器类型。

stack<T>容器仅可以应用 5 种操作，如表 10-6 所示。

表 10-6

函　数	说　明
top()	返回对栈顶部元素的引用。如果栈为空，则返回的值不确定。可以将返回的引用赋给一个 const 或非 const 引用，如果赋予后者，就可以在栈中修改对象
push()	向栈顶部添加实参指定的元素
pop()	删除栈顶部的元素
size()	返回栈中的元素数目
empty()	如果栈为空则返回 true，否则返回 false

与通过容器适配器提供的其他容器一样，不能用迭代器来访问栈的内容。下面通过另一个示例来看看栈的运行。

试一试：使用栈容器

本示例在栈中存储 Person 对象。Person 类与上一个示例相同，因此这里不再重述代码了。程序如下：

```
// Ex10_10.cpp
// Exercising a stack container
#include <iostream>
#include <stack>
#include <list>
#include "Person.h"

int main()
{
  std::stack<Person, std::list<Person>> people;

  std::string first, second;
  while(true)
  {
    std::cout << "Enter a first name or press Enter to end: " ;
    std::getline(std::cin, first);
    if(first.empty())
      break;

    std::cout << "Enter a second name: " ;
    std::getline(std::cin, second);
    people.push(Person {first, second});
  }

  std::cout << "\nThere are " << people.size() << " people in the stack."
            << std::endl;
  std::cout << "\nThe names that you entered are:" << std::endl;
  while(!people.empty())
  {
    people.top().showPerson();
    people.pop();
  }
}
```

下面是一个示例输出：

```
Enter a first name or press Enter to end: Gordon
Enter a second name: Brown
Enter a first name or press Enter to end: Harold
Enter a second name: Wilson
Enter a first name or press Enter to end: Margaret
Enter a second name: Thatcher
Enter a first name or press Enter to end: Winston
Enter a second name: Churchill
Enter a first name or press Enter to end: David
Enter a second name: Lloyd-George
```

```
Enter a first name or press Enter to end:

There are 5 people in the stack.

The names that you entered are:
David Lloyd-George
Winston Churchill
Margaret Thatcher
Harold Wilson
Gordon Brown
```

示例说明

main()中的代码或多或少地与前面示例中的相同。只有容器的定义区别较大：

```
std::stack<Person, std::list<Person>> people;
```

栈容器存储 Person 对象，在本例中是基于 list<T>容器。也可以使用 vector<T>容器，如果省略了第二个类型形参，栈将使用 deque<T>容器作为基础。

输出表明，栈实际上是一种后进先出的容器，因为输出中的姓名顺序与输入时相反。

10.6.12 tuple< >类模板

tuple< >类模板定义在 tuple 头文件中，此模板对于 array< >容器是一个有用的辅助，对其他序列容器(例如，vector< >)也很有用。顾名思义，tuple< >对象封装了很多不同的项，这些项可以具有不同的类型。如果处理来自某个文件或者某个 SQL 数据库的固定记录，则可以使用 vector< >或 array< >容器来存储封装了记录字段的 tuple< >对象。我们来看一个具体的例子。

假设正在处理人事记录，记录包含整数类型的雇员号、此雇员的姓名和年龄。可以如下面这样给 tuple< >实例定义一个别名，来封装一个雇员记录：

```
using Record = std::tuple<int, std::string, std::string, int>;
```

别名非常有益于减少冗长的类型说明。Record 类型名定义为 tuple< >，tuple< >存储着 int、string、string 和 int 类型的值，分别对应于雇员的 ID、名、姓和年龄。现在可以定义 array< >容器来存储 Record 对象：

```
std::array<Record, 5> personnel { Record {1001, "Joan", "Jetson", 35},
                                  Record {1002, "Jim" , "Jones" , 26},
                                  Record {1003, "June", "Jello" , 31},
                                  Record {1004, "Jack", "Jester", 39} };
```

这条语句定义了 personnel 容器，它是一个可以存储 5 个 Record 对象的数组。如果希望被处理元组的数量是灵活的，则可以使用 vector< >或 list< >容器。这里，在 personnel 的 5 个元素中，有 4 个元素是由初始化列表来初始化的。可以像下面这样来添加第 5 个元素：

```
personnel[4] = Record {1005, "Jean", "Jorell", 29};
```

这条语句使用索引操作符来访问数组容器中的第 5 个元素。也可以选择用 make_tuple()函数模板来创建一个 tuple< >对象：

```
personnel[4] = std::make_tuple(1005, "Jean", "Jorell", 29);
```

make_tuple()函数创建的 tuple< >实例等价于这里的 Record 类型，因为推断出的类型形参是相同的。

要访问元组中的字段，需要使用 get()模板函数。模板形参是要访问的字段的索引位置，元组中字段的索引是从 0 开始的。get()函数的实参是正在访问的元组。例如，下面展示了如何列出 personnel 容器中的记录：

```
std::cout << std::setiosflags(std::ios::left);     // Left align output
for (const auto& r : personnel)
{
  std::cout << std::setw(10) << std::get<0>(r) << std::setw(10) << std::get<1>(r)
            << std::setw(10) << std::get<2>(r) << std::setw(10) << std::get<3>(r)
            << std::endl;
}
```

需要包含 iomanip 才能编译这段代码。上面的代码输出了 personnel 容器中每个元组的各个字段，每个元组占用一行。这些字段在 10 个字符宽的字段中左对齐，所以看起来很整齐。注意，get()函数模板的类型形参必须是一个编译时常量。这就意味着不能将循环索引变量用作类型形参，因此不能在循环中迭代这些字段。定义一些整型常量可以以更可读的方式来标识元组中的字段。例如，可以定义下面的常量：

```
const size_t ID {}, firstname {1}, secondname {2}, age {3};
```

现在可以将这些变量用作 get()函数实例的类型形参，以更清晰地表明正在检索的是哪个字段。

```
for (const auto& r : personnel))
{
  std::cout << std::setw(10) << std::get<ID>(r)
            << std::setw(10) << std::get<firstname>(r)
            << std::setw(10) << std::get<secondname>(r)
            << std::setw(10) << std::get<age>(r) << std::endl;
}
```

我们将这些代码片段组合成可以编译和运行的程序。

试一试：将元组存储到数组中

下面是示例代码：

```
// Ex10_11.cpp Using an array storing tuple objects
#include <array>
#include <tuple>
#include <string>
#include <iostream>
#include <iomanip>

const size_t maxRecords{ 100 };
using Record = std::tuple<int, std::string, std::string, int>;
using Records = std::array<Record, maxRecords>;

// Lists the contents of a Records array
void listRecords(const Records& people)
{
```

```
  const size_t ID{}, firstname{ 1 }, secondname{ 2 }, age{ 3 };
  std::cout << std::setiosflags(std::ios::left);
  Record empty;
  for (const auto& record : people))
  {
    if (record == empty) break;          // In case array is not full
    std::cout << "ID: " << std::setw(6) << std::get<ID>(record)
              << "Name: " << std::setw(25)
              << (std::get<firstname>(record) +" " + std::get<secondname>(record))
              << "Age: " << std::setw(5) << std::get<age>(record) << std::endl;
  }
}

int main()
{
  Records personnel { Record {1001, "Arthur", "Dent", 35},
                      Record {1002, "Mary", "Poppins", 55},
                      Record {1003, "David", "Copperfield", 34},
                      Record {1004, "James", "Bond", 44} };
  personnel[4] = std::make_tuple(1005, "Harry", "Potter", 15);
  personnel.at(5) = Record {1006, "Bertie", "Wooster", 28};

  listRecords(personnel);
}
```

程序产生下面的输出：

```
ID: 1001  Name: Arthur Dent             Age: 35
ID: 1002  Name: Mary Poppins            Age: 55
ID: 1003  Name: David Copperfield       Age: 34
ID: 1004  Name: James Bond              Age: 44
ID: 1005  Name: Harry Potter            Age: 15
ID: 1006  Name: Bertie Wooster          Age: 28
```

示例说明

为了使代码易于阅读，定义了两个别名：

```
using Record = std::tuple<int, std::string, std::string, int>;
using Records = std::array<Record, maxRecords>;
```

第一条语句定义 Record 等价于存储了 4 个字段的 tuple< >类型，这 4 个字段的类型分别是 int、string、string 和 int。第二个语句定义 Records 为 array< >类型，Records 用来存储 maxRecords 个 Record 类型的元素。maxRecords 定义为类型为 size_t 的 const 值。这两个别名对于简化使用 STL 的代码有很大帮助。

listRecords()函数输出 Records 数组中的元素。此函数体中的第一条语句定义了几个常量，它们用来访问 Record 元组中的字段。这样就可以采用有意义的名称，而不是含义不明确的数字索引值。接下来的语句确保随后到标准输出流的输出是左对齐的。基于范围的 for 循环遍历传递到函数的 Records 数组中的元素，直到找到等价于 0 的元素为止。未显式初始化的元素将用元素类型 Record 的无实参构造函数来初始化。每个数组元素所包含的元组字段可通过 get< >()函数，使用为此而定义的常量来访问。setw()操作符设置接下来要写到 cout 的项的输出字段宽度。

在 main()中，将 personnel 数组创建为 Records 类型，并用 Record 对象初始化前 4 个元素：

```
Records personnel   { Record {1001, "Arthur", "Dent", 35},
                      Record {1002, "Mary", "Poppins", 55},
                      Record {1003, "David", "Copperfield", 34},
                      Record {1004, "James", "Bond", 44} };
```

此语句的可读性显然要好得多，因为定义了 Records 和 Record 的别名。

接下来的语句向数组添加另一个 Record：

```
personnel[4] = std::make_tuple(1005, "Harry", "Potter", 15);
```

此语句使用 personnel 数组的 operator[]()函数重载来访问元素，使用 make_tuple()函数创建一个元组，此元组类似于要存储在数组中的 Record 类型的元组。

奇怪的是，接下来的语句使用了一种不同的方法来设置数组元素的值：

```
personnel.at(5) = Record {1006, "Bertie", "Wooster", 28};
```

此语句对数组使用了 at()函数，实参值 5 选择的是数组的第 6 个元素。这里元组是用 Record 类型名来创建的。最后，在 main()中调用 listRecords()函数列出 personnel 的内容。输出结果表明一切正常。

10.7　关联容器

下面仅讨论一些可用的关联容器，了解它们的工作方式。关联容器(如 map<K,T>)最重要的特性是无须搜索就可以检索特定对象。关联容器内 T 类型对象的位置由与对象一起提供的类型为 K 的键确定，因此只要提供适当的键，就可以快速地检索任何对象。

对于 set<T>和 multiset<T>容器，对象作为它们自己的键。我们可能会疑惑该容器的用途，因为在检索对象前必须有可用的对象。毕竟，如果已经有对象，为什么还需要检索它？集合容器和多重集合容器主要不是为了存储对象用于以后检索，而是为了创建对象的一个聚集，以便可以查看给定对象是否已经是成员。

本节将集中介绍映射容器。集合容器和多重集合容器很少使用，它们的操作与映射容器和多重映射容器非常类似，因此当学会如何应用映射容器后，使用这些应该不是太难。

10.7.1　使用映射容器

当创建 map<K,T>容器时，K 是键的类型，用于存储 T 类型的关联对象。键/对象对会存储为 pair<K,T>类型的对象，pair<K,T>在 utility 头文件中定义。utility 头文件包含在 map 头文件中，所以其类型定义自动可用。下面是创建映射的一个示例：

```
std::map<Person, std::string> phonebook;
```

此代码定义了一个空映射容器，用来存储键/对象对条目，其中键的类型是 Person，对象的类型是 string。

注意：虽然这里对要存储在映射中的键和对象都使用了类对象，但是映射中的键和关联对象也可以是任何基本类型，如 int、double 或 char。

也可以创建一个映射容器，用另一个映射容器中的 pair<K,T>对象序列来初始化：

```
std::map<Person, std::string> phonebook {iter1, iter2};
```

iter1 和 iter2 是用常规方式定义另一个容器中的一系列键/对象对的一对迭代器，iter2 指定将包括在序列中的最后一个键/对象对后面的位置。这些迭代器是输入迭代器，但从映射中获得的迭代器是双向迭代器。与序列容器一样，调用 begin()和 end()函数可以获得迭代器，来访问映射的内容。

默认情况下，映射中的条目基于 less<Key>类型的函数对象排序，因此它们以升序键序列存储。可以提供第三个模板类型形参，来修改用来排列映射中条目顺序的类型函数对象。例如：

```
std::map<Person, std::string, std::greater<>> phonebook;
```

这个映射存储 Person/string 对条目，其中 Person 是带关联字符串对象的键。条目的顺序将由 greater<>类型的函数对象确定，因此条目将以降序键序列排序。

1. 存储对象

可以像下面这样定义一对对象：

```
auto entry = std::pair<Person, std::string>
                                   {Person {"Mel", "Gibson"}, "213 345 5678"};
```

它创建 pair<Person, string>类型的变量 entry，并将它初始化为从 Person 对象和 string 对象中创建的对象。这里用一种非常简单的方式表示电话号码，如字符串一样，当然，它可以是标识号码组成部分的更复杂的类，如国家代码和电话区号。Person 类是上一个示例中使用的类。

pair<K，T>类模板定义了两个构造函数，一个是默认构造函数，它从类型 K 和 T 的默认构造函数中创建对象，另一个构造函数从键及其关联的对象中定义新对象。复制构造函数和从 rvalue 引用中创建对象的构造函数还有构造函数模板。

可以通过成员 first 和 second 访问一个对中的元素，因此在此示例中，entry.first 引用 Person 对象，entry.second 引用 string 对象。

也可以使用在 utility 头文件中定义的帮助函数 make_pair()来创建一对对象：

```
auto entry = std::make_pair(Person {"Nell", "Gwynne"}, "213 345 5678");
```

make_pair()函数从实参类型中自动推断出对的类型。注意这里是一个 pair<Person, const char*>对象，但把它插入 phonebook 映射中时，它会转换为 pair<Person, string>。

用于对对象的所有比较运算符都被重载了，因此可以用下列运算符中的任何一个来比较它们：<、<=、= =、!=、>=和>。

定义一个别名，来简写当前使用的 pair<K，T>类型常常非常方便。例如：

```
using Entry = std::pair<Person, std::string> ;
```

这个语句定义 Entry 作为键/对象对类型的别名。定义了 Entry 类型后，就可以使用它创建对象。例如：

```
Entry entry1 {Person {"Jack", "Jones"}, "213 567 1234"};
```

这个语句用 Person<"Jack"，"Jones">作为 Person 实参，并用"213 567 1234"作为 string 实参定义一个类型为 pair<Person，string>的对。

可以用 insert()函数在映射中插入一个或多个对。例如，下面插入了一个对象：

```
phonebook.insert(entry1);
```

只要映射中没有别的条目使用同样的键，这个语句就向 phonebook 容器中插入 entry1 对。insert()函数的这个版本返回的值也是一个对，这个对中的第一个对象是迭代器，第二个对象是 bool 类型的值。如果进行了插入操作，那么该对中的 bool 值将为 true，否则为 false。如果元素存储在映射中，对中的迭代器将指向这个元素，或者如果插入失败，则指向已经在映射中的元素。因此可以像下面这样检查有没有存储对象：

```
auto checkpair = phonebook.insert(entry1);
if(checkpair.second)
  std::cout << "Insertion succeeded." << std::endl;
else
  std::cout << "Insertion failed." << std::endl;
```

insert()函数返回的对存储在 checkpair 中。checkpair 的类型是 pair<map<Person,string>::iterator, bool>，所以 auto 在这里非常有用。该类型对应于一个对，这个对封装了 map<Person, string>::iterator 类型的迭代器(可以作为 checkpair.first 访问它)，以及 bool 类型的值(可以在代码中作为 checkpair.second 访问它)。解除该对中的迭代器的引用，就可以访问存储在映射中的对，可以分别用那个对的 first 和 second 成员来访问键和对象。这可能需要一些技巧，下面看看上面代码中的 checkpair：

```
std::cout << "The key for the entry is:" << std::endl;
checkpair.first->first.showPerson();
```

表达式 checkpair.first 引用 checkpair 对的第一个成员，它是一个迭代器，因此使用这个表达式访问指向该映射中的对象的指针。映射中的对象是另一个对，因此表达式 checkpair.first->first 访问那个对的第一个成员，即 Person 对象。我们用它来调用 showPerson()成员以输出姓名。可以用表达式 checkpair.first->second，以类似的方式访问对中表示电话号码的对象。

insert()函数的另一个版本用来在映射中插入一系列对。这些对通过两个迭代器实参定义，通常来自另一个映射容器，也可以来自另一种类型的容器。

映射定义了 operator[]()成员函数，因此也可以用这个下标操作符来插入对象。下面的代码说明了如何在 phonebook 映射中插入 entry1 对象：

```
phonebook[Person {"Jack", "Jones"}] = "213 567 1234";
```

下标值是用来存储出现在赋值运算符右边的对象的键。这也许是一种较为直观的在映射中存储对象的方式。与 insert()函数相比，它的唯一缺点是无法发现键是否已在映射中。

使用 emplace()函数模板可以插入一个在映射中就地构建的对：

```
Entry him {Person {"Jack", "Spratt"}, "213 456 7899"};
auto checkpair = phonebook.emplace(std::move(him));
```

这个代码创建了对 him，用一个对 him 的 rvalue 引用作为实参，来调用 emplace()。返回的对包含一个迭代器和一个 bool 值，其含义与 insert()函数返回的对相同。

当然，也可以编写如下语句：

```
auto checkpair = phonebook.emplace(Person {"Jack", "Spratt"}, "213 456 7899");
```

2. 访问对象

可以用下标操作符从映射中检索对应于给定键的对象。例如：

```
string number {phonebook[Person{"Jack", "Jones"}]};
```

此代码在 number 中存储对应于 Person("Jack", "Jones")键的对象。如果键不在映射中，那么在这个键的映射中插入一个对条目，用该对象作为对象类型的默认值，这表示，对于上面的语句，如果不存在该条目，则这里将调用无实参 string 构造函数来创建这个键的对象。

当然，当试图检索对应于给定键的对象时，也许不想插入默认对象。在这种情况下，可以用 find()函数来检查是否存在给定键的条目，然后检索它：

```
std::string number;
Person key {"Jack", "Jones"};
auto iter = phonebook.find(key);

if(iter != phonebook.end())
{
  number = iter->second;
  std::cout << "The number is " << number << std::endl;
}
else
{
  std::cout << "No number for the key ";
  key.showPerson();
}
```

find()函数返回一个类型为 map<Person,string>::iterator 的迭代器，此迭代器指向对应于该键的对象(如果映射中存在该键)，或者指向映射中最后一个条目的下一个位置，它对应于 end()函数返回的迭代器。因此，如果 iter 不等于 end()返回的迭代器，那么存在该条目，可以通过那个对的第二个成员来访问对象。如果想防止修改映射中的对象，则可以将该迭代器显式定义为类型 map<Person, string>::const_iterator。

用一个键作为实参来调用映射的 count()函数将返回找到的对应于键的条目个数。对于一个映射，返回的值只能是 0 或 1，因为映射中的每个键必须唯一。多重映射容器允许一个给定键有多个条目，因此在这种情况下 coun()可能返回其他值。

3. 其他映射操作

erase()函数可以从映射中删除单个条目或者某个范围内的条目。erase()有两个删除单个条目的版本。一个版本需要一个迭代器作为指向要删除的条目的实参，另一个版本需要一个对应于要删除的条目的键。例如：

```
Person key {"Jack", "Jones"};
auto count = phonebook.erase(key);
if(!count)
  std::cout << "Entry was not found." << std::endl;
```

当向 erase()函数提供一个键时，它返回已经删除的条目个数。如果使用一个映射容器，则返回值只能是 0 或 1。多重映射容器可以有具有相同键的多个条目，在这种情况下，erase()函数可能返回大于 1 的值。

也可以提供一个迭代器作为 erase()的实参：

```
Person key {"Jack", "Jones"};

auto iter = phonebook.find(key);
if(iter != phonebook.end())
  iter = phonebook.erase(iter);
if(iter == phonebook.end())
  std::cout << "End of the map reached." << std::endl;
```

在这种情况下，erase()函数返回一个迭代器，它指向映射中被删除的条目的下一个条目，或者，如果不存在这样的元素，那么返回一个指向映射末尾的指针。

表 10-7 显示了可以应用于映射容器的其他操作。

表　10-7

函　　数	说　　明
begin()	返回一个指向映射中第一个条目的双向迭代器
end()	返回一个指向映射中最后一个条目的下一个位置的双向迭代器
cbegin()	返回一个指向映射中第一个条目的 const 双向迭代器
cend()	返回一个指向映射中最后一个条目的下一个位置的 const 双向迭代器
rbegin()	返回一个指向映射中最后一个条目的逆向迭代器
rend()	返回一个指向映射中第一个条目之前一个位置的逆向迭代器
crbegin()	返回一个指向映射中最后一个条目的 const 逆向迭代器
crend()	返回一个指向映射中第一个条目之前一个位置的 const 逆向迭代器
at()	返回一个对数据值的引用，数据值对应于提供为实参的键
lower_bound()	接受一个键作为实参，如果有一个键大于或等于(下边界)指定键，则返回指向第一个条目的迭代器。如果不存在该键，那么将返回指向最后一个条目的下一个位置的迭代器
upper_bound()	接受一个键作为实参，如果有一个键大于(上边界)指定键，则返回一个指向第一个条目的迭代器。如果不存在该键，那么将返回指向最后一个条目的下一个位置的迭代器
equal_range()	接受一个键作为实参，并返回含两个迭代器的一对对象。这个对中的第一个成员指向指定键的下边界，第二个成员指向指定键的上边界。如果不存在该键，则对中的两个迭代器都会指向映射中最后一个条目的下一个位置
swap()	将作为实参传递的映射中的条目与调用该函数的映射中的条目交换
clear()	删除映射中的所有条目

(续表)

函　数	说　明
size()	返回映射中的元素数目
max_size()	返回映射的最大容量
empty()	如果映射为空则返回 true，否则返回 false

lower_bound()、upper_bound()和 equal_range()函数对于映射容器不是非常有用。然而，当要查找具有相同键的所有元素时，它们本身构成了一个多重映射容器。下面介绍一个运行中的映射。

试一试：使用映射容器

在本示例中用一个映射容器来存储电话号码，并提供一个找到某个人的电话号码的机制。本例中使用 Person 类的一个变体：

```
// Person.h
// A class defining a person
#pragma once
#include <string>

class Person
{
public:
  Person(const std::string& first = "", const std::string& second = "") :
                                     firstname {first}, secondname {second} {}
  // Move constructor
  Person(std::string&& first, std::string&& second) :
                 firstname {std::move(first)}, secondname {std::move(second)}  {}

  // Move constructor
  Person(Person&& person) :
                      firstname {std::move(person.firstname)},
                      secondname {std::move(person.secondname)} {}

  // Move assignment operator
  Person& operator=(Person&& person)
  {
    firstname = std::move(person.firstname);
    secondname = std::move(person.secondname);
  }

  // Less-than operator
  bool operator<(const Person& p)const
  {
    return (secondname < p.secondname ||
                ((secondname == p.secondname) && (firstname < p.firstname)));
  }

  // Get the name
  std::string getName()const
  {
    return firstname + " " + secondname;
  }
```

```
private:
  std::string firstname;
  std::string secondname;
};
```

无实参构造函数现在通过提供构造函数实参的默认值来定义。数据成员还有带 rvalue 实参的移动构造函数和带 rvalue 实参 Person 的移动构造函数。新函数 getName()返回 string 对象的完整姓名。

源文件包含 main()和一些帮助函数，代码如下：

```
// Ex10_12.cpp
// Using a map container
#include <iostream>
#include <cstdio>
#include <iomanip>
#include <string>
#include <map>
#include "Person.h"

using std::string;
using PhoneBook = std::map<Person, string>;
using Entry = std::pair<Person, string>;

// Read a person from cin
Person getPerson()
{
  string first, second;
  std::cout << "Enter a first name: " ;
  getline(std::cin, first);
  std::cout << "Enter a second name: " ;
  getline(std::cin, second);
  return Person {std::move(first), std::move(second)};
}

// Read a phone book entry from standard input
Entry inputEntry()
{
  Person person {getPerson()};

  string number;
  std::cout << "Enter the phone number for " << person.getName() << ": ";
  getline(std::cin, number);
  return std::make_pair(std::move(person), std::move(number));
}

// Add a new entry to a phone book
void addEntry(PhoneBook& book)
{
  auto pr = book.insert(inputEntry());

    if(pr.second)
      std::cout << "Entry successful." << std::endl;
    else
    {
```

```
    std::cout << "Entry exists for " << pr.first->first.getName()
              << ". The number is " << pr.first->second << std::endl;
  }
}

// List the contents of a phone book
void listEntries(const PhoneBook& book)
{
  if(book.empty())
  {
    std::cout << "The phone book is empty." << std::endl;
    return;
  }
  std::cout << setiosflags(std::ios::left);          // Left justify output
  for(const auto& entry : book)
  {
    std::cout << std::setw(30) << entry.first.getName()
            << std::setw(12) << entry.second << std::endl;
  }
  std::cout << resetiosflags(std::ios::right);         // Right justify output
}

// Retrieve an entry from a phone book
void getEntry(const PhoneBook& book)
{
  Person person {getPerson()};
  auto iter = book.find(person);
  if(iter == book.end())
    std::cout << "No entry found for " << person.getName() << std::endl;
  else
    std::cout << "The number for " << person.getName()
        << " is " << iter->second << std::endl;
}

// Delete an entry from a phone book
void deleteEntry(PhoneBook& book)
{
  Person person {getPerson()};
  auto iter = book.find(person);
  if(iter == book.end())
    std::cout << "No entry found for " << person.getName() << std::endl;
  else
  {
    book.erase(iter);
    std::cout << person.getName() << " erased." << std::endl;
  }
}

int main()
{
  PhoneBook phonebook;
  char answer {};

  while(true)
  {
```

```
  std::cout << "Do you want to enter a phone book entry(Y or N): " ;
  std::cin >> answer;
  while(std::cin.get() != '\n');    // Ignore up to newline
  if(toupper(answer) == 'N')
    break;
  if(toupper(answer) != 'Y')
  {
    std::cout << "Invalid response. Try again." << std::endl;
    continue;
  }
  addEntry(phonebook);
}

// Query the phonebook
while(true)
{
  std::cout << "\nChoose from the following options:" << std::endl
       << "A  Add an entry   D Delete an entry   G  Get an entry" << std::endl
       << "L  List entries   Q  Quit" << std::endl;
  std::cin >> answer;
  while(std::cin.get() != '\n');    // Ignore up to newline

  switch(toupper(answer))
  {
    case 'A':
      addEntry(phonebook);
      break;
    case 'G':
      getEntry(phonebook);
      break;
    case 'D':
      deleteEntry(phonebook);
      break;
    case 'L':
      listEntries(phonebook);
      break;
    case 'Q':
      return 0;
    default:
      std::cout << "Invalid selection. Try again." << std::endl;
      break;
  }
}
return 0;
}
```

下面是该程序的一些输出：

```
Do you want to enter a phone book entry(Y or N): y
Enter a first name: Jack
Enter a second name: Bateman
Enter the phone number for Jack Bateman: 312 455 6576
Entry successful.
Do you want to enter a phone book entry(Y or N): y
Enter a first name: Mary
```

```
Enter a second name: Jones
Enter the phone number for Mary Jones: 213 443 5671
Entry successful.
Do you want to enter a phone book entry(Y or N): y
Enter a first name: Jane
Enter a second name: Junket
Enter the phone number for Jane Junket: 413 222 8134
Entry successful.
Do you want to enter a phone book entry(Y or N): n

Choose from the following options:
A  Add an entry   D Delete an entry   G  Get an entry
L  List entries   Q  Quit
a
Enter a first name: Bill
Enter a second name: Smith
Enter the phone number for Bill Smith: 213 466 7688
Entry successful.

Choose from the following options:
A  Add an entry   D Delete an entry   G  Get an entry
L  List entries   Q  Quit
g
Enter a first name: Mary
Enter a second name: Miller
No entry found for Mary Miller

Choose from the following options:
A  Add an entry   D Delete an entry   G  Get an entry
L  List entries   Q  Quit
g
Enter a first name: Mary
Enter a second name: Jones
The number for Mary Jones is 213 443 5671

Choose from the following options:
A  Add an entry   D Delete an entry   G  Get an entry
L  List entries   Q  Quit
d
Enter a first name: Mary
Enter a second name: Jones
Mary Jones erased.

Choose from the following options:
A  Add an entry   D Delete an entry   G  Get an entry
L  List entries   Q  Quit
L
Jack Bateman                312 455 6576
Jane Junket                 413 222 8134
Bill Smith                  213 466 7688

Choose from the following options:
A  Add an entry   D Delete an entry   G  Get an entry
L  List entries   Q  Quit
q
```

示例说明

本示例按如下方式为 phonebook 容器及其中的条目定义了类型的别名：

```
using PhoneBook = std::map<Person, string>;
using Entry = std::pair<Person, string>;
```

一个条目中的对象是含有电话号码的 string，键是 Person 对象。这些类型别名使代码更易理解。首先用一个 while 循环加载映射：

```
while(true)
{
  std::cout << "Do you want to enter a phone book entry(Y or N): " ;
  std::cin >> answer;
  while(std::cin.get() != '\n');    // Ignore up to newline
  if(toupper(answer) == 'N')
    break;
  if(toupper(answer) != 'Y')
  {
    std::cout << "Invalid response. Try again." << std::endl;
    continue;
  }
  addEntry(phonebook);
}
```

while 循环中首先检查是否通过从标准输入流读取字符来读取一个条目。从 cin 中读取字符在缓冲区中至少留下了一个换行符，这可能会对以后的输入造成影响。用户还可能不小心输入了额外的字符。while 循环重复调用 cin 的 get()，会跳到下一个换行符。如果输入'n'或'N'，循环就会终止。当输入'y'或'Y'时，通过调用帮助函数 addEntry()创建一个条目，代码如下：

```
void addEntry(PhoneBook& book)
{
  auto pr = book.insert(inputEntry());
  if(pr.second)
    std::cout << "Entry successful." << std::endl;
  else
  {
    std::cout << "Entry exists for " << pr.first->first.getName()
              << ". The number is " << pr.first->second << std::endl;

  }
}
```

addEntry()的形参是一个引用。该函数修改作为实参传递的容器，因此函数必须具有对原始对象的访问权限。在任何情况下，即使只需要访问容器实参，不允许非常大的对象(如映射容器)按值传递仍然非常重要，因为这样可能会严重降低性能。

调用 inputEntry()辅助函数来创建条目，inputEntry()使用 getPerson()函数，从键盘输入中创建一个 Person 对象，其方式与上一节介绍的相同。然后调用 PhoneBook 对象的 insert()，并将返回的对象存储在 pr 中。pr 对象可以通过测试 bool 成员来检查条目有没有成功地插入映射。pr 变量的类型是 pair<map<Person,string>::iterator,bool>，但使用 auto 关键字可以从初始值对类型做出推断。pr 的第一个成员提供了对条目的访问权限，无论它是现有条目还是新条目，第二个成员是 bool 值。当插入失败时就用它来输出一条消息。

当完成初始化输入后，通过 while 循环提供查询和修改电话簿的机制。循环体中的 switch 语句根据输入的字符决定采取的动作，并将输入的字符存储在 answer 中。电话簿的查询由 getEntry()函数管理：

```
void getEntry(const PhoneBook& book)
{
  Person person {getPerson()};
  auto iter = book.find(person);
  if(iter == book.end())
    std::cout << "No entry found for " << person.getName() << std::endl;
  else
    std::cout << "The number for " << person.getName()
              << " is " << iter->second << std::endl;
}
```

Person 对象通过调用 getPerson()函数从姓名(从标准输入流读取)中创建。然后 Person 对象用作映射对象的 find()函数的实参。它返回一个类型为 map<Person,string>::const_iterator 的迭代器，指向所需的条目或者指向映射中最后一个条目的下一个位置。如果找到一个条目，那么访问迭代器指向的对的 second 成员可以提供对应于 Person 对象键的电话号码。

deleteEntry()函数从映射中删除条目。这个过程与 getEntry()函数中使用的过程相似，区别在于当 find()函数找到一个条目时，调用 erase()函数删除它。可以用 erase()的另一个版本完成这一步，代码如下所示：

```
void deleteEntry(PhoneBook& book)
{
  Person person getPerson();
  if(book.erase(person))
    std::cout << person.getName() << " erased." << std::endl;
  else
    std::cout << "No entry found for " << person.getName() << std::endl;
}
```

如果向 erase()函数传递键，则代码会更简单。

listEntries()函数列出电话簿的内容。当最初检查空映射时，用一个基于范围的 for 循环列出条目。输出通过 setiosflags 操作符左对齐，以产生整齐的输出。直到用 resetiosflags 操作符恢复右对齐之前，这种左对齐仍然有效。

10.7.2 使用多重映射容器

多重映射容器的工作过程与映射容器非常相似，因为它们支持相同范围的函数，只是多重映射不能使用下标操作符。映射与多重映射的基本区别在于，在多重映射中相同的键可以有多个条目，这样会影响部分函数的行为方式。显然，由于存在几个键有相同值的可能性，因此重载 operator[]()函数对于多重映射来说意义不大。

多重映射的 insert()函数与映射的函数略有不同。insert()的最简版本接受一个 pair<K，T>对象作为实参，返回一个指向插入到多重映射中的条目的迭代器。映射的等价函数返回一个对对象(pair object)，因为这样可以提供一个指示，表明键何时已经存在于映射中，所以不能插入。当然，对于多重映射不存在这个现象。多重映射的 insert()也有一个带两个实参的版本，第二个实参是要插入的对，第一个实参是一个迭代器，指向多重映射中要开始搜索插入点的位置。这个版本提供了当相同键已经存在时对的插入位置的一些控制。insert()的这个版本也返回一个指向被插入的元素的迭代器。insert()的第三个版本接受两个迭代器实参，指向要从另一个来源插入的元素范围。这个版本没有返回值。

当向多重映射的 erase()函数传递一个键时，它删除带相同键的所有条目，返回的值表明删除了多少条目。这样，erase()需要有另一个接受迭代器作为实参的版本就显得十分重要—— 它允许删除单个元素。还有一个可用的 erase()版本接受两个迭代器来删除一个范围的条目。

find()成员函数只能在多重映射中找到有给定键的第一个元素。我们确实需要一种方式来找到具有相同键的几个元素，lower_bound()、upper_bound()和 equal_range()函数提供了这样一种方式。例如，给定一个 phonebook 对象，类型为 multimap<Person, string>，可以像下面这样列出对应于给定键的电话号码：

```
Person person("Jack", "Jones");
auto iter = phonebook.lower_bound(person);
if(iter == phonebook.end())
  std::cout << "There are no entries for " << person.getName() << std::endl;
else
{
  std::cout << "The following numbers are listed for " << person.getName()
           << ":" << std::endl;
  auto upper = phonebook.upper_bound(person);
  for (; iter != upper; ++iter)
    std::cout << iter->second << std::endl;
}
```

检查 lower_bound()函数返回的迭代器很重要。如果不检查，那么最终可能会尝试引用最后一个条目的下一个位置的条目。

10.8　关于迭代器的更多内容

iterator 头文件定义流迭代器的几个模板，用于将数据从源传到目的地。流迭代器(stream iterator)作为指向输入流或输出流的指针，可以在流和任何使用迭代器的源或目的地之间传输数据，如算法。插入迭代器(inserter iterator)可以将数据传输给一个基本序列容器。iterator 头文件定义两个流迭代器模板，其中 istream_iterator<T>用于输入流，ostream_iterator<T>用于输出流，其中 T 是要从流中提取的或写入流中的对象的类型。头文件还定义了 3 个插入模板：inserter<T>、back_inserter<T>和 front_inserter<T>，其中 T 是在其中插入数据的序列容器的类型。

下面更深入地探索一些迭代器。

10.8.1　使用输入流迭代器

下面的代码说明了如何创建输入流迭代器：

```
std::istream_iterator<int> numbersInput {std::cin};
```

此代码创建 istream_iterator<int>类型的迭代器 numbersInput，可以指向流中 int 类型的对象。这个构造函数的实参指定与迭代器相关的实际流，因此它是一个可以从标准输入流 cin 中读取整数的迭代器。

默认的 istream_iterator<T>构造函数创建一个 end-of-stream 迭代器，它等价于通过调用 end()函数获得的容器的 end 迭代器。下面的代码说明了如何创建 end-of-stream 迭代器来补充 numbersInput 迭代器：

```
std::istream_iterator<int> numbersEnd;
```

现在有一对迭代器，定义 cin 中一个 int 类型的值序列。可以用这些迭代器将 cin 中的值加载到 vector<int>容器中，例如：

```
std::vector<int> numbers;
std::cout << "Enter integers separated by spaces then a letter to end:"
     << std::endl;
std::istream_iterator<int> numbersInput {std::cin}, numbersEnd;
while(numbersInput != numbersEnd)
  numbers.push_back(*numbersInput++);
```

定义要容纳 int 类型值的矢量容器后，创建两个输入流迭代器：numbersInput 是从 cin 中读取 int 类型值的输入流迭代器，numbersEnd 是 end-of-stream 迭代器。只要 numbersInput 不等于 end-of-stream 迭代器 numbersEnd，就会继续 while 循环。当执行这个代码片段时，输入会继续，直到识别出 cin 的 end-of-stream，那么怎么才会产生 end-of-stream 条件呢？如果输入 Ctrl+Z 来结束输入流，或者输入无效字符(如一个字母)，就会产生 end-of-stream 条件。

当然，输入流迭代器不仅能用作循环控制变量，还能用它们向算法传递数据，如在 numeric 头文件中定义的 accumulate()：

```
std::cout << "Enter integers separated by spaces then a letter to end:"
      << std::endl;
std::istream_iterator<int> numbersInput {std::cin}, numbersEnd;
std::cout << "The sum of the input values that you entered is "
      << std::accumulate(numbersInput, numbersEnd, 0) << std::endl;
```

这个代码片段输出了我们输入的整数的和。accumulate()算法的实参是指向序列中第一个值的迭代器、指向最后一个值的下一个位置的迭代器及和的初始值。下面直接将数据从 cin 中传输到算法中。

sstream 头文件定义了 basic_istringstream<T>模板，这个模板定义了可以访问流缓冲区中的数据的对象类型，如 string 对象。这个头文件还将类型 istringstream 定义为 basic_istringstream <char>，它将是 char 类型的字符流。可以从 string 对象中构造一个 istringstream 对象，这意味着从 string 对象中读取数据，就像从 cin 中读取数据那样。因为 istringstream 对象是一个流，所以可以将它传递给一个输入迭代器构造函数，并用该迭代器访问底层流缓冲区中的数据。下面的示例表明了具体做法：

```
std::string data {"2.4 2.5 3.6 2.1 6.7 6.8 94 95 1.1 1.4 32"};
std::istringstream input {data};
std::istream_iterator<double> begin(input), end;
std::cout << "The sum of the values from the data string is "
      << std::accumulate(begin, end, 0.0) << std::endl;
```

由于从 string 对象 data 中创建 istringstream 对象，因此可以像流一样从 data 中读取数据。我们创建两个可以访问 input 流中的 double 值的流迭代器，用它们将 data 流的内容传递给 accumulate()算法。注意，accumulate()函数的第三个实参的类型确定结果的类型，因此必须将它指定为 double

类型的值，以正确地得到产生的和。下面是一个工作示例。

试一试：使用输入流迭代器

在本示例中用一个流迭代器从标准输入流中读取文本，并将它传输给一个映射容器，以产生该文本的单词数量。代码如下：

```
// Ex10_13.cpp
// A simple word collocation
#include <iostream>
#include <iomanip>
#include <string>
#include <map>
#include <iterator>

int main()
{
  std::map<std::string, int> words;          // Map to store words and word counts
  std::cout << "Enter some text, press Enter followed by Ctrl+Z"
               "then Enter to end:\n"
            << std::endl;

  std::istream_iterator<std::string> stream_begin {std::cin}; // Stream iterator
  std::istream_iterator<std::string> stream_end;             // End stream iterator

  while (stream_begin != stream_end)           // Iterate over words in the stream
    words[*stream_begin++]++;                  // Increment and store a word count

  // Output the words and their counts
  std::cout << "Here are the word counts for the text you entered:" << std::endl;
  const int wordsPerLine {4};
  int wordCount {};
  std::cout << std::setiosflags(std::ios::left);      // Ouput left-justified
  for (const auto& word : words)
  {
    std::cout << std::setw(15) << word.first << " " << std::setw(5) << word.second;
    if (++wordCount % wordsPerLine == 0) std::cout << std::endl;
  }
  std::cout << std::endl;
}
```

下面是这个程序的部分输出：

```
Enter some text and press Enter followed by Ctrl+Z then Enter to end:
Peter Piper picked a peck of pickled pepper
A peck of pickled pepper Peter Piper picked
If Peter Piper picked a peck of pickled pepper
Where's the peck of pickled pepper Peter Piper picked
^Z
Here are the word counts for the text you entered:
A               1     If              1     Peter           4     Piper           4
Where's         1     a               2     of              4     peck            4
pepper          4     picked          4     pickled         4     the             1
```

示例说明

首先定义一个映射容器来存储单词和单词个数：

```
std::map<std::string, int> words;        // Map to store words and word counts
```

这个容器用 string 类型的单词作为键来存储 int 类型的每个单词的个数。因此当用流迭代器从输入流中读取单词时，就可以轻松地累计每个单词的个数。

```
std::istream_iterator<std::string>  stream_begin{std::cin}; // Stream iterator
std::istream_iterator<std::string>  stream_end;             // End stream iterator
```

begin 迭代器是标准输入流的流迭代器，end 是 end-of-stream 迭代器。

用一个循环读入这些单词并累计个数：

```
while(stream_begin != stream_end)          // Iterate over words in the stream
  words[*stream_begin++]++;                // Increment and store a word count
```

这个简单的 while 循环做了大量工作。这个循环控制表达式会通过标准输入流在输入的所有单词上迭代，直到达到 end-of-stream 状态。这个流迭代器从 cin 中读取以空格分隔的单词，就如 cin 的重载运算符>>一样。在循环内用映射容器的下标操作符将单词的个数存储为键。注意，映射的下标操作符的实参是键。表达式*begin 访问一个单词，表达式*stream_begin++在访问单词后递增迭代器。

在第一次读取一个单词时，它不会在映射中，因此表达式 words[*stream_begin++]存储新条目，并将其个数存储为默认值 0，然后将 begin 迭代器递增到下一个单词，准备下一个循环迭代。整个表达式 words[*stream_begin++]++会递增条目的个数，不管它是不是新条目。因此，现有条目只会使个数递增，而新条目会被创建，然后它的个数从 0 递增到 1。

最后在一个 for 循环中输出每个单词的个数：

```
for (const auto& word : words)
{
  std::cout << std::setw(15) << word.first << " " << std::setw(5) << word.second;
  if(++wordCount % wordsPerLine == 0) std::cout << std::endl;
}
```

10.8.2 使用插入迭代器

插入迭代器(inserter iterator)可以向序列容器 vector<T>、deque<T>和 list<T>添加新元素。iterator 头文件定义了 3 个创建插入迭代器的模板：

- back_insert_iterator<T>——在类型 T 的容器末尾插入元素。容器必须为此提供 push_back()函数才能工作。
- front_insert_iterator<T>—— 在类型 T 的容器开头插入元素。这依赖于 push_front()对容器可用，所以不能用于矢量。
- insert_iterator<T>—— 在类型 T 的容器内从指定位置开始插入元素。这要求容器有一个 insert()函数，此函数接受两个参数，迭代器作为第一个实参，要插入的项作为第二个实参。这也可用于有序的关联容器，因为它们满足上述条件。

前两个插入迭代器类型的构造函数接受一个指定要在其中插入元素的容器的实参。例如：

```
std::list<int> numbers;
std::front_insert_iterator<std::list<int>> iter {numbers};
```

这里创建一个可以在 list<int>容器 numbers 的开头插入数据的插入迭代器。

向容器中插入值非常简单：

```
*iter = 99;                   // Insert 99 at the front of the numbers container
```

也可以如下面这样将 front_inserter()函数用于 numbers 容器：

```
std::front_inserter (numbers) = 99;
```

这行代码为 numbers 列表创建了一个前端插入器，并用它在列表开头插入 99。front_inserter()函数的实参是应用迭代器的容器。

insert_iterator<T>迭代器的构造函数需要两个实参：

```
std::vector<int> values;
std::insert_iterator<std::vector<int>> iter_anywhere {values, std::begin(values)};
```

该构造函数的第二个实参是一个指定在何处插入数据的迭代器——本例中是在序列的开头。用与上一个迭代器完全相同的方式来使用此迭代器。下面用这个迭代器向一个矢量容器中插入一系列值：

```
for(int i {}; i < 100; i++)
  *iter_anywhere = i + 1;
```

这个循环在 values 容器的开头插入 1~100 的值。代码执行之后，前 100 个元素依次是 1、2、一直到 100。

也可以用 inserter()函数逆序插入元素：

```
for(int i {}; i < 100; i++)
  std::inserter(values, std::begin(values)) = i + 1;
```

inserter()的第一个实参是容器，第二个实参是一个标识在何处插入数据的迭代器。插入的值是从 100 到 1 的逆序序列。

可以用某种特别有用的方式将此插入迭代器与 copy()算法结合使用。下面的代码从 cin 中读取值，并将这些值传递给 list<T>容器：

```
std::list<double> values;
std::cout << "Enter a series of values separated by spaces"
          << " followed by Ctrl+Z or a letter to end:" << std::endl;
std::istream_iterator<double> input {std::cin}, input_end;
std::copy(input, input_end, std::back_inserter<std::list<double>> {values});
```

首先创建一个存储 double 值的列表容器。提示输入以后，为 double 类型的值创建两个输入流迭代器。第一个迭代器指向 cin，第二个迭代器是由默认构造函数创建的 end-of-stream 迭代器。用这两个迭代器将输入指定给 copy()函数，复制操作的目的地是在 copy()函数的第三个实参中创建的后端插入迭代器。后端插入迭代器在列表容器 values 中添加复制操作传输的数据。这是一个非常有用的工具。如果忽略提示符，在以上两个语句中可以从标准输入流中读取任意数目的值，并将它们传递给列表容器。

10.8.3 使用输出流迭代器

为了补充输入流迭代器模板，ostream_iterator<T>模板提供了向输出流写类型 T 的对象的输出流迭代器。输出流迭代器有两个构造函数。一个构造函数创建仅向目的流传输数据的迭代器：

```
std::ostream_iterator<int> out {std::cout};
```

该模板的类型实参 int 指定要处理的数据类型，构造函数实参 cout 指定将作为数据目的地的流，以便 out 迭代器能将 int 类型的值写到标准输出流中。下面是使用该迭代器的可能方式：

```
int data[] {1, 2, 3, 4, 5, 6, 7, 8, 9};
std::copy(std::cbegin(data), std::cend(data), out);
```

在 algorithm 头文件中定义的 copy()算法将由前两个迭代器实参指定的对象序列复制到由第三个实参指定的输出迭代器。在此例中，该函数将 data 数组中的元素复制到 out 迭代器中，它将元素写到 cout 中。执行此代码片段的结果为：

```
123456789
```

可以看出，写到标准输出流中的值之间没有空格。输出流迭代器的第二个构造函数能改进这一点：

```
std::ostream_iterator<int> out{std::cout, ", "};
```

这个构造函数的第二个实参是一个字符串，作为输出值的分隔符。如果用这个迭代器作为前面代码片段中 copy()函数的第三个实参，那么输出将为：

```
1, 2, 3, 4, 5, 6, 7, 8, 9,
```

指定为第二个构造函数实参的分隔符字符串跟在每个值后面被写到了输出流中。

下面看看实际应用中的输出流迭代器。

试一试：使用输出流迭代器

假设要从 cin 中读取一系列整数值，并存储在一个矢量中。然后输出这些值及它们的和。下面的代码说明了如何用 STL 完成这一点：

```
// Ex10_14.cpp
// Using stream and inserter iterators
#include <iostream>
#include <numeric>
#include <vector>
#include <iterator>

int main()
{
  std::vector<int> numbers;
  std::cout << "Enter a series of integers separated by spaces"
            << " followed by Ctrl+Z or a letter:" << std::endl;

  std::istream_iterator<int> input {std::cin}, input_end;
  std::ostream_iterator<int> out {std::cout, " "};

  std::copy(input, input_end, std::back_inserter<std::vector<int>> {numbers});
```

```
    std::cout << "You entered the following values:" << std::endl;
    std::copy(std::cbegin(numbers), std::cend(numbers), out);

    std::cout << "\nThe sum of these values is "
              << std::accumulate(std::cbegin(numbers), std::cend(numbers), 0)
              << std::endl;
}
```

下面是部分输出的示例：

```
Enter a series of integers separated by spaces followed by Ctrl+Z or a letter:
1 2 3 4 5 6 7 8 9 10 11 12 13 14 15 ^Z
You entered the following values:
1 2 3 4 5 6 7 8 9 10 11 12 13 14 15
The sum of these values is 120
```

示例说明

创建了存储整数的 numbers 矢量并显示输入提示符后，创建了 3 个流迭代器：

```
std::istream_iterator<int> input{std::cin}, input_end;
std::ostream_iterator<int> out {std::cout, " "};
```

第一个语句创建两个输入流迭代器，用来从标准输入流 input 和 input_end 中读取 int 类型的值，后者是一个 end-of-stream 迭代器。第二个语句创建一个输出流迭代器，将 int 类型的值传输给标准输出流，跟在每个输出值后面的分隔符是一个空格。

数据从 cin 中读入，并用 copy()算法传输给矢量容器：

```
std::copy(input, input_end, std::back_inserter<std::vector<int>> {numbers});
```

通过两个输入流迭代器 input 和 input_end 指定复制操作的数据源，复制操作的目的地是 numbrs 容器的后端插入迭代器。因此，复制操作会通过后端插入迭代器将 cin 中的数据值传输到 numbers 容器中。

用另一个复制操作输出存储在容器中的值：

```
std::copy(std::cbegin(numbers), std::cend(numbers), out);
```

这里复制的源由容器的 begin()和 end()迭代器指定，目的地由输出流迭代器 out 指定。因此，这个操作会将 numbers 中的数据写到 cout 中，各个值之间用空格来分隔。

最后，在输出语句中用 accumulate()算法计算 numbers 容器中的值之和：

```
std::cout << "\nThe sum of these values is "
          << std::accumulate(std::cbegin(numbers), std::cend(numbers), 0)
          << std::endl;
```

通过容器的 begin()和 end()迭代器指定要计算的值的范围，和的初始值为 0。如果想要计算平均值而不是求和，那么也很容易，只要给出这个表达式即可：

```
std::cout << "\nThe average is "
   << std::accumulate(std::cbegin(numbers), std::cend(numbers), 0.0)/numbers.size()
   << std::endl;
```

10.9 关于函数对象的更多内容

functional 头文件定义了一个可扩展的模板集合，用来创建可用于算法和容器的函数对象。在此不打算详细讨论它们，不过这里汇总一下最常用的模板。用于比较的函数对象如表 10-8 所示。

表 10-8

函数对象模板	说　明
less<T>	创建一个二元谓词，表示 T 类型对象之间的<运算。例如，less<string>()定义一个比较 string 类型对象的函数对象
less_equal<T>	创建一个二元谓词，表示 T 类型对象之间的<=运算。例如，less_equal<double>()定义一个比较 double 类型对象的函数对象
equal_to<T>	创建一个二元谓词，表示 T 类型对象之间的==运算
not_equal_to<T>	创建一个二元谓词，表示 T 类型对象之间的! =运算
greater_equal<T>	创建一个二元谓词，表示 T 类型对象之间的>=运算
greater<T>	创建一个二元谓词，表示 T 类型对象之间的>运算

还有一个 not2<>()模板函数，它创建一个二元谓词，它是传递为实参的函数对象定义的二元谓词的负值。例如，not2(less<int>())创建一个二元谓词来比较 int 类型的对象，如果左操作数不小于右操作数，则返回 true。使用 not2()函数模板可以定义一个用于 sort()算法的二元谓词，给元素为 string 类型的容器 v 排序：

```
std::sort(std::begin(v), std::end(v), std::not2(std::greater<std::string>()));
```

not2 构造函数的实参是 greater<string>()，因此 sort()函数对容器 v 中的 string 对象进行“不大于”运算来排序。

functional 头文件还定义对元素进行算术运算的函数对象。通常使用 algorithm 头文件中定义的 transform()算法，通过这些函数对象对数字值序列进行运算。这些函数对象在表 10-9 中描述。

表 10-9

函数对象模板	说　明
plus<T>	计算两个 T 类型元素的和
minus<T>	通过从第一个操作数中减去第二个操作数来计算两个 T 类型元素之间的差
multiplies<T>	计算两个 T 类型元素的积
divides<T>	用第一个 T 类型操作数除以第二个 T 类型操作数
modulus<T>	计算第一个 T 类型操作数除以第二个操作数后的余数
negate<T>	返回 T 类型操作数的负值

为了使用这些模板，需要用到 transform()函数，下一节将解释其工作过程。

10.10　关于算法的更多内容

algorithm 和 numeric 头文件定义了大量算法。numeric 头文件中的这些算法主要用来处理数组中的值，而 algorithm 头文件中的算法大多用来搜索、排序、复制和合并迭代器指定的对象序列。在这个介绍性的章节中详细讨论它们，会显得内容过多，因此本节打算介绍 algorithm 头文件中的少量最重要的算法，以便读者对它们的用法有一个基本概念。

我们已经看到了 algorithm 头文件中的 sort()和 copy()算法。下面简要看一下 algorithm 头文件中另外几个有趣的函数。

- fill()算法——该算法的格式为：

```
fill(ForwardIterator begin, ForwardIterator end, const Type& value)
```

它会用 value 填充由迭代器 begin 和 end 指定的元素。例如，给定一个矢量 v，存储含有 10 个以上元素的 string 类型值，可以这样写：

```
std::fill(std::begin(v), std::begin(v)+10, "invalid");
```

它会将 v 中的前 10 个元素设置为 fill()的最后一个实参指定的值"invalid"。

- replace()算法——该算法的格式为：

```
replace(ForwardIterator begin_it, ForwardIterator end_it,
                              const Type& oldValue, const Type& newValue)
```

这个函数分析 begin_it 和 end_it 指定范围内的每个元素，并用 newValue 替换所有的 oldValue。给定一个存储 string 对象的矢量 v，可以通过下面的语句用"no"替换所有的"yes"：

```
std::replace(std::begin(v), std::end(v), "yes", "no");
```

类似于所有其他接收由两个迭代器定义的间隔的算法，replace()函数也会使用指针。例如：

```
char str[] =  "A nod is as good as a wink to a blind horse.";
std::replace(str, str + strlen(str), 'o', '*');
std::cout << str << std::endl;
```

这段代码会用'*'替换以空字符结尾的字符串 str 中的所有'o'，因此执行这段代码的结果如下所示：

```
A n*d is as g**d as a wink t* a blind h*rse.
```

- find()算法——该算法的格式为：

```
InputIterator find(InputIterator begin, InputIterator end, const Type& value)
```

这个函数搜索由首次出现的 value 的前两个实参指定的序列。例如，给定一个含有 int 类型值的矢量 v，可以这样编写代码：

```
auto iter = std::find(std::cbegin(v), std::cend(v), 21);
```

显然，通过使用 iter 作为新搜索的开始，可以用 find()算法反复查找出现的所有给定值：

```
auto iter = std::cbegin(v);
```

```
const int value {21};
size_t count {};
while((iter = std::find(iter, std::cend(v), value)) != std::cend(v))
{
  ++iter;
  ++count;
}
std::cout << "The vector contains " << count << " occurrences of " << value
          << std::endl;
```

这个代码片段在矢量 v 中搜索所有的 value。在第一个循环迭代上，搜索从 cbegin(v)开始。在接下来的迭代上，搜索从前面找到的位置的下一个位置开始。循环会累计 v 中 value 的总个数。

- transform()算法——该算法有两个版本。第一个版本将一个一元函数对象指定的操作应用到由一对迭代器指定的一个元素集合上，格式如下：

```
OutputIterator transform(InputIterator begin, InputIterator end,
                                              OutputIterator result, UnaryFunction f)
```

transform()的这个版本将一元函数 f 应用到迭代器 begin 和 end 指定的范围中的所有元素，并从迭代器 result 指定的位置开始存储结果。result 迭代器可以与 begin 相同，在这种情况下结果将替换原始元素。这个函数返回一个迭代器，指向存储的最后一个结果的下一个位置。

举例如下：

```
std::vector<double> data{ 2.5, -3.5, 4.5, -5.5, 6.5, -7.5};
std::transform(std::begin(data), std::end(data), std::begin(data),
                                                      std::negate<double>());
```

transform()函数调用将 negate<double>谓词对象应用到矢量 data 中的所有元素。结果存储回 data 中，并重写原始值。因此，在这个操作之后矢量将包含：

```
-2.5, 3.5, -4.5, 5.5, -6.5, 7.5
```

因为这个操作将结果回写到 data 矢量中，所以 transform()函数将返回迭代器 std:end(data)。

transform()的第二个版本应用一个二元函数，其操作数来自迭代器指定的两个范围。该函数的格式为：

```
transform(InputIterator1 begin1, InputIterator1 end1, InputIterator2 begin2,
                                              OutputIterator result, BinaryFunction f)
```

由 begin1 和 end1 指定的范围表示最后一个实参指定的二元函数 f 的左操作数集合。表示右操作数的范围从 begin2 迭代器指定的位置开始，这个范围不需要提供 end 迭代器，因为这个范围的元素数量必须与 begin1 和 end1 指定的范围中的元素个数相同。结果将从 result 迭代器位置开始存储在这个范围内。如果希望结果存储回该范围中，result 迭代器可以与 begin1 相同，但是它一定不能是 begin1 和 end1 之间的其他任何位置。下面举例说明：

```
double values[] { 2.5, -3.5, 4.5, -5.5, 6.5, -7.5};
std::vector<double> squares(_countof(values));
std::transform (std::begin(values), std::end(values), std::begin(values),
                                  std::begin(squares), std::multiplies<double>());
std::ostream_iterator<double> out {std::cout, " "};
```

```
std::copy(std::cbegin(squares), std::cend(squares), out);
```

我们创建矢量 squares 来存储元素数目与 values 相同的 transtform()操作的结果。transform()函数通过 multiplies<double>()函数对象使 values 的每个元素与自身相乘。结果存储在 squares 矢量中。最后两个语句用一个输出流迭代器列出 squares 的内容，如下所示：

```
6.25 12.25 20.25 30.25 42.25 56.25
```

10.11　类型特质和静态断言

静态断言可以在编译期间检测用法错误。静态断言的形式如下：

```
static_assert(constant_expression, string_literal);
```

constant_expression 应得到一个可转换为 bool 类型的值。如果结果是 true，该语句就什么也不做；如果它是 false，编译器就显示字符串字面量。静态断言对已编译的代码没有影响。注意，static_assert 是一个关键字。

type_traits 头文件定义了一组模板，这些模板可以创建编译期间的常量，这些常量可以与静态断言一起使用让编译器发出定制的错误消息。这里不详细描述 type_traits 的内容，只给出一个例子，并在下一节使用类型特质。

type_traits 头文件包含几个测试类型的模板，在定义自己的模板时，这些模板特别有效。假定定义了如下模板：

```
template<class T>
T average(const std::vector<T>& data)
{
  T sum {};
  for(const auto& value : data)
    sum += value;
  return sum/data.size();
}
```

这个模板和一个运算类型的值向量一起使用。它对于禁止该模板与非运算类型（例如 Person 对象）一起使用是很有用的。如果可以在编译期间捕获该错误，就会防止出现运行时崩溃。static_assert 和 type_traits 中的 is_arithmetic<T>模板可以实现这个功能：

```
template<class T>
T average(const std::vector<T>& data)
{
  static_assert(std::is_arithmetic<T>::value,
                                   "Type parameter for average() must be arithmetic.");
  T sum {};
  for(auto& value : data)
    sum += value;
  return sum/data.size();
}
```

如果 T 是一个运算类型，is_arithmetic<T>模板的 value 成员就是 true，否则为 false。如果在编译期间它是 false，即编译器处理与非运算类型一起使用的 average<T>()模板时就会显示错误消息。运算类型是浮点型或整数类型。

其他类型测试模板包括 is_integral<T>、is_signed<T>、is_unsigned<T>、is_floating_point<T>和 is_enum<T>。type_traits 头文件中还有许多其他有用的模板，所以应进一步研究其内容。

10.12 λ 表达式

λ 表达式提供了函数对象的另一种编程机制。λ 表达式是一种 C++语言特性，并不是 STL 所特有的，但因为它们广泛应用于这一环境中，所以选择在这里讨论 λ 表达式。λ 表达式定义一个没有名称、也不需要显式类定义的函数对象。λ 表达式一般作为一种手段，用来将函数作为实参传递到另一个函数。相比于定义和创建函数对象而言，λ 表达式非常容易使用和理解，需要的代码也较少。当然，一般来说，它并不会取代函数对象。

还是来看一个例子。假设有一个包含数值的矢量，我们想要计算此矢量元素的立方(x^3)。为此可以使用 transform()操作，除了没有计算立方的函数对象。可以简单地创建一个 λ 表达式来完成这一任务。

```
double values[] { 2.5, -3.5, 4.5, -5.5, 6.5, -7.5};
std::vector<double> cubes(_countof(values));
std::transform(std::begin(values), std::end(values), std::begin(cubes),
                                   [](double x){ return x*x*x;} );
```

最后这条语句使用 transform()操作来计算数组 values 中元素的立方，并将计算结果存储在矢量 cubes 中。λ 表达式是 transform()操作的最后一个实参：

```
[](double x){ return x*x*x;}
```

开始的方括号称为 λ 引导(λ introducer)，因为它们标记着 λ 表达式的开始。本章稍后将会介绍关于这一点的更多内容。

λ 引导后面的圆括号中是 λ 形参列表，这与普通函数相同。在此例中，只有一个形参 x。与普通函数相比，λ 形参列表有几个限制：不能指定 λ 表达式形参的默认值，形参列表的长度不能是可变的。

最后，与普遍函数一样，大括号之间是 λ 表达式的主体。此例中的主体只有一条 return 语句，但一般来说，与普遍函数一样，它可以包含任意多条语句。注意，这里没有返回类型说明。返回类型默认是返回值的类型。否则，默认的返回类型是 void。当然也可以指定返回类型。要指定返回类型，需要像下面这样编写 λ 表达式：

```
[](double x) -> double { return x*x*x; }
```

箭头后面的关键字 double 指定返回类型为 double。

如果想要输出计算的值，那么可以像下面这样在 λ 表达式中这么做：

```
[](double x) {
                double result{x*x*x};
                std::cout << result << "  ";
                return result;
              }
```

这只是扩展了λ主体，将计算的值写到标准输出流中。在此例中，返回类型仍是从返回值的类型中推断出来的。

10.12.1　capture 子句

λ表达式引导可以包含一个捕获子句(capture clause)，用来确定λ主体如何访问封闭作用域中的变量。在前一节中，λ表达式在方括号之间没有内容，表明封闭作用域中没有可以在λ主体中访问的变量。不能访问封闭作用域中的变量的λ表达式称为无状态的λ。

第一种可能性是指定了默认的捕获子句，可应用于封闭作用域中的所有变量。这可以有两种选择。如果方括号之间是=，则λ主体可以按值访问封闭作用域中的所有自动变量——即变量值可用在λ表达式中，但不会修改原始的变量。另一方面，如果方括号之间是&，则封闭作用域中的所有变量都是按引用访问，因此可以被λ主体中的代码修改。看一下下面的代码段：

```
double factor {5.0};
double values[] { 2.5, -3.5, 4.5, -5.5, 6.5, -7.5};
std::vector<double> cubes(_countof(values));
std::transform(std::begin(values), std::end(values), std::begin(cubes),
                          [=](double x){ return factor*x*x*x;} );
```

在此代码段中，=捕获子句允许从λ主体中按值访问作用域中的所有变量。需要注意的是，这与按值传递实参根本不同。变量 factor 的值可用在λ中，但不能更新 factor 的副本，因为它实际上是常量。例如，下面的 transform()语句将无法编译：

```
std::transform(std::begin(values), std::end(values),std::begin(cubes),
          [=](double x)  { factor += 10.0;          // Not allowed!
                           return factor*x*x*x;} );
```

如果想要从λ中修改作用域中变量的临时副本，则通过添加 mutable 关键字可以实现这一点：

```
std::transform(std::begin(values), std::end(values),std::begin(cubes),
          [=](double x)mutable { factor += 10.0;          // OK
                                 return factor*x*x*x;} );
```

现在可以修改封闭作用域中任意变量的副本，而不会改变原始变量。执行此语句之后，factor 的值仍然是 5.0。λ会记住 factor 从一个调用到下一个调用的本地值，因此，对于第一个元素，factor 将是 5＋10=15；对于第二个元素，factor 将是 15＋10=25，以此类推。

如果想要从λ中改变 factor 的原始值，只需要将&用作捕获子句即可：

```
std::transform(std::begin(values), std::end(values),std::begin(cubes),
            [&](double x){ factor += 10.0;   // Changes original variable
                           return factor*x*x*x;} );
std::cout << "factor = " << factor << std::endl;
```

这里不需要 mutable 关键字。因为封闭作用域中的所有变量都可按引用使用，所以可以使用并更改它们的值。执行此语句之后，factor 的值是 65。如果你认为 factor 的值是 15.0，那么请不要忘记λ表达式对 data 中的每个元素都执行一次，元素的立方将会乘以 factor 从 15.0 到 65.0 的连续值。

不鼓励使用默认捕获子句，建议显式指定要捕获的变量。

10.12.2 捕获特定的变量

可以显式地标识要访问的变量。可以将前面的 transform()语句重新编写为：

```
std::transform(std::begin(values), std::end(values),std::begin(cubes),
    [&factor](double x) { factor += 10.0;    // Changes original variable
                          return factor*x*x*x;} );
```

现在，factor 是封闭作用域中唯一可访问的变量，且它可按引用访问。如果省略&，则 factor 按值访问，并且不可更新。如果想要在捕获子句中标识多个变量，那么只需要用逗号分隔它们即可。可以在捕获子句列表中包含=，也可以包含显式的变量名。例如，对于捕获子句[=,&factor]，λ 将按引用访问 factor，并按值访问封闭作用域中的所有其他变量。相反，将[&,factor]作为捕获子句，则按值捕获 factor，按引用捕获所有其他变量。注意，在类的函数成员中，可以在 λ 表达式的捕获子句中包含 this 指针，这允许访问属于该类的其他函数和数据成员。

λ 表达式也可以包含 throw()异常说明，表明 λ 不抛出异常。下面是一个例子：

```
std::transform(std::begin(values), std::end(values),std::begin(cubes),
    [&factor](double x)throw() { factor += 10.0;
                                 return factor*x*x*x;} );
```

如果想要包含 mutable 说明以及 throw()说明，则 mutable 关键字必须在 throw()之前，并且必须用一个或多个空格分隔开。

10.12.3 模板和 λ 表达式

可以在模板中使用 λ 表达式。下面是使用 λ 表达式的一个函数模板示例：

```
template <class T>
T average(const vector<T>& vec)
{
  static_assert(std::is_arithmetic<T>::value,
                             "Type parameter for average() must be arithmetic.");
  T sum {};
  std::for_each(std::cbegin(vec), std::cend(vec),
    [&sum](const T& value){ sum += value; });
  return sum/vec.size();
}
```

此模板生成的函数用来计算一个矢量中存储的一组数值的平均值。algorithm 头文件定义了 for_each()。λ 表达式在 λ 形参说明中使用了模板类型形参，并累计矢量中所有元素的和。sum 变量在 λ 中按引用访问，因此可以累计到总和中。函数的最后一行返回平均值，计算方法是用 sum 除以矢量中元素的数量。下面来看一个例子。

试一试：使用 λ 表达式

此示例展示了各种 λ 表达式的用法：

```
// Ex10_15.cpp Using lambda expressions
#include <algorithm>
#include <iostream>
#include <iomanip>
#include <vector>
#include <random>

using namespace std; // Just to make the code easier  to read in the example...

// Template function to return the average of the elements in a vector
template <class T> T average(const vector<T>& vec)
{
  static_assert(std::is_arithmetic<T>::value,
                         "Type parameter for average() must be arithmetic.");
  T sum {};
  for_each(cbegin(vec), cend(vec),
    [&sum](const T& value){ sum += value; });
  return sum/vec.size();
}

// Template function to set a vector to values beginning with start
// and incremented by increment
template <class T> void setValues(vector<T>& vec, T start, T increment)
{
  static_assert(std::is_arithmetic<T>::value,
                         "Type parameter for setValues() must be arithmetic.");
  T current {start};
  generate(begin(vec), end(vec),
    [increment, &current]() { T result {current};
                           current += increment;
                           return result;});
}

// Template function to set a vector to random values between min and max
template<class T> void randomValues(vector<T>& vec, T min_value, T max_value)
{
  static_assert(std::is_arithmetic<T>::value,
    "Type parameter for randomValues() must be arithmetic.");

    random_device engine;                // Random number source
    auto max_rand = engine.max();         // Maximum random value
    auto min_rand = engine.min();         // Minimum random value

  generate(begin(vec), end(vec),
    [&engine, max_rand, min_rand, min_value, max_value]
    {  return static_cast<T>(static_cast<double>(engine()) /
                           max_rand*(max_value - min_value) + min_value); } );
}

// Template function to list the values in a vector
template<class T> void listVector(const vector<T>& vec)
{
  int count {};       // Used to control outputs per line
  const int valuesPerLine {5};
  for_each(cbegin(vec), cend(vec),
```

```
    [&count, valuesPerLine](const T& n){
                              cout << setw(10) << n << "  ";
                              if(++count % valuesPerLine == 0)
                                cout << endl;});
}

int main()
{
  vector<int> integerData(50);
  randomValues(integerData, 1, 10);             // Set random integer values
  cout << "Vector contains random integers:" << endl;
  listVector(integerData);
  cout << "Average value is " << average(integerData) << endl;
  vector<double> realData(20);
  setValues(realData, 5.0, 2.5);   // Set real values starting at 5.0
  cout << "\nVector contains real values:" << endl;
  listVector(realData);
  cout << "Average value is " << average(realData) << endl;

  vector<double> randomData(20);
  randomValues(randomData, 5.0, 25.0);   // Set random values from 5.0 to 25
  cout << "\nVector contains random real values:" << endl;
  listVector(randomData);
  cout << "Average value is " << average(randomData) << endl;
}
```

此示例产生如下输出:

```
Vector contains random integers:
         2           9           9           2           8
         7           4           1           9           9
         7           3           3           2           4
         3           9           2           7           1
         4           6           6           8           9
         9           6           2           8           2
         9           3           1           5           8
         1           2           5           7           1
         4           2           8           4           2
         5           2           5           9           8
Average value is 5

Vector contains real values:
         5         7.5          10        12.5          15
      17.5          20        22.5          25        27.5
        30        32.5          35        37.5          40
      42.5          45        47.5          50        52.5
Average value is 28.75

Vector contains random real values:
   6.37904     19.0177     16.8027     10.6446      17.174
   12.1957     24.9999     10.8728     23.6502     16.9032
   16.7498     11.7784     17.3076     11.2226     15.8428
   8.52583     5.54059     10.3581      23.161     22.7069
Average value is 15.0917
```

在此示例中使用随机数生成的地方，这些值很可能与你的输出值不相同。

示例说明

在实现操作矢量容器的函数时，有 4 个使用 λ 表达式的函数模板。第一个模板函数 average()通过将下面的 λ 表达式作为最后一个实参传递给 for_each()函数，计算矢量中元素的平均值，

```
[&sum](const T& value){ sum += value; }
```

在 average()函数中声明的 sum 变量在 λ 中被按引用访问，以累计所有元素的和。λ 的形参是 value，它的类型是 T 的引用，因此无论矢量中存储的元素是什么类型，λ 都自动处理。静态断言确保模板类型实参是运算类型。

第二个函数模板是 setValues()。此函数按顺序设置矢量的元素，第一个元素设置为 start，接下来的元素设置为 start + increment，再接下来的元素设置为 start +2* increment，以此类推。因此，此函数将矢量元素设置为任何一组平均分布的值。setValues()函数调用在 algorithm 头文件中定义的 generate()函数，generate()函数将一个元素序列(由前两个迭代器实参定义)设置为第三个实参指定的函数对象返回的值。在此例中，第三个实参是 λ 表达式：

```
[increment, &current](){ T result {current};
                         current += increment;
                         return result;}
```

λ 不接受实参，但它按值访问 increment，并按引用访问 current，后者用来存储下一个要设置的值。这个 λ 表达式的副作用是：生成 generate 时会更新 current。下面的 λ 表达式与上面的类似，但没有副作用：

```
[=]()mutable { T result {current};
               current += increment;
               return result;}
```

第三个函数模板是 randomValues()，它将合适类型的随机值存储在矢量的元素中。这些值的范围是从 min 到 max，min 和 max 分别是函数的第二个和第三个实参。这个函数模板使用 random 头文件中的 std::random_device 函数对象生成随机数。std::random_device 的 min()和 max()成员函数分别返回它生成的最小和最大值。random 头文件提供了很多随机数生成器，本书不讨论它们，但如果需要任何类型的随机数生成器，就可以研究它们。

randomValues()函数调用 generate()函数将下面的 λ 表达式产生的值存储在矢量中：

```
[&engine, &max_rand, min_rand, min_value, max_value]
{  return static_cast<T>(static_cast<double>(engine()) /
                         max_rand*(max_value - min_value) + min_value); }
```

engine 函数对象、max_rand 和 min_rand 值都在外部作用域中定义。外部作用域中由 λ 表达式访问的 4 个变量在捕获子句中标识。只有 engine 按引用访问，其他三个都按值访问。λ 中的算术表达式将 engine()生成的随机数缩放到 min_value 和 max_value 之间的范围内。

最后一个模板函数是 listVector()，它输出矢量中元素的值，每行输出的值的个数由 valuesPerLine 指定。此函数使用下面的 λ 表达式作为 for_each()函数的实参：

```
[&count, valuesPerLine](const T& n) {
                          cout << setw(10) << n << "  ";
                          if(++count % valuesPerLine == 0)
                            cout << endl;}
```

表达式中的捕获子句按引用捕获 listVector()函数中定义的变量 count，此变量用来记录处理的值的数量。valuesPerLine 按值捕获。此形参的类型是对 T 的 const 引用，因此可以处理任何元素类型。λ 主体输出当前元素 n 的值，if 语句用来确保每输出 5 个值之后，就向 cout 写换行符。setw()操作符确保值在输出中显示在 10 个字符宽的字段中，从而可以得到整齐的输出列。

在 main()中，首先创建一个可以存储 50 个整数的矢量，然后调用 randomValues()将这些元素设置为 1~10 之间的随机值：

```
vector<int> integerData(50);
randomValues(integerData, 1, 10);    // Set random integer values
cout << "Vector contains random integers:" << endl;
listVector(integerData);
cout << "Average value is "<< average(integerData) << endl;
```

调用 listVector()的目的是输出值，如输出所示，每行输出 5 个值。上面的最后一条语句调用 average()模板函数来计算矢量中值的平均值。在所有 3 个模板函数中，类型都是从传递的 vector<int> 实参推断的，这也决定了每个函数使用的 λ 表达式中的类型。

main()中接下来的代码块是：

```
vector<double> realData(20);
setValues(realData, 5.0, 2.5);   // Set real values starting at 5.0
cout << "\nVector contains real values:" << endl;
listVector(realData);
cout << "Average value is "<< average(realData) << endl;
```

代码使用一个矢量来存储 double 类型的值，矢量的元素值使用 setValues()模板来设置。它从初始值递增，创建一个序列。

最后一个代码块在矢量中存储随机值：

```
vector<double> randomData(20);
randomValues(randomData, 5.0, 25.0);   // Set random values from 5.0 to 25
cout << "\nVector contains random real values:" << endl;
listVector(randomData);
cout << "Average value is " << average(randomData) << endl;
```

输出结果表明一切如预期的那样工作。

10.12.4 命名 λ 表达式

可以将无状态的 λ (不在外部作用域中引用任何对象的 λ 表达式)赋予函数指针变量，这样就给 λ 表达式指定了名称。接着可以使用该函数指针调用 λ 表达式任意多次。例如：

```
auto sum = [](int a,int b){return a+b; };
```

函数指针 sum 指向 λ 表达式，所以可以多次使用它：

```
std::cout << "5 + 10 equals " << sum(5,10) << std::endl;
```

```
std::cout << "15 + 16 equals " << sum(15,16) << std::endl;
```

这非常有用，但还有一个强大得多的功能。对 functional 头文件的扩展定义了 function< >类模板，使用此类模板可以为函数对象定义一个包装器，这包括 λ 表达式。function< >模板称为多态函数包装器，因为模板实例可以包装多种具有指定形参列表和返回类型的函数对象。我们并不打算讨论 function< >类模板的所有细节，只是介绍如何使用它来包装一个 λ 表达式。使用 function< >模板包装 λ 表达式实际上赋予 λ 表达式一个名称，这不仅提供了在 λ 表达式内递归的可能性，而且也允许在多条语句中使用此 λ 表达式或者将它传递到多个不同的函数。相同的函数包装器在不同的时候也可以包装不同的 λ 表达式。

为了从 function< >模板创建包装器对象，需要向 λ 表达式提供关于返回类型以及任何形参类型的信息。这里介绍如何创建一个类型为 function 的对象，它能够包装一个函数对象，该函数对象具有一个 double 类型的形参，并返回一个类型为 int 的值：

```
std::function<int(double)> f = [](double x)->int{ return static_cast<int>(x*x); };
```

函数模板的类型说明是要包装的函数对象的返回类型，后面的圆括号中是它的形参类型，并用逗号分隔开。下面的工作示例使用 C++语言内置的基本功能和 function<T>模板。

试一试：λ 表达式中的递归

此示例查找一对整数值的最大公因数(highest common factor，HCF)。HCF 是能够整除这两个整数的最大数。HCF 也称为 GCD(greatest common divisor，最大公约数)。下面是此示例的代码：

```
// Ex10_16.cpp Wrapping a lambda expression
#include <iostream>
#include <functional>

// Global wrapper for lambda expression computing HCF
std::function<long long(long long,long long)> hcf =
                        [&](long long m, long long n) mutable ->long long{
                             if(m < n) return hcf(n,m);
                             long long remainder {m%n};
                             if(0 == remainder) return n;
                             return hcf(n, remainder);};
int main()
{
  // A lambda expression assigned to a function pointer
  // that outputs the highest common factor of the arguments
  auto showHCF = [](long long a, long long b) {
  std::cout << "For numbers " << a << " and " << b
           << " the highest common factor is " << hcf(a, b) << std::endl;
  };
  long long a {17719LL}, b {18879LL};
  showHCF(a,b);
  showHCF(103LL*53*17*97, 3LL*29*103);
  showHCF(53LL*941*557*43*29*229, 83LL*89*941*11*17*863*431);
}
```

输出如下：

```
For numbers 17719 and 18879 the highest common factor is 29
```

```
For numbers 9001891 and 8961 the highest common factor is 103
For numbers 7932729108943 and 483489887381237 the highest common factor is 941
```

示例说明

本例在全局作用域中定义了一个名为 hcf 的包装器，用于计算 HCF 的 λ 表达式：

```
std::function<long long(long long,long long)> hcf =
                                [&](long long m, long long n) mutable ->long long{
                                       if(m < n) return hcf(n,m);
                                       long long remainder {m%n};
                                       if(0 == remainder) return n;
                                       return hcf(n, remainder);};
```

λ 表达式需要引用 hcf 才能工作，因为 hcf 在 λ 表达式的作用域外部定义，所以不能给 hcf 使用常规的函数指针。

λ 表达式有两个类型为 long long 的形参，并返回一个类型为 long long 的值，因此 hcf 的类型是：

```
function<long long(long long, long long)>
```

λ 表达式使用欧几里得的方法来查找两个整数值的最大公因数。这涉及用较大的数除以较小的数，如果余数是 0，则 HCF 就是较小的数。如果余数不是 0，则需要继续处理，用前面较小的数除以余数，重复这一过程，直到余数为 0。

λ 表达式的代码假定 m 是作为实参传递的两个数中较大的数，因此，如果不是这样，则将实参颠倒过来后调用 hcf()。如果第一个实参是较大的数，则计算 m 除以 n 得到的余数。如果余数是 0，则 n 就是最大公因数，并返回它。如果余数不是 0，则用 n 和余数调用 hcf()。

main()中的第一条语句将一个无状态的 λ 表达式赋予指针 showHCF：

```
auto showHCF = [](long long a, long long b) {
std::cout << "For numbers " << a << " and " << b
          << " the highest common factor is " << hcf(a, b) << std::endl;
};
```

这个 λ 表达式输出需要计算 HCF 的数值和使用 hcf 对象生成的 HCF。main()的剩余代码通过 showHCF 函数指针，调用了这个 λ 表达式 3 次，生成了结果。结果显示，hcf 指向的 λ 表达式生成了其实参的最大公约数。

使用 function<>类模板可以指定函数形参的类型，这可以定义带一个形参的函数，给函数传递的实参可以是一个函数对象、λ 表达式或普通的函数指针。

10.13 小结

本章介绍了 STL 的功能，本章的主要目标是介绍关于 STL 的详细内容，使读者可以自己探索其余部分。实际上关于它们的知识还很多，因此建议读者浏览相关文档进一步学习。

10.14 练习

1. 编写一个程序，从标准输入流中读入一些文本(可能会占用多行)，并将文本中的字母存储在一个 list<T>容器中。以升序排列字母并输出它们。

2. 用 priority_queue<T>容器来获得与练习 1 相同的结果。

3. 修改 Ex10_12.cpp，使它允许对一个给定姓名存储多个电话号码。程序中的功能应当反映下面这一点：getEntry()函数应显示给定姓名的所有号码，deleteEntry()函数应删除特定的人/号码组合。

4. 编写一个程序来实现一个电话簿功能，允许输入一个姓名来检索一个或多个号码，或者输入一个号码检索一个姓名。

5. 斐波纳契数列由整数序列 0，1，1，2，3，5，8，13，21，…组成，其中前两个整数之后的每个整数都是它前面的两个整数之和(注意数列有时会省略最开始的 0)。编写一个程序，使用 λ 表达式初始化具有斐波纳契数列值的整数矢量。

10.15 本章主要内容

本章主要内容如表 10-10 所示。

表 10-10

主　题	概　念
标准模板库	STL 功能包括容器、迭代器、算法和函数对象的模板
容器	容器是一个存储和组织其他对象的类对象。序列容器用一个序列(如数组)存储对象。关联容器存储是键/对象对的元素，其中键确定对存储在容器中的何处
迭代器	迭代器是行为与指针相似的对象。对中的迭代器用来通过一个半开放的间隔定义一个对象集合，其中第一个迭代器指向系列中的第一个对象，第二个迭代器指向系列中最后一个对象的下一个位置
流迭代器	流迭代器是允许访问或修改流中的内容的迭代器
迭代器的类别	迭代器有 4 类：输入和输出迭代器、前向迭代器、双向迭代器和随机访问迭代器。在这几类迭代器中，每一类迭代器都提供了比上一类更多的功能，因此输入和输出迭代器提供的功能最少，随机访问迭代器提供的功能最多
智能指针	智能指针是封装裸指针的模板类类型的对象。使用智能指针来替代裸指针常常可以避免删除在堆上分配内存的对象的操作，从而避免了内存泄漏的风险
算法	算法是在一对迭代器指定的一个对象序列上操作的模板函数
函数对象	函数对象是重载()操作符(通过在类中实现函数 operator()())的类型的对象。STL 定义了用于容器和算法的范围很广的标准函数对象，我们也可以编写自己的类来定义函数对象
λ 表达式	λ 表达式定义一个不需要显式定义类类型的匿名函数对象。对于期望将函数对象作为实参的 STL 算法，可以将 λ 表达式用作 STL 算法的实参

(续表)

主　题	概　念
无状态的λ表达式	无状态的λ表达式不引用封闭作用域中的任何变量，可以在函数指针中存储指向无状态λ表达式的指针
多态函数包装器	多态函数包装器是 function<>模板的一个实例，可以用来包装函数对象。也可以使用多态函数包装器来包装一个λ表达式

第 11 章

Windows 编程的概念

本章要点

- 窗口的基本结构
- Windows API 的概念和用法
- Windows 消息的概念和处理方式
- Windows 程序中常用的符号
- Windows 程序的基本结构
- 如何使用 Windows API 创建简单的程序，以及该程序的工作原理
- Microsoft Foundation Classes
- 基于 MFC 的程序的基本元素

本章源代码下载地址(wrox.com)：

打开网页 http://www.wrox.com/go/beginningvisualc，单击 Download Code 选项卡即可下载本章源代码。这些代码在 Chapter 11 文件夹中，文件都根据本章的内容单独进行了命名。

本章将学习 C++中与所有 Windows 程序有关的基本概念。首先将开发一个直接使用 Windows 操作系统 API 的简单示例，以帮助理解 Windows 应用程序的后台工作原理，这有助于使用 Visual C++提供的更高级的功能开发应用程序。接着将介绍使用 Microsoft Foundation Classes(MFC，它封装了 Win32 功能)创建 Windows 程序的过程。

11.1 Windows 编程基础

Windows API 称为 WinAPI 或 Win32，后者有点过时，因为现在可以使用 Windows 的 64 位版本了。使用 Windows API 开发应用程序，需要在相当低的级别上编写代码，构成应用程序 GUI 的所有元素都必须调用操作系统函数，以编程方式创建。在 MFC 应用程序中，可以使用一组标准类，它们把我们与 Windows API 隔离开，编码也容易得多。在 GUI 构建方面也提供了一些帮助，可以在对

话框窗体上以图形方式组合控件，只需要对程序与用户之间的交互作用进行编程；但是，仍然要编写大量的代码。

直接使用 Windows API 是最费力的开发应用程序的方法，所以本书不打算详细探讨该主题。不过，我们将创建一个基本的 Windows API 应用程序，以理解所有 Windows 应用程序在后台与操作系统协作的机制。当然，使用 C++开发不需要 Windows 操作系统的应用程序也可以，游戏程序有时就采用这种方法。许多游戏程序都使用 DirectX，这是一个 Windows 专用的图形库，虽然该方法本身是很有趣的主题，但需要整本书才能进行适当的论述，因此本书不进一步讨论该主题。

在进入本章的示例之前，先复习用来描述应用程序窗口的术语。在第 1 章中创建过一个连一行代码也没有编写的 Windows 程序，下面就使用该程序生成的窗口来说明构成窗口的各种元素。

11.1.1 窗口的元素

读者必定已经熟悉 Windows 程序的用户界面的大多数主要元素。但无论如何，这里都要一一讲解这些元素，以确保对这些术语的意义有相同的理解。理解窗口元素意义的最好方法是看一个窗口。带注释的由第 1 章示例生成的窗口如图 11-1 所示。

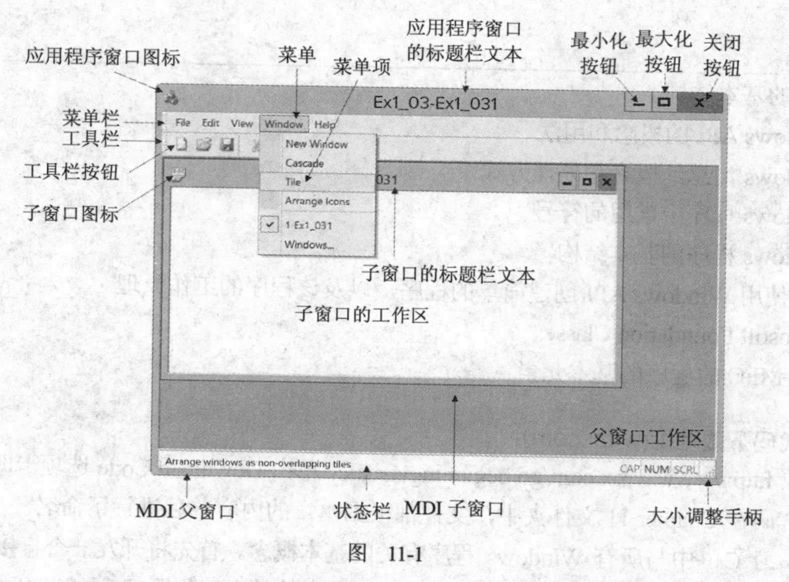

图 11-1

该示例生成了两个窗口。带菜单和工具栏的较大窗口是应用程序主窗口或父窗口，较小的窗口是此父窗口的子窗口。通过双击子窗口左上角的标题栏图标，或者单击子窗口右上角的“关闭”按钮，可以在不关闭父窗口的情况下，将子窗口关闭，关闭父窗口会自动关闭子窗口，这是因为子窗口为父窗口所拥有，依赖于父窗口才能存在。通常，一个父窗口可以有许多子窗口，稍后将看到这种情形。

典型窗口的最基本组成部分是边框、标题栏(显示用户提供给窗口的名称)、标题栏图标(位于标题栏左端)和工作区(窗口中心未被标题栏或边框使用的区域)。在 Windows 程序中，所有这些元素都可以自由创建。如后面所述，只需要为标题栏提供一些文本。

边框定义了窗口的边界，它可以是固定的或可调整的。如果边框是可调整的，就可以拖动边框来改变窗口大小。窗口还可以拥有调整手柄，使用这种手柄可以改变窗口大小。如果愿意，那么可以在定义窗口时修改边框的行为和外观。大多数窗口还有位于窗口右上角的最大化、最小化和关闭按钮。这几个按钮允许用户将窗口扩大到全屏、缩小为图标或关闭。

单击标题栏图标时，将出现一个用于更改或关闭窗口的标准菜单——称作系统菜单或控制菜单。右击窗口标题栏时，也会出现系统菜单。虽然该图标是可选的，但最好总是在程序生成的任何主窗口中包括标题栏图标。当调试过程(查找并去除代码中的错误)中程序工作不正常时，标题栏图标可以提供一种非常方便的关闭程序的方法。

工作区是窗口的组成部分，我们通常希望程序在这里显示文本或图形。为此，在工作区中处理的方式与图 7-1 中庭园的方式完全相同。工作区左上角的坐标是(0，0)，x 坐标从左向右增加，y 坐标从上向下增加。

菜单栏是窗口的可选组件，但菜单可能是最常用的控制应用程序的方式。菜单栏中的每个菜单都会在单击它时显示菜单项的下拉列表。菜单的内容和窗口中显示的许多对象的物理外观——如图 11-1 中工具栏的图标、光标等，都是由资源文件定义的。当开始编写一些更复杂的 Windows 程序时，将了解到更多的资源文件。

ribbon 是菜单栏的替代方式。Microsoft Word 和 Microsoft Excel 的最新版本把 ribbon 提供为在应用程序功能中导航的主要机制。MFC 还提供了很多创建 ribbon 的类，但这里不介绍它们。

工具栏提供的一组图标通常是作为最常用的一些菜单项的替代方法。因为图标可以给出所提供功能的图示线索，所以经常可以使程序的使用更容易、更快捷。

这里为防止误解再对术语做一些说明——这是我们应该知道的。用户往往认为窗口就是屏幕上显示的、有边框的对象——这种看法当然不错，但这种对象只是窗口的一种。在 Windows 中，窗口是覆盖所有实体的通用术语。事实上，几乎任何可显示的实体都是窗口，例如，对话框是窗口，各个工具栏和可停靠的菜单栏也都是窗口。本书通常将使用按钮、对话框等能够说明对象种类的术语来引用对象，但需要牢牢记住它们也是窗口，因为可以对这些对象做一些对常规窗口做的事情——例如，可以在按钮上绘图。

11.1.2　Windows 程序与操作系统

我们编写的 Windows 程序是在 Windows 操作系统的控制下运行的，它们不能直接处理硬件，与外部的所有通信都必须通过 Windows 进行。使用 Windows 程序时，主要是与 Windows 交互，然后由 Windows 与应用程序通信。如果说 Windows 程序是狗尾巴，Windows 就是那条狗；程序仅当得到 Windows 发出的摇摆命令时才能摇摆。

之所以如此，有很多原因。首先，因为程序可能与其他可以同时执行的程序共享计算机，所以 Windows 必须拥有首要的控制权来管理机器资源的共享。如果允许一个应用程序在 Windows 环境中拥有首要控制权，那么由于需要为其他程序的运行提供可能性，将不可避免地使编程问题变得更加复杂；而且计划给其他应用程序的信息也可能丢失。需要 Windows 进行控制的第二个原因在于 Windows 体现了一种标准的用户界面，需要负责实施这种标准。只能使用 Windows 提供的工具在屏幕上显示信息，而且只能在经过授权的情况下这样做。

11.1.3　事件驱动型程序

在第 1 章已经知道，Windows 程序是事件驱动的，因此 Windows 程序要等待某个事件发生。Windows 应用程序所需的重要的代码部分专门用于处理外部用户动作引发的事件，但与应用程序没有直接关系的活动仍然可能要求执行大量的程序代码。例如，如果操作系统决定，应用程序窗口因为不再有效，而需要重画，它将给应用程序发送一个消息，指定应用程序必须重画显露出来的那部分应用程序窗口。

11.1.4 Windows 消息

Windows 应用程序中的事件指的是用户单击鼠标、按下某个按键或某个定时器归零。Windows 操作系统将每个事件记录在一条消息中，并将该消息放入目标程序的消息队列中。因此，Windows 消息只是与某个事件有关的数据记录，而某个应用程序的消息队列只是等待该应用程序处理的消息序列。通过发送消息，Windows 可以告诉程序某件事情需要完成，或者某些信息已经可用，或者某个像鼠标单击这样的事件已经发生。如果程序是以适当的方式组织的，那么将以适当的方式响应消息。有许多不同种类的消息，而且这些消息可能非常频繁地出现——例如，在拖动鼠标时每秒出现许多次。

Windows 程序必须包含专门处理这些消息的函数。该函数经常称作 WndProc()或 WindowProc()，然而该函数不必拥有特定的名称，因为 Windows 是通过提供的函数指针访问该函数的。这样，给程序发送消息就归结为 Windows 调用提供的通常名为 WindowProc()的函数，并借助于给该函数传递的实参给程序传递任何必要的数据。在相应的 WindowProc()函数内，编程人员应当负责根据提供的数据，确定消息的意义以及应该采取的动作。

但是，不必编写处理所有消息的代码。可以筛选出程序所关心的消息，以任何需要的方式处理这些消息，并将其余消息回传给 Windows。通过调用 Windows 提供的标准函数 DefWindowProc()——该函数提供默认的消息处理功能，将消息回传给 Windows。

11.1.5 Windows API

任何 Windows 应用程序与 Windows 本身之间的所有通信，都要使用 Windows 应用程序编程接口，也称作 Windows API。该接口由多达数百个函数组成——它们是 Windows 操作系统提供的标准函数，可以提供应用程序与 Windows 相互通信的方法。Windows API 是在 C 还是主要通用语言的年代开发的，很久之后 C++才出现，因此经常用来在 Windows 和应用程序之间传递数据的是结构而不是类。

Windows API 覆盖了 Windows 与应用程序之间通信的所有方面。因为 API 中函数的数量如此之多，所以在自然状态下使用这些函数可能非常困难；实质上，仅仅理解它们的功能都是一项艰苦的工作。这正是 Visual C++ 2010 使应用程序开发人员的生活变得非常轻松的地方。Visual C++在某种程度上对 Windows API 进行了包装，以面向对象的方式重新组织了这些 API 函数，并提供了在 C++中使用该接口的更容易方法，且带有更多的默认功能。这种包装采取的形式是 Microsoft Foundation Classes——即 MFC。

Visual C++还提供了许多 Application Wizard，这些向导用来创建各种基本的应用程序，包括 MFC 应用程序。Application Wizard 可以生成完整的、可工作的应用程序，其中包括基本的 Windows 应用程序所需的所有样板代码，只需要为特定目的定制该应用程序即可。第 1 章的示例说明了在完全不需要编写任何代码的情况下，Visual C++能够提供多少功能。当使用 Application Wizard 编写一些更实用的示例时，将更详细地对此进行讨论。

11.1.6　Windows 数据类型

Windows 定义了许多用来在 Windows API 中指定函数的形参类型和返回类型的数据类型。这些 Windows 特有的类型还传播到了 MFC 定义的函数中。这些 Windows 类型的每一种都映射为某种 C++类型，但由于 Windows 类型和 C++类型之间的映射可能改变，我们应该总是在适用的场合使用 Windows 类型。例如，在过去，Windows 类型 WORD 在一种 Windows 版本中定义为 unsigned short 类型，在另一种 Windows 版本中定义为 unsigned int 类型。在 16 位机器上，这两种类型是等价的；但在 32 位机器上，它们无疑是不同的。因此，使用 C++类型而非 Windows 类型的任何人都可能遇到问题。

可以在文档中找到 Windows 数据类型的完整列表，但表 11-1 给出一些最常见的类型。

表　11-1

BOOL 或 BOOLEAN	Boolean 变量的值可以是 TRUE 或 FALSE。注意，该类型与值为 true 或 false 的 C++类型 bool 不同
BYTE	8 位字节
CHAR	8 位字符
DWORD	32 位无符号整数，对应于 C++中的 unsigned long 类型
HANDLE	指向某个对象的句柄，是 32 位的整数值，记录着该对象在内存中的位置。当以 64 位模式编译时，则是 64 位整数值
HBRUSH	指向某个画笔的句柄，画笔用来以颜色填充某块区域
HCURSOR	指向某个光标的句柄
HDC	指向某种设备上下文的句柄——设备上下文是允许在窗口上绘图的对象
HINSTANCE	指向某个实例的句柄
LPARAM	消息的形参
LPCTSTR	如果定义了_UNICODE，则为 LPCWSTR，否则为 LPCSTR
LPCWSTR	指向某个由 16 位字符构成的、以空字符终止的字符串常量的指针
LPCSTR	指向某个由 8 位字符构成的、以空字符终止的字符串常量的指针
LPHANDLE	指向某个句柄的指针
LRESULT	处理消息产生的有符号值
WORD	16 位无符号整数，对应于 C++中的 unsigned short 类型

本书将介绍任何其他需要在示例中使用的 Windows 类型。所有 Windows 类型和 Windows API 函数的原型都包含在 windows.h 头文件中，因此在整合基本的 Windows 程序时需要包含该头文件。

11.1.7　Windows 程序中的符号

在许多 Windows 程序中，变量名的前缀都能够指出该变量容纳的数值类型以及该变量的用法。这样的前缀很多，而且经常组合使用。例如，前缀 lpfn 表示指向某个函数的 long 类型指针。我们可能遇到的部分前缀如表 11-2 所示。

表 11-2

前　缀	意　义
b	BOOL 类型的逻辑变量，等价于 int
by	unsigned char 类型，占用一个字节
c	char 类型
dw	DWORD 类型，等价于 unsigned long
fn	函数
h	用来引用某种对象的句柄
i	int 类型
l	long 类型
lp	long 类型的指针
n	unsigned int 类型
p	指针
s	字符串
sz	零终止的字符串
w	WORD 类型，等价于 unsigned short

这些前缀的这种用法称为匈牙利表示法。引入这种表示法的目的是为了最大限度地降低因为对变量的定义方法和预定用法有不同解释而误用变量的可能性。这样的误解在 C 语言中是很容易发生的。使用 C++及其强类型检查功能，不需要在表示法方面作出如此特殊的努力就能避免误解的问题。编译器总是将程序中的类型不一致性标记为错误，许多折磨早期 C 程序的此类错误在 C++中都不可能发生。

另一方面，匈牙利表示法仍然有助于使程序更易理解，尤其是在处理大量作为 Windows API 函数实参的不同类型变量的时候。因为 Windows 程序仍然是用 C 语言编写的，当然还因为 Windows API 函数的形参仍然是使用匈牙利表示法定义的，所以仍然十分广泛地使用这种方法。

我们可以自行决定希望在多大程度上使用匈牙利表示法，因为是否使用该表示法绝不是强制性的。可以选择完全不使用该表示法。但无论如何，如果能够了解该表示法的使用方法，那么将更易于理解 Windows API 函数参数的作用。但有一点需要说明，以防误解：随着 Windows 的不断发展，有些 API 函数参数的类型发生细小的变化，但使用的变量名仍然相同。因此，某些变量的前缀在指示变量类型方面可能不完全正确。

11.2 Windows 程序的结构

就最简单的仅使用 Windows API 的 Windows 程序而言，需要编写两个函数。一个是 WinMain()函数，程序的执行是从这里开始的，基本的程序初始化工作也是在这里完成的。另一个是 WindowProc()函数，该函数是由 Windows 调用的，用来给应用程序传递消息。Windows 程序的 WindowProc()部分通常较大，因为该函数要响应各种因用户输入而引发的消息，所以应用程序的大多数专用的代码都在这里。

虽然这两个函数构成了完整的程序，但它们之间没有直接的联系。调用 WindowProc()函数的是 Windows 而非 WinMain()。事实上，WinMain()也是 Windows 调用的。图 11-2 可以说明这种情况。

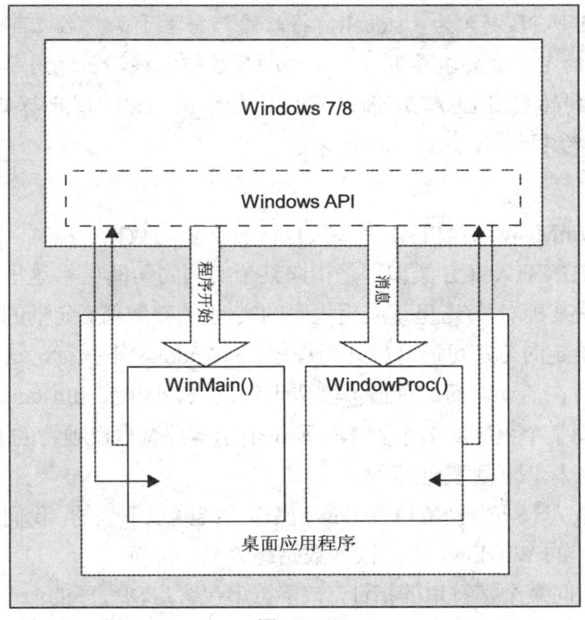

图　11-2

WinMain()函数通过调用某些 Windows API 函数与 Windows 通信，WindowProc()函数也是如此。Windows 桌面应用程序中的集成因子是 Windows 本身，它链接了 WinMain()与 WindowProc()。下面首先看一下构成 WinMain()和 WindowProc()函数的都有哪些部件，然后将这些部件组装成一个可工作的、简单的 Windows 程序示例。

11.2.1　WinMain()函数

WinMain()函数等价于控制台程序中的 main()函数。该函数是执行开始的地方，也是为程序执行基本初始化工作的地方。为了允许 Windows 传递数据，WinMain()函数有 4 个形参和一个 int 类型的返回值，其原型如下：

```
int WINAPI WinMain(HINSTANCE hInstance,
                   HINSTANCE hPrevInstance,
                   LPSTR lpCmdLine,
                   int nCmdShow
                  );
```

在返回类型说明符 int 的后面，有一个函数说明符 WINAPI。WINAPI 是一个 Windows 定义的宏，将使系统以特定于 Windows API 函数的某种特殊方式处理函数名和实参。这种方式与 C++通常处理函数的方式不同。具体的细节是不重要的——这只不过是 Windows 所要求的方式而已，因此只需要将 WINAPI 宏名称放在由 Windows 调用的函数名前面即可。

如果确实想了解调用约定，就查看随 Visual C++提供的文档，文档中有对调用约定的描述。WINAPI 定义为__stdcall，将此修饰符置于函数名之前表明使用的是标准 Windows 调用约定。这要求参数以相反的顺序被推入栈，被调用函数结束时清除栈。本章稍后将看到的 CALLBACK 修饰符也定义为__stdcall，因此与 WINAPI 是等价的。标准 C++调用约定由__cdecl 修饰符指定。

Windows 传递给 WinMain()函数的 4 个参数包含着重要的数据：

- hInstance 属于 HINSTANCE 类型，是指向某个实例的句柄——这里的实例是正在运行的程序。句柄是标识某种对象(这里是应用程序的实例)的整数值。句柄的实际整数值是多少并不重要。在任何给定时刻都可能有好几个程序在 Windows 下执行，这就使相同应用程序可能有若干副本同时在活动，而这种情形需要识别出来。因此，hInstance 句柄标识某个特定的副本。如果启动某个程序的多个副本，则每个副本都有自己独特的 hInstance 值。如后面所述，句柄还用来标识各种其他事物。
- hPrevInstance 是从 16 位版本的 Windows 操作系统继承下来的，我们可以放心地对它置之不理。在当前版本的 Windows 中，该参数始终为空。
- lpCmdLine 是指向某个字符串的指针，该字符串包含启动程序的命令行字符。该指针允许挑出可能在命令行中出现的任何参数值。LPSTR 类型是另一种 Windows 类型，用来指定 32 位(long)的字符串指针，或者当以 64 位模式编译时，则用来指定 64 位的字符串指针。WinMain()的另一个版本接收 LPWSTR，用于使用 Unicode。
- nCmdShow 决定着被创建窗口的外观。窗口可以正常显示，也可以最小化显示；例如，程序的快捷方式可能指定该程序在启动时应该最小化显示。该参数可以是一组固定值之一，这些值是由像 SW_SHOWNORMAL 和 SW_SHOWMINNOACTIVE 这样的一些符号常量定义的。此类定义窗口显示方式的常量还有 9 个，它们都以 SW_开始。通常不需要检查 nCmdShow 的值，而是直接将其传递给负责显示应用程序窗口的 Windows API 函数。

如果希望知道指定窗口显示方式的所有其他常量，那么可以通过在 MSDN 库中搜索 WinMain，找到所有可能值的完整列表。可以在 http://msdn2.microsoft.com/en-us/library/ default.aspx 上联机访问 MSDN 库。

程序中的 WinMain()函数需要做以下 4 件事情：

- 告诉 Windows 该程序需要的窗口种类
- 创建程序窗口
- 初始化程序窗口
- 检索属于该程序的 Windows 消息

接下来依次看一看这 4 件事情，然后创建一个完整的 WinMain()函数。

1. 指定程序窗口

创建窗口的第一步是定义希望创建的窗口的种类。Windows 定义了名为 WNDCLASSEX 的一种特殊 struct 类型，以包含用来指定窗口的数据。存储在该结构实例中的数据定义了一个窗口类，这个类用来确定窗口的类型。需要创建一个 WNDCLASSEX 类型的变量，并给该变量的每个成员赋值。在填写完这些变量之后，可以将其传递给 Windows(借助于稍后介绍的一个函数)来注册这个类。当完成注册之后，无论何时需要创建该类的窗口，都可以命令 Windows 查找已经注册过的窗口类。

WNDCLASSEX 结构的定义如下所示：

```
struct WNDCLASSEX
{
  UINT cbSize;             // Size of this object in bytes
  UINT style;              // Window style
  WNDPROC lpfnWndProc;     // Pointer to message processing function
  int cbClsExtra;          // Extra bytes after the window class
  int cbWndExtra;          // Extra bytes after the window instance
  HINSTANCE hInstance;     // The application instance handle
  HICON hIcon;             // The application icon
  HCURSOR hCursor;         // The window cursor
  HBRUSH hbrBackground;    // The brush defining the background color
  LPCTSTR lpszMenuName;    // A pointer to the name of the menu resource
  LPCTSTR lpszClassName;   // A pointer to the class name
  HICON hIconSm;           // A small icon associated with the window
};
```

构造 WNDCLASSEX 类型对象的方式与前面讨论结构时所看到的方式相同，例如：

```
WNDCLASSEX WindowClass;              // Create a window class object
```

现在可以填写 WindowClass 成员的值。这些成员默认的访问权限都是公有的，因为 WindowClass 是一个 struct。使用 sizeof 操作符时，很容易为这个 struct 的 cbSize 成员赋值：

```
WindowClass.cbSize = sizeof(WNDCLASSEX);
```

这个 struct 的 style 成员决定着窗口行为的各个方面；特别是该成员决定着在什么条件下窗口应该重画。可以从该成员的许多选项值中进行选择，其中每个选项都是由以 CS_开始的符号常量定义的。

如果在从 http://msdn2.microsoft.com/en-us/library 上找到的 MSDN 库中搜索 WNDCLASSEX，那么将找到所有可能的供 style 成员使用的常量值。

如果需要两个或多个选项，那么可以使用按位或运算符 | 组合这些常量，从而产生一个复合值。例如：

```
WindowClass.style = CS_HREDRAW | CS_VREDRAW;
```

选项 CS_HREDRAW 告诉 Windows，如果窗口的水平宽度改变，则重画该窗口；而 CS_VREDRAW 指出，如果窗口的垂直高度改变，那么重画相应的窗口。在前面这条语句中，我们选择在这两种情况下都重画窗口。因此，只要用户更改了窗口的宽度或高度，Windows 就给程序发送一条指出应该重画窗口的消息。每种可能的窗口样式选项都是通过将 32 位字中独特的某个位设置为 1 而定义的，这就是要使用按位或运算符组合它们的原因。这些表示某种特定样式的位通常称为标志。标志不仅在 Windows 中，而且在 C++中也使用得非常频繁，因为它们是表示并处理非有即无特征或非真即假参数的有效方法。

成员 lpfnWndProc 存储着指向程序中处理消息的函数(被处理的消息属于创建的窗口)的指针。该成员名称的前缀表明这是一个指向函数的 long 指针。如果我们也像大多数人那样调用 WindowProc()函数来处理应用程序的消息，那么应当用下面这条语句初始化该成员：

```
WindowClass.lpfnWndProc = WindowProc;
```

接下来两个成员 cbClsExtra 和 cbWndExtra 允许我们请求 Windows 在内部为特别用途提供额外空间。例如，当需要关联其他数据与窗口的每个实例，以参与各个窗口实例的消息处理过程时。通常不需要分配额外的空间，这种情况下必须将 cbClsExtra 和 cbWndExtra 成员设置为 0。

hInstance 成员容纳当前应用程序实例的句柄，因此应该将该成员设置为 Windows 传递给 WinMain()函数的 hInstance 值。

```
WindowClass.hInstance = hInstance;
```

成员 hIcon、hCursor 和 hbrBackground 都是句柄，它们依次引用如下对象：

- 最小化时的应用程序
- 窗口使用的光标
- 窗口客户区的背景色

如前所述，句柄只不过是用作表示某种事物的 32 位整数 ID，当以 64 位模式编译时则表示 64 位整数 ID。这 3 个成员应当使用 Windows API 函数设置。例如：

```
WindowClass.hIcon = LoadIcon(nullptr, IDI_APPLICATION);
WindowClass.hCursor = LoadCursor(nullptr, IDC_ARROW);
WindowClass.hbrBackground = static_cast<HBRUSH>(GetStockObject(GRAY_BRUSH));
```

这 3 次函数调用将这 3 个成员设置为标准的 Windows 值。图标是 Windows 提供的默认图标，光标是大多数 Windows 应用程序使用的标准箭头光标。画笔是用来填充某块区域(这里是窗口的工作区)的 Windows 对象。函数 GetStockObject()返回所有原料对象的泛型类型，因此需要将其强制转换为 HBRUSH 类型。在上面的示例中，该函数返回的是标准灰色画笔的句柄，因此将窗口的背景色设置为灰色。该函数也可以用来为窗口获得其他标准对象，如字体。也可以将 hIcon 和 hCursor 成员设置为空，那样 Windows 将提供默认的图标和光标。如果将 hbrBackground 设置为空，则该程序将等待窗口背景的绘制，而只在必要时 Windows 才将绘制消息发送给应用程序。

lpszMenuName 成员应当设置为定义窗口菜单的资源的名称；如果该窗口没有菜单，则应当将其设置为 NULL：

```
WindowClass.lpszMenuName = nullptr;
```

后面将在使用 AppWizard 时介绍菜单资源的创建和使用。

该 struct 的 lpszClassName 成员存储着为标识该特定的窗口类而提供的名称。通常，使用应用程序的名称为该成员赋值。需要记住该名称，因为在创建窗口时将再次需要它。该成员通常是用下面的语句设置的：

```
static LPCTSTR szAppName {_T("OFWin")};    // Define window class name
WindowClass.lpszClassName = szAppName;     // Set class name
```

此处使用 tchar.h 头文件中的_T()宏定义 szAppName。如果为该应用程序定义 UNICODE，则将 LPCTSTR 类型定义为 const wchar_t *，反之则定义为 const char*。_T()宏会自动创建正确类型的字符串。

最后一个成员是 hIconSm，它标识某个与该窗口类相联系的小图标。如果将该成员设置为空，则 Windows 将搜索与 hIcon 成员相关的小图标并使用。

2. 创建程序窗口

将 WNDCLASSEX 结构的所有成员都设置为所需的值后，下一步是把相关情况告诉 Windows。可以使用 Windows API 函数 RegisterClassEx()来做这件事。假定 WNDCLASSEX 结构对象是 WindowClass，则相应的语句如下所示：

```
RegisterClassEx(&WindowClass);
```

很简单，不是吗？只需要给 RegisterClassEx()函数传递该 struct 的地址，Windows 就会提取并记录所有结构成员的设定值。该过程称为注册窗口类。再次提醒一下，这里的术语“类”是在“分类”的意义上使用的，与 C++中“类”的概念不同，因此不要混淆两者。应用程序的每个实例都必须确保注册自己需要的窗口类。

在 Windows 知道我们需要的窗口特性以及为该窗口处理消息的函数是什么之后，即可创建该窗口。用于完成该操作的函数是 CreateWindow()。我们已经创建的窗口类确定了应用程序窗口的一般特性，而传递给 CreateWindow()函数的其他实参将添加一些附加的特性。因为应用程序通常可以有多个窗口，所以 CreateWindow()函数将返回所创建窗口的句柄。可以存储该句柄，以便稍后能够引用这个特定的窗口。有许多 API 调用都要求指定窗口句柄作为参数。此刻，可以看一看 CreateWindow()函数的典型用法。代码如下：

```
HWND hWnd;                                   // Window handle
...
hWnd = CreateWindow(
      szAppName,                             // the window class name
      _T("A Basic Window the Hard Way"),// The window title
      WS_OVERLAPPEDWINDOW,                   // Window style as overlapped
      CW_USEDEFAULT,                         // Default screen position of upper left
      CW_USEDEFAULT,                         // corner of our window as x,y.
      CW_USEDEFAULT,                         // Default window size, width...
      CW_USEDEFAULT,                         // ...and height
      nullptr,                               // No parent window
      nullptr,                               // No menu
      hInstance,                             // Program Instance handle
      nullptr                                // No window creation data
    );
```

HWND 类型的变量 hWnd 是指向某个窗口的 32 位整数句柄，或者在 64 位模式中则为 64 位整数句柄。我们将使用该变量来记录 CreateWindow()函数返回的窗口句柄。给该函数传递的第一个实参是类名称。Windows 使用该参数来识别前面在 RegisterClassEx()函数调用中传递的 WNDCLASSEX struct，这样来自该 struct 的信息就能用于窗口的创建过程。

CreateWindow()函数的第二个实参定义标题栏上出现的文本。第三个实参指定该窗口在创建之后应具有的样式。这里指定的选项 WS_OVERLAPPEDWINDOW 实际上组合了多个选项。该选项将窗口定义为具有 WS_OVERLAPPED、WS_CAPTION、WS_SYSMENU、WS_THICKFRAME、WS_MINIMIZEBOX 和 WS_MAXIMIZEBOX 样式。结果是一个计划用作主应用程序窗口的可重叠窗口，该窗口包括标题栏和粗框架，标题栏上有标题栏图标、系统菜单、最大化按钮和最小化按钮。对于拥有粗框架的窗口，可以调整其边框的大小。

接下来 4 个实参确定了该窗口在屏幕上的位置和大小。前两个是窗口左上角的屏幕坐标，后两个定义了窗口的宽度和高度。CW_USEDEFAULT 值表示希望 Windows 为该窗口分配默认的位置和大小，它告诉 Windows 沿屏幕向下在层叠位置排列连续的窗口。CW_USEDEFAULT 仅应用于被指定为 WS_OVERLAPPED 的窗口。

下一个实参值是 NULL，表明创建的窗口不是子窗口(依赖父窗口的窗口)。如果希望该窗口是子窗口，则应当将该实参设置为父窗口的句柄。再下来一个实参也是 NULL，它表明不需要菜单。之后，指定由 Windows 传递给程序的当前程序实例的句柄。最后一个表示窗口创建数据的实参是 NULL，因为在本示例中只需要一个简单的窗口。如果需要创建一个多文档界面(multiple-document interface，MDI)客户窗口，则最后一个实参应当指向某个与此相关的结构。稍后学习与 MDI 窗口有关的更多内容。

Windows API 还包括一个 CreateWindowEx()函数，可用来以扩展的样式信息创建窗口。

在调用 CreateWindow()函数之后，被创建的窗口现在已经存在，但还没有显示在屏幕上。需要调用另一个 Windows API 函数将该窗口显示出来：

```
ShowWindow(hWnd, nCmdShow);              // Display the window
```

这里只需要两个实参。第一个实参标识要显示的窗口，它是 CreateWindow()函数返回的句柄。第二个实参是给 WinMain()传递的 nCmdShow 值，它指出在屏幕上显示窗口的方式。

3. 初始化程序窗口

在调用 ShowWindow()函数之后，该窗口将出现在屏幕上，但仍然没有应用程序的内容，因此需要使程序在该窗口的工作区中输出信息。可以直接在 WinMain()函数中将某些输出代码放在一起，但这种方法是最不令人满意的：在这种情况下，工作区的内容不是永久性的。如果希望保留工作区的内容，则不能仅输出所需内容，然后将其忘之脑后。用户修改窗口的任何动作(如拖动边框或整个窗口)，通常都需要重画窗口及工作区。

当因任何原因而需要重画工作区时，Windows 将给程序发送一条特定的消息，而 WindowProc()函数需要以重构窗口的工作区作为响应。因此，最初绘制工作区的最好方法是把绘制工作区的代码放入 WindowProc()函数，并使 Windows 给程序发送请求重画工作区的消息。当我们在程序中知道应该重画窗口(如修改某些内容的时候)时，需要告诉 Windows 发送一条窗口应该重画的消息。

通过调用另一个 Windows API 函数 UpdateWindow()，请求 Windows 给程序发送一条重画窗口工作区的消息。调用该函数的语句如下：

```
UpdateWindow(hWnd);                    // Cause window client area to be drawn
```

该函数只需要一个实参：标识特定程序窗口的窗口句柄 hWnd。该调用的结果是 Windows 给程序发送一条请求重画工作区的消息。

4. 处理 Windows 消息

最后一项需要 WinMain()完成的任务是处理 Windows 为应用程序排好的消息队列。这么说似乎有点儿奇怪，因为前面曾经说过需要 WindowProc()函数来处理消息，下面进一步解释。

排队消息与非排队消息

前面介绍的 Windows 消息概念过于简化。事实上有两种 Windows 消息。

一种是被 Windows 放入队列的排队消息，WinMain()函数必须从队列中提取这些消息进行处理。WinMain()函数中做这件事的代码称为消息循环。排队消息包括因用户从键盘输入、移动鼠标以及单击鼠标按钮而产生的消息。来自定时器的消息和请求重画窗口的 Windows 消息也都是排队消息。

另一种是致使 Windows 直接调用 WindowProc()函数的非排队消息。大量的非排队消息是作为处理排队消息的结果产生的。我们在 WinMain()函数的消息循环中所做的事情是从 Windows 为应用程序排好的消息队列中提取一条消息，然后请求 Windows 调用 WindowProc()函数来处理该消息。为什么 Windows 不能在需要时直接调用 WindowProc()函数呢？当然可以，但只是没有以这种方式工作，原因与 Windows 对多个同时执行的应用程序的管理方式有关。

消息循环

如前所述，从消息队列中获取消息是使用某种标准机制完成的，该机制在 Windows 编程中称为消息泵或消息循环。消息循环的代码如下所示：

```
MSG msg;                                      // Windows message structure
while(GetMessage(&msg, nullptr, 0, 0) == TRUE)  // Get any messages
{
  TranslateMessage(&msg);                     // Translate the message
  DispatchMessage(&msg);                      // Dispatch the message
}
```

这部分代码涉及处理每条消息的 3 个步骤：

- GetMessage()——从队列中检索一条消息。
- TranslateMessage()——对检索的消息执行任何必要的转换。
- DispatchMessage()——使 Windows 调用应用程序的 WindowProc()函数来处理消息。

GetMessage()函数的作用非常重要，因为它对 Windows 处理多个应用程序的方式具有重大贡献。接下来详细地看一看这个函数。

GetMessage()函数检索应用程序窗口的消息队列中的某条消息，并将与该消息有关的信息存储在第一个实参指向的变量 msg。变量 msg 是 MSG 类型的 struct，包含没有在这里访问的不同成员。但为完整起见，下面给出该结构的定义：

```
struct MSG
{
```

```
    HWND   hwnd;         // Handle for the relevant window
    UINT   message;      // The message ID
    WPARAM wParam;       // Message parameter (32-bits)
    LPARAM lParam;       // Message parameter (32-bits)
    DWORD  time;         // The time when the message was queued
    POINT  pt;           // The mouse position
};
```

前面提到的对匈牙利表示法前缀的误解现在可能在 wParam 成员上成为现实。我们可能认为该成员属于 WORD 类型(即 16 位无符号整数)，这种想法在早期的 Windows 版本中是正确的，但现在该成员属于 WPARAM 类型，它是一个 32 位整数值。

wParam 和 lParam 成员的确切内容取决于消息的种类。message 成员中的消息 ID 是一个整数值，它可以是一组在 windows.h 头文件中预定义为符号常量的值之一。普通窗口的消息 ID 都以 WM_开始，典型的例子如表 11-3 所示。普通窗口消息覆盖了大量不同的事件，并且包括与鼠标和菜单事件、键盘输入以及窗口创建和管理相关的消息。

表 11-3

ID	描　述
WM_PAINT	应该重画窗口
WM_SIZE	已重新调整窗口大小
WM_LBUTTONDOWN	按下鼠标左键
WM_RBUTTONDOWN	按下鼠标右键
WM_MOUSEMOVE	已移动鼠标
WM_CLOSE	应该关闭窗口或应用程序
WM_DESTROY	正在销毁窗口
WM_QUIT	应该终止程序

GetMessage()函数总是返回 TRUE，除非该消息是终止程序的 WM_QUIT(此时返回值是 FALSE)，或者发生了错误(此时返回值是–1)。因此，while 循环将持续执行，直到产生关闭应用程序的退出消息或者出现错误状态。在这两种情况下，都需要在 return 语句中将 wParam 值回传给 Windows，来结束程序。

对于为不同于普通窗口的其他窗口类型指定的消息，也有除了 WM 之外的前缀。

对 GetMessage()函数的调用中，第二个实参是某个窗口的句柄，希望为该窗口获取消息。该参数可用来单独地为某一个窗口检索消息。如果该参数像此处这样是 0，则 GetMessage()函数将检索应用程序的所有消息。这是一种简单的检索该程序所有消息的方法，而不管某个应用程序有多少窗口。它也是最安全的方法，因为我们肯定可以获得应用程序的全部消息。例如，当 Windows 程序的用户关闭应用程序的窗口时，该窗口是在生成 WM_QUIT 消息之前关闭的。因此，如果仅仅通过给 GetMessage()函数指定窗口句柄来检索消息，则不能检索这条 WM_QUIT 消息，导致程序不能正常终止。

GetMessage()函数的最后两个实参是两个整数，它们存储希望从队列中检索的消息 ID 的最小值和最大值，从而可以有选择性地检索消息。该范围通常是用符号常量指定的。例如，使用 WM_MOUSEFIRST 和 WM_MOUSELAST 作为这两个实参将只选择鼠标消息。如果这两个实参像本例中这样都是 0，那么将检索所有消息。

多任务

如果没有排队的消息，则 GetMessage()函数不会把控制权返回到程序中。Windows 允许将执行权传递给另一个应用程序，仅当队列中有消息时才能从调用 GetMessage()函数获得返回值。

该机制是允许多个应用程序在旧版 Windows 下运行的基础，称作协作式多任务，因为该机制依赖于并发的应用程序不时放弃对处理器的控制权。在程序调用 GetMessage()函数之后，如果没有需要程序处理的消息，则系统将执行另一个应用程序，而我们的程序仅当另一个应用程序释放处理器之后才能获得另一次执行操作的机会。释放处理器的原因可能是调用 GetMessage()函数之后该程序的消息队列中没有消息，但这不是唯一的可能性。

在当前的 Windows 版本中，操作系统可以在一段时间之后中断某个应用程序，然后将控制权传递给另一个应用程序。该机制称作抢先式多任务，因为任何情况下都可以中断某个应用程序。但在抢先式多任务机制下，仍然必须像以前那样在 WinMain()函数中使用 GetMessage()函数编写消息循环的代码，并为在长时间运行的计算中不时将对处理器的控制权交还给 Windows 预先采取措施(通常是使用 API 函数 PeekMessage()完成的)。如果不这样做，应用程序就可能无法响应出现的重画应用程序窗口的消息。产生该消息的原因可能与应用程序完全无关——例如，关闭相重叠的另一个应用程序的窗口。

GetMessage()函数概念性的工作过程如图 11-3 所示。

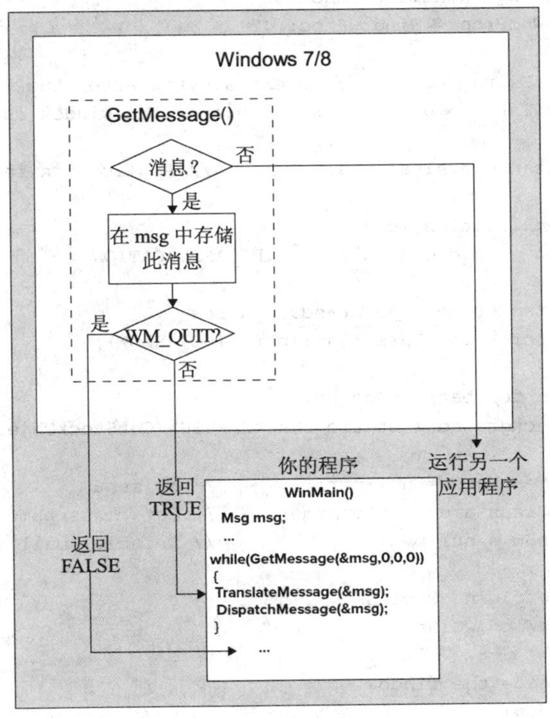

图 11-3

在 while 循环内，首先调用 TranslateMessage()函数，请求 Windows 为与键盘有关的消息做一些转换工作。然后调用 DispatchMessage()函数，使 Windows 分派该消息——换句话说，就是调用程序中的 WindowProc()函数来处理该消息。在 WindowProc()函数结束对消息的处理之前，DispatchMessage()函数不会返回。WM_QUIT 消息意味着程序应该结束，因此该消息把 FALSE 返回给应用程序，使消息循环停止。

5. 完整的 WinMain()函数

我们已经看过所有需要包含在 WinMain()函数中的代码，因此现在可以将它们汇编成一个完整的函数：

```
// Listing OFWIN_1
int WINAPI WinMain(HINSTANCE hInstance, HINSTANCE hPrevInstance,
                   LPSTR lpCmdLine, int nCmdShow)
{
  WNDCLASSEX WindowClass;     // Structure to hold our window's attributes

  static LPCTSTR szAppName {_T("OFWin")};    // Define window class name
  HWND hWnd;                                 // Window handle
  MSG msg;                                   // Windows message structure

  WindowClass.cbSize = sizeof(WNDCLASSEX);   // Set structure size

  // Redraw the window if the size changes
  WindowClass.style   = CS_HREDRAW | CS_VREDRAW;

  // Define the message handling function
  WindowClass.lpfnWndProc = WindowProc;

  WindowClass.cbClsExtra = 0;     // No extra bytes after the window class
  WindowClass.cbWndExtra = 0;     // structure or the window instance

  WindowClass.hInstance = hInstance;         // Application instance handle

  // Set default application icon
  WindowClass.hIcon = LoadIcon(nullptr, IDI_APPLICATION);

  // Set window cursor to be the standard arrow
  WindowClass.hCursor = LoadCursor(nullptr, IDC_ARROW);

  // Set gray brush for background color
  WindowClass.hbrBackground = static_cast<HBRUSH>(GetStockObject(GRAY_BRUSH));

  WindowClass.lpszMenuName = nullptr;        // No menu
  WindowClass.lpszClassName = szAppName;     // Set class name
  WindowClass.hIconSm = nullptr;             // Default small icon

  // Now register our window class
  RegisterClassEx(&WindowClass);

  // Now we can create the window
  hWnd = CreateWindow(
```

```
        szAppName,                          // the window class name
        _T("A Basic Window the Hard Way"),  // The window title
        WS_OVERLAPPEDWINDOW,                // Window style as overlapped
        CW_USEDEFAULT,                      // Default position of upper left
        CW_USEDEFAULT,                      // corner of our window as x,y...
        CW_USEDEFAULT,                      // Default window size
        CW_USEDEFAULT,                      // ....
        nullptr,                            // No parent window
        nullptr,                            // No menu
        hInstance,                          // Program Instance handle
        nullptr                             // No window creation data
      );

    ShowWindow(hWnd, nCmdShow);             // Display the window
    UpdateWindow(hWnd);                     // Redraw window client area

    // The message loop
    while(GetMessage(&msg, nullptr, 0, 0) == TRUE) // Get any messages
    {
      TranslateMessage(&msg);               // Translate the message
      DispatchMessage(&msg);                // Dispatch the message
    }

    return static_cast<int>(msg.wParam);    // End, so return to Windows
  }
```

必须实现 WindowProc()，才能使其成为可工作的 Windows 应用程序。我们解释了这段代码后，就实现该函数。

示例说明

在声明过 WinMain()函数中需要的变量之后，初始化 WindowClass 结构的所有成员，并注册该窗口类。下一步是调用 CreateWindow()函数，基于传递的实参以及先前使用 RegisterClassEx()函数传递给 Windows 的 WindowClass 结构所包含的数据，创建供窗口的物理外观使用的数据。对 ShowWindow()函数的调用致使该窗口根据 nCmdShow 指定的模式显示，而 UpdateWindow()函数通知操作系统应该生成一条重画窗口工作区的消息。

最后，消息循环继续检索该应用程序的消息，直到获得一条 WM_QUIT 消息为止。该消息使 GetMessage()函数返回 FALSE，从而终止循环，而 msg 结构中 wParam 成员的值将在 return 语句中回传给 Windows。

11.2.2　处理 Windows 消息

除应用程序窗口的通用外观以外，WinMain()函数不包含任何应用程序特有的代码。使应用程序以我们希望的方式运转的所有代码都位于程序的消息处理部分——即在传递给 Windows 的 WindowClass 结构中标识的 WindowProc()函数。每次分派主应用程序窗口的消息时，都要调用该函数。因为 Windows 通过函数指针标识 WindowProc()函数，所以可以给该函数使用任意名称，这里继续称之为 WindowProc()。

本示例相当简单，因此我们将把所有处理消息的代码都放在 WindowProc()这一个函数内。但更通常的做法是让 WindowProc()函数负责分析给定的消息是什么，以及该消息是供哪个窗口使用的，然后调用一大堆函数中的一个。在被调用的这些函数中，每个函数只负责处理相关特定窗口的上下文中某条特定的消息。但在大多数应用程序上下文中，总体的操作顺序以及 WindowProc()函数分析传入消息的方式都是非常相似的。

1. WindowProc()函数

WindowProc()函数的原型如下：

```
LRESULT CALLBACK WindowProc(HWND hWnd, UINT message,
                            WPARAM wParam, LPARAM lParam);
```

返回类型是 LRESULT，是一个 Windows 类型，通常等价于 long 类型。因为该函数是 Windows 通过指针(该指针是在 WinMain()函数的 WNDCLASSEX 结构中用 WindowProc()函数的地址设置的)调用的，所以需要将该函数限定为 CALLBACK。前面曾提到过此说明符，其作用与 Windows 定义的 WINAPI 相同，WINAPI 决定着函数实参的处理方式。这里可以使用 WINAPI 替代 CALLBACK，但后者更好地表达出这个函数的作用。传递给 WindowProc()函数的 4 个实参提供与致使调用该函数的特定消息有关的信息，它们的意义如表 11-4 所述。

表 11-4

实 参	意 义
HWND hWnd	一个句柄，指向致使该消息发生的事件所在的窗口
UINT message	消息 ID，指出消息类型的 32 位整数值
WPARAM wParam	包含与消息种类有关的其他信息，是 32 位(64 位模式中是 64 位)的值
LPARAM lParam	包含与消息种类有关的其他信息，是 32 位(64 位模式中是 64 位)的值

与传入消息有关的窗口由传递给该函数的第一个实参 hWnd 标识。在本例中，只有一个窗口，因此可以忽略该参数。

消息是由传递给 WindowProc()的 message 值标识的。可以对照预定义的符号常量来测试这个值，其中各个常量表示某种特定的消息。一般的窗口消息都以 WM_开始，典型的示例有 WM_PAINT——对应于重画窗口部分工作区的请求，还有 WM_LBUTTONDOWN——表明按下鼠标左键。通过在 MSDN 库中搜索 WM_，可以找到所有这些常量。

2. 解码 Windows 消息

要解码 Windows 发送的消息，通常要基于 message 的值，在 WindowProc()函数中使用 switch 语句来完成。然后，为 switch 中的每种情形放上一条 case 语句，来选择希望处理的消息类型。这种 switch 语句的典型结构如下所示：

```
switch(message)
{
  case WM_PAINT:
    // Code to deal with drawing the client area
    break;

  case WM_LBUTTONDOWN:
```

```
    // Code to deal with the left mouse button being pressed
    break;

  case WM_LBUTTONUP:
    // Code to deal with the left mouse button being released
    break;

  case WM_DESTROY:
    // Code to deal with a window being destroyed
    break;

  default:
    // Code to handle any other messages
}
```

每个 Windows 程序都有一些与该结构类似的地方，但在后面使用 MFC 编写的 Windows 程序中，该结构可能隐藏起来了。每种情形对应一个特定的消息 ID 值，并对该消息进行适当的处理。程序不想单独处理的任何消息都由 default 语句处理，默认情形应该调用 DefWindowProc()函数，将消息回传给 Windows。DefWindowProc()是提供默认消息处理机制的 Windows API 函数。

在复杂的、逐一处理许多可能的 Windows 消息的程序中，该 switch 语句可能变得很大、相当麻烦。当使用 Application Wizard 来生成使用 MFC 的 Windows 应用程序时，将不必再担心这一点，因为向导将负责处理这一切，我们将永远也看不到 WindowProc()函数，只需要提供代码来处理感兴趣的特定消息即可。

绘制窗口工作区

Windows 给程序发送 WM_PAINT 消息，告诉程序应该重画应用程序的工作区。因此，在示例中需要绘制窗口的工作区来响应 WM_PAINT 消息。

不能杂乱无章地在窗口中涂鸦。在可以向应用程序窗口写入内容之前，需要告诉 Windows 我们想这样做，还需要得到 Windows 的授权才能继续。为此，调用 Windows API 函数 BeginPaint()，只应该在响应 WM_PAINT 消息时才调用该函数，使用方法如下：

```
HDC hDC;                              // A display context handle
PAINTSTRUCT PaintSt;                  // Structure defining area to be redrawn

hDC = BeginPaint(hWnd, &PaintSt);     // Prepare to draw in the window
```

HDC 类型表示显示设备上下文的句柄，更通常的叫法是设备上下文。设备上下文在与设备无关的 Windows API 函数(向屏幕或打印机输出信息)和设备驱动程序(支持向连接到 PC 的具体设备输出信息)之间提供链接。也可以把设备上下文看作 Windows 应我们的请求传递给我们的权限标记，它授予我们输出某种信息的权限。如果没有设备上下文，就不能生成任何输出。

BeginPaint()函数返回设备上下文的句柄，该函数要求提供两个实参。传递的第一个实参 hWnd 是窗口句柄，用来标识输出的目标窗口。第二个实参是 PAINTSTRUCT 变量 PaintSt 的地址，Windows 把为了响应 WM_PAINT 消息而需要重画的区域的相关信息放在 PaintSt 结构内。本书将不讨论该结构的细节，因为我们不打算再次使用它。此处将只是重画整个工作区。使用下面这条语句，可以在 RECT 结构中获得工作区的坐标：

```
RECT aRect;                        // A working rectangle
```

```
GetClientRect(hWnd, &aRect);
```

GetClientRect()函数为第一个实参指定的窗口提供其工作区的左上角和右下角坐标。这两个坐标存储在第二个指针实参传递的 RECT 结构 aRect 中。使用 aRect 可以标识工作区中的一个区域，DrawText()函数在这个区域中输出文本。因为窗口是灰色的背景，所以应该将文本的背景色更改为透明，以便让灰色显露出来；否则，文本将在白色背景上出现。可以用下面的 API 函数调用来做这件事：

```
SetBkMode(hDC, TRANSPARENT);          // Set text background mode
```

第一个实参标识设备上下文，第二个实参设定背景模式。默认选项是 OPAQUE。

现在可以使用下面这条语句来输出文本：

```
DrawText(hDC,                         // Device context handle
      _T("But, soft! What light through yonder window breaks?"),
      -1,                             // Indicate null terminated string
      &aRect,                         // Rectangle in which text is to be drawn
      DT_SINGLELINE|                  // Text format - single line
      DT_CENTER|                      //             - centered in the line
      DT_VCENTER                      //             - line centered in aRect
    );
```

DrawText()函数的第一个实参是允许在窗口上绘图的权限证书，显示设备上下文 hDC。第二个实参是希望输出的文本字符串。也可以将该文本字符串定义在某个变量中，然后传递指向该文本字符串的指针作为该函数调用的第二个实参。下一个值为–1 的实参表示该字符串是以空字符终止的。如果不是这样，就应当将字符串中字符的个数写在这里。第 4 个实参是指向某个 RECT 结构的指针，该结构定义了一个希望在其中输出文本的矩形。在本例中，该矩形是 aRect 中定义的整个窗口工作区。最后一个实参定义了矩形中文本的格式。在这里使用按位或运算符 | 组合 3 个格式说明常量。该字符串写在一行内，文本在这一行上居中显示，在垂直方向上，该文本行位于矩形的中心。这样的格式处理可以将文本美观地放在窗口中心。还有许多其他选项，其中包括将文本放在矩形的顶部或底部，以及使文本左对齐或右对齐的选项。

在输出所有希望显示的内容之后，必须告诉 Windows 工作区的绘制已经结束。对每个 BeginPaint()函数调用来说，都必须有一个对应的 EndPaint()函数调用。因此，为了结束对 WM_PAINT 消息的处理，需要下面这条语句：

```
EndPaint(hWnd, &PaintSt);            // Terminate window redraw operation
```

hWnd 实参标识程序窗口，第二个实参是由 BeginPaint()函数填充的 PAINTSTRUCT 结构的地址。

3. 结束程序

有人可能认为，关闭窗口就会关闭应用程序；但为了获得这样的特性，实际上必须添加一些代码。关闭窗口时应用程序不会自动关闭的原因在于可能需要做一些清理工作，应用程序也可能有多个窗口。当用户通过双击标题栏图标或单击关闭按钮关闭窗口时，系统将生成一条 WM_DESTROY 消息。因此，为了关闭应用程序，需要在 WindowProc()函数中处理 WM_DESTROY 消息。可以使用下面这条语句生成一条 WM_QUIT 消息进行处理：

```
PostQuitMessage(0);
```

这里的实参是一个退出代码。顾名思义，该 Windows API 函数在应用程序的消息队列中添加一条 WM_QUIT 消息。该消息导致 WinMain()中的 GetMessage()函数返回 FALSE，并结束消息循环，从而终止程序。

4. 完整的 WindowProc()函数

我们已经讨论了构成本示例中完整的 WindowProc()函数所需的所有元素。该函数的代码如下所示：

```
// Listing OFWIN_2
LRESULT CALLBACK WindowProc(HWND hWnd, UINT message,
                            WPARAM wParam, LPARAM lParam)
{

  switch(message)                 // Process selected messages
  {
    case WM_PAINT:                       // Message is to redraw the window
      HDC hDC;                           // Display context handle
      PAINTSTRUCT PaintSt;               // Structure defining area to be drawn
      RECT aRect;                        // A working rectangle
      hDC = BeginPaint(hWnd, &PaintSt);// Prepare to draw the window

      // Get upper left and lower right of client area
      GetClientRect(hWnd, &aRect);

      SetBkMode(hDC, TRANSPARENT);     // Set text background mode

      // Now draw the text in the window client area
      DrawText(
            hDC,                   // Device context handle
            _T("But, soft! What light through yonder window breaks?"),
            -1,                    // Indicate null terminated string
            &aRect,                // Rectangle in which text is to be drawn
            DT_SINGLELINE|         // Text format - single line
            DT_CENTER|             //             - centered in the line
            DT_VCENTER);           //             - line centered in aRect

      EndPaint(hWnd, &PaintSt);    // Terminate window redraw operation
      return 0;

    case WM_DESTROY:               // Window is being destroyed
      PostQuitMessage(0);
      return 0;
  }
  return DefWindowProc(hWnd, message, wParam, lParam);
}
```

示例说明

除了最后一条语句外，整个函数体只是一条 switch 语句而已。特定的 case 是基于 message 参数传递给该函数的消息 ID 而选择的。由于本示例相当简单，只需要处理两种消息：WM_PAINT 和

WM_DESTROY。在 switch 语句的后面，通过调用 DefWindowProc()函数，将所有其他消息回传给 Windows。DefWindowProc()函数的实参就是传递给本函数的实参，因此只需要按照原样将它们传回去即可。注意每种消息类型处理代码最后的 return 语句。就处理的这两种消息而言，返回值是 0。

试一试：简单的 Windows API 程序

因为已经编写了 WinMain()函数和处理消息的 WindowProc()函数，所以现在完全可以创建仅使用 Windows API 的完整 Windows 程序。当然，需要为该程序创建一个项目，但不是像迄今一直所做的那样选择 Win32 控制台应用程序，而应该使用 Win32 项目模板创建该项目。应该选择将其创建成一个空项目，然后添加包含如下代码的 Ex11_01.cpp 文件。

```
// Ex11_01.cpp   Native windows program to display text in a window
#include <windows.h>
#include <tchar.h>
LRESULT CALLBACK WindowProc(HWND hWnd, UINT message,
                            WPARAM wParam, LPARAM lParam);

  // Insert code for WinMain() here (Listing OFWIN_1)

  // Insert code for WindowProc() here (Listing OFWIN_2)
```

如果编译并执行该示例，则得到如图 11-4 所示的窗口。

注意，该窗口有许多不需要通过编程来管理的、由操作系统提供的属性。该窗口的边框可以拖动以改变窗口大小，整个窗口也可以在屏幕上四处移动。最大化和最小化按钮也能工作。当然，所有这些动作都会对该程序产生影响。每当我们改变窗口的位置或大小时，就有一条 WM_PAINT 消息进入消息队列，程序就必须重画工作区，但所有绘制和改变窗口本身的工作都是由 Windows 完成的。

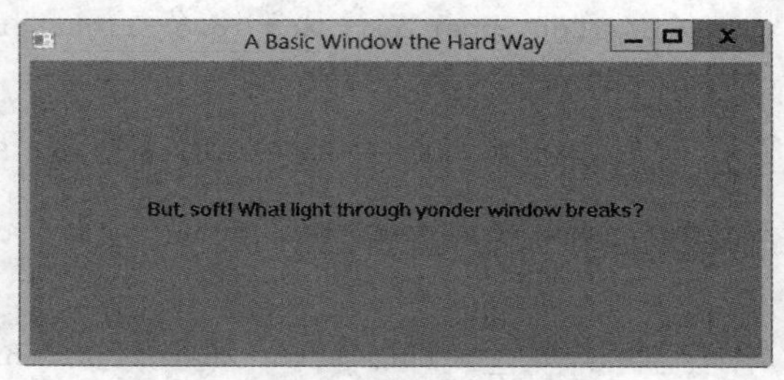

图 11-4

由于在 WindowClass 结构中指定的选项，因此系统菜单和关闭按钮也是本窗口的标准功能，管理它们的工作仍然是由 Windows 负责的。唯一由此产生的对程序的其他作用是关闭窗口时 WM_DESTROY 消息的传递——前面已讨论过这一点。

11.3 MFC

MFC(Microsoft Foundation Classes，Microsoft 基本类)是一组预定义的类，使用 Visual C++进行 Windows 编程以此作为基础。这些类封装了 Windows API，对 Windows 编程来说是一种面向对象的方法。MFC 没有严格遵守面向对象的封装和数据隐藏原则，主要原因是许多 MFC 代码是在这些原则完善之前编写的。

编写 Windows 程序的过程涉及创建和使用 MFC 对象或者 MFC 的派生类对象。大体上，将根据 MFC 派生自己的类，Visual C++ 2010 中的专用工具可以给我们提供相当多的帮助，从而使派生过程相当简单。这些基于 MFC 的类的对象包括与 Windows 通信的成员函数、处理 Windows 消息的成员函数以及相互发送消息的成员函数。当然，这些派生类将继承基类的所有成员。这些继承的函数几乎要做所有使 Windows 程序工作所必需的普通工作。我们只需要添加数据和函数成员来定制这些类，以提供在程序中需要的专用功能。在此过程中，将应用大部分已经在前面的章节中掌握的技术，特别是那些涉及类继承和虚函数的技术。

11.3.1 MFC 表示法

所有 MFC 类的名称都以 C 开始，如 CDocument 或 CView。如果在定义自己的类或者根据 MFC 库的基类派生新类的时候使用相同的约定，那么程序将更易于理解。MFC 类的数据成员以 m_作为前缀。本书在使用 MFC 的示例中也将遵守这项约定。

我们稍后会发现，MFC 为许多变量名使用匈牙利表示法，特别是那些源于 Windows API 的变量。我们应该记得，匈牙利表示法使用前缀 p 表示指针，n 表示 unsigned int 类型，l 表示 long，h 表示句柄等。例如，名称 m_lpCmdLine 是某个类的数据成员(因为有 m_前缀)，属于“指向字符串的 long 型指针”类型。因为 C++具有强类型检查功能，可以挑出过去在 C 中经常发生的误用情形，所以这种表示法不是必需的，本书后面的示例中一般不会使用该表示法来命名变量。但是将继续使用前缀 p 来表示指针，还将使用其他一些简单的类型指示符号，因为这样有助于使代码更易于理解。

11.3.2 MFC 程序的组织方式

我们从第 1 章知道，在一行代码也不编写的情况下，使用 Application Wizard 就可以生成一个 Windows 程序。当然，该过程使用了 MFC 库。但不使用 Application Wizard 也完全可以编写出使用 MFC 的 Windows 程序。如果首先不求甚解地构造出最简单的基于 MFC 的程序，那么将对所涉及的基本元素有更清楚的认识。

使用 MFC 可以生成的最简单的程序，比本章前面使用原始 Windows API 编写的示例稍微简单一些。这次编写的示例将拥有一个窗口，但不在窗口内显示文本。这足以说明基本的组成部分，因此让我们试一试。

试一试：最简单的 MFC 应用程序

像以前多次做过的那样，使用 File | New | Project 菜单项创建一个新项目。这次不使用 Application Wizard 来创建基本的代码，因此选择 Win32 Project 作为该项目的模板，并在第二个对话框中选择 Windows Application 和 Empty project 选项。在创建该项目之后，从主菜单中选择 Project | Properties，并在 Configuration Properties 的 General 子页上单击 Use of MFC 属性，将其属性值设置为 Use MFC in a Shared DLL。

在这个已创建的项目中，可以创建一个新的源文件 Ex11_02.cpp。为了在一个地方看到该程序的所有代码，可以将需要的类定义及类的实现都放在该文件中。为此，只需要在编辑窗口中手动添加代码即可——所需的代码不是很多。

首先，要添加一条包括 afxwin.h 头文件的#include 语句，因为该文件包含许多 MFC 类的定义。这样，就可以从 MFC 中派生自己的类。

```
#include <afxwin.h>                  // For the class library
```

要得到完整的程序，只需要从 MFC 中派生两个类即可：应用程序类和窗口类。我们甚至不需要像在本章前一个示例中那样编写 WinMain()函数，因为该函数是由 MFC 库在后台自动提供的。看一看如何定义需要的这两个类。

1. 应用程序类

CWinApp 类对任何使用 MFC 编写的 Windows 程序来说都很重要。该类的对象包括启动、初始化、运行和关闭应用程序所需的一切代码。需要根据 CWinApp 派生自己的应用程序类，从而得到自己的应用程序。我们将定义该类的专用版本以满足特定的应用需求。该派生类的代码如下所示：

```
class COurApp: public CWinApp
{
public:
  virtual BOOL InitInstance() override;
};
```

因为要实现一个简单的示例，所以这里不需要太多的特殊化工作。该类的定义中只有一个成员：InitInstance()函数。在基类中将该函数定义为虚函数，因此在派生类中它是一个重写函数；我们只是在为自己的应用程序类重新定义这个基类函数而已。该类中所有其他从 CWinApp 类继承的数据和函数成员都保持不变。

该应用程序类具有大量在基类中定义的数据成员，其中许多都对应于用作 Windows API 函数调用的实参的变量。例如，成员 m_pszAppName 存储着指向定义应用程序名的字符串的指针。成员 m_nCmdShow 指定应用程序启动时以什么方式显示应用程序窗口。现在不必考虑所有继承的数据成员。在开发应用程序专用代码的过程中，将在需要使用这些成员时了解它们的用法。

在根据 CWinApp 派生自己的应用程序类时，必须重写虚函数 InitInstance()。该函数的重写版本是由 MFC 提供的 WinMain()函数调用的，我们将在该函数中包括创建和显示应用程序窗口的代码。但在编写 InitInstance()之前，应该先了解一下定义窗口的 MFC 类。

2. 窗口类

MFC 应用程序需要一个窗口作为与用户交互的界面，称为框架窗口。需要为应用程序从 MFC 类 CFrameWnd 中派生一个窗口类，CFrameWnd 类是专门为上述目的而设计的。因为 CFrameWnd 类提供了创建和管理应用程序窗口所需的一切，所以我们只需要给派生窗口类添加一个构造函数。构造函数允许指定窗口的标题栏，以适应应用程序的上下文：

```
class COurWnd: public CFrameWnd
{
public:
  // Constructor
  COurWnd()
  {
    Create(nullptr, _T("Our Dumb MFC Application"));
  }
};
```

在构造函数中调用的 Create()函数是从基类继承的。该函数创建一个窗口，并使该窗口附属于正被创建的 COurWnd 对象。注意，COurWnd 对象与 Windows 显示的窗口不是一回事—— 类对象与物理窗口是截然不同的实体。

Create()函数的第一个实参值是 nullptr，表明我们希望为创建的窗口使用基类的默认属性。还记得吗？在本章前一个示例中需要直接使用 Windows API 定义窗口特性。第二个实参指定在窗口标题栏中显示的文本。Create()函数还有其他参数，但那些参数都有完全令人满意的默认值，因此这里可以将它们全部忽略。

3. 完成程序

为应用程序定义过窗口类之后，就可以编写 COurApp 类中的 InitInstance()函数：

```
BOOL COurApp::InitInstance(void)
{
  m_pMainWnd = new COurWnd;              // Construct a window object...
  m_pMainWnd->ShowWindow(m_nCmdShow);     // ...and display it
  return TRUE;
}
```

如前所述，该函数重写了基类CWinApp中定义的虚函数，虚函数由MFC库自动提供的WinMain()函数调用。InitInstance()函数通过使用 new 操作符在空闲存储器中为应用程序构造了一个主窗口对象。将返回的地址存入 m_pMainWnd 变量中，该变量是 COurApp 类中从基类继承的成员。这么做的结果是使该窗口对象附属于应用程序对象。我们甚至不需要考虑为创建的对象释放内存的问题——任何必要的清理工作都由 MFC 提供的 WinMain()函数负责。

对于虽然相当有限、但也是完整的程序而言，还需要定义应用程序对象。在执行 WinMain()之前，应用程序类 COurApp 的某个实例必须存在，因此必须使用下面这条语句在全局作用域声明该实例：

```
COurApp AnApplication;    // Define an application object
```

该对象之所以需要存在于全局作用域，是因为它封装了应用程序，而应用程序需要在开始执行之前存在。MFC 提供的 WinMain()函数要调用应用程序对象的 InitInstance()函数成员来构造窗口对象，这表示应用程序对象是存在的。

4. 最终产品

既然我们已经看过所有代码，现在就可以在该项目的 Ex11_02.cpp 源文件中添加它们。类通常是在.h 文件中定义的，而不在类内部定义的成员函数是在.cpp 文件中定义的。但我们的应用程序是如此之短，因此最好把所有代码都放入一个.cpp 文件中。这么做的优点是可以同时查看全部代码。该程序的代码如下所示：

```
// Ex11_02.cpp  An elementary MFC program
#include <afxwin.h>                       // For the class library

// Application class definition
class COurApp:publicCWinApp
{
public:
  virtual BOOL InitInstance() override;
};
```

```
// Window class definition
class COurWnd:publicCFrameWnd
{
public:
  // Constructor
  COurWnd()
  {
  Create(nullptr, _T("Our Dumb MFC Application"));
  }
};

// Function to create an instance of the main application window
BOOL COurApp::InitInstance(void)
{
  m_pMainWnd = new COurWnd;                // Construct a window object...
  m_pMainWnd->ShowWindow(m_nCmdShow);      // ...and display it
  return TRUE;
}

// Application object definition at global scope
COurApp AnApplication;                     // Define an application object
```

这就是我们需要执行的全部操作。该程序看起来有点儿奇特，因为没有 WinMain()函数；但正如上面提到的那样，事实上有一个由 MFC 库提供的 WinMain()函数。

示例说明

我们现在即将大功告成，接下来构建并运行该应用程序。选择 Build | Build Ex11_02 菜单项，单击适当的工具栏按钮，或者仅仅按下 F7 键，都可以编译该解决方案。最后应该进行完全的编译和链接，这样就可以按下 Ctrl+F5 组合键运行该程序。这个最简单的 MFC 程序如图 11-5 所示。

可以拖动边框调整该窗口的大小，可以四处移动整个窗口，或者以通常的方式将其最小化或最大化。该程序支持的其他功能只有“关闭”；可以使用系统菜单，使用窗口右上角的关闭按钮，或者只是按下 Alt+F4 组合键来关闭程序。该程序看起来好像没有多少东西，但考虑到只有很少的几行代码，它还是给我们留下了十分深刻的印象。

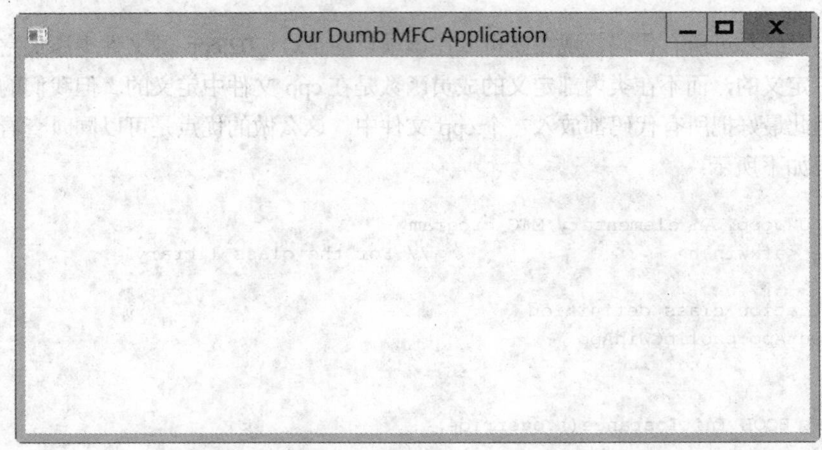

图 11-5

11.4　小结

本章学习了两种使用 Visual C++创建简单的 Windows 应用程序的方法，现在应该对这两种方法之间的关系有一定的认识。后续章节将更深入地探讨如何使用 MFC 开发应用程序。

11.5　本章主要内容

本章主要内容如表 11-5 所示。

表　11-5

主　题	概　念
Windows API	Windows API 提供了标准的编程接口，应用程序通过该接口与 Windows 操作系统通信
Windows 消息	Windows 把消息传递给桌面应用程序，从而与之通信。消息一般是指发生了某种事件，需要应用程序做出响应
Windows 应用程序的结构	所有 Windows 桌面应用程序都必须包含两个函数 WinMain()和 WindowProc()，它们由操作系统调用。WindowProc()函数的名称可以任意
WinMain()函数	WinMain()函数由操作系统调用，启动应用程序的执行过程。WinMain()函数中的代码还可以设定应用程序所需的初始条件、指定应用程序窗口、检索操作系统中用于应用程序的消息
WindowProc()函数	Windows 操作系统调用一个特殊的函数，它通常称为 WindowProc()，来处理消息。桌面应用程序通过把一个指向消息处理函数的指针传递给某个 Windows API 函数(作为 WNDCLASSEX 结构的一部分)，来标识应用程序中各个窗口的消息处理函数
MFC	MFC 由一组封装了 Windows API 的类组成，极大地简化了 Windows 桌面应用程序的编写

第12章 使用 MFC 编写 Windows 程序

本章要点

- 基于 MFC 的程序的基本元素
- SDI 应用程序和 MDI 应用程序的区别
- 如何使用 MFC Application Wizard 生成 SDI 和 MDI 程序
- MFC Application Wizard 将生成哪些文件，这些文件的内容是什么
- MFC Application Wizard 生成的程序的结构
- 在 MFC Application Wizard 生成的程序中有哪些主要的类，它们是如何相互连接的
- 定制 MFC Application Wizard 生成的程序的通用方法

本章源代码下载地址(wrox.com)：

打开网页 http://www.wrox.com/go/beginningvisualc，单击 Download Code 选项卡即可下载本章源代码。这些代码在 Chapter 12 文件夹中，文件都根据本章的内容单独进行了命名。

12.1 MFC 的文档/视图概念

使用 MFC 编写应用程序，意味着要接受一种特有的程序结构，其中应用程序数据是以特定的方式存储和处理的。这一点听起来好像是一种限制，但实际上几乎完全不是；而且，在速度和实现的简易性方面得到的好处远远超过了任何能够想象到的缺点。MFC 程序的结构包括两个面向应用的实体——文档和视图，因此先介绍这两种实体的概念和用法。

12.1.1 文档的概念

文档是应用程序中与用户交互的数据集合。虽然“文档”这个词语似乎意味着某种文本的本质，但文档绝不仅仅限于文本。文档实际上可以是游戏数据、几何模型、文本文件、关于加利福尼亚州桔子树分布的数据集合，或者是任何我们需要的事物。“文档”这个术语只是一种方便的标签，表示作为整体对待的应用程序中的应用数据。

程序中的文档是作为文档类的对象定义的。文档类是从 MFC 库中的 CDocument 类派生的，需要添加数据成员来存储应用程序需要的数据，还要添加成员函数来支持对数据的处理。应用程序不仅仅限于单文档类型；当应用程序中涉及若干不同种类的文档时，可以定义多个文档类。

以这种方式处理应用程序数据使 MFC 能够提供标准的机制来管理作为整体的应用程序数据集合，并在磁盘上存储这些数据。这些机制是文档类从 CDocument 类中继承的，因此在不编写任何代码的情况下，就能使应用程序自动获得大量功能。

12.1.2 文档界面

可以选择是让程序每次只处理一个文档，还是处理多个文档。MFC 库支持的单文档界面(Single Document Interface，SDI)，用于每次只需要打开一个文档的程序。使用这种界面的程序称为 SDI 应用程序。

对于需要一次打开多个文档的程序来说，可以使用多文档界面(Multiple Document Interface，MDI)。使用 MDI，程序不仅能够打开类型相同的多个文档，还可以同时处理多个类型不同的文档，其中各个文档显示在自己的窗口中。当然，需要编写代码来处理打算支持的任何不同种类的文档。在 MDI 应用程序中，各个文档都显示在应用程序窗口的一个子窗口中。还有一种名为“多个顶级文档体系结构”的应用程序变体，其中各个文档的窗口都是桌面的子窗口。

12.1.3 视图的概念

视图总是与特定的文档对象相关。文档对象包含程序中的一组应用数据，而视图对象可以提供一种机制来显示文档中存储的部分或全部数据。视图定义了在窗口中显示数据的方式以及与用户交互的方式。从 MFC 类 CView 派生，就可以定义自己的视图类。注意，视图对象和显示视图的窗口是截然不同的。显示视图的窗口称为框架窗口。视图实际上是在自己的、完全充满框架窗口的工作区的窗口中显示的。图 12-1 显示的文档拥有两个视图。

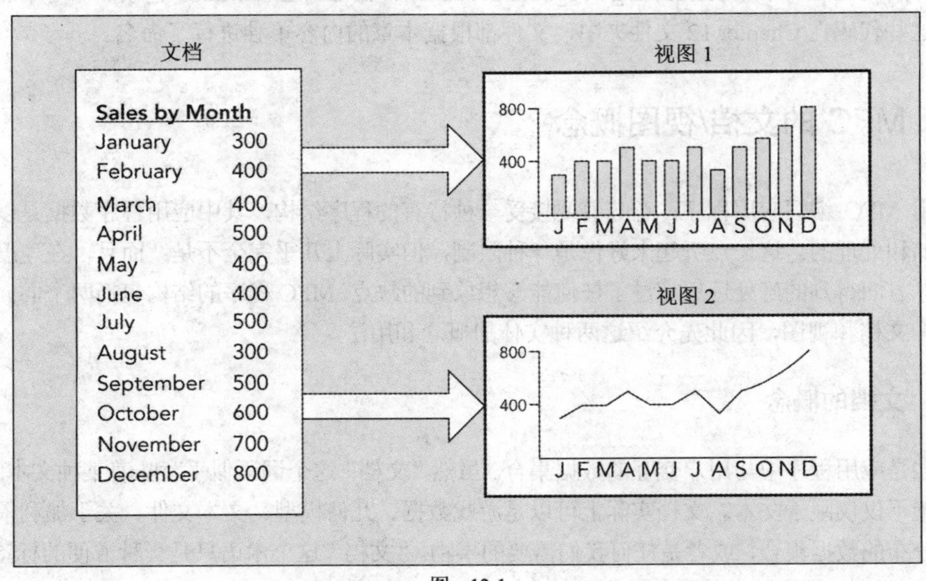

图 12-1

在图 12-1 的示例中，两个视图以不同的形式显示该文档包含的所有数据，但如果需要，视图可以只显示文档中的部分数据。

文档对象可以拥有任意多个与其相关的视图对象。各个视图对象可以提供文档数据或文档数据子集的不同表示方法。例如，如果我们在处理文本，则不同的视图可以显示来自相同文档的独立文本块。而对处理图形数据的程序来说，可以在不同的窗口中以不同的比例或不同的格式(如以文本来表示形成图像的元素)来显示所有文档数据。图 12-1 显示的文档包含数值数据——按月列出的产品销售数据，其中一个视图提供了销售业绩的条形图表示法，第二个视图是以曲线的形式显示数据的。

12.1.4　链接文档和视图

MFC 提供了使文档与其视图相结合，以及使各个框架窗口与当前的活动视图相结合的机制。文档对象自动维护着指向相关视图的指针列表，而视图对象拥有存储相关文档对象的指针的数据成员。各个框架窗口都存储着一个指向当前活动视图对象的指针。文档、视图和框架窗口之间的协作，是由另一个名为文档模板的 MFC 类的对象建立的。

1. 文档模板

文档模板不仅管理程序中的文档对象，还管理与文档相关的窗口和视图。应用程序中每种文档类型都需要一个文档模板。如果有两个或多个相同类型的文档，则只需要一个文档模板来管理它们。更具体地说，文档模板对象创建文档对象和框架窗口对象，而文档的视图是由框架窗口对象创建的。为所有 MFC 程序所必需的应用程序对象创建文档模板对象本身。图 12-2 给出了这些相互关系的图形表示。

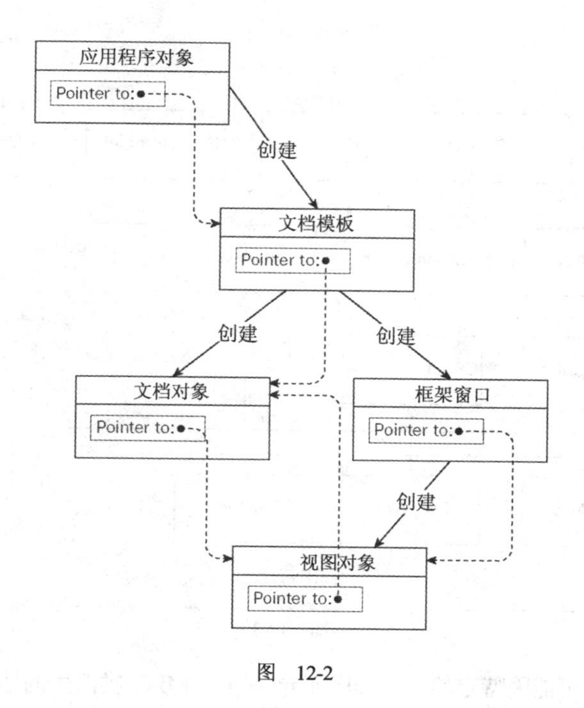

图　12-2

图 12-2 中使用虚线箭头来指出是如何使用指针使对象相互关联起来的。这些指针使一种类对象的函数成员可以访问另一种对象接口中公有的数据或函数成员。

2. 文档模板类

MFC 有两个文档模板类。CSingleDocTemplate 类用于 SDI 应用程序。这个类相当简单，因为 SDI 应用程序只有一个文档，通常也只有一个视图。MDI 应用程序则相当复杂。它们拥有多个同时在活动的文档，因此需要使用另一个类 CMultiDocTemplate 来定义其文档模板。在开发应用程序代码的进程中，将介绍这些类的更多功能。

12.1.5 应用程序和 MFC

图 12-3 显示了 4 个基本的类，它们几乎出现在所有基于 MFC 的 Windows 应用程序中：

- 应用程序类 CMyApp
- 框架窗口类 CMyWnd
- 视图类 CMyView，该类定义如何在 CMyWnd 对象创建的窗口的工作区中显示 CMyDoc 对象包含的数据
- 文档类 CMyDoc，该类定义包含应用程序数据的文档

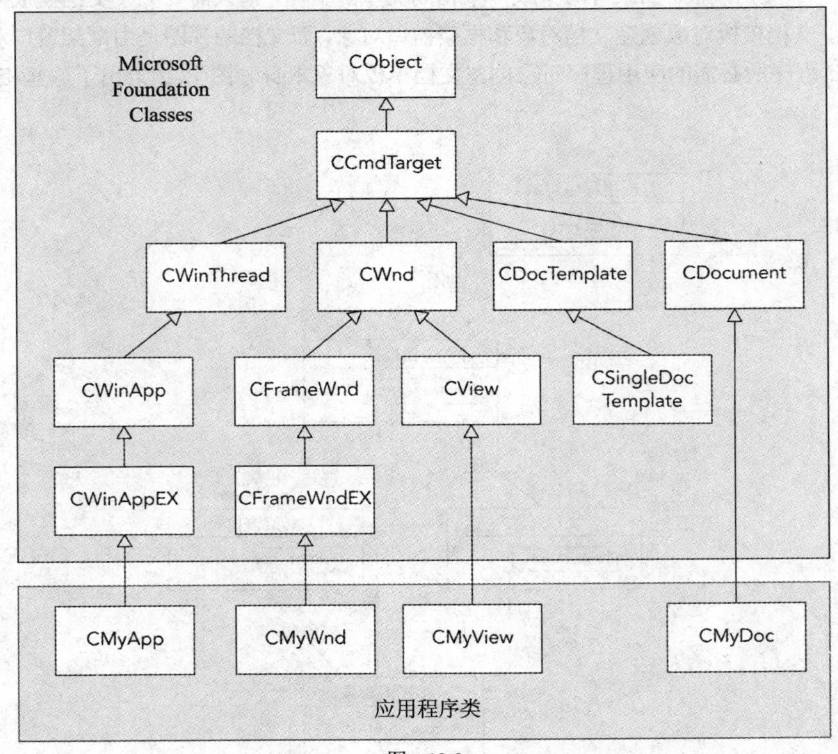

图 12-3

这些类的实际名称可能因特定的应用程序而异，但从 MFC 类派生的情况大致相同；不过，可

选用的基类可能不止一个，视图类的情况尤其如此。MFC 提供了视图类的多个变体，它们都能够提供大量预先包装好的功能，使我们节省大量的编码时间。通常，不需要扩展文档模板类，因此在 SDI 程序中使用标准的 CSingleDocTemplate 类通常就足够了。当创建 MDI 程序时，使用的文档模板类是 CMultiDocTemplate，该类也是从 CDocTemplate 类派生而来的。MDI 应用程序还另外包含一个类，用来定义子窗口。

图 12-3 中的箭头从基类指向派生类。这里显示的 MFC 库类形成了十分复杂的继承结构，但事实上它们还只是整个 MFC 结构中非常小的一部分。我们基本上不需要关心完整的 MFC 层次结构的细节，但如果想了解类中都有哪些继承的成员，那么概括了解一下该层次结构还是必要的。我们在自己的程序中将看不到任何基类的定义，但程序中派生类的继承成员不仅来自直接基类，而且还来自 MFC 层次结构中的各个间接基类。因此，为了确定程序中某个类都有哪些成员，需要知道该类都继承了哪些类。知道这些信息之后，就可以使用 Help 功能查找该类的成员。

我们不需要记住程序中需要有哪些类，以及在这些类的定义中要使用什么基类。如后面所述，所有这些都是由 Visual C++自动处理的。

12.2　创建 MFC 应用程序

在基于 MFC 的 Windows 程序开发过程中，主要使用下列 4 种工具：

(1) 首先使用 Application Wizard 来创建基本的程序代码。只要创建项目，就要使用某个 Application Wizard。

(2) 在 Class View 中使用项目的上下文菜单，给项目添加新的类和资源。在 Class View 中右击项目名称即可显示该上下文菜单，使用 Add/Class 菜单项即可添加新类。资源是由不可执行的数据构成的对象，如位图、图标、菜单和对话框。同一个上下文菜单上的 Add/Resource 菜单项可帮助我们添加新的资源。

(3) 在 Class View 中使用类的上下文菜单，扩展并定制程序中已有的类。为此要使用的菜单项是 Add/Add Function 和 Add/Add Variable。

(4) 使用 Resource Editor 创建或修改像菜单和工具栏这样的对象。

事实上有多种资源编辑器，具体情况下选用哪个编辑器取决于要编辑的资源的种类。下一章将学习如何编辑资源，但现在先来创建 MFC 应用程序。

创建 MFC 应用程序的过程就像创建控制台程序一样简单；在此过程中仅仅多出了很少的几个选项。如前所述，首先要通过选择 File | New | Project 菜单项创建一个新项目，或者使用快捷键 Ctrl+Shift+N 创建。在随后出现的 New Project 对话框中，可以选择 MFC 作为项目类型，并选择 MFC Application 作为要使用的模板。还需要输入项目的名称，该名称是什么都行；此处输入的名称是 TextEditor。我们不打算把该示例开发成有实用价值的应用程序，因此可以使用任何喜欢的名称。

给项目指定的名称——本例中是 TextEditor，要用作包含所有项目文件的文件夹的名称；该名称还是为 Application Wizard 生成的项目的类创建名称的基础。当单击 New Project 对话框窗口中的 OK 按钮之后，将看到 MFC Application Wizard 对话框，如图 12-4 所示，在这里可以选择供应用程序使用的选项。

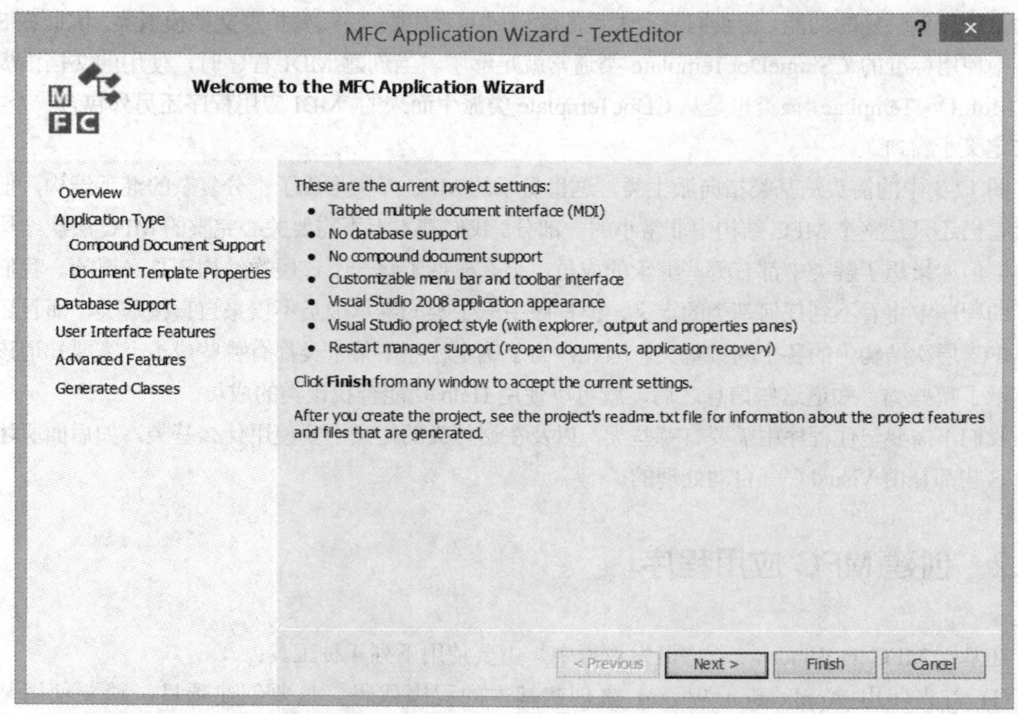

图 12-4

该对话框解释了当前有效的项目设置，在左边有许多选项。如果愿意，则可以选择任何一种选项来看一下；选择 Overview 选项，总能返回到最初的 Application Wizard 对话框。在左边选择任意一种选项，都会引出更深一层的一组选项，因此总共的选项非常多。这里不打算讨论所有选项，而只是概述几个很可能会使读者感兴趣的选项，其他选项留给读者自行研究。最初，选择 Application Type，允许选择是创建 SDI 应用程序，还是创建 MDI 应用程序，或者是创建基于对话框的应用程序，或者是创建具有多个顶级框架窗口的应用程序。首先创建一个 SDI 应用程序，并探讨部分选项的用途。

12.2.1 创建 SDI 应用程序

从 Application Wizard 对话框左边的列表中选择 Application Type 选项。默认选中的选项是 Multiple documents 选项(也会选中下面的 Tabbed documents 选项)，即选用多文档界面——MDI，每个文档都在自己的选项卡页面上，MDI 应用程序的外观显示在该对话框窗口的左上角，这样就可以知道结果是什么。Application Type 选择 Single document 选项、Project style 选中 MFC standard 选项、从 Visual style and colors 下拉列表中选中 Windows Native/Default 选项之后，左上角显示的应用程序表示将变为单个窗口。如图 12-5 所示。

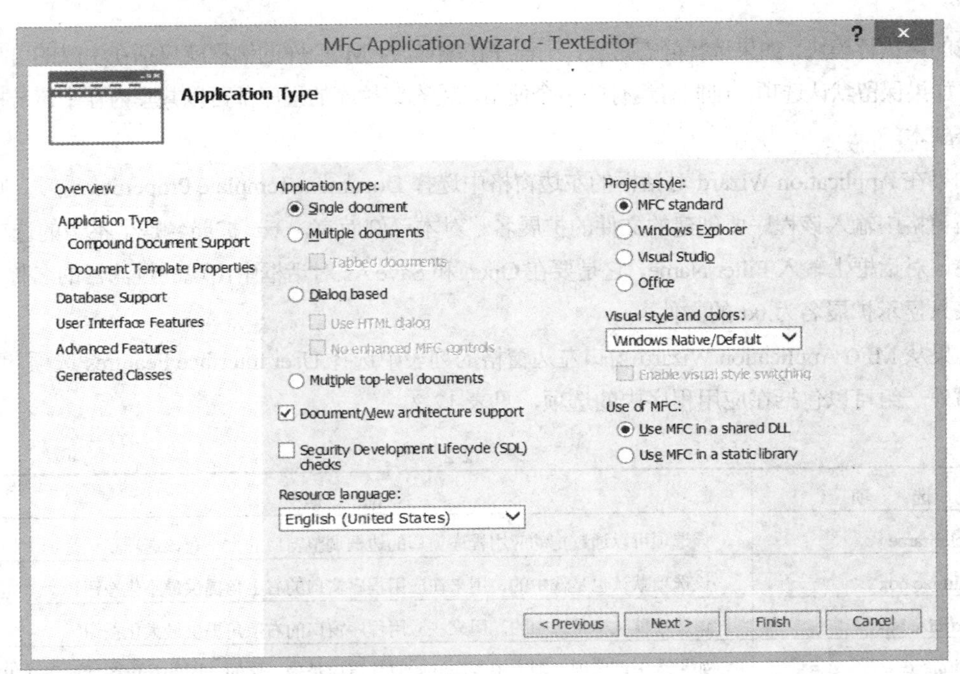

图　12-5

接下来看一下应用程序类型的一些其他选项，如表 12-1 所示。

表　12-1

选　项	说　明
Dialog based	应用程序窗口是对话框窗口，不是框架窗口
Multiple top-level documents	文档显示在桌面的子窗口中，而非像 MDI 应用程序中那样显示在应用程序窗口的子窗口中
Document/View architecture support	该选项默认是选中的，因此会得到内置的支持文档/视图体系结构的代码。如果取消选中该选项，则得不到这样的支持，而如何实现所需的功能将由编程人员负责
Resource language	该下拉列表框显示出适用于程序中像菜单和文本串这样的资源的可用语言选项
Project style	通过此选项可以选择应用程序窗口的可视外观。具体选择哪一项取决于应用程序的运行环境和应用程序的类型。例如，如果应用程序与 Microsoft Office 有关，则选择 Office 选项

如果将鼠标光标悬停在对话框的任何选项上，则会显示工具提示，解释相应选项的作用。

Project style 有多个选项。笔者将选择 MFC Standard 选项，并建议你也这么选。还从 Visual style and colors 下拉列表中选择 Windows Native/Default 选项。这就使应用程序外观与当前的操作系统一样。

还可以选择如何在项目中使用 MFC 库。默认选项是以共享 DLL(动态链接库)的形式使用 MFC 库，这意味着程序要在运行时链接到 MFC 库的例程。该选项可以减小生成的可执行文件的大小，但要求运行此程序的计算机上有 MFC DLL。应用程序的.exe 模块和 MFC.dll 加起来可能大于静态链接 MFC

库生成的可执行模块。如果选择静态链接，则程序在编译时，MFC 库的例程就包括在生成的可执行模块中。如果保留默认选项，则同时运行的多个使用该动态链接库的程序都可以共享内存中该链接库的同一个副本。

如果在 Application Wizard 对话框的左边窗格中选择 Document Template Properties 选项，则可以在右边窗格中输入该程序要创建的文件的扩展名。对本示例而言，.txt 扩展名是个不错的选项。还可以在该对话框上输入 Filter Name，它是要在 Open 和 Save As 对话框中出现的过滤器的名称，可以使列表只显示扩展名为.txt 的文件。

如果从 MFC Application Wizard 窗口左边窗格的列表中选择 User Interface Features 选项，那么将得到另外一组可以包括在应用程序中的选项，见表 12-2。

表 12-2

选　项	说　明
Thick Frame	该选项可以通过拖动应用程序窗口的边框调整窗口的大小。该选项默认是选中的
Minimize box	该选项默认也是选中的，用来在应用程序窗口的右上角提供最小化按钮
Maximize box	该选项默认也是选中的，用来在应用程序窗口的右上角提供最大化按钮
Minimized	如果选中该选项，则应用程序开始时其窗口是最小化的，因此是以图标的形式出现
Maximized	如果选中该选项，则应用程序开始时其窗口是最大化的
System Menu	此选项在主窗口的标题栏上提供一个控制菜单框
About box	此选项为应用程序提供一个 About 对话框
Initial status bar	该选项在应用程序窗口的底部添加一个状态栏，其中包括 CAPS LOCK、NUM LOCK 和 SCROLL LOCK 键的指示器，还有一个消息行来显示菜单和工具栏按钮的帮助信息。该选项同时会添加隐藏或显示状态栏的菜单命令
Split window	该选项为每个应用程序主视图提供分隔条

Command bars 子选项允许选择是使用经典风格的停靠工具条、IE 风格的工具条、可以在运行期间定制的菜单栏和工具栏，或者 ribbon。User-defined toolbars and images 子选项允许在运行时定制工具条和图像。Personalized menu behavior 子选项允许菜单只显示最常用的菜单项。一般使用像 Microsoft Office 应用程序那样的 ribbon，本例使用经典风格的、带停靠工具条的菜单栏。

在 Advanced Features 选项组下面有两个选项是我们需要知道的。一个是 Printing and print preview 选项，该选项默认是选中的；另一个是最近文件列表中的文件数。后者可以增加到对应用程序有益的数值。Printing and print preview 选项会给 File 菜单添加标准的 Page Setup、Print Preview 和 Print 菜单项，而 Application Wizard 同时会提供支持这些功能的代码。本例可以取消选中其他所有选项。

如果在 MFC Application Wizard 对话框中选中 Generated Classes 选项，那么将看到 Application Wizard 在程序代码中生成的类的列表，如图 12-6 所示。

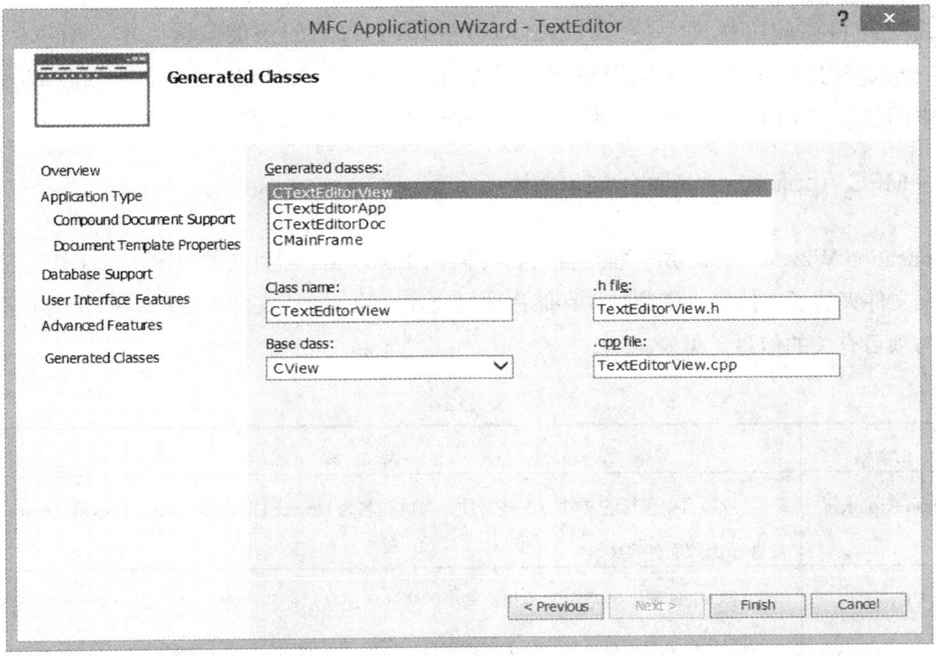

图　12-6

可以通过单击使列表中的任何类突出显示，下面的文本框将显示该类的名称、存储类定义的头文件的名称、使用的基类以及包含类中实现代码的源文件名。类定义总是包含在.h 文件中，成员函数的源代码总是包含在.cpp 文件中。

在选中 CTextEditorDoc 类时，可以更改除基类以外的一切类；但如果选中 CTextEditorApp 类，则唯一可以更改的是类名。试着单击列表中的其他类。对 CMainFrame 类来说，可以更改除基类以外的一切类；而对于图 12-6 中显示的 CTextEditorView 类而言，还可以更改其基类。单击向下的箭头，可用作基类的其他类的列表将显示出来。视图类内置的功能取决于选择的是哪一个基类，见表 12-3。

表　12-3

基　类	视图类的功能
CEditView	提供简单的多行文本编辑功能，包括查找和替换、打印
CFormView	提供表单视图；表单是一种对话框，可以包含提供数据显示和用户输入等功能的控件
CHtmlEditView	该类扩展了 CHtmlView 类，添加了编辑 HTML 页面的功能
CHtmlView	提供可以显示 Web 页面和本地 HTML 文档的视图
CListView	能够以列表控件的形式使用文档-视图体系结构
CRichEditView	提供显示和编辑包含丰富编辑文本的文档的功能
CScrollView	提供可以在显示的数据需要时自动添加滚动条的视图
CTreeView	提供以树型控件形式使用文档-视图体系结构的功能
CView	提供查看文档的基本功能

因为已经将该应用程序命名为 TextEditor，那么它自然应该能编辑文本，所以应当选择 CEditView 来获得自动提供的基本编辑功能。现在可以单击 Finish 按钮，使 MFC Application Wizard 使用选中的选项，生成这个完全可工作的基本程序的程序文件。这需要一些时间。

12.2.2 MFC Application Wizard 的输出

Application Wizard 生成的所有程序文件都存储在 TextEditor 项目文件夹中，该文件夹是同名的解决方案文件夹的子文件夹。资源文件存储在项目文件夹的 res 子文件夹中。IDE 提供了多种方法来查看与项目有关的信息。见表 12-4。

表 12-4

选项卡/窗格	内　容
Solution Explorer	显示项目中包括的文件。这些文件分类放在名为 Header Files、Resource Files 和 Source Files 的 3 个虚拟文件夹中
Class View	Class View 显示项目中的类和这些类的成员，还显示任何已定义的全局实体。类显示在上面的窗格中，下面的窗格显示在上面的窗格中选中的类的成员。在 Class View 中右击某个实体，可以显示一个菜单，用来查看该实体的定义或引用位置
Resource View	显示项目使用的资源，如菜单项和工具栏按钮。右击某个资源可显示一个菜单，以编辑资源或添加新资源
Property Manager	显示可以为项目构建的版本。调试版本包括使代码调试过程更简单的额外功能。发布版本产生更小的可执行文件；当代码经过充分的测试之后，应当构建发布版本。右击某个版本(Debug 或 Release)，可以显示出一个上下文菜单，在这里可以添加属性表单或显示当前为该版本设置的属性。属性表单允许设置供编译器和链接器使用的选项

从 View 菜单中选择或单击选项卡标签，可以进行切换以查看任何项目信息。如果在 Solution Explorer 窗格中右击 TextEditor 文件夹，并从弹出菜单中选择 Properties 菜单项，则如图 12-7 所示的项目属性窗口将出现。

左边窗格显示的是属性组，选中某个属性组就可以使该组属性显示在右边的窗格中。当前显示的是 General 组的属性，可以修改右边窗格中某个属性的值，方法是单击该属性，并从属性名右边的下拉列表框中选择某个新值，有些情况下需要输入新值。

在属性页窗口的顶部，可以看到当前的项目配置以及编译该项目时的目标平台。从下拉列表中选择新属性值，就可以修改这两个属性。选择 All Configurations，可以修改 Debug 和 Release 配置的属性。

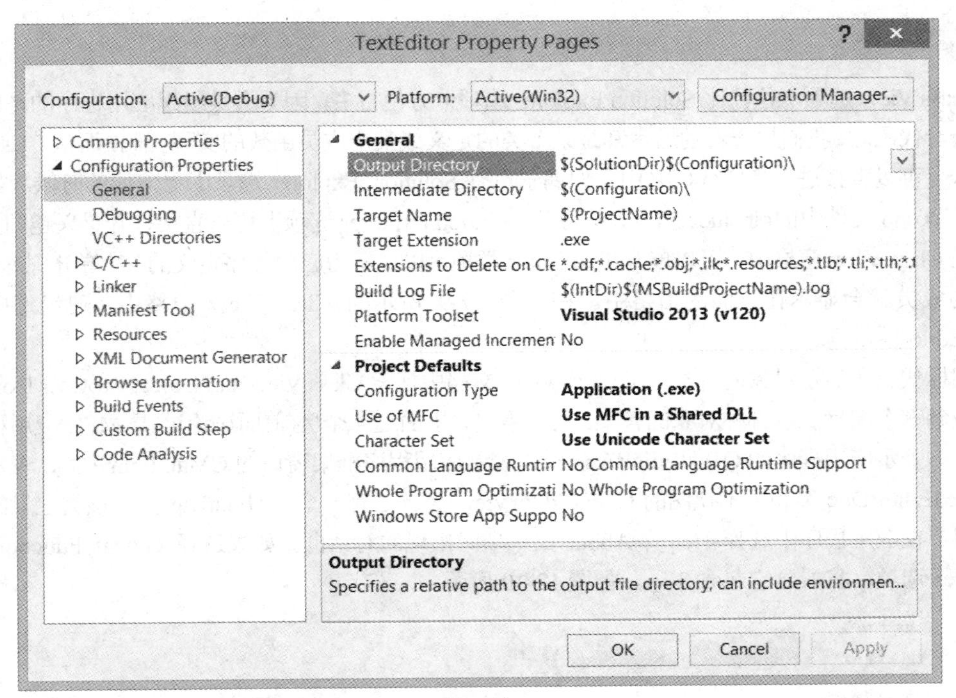

图　12-7

1. 查看项目文件

IDE 中左边的窗格可以显示几个选项卡。最有用的是 Solution Explorer、Class View 和 Resource View 选项卡。单击窗格右上角的向下箭头，并从菜单中选择 Hide，就可以隐藏当前可见的选项卡。这里仅说明图中 3 个有趣的选项卡，并把窗格显示为浮动的窗口，方法是把窗格的标题栏从主菜单的边框上拖开。

如果选择 Solution Explorer 选项卡，并单击 TextEditor 文件夹左边的空心符号展开文件列表，然后依次单击 Source Files、Header Files 和 Resource Files 文件夹左边的空心符号，那么将看到完整的项目文件列表，见图 12-8。要折叠已展开的任何树分支，只需单击相应的实心符号。

除了 ReadMe.txt 文件外，该项目总共有 18 个文件。只需要双击某个文件名，就能查看该文件的内容。被选中文件的内容显示在 Editor 窗口中。试着打开 ReadMe.txt 文件的内容。我们看到该文件简要解释了构成该项目的各个文件的内容。这里不打算重复对这些文件的描述，因为在 ReadMe.txt 文件中有非常清楚的汇总。

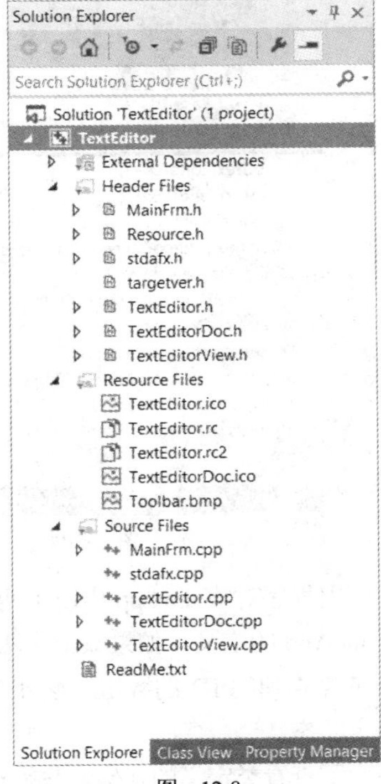

图　12-8

2. 查看类

Class View 选项卡往往比 Solution Explorer 选项卡方便得多，因为类是组织应用程序的基础。当需要查看代码时，我们想查看的通常都是某个类的定义或某个成员函数的实现代码，而从 Class View 选项卡上可以直接进入特定代码之中。但偶尔也有 Solution Explorer 选项卡更方便的时候。如果想检查某个.cpp 文件中的#include 指令，则使用 Solution Explorer 选项卡可以直接打开感兴趣的文件。

在 Class View 窗格中，可以展开 TextEditor 类项，以显示为应用程序定义的类。单击某个类名，该类的成员就会显示在下面的窗格中。在如图 12-9 所示的 Class View 窗格中，已经选中的是 CTextEditorDoc 类。

图标代表所显示对象的种类。在 Class View 文档中搜索 Class View and Object Browser Icons，则可以找到哪个图标表示哪种对象的答案。可以看到，下面这 4 个类(前面讨论过)是 MFC 应用程序所必需的：表示应用程序的 CTextEditorApp 类、表示应用程序框架窗口的 CMainFrame 类、表示文档的 CTextEditorDoc 类和表示视图的 CTextEditorView 类。还有一个 CAboutDlg 类，该类定义的对象支持用户在应用程序中选择 Help | About 菜单项时出现的对话框。如果选择 Global Functions and Variables 选项，将看到它包含 3 项，如图 12-10 所示。

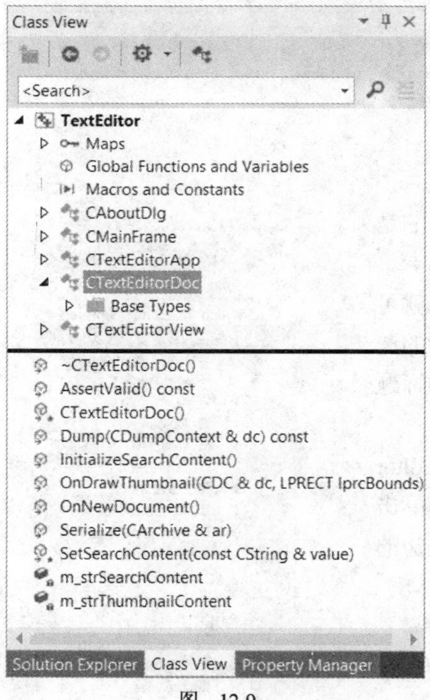

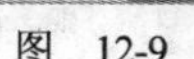
图 12-9

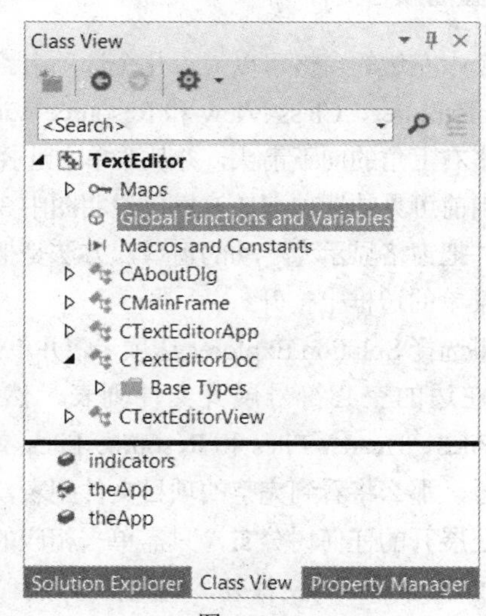

图 12-10

应用程序对象 theApp 出现了两次，因为 TextEditor.h 中有 theApp 的 extern 语句，TextEditor.cpp 中有 theApp 的定义。如果双击这两个 theApp 中的任何一个，则会定位到相应的语句。indicators 是一个包含 4 项的 ID 的数组，这 4 项是状态栏上显示的分隔符、大写锁定状态、数字锁定状态和滚动锁定状态。

为了查看类定义的代码，只需在 Class View 选项卡内双击类名。同样，要查看某个成员函数的代码，只需要双击相应的函数名。注意，可以在 IDE 窗口中拖动任何窗格的边界，从而更容易地查看其中的内容或代码。单击窗格标题栏右端的关闭按钮，可以隐藏或显示 Solution Explorer 窗格组。

3. 类定义

这里不打算非常详细地讨论应用程序类，只要获得其外观的感性认识即可。本书仅讨论几个重要的方面。Application Wizard 生成的每个类的准确内容取决于创建项目时所选择的选项。如果在 Class View 内双击某个类名，则将显示定义该类的代码。

应用程序类

首先看一看应用程序类 CTextEditorApp。该类的定义如下所示：

```
// TextEditor.h : main header file for the TextEditor application
//
#pragma once

#ifndef __AFXWIN_H__
  #error "include 'stdafx.h' before including this file for PCH"
#endif

#include "resource.h"       // main symbols


// CTextEditorApp:
// See TextEditor.cpp for the implementation of this class
//

class CTextEditorApp : public CWinApp
{
public:
  CTextEditorApp();


// Overrides
public:
  virtual BOOL InitInstance();

// Implementation
  afx_msg void OnAppAbout();
  DECLARE_MESSAGE_MAP()
};

extern CTextEditorApp theApp;
```

CTextEditorApp 类是从 CWinApp 类派生的，它包括构造函数、虚函数 InitInstance()、函数 OnAppAbout()以及宏 DECLARE_MESSAGE_MAP()。

宏不是 C++代码。宏是由预处理器指令#define 定义的名称，将被通常是 C++代码的某些文本代替，但代替宏的也可以是某种常量或符号。

DECLARE_MESSAGE_MAP()宏定义 Windows 消息与该类的函数成员之间的映射关系。这个宏出现在任何可能处理 Windows 消息的类的定义中。当然，应用程序类从基类继承了大量的函数和数据成员，我们将在扩展程序示例的过程中进一步了解这些成员。如果查看类定义的开始部分，那么首先会看到防止多次包括该文件的#pragma once 指令。其后是一组确保在该文件之前包括 stdafx.h 文件的预处理器指令。

框架窗口类

该 SDI 程序的应用程序框架窗口是由 CMainFrame 类的对象创建的，定义该类的代码如下所示：

```
// MainFrm.h : interface of the CMainFrame class
//

#pragma once

class CMainFrame : public CFrameWnd
{

protected: // create from serialization only
  CMainFrame();
  DECLARE_DYNCREATE(CMainFrame)

// Attributes
public:

// Operations
public:

// Overrides
public:
  virtual BOOL PreCreateWindow(CREATESTRUCT& cs);

// Implementation
public:
  virtual ~CMainFrame();
#ifdef _DEBUG
  virtual void AssertValid() const;
  virtual void Dump(CDumpContext& dc) const;
#endif

protected:  // control bar embedded members
  CToolBar        m_wndToolBar;
  CStatusBar      m_wndStatusBar;

// Generated message map functions
protected:
  afx_msg int OnCreate(LPCREATESTRUCT lpCreateStruct);
  DECLARE_MESSAGE_MAP()

};
```

该类是从 CFrameWnd 类派生的，这个基类提供了应用程序框架窗口所需的大部分功能。派生类包括两个受保护的数据成员 m_wndToolBar 和 m_wndStatusBar，它们分别是 MFC 类 CToolBar 和 CStatusBar 的实例。工具栏提供的按钮可以访问标准菜单的功能，状态栏显示在应用程序窗口的底部。

文档类

CTextEditorDoc 类的定义如下：

```
// TextEditorDoc.h : interface of the CTextEditorDoc class
//


#pragma once


class CTextEditorDoc : public CDocument
{
protected: // create from serialization only
  CTextEditorDoc();
  DECLARE_DYNCREATE(CTextEditorDoc)

// Attributes
public:

// Operations
public:

// Overrides
public:
  virtual BOOL OnNewDocument();
  virtual void Serialize(CArchive& ar);
#ifdef SHARED_HANDLERS
  virtual void InitializeSearchContent();
  virtual void OnDrawThumbnail(CDC& dc, LPRECT lprcBounds);
#endif // SHARED_HANDLERS

// Implementation
public:
  virtual ~CTextEditorDoc();
#ifdef _DEBUG
  virtual void AssertValid() const;
  virtual void Dump(CDumpContext& dc) const;
#endif

protected:

// Generated message map functions
protected:
  DECLARE_MESSAGE_MAP()

#ifdef SHARED_HANDLERS
  // Helper function that sets search content for a Search Handler
  void SetSearchContent(const CString& value);
#endif // SHARED_HANDLERS

#ifdef SHARED_HANDLERS
private:
```

```
  CString m_strSearchContent;
  CString m_strThumbnailContent;
#endif // SHARED_HANDLERS
};
```

该类的大部分功能都来自基类，因此在这里看不出来。出现在构造函数之后的 DECLARE_DYNCREATE()宏(在 CMainFrame 类中也使用了这个宏)使该类的对象能够根据从文件中读出的数据动态合成。当保存 SDI 文档对象时，包含视图的框架窗口会随同数据一起保存。因此，重新读取文档对象时可以恢复一切相关的对象。在文件中读写文档对象的操作是由称作序列化的过程支持的。在后面要开发的示例中，将了解如何序列化自己的文档，然后重新读取它们。

文档类的定义中也包括了 DECLARE_MESSAGE_MAP()宏，以使 Windows 消息能够由该类的成员函数处理。

视图类

在 SDI 应用程序中，视图类的定义如下：

```
// TextEditorView.h : interface of the CTextEditorView class
//

#pragma once


class CTextEditorView : public CEditView
{
protected: // create from serialization only
  CTextEditorView();
  DECLARE_DYNCREATE(CTextEditorView)

// Attributes
public:
  CTextEditorDoc* GetDocument() const;

// Operations
public:

// Overrides
public:
  virtual BOOL PreCreateWindow(CREATESTRUCT& cs);
protected:
  virtual BOOL OnPreparePrinting(CPrintInfo* pInfo);
  virtual void OnBeginPrinting(CDC* pDC, CPrintInfo* pInfo);
  virtual void OnEndPrinting(CDC* pDC, CPrintInfo* pInfo);

// Implementation
public:
  virtual ~CTextEditorView();
#ifdef _DEBUG
  virtual void AssertValid() const;
  virtual void Dump(CDumpContext& dc) const;
#endif

protected:
```

```
// Generated message map functions
protected:
  DECLARE_MESSAGE_MAP()
};

#ifndef _DEBUG  // debug version in TextEditorView.cpp
inline CTextEditorDoc* CTextEditorView::GetDocument() const
   { return reinterpret_cast<CTextEditorDoc*>(m_pDocument); }
#endif
```

如 Application Wizard 对话框所示，视图类是从 CEditView 类派生的，该基类已经包括了基本的文本处理功能。GetDocument()函数返回的指针对应于该视图的文档对象；当扩展视图类的功能，允许用户交互操作，以添加或修改文档数据时，将使用该指针来访问文档对象中的数据。

在 Application Wizard 生成的代码中，CTextEditorView 类的成员函数 GetDocument()有两种实现版本。.cpp 文件中的实现用于该程序的调试版本。在程序开发过程中通常使用该版本，因为它提供了为文档存储的指针值(文档指针值存储在视图类中继承的数据成员 m_pDocument 中)的有效性验证。而适用于程序发布版本的 GetDocument()函数位于 TextEditorView.h 文件中的类定义之后。该版本声明为 inline 函数，但没有验证文档指针。GetDocument()函数提供了可以访问文档对象的视图对象。使用该函数返回的文档指针，可以调用文档类接口中的任何函数。

默认情况下，程序中包括调试功能。因此，除使用特殊版本的 GetDocument()函数之外，在包括的 MFC 代码中还有大量的检查功能。如果不想包括调试功能，则可以使用 Build 工具栏上的下拉列表框，选择发布版本配置，那样程序中将不会包含任何调试代码。

4. 创建可执行模块

为了编译并链接该程序，单击 Build | Build Solution 菜单项、按下 F7 功能键或单击工具栏上的 Build 图标。

初次编译并连接某个程序时需要一些时间。但第二次及以后的编译过程应该非常快，这是由于程序包含预编译的头文件。在最初的编译过程中，编译器把编译头文件产生的输出保存在扩展名为.pch 的特殊文件中。在以后的编译过程中，如果没有修改头文件中的源代码，编译器就跳过编译头文件的过程，而使用预编译的代码，从而节省头文件的编译时间。

可以通过 Properties 对话框确定是否使用预编译头文件，并控制处理预编译头文件的方式。在 Class View 中右击 TextEditor 文件夹，并从菜单中选择 Properties 菜单项。如果展开 C/C++节点，就可以选择 Precompiled Headers 选项来设置该属性。

5. 运行程序

按下 Ctrl+F5 组合键可以执行该程序。因为为 CTextEditorView 类选用的基类是 CEditView，所以该程序是一个完全可运行的、简单的文本编辑器。如图 12-11 所示，可以在程序窗口中输入文本。

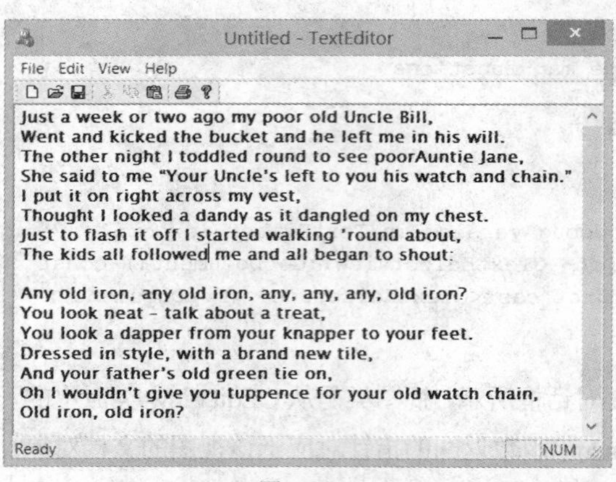

图 12-11

注意，该应用程序包括用来查看不在窗口可见区域内的文本的滚动条，而且可以拖动窗口的边界来调整其大小。所有菜单下面的所有菜单项都是完全可以使用的，因此可以保存和检索文件、剪切和粘贴文本，还可以打印窗口中的文本，而所有这些功能都是在一行代码也没有编写的情况下获得的！当将光标移动到工具栏按钮或菜单项上方时，状态栏上会出现描述其功能的提示；如果将光标停留在某个工具栏按钮的上方，则将显示指出该按钮用途的工具提示(工具提示详见第 13 章)。

6. 程序的工作原理

该程序中的应用程序对象是在全局作用域内创建的。在 Class View 选项卡中展开 Global Functions and Variables 项，然后双击第二个 theApp 对象，即可看到这一点。在 Editor 窗口中，会看到下面这条语句：

```
CTextEditorApp theApp;
```

这条语句声明了应用程序类 CTextEditorApp 的一个实例 theApp。该语句位于 TextEditor.cpp 文件中，此源文件还包含应用程序类的成员函数声明和 CAboutDlg 类的定义。

在创建 theApp 对象之后，调用 MFC 提供的 WinMain()函数。该函数再调用 theApp 对象的两个成员函数。首先调用的是 InitInstance()，此函数执行任何必要的初始化应用程序的工作；然后调用的是从 CWinApp 中继承的 Run()，此函数提供对 Windows 消息的初步处理。要查看 CWinApp 函数的代码，可以在 Class View 选项卡中展开 CTextEditorApp 树，再展开 Base Types，接着单击 CWinApp，就会在下面的窗格中看到其成员。WinMain()函数没有显式出现在项目的源代码中，因为它是由 MFC 类库提供的，在应用程序启动时自动调用。

InitInstance()函数

在 Class View 选项卡中使 CTextEditorApp 类突出显示之后，可以双击 InitInstance()函数名查看该函数的代码；如果太忙的话，可以只看一下紧跟在定义 theApp 对象的那行语句后面的代码。MFC Application Wizard 创建的版本有很多代码，这里只解释此函数的几个代码片段。第一个代码片段是：

```
SetRegistryKey(_T("Local AppWizard-Generated Applications"));
LoadStdProfileSettings(4);  // Load standard INI file options (including MRU)
```

传递给 SetRegistryKey()函数的字符串用来定义注册表键，程序信息将存储在该键下面。可以把这个字符串修改为任何文本。如果把这个实参修改为“Horton”，那么与该程序有关的信息将存储在如下注册表键的下面：

```
HKEY_CURRENT_USER\Software\Horton\TextEditor\
```

该注册表键下面将存储所有的应用程序设置，包括该程序最近使用过的文件列表。对LoadStdProfileSettings()函数的调用将加载上次保存的应用程序设置。当然，初次运行该程序时，还没有任何保存过的设置。

文档模板对象是在 InitInstance()函数内由下面这条语句动态创建的：

```
pDocTemplate = new CSingleDocTemplate(
    IDR_MAINFRAME,
    RUNTIME_CLASS(CTextEditorDoc),
    RUNTIME_CLASS(CMainFrame),       // main SDI frame window
    RUNTIME_CLASS(CTextEditorView));
```

CSingleDocTemplate 构造函数的第一个参数是 IDR_MAINFRAME 符号，它定义了该文档类型要使用的菜单和工具栏。后面 3 个参数定义了要共同绑定在该文档模板内的文档、主框架窗口和 View Class 对象。因为程序是 SDI 应用程序，所以程序中这 3 个类都只有一个对象，它们由一个文档模板对象进行管理。RUNTIME_CLASS()是一个宏，它使类对象的类型可以在运行时确定。

这里还有大量不必考虑的建立应用程序实例的代码。如果需要，可以在 InitInstance()函数中添加任何初始化应用程序的自定义代码。

Run()函数

CTextEditorApp 类中的 Run()函数是从基类 CWinApp 继承的。因为将该函数声明为虚函数，所以可以用自己的版本代替基类的 Run()函数版本，但通常这是不必要的。Run()函数获取所有以该应用程序为目的地的 Windows 消息，并确保把每一条消息都传递给程序中指定的服务该消息的函数(如果有这样的函数的话)。因此，只要应用程序在运行，Run()函数就会继续执行。

可以把该应用程序的操作归结为 4 个步骤：

(1) 创建应用程序对象 theApp。

(2) 执行 MFC 提供的 WinMain()函数。

(3) WinMain()调用 InitInstance()函数，此函数创建文档模板、主框架窗口、文档和视图。

(4) WinMain()调用 Run()函数，此函数执行主消息循环，以获取和分派 Windows 消息。

12.2.3 创建 MDI 应用程序

现在，使用 MFC Application Wizard 来创建 MDI 应用程序。按下 Ctrl+Shift+N，将本项目命名为 Sketcher；我们打算把该项目保留下来，以便在后面章节将其扩展为一个绘图程序。在创建 MDI 程序的过程中应该没有任何问题，因为只需要做几件与刚才创建 SDI 应用程序过程不同的事情。

(1) 对于 Application Type 组的选项：

- 保留默认选项 Multiple documents，但不选择 Tabbed documents 选项。
- 保持选择 Document/View architecture support 选项。
- Project style 选择 MFC standard 选项，Visual style and colors 选择 Windows Native/Default 选项。

(2) Compound Document Support 选项应选择默认值 None。

(3) 在 Application Wizard 对话框中的 Document Template Properties 选项组下面：

- 把文件扩展名指定为 ske，就会自动为定义的*.ske 文档获得一个过滤器。
- 将 Doc 类型名称改为 Sketcher。
- 将 File new 短名改为 Sketcher。

(4) Database Support 选项应选择默认值 None。

(5) 对于 User Interface Features 选项：

- 保持选择 Use a classic menu 选项和 Use a classic docking toolbar 子选项。
- 保持默认选择其他选项：Thick frame、Minimize box、Maximize box、System menu、Initial status bar、Child minimize box 和 Child maximize box。

(6) 对于 Advanced features 选项组：

- 保持选择 Printing and print preview 选项。
- 取消选项 ActiveX controls 和 Support Restart Manager 的选择。

(7) Generated Classes 选项选择默认设置，使 CSketcherView 类的基类是 CView。

在选中 Generated Classes 的 Application Wizard 对话框中可以看到，该应用程序比 TextEditor 示例多出了一个类 CChildFrame，它是从 MFC 类 CMDIChildWndEx 派生的。在 CMainFrame 对象创建的应用程序窗口中，该类为文档视图提供了框架窗口。SDI 应用程序只有一个文档，此文档又只有一个视图，因此该视图显示在主框架窗口的工作区中。而在 MDI 应用程序中，可以有多个打开的文档，各个文档又可以有多个视图。为了实现这一点，程序内每个文档视图都有自己的、由 CChildFrame 类对象创建的子框架窗口。如前所述，显示视图的实际上是单独的窗口，只不过该窗口完全充满了框架窗口的工作区。最后，单击 Finish 生成项目。

运行程序

按下 Ctrl+F5，就可以生成并执行该程序，得到如图 12-12 所示的应用程序窗口。

除主应用程序窗口以外，还有一个标题为 Sketch1 的单独的文档窗口。Sketch1 是初始文档的默认名称；如果保存该文档，则它的扩展名是.ske。选择 Window | New Window 菜单项，可以为该文档创建更多的视图。还可以通过选择 File | New 菜单项创建新的文档，这样应用程序中将有两个活动的文档。图 12-13 显示了为一个文档打开两个视图的情况。

可以扩展每个 sketch 窗口，使之填满工作区，接着通过 Window 下拉菜单，就可以切换它们。实际上还不能在该应用程序中创建任何数据，因为还没有添加任何做这项工作的代码，但创建文档和视图的所有代码都已经由 Application Wizard 生成了。

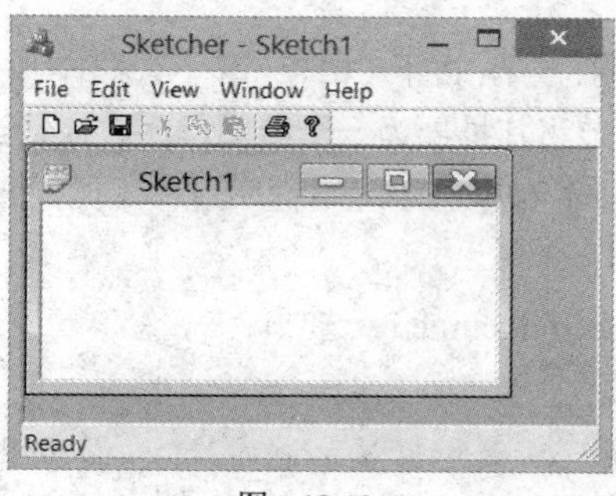

图 12-12

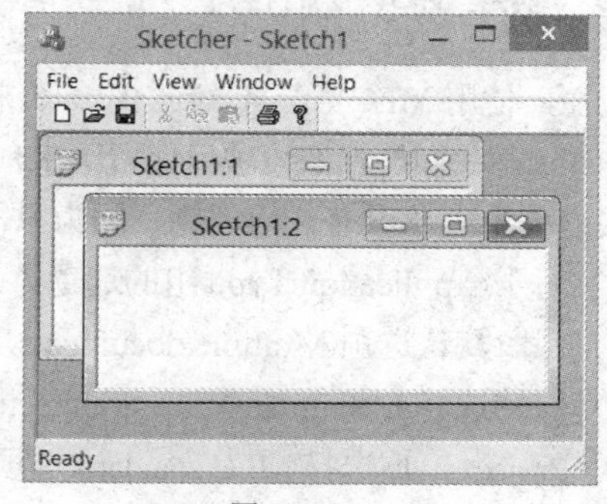

图 12-13

12.3　小结

本章主要学习了使用 MFC Application Wizard 的机制。本章还介绍了该向导为 SDI 和 MDI 应用程序生成的基本 MFC 程序组件。所有 MFC 示例都是由 MFC Application Wizard 创建的，因此应该记住其通用结构和主要的类间关系。此刻可能对细节问题还不太了解，但现在不要担心这一点。在后面章节中开始开发应用程序之后，所有细节问题都将变得非常清楚。

12.4　练习

本章没有给出编程示例，只介绍了创建 MFC 应用程序的基本机制。本书网站并没有为本章的练习提供答案，因为读者可以在屏幕上看到答案，或者能够在正文中找到答案。

1. 文档和视图之间的关系是什么？
2. 在 MFC Windows 程序中，文档模板的用途是什么？
3. 当使用 Application Wizard 时，为什么需要预先仔细地规划程序结构？
4. 编写简单的文本编辑器程序。构建调试版本和发布版本，检查两种情况下所生成的文件的类型和大小。
5. 多次生成上述文本编辑器应用程序，试着从 Application Wizard 的 Application Type 中选择不同的项目样式。

12.5　本章主要内容

本章主要内容如表 12-5 所示。

表　12-5

主　题	概　念
Application Wizard	MFC Application Wizard 可以生成完整的、可工作的、根据需求定制的 Windows 应用程序框架
SDI 和 MDI 程序	Application Wizard 可以生成处理单个文档和单个视图的单文档界面(SDI)应用程序，也可以生成能够同时处理多个文档和多个视图的多文档界面(MDI)程序
SDI 程序中的类	在 SDI 应用程序中，从 MFC 类中派生的 4 个基本的类是应用程序类、框架窗口类、文档类和视图类
应用程序对象	程序只能有一个应用程序对象。该对象是由 Application Wizard 在全局作用域内自动定义的
文档对象	文档类对象存储应用程序特有的数据，视图类对象显示文档类对象的内容
文档模板	文档模板类对象用来把文档、视图和窗口捆绑在一起。对 SDI 应用程序来说，使用的是 CSingleDocTemplate 类；而在 MDI 应用程序中，使用的是 CMultiDocTemplate 类。这两个类都是 MFC 类，通常不需要派生应用程序专用的版本

第13章 处理菜单和工具栏

本章要点

- 基于 MFC 的程序如何处理消息
- 如何创建和修改菜单资源
- 如何创建和修改菜单属性
- 如何创建函数，为菜单消息提供服务
- 如何添加处理程序，以更新菜单属性
- 如何添加和现有菜单项关联起来的工具栏按钮

本章源代码下载地址(wrox.com)：

打开网页 http://www.wrox.com/go/beginningvisualc，单击 Download Code 选项卡即可下载本章源代码。这些代码在 Chapter 13 文件夹中，文件都根据本章的内容单独进行了命名。

13.1 与 Windows 通信

Windows 与程序通信的方式是向程序发送消息。消息处理的大部分工作是由 MFC 应用程序来完成的，所以根本不必担心提供 WndProc()函数。MFC 支持提供函数来处理感兴趣的各个消息，而忽略其他的消息。这些函数称作消息处理程序，或者仅称为处理程序。在基于 MFC 的程序中，因此消息处理程序始终是应用程序的一个类的成员函数。

对于特定消息和程序中为它提供服务的函数来说，它们之间的关联是由消息映射建立的——程序中处理 Windows 消息的每个类都有一个消息映射。类的消息映射是一个成员函数表，用于处理由一对宏界定的 Windows 消息。消息映射的开始由 BEGIN_MESSAGE_MAP()宏表示，消息映射的结束由 END_MESSAGE_MAP()宏表示。消息映射中的每一项都将一个函数和一个特定的消息关联起来；在出现给定的消息时，将调用对应的函数。只有与一个类有关的消息才能出现在该类的消息映射中。

类的消息映射是在创建一个项目时，由 MFC Application Wizard 自动创建的，或者是在添加处理消息的类时由 ClassWizard 创建的。对消息映射的添加和删除主要是由 ClassWizard 管理的，但是有时需要手动修改消息映射。下面使用 Sketcher 示例分析消息映射的操作方式。

13.1.1 了解消息映射

消息映射是由 MFC Application Wizard 为程序中每个主要的类建立的。在 sketcher 中，针对 CSketcherApp、CSketcherDoc、CSketcherView、CMainFrame 和 CChildFrame 都定义了消息映射。类的消息映射在.cpp 文件中。当然，包括在消息映射中的函数也在类中声明，不过这些函数是利用一种特殊的方式进行标识的。现在观察一下 Sketcher.h 中 CSketcherApp 类的定义，如下所示：

```
class CSketcherApp : public CWinApp
{
public:
  CSketcherApp();


// Overrides
public:
  virtual BOOL InitInstance();
  virtual int ExitInstance();

// Implementation
  afx_msg void OnAppAbout();
  DECLARE_MESSAGE_MAP()
};
```

此类只声明了一个消息处理程序 OnAppAbout()。声明 OnAppAbout()函数的代码行开始处的单词 afx_msg，将该函数标识为消息处理程序。afx_msg 没有其他作用，预处理器将把它转换成空白，因此在编译这个程序时，它不会产生任何影响。

DECLARE_MESSAGE_MAP()宏表明这个类包含作为消息处理程序的函数成员，所以在.cpp 文件中有一个消息映射。实际上，任何把类 CCmdTarget 作为直接或间接基类的类都可能有消息处理程序，所以这样的类总是通过 MFC Application Wizard 或者用于添加新类的 Add Class Wizard，把这种宏作为类定义的一部分包括进来。CSketcherApp 类把 CCmdTarget 作为间接基类，因而它始终包括 DECLARE_MESSAGE_ MAP()宏。Sketcher 中的所有其他应用程序类最终都派生于 CCmdTarget，所以它们都可以处理 Windows 消息。

如果要在一个类中直接添加自己的成员，最好把 DECLARE_MESSAGE_MAP()宏作为最后一行放在类定义中。如果确实要在 DECLARE_MESSAGE_MAP()宏之后添加成员，还需要包括这些成员的访问说明符：public、protected 或者 private。

消息处理程序的定义

在包括宏 DECLARE_MESSAGE_MAP()的类定义中，其.cpp 文件必须包括宏 BEGIN_MESSAGE_MAP()和 END_MESSAGE_MAP()。如果看一下 Sketcher.cpp，就会发现下列代码是 CSketcherApp 实现代码的一部分：

```
BEGIN_MESSAGE_MAP(CSketcherApp, CWinApp)
```

```
    ON_COMMAND(ID_APP_ABOUT, &CSketcherApp::OnAppAbout)
    // Standard file based document commands
    ON_COMMAND(ID_FILE_NEW, &CWinApp::OnFileNew)
    ON_COMMAND(ID_FILE_OPEN, &CWinApp::OnFileOpen)
    // Standard print setup command
    ON_COMMAND(ID_FILE_PRINT_SETUP, &CWinApp::OnFilePrintSetup)
  END_MESSAGE_MAP()
```

这是一个消息映射。BEGIN_MESSAGE_MAP()和 END_MESSAGE_MAP()宏定义这个消息映射的边界，这个类中的所有消息处理程序都出现在这些宏之间。这些消息处理程序都处理一种类别的消息，即称为命令消息的 WM_COMMAND 消息，这是在用户选择菜单选项或者输入加速器键时生成的消息(还有另外一种称为控制通知消息的 WM_COMMAND 消息，它提供控件活动的有关信息)。

消息映射通过消息处理宏中包括的标识符(ID)了解按下哪个菜单项或键。在前面的代码中有 4 个 ON_COMMAND 宏，分别用于由 CSketcherApp 对象处理的每个命令消息。这种宏的第一个参数是一个标识特定命令源的 ID，ON_COMMAND 宏将函数地址(例如指向函数的指针)和这个 ID 指定命令源中的命令联系起来。因此，在接收到一个对应于标识符 ID_APP_ABOUT 的命令消息时，将调用 OnAppAbout()函数。类似地，在接收到一个对应于标识符 ID_FILE_NEW 的命令消息时，将调用 OnFileNew()函数。这种处理程序是从基类 CWinApp 中继承的，其余两个处理程序也是这样。

BEGIN_MESSAGE_MAP()宏有两个参数。第一个参数标识为其定义消息映射的类名，第二个参数标识一个基类。如果在定义消息映射的类中没有发现处理程序，就在该基类中搜索消息映射。

诸如 ID_APP_ABOUT 这样的命令 ID 是在 MFC 中定义的。它们对应于来自标准菜单项和工具栏按钮的消息。ID_前缀用于标识与菜单项或工具栏按钮相关联的命令，在后面讨论资源时，将看到这样的情况。例如，ID_FILE_NEW 是对应于菜单项 File | New 的 ID，而 ID_APP_ABOUT 对应于 Help | About 菜单项。

消息 ID 的前缀 WM_表示 Windows Message，Windows 消息有许多其他标识符，它们和其他一些符号定义在 Winuser.h 中，它又包括在 Windows.h 中。如果想要查看消息 ID，将发现 Winuser.h 位于 C:\Program Files (x86)\Windows Kits\8.0\Include\um 子文件夹中。

在 Editor 窗口中查看#include 指令中的.h 文件有一个很好的捷径：右击它，然后从弹出式菜单中选择菜单项 Open Document “Filename.h”。这种方法也适用于标准库头文件和自己创建的头文件。

Windows 消息通常还包含其他的数据值，用于细化给定 ID 指定的特定消息的标识。例如，各种各样的命令都将发送 WM_COMMAND 消息，包括那些因选择菜单项或单击工具栏按钮而产生的命令。

在手动添加消息处理程序时，不应当把一个消息(如果是命令消息，则是命令 ID)映射到多个消息处理程序上。否则，虽然不会破坏任何东西，但是永远不会调用第二个消息处理程序。通常可以通过类的 Properties 窗口添加消息处理程序，这时不能将一个消息映射到一个以上的消息处理程序上。如果想查看一个类(如 CSketcherApp)的 Properties 窗口，则可以在 Class View 选项卡中右击类名，然后从弹出式菜单中选择 Properties 菜单项。添加一个消息处理程序时，应选择 Properties 窗口顶部的 Messages 按钮(见图 13-1)。要知道哪个按钮是 Messages 按钮，可以把鼠标指针放在每个按钮上，直到出现工具提示。

单击 Messages 按钮，则弹出一个消息 ID 列表；但是，在介绍下一步要做的事情之前，需要稍微解释一下消息类型。

图 13-1

13.1.2 消息类别

许多 Windows 消息都以前缀 WM_开始的 ID 来标识，它们属于几个类别，一个消息所属的类别决定了它的处理方式。程序可能要处理的 Windows 消息类别如表 13-1 所示。

表 13-1

消 息 类 别	说 明
标准 Windows 消息	这些都是以前缀 WM_开始的标准 Windows 消息，WM_COMMAND 消息除外。Windows 消息的示例有表示需要重画窗口客户区的 WM_PAINT，以及表示已释放鼠标左键的 WM_LBUTTONUP
控制通知消息	这些是 WM_COMMAND 消息，从控件(如列表框)发送到创建该控件的窗口，或者从子窗口发送到父窗口。与 WM_COMMAND 消息相关联的参数可以区分从应用程序控件发送的消息
命令消息	这些也是 WM_COMMAND 消息，它们由用户界面元素产生，如菜单项和工具栏按钮。MFC 为各个标准菜单和工具栏命令消息定义了独一无二的标识符

第 14 章将编写第一种类别中的标准 Windows 消息的处理程序。第二种类别中的消息是一组特定的 WM_COMMAND 消息，在第 16 章讨论对话框时将看到它们。本章研究由菜单和工具栏产生的消息。除了 MFC 为标准菜单和工具栏定义的消息 ID 以外，对于在程序中添加的菜单和工具栏按钮，也可以定义自己的消息 ID。如果没有为这些项提供 ID，那么 MFC 将基于菜单文本自动生成 ID。

13.1.3 处理程序中的消息

不能把消息的处理程序随意放在任何地方。允许放置处理程序的位置取决于消息的类别。对于上面所示的前两种类别的消息，即标准 Windows 消息和控制通知消息，它们总是由最终派生于 CWnd 的类的对象处理。例如，框架窗口类和视图类都把 CWnd 作为间接基类，所以它们可以处理 Windows 消息和控制通知消息。而应用程序类、文档类和文档模板类不是派生于 CWnd，所以它们不能处理这些消息。

使用类的 Properties 窗口添加处理程序时，不必记住应当在什么地方放置处理程序，因为这种方法只提供允许用于这个类的 ID。例如，在 CSketcherDoc 类的属性窗口中将不会提供任何 WM_消息。

对于标准 Windows 消息来说，CWnd 类提供了默认的消息处理方法。因此，如果派生类没有包括标准 Windows 消息的处理程序，那么 CWnd 类中的默认处理程序将处理它。即使在类中提供了处理程序，有时仍然需要调用基类处理程序，以确保正确处理消息。如果通过类的 Properties 窗口创建自己的处理程序，该窗口将提供处理程序的框架实现方式，这包括在必要时调用基处理程序。

处理命令消息比处理标准 Windows 消息灵活得多。可以把这些消息的处理程序放在应用程序类、文档类和文档模板类中，当然也可以放在窗口类和视图类中。因此，将一个命令消息发送到应用程序时会发生什么情况呢？请记住，对于在何处处理这个消息有很多选择。

如何处理命令消息

所有命令消息都将发送到应用程序的主框架窗口，然后主框架窗口将按照特定的顺序把这个消息传送给程序中的类。如果一个类不能处理这个消息，主框架窗口将把这个消息传递给下一个类。

对于 SDI 程序来说，类处理命令消息的顺序是：

(1) 视图对象

(2) 文档对象

(3) 文档模板对象

(4) 主框架窗口对象

(5) 应用程序对象

视图对象首先处理一个命令消息，如果没有定义处理程序，那么下一个类对象就处理它。如果所有类都没有定义处理程序，那么默认的 Windows 处理方法将处理这个消息，基本上是丢弃它。

对于 MDI 程序来说，情况稍微有点复杂。虽然你可能有多个文档，每个文档有多个视图，但是只有活动视图及其关联文档才参与命令消息的传送。在 MDI 程序中，传送命令消息的顺序是：

(1) 活动视图对象

(2) 与活动视图相关联的文档对象

(3) 活动文档的文档模板对象

(4) 活动视图的框架窗口对象

(5) 主框架窗口对象

(6) 应用程序对象

可以修改传送消息的顺序，但是很少需要这样做，所以本书将不对此进行讨论。

13.2　扩展 Sketcher 程序

下面给第 12 章创建的 Sketcher 程序添加代码，实现在创建草图时需要的功能。需要提供绘制各种颜色和线宽的直线、圆、矩形和曲线所需的代码，并提供为草图添加注释的代码。草图的数据存储在一个文档对象中，还要以不同的比例显示同一个文档的多个视图。

学习如何添加需要的所有东西要用几章的篇幅来讨论，但是良好的开端是添加菜单项，以选择要绘制的元素类型和绘图用的颜色。使元素类型和颜色选择需要具有永久性，这意味着在选择了元素类型和颜色以后，在选择另一种颜色或元素类型之前，它们将一直有效。

在 Sketcher 程序中添加菜单的步骤是：

(1) 定义要出现在主菜单栏和每个下拉菜单中的菜单项。

(2) 决定哪些类应当处理每个菜单项的消息。

(3) 在类中为菜单消息添加消息处理函数。

(4) 在类中添加函数，以更新菜单的外观，显示当前有效的选择。

(5) 添加工具栏按钮以及每个菜单项的工具提示。

13.3 菜单的元素

本节将着重讨论利用 MFC 处理菜单的两个方面：菜单出现在应用程序中时的创建和修改，以及选择特定菜单项时需要的处理——为菜单项定义消息处理程序。下面首先分析如何创建新的菜单项。

创建和编辑菜单资源

菜单和其他用户界面元素在程序代码之外的资源文件中定义，界面元素的规范称为资源。可以把其他几种资源包括在应用程序中；典型的示例有菜单、对话框、图标、工具栏和工具栏按钮。在扩展 Sketcher 应用程序时，需要了解更多有关它们的知识。

通过资源定义菜单后，可以在不影响处理菜单消息的代码的情况下，修改菜单的物理外观。例如，不必修改或重新编译程序代码，就可以将菜单项从英语修改为法语、挪威语或其他任何语言。处理消息的代码不需要关心菜单的外观，而只需要关心菜单已被选择的事实。当然，如果确实给菜单添加了一些菜单项，那么需要为每个菜单项添加一些代码，以确保它们实际做点事情！

Sketcher 程序已经有了一个菜单，这意味着它已经有了一个资源文件和菜单资源。选择 Resource View 窗格，可以访问 Sketcher 程序的资源文件内容，如果已经显示了 Solution Explorer 窗格，则可以双击 Sketcher.rc。这将切换到显示资源的 Resource View 窗格，它显示了资源。如果双击 Menu 以显示菜单资源，就会看到它包含标识符为 IDR_MAINFRAME 和 IDR_SketcherTYPE 的菜单。IDR_MAINFRAME 菜单适用于应用程序没有打开文档时，IDR_SketcherTYPE 菜单适用于打开一个文档时。IDR_前缀表示为窗口定义完整菜单的资源。

现在只打算修改具有标识符 IDR_SketcherTYPE 的菜单。这时不需要修改 IDR_MAINFRAME，因为新菜单项只与打开文档的情况有关。在 Resource View 窗格中双击这个菜单的 ID，可以打开这个菜单的资源编辑器。如果对 IDR_SketcherTYPE 做相同的操作，那么将出现如图 13-2 所示的 Resource Editor 窗格，它显示为一个浮动窗口。

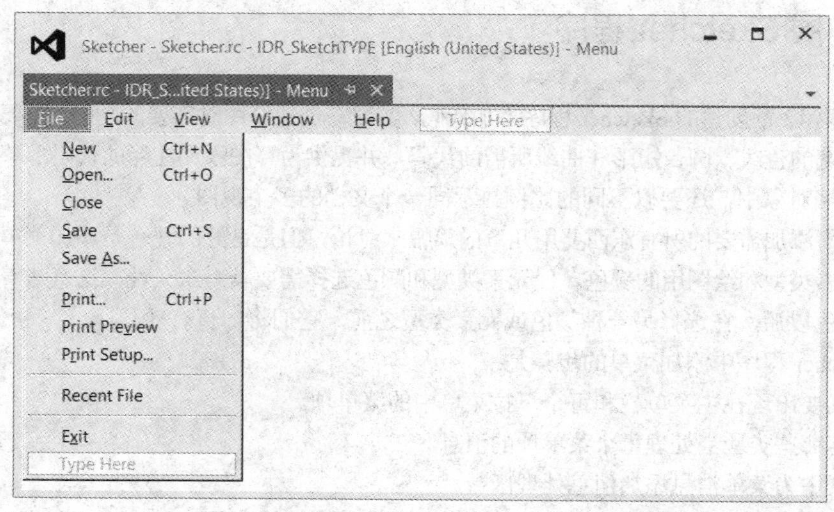

图 13-2

1. 在菜单栏中添加菜单项

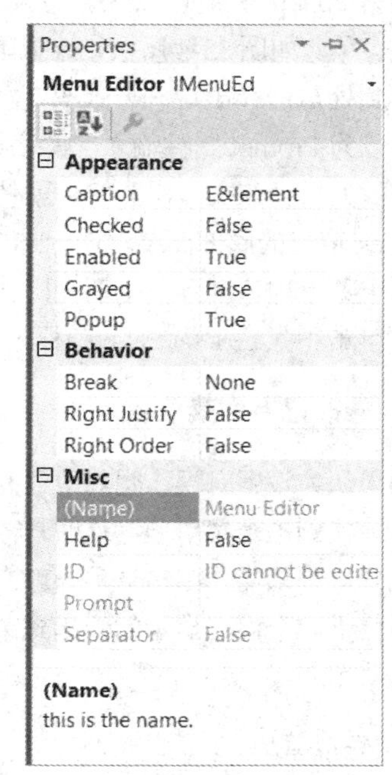

图　13-3

要在菜单栏中添加一个新的菜单项，只需要单击菜单栏上标有文本“Type Here”的菜单框，然后输入菜单名称。如果在这个菜单项中某个字母的前面插入符号&，那么将这个字母标识为从键盘调用这个菜单的快捷键。输入第一个菜单项 E&lement。这将把 l 选作快捷键字母，所以按下 Alt+L 键，即可调用这个菜单项，并显示它的弹出菜单。不能使用 E 作为快捷键字母，因为它已经被 Edit 使用了。在输入名称以后，可以右击这个新菜单项，并从弹出菜单中选择 Properties 菜单项，显示它的属性，如图 13-3 所示。

属性是确定菜单项将如何显示和操作的参数。图 13-3 显示的菜单项属性是按照类别分组的。如果想按照字母顺序显示它们，只需要单击从左数第二个按钮。请注意，属性 Popup 在默认情况下设置为 True；这是因为这个新菜单项位于菜单栏的顶部，因而在选择它时，它通常显示一个弹出式菜单。单击左列中的一个属性，就可以在右列中修改它的值。由于现在不想做任何修改，因此只需要关闭这个 Properties 窗口。弹出式菜单项不需要 ID，因为选择它之后将只在下面显示这个菜单，并且没有需要代码处理的事件。注意，对于这个弹出式菜单中的第一个菜单项来说，这时获得了一个新的空白菜单框，主菜单栏上也有一个新的，空白菜单框。

Element 菜单最好出现在 View 和 Window 菜单之间。把鼠标指针放在 Element 菜单项上，按下鼠标左键，把这个菜单项拖动到 View 和 Window 菜单项之间，然后释放鼠标左键。在放好这个新的 Element 菜单项以后，下一步就是在对应的弹出式菜单上添加菜单项。

2. 在 Element 菜单中添加菜单项

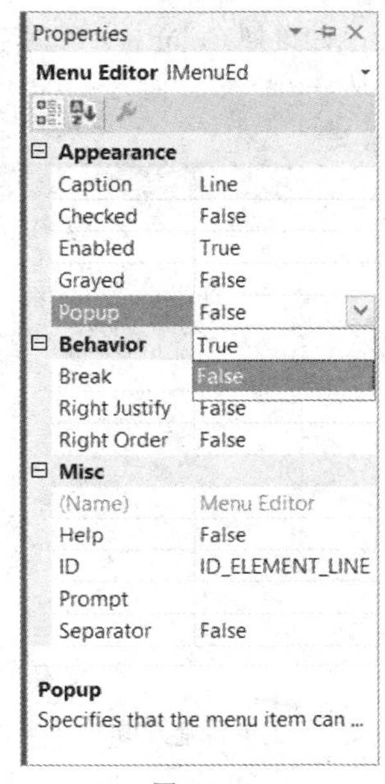

图　13-4

在 Element 弹出式菜单中单击第一项(目前标有“Type Here”)，将它选中；然后输入标题 Line，并按下 Enter 键。右击并选择 Properties 菜单项，即可看到它的属性；第一个菜单项的属性如图 13-4 所示。

属性确定这个菜单项的外观，指定传送给程序的消息的 ID。此处已经把 ID 指定为 ID_ELEMENT_LINE，但如果需要，也可以把它修改成其他值。有时，如生成的 ID 太长或含义不明显时，自己指定这个 ID 会比较方便。如果选择定义自己的 ID，那么应使用以 ID_作为前缀的 MFC 约定，以表明它是一个菜单项的命令 ID。

这里 Popup 属性是 False。将菜单项的 Popup 属性设置为 True 以后，单击该菜单项会显示一个弹出式菜单。如图 13-4 所示，选择下拉箭头时，即可显示 Popup 属性的可能值。难道你不喜欢弹出式菜单到处都能弹出这种方式吗？

可以为 Prompt 属性输入文本字符串，当菜单项突出显示时，这个文本串就显示在 Sketcher 的状态栏中。如果使该文本串为空，就什么也不显示。建议输入 Draw lines 作为 Prompt 属性的值。在 Properties 窗口的底部简要说明已选中属性的用途。Break 属性可以改变弹出式菜单的外观，其方法是把这个菜单项移动到一个新列中。在这里不需要这样做，所以让它保持原样不动。关闭 Properties 窗口，单击工具栏上的 Save 图标，保存已经设置的值。

3. 修改已有的菜单项

如果认为设置有误，想修改已有的菜单项，甚至是只想验证设置的属性是否正确，那么可以非常容易地找到这个菜单项。这时只需要双击关心的菜单项，就会显示它的属性窗口。如果属性窗口已经打开，则只需要单击一项，就会显示其属性。然后可以按照你的方式修改属性。如果想访问的菜单项位于一个没有显示的弹出式菜单中，那么只需要在菜单栏上单击这个菜单项，即可显示这个弹出式菜单。

4. 完成菜单

现在可以创建需要的其他 Element 弹出式菜单项：Rectangle、Circle 和 Curve。这时可以接受这些菜单项的默认 ID：ID_ELEMENT_RECTANGLE、ID_ELEMENT_CIRCLE 和 ID_ELEMENT_CURVE。也可以把 Prompt 属性值分别设置为 Draw Rectangle、Draw Circle 和 Draw Curve。

在菜单栏上还需要一个 Color 菜单，它具有弹出式菜单项 Black、Red、Green 和 Blue。使用刚才的步骤，可以在菜单栏上空白的菜单项上开始创建它们。可以把默认的 ID(ID_COLOR_BLACK 等)作为这些菜单项的 ID，也可以把 Prompt 属性的值作为每个菜单项的状态栏提示符添加进来。在完成以后，如果把 Color 拖动到紧挨 Element 的右边，这个菜单的外观将如图 13-5 所示。

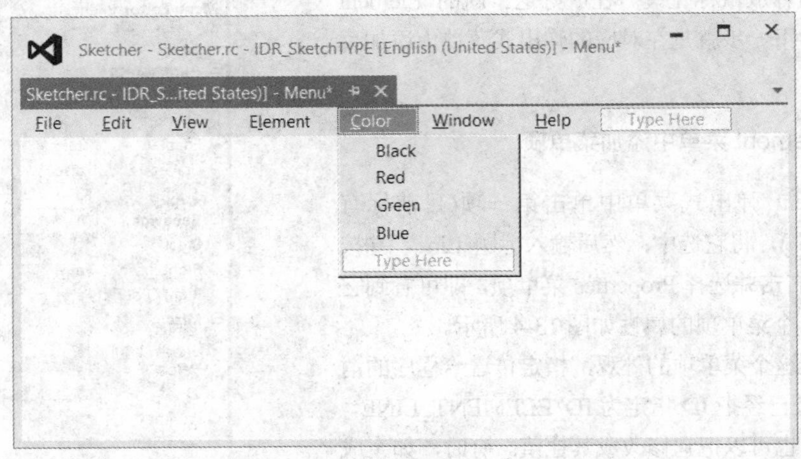

图 13-5

在主菜单中，不能把同一个字母作为快捷键使用一次以上。在创建新的菜单项时，不会进行任何检查，但是对它完成编辑以后，如果右击菜单栏，将出现一个包含菜单项 Check Mnemonics 的菜单。选择它以后，将检查菜单中是否有相同的快捷键。每当编辑菜单时，最好都这样做，因为很容易无意中创建相同的快捷键。

这就完成了元素和颜色菜单的扩展。为了确保添加的内容安全地存储起来，不要忘记保存这个文件。接下来，需要决定哪些类处理来自这些菜单项的消息，并添加处理每种消息的成员函数。为此需要使用 Event Handler Wizard。

13.4　为菜单消息添加处理程序

要为菜单项创建事件处理程序，需要右击这个项，从显示的弹出式菜单中选择 Add Event Handler 菜单项。如果在 Color 弹出式菜单中对 Black 菜单项执行这个操作，将出现如图 13-6 所示的对话框。

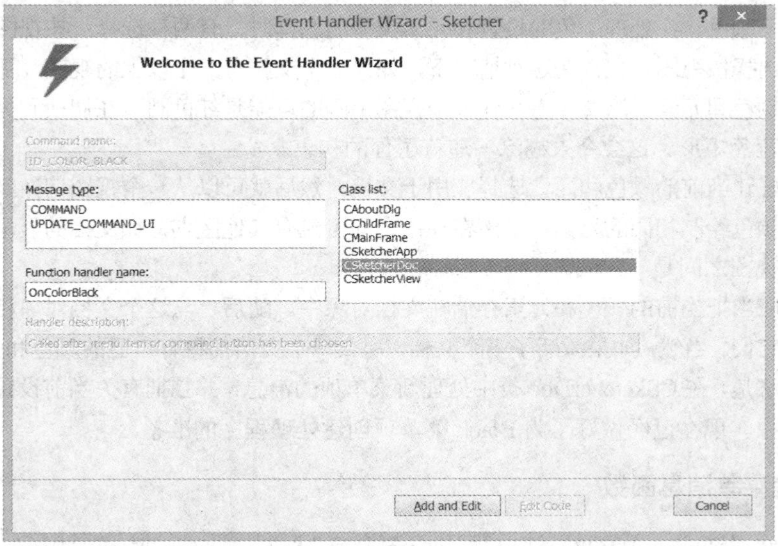

图　13-6

该向导已经为这个处理函数选了一个名称。可以修改这个名称，不过 OnColorBlack 似乎是一个不错的名称。

现在显然需要把消息类型指定为这个对话框中显示的一个选项。在如图 13-6 所示的窗口中，Message type: 框显示了对于特定的菜单 ID 可能出现的两种消息。在处理菜单项时，每种消息适合于不同的目的。见表 13-2。

表　13-2

消 息 类 型	说　明
COMMAND	在选择了特定的菜单项时将发出这种消息。处理程序应当提供适合于所选菜单项的动作，例如，设置文档对象中的当前颜色，或者设置元素类型
UPDATE_COMMAND_UI	取决于菜单的状态，在应当更新(如复选或未选中)菜单时将发出这种消息。这种消息出现在显示弹出式菜单之前，所以可以在用户看到这个菜单项的外观之前进行设置

这些消息的工作方式非常简单。在菜单栏中单击一个菜单项时，在显示这个菜单之前，其中的每一个菜单项都将发送一个 UPDATE_COMMAND_UI 消息。这样，在用户看到这个菜单之前，就可以对这些菜单项的属性进行必要的更新。在处理了这些消息，修改完这些菜单项的属性以后，将绘制这个菜单。然后当单击该菜单中的一个菜单项时，将发送该菜单项的 COMMAND 消息。现在只讨论 COMMAND 消息，稍后再回过头来讨论 UPDATE_ COMMAND_UI 消息。

因为菜单项的事件将产生命令消息，所以可以选择在 Sketcher 应用程序目前定义的任何一个类中处理这些消息。那么，如何确定应当在什么地方处理菜单项的消息呢？

13.4.1 选择处理菜单消息的类

在决定哪个类应当处理前面添加的菜单项的消息之前，需要决定如何处理消息。

我们希望元素类型和元素颜色为模态——也就是说，无论对元素类型和元素颜色进行什么设置，在修改它们之前，它们应当一直有效。这样，就可以根据需要的数量创建蓝色圆，在需要红色圆时，只需要修改一下颜色。在处理颜色的设置和元素类型的选择时，有两种选择：按视图设置或者按文档设置。可以选择按视图设置，在这种情况下，如果一个文档有一个以上的视图，那么每个视图都将设置自己的颜色和元素。这意味着，在一个视图中画的可能是红色圆，在切换到另一个视图后，画的就是一个蓝色矩形。这会令人糊涂，违背了你的初衷。

因此，最好让当前的颜色和元素选择应用于文档。然后就可以从一个视图切换到另一个视图，继续以相同的颜色绘制相同的元素。虽然在视图之间可能有其他区别，如文档的显示比例，但是画图操作在多个视图之间是一致的。

这表明，应当把当前的颜色和元素存储在文档对象中。随后，与这个文档对象相关联的视图对象就可以访问它们。当然，如果激活了多个文档，那么每个文档都将有自己的颜色和元素类型设置。因此明智的做法是，在 CSketcherDoc 类中处理新菜单项的消息，并且把有关当前设置的信息存储在这个类的对象中。现在已经做好了为 Black 菜单项创建处理程序的准备。

13.4.2 创建菜单消息函数

单击 Event Handler Wizard 对话框中的类名 CSketcherDoc，使它突出显示。然后单击 COMMAND 消息类型，再单击 Add and Edit 按钮，这将关闭该对话框。在 CSketcherDoc 类中创建的处理程序的代码将出现在编辑窗口中。这个函数如下所示：

```
void CSketcherDoc::OnColorBlack()
{
  // TODO: Add your command handler code here
}
```

突出显示的行是要放置代码的地方，它们将处理由于用户选择 Black 菜单项而产生的事件。这个向导还更新了 CSketcherDoc 类定义：

```
class CSketcherDoc : public CDocument
{
  ...

// Generated message map functions
protected:
  DECLARE_MESSAGE_MAP()
```

```
#ifdef SHARED_HANDLERS
  // Helper function that sets search content for a Search Handler
  void SetSearchContent(const CString& value);
#endif // SHARED_HANDLERS
public:
  afx_msg void OnColorBlack();
};
```

OnColorBlack()方法作为这个类的公共成员添加进来，afx_msg 前缀表示这是一个消息处理程序。

现在可以在 CSketcherDoc 中按照完全相同的方法给其他颜色菜单项和所有的 Element 菜单项添加 COMMAND 消息处理程序。只需要单击 5 次鼠标，就可以为这些菜单项创建所有的处理函数。右击一个菜单项，单击 Add Event Handler 菜单项，在 Event Handler Wizard 对话框中单击 CSketcherDoc 类名，单击 COMMAND 消息类型，然后单击这个对话框的 Add and Edit 按钮。

Event Handler Wizard 现在应当已经在 CSketcherDoc 类中添加了这些处理程序，代码如下所示：

```
class CSketcherDoc: public CDocument
{
  ...

// Generated message map functions
protected:
  DECLARE_MESSAGE_MAP()

#ifdef SHARED_HANDLERS
  // Helper function that sets search content for a Search Handler
  void SetSearchContent(const CString& value);
#endif // SHARED_HANDLERS
public:
  afx_msg void OnColorBlack();
  afx_msg void OnColorRed();
  afx_msg void OnColorGreen();
  afx_msg void OnColorBlue();
  afx_msg void OnElementLine();
  afx_msg void OnElementRectangle();
  afx_msg void OnElementCircle();
  afx_msg void OnElementCurve();
 };
```

对于在 Event Handler Wizard 对话框中创建的每个处理程序，现在都已添加了一个声明。所有函数声明都有一个前缀 afx_msg，表明这是一个消息处理程序。

对于新的消息处理程序，Event Handler Wizard 还自动更新了 CSketcherDoc 类实现中的消息映射。如果观察一下文件 SketcherDoc.cpp，将看到如下所示的消息映射：

```
BEGIN_MESSAGE_MAP(CSketcherDoc, CDocument)
  ON_COMMAND(ID_COLOR_BLACK, &CSketcherDoc::OnColorBlack)
  ON_COMMAND(ID_COLOR_RED, &CSketcherDoc::OnColorRed)
  ON_COMMAND(ID_COLOR_GREEN, &CSketcherDoc::OnColorGreen)
  ON_COMMAND(ID_COLOR_BLUE, &CSketcherDoc::OnColorBlue)
  ON_COMMAND(ID_ELEMENT_LINE, &CSketcherDoc::OnElementLine)
  ON_COMMAND(ID_ELEMENT_RECTANGLE, &CSketcherDoc::OnElementRectangle)
  ON_COMMAND(ID_ELEMENT_CIRCLE, &CSketcherDoc::OnElementCircle)
```

```
  ON_COMMAND(ID_ELEMENT_CURVE, &CSketcherDoc::OnElementCurve)
  END_MESSAGE_MAP()
```

Event Handler Wizard 还为每个处理程序添加了一个 ON_COMMAND()宏。这把处理程序的指针和消息 ID 关联起来，所以，例如对于 ID 为 ID_COLOR_BLACK 的菜单项，将调用成员函数 OnColorBlack()，为 COMMAND 消息提供服务。

Event Handler Wizard 生成的每个处理程序仅仅是一个框架。例如，观察一下给 OnColorBlue()提供的代码。由于这些代码也在文件 SketcherDoc.cpp 中，因此可以向下滚动找到它们，或者切换到 Class View 选项卡，在上面的窗格中单击 CSketcherDoc，在下面的窗格中双击这个函数名，即可直接找到这些代码：

```
void CSketcherDoc::OnColorBlue()
{
   // TODO: Add your command handler code here
}
```

这个处理程序没有任何参数，也不返回任何内容。它暂时也不做任何事情，不过这也不会让人感到意外，因为 Event Handler Wizard 不知道我们要如何处理这些消息！

13.4.3 编写菜单消息函数的代码

现在考虑应当如何处理新菜单项的 COMMAND 消息。如前所述，我们想把当前元素和颜色记录在文档中，所以需要在 CSketcherDoc 类中添加数据成员，来存储它们。

1. 添加存储颜色和元素模式的成员

直接编辑 CSketcherDoc 类的定义，可以给这个类添加数据成员，不过现在使用 Add Member Variable Wizard 完成这一工作。在 Class View 选项卡中右击类名 CSketcherDoc，然后从出现的弹出式菜单中选择 Add | Add Variable 菜单项，即可显示这个向导对话框，如图 13-7 所示。

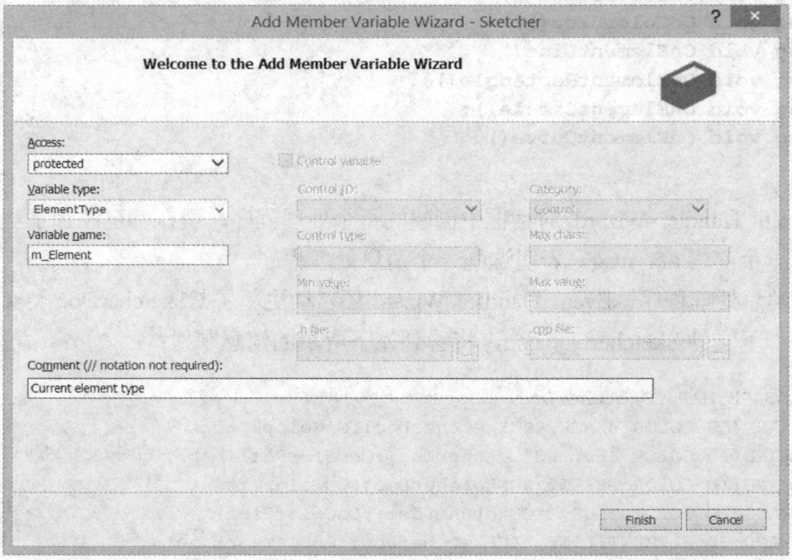

图 13-7

已经在这个对话框中输入了变量 m_Element 的信息，它存储要绘制的当前元素类型。由于不应当从这个类的外面直接访问它，因此选择的访问方式是 protected。还把变量类型选择为 ElementType，下面将定义该类型。单击 Finish 按钮时，会在 SketcherDoc.h 文件的类定义中添加变量 m_Element。

手动添加存储元素颜色的 CSketcherDoc 类成员只是为了说明可以做到这一点。这个类成员的名称是 m_Color，类型是 ElementColor。这个类型将在下一节定义。可以在 CSketcherDoc 类中添加 m_Color 成员的声明，如下所示：

```
class CSketcherDoc : public CDocument
{
...
// Generated message map functions
protected:
  DECLARE_MESSAGE_MAP()
...
public:
  afx_msg void OnColorBlack();
  afx_msg void OnColorRed();
  afx_msg void OnColorGreen();
  afx_msg void OnColorBlue();
  afx_msg void OnElementLine();
  afx_msg void OnElementRectangle();
  afx_msg void OnElementCircle();
  afx_msg void OnElementCurve();

protected:
  ElementType m_Element;          // Current element type
  ElementColor m_Color;           // Current drawing color
};
```

当然，可以像 m_Element 一样使用 Add Member Variable Wizard 对话框，但要在 Variable type: 框中输入 ElementColor，而不是从下拉列表中进行选择。m_Color 成员也是受保护的成员，因为不允许对它进行公共访问。可以通过添加函数来访问或修改受保护或私有类成员的值，这样做的优点是能够完全控制可以设置的值。在类的公共部分给 CSketcherDoc 添加如下函数：

```
ElementType GetElementType()const { return m_Element; }
ElementColor GetElementColor() const { return m_Color; }
```

现在，外部的类对象，例如视图，就可以访问当前元素的类型和颜色了。

2. 定义元素和颜色类型

可以在一个新的头文件 ElementType.h 中将 ElementType 定义成一个 enum 类型，如下所示：

```
#pragma once

// Standard Sketcher element type identifiers
enum class ElementType{LINE, RECTANGLE, CIRCLE, CURVE};
```

因为它是一个 enum 类型，所以每个可能的值都自动定义成一个独一无二的整数值，其类型默认为 int。因为它是一个 enum 类型，所以枚举器是类型安全的，必须在其前面加上类型名，才能访问它。如果想在以后添加其他类型，那么非常容易在这里添加它们。可以在文件 Sketcher.Doc.h 中给

ElementType.h 添加一个#include 指令。

在 ElementColor.h 中，可以为 Sketcher 中的标准绘图颜色定义另一个 enum class 类型：

```
#pragma once

// Standard Sketcher drawing colors
enum class ElementColor : COLORREF{BLACK = RGB(0,0,0),   RED = RGB(255,0,0),
                                   GREEN = RGB(0,255,0), BLUE = RGB(0,0,255)};
```

枚举器可以定义为任意整数类型。Windows 中的颜色是 COLORREF 类型，它是无符号的 32 位整数，所以 ElementColor 中的枚举器可以指定为这种类型。颜色值由 3 个 8 位无符号的整数值组成，它们组成了 32 位，对应于颜色中的红、绿和蓝成分。该值存储为 0x00bbggrr，其中 bb、gg 和 rr 是十六进制的颜色成分值。

每个 ElementColor 枚举器都由 RGB()宏初始化，RGB()用于定义 COLORREF 值，这个宏定义在头文件 Wingdi.h 中，这个头文件是 Windows.h 的一部分，所以在 ElementColor.h 中，可以在#pragma once 指令的后面给 Windows.h 添加一个#include 指令。这个宏的 3 个参数分别定义颜色的红、绿、蓝成分。每个参数都必须是 0~255 之间的一个整数，0 表示无某种颜色成分，255 表示某种颜色成分最大。RGB(0,0,0) 对应于黑色，因为其中没有红、绿、蓝的成分。RGB(255,0,0)创建具有最大红色成分、没有绿和蓝成分的颜色值。RGB(0,255,0)和 RGB(0,0,255)分别对应具有最大绿色和蓝色成分的颜色值。通过组合红、绿、蓝成分，可以创建其他颜色。在 SketcherDoc.h 中给 ElementColor.h 添加一个#include 指令。ElementType 和 ElementColor 类型现在在类视图中就应可见。

3. 初始化颜色和元素类型成员

在创建一个文档时，重要的是确保适当地初始化添加到 CSketcherDoc 类中的数据成员。为此，可以在 SketcherDoc.h 的这个类定义中修改代码：

```
ElementType m_Element {ElementType::LINE};            // Current element type
ElementColor m_Color {ElementColor::BLACK};           // Current drawing color
```

enum class 类型需要用类名显式限定枚举器。

4. 实现菜单命令消息处理程序

现在可以给针对 Elememt 和 Color 菜单项创建的处理函数添加代码。可以在 Class View 选项卡中完成这个工作。单击第一个处理函数 OnColorBlack()的名称。这时只需要给该函数添加一行代码，如下所示：

```
void CSketcherDoc::OnColorBlack()
{
   m_Color = ElementColor::BLACK;          // Set the drawing color to black
}
```

这个处理程序只需要设置合适的颜色。为了简单起见，这个新行更换了最初提供的注释。可以为每个 Color 菜单处理程序添加一行代码，设置适当的颜色值。

元素菜单处理程序大同小异。Element | Line 菜单项的处理程序是：

```
void CSketcherDoc::OnElementLine()
{
  m_Element = ElementType::LINE;          // Set element type as a line
}
```

利用这个模型，编写 Element 菜单的其他处理程序就不难了。需要完成的消息处理程序有 8 个。现在可以重新构造这个示例，看看它将如何运行。

5. 运行扩展后的示例

假设没有出现打字错误，这个程序经过编译和链接后应当顺利地运行。当运行这个程序时，将出现如图 13-8 所示的窗口。

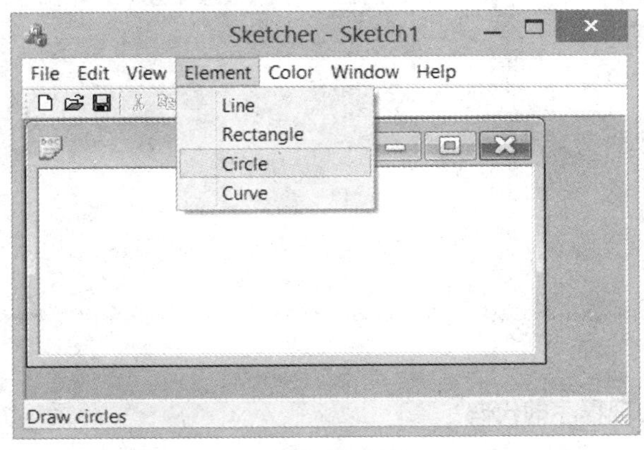

图　13-8

新的菜单位于菜单栏上的适当位置，可以看到给菜单添加的菜单项都在菜单里面，在把鼠标指针放在一个菜单项上时，在状态栏上还应当出现在属性框中添加的 prompt 消息。也可以验证一下 Alt+C 键和 Alt+L 键是否起作用。理想情况下，Color 和 Element 菜单中当前选择的菜单项应该有被选中标记，以提示它是当前状态。下面看看如何修改。

13.4.4　添加更新菜单消息的处理程序

要正确地设置新菜单的复选标记，需要为每个菜单项添加第二种消息处理程序 UPDATE_COMMAND_UI (表示更新命令用户界面)。这种消息处理程序专门用于在显示菜单项之前更新它的属性。

返回 Editor 窗口，看一下 IDR_SketchTYPE 菜单。右击 Color 菜单中的 Black 菜单项，从弹出式菜单中选择 Add Event Handler 菜单项。然后可以把 CSketcherDoc 选作类，把 UPDATE_COMMAND_UI 选作消息类型，如图 13-9 所示。

更新函数的名称已经生成，即 OnUpdateColorBlack()。因为这个名称似乎合适，所以单击 Add and Edit 按钮，让 Event Handler Wizard 生成它。同时在 SketcherDoc.cpp 文件中生成框架函数定义，它的声明添加到类定义中。在 SketcherDoc.cpp 的消息映射中也将添加如下所示的内容：

```
ON_UPDATE_COMMAND_UI(ID_COLOR_BLACK, &CSketcherDoc::OnUpdateColorBlack)
```

这个语句使用了 ON_UPDATE_COMMAND_UI() 宏，它将刚才生成的函数标识为处理对应于

ID 为 ID_COLOR_BLACK 的更新消息的处理程序。现在可以输入这个新处理程序的代码，但首先为 Color 和 Element 菜单的每个菜单项添加命令更新处理程序。

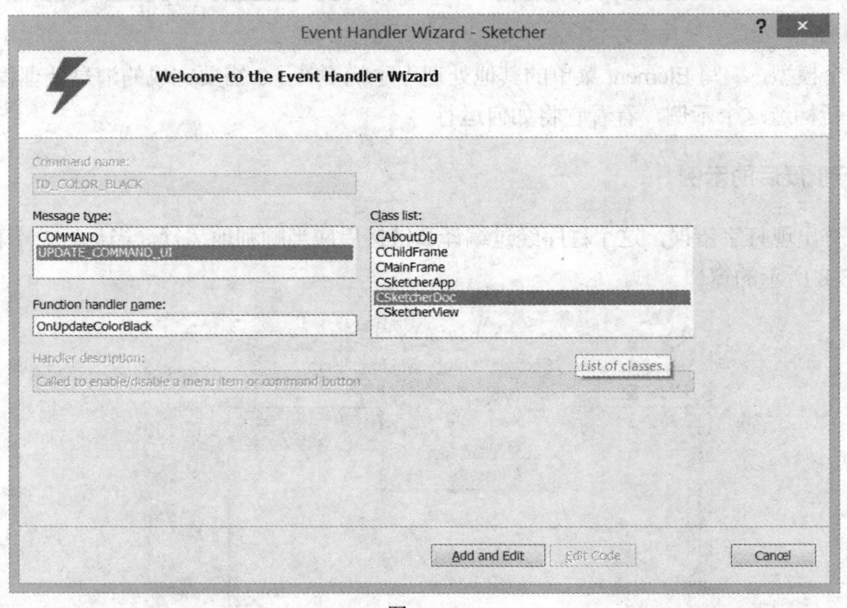

图 13-9

1. 编写命令更新处理程序的代码

在 Class View 选项卡中选择 OnUpdateColorBlack()处理程序后，就可以访问它的代码。这个函数的框架代码是：

```
void CSketcherDoc::OnUpdateColorBlack(CCmdUI* pCmdUI)
{
  // TODO: Add your command update UI handler code here

}
```

传递到这个处理程序的参数是一个指向 CCmdUI 类型对象的指针。CCmdUI 类是一种只用于更新处理程序的 MFC 类，它适用于工具栏按钮和菜单项。指针 pCmdUI 指向一个对象，它标识了发出更新消息的菜单项，所以使用这个对象操作该菜单项，以便在显示它之前更新其外观。CCmdUI 类有 5 个操作用户界面项的成员函数。每种函数提供的操作如表 13-2 所示。

表 13-2

函　数	说　明
ContinueRouting()	将消息传递到下一优先级的处理程序
Enable()	启用或禁用有关的界面项
SetCheck()	为有关的界面项设置复选标记
SetRadio()	将单选按钮组中的一个按钮设置为开或关
SetText()	设置有关界面项的文本

我们将使用函数 SetCheck()，因为它似乎能够完成我们需要的工作。在 CCmdUI 类中将该函数声明为：

```
virtual void SetCheck(int nCheck = 1);
```

如果传递的参数是 1，这个函数就把菜单项设置为选中，如果传递的参数是 0，则把菜单项设置为未选中。这个参数的默认值是 1，所以如果只想对一个菜单项设置复选标记，则可以在不指定参数的情况下调用这个函数。

在 Sketcher 中，我们希望在一个菜单项对应于当前颜色时把它设置为选中。所以，可以把 OnUpdateColorBlack()的更新处理程序编写成：

```
void CSketcherDoc::OnUpdateColorBlack(CCmdUI* pCmdUI)
{
  // Set menu item Checked if the current color is black
  pCmdUI->SetCheck(m_Color == ElementColor::BLACK);
}
```

这条语句将调用 Color | Black 菜单项的 SetCheck()函数，参数为 m_Color==BLACK，在 m_Color 为 ElementColor::Black 时，该参数是 true(它会转换为 1)，否则为 false(它会转换为 0)。因此，只有当 m_Color 中的当前颜色为 ElementColor::BLACK 时，才选中这个菜单项，这正是我们需要的结果。可以按照相同的方式实现其他 Color 菜单项的更新处理程序，菜单项的更新处理程序总是在显示菜单之前调用，所以菜单项总是会反映其当前状态。

典型的 Element 菜单项更新处理程序的代码是：

```
void CSketcherDoc::OnUpdateElementLine(CCmdUI* pCmdUI)
{
  // Set Checked if the current element is a line
  pCmdUI->SetCheck(m_Element==ElementType::LINE);
}
```

现在可以按照类似的方法为 Element 菜单中的各项编写其他所有更新处理程序的代码。

2. 运用更新处理程序

在添加了所有更新处理程序的代码以后，可以再次构建和执行 Sketcher 应用程序。现在，当改变颜色或元素类型选择时，这将反映在菜单中，如图 13-10 所示。

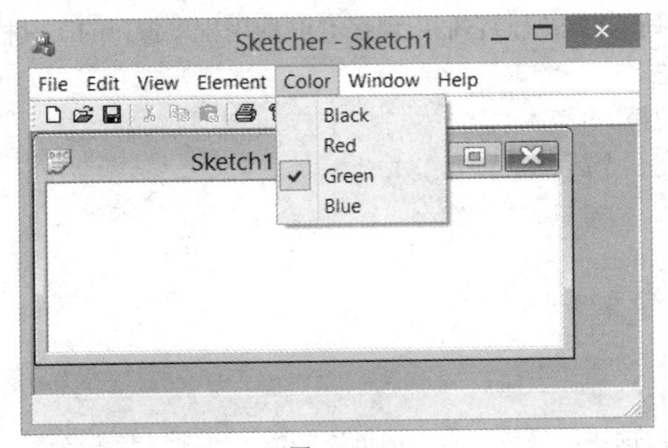

图 13-10

现在已经完成了菜单项需要的所有代码。在着手进入下一个阶段之前，一定要保存所有内容。在所有 Windows 程序中，工具栏都是必不可少的，所以下一步是分析如何添加工具栏按钮，以支持这些新菜单。

13.5 添加工具栏按钮

选择 Resource View 选项卡，然后展开工具栏资源。这时将看到，工具栏资源具有与主菜单相同的 ID，即 IDR_MAINFRAME，它提供的工具栏图标颜色为 4 位(16 种颜色)。

如果双击 IDR_MAINFRAME，编辑器窗口将如图 13-11 所示。

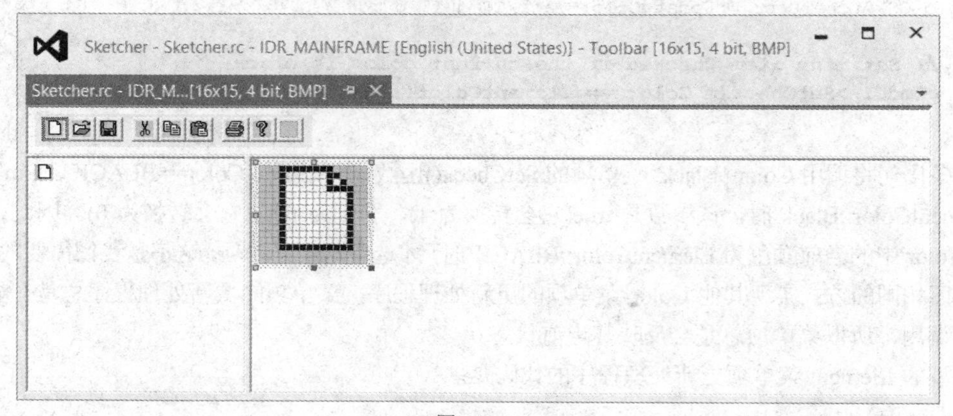

图 13-11

工具栏按钮是一个 16×15(宽×高)像素的阵列，其中包含它启动的函数的图像表示。这个工具栏中的每个像素都是 4 位颜色，所以按钮是一个 16 色的位图。在图 13-11 中可以看到，资源编辑器提供了一个工具栏按钮的放大图，以查看和操作各个像素。资源编辑器还在右边提供了一个调色板(图 13-11 中未显示它)，可以从该调色板中选择当前的工作颜色。如果调色板不可见，就可以右击一个工具栏按钮图标，从弹出的菜单中选择 Show Colors Window，就会显示调色板，用于选择颜色。

如果单击工具栏按钮这一行右端的新按钮图标，就可以绘制这个按钮。在开始编辑之前，把这个新按钮向右拖动大约半个按钮宽度。这将把它和左边相邻的按钮分开，建立一个新块。应当使工具栏按钮与菜单栏上的菜单项保持相同的顺序，所以需要首先创建元素类型选择按钮。这时需要使用资源编辑器提供的下列编辑按钮，它们出现在 IDE 应用程序窗口的工具栏中。

- 绘制像素的铅笔
- 擦除像素的橡皮擦
- 用当前颜色填充一个区域
- 缩放按钮的视图
- 绘制线条
- 绘制矩形
- 绘制椭圆
- 绘制曲线

左击调色板颜色可以选择前景色，右击调色板颜色可以选择背景色。

第一个图标表示与 Element | Line 菜单项对应的工具栏按钮。你可以提出有创意的想法，在这里随心所欲地绘制自己喜欢的线条。但这里只简单地绘制一条直线。如果遵循笔者的方法，则确保选择黑色作为前景色，然后使用线条工具在这个新工具栏按钮的放大图中画一条对角线。实际上，如果想让这个图标显示得大一点，可以使用 Magnification Tool 编辑按钮进行放大，最高可以放大到实际尺寸的 8 倍：单击按钮旁边的下拉箭头，并从中选择适当的放大倍数。本例绘制了一条双黑线。

如果某个地方画错了，则可以选择 Undo 按钮，或者单击 Erase Tool 编辑按钮并使用它，但在后一种情况下，需要确保选择的颜色与正在编辑的按钮的背景色一致。也可以右击一个像素，将它擦除，不过同样要确保选择的颜色与正在编辑的按钮的背景色一致。在对所画的图形感到满意之后，下一步就是编辑工具栏按钮的属性。

13.5.1　编辑工具栏按钮的属性

双击工具栏中的新按钮，并从弹出菜单中选择 Properties 菜单项，则会显示 Properties 窗口，如图 13-12 所示。

Properties 窗口显示了这个按钮的默认 ID，但是因为想把这个按钮和已经定义的菜单项 Element | Line 关联起来，所以单击 ID 属性，然后单击下拉箭头，显示可选值。从下拉列表框中选择 ID_ELEMENT_LINE。如果查看 Prompt 属性，会发现相同的提示出现在状态栏上，因为这个提示是和 ID 一起记录的。之后可以单击 Save 按钮，完成按钮的定义。

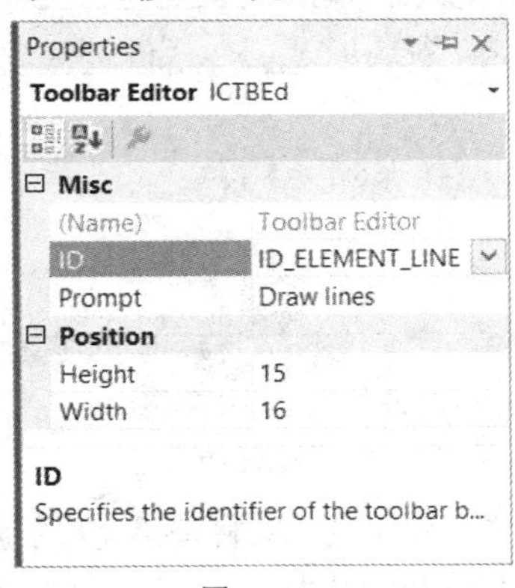

图　13-12

现在可以开始设计其他 3 个元素按钮。可以使用矩形编辑按钮画一个矩形，使用椭圆按钮画一个圆。在画曲线时，可以使用铅笔设置各个像素，也可以使用曲线按钮。这时需要把每个按钮同以前定义的相应菜单项的 ID 关联起来。

现在添加颜色按钮。同样应当把选择颜色的第一个按钮向右拖动，以便建立一个新的按钮组。可以把这些颜色按钮制作得非常简单，仅仅用要选择的颜色给整个按钮着色。其方法是选择适当的前景色，然后选择 Fill 编辑按钮，并单击放大的按钮图像。另外，需要使用 ID_COLOR_BLACK、ID_COLOR_RED 等作为按钮的 ID。这时的工具栏编辑窗口应如图 13-13 所示。

这就是目前需要做的所有工作，所以保存这个资源文件，让 Sketcher 应用程序得到另一种调节。

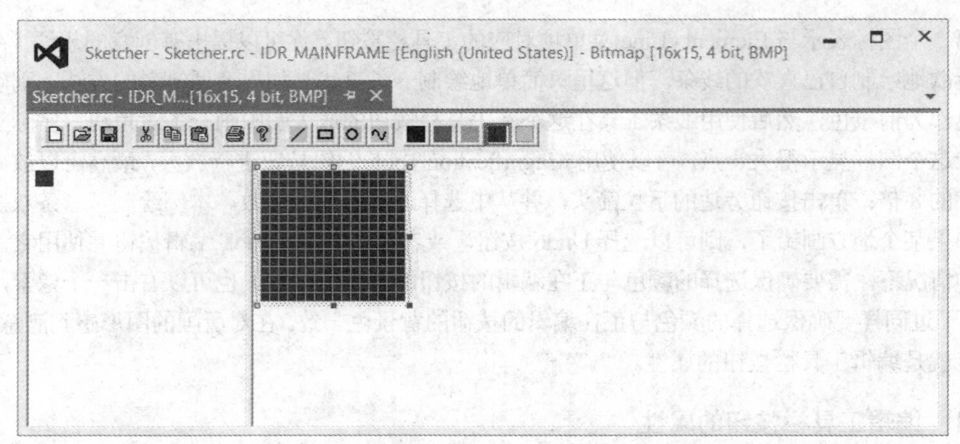

图 13-13

13.5.2 练习使用工具栏按钮

再次构建 Sketcher 应用程序并执行它。应用程序窗口应如图 13-14 所示。

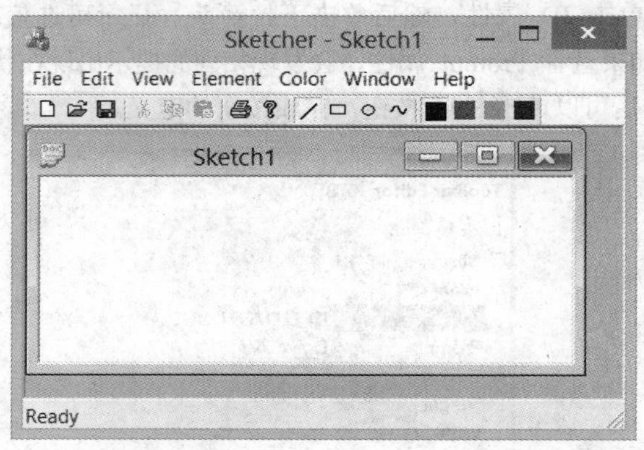

图 13-14

这时发生了一些令人惊奇的事情。添加的工具栏按钮反映了为新菜单项定义的默认设置，选中的按钮显示为被按下。如果把鼠标指针放在其中一个新按钮上停留一会儿，在状态栏上将出现这个按钮的提示。这些新按钮的作用完全可以替代菜单项，使用菜单或工具栏所做的任何新选择都将由显示为被按下状态的工具栏按钮反映出来。

如果关闭文档查看窗口 Sketch1，则工具栏按钮自动变灰，从而被禁用，菜单项也消失了。如果打开一个新的文档查看窗口，则将再次启用这些工具栏按钮，菜单项也重新显示出来。也可以利用左边的网格拖动这个工具栏，把它移动到这个应用程序窗口的任何一边，或者让它成为浮动工具栏。完成所有这些工作根本不需要编写任何代码！

13.5.3 添加工具提示

在工具栏按钮中还可以添加另外一种相当简单的特性：工具提示。工具提示是一个很小的框，当鼠标指针在一个工具栏按钮上短暂停留时，它将出现在这个按钮的旁边。工具提示包含一个文本字符串，它是工具栏按钮用途的另外一种提示。

要为工具栏按钮添加工具提示，则需要在工具栏编辑器选项卡中选择相应的按钮。在 Properties

窗格中选择按钮的 Prompt 属性，并输入\n，后面再输入工具提示文本。例如，对于 ID 为 ID_ELEMENT_LINE 的工具栏按钮，可以将 Prompt 属性值输入为\nDraw lines。当鼠标指针停留在此工具栏按钮上时，将会显示此工具提示文本。但相应的菜单项没有该状态栏文本。

为菜单项显示的状态栏文本可以不同于为工具栏按钮显示的工具提示文本。将 Line 菜单项的 Prompt 属性值设置为 Draw lines\nLines。当鼠标指针停留在菜单项上时，状态栏中将显示“Draw lines”。当鼠标指针停留在此工具栏按钮上时，状态栏中将显示“Draw lines”，稍后会显示工具提示文本“Lines”。

按照相似的方式更改与 Element 和 Color 菜单对应的每个工具栏按钮的 Prompt 属性文本。这就是你必须做的所有工作。在保存资源文件后，可以重新构建 Sketcher 应用程序并执行它。把鼠标指针放在工具栏按钮上，将显示状态栏提示文本以及工具提示。

13.6 小结

本章介绍了 MFC 如何把一个消息与处理它的类成员函数连接起来，另外还编写了第一个消息处理程序。编写 Windows 程序的大部分工作是编写消息处理程序，所以重要的是深刻了解这个过程发生的情况。在接触其他消息处理程序时，将看到添加它们的过程和介绍过的完全相同。

本章还在 MFC Application Wizard 生成的程序中扩展了标准菜单和工具栏，为下一章添加应用程序代码打下了一个良好的基础。尽管从表面上看还没有任何功能，但是借助于 Application Wizard 生成的框架和 Event Handler Wizard，菜单和工具栏操作看起来非常专业。

下一章将添加在视图中绘制元素时需要的代码，并使用本章创建的菜单和工具栏按钮选择绘制的图形和使用的颜色。这才是 Sketcher 程序开始名副其实地发挥作用的地方。

13.7 练习

1. 在 Element 菜单中添加菜单项 Ellipse。
2. 在文档类中为菜单项 Ellipse 实现命令以及它的命令更新处理程序。
3. 添加对应于 Ellipse 菜单项的工具栏按钮，并添加这个按钮的状态栏文本和工具提示。
4. 修改颜色菜单项的命令更新处理程序，使目前选择的菜单项以大写字母显示，而其他菜单项则以小写字母显示。

13.8 本章主要内容

本章主要内容如表 13-3 所示。

表 13-3

主 题	概 念
消息映射	MFC 在消息映射中定义一个类的消息处理程序，消息映射出现在该类的.cpp 文件中
处理命令消息	命令消息由菜单和工具栏产生，可以在派生于 CCmdTarget 的任何类中处理。这包括应用程序类、框架和子框架窗口类、文档类以及视图类

(续表)

主　题	概　念
处理非命令消息	对于命令消息以外的消息，只能在派生于 CWnd 的类中处理。这些类包括框架窗口类和视图类，但不包括应用程序类或文档类
识别命令消息的消息处理程序	MFC 有一个预定义的序列，它可以搜索程序中的类，以发现命令消息的消息处理程序
添加消息处理程序	始终应当使用 Event Handler Wizard 在程序中添加消息处理程序
资源文件	在资源文件中定义菜单和工具栏的物理外观，它们由内置的资源编辑器编辑
菜单 ID	菜单中可以产生命令消息的菜单项由带有前缀 ID 的符号常量标识。这些 ID 用来将处理程序和菜单项发出的消息关联起来
把工具栏按钮与菜单项关联起来	要把工具栏按钮和特定的菜单项关联起来，需要给这个按钮赋予与该菜单项相同的 ID
添加工具提示	要在 MFC 应用程序中给对应于菜单项的工具栏按钮添加工具提示，需要在 Properties 窗格中选择按钮的 Prompt 属性，并输入\n，之后输入工具提示文本作为此属性的值

第14章 在窗口中绘图

本章要点

- 用于在窗口中绘图的坐标系统
- 如何使用设备上下文来绘制形状
- 程序如何以及何时在窗口中绘图
- 如何定义鼠标消息的处理程序
- 如何定义自己的形状类
- 如何对鼠标进行编程，以绘制形状
- 如何捕获鼠标

本章源代码下载地址(wrox.com)：

打开网页 http://www.wrox.com/go/beginningvisualc，单击 Download Code 选项卡即可下载本章源代码。这些代码在 Chapter 14 文件夹中，文件都根据本章的内容单独进行了命名。

14.1 窗口绘图的基础知识

在窗口工作区中绘图时，必须遵守某些规则。每当将 WM_PAINT 消息发送到应用程序时，就必须重画工作区。这是因为有许多外部事件需要重新绘制应用程序窗口——如用户调整了窗口的大小，或者移动另一个窗口以暴露以前隐藏的窗口。Windows 操作系统将一些信息与 WM_PAINT 消息一起发送，以便确定哪部分工作区需要重新创建。这就意味着在响应每个 WM_PAINT 消息时不必绘制所有工作区，而只需要绘制标识为更新区的区域。在 MFC 应用程序中，MFC 解释 WM_PAINT 消息，并将它重定向到某个类中的一个函数。本章稍后将解释如何处理这一消息。

14.1.1 窗口客户区

由于可以拖动其框，使窗口来回移动，并调整大小，因此窗口在屏幕上没有固定的位置，甚至没有固定的可视区。那么如何知道应当在屏幕上的什么地方绘图呢？

幸运的是不需要考虑这个问题。因为 Windows 提供了一致的窗口绘图方法，不必担心图形在屏幕上的位置，否则窗口绘图将变得非常复杂。Windows 为窗口的工作区提供了一种本地坐标系统。它始终把工作区的左上角作为它的参考点。工作区中的所有点都是相对于这个点定义的，如图 14-1 所示。

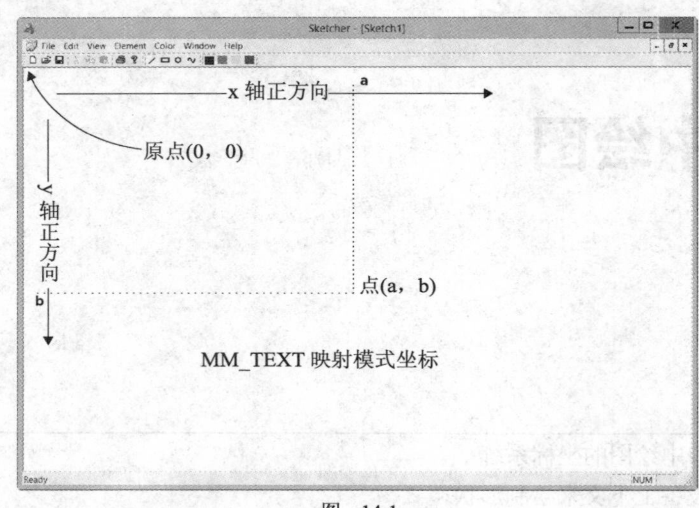

图 14-1

不管这个窗口在屏幕上的什么地方，也不管它有多大，某个点相对于工作区左上角的水平距离和垂直距离始终不变。当然，Windows 需要跟踪这个窗口在什么地方，在工作区中的一个点上进行绘图操作时，Windows 需要查明这个点在屏幕上的实际位置。

14.1.2 Windows 图形设备界面

实际上并没有把数据写到屏幕上。所有到显示屏的输出都是图形，而不管它是直线、圆还是文本。Windows 坚持使用图形设备界面(Graphical Device Interface，GDI)定义这种输出。GDI 支持在对图形输出编程时不依赖于显示它的硬件，这意味着程序不进行任何修改，就可以在具有不同显示硬件的不同机器上运行。GDI 还支持打印机和绘图仪，所以，将数据输出到打印机和绘图仪时涉及的机制与在屏幕上显示信息时基本一样。

1. 使用设备上下文

在输出设备(如显示屏)上进行绘图操作时，必须使用设备上下文。设备上下文是一种 Windows 数据结构，它包含的信息允许 Windows 将输出请求转换成物理输出设备上的动作，输出请求采用与设备无关的 GDI 函数调用形式。MFC 类 CDC 封装了一个设备上下文，所以对该类型的对象调用函数，就可以执行所有的绘图操作。把一个指向 CDC 对象的指针提供给视图类对象的 OnDraw()成员函数，就可以在该视图表示的客户区中绘图。要将输出发送到其他图形设备时，也使用设备上下文。

设备上下文提供了一种称为映射模式的可选坐标系统，它将被自动转换成客户区坐标。通过调用 CDC 对象的函数，还可以更改影响到设备环境的输出的参数，这样的参数称为属性。可以更改的属性有绘图颜色、背景色、绘图使用的线宽以及文本输出的字体等。

2. 映射模式

设备上下文中的每种映射模式都由一个 ID 标识，其方式与标识 Windows 消息类似。每个 ID 都有前缀 MM_，表明它定义了映射模式。Windows 提供的映射模式如表 14-1 所示。

表　14-1

映射模式	说　明
MM_TEXT	逻辑单位是一个设备像素，在窗口工作区中，x 轴的正方向从左到右，y 轴的正方向从上到下
MM_LOENGLISH	逻辑单位是 0.01 英寸，在工作区中，x 轴的正方向从左到右，y 轴的正方向从上到下
MM_HIENGLISH	逻辑单位是 0.001 英寸，x 轴和 y 轴的方向与 MM_LOENGLISH 相同
MM_LOMETRIC	逻辑单位是 0.1 毫米，x 轴和 y 轴的方向与 MM_LOENGLISH 相同
MM_HIMETRIC	逻辑单位是 0.01 毫米，x 轴和 y 轴的方向与 MM_LOENGLISH 相同
MM_ISOTROPIC	逻辑单位是任意长度，但是在 x 轴和 y 轴上是相同的。x 轴和 y 轴的方向与 MM_LOENGLISH 相同
MM_ANISOTROPIC	这种模式类似于 MM_ISOTROPIC，但是它允许 x 轴上逻辑单位的长度不同于 y 轴上逻辑单位的长度
MM_TWIPS	逻辑单位是 TWIP，其中 TWIP 是一个点的 0.05，而一个点是 1/72 英寸。所以 TWIP 相当于 1/1440 英寸，即 6.9×10^{-4} 英寸。(点是衡量字体的单位)。x 轴和 y 轴的方向与 MM_LOENGLISH 相同

本书不打算使用所有这些映射模式。但是，本书将使用那些可用模式的良好典型，所以需要使用其他映射模式时，将不会遇到任何问题。

MM_TEXT 是设备上下文的默认映射模式。如果需要使用一种不同的映射模式，就必须修改它。注意，在 MM_TEXT 模式中，y 轴的正方向与高中学习的坐标几何相反，如图 14-1 所示。

默认情况下，在每种映射模式中，位于工作区左上角的点的坐标都是(0,0)，也可以把原点移动到其他位置。例如，以图形形式显示数据的应用程序把原点移动到工作区的中心，将更容易绘制数据。还可以相对于(0,0)来定义形状，再将原点移动到要绘制的形状的位置。这意味着形状无论在什么地方，都可以用相同的代码绘制。

当原点在 MM_TEXT 模式中位于左上角时，距左边框 50 个像素、距工作区顶部 100 个像素的点的坐标是(50,100)。当然，因为单位是像素，屏幕上这个点与工作区左上角的距离就取决于显示器的分辨率。如果把显示器的分辨率设置为 1280×1024，那么与设置为 1024×768 的分辨率相比，这个点将离工作区左上角比较近，因为像素比较小。在这种映射模式中绘制的对象，在分辨率为 1280×1024 时的尺寸要比分辨率为 1024×768 时的尺寸小。注意，在所有映射模式中，显示器的 DPI 设置都将影响显示。默认设置采用 96 DPI，所以，如果把显示器的 DPI 设置成另外一个值，那么这将影响图形的外观。坐标始终是 32 位有符号整数，整个图的最大物理尺寸因坐标单位的物理长度而异，坐标单位的物理长度是由映射模式确定的。

在除 MM_TEXT 之外的其余所有映射模式中，x 轴和 y 轴的方向都一样，但是它们与 MM_TEXT 模式中的不一样。MM_TEXT 模式中的 y 轴的方向相反。MM_LOENGLISH 模式的坐标轴如图 14-2 所示。虽然 y 轴的正方向与你在高中时学习的一致(在屏幕上向上移动时 y 值增加)，但是 MM_LOENGLISH 模式仍然有点古怪，因为其中的原点位于工作区的左上角，所以对于可视工作区内的点来说，它们的 y 值始终是负数。

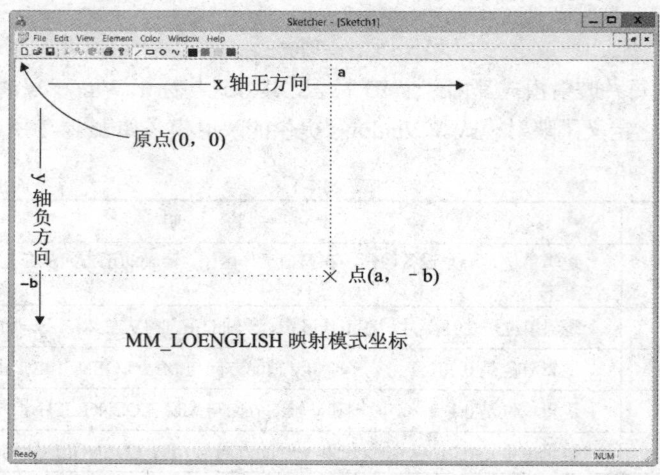

图 14-2

在 MM_LOENGLISH 映射模式中，x 轴和 y 轴上的单位都是 0.01 英寸，所以位置(50,-100)处的点到左边框的距离是半英寸，到工作区顶部的距离是 1 英寸。无论显示器的分辨率是多少，对象在工作区中的大小都一样，与原点的距离也都一样。如果在 MM_LOENGLISH 模式中画了一个 x 值为负数或 y 值为正数的对象，那么它将位于工作区之外，因而看不见。调用 CDC 类(该类封装了设备上下文，稍后讨论)的 SetViewportOrg()成员，可以移动原点。

14.2 MFC 的绘图机制

MFC 将 Windows 界面封装到屏幕和打印机中，所以在对图形输出编程时不必担心很多有关的细节。如第 13 章所述，Application Wizard 生成的程序已经包含了一个派生于 CView 的类，它专门设计用于在屏幕上显示文档数据。

14.2.1 应用程序中的视图类

MFC Application Wizard 生成的类 CSketcherView 将在文档窗口的工作区中显示文档的信息。类定义包括几个虚函数的重写，不过在此处着重介绍的一个函数是 OnDraw()。每当需要重新绘制文档窗口的工作区时，都将调用这个函数。当程序接收到 WM_PAINT 消息时，应用程序框架调用的正是这个函数。

OnDraw()成员函数

OnDraw()成员函数的实现如下所示：

```
void CSketcherView::OnDraw(CDC* /*pDC*/)
{
   CSketcherDoc* pDoc = GetDocument();
   ASSERT_VALID(pDoc);
   if(!pDoc)
     return;

   // TODO: add draw code for native data here
}
```

一个指向 CDC 类对象的指针被传递到视图类的 OnDraw()成员函数。这个对象包含的成员函数将调用允许在设备上下文中绘图的 Windows API 函数。参数名以注释的形式存在，所以在使用这个指针之前，必须解除这个名称的注释，或者用自己的名称代替这个名称。

因为绘制文档的所有代码都放在 OnDraw()成员函数中，所以 Application Wizard 包括了指针 pDoc 的声明，并且使用函数 GetDocument()初始化这个指针，函数 GetDocument()返回与当前视图有关的文档对象的地址：

```
CSketcherDoc* pDoc = GetDocument();
```

CSketcherView 类中的函数 GetDocument()从视图对象的继承成员 m_pDocument 中检索文档指针。这个函数将执行重要的任务，就是把存储在这个成员中的指针强制转换成对应于应用程序中文档类 CSketcherDoc 的类型。这样，就可以使用此指针访问已经定义的文档类的成员；否则，就只能使用此指针访问基类的成员。因此，pDoc 将指向应用程序中与当前视图相关联的文档对象，下面使用这个指针访问存储在文档中的数据。

下面这一行代码：

```
ASSERT_VALID(pDoc);
```

这个宏确保指针 pDoc 包含有效的地址，后面的 if 语句确保 pDoc 不是空的。在应用程序的发布版本中，忽略 ASSERT_VALID。

在 OnDraw()函数中，参数 pDC 的名称代表“指向设备上下文的指针”。参数 pDC 指向的 CDC 对象是在窗口中绘图的关键。CDC 类为视图的工作区提供设备上下文，以及写入图形和文本所需的工具，所以需要详细讨论它。

14.2.2 CDC 类

应当使用 CDC 类的成员在程序中完成所有绘图。这个类和其派生类的所有对象都包含把图形和文本发送到显示器和打印机时需要的一个设备上下文和成员函数。另外还有一些成员函数用于检索有关正在使用的物理输出设备的信息。

由于 CDC 类对象可以通过图形输出提供用户可能需要的几乎所有东西，所以这个类的成员函数很多——大大超过了 100 个。所以，本章只分析打算在 Sketcher 程序中使用的成员函数，以后需要使用其他成员函数时再分析它们。

对于图形输出，MFC 包括一些派生于 CDC 的更专用的类。例如，我们要使用 CClientDC 对象。CClientDC 类优于 CDC 类的地方是它始终包含只代表窗口工作区的设备上下文，这正是用户在大多数情况下所需要的。

1. 显示图形

在设备上下文中，将相对于当前位置绘制实体，如直线、圆和文本。当前位置是工作区中的一个点，它或者由以前绘制的实体设置，或者是通过调用函数来设置。例如，可以扩展 OnDraw()函数，设置如下所示的当前位置：

```
void CSketcherView::OnDraw(CDC* pDC)
{
```

```
    CSketcherDoc* pDoc = GetDocument();
    ASSERT_VALID(pDoc);
    if(!pDoc)
      return;

    pDC->MoveTo(50, 50);    // Set the current position as 50,50
}
```

第一行是粗体显示，因为编译代码时，必须解除参数名的注释。第二个粗体显示的行将调用 pDC 所指的 CDC 对象的 MoveTo()函数。这个成员函数将当前位置设置为参数指定的 x 和 y 坐标。默认映射模式是 MM_TEXT，所以坐标的单位是像素，当前位置设置成一个距窗口内部左边框 50 个像素、距工作区顶部 50 个像素的点。

CDC 类将重载 MoveTo()函数，这样就可以灵活地指定设置当前位置的方式。MoveTo()函数有两个版本，它们在 CDC 类中声明为：

```
CPoint MoveTo(int x, int y);      // Move to position x,y
CPoint MoveTo(POINT aPoint);      // Move to position defined by aPoint
```

第一个版本接受作为独立参数的 x 和 y 坐标。第二个版本接受一个 POINT 类型的参数，它是一个具有如下定义的结构：

```
typedef struct tagPOINT
{
   LONG x;
   LONG y;
} POINT;
```

其中的坐标是 struct 的 x 和 y 成员，类型为 LONG(这种类型在 Windows API 中定义为 32 位有符号整数)。你可能喜欢使用类，而不喜欢使用结构，这时可以在能够使用 POINT 对象的地方使用 CPoint 对象。CPoint 类具有 LONG 类型的数据成员 x 和 y，使用 CPoint 对象的优点在于这个类还定义了操作 CPoint 和 POINT 对象的成员函数。这看来似乎不可思议，因为 CPoint 似乎使 POINT 对象变得过时，但是要记住，Windows API 是在 MFC 出现之前建立的，而且 POINT 对象是在 Windows API 中使用的，所以迟早要处理它。由于在示例中要使用 CPoint 对象，因此用户将有机会了解其中一些成员函数的应用。

MoveTo()函数的返回值是一个 CPoint 对象，它把当前位置指定为移动之前的位置。这也许有点奇怪，不过考虑这样一种情况：你想移动到一个新位置，画点东西，然后退回来。在移动之前，也许不知道当前位置，在移动以后，将丢失当前位置，所以在移动之前返回这个位置将确保在需要时可以使用它。

绘制直线

在 OnDraw()函数中调用 MoveTo()以后，调用函数 LineTo()，这将在工作区中绘制一条直线，它从当前位置到 LineTo()函数的参数指定的位置，如图 14-3 所示。

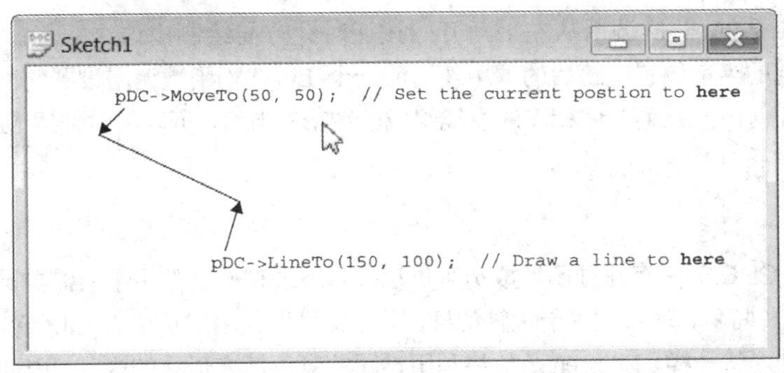

图　14-3

CDC 类还定义两个版本的 LineTo()函数，它们具有下列原型：

```
BOOL LineTo(int x, int y);    // Draw a line to position x,y
BOOL LineTo(POINT aPoint);    // Draw a line to position defined by aPoint
```

LineTo()函数的参数和 MoveTo()函数具有同样的灵活性。可以把 CPoint 对象作为该函数第二个版本的参数。如果画出了这条直线，那么这个函数返回 TRUE，否则返回 FALSE。

在执行 LineTo()函数时，当前位置将变换到这条直线的端点。只需要为每条直线调用 LineTo()函数，就可以绘制一系列连线。观察下列版本的 OnDraw()函数：

```
void CSketcherView::OnDraw(CDC* pDC)
{
  CSketcherDoc* pDoc = GetDocument();
  ASSERT_VALID(pDoc);
  if(!pDoc)
    return;

  pDC->MoveTo(50,50);          // Set the current position
  pDC->LineTo(50,200);         // Draw a vertical line down 150 units
  pDC->LineTo(150,200);        // Draw a horizontal line right 100 units
  pDC->LineTo(150,50);         // Draw a vertical line up 150 units
  pDC->LineTo(50,50);          // Draw a horizontal line left 100 units
}
```

把这段代码插入 Sketcher 程序，然后执行，将显示如图 14-4 所示的文档窗口。不要忘记解除参数名的注释。

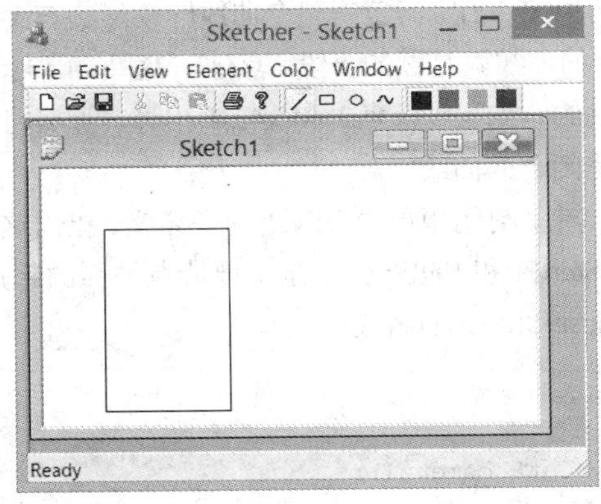

图　14-4

对 LineTo()函数的 4 次调用从左上角开始按逆时针方向绘制出这个矩形。第一次调用使用 MoveTo()函数指定的当前位置；随后的调用使用前一个 LineTo()函数调用设置的当前位置。可以使用这种方法绘制任何由一系列头尾相连的直线组成的图形。当然，可以随时使用 MoveTo()函数改变当前位置。

绘制圆

在绘制圆时，CDC 类中有几种函数成员可供选择，不过它们全都用于绘制椭圆。由高中几何可知，圆是椭圆的一种特例，是长轴等于短轴的椭圆，因此可以使用成员函数 Ellipse()绘制圆。和 CDC 类支持的其他闭合形状一样，Ellipse()函数将利用设置的颜色填充形状的内部。内部颜色由选入设备上下文的画笔确定。画笔是一个 GDI 对象，用于在窗口中绘图，封装在 MFC 类 CBrush 中。设备上下文中的当前画笔确定如何填充闭合形状。Ellipse()函数有两个版本：

```
BOOL Ellipse(int x1, int y1, int x2, int y2);
BOOL Ellipse(LPCRECT lpRect);
```

第一个版本绘制一个由矩形界定的椭圆，此矩形由点(x1,y1)和(x2,y2)定义。在第二个版本中，椭圆由函数的参数指向的 RECT 对象来定义。函数也接受指向 MFC 类 CRect 的对象的指针，CRect 类有 4 个公有数据成员：left、top、right 和 bottom。它们分别对应于矩形左上角点和右下角点的 x 和 y 的坐标。CRect 类也提供一系列在 CRect 对象上操作的函数成员，稍后将使用其中的一些函数成员。如果 Ellipse()函数操作成功，则返回 TRUE，否则返回 FALSE。使用 Ellipse()函数的这两个版本中的任一个版本，绘制的椭圆都扩展到矩形的右边和底部，但不包含它们。这就意味着椭圆的宽度和高度分别是 x2-x1 和 y2-y1。

可以设置 CBrush 对象的颜色，也可以在填充闭合形状(如椭圆)时定义要产生的模式。如果想绘制不进行填充的闭合形状，那么可以选择使用设备上下文中的空画笔，这时形状的内部将是空白。本章稍后将讨论画笔。

绘制不进行填充的圆的另一种方法是使用 Arc()函数，它不涉及画笔。因为 Arc()函数绘制的曲线是不闭合的，所以不能填充。Arc()的优点是可以绘制椭圆的任意一段弧。这个函数在 CDC 类中有两个版本，它们的声明如下所示：

```
BOOL Arc(int x1, int y1, int x2, int y2, int x3, int y3, int x4, int y4);
BOOL Arc(LPCRECT lpRect, POINT ptStart, POINT ptEnd);
```

在第一个版本中，(x1,y1)和(x2,y2)定义包围整个曲线的矩形的左上角和右下角。如果把这些坐标变成正方形的角，那么绘制的曲线就是圆的一段。点(x3,y3)和(x4,y4)定义这段曲线的起点和终点。这段曲线是按逆时针方向绘制的。如果使(x3,y3)和(x4,y4)相等，那么将生成一个完整的、表面上闭合的曲线。但实际上它并不是闭合的曲线。

在 Arc()函数的第二个版本中，封闭矩形由 RECT 对象定义，指向这个对象的指针将作为第一个参数进行传递。POINT 对象 StartPt 和 EndPt 分别定义要绘制的弧的起点和终点。

下面的代码用于调用 Ellipse()和 Arc()函数：

```
void CSketcherView::OnDraw(CDC* pDC)
{
  CSketcherDoc* pDoc = GetDocument();
  ASSERT_VALID(pDoc);
```

```
    if(!pDoc)
      return;

    pDC->Ellipse(50,50,150,150);              // Draw the 1st (large) circle

    // Define the bounding rectangle for the 2nd (smaller) circle
    CRect rect {250,50,300,100};
    CPoint start {275,100};                   // Arc start point
    CPoint end {250,75};                      // Arc end point
    pDC->Arc(&rect, start, end);              // Draw the second circle
}
```

在定义边界矩形时，使用的是 CRect 类对象，而不是 RECT 结构，另外还使用了 CPoint 对象，而没有使用 POINT 结构。后面还要使用 CRect 对象，但是我们将会了解到，它们有一些局限性。Arc()和 Ellipse()函数不要求设置当前位置，因为弧的位置和大小完全由提供的参数定义。当前位置不受弧或椭圆的绘制的影响——它一直保持在绘制形状之前的位置。在 OnDraw()函数中有这些代码时，试着运行 Sketcher 程序。结果应如图 14-5 所示。

图　14-5

试着调整边界的大小。当覆盖或者露出图片中的弧时，将自动重新绘制工作区。记住，屏幕分辨率将影响所显示图形的比例。使用的屏幕分辨率越低，弧越大，距离工作区左上角越远。

2. 彩色绘图

到目前为止，绘制的所有图形在屏幕中都是黑色的。绘图总是使用设置了颜色、线宽和线型(实线、虚点线、虚线等)的钢笔对象，钢笔是另一个 GDI 对象。我们一直在使用设备上下文中提供的默认钢笔对象。当然，这不是必须的，可以创建具有给定线宽、颜色和线型的钢笔。MFC 定义的类 CPen 可以提供帮助。

创建钢笔

创建钢笔对象的最简单方法是首先使用默认的类构造函数定义一个 CPen 类的对象：

```
CPen aPen;                   // Define a pen object
```

这个对象必须用适当的属性初始化。这要调用该对象的成员函数 CreatePen()，它在 CPen 类中声明为：

```
BOOL CreatePen(int aPenStyle, int aWidth, COLORREF aColor);
```

只要成功初始化了钢笔，那么这个函数返回 TRUE，否则返回 FALSE。第一个参数定义线型，线型必须用下列符号值之一指定，见表 14-2。

表 14-2

画笔线型	说明
PS_SOLID	绘制实线
PS_DASH	绘制虚线。只有在把钢笔宽度指定为 1 时，这种线型才有效
PS_DOT	绘制点线。只有在把钢笔宽度指定为 1 时，这种线型才有效
PS_DASHDOT	绘制一划一点相间的直线。只有在把钢笔宽度指定为 1 时，这种线型才有效
PS_DASHDOTDOT	绘制一划双点相间的直线。只有在把钢笔宽度指定为 1 时，这种线型才有效
PS_NULL	不进行任何绘制
PS_INSIDEFRAME	绘制实线，但是和 PS_SOLID 不同，指定实线的点出现在钢笔的边缘而不是中心，所以绘制的对象永远不会超出包围封闭形状(例如，椭圆)的矩形

CPen 类的另一个构造函数可以创建自己的线型。线型用一组值来指定，这组值指定了一划的长度和两个划之间的空间。

CreatePen()函数的第二个参数定义线宽。如果 aWidth 的值是 0，那么无论使用何种映射模式，直线的宽度都是 1 像素。对 1 或以上的值，钢笔宽度的单位将由映射模式确定。例如，如果 aWidth 的值是 2，那么在 MM_TEXT 模式中，钢笔宽度是 2 像素；而在 MM_LOENGLISH 模式中，钢笔宽度是 0.02 英寸。

最后一个参数指定钢笔的颜色，可以利用下列语句初始化钢笔：

```
aPen.CreatePen(PS_SOLID, 2, RGB(255,0,0));  // Create a red solid pen
```

假定映射模式是 MM_TEXT，那么这个钢笔将绘制 2 像素宽的红色实线。RGB 是第 13 章介绍的宏，它创建了一个 24 位的颜色值，该值由 3 个无符号的整数值组成，分别表示颜色中的红、绿、蓝成分。

也可以在构造函数中用指定的直线类型、宽度和颜色创建一个钢笔对象：

```
CPen aPen{PS_SOLID, 2, RGB(0, 255, 0)};     // Create a green solid pen
```

以这种方式创建自己的钢笔时，就是在创建一个 Windows GDI PEN 对象，它封装在 CPen 对象中。删除 CPen 对象时，CPen 析构函数会自动删除 GDI 钢笔对象。如果显式创建 GDI PEN 对象，就必须调用 DeleteObject()，并把 PEN 对象作为参数，才能删除该对象。

使用钢笔

要使用钢笔，必须把它选入设备上下文中。为此需要使用 CDC 对象的成员函数 SelectObject()。在选择钢笔时，将用钢笔对象的地址为参数来调用这个函数。这个函数将返回一个指向先前所用钢笔对象的指针，这样就可以把它保存起来，并在完成绘图时还原以前的钢笔。选择钢笔的典型语句如下所示：

```
CPen* pOldPen {pDC->SelectObject(&aPen)}      // Select aPen as the pen
```

无论将什么样的钢笔选入设备上下文中，使用完钢笔之后，必须将设备上下文恢复到它的原始状态。要还原以前的钢笔，只需要再次调用 SelectObject()函数，并传递从最初调用返回的指针：

```
pDC->SelectObject(pOldPen);                   // Restore the old pen
```

如果把 CSketcherView 类中前一个版本的 OnDraw()函数修改成：

```
void CSketcherView::OnDraw(CDC* pDC)
{
  CSketcherDoc* pDoc = GetDocument();
  ASSERT_VALID(pDoc);
  if(!pDoc)
    return;

  // Declare a pen object and initialize it as
  // a red solid pen drawing a line 2 pixels wide
  CPen aPen;
  aPen.CreatePen(PS_SOLID, 2, RGB(255, 0, 0));

  CPen* pOldPen {pDC->SelectObject(&aPen)}; // Select aPen as the pen
  pDC->Ellipse(50,50,150,150);              // Draw the 1st (large) circle

  // Define the bounding rectangle for the 2nd (smaller) circle
  CRect rect {250,50,300,100};
  CPoint start {275,100};                   // Arc start point
  CPoint end {250,75};                      // Arc end point
  pDC->Arc(&rect,start, end);               // Draw the second circle
  pDC->SelectObject(pOldPen);               // Restore the old pen
}
```

就可以看到上述应用的结果。

如果利用这个版本的 OnDraw()函数构建和执行 Sketcher 应用程序，那么将得到和以前绘制的相同的弧，不过这次的线条比较粗，并且是红色的。针对 CreatePen()函数尝试使用不同的参数组合，并观察它们的结果，可以有效地对这个示例进行实验。注意，因为忽略了 CreatePen()函数的返回值，所以这个函数有可能失败，而且在程序中检测不到这种情况。不过现在这种情况并没有影响，因为这个程序非常简单，但是在开发程序时，检查这种故障将变得非常重要。

创建画笔

CBrush 类的对象封装了 Windows 画笔。可以把画笔定义成纯色、阴影线或者有图案的画笔。画笔实际上是一个 8×8 的像素块，它在要填充的区域上重复应用。

要定义纯色的画笔，可以在创建画笔对象时指定颜色。例如，

```
CBrush aBrush {RGB(255,0,0)};           // Define a red brush
```

这个语句定义了红色画笔。传递到这个构造函数的值必须是 COLORREF 类型，这是由 RGB()宏返回的类型，所以在指定颜色时，这是一种好方法。

可以使用另一种构造函数定义阴影线画笔。这需要指定两个参数，第一个参数定义阴影线的类型，第二个参数指定颜色。阴影线参数可以是下列符号常量之一，见表 14-3。

表 14-3

阴影线类型	说　明
HS_HORIZONTAL	水平阴影线
HS_VERTICAL	垂直阴影线
HS_BDIAGONAL	从左到右的 45°下行阴影线
HS_FDIAGONAL	从左到右的 45°上行阴影线
HS_CROSS	水平和垂直交叉阴影线
HS_DIAGCROSS	45°交叉阴影线

因此，要获得红色的 45°交叉阴影线画笔，可以利用下列语句定义 CBrush 对象：

```
CBrush aBrush {HS_DIAGCROSS, RGB(255,0,0)};
```

在初始化 CBrush 对象时，也可以使用类似于初始化 CPen 对象的方式，对纯色画笔使用 CBrush 类的 CreateSolidBrush()成员函数，对阴影线画笔使用这个类的 CreateHatchBrush()成员函数。它们需要的参数和对应的构造函数相同。例如，可以利用下列语句创建和前面一样的阴影线画笔：

```
CBrush aBrush;                              // Define a brush object
aBrush.CreateHatchBrush(HS_DIAGCROSS, RGB(255,0,0));
```

使用画笔

要使用画笔，应当按照与钢笔类似的方式调用 CDC 类的 SelectObject()成员函数，把画笔选入设备上下文中。为了把画笔对象选入设备上下文中，将重载这个成员函数。下列语句选择以前定义的画笔：

```
CBrush* pOldBrush {pDC->SelectObject(&aBrush)};     // Select the brush into the DC
```

SelectObject()函数返回指向旧画笔的指针，如果操作失败，则返回 NULL。函数执行完成之后，使用返回的此指针可以将旧画笔存储在设备上下文中。

有 7 种标准画笔可用。每种标准画笔都由预定义的符号常量标识。它们分别是：

GRAY_BRUSH	LTGRAY_BRUSH	DKGRAY_BRUSH
BLACK_BRUSH	WHITE_BRUSH	
HOLLOW_BRUSH	NULL_BRUSH	

这些画笔名称的含义不言自明。要使用画笔，需要调用 CDC 类的 SelectStockObject()成员函数，把想要使用的画笔的符号名称作为参数进行传递。要使用不填充闭合形状内部的空画笔，可以编写下列语句：

```
CBrush* pOldBrush {dynamic_cast<CBrush*>(pDC->SelectStockObject(NULL_BRUSH))};
```

和以前一样，pDC 是指向 CDC 对象的指针。在 SelectStockObject()函数中还可以使用标准钢笔之一。标准钢笔的符号是 BLACK_PEN、NULL_PEN (不进行任何绘制)和 WHITE_PEN。这个函数处理各种各样的对象——如本章介绍的钢笔和画笔，也处理字体，所返回的类型是 CGdiObject*。CGdiObject 类是所有 GDI 对象的基类，因而指向这个类的指针可以用于存储任何 GDI 对象的地址。可以将 SelectObject()或 SelectStockObject()返回的指针存储为 CGdiObject*类型，在想要还原时传递给 SelectObject()。但是，最好将返回的指针值强制转换成适当的类型，以便跟踪在设备上下文中还原的对象类型。

对于使用备用画笔，然后在完成绘图后还原以前的画笔这种情况，典型的编码方式是：

```
CBrush* pOldBrush {dynamic_cast<CBrush*>(pDC->SelectStockObject(NULL_BRUSH))};

// draw something...

pDC->SelectObject(pOldBrush);              // Restore the old brush
```

在本章后面的示例中将使用这样的代码。

14.3　实际绘制图形

前面介绍了绘制直线和弧的方法，现在用户要考虑如何在 Sketcher 程序中绘图。换句话说，需要确定如何发挥用户界面的作用。

由于 Sketcher 程序是一种草图绘制工具，因此用户不需要担心坐标。绘图的最简便机制是只使用鼠标。例如，在绘制直线时，用户可以在开始绘制处定位光标的位置，然后按住鼠标左键不动，将光标移动到直线的终点，最后释放鼠标。在按住鼠标左键移动光标时，如果能够连续地绘制直线，就太理想了(称为“拉橡皮筋”)。在释放鼠标左键时，这条直线将定型。图 14-6 说明了这个过程。

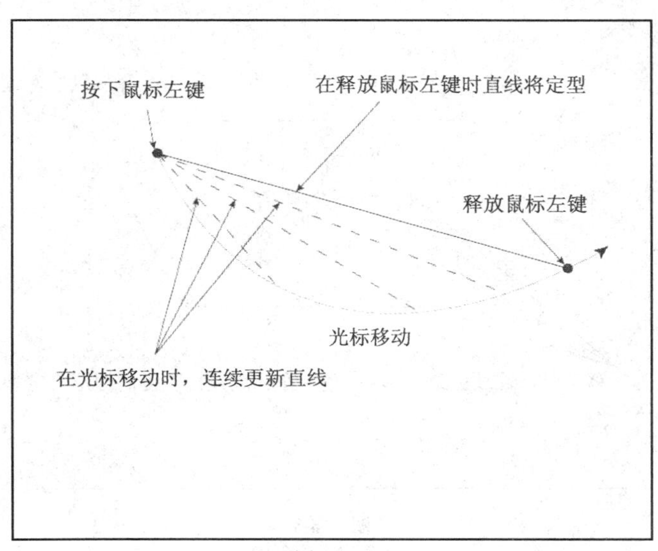

图　14-6

圆允许按照类似的方式绘制。第一次按下鼠标左键时将定义圆心，当按住左键移动光标时，程序将跟踪光标，连续地重新绘制圆，当前光标位置定义圆周上的一个点。与直线一样，在释放鼠标左键时，圆将定型。图 14-7 说明了这个过程。

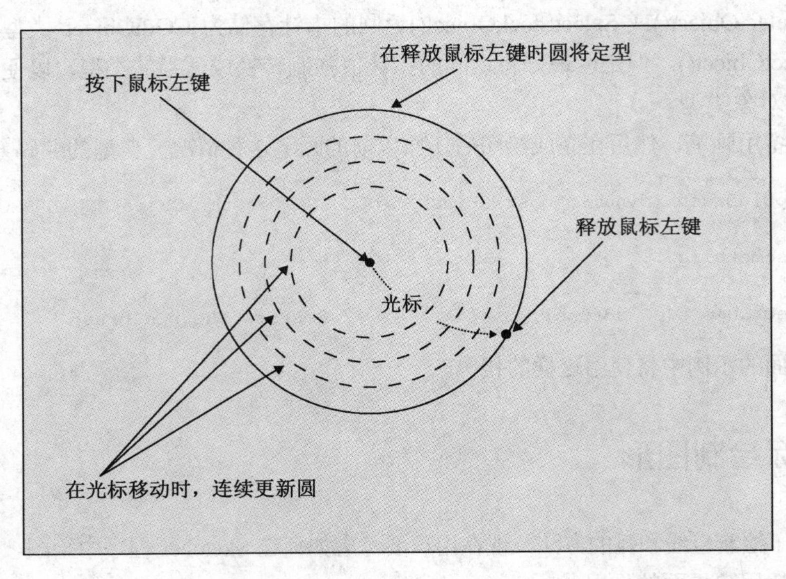

图 14-7

绘制矩形和绘制直线一样容易，如图 14-8 所示。

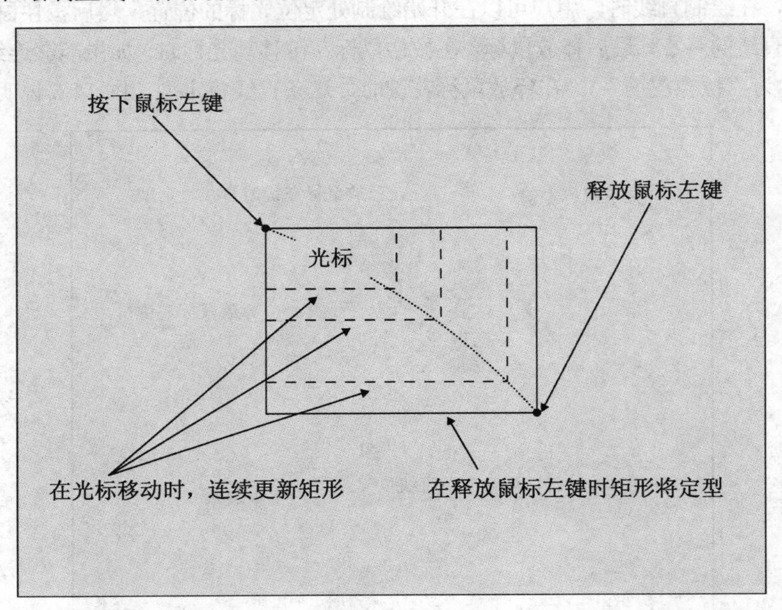

图 14-8

第一个点由按下鼠标左键时光标的位置定义。这是矩形的一个角。在按住左键移动鼠标时，光标的位置将定义矩形的斜对角。实际存储的矩形是在释放鼠标左键时定义的矩形。

曲线的绘制则有点不同。任意数量的点都可以定义一条曲线。图 14-9 说明了要使用的机制。如同其他形状那样，第一个点由按下鼠标左键时指针的位置定义。在移动鼠标时记录的连续位置由直线段连接起来，构成这条曲线，所以鼠标轨迹定义要绘制的曲线。

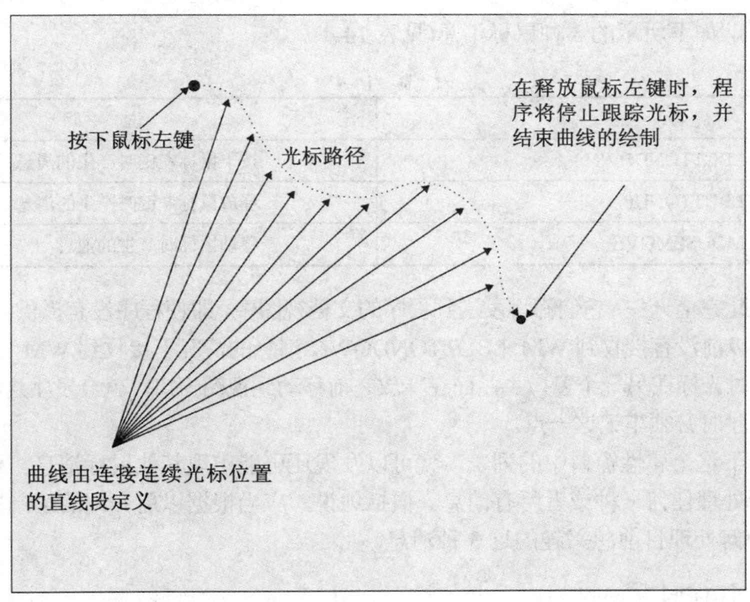

图　14-9

介绍了用户如何定义元素以后，在了解实现方式时，下一步显然是要掌握如何对鼠标进行编程。

14.4　对鼠标进行编程

要按照上面讨论的方式对 Sketcher 元素的绘制进行编程，需要详细地了解鼠标的工作过程：

- 按下鼠标键表示绘图操作开始。
- 按住鼠标键时光标的位置提供了形状的第一个定义点。
- 在检测到鼠标键按下后，鼠标的移动表示要绘制一个形状，光标位置提供了这个形状的第二个定义点。
- 释放鼠标键表示绘图操作结束，最终形状用最后的光标位置来绘制。

可以猜测到，所有这些信息都由 Windows 以发送到程序的消息的形式提供。绘制直线、矩形、圆和曲线的实现过程几乎完全由编写消息处理程序组成。

14.4.1　鼠标发出的消息

当程序用户绘制某个形状时，他们将与特定的文档视图发生交互作用。因此，视图类明显是存放鼠标消息处理程序的地方。在 Class View 窗格中右击类名 CSketcherView，然后从上下文菜单中选择 Properties 菜单项，显示它的属性窗口。然后，如果单击消息按钮(如果不知道哪个按钮是消息按钮，可以等待出现按钮工具提示)，则出现一个消息 ID 的列表。这些消息 ID 是发送到视图类的标准 Windows 消息的 ID，它们的前缀是 WM_(见图 14-10)。

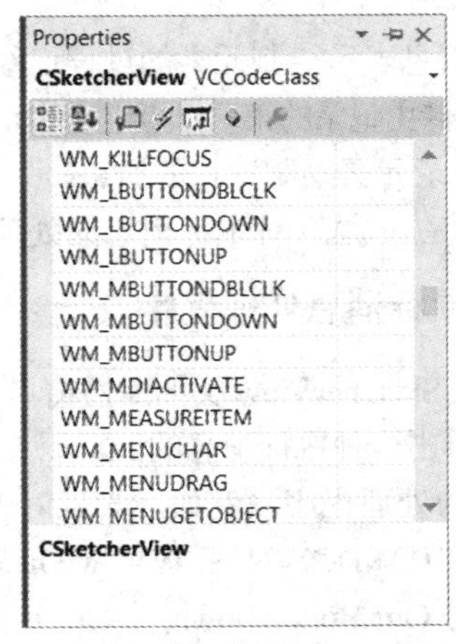

图　14-10

目前需要了解如下所示的 3 种鼠标消息(见表 14-4)。

表 14-4

消　息	说　明
WM_LBUTTONDOWN	按下鼠标左键时产生的消息
WM_LBUTTONUP	释放鼠标左键时产生的消息
WM_MOUSEMOVE	移动鼠标时产生的消息

这些消息彼此完全无关，它们都将发送到程序的文档视图中，即使程序没有提供它们的处理程序。窗口很有可能在以前没有接收到 WM_LBUTTONDOWN 消息的情况下接收到 WM_LBUTTONUP 消息。如果键按下时光标在另一个窗口上，而在释放之前移动到视图窗口，就会发生这种情况。编写这些消息的处理程序时必须牢记这一点。

如果观察一下这个属性窗口中的列表，就可以发现还可能出现其他鼠标消息。根据应用程序的需要，可以选择处理任何一种或者所有消息。概括地说，应当根据以前介绍的绘制直线、矩形、圆的过程，定义如何处理目前感兴趣的这 3 种消息。

1. WM_LBUTTONDOWN

这种消息将启动绘制元素的过程。所以需要：

(1) 注意元素绘制过程已经开始。

(2) 把光标当前位置作为定义元素的第一个点记录下来。

2. WM_MOUSEMOVE

这是一个中间阶段，其中将创建和绘制当前元素的临时版本，但是鼠标左键必须处于按下状态，所以需要完成如下步骤：

(1) 检查左键是否已经按下。

(2) 如果已经按下，则删除已经绘制的当前元素的前一个版本。

(3) 如果没有按下，则退出元素创建操作。

(4) 把光标的当前位置记录为当前元素的第二个定义点。

(5) 使用这两个定义点绘制当前元素。

3. WM_LBUTTONUP

这种消息表示绘制元素的过程已经完成，所以需要：

(1) 存储由记录的第一个点定义的元素的最终版本，同时存储鼠标键在第二个点释放时的光标位置。

(2) 记录元素绘制过程的结束。

下面将生成这 3 种鼠标消息的处理程序。

14.4.2 鼠标消息处理程序

显示 CSketcherView 类的属性窗口，单击 Messages 图标，显示这个类可以处理的消息。在属性窗口中，单击一种鼠标消息的 ID，然后在相邻的列中单击下拉箭头，从下拉列表中选择，即可创建鼠标消息的处理程序。例如，尝试对 WM_LBUTTONUP 消息选择<add> OnLButtonUp。对消息 WM_LBUTTONDOWN 和 WM_MOUSEMOVE 消息重复这个过程。在 CSketcherView 类中生成的函数分别是 OnLButtonDown()、OnLButtonUp()和 OnMouseMove()。现在不用修改这些函数的名称，因为以后将给已在 CSketcherView 类的基类中定义的函数添加重写函数。下面分析如何实现这些处理程序。

首先观察 WM_LBUTTONDOWN 消息处理程序。下面是生成的框架代码：

```
void CSketcherView::OnLButtonDown(UINT nFlags, CPoint point)
{
  // TODO: Add your message handler code here and/or call default

  CView::OnLButtonDown(nFlags, point);
}
```

其中有一个对基类处理程序的调用。如果不添加任何代码，这将确保调用这个基类处理程序。自己处理这个消息时，不需要调用这个基类处理程序，尽管可以这么做。是否需要调用消息的基类处理程序要视情况而定。

通常，在处理程序的实现代码中，用于说明添加代码位置的注释具有很好的指导作用。如同目前的这个实例那样，注释建议调用基类处理程序是可选的，在添加自己的消息处理代码时可以忽略它。注释相对于基类消息处理程序调用的位置也很重要，因为有时必须在自己的代码前调用基类消息处理程序，有时则必须在自己的代码后调用。注释表明了所添加代码相对于基类消息处理程序调用的位置。

WM_LBUTTONDOWN 处理程序的参数有两个：

- nFlags 是 UINT 类型，它包含很多状态标志，表明是否按下各种键。UINT 类型在 Windows API 中定义，对应于 32 位无符号整数。
- point 是 CPoint 对象，它定义按下鼠标左键时光标的位置。

nFlags 的值可以是下列符号值的任意组合，见表 14-5。

表　14-5

标　　志	说　　明
MK_CONTROL	按下 Ctrl 键
MK_LBUTTON	按下鼠标左键
MK_MBUTTON	按下鼠标中间键
MK_RBUTTON	按下鼠标右键
MK_XBUTTON1	按下第一个额外的鼠标键
MK_XBUTTON2	按下第二个额外的鼠标键
MK_SHIFT	按下 Shift 键

如果能够检测是否按下了一个键，就可以根据键的状态，对消息进行不同的处理。nFlags 的值可以包含一个以上的这些指示器，每个指示器都对应于这个字中的一个特定位，所以可以使用按位 AND 运算符测试特定的键。例如，要测试是否按下了 Ctrl 键，可以编写下列代码：

```
if(nFlags & MK_CONTROL)
  // Do something...
```

只有 nFlags 变量设置了 MK_CONTROL 位，表达式 nFlags & MK_CONTROL 的值才是 TRUE。这样，在按下鼠标左键时，根据是否也按下了 Ctrl 键，可以采取不同的动作。由于此处使用的是按位

AND 运算符，因此对应的位将进行 AND 运算。不要把这个运算符同逻辑与运算符&&相混淆，它无法完成这里的运算。

传递到其他两种消息处理程序的参数和 OnLButtonDown()函数相同，针对它们生成的代码是：

```
void CSketcherView::OnLButtonUp(UINT nFlags, CPoint point)
{
  // TODO: Add your message handler code here and/or call default

  CView::OnLButtonUp(nFlags, point);
}

void CSketcherView::OnMouseMove(UINT nFlags, CPoint point)
{
  // TODO: Add your message handler code here and/or call default

  CView::OnMouseMove(nFlags, point);
}
```

除了函数名称以外，框架代码都一样。

如果观察一下 CSketcherView 类定义末尾的代码，可以看到添加了 3 个函数声明：

```
// Generated message map functions
protected:
  DECLARE_MESSAGE_MAP()
public:
  afx_msg void OnLButtonDown(UINT nFlags, CPoint point);
  afx_msg void OnLButtonUp(UINT nFlags, CPoint point);
  afx_msg void OnMouseMove(UINT nFlags, CPoint point);
};
```

这些声明把添加的函数标识为消息处理程序。在了解了传递到鼠标消息处理程序的信息以后，下面将添加一些代码，使这些处理程序完成特定的工作。

14.4.3 使用鼠标绘图

对于 WM_LBUTTONDOWN 消息，我们希望把指针位置作为定义元素的第一个点记录下来，还希望记录鼠标移动后光标的位置。存储这些信息的地方显然是 CSketcherView 类，所以可以添加数据成员到这个类中。在Class View 窗格中右击CSketcherView类名，从弹出式菜单中选择Add | Add Variable 菜单项，然后可以把需要添加的变量的细节添加到这个类中，如图 14-11 所示。

类型的下拉列表只包括基本类型，所以必须把变量类型输入为 CPoint。新的数据成员应当是 protected 类型，以防止从这个类的外面对它进行直接修改，所以在列表中把 Access 值改为 protected。输入名称 m_FirstPoint，单击 Finish 按钮，则创建了这个变量，在这个构造函数的初始化列表中，这个变量的初始值被任意设置为 0。

```
CSketcherView::CSketcherView(): m_FirstPoint {CPoint {}}
{
  // TODO: add construction code here
}
```

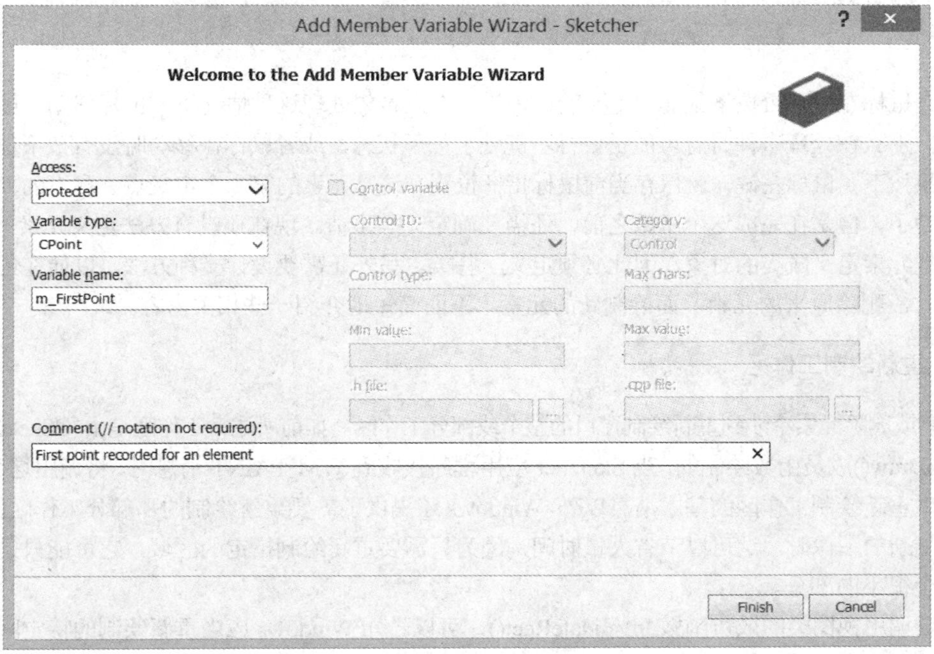

图　14-11

CPoint 类的 MSDN 文档指出，默认构造函数不初始化数据成员，但这是不正确的。默认的 CPoint 构造函数把两个成员都初始化为 0，自从 VS 2010 之后就是这样，但文档还没有修改。这意味着，如果希望将位置(0，0)作为 CPoint 对象的默认值，就不需要显式初始化它。SketcherView.cpp 中的代码删除了初始化内容。

现在实现 WM_LBUTTONDOWN 消息的处理程序：

```
void CSketcherView::OnLButtonDown(UINT nFlags, CPoint point)
{
  m_FirstPoint = point;             // Record the cursor position
}
```

这段代码仅仅记录第二个参数传递的坐标。在这种情况下，可以完全忽略第一个参数。

虽然现在还不能完成 WM_MOUSEMOVE 消息处理程序，但是可以概括地写出它的代码：

```
void CSketcherView::OnMouseMove(UINT nFlags, CPoint point)
{
  if(nFlags & MK_LBUTTON)           // Verify the left button is down
  {
    m_SecondPoint = point;          // Save the current cursor position

    // Test for a previous temporary element
    {
      // We get to here if there was a previous mouse move
      // so add code to delete the old element
    }

    // Add code to create new element
    // and cause it to be drawn
```

```
    }
}
```

检查鼠标左键是否按下是非常重要的，因为现在只希望处理这种情况下的鼠标移动。如果不进行检查，那么在处理事件时有可能是鼠标右键处于按下状态，或者鼠标在移动时没有按下任何键。

如果按下了鼠标左键，就保存当前鼠标指针位置。这是元素的第二个定义点。剩下的事情通常就很清楚了，但是在完成这个函数之前，还需要确定一些事情。现在还没有办法定义元素——由于我们想把元素定义成类的对象，因此必须定义一些类。另外还需要设计一种方法，以便在创建一个新元素时，删除原来的元素，而绘制新的元素。下面简短地介绍一些相关内容。

1. 重新绘制工作区

绘制或删除元素牵涉到重新绘制窗口的整个或部分工作区。如前所述，工作区是由 CSketcherView 类的 OnDraw()成员函数绘制的，当 Sketcher 应用程序接收到 WM_PAINT 消息时，将调用这个函数。除了提供重新绘制工作区的基本消息以外，Windows 还提供了需要重新绘制的那部分工作区的信息。在显示复杂的图像时，这可以节省大量时间，因为只需要重新绘制指定的区域，它可能只是整个区域的一个很小的部分。

通过调用视图类的成员函数 InvalidateRect()，可以告知 Windows 应当重新绘制的特定区域。这个函数接受两个参数，第一个参数是指向 RECT 或 CRect 对象的指针，这些对象在需要重新绘制的工作区中定义矩形。传递空值，将重新绘制整个工作区。第二个参数是 BOOL 值，如果准备擦除矩形的背景，那么这个 BOOL 值是 TRUE，否则为 FALSE。这个参数的默认值是 TRUE，因为在重新绘制矩形前，通常需要擦除背景，这样就可以在大部分时间里忽略它。

需要重新绘制工作区的典型情况是由于某件事情发生了变化，从而必须重新创建工作区的内容。例如，在工作区中移动了一个已显示的实体。在这种情况下，需要擦除背景，以便在绘制新实体前删除已显示实体的旧图像。如果希望在已有背景的顶部绘图，只需要把 FALSE 作为第二个参数传递到 InvalidateRect()函数。

调用 InvalidateRect()函数并不直接导致重新绘制窗口的任何一部分，这只把需要重新绘制的矩形传递给 Windows。Windows 维护着一个更新区——实际上是一个矩形，它标识窗口中需要重新绘制的整个区域。这可能源于几次 InvalidateRect()调用。调用 InvalidateRect()函数时指定的区域将添加到当前更新区中，所以新的更新区包括旧的更新区以及表明为无效的新矩形。最后，将 WM_PAINT 消息发送到视图，然后更新区和这个消息一起传递到视图对象。在处理完 WM_PAINT 消息时，更新区将重置为空状态。调用视图类中继承的 UpdateWindow()函数，会把一个 WM_PAINT 消息传送给视图。

因此在绘制新创建的形状时，必须完成以下工作：

(1) 确保视图类中的 OnDraw()函数在重新绘制窗口时包括新创建的元素。

(2) 调用 InvalidateRect()函数，其第一个参数是指向待重新绘制元素的边界矩形的指针。

(3) 通过调用视图的继承函数 UpdateWindow()，把一个 WM_PAINT 消息传送给视图。

类似地，如果要从窗口工作区中删除一个形状，需要完成下列工作：

(1) 从 OnDraw()函数将要绘制的项中删除这个形状。

(2) 调用 InvalidateRect()函数，其第一个参数指向待删除形状的边界矩形。

(3) 通过调用视图的继承函数 UpdateWindow()，把一个 WM_PAINT 消息传送给视图。

由于自动擦除了更新区的背景，因此只要 OnDraw()函数不再次绘制这个形状，这个形状就会消失。当然，这意味着必须能够获得界定所创建形状的矩形，所以要包括一个函数，把这个矩形返回为定义 Sketcher 元素的类的成员。

2. 定义元素的类

我们需要以某种方式把草图元素存储在一个文档中。如果要使草图具有永久性，还必须把这个文档存储在一个文件中，以便今后检索。后面将详细地讨论文件操作，就目前而言，知道 MFC 类 CObject 包括所需要的工具就足够了，所以我们将把 CObject 作为草图类的基类使用。

无法提前知道用户创建的元素类型的顺序。Sketcher 程序必须能够处理任何顺序的元素。这意味着，使用基类指针存储最新创建的元素的地址可能会使事情简单一些。调用元素类的函数时，不需要指定元素是哪种类型。例如，绘制一个元素时不需要知道它是什么。只要通过基类指针访问这个元素，就可以始终使用虚函数获得要绘制的这个元素。现在只需要确保定义元素的类能够共享一个公共基类，并在这个类中把所有要在运行时通过多态性调用的函数声明为虚函数。可以按照如图 14-12 所示的方法组织元素类。

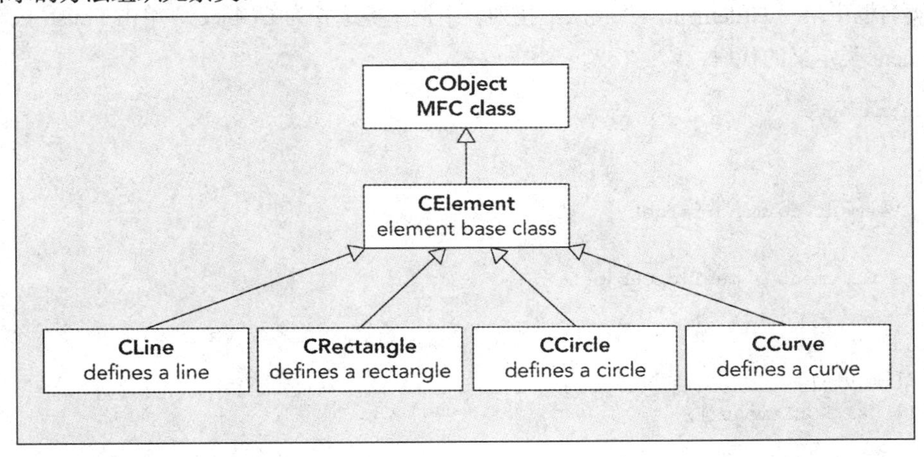

图　14-12

图 14-12 中的每个箭头都指向其基类。如果需要添加另一种元素类型，只需从 CElement 派生另一种类。

在 Class View 窗格中右击 Sketcher，从弹出式菜单中选择 Add | Class 菜单项，即可创建 CElement 类。从安装的模板列表中选择 MFC，然后在中心窗格中选择 MFC Class 项。在这个对话框中单击 Add 按钮，将显示另一个对话框，在其中可以指定类名，并选择基类，如图 14-13 所示。

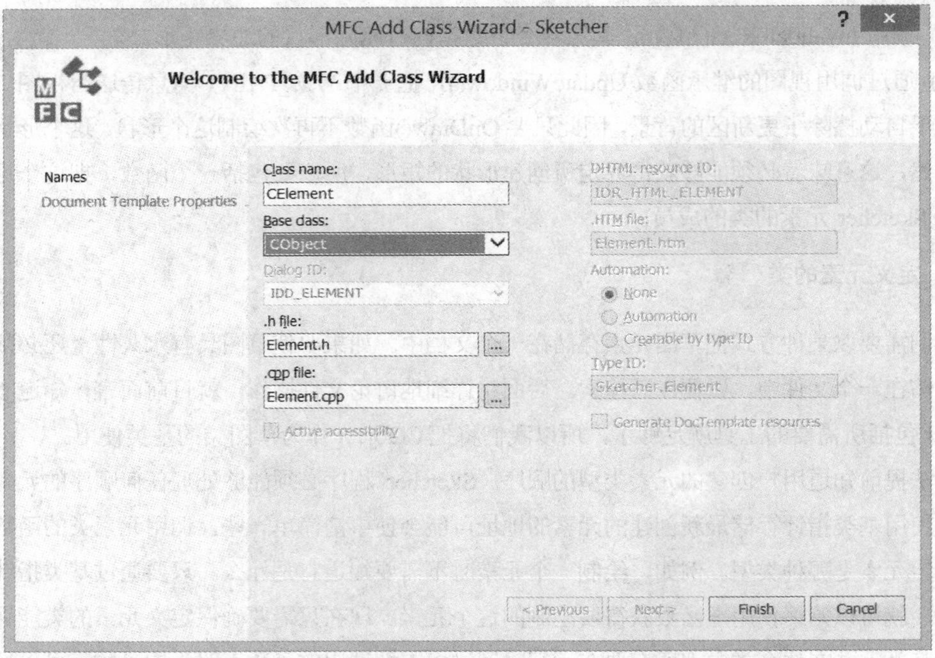

图 14-13

在类名框中填写 CElement，并且从下拉列表中把基类选择为 CObject。单击 Finish 按钮，则生成 CElement 类定义的代码：

```
#pragma once


// CElement command target

class CElement : public CObject
{
public:
  CElement();
  virtual ~CElement();
};
```

声明的唯一成员是一个构造函数和一个虚析构函数，这些函数的框架定义在 Elements.cpp 文件中。可以看到，这个 Class Wizard 包括一个#pragma once 指令，以确保头文件的内容不能在另一个文件中被包括多次。

使用完全相同的过程可以添加其他元素类。因为其他元素类把 CElement 而不是 MFC 类作为基类，所以应当把类类别选作 C++，把模板选作 C++ class。选择 Virtual destructor 选项。对于 CLine 类，Class Wizard 窗口应当如图 14-14 所示。

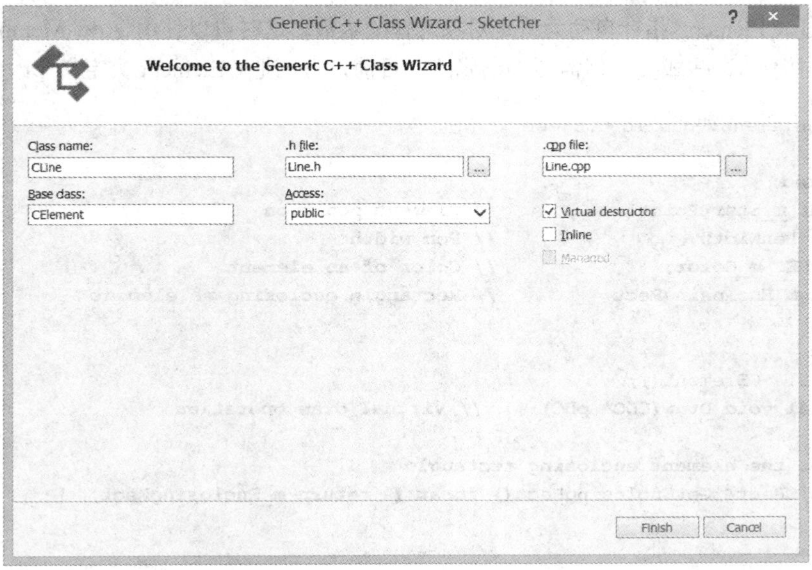

图　14-14

默认情况下，Class Wizard 为头文件和.cpp 文件提供的名称分别是 Line.h 和 Line.cpp，不过可以修改这些名称，或者把代码添加到已有的文件中。在基类定义中给 CElement.h 添加一个#include 指令。在创建了 CLine 类定义以后，对 CRectangle、CCircle 和 CCurve 进行相同的操作。当完成这些工作以后，在.h 文件中应当看到 CElement 类的所有 4 个子类的定义，每个子类都声明了一个构造函数和一个虚析构函数。

在视图中存储临时元素

在前面讨论如何绘制形状时已经介绍过，按下鼠标左键以后，拖动鼠标将创建和绘制一系列临时元素对象。所有元素的基类都是 CElement，就可以在视图类中添加 std::shared_ptr<CElement>类型的智能指针，用以存储临时元素的地址。可以把 unique_ptr 看作它的替代项，但我们最终需要在鼠标事件处理函数中访问指向元素的指针，而这个指针存储在文档对象的一个容器中，而 unique_ptr 不允许这么做。

首先，在#pragma once 指令的后面给 memory 头文件和 Element.h 添加#include 指令。再右击 CSketcherView 类，选择 Add | Add Variable 选项。m_pTempElement 变量的类型应当是 std::shared_ptr<CElement>，和以前添加的两个数据成员一样，它应当是 protected。可以在 WM_MOUSEMOVE 消息处理程序中使用 m_pTempElement 指针，测试以前的临时元素是否存在，因为在没有临时元素时，这个指针是空。

3. CElement 类

现在可以逐步填写这个元素类的定义，为 Sketcher 应用程序添加越来越多的功能——不过现在需要做什么呢？有些数据项(如颜色和位置)对于所有类型的元素都是通用的，所以可以把它们放在 CElement 基类中，以便在每个派生类中继承它们。但是，定义特定元素属性的其他数据成员在它们所属的派生类中声明。

CElement 类包含要在派生类中实现的虚函数，以及在所有派生类中都相同的数据和函数成员。

虚函数是通过 CElement*指针自动为特定对象选择的函数。这时可以使用 Add Member Wizard 在 CElement 类中添加这些成员，但需要手动修改。目前，可以把 CElement 类定义修改为：

```
class CElement: public CObject
{
protected:
  CPoint m_StartPoint;          // Element position
  int m_PenWidth;               // Pen width
  COLORREF m_Color;             // Color of an element
  CRect m_EnclosingRect;        // Rectangle enclosing an element

public:
  virtual ~CElement();
  virtual void Draw(CDC* pDC) {}  // Virtual draw operation

  // Get the element enclosing rectangle
  const CRect& GetEnclosingRect() const {  return m_EnclosingRect;  }

protected:
  // Constructors protected so they cannot be called outside the class
  CElement();
  CElement(const CPoint& start, COLORREF color, int penWidth = 1);
};
```

这段代码把构造函数 CElement 设置为 protected，以防止从该类的外部调用它，新构造函数只能在派生类中调用，它有 3 个参数，笔宽使用默认值，因为笔宽大多为 1。现在，派生类继承的成员是存储元素的位置、颜色和笔宽的数据成员，以及界定元素占用区域的边界矩形。

在类中有两个成员函数定义：

- GetEnclosingRect()返回 m_EnclosingRect，需要使元素占用的区域失效时，就使用这个函数。
- 虚函数 Draw()在派生类中实现，用于绘制元素。Draw()函数需要一个指向 CDC 对象的指针，以访问需要在设备上下文中绘图的函数。

你可能想把 Draw()成员声明为 CElement 类中的纯虚函数，让派生类定义它——毕竟，它在这个类中没有任何有意义的内容。通常可以这么做，但是 CElement 类将从 CObject 继承一个序列化工具，用于以后在文件中存储元素对象。序列化要求，CElement 不是抽象类，以便创建这种类型的对象。如果想使用 MFC 的序列化功能，那么类一定不能是抽象的，还必须有无参数的构造函数。

序列化是将对象写入文件的通用术语。

可以在 Element.cpp 中添加新构造函数的定义：

```
CElement::CElement(const CPoint& start, COLORREF color, int penWidth) :
                   m_StartPoint {start}, m_PenWidth {penWidth}, m_Color {color} {}
```

所有成员都在初始化列表中定义了，所以构造函数体中不需要任何代码。

4. CLine 类

可以把 CLine 类的定义修改为：

```
class CLine: public CElement
{
public:
  virtual ~CLine(void);
  virtual void Draw(CDC* pDC) override; // Function to display a line

  // Constructor for a line object
  CLine(const CPoint& start, const CPoint& end, COLORREF aColor);

protected:
  CPoint m_EndPoint;                  // End point of line

protected:
  CLine();                           // Default constructor should not be used
};
```

直线用两个点定义，分别是继承自 CElement 的 m_StartPoint 和 m_EndPoint。这个类有一个 public 构造函数，它的参数值将定义直线，而无参数的默认构造函数已移动到这个类的 protected 部分，以防从外部使用它。构造函数的前两个参数是 const 引用，以免复制参数。OnDraw()成员声明中使用 override，是为了确保编译器可验证，它正确覆盖了基类函数。

实现 CLine 类

把 CLine 成员函数的实现添加到由 Class Wizard 创建的 Line.cpp 文件中。stdafx.h 文件已经包括在这个文件中，从而使标准系统头文件可用，并预编译 stdafx.h 文件的内容。预计不会修改的头文件可以包含在 stdafx.h 文件中，使它们也预编译。现在就可以在 Line.cpp 文件中添加 CLine 构造函数的基本代码了。

CLine 类构造函数

CLine 类构造函数的代码是：

```
// CLine class constructor
CLine::CLine(const CPoint& start, const CPoint& end, COLORREF color) :
                              CElement {start, color}, m_EndPoint {end} {}
```

首先调用 CElement 类的构造函数，初始化继承来的 m_StartPoint 和 m_Color 成员。在这个构造函数中忽略了第三个参数，钢笔宽度就默认设置为 1，而 Cline 的 m_EndPoint 成员在构造函数的初始化列表中初始化，以后会添加更多的代码。

绘制直线

绘制直线所需的 CPen 对象对所有元素而言都是相同的，在 CElement 类的定义中可以添加一个函数来创建它：

```
// Create a pen
 void CreatePen(CPen& aPen)
 {
   if(!aPen.CreatePen(PS_SOLID, m_PenWidth, m_Color))
   {
     // Pen creation failed
     AfxMessageBox(_T("Pen creation failed."), MB_OK);
     AfxAbort();
```

```
    }
  }
```

只有派生类对象才调用这个函数，所以可以把这个函数定义放在类的 protected 部分。在类定义中定义该函数，会使它成为内联函数。引用参数允许函数修改在调用函数中定义的 aPen 对象。给 CPen 对象调用 CreatePen()，会创建一个钢笔，并把它关联到对象上。

创建合适颜色的新钢笔，线宽由 m_PenWidth 指定，只不过这次要保证它能使用。在钢笔不能使用这种不大可能发生的情况中，最可能的原因是内存耗尽，这是一个严重的问题。这几乎总是由程序中的错误引起的，所以应首先编写调用 AfxMessageBox()的函数(它是一个显示消息框的 MFC 全局函数)，然后调用 AfxAbort()终止这个程序。AfxMessageBox()的第一个参数指定要出现的消息，第二个参数指定消息框应当有一个 OK 按钮。要获得有关这两个函数的详细信息，可以在 Editor 窗口中把光标放在函数名内，然后按 F1 键。

如果基类中没有这个函数，就必须在每个派生类的 Draw()函数中重复这些代码。

设备上下文、钢笔、画笔、字体和其他用于在窗口中绘图的对象都是 GDI 对象。不能复制或指定 GDI 对象，否则，代码就不会编译。这表示，不能将 GDI 对象按值传递给另一个函数。

尽管在绘制直线时需要考虑使用的颜色，但是 CLine 类的 Draw()函数也不是太难：

```
// Draw a CLine object
void CLine::Draw(CDC* pDC)
{
  // Create a pen for this object and initialize it
  CPen aPen;
  CreatePen(aPen);

  CPen* pOldPen {pDC->SelectObject(&aPen)};       // Select the pen

  // Now draw the line
  pDC->MoveTo(m_StartPoint);
  pDC->LineTo(m_EndPoint);

  pDC->SelectObject(pOldPen);                    // Restore the old pen
}
```

调用继承的 CreatePen()函数，会在 aPen 中建立钢笔。将钢笔选择到设备上下文中后，就把当前位置移动到直线的起点，这个点定义在 m_StartPoint 数据成员中，然后从这个点将直线绘制到 m_EndPoint。最后在设备上下文中还原旧钢笔，绘图到此结束。

创建边界矩形

乍一看，获得一个形状的边界矩形好像很简单。例如，直线始终是封闭矩形的对角线，圆由它的封闭矩形定义，但还是有一些稍微复杂的问题。形状必须完全在封闭矩形的内部；否则，部分形状可能无法绘制出来，所以必须考虑形状如何相对于其定义参数来绘制，以及绘图时使用的线宽度。此外，如何调整定义边界矩形的坐标取决于映射模式，所以也必须考虑这个方面。

在计算不同映射模式中边界矩形的坐标时，计算方法之间的区别只与 y 坐标有关；x 坐标的计算对于所有映射模式都一样：都是从矩形左上角的 x 坐标中减去线宽，再将它加到矩形右下角的 x 坐标中。在 MM_TEXT 映射模式中，要从定义矩形的左上角的 y 坐标中减去线宽，但是在 MM_LOENGLISH 映射模式(以及其他所有映射模式)中，由于 y 轴在相反的方向上增大，因此需要在定义矩形的左上角的 y 坐标中加上线宽。下面要在每种形状的构造函数中创建该形状的边界矩形。

CRect 对象的数据成员是 left 和 top (分别存储左上角的 x 和 y 坐标)以及 right 和 bottom (分别存储右下角的 x 和 y 坐标)。这些都是公共成员，所以可以直接访问它们。一个常见的错误是把坐标对写成(top, left)，正确的顺序是(left, top)。

规范化的矩形

规范化矩形的 left 值小于 right 值，top 值小于 bottom 值。如果矩形不是规范化的，处理 CRect 对象的函数就不会正确执行。例如，CRect 类的 InflateRect()成员函数从矩形的 top 和 left 成员中减去参数值，给 bottom 和 right 成员加上这些值。这意味着，如果矩形不是规范化的，对它应用 InflateRect()，矩形有可能缩小。只要矩形是规范化的，则无论在什么映射模式中，InflateRect()函数都可以正常工作。调用 CRect 对象的 NormalizeRect()成员，可以确保这个对象是规范化的。

5. 计算直线的封闭矩形

现在，在 CLine 构造函数内编写计算封闭矩形的代码：

```
CLine::CLine(const CPoint& start, const CPoint& end, COLORREF color):
       CElement {start, color}, m_EndPoint {end}
{
  // Define the enclosing rectangle
  m_EnclosingRect = CRect {start, end};
  m_EnclosingRect.NormalizeRect();
  m_EnclosingRect.InflateRect(m_PenWidth, m_PenWidth);
}
```

调用 m_EnclosingRect 对象的 NormalizeRect()成员，则无论直线的起点和终点的相对位置如何，都能确保边界矩形的 left 和 top 值分别小于 right 和 bottom 值。调用 InflateRect()，使边界矩形的尺寸增大一个线宽。第一个参数是左边和右边的调整量，第二个参数是顶部和底部的调整量。InflateRect()的一个重载版本只有一个 SIZE 类型的参数，它也接受 CSize 对象，该对象封装了 SIZE 结构。CSize 对象通过 long 类型的公共成员 cx 和 cy 定义了大小。

6. CRectangle 类

在定义矩形对象时使用的数据和定义直线时相同——矩形对角点，可以把 CRectangle 类定义为：

```
class CRectangle: public CElement
{
public:
  virtual ~CRectangle();
  virtual void Draw(CDC* pDC) override; // Function to display a rectangle
```

```
    // Constructor for a rectangle object
    CRectangle(const CPoint& start, const CPoint& end, COLORREF color);

  protected:
    CPoint m_BottomRight;              // Bottom-right point for the rectangle
    CRectangle();                      // Default constructor - should not be used
  };
```

无参数构造函数是 protected 类型，以防止外界使用它。这个矩形的定义非常简单，只包括一个构造函数、一个虚函数 Draw()和这个类的 protected 部分中的一个无参数构造函数。

CRectangle 类构造函数

新的 CRectangle 类构造函数的代码比 Cline 复杂一些：

```
  // CRectangle constructor
  CRectangle::CRectangle (
                  const CPoint& start, const CPoint& end, COLORREF color) :
                  CElement {start, color}
  {
    // Normalize the rectangle defining points
    m_StartPoint = CPoint {(std::min)(start.x, end.x),(std::min)(start.y, end.y)};
    m_BottomRight = CPoint {(std::max)(start.x, end.x), (std::max)(start.y, end.y)};

    // Ensure width and height between the points is at least 2
    if((m_BottomRight.x - m_StartPoint.x) < 2)
      m_BottomRight.x = m_StartPoint.x + 2;
    if((m_BottomRight.y - m_StartPoint.y) < 2)
      m_BottomRight.y = m_StartPoint.y + 2;

    // Define the enclosing rectangle
    m_EnclosingRect = CRect {m_StartPoint, m_BottomRight};
    m_EnclosingRect.InflateRect(m_PenWidth, m_PenWidth);
  }
```

在初始化列表中调用 CElement 构造函数，以初始化钢笔的颜色和线宽。CElement 构造函数还初始化了 m_StartPoint，但后面要替换它。可以只绘制宽度和高度至少是 2 的 CRect 对象，在安排了定义规范化矩形的点后，在必要时调整两个定义点的坐标。由于调整了这些定义点，所以不需要调用 NormalizeRect()。std::min()和 std::max()是 algorithm 头文件中定义的模板函数，它们分别返回其参数的最小和最大值。在 Rectangle.cpp 中给 algorithm 头文件添加一个#include 指令。

代码中围绕 std::min 和 std::max 的圆括号是必需的。在其他 C++编译器中，这不常见，但它是 Visual C++中的一种特殊情况。windows.h 头文件为 min 和 max 定义了宏，且不带括号，在编译器启动之前，预处理器会替代这些宏。这会使编译器生成错误消息。圆括号可防止预处理器替代宏。

绘制矩形

CDC 类的 Rectangle()成员可以绘制矩形。这个函数将绘制闭合图形，然后利用当前画笔进行填充。

你可能只想绘制矩形的轮廓，这时只要将 NULL_BRUSH 选入设备上下文即可。CDC 还有一个函数 PolyLine()，它根据一组点绘制由多条线段组成的形状，也可以使用 LineTo()绘制矩形的 4 条边，但是最容易的方法是使用 Rectangle()函数：

```
// Draw a CRectangle object
void CRectangle::Draw(CDC* pDC)
{
  // Create a pen for this object and initialize it
  CPen aPen;
  CreatePen(aPen);

  // Select the pen and the null brush
  CPen* pOldPen {pDC->SelectObject(&aPen)};
  CBrush* pOldBrush {dynamic_cast<CBrush*>(pDC->SelectStockObject(NULL_BRUSH))};

  // Now draw the rectangle
  pDC->Rectangle(m_StartPoint.x, m_StartPoint.y,
                 m_BottomRight.x, m_BottomRight.y);

  pDC->SelectObject(pOldBrush);      // Restore the old brush
  pDC->SelectObject(pOldPen);        // Restore the old pen
}
```

在设置了钢笔和画笔以后，就调用 Rectangle()函数，绘制矩形。其参数是矩形的左下角和右上角坐标。这个函数有一个重载版本，它把 CRect 对象作为参数来指定矩形。剩下的工作就是在绘制结束后，还原设备上下文的旧钢笔和画笔。

7. CCircle 类

CCircle 类的接口类似于 CRectangle 类。使用 CDC 类的 Ellipse()成员可以绘制圆，这个成员绘制用一个矩形来界定的椭圆。只要该边界矩形是正方形，该椭圆就是圆。圆用两个定义点来定义，分别是圆心和圆周上的一点。所以这个类的定义是：

```
class CCircle : public CElement
{
public:
  virtual ~CCircle();
  virtual void Draw(CDC* pDC) override;     // Function to display a circle

  // Constructor for a circle object
  CCircle(const CPoint& start, const CPoint& end, COLORREF color);

protected:
  CPoint m_BottomRight;            // Bottom-right point for defining circle
  CCircle();                       // Default constructor - should not be used
};
```

这段代码定义了一个公共构造函数，它使用绘图颜色，根据两个点创建圆，并且把无参数构造函数设置为 protected，以防止外界使用它。另外在这个类定义中还添加了这个绘制圆的重载函数的声明。

实现 CCircle 类

在创建圆时，按下鼠标左键时的点将成为圆心，移动光标后，释放鼠标左键时的点将是圆周上的一个点。构造函数的工作是从这些点中获得边界矩形的角点。

CCircle 类构造函数

释放鼠标左键时的点可以位于圆周上的任何地方，所以需要计算指定封闭矩形的点的坐标，如图 14-15 所示。

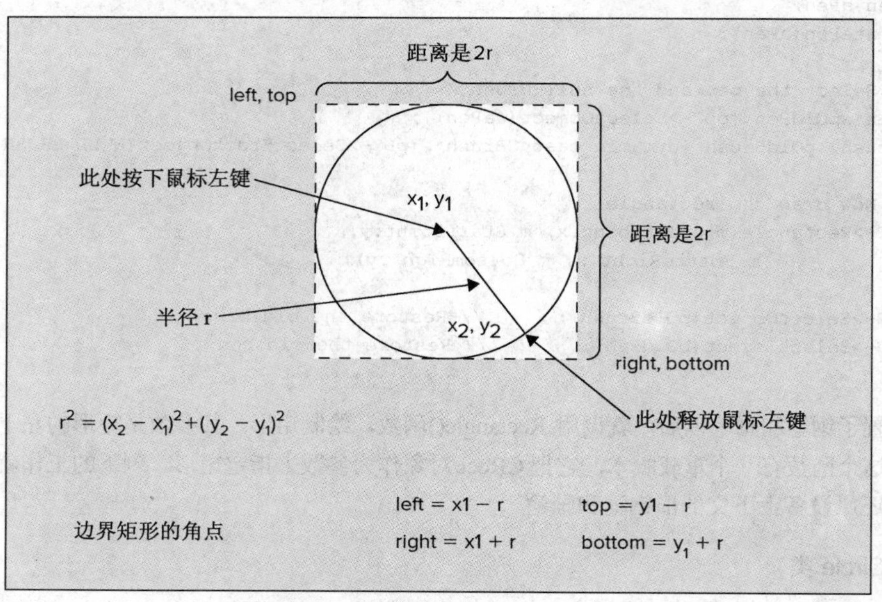

图 14-15

由图 14-15 可以看出，我们可以计算封闭矩形的左上角和右下角相对于圆心(x_1,y_1)的坐标。假设映射模式是 MM_TEXT，计算(left,top)点的坐标时，只需要从圆心的坐标中减去半径。类似地，把圆心的 x 和 y 坐标分别加上半径，就可以得到(right,bottom)点的坐标。半径可以计算为图 14-15 中表达式的平方根。因此，可以把 CCircle 类构造函数的代码编写为：

```
// Constructor for a circle object
CCircle::CCircle(const CPoint& start, const CPoint& end, COLORREF color) :
          CElement {start, color}
{
  // Calculate the radius using floating-point values
  // because that is required by sqrt() function (in cmath)
  long radius {static_cast<long> (sqrt(
           static_cast<double>((end.x-start.x)*(end.x-start.x)+
                  (end.y-start.y)*(end.y-start.y))))};
  if(radius < 1L) radius = 1L;          // Circle radius must be >= 1

  // Define left-top and right-bottom points of rectangle for MM_TEXT mode
  m_StartPoint = CPoint {start.x - radius, start.y - radius};
  m_BottomRight = CPoint {start.x + radius, start.y + radius};

  // Define the enclosing rectangle
```

```
  m_EnclosingRect = CRect {m_StartPoint.x, m_StartPoint.y,
                          m_BottomRight.x, m_BottomRight.y};
  m_EnclosingRect.InflateRect(m_PenWidth, m_PenWidth);
}
```

要使用 sqrt()函数，必须在 Circle.cpp 文件的开始处给 cmath 头文件添加一个#include 指令。最大坐标值是 32 位，CPoint 成员 x 和 y 声明为 long 型，所以把 sqrt()函数返回的值转换为 long 类型会得到准确的结果。平方根计算的结果是 double 型，因此要把它强制转换成 long 型，作为整数使用。半径至少应是 1，否则 CDC 的 Ellipse()函数就什么都不绘制。

在 m_StartPoint 中存储 CPoint 对象和边界矩形左上角的坐标，该坐标是从圆心坐标中减去 radius 得到的。m_BottomRight 点则是给圆心坐标加上 radius 得到的。

绘制圆

Draw()函数在 CCircle 类中的实现如下所示：

```
// Draw a circle
void CCircle::Draw(CDC* pDC)
{
   // Create a pen for this object and initialize it
   CPen aPen;
   CreatePen(aPen);

   CPen* pOldPen {pDC->SelectObject(&aPen)};  // Select the pen

   // Select a null brush
   CBrush* pOldBrush {dynamic_cast<CBrush*>(pDC->SelectStockObject(NULL_BRUSH))};

   // Now draw the circle
   pDC->Ellipse(m_StartPoint.x, m_StartPoint.y,
               m_BottomRight.x, m_BottomRight.y);

   pDC->SelectObject(pOldPen);                // Restore the old pen
   pDC->SelectObject(pOldBrush);              // Restore the old brush
}
```

在设备上下文中选择了具有适当颜色的钢笔和空画笔以后，将通过调用 Ellipse()函数绘制圆。参数是边界矩形的角点坐标。Ellipse()函数的一个重载版本接受 CRect 参数。

8. CCurve 类

CCurve 类不同于其他类，因为它必须能够处理数量可变的定义点。曲线由两个或多个点来定义，这些点可以存储在 STL 容器中。不需要删除曲线上的点，所以 vector<CPoint>容器是存储这些点的一个不错的候选。第 10 章介绍了 vector<T>模板，但是，在完成 CCurve 类的定义之前，需要更详细地探讨一下用户如何创建和绘制曲线。

绘制曲线

绘制曲线与绘制直线、矩形或圆不同。当绘制这些形状时，按下鼠标左键并移动光标时，就在创建一系列不同的元素，它们具有一个相同的参考点——即按下鼠标左键时的那个点。而当绘制曲线时，情况就不同了，如图 14-16 所示。

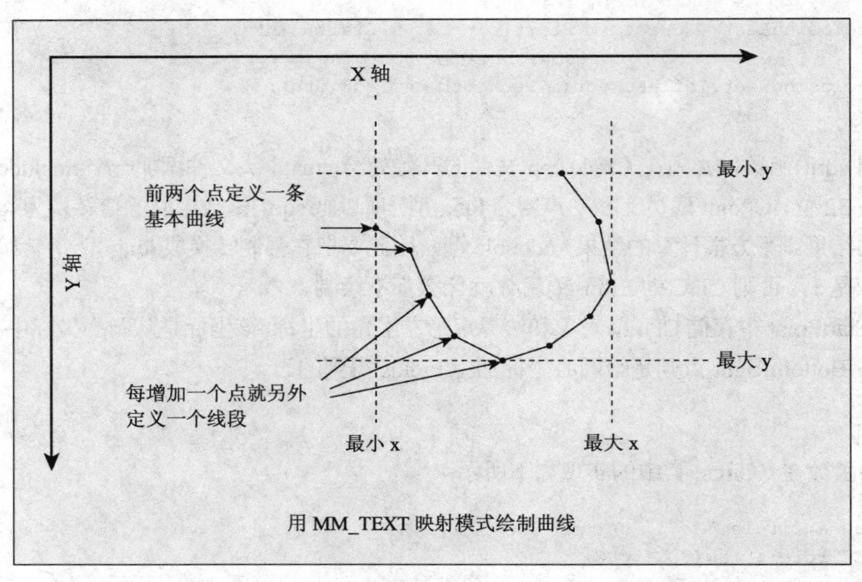

图 14-16

当移动光标来绘制一条曲线时，并不是在创建一系列新的曲线，而是在延伸同一条曲线，因此后续的每个新光标位置都向曲线添加另一个线段。因此，一旦从 WM_LBUTTONDOWN 消息和第一条 WM_MOUSEMOVE 消息获得两个点，就需要创建一个 CCurve 对象。随后的鼠标移动消息所定义的点则向已有的 CCurve 对象添加其他线段。为此，需要向 CCurve 类添加一个函数 AddSegment()，用来延伸曲线。

需要考虑的另一要点是如何计算封闭矩形。定义封闭矩形时，需要从所有定义点中获得(最小 x, 最小 y)对，以便建立矩形的左上角；再从所有定义点中获得(最大 x, 最大 y)对，以便建立矩形的右下角。生成封闭矩形的最简单的方法是，在构造函数中根据前两个点来计算它，然后向曲线添加点时，在 AddSegment()函数中以增量方式重新计算它。

在 Curve.h 文件中，给 vector 头文件添加一个#include 指令。可以将 CCurve 类定义修改为：

```
class CCurve : public CElement
{
public:
  virtual ~CCurve();
  virtual void Draw(CDC* pDC) override;   // Function to display a curve

  // Constructor for a curve object
  CCurve(const CPoint& first, const CPoint& second, COLORREF color);

  void AddSegment(const CPoint& point);   // Add a segment to the curve

protected:
  std::vector<CPoint> m_Points;           // Points defining the curve
  CCurve();                   // Default constructor - should not be used
};
```

可以在 Curve.cpp 文件中为构造函数添加如下定义：

```
// Constructor for a curve object
CCurve::CCurve(const CPoint& first, const CPoint& second, COLORREF color) :
            CElement {first, color}
{
  // Store the second point in the vector
  m_Points.push_back(second);
  m_EnclosingRect = CRect {
           (std::min)(first.x, second.x), (std::min)(first.y, second.y),
           (std::max)(first.x, second.x), (std::max)(first.y, second.y)};
  m_EnclosingRect.InflateRect(m_PenWidth, m_PenWidth);
}
```

构造函数的参数包括前两个定义点，因此构造函数定义了一个只有一条线段的曲线。第一个点由 CElement 构造函数存储在 m_StartPoint 成员中，第二个点存储在 m_Points 矢量中。push_back()函数可以在矢量末尾添加元素。创建封闭矩形时，使用了 std::min()和 std::max()模板函数。所以需要在 Curve.cpp 文件中，给 algorithm 头文件添加一个#include 指令。

绘制曲线的 Draw()函数可以定义为：

```
// Draw a curve
void CCurve::Draw(CDC* pDC)
{
  // Create a pen for this object and initialize it
  CPen aPen;
  CreatePen(aPen);

  CPen* pOldPen {pDC->SelectObject(&aPen)};  // Select the pen

  // Now draw the curve
  pDC->MoveTo(m_StartPoint);
  for(const auto& point : m_Points)
    pDC->LineTo(point);

  pDC->SelectObject(pOldPen);              // Restore the old pen
}
```

Draw()函数必须为曲线提供任意数量的点。一旦设置了钢笔，第一步就是在设备上下文中将当前位置移动到 m_StartPoint。曲线的各个线段在 for 循环中绘制，每条线段对应于矢量 m_Points 中的一个点。LineTo()操作将当前位置移动到它绘制的直线的末端，这里每次调用函数时都从当前位置到矢量中的下一个点绘制一条直线。按照这种方式，绘制组成曲线的所有线段。

可以如下面这样实现 AddSegment()函数：

```
// Add a segment to the curve
void CCurve::AddSegment(const CPoint& point)
{
  m_Points.push_back(point);             // Add the point to the end

  // Modify the enclosing rectangle for the new point
  m_EnclosingRect.DeflateRect(m_PenWidth, m_PenWidth);
  m_EnclosingRect = CRect {(std::min)(point.x, m_EnclosingRect.left),
                    (std::min)(point.y, m_EnclosingRect.top),
                    (std::max)(point.x, m_EnclosingRect.right),
                    (std::max)(point.y, m_EnclosingRect.bottom)};
```

```
    m_EnclosingRect.InflateRect(m_PenWidth, m_PenWidth);
  }
```

这段代码给矢量添加 point，并调整封闭矩形，确保左上角的点是最小的 x 和最小的 y，右下角的点是最大的 x 和最大的 y。完整曲线的封闭矩形的左上角是从所有定义点中获得的(最小 x，最小 y)对，右下角是从所有定义点中获得的(最大 x，最大 y)对。接着要将得到的矩形放大一个线宽。因此，必须将 m_EnclosingRect 减小一个线宽，才能找到左上角和右下角的坐标。否则就得不到正确的封闭矩形。调用 CRect 的 DeflateRect()成员函数，会执行与 InflateRect()相反的操作，所以这里需要调用 DeflateRect()。

9. 完成鼠标消息处理程序

现在可以回到 WM_MOUSEMOVE 消息处理程序，填充一些细节。在 Class View 窗格中选择 CSketcherView，然后双击处理程序名 OnMouseMove()，就可以找到这个消息处理程序。

鼠标进行移动时，这个处理程序只绘制元素的一系列临时版本，最终的元素是在释放鼠标左键时创建的。因此，可以把绘制临时元素的过程看作这个函数的局部操作，而由视图的 OnDraw()函数成员绘制元素的最终版本。这种方法使临时元素的绘制非常高效，因为它不涉及 CSketcherView 中绘制完整文档的 OnDraw()函数。

利用 CDC 类的一个成员 SetROP2()，很容易实现这种方法，这个成员函数特别适合于橡皮筋操作。

设置绘图模式

在与 CDC 对象相关联的设备上下文中，SetROP2()函数为所有后续输出操作设置绘图模式。这个函数名中的“ROP”代表光栅操作(Raster OPeration)，因为绘图模式的设置将应用于光栅显示器。可能你要问，“SetROP1()是什么呢？”——没有这种函数。SetROP2()这个函数名表示 Set Raster OPeration to(设置光栅操作为)，不是 Set Raster Operation 2！

绘图模式确定绘图时使用的钢笔颜色如何与背景色相组合，以产生要显示的实体的颜色。绘图模式由这个函数的一个参数指定，它可以是表 14-6 中的任一个值。

表 14-6

绘 图 模 式	效 果
R2_BLACK	所有绘图颜色都是黑色
R2_WHITE	所有绘图颜色都是白色
R2_NOP	不进行任何绘图操作
R2_NOT	绘图颜色是屏幕颜色的反色。这将确保输出清晰可见，因为它防止绘图颜色与背景色相同
R2_COPYPEN	绘图颜色是钢笔颜色。如果不进行设置，这就是默认的绘图模式
R2_NOTCOPYPEN	绘图颜色是钢笔颜色的反色
R2_MERGEPENNOT	绘图颜色是钢笔颜色和背景色的反色“相或”以后产生的颜色
R2_MASKPENNOT	绘图颜色是钢笔颜色和背景色的反色“相与”以后产生的颜色
R2_MERGENOTPEN	绘图颜色是背景色和钢笔颜色的反色“相或”以后产生的颜色
R2_MASKNOTPEN	绘图颜色是背景色和钢笔颜色的反色“相与”以后产生的颜色

(续表)

绘 图 模 式	效　果
R2_MERGEPEN	绘图颜色是背景色和钢笔颜色“相或”以后产生的颜色
R2_NOTMERGEPEN	绘图颜色是 R2_MERGEPEN 颜色的反色
R2_MASKPEN	绘图颜色是背景色和钢笔颜色“相与”以后产生的颜色
R2_NOTMASKPEN	绘图颜色是 R2_MASKPEN 颜色的反色
R2_XORPEN	绘图颜色是钢笔色和背景色“异或”以后产生的颜色，结果是由钢笔色和背景色中的 RGB 成分组成的颜色，但不是这两种颜色
R2_NOTXORPEN	绘图颜色是 R2_XORPEN 颜色的反色

每种符号都是 int 类型的预定义值。虽然此处有很多选项，但是可以带来一些特殊效果的选项是最后的 R2_NOTXORPEN 选项。

将绘图模式设置为 R2_NOTXORPEN 以后，第一次在默认的白色背景上绘制特定形状时，通常是以指定的钢笔颜色绘制。如果再次绘制的相同形状覆盖在第一次绘制的形状上，那么形状将消失，因为这次形状的颜色对应于钢笔颜色和它自身颜色“异或”以后产生的颜色，结果是在白色背景上绘制白色的形状。利用一个示例可以看得更清楚。

白色是由相同比例、“最大”数量的红色、蓝色和绿色(255, 255, 255)构成的，所以每种成分值的位都是 1。为了简化问题，可以把白色表示为(1，1，1)——这 3 个值代表颜色的 RGB 成分。在相同的方案中，红色定义为(1，0，0)，而不是(255, 0, 0)。这些颜色的组合如表 14-7 所示。

表　14-7

计 算 过 程	R	G	B
背景色(白色，窗口背景色)	1	1	1
钢笔颜色(红色)	1	0	0
XOR(产生红色成分)	0	1	1
NOT XOR(产生红色，绘制颜色)	1	0	0

因此，第一次在白色背景上绘制红色直线时，如表 14-7 的最后一行所示，直线是红色的。如果第二次绘制相同的直线，覆盖在现有的直线上，那么重写的背景像素将是红色。产生的绘图颜色将作如表 14-8 所示的计算。

表　14-8

计 算 过 程	R	G	B
背景色(红色，最后一次绘制的像素)	1	0	0
钢笔(红色)	1	0	0
XOR(产生黑色)	0	0	0
NOT XOR(产生白色，窗口背景色)	1	1	1

如最后一行所示，直线是白色的，因为窗口的背景色是白色，所以直线消失。

此处需要注意使用正确的背景色。应当看到，使用白色钢笔在红色背景上绘图的效果不太好，如第一次绘制的形状是红色，其结果是看不见的。第二次绘制时是白色。如果在黑色背景上进行绘制，如同在白色背景上那样，形状将出现，然后消失，但它们不是以选择的钢笔颜色绘制的。

编写 OnMouseMove()处理程序

首先在鼠标移动消息后面添加创建元素的代码。因为打算利用这个处理程序函数绘制元素，所以需要创建一个可在其中绘图的设备上下文。这时最便于使用的类是 CClientDC，它是 CDC 的派生类。这个类型的对象会在工作完成后自动销毁设备上下文。所以可以创建一个 CClientDC 对象，使用它，然后不再管它。创建 CClientDC 对象时，可以给 CClientDC 构造函数传递一个指向设备上下文所在窗口的指针，它创建的设备上下文对应于窗口的工作区，所以如果传递一个指向视图的指针，就得到了我们需要的。

绘制元素的逻辑有点复杂。只要形状不是曲线，就可以使用 R2_NOTXORPEN 模式绘制一个形状。当创建曲线时，我们并不想在每次移动鼠标时都绘制一个新曲线，而只想将曲线延伸出一个新线段。这就意味着必须将绘制曲线的情况视为一个例外。还要删除以前的临时元素，但只有当它不是曲线时才行。下面的代码说明了如何实现此功能：

```
void CSketcherView::OnMouseMove(UINT nFlags, CPoint point)
{
  // Define a Device Context object for the view
  CClientDC aDC {this};                    // DC is for this view
  if(nFlags & MK_LBUTTON)                  // Verify the left button is down
  {
    m_SecondPoint = point;                 // Save the current cursor position
    if(m_pTempElement)
    {
      // An element was created previously
      if(ElementType::CURVE == GetDocument()->GetElementType())   // A curve?
      {  // We are drawing a curve so add a segment to the existing curve
        std::dynamic_pointer_cast<CCurve>(m_pTempElement)->
AddSegment(m_SecondPoint);
         m_pTempElement->Draw(&aDC);       // Now draw it
         return;                           // We are done
      }
      else
      {
        // If we get to here it's not a curve so
        // redraw the old element so it disappears from the view
        aDC.SetROP2(R2_NOTXORPEN);          // Set the drawing mode
        m_pTempElement->Draw(&aDC);         // Redraw the old element to erase it
      }
    }

    // Create a temporary element of the type and color that
    // is recorded in the document object, and draw it
    m_pTempElement = CreateElement();
    m_pTempElement->Draw(&aDC);
  }
}
```

第一行新代码创建了一个局部 CClientDC 对象。传递给这个构造函数的 this 指针标识当前视图对象，所以 CClientDC 对象是一个设备上下文，对应于当前视图的工作区。这个对象有我们需要的所有绘图函数，因为它们都是从 CDC 类继承的。

如果指针 m_pTempElement 不是 nullptr，则说明存在一个旧的临时元素。根据 m_pTempElement 是否指向曲线，来执行不同的操作，所以需要检查用户是否在绘制曲线。shared_ptr<T>类型支持转换到 bool 类型，所以可以在 if 表达式中使用它。对文档对象调用 GetElementType()函数，以获得当前元素的类型。如果当前元素的类型是 ElementType::CURVE，则强制将 m_pTempElement 转换为 shared_ptr<CCurve>类型，以便为对象调用 AddSegment()函数，将下一线段添加到曲线。必须使用一个特殊的强制转换操作来转换智能指针，这可以是 static_pointer_cast、dynamic_pointer_cast 和 const_pointer_cast，等价于普通指针的 static_cast、dynamic_ cast 和 const_cast。dynamic_pointer_cast 在运行期间检查强制转换是否有效。这些操作由 memory 头文件和 std 名称空间中的函数模板定义。最后绘制曲线并返回。必须在 SketcherView.cpp 中给 Curve.h 添加#include。在最终的视图类中要引用其他元素类，所以可以包含其他三个元素类的头文件。

当前元素存在，但不是曲线时，在调用 aDC 对象的 SetROP2()函数将绘图模式设置为 R2_NOTXORPEN 之后重新绘制旧元素，这会擦除旧的临时元素。不需要重置 m_pTempElement，因为在 if 语句后要替代它包含的指针。

如果临时元素存在，但不是曲线，或者没有临时元素存在，就执行 if 语句后面的代码。在这两种情况下，都需要创建当前类型的新元素，按正常方式给它指定颜色，并绘制它。调用 CSketcherView 的 CreateElement()成员，创建新元素，把它的地址存储在 m_pTempElement 中。这会替代 m_pTempElement 包含的当前智能指针。在本例中，指向旧元素的智能指针和它指向的元素对象一起删除。如果 m_pTempElement 包含 nullptr，就由新智能指针替代它。即使表示 Sketcher 的对象在堆上创建，也不需要删除它，它是由智能指针自动删除的。代码会自动拉伸正在创建的形状，所以形状在光标移动时附着在光标位置上。

使用指向新元素的智能指针，调用其 Draw()成员，让这个对象绘制自身的形状。CClientDC 对象的地址将作为参数传递。因为在基类 CElement 中已经把 Draw()成员函数定义为虚函数，所以无论 m_pTempElement 指向什么类型的元素，都将自动选择这个函数。新元素通常将以 R2_NOTXORPEN 模式绘制，因为这是第一次在白色背景上绘制该元素。

创建元素

把 CreateElement()函数声明作为 protected 成员添加到 CSketcherView 类的 Implementation 部分：

```
class CSketcherView: public CView
{
   // Rest of the class definition as before...

   // Implementation
   // Rest of the class definition as before...

protected:
  std::shared_ptr<CElement> CreateElement() const;
  // Create a new element on the heap

    // Rest of the class definition as before...

};
```

这时可以通过添加粗体显示的行直接修改类定义，也可以在 Class View 窗格中右击类名 CSketcherView，然后从上下文菜单中选择 Add | Add Function 菜单项，并通过显示的对话框添加函

数。函数的访问特性是 protected，因为它只能从视图类内部调用。

如果在类定义中手动添加这个声明，就需要在.cpp 文件中添加该函数的完整定义，如下所示：

```
// Create an element of the current type
std::shared_ptr<CElement> CSketcherView::CreateElement() const
{
  // Get a pointer to the document for this view
  CSketcherDoc* pDoc = GetDocument();
  ASSERT_VALID(pDoc);                  // Verify the pointer is good

  // Get the current element color
  COLORREF color {static_cast<COLORREF>(pDoc->GetElementColor())};

  // Now select the element using the type stored in the document
  switch(pDoc->GetElementType())
  {
    case ElementType::RECTANGLE:
      return std::make_shared<CRectangle>(m_FirstPoint, m_SecondPoint, color);

    case ElementType::CIRCLE:
      return std::make_shared<CCircle>(m_FirstPoint, m_SecondPoint, color);

    case ElementType::CURVE:
      return std::make_shared<CCurve>(m_FirstPoint, m_SecondPoint, color);

    case ElementType::LINE:
      return std::make_shared<CLine>(m_FirstPoint, m_SecondPoint, color);

    default:
      // Something's gone wrong
      AfxMessageBox(_T("Bad Element code"), MB_OK);
      AfxAbort();
      return nullptr;
  }
}
```

和前面一样，首先调用 GetDocument()获取指向文档的指针。为了安全起见，使用 ASSERT_ VALID()宏确保返回一个有效的指针。在应用程序的调试版中，这个宏将调用对象的 AssertValid()成员，它被指定为这个宏的参数。这将检查当前对象的有效性，如果指针为 nullptr，或者这个对象在某个方面有缺陷，那么将显示一条错误消息。在应用程序的发布版本中，ASSERT_ VALID()宏没有任何作用。

在创建元素时，不能把 GetElementColor()函数返回的 ElementColor 枚举用作一个颜色值，因为它的类型是错误的。但是，每个枚举的数值是一个 COLORREF 颜色值，所以可以把该枚举转换为 COLORREF 类型，来获取颜色值。switch 语句基于 GetElementType()返回的类型，选择要创建的元素。在类型不是 ElementType 枚举的情况下(不太可能)，应显示一个消息框，并结束程序。

处理 WM_LBUTTONUP 消息

WM_LBUTTONUP 消息完成创建元素的过程。这种消息处理程序的工作是把创建的元素的最终版本传递到文档对象，然后清理视图对象数据成员。可以在 CSketcherDoc 类中添加一个 STL 容器对象来存储元素。还需要一个文档类函数，在需要添加元素时调用。我们还可以在某处从文档中删除元素。此时使用 vector<T>会比较快，但这里使用列表容器，因为后面要使用矢量容器来存储曲线的点。给 CSketcherDoc 添加 protected 数据成员：

```
std::list<std::shared_ptr<CElement>> m_Sketch;    // A list containing the sketch
```

Sketch 元素在堆上创建，所以可以存储指向元素的智能指针，而不是存储元素本身。在 SketcherDoc.h 中给 memory 和 Element.h 头文件添加#include 指令。销毁文档对象时，也会销毁 m_Sketch 和它包含的智能指针指向的所有元素。

在 CSketcherDoc 类的 Implementation 部分把下面的函数定义添加为 public 成员：

```
// Add a sketch element
void AddElement(std::shared_ptr<CElement>& pElement)
{
  m_Sketch.push_back(pElement);
}

// Delete a sketch element
void DeleteElement(std::shared_ptr<CElement>& pElement)
{
  m_Sketch.remove(pElement);
}
```

第一个函数把传递为参数、指向元素的智能指针添加到 m_Sketch 列表中。第二个函数从列表中删除指针，这也会删除堆中的元素。下一章将实现删除 sketch 元素的 UI 机制。

现在可以实现 OnLButtonUp()处理程序了。在 SketcherView.cpp 的函数定义中添加如下代码：

```
void CSketcherView::OnLButtonUp(UINT nFlags, CPoint point)
{
  // Make sure there is an element
  if(m_pTempElement)
  {
    // Add the element pointer to the sketch
    GetDocument()->AddElement(m_pTempElement);
    InvalidateRect(&m_pTempElement->GetEnclosingRect());
    m_pTempElement.reset();                  // Reset the element pointer
  }
}
```

在处理 m_pTempElement 之前，if 语句将验证它不为 nullptr。用户始终可以在不移动鼠标的情况下按下和释放鼠标左键，这时不创建任何元素。只要有一个元素，指向该元素的指针就传递给文档对象函数，将它添加到草图中。最后，m_pTempElement 指针重置为 nullptr，等待下一次用户绘制元素。

14.5　绘制草图

构成草图的所有元素都安全地存储在文档对象中。现在需要一种方式在视图中显示草图。CSketcherView 中的 OnDraw()函数可以完成这个任务。显然，它需要访问文档对象拥有的草图数据，理想情况下，它访问这些数据时，文档对象不需要把这些数据提供给外界，以进行修改。为此，一种方式是文档对象使用 const 迭代器。草图的迭代器类型名称有点长，在#include 指令的后面给 SketcherDoc.h 添加如下类型定义，可以减少输入工作：

```
using SketchIterator = std::list<std::shared_ptr<CElement>>::const_iterator;
```

现在可以使用 SketchIterator 为草图列表容器指定 const 迭代器的类型了。在 CSketcherDoc 类定义中添加如下函数，就可以让视图对象获得绘制草图所需的迭代器：

```
// Provide a begin iterator for the sketch
SketchIterator begin() const { return std::begin(m_Sketch); }

// Provide an end iterator for the sketch
SketchIterator end() const { return std::end(m_Sketch); }
```

这些迭代器应是 public，可以把它们放在 CSketcherDoc 的 Operations 部分。const 迭代器可以递增，也可以解除引用，但不能用于修改它指向的内容。

使用这些函数可以实现 CSketcherView 的 OnDraw()成员：

```
void CSketcherView::OnDraw(CDC* pDC)
{
  CSketcherDoc* pDoc = GetDocument();
  ASSERT_VALID(pDoc);
  if (!pDoc)
    return;

  // Draw the sketch
  for(auto iter = pDoc->begin() ; iter != pDoc->end() ; ++iter)
  for (const auto& pElement : *pDoc)
  {
    if (pDC->RectVisible(pElement->GetEnclosingRect()))
      pElement->Draw(pDC);
  }
}
```

因为文档对象定义了 begin()和 end()函数，给草图中的元素返回迭代器，所以可以直接对它使用基于范围的 for 循环。我们只希望元素在视图的工作区中可见时绘制它。绘制在视图中不可见的元素只会浪费处理器的时间。如果传递为参数的矩形的任意部分在工作区中，CDC 对象的 RectVisible()成员就返回 True，否则返回 False。在 if 语句中调用这个函数，可确保只绘制可见的元素。把指向设备上下文的指针作为参数调用 Draw()成员，就绘制了一个草图元素。

14.5.1 运行示例

确信已经存储了所有源文件以后，开始构建这个程序。如果在输入代码时没有出现错误，那么代码的编译和链接将不会出现问题，从而可以执行这个程序。可以利用这个程序支持的 4 种颜色绘制直线、圆、矩形和曲线。典型的窗口如图 14-17 所示。

现在对用户界面做一些实验。注意，可以来回移动窗口，在移动窗口时，把形状隐藏起来后，如果希望显示它们，形状会自动绘制。但是，不是一切都正常。如果尝试在绘制形状时把光标拖动到工作区以外，那么会出现一些奇怪的结果。这时在视图窗口之外失去了对鼠标的跟踪，这往往会搅乱橡皮筋机制。怎么回事呢？

图　14-17

14.5.2　捕获鼠标消息

上述问题的原因在于 Windows 将鼠标消息发送到光标下方的窗口。光标一离开应用程序视图的工作区，WM_MOUSEMOVE 消息就将发送到别的地方。使用 CSketcherView 类的一些继承成员可以解决这个问题。

视图类从 CWnd 继承了函数 SetCapture()，通过调用这个函数，可以告诉 Windows，视图窗口希望获取所有鼠标消息，这称为捕获鼠标，直到调用视图类的另一个继承函数 ReleaseCapture()结束捕获为止。

通过修改 WM_LBUTTONDOWN 消息的处理程序，可以在一按下鼠标左键时就捕获鼠标：

```
// Handler for left mouse button down message
void CSketcherView::OnLButtonDown(UINT nFlags, CPoint point)
{
   m_FirstPoint = point;          // Record the cursor position
   SetCapture();                  // Capture subsequent mouse messages
}
```

现在，必须在 WM_LBUTTONUP 消息处理程序中调用函数 ReleaseCapture()。否则，只要这个程序继续运行，其他程序就不能接收任何鼠标消息。当然，只有在已经捕获鼠标之后才能释放鼠标键。视图类继承的函数 GetCapture()将返回一个指向已经捕获鼠标的窗口的指针，这样就可以表明是否已经捕获鼠标消息。只需在 WM_LBUTTONUP 的处理程序中添加下列代码：

```
void CSketcherView::OnLButtonUp(UINT nFlags, CPoint point)
{
  if(this == GetCapture())
    ReleaseCapture();                  // Stop capturing mouse messages

  // Make sure there is an element
  if(m_pTempElement)
```

```
  {
    GetDocument()->AddElement(m_pTempElement);
    InvalidateRect(&m_pTempElement->GetEnclosingRect());
    m_pTempElement.reset();          // Reset the element pointer
  }
}
```

如果函数 GetCapture()返回的指针等于指针 this，那么视图已经捕获了鼠标，所以可以释放按钮。

最后应修改 WM_MOUSEMOVE 处理程序，使它只处理已经由视图捕获的消息。这只需进行一个小改动：

```
void CSketcherView::OnMouseMove(UINT nFlags, CPoint point)
{
  // Define a Device Context object for the view
  CClientDC aDC {this};              // DC is for this view

  // Verify the left button is down and mouse messages are captured
  if((nFlags & MK_LBUTTON) && (this == GetCapture()))
  {
    // Code as before...
  }
}
```

现在，只有按下鼠标左键，视图窗口已经捕获了鼠标，这个处理程序才处理鼠标消息。

如果利用这些添加的代码重新构建 Sketcher 程序，就将发现以前光标拖出工作区时产生的问题不再出现了。

14.6 小结

本章详细介绍了如何编写鼠标的消息处理程序，以及如何在 Windows 程序中组织绘图操作。本章还介绍了多态地使用形状类可以按照相同的方式在任何形状上操作，而与形状的实际类型无关。

14.7 练习题

1. 在 Sketcher 程序中为椭圆元素添加菜单项和工具栏按钮，给椭圆添加一个元素类型，并定义一个类，以支持绘制由椭圆封闭矩形对角上的两个点定义的椭圆。

2. 要支持椭圆的绘制，现在需要修改哪些函数？修改 Sketcher 程序，绘制椭圆。

3. 为了让第一个点定义椭圆的圆心，当前光标位置定义封闭矩形的一个角，必须修改练习题(2)中的哪些函数？按照上述要求修改这个示例(提示：请查阅 Help 中的 CPoint 类成员)。

4. 在菜单栏中添加一个新的 Pen Style 菜单，允许指定实线、虚线、点线、点划线和一划两点线。

5. 要支持这个菜单的操作，以及利用练习题(4)中列出的这些线型来绘制元素，需要修改 Sketcher 程序的哪些部分？

6. 实现对这个新菜单以及用任何线型绘制所有元素的支持。

14.8　本章主要内容

本章主要内容如表 14-9 所示。

表　14-9

主　题	概　念
客户端坐标系统	默认情况下，Windows 使用原点在工作区左上角的客户端坐标系统处理窗口的工作区。x 轴的正方向从左到右，y 轴的正方向从上到下
在工作区中绘图	只能使用设备上下文在窗口的工作区中绘图
设备上下文	为了处理窗口的工作区，设备上下文提供了大量称为映射模式的逻辑坐标系统
映射模式	映射模式的默认原点位置在工作区的左上角。默认的映射模式是 MM_TEXT，它提供以像素为单位的坐标。在这种模式中，x 轴的正方向从左到右，y 轴的正方向从上到下
在窗口中绘图	尽管平常可以绘制临时实体，但是在响应 WM_PAINT 消息时，程序始终应当在窗口的工作区中绘制永久性内容。对应用程序文档的所有绘制都应当在视图类的 OnDraw()成员函数中进行控制。在应用程序接收到 WM_PAINT 消息时，将调用这个函数
重新绘制窗口	调用视图类的 InvalidateRect()函数成员，可以标识希望重新绘制的那部分工作区。当下一个 WM_PAINT 消息发送到应用程序时，Windows 将把作为参数传递的这个区域添加到要重新绘制的整个区域
鼠标消息	Windows 向应用程序发送有关鼠标事件的标准消息。利用 Class Wizard 可以创建处理这些消息的处理程序
捕获鼠标消息	通过在视图类中调用继承的 SetCapture()函数，可以将所有鼠标消息发送到应用程序。在完成这一操作时，必须通过调用 ReleaseCapture()函数释放鼠标键。否则，其他应用程序将不能接收鼠标消息
橡皮筋操作	在创建几何实体时，通过在处理鼠标移动的消息处理程序中绘制它们，可以实现橡皮筋操作
选择绘图模式	利用 CDC 类的 SetROP2()成员可以设置绘图模式。选择正确的绘图模式将大大简化橡皮筋操作
添加事件处理程序	通过 GUI 组件的 Properties 窗口也可以自动添加事件处理程序函数
转换智能指针的类型	使用 static_pointer_cast、dynamic_pointer_cast 和 const_pointer_cast 可以把一种智能指针转换为另一种智能指针类型

第 15 章 改进视图

本章要点

- 如何绘制和更新多个视图
- 如何实现视图滚动
- 如何在光标处创建上下文菜单
- 如何突出显示距光标最近的元素，向用户提供反馈
- 在移动和删除元素时如何对鼠标编程

本章源代码下载地址(wrox.com)：

打开网页 http://www.wrox.com/go/beginningvisualc，单击 Download Code 选项卡即可下载本章源代码。这些代码在 Chapter 15 文件夹中，文件都根据本章的内容单独进行了命名。

15.1 Sketcher 应用程序的缺陷

Sketcher 程序仍然有一些局限性。例如：

- 利用 Window | New Window 菜单项，可以给当前草图打开另一个视图窗口。这种能力内置在 MDI 应用程序中。但是，在一个窗口中绘图时，在另一个窗口中不会绘制这些元素。元素永远不会出现在绘制它们的窗口以外的窗口中，除非它们所占用的区域因其他原因需要重新绘制。
- 只能在可见的工作区中绘图。最好能够滚动视图，在一个比较大的区域上绘图。
- 尽管文档对象可以从草图中删除元素，但没有删除元素的用户界面机制。所以如果出现了错误，要么是忍受，要么是从一个新文档开始。
- 不能用不同的比例查看草图窗口。添加一些细节，就可以用较大的比例查看草图。
- 不能打印草图。如果需要给他人显示你的美术能力，就必须带着计算机。
- 不能把草图保存到文件中，所以草图不是永久的。

这些都是非常严重的问题，限制了程序的使用。本章将解决前三个问题。阅读完本书后，就能解决后三个问题。

15.2 改进视图

可以设法解决的第一个问题是绘制元素时，更新所有的文档视图窗口。在绘制一个元素时，只有它所在的视图知道这个新元素，因此就会出现问题。每个视图的行为都与其他视图无关，它们之间没有任何通信。如果使所有视图都知道何时将一个元素添加到文档中，就可以采取适当的操作。

15.2.1 更新多个视图

文档类包含的函数 UpdateAllViews()有助于解决这个问题。这个函数为文档提供了一种将消息发送到其所有视图的方法。在添加新元素时，只需从 CSketcherDoc 类的 AddElement ()函数中调用 UpdateAllViews()即可：

```
void AddElement(std::shared_ptr<CElement>& pElement)
{
  m_Sketch.push_back(pElement);
  UpdateAllViews(nullptr, 0, pElement.get());       // Tell all the views
}
```

只要把一个元素添加到文档中，就调用继承的 UpdateAllViews()函数。它通过调用每个视图的 OnUpdate()成员函数，与这些视图通信。UpdateAllViews()函数有 3 个参数，其中两个有默认值。可以提供的实参是：

(1) 该参数是指向当前视图对象的指针。它表示不应调用 OnUpdate()函数的视图。要更新当前视图，且有一个指向它的指针时，这个功能很有用。如果需要给 AddElement()添加一个 CSketcherView*类型的额外形参，并在调用它时给它传递 this 指针来表示当前视图，就可以使用这个参数。另一种可能性是在创建元素时，可以从视图对象中调用 UpdateAllViews()。像本例这样把 nullptr 指定为实参时，就为所有视图调用 OnUpdate()。这会作为第一个实参传送给所有的 OnUpdate()函数调用。

(2) long 整数值，其默认值为 0。它提供了要更新的区域提示。如果给这个参数提供一个值，在为每个视图对象调用 OnUpdate()函数时，它就传递为第二个实参。

(3) CObject*类型的指针，其默认值是 nullptr。如果提供这个实参，在为每个视图对象调用 OnUpdate()函数时，它就传递为第三个实参。它指向的对象应提供要更新的区域的信息。在本例中它是指向新元素的指针，这里不能使用智能指针。为智能指针 pElement 调用 get()，会返回 pElement 包含的 CElement*指针。

为了处理传递到 UpdateAllViews()函数的信息，需要为视图类的 OnUpdate()成员函数添加一个重写版本。这时需要转到 CSketcherView 类的属性窗口。在 Class View 中，右击这个类名，从弹出的菜单中选择 Properties 菜单项，即可显示这个类的属性。单击 Properties 窗口中的 Overrides 按钮，在函数列表中将看到 OnUpdate。单击这个函数名，然后在相邻列的下拉列表中单击<Add> OnUpdate 选项。此时即可编辑已经在 Editor 窗格中添加的 OnUpdate()重写函数的代码。只需要在这个函数定义中添加下列突出显示的代码：

```
void CSketcherView::OnUpdate(CView* pSender, LPARAM lHint, CObject* pHint)
```

```
{
  // Invalidate the area corresponding to the element pointed to
  // by the third argument, otherwise invalidate the whole client area
  if(pHint)
  {
    InvalidateRect(dynamic_cast<CElement*>(pHint)->GetEnclosingRect());
  }
  else
  {
    InvalidateRect(nullptr);
  }
}
```

注意，必须对第三个形参的名称解除注释；否则，它将不能和此处的其他代码一起编译。传递到 OnUpdate()函数的 3 个实参对应于在 UpdateAllViews()函数调用中传递的实参。因此，pHint 包含新元素的地址。但是，不能认为情况始终如此。在第一次创建视图时，也将调用 OnUpdate()函数，不过这时第三个实参是一个空指针。所以，只有查实 pHint 指针不是 nullptr 时，这个函数才能调用 GetEnclosingRect()，获得新元素的边界矩形。通过将这个矩形传递到 InvalidateRect()函数，OnUpdate()函数使视图工作区中的这个区域无效。当下一个 WM_PAINT 消息发送到这个视图时，视图中的 OnDraw()函数将重新绘制这个区域。如果 pHint 指针为 nullptr，那么整个工作区将无效。

在 OnUpdate()函数中重新绘制新元素不是一个好想法。只应当在响应 Windows WM_PAINT 消息时进行永久性绘制。这意味着，视图中的 OnDraw()函数应当是开始文档数据绘制操作的唯一地方。这样，当 Windows 认为需要绘制视图时，才能确保正确地操作。

想一想，从文档中删除一个元素时，应通知视图。修改文档类的 DeleteElement()成员，就可以实现这个功能：

```
void DeleteElement(std::shared_ptr<CElement>& pElement)
{
  m_Sketch.remove(pElement);
  UpdateAllViews(nullptr, 0, pElement.get());    // Tell all the views
}
```

为列表调用 remove()，会调用析构函数，删除匹配该实参的元素。这会销毁列表中的智能指针。智能指针指向的元素不会销毁，因为还有另一个 shared_ptr 引用它，即传送给 DeleteElement()的对象。使用它把元素指针传送给 UpdateAllViews()。智能指针按引用传递，所以在调用处删除智能指针时，最终会删除元素。

加入这些新的修改以后，如果构建和执行 Sketcher 程序，就可以创建文档的多个视图，并在其中绘图。所有视图都更新了，以反映文档的内容。

15.2.2　滚动视图

在视图中添加滚动功能乍一看相当容易，但实际情况比较复杂。第一步是把 CSketcherView 类的基类从 CView 修改为 CScrollView。这个新基类具有内置的滚动功能，所以可以把 CSketcherView 类的定义修改为：

```
class CSketcherView : public CScrollView
{
  // Class definition as before...
};
```

还必须修改 SketcherView.cpp 文件开始的两行代码，它们将指明 CSketcherView 的基类。需要把基类从 CView 修改为 CScrollView：

```
IMPLEMENT_DYNCREATE(CSketcherView, CScrollView)

BEGIN_MESSAGE_MAP(CSketcherView, CScrollView)
```

但是，这仍然远远不够。视图类的这个新版本必须知道一些有关所绘制区域的信息，如区域大小以及使用滚动条时视图滚动的距离。必须在绘制视图之前提供这些信息。可以把提供这些信息的代码放在视图类的 OnInitialUpdate()函数中。因为在视图附加到文档中后、显示视图之前，调用这个函数。

通过调用从 CScrollView 类继承的函数 SetScrollSizes()，可以提供滚动视图需要的信息。图 15-1 解释了这个函数的参数。

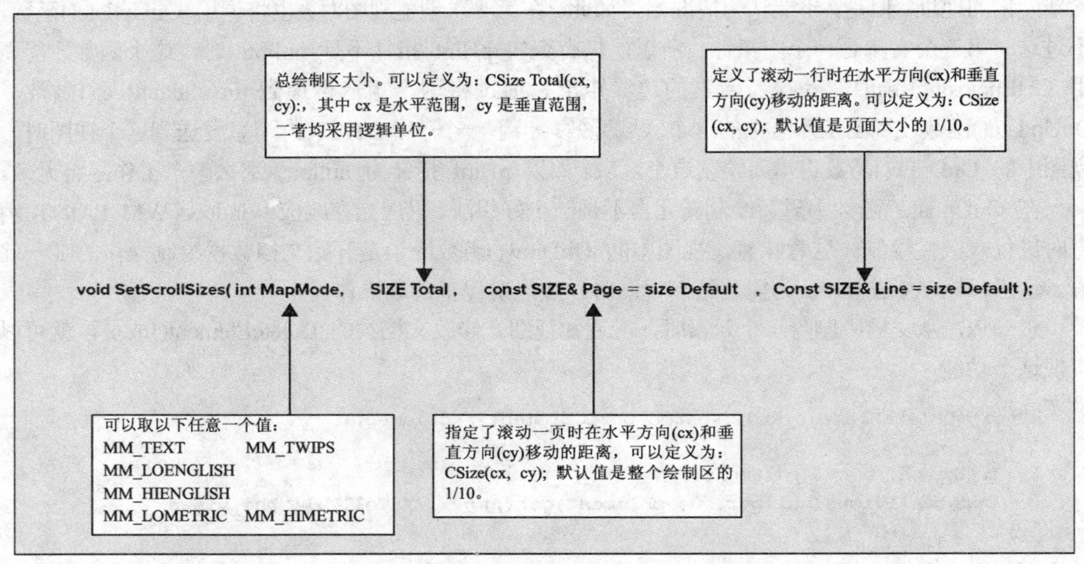

图 15-1

单击滚动条上的向上或向下箭头，将滚动一行的距离；单击滚动条本身，将滚动一个页面。在这里可以修改映射模式。对于 Sketcher 应用程序来说，MM_LOENGLISH 是一个合适的选择，但是滚动功能首先要和 MM_TEXT 映射模式一起使用，因为仍然有一些难点需要揭示。

要添加调用 SetScrollSizes()的代码，需要重写视图中 OnInitialUpdate()函数的默认版本。访问这个函数的方法和重写 OnUpdate()函数时相同——通过 CSketcherView 类的 Properties 窗口。添加了重写函数以后，只需要在注释指示的地方将下列代码添加到函数中：

```
void CSketcherView::OnInitialUpdate()
{
  CScrollView::OnInitialUpdate();

  CSize DocSize {20000,20000};                        // The document size

  // Set mapping mode and document size
  SetScrollSizes(MM_TEXT, DocSize, CSize {500,500}, CSize {20,20};
}
```

这把映射模式设置为 MM_TEXT，将可以绘图的总区域在每个方向上都定义为 20 000 个像素。代码还指定页面滚动增量在每个方向上都是 500 像素，行滚动增量为 50 像素，因为默认值太大了。

这足以使滚动机制勉强运转起来。构建和执行添加了这些修改的 Sketcher 程序，这时能够绘制一些元素，然后滚动视图。然而，尽管窗口的滚动没有问题，但是如果在视图滚动时绘制另外一些元素，情况就不一样了。这些元素出现的位置不同于绘制它们时的位置，而且不能正确地显示它们。这是怎么回事呢？

1. 逻辑坐标和客户端坐标

问题在于使用的坐标系统——而且这种多样性是故意设置的。在迄今的所有示例中，实际上使用的一直是两种坐标系统，这也许没有被注意到，因为它们是一致的。调用 CDC 对象的 LineTo()函数时，假定传递的参数是逻辑坐标。设备上下文有它自己的逻辑坐标系统。映射模式是设备上下文的属性，它确定绘图时坐标的度量单位。

和鼠标消息一起接收到的坐标数据却与设备上下文或 CDC 对象毫无关系——而且在设备上下文以外，逻辑坐标是不适用的。对于传递到 OnLButtonDown()和 OnMouseMove()处理程序的点来说，它们的坐标始终是设备单位，即像素，它们是相对于工作区的左上角测量的。这些坐标称为客户端坐标。类似地，在调用 InvalidateRect()时，矩形假定为是根据客户端坐标来定义的。

在 MM_TEXT 模式中，设备上下文中的客户端坐标和逻辑坐标都以像素为单位，只要不滚动窗口，它们就是相同的。在以前的所有示例中都没有进行滚动操作，所以一切都能正常地运行。而在 Sketcher 程序的最新版本中，在滚动视图以前，一切都没有问题。但是在滚动视图以后，滚动机制移动了逻辑坐标原点(0,0)，所以它不再和客户端坐标原点处于相同的位置。逻辑坐标和客户端坐标的单位是相同的，但是这两种坐标系统的原点不同，如图 15-2 所示。

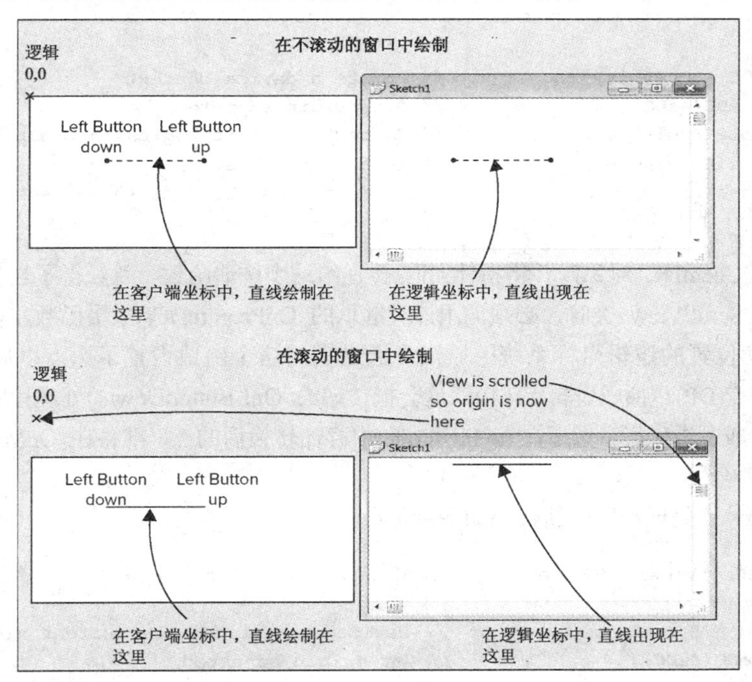

图 15-2

在图 15-2 中，左侧显示的是工作区中绘制直线的位置，其中的点是绘制直线的鼠标位置。这些位置都按照客户端坐标记录。右侧显示的是实际绘制直线的位置。绘图虽然是在逻辑坐标中，但使用客户端坐标值作为绘图函数的参数。在滚动窗口的情况下，因为重新定位了逻辑原点，所以直线出现了移位。

这意味着，在 Sketcher 程序中，使用了错误的值来定义元素，为了重新绘制工作区而使它们无效时，传递到函数的封闭矩形也是错误的——因此，程序出现了这种奇怪的行为。对于其他映射模式来说，情况将变得更糟糕，不仅这两种坐标系统中的度量单位不同，而且 y 轴的方向有可能是相反的！

2. 处理客户端坐标

考虑如何纠正这个问题。必须处理两个方面：

- 在使用鼠标消息创建元素之前，需要将客户端坐标转换为逻辑坐标。
- 如果想在调用 InvalidateRect()时使用在逻辑坐标中创建的边界矩形，则需要将它转换为客户端坐标。

这表示，在使用设备上下文函数时，要始终使用逻辑坐标，而在处理窗口的其他通信时，要始终使用客户端坐标。用于处理这些转换的函数是设备上下文对象的成员，所以每当需要从逻辑坐标转换到客户端坐标时，都必须获得设备上下文，反之亦然。坐标转换函数在 CDC 类中定义，它们由 CClientDC 继承，所以可以使用这个类型的对象来完成这个工作。

加入这些操作后，OnLButtonDown()处理程序的新版本如下所示：

```
// Handler for left mouse button down message
void CSketcherView::OnLButtonDown(UINT nFlags, CPoint point)
{

  CClientDC aDC {this};              // Create a device context
  OnPrepareDC(&aDC);                 // Get origin adjusted
  aDC.DPtoLP(&point);                // Convert point to logical coordinates
  m_FirstPoint = point;              // Record the cursor position
  SetCapture();                      // Capture subsequent mouse messages
}
```

通过创建 CClientDC 对象，并将指针 this 传递给这个构造函数，就获得了当前视图的设备上下文。在使用 CScrollView 类时，必须调用该类继承的 OnPrepareDC()成员函数，在设备上下文中设置对应于滚动位置的逻辑坐标系统的原点。通过调用这个函数设置了原点以后，将调用函数 DPtoLP()将设备点(DP)转换成逻辑点(LP)，这会把传递给 OnLButtonDown()处理程序的 point 值从客户端坐标转换成逻辑坐标。然后在 m_FirstPoint 中存储转换后的点，准备在 OnMouseMove()处理程序中创建元素。

OnMouseMove()处理程序的新代码如下所示：

```
void CSketcherView::OnMouseMove(UINT nFlags, CPoint point)
{
  CClientDC aDC {this};              // Device context for the current view
  OnPrepareDC(&aDC);                 // Get origin adjusted
  aDC.DPtoLP(&point);                // Convert point to logical coordinates
```

```
  // Verify the left button is down and mouse messages captured
  if((nFlags&MK_LBUTTON)&&(this==GetCapture()))
  {
    m_SecondPoint = point;          // Save the current cursor position

   // Rest of the function as before...
  }
}
```

转换 point 的代码基本上和前面的处理程序相同，在这里就需要这么多代码。最后一个必须修改的函数容易被忽略：视图类中的 OnUpdate()函数。必须把这个函数修改为：

```
void CSketcherView::OnUpdate(CView* pSender, LPARAM lHint, CObject* pHint)
{
   // Invalidate the area corresponding to the element pointed to
   // if there is one, otherwise invalidate the whole client area
   if(pHint)
   {
     CClientDC aDC {this};            // Create a device context
     OnPrepareDC(&aDC);              // Get origin adjusted

     // Get the enclosing rectangle and convert to client coordinates
     CRect aRect {dynamic_cast<CElement*>(pHint)->GetEnclosingRect()};
     aDC.LPtoDP(aRect);
     InvalidateRect(aRect);           // Get the area redrawn
   }
  else
  {
    InvalidateRect(nullptr);          // Invalidate the client area
  }
}
```

此处的修改将创建一个 CClientDC 对象，并使用 LPtoDP()函数成员的重载版本将元素的边界矩形转换成客户端坐标。

使该元素的边界矩形无效时，必须在 OnLButtonUp()中执行相同的操作：

```
void CSketcherView::OnLButtonUp(UINT nFlags, CPoint point)
{
  if(this == GetCapture())
    ReleaseCapture();                 // Stop capturing mouse messages

  // Make sure there is an element
  if(m_pTempElement)
  {
     CRect aRect {m_pTempElement->GetEnclosingRect()}; // Get enclosing rectangle

    GetDocument()->AddElement(m_pTempElement);   // Add element pointer to sketch

     CClientDC aDC {this};                      // Create a device context
     OnPrepareDC(&aDC);                        // Get origin adjusted
     aDC.LPtoDP(aRect);                        // Convert to client coordinates
     InvalidateRect(aRect);                    // Get the area redrawn
    m_pTempElement.reset();                    // Reset pointer to nullptr
   }
}
```

添加这些修改以后，编译和执行 Sketcher 程序，如果没有出现打字错误，那么无论滚动块的位置在什么地方，这个程序都将正确地运行。如果鼠标有滚轮，就可以使用滚轮来滚动视图。

15.2.3 使用 MM_LOENGLISH 映射模式

使用 MM_LOENGLISH 映射模式的优点是，它规定的逻辑单位是 0.01 英寸，保证绘图尺寸在不同分辨率的显示器上都是一致的。从用户的观点来看，这使应用程序更加符合要求。

在视图类的 OnInitialUpdate()函数中，可以在调用 SetScrollSizes()函数时设置这种映射模式。另外需要指定总绘图区域，所以，如果将这个区域定义为 3000×3000，那么提供的绘图区域就是 30 英寸×30 英寸，这个区域应当够用了。由于行和页的默认滚动距离符合要求，因此不必指定这些距离。可以使用 Class View 找到 OnInitialUpdate()函数，然后把它修改为：

```
void CSketcherView::OnInitialUpdate(void)
{
  CScrollView::OnInitialUpdate();

  CSize DocSize {3000,3000};                    // Document 30x30ins in MM_LOENGLISH
  SetScrollSizes(MM_LOENGLISH, DocSize);   // Set mapping mode and document size
}
```

使视图在 MM_LOENGLISH 映射模式下操作时，必须做的就是这些。注意，映射模式并非只能设置一次。可以在设备上下文中随时修改映射模式，使用不同的映射模式绘制图像的不同部分。利用函数 SetMapMode()可以做到这一点，不过这里不再深入讨论这个函数。每当创建视图的 CClientDC 对象并调用 OnPrepareDC()时，视图拥有的设备上下文将获得在 OnInitialUpdate()函数中设置的映射模式。就目前的情况来看，这应当解决问题。如果重新构建 Sketcher 程序，那么滚动功能应能正常工作，并支持多个视图。

15.3 删除和移动元素

能够删除形状是绘图程序的一个基本要求。文档对象已经有删除草图元素的功能了，但仍必须在用户界面上确定如何实现该功能。如何选择要删除的元素？当然，决定了选择元素的机制以后，该机制也可以应用于选择要移动的元素，所以可以把移动和删除元素看作是相关的问题。但是首先要考虑如何将移动和删除操作加入程序的用户界面中。

提供移动和删除功能时，一个巧妙的方法是在右击时，让上下文菜单出现在光标位置。然后可以把 Move 和 Delete 作为菜单项加到这个菜单上。这样的弹出菜单是一种非常便利的工具，可以在许多不同的情况下使用它。

上下文菜单也称为弹出菜单或快捷菜单。

如何使用这种上下文菜单呢？其标准方式是用户将鼠标移动到一个特定的对象上，然后右击它。这将选中这个对象，并弹出一个包含菜单项列表的菜单，这些菜单项提供了可以在该对象上执行的动作。元素提供了菜单的上下文，自然，不同的对象可以有不同的上下文菜单。在 Visual C++的 IDE

中可以看到这种菜单。在 Class View 窗格中右击一个类名时，得到的菜单和在 Solution Explorer 中右击文件名得到的菜单不一样。在 Sketcher 程序中要考虑两种上下文。可以在光标位于一个草图元素上时右击，也可以在光标下面没有元素时右击。

在 Sketcher 应用程序中如何实现这种功能呢？首先需要创建两种菜单：光标下面有元素时的菜单，以及光标下面没有元素时的菜单。当用户按下鼠标右键时，可以检查光标下面是否有元素。如果光标下面有一个元素，那么可以改变其颜色，来突出显示它，让用户知道上下文菜单所指的元素。

下面将分析如何在光标处创建并显示弹出菜单，以响应右击操作，之后详细地分析如何实现移动和删除操作。

15.4　实现上下文菜单

我们需要两种上下文菜单：一种是鼠标光标下面有元素时的菜单，另一种是鼠标光标下面没有元素时的菜单。切换到 Resource View 窗格，展开资源列表。右击 Menu 文件夹，弹出一个上下文菜单——这是目前在 Sketcher 应用程序中创建上下文菜单的另一个实证。选择 Insert Menu 项，创建一个新菜单资源。

分配给它的默认 ID 是 IDR_MENU1，不过可以修改这个 ID。在 Resource View 窗格中选中新菜单的名称，按下 Alt+Enter 组合键(这是 View | Other Windows | Properties Window 菜单项的快捷键)，显示这个资源的 Properties 窗口。然后单击这个资源 ID 的值，即可编辑该 ID。在右边的列中，可以把它的名称修改成一个比较合适的名称，如 IDR_ELEMENT_MENU。注意菜单资源的名称必须以 IDR 开始。按下 Enter 键，保存新名称。

下一步是创建一个包含 Move 和 Delete 菜单项的下拉菜单，它将应用于光标下面有元素时。另一个下拉菜单包含 Element 和 Color 菜单的所有菜单项的组合，以允许改变当前选择的项。可以在 Editor 窗格的菜单栏上为新菜单项输入名称。由于用户实际上看不到它，因此它可以有旧的标题，标题为 element 没有问题。现在可以在这个菜单中添加 Move 和 Delete 项。 ID_ELEMENT_MOVE 和 ID_ELEMENT_DELETE 这两个默认 ID 非常合适，但是如果需要，那么可以在各自菜单项的 Properties 窗口中修改它们。

创建第二个下拉菜单，其名称是 no element。图 15-3 显示了添加了 no element 菜单的 element 菜单。

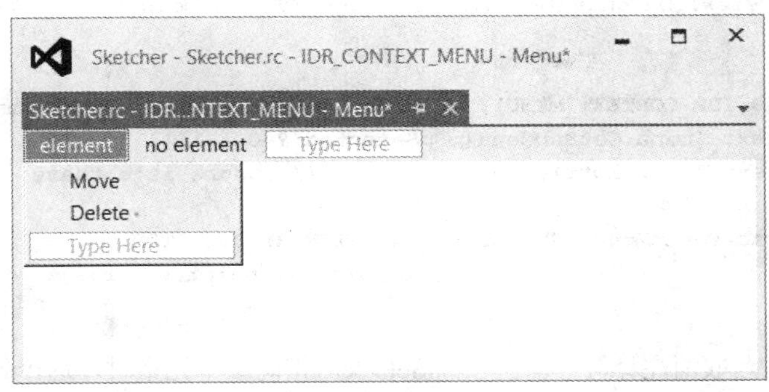

图 15-3

no element 菜单包含可用元素类型和颜色的菜单项，它们和主菜单栏上 Element 和 Color 菜单的菜单项相同。用于这些菜单项的 ID 必须和应用于 IDR_SketcherTYPE 菜单的相同。这是因为菜单的处理程序与菜单 ID 相关联。具有相同 ID 的菜单项使用相同的处理程序，所以无论是从主 Element 菜单的弹出菜单还是从 no element 上下文菜单调用 Line 菜单项，它的处理程序都是相同的。

利用一个快捷键，就不必重新创建所有这些菜单项。显示 IDR_SketcherTYPE 菜单，展开 Element 菜单，单击第一个菜单项，然后按住 Shift 键的同时单击最后一个菜单项，即可选中所有菜单项。右击选中的菜单项，从弹出的菜单中选择 Copy 菜单项，或者仅仅按下 Ctrl+C 快捷键。返回 IDR_NOELEMENT_MENU，右击 no element 菜单上的第一个菜单项，然后从弹出的菜单中选择 Paste 菜单项，或者按下 Ctrl+V 快捷键，即可插入 Element 菜单的完整内容。复制的菜单项和原始菜单项具有相同的 ID。在添加 Color 菜单项之前，要插入分隔线，只需右击空菜单项，然后从弹出的菜单中选择 Insert Separator 菜单项。

在分隔线的后面把 Color 菜单项添加到 no element 菜单上。关闭属性框，并保存资源文件。目前，在资源文件中只有上下文菜单的定义。它没有和 Sketcher 程序中的代码连接起来。现在需要将这些菜单及其 ID 关联到视图类上。另外还需要为弹出菜单中对应于 ID_ELEMENT_MOVE 和 ID_ELEMENT_DELETE 这两个 ID 的菜单项创建命令处理程序。

在右击时，为了选择要显示的菜单，需要知道光标下是否有元素。为此，可以在视图类中添加一个受保护的 std::shared_ptr<CElement>成员：

```
std::shared_ptr<CElement> m_pSelected;   // Records element under the cursor
```

如果光标下有元素，就把元素的地址保存到这个成员中，否则，该成员就包含 nullptr。

15.4.1 关联菜单和类

在 Sketcher 中，要把上下文菜单关联到视图类上，应进入 Class View 窗格，右击 CSketcherView 类名，从弹出菜单中选择 Properties，以显示 Properties 窗口。如果在 Properties 窗口中单击 Messages 按钮，就可以从右列的相邻单元格中选择<Add>OnContextMenu，为 WM_CONTEXTMENU 消息添加一个处理程序。这个处理程序在用户右击视图时调用。传递给它的第一个实参是一个指针，它指向用户右击的窗口，第二个实参是光标在屏幕坐标中的位置。

给处理程序添加如下代码：

```
void CSketcherView::OnContextMenu(CWnd* pWnd, CPoint point)
{
  CMenu menu;
  menu.LoadMenu(IDR_CONTEXT_MENU);                // Load the context menu
  CMenu* pContext {menu.GetSubMenu(m_pSelected ? 0 : 1)};
  ASSERT(pContext != nullptr);                    // Ensure it's there

  pContext->TrackPopupMenu(TPM_LEFTALIGN | TPM_RIGHTBUTTON,
                                   point.x, point.y, this);
}
```

不要忘了给参数名取消注释符号。当 m_pSelected 指向一个元素时，这个处理程序就在上下文菜单中显示第一个菜单，当 m_pSelected 不指向元素时，就显示第二个菜单。给菜单对象调用 LoadMenu()函数，会加载与实参提供的 ID 对应的菜单资源，并将它关联到 CMenu 对象上。

GetSubMenu()函数返回一个指针，它指向对应于整型实参的上下文菜单，该整型实参指定了上下文菜单在 CMenu 对象中的位置，其中 0 表示第一个菜单，1 表示第二个菜单，依此类推。确保 GetSubMenu()返回的指针不为 nullptr 后，就会调用 TrackPopupMenu()，显示上下文菜单。ASSERT 宏仅在程序的调试版本中执行，它在发布版本中不生成代码。

TrackPopupMenu()函数的第一个实参包含两个用 OR 操作符连接起来的标记。一个标记指定弹出菜单如何定位，它可以是如下值之一：

- TPM_CENTERALIGN 使弹出菜单相对于函数的第二个实参提供的 x 坐标水平居中。
- TPM_LEFTALIGN 使弹出菜单的左边界与函数第二个实参提供的 x 坐标对齐。
- TPM_RIGHTALIGN 使弹出菜单的右边界与函数第二个实参提供的 x 坐标对齐。

这仅是该选项的一部分值，文档中还提供了其他值。

另一个标记指定鼠标按钮，它可以是如下值之一：

- TPM_LEFTMOUSEBUTTON：指定弹出菜单仅跟踪鼠标左键。
- TPM_RIGHTMOUSEBUTTON 指定弹出菜单跟踪鼠标左键和右键。

TrackPopupMenu()的下两个实参指定上下文菜单在屏幕坐标中的 x 和 y 坐标。y 坐标确定了菜单顶部的位置。第四个实参指定拥有菜单的窗口，它应接收来自菜单的所有 WM_COMMAND 消息。

现在，可以为上下文菜单中的菜单项添加处理程序，来移动元素：返回 Resource View 窗格，双击 IDR_CONTEXT_MENU。右击 Move 菜单项，然后从弹出的菜单中选择 Add Event Handler 菜单项。这是一个 COMMAND 处理程序，我们将要在 CSketcherView 类中创建它。单击 Add and Edit 按钮，创建这个处理程序函数。遵循相同的步骤，创建 Delete 菜单项的处理程序。

15.4.2　选中上下文菜单项

对 no element 上下文菜单的 COMMAND 事件不需要进行任何处理，因为在文档类中已经为其中的菜单项编写了处理程序。这些处理程序将自动处理来自弹出菜单项的消息。但是，这些菜单项在一个独立的资源中，也没有选中它们，来反映当前选择的元素类型和颜色。可以在显示上下文菜单之前，在 OnContextMenu()处理程序中修改这个错误。

CMenu 类的 CheckMenuItem()成员会选中菜单项。这个函数会选中或取消选中菜单中的任何菜单项。该函数的第一个实参确定是选中还是取消选中菜单项，第二个实参是两个标记的组合，其中一个标记确定第一个实参指定选择了哪个菜单项，另一个标记指定是选中还是取消选中该菜单项。因为每个标记都是 UNIT 值中的一个位，所以使用按位 OR 组合这两个标记。如果第一个参数是一个菜单 ID，第二个实参就可以包含 MF_BYCOMMAND 标记，否则它就可以包含 MF_BYPOSITION 标记，表示第一个实参是一个索引。可以使用前者，因为我们知道元素的 ID。如果第二个实参包含 MF_CHECKED 标记，就选中菜单项，而 MF_UNCHECKED 标记表示取消选中菜单项。下面的代码选中了 no element 菜单项：

```
void CSketcherView::OnContextMenu(CWnd* pWnd, CPoint point)
{
  CMenu menu;
  menu.LoadMenu(IDR_CONTEXT_MENU);            // Load the context menu
  CMenu* pContext {};
  if(m_pSelected)
  {
    pContext = menu.GetSubMenu(0);
```

```
  }
  else
  {
    pContext = menu.GetSubMenu(1);

    // Check color menu items
    ElementColor color {GetDocument()->GetElementColor()};
    menu.CheckMenuItem(ID_COLOR_BLACK,
        (ElementColor::BLACK == color ? MF_CHECKED : MF_UNCHECKED)| MF_BYCOMMAND);
    menu.CheckMenuItem(ID_COLOR_RED,
         (ElementColor::RED == color ? MF_CHECKED : MF_UNCHECKED)| MF_BYCOMMAND);
    menu.CheckMenuItem(ID_COLOR_GREEN,
        (ElementColor::GREEN == color ? MF_CHECKED : MF_UNCHECKED)| MF_BYCOMMAND);
    menu.CheckMenuItem(ID_COLOR_BLUE,
        (ElementColor::BLUE == color ? MF_CHECKED : MF_UNCHECKED)| MF_BYCOMMAND);

    // Check element menu items
    ElementType type {GetDocument()->GetElementType()};
    menu.CheckMenuItem(ID_ELEMENT_LINE,
         (ElementType::LINE == type ? MF_CHECKED : MF_UNCHECKED) | MF_BYCOMMAND);
    menu.CheckMenuItem(ID_ELEMENT_RECTANGLE,
      (ElementType::RECTANGLE == type? MF_CHECKED : MF_UNCHECKED) | MF_BYCOMMAND);
    menu.CheckMenuItem(ID_ELEMENT_CIRCLE,
        (ElementType::CIRCLE == type? MF_CHECKED : MF_UNCHECKED) | MF_BYCOMMAND);
    menu.CheckMenuItem(ID_ELEMENT_CURVE,
        (ElementType::CURVE == type? MF_CHECKED : MF_UNCHECKED) | MF_BYCOMMAND);
  }
  ASSERT(pContext != nullptr);                    // Ensure it's there

  pContext->TrackPopupMenu(TPM_LEFTALIGN | TPM_RIGHTBUTTON,
                                          point.x, point.y, this);
}
```

上下文菜单就完成了。现在需要确定元素何时位于光标下。

15.5 标识位于光标下的元素

这是一种非常简单的机制，来标识位于光标下的元素。每当鼠标光标在一个元素的边界矩形内时，草图中的元素将被选中。为了达到这种效果，Sketcher 必须不停地跟踪鼠标光标下面是否有元素。

为了跟踪哪个元素位于光标下面，可以在 CSketcherView 类的 OnMouseMove()处理程序中添加代码。每当鼠标光标移动时，都将调用这个处理程序，所以只需添加代码，以确定当前光标位置下面是否有一个元素，并相应地设置 m_pSelected。测试光标下面是否有一个特定元素非常简单。如果光标位置位于一个元素的边界矩形内，那么该元素位于光标下面。下面说明如何修改 OnMouse-Move()处理程序，以检查光标下面是否有一个元素：

```
void CSketcherView::OnMouseMove(UINT nFlags, CPoint point)
{
  // Define a Device Context object for the view
  CClientDC aDC {this};              // DC is for this view
```

```
  OnPrepareDC(&aDC);                    // Get origin adjusted
  aDC.DPtoLP(&point);                   // Convert point to logical coordinates

  // Verify the left button is down and mouse messages captured
  if((nFlags & MK_LBUTTON) && (this == GetCapture()))
  {
    // Code as before...
  }
  else
  { // We are not creating an element, so select an element
    m_pSelected = GetDocument()->FindElement(point);
  }
}
```

新代码只是一个语句，只有在不创建新元素时才执行。if 语句的 else 子句调用文档对象的 FindElement()函数(稍后添加此函数)，并将该函数返回的智能指针存储在 m_pSelected 中。FindElement()函数必须从文档中搜索其边界矩形封闭了 point 的第一个元素。可以将 FindElement()函数作为公有成员添加到 CSketcherDoc 类中，并像下面这样实现它：

```
// Finds the element under the point
std::shared_ptr<CElement> FindElement(const CPoint& point)const
{
  for(const auto& pElement : m_Sketch)
  {
    if(pElement->GetEnclosingRect().PtInRect(point))
      return pElement;
  }
  return nullptr;
}
```

代码使用基于范围的 for 循环从开端搜索列表，因为元素添加到列表的末尾，所以最后测试的是最新创建的元素。草图元素对象的 GetEnclosingRect()成员返回其边界矩形。如果作为实参传递的点位于矩形内，则 CRect 类的 PtInRect()成员返回 TRUE，否则返回 FALSE。这里使用 PtInRect()函数来测试 point 是否位于草图中某个元素的任何边界矩形内，返回满足此条件的第一个元素的地址。如果没有在草图中找到元素，则返回 nullptr。现在可以测试上下文菜单了。

15.5.1　练习弹出菜单

使弹出菜单能够操作所需要的代码都已添加完毕，所以可以构建和执行 Sketcher 程序。右击鼠标，会显示上下文菜单。如果光标下面没有元素，那么将出现第二个上下文弹出菜单，它允许修改元素类型和颜色。这些选项之所以能够应用，是因为它们生成的消息和主菜单选项完全一样，并且已经编写了它们的处理程序。

如果光标下面有一个元素，那么将出现第一个上下文菜单，它的上面有 Move 和 Delete 菜单项。这个菜单目前不做任何事情，因为还必须实现它生成的消息的处理程序。试着在视图窗口之外右击。这些动作的消息不会传递到应用程序中的视图窗口，所以不会显示弹出菜单。

15.5.2　突出显示元素

理想情况下，用户希望在右击获得上下文菜单之前，知道哪个元素在鼠标指针下面。在删除一个元素时，用户想知道正在操作哪个元素。如果显示了同心圆，则每次只能选中一个圆，但我们不知道选中了哪个圆。同样，用户在使用另一个上下文菜单时(如修改颜色)，必须确定右击时，光标下面没有元素。否则就会显示 Move/Delete 菜单。为了准确地显示光标下面的元素，在右击前，必须以某种方式突出显示这个元素。

可以修改每个元素类型的 Draw()成员函数来完成这个任务。为此，将一个额外的参数传递到 Draw()函数，表明何时应当突出显示这个元素。对于保存在视图的 m_pSelected 成员中的当前选定元素来说，如果将它的地址传递到一个元素的 Draw()函数，就能够把它传递给函数 CreatePen()，比较这个地址和 this 指针，来确定笔的颜色。

可以按照相同的方式突出显示所有元素类型，以 CLine 成员为例。在其他元素类型的每个类中可以添加类似的代码。在开始修改 CLine 之前，首先必须修改基类 CElement 的定义：

```
static const COLORREF SELECT_COLOR{RGB(255,0,180)};   // Highlight color

class CElement : public CObject
{
protected:
  CPoint m_StartPoint;                          // Element position
  int m_PenWidth;                               // Pen width
  COLORREF m_Color;                             // Color of an element
  CRect m_EnclosingRect;                        // Rectangle enclosing an element


public:
  virtual ~CElement();
  // Virtual draw operation
  virtual void Draw(CDC* pDC, std::shared_ptr<CElement> pElement=nullptr) {}

  // Get the element enclosing rectangle
  const CRect& GetEnclosingRect() const
  {
    return m_EnclosingRect;
  }

protected:
  // Constructors protected so they cannot be called outside the class
  CElement();
  CElement(const CPoint& start, COLORREF color, int penWidth = 1);

  // Create a pen
  void CreatePen(CPen& aPen, std::shared_ptr<CElement> pElement)
  {
    if(!aPen.CreatePen(PS_SOLID, m_PenWidth,
     this == pElement.get() ? SELECT_COLOR : m_Color))
    {
      // Pen creation failed
      AfxMessageBox(_T("Pen creation failed"), MB_OK);
      AfxAbort();
    }
  }
};
```

在 Element.h 中需要为 memory 头文件添加一个#include 指令。SELECT_COLOR 是所有元素突出显示时的颜色，这是一个静态常量，在全局作用域上定义和初始化。这个修改为虚函数 Draw()添加了第二个参数。这是一个指向元素的指针。当元素突出显示时使用它，是因为元素在光标下。将第二个参数初始化为 nullptr 的原因是为了使用这个函数时允许只有一个参数；第二个参数在默认情况下为 nullptr。

CreatePen()函数也有一个额外的实参，这是一个指向元素的指针。pElement 包含当前元素的地址时，画笔用突出显示的颜色创建。

在派生于 CElement 的每个类中，都需要以完全相同的方式修改 Draw()函数的声明。例如，应当把 CLine 类定义修改为：

```
class CLine :
  public CElement
{
public:
  virtual ~CLine(void);
  // Function to display a line
  virtual void Draw(CDC* pDC, std::shared_ptr<CElement> pElement=nullptr)
                                                           override;

      // Rest of the class as before...
};
```

对于派生于 CElement 的类来说，Draw()函数的实现都需要按照相同的方式扩充。CLine 类的 Draw()函数是：

```
void CLine::Draw(CDC* pDC, std::shared_ptr<CElement> pElement)
{
  // Create a pen for this object and initialize it
  CPen aPen;
  CreatePen(aPen, pElement);

  // Rest of the function body as before...
}
```

这是一个非常简单的修改。现在 CreatePen()函数的第二个参数是一个智能指针 pElement，它传递为 Draw()函数的第二个参数。

我们已经接近于实现元素突出显示功能。CElement 类的派生类现在能够在被选中时绘制它们自己，只需要一种使元素被选中的机制。那么，应该在哪里实现这种机制呢？我们是在 CSketcherView 类的 OnMouseMove()处理程序中确定指针下面是何种元素(如果有的话)，因此显然应该在该处理程序中来处理突出显示的问题。

对 OnMouseMove()处理程序的修改如下：

```
void CSketcherView::OnMouseMove(UINT nFlags, CPoint point)
{
  // Define a Device Context object for the view
  CClientDC aDC {this};                    // DC is for this view
  OnPrepareDC(&aDC);                       // Get origin adjusted
  aDC.DPtoLP(&point);                      // Convert point to logical coordinates
```

```
  // Verify the left button is down and mouse messages captured
  if((nFlags & MK_LBUTTON) && (this == GetCapture()))
  {
    // Code as before...
  }
  else
  { // We are not creating an element, so do highlighting
    auto pOldSelected = mp_Selected;                    // Copy previous
    m_pSelected = GetDocument()->FindElement(point);
    if(m_pSelected != pOldSelected)
    {
      if(m_pSelected)
        GetDocument()->UpdateAllViews(nullptr, 0, m_pSelected.get());
      if(pOldSelected)
        GetDocument()->UpdateAllViews(nullptr, 0, pOldSelected.get());
    }
  }
}
```

在存储新元素的地址之前，必须记住任何先前已突出显示的元素，因为如果有了新的要突出显示的元素，旧元素就必须不再突出显示。为此，在查找被选择元素之前，需要把 m_pSelected 的副本保存在 pOldSelection 中，然后将此文档对象的 FindElement()函数返回的智能指针存储在 m_pSelected 中。

如果 pOldSelected 和 m_pSelected 相等，则表明两者都包含相同元素的地址，或者都等于 nullptr。如果这两个变量都包含有效地址，则已经突出显示的元素应该继续突出显示。如果它们都等于 nullptr ，则表明没有任何元素在突出显示，也没有任何元素需要突出显示。因此，在这两种情况下，都不需要做什么事情。

因此，只有在 m_pSelected 不等于 pOldSelected 的情况下，才需要做一些处理。如果 m_pSelected 不是 nullptr，则需要重新绘制它，因此调用 UpdateAllViews()，其第一个实参是 nullptr，来更新所有视图，第三个实参是 m_pSelected.get()，表示要更新的区域。如果 pOldSelected 也不是 nullptr，就必须以相同的方式更新其区域，不再突出显示旧元素。每个视图的更新都使用其 OnUpdate()成员来完成，该函数会使元素的边界矩形无效。只有当前活动的视图会突出显示元素。

1. 绘制突出显示的元素

我们还需要以突出的方式实际地绘制应该突出显示的元素。为此，必须在某个位置将 m_pSelected 指针传递给各个元素的绘制函数。唯一合适的位置是在视图对象的 OnDraw()函数中：

```
void CSketcherView::OnDraw(CDC* pDC)
{
  CSketcherDoc* pDoc = GetDocument();
  ASSERT_VALID(pDoc);
  if (!pDoc)
    return;

  // Draw the sketch
  for (const auto& pElement : *pDoc)
  {
    if (pDC->RectVisible(pElement->GetEnclosingRect())) // Element visible?
```

```
      pElement->Draw(pDC, m_pSelected);                // Yes, draw it.
    }
  }
```

需要修改的只有一行。元素的 Draw()函数添加了第二个实参，从而获得要突出显示的元素的地址。

2. 练习使用突出显示功能

这就是使突出显示功能始终正确工作而需要做的全部操作。这项任务不是那么简单，也不是太难。我们可以编译并执行 Sketcher 程序来试一试。只要在光标下面有某个元素，Sketcher 程序就会以深红色重新绘制该元素。该功能使我们在右击前就清楚地知道弹出的上下文菜单将对哪一个元素起作用，同时意味着我们预先就知道将弹出的是哪一个上下文菜单。

15.5.3　实现移动和删除功能

下一步是为前面添加的 Move 和 Delete 菜单项的处理程序提供函数体的代码。可以首先添加处理 Delete 菜单项的代码，因为该处理程序较为简单。

1. 删除元素

在 CSketcherView 类的 OnElementDelete()处理程序中，需要添加的删除当前选中元素的代码很简单：

```
void CSketcherView::OnElementDelete()
{
  if(m_pSelected)
  {
    GetDocument()->DeleteElement(m_pSelected);       // Delete the element
    m_pSelected.reset();
  }
}
```

仅当 m_pSelected 不是 nullptr 时——这表明有需要删除的元素，才会执行删除元素的代码。首先获得指向文档的指针，然后调用文档对象的 DeleteElement()函数。这个函数已添加到 CSketcherDoc 类中。元素从文档中删除之后，调用智能指针的 reset()函数，使其指向 nullptr。

这就是为删除元素而需要做的全部工作。在现在的 Sketcher 程序中，应该能够在多个可滚动的视图中绘图，还可以从任何视图中删除草图中的任何元素。

2. 移动元素

移动选中的元素稍微有些棘手。因为选中的元素必须随同鼠标光标移动，所以必须在 OnMouseMove()方法中添加实现这种行为的代码。OnMouseMove()函数还用来绘制元素，因此需要某种机制来指出是否处于“移动”模式。实现该机制的最简单的方法是在视图类中添加一个标志，将其命名为 m_MoveMode。把它定义为 bool 类型，FALSE 值表示不在“移动”模式下。

我们还必须在移动进程中记录光标，因此可以在视图类中再添加一个数据成员。可以把该成员命名为 m_CursorPos，并使其属于 CPoint 类型。另一件应该考虑的事情是取消移动的可能性。为此，必须记住在移动操作开始时光标的最初位置，以便在必要时能够把元素移回原来的位置。这需要另一个 CPoint 类型的成员，可称之为 m_FirstPos。在视图类的 protected 部分添加这 3 个新成员：

```
class CSketcherView: public CScrollView
{
  // Rest of the class as before...

protected:
  CPoint m_FirstPoint;         // First point recorded for an element
  CPoint m_SecondPoint;        // Second point recorded for an element
  CPoint m_CursorPos;          // Cursor position
  CPoint m_FirstPos;           // Original position in a move
  std::shared_ptr<CElement> m_pTempElement;
  std::shared_ptr<CElement> m_pSelected;    // Records element under the cursor
  bool m_MoveMode {false};     // Move element flag

// Rest of the class as before...
};
```

元素移动进程是在选中上下文菜单中的 Move 菜单项时开始的。现在，可以给 Move 菜单项的消息处理程序添加代码，以准备移动操作所需的条件：

```
void CSketcherView::OnElementMove()
{
  CClientDC aDC {this};
  OnPrepareDC(&aDC);               // Set up the device context
  GetCursorPos(&m_CursorPos);      // Get cursor position in screen coords
  ScreenToClient(&m_CursorPos);    // Convert to client coords
  aDC.DPtoLP(&m_CursorPos);        // Convert to logical
  m_FirstPos = m_CursorPos;        // Remember first position
  m_MoveMode = true;               // Start move mode
}
```

在该处理程序中做了 4 件事情：

(1) 获得当前光标位置的坐标，因为移动操作要从这个参考点开始。

(2) 把光标位置转换为逻辑坐标，因为元素是以逻辑坐标定义的。

(3) 记住初始的光标位置，以防稍后用户希望取消移动操作。

(4) 将 m_MoveMode 设置为 true，这是 OnMouseMove()处理程序识别移动模式的标志。

GetCursorPos()函数是一个 Windows API 函数，它把当前的指针位置存储在 m_CursorPos 中。注意，给该函数传递的是指针。光标位置是以屏幕坐标表示的(即相对于屏幕左上角以像素度量的坐标)。所有与光标有关的操作都是使用屏幕坐标进行的。我们需要的是以逻辑坐标表示的位置，因此必须分两步进行转换。首先使用 ScreenToClient()函数(这是视图类从 CWnd 中继承的)把 CPoint 或 CRect 实参从屏幕坐标转换为客户端坐标，然后对 m_CursorPos 使用 aDC 对象的 DPtoLP()函数成员，把客户端坐标转换为逻辑坐标。现在我们已经设置了移动模式标志，接下来应该更新鼠标移动消息的处理程序，来处理元素的移动操作。

修改 WM_MOUSEMOVE 处理程序来移动元素

仅当处于移动模式之中并且光标在移动时，才应当移动元素。因此，OnMouseMove()处理程序中的代码块仅当 m_MoveMode 为 TRUE 时才执行，使元素移动。新添加的代码如下所示：

```
void CSketcherView::OnMouseMove(UINT nFlags, CPoint point)
{
  CClientDC aDC {this};            // DC is for this view
  OnPrepareDC(&aDC);               // Get origin adjusted

  aDC.DPtoLP(&point);              // Convert point to logical coordinates

  // If we are in move mode, move the selected element
  if(m_MoveMode)
  {
    MoveElement(aDC, point);       // Move the element
  }
  else if((nFlags & MK_LBUTTON) && (this == GetCapture()))
  {
   // Rest of the mouse move handler as before...
  }
}
```

这里添加的代码不需要更多的解释，不是吗？如果 m_MoveMode 是 true，就处于移动模式，于是调用 MoveElement()函数来执行实际的移动操作。如果 m_MoveMode 是 false，就像以前那样继续执行。现在只需实现 MoveElement()函数。

在 CSketcherView 类定义中适当的位置添加下面这条声明语句，给该类添加 protected 成员 MoveElement()：

```
void MoveElement(CClientDC& aDC, const CPoint& point); // Move an element
```

像往常那样，也可以在 Class View 窗格中右击类名，来添加 MoveElement()成员。该函数需要访问封装了视图的设备上下文对象 aDC 和当前的光标位置 point，因此两者都属于引用形参。在 SketcherView.cpp 文件中，MoveElement()函数的基本实现代码如下所示：

```
void CSketcherView::MoveElement(CClientDC& aDC, const CPoint& point)
{
  CSize distance {point - m_CursorPos};    // Get move distance
  m_CursorPos = point;                     // Set current point as 1st for
                                           // next time

  // If there is an element selected, move it
  if(m_pSelected)
  {
    aDC.SetROP2(R2_NOTXORPEN);
    m_pSelected->Draw(&aDC, m_pSelected);  // Draw element to erase it
    m_pSelected->Move(distance);           // Now move the element
    m_pSelected->Draw(&aDC, m_pSelected);  // Draw the moved element
  }
}
```

当前选中的元素要移动的距离作为 CSize 对象 distance 在本地存储。CSize 类是专用于表示相对的坐标位置，具有两个对应于 x 和 y 轴增量的公有数据成员 cx 和 cy。它们是 point 存储的当前光标位置与 m_CursorPos 保存的上一个光标位置之间的差值。计算使用的是 CPoint 类中重载的减法运算符。此处使用的版本返回 CSize 对象，但还有一个返回 CPoint 对象的版本。CSize 和 CPoint 对象通常可以组合使用。把当前光标位置保存在 m_CursorPos 中，是为了在下次调用该函数时使用；如果在当前移动操作过程中产生另外的鼠标移动消息，就会再次调用 MoveElement()函数。

我们打算使用 R2_NOTXORPEN 绘图模式来实现视图中元素的移动，因为这样做既容易又快捷。实现方法与在创建元素的过程中所使用的方法完全相同。首先以当前颜色(选中颜色 SELECT_COLOR)重新绘制选中的元素，从而将该颜色重置为背景色；然后调用 Move()函数，使该元素移动 distance 指定的距离。稍后就给元素类添加 Move()函数。当选中的元素自行移动之后，只需再次使用 Draw() 函数，使该元素在新位置突出显示即可。当移动操作结束时，已移动元素的颜色会恢复为正常颜色，因为 OnLButtonUp()处理程序会正常地重新绘制所有窗口。

3. 更新其他视图

有个问题不能忽视。移动元素所在的视图可能不是唯一的视图，如果有其他视图，元素也应在这些视图中移动。在 MoveElement()中调用文档对象的 UpdateAllViews()，并把 this 传递为第一个实参，这样它就不是只更新当前视图。在移动元素之前和之后都需要这么做。下面是 MoveElement()修改后的代码：

```
void CSketcherView::MoveElement(CClientDC& aDC, const CPoint& point)
{
  CSize distance {point - m_CursorPos};   // Get move distance
  m_CursorPos = point;                    // Set current point as 1st for
                                          // next time

  // If there is an element selected, move it
  if(m_pSelected)
  {
    CSketcherDoc* pDoc {GetDocument()};                  // Get the document pointer

    pDoc->UpdateAllViews(this, 0L, m_pSelected.get()); // Update all except this

    aDC.SetROP2(R2_NOTXORPEN);
    m_pSelected->Draw(&aDC, m_pSelected);              // Draw element to erase it
    m_pSelected->Move(distance);                       // Now move the element
    m_pSelected->Draw(&aDC, m_pSelected);              // Draw the moved element

    pDoc->UpdateAllViews(this, 0 , m_pSelected.get()); // Update all except this
  }
}
```

把 m_pSelected 传递为 UpdateAllViews()的第三个实参，就只重新绘制元素占用的区域。在其他视图中移动元素之前，对 UpdateAllViews()的第一个调用使元素占用的区域失效，第二个 UpdateAllViews()调用在移动完成后使该区域失效。

4. 使元素自行移动

在基类 CElement 中添加虚函数成员 Move()。把该类的定义修改成下面这样：

```
class CElement : public CObject
{
protected:
```

```
    CPoint m_StartPoint;                        // Element position
    int m_PenWidth;                             // Pen width
    COLORREF m_Color;                           // Color of an element
    CRect m_EnclosingRect;                      // Rectangle enclosing an element

  public:
    virtual ~CElement();
    virtual void Draw(CDC* pDC, std::shared_ptr<CElement> pElement=nullptr) {}
    virtual void Move(const CSize& aSize){}        // Move an element

    // Rest of the class as before...

  };
```

就像前面关于 Draw()成员的讨论一样，虽然在这里实现 Move()函数没有任何意义，但由于序列化的需要，不能使该函数成为纯虚函数。

现在，可以在各个从 CElement 派生的类中添加 public 成员 Move()函数的声明。各个类中的声明是相同的：

```
virtual void Move(const CSize& aSize) override; // Function to move an element
```

接下来，可以在 Lines.cpp 文件中添加 CLine 类中 Move()函数的实现：

```
void CLine::Move(const CSize& aSize)
{
  m_StartPoint += aSize;                  // Move the start point
  m_EndPoint += aSize;                    // and the end point
  m_EnclosingRect += aSize;               // Move the enclosing rectangle
}
```

CPoint 和 CRect 类中重载的+=运算符使上面的实现相当简单。这两个类都可以处理 CSize 对象，因此只需把 aSize 指定的相对距离与直线的起点和终点相加，以及与封闭矩形相加即可。

移动 CRectangle 对象更加简单：

```
void CRectangle::Move(const CSize& aSize)
{
  m_StartPoint += aSize;                  // Move the start point
  m_BottomRight += aSize;                 // Move the bottom right point
  m_EnclosingRect += aSize;               // Move the enclosing rectangle
}
```

因为矩形是由对角点定义的，所以移动它的代码就与移动直线相同。

CCircle 类的 Move()成员也一样简单：

```
void CCircle::Move(const CSize& aSize)
{
  m_StartPoint += aSize;                    // Move the start point
  m_BottomRight += aSize;                   // Move the bottom right point
  m_EnclosingRect += aSize;                 // Move the enclosing rectangle
}
```

移动 CCurve 对象稍微复杂一些，因为曲线是由任意数量的点定义的。可以像下面这样实现该函数：

```
void CCurve::Move(const CSize& aSize)
{
  m_EnclosingRect += aSize;          // Move the rectangle
  m_StartPoint += aSize;            // Move the start point
  // Now move all the other points
  for(auto& p : m_Points)
    p += aSize;
}
```

上面的代码仍然不多。首先使用 CRect 对象的重载运算符+=，移动在 m_EnclosingRect 中存储的封闭矩形，然后移动第一个点，其他点的移动使用一个基于范围的 for 循环，来迭代 m_Points 矢量中的点。

5. 放下元素

一旦单击了 Move 菜单项，光标下的元素就将随着鼠标的移动而移动。剩下的问题是在用户结束移动时把元素放在新位置，或者取消整个移动操作。为了把元素放在新位置，用户将单击，因此可以在 OnLButtonDown()处理程序中管理放置元素的操作。为了取消移动操作，用户将右击，因此可以向 OnRButtonDown()处理程序添加代码，来执行取消移动的操作。

首先在 OnLButtonDown()处理程序中处理放下元素的操作。当处于移动模式时，必须将按下鼠标左键视为特殊的动作。对 OnLButtonDown()处理程序作出的修改突出显示在下面：

```
void CSketcherView::OnLButtonDown(UINT nFlags, CPoint point)
{
  CClientDC aDC {this};                // Create a device context
  OnPrepareDC(&aDC);                   // Get origin adjusted
  aDC.DPtoLP(&point);                  // convert point to logical coordinates

  if(m_MoveMode)
  {
    // In moving mode, so drop the element
    m_MoveMode = false;                // Kill move mode
    auto pElement(m_pSelected);        // Store selected address
    m_pSelected.reset();               // De-select the element
    GetDocument()->UpdateAllViews(nullptr, 0,
                         pElement.get()); // Redraw all the views
  }
  else
  {
    m_FirstPoint = point;              // Record the cursor position
    SetCapture();                      // Capture subsequent mouse messages
  }
}
```

添加的代码相当简单。首先确保处于移动模式中。如果是，就把移动模式标志设置为 false。把选中元素的地址存储在一个本地指针中，因为它要用于标识视图中要重新绘制的区域。然后取消元素的选中状态，调用文档的 UpdateAllViews()函数，重新绘制所有视图。这就是所需的全部操作，因为我们一直在用鼠标跟踪着元素，所以按下鼠标左键时被移动的元素已经处于正确的位置。

使用 CSketcherView 类的 Properties 窗口，给该类添加 WM_RBUTTONDOWN 消息的处理程序。取消移动操作必须做两件事情：把元素移回原来的位置，并关闭移动模式。可以在鼠标右键按下处理程序中把元素移回原来的位置，但必须在鼠标右键释放处理程序中关闭移动模式，以抑制上下文菜单。把元素移回原来位置的代码如下：

```
void CSketcherView::OnRButtonDown(UINT nFlags, CPoint point)
{
  if(m_MoveMode)
  {
    // In moving mode, so drop element back in original position
    CClientDC aDC {this};
    OnPrepareDC(&aDC);                        // Get origin adjusted
    MoveElement(aDC, m_FirstPos);             // Move element to original position
    m_pSelected.reset();                      // De-select element
    GetDocument()->UpdateAllViews(nullptr); // Redraw all the views
  }
}
```

首先创建要在 MoveElement()函数中使用的 CClientDC 对象，然后调用 MoveElement()函数，把当前选中的元素从当前光标位置移动到在 m_FirstPos 中保存的原来的光标位置。在重新定位元素之后，只需取消元素的选中状态，并重新绘制所有视图。

最后，必须在释放鼠标右键的处理程序中关闭移动模式，添加该处理程序，其代码如下：

```
void CSketcherView::OnRButtonUp(UINT nFlags, CPoint point)
{
  if(m_MoveMode)
  {
    m_MoveMode = false;
  }
  else
  {
    CScrollView::OnRButtonUp(nFlags, point);
  }
}
```

这会关闭打开的移动模式。默认的处理程序每次都会调用 OnContextMenu()处理程序。现在只有当不使用移动模式时，才显示上下文菜单。

6. 练习使用应用程序

现在使上下文弹出菜单正确工作所需的一切均已完成。如果构建 Sketcher 程序，那么可以从上下文菜单中选择元素的类型和颜色，当光标位于某个元素上时，还可以从另一个上下文菜单中移动或删除该元素。

15.6　处理屏蔽的元素

该程序仍有一个需要克服的局限性。如果要移动或删除的元素被另一个在该元素之后绘制的元素的矩形包围，将不能使该元素突出显示，因为 Sketcher 程序总是首先发现外部的元素。外部元素完全屏蔽了它包含的元素。这是元素在列表中的顺序造成的结果。新元素会添加到列表的尾部，所以列表中的元素按照从最旧到最新的顺序排列。该问题可通过在上下文菜单添加 Send to Back 菜单项来解决，该菜单项将把某个元素移到列表的开头。

如图 15-4 所示，给 IDR_ELEMENT_MENU 资源中的 element 下拉菜单添加分隔线和一个菜单项。

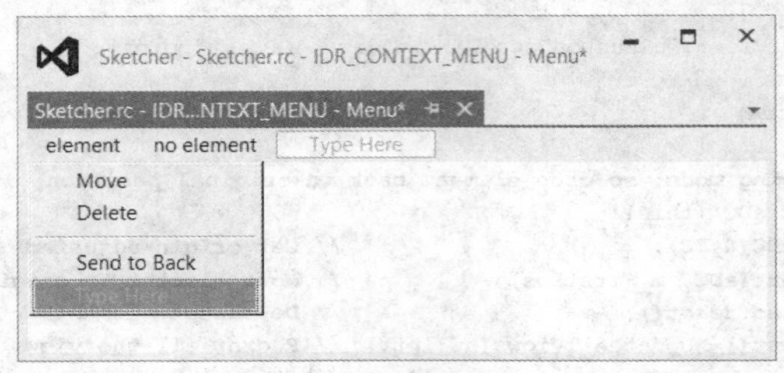

图 15-4

默认 ID 是 ID_ELEMENT_SENDTOBACK，这很好。给新菜单项添加消息处理程序可以试用另一种技术。可以通过 CSketcherView 类的 Properties 窗口，在视图类中添加此菜单项的处理程序。在视图类中处理该菜单项是最合适的，因为被选中的元素同样记录在视图类中。在 CSketcherView 类的 Properties 窗口中选择 Events 工具栏按钮，并双击消息 ID ID_ELEMENT_SENDTOBACK。然后，就可以选择下面的 COMMAND 和右列中的<Add>OnElementSendtoback。该处理程序的实现代码如下：

```
void CSketcherView::OnElementSendtoback()
{
  GetDocument()->SendToBack(m_pSelected); // Move element to end of list
}
```

我们打算让文档类来做这件事，因此把当前选中元素的指针传递给了要在 CSketcherDoc 类中实现的公有函数 SendToBack()。给 CSketcherDoc 类的定义添加一个返回类型为 void、形参类型为 shared_ptr<CElement>&的公有成员 SendToBack()。该函数的实现代码如下：

```
void SendToBack(std::shared_ptr<CElement>& pElement)
{
  if(pElement)
  {
    m_Sketch.remove(pElement);          // Remove the element from the list
    m_Sketch.push_back(pElement);       // Put it back at the end of the list
  }
}
```

检查形参不是 nullptr 之后，调用 remove()函数，从列表中删除该元素。然后，使用 push_back()函数，在列表的开头添加该智能指针。

元素移动到列表开头之后，将不能再屏蔽任何其他元素，因为搜索要突出显示的元素的操作是从列表的开头开始的。如果有适当的边界矩形包围着当前的光标位置，我们将总是首先发现一个其他元素。Send to Back 菜单选项总能解决视图中的任何元素屏蔽问题，但可能需要将该菜单项应用于多个屏蔽元素。

15.7　小结

我们以多种方式改进了 Sketcher 程序中的视图功能。一是使用 MFC 类 CScrollView，给视图添加了滚动功能；二是在光标位置弹出菜单，来移动和删除元素。还实现了突出显示元素的功能，从而在移动或删除元素时给用户提供反馈。

15.8　练习

1. 实现元素突出显示功能，使光标下的元素改变其线型和颜色。
2. 修改 Sketcher 程序，以使用矢量容器来存储草图，而不是列表。

15.9　本章主要内容

本章主要内容如表 15-1 所示。

表　15-1

主　题	概　念
Windows 坐标系统	使用 MFC 在设备上下文中绘图时，坐标是以与设置的映射模式有关的逻辑单位表示的。连同 Windows 鼠标消息一起提供的窗口中的点是以客户端坐标表示的。这两种坐标系统通常不相同
屏幕坐标	定义光标位置的坐标是相对于屏幕左上角、以像素为单位量度的屏幕坐标
坐标系统之间的转换	CDC 类中使客户端坐标和逻辑坐标相互转换的函数
更新多个视图	为了在修改文档内容之后更新多个视图，可以调用文档对象的 UpdateAllViews()成员。这将导致调用各个视图的 OnUpdate()的成员
高效更新	可以给 UpdateAllViews()函数传递信息，指出视图中哪个区域需要重新绘制，这样会使重新绘制视图的过程更快地完成
创建上下文菜单	上下文菜单创建为菜单资源。在上下文菜单事件的处理程序中，该资源可以加载到 CMenu 对象中
显示上下文菜单	在 MFC 应用程序中，为视图实现 OnContextMenu()处理程序，就可以在光标位置显示一个上下文菜单来响应鼠标右击事件。将该菜单创建为在光标位置上显示的常规弹出菜单

第16章 使用对话框和控件

本章要点

- 如何创建对话框资源
- 如何把控件添加到对话框
- 可用控件的基本种类
- 如何创建管理对话框的对话框类
- 如何编写创建对话框的代码，以及如何获得来自对话框中控件的信息
- 模态和非模态对话框
- 如何实现并使用直接数据，与控件进行交换和验证
- 如何实现视图缩放
- 如何在应用程序中使用状态栏

本章源代码下载地址(wrox.com)：

打开网页 http://www.wrox.com/go/beginningvisualc，单击 Download Code 选项卡即可下载本章源代码。这些代码在 Chapter 16 文件夹中，文件都根据本章的内容单独进行了命名。

16.1 理解对话框

当然，对话框对我们来说不是什么新鲜事物。大多数重要的 Windows 程序都使用对话框来管理数据的输入。单击某个菜单项，就可能弹出包含各种控件的对话框，而使用对话框中的控件可以输入各种信息。在对话框中出现的几乎所有对象都是控件。对话框实际上是一个窗口，而事实上对话框中的每一个控件也都是某种专用的窗口。细想一下，我们在 Windows 界面中看到的大多数对象都是窗口。

需要有两样东西才能在 MFC 程序中创建并显示对话框：定义为资源的对话框的物理外观以及用来管理对话框及其控件的操作的对话框类对象。MFC 提供了 CDialog 类和 CDialogEx 类，在定义

过对话框资源之后可以使用该类。

16.2 理解控件

在 Windows 中，有许多不同的标准控件；而且在大多数情况下，它们在外观和操作方面都具有一定的灵活性。大多数控件都属于如表 16-1 所示的 6 个类别之一。

表 16-1

控件类型	用途
静态控件	这些控件用来提供标题或说明性信息
按钮控件	按钮提供一种单击输入机制。基本上有 3 类按钮控件：简单的按钮、单选按钮(任何时刻只有一个可以是选中状态)以及复选框(同时可以有多个处于选中状态)
滚动条	Sketcher 中已经见过滚动条。滚动条通常用来水平或垂直滚动另一个控件内的文本或图像
列表框	列表框提供一个选项列表，可以在其中选择一个选项或多个选项
编辑控件	编辑控件允许输入文本或者编辑显示的文本
组合框	组合框提供了可以从中选择的选项列表，还允许用户直接输入文本

控件可以与类对象相关，也可以与类对象不相关。静态控件不直接做任何事情，因此相关的类对象似乎是多余的；但在 MFC 类中有一个 CStatic 类，该类提供了一些更改静态控件外观的函数。在许多情况下，按钮控件也可以由对话框对象进行处理，但 MFC 再次提供了一个 CButton 类，在需要使用类对象来管理控件时，就可以使用它。MFC 还提供了全套的支持其他控件的类。因为控件是一个窗口，所以这些 MFC 类都是从 CWnd 类派生的。

通用控件

MFC 和 Resource Editor 支持的标准控件的集合称为通用控件。通用控件包括刚刚见过的所有控件，还包括其他一些更复杂的控件，如具有播放 AVI(Audio Video Interleaved，音频视频交互)文件功能的动画控件，以及可以在树中显示数据项层次结构的树型控件。

通用控件集合中另一个有用的控件是微调按钮。使用该控件，可以递增或递减相关编辑控件中的数值。讨论所有可能使用的控件超出了本书的范围，因此笔者将挑出几个具有代表性的示例(包括使用微调按钮的示例)，并在 Sketcher 程序中实现它们。

16.3 创建对话框资源

这是一个具体的示例。可以给 Sketcher 程序添加一个对话框，来提供绘图元素的线宽选项。该功能最终需要修改和存储文档中的当前线宽，还需要在元素类中添加功能，以支持可变的线宽。在得到该对话框之后，将处理所有这些功能。

显示 Resource View 窗格，展开 Sketcher 的资源树，右击树中的 Dialog 文件夹；然后从弹出菜单中单击 Insert Dialog 菜单项，给 Sketcher 程序添加新的对话框资源。该动作致使 Dialog Resource 编辑器开始运行，并在 Editor 窗格中显示出新的对话框，Toolbox 窗口同时给出了可添加的控件列表。如果未显示 Toolbox 窗口，则单击右侧工具条的 Toolbox 或者按下 Ctrl + Alt +X 组合键。

新对话框已经有了 OK 和 Cancel 按钮控件。给该对话框添加其他控件本身是件简单的事情，只需把控件从 Toolbox 窗口的列表拖到对话框中希望放置该控件的位置即可。另外，也可以单击列表中的某个控件将其选中，然后在对话框中希望放置该控件的位置单击。当控件出现在对话框中后，仍然能够移动该控件来确定其精确的位置，还能够拖动边界上的手柄来调整控件的大小。

默认分配给该对话框的 ID 是 IDD_DIALOG1，但赋予它一个更有意义的 ID 会更好。可以编辑对话框的 ID，方法是在 Resource View 窗格中右击对话框的名称，然后从弹出菜单中选择 Properties 菜单项，这会显示该对话框的属性。把 ID 修改为与对话框的用途有关的字符串，如 IDD_PENWIDTH_DLG。也可以显示对话框本身的属性，方法是在 Dialog Editor 窗格中右击对话框，并从弹出菜单中选择 Properties 选项。在这里，可以把对话框窗口标题栏中显示的 Caption 属性值修改为 Set Pen Width。

16.3.1　给对话框添加控件

为了提供输入线宽的机制，可以给最初显示的基本对话框添加控件，使之如图 16-1 所示。把控件放在对话框中时，应使用鼠标把它从 Toolbox 拖动到对话框中。图中显示的网格可以用来定位控件。如果没有显示网格，那么可以选择适当的工具栏按钮使其出现；该工具栏按钮使网格在显示和不显示两种状态之间切换。

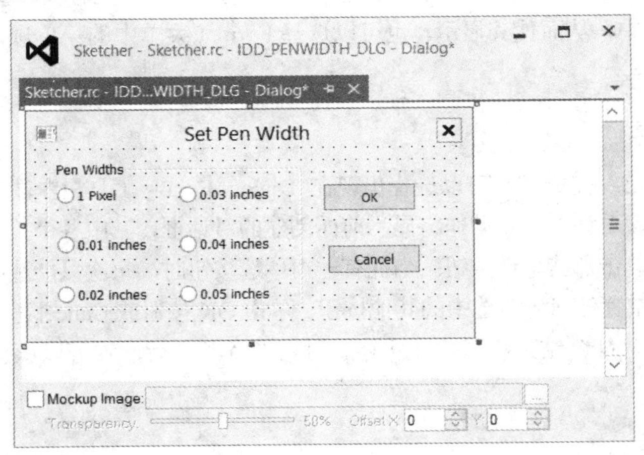

图　16-1

另外，单击 Toggle Guides 按钮，可以使对话框的侧边和顶部显示标尺，使用标尺可以创建控制线。在想要显示控制线的地方，单击适当的标尺，可以创建水平的控制线。与控制线有接触的控件会贴着控制线放置，且随着控制线移动。可以沿着标尺拖动对应某个控制线的箭头来重新确定该控制线的位置；然后在定位控件时即可使用一条或多条控制线。单击 Toogle Guides 工具栏按钮，可以打开或关闭控制线。

该对话框有 6 个提供线宽选项的单选按钮，都放在标题为 Pen Widths 的一个分组框内。该分组框用来包围这 6 个单选按钮，并使它们作为一组进行工作，即任何给定时刻只能选中一个组成员。各个单选按钮都有一个适当的标签来指出选中该按钮时将设置的线宽。对话框中还有用来关闭对话框的默认 OK 按钮和 Cancel 按钮。该对话框中的每一个控件都有其自己的一组属性，访问和修改这些属性的方式与访问对话框本身属性的方式相同。下面开始组装此对话框。

要创建图 16-1 所示的对话框，下一步是添加分组框。前面说过，分组框的作用从操作上来看是把单选按钮关联在一个组内，并为这一组按钮提供标题和边界。当需要多组单选按钮时，如果要使它们正确工作，那么某种对它们进行分组的方法是必不可少的。可以在通用控件选项板上单击对应于分组框的按钮将其选中，然后在对话框中希望用作分组框中心的大概位置单击。这样将把默认大小的分组框放到对话框上。然后，可以拖动该分组框的边框，使其扩大到足以容纳要添加的 6 个单选按钮的大小。设置该分组框的标题时，可以输入希望使用的标题(在本例中，输入 Pen Widths)。

最后一步是添加单选按钮。单击单选按钮控件将其选中，然后在对话框中的分组框内希望放置单选按钮的位置单击。为所有 6 个单选按钮重复该过程。对每一个按钮来说，都可以通过单击该按钮将其选中，然后输入适当的标题。如果需要，还可以拖动该按钮的边框来调整它的大小。为了显示某个控件的属性窗口，右击该控件，然后从弹出菜单中选择 Properties 菜单项。在控件的 Properties 窗口中，可以修改各个单选按钮的 ID，使此 ID 与该按钮的用途更加一致：使 IDC_PENWIDTH0 对应于设置 1 像素线宽的按钮，IDC_PENWIDTH1 对应于设置 0.01 英寸线宽的按钮，IDC_PENWIDTH2 对应于设置 0.02 英寸线宽的按钮等。

可以使用鼠标拖动一个控件来确定该控件的位置。还可以同时选中一组控件，方法是在按住 Shift 键的同时连续选择多个控件，或者在按住鼠标左键的同时拖动光标，产生包围这组控件的矩形。为了对齐控件组，或者为了使各个控件之间的距离在水平方向或垂直方向上相同，可以从 Dialog Editor 工具栏上选择适当的按钮。如果该工具栏不可见，那么可以在工具栏区域右击，并从出现的工具栏列表中将其选中，从而使其显示。也可以选择 Format 菜单中的菜单项，来对齐对话框中的控件。

16.3.2 测试对话框

对话框资源现在已经完成了。可以选择出现在 Dialog Editor 工具栏左端的工具栏按钮或按下 Ctrl+T 组合键，测试该对话框。该动作将显示前面创建的对话框，其中各个控件的基本操作都是有效的，因此可以试着单击那些单选按钮。当拥有一组单选按钮时，每次只能选中其中的一个。当选择某一个按钮时，将重置任何先前选中的其他按钮。单击 OK 按钮或 Cancel 按钮，乃至单击对话框标题栏上的关闭图标，都会结束测试。在保存过对话框资源之后，就可以添加支持该对话框的代码了。

16.4 对话框的编程

对话框的编程有两个方面，第一是显示对话框，第二是处理对话框中控件的用户交互操作。在显示对应于刚才所创建资源的对话框之前，必须首先定义一个对话框类。此时可以使用 Class Wizard。

16.4.1 添加对话框类

在 Resource Editor 窗格中右击刚才创建的对话框，然后从弹出菜单中选择 Add Class 菜单项，使 Class Wizard 对话框显示出来。要定义从 MFC 类 CDialogEx 派生的新对话框类，应从 Base class: 下拉列表框中选择类名 CDialog(如果还没有选择的话)。输入 CPenDialog 作为新类的名称。此时的 Class Wizard 对话框应该如图 16-2 所示。单击 Finish 按钮创建这个新的对话框类。

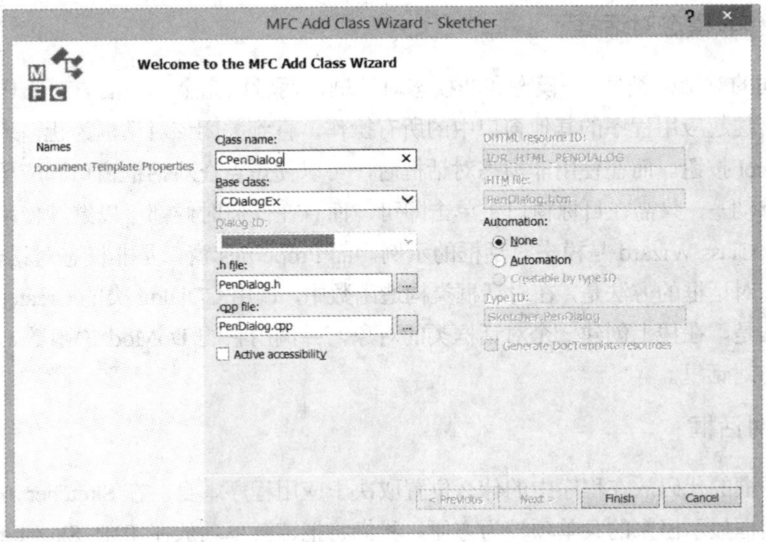

图　16-2

CDialog 类是专门用于显示和管理对话框的窗口类(是从 CWnd 类中派生的)。对话框资源会自动关联到 CPenDialog 对象，因为类成员 IDD 是用对话框资源的 ID 初始化的：

```
class CPenDialog : public CDialogEx
{
  DECLARE_DYNAMIC(CPenDialog)

public:
  CPenDialog(CWnd* pParent = NULL);   // standard constructor
  virtual ~CPenDialog();

// Dialog Data
  enum { IDD = IDD_PENWIDTH_DLG };

protected:
  virtual void DoDataExchange(CDataExchange* pDX);    // DDX/DDV support

  DECLARE_MESSAGE_MAP()
};
```

粗体显示的那条语句以枚举的形式把 IDD 定义成表示对话框 ID 的符号名。顺便提一下，使用枚举类型是在 C++类定义内得到已初始化数据成员的两种方法之一。另一种方法是定义类的静态 const 整型成员，因此 Class Wizard 会在类定义中使用下面的代码：

```
static const int IDD = {IDD_PENWIDTH_DLG};
```

如第 7 章所述，在 VC++支持的最新 C++标准中，可以给类中任何常规的非静态数据成员声明赋予初始值。

拥有从 CDialogEx 类派生的自定义对话框类，意味着得到了该类提供的全部功能。还可以通过添加数据成员和函数定制对话框类，以适应特定的需求。我们经常需要在对话框类内处理来自控件的消息，也可以选择在视图类或文档类中处理消息。

16.4.2 模态和非模态对话框

有两种不同的对话框类型——模态和非模态对话框，两者以完全不同的方式工作。在模态对话框显示期间，将挂起应用程序的其他窗口中的所有操作，直到关闭该对话框为止，通常是通过单击 OK 按钮或 Cancel 按钮。而在使用非模态对话框时，可以使焦点在对话框窗口和应用程序中的其他窗口之间来回移动——只需在目标窗口上单击即可，而且在任何时候都可以继续使用对话框，直到将其关闭为止。Class Wizard 是模态对话框的示例，而 Properties 窗口是非模态对话框的示例。

创建非模态对话框的方法是，在对话框类构造函数中，调用 CDialog 类的 Create()成员。创建模态对话框的方法是，在栈上创建一个对话框类的对象，并调用它的 DoModal()函数。在 Sketcher 程序中只使用模态对话框。

16.4.3 显示对话框

把显示对话框的代码放在程序中的什么位置取决于应用程序本身。在 Sketcher 程序中，添加选中时使线宽对话框显示出来的菜单项较为方便。我们将把该菜单项放在 IDR_SketcherTYPE 菜单栏上。由于宽度和颜色都与钢笔相关，可以把 Color 菜单重新命名为 Pen。为此，只需在 Resource Editor 窗格中双击 Color 菜单项，打开其 Properties 窗口，然后把 Caption 属性的值改为&Pen 即可。

给 Pen 菜单添加 Width 菜单项时，应该使其与菜单上的颜色菜单项分开。可以在最后一个颜色菜单项之后添加分隔线，方法是右击空菜单项，并从弹出菜单中选择 Insert Separator 菜单项。可以在该分隔线之后输入新的 Width 项作为下一个菜单项。该 Width 菜单项应当以省略号(3 个句点)结束，以表明要显示一个对话框；这是标准的 Windows 约定。双击该菜单可以显示出如图 16-3 所示的属性窗口。

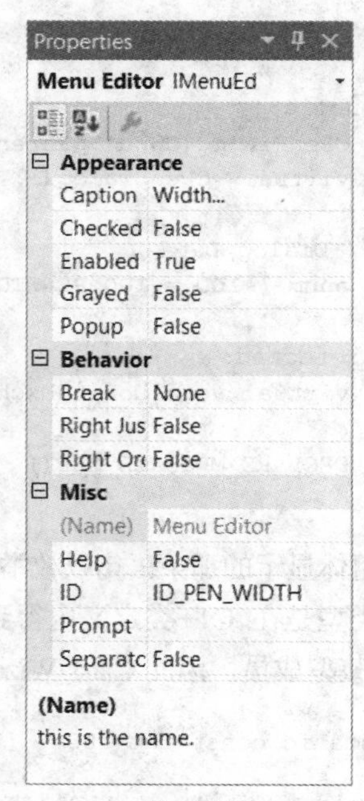

图 16-3

默认的 ID_PEN_WIDTH 这一 ID 就很不错，所以不需要修改它。还可以给该菜单项添加状态栏提示。因为后面要添加对应的工具栏按钮，所以还应当添加相应的工具提示文本。记住，只需把工具提示文本放在状态栏提示文本后面，两者之间以\n 分开。图 16-3 中 Prompt 属性的值是 Change pen width\nShow pen width options。

我们需要将对应于 Width 菜单项的工具栏按钮添加到工具栏资源中。为了添加工具栏按钮，可双击 Resource View 窗格中的 IDR_MAINFRAME 工具栏资源。可以添加表示线宽的工具栏按钮。图 16-4 中显示的新按钮就像是一个正在画线的钢笔。

为了使新按钮与刚才添加的菜单项相关联，打开该按钮的 Properties 窗口，把它的 ID 指定为 ID_PEN_WIDTH，它与菜单项的 ID 相同。

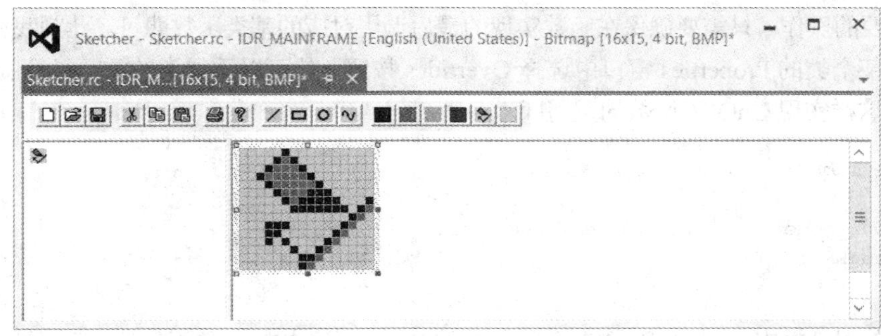

图　16-4

1. 显示对话框的代码

显示对话框的代码应当在 Pen | Width 菜单项的处理程序中，那么应该在哪一个类中实现该处理程序呢？CSketcherView 类是处理线宽的候选类，但遵循前面处理元素颜色和类型时的逻辑，使当前的线宽选项存储在文档中更切合实际，因此该处理程序应该放在 CSketcherDoc 类中。

在 Resource View 窗格中右击 IDR_SketcherTYPE 菜单的 Width 菜单项，并从弹出菜单中选择 Add Event Handler 菜单项。然后，可以创建对应于 CSketcherDoc 类中 ID_PENWIDTH 的 COMMAND 消息的处理程序。现在编辑这个处理程序，并输入下面的代码：

```
// Handler for the pen width menu item
void CSketcherDoc::OnPenWidth()
{
   CPenDialog aDlg;                          // Create a local dialog object
   aDlg.DoModal();                           // Display the dialog as modal
}
```

此刻该处理程序中只有两条语句。第一条语句创建一个自动与我们的对话框资源相关联的对话框对象。然后，通过调用 aDlg 对象的 DoModal()函数显示该对话框。

因为该处理程序要创建 CPenDialog 对象，所以必须在 SketcherDoc.cpp 文件的开始部分添加嵌入 PenDialog.h 文件的#include 指令。之后，可以编译 Sketcher 程序，并试用添加的对话框。当单击线宽工具栏按钮时，该对话框应该出现。当然，如果要让这个对话框完成某种操作，那么还必须添加支持控件操作的代码；要关闭该对话框，则可以使用 OK 按钮或 Cancel 按钮，或者使用标题栏上的关闭图标。

2. 关闭对话框的代码

使用 OK 按钮和 Cancel 按钮(以及标题栏上的关闭图标)能够关闭对话框。系统已经在基类中实现了处理 OK 和 Cancel 这两个按钮控件的 BN_CLICKED 事件处理程序。但是，如果希望在对话框完全关闭之前做其他事情，或者正在处理非模态对话框，则有必要知道关闭对话框的动作是如何实现的。

CDialogEx 的 CDialog 基类定义了在用户单击默认的 OK 按钮(ID 为 IDOK)时调用的 OnOK()方法，该函数将关闭对话框，并使 DoModal()方法返回默认 OK 按钮的 ID——IDOK。在对话框中单击默认的 Cancel 按钮时，将调用 OnCancel()函数。该函数同样会关闭对话框，并使 DoModal()方法返回默认 Cancel 按钮的 ID——IDCANCEL。可以在对话框类中重写这两个函数中的任何一个或全部，执行需要的操作。只需要确保在函数实现的最后调用对应的基类函数即可。此刻我们可能还记得，通过在某个类的 Properties 窗口中选择 Overrides 按钮，就可以添加类的重写函数版本。例如，可以像下面这样实现 OnOK()函数的重写版本：

```
void CPenDialog::OnOK()
{
  // Your code for data validation or other actions...
  CDialogEx::OnOK();                    // Close the dialog
}
```

在复杂的对话框中，我们可能希望验证选中的选项或输入的数据是否有效。可以把检查对话框状态和整理数据的代码，乃至使对话框在有问题时保持打开状态的代码都放在这里。

调用基类中定义的 OnOK()函数将关闭对话框，并使 DoModal()函数返回 IDOK。因此，可以使用 DoModal()函数返回的值，检测对话框是何时因单击 OK 按钮而关闭的。

如前所述，如果需要在对话框关闭之前做一些额外的整理操作，也可以用类似的方式重写 OnCancel()函数。但在函数实现的最后，务必调用基类的方法。

在使用非模态对话框时，必须实现重写的 OnOK()和 OnCancel()函数，使它们调用继承的 DestroyWindow()函数来终止对话框。在这种情况下，不得调用基类的 OnOK()或 OnCancel()函数，因为这两个函数不会销毁对话框窗口，而只是使其不可见。

16.5 支持对话框控件

对 Pen 对话框来说，要把选中的线宽存储在 CPenDialog 类的数据成员 m_PenWidth 中。要添加该数据成员，可以右击 CPenDialog 类名，并从上下文菜单中选择适当的菜单项，也可以像下面这样直接在类定义中添加它：

```
class CPenDialog : public CDialogEx
{
// Construction
public:
   CPenDialog(CWnd* pParent = NULL);  // standard constructor
   virtual ~CPenDialog();
// Dialog Data
   enum { IDD = IDD_PENWIDTH_DLG };

   int m_PenWidth;                  // Record the current pen width

// Plus the rest of the class definition....

};
```

如果使用类的上下文菜单添加 m_PenWidth，请务必给成员变量的定义添加注释。这是一种好习惯，即使成员名看起来不需要解释也应当这么做。

我们将使用 m_PenWidth 数据成员把对应于文档中当前线宽的单选按钮设置为选中状态，还要把在对话框中选中的线宽存储在该成员中，以便在对话框关闭时也可以获取用户的选择。此刻，可以在 CPenDialog 类的构造函数中把 m_PenWidth 初始化为 0：

```
CPenDialog::CPenDialog(CWnd* pParent /*=NULL*/)
            : CDialogEx(CPenDialog::IDD, pParent), m_PenWidth {}
{
}
```

16.5.1　初始化对话框控件

可以通过重写在基类 CDialog 中定义的 OnInitDialog()函数来初始化单选按钮。在响应 WM_INITDIALOG 消息时调用 OnInitDialog()函数，该消息是在执行 DoModal()的过程中，正好在显示对话框之前发送的。在 CPenDialog 类的 Properties 窗口中，可以在重写函数列表中选中 OnInitDialog，从而在 CPenDialog 类中添加该函数。新版 OnInitDialog()函数的实现如下：

```
BOOL CPenDialog::OnInitDialog()
{
  CDialogEx::OnInitDialog();

  // Check the radio button corresponding to the pen width value
  switch(m_PenWidth)
  {
    case 1:
      CheckDlgButton(IDC_PENWIDTH1,BST_CHECKED);
      break;
    case 2:
      CheckDlgButton(IDC_PENWIDTH2,BST_CHECKED);
      break;
    case 3:
      CheckDlgButton(IDC_PENWIDTH3,BST_CHECKED);
      break;
    case 4:
      CheckDlgButton(IDC_PENWIDTH4,BST_CHECKED);
      break;
    case 5:
      CheckDlgButton(IDC_PENWIDTH5,BST_CHECKED);
      break;
    default:
      CheckDlgButton(IDC_PENWIDTH0,BST_CHECKED);
  }
  return TRUE;  // return TRUE unless you set the focus to a control
                // EXCEPTION: OCX Property Pages should return FALSE
}
```

在这里应该保留对基类函数的调用，因为基类函数要做一些设置对话框的基本工作。switch 语句根据数据成员 m_PenWidth 的值选中其中一个单选按钮。这意味着必须在执行 DoModal()函数之前，把 m_PenWidth 设置为某个适当的值，因为正是 DoModal()函数发送出 WM_INITDIALOG 消息，进而调用 OnInitDialog()函数的新版本。

CheckDlgButton()函数是通过 CDialog 类间接从 CWnd 类继承的。第一个实参标识按钮，第二个 UINT 类型的实参设置按钮的选中状态。如果第二个实参是 BST_CHECKED，该函数就选中对应于第一个实参指定的 ID 的按钮。如果第二个实参是 BST_UNCHECKED，则取消相应按钮的已选中状态。该函数既能处理复选框，也能处理单选按钮。

16.5.2 处理单选按钮消息

在显示对话框之后，每当单击一个单选按钮时，就会产生一条消息并发送给该应用程序。为了处理这些消息，可以给 CPenDialog 类添加处理程序。返回创建的对话框资源，依次右击每个单选按钮，并从弹出菜单中选择 Add Event Handler 菜单项，从而创建 BN_CLICKED 消息的处理程序。图 16-5 是 ID 为 IDC_PENWIDTH0 的按钮的事件处理程序对话框窗口。注意，此处已经编辑过该处理程序的名称，因为默认的名称有点儿不方便。

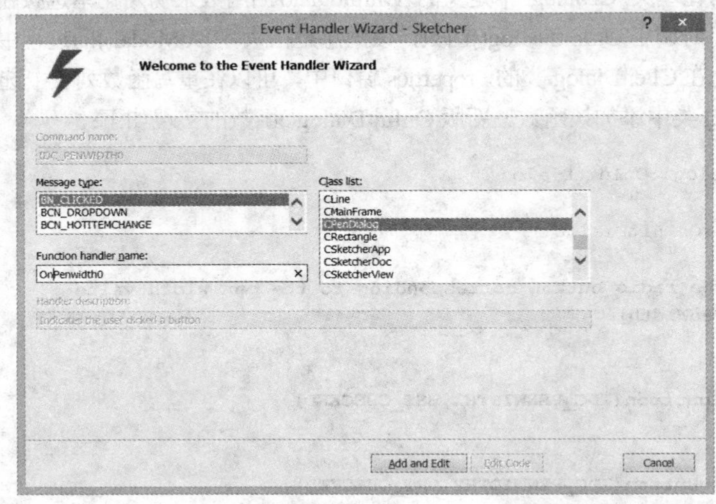

图 16-5

所有这些单选按钮的 BN_CLICKED 事件处理程序的实现都类似，因为各个实现只需设置对话框对象中的线宽。举例来说，IDC_PENWIDTH0 的处理程序是：

```
void CPenDialog::OnPenwidth0()
{
  m_PenWidth = 0;
}
```

需要在 CPenDialog 类的实现中添加所有这 6 个处理程序的代码，在 OnPenWidth1()中把 m_PenWidth 设置为 1，在 OnPenWidth2()中把 m_PenWidth 设置为 2 等。

16.6 完成对话框的操作

现在，必须修改 CSketcherDoc 类中的 OnPenWidth()处理程序，才能使对话框有效。给该函数添加下面的代码：

```
// Handler for the pen width menu item
void CSketcherDoc::OnPenWidth()
{
  CPenDialog aDlg;                    // Create a local dialog object
```

```
    // Set pen width in the dialog to that in the document
    aDlg.m_PenWidth = m_PenWidth;

    if(aDlg.DoModal() == IDOK)           // Display the dialog as modal
      m_PenWidth = aDlg.m_PenWidth;     // When closed with OK, get the pen width
  }
```

aDlg 对象的 m_PenWidth 成员设置为在文档的 m_PenWidth 成员中存储的线宽；仍需要给 CSketcherDoc 类添加 m_PenWidth 成员。现在对 DoModal()函数的调用出现在 if 语句的条件中；如果 DoModal()函数返回 IDOK，则该 if 语句的条件为 true。这种情况下，就检索在 aDlg 对象中存储的线宽，并将其存储在文档的 m_PenWidth 成员中。如果用户使用 Cancel 按钮、键盘上的退出键或关闭图标来关闭对话框，则 DoModal()函数不会返回 IDOK，因此不会修改文档中 m_PenWidth 成员的值。

注意，即使当 DoModal()函数返回某个值时对话框关闭，aDlg 对象也仍然存在，因此可以放心地调用该对象的成员函数。aDlg 对象是在从 OnPenWidth()函数返回时自动销毁的。

为了在应用程序中支持可变的线宽，只需更新受影响的类：CSketcherDoc、CElement 以及从 CElement 派生的 4 个形状类。

16.6.1　给文档添加线宽

需要给文档类添加 m_PenWidth 成员，还需要添加 GetPenWidth()函数，以允许从外部访问该成员存储的值。应该在 CSketcherDoc 类的定义中添加下面粗体显示的语句：

```
class CSketcherDoc : public CDocument
{
// the rest as before...

// Operations
public:
// the rest as before...
  int GetPenWidth() const { return m_PenWidth; }   // Get current pen width

// the rest as before...

protected:
// the rest as before...
  int m_PenWidth {}                                // Current pen width

// the rest as before...
};
```

因为 GetPenWidth()函数很简单，所以可以把它定义在类定义之中，使其成为隐式 inline 的函数。不需要在 CSketcherDoc 类的构造函数中添加对 m_PenWidth 成员初始化的代码，其初始值在 CSketcherDoc 的 m_PenWidth 声明中设置。

16.6.2　给元素添加线宽

需要给形状类添加的代码要稍多一些。CElement 类中已经有存储线宽的 m_PenWidth 成员，其构造函数有一个表示线宽的参数。必须扩展各个派生类的构造函数，来接受线宽实参，并相应设置类中的成员。创建或修改元素封闭矩形的成员必须更改为能够处理等于 0 的线宽。

必须将 CLine、CRectangle、CCircle 和 CCurve 的构造函数修改成接受线宽实参。CLine 类中构造函数的声明应修改成下面这样：

```
CLine(const CPoint& start, const CPoint& end, COLORREF aColor, int penWidth);
```

而应该将该构造函数的实现修改成：

```
CLine::CLine(const CPoint& start, const CPoint& end,
        COLORREF color, int penWidth) :
          CElement {start, color, penWidth}, m_EndPoint {end}
{
  // Define the enclosing rectangle
  m_EnclosingRect = CRect {start, end};
  m_EnclosingRect.NormalizeRect();
  int width {penWidth == 0 ? 1 : penWidth};  // Inflate rect by at least 1
  m_EnclosingRect.InflateRect(width, width);
}
```

现在封闭矩形至少增大了 1 个单位。

CRectangle 构造函数的实现是：

```
CRectangle::CRectangle (const CPoint& start, const CPoint& end,
                    COLORREF color, int penWidth) :
                      CElement {start, color, penWidth}
{
  // Normalize the rectangle defining points
  m_StartPoint = CPoint {(std::min)(start.x, end.x)},
                     (std::min)(start.y, end.y)};
  m_BottomRight = CPoint {(std::max)(start.x, end.x)},
                     (std::max)(start.y, end.y)};

  // Ensure width and height between the points is at least 2
  if((m_BottomRight.x - m_StartPoint.x) < 2)
    m_BottomRight.x = m_StartPoint.x + 2;
  if((m_BottomRight.y - m_StartPoint.y) < 2)
    m_BottomRight.y = m_StartPoint.y + 2;

  // Define the enclosing rectangle
  m_EnclosingRect = CRect {m_StartPoint, m_BottomRight};
  int width{penWidth == 0 ? 1 : penWidth}; // Inflate rect by at least 1
  m_EnclosingRect.InflateRect(width, width);
}
```

这里也要在这个类和其他形状类的定义中给构造函数声明添加线宽参数。

CCircle 构造函数的定义修改为：

```
CCircle::CCircle(const CPoint& start, const CPoint& end,
            COLORREF color, int penWidth) :
                          CElement {start, color, penWidth}
{
  // Code as before...

  // Define the enclosing rectangle
```

```
  m_EnclosingRect = CRect {m_StartPoint.x, m_StartPoint.y,
                           m_BottomRight.x, m_BottomRight.y};
  int width{penWidth == 0 ? 1 : penWidth}; // Inflate rect by at least 1
  m_EnclosingRect.InflateRect(width, width);
}
```

必须修改 CCurve 类的构造函数和 AddSegment()成员，下面是构造函数的修改版：

```
CCurve::CCurve(const CPoint& first, const CPoint& second,
            COLORREF color, int penWidth) :
                                   CElement {first, color, penWidth}
{
   // Store the second point in the vector
   m_Points.push_back(second);
   m_EnclosingRect = CRect {
             (std::min)(first.x, second.x),
             (std::min)(first.y, second.y),
             (std::max)(first.x, second.x),
             (std::max)(first.y, second.y)};
  int width {penWidth == 0 ? 1 : penWidth};      // Inflate rect by at least 1
  m_EnclosingRect.InflateRect(width, width);
}
```

AddSegment()成员的实现修改为：

```
void CCurve::AddSegment(const CPoint& point)
{
  m_Points.push_back(point);                    // Add the point to the end

  // Modify the enclosing rectangle for the new point
  int width {m_PenWidth == 0 ? 1 : m_PenWidth};   // Deflate rect by at least 1

  m_EnclosingRect.DeflateRect(width, width);
  m_EnclosingRect = CRect {(std::min)(point.x, m_EnclosingRect.left),
                           (std::min)(point.y, m_EnclosingRect.top),
                           (std::max)(point.x, m_EnclosingRect.right),
                           (std::max)(point.y, m_EnclosingRect.bottom)};
  m_EnclosingRect.InflateRect(width, width);
}
```

这就完成了形状类的修改。现在需要修改 Sketcher 的其余内容，以使用新的形状构造函数。

16.6.3　在视图中创建元素

最后需要修改的是 CSketcherView 类的 CreateElement()成员。因为已经添加了线宽作为各个形状的构造函数的实参，所以必须更新对这些构造函数的调用，以反映前面做出的修改。把 CSketcher-View::CreateElement()函数的定义修改为：

```
std::shared_ptr<CElement> CSketcherView::CreateElement() const
{
    // Get a pointer to the document for this view
    CSketcherDoc* pDoc = GetDocument();
    ASSERT_VALID(pDoc);                        // Verify the pointer is good

    // Get the current element color
```

```
COLORREF color {static_cast<COLORREF>(pDoc->GetElementColor())}

int penWidth{pDoc->GetPenWidth()};              // Get current pen width

// Now select the element using the type stored in the document
switch(pDoc->GetElementType())
{
  case ElementType::RECTANGLE:
    return std::make_shared<CRectangle>(m_FirstPoint, m_SecondPoint,
                                        color, penWidth);
  case ElementType::CIRCLE:
    return std::make_shared<CCircle>(m_FirstPoint, m_SecondPoint,
                                        color, penWidth);
  case ElementType::CURVE:
    return std::make_shared<CCurve>(m_FirstPoint, m_SecondPoint,
                                        color, penWidth);
  case ElementType::LINE:
    return std::make_shared<CLine>(m_FirstPoint, m_SecondPoint,
                                        color, penWidth);
  default:                  // Something's gone wrong
    AfxMessageBox(_T("Bad Element code"), MB_OK);
    AfxAbort();
    return nullptr;
  }
}
```

现在，对各个构造函数的调用都传递了线宽作为一个实参。使用已经在文档类中添加的GetPenWidth()函数从文档中检索该实参。

16.6.4 练习使用对话框

现在可以构建并运行最新的Sketcher版本，以了解设定线宽对话框的工作情况。选择Pen | Width菜单项或相关的工具栏按钮来显示对话框，这样就可以选择线宽。图16-6是Sketcher程序运行时看到的典型屏幕。

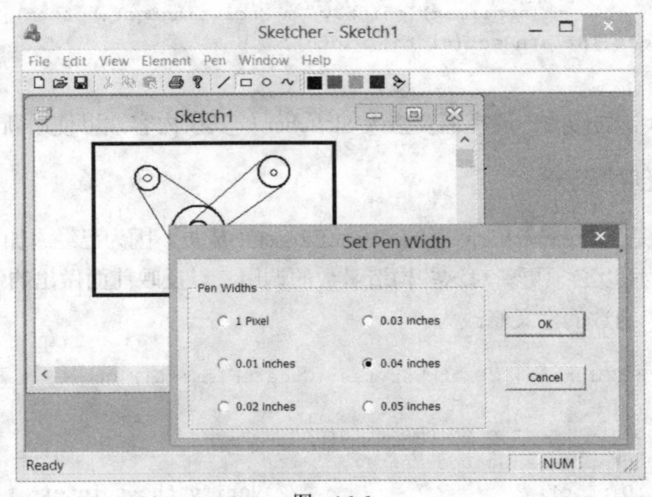

图 16-6

注意，该对话框是完全独立的窗口，可以把它拖到任何位置，甚至可以把它拖到 Sketcher 应用程序窗口的外部。

16.7　使用微调按钮控件

现在，分析如何使用微调按钮来帮助 Sketcher 应用程序中的操作。希望把输入限制在给定的整数范围之内时，微调按钮是特别有用的。该控件通常与另一个控件(称作合作者控件)结合使用，把微调按钮修改的值显示出来。相关联的控件通常是编辑控件，但不一定是编辑控件。

最好能在 Sketcher 程序中以不同的比例绘图。如果有办法修改绘图比例，那么当需要观察作品中的细节时可以放大图像，而当处理整体场景时则可以再次缩小图像。可以使用微调控件来管理文档视图中的缩放比例。绘图比例应当是视图特有的属性，需要使不同元素的绘图函数考虑当前的视图比例。把现有代码更改为能够缩放视图，需要做的工作要比设置微调按钮控件多得多，因此首先来看看如何创建微调按钮并使其正常工作。

16.7.1　添加 Scale 菜单项和工具栏按钮

首先应提供显示比例对话框的方法。转到 Resource View 窗格中，打开 IDR_SketcherTYPE 菜单。我们打算在 View 菜单的最后添加 Scale 菜单项。输入 Scale...作为未用菜单项的标题。该菜单项将显示比例对话框，因此使输入的标题以省略号(3 个句点)结束，以表明这一点，其默认 ID 是 ID_VIEW_SCALE。接下来，可以右击新的菜单项，并从弹出菜单中选择 Insert Separator 菜单项，从而在该菜单项前面添加一个分隔线。该菜单现在应该如图 16-7 所示。给该菜单项添加合适的 Prompt 属性值。

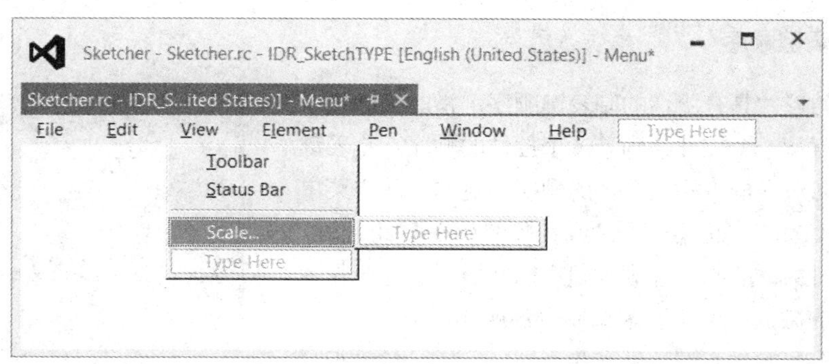

图　16-7

还可以为该菜单项的两个工具栏添加工具栏按钮，该按钮的位图图像应表示缩放。确保新按钮的 ID 也设置为 ID_VIEW_SCALE。

16.7.2　创建微调按钮

我们已经有了 Scale 菜单项，还应该有一个与其配套的对话框。在 Resource View 窗格中，右击 Dialog 文件夹，并从弹出菜单中选择 Insert Dialog 菜单项，从而添加新的对话框。把该资源的 ID 修改为 IDD_SCALE_DLG，并把对话框的 Caption 属性修改为 Set Drawing Scale。

单击 Toolbox 中的微调按钮控件，并在对话框中希望放置该控件的位置单击。接下来，右击该微调按钮控件，使其属性窗口显示出来。将该控件的 ID 修改成比默认 ID 更有意义的文本，如 IDC_SPIN_SCALE。现在，检查一下该微调按钮控件的属性。它们都显示在图 16-8 中。

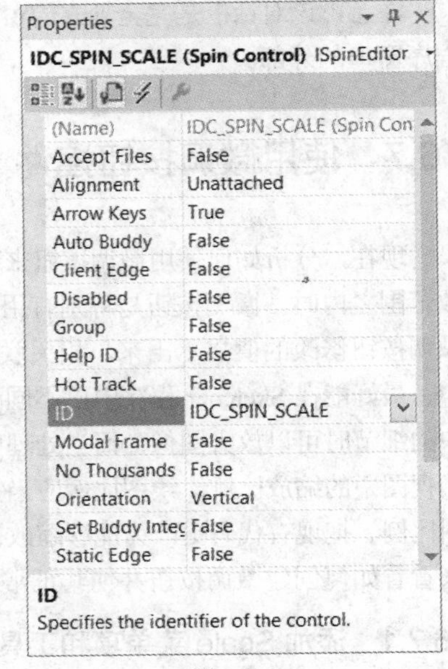

图 16-8

Arrow Keys 属性已经设置为 True，以便使用键盘上的箭头键来操作微调按钮。还应该把 Set Buddy Integer 属性的值设置为 True，从而把合作者控件的值指定为整数；另外应该把 Auto Buddy 属性的值也设置为 True，从而提供合作者控件的自动选择功能。如此设置的结果是使对话框中定义的上一个控件自动选为合作者控件。此刻，上一个定义的控件是 Cancel 按钮，该控件是完全不合适的，稍后将对此进行修改。Alignment 属性决定该微调按钮如何相对于合作者控件来显示。应该把该属性设置为 Right Align，使微调按钮附着到合作者控件的右边。

接下来，在微调按钮的左边添加一个编辑控件，方法是在 Toolbox 窗格中选择编辑控件，然后在对话框中希望放置该控件的位置单击。把这个编辑控件的 ID 修改为 IDC_SCALE。还可以把其 Align Text 属性值设置为 Center。

为了使编辑控件的内容非常清楚，可以添加一个静态控件(就在对话框中编辑控件的左边)，并输入 View Scale:作为该控件的标题。按下 Shift 键的同时依次单击 3 个控件，可以将它们全部选中。按下 F9 功能键使 3 个控件对齐，也可以使用 Format 菜单。

控件的制表键顺序

对话框中的控件具有所谓的制表键顺序，指的是当按下制表键时，焦点从一个控件移到下一个控件的顺序。制表键顺序最初是由向对话框中添加控件的顺序决定的。从主菜单上选择 Format | Tab Order 菜单项，或者按下 Ctrl+D 组合键，可以查看当前对话框的制表键顺序。图 16-9 展示了与合作者控件协同工作的微调控件所要求的制表键顺序。

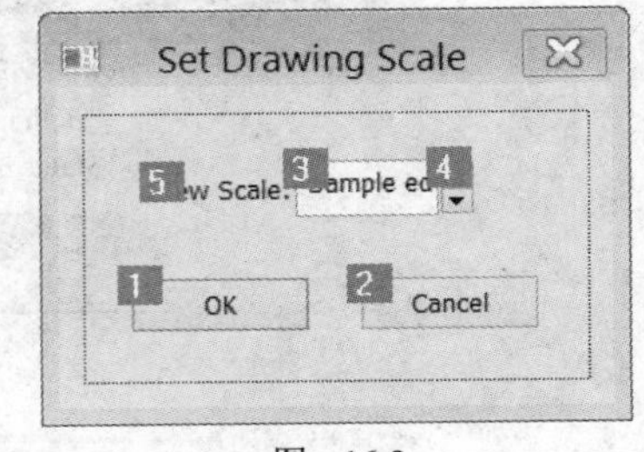

图 16-9

如果你所看到的制表键顺序与此不同，则必须进行更改。编辑控件在制表键顺序中应处在微调按钮前面，因此需要根据希望的编号顺序，即以 OK 按钮、Cancel 按钮、编辑控件、微调按钮，最后是静态控件的顺序单击控件将其选中，从而制表键顺序将如图 16-9 所示。现在，编辑控件就选为微调按钮的合作者控件。

16.7.3 生成比例对话框类

在保存过资源文件之后，可以在 Resource Editor 窗格中右击比例对话框，并选择 Add Class 菜单项。然后，就可以定义与已经创建的对话框资源相关联的新类。应该把这个类命名为 CScaleDialog，并选择默认的 CDialog 作为它的基类。单击 Finish 按钮，在 Sketcher 项目中添加这个类。

需要给该对话框类添加一个变量来存储从编辑控件返回的值，因此在 Class View 窗格中右击

CScaleDialog 类名，并选择 Add | Add Variable 菜单项。类的新数据成员比较特殊，称作控件变量，因此首先在 Add Member Variable Wizard 窗口中选中 Control variable 复选框。控件变量是与对话框中控件相关联的变量。从 Control ID:下拉列表中选择 IDC_SCALE 作为该变量的 ID，并从 Category 列表框中选择 Value。输入 m_Scale 作为该变量的名称。我们要存储的是整数比例值，因此选择 int 作为该变量的类型。Add Member Variable Wizard 显示了为变量 m_Scale 输入最大值和最小值的编辑框。就本应用程序而言，最小值为 1，最大值为 8 应当比较合适。注意，这项约束仅适用于 ID 为 IDC_SCALE 的编辑框；微调按钮控件与该约束无关。

完成这些设置之后，Add Member Variable Wizard 窗口如图 16-10 所示。

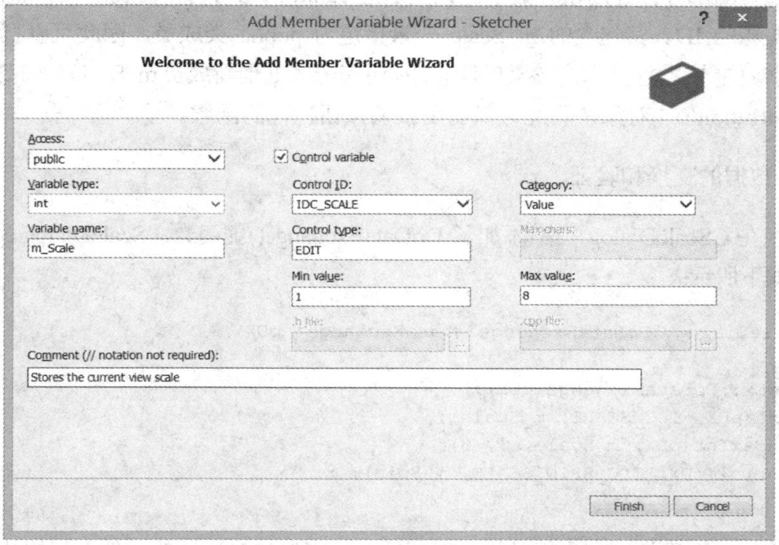

图 16-10

如果单击 Finish 按钮，该向导将负责输入支持新的控件变量所需的代码。

我们也需要访问对话框中的微调按钮控件，这同样可以使用 Add Member Variable Wizard 来创建。再一次在 Class View 窗格中右击 CScaleDialog 类，选择 Add Variable...，单击对话框中的 Control variable 复选框。保持 Category 下拉列表的选择是 Control 项，选择 IDC_SPIN_SCALE 作为此控件的 ID，此 ID 与微调按钮控件相对应。类型自动选择为 CSpinButtonCtrl。现在可以输入变量名 m_Spin，为 Access 值选择 protected，并添加合适的注释。单击 Finish 按钮，则在 CScaleDialog 类中添加新的变量。

在向导添加过新成员之后，最终的类定义如下所示：

```
class CScaleDialog : public CDialogEx
{
  DECLARE_DYNAMIC(CScaleDialog)

public:
  CScaleDialog(CWnd* pParent = NULL);              // standard constructor
  virtual ~CScaleDialog();

// Dialog Data
  enum { IDD = IDD_SCALE_DLG };
```

```
protected:
  virtual void DoDataExchange(CDataExchange* pDX);  // DDX/DDV support

  DECLARE_MESSAGE_MAP()
public:
  int m_Scale;                                  // Stores the current view scale
protected:
  CSpinButtonCtrl m_Spin;                       // Spin control for view scale
};
```

类定义中重要的部分已经用粗体显示。该类通过 enum 语句与对话框资源相关联，并把 IDD 初始化为对话框资源的 ID。其包含的 m_Scale 变量指定为 public 类成员，因此可以直接设置和检索 CScaleDialog 对象中该变量的值。在该类的实现中，还有一些处理新成员 m_Scale 的特殊代码。m_Spin 变量引用 CSpinButtonCtrl 对象，因此可以调用微调按钮控件的函数。

1. 对话框数据的交换和验证

类向导已经在 CScaleDialog 类中添加了 DoDataExchange()虚函数。ScaleDialog.cpp 文件包含该函数的实现，如下所示：

```
void CScaleDialog::DoDataExchange(CDataExchange* pDX)
{
  CDialogEx::DoDataExchange(pDX);
  DDX_Text(pDX, IDC_SCALE, m_Scale);
  DDV_MinMaxInt(pDX, m_Scale, 1, 8);
  DDX_Control(pDX, IDC_SPIN_SCALE, m_Spin);
}
```

该函数是由框架调用的，其作用是执行对话框中的变量和对话框的控件之间的数据交换。该机制称为对话框数据交换，通常缩写为 DDX。这是一种强大的机制，在大多数情况下可以在对话框及其控件之间提供自动的信息传输，从而不必像在前面的线宽对话框中处理单选按钮时那样，亲自编写获取数据的代码。

在 CScaleDialog 类中，DDX 负责处理编辑控件与变量 m_Scale 之间的数据传输。传递给 DoDataExchange()函数的变量 pDX 控制着数据传输的方向。在调用过基类的 DoDataExchange()函数之后，就调用 DDX_Text()函数，该函数在变量 m_Scale 和编辑控件之间移动数据。

对 DDV_MinMaxInt()函数的调用验证传输的数值是否在指定的范围之内。该机制称为对话框数据验证或 DDV。上面的 DoDataExchange()函数是在显示对话框之前自动调用的，其作用是把 m_Scale 中存储的数值传递给编辑控件。当使用 OK 按钮关闭对话框之后，再次自动调用该函数，从而把控件中的值传回对话框对象中的 m_Scale 变量。所有这些都是自动完成的。我们只需确保在显示对话框之前把正确的值存储在 m_Scale 中，并在对话框关闭之后收集获得的结果。

2. 初始化对话框

与线宽对话框一样，要使用 OnInitDialog()继承函数的重写版本来初始化比例对话框。这次将使用该函数来设置微调按钮控件。稍后在 Scale 菜单项的处理程序中创建对话框时，再来初始化 m_Scale 成员，因为该成员应该设置为视图中存储的比例值。现在，使用为上一个对话框使用过的类属性窗格，给 CScaleDialog 类添加 OnInitDialog()函数的重写版本，并添加初始化微调按钮控件的代码：

```
BOOL CScaleDialog::OnInitDialog()
{
  CDialogEx::OnInitDialog();

  m_Spin.SetRange(1, 8);                    // Set the spin control range

  return TRUE;  // return TRUE unless you set the focus to a control
              // EXCEPTION: OCX Property Pages should return FALSE
}
```

只添加了一行代码。这行代码调用微调按钮控件对象的 SetRange()成员，设置微调按钮的上限和下限。虽然已经设置了编辑控件的上下限，但不会直接影响微调按钮控件。如果在这里不对微调按钮控件的值范围进行限制，那么将允许该控件在编辑控件中插入超出范围的值，从而产生一条来自编辑控件的错误消息。注释掉调用 SetRange()函数的那条语句，然后尝试运行 Sketcher 程序，即可演示这一点。

如果希望使用代码设置合作者控件，而不是把微调按钮的 Auto buddy 属性值设置为 True，那么 CSpinButtonCtrl 类也有一个做这件事的函数成员。需要在 OnInitDialog()函数调用的后面添加下面这条语句：

```
m_Spin.SetBuddy(GetDlgItem(IDC_SCALE));
```

也可以编写程序来访问对话框中的控件。GetDlgItem()函数通过 CDialog 和 CDialogEx 类继承自 CWnd 类，使用此函数可以根据作为参数传递的 ID 来检索任何控件的地址。因此，调用 GetDlgItem()函数时用 IDC_SPIN_SCALE 作为参数，将返回微调按钮控件的地址。前面讲过，控件只不过是一种特殊的窗口，返回的指针是 CWnd* 类型，因此如果希望调用成员函数，就必须将它强制转换为适用于特定控件的类型，在此例中是 CSpinButtonCtrl*。

16.7.4　显示微调按钮

比例对话框应当在单击 Scale 菜单项(或关联的工具栏按钮)时显示，因此需要通过 CSketcherView 类的 Properties 窗口，添加对应于 ID_VIEW_SCALE 消息的 COMMAND 事件处理程序。然后，可以在该处理程序中添加下面的代码：

```
void CSketcherView::OnViewScale()
{
  CScaleDialog aDlg;                    // Create a dialog object
  aDlg.m_Scale = m_Scale;               // Pass the view scale to the dialog
  if(aDlg.DoModal() == IDOK)
  {
    m_Scale = aDlg.m_Scale;             // Get the new scale
    InvalidateRect(nullptr);            // Invalidate the whole window
  }
}
```

以前面创建线宽对话框的方式，创建模态的比例对话框。在调用 DoModal()函数显示该对话框之前，先把 CSketcherView 类的 m_Scale 成员提供的比例值存储在同名的对话框成员中；这样可以确保控件在显示对话框时显示当前的比例值。如果对话框因单击 OK 按钮而关闭，就把来自对话框对象的 m_Scale 成员的新比例存储在同名的视图成员中。因为已经修改了视图比例，所以需要以得到的新比例值重新绘制视图。对 InvalidateRect()函数的调用就是做这件事的。不要忘记在 SketcherView.cpp 文件中添加 ScaleDialog.h 的#include 指令。

当然，不能忘记给 CSketcherView 类的定义添加 m_Scale 数据成员，因此在该定义中其他数据成员的后面添加下面这行代码：

```
int m_Scale {1};                          // Current view scale
```

这个语句定义了 m_Scale 成员，还把它初始化为 1。这样就使视图总是以 1:1 的比例开始。这就是使比例对话框及其微调按钮控件正确工作而需要做的全部工作。在添加使绘图过程使用视图缩放比例的代码之前，可以先构建并运行 Sketcher 程序，以试用一下微调按钮。

16.8 使用缩放比例

Windows 中的缩放通常需要使用两种可缩放的映射模式之一：MM_ISOTROPIC 或 MM_ANISOTROPIC。使用其中一种映射模式，可以使 Windows 为我们做大部分工作。但是，这不是仅仅修改映射模式这么简单，因为 CScrollView 类不支持这两种映射模式。但如果能够解决该问题，就万事大吉了。我们打算使用 MM_ANISOTROPIC 模式——原因很快就会知道，因此首先来了解与使用该映射模式有关的内容。

16.8.1 可缩放的映射模式

有两种允许更改逻辑坐标和设备坐标之间映射关系的映射模式，它们是 MM_ISOTROPIC 和 MM_ANISOTROPIC 模式。MM_ISOTROPIC 模式强制 x 轴和 y 轴的缩放比例相等，其优点是圆始终是圆，缺点是不能使被映射的文档适应不同高宽比的矩形。而 MM_ANISOTROPIC 模式允许每一个轴单独缩放。因为这是一种更为灵活的模式，所以我们将使用 MM_ANISOTROPIC 来执行 Sketcher 程序中的缩放操作。

记住：

- 逻辑坐标(亦称作页面坐标)是由映射模式决定的。例如，MM_LOENGLISH 映射模式具有以 0.01 英寸为单位的逻辑坐标，坐标原点位于工作区左上角，y 轴的正向是从下向上。逻辑坐标由设备上下文的绘图函数使用。
- 设备坐标(在窗口中亦称作客户端坐标)在窗口的环境中是以像素为量度的，其原点在工作区的左上角，y 轴的正向是从上向下。设备坐标是在设备上下文的外部使用的，如用来在鼠标消息的处理程序中定义光标的位置。
- 屏幕坐标也是以像素为量度，其原点在屏幕的左上角，y 轴的正向是从上向下。屏幕坐标在获取或设置光标的位置时使用。

在 MM_ISOTROPIC 和 MM_ANISOTROPIC 映射模式中，逻辑坐标转换为设备坐标的方式取决于表 16-2 所示的这些可以设定的参数。

表 16-2

参　数	说　明
Window Origin	窗口左上角的逻辑坐标。调用 CDC::SetWindowOrg()函数可以设定该参数。例如，调用 SetWindowOrg(50，50)把窗口的原点设置为点(50,50)
Window Extent	以逻辑坐标指定的窗口尺寸。调用 CDC::SetWindowExt()函数可以设定该参数。例如，调用 SetWindowExt(250,350)，把窗口区域设置为 x 方向 250 个单位，y 方向 350 个单位
Viewport Origin	以设备坐标(像素)指定的窗口左上角的坐标。调用 CDC::SetViewportOrg()函数可以设定该参数。例如，调用 SetViewportOrg(10，10)把视区的原点设置为点(10,10)
Viewport Extent	以设备坐标(像素)指定的窗口尺寸。调用 CDC::SetViewportExt()函数可以设定该参数。例如，调用 SetViewportExt(150，150)，把视区设置为 x 方向和 y 方向都是 150 个像素

这里所说的视区(viewport)本身没有任何物理意义，它只有相对于窗口范围的意义。视区和窗口区确定了如何把逻辑坐标转换为设备坐标。换言之，SetWindowExt()和 SetViewportExt()函数定义的对应矩形确定了逻辑坐标和设备坐标之间的转换。调用 SetWindowExt()时，就用逻辑坐标定义了一个矩形，它对应于调用 SetViewportExt()时用设备坐标定义的矩形。

Windows 用于把逻辑坐标转换为设备坐标的公式如下：

$$x_{Device} = (x_{Logical} - x_{WindowOrigin}) \times \frac{x_{ViewportExtent}}{x_{WindowExtent}} + x_{ViewportOrigin}$$

$$y_{Device} = (y_{Logical} - y_{WindowOrigin}) \times \frac{y_{ViewportExtent}}{y_{WindowExtent}} + y_{ViewportOrigin}$$

使用那些不是由 MM_ISOTROPIC 和 MM_ANISOTROPIC 映射模式提供的坐标系，窗口尺寸和视区尺寸是由映射模式确定的，且不能修改。调用 CDC 对象中改变窗口或视区尺寸的 SetWindowExt()或 SetViewportExt()函数没有任何作用，不过仍然可以调用 SetWindowOrg()或 SetViewportOrg()函数，来移动逻辑参考框架中原点的位置。但是，在 MM_ISOTROPIC 和 MM_ANISOTROPIC 映射模式中，对于以逻辑坐标单位指定的窗口尺寸所表示的给定大小文档来说，适当地设置视区的尺寸，可以调整显示文档元素的比例。设置窗口与视区尺寸，可以使缩放操作自动完成。

16.8.2　设置文档的大小

需要在文档对象中以逻辑单位表示文档的大小。可以给 CSketcherDoc 类的定义添加一个 protected 数据成员 m_DocSize 来存储文档的大小：

```
CSize m_DocSize {CSize {3000, 3000}};            // Document size
```

这个语句把文档的范围定义为 x、y 方向都是 3000 逻辑单位。CSize 是一个等价于 Windows SIZE 结构的 MFC 类，它有公共数据成员 cx 和 cy。该类重载了+、 -、+=、-=、==和!=操作符，所以可以对 CSize 对象执行加、减、相等或不相等比较。在逻辑单位中，尺寸的物理范围是通过窗口尺寸和有效视区尺寸决定的。这两个范围都可以使用比例映射模式来改变，这些模式会改变给定数量的逻辑单位的物理范围。在视图类中要访问 m_DocSize 数据成员，所以在 CSketcherDoc 类定义中添加一个 public 函数，如下：

```
CSize GetDocSize() const { return m_DocSize; }   // Retrieve the document size
```

不需要在文档类的构造函数中初始化 m_DocSize 成员，因为已经给它指定了初始值。

我们将使用概念上的 MM_LOENGLISH 坐标，因此逻辑坐标单位是 0.01 英寸，这样文档的尺寸提供了 30 平方英寸的绘图区域。

16.8.3 设置映射模式

重写 CSketcherView 类中继承的 OnPrepareDC()函数，可以把映射模式设置为 MM_ANISOTROPIC。在响应发送给视图的任何 WM_PAINT 消息时，总是要调用这个函数；它允许在调用 OnDraw()成员之前，设置设备上下文。要进行视图缩放，必须做的不仅仅是设置映射模式。还必须确定要把视区的尺寸设置为多少，使草图用视图中设置的比例来绘制。

在添加代码之前，需要在 CSketcherView 类中创建该函数的重写版本。打开 CSketcherView 类的 Properties 窗口，并单击 Overrides 按钮。然后，从列表中选择 OnPrepareDC，并单击相邻列中的 <Add> OnPrepareDC，从而添加该重写函数。之后，即可直接在 Editor 窗格中输入代码。重写的 OnPrepareDC()函数的实现如下所示：

```
void CSketcherView::OnPrepareDC(CDC* pDC, CPrintInfo* pInfo)
{
  CScrollView::OnPrepareDC(pDC, pInfo);
  CSketcherDoc* pDoc {GetDocument()};
  pDC->SetMapMode(MM_ANISOTROPIC);     // Set the map mode
  CSize DocSize {pDoc->GetDocSize()};  // Get the document size

  pDC->SetWindowExt(DocSize);         // Now set the window extent

  // Get the number of pixels per inch in x and y
  int xLogPixels {pDC->GetDeviceCaps(LOGPIXELSX)};
  int yLogPixels {pDC->GetDeviceCaps(LOGPIXELSY)};

  // Calculate the viewport extent in x and y for the current scale
  int xExtent {(DocSize.cx*m_Scale*xLogPixels)/100};
  int yExtent {(DocSize.cy*m_Scale*yLogPixels)/100};

  pDC->SetViewportExt(xExtent,yExtent); // Set viewport extent
}
```

这个 OnPrepareDC()重写函数的不同寻常之处在于，保留了对 CScrollView::OnPrepareDC()函数的调用，然后在该调用的后面而非默认代码中的注释建议的位置添加了修改代码。如果 CSketcherView 类是从 CView 类派生的，就应当代替对基类函数版本的调用，因为那个函数什么也不做；但在基类是 CScrollView 的情形下，情况就不是如此。需要基类函数在设置映射模式之前设置某些特性。但不要在重写函数版本的最后才调用基类函数，那样缩放功能将不起作用。

窗口区设置为文档的大小，它们使用逻辑坐标单位。CDC 的成员函数 GetDeviceCaps()提供关于与设备上下文相关联的设备信息。可以获得各种与设备有关的信息，信息种类取决于传递给该函数的实参。在本例中，实参 LOGPIXELSX 和 LOGPIXELSY 使该函数返回 x 和 y 方向上每逻辑英寸的像素数。这两个返回值都相当于逻辑坐标中的 100 个单位(1 英寸)。

使用这两个返回值来计算视区区域在当前比例下的 x 和 y 值，并把结果存储在局部变量 xExtent 和 yExtent 中。以逻辑单位表示的沿某一轴的文档尺寸除以 100，得到的是以英寸为单位的文档尺寸。如果该数值再乘以设备的每英寸逻辑像素数，则结果等于文档尺寸的像素数。然后，如果使用该值作为视区尺寸，那么将使图像元素以 1:1 的比例显示。假设窗口原点和视区原点都是(0,0)，则前面在设备坐标与逻辑坐标之间转换的方程式将简化为：

$$x_{Device} = x_{Logical} \times \frac{x_{ViewportExtent}}{x_{WindowExtent}}$$

$$y_{Device} = y_{Logical} \times \frac{y_{ViewportExtent}}{y_{WindowExtent}}$$

如果使视区尺寸值乘以显示比例(存储在 m_Scale 中)，则图像元素将根据 m_Scale 的值绘制。代码中计算视区的 x 和 y 尺寸的表达式所表示的正是这样的逻辑。包括了缩放比例的两个简化的方程式如下所示：

$$x_{Device} = x_{Logical} \times \frac{m\_Scale \times x_{ViewportExtent}}{x_{WindowExtent}}$$

$$y_{Device} = y_{Logical} \times \frac{m\_Scale \times y_{ViewportExtent}}{y_{WindowExtent}}$$

从方程式中可以看出，给定的一对设备坐标值将与比例值成比例变化。比例值为 3 的坐标值是比例值为 1 的坐标值的 3 倍。当然，除了使图像元素更大以外，增加比例值还能使图像元素更加远离原点。

但是，此刻滚动功能还不能与缩放功能共同工作，因此需要看看针对该问题能够做些什么。

16.8.4　同时实现滚动与缩放

CScrollView 类不能与 MM_ANISOTROPIC 映射模式共同工作，因此显然必须使用另一种映射模式来设置滚动条。最简单的方法是使用 MM_TEXT 模式，因为该模式下的逻辑坐标单位与客户端坐标单位(即像素)相同。然后，只需为特定的绘图比例计算出多少个像素等于逻辑文档尺寸即可，这件事做起来要比想象的容易。可以给 CSketcherView 类添加一个函数来处理滚动条，并实现所需的计算。在 Class View 窗格中右击 CSketcherView 类名，然后添加一个返回类型为 void、没有形参的 public 函数 ResetScrollSizes()。添加如下所示的实现代码：

```
void CSketcherView::ResetScrollSizes()
{
  CClientDC aDC {this};
  OnPrepareDC(&aDC);                               // Set up the device context
  CSize DocSize {GetDocument()->GetDocSize()};     // Get the document size
  aDC.LPtoDP(&DocSize);                            // Get the size in pixels
  SetScrollSizes(MM_TEXT, DocSize);                // Set up the scrollbars
}
```

在为视图创建了局部的 CClientDC 对象之后，调用 OnPrepareDC()函数来设置 MM_ANISOTROPIC 映射模式。因为这次要考虑缩放，所以 aDC 对象的 LPtoDP()成员根据当前的逻辑文档尺寸和比例，把局部变量 DocSize 中存储的文档尺寸转换为正确的像素数。以像素值表示的文档大小决定了 MM_TEXT 模式中的滚动条必须有多大。记住，MM_TEXT 模式下的逻辑坐标是以像素表示的。然后，通过指定 MM_TEXT 作为映射模式，使 CScrollView 类的 SetScrollSizes()成员基于前面的计算来设置滚动条。

这样改变映射模式似乎有些奇怪，但重要的是，映射模式只不过是逻辑坐标到设备坐标的转换方式的定义而已。已经设置的任何映射模式(及相应的坐标转换算法)都将应用于以后的所有设备上下文函数，直到再次修改映射模式为止；而且，任何时候都可以对映射模式进行修改。当设置新模式之后，随后的设备上下文函数调用就只能使用新模式定义的转换算法。首先使用 MM_ANISOTROPIC 模式计算以像素数表示的文档大小，因为这是唯一能够使缩放生效的方法；然后切换到 MM_TEXT 模式来设置滚动条，因为需要给 SetScrollSizes()函数提供以像素为单位的文档大小，才能使滚动条正常工作。当我们知道如何做的时候，实现过程是很简单的。

设置滚动条

最初必须在 CSketcherView 类的 OnInitialUpdate()成员中为视图设置滚动条。把前面对该函数的实现修改成：

```
void CSketcherView::OnInitialUpdate()
{
  ResetScrollSizes();                  // Set up the scrollbars
  CScrollView::OnInitialUpdate();
}
```

这只是调用刚刚在视图类中添加的 ResetScrollSizes()函数而已。该函数会处理好一切——几乎可以这么说。CScrollView 对象需要有已经设置的初始尺寸才能使 OnPrepareDC()函数正常工作，因此需要给 CSketcherView 类的构造函数添加一条语句：

```
CSketcherView::CSketcherView()
{
   SetScrollSizes(MM_TEXT, CSize {};  // Set arbitrary scrollers
}
```

添加的语句只是以任意的尺寸调用 SetScrollSizes()函数，从而在绘制视图之前初始化滚动条。在初次绘制视图时，OnInitialUpdate()函数中对 ResetScrollSizes()函数的调用将正确设置滚动条。视图构造函数不需要做其他工作。所有 CPoint 成员都初始化为默认值，m_MoveMode 和 m_Scale 成员的初始值在类中指定。

当然，每当视图比例改变时，就需要在重画视图之前更新滚动条。因为改变视图比例会改变用设备坐标表示的文档尺寸。可以在 CSketcherView 类的 OnViewScale()处理程序中做这件事：

```
void CSketcherView::OnViewScale()
{
  CScaleDialog aDlg;                   // Create a dialog object
  aDlg.m_Scale = m_Scale;              // Pass the view scale to the dialog
  if(aDlg.DoModal() == IDOK)
  {
    m_Scale = aDlg.m_Scale;            // Get the new scale
    ResetScrollSizes();                // Adjust scrolling to the new scale
    InvalidateRect(nullptr);           // Invalidate the whole window
  }
}
```

有了 ResetScrollSizes()函数之后，滚动条的处理就很简单了。一切尽在添加的一行代码中。

现在，可以构建该项目并运行该应用程序。可以看到，滚动条正如所预期的那样工作。注意，每个视图都维护着自己独有的、与其他视图无关的缩放比例。

这就是缩放视图所需做的工作。现在可以有多个可滚动的视图，它们都使用不同的比例显示，在一个视图中绘制的内容，会在其他视图中以适当的比例显示。

16.9　使用状态栏

因为现在每个视图都可以独立缩放，所以有必要指示视图中当前的比例是多少。一种方便的方法是在每个视图窗口的状态栏上显示比例值。默认情况下，状态栏在 Sketcher 主应用程序窗口中创建，而不是视图窗口。虽然可以使状态栏显示在工作区的顶部，但通常它将出现在应用程序窗口的底部，位于水平滚动条下面。状态栏被分为若干段(称作窗格)，Sketcher 的主应用程序窗口中的状态栏有 4 个窗格。左边的一个窗格包含文本 Ready，其他 3 个在右边的窗格是凹进的区域，用来记录 Caps Lock、Num Lock 和 Scroll Lock 这 3 个键的状态。

可以向应用程序向导默认提供的状态栏输出信息，但需要访问应用程序中 CMainFrame 对象的 m_wndStatusBar 成员，因为是该成员代表着状态栏。由于 m_wndStatusBar 是 CMainFrame 类的 protected 成员，因此必须给 CMainFrame 类添加一个公有的成员函数，才能从类外部修改状态栏，或者是添加一个返回对 m_wndStatusBar 引用的成员。

同一个草图可能有好几个视图，而每个视图都有自己的比例，因此实际上需要显示每个视图自己的比例。采用的方法是使每个子窗口都有自己的状态栏。CMainFrame 类中的 m_wndStatusBar 对象是 CMFCStatusBar 类的实例。可以使用相同的类来实现各视图窗口的状态栏。

16.9.1　给框架窗口添加状态栏

CStatusBar 类定义了一个包含多个窗格的控制栏，可以在各个窗格中显示信息。使用 CStatusBar 类的第一步是在表示视图框架窗口的 CChildFrame 类的定义中添加一个表示状态栏的数据成员，因此在 CChildFrame 类定义的 public 部分添加下面的声明：

```
CStatusBar m_StatusBar;            // Status bar object
```

状态栏应该是框架的组成部分，而不是视图的组成部分。我们不需要滚动状态栏或者在状态栏上绘图。它们只应该固定在窗口的底部。如果在视图上添加状态栏，则状态栏将出现在滚动条之内，并在滚动视图时一起滚动。任何在包含状态栏的视图部分的绘图操作都会重绘状态栏，从而导致令人讨厌的闪烁。使状态栏成为框架的组成部分可以避免这些问题。

1. 创建状态栏窗格

要创建状态栏窗格，需要对状态栏对象调用 SetIndicators()函数。此函数需要两个参数，即一个类型为 UINT 的指示器常量数组以及数组元素的个数。数组的每个元素都是一个与状态栏窗格关联的资源符号，每个资源符号必须在资源字符串表中有一个对应的条目，这将是窗格中的默认文本。

状态栏窗格的 ID 以 ID_INDICATOR_开头，标准资源符号 ID_INDICATOR_CAPS 和 ID_INDICATOR_NUM 分别用来标识 Caps Lock 和 Num Lock 键的指示器，CMainFrame 类的 OnCreate()函数的实现中使用了这些标准资源符号。标准符号也出现在 MFC 字符串表资源中，可以查看它。在 Resource View 窗格中双击 String Table 资源，再双击 String Table 项，就会显示该表。Sketcher 的字符串表在图 16-11 中显示为浮动窗口。

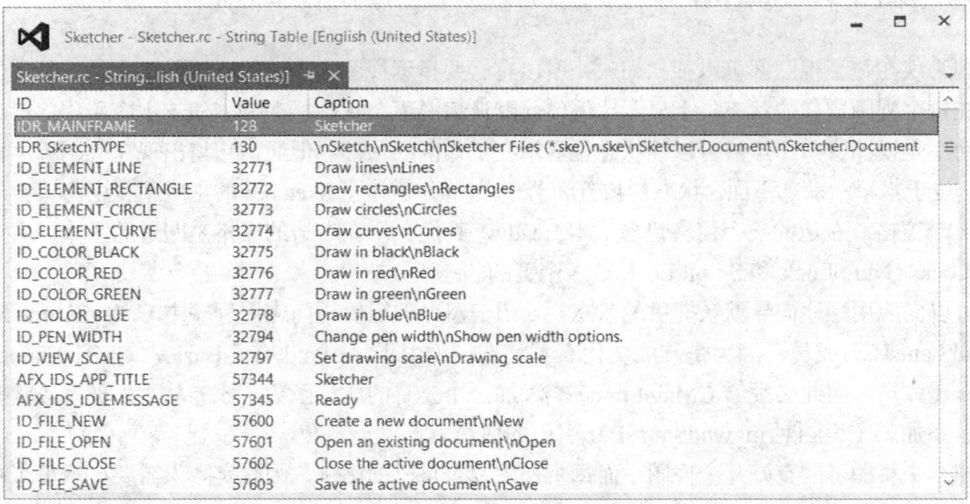

Sketcher - Sketcher.rc - String Table [English (United States)]

Sketcher.rc - String...lish (United States)]

ID	Value	Caption
IDR_MAINFRAME	128	Sketcher
IDR_SketchTYPE	130	\nSketch\nSketch\nSketcher Files (*.ske)\n.ske\nSketcher.Document\nSketcher.Document
ID_ELEMENT_LINE	32771	Draw lines\nLines
ID_ELEMENT_RECTANGLE	32772	Draw rectangles\nRectangles
ID_ELEMENT_CIRCLE	32773	Draw circles\nCircles
ID_ELEMENT_CURVE	32774	Draw curves\nCurves
ID_COLOR_BLACK	32775	Draw in black\nBlack
ID_COLOR_RED	32776	Draw in red\nRed
ID_COLOR_GREEN	32777	Draw in green\nGreen
ID_COLOR_BLUE	32778	Draw in blue\nBlue
ID_PEN_WIDTH	32794	Change pen width\nShow pen width options.
ID_VIEW_SCALE	32797	Set drawing scale\nDrawing scale
AFX_IDS_APP_TITLE	57344	Sketcher
AFX_IDS_IDLEMESSAGE	57345	Ready
ID_FILE_NEW	57600	Create a new document\nNew
ID_FILE_OPEN	57601	Open an existing document\nOpen
ID_FILE_CLOSE	57602	Close the active document\nClose
ID_FILE_SAVE	57603	Save the active document\nSave

图 16-11

图 16-11 显示了菜单项的字符串表。每一项都包含 3 部分：ID、ID 的值(唯一的整数值)和字符串。如果向下滚动字符串表，就可以找到应用程序窗口的状态栏窗格项。第一个的 ID 是 ID_INDICATOR_EXT。另外，单击字符串表中的列标题，会使该列中的项按升序排列。

在字符串表中，可以创建自己的指示器资源符号项，为此，应在字符串表中右击任意项，从菜单中选择 New String，或者按下 Insert 键。如果右击新条目，并从菜单中选择 Properties 菜单项，则可以将 ID 更改为 ID_INDICATOR_SCALE，将 caption 更改为 View Scale : 1。

应该在显示可见的视图窗口之前初始化 m_StatusBar 数据成员。使用 CChildFrame 类的 Properties 窗口，可以给该类添加一个在响应 WM_CREATE 消息时调用的函数，WM_CREATE 消息是在创建窗口时发送到应用程序的。给 OnCreate()处理程序添加下面的代码：

```
int CChildFrame::OnCreate(LPCREATESTRUCT lpCreateStruct)
{
  if(CMDIChildWnd::OnCreate(lpCreateStruct) == -1)
    return -1;

  // Create the status bar
  m_StatusBar.Create(this);
  static UINT indicators[] {ID_SEPARATOR, ID_INDICATOR_SCALE};
  m_StatusBar.SetIndicators(indicators, _countof(indicators));
  return 0;
}
```

自动生成的代码没有用粗体显示，其中有对基类的 OnCreate()函数版本的调用，此函数负责创建视图窗口的定义。务必不要删除该函数调用，否则窗口将不能创建。

CStatusBar 对象中的 Create()函数负责创建状态栏。表示当前 CChildFrame 对象的 this 指针被传递给 Create()函数，从而建立起状态栏与拥有状态栏的窗口之间的连接。定义状态栏中窗格的指示器一般定义为一个元素类型为 UINT 的数组。这里将 indicators 定义为一个数组，它用分隔符的 ID 和状态窗格的符号来初始化。要向状态栏添加多个窗格时，可以在 indicators 数组中的符号之间使用 ID_SEPARATOR 将它们分隔开。调用状态栏对象的 SetIndicators()时，用 indicators 的地址作为第一个实参，用数组的元素个数作为第二个实参。这会在状态栏左边创建一个窗格。

第一个窗格指示器是 ID_SEPARATOR 时，此窗格会自动伸展，将其后的窗格与状态栏的右边对齐。给窗格调用 SetPaneStyle()，该窗格在 indicators 数组中通过其索引来引用，就可以设置窗格的样式。SetPaneStyle()的第一个实参是窗格索引，第二个 UINT 值指定要设置的样式。只有一个窗格才可以使用 SBPS_STRETCH 样式，该样式会伸展窗格，使其填满状态栏中可用的空间。可以为窗格设置的其他样式如表 16-3 所示：

表　16-3

SBPS_NORMAL	未设置伸展、边框或凸出样式
SBPS_POPOUT	边框反向，所以文本凸出
SBPS_NOBORDERS	无 3D 边框
SBPS_DISABLED	窗格中无绘制的文本

要为一个窗格设置多个样式时，只要对这些样式执行逻辑 OR 运算即可。

2. 更新状态栏

如果现在生成并运行代码，那么将会出现状态栏，但无论实际使用的缩放比例是多少，状态栏都只能以缩放比例 1 来显示，这样的状态栏没有多大用处。这是因为没有一种合适的机制可以更新状态栏。我们需要在适当的位置添加一些代码，每当选用不同比例时，就修改状态栏窗格的文本。负责此任务的地方显然应该是 CSketcherView 类，因为它记录着当前视图的比例。

添加与窗格的指示器符号相关联的 UPDATE_COMMAND_UI 处理程序，可以更新状态栏窗格。在 Class View 窗格中，右击 CSketcherView 类，从弹出菜单中选择 Class Wizard 菜单项，这会显示 MFC Class Wizard 对话框。可以看出，此对话框可以创建和编辑类中的所有函数，并提供访问任何类成员的备选方式。

如果状态栏窗格还不可见，则在 Class Wizard 对话框中选择 Commands 选项卡，这可以向 CSketcher-View 类添加命令处理程序。在 Object ID 窗格中选择 ID_INDICATOR_SCALE，此 ID 标识想要更新的状态栏窗格。然后，在 Messages 窗格中选择 UPDATE_COMMAND_UI。此时对话框应该如图 16-12 所示。

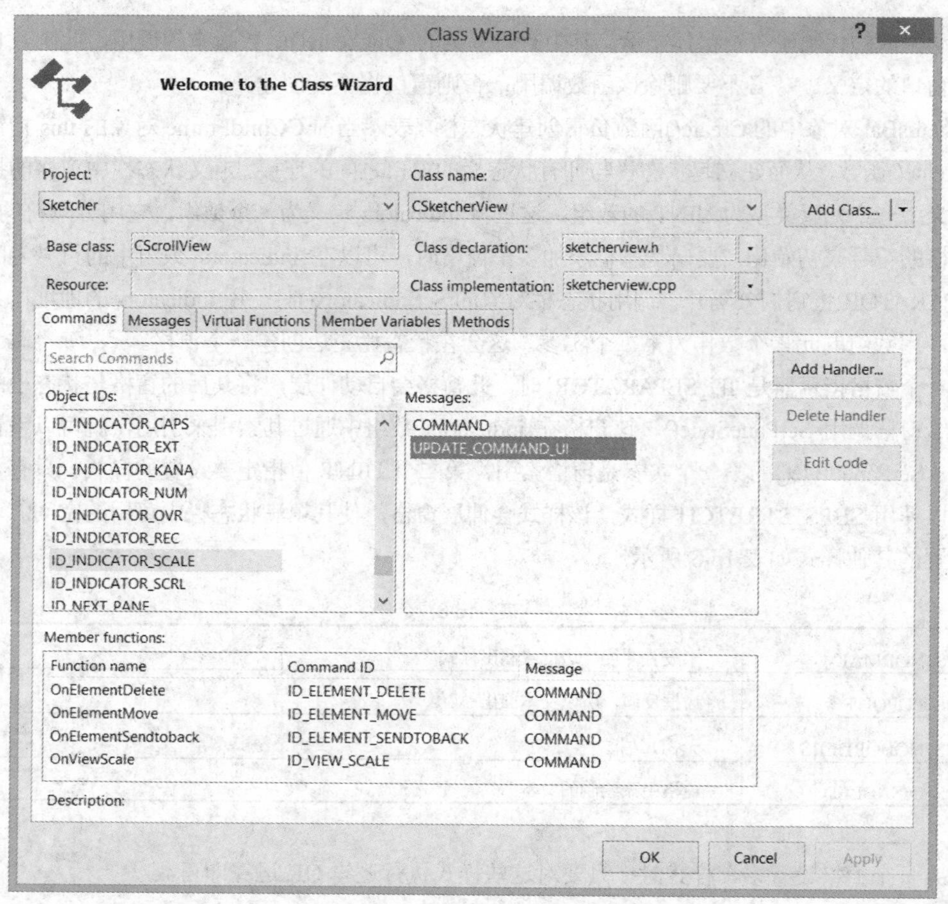

图 16-12

单击 Add Handler 按钮，向 CSketcherView 类添加命令处理程序。在显示的另一个对话框中，将处理程序的函数名修改为 OnUpdateScale，此名称比提供的默认名称简洁一些。然后单击 OK 按钮关闭对话框，再单击 OK 按钮关闭 MFC Class Wizard 对话框。

现在只需要完成已添加的处理程序的定义，因此在 SketcherView.cpp 程序中将下面的代码添加到该函数中：

```
void CSketcherView::OnUpdateScale(CCmdUI *pCmdUI)
{
  pCmdUI->Enable();
  CString scaleStr;
  scaleStr.Format(_T(" View Scale : %d"), m_Scale);
  pCmdUI->SetText(scaleStr);
}
```

形参是一个指向 CCmdUI 对象的指针，CCmdUI 对象将状态栏窗格封装成一个命令目标。接下来的代码创建一个 CString 对象，并调用 Format()函数，以生成要在窗格中显示的文本字符串。Format()函数的第一个实参是格式控制字符串，可以在此控制字符串中嵌入用于随后各个实参的转换说明符。包含嵌入说明符的格式字符串与 C 语言中 printf()函数的格式字符串相同。随后的每个实参都按照第一个实参中对应的格式说明符进行转换，因此，在格式字符串中，第一个实参后面的每个实参都必须有一个格式说明符。这里的%d 说明符表示将 m_Scale 的值转换为十进制串，并整合到格式字符串中。可以使用的其他常见说明符有%f 和%s，%f 表示浮点值，%s 表示字符串值。对 CCmdUI 对象调用 SetText()将作为实参提供的字符串设置到状态栏窗格中。对 CCmdUI 对象调用 Enable()使窗格文本正常显示，因为此 BOOL 形参的默认值是 TRUE。显式实参 FALSE 会使窗格文本变灰。

这就是为使用状态栏而需要做的全部工作。如果再次生成 Sketcher 程序，则应该得到多个可滚动的窗口，各个窗口以不同的比例显示视图，而使用的比例值将显示在各个视图的状态栏上。

16.9.2　CString 类

上一节使用了 CString 对象，但有关该对象还有更多的内容。CString 类提供了一种非常方便和易用的处理字符串的机制，我们几乎可以在需要字符串的任何地方使用 CString 类。更准确地说，可以使用 CString 对象来代替 const char*或 LPCTSTR(经常出现在 Windows API 函数中的类型)类型的字符串。如果给字符串使用 DDX 机制，就必须使用 CString，否则 DDX 就不工作。

CString 类提供的重载运算符见表 16-4。

表　16-4

运 算 符	用　途

=	把一个字符串复制到另一个字符串中，例如：
	str1 = str2;
	str1 = _T("A normal string");

+	连接两个或多个字符串，比如： str1 = str2 + str3 + _T("more");
+=	将某个字符串追加到现有的 CString 对象后面，例如： str1 += str2;
==	比较两个字符串是否相等，比如： if(str1 == str2)　　// do something...
<	测试某个字符串是否小于另一个字符串
<=	测试某个字符串是否小于等于另一个字符串
>	测试某个字符串是否大于另一个字符串
>=	测试某个字符串是否大于等于另一个字符串

表 16-4 中的变量 str1 和 str2 都是 CString 对象。

CString 对象会根据需要自动增长，如在给现有对象的末尾添加其他字符串的时候。举例来说：

```
CString str {_T("A fool and your money")};
str += _T(" are soon partners.");
```

第一条语句声明并初始化了对象 str。第二条语句在 str 后面追加了一个字符串，因此 str 的长度会自动增长。

16.10 使用编辑框控件

编辑框控件用于管理应用程序中的文本项。在 Sketcher 程序中，可以使用编辑框控件来为草图添加注释。我们将需要一种新的 Sketcher 元素类型 CText 来封装文本字符串，还需要添加一个新的菜单项来设置创建文本元素的 TEXT 模式。因为文本元素只需要一个参考点，所以可以在视图类的 OnLButtonDown()处理程序中创建这种元素。以下面的顺序给 Sketcher 程序添加这种文本功能：

(1) 创建对话框资源和与使用编辑框控件进行输入的相关联的类。

(2) 添加新的菜单项。

(3) 添加代码，打开创建 CText 元素的对话框。

(4) 添加对 CText 类的支持。

16.10.1 创建编辑框资源

右击 Dialog 文件夹并从弹出菜单中选择 Insert Dialog 菜单项，在 Resource View 窗格中创建新的对话框资源。把新对话框的 ID 修改为 IDD_TEXT_DLG，把它的 Caption 属性值修改为 Enter Text。

为了添加编辑框，从 Toolbox 窗格中选择编辑框控件图标，然后在对话框中希望放置该控件的位置单击。可以拖动编辑框的边框来调整它的大小，还可以拖动整个控件来改变编辑框在对话框中的位置。右击编辑框，并从弹出菜单中选择 Properties 菜单项，可以显示该编辑框的属性。如图 16-13 所示，可以首先把该控件的 ID 修改为 IDC_EDIT_TEXT。

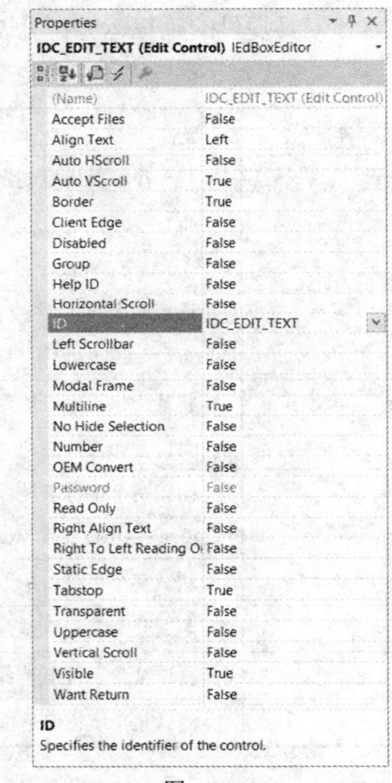

图 16-13

该控件的一些属性是此刻我们所关心的。首先选择 Multiline 属性。把该属性的值设置为 True 将创建一个多行的编辑框，在这种编辑框中输入的文本可以超过一行。该编辑框使我们能够输入一行长长的文本，而仍然保持文本整体在编辑框中可见。Align text 属性决定着在多行编辑框中放置文本的方式。在这里使用 Left 值很好，但也可以选择 Center 和 Right。

如果把 Want return 属性的值修改为 True，那么在该控件中输入文本时按下键盘上的 Enter 键，将在文本字符串中插入一个换行字符。如果希望把字符串分为多行进行显示，则该属性允许分解字符串。我们不需要这种效果，因此应当保留该属性值为 False。在这种情况下，按下 Enter 键的结果是选中默认的控件(即 OK 按钮)，因此按下 Enter 键会关闭对话框。

如果把 Auto HScroll 属性的值设置为 False，那么在输入文本的过程中抵达编辑控件的边界时，文本将自动转到控件中的下一行。然而，这样做正是为了实现编辑框中文本整体的可见性；该属性对字符串的内容没有影响。还可以把 Auto VScroll 属性的值修改为 True，以允许文本在超出控件中可见行数之后能够继续输入。如果 Vertical Scroll 属性设置为 True，则会为编辑框控件提供一个滚动条，以滚动文本。

完成对编辑框属性的设置之后，关闭 Properties 窗口。选择 Format | Tab Order 菜单项或按下 Ctrl+D 组合键，确保该编辑框是制表键顺序中的第一个控件。然后，可以选择 Test Dialog 菜单项或按下 Ctrl+T 组合键，对新的对话框进行测试。图 16-14 显示了新对话框。

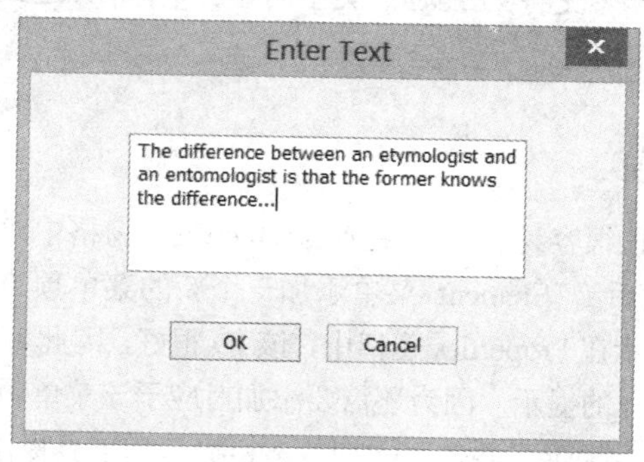

图　16-14

甚至可以在测试模式中向对话框中输入文本，从而了解它的工作情况。单击 OK 按钮或 Cancel 按钮可以关闭该对话框。

16.10.2　创建对话框类

在保存对话框资源之后，可以创建适当的与该资源相对应的对话框类——可将其命名为 CTextDialog。为此，需要在 Editor 窗格中右击对话框，并从弹出菜单中选择 Add Class 菜单项。其基类应该是 CDialogEx。接下来，在 Class View 窗格中右击类名，并从弹出菜单中选择 Add | Add Variable 菜单项，向 CTextDialog 类添加控件变量。选择 IDC_EDIT_TEXT 作为这个控件的 ID，并选择 Value 作为新变量的类别。将新变量命名为 m_TextString，并保留其默认类型 CString。如图 16-15 所示，还可以在 Max chars:编辑框中指定 m_TextString 变量的最大长度。

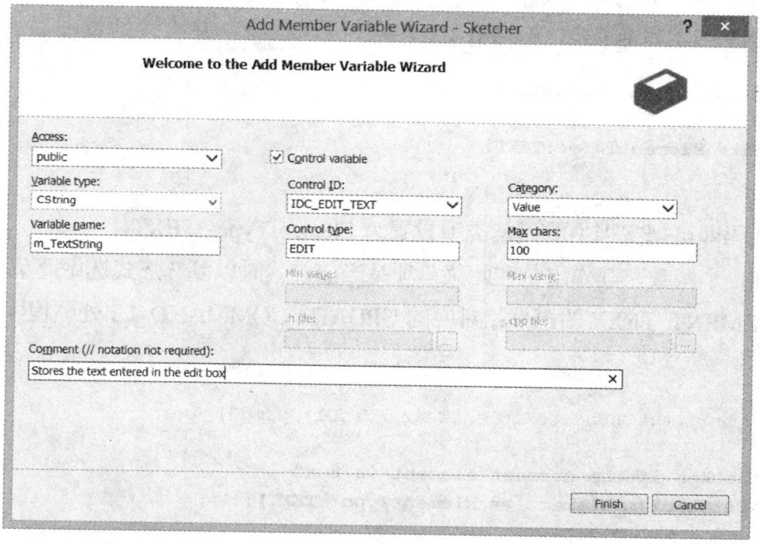

图　16-15

100个字符的长度远远超出了我们的需要。这里添加的变量是根据输入到控件中的数据，由DDX机制自动更新的。单击Finish按钮，可以在CTextDialog类中创建该变量，并关闭Add Member Variable Wizard对话框。

如前所述，DDX 不支持 std::string 类型的字符串，所以这里必须使用 CString 类型。

16.10.3 添加 Text 菜单项

现在添加新的菜单项应该很容易了。只需在Resource View窗格中双击ID为IDR_SketcherTYPE的菜单资源，将其打开，然后给 Element 菜单添加一个新的菜单项 Text 即可。该菜单项的默认ID(ID_ELEMENT_TEXT)显示在Properties窗口中，该ID很好，因此可以保留该ID。可以添加与该菜单项对应的显示在状态栏上的提示，因为还需要添加对应于该菜单项的工具栏按钮，所以应当在状态栏提示行后面再添加工具提示，并使用\n把状态栏提示和工具提示分开。

不要忘记上下文菜单。可以从IDR_SketcherTYPE上复制Text菜单项。右击Text菜单项，然后从弹出菜单中选择Copy菜单项。打开IDR_ELEMENT_MENU菜单，右击no element菜单底部的空菜单项，然后选择 Paste 菜单项。之后，只需把该菜单项拖到分隔线上面适当的位置，并保存该资源文件即可。

在IDR_MAINFRAME工具栏上添加工具栏按钮，并把该按钮的ID设置为与菜单项ID_ELEMENT_TEXT的ID相同。可以把这个新按钮拖到定义其他元素类型的几个按钮后面。在保存过资源文件之后，可以添加新菜单项的事件处理程序。

CText元素需要一个新类型，所以给ElementType枚举添加一个TEXT枚举器：

```
enum class ElementType{LINE, RECTANGLE, CIRCLE, CURVE, TEXT};
```

在 Class View 窗格中，右击 CSketcherDoc 类名，并显示该类的 Properties 窗口。给 ID 为 ID_ELEMENT_TEXT 的菜单项添加 COMMAND 事件处理程序，并给该函数添加下面的代码：

```
void CSketcherDoc::OnElementText()
{
  m_Element = ElementType::TEXT;
}
```

只需一行代码即可把文档中的元素类型设置为 ElementType ::TEXT。

还需要添加一个函数，其作用是在此菜单项是当前模式时以复选形式选中此菜单项，因此添加与ID为ID_ELEMENT_TEXT的事件相对应的UPDATE_COMMAND_UI处理程序，并实现该函数的代码：

```
void CSketcherDoc::OnUpdateElementText(CCmdUI* pCmdUI)
{
  // Set checked if the current element is text
  pCmdUI->SetCheck(m_Element == ElementType::TEXT);
}
```

该菜单项的操作方式与其他 Element 菜单项相同。当然，也可以通过 Class Wizard 对话框来添加这两个处理程序，只需从 Class View 的上下文菜单中选择 Class Wizard 即可显示 Class Wizard 对话框。

上下文菜单也需要更新。给 CSketcherView 的 OnContextMenu()成员添加代码，来选中 Text 菜单项。下一步是为 TEXT 类型的元素定义 CText 类。

16.10.4　定义文本元素

如下所示，可以从 CElement 类派生 CText 类：

```
#pragma once
#include <memory>
#include "Element.h"

// Class defining a text element
class CText : public CElement
{
public:
  // Constructor for a text element
  CText(const CPoint& start, const CPoint& end,
                            const CString& aString, COLORREF color);

  virtual void Draw(CDC* pDC,
              std::shared_ptr<CElement> pElement=nullptr) override;
  virtual void Move(const CSize& aSize) override;  // Move a text element
  virtual ~CText() {}

protected:
   CString m_String;                              // Text to be displayed
   CText(){}
};
```

此处手动添加这个类，但读者可以自行决定怎么做。与其他元素类一样，CText 类的定义也声明了虚函数 Draw()和 Move()。CString 类型的数据成员 m_String 存储要显示的文本。

CText 类的构造函数声明定义了 4 个形参：矩形的两个点(要在其中显示字符串)、要显示的字符串以及文本的颜色。线宽不适用于文本项，因为文本的外观是由字体决定的。

16.10.5　实现 CText 类

我们要为 CText 类实现 3 个函数：

- CText 对象的构造函数。
- 显示 CText 对象的 Draw()虚函数。
- 支持以鼠标拖动方式移动文本对象的 Move()函数。

此处把这 3 个函数直接添加到了 Text.cpp 文件中。

1. CText 类的构造函数

CText 对象的构造函数需要初始化本类和基类的数据成员：

```
// CText constructor
```

```
CText::CText(const CPoint& start, const CPoint& end,
         const CString& aString, COLORREF color) :
                                  CElement {start, color}
{
  m_String = aString;                  // Store the string

  m_EnclosingRect = CRect {start, end};
  m_EnclosingRect.NormalizeRect();
  m_EnclosingRect.InflateRect(m_PenWidth, m_PenWidth);
}
```

基类构造函数存储 start 点和颜色，并将线宽设置为默认的 1。我们要计算封闭文本的矩形，该矩形从 start 点显示到 end 点。

2. 创建文本元素

在把元素类型设置为 ElementType::TEXT 之后，只要单击并输入希望显示的文本，就应该在光标位置创建文本对象。因此，需要在 OnLButtonDown()处理程序中显示允许输入文本的对话框，但只有在元素类型为 ElementType::TEXT 时才能这么做。给 CSketcherView 类中的 OnLButtonDown()处理程序添加下面的代码：

```
void CSketcherView::OnLButtonDown(UINT nFlags, CPoint point)
{
  CClientDC aDC {this};                          // Create a device context
  OnPrepareDC(&aDC);                             // Get origin adjusted
  aDC.DPtoLP(&point);                            // convert point to Logical
  CSketcherDoc* pDoc {GetDocument()};            // Get a document pointer

  if(m_MoveMode)
  { // In moving mode, so drop the element
    m_MoveMode = false;                              // Kill move mode
    auto pElement(m_pSelected);                      // Store selected address
    m_pSelected.reset();                             // De-select the element
    pDoc->UpdateAllViews(nullptr, 0, pElement.get()); // Redraw all the views
  }
  else if(pDoc->GetElementType() == ElementType::TEXT)
  {
    CTextDialog aDlg;
    if(aDlg.DoModal() == IDOK)
    { // Exit OK so create a text element
      CSize textExtent {aDC.GetOutputTextExtent(aDlg.m_TextString)};
      textExtent.cx *= m_Scale;
      textExtent.cy *= m_Scale;
      std::shared_ptr<CElement> pTextElement
         {std::make_shared<CText>(point, point + textExtent, aDlg.m_TextString,
                     static_cast<COLORREF>(pDoc->GetElementColor()))};

      pDoc->AddElement(pTextElement); // Add the element to the document
      pDoc->UpdateAllViews(nullptr, 0, pTextElement.get());   // Update all views
    }
```

```
  }
  else
  {
   m_FirstPoint = point;             // Record the cursor position
   SetCapture();                    // Capture subsequent mouse messages
  }
}
```

添加的代码以粗体显示。首先创建一个 CTextDialog 对象，然后调用 DoModal()函数打开该对话框。aDlg 对象的 m_TextString 成员会自动设置为通过 DDX 机制在编辑框中输入的字符串，因此，如果使用 OK 按钮来关闭对话框，就可以使用该数据成员把输入的字符串传回 CText 类的构造函数。颜色是使用以前用过的 GetElementColor()成员从文档中获得的。

还需要确定在视图的工作区中封闭文本的矩形的角点。与几何形状相比，该封闭矩形有点棘手。因为包围字符串的矩形的大小取决于在设备上下文中使用的字体，以及字符串中的字符数，所以要使用设备上下文对象来确定。CClientDC 对象 aDC 的 GetTextExtent()函数返回一个 CSize 对象，它定义了字符串实参的宽度和高度。这是字符在使用设备上下文的当前字体时计算出来的，该尺寸采用逻辑坐标，这正是我们希望的。把返回的 CSize 对象存储在 textExtent 中。

绘图比例又增加了一些难度。文本用给定的字体大小绘制，不受绘图比例的影响。如果当前绘图比例大于 1，就必须以相同的比例调整 textExtent，否则比例较小时，文本的封闭矩形就不够大。为此，应给 textExtent 的 cx 和 cy 成员乘以绘图比例。

封闭字符串的矩形的左上角是 point，它已使用逻辑坐标表示。要获得矩形右下角点，应把 textExtent 中的尺寸加上 point。

CText 对象是使用 make_shared<T>()函数创建的，因为文档中的列表存储了指向元素的 shared_ptr<CElement>指针。可以把 shared_ptr<CText>类型的指针存储在 shared_ptr<CElement>变量中，因为 CText 派生于 CElement。把新元素添加到文档中时，应调用 CSketcherDoc 的 AddElement()成员，并把指向新文本元素的指针作为实参。最后，调用 UpdateAllViews()，它的第一个实参是 nullptr，指定更新所有的视图。还需要在 SketcherView.cpp 中给 TextDialog.h 和 Text.h 添加#include 指令。

3. 绘制 CText 对象

在设备上下文中绘制文本与绘制几何图形不同。CText 对象的 Draw()函数的实现如下所示：

```
void CText::Draw(CDC* pDC, std::shared_ptr<CElement> pElement)
{
  // Set the text color and output the text
  pDC->SetTextColor(this == pElement.get() ? SELECT_COLOR : m_Color);
  pDC->SetBkMode(TRANSPARENT);            // Transparent background for text
  pDC->ExtTextOut(m_StartPoint.x, m_StartPoint.y, 0,
                                          nullptr, m_String, nullptr);
}
```

不必使用钢笔就可以显示文本。CDC 对象有几个输出文本的函数，这里使用最简单的 ExtTextOut()。使用这个函数可以指定要在其中显示文本的矩形、影响字符间距的选项，以及文本在矩形中如何显示的选项。这个函数的两个版本有如表 16-5 所示的参数：

表 16-5

参　数	含　义
int x	字符串中第一个字符的 x 逻辑坐标
int y	字符串中第一个字符的 y 逻辑坐标
UINT options	两个标记之一，或者全部，或者都没有 ETO_CLIPPED：字符串进行裁剪，放在 pRect 中 ETO_OPAQUE：用当前背景色填充 pRect
LPCRECT pRect	确定在其中显示文本的矩形的大小(其位置用 x 和 y 指定)，可以是 nullptr
const CString& str	要显示的字符串
LPINT widths	指向整数数组的指针，该数组指定了字符串中的字符间距。若为 nullptr，则使用默认间距

我们忽略了所有选项，只提供了显示文本的坐标和包含文本的 CString 对象。

在调用 ExtTextOut()之前，使用 CDC 对象的 SetTextColor()函数成员指定文本颜色，然后调用 SetBkMode()确保字符串的背景色是透明的。OPAQUE 实参值会使背景不透明。

4. 移动 CText 对象

CText 对象的 Move()函数非常简单：

```
void CText::Move(const CSize& size)
{
  m_EnclosingRect += size;            // Move the rectangle
  m_StartPoint += size;              // Move the reference point
}
```

只需更改封闭矩形，使它加上 size 形参指定的距离，再给 m_StartPoint 成员加上这个距离。

因为 ExtTextOut()函数不使用任何钢笔，所以不受设置设备上下文的绘图模式的影响。这意味着用来移动几何元素的光栅操作法(ROP)当应用于文本时，会在后面留下临时的轨迹。我们是使用 SetROP2()函数来指定钢笔在逻辑上与背景结合的方式。选择 R2_NOTXORPEN 作为绘图模式，可以使先前绘制的某个元素由于重绘而消失。字体不是使用钢笔绘制的，因此上述绘图模式对文本元素不起作用。

为了修正移动文本元素时产生的轨迹问题，必须在 CSketcherView 类的 MoveElement()函数中将其视为一种特例。为文本元素提供的另一种移动机制需要我们清楚 m_pSelected 指针何时包含 CText 对象的地址。第 2 章学过的 typeid 操作符可以解决这一问题。

比较表达式 typeid(*(m_pSelected.get()))与 typeid(CText)，可以确定 m_pSelected 是否指向 CText 对象。下面说明如何更新 MoveElement()函数，以消除移动文本时产生的轨迹：

```
void CSketcherView::MoveElement(CClientDC& aDC, const CPoint& point)
{
  CSize distance {point - m_CursorPos};                // Get move distance
  m_CursorPos = point;        // Set current point as 1st for next time

  // If there is an element selected, move it
  if(m_pSelected)
  {
    CSketcherDoc* pDoc {GetDocument()};                // Get the document pointer
    pDoc->UpdateAllViews(this, 0 , m_pSelected.get());
```

```
    if (typeid(*(m_pSelected.get())) == typeid(CText))
    { // The element is text so use this method...
      CRect oldRect {m_pSelected->GetEnclosingRect()};   // Get old bound rect
      aDC.LPtoDP(oldRect);                              // Convert to client coords
      m_pSelected->Move(distance);                      // Move the element
      InvalidateRect(&oldRect);

      UpdateWindow();                                    // Redraw immediately
      m_pSelected->Draw(&aDC,m_pSelected);               // Draw highlighted
    }
    else
    { // ...it is not text so use the ROP method
      aDC.SetROP2(R2_NOTXORPEN);
      m_pSelected->Draw(&aDC, m_pSelected);          // Draw the element to erase it
      m_pSelected->Move(distance);                   // Now move the element
      m_pSelected->Draw(&aDC, m_pSelected);          // Draw the moved element
    }
    pDoc->UpdateAllViews(this, 0 , m_pSelected.get());
  }
}
```

我们使用 typeid 操作符确定 m_pSelected 是否指向 CText 元素。如果 m_pSelected 不指向 CText 元素，代码就像以前那样运行。当 m_pSelected 指向 CText 元素时，我们将旧元素移动到新位置之前，获得旧元素在当前视图中的边界矩形，并将此矩形转换为客户端坐标，因为客户端坐标是 InvalidateRect()所期望的。元素移动之后，调用 InvalidateRect()和 UpdateWindow()函数，擦除旧位置上的元素。最后，调用文本元素的 Draw()函数，在其新位置上绘制元素。与前面一样，其他视图的更新由文档对象的 UpdateAllViews()调用负责。现在，应该能够产生带批注的、使用多个可缩放和可滚动视图的素描画，就像图 16-16 所显示的那样。

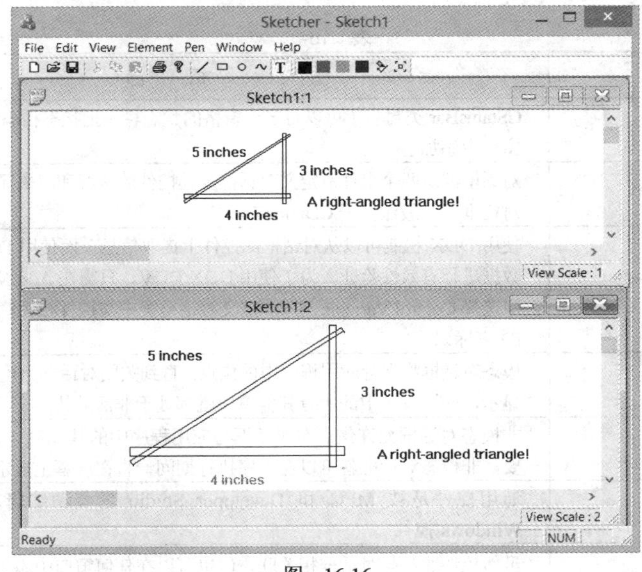

图　16-16

可以看到，文本没有随形状一起缩放。我们可以缩放文本，方法是基于缩放比例来调整设备上下文中的字体大小。这也需要基于缩放比例创建合适大小的字体，且只要绘制或重绘 CText 元素，都要这么做。但是，最好让文本元素使用创建文本元素时的字体大小显示出来。

16.11 小结

本章介绍了多个不同的使用多种控件的对话框。虽然没有创建同时包含多种不同控件的对话框，但处理此类对话框的机制与已经了解的机制相同，因为各个控件都可以独立于其他控件而操作。对话框是应用程序中管理用户输入的一种基本工具。对话框提供了一种方法，可以管理多个相关数据项的输入，很容易确保应用程序只接受有效数据。巧妙地安排对话框中控件的选择方式，可以强制用户从一组特定选项中选择。在对话框中输入数据之后，也可以检查输入的数据，如果数据无效，则向用户给出提示信息。

16.12 练习

1. 在 Sketcher 中，使用单选按钮实现比例对话框。
2. 在 Sketcher 中，使用列表框实现线宽对话框。
3. 在 Sketcher 中，使用下拉列表类型(在属性窗口的 Styles 选项卡上选择)的组合框实现线宽对话框(下拉列表类型允许用户从下拉列表中选择，但不允许从键盘上输入列表中的选项)。

16.13 本章主要内容

本章主要内容如表 16-6 所示。

表 16-6

主　题	概　念
状态栏	CStatusBar 类封装了可以有多个窗格的状态栏。把状态栏添加到框架上，就可以在窗口中添加它
对话框	对话框涉及两个组件：定义对话框及其控件的资源和用来显示并管理对话框的类。对话框类一般派生于 CDialogEx
从对话框提取数据	使用 DDX 机制可以从对话框的控件上提取信息，而使用 DDV 机制可以对提取的数据进行有效性验证。为了使用 DDX/DDV，只需在 Add Member Variable Wizard 中选择 Control Variable 选项，定义对话框类中与控件相关联的变量，相关控件用其 ID 来标识
模态对话框	模态对话框将保持应用程序中的焦点，直到关闭对话框为止。只要有模态对话框在显示，应用程序中的所有其他窗口就都处于非活动状态
非模态对话框	非模态对话框允许焦点在对话框与应用程序中的其他窗口之间来回切换。如果需要，非模态对话框就可以在程序执行期间一直在屏幕上显示
通用控件	通用控件是被 MFC 和 Developer Studio 的资源编辑功能支持的一组标准 Windows 控件
添加控件	虽然控件通常与对话框相关联，但也可以在任何窗口中添加控件
显示对话框	通过调用其 ShowDialog()函数显示对话框
编辑框	编辑框控件允许输入一行或多行文本。文本可以垂直和/或水平滚动

第17章

存储和打印文档

本章要点

- 序列化的工作方式
- 如何使类的对象可序列化
- CArchive 对象在序列化中的作用
- 如何在自己的类中实现序列化
- 如何在 Sketcher 应用程序中实现序列化
- 打印如何使用 MFC
- 支持打印的视图类函数
- CPrintInfo 对象包含的内容及其在打印过程中的应用
- 如何在 Sketcher 应用程序中实现多页打印

本章源代码下载地址(wrox.com):

打开网页 http://www.wrox.com/go/beginningvisualc，单击 Download Code 选项卡即可下载本章源代码。这些代码在 Chapter 17 文件夹中，文件都根据本章的内容单独进行了命名。

17.1 了解序列化

在基于 MFC 的程序中，文档并非一个简单的实体——它可以是非常复杂的类对象。它通常包含各种对象，而这些对象又都可能包含其他对象，这些对象仍然又都可能包含其他对象……这种结构可能延续很多层次。

虽然希望能够把文档保存在文件中，但是将类对象写入文件多少会有一些问题，因为类对象不同于整数或字符串这样的基本数据项。基本数据项由已知数目的字节组成，所以将它们写入文件只要求写入适当数目的字节。因此，如果已知一个 int 型的值写入了文件，那么在恢复它时，只需要读取适当数目的字节即可。

将对象写入文件则是另外一回事。即使是写入一个对象的所有数据成员，这也不足以恢复原始对象。类对象包含函数成员以及数据成员，所有成员，包括数据成员和函数成员，都有访问说明符；因此，要在外部文件中记录对象，写入文件的信息必须包含所有类结构的完整规范。读取过程也必须非常智能，能够根据文件中的数据完整地组合成原始对象。MFC 支持一种称为序列化的机制，它能够以最少的时间和精力，帮助实现类对象的输入和输出操作。

序列化的基本思想是任何可序列化的类都必须负责存储和检索自己。这意味着，要使类成为可序列化的——就 Sketcher 应用程序而言，这包括 CElement 类和派生于它的形状类——它们就必须能够将自己写入文件。这意味着要使一个类成为可序列化的，用于声明该类数据成员的所有类类型也必须是可序列化的。

17.2 序列化文档

所有这些听起来虽然相当棘手，但是序列化文档的基本功能已经完全由 Application Wizard 内置到应用程序中。File | Save、File | Save As 和 File | Open 菜单项的处理程序都假定你想对文档实现序列化，并且已经包含了支持序列化的代码。下面将分析 CSketcherDoc 类的定义和实现中有关使用序列化创建文档的部分内容。

17.2.1 文档类定义中的序列化

CSketcherDoc 类定义中支持文档对象序列化的代码在下列代码段中以粗体显示：

```
class CSketcherDoc : public CDocument
{
protected: // create from serialization only
   CSketcherDoc();
   DECLARE_DYNCREATE(CSketcherDoc)

// Rest of the class...

// Overrides
public:
   virtual BOOL OnNewDocument();
   virtual void Serialize(CArchive& ar);

// Rest of the class...

};
```

其中有 3 个部分与序列化文档对象有关：

(1) DECLARE_DYNCREATE()宏

(2) Serialize()成员函数

(3) 默认的类构造函数

DECLARE_DYNCREATE()宏在序列化输入过程中，支持应用程序框架动态地创建 CSketcherDoc 类的对象。在类实现中，有一个互补宏 IMPLEMENT_DYNCREATE()与它配合使用。这些宏只应用于 CObject 派生的类，但是我们很快将看到，它们并非唯一一对可以在这种上下文中使用的宏。对于所有要序列化的类来说，CObject 都必须是直接或间接基类，因为它添加了支持序列化操作的功能。这就是 CElement 类派生于 CObject 的原因。几乎所有 MFC 类都是派生于 CObject，因此，它们都是可序列化的。

在 Visual C++的 MFC 参考中，层次结构图列出了不是从 CObject 派生的类。注意 CArchive 在这个列表中。

在 CSketcherDoc 类定义中还包括虚函数 Serialize()的声明。每个可序列化的类都必须包括这个函数。调用它时将对 CSketcherDoc 类的数据成员执行输入和输出序列化操作。作为参数传递给这个函数的 CArchive 类对象确定将要发生的操作是输入还是输出。在讨论对文档类实现序列化时，将详细地探讨这个函数。

注意这个类显式地定义了一个默认的构造函数。这对于序列化操作来说也是必要的，因为从一个文件读取数据时，框架将使用这个默认的构造函数组合一个对象，然后利用来自这个文件的数据填充无参数构造函数生成的组合对象，以设置该对象数据成员的值。

17.2.2　文档类实现中的序列化

在 SketcherDoc.cpp 文件中，有两个部分与序列化有关。第一个部分是与 DECLARE_DYNCREATE()宏互补的 IMPLEMENT_DYNCREATE()宏：

```
// SketcherDoc.cpp : implementation of the CSketcherDoc class
//

#include "stdafx.h"
// SHARED_HANDLERS can be defined in an ATL project implementing preview,
// thumbnail and search filter handlers and allows sharing of document code
// with that project.
#ifndef SHARED_HANDLERS
#include "Sketcher.h"
#endif

#include "SketcherDoc.h"
#include "PenDialog.h"

#include <propkey.h>

#ifdef _DEBUG
#define new DEBUG_NEW
#endif

// CSketcherDoc


IMPLEMENT_DYNCREATE(CSketcherDoc, CDocument)

// Message map and the rest of the file...
```

这个宏把 CSketcherDoc 类的基类定义为 CDocument。为了正确地动态创建 CSketcherDoc 对象，包括创建继承这个基类的成员，必须有这个宏。

1. Serialize()函数

在 CSketcherDoc 类实现中还包括 Serialize()函数的定义：

```
void CSketcherDoc::Serialize(CArchive& ar)
{
   if (ar.IsStoring())
   {
      // TODO: add storing code here
   }
   else
   {
      // TODO: add loading code here
   }
}
```

该函数序列化这个类的数据成员。传递给这个函数的参数 ar 是对 CArchive 类对象的引用。如果操作是在文件中存储数据成员，那么这个类对象的 IsStoring()成员将返回 TRUE，如果操作是从以前存储的文档中读回数据成员，则返回 FALSE。

因为 Application Wizard 不知道你的文档中包含什么数据，所以就像注释所表明的那样，读写这些信息的过程全依赖于你。为了了解这个过程，下面比较详细地分析一下 CArchive 类。

2. CArchive 类

CArchive 类是发动序列化机制的引擎。C++中的流操作在控制台程序中从键盘读取数据，然后写入屏幕，CArchive 类则提供了基于 MFC 的流操作。CArchive 对象提供了一种机制，将您的对象流出后放到文件中，或者作为输入流恢复它们，在这个过程中自动地重新构造类的对象。

CArchive 对象有一个与其相关联的 CFile 对象，它为二进制文件提供了磁盘输入/输出功能，并且提供到物理文件的连接。在序列化过程中，CFile 对象处理文件输入和输出操作的所有具体问题，CArchive 对象处理组织写入的对象数据或者根据读取的信息重新构造对象的逻辑问题。只有在构造自己的 CArchive 对象时，才需要考虑关联对象 CFile 的细节问题。对于 Sketcher 程序中的文档，框架已经进行了处理，并且把它构造的 CArchive 对象 ar 传递给 CSketcherDoc 中的 Serialize()函数。在实现 Serialize()函数的序列化时，可以在添加到形状类中的所有 Serialize()函数中使用相同的对象。

CArchive 类重载了析取和插入运算符(<<和>>)，它们对派生于 CObject 的类的对象以及大量基本数据类型分别进行输入和输出操作。这些重载运算符处理下列对象类型和简单类型，见表 17-1。

表 17-1

类　型	定　义
bool	布尔值，真或假
float	标准单精度浮点值
double	标准双精度浮点值
BYTE	8 位无符号整数
char	8 位字符
wchar_t	16 位字符

(续表)

类　型	定　义
short	16 位有符号整数
int	32 位有符号整数
LONG 和 long	32 位有符号整数
LONGLONG	64 位有符号整数
ULONGLONG	64 位无符号整数
WORD	16 位无符号整数
DWORD 和 unsigned int	32 位无符号整数
CString	定义字符串的 CString 对象
SIZE 和 CSize	该对象把尺寸定义为 cx, cy 对
POINT 和 CPoint	该对象把点定义为 x, y 对
RECT 和 CRect	该对象利用矩形的左上角和右下角定义矩形
CObject*	指向 CObject 的指针

对于对象中的基本数据类型，使用插入和析取运算符序列化数据。在读写派生于 CObject 的可序列化类的对象时，可以针对对象调用 Serialize()函数，也可以使用插入或析取运算符。无论选择使用哪种方法，对于输入和输出都必须一致，不应当在输出对象时使用插入运算符，而在读回时使用 Serialize()函数，反之亦然。

如果在读取一个对象的类型但对它一无所知，如读取文档内形状列表中的指针时，那么只能使用 Serialize()函数。因为这将使虚函数机制登场亮相，所以适合于所指对象类型的 Serialize()函数将在运行时确定。

构造 CArchive 对象的目的是用于存储对象或者检索对象。如果对象用于输出，那么 CArchive 函数 IsStoring()将返回 TRUE，如果对象用于输入，则返回 FALSE。前面定义 CSketcherDoc 类的 Serialize()成员时，已经使用过这个函数。

CArchive 类还有许多其他成员函数，它们涉及序列化过程的详细技术，不过在程序中使用序列化时，实际上不需要了解它们。

17.2.3　基于 CObject 的类的功能

对于从 MFC 类 CObject 派生的类来说，它们有 3 个层次的功能。在一个类中获得的功能层次取决于在类定义中使用的 3 种不同的宏，见表 17-2。

表 17-2

宏	功　能
DECLARE_DYNAMIC()	支持运行时类信息
DECLARE_DYNCREATE()	支持运行时类信息和动态对象创建
DECLARE_SERIAL()	支持运行时类信息、动态对象创建和对象的序列化

其中每个宏都需要一个前缀为 IMPLEMENT_而非 DECLARE_的互补宏，这些互补宏存放在包

含类实现的文件中。由表 17-2 可知，这些宏提供的功能逐渐增多，由于第三个宏 DECLARE_SERIAL()不仅包含前两个宏的功能，而且提供了另外的功能，所以本书将主要讨论它。这就是在自己的类中支持序列化时应当使用的宏。它要求在包含类实现的文件中添加宏 IMPLEMENT_SERIAL()。

为什么文档类 CSketcherDoc 要使用 DECLARE_DYNCREATE()宏，而不使用 DECLARE_SERIAL()宏？DECLARE_DYNCREATE()宏在它出现的类中动态地创建该类的对象。DECLARE_SERIAL()宏能够对类进行序列化，并且能够动态地创建类对象，所以它包含了 DECLARE_DYNCREATE()宏的功能。文档类 CSketcherDoc 不需要序列化，因为框架只需要组合这个类对象，然后还原它的数据成员的值；但是，一个文档的数据成员必须是可序列化的，因为这是用于存储和检索它们的过程。

将序列化添加到类中的宏

如果在基于 CObject 的类的定义中有 DECLARE_SERIAL()宏，那么可以访问 CObject 提供的序列化支持。这包括特殊的 new 和 delete 操作符，它们把内存泄漏检测加入到调试模式中。在使用这个宏时不需要做任何事情，因为它将自动完成操作。DECLARE_SERIAL()宏要求把类名指定为参数，所以对 CElement 类进行序列化时，需要在类定义中添加下列行：

```
DECLARE_SERIAL(CElement)
```

此处不需要使用分号，因为这是一个宏，而不是 C++语句。

这个宏在类定义中的位置无关紧要，但是如果能够始终把它放在第一行，那么即使类定义包括许多行代码，也能够知道它是否存在。

IMPLEMENT_SERIAL()宏存储在类的实现文件中，它要求指定 3 个参数。第一个参数是类的名称，第二个参数是直接基类的名称，第三个参数是一个标识模式号的无符号 32 位整数，对于 Sketcher 程序来说就是版本号。如果写入对象和读取对象时使用的程序版本不同，这时类也可能不同，那么可能出现一些问题，而这个模式号能够防止序列化过程出现的这些问题。

例如，可以添加下列行到 CElement 类的实现中：

```
IMPLEMENT_SERIAL(CElement, CObject, 1001)
```

如果以后修改了类定义，那么需要把这个模式号修改成另一个模式号，如 1002。如果这个程序试图从当前活动程序中读取利用不同模式号编写的数据，那么将抛出一个异常。这个宏最好是放在.cpp 文件中#include 指令和初始注释之后的第一行。

当 CObject 是类的间接基类时，例如，在 CLine 类的情况中，那么要使序列化能够在顶级类中操作，层次结构中的每个类都必须添加序列化宏。要使序列化能够在 CLine 类中操作，也必须在 CElement 中添加这些宏。

17.2.4 序列化的工作方式

图 17-1 以一种简化形式描述了对文档进行序列化的整个过程。

文档对象中的 Serialize()函数将为它的每个数据成员调用 Serialize()函数(或者使用重载的插入运

算符)。如果一个成员是类对象，那么这个对象的 Serialize()函数将对它的所有数据成员进行序列化，直至最后将基本数据类型写入文件。由于 MFC 中的大部分类最终都派生于 CObject，因此它们都包含序列化支持，因而对 MFC 类的对象几乎始终可以进行序列化处理。

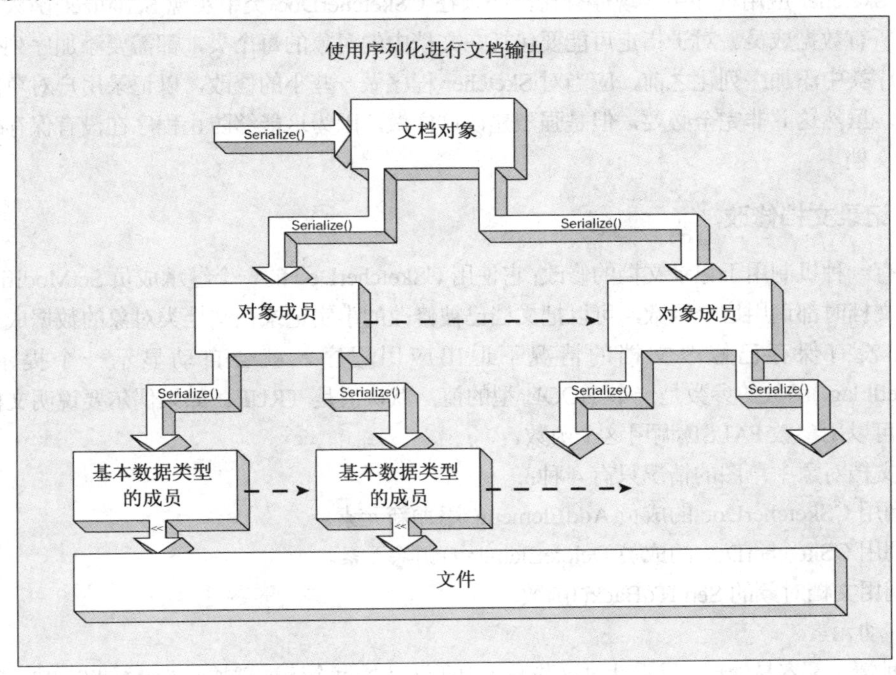

图　17-1

在类的 Serialize()成员函数以及应用程序文档对象中将要处理的数据都只是数据成员。有关的类和重新构造原始对象时需要的其他任何数据的结构都将由 CArchive 对象自动处理。

如果从 CObject 派生了多个层次的类，那么一个类中的 Serialize()函数都必须调用其直接基类的 Serialize()成员，以确保能够对直接基类数据成员进行序列化处理。注意序列化不支持多重继承，所以在一个层次结构中定义的每个类只能有一个基类。

17.2.5　如何实现类的序列化

根据以前的讨论，下面总结了在一个类中添加序列化时需要采取的步骤：

(1) 确保这个类是直接或间接派生于 CObject。

(2) 添加 DECLARE_SERIAL()宏到类定义中(如果直接基类不是 CObject 或另一个标准 MFC 类，还要在直接基类中添加这个宏)。

(3) 把 Serialize()函数声明为这个类的成员函数。

(4) 在包含类实现的文件中添加 IMPLEMENT_SERIAL()宏。

(5) 实现这个类的 Serialize()函数。

下面讨论如何针对 Sketcher 程序中的文档实现序列化。

17.3 应用序列化

要在 Sketcher 应用程序中实现序列化，必须在 CSketcherDoc 类中实现 Serialize()函数，以便处理该类的所有数据成员。对于指定可能要包括在文档中的对象的每个类，都需要添加序列化。开始在应用程序类中添加序列化之前，应当对 Sketcher 程序做一些小的修改，以记录用户对草图文档所做的修改。虽然这并非完全必要，但是强烈建议这样做，因为这能够防止程序在没有保存修改的情况下关闭文档。

17.3.1 记录文档修改

已经有一种机制用于记录文档的修改;它使用 CSketcherDoc 的一个继承成员 SetModifiedFlag()。每次修改文档时都调用这个函数，可以把文档已被修改的事实记录在文档类对象的数据成员中。如果试图在没有保存已修改文档的情况下退出应用程序，就会自动显示一个提示消息。SetModifiedFlag()函数的参数是一个 BOOL 型的值，默认值是 TRUE。如果偶尔要说明文档未被修改，那么可以用参数 FALSE 调用这个函数。

修改文档对象中草图的情况只有 4 种：

- 调用 CSketcherDoc 的成员 AddElement()添加新元素。
- 调用 CSketcherDoc 的成员 DeleteElement()删除元素。
- 调用文档对象的 SendToBack()函数
- 移动元素。

这 4 种情况都容易处理。只需针对这些操作中所涉及的每个函数添加对 SetModifiedFlag()的调用。AddElement()的定义出现在 CSketcherDoc 类定义中。可以把这个定义扩展为：

```
void AddElement(std::shared_ptr<CElement>& pElement)  // Add an element to the list
{
  m_Sketch.push_back(pElement);
  UpdateAllViews(nullptr, 0, pElement.get());          // Tell all the views
  SetModifiedFlag();                                   // Set the modified flag
}
```

DeleteElement()函数的定义也在 CSketcherDoc 定义中。应当在这个定义中添加一行如下所示的代码：

```
void DeleteElement(std::shared_ptr<CElement>& pElement)
{
  m_Sketch.remove(pElement);
  UpdateAllViews(nullptr, 0,  pElement.get());         // Tell all the views
  SetModifiedFlag();                                   // Set the modified flag
}
```

SendToBack()函数也需要添加这行代码：

```
void SendToBack(std::shared_ptr<CElement>& pElement)
{
  if(pElement)
  {
    m_Sketch.remove(pElement);                   // Remove the element from the list
```

```
    m_Sketch.push_back(pElement);                    // Put a copy at the end of the list
    SetModifiedFlag();                               // Set the modified flag
  }
}
```

在视图对象中，移动元素的操作出现在由 WM_MOUSEMOVE 消息处理程序调用的 MoveElement()成员中，但是只有在按下鼠标左键时才能修改文档。如果右击鼠标，那么元素将返回其原来的位置，所以只需要在 OnLButtonDown()函数中添加对文档的 SetModifiedFlag()函数的调用，如下所示：

```
void CSketcherView::OnLButtonDown(UINT nFlags, CPoint point)
{
  CClientDC aDC{this};                                   // Create a device context
  OnPrepareDC(&aDC);                                     // Get origin adjusted
  aDC.DPtoLP(&point);                                    // convert point to Logical
  CSketcherDoc* pDoc {GetDocument()};                    // Get a document pointer

  if(m_MoveMode)
  { // In moving mode, so drop the element
    m_MoveMode = false;                                  // Kill move mode
    auto pElement(m_pSelected);                          // Store selected address
    m_pSelected.reset();                                 // De-select the element
    pDoc->UpdateAllViews(nullptr, 0, pElement.get());  // Redraw all the views
    pDoc->SetModifiedFlag();                             // Set the modified flag
  }
  // Rest of the function as before...
}
```

调用视图类的继承成员 GetDocument()可以访问指向文档对象的指针，然后使用这个指针调用 SetModifiedFlag()函数。

在文档中可以进行修改的所有地方现在就介绍完毕。文档对象还存储了元素类型、元素颜色和线宽，所以也需要跟踪它们的修改。下面更新 OnColorBlack()：

```
void CSketcherDoc::OnColorBlack()
{
  m_Color = ElementColor::BLACK;                     // Set the drawing color to black
  SetModifiedFlag();                                 // Set the modified flag
}
```

给其他颜色和元素类型的处理程序添加相同的语句。设置线宽的处理程序需要修改：

```
void CSketcherDoc::OnPenWidth()
{
   CPenDialog aDlg;                              // Create a local dialog object
  aDlg.m_PenWidth = m_PenWidth;                  // Set pen width as that in the document

  if(aDlg.DoModal() == IDOK)                     // Display the dialog as modal
  {
   m_PenWidth = aDlg.m_PenWidth;                 // When closed with OK, get the pen width
   SetModifiedFlag();                            // Set the modified flag
  }
}
```

如果在构建和运行 Sketcher 程序时修改文档或者添加元素，那么在退出这个程序时，将出现保

存文档的提示。当然，除了可以清除修改标志以及把空文件保存到磁盘中以外，File | Save 菜单选项现在还不能进行其他操作。为了可以正确地把文档连续写入磁盘，必须实现序列化，下面对此进行介绍。

17.3.2 序列化文档

第一步是针对 CSketcherDoc 类实现 Serialize()函数。在这个函数内，为了对 CSketcherDoc 的数据成员进行序列化，必须添加代码。在这个类中已经声明的数据成员如下所示：

```
protected:
  ElementType m_Element{ElementType::LINE };          // Current element type
  ElementColor m_Color{ ElementColor::BLACK };        // Current drawing color
  std::list<std::shared_ptr<CElement>> m_Sketch;      // A list containing the sketch
  int m_PenWidth{};                                   // Current pen width
  CSize m_DocSize { CSize{ 3000, 3000 } };            // Document size
```

这些数据成员必须可序列化，以允许 CSketcherDoc 对象可反序列化。只需要在这个类的 Serialize()成员中插入存储和检索这 5 个数据成员的语句。但还有一个问题。对象 list<std::shared_ ptr<CElement>> 不是可序列化的，因为其模板不是从 CObject 派生的。事实上，STL 容器都不是可序列化的，因此必须自己处理 STL 容器的序列化。

但问题还有希望解决。如果能够序列化容器中的指针指向的对象，那么当把它读回来时，就能够重新构建容器。

MFC 定义了可序列化的容器类，如 CList。但是，如果在 Sketcher 中使用这些类，就无法了解如何使一个类可序列化了。

下面的代码可以实现文档对象的序列化：

```
void CSketcherDoc::Serialize(CArchive& ar)
{
  if (ar.IsStoring())
  {
    ar << static_cast<COLORREF>(m_Color)       // Store the current color
       << static_cast<int>(m_Element)          // the element type as an integer
       << m_PenWidth                           // and the current pen width
       << m_DocSize;                           // and the current document size

    ar << m_Sketch.size();           // Store the number of elements in the list

    // Now store the elements from the list
    for(const auto& pElement : m_Sketch)
      ar << pElement.get();                    // Store the element pointer
  }
  else
  {
    COLORREF color {};
    int elementType {};
    ar >> color                                // Retrieve the current color
       >> elementType                          // the element type as an integer
       >> m_PenWidth                           // and the current pen width
```

```
      >> m_DocSize;                    // and the current document size
    m_Color = static_cast<ElementColor>(color);
    m_Element = static_cast<ElementType>(elementType);

    // Now retrieve all the elements and store in the list
    size_t elementCount {};                // Count of number of elements
    ar >> elementCount;                    // retrieve the element count
    CElement* pElement;
    for(size_t i {} ; i < elementCount ; ++i)
    {
      ar >> pElement;
      m_Sketch.push_back(std::shared_ptr<CElement>(pElement));
    }
  }
}
```

对于其中的 4 个数据成员，只使用了在 CArchive 类中重载的析取和插入运算符。这不适用于数据成员 m_Color，因为 ElementColor 类型是不可序列化的。但可以把它的类型转换为可序列化的 COLORREF，因为类型 COLORREF 和类型 long 相同。m_Element 成员的类型是 ElementType，序列化过程不直接处理它。但是，可以将它强制转换成一个整数以便序列化，然后在将此值强制转换回 ElementType 之前，将它反序列化为一个整数。

对于元素列表 m_Sketch，首先将元素数量的计数存储到存档的列表中，因为读回元素时需要它。然后在 for 循环中将 shared_ptr 对象包含的元素指针从列表写到存档中。此序列化机制将识别出需要被指向的对象来重新构建文档，而且负责将它们写到存档中。

if 的 else 子句处理从档案中读回文档对象。使用析取运算符从存档中检索前 4 个成员，它们的顺序与写到存档中的顺序相同。元素类型和颜色读到本地整型变量 elementType 和 color 中，然后按照正确的类型存储到 m_Element 和 m_Color 成员中。

接下来读取存档中记录的元素数量，并将它存储在本地 elementCount 中。最后，使用 elementCount 来控制 for 循环，此 for 循环从档案读回元素，并将它们存储到列表中。注意，不需要针对元素最初是在堆上创建的这样一个事实做任何特殊的工作。序列化机制自动负责还原堆上的元素。我们只需把每个对象的指针传递给 shared_ptr<CElement>构造函数。

如果你在反序列化一个对象时，不清楚 list<shared_ptr<CElement>>对象来自哪里，则会由序列化过程使用 CSketcherDoc 类的默认构造函数来创建。这就是基本文档对象及其未初始化数据成员的创建方式，很神奇吧。

序列化文档类数据成员时就需要做这么多，但在序列化列表中的元素时，为了存储和检索元素本身，将调用元素类的 Serialize()函数，所以还需要针对这些类实现序列化。

17.3.3　序列化元素类

所有形状类都是在原则上可序列化的，因为它们的基类 CElement 派生于 CObject。把 CObject 指定为 CElement 的基类，仅仅是为了获得对序列化的支持。确保为每个形状类定义了默认构造函数。反序列化过程要求定义此构造函数。

现在可以为每个形状类添加对序列化的支持，这要在类定义和实现中添加适当的宏，然后给每个类的 Serialize()函数成员添加代码，以序列化该函数的数据成员。可以首先从基类 CElement 开始，其中需要对类定义做如下修改：

```
class CElement: public CObject
{
DECLARE_SERIAL(CElement)
protected:
  CPoint m_StartPoint;                          // Element position
  int m_PenWidth;                               // Pen width
  COLORREF m_Color;                             // Color of an element
  CRect m_EnclosingRect;                        // Rectangle enclosing an element

public:
  virtual ~CElement();
  virtual void Draw(CDC* pDC, std::shared_ptr<CElement> pElement=nullptr) {}
  virtual void Move(const CSize& aSize) {}      // Move an element
  virtual void Serialize(CArchive& ar)  override; // Serialize object


  // Get the element enclosing rectangle
  const CRect& GetEnclosingRect() const
  {
    return m_EnclosingRect;
  }

protected:
  // Constructors protected so they cannot be called outside the class
  CElement();
  CElement(const CPoint& start, COLORREF color, int penWidth = 1);

  // Create a pen
  void CreatePen(CPen& aPen, std::shared_ptr<CElement> pElement)
  {
  if(!aPen.CreatePen(PS_SOLID, m_PenWidth,
                  (this == pElement.get()) ? SELECT_COLOR : m_Color))
    {
        // Pen creation failed
        AfxMessageBox(_T("Pen creation failed."), MB_OK);
        AfxAbort();
    }
  }
};
```

其中添加了 DECLARE_SERIAL()宏以及虚函数 Serialize()的声明。Application Wizard 已经创建了一个默认的构造函数，在这个类中把它修改成了 protected 类，只要它显式地出现在类定义中，它的访问规范是什么就无关紧要。它可以是 public、protected 或 private 类型，但是序列化仍然有效。如果忘记在类中包括默认构造函数，那么在编译 IMPLEMENT_SERIAL()宏时，将出现一条错误消息。

应当为每个派生类 CLine、CRectangle、CCircle、CCurve 和 CText 都添加 DECLARE_SERIAL()宏，其参数为相关类名。另外，还应当把 Serialize()函数的重载声明添加为每个类的 public 成员。

在文件 Elements.cpp 中，必须在开始处添加下列宏：

```
IMPLEMENT_SERIAL(CElement, CObject, VERSION_NUMBER)
```

在文件 Element.h 的其他静态常量的后面，添加下列行，可以定义静态常量 VERSION_NUMBER：

```
static const UINT VERSION_NUMBER {1001};     // Version number for serialization
```

然后在为其他形状类的.cpp 文件中添加这个宏时，就可以使用该常量。例如对于 CLine 类，应当添加下列行：

```
IMPLEMENT_SERIAL(CLine, CElement, VERSION_NUMBER)
```

对于其他形状类也可以采用类似的方法。在修改与文档有关的类时，只需要在文件 Element.h 中修改 VERSION_NUMBER 的定义，这个新版本号就会应用于所有的 Serialize()函数。

形状类中的 Serialize()函数

现在可以针对每个形状类实现 Serialize()成员函数。首先从 CElement 类开始，在 Elements.cpp 中添加如下定义：

```
void CElement::Serialize(CArchive& ar)
{
  CObject::Serialize(ar);              // Call the base class function

  if (ar.IsStoring())
  { // Writing to the file
    ar << m_StartPoint                 // Element position
       << m_PenWidth                   // The pen width
       << m_Color                      // The element color
       << m_EnclosingRect;             // The enclosing rectangle
  }
  else
  { // Reading from the file
    ar >> m_StartPoint                 // Element position
       >> m_PenWidth                   // The pen width
       >> m_Color                      // The element color
       >> m_EnclosingRect;             // The enclosing rectangle
  }
}
```

这个函数的形式和 CSketcherDoc 类中提供的函数一样。重载的析取和插入运算符支持在 CElement 中定义的所有数据成员，所以所有操作都是由这些运算符完成的。注意必须调用 CObject 类的 Serialize()成员，以确保可以序列化继承的数据成员。

对于 CLine 类，可以把这个函数编写为：

```
void CLine::Serialize(CArchive& ar)
{
  CElement::Serialize(ar);             // Call the base class function

  if (ar.IsStoring())
  { // Writing to the file
    ar << m_EndPoint;                  // The end point
  }
  else
  { // Reading from the file
    ar >> m_EndPoint;                  // The end point
  }
}
```

CArchive 对象 ar 的析取和插入运算符支持所有数据成员。其中调用基类 CElement 的 Serialize()成员序列化其数据成员，而这将调用 CObject 的 Serialize()成员。可以看到序列化过程在这个类层次结构中是如何层叠的。

CRectangle 类的 Serialize()函数成员比较简单：

```
void CRectangle::Serialize(CArchive& ar)
{
  CElement::Serialize(ar);              // Call the base class function
  if (ar.IsStoring())
  { // Writing to the file
    ar << m_BottomRight;               // Bottom-right point for the rectangle
  }
  else
  { // Reading from the file
    ar >> m_BottomRight;
  }
}
```

这只调用直接基类函数 Serialize()，序列化矩形的右下角点。

CCircle 类的 Serialize()函数也与 CRectangle 类相同：

```
void CCircle::Serialize(CArchive& ar)
{
  CElement::Serialize(ar);              // Call the base class function
  if (ar.IsStoring())
  { // Writing to the file
    ar << m_BottomRight;               // Bottom-right point for the circle
  }
  else
  { // Reading from the file
    ar >> m_BottomRight;
  }
}
```

对于 CCurce 类，要做的工作就比较多。CCurve 类使用 vector<CPoint>容器存储定义的点，因为这不能直接序列化，所以必须自己处理。将文档序列化之后，情况就不太难了。可以如下面这样编写 Serialize()函数的代码：

```
void CCurve::Serialize(CArchive& ar)
{
  CElement::Serialize(ar);              // Call the base class function
  // Serialize the vector of points
  if (ar.IsStoring())
  {
    ar << m_Points.size();             // Store the point count
    // Now store the points
    for)const auto& Point : m_Points)
      ar << point;
  }
  else
```

```
  {
    size_t nPoints {};                    // Stores number of points
    ar >> nPoints;                        // Retrieve the number of points
    // Now retrieve the points
    CPoint point;
    for(size_t i {} i < nPoints; ++i)
    {
      ar >> point;
      m_Points.push_back(point);
    }
  }
}
```

首先调用基类 Serialize()函数，处理继承的类成员的序列化。存储矢量内容所用的技术与序列化文档列表所用的技术基本相同。首先将容器中的元素数量写入存档，然后再将元素本身写入存档。CPoint 类是可序列化的，所以它本身可以负责处理。读取这些点所采用的技术同样很简单。只需要在 for 循环中将从存档读取的每个对象存储到矢量 m_Points 中。序列化过程使用 CCurve 类无参数的构造函数来创建基类对象，因此 vector<CPoint>成员在此过程中创建。

需要将 Serialize()函数的实现添加到最后一个类 CText 中：

```
void CText::Serialize(CArchive& ar)
{
  CElement::Serialize(ar);                // Call the base class function

  if (ar.IsStoring())
  {
    ar << m_String;                       // Store the text string
  }
  else
  {
    ar >> m_String;                       // Retrieve the text string
  }
}
```

在调用了基类函数以后，利用 ar 的插入和析取运算符序列化 m_String 数据成员。尽管 CString 类不是派生于 CObject，但是具有这些重载运算符的 CArchive 仍然完全支持它。

17.4 练习序列化

这就是在 Sketcher 程序中实现文档的存储和检索需要做的所有工作！文件菜单中的 Save 和 Open 菜单项现在已经完全能够使用，而不用再添加任何代码。如果在加入本章讨论的修改以后构建和运行 Sketcher 程序，那么可以保存和还原文件，并且在试图关闭已修改文档或者从该程序中退出时，将自动提示保存文档，如图 17-2 所示。

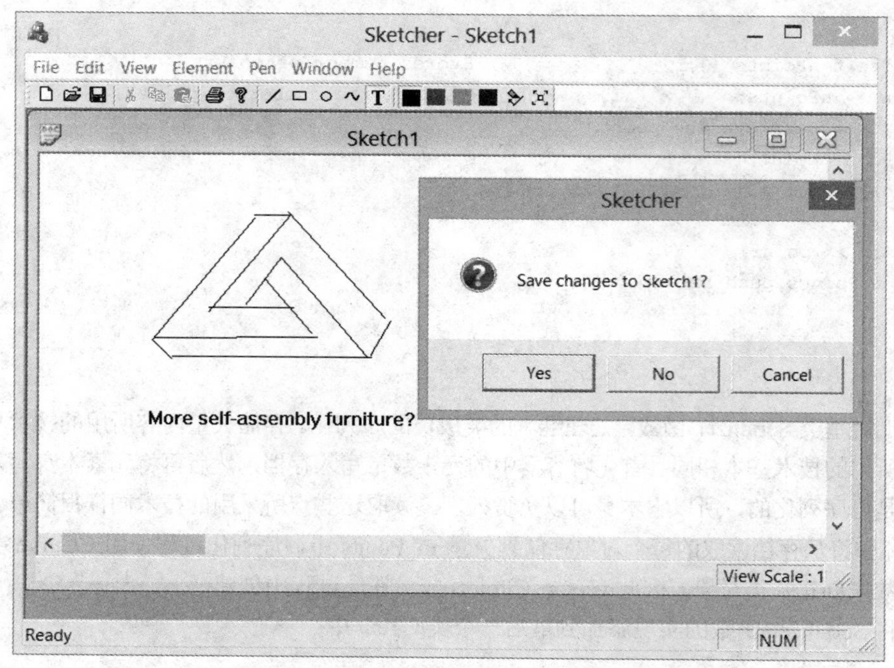

图 17-2

出现提示的原因在于更新文档时添加的 SetModifiedFlag()调用。假定以前没有保存文件，如果单击图 17-2 所示的屏幕中的 Yes 按钮，将出现如图 17-3 所示的 File | Save As 对话框。

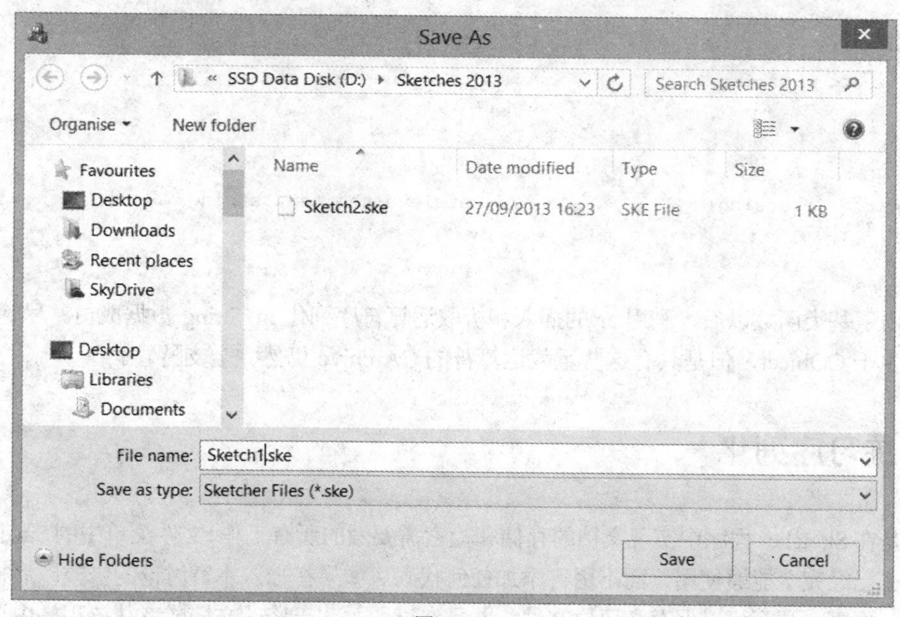

图 17-3

这是 Windows 中该菜单项的标准对话框。此对话框功能全面，由框架提供的代码支持。这个文档的文件名已经根据第一次打开该文档时分配的名称生成，文件扩展名将自动定义为.ske。Sketcher 应用程序现在完全支持对文档的文件操作。

17.5　打印文档

现在分析如何打印草图。借助于 Application Wizard 和框架，在 Sketcher 程序中已经实现了基本的打印能力。File | Print、File | Print Setup 和 File | Print Preview 菜单项都可以使用。选择 File | Print Preview 菜单项后将出现一个窗口，在一个页面上显示当前的 Sketcher 文档，如图 17-4 所示。

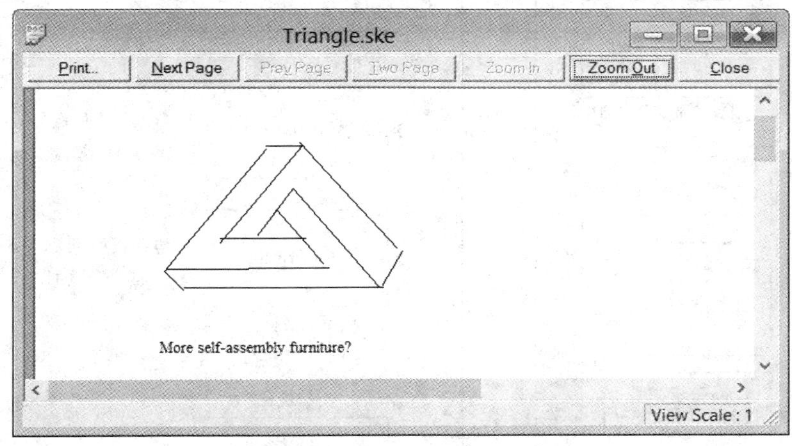

图　17-4

当前文档中的所有内容都按照当前视图比例显示在一页纸上。如果文档的范围超出了这页纸的边界，那么将不打印超出的部分。如果选择 Print 按钮，则这个页面将发送到打印机。

作为一种免费取得的基本能力，这非常令人难忘，但是它还不完全满足我们的要求。在 Sketcher 程序中，文档一般不能完全排在一个页面上，因此要么调整文档的比例，要么使用一种更方便的方法，在需要的多个页面上打印整个文档。可以添加自己的打印处理代码，扩展框架提供的功能，但是在实现这之前，首先需要了解打印在 MFC 中是如何实现的。

打印过程

打印文档是由当前视图控制的。这个过程肯定会有点麻烦，因为打印本来就是一个麻烦事，我们很可能需要在视图类中实现大量自己的继承函数。图 17-5 显示了这个过程的逻辑原理和有关的函数。此图也说明了框架如何控制事件的顺序，打印文档如何涉及调用视图类的 5 个继承成员，可能还需要重写这些成员。该图左边显示的 CDC 成员函数与打印机设备驱动程序进行通信，框架将自动调用它们。

在打印操作期间，当前视图中每个函数的典型作用由它们旁边的注释说明。调用它们的顺序由箭头上的数字标明。实际上，不必实现所有这些函数，而只需要实现满足特定打印要求的那些函数。通常，我们至少需要实现自己的 OnPreparePrinting()、OnPrepareDC()和 OnPrint()函数。本章稍后将介绍一个示例，说明如何在 Sketcher 程序的上下文中实现这些函数。

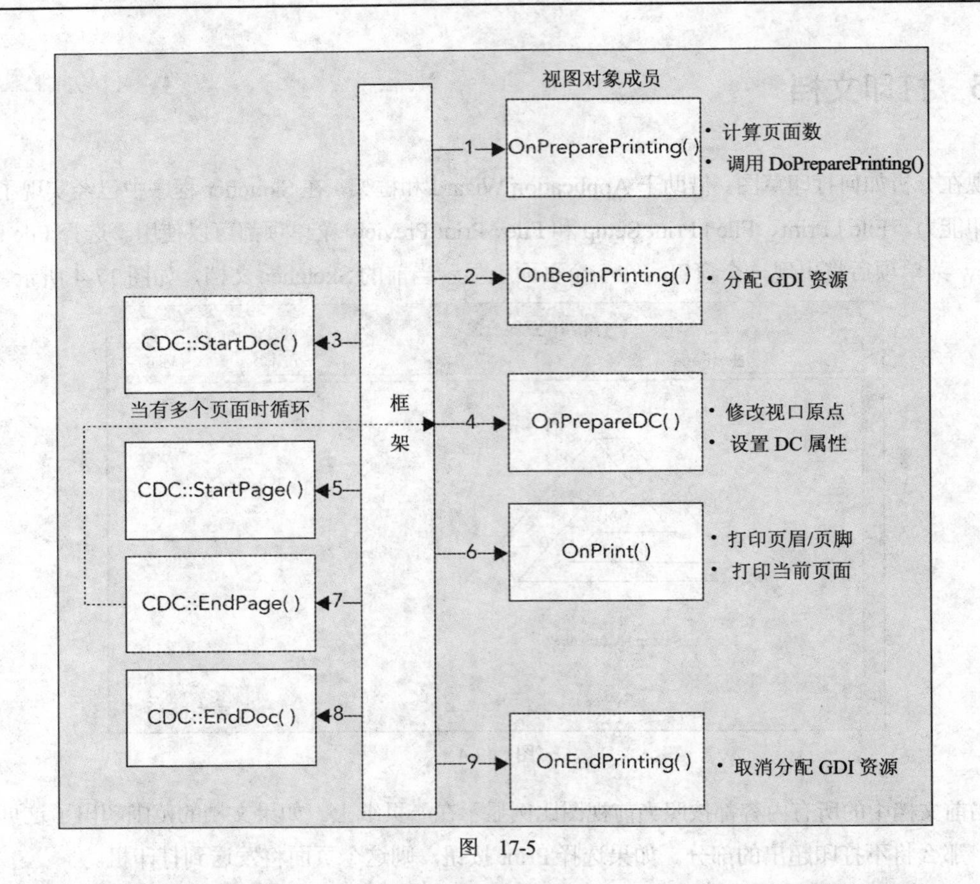

图 17-5

输出数据到打印机与输出数据到显示器的方式是一样的——通过设备上下文。用于输出文本或图形的 GDI 调用与设备无关，所以它们对打印机的应用和对显示器的应用一样，唯一的区别在于 CDC 对象应用的物理输出设备。

在图 17-5 中，CDC 函数与打印机的设备驱动程序进行通信。如果要打印的文档需要多个打印页，那么这个过程将为每个后续的新页面循环调用 OnPrepareDC()函数，循环次数由 EndPage()函数确定。指向 CPrintInfo 类型对象的指针将作为参数传递给打印过程中涉及的视图类中的所有函数。这种对象将在管理打印过程的所有函数之间提供链接，所以下面将详细地分析 CPrintInfo 类。

CPrintInfo 类

因为 CPrintInfo 对象随时存储有关正在执行的打印工作及其状态细节的信息，所以它在打印过程中具有重要的作用。它还提供了访问和操作这些数据的函数。利用这个对象，可以在打印期间把信息从一个视图函数传递到另一个视图函数，而且可以在框架和视图函数之间传递信息。

每当选择 File | Print 或 File | Print Preview 菜单项时，即创建 CPrintInfo 类的对象。由当前视图中与打印过程有关的每个函数使用过以后，将在打印操作结束时自动删除它。

CPrintInfo 的所有数据成员都是 public。在打印草图时我们感兴趣的数据成员如表 17-3 所示。

表　17-3

数 据 成 员	用　途
m_pPD	该指针指向显示打印对话框的对象 CPrintDialog
m_bDirect	如果打印操作将绕过打印对话框，框架将把这个成员设置为 TRUE；否则为 FALSE
m_bPreview	这是一个 BOOL 型成员，如果选择了 File | Print Preview 菜单项，那么它的值是 TRUE；否则为 FALSE
m_bContinuePrinting	这是一个 BOOL 型成员。如果把它设置为 TRUE，那么框架将继续图 17-5 所示的打印循环。如果把它设置为 FALSE，则结束打印循环。只有在没有把打印操作的页记数传递给 CPrintInfo 对象(使用 SetMaxPage()成员函数)时，才需要设置这个变量。在完成打印操作以后，需要把这个变量设置为 FALSE，以发出完成信号
m_nCurPage	这是一个 UINT 型的值，它存储当前页的页码。页面通常从 1 开始编号
m_nNumPreviewPages	这是一个 UINT 型的值，它指定在打印预览窗口中显示的页面数量。它的值可以是 1 或 2
m_lpUserData	这是一个 LPVOID 型成员，它存储指向所创建对象的指针。这样就可以创建存储有关打印操作的其他信息的对象，并且可以把它和 CPrintInfo 对象关联起来
m_rectDraw	这个 CRect 对象以逻辑坐标定义页面的可用区域
m_strPageDesc	这个 CString 对象包含格式字符串，框架使用该字符串在打印预览期间显示页码

CPrintInfo 对象具有如表 17-4 所示的 public 成员函数。

表　17-4

成 员 函 数	说　明
SetMinPage(UINT nMinPage)	它的参数指定文档第一页的页码。它不返回任何值
SetMaxPage(UINT nMaxPage)	它的参数指定文档最后一页的页码。它不返回任何值
GetMinPage() const	把文档第一页的页码作为 UINT 型值返回
GetMaxPage() const	把文档最后一页的页码作为 UINT 型值返回
GetFromPage() const	把要打印的文档第一页的页码作为 UINT 型值返回。这个值通过打印对话框设置
GetToPage() const	把要打印的文档最后一页的页码作为 UINT 型值返回。这个值通过打印对话框设置

在打印一个包含几页的文档时，需要明白这个文档占用多少打印页，并且需要把这个信息存储在 CPrintInfo 对象中，以便提供给框架。利用当前视图中你自己的 OnPreparePrinting()成员可以完成这个操作。

页码存储为 UINT 类型。要设置文档中第一页的页码，需要调用 CPrintInfo 对象中的成员函数 SetMinPage()，它把这个页码作为一个参数。它不返回任何值。要设置文档中最后一页的页码，需要调用函数 SetMaxPage()。如果以后想检索这些值，可以调用 CPrintInfo 对象中的成员函数 GetMinPage()和 GetMaxPage()。

提供的页码存储在由 CPrintInfo 对象的 m_pPD 成员所指的 CPrintDialog 对象中，从菜单中选择 File | Print 菜单项时，这些页码将显示在弹出的对话框中。然后用户可以指定要打印的第一页和最后一页的页码，通过调用 CPrintInfo 对象的成员 GetFromPage()和 GetToPage()可以检索它们。在这两种情况下，返回的值都是 UINT 类型。对话框将自动验证要打印的第一页和最后一页的页码是否在指定文档的最小和最大页码时提供的范围内。

前面讨论了在管理打印时可以在视图类中实现的函数，其中大部分工作是由框架来完成的。另外，还讨论了通过 CPrintInfo 对象可以将哪些信息传递到与打印有关的函数中。如果能够为 Sketcher 文档实现基本的多页打印能力，就可以更清楚地了解打印的详细技巧。

17.6 实现多页打印

在 Sketcher 程序中把映射模式设置为 MM_LOENGLISH，形状和视图范围的度量单位将是 0.01 英寸。当然，由于尺寸单位是一个固定的物理度量，因此在理想情况下，我们希望以对象的实际尺寸打印它们。

当将文档尺寸指定为 3000 单位×3000 单位时，可以创建一个 30 平方英寸的文档，如果完全展开，这需要很多张纸。与打印典型的文本文档相比，在打印草图时需要多花些精力来计算页面数量，因为在大多数情况下，打印完整的草图文档需要二维数组的页面。

为了避免使问题过于复杂化，假设打印用纸为正规纸(A4 或者 8.5 英寸×11 英寸)，方向为纵向(这意味着长边是垂直的)。对于这两种纸型，都将在 7.5 英寸×10 英寸的纸张中心部分打印这个文档。有了这些假设，就不必担心实际的纸张大小；只需要把这个文档切成 750 单位×1000 单位的块，单位是 0.01 英寸。当一个文档大于一页时，可以分割这个文档，如图 17-6 中的示例所示。

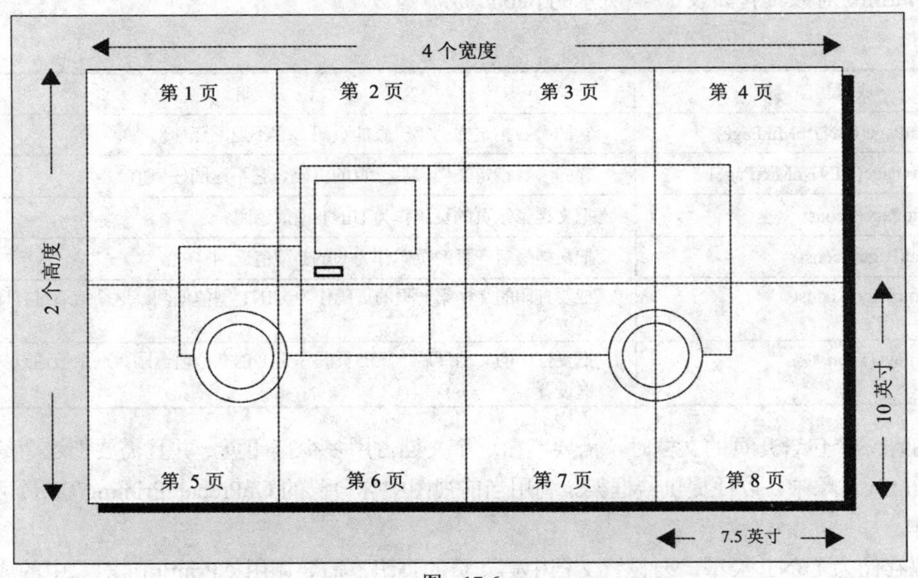

图 17-6

可以看到，我们是按行给页面编号的，所以在这种情况下，第 1~4 页在第一行，第 5~8 页在第二行。

17.6.1 获取文档的总尺寸

要知道一个特定的文档占用多少页，需要知道草图有多大，因此我们希望使用矩形来包围文档中的所有内容。通过在文档类 CSketcherDoc 中添加函数 GetDocExtent()，可以很容易做到这一点。在 CSketcherDoc 的 public 接口中添加下列声明：

```
CRect GetDocExtent() const;  // Get the bounding rectangle for the whole document
```

这个函数的实现也没有问题。它的实现代码是：

```
// Get the rectangle enclosing the entire document
CRect CSketcherDoc::GetDocExtent()const
{
  if(m_Sketch.empty())                                    // Check for empty sketch
    return CRect {0,0,1,1};
  CRect docExtent {m_Sketch.front()->GetEnclosingRect()}; // Initial doc extent
  for(auto& pElement : m_Sketch)
    docExtent.UnionRect(docExtent, pElement->GetEnclosingRect());

  docExtent.NormalizeRect();
  return docExtent;
}
```

可以在 SketcherDoc.cpp 文件中添加这个函数定义。

如果草图为空，就返回一个非常小的 CRect 对象。文档范围的最初尺寸是封闭列表中第一个元素的矩形。接着，此过程循环访问文档中的每个元素，获取每个元素的边界矩形，并将它与 docExtent 合并。CRect 类的成员 UnionRect()包含两个作为参数传递的矩形，它将计算最小的矩形，然后把这个值放在调用该函数的 CRect 对象中。因此，DocExtent 的大小将不断增加，直到把所有元素都包含在内部。

17.6.2　存储打印数据

应用程序框架将调用视图类中的 OnPreparePrinting()函数，为文档初始化打印过程。要求进行基本初始化的目的是为显示的打印对话框提供有关文档中页面数量的信息。也要把有关文档所需页面的信息存储起来，以便以后在打印过程中涉及的其他视图函数中使用它们。可以在视图类的 OnPreparePrinting()函数中定义一个类的对象，来存储这些信息，然后把指向这个对象的指针存储在框架使用的 CPrintInfo 对象中。该方法主要是为了说明这种机制的工作方式；在大部分情况下，比较容易的方法是把这些数据存储在视图对象中。

我们需要存储文档宽度上的页数 m_nWidths，以及文档长度上页面的行数 m_nLengths。还需要把包围文档数据的矩形的左上角作为 CPoint 对象 m_DocRefPoint 存储起来，因为在根据页码计算某页的打印位置时，将使用到左上角这个位置。可以把文档的文件名存储在 CString 对象 m_DocTitle 中，这样就可以把它作为标题添加到每一页上。记录页面内可打印区域的大小时，m_DocTitle 也很有用。包含这些要求的类的定义是：

```
#pragma once

class CPrintData
{
public:
  UINT printWidth {1000};          // Printable page width - units 0.01 inches
  UINT printLength {1000};         // Printable page length - units 0.01 inches
  UINT m_nWidths;                  // Page count for the width of the document
  UINT m_nLengths;                 // Page count for the length of the document
  CPoint m_DocRefPoint;            // Top-left corner of the document contents
  CString m_DocTitle;              // The name of the document

};
```

类定义设置与 A4 页对应的可打印区域的默认值，其四个边的页边距为半英寸。可以根据自己的环境更改此设置，当然，也可以在 CPrintData 对象中以编程方式更改这些值。

当然，可以给类定义一个构造函数，以初始化 printWidth 和 printLength。但是，所有数据成员都是公共的，所以总是可以直接设置它们的值。CPrintData 类值是将与打印过程相关的所有数据项打包在一起的工具，所以不需要将它复杂化。给成员指定默认值，就需要编写构造函数，因此简化了类的定义。

在 Solution Explorer 窗格中右击 Header Files 文件夹，然后从弹出式菜单中选择 Add | New Item 菜单项，就可以向项目中添加一个名称为 PrintData.h 的新头文件。然后可以在该新文件中输入这个类定义。我们不需要这个类的实现文件。由于只在短时间内使用这个类的对象，因此不必把 CObject 作为它的基类，或者考虑其他复杂的方法。

打印过程开始于对视图类成员 OnPreparePrinting()的调用，所以下面分析如何实现它。

17.6.3 准备打印

Application Wizard 在开始时就在 CSketcherView 中添加 OnPreparePrinting()、OnBeginPrinting() 和 OnEndPrinting()函数。为 OnPreparePrinting()函数提供的基本代码将在 return 语句中调用 DoPreparePrinting()函数:

```
BOOL CSketcherView::OnPreparePrinting(CPrintInfo* pInfo)
{
  // default preparation
  return DoPreparePrinting(pInfo);
}
```

DoPreparePrinting()函数将使用在 CPrintInfo 对象中定义的有关打印页数的信息显示 Print 对话框。只要有可能，就应当在这个调用出现之前计算要打印的页数，并把它存储在 CPrintInfo 对象中。当然在许多情况中，在执行该操作之前，可能需要从设备上下文获取有关打印机的信息。例如，在打印页数受所用字体大小影响的文档时，在调用 OnPreparePrinting()函数前不可能获得页数。在这种情况下，可以在 OnBeginPrinting()成员中计算页数，这个函数将把指向设备上下文的指针作为参数。在调用 OnPreparePrinting()函数之后，框架将调用 OnBeginPrinting()函数，这样就可以使用在 Print 对话框中输入的信息。这意味着，也可以考虑用户在 Print 对话框中选择的纸型。

假设这个纸型大到足以包含绘制文档数据时使用的 7.5 英寸×10 英寸区域，所以可以在 OnPreparePrinting()函数中计算页数。其代码是:

```
BOOL CSketcherView::OnPreparePrinting{CPrintInfo* pInfo}
{
  CPrintData* printData {new CPrintData};   // Create a print data object
  CSketcherDoc* pDoc {GetDocument()};        // Get a document pointer
  CRect docExtent {pDoc->GetDocExtent()};   // Get the whole document area

  printData->m_DocRefPoint = docExtent.TopLeft();// Save document reference point
  printData->m_DocTitle = pDoc->GetTitle();      // Save the document filename


  // Calculate how many printed page widths are required
  // to accommodate the width of the document
  printData->m_nWidths = static_cast<UINT>(ceil(
```

```
                static_cast<double>(docExtent.Width())/printData->printWidth));

    // Calculate how many printed page lengths are required
    // to accommodate the document length
    printData->m_nLengths = static_cast<UINT>(
          ceil(static_cast<double>(docExtent.Height())/printData->printLength));

    // Set the first page number as 1 and
    // set the last page number as the total number of pages
    pInfo->SetMinPage(1);
    pInfo->SetMaxPage(printData->m_nWidths*printData->m_nLengths);
    pInfo->m_lpUserData = printData;        // Store address of PrintData object
    return DoPreparePrinting(pInfo);
  }
```

首先在堆上创建 CPrintData 对象，并把它的地址本地存储在指针中。获得了指向该文档的指针后，通过调用本章前面在文档类中添加的函数 GetDocExtent()，获得包围文档类中所有元素的矩形。然后把这个矩形的左上角存储在 CPrintData 对象的 m_DocRefPoint 成员中，并把包含该文档的文件的名称放在 m_DocTitle 中。

接下来的两行代码计算文档宽度上的页数以及长度上的页数。计算文档宽度上的页数时，首先将文档的宽度除以页面打印区域的宽度，然后使用 cmath 头文件中定义的 ceil()库函数，把计算结果向上舍入为邻近的最大整数。例如，ceil(2.1)返回 3.0, ceil(2.9)也返回 3.0, 而 ceil(－2.1)则返回－2.0。利用类似的计算方法可以计算出文档长度上的页数。这两个值的乘积是要打印的总页数，也是要提供给最大页码的值。最后一步是将 CPrintInfo 对象的地址存储到 pInfo 对象的 m_lpUserData 成员中。

不要忘记在 SketcherView.cpp 文件中添加 PrintData.h 的#include 指令。

17.6.4　打印后的清除

由于在堆上创建了 CPrintData 对象，因此必须在使用完以后将它删除。这时要在函数 OnEndPrinting()中添加下列代码：

```
void CSketcherView::OnEndPrinting(CDC* /*pDC*/, CPrintInfo* pInfo)
{
  // Delete our print data object
  delete static_cast<CPrintData*>(pInfo->m_lpUserData);
}
```

在 Sketcher 程序中，只需要对这个函数做这么多工作，但是在有些情况下，还有其他一些工作要做。此处应当一次性地完成最终清除。确保从第二个形参名中删除注释分隔符(/* */)；否则函数将不进行编译。也许不需要在代码中引用这些参数名，所以默认的实现方式将使它们以注释的形式存在。由于使用了参数 pInfo，因此必须解除对它的注释；否则编译器将把它报告为未定义。

在 Sketcher 程序中，不需要对 OnBeginPrinting()函数添加任何代码，但是如果在整个打印过程中需要使用 GDI 资源(如钢笔)，那么需要添加代码以分配这些资源。然后将它们删除，这是 OnEndPrinting()函数中清除过程的一部分。

17.6.5　准备设备上下文

考虑到缩放比例，这时 Sketcher 程序将调用视图对象的 OnPrepareDC()函数，把映射模式设置为 MM_ANISOTROPIC。就打印而言，要正确地准备设备上下文，必须进行其他一些修改：

```
void CSketcherView::OnPrepareDC(CDC* pDC, CPrintInfo* pInfo)
{
  CScrollView::OnPrepareDC(pDC, pInfo);
  CSketcherDoc* pDoc {GetDocument()};
  pDC->SetMapMode(MM_ANISOTROPIC);            // Set the map mode
  CSize DocSize {pDoc->GetDocSize()};         // Get the document size
  pDC->SetWindowExt(DocSize);                 // Now set the window extent

  // Get the number of pixels per inch in x and y
  int xLogPixels {pDC->GetDeviceCaps(LOGPIXELSX)};
  int yLogPixels {pDC->GetDeviceCaps(LOGPIXELSY)};

  // Calculate the viewport extent in x and y
  int scale {pDC->IsPrinting() ? 1 : m_Scale}; // If we are printing, use scale 1
  int xExtent {(DocSize.cx*scale*xLogPixels)/100};
  int yExtent {(DocSize.cy*scale*yLogPixels)/100};

  pDC->SetViewportExt(xExtent, yExtent);      // Set viewport extent
}
```

对于到打印机以及屏幕的输出，框架将调用这个函数。在进行打印时，应当确保使用比例 1 来设置从逻辑坐标到设备坐标的映射。如果使一切保持原样，那么输出将采用当前视图比例，但是在计算需要多少页以及如何设置每一页的原点时，必须考虑比例的问题。

通过调用当前 CDC 对象的 IsPrinting()成员函数，可以确定是否具有打印机设备上下文，如果正在打印，该函数将返回 TRUE。在具有打印机设备上下文时，只需要把比例设置为 1。当然，必须修改计算视区大小的语句，使它们使用局部变量 scale，而不是视图的成员变量 m_Scale。

17.6.6 打印文档

在函数 OnPrint()中，可以将数据写入打印机设备上下文。打印每个页面时都将调用这个函数。需要使用 CSketcherView 类的 Properties 窗口在这个类中添加这个函数的重载函数。从重载函数的列表中选择 OnPrint，然后在右边的列中单击<Add> OnPrint。

从 CPrintInfo 对象的成员 m_nCurPage 中可以获得当前页的页码，然后使用这个值计算文档中对应于当前页左上角的位置的坐标。利用一个示例可以充分理解这种方法，假设现在要打印一个 8 页文档的第 7 页，如图 17-7 所示。

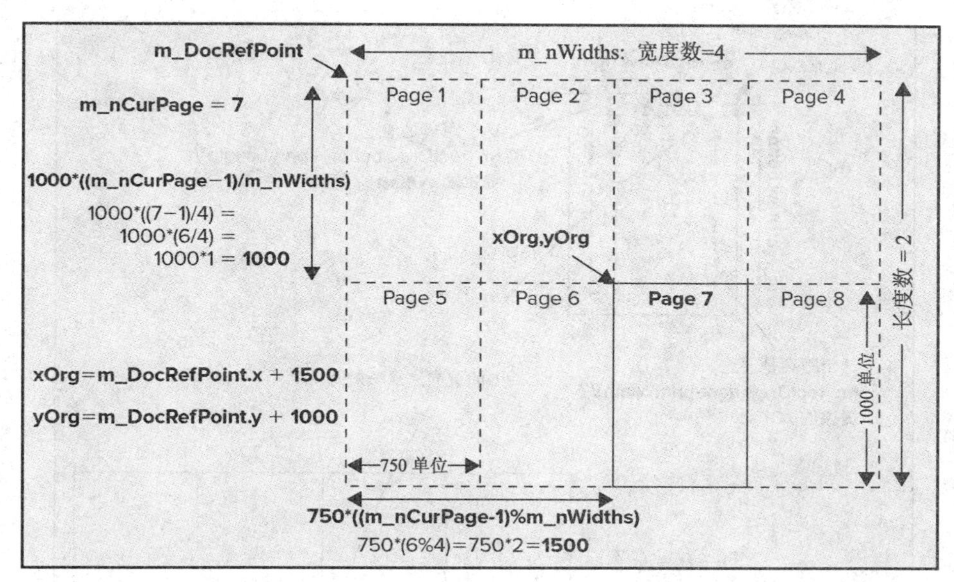

图　17-7

这些是逻辑坐标，x 正方向是从左到右，y 轴的方向是从上到下，其值是负数。将这个页码减 1，然后除以文档打印区域所需的页面宽度的数量，取其余数，就可以得到这一页水平位置的索引。把这个结果乘以 printWidth，就得到该页面左上角的 x 坐标，它相对于包围文档中元素的矩形的左上角。类似地，将当前页码减 1，然后除以文档水平宽度上所需的页宽度的数量，就可以确定文档垂直位置的索引。将余数乘以 printLength，将得到该页左上角的相对 y 坐标。可以在下列两个语句中表示这两种计算：

```
CPrintData* p {static_cast<CPrintData*>(pInfo->m_lpUserData)};
int xOrg {p->m_DocRefPoint.x {static_cast<int>( p->printWidth*
                                    ((pInfo->m_nCurPage - 1)%(p->m_nWidths)))};
int yOrg {p->m_DocRefPoint.y {static_cast<int>( p->printLength*
                                    ((pInfo->m_nCurPage - 1)/(p->m_nWidths)))};
```

如果能够在每一页的顶部打印出文档的文件名，在每一页的底部打印出页码，就比较理想了。但是希望能够确保打印的文档数据不会盖住文件名和页码。还希望打印区域在页面的中间。为此，可以在打印出文件名以后，在打印机设备上下文中移动坐标系统的原点。图 17-8 对此进行了说明。

图 17-8 说明了设备上下文中打印页面区域和要在文档数据的参考框架中打印的页面之间的联系。图中给出了计算偏移量的表达式，它们是偏移打印该页面的 printWidth×printLength 区域原点的距离。由于想在页面上所示的虚线区域中打印文档的信息，因此需要将文档中的点 xOrg、yOrg 映射到打印页面中所示的位置，它是由页面原点偏移 xOffset 和 yOffset 值而得到的。

默认情况下，在定义文档中元素时使用的坐标系统的原点将映射为设备环境中的原点，但是可以进行修改。CDC 对象为此提供了一个函数 SetWindowOrg()。这个函数可以在文档的逻辑坐标系统中定义一个对应于设备上下文中原点的点，这里是打印机输出所在的点(0,0)。从函数 SetWindowOrg() 返回的旧原点一定要保存起来。在完成当前页的绘制以后，必须还原这个旧原点；否则，在打印下一页时就不能正确地设置 CPrintInfo 对象的成员 m_rectDraw。

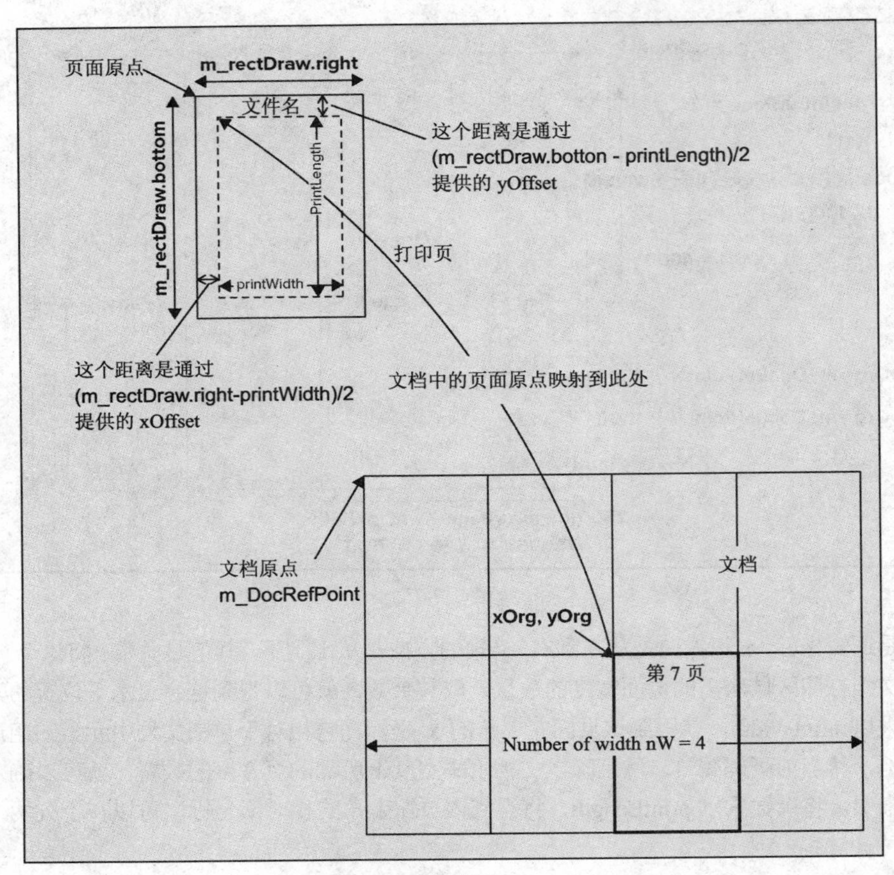

图 17-8

文档中要映射为页面原点的点具有坐标 xOrg－xOffset、yOrg－yOffset。这也许不容易形象化，但是记住，通过设置窗口原点，我们将定义映射为视口原点的点。如果考虑到这一点，就应当明白文档中的点 xOrg、yOrg 正是页面中需要的点。

打印一页文档的完整代码是：

```
// Print a page of the document
void CSketcherView::OnPrint(CDC* pDC, CPrintInfo* pInfo)
{
  CPrintData* p{static_cast<CPrintData*>(pInfo->m_lpUserData)};

  // Output the document filename
  pDC->SetTextAlign(TA_CENTER);        // Center the following text
  pDC->TextOut(pInfo->m_rectDraw.right/2, 20, p->m_DocTitle);
  CString str;
  str.Format(_T("Page %u") , pInfo->m_nCurPage);
  pDC->TextOut(pInfo->m_rectDraw.right/2, pInfo->m_rectDraw.bottom-20, str);
  pDC->SetTextAlign(TA_LEFT);          // Left justify text

  // Calculate the origin point for the current page
  int xOrg {static_cast<int>(p->m_DocRefPoint.x +
                    p->printWidth*((pInfo->m_nCurPage - 1)%(p->m_nWidths)))};
```

```
    int yOrg {static_cast<int>( p->m_DocRefPoint.y +
                     p->printLength*((pInfo->m_nCurPage - 1)/(p->m_nWidths)))};

    // Calculate offsets to center drawing area on page as positive values
    int xOffset {static_cast<int>((pInfo->m_rectDraw.right - p->printWidth)/2)};
    int yOffset {static_cast<int>((pInfo->m_rectDraw.bottom - p->printLength)/2)};

    // Change window origin to correspond to current page & save old origin
    CPoint OldOrg {pDC->SetWindowOrg(xOrg - xOffset, yOrg - yOffset)};

    // Define a clip rectangle the size of the printed area
    pDC->IntersectClipRect(xOrg, yOrg, xOrg + p->printWidth, yOrg + p->printLength);

    OnDraw(pDC);                        // Draw the whole document
    pDC->SelectClipRgn(nullptr);          // Remove the clip rectangle
    pDC->SetWindowOrg(OldOrg);            // Restore old window origin
}
```

第一步是用 CPrintData 对象的地址初始化本地指针 p，CPrintData 对象存储在 pInfo 指向的对象的 m_lpUserData 成员中。然后输出存储在 CPrintInfo 对象中的文件名。CDC 对象的函数成员 SetTextAlign()定义后续文本输出的对齐方式，其参考点定义在函数 TextOut()的文本字符串中。对齐方式由作为参数传递给该函数的常量确定。指定文本水平对齐方式的方法有 3 种，如表 17-5 所示。

表 17-5

常 量	对 齐 方 式
TA_LEFT	参考点位于文本边界矩形的左边，所以文本位于该指定点的右边。这是默认的对齐方式
TA_RIGHT	参考点位于文本边界矩形的右边，所以文本位于该指定点的左边
TA_CENTER	参考点位于文本边界矩形的中心

将文件名在页面上的 x 坐标定义为页面宽度的一半，y 坐标定义为距离页面顶部 20 个单位，即 0.2 英寸。

在把文档文件的名称作为居中文本输出后，在页面底部中间位置输出页码。使用 CString 类的 Format()成员格式化存储在 CPrintInfo 对象的 m_nCurPage 成员中的页码。这定位到页面底部向上 20 个单位处。然后将文本对齐方式重置为默认方式 TA_LEFT。

将另一个标志和调整标志进行“或”运算，函数 SetTextAlign()还可以在垂直方向上修改文本的位置。另一个标志可以是下列任一标志，见表 17-6。

表 17-6

常 量	对 齐 方 式
TA_TOP	将文本边界矩形的顶部与定义文本位置的点对齐，这是默认设置
TA_BOTTOM	将文本边界矩形的底部与定义文本位置的点对齐
TA_BASELINE	将文本所使用字体的基线与定义文本位置的点对齐

函数 OnPrint()的下一个操作是使用前面讨论的方法将文档的一个区域映射为当前页面。通过调用在视图中显示文档的函数 OnDraw()，可以在这个页面上绘制文档。这也许会绘制整个文档，但是

通过定义剪贴矩形，可以限制出现在这个页面的内容。剪贴矩形包围设备上下文中出现输出的矩形区域，从而禁止输出出现在该矩形以外。也可以定义不规则的形状(称为区)，进行剪贴。

在打印设备上下文中定义的初始默认剪贴区域是页面边界。我们定义的剪贴矩形对应于位于页面中间的 printWidth×printLength 区域。这确保了只能在这个区域进行绘制，而不会重写文件名和页码。

在通过 OnDraw()函数调用绘制了当前页以后，调用参数为 NULL 的函数 SelectClipRgn()删除了这个剪贴矩形。如果不这样做，那么将禁止输出的文档标题出现在第一页以后的所有页上，因为它位于这个剪贴矩形之外。只有在下一次调用函数 IntersectClipRect()时，它才会在打印过程中生效。

最后再次调用函数 SetWindowOrg()，把窗口原点还原到它的原始位置，本章前面对此进行过讨论。

17.6.7 获得文档的打印输出

要获得第一个打印的 Sketcher 文档，只需要构建项目，然后(在修改了所有打字错误以后)执行这个程序。如果选择 File | Print Preview 菜单项，单击 Two Page 按钮，将出现如图 17-9 所示的窗口。

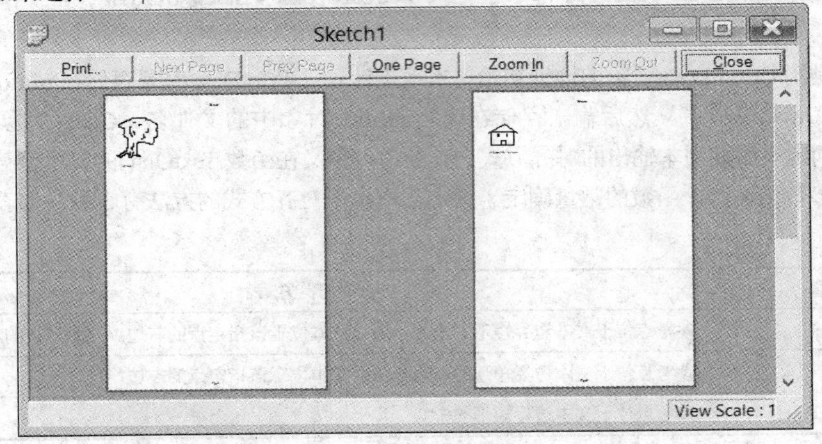

图 17-9

打印预览功能完全是免费获得的。使用前面为正规多页打印操作提供的代码，框架在打印预览窗口中产生页面图像。在打印预览窗口中看到的内容应当和在打印页面上出现的内容完全一样。

17.7 小结

本章讨论了如何使用 MFC 支持的序列化过程，以一种可以读取文档并重新构造其组成对象的形式将文档存储到磁盘上。本章还讨论了如何在 Sketcher 应用程序中打印草图。如果你熟悉在 Sketcher 中序列化和打印的工作过程，那么在任何 MFC 应用程序中实现序列化和打印时，几乎应该没有困难。

17.8 练习

1. 更新 Sketcher 中 OnPrint()函数的代码，将页码以“Page *n* of *m*”的形式打印在每一页文档的底部。其中 *n* 是当前页的页码，*m* 是总的页数。

2. 作为 Sketcher 中 CText 类的一个增强功能，修改其实现方式，使比例调整可以正确地应用于文本(提示：在联机帮助中查找 CreatePointFont()函数)。

17.9　本章主要内容

本章主要内容如表 17-7 所示。

表　17-7

主　　题	概　　念
序列化	序列化是将对象转换成文件的过程。反序列化则从文件中的数据重新构造对象
MFC 序列化	要在 MFC 应用程序中序列化对象，必须将类识别为可序列化的。为此，在类定义中使用 DECLARE_SERIALIZABLE()宏，在包含类实现的文件中使用 IMPLEMENT_ SERIALIZABLE()宏
MFC 应用程序中的可序列化类	对于要在 MFC 应用程序中序列化的类，它的直接或间接基类必须是 CObject，它必须实现一个无参数的构造函数，并将 Serialize()函数实现为类成员
用 MFC 实现打印	要在 MFC 应用程序中提供打印文档的功能，必须在文档视图类中自己实现 OnPreparePrinting()、OnBeginPrinting()、OnPrepareDC()、OnPrint()和 OnEndPrinting()等函数
CPrintInfo 对象	CPrintInfo 对象是由 MFC 框架创建的，用来存储与打印过程有关的信息。可以将包含打印信息的自定义类对象的地址存储在 CPrintInfo 对象的指针中

第18章

编写 Windows 8 应用程序

本章要点

- Windows 8 应用程序与桌面应用程序的区别
- XAML 的概念和用法
- 如何为 Windows 8 的应用程序创建用户界面
- 用于 Windows 8 的操作系统接口的特性
- 为 Windows 8 应用程序创建项目
- 以图形化方式为应用程序创建用户界面
- 修改 C++代码中的 UI 元素
- 实现事件处理
- 制作用户界面元素的动画

本章源代码下载地址(wrox.com)：

打开网页 http://www.wrox.com/go/beginningvisualc，单击 Download Code 选项卡即可下载本章源代码。这些代码在 Chapter 18 文件夹中，文件都根据本章的内容单独进行了命名。

18.1 Windows Store 应用程序

为 Windows 8 UI 编写的应用程序称为 Windows Store 应用程序。详尽地解释如何为 Windows Store 编写程序，需要涉及许多细节，肯定要用一整本书的篇幅来描述。因此，本章仅提供一个起点，浅尝即止。本章在简要探讨基础知识之后，主要关注用 C++开发 Windows Store 应用程序的步骤，通过实践来学习开发步骤。

编写 Windows Store 应用程序与编写常规的 Windows 桌面应用程序(如 Sketcher)截然不同。应用程序上下文不同，代码的结构不同，用户与应用程序的交互方式也不同。这是因为 Windows Store 应用程序主要面向带有触摸屏的平板电脑，且一般通过 Microsoft 应用程序商店来发布。因为目标平台的性质不同，所以 Windows Store 应用程序运行在沙箱中，这个沙箱把应用程序与执行它的环境隔离开，并限制应用程序可以执行的操作。访问文件、网络连接和硬件都是有条件的。与桌面应用程序交互操作是通过鼠标和键盘来实现的，而与 Windows Store 应用程序交互是使用手势通过触摸屏来实现的。在 PC 上运行 Windows Store 应用程序时，鼠标操作会导致 Windows Store 应用程序触发事件。

如果安装了两个显示器，就会发现 Windows 8 在台式机上显示的更为友好。如果显卡允许，最好安装第二个显示器。一个显示器总是显示熟悉的 Windows 桌面，运行多个桌面应用程序时，两个显示器都可以显示它。在 Windows 8 启动屏幕和桌面之间切换是非常容易的，也可以在两个显示器上都显示任务栏。

必须在 Windows 8 之下安装 Visual Studio 2013，才能启用它的 Windows 8 开发功能。还需要得到一个 Windows 8 开发许可证，但这很简单，也是免费的。在 Windows 8 下，用于 Windows 桌面应用程序仍使用 Win32 API。用于 Windows Store 应用程序的接口是 Windows Runtime(WinRT)，它提供了一个与语言相当无关的沙箱，来创建和执行它们。

Windows Store 应用程序使用非标准的 C++扩展，如果使用 WinRT C++ Template Library (WRL)，就可以用标准 C++编写 Windows Store 应用程序。这涉及用 API 和 WinRT 对象编写相对低级别的程序，这超出了本书的范围。

Windows Store 应用程序的外观及其行为是分开定义的。应用程序的行为用 C++定义，用户界面用 eXtensible Application Markup Language (XAML)定义。不需要成为 XAML 专家，就可以为应用程序创建 UI，但基本掌握 XAML 对此颇有帮助。Visual C++中的 UI 设计功能显示在 Design 面板上，可用于创建 UI，其方式与在 Sketcher 中创建对话框类似。用这种方式图形化地创建 UI，会自动生成需要的 XAML 和相关的 C++代码。需要修改 XAML 时，还可以从 IntelliSense 获得许多帮助。本章将通过示例来进行实践。

因为 Windows Store 应用程序的 UI 定义和操作是分开的，所以原则上在 XAML 中开发 UI，以及在 C++中编写应用程序的操作可以是独立的活动。这里说“原则上”是因为，这种分开不是完全的。C++代码的实现方式非常依赖于 UI 在 XAML 中的定义方式。仍可以在代码中组合 UI 组件，所以在许多情况下，可以选择创建组件的方式。

18.2 开发 Windows Store 应用程序

Visual C++为开发 Windows Store 应用程序提供了特殊的功能，这些功能在许多方面都不同于以前使用的功能。为了理解其开发环境，现在应为 Windows Store 应用程序创建一个项目。本章将探讨和使用这个项目。

要创建一个新的 C++项目，应按下 Ctrl+Shift+N 键，在左边的面板上为 Visual C++选择 Windows Store 选项，再单击 Blank App (XAML)模板。这个模板会创建一个项目，其中没有预定义 UI 控件，只有一个 Grid 布局元素覆盖了整个页面，所以本章的后面将从头开始创建其他元素。给项目命名为 MemoryTest，如果不喜欢默认的文件夹，可以给解决方案选择另一个文件夹。单击 OK，开始创建项目。如果没有开发许可证，就需要获得一个才能继续。按照对话框的提示进行，就可以创建项目。

打开 Solution Explorer 面板，首先会注意到列表中有两个.xaml 文件。App.xaml 定义了应用程序，MainPage.xaml 定义了 UI 页面。Windows Store 应用程序总是有一个或多个页面定义了 UI，每个页面都由一个独立的.xaml 文件来定义。双击 MainPage.xaml 以显示它，第一次加载设计器(Designer)需要一些时间，设计器可以创建和修改 UI。最终会看到两个编辑面板，一个是顶部的 Design 面板，它可以图形化地扩展和修改 UI 页面；另一个是底部的 XAML 面板。XAML 定义了在 Design 面板中显示的内容。可以使用任何一个面板，对一个模板的修改会自动反映到另一个面板中。使这个项目处于打开状态，因为本章总是要使用它。

在进一步开发 MemoryTest 项目之前，要深入讨论如下 3 个主题：

- Windows Runtime 的基础知识
- 对标准 C++的 C++/CX 扩展，及其与 WinRT 如何相关
- XAML 的性质，以及它如何定义 UI 组件

18.3 Windows Runtime 的概念

WinRT 是一个面向对象的 API，专门用于 Windows Store 应用程序。WinRT 设计为独立于语言，所以它可以用于 JavaScript、C#和 C++。WinRT 提供了一个沙箱，Windows Store 应用程序在这个沙箱中执行，沙箱还限制了应用程序访问操作系统和硬件资源的范围。

WinRT 在应用程序中使用的术语也不同于前面的内容。方法等价于 C++语言中的成员函数，所以这些术语是可以互换的。前面还学过，桌面应用程序中发出一个 Windows 消息或事件时，会调用消息处理函数。而在 Windows Store 应用程序中，委托是一个函数对象，它可以封装一个方法，调用该方法可以处理特定类型的事件。

18.3.1 WinRT 名称空间

定义 WinRT 对象的类分布在大量的名称空间中。为了了解 WinRT 的范围，要知道 WinRT 名称空间远远超过 100 个，每个名称空间都包含几个类定义，有时包含许多个类定义。表示某组 UI 组件的类都在同一个名称空间中，名称空间的名字通常说明了其包含的内容。例如，名称空间 Windows::UI::Xaml::Controls 包含的类定义了按钮、复选框和列表框等控件。一般而言，与应用程序 UI 的定义或操作相关的名称空间都以 Windows::UI 作为其名字的开头，名字以 Windows::UI::Xaml 开头的名称空间与用于指定 UI 的 XAML 类型相关。

在 Windows Store 应用程序中也可以定义自己的类类型。如果自定义的类类型要传递给 WinRT 组件，其类定义就必须放在一个名称空间中，且其定义方式必须不同于标准 C++中的类定义方式。稍后描述它。

在阅读本章或者开发自己的 Windows Store 应用程序时，在浏览器中显示 WinRT 名称空间的参考文献会比较方便。此时，可以在 http://msdn.microsoft.com/en-us/ library/ windows/apps/br211377.aspx 上找到它。

18.3.2 WinRT 对象

WinRT 是一个面向对象的 API，其中的对象类似于 Component Object Model (COM)对象。COM 提供了一个机制，用于定义可以在另一种编程语言中访问和操作的对象。COM 对象与前面使用的 C++类对象不同。不能把 COM 对象存储在变量中，只能存储对它的引用。COM 对象的引用会计数，这意味着系统会维护一个对象的引用数。当 COM 对象的引用数为 0 时，就会销毁它，该对象拥有的资源就会释放。这类似于 std::shared ptr 智能指针的工作方式。

如果使用裸 COM 对象引用，就必须负责在适当的时间调用函数，来确保引用数的正确。但是，在 WinRT 中，不使用裸 COM 对象，WinRT 对象内置了对其引用数的管理功能。这意味着 WinRT 对象是在堆上创建的，用户不需要负责它们的删除，因为它们会自动销毁。

因为 WinRT 对象实际上是 COM 对象，所以使用标准的 C++来处理它们会相当复杂。为了使用 COM 对象，必须理解所涉及的接口，并遵循使用它们的规则。因此，Visual C++包含一组 Microsoft 专用的 C++语言扩展，来隐藏使用 WinRT 对象的复杂性，从而使代码较容易编写。这些语言扩展称为 C++/CX，即 C++ Component Extensions。使用 C++/CX 处理 WinRT 对象时，仍可以使用所有的 C++标准语言和库功能，包括 STL。尽管在 WinRT 中传入或传出的数据总是采用 WinRT 对象的形式，但必须总是使用 C++/CX 类类型来引用 WinRT 对象。

18.4 C++/CX

在 WinRT 中传入或传出的所有数据都必须是 WinRT 对象。不能把标准 C++类类型的对象传递给 WinRT 组件，WinRT 对象有两种类型：按值传递的值类型和按引用传递的引用类(ref class)类型。任何基本 C++类型的数据都会自动转换为 WinRT 值类型，所以总是可以在 Windows Store 应用程序中使用 C++基本类型。ref class 或 ref struct 类型是对应于标准 C++的 class 和 struct 类型的 WinRT。Ref class 类型的所有变量都存储引用，而不是对象。C++/CX 提供了额外的语言语法，来定义 WinRT 类型，并操作 WinRT 对象。

18.4.1 C++/CX 名称空间

有 3 个 C++/CX 名称空间包含了应了解的内容。它们是包含 WinRT 类型定义的默认名称空间：

- Platform 名称空间包含对应于 C++基本类型的值类型。
- Platform::Collections 名称空间包括用于 WinRT 类型的容器类。
- Windows::Foundation::Collections 名称空间提供的函数支持 Platform::Collections 名称空间中的容器。

Platform 名称空间包含如表 18-1 所示的内置 WinRT 类型。

表 18-1

类　型	用　法
Object	是所有 WinRT 类型的最终基类，该类型的引用可以表示任何 WinRT 类型
String	不变的 Unicode 字符串。必须使用这个字符串类型，才能把字符串传递给 WinRT 组件
Boolean	等价于 bool 类型的值
SizeT	无符号的数据类型，表示对象的大小
IntPtr	有符号的指针值
UIntPtr	无符号的指针值
Guid	16 位的值，表示全局唯一标识符

注意，Boolean、Guid、SizeT、IntPtr 和 UIntPtr 是值类型，Object 和 String 是 ref 类类型。使用最频繁的是 String 类，它用于表示文本。Platform 名称空间还包含 Array 类，它定义了对象引用的一维数组。不能使用标准的 C++数组来存储 WinRT 对象引用，不能使用 C++/CX 定义多维数组。

Platform::Collections 名称空间中的容器存储 WinRT 对象引用，它提供了 Map 和 Vector 集合类类型，以及提供只读集合的 MapView 和 VectorView 类型。MemoryTest 示例将使用 Vector。

Windows::Foundation::Collections 名称空间定义了 begin()和 end()函数，它们给传递为实参的集合类引用返回迭代器。使用这些迭代器可以把 STL 头文件 algorithm 中定义的函数应用于 Vector 容器。MemoryTest 示例将使用它们。这个名称空间还定义了 back_ inserter()和 to_vector()函数，back_inserter()返回的迭代器用于在集合的尾部插入一个值，to_vector()把传递给函数的 Vector 的内容返回为 STL 的 std::vector 对象。

18.4.2　定义 WinRT 类类型

不能使用标准的 C++类来定义用于 WinRT 的对象。C++/CX 语言扩展提供了一种简单的方式来创建 ref 类类型，并操作 WinRT 类对象。WinRT 类类型用 ref class 关键字来定义，它表示这个类是一个 WinRT 类型。在 MemoryTest 应用程序的 MainPage.xaml.h 文件中，类定义如下：

```
namespace MemoryTest
{
  /// <summary>
  /// An empty page that can be used on its own or navigated to within a Frame.
  /// </summary>
  public ref class MainPage sealed
  {
  public:
    MainPage();
  };
}
```

MainPage 定义为一个 ref class，所以 MainPage 对象的引用可以传入或传出 WinRT 方法。sealed 关键字禁止把这个类用作基类。名称空间名就是项目名。记住，所有的 WinRT 类类型都必须在名称空间中定义。

下面定义了自己的 ref 类类型：

```
namespace MemoryTest
```

```
{
public ref class Card sealed
  {
  public:
    // Public members...

  private:
    // Private members...

  protected:
    // Protected members...

  internal:
    // Internal members...
  };
}
```

ref 类的成员可以是标准 C++类型和 ref 类类型，但标准 C++类型的成员只能出现在类的 internal 和 private 部分。

编译 Windows Store 应用程序时，其所包含的有关 ref 类类型的信息作为元数据存储在一个.winmd 文件中。如果编译 MemoryTest 调试配置，MemoryTest.winmd 文件就在项目的 MemoryTest\Debug\MemoryTest 文件夹下。.winmd 文件指定了应用程序中定义的 ref 类类型的公共和受保护接口，其他开发语言，如 C#和 JavaScript，可以访问这些接口。名称空间中只有定义为 public 的 ref 类才出现在元数据中。如果不希望类接口出现在元数据中，就可以在应用程序中使用非公共的 ref 类类型。类的 internal 和 private 部分中的 ref class 成员不会发布在元数据中。

ref 类类型的所有公共(public)和受保护(protected)数据成员都必须定义为属性，它们不能是普通的数据成员。属性是存储了私有值的数据成员，这些私有值可以通过公共的 get()和 set()方法来访问。属性用 property 关键字来定义。按照约定，属性名以大写字母开头。下面是定义了两个属性的 Card 类：

```
public ref class Card sealed
{
public:
  property Platform::String^ Type;
  property Windows::UI::Xaml::Media::SolidColorBrush^ Color;
};
```

type 和 color 属性都是非重要属性，因为在检索或存储值时，编译器会自动插入 get()和 set()方法调用。因此可以访问非重要属性的数据成员，就好像它们是普通的公共数据成员一样。编译器会为属性的 get()和 set()方法提供默认的实现代码，仅用于检索或设置属性的值。需要比默认行为更多的操作时，可以显式地为属性定义 get()和 set()方法。下面就为 Card 类中的 type 属性定义了 get()和 set()方法：

```
property Platform::String^ Type
{
  Platform::String^ get() { return m_type; }
  void set(Platform::String^ newType)  { m_type = newType; }
}
```

```
private:
Platform::String^ m_type;
```

18.4.3 小节将介绍指定 ref 类变量类型的记号。这里的 get()和 set()方法定义与编译器创建的默认代码相同，但它们可以更复杂。可以忽略 set()方法定义，只定义 get()方法，此时属性就是只读的。

定义类的 C++/CX 语法包含 partial 关键字，它用于指定类定义并不完整，类定义的其他部分将出现在其他地方。前面 MemoryTest 示例中的 MainPage 类定义就不是完整的。本章前面的定义补足了该类的部分定义。要看到类的部分定义，可以切换到 Class View，展开 MainPage，单击左边的箭头，在面板上展开 Partial Definitions，再双击 MainPage。类定义如下所示：

```
partial ref class MainPage :
            public ::Windows::UI::Xaml::Controls::Page,
            public ::Windows::UI::Xaml::Markup::IComponentConnector
{
public:
    void InitializeComponent();
     virtual void Connect(int connectionId, ::Platform::Object^ target);

private:
    bool _contentLoaded;
};
```

显示这些代码的面板标签出现在最右边的面板上，该面板的标签都显示为暗紫色。紫色(Mauve)的标签是一个“预览”标签(把鼠标停放在该标签上，就会显示“预览”工具提示)。一旦开始在文档中输入内容，紫色的标签就会变成蓝色，并向左移动。修改 XAML 时，类就会更新。这里的类是使用 partial 关键字定义的，前面看到的定义会与这里的定义合并起来，形成完整的 MainPage 类。使用 XAML 创建的 UI 元素拥有这个类中定义的对应成员，来引用 WinRT 组件对象。

18.4.3　ref 类类型的变量

ref 类类型的变量称为句柄，因为它存储了对对象的引用，而不是对象本身。句柄类似于标准 C++中的智能指针。将一个 ref 类变量的值赋予另一个 ref 类变量时，会复制句柄，而不是对象。要获得两个相同的 ref 类对象，唯一的方式是显式地创建它们。要给 ref 类类型的变量指定类型，应使用类类型名称后跟^，^称为 hat 符号。下面是一个示例：

```
SolidColorBrush^ redBrush =
                        ref new SolidColorBrush(Windows::UI::Colors::Red);
```

这个示例把 redBrush 变量定义为指向 SolidColorBrush 对象的句柄，该句柄是一个对象，它定义了一个笔刷，用于把特定的颜色填充到一个区域中。ref 类定义在 Windows::UI::Xaml::Media 名称空间中。WinRT 对象使用 ref new 创建，当对它的引用不再存在时，它会自动销毁。如果在函数中创建了一个 ref 类对象，且其唯一的引用存储在一个局部变量中，则该对象会在函数返回时销毁。SolidColorBrush 构造函数的实参是 Colors 类的一个常量成员，这个 Colors 类定义了许多表示标准颜色的成员。

创建 ref 类对象时，可以使用 auto 关键字：

```
auto redBrush = ref new SolidColorBrush(Windows::UI::Colors::Red);
```

这与上一个语句的效果相同，但输入更少。

可以创建一个数组，其中存储了 ref 类对象的句柄，如下所示：

```
auto brushes = ref new Platform::Array<SolidColorBrush^>(10);
```

brushes 数组可以存储 10 个 SolidColorBrush 对象的句柄。元素类型在 Array 类名后面的尖括号中指定。这里它是一个 SolidColorBrush^，即 SolidColorBrush 对象的句柄。

还可以创建带有一组初始化值的句柄数组：

```
Platform::Array<SolidColorBrush^>^ colors =
                  {redBrush, greenBrush, blueBrush, yellowBrush};
```

colors 数组包含 4 个元素，它们用花括号中的 SolidColorBrush^句柄来初始化。这里可以忽略=。

18.4.4 访问 ref 类对象的成员

要访问对象的成员，可以使用->操作符和该对象引用。下面是一个示例：

```
auto brush = ref new Windows::UI::Xaml::Media::SolidColorBrush();
brush->Color = Windows::UI::Colors::White;
```

这段语句创建了对 SolidColorBrush 对象的 brush 引用，接着把该对象的 Color 属性设置为 Colors::White。为对象调用方法的记号与引用属性完全相同，也是在句柄和方法名之间使用->。

18.4.5 事件处理程序

为 UI 元素处理该事件的方法是常规的 C++函数，其带有特殊的签名，该签名依赖于 UI 元素的类型。类中一般的事件处理程序声明如下所示：

```
void Button_Tapped_1(Platform::Object^ sender,
                Windows::UI::Xaml::Input::TappedRoutedEventArgs^ e);
```

这个按钮事件的处理程序声明是自动创建的，它在用户触摸了屏幕上的按钮或者用鼠标单击了按钮时执行。其第一个形参是触发事件的 UI 对象的句柄，必须把它转换为合适的类型，才能使用它。第二个形参提供了事件的其他信息。根据约定，UI 元素的事件处理程序一般有两个形参，如前所述，第一个形参的类型是 Platform::Object^，表示触发事件的对象。第二个形参的类型是变化的，因为它是对表示事件的对象的引用。事件处理程序一般返回 void 类型。事件处理程序的地址记录在一个委托中，委托类似于标准 C++中的函数指针。

按钮事件的委托类型定义为：

```
public delegate void RoutedEventHandler(
Platform::Object^ sender, Windows::UI::Xaml::RoutedEventArgs^ e);
```

有这个委托签名的任何函数都可以添加到这种类型的委托中。TappedRoutedEventArgs 类派生于 RoutedEventArgs，所以 Button_Tapped_1()处理函数与它一致。本章不需要考虑委托和事件处理函数的复杂性，因为 UI 组件事件的处理函数是自动定义和注册的。我们只需要考虑处理函数被调用时会做什么。

18.4.6 转换 ref 类引用的类型

18.4.5 小节提到，我们接收到一个对象的引用，它使事件的类型是 Object^，必须转换该类型，才能调用实际对象类型的方法。WinRT 对象的引用可以使用 static_cast 来转换类型，但最好使用 safe_cast<T>，其中 T 是目标类型。如果转换失败，safe_cast<T>会抛出一个 WinRT 兼容异常。下面是一个示例：

```
void Button_Tapped_1(Object^ sender, TappedRoutedEventArgs^ e)
{
  Button^ button  = safe_cast<Button^>(sender);
  button->Background = redBrush;
}
```

Button 类在 Windows::UI::Xaml::Controls 名称空间中。处理程序中的第一个语句将 sender 转换为 Button^类型，下一个语句把 Background 属性的值设置为 redBrush。

18.5 XAML

eXtensible Application Markup Language (XAML)是一种在 eXtensible Markup Language (XML)中定义的语言。XML 是一种元语言，用于定义各种应用程序专用的语言。XAML 看起来类似于 HTML，因为它由带有嵌入文本的标记和属性组成，但不要愚蠢——XAML 完全不同，正确编写 XAML 要遵循严格的规则，且没有编写 HTML 时的灵活性。使用 XAML 可以定义层次结构中的一组元素，为 Windows Store 应用程序指定 UI。该应用程序的 UI 由一个或多个页面组成，每个页面都由一个扩展名为.xaml 的独立 XAML 文件来定义。

页面的 XAML 定义包括控件及其布局，它还关联了事件和 C++函数，这些事件是在用户与 UI 中的控件交互操作时触发的。UI 组件的 XAML 定义有一个关联的 C++类，它封装了组件及其特性。由.xaml 文件定义的 UI 页面有一个关联的.h 文件，它包含封装页面的 C++类定义，它还有一个关联的.cpp 文件，它包含了类的实现代码。

18.5.1 XAML 元素

XAML 文件总是包含按层次结构布局的 XAML 元素。XAML 元素的类型名称是区分大小写的。XAML 元素可以定义为一个起始标记，如<Grid>，后跟一些可选的元素内容，最后是结束标记，如</Grid>。还可以把 XAML 元素定义为一个标记，该标记称为“起始-结束”标记，如<Grid/>。标记总是放在一对尖括号<>中。所有的标记都包含元素的类型名称，在前面的示例中是 Grid，每个元素类型的名称都是唯一的。

一般，元素可以在其起始和结束标记之间包含其他元素，被包含的元素称为包含元素的子元素，包含元素称为其子元素的父元素。XAML 文件中的元素不能重叠，所以结束标记必须总是与紧邻的前一个起始标记有相同的元素名称。子元素必须完全包含在父元素的起始和结束标记之间。XAML 文件总是只有一个根元素，它包含所有其他元素，有多个根元素就不是合法的 XAML。

XAML 元素一般通过属性来指定所定义的特性，如控件的颜色、大小和方向。

下面的 XAML 元素定义了一个按钮控件：

```
<Button x:Name="okButton" Background="Blue" Width="150" Click="HandleOK">
OK
</Button>
```

元素类型名称是 Button。这定义了一个标签为 OK 的按钮控件。该标签定义出现在第一行的起始标记和结束标记</Button>之间。在起始标记中，类型名称后面的项是属性，它们为按钮控件的特性定义了值。每个属性定义都用一个空格与下一个属性定义分隔开。x:Name 属性值指定了一个名称，该名称可以在代码中引用按钮对象。这个名称必须不同于 XAML 文件中以这种方式指定的任何其他名称。Background 属性值指定了按钮的背景色。Width 定义了按钮的宽度像素值。Click 属性值指定了与 UI 页面关联的 C++类中的函数，按下按钮时，就会调用该函数。属性值总是用 XAML 中的一个字符串来指定。

在 XAML 中为 UI 页面中的控件指定的名称，在保存 XAML 文件之前不存在于项目的 C++代码中，所以在添加代码，引用在 XAML 中定义的控件之前，总是需要保存文件。一旦在代码中定义了控件的名称，IntelliSense 就会帮助选择要在 C++中为控件对象调用的函数。

可以用一个标记定义相同的按钮：

```
<Button x:Name="okButton" Background="Blue" Width="150"
        Click="HandleOK" Content="OK"/>
```

这个语句定义了与前面示例相同的按钮控件，但使用了起始-结束标记。右尖括号前面的斜杠表示起始-结束标记的结束。按钮标签现在用 Content 属性的值来定义。右尖括号前面的斜杠表示这既是一个起始标记，也是一个结束标记。

下面的元素示例带有子元素：

```
<StackPanel Height="400" Width="900"
           HorizontalAlignment="Left" VerticalAlignment="Top">
  <Button x:Name="okButton" Background="Blue" Width="150"
          Click="HandleOK" Content="OK"/>
  <Button x:Name="cancelButton" Background="Blue" Width="150"
          Click="HandleCancel" Content="Cancel"/>
</StackPanel>
```

StackPanel 元素有两个按钮子元素。注意子元素相对于父元素缩进了。子元素以这种方式缩进，就更容易看出 XAML 的结构。

必要时，可以在 XAML 中添加注释。XAML 注释如下所示：

```
<!-- This is a comment. -->
```

XAML 注释以<!--开头，以-->结束。注释也可以跨数行：

```
<!--
   This is a comment that is spread
   over two lines.
-->
```

页面的根元素如下所示：

```
<Page
    x:Class="MemoryTest.MainPage"

    xmlns="http://schemas.microsoft.com/winfx/2006/xaml/presentation"
    xmlns:x="http://schemas.microsoft.com/winfx/2006/xaml"
    xmlns:local="using:MemoryTest"
    xmlns:d="http://schemas.microsoft.com/expression/blend/2008"
    xmlns:mc="http://schemas.openxmlformats.org/markup-compatibility/2006"
    mc:Ignorable="d">
</Page>
```

这是 MemoryTest 示例中 MainPage 的根元素。在起始标记的尖括号之间，Page 后面的内容是标识页面的属性和文件中 XAML 的规则集。例如，xmlns 属性的值标识了 XAML 规范的名称空间，这只是一个唯一标识符，不一定关联到真实的 Web 页面上。定义页面的所有元素都必须放在 Page 起始和结束标记之间。

18.5.2　XAML 中的 UI 元素

可以使用 Design 面板添加的实体如图 18-1 所示，其中显示了 Toolbox 面板。在 Toolbox 上有许多可用的元素，包括定义控件的元素、为许多控件定义布局的元素，以及定义图形(如椭圆和矩形)的元素。把 Toolbox 中的控件添加到 Design 面板上时，定义该控件的 XAML 就会立即添加到页面的.xaml 文件中。接着就可以与 Design 面板中的图形交互操作，修改控件的大小和位置。这会更新 XAML 中元素的属性值。也可以在 XAML 中修改属性值，这些更改会反映到 Design 面板中。

通过控件的 Properties 面板，也可以修改元素的属性。如果单击 MemoryTest 项目中 MainPage.xaml 清单的 Grid 元素，就会显示 Properties 面板，如图 18-2 所示，其中展开了元素的 Layout 和 Appearance 属性。如果 Properties 面板没有显示在 Visual Studio 窗口的右边，只需要选择 Design 面板中的元素，按下 Alt+Enter 键或者从菜单中选择 View | Other Windows 命令，来显示该面板。

Properties 面板不一定会显示元素拥有的所有属性。

每个 XAML 元素都有一个对应的 WinRT 类类型。XAML 中的 Button 元素由 WinRT 中的 Button 类定义。对于页面的 XAML 中的每个元素，都会在应用程序中创建一个 WinRT 对象。如果为 XAML 元素的 x:Name 属性定义了值，则页面类的一个成员就拥有该名称。该成员是 WinRT 对象的一个句柄。

定义 UI 组件的 WinRT 对象通常是某个派生类型。例如，Windows::UI::Xaml::Shapes 名称空间中定义的 Ellipse 类的继承结构如图 18-3 所示。Properties 面板显示了与 Ellipse 元素定义相关的所有属性，其中的许多属性都是继承来的。这并不意味着 Properties 面板会显示所有继承来的属性。

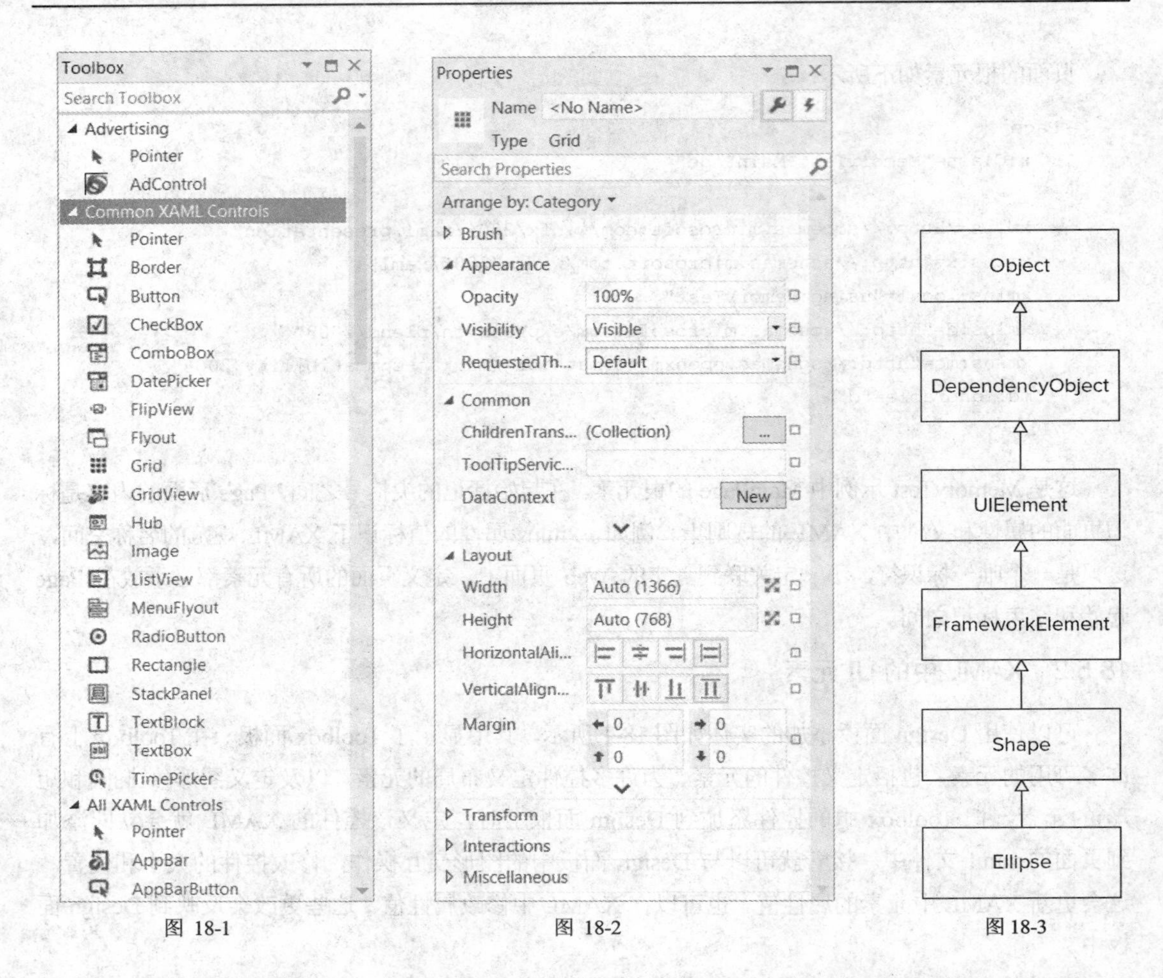

图 18-1　　图 18-2　　图 18-3

在存储了基类引用的数组中存储不同类型的 UI 对象引用时，知道那些属性是继承来的很重要。例如，要把图形元素(如 Rectangle 和 Ellipse)存储在一个数组中，这样就可以把数组元素类型声明为基类类型 Shape^。元素从 Shape 类中继承了许多属性，如 Fill、Height 和 Width，所以可以修改元素的继承属性值，而无须将数组中存储的引用转换为其实际类型。

如前所述，对 XAML 文件的修改会反映在 Design 面板上。即使不擅长 XAML，修改 XAML 也不像听起来那么令人畏惧，因为 IntelliSense 会提供许多帮助，以进行正确的修改。

Toolbox 面板上的控件并没有提供可以在 XAML 中定义的所有元素。还有一些元素类型，例如 Polygon 定义了多边形，许多元素属性还可以用其他 XAML 元素来定义。显然，要创建这种元素，只能为它们添加 XAML。下面是一个示例：

```
<Polygon x:Name="triangle" Fill="Red" Points="0,70 70,70 35,0"
         HorizontalAlignment="Center" VerticalAlignment="Center"
         Height="70" Width="70"/>
```

这段代码定义了一个 Polygon 元素，该元素定义了一个用红色填充的三角形。三角形的顶点用 Points 属性的值来定义，它的名称用 x:Name 属性值来指定，所以可以在 C++代码中用 triangle 引用这个 UI 元素对象。Polygon 元素不能有任何内容，所以只能用起始-结束标记来定义它。不必记住这一点，尝试给不允许有内容的元素插入内容时，会显示一个警告。

能有内容的元素在需要指定内容时，可以使用 XAML 的起始标记和结束标记来定义。不能有内容的元素必须用起始-结束标记来定义。看看下面的代码：

```
<Ellipse x:Name="circle" Height="100" Margin="10" Width="100"
         HorizontalAlignment="Center" VerticalAlignment="Center">
  <Ellipse.Fill>
    <SolidColorBrush x:Name="blueBrush" Color="Blue"/>
  </Ellipse.Fill>
</Ellipse>
```

这段代码定义了一个名称为 circle 的 Ellipse 元素，所以可以在 C++中使用 circle 来引用该图形。Margin 属性指定 Ellipse 元素与其父单元格的 4 条边之间的距离。该属性的单一值会应用于所有 4 条边，所以 Ellipse 元素与其父元素之间的距离为 10。但不仅仅能给这个属性使用单一值。使用多个值时，这些值用空格或逗号分隔开。如果给 Margin 属性指定了两个值，第一个值就指定左右边距，第二个值指定上下边距。如果给 Margin 属性指定了 4 个值，它们就分别是左、上、右、下边距。

Ellipse 元素显示为一个圆，其直径为 100，填充了蓝色。填充图形内部的颜色用一个嵌套的 Ellipse.Fill 元素来指定，该元素为 Ellipse 元素定义了 Fill 属性的值。Ellipse 元素不能有独立的内容，但可以有定义其属性值的元素。Ellipse 元素中 Fill 属性的 color 值用 SolidColorBrush 类型的嵌套 XAML 元素来指定。SolidColorBrush 对象的 Color 属性值是 Blue，这是一种标准颜色。SolidColorBrush 元素的名称指定为 x:Name 的值，所以可以在代码中把笔刷对象引用为 blueBrush。下面是一个示例：

```
if(circle->Fill == blueBrush)
  circle->Fill = redBrush;
```

这个语句比较 circle 对象的 Fill 属性和 blueBrush。如果它们匹配，Fill 属性值就改为另一个 SolidColorBrush 对象：redBrush。

可以试着把椭圆的 XAML 输入 MemoryTest 项目中。把这些 XAML 输入到 MainPage.xaml 文件中</Grid>结束标记的前面，Design 面板上就会显示蓝色的圆。以后可以删除这些 XAML，这样圆就会从 Design 面板上消失。

18.5.3　附加属性

在 XAML 中设置属性值时，就是在为定义元素的 WinRT 对象的属性成员设置值。XAML 元素还可以有附加属性。附加属性允许子元素给父元素的属性设置值。通过给属性名加上父元素的类型名来限定，子元素就可以引用父元素的属性。附加属性的值可以指定为子元素的一个属性，或者直接指定为一个子元素。下面是使用附加属性的示例：

```
<Grid Margin="0,0,10,0">
   <Grid.RowDefinitions>
      <RowDefinition Height="100*"/>
      <RowDefinition Height="100*"/>
   </Grid.RowDefinitions>
   <Grid.ColumnDefinitions>
      <ColumnDefinition Width="75*"/>
      <ColumnDefinition Width="75*"/>
   </Grid.ColumnDefinitions>
   <Rectangle Height="70" Width="70" Grid.Row="0" Grid.Column="0"/>
```

```
    <Rectangle Height="70" Width="70" Grid.Row="0" Grid.Column="1"/>
</Grid>
```

Rectangle元素中的Grid.Row和Grid.Column就是附加属性，它们为父元素Grid的Row和Column属性指定了值，并定义了Rectangle元素在网格中的位置。

15.4.2 小节的一个代码段显示了子元素指定的一个附加属性：

```
<Ellipse Height="100" Margin="10" Width="100"
         HorizontalAlignment="Center" VerticalAlignment="Center">
  <Ellipse.Fill>
    <SolidColorBrush x:Name="blueBrush" Color="Blue"/>
  </Ellipse.Fill>
</Ellipse>
```

Ellipse.Fill 子元素指定了父元素 Ellipse 的 Fill 属性。

18.5.4 父元素和子元素

父元素知道它自己的子元素有哪些，子元素也知道它的父元素是什么。把 Windows::UI::Xaml::FrameworkElement 作为基类的元素继承了 Parent 属性，该 Parent 属性的值是对父对象的引用。父引用的类型是 DependencyObject^，这是 Windows::UI::Xaml 名称空间中定义的 UIElement 类的基类。因此希望在代码中使用父元素时，需要一种方式来确定实际的父类型是什么。

可以有子元素的元素把 Windows::UI::Xaml::Controls::Panel 作为基类，它从这个基类中继承了 Children 属性，该 Children 属性的值定义了子元素的一个集合，该值是对 UIElementCollection 类型的对象的引用，这个类型在 Windows::UI::Xaml::Controls 名称空间中定义。对子元素的引用在集合中存储为 UIElement 类型。使用 Children 属性的值可以在代码中访问子元素，而无须在 XAML 中指定其名称。后面将在 MemoryTest 示例中演示如何访问和使用子元素集合。

18.5.5 控件元素

如图 18-1 中的 Toolbox 面板所示，有许多控件元素。其中的大多数都包含在 Windows::UI::Xaml::Controls 名称空间中，但定义图形的类型在 Windows::UI::Xaml::Shapes 名称空间中。其中的几个控件在功能上非常类似于桌面应用程序可用的控件，包括 Button、CheckBox、ComboBox、ListBox 和 TextBox 元素。Rectangle 元素定义了一个矩形，该矩形可以是实心的，其属性集类似于 Ellipse 元素，Rectangle 元素还有几个 Ellipse 没有的属性，例如 RadiusX 和 RadiusY 指定角是否是圆角。

FlipView 控件比较有趣，它可以在代码的控制下按顺序翻转集合中的项，这些项可以是任何内容，如文本或图像。项集可以是静态集，也可以用编程方式添加项。这个控件还有内置的动画功能。

18.5.6 布局元素

主要的布局元素可用于控制控件元素在 UI 页面上的排列方式，它们包括 Windows::UI::Xaml::Controls 名称空间中的 Grid 和 StackPanel，这两者以不同的方式排列元素。Grid 提供了一个矩形网格，在其中可以放置元素，而 StackPanel 提供了元素的线性栈，该栈可以是水平或垂直的。Grid 元素也许是最常用的布局控件。在 UI 页面上，一般至少有一个 Grid 覆盖整个页面区域，MemoryTest 项目的默认空白页面就是这样。这就提供了一个主要的布局方式，以添加其他元素。Grid 元素可以有一行或多行，也可以有一列或多列，使用索引值就可以引用各个行或列，其中索引值从 0 开始。通过行索引和列索引来标识特定的 Grid 单元格，而指定行索引和列索引就可以在网格中定位某个单元格上的控件。Grid 的单元格可以包含任何类型的元素，包括 Grid 和 StackPanel 元素，还可以在一个单元格中放置多个元素，使它们重叠显示。网格中的子元素还可以跨越多个单元格。MemoryTest 示例将使用网格。

Canvas 元素可以把多个 UI 元素包含为子元素，这些子元素的位置相对于 Canvas 元素的左边和顶边来确定。这表示子元素的排列方式是完全自由的。下面是一个示例：

```
<Canvas Background="Azure" Height="200" Width="200">
  <Rectangle Fill="Blue" Canvas.Left="20" Canvas.Top="5"
             Height="70" Width="70"/>
  <Ellipse Fill="Red" Canvas.Left="100" Canvas.Top="100"
           Height="30" Width="70"/>
</Canvas>
```

Left 和 Top 是附加属性，所以在子元素中，它们用父元素名来限定。其值是像素数。

18.5.7　处理 UI 元素的事件

UI 元素有标识事件处理程序的属性。每种事件都有唯一的属性。例如，Tapped 属性值定义了一个事件的处理程序，当用户在触摸屏上触摸了一个元素，或者用鼠标在桌面环境中单击了该元素时，就会引发该事件。元素的多数事件属性都是继承来的。大多数 UI 元素都把 Windows::UI::Xaml 名称空间中的 UIElement 类作为基类。UIElement 有许多事件属性，包括：

- PointerEntered
- PointerExited
- PointerMoved
- PointerPressed
- Tapped
- DoubledTapped
- RightTapped

这是 UIElement 中的一个事件属性子集。派生于这个类的所有元素都继承了它定义的所有事件属性，它们的名称很容易理解。要处理事件时，只需要将事件处理程序名赋予属性值。下面是一个示例：

```
<Rectangle Tapped="Rectangle_Tapped" Fill="Blue" Height="50" Width="100"/>
```

单击或触摸这个元素定义的矩形时，就会调用 Rectangle_Tapped_1()函数。可以给处理程序指定任意名称。一般使用 Properties 面板定义事件处理程序，而不是直接修改 XAML。这将为选中的属性设置值，并在定义了页面(包含 UI 元素)的类中为处理程序创建定义。MemoryTest 示例将演示这个操作。

如果直接在一个 XAML 元素中把处理程序的名称编写为属性值，就可以右击该名称，选择 Go To Definition，进入其代码。如果该事件处理程序还不存在，Visual Studio 就会自动创建它，并导航到已创建的代码。

元素还有一些属性来控制是否启用该元素的特定事件，这样就可以为特定的事件定义处理程序，再设置属性值，来控制该事件是否发生。IsTapEnabled 和 IsDoubleTapEnabled 属性的值是“true”或

“false”，以确定 Tapped 或 DoubleTapped 事件是否启用。

元素是否可见由其 Visibility 属性值确定，在 XAML 中，该值可以是“Visible”或“Collapsed”，后者表示不可见。Visibility 属性的值由 Windows::UI::Xaml 名称空间中的 Visibility 枚举类来定义。在代码中控制元素的可见性时，需要知道这个属性值。

设置 Opacity 属性值，还可以控制元素的透明度，该属性的值在 0～1.0 之间，其中 0 表示完全透明，1.0 表示完全不透明。

18.6 创建 Windows Store 应用程序

现在就要把 MemoryTest 项目开发成一个可工作的程序了。该示例要使用许多控件，这只是为了体验一下，而不是以最明智的方式实现该应用程序。当然，这意味着该示例的设计并不是最好的，但它说明了如何使用几个可用的控件。这里描述的方法说明了如何使用 UI Designer 面板为示例创建 UI，以及如何扩展和修改 XAML。在实践中这不是最理想的方法，但最好实验一下各种可能性。

该应用程序实现了一个记忆力测试游戏，它会显示最初面朝下的 24 张牌，这 24 张牌是 12 副对子。这些牌分别显示圆、正方形或三角形，其颜色为红色、绿色、蓝色或黄色，所以共有 12 张不同的牌。要玩游戏，需要通过触摸或点击，翻开两张牌。如果两张牌的图形和颜色都相同，它们就一直保持翻开状态。如果它们不相同，点击任意一张牌就会翻转它们。理想情况下，玩家需要记忆牌面。找到所有的对子后，就赢了游戏。

18.6.1 应用程序文件

在 Solution Explorer 面板上有两个.xaml 文件，App.xaml 定义了应用程序对象，MainPage.xaml 定义了 UI 的主页。一般，应用程序中的每个 UI 页面都有一个.xaml 文件，MemoryTest 游戏只有一个 UI 页面。

如果单击 MainPage.xaml 项左边的箭头，展开该项，就会看到两个源文件，其中 MainPage.xaml.h 包含主页的 MainPage 类定义，MainPage.xaml.cpp 包含类的实现代码。对代码的修改可以在这两个文件中找到。我们要在示例中添加两个文件。MainPage 类是一个 ref 类，所以它定义了一个 WinRT 对象。该类用 sealed 关键字指定，所以不能从中派生其他类。

MainPage.xaml.h 中的 MainPage 类定义并不完整。UI 的细节都不在 MainPage.xaml.h 中定义，另一个文件 MainPage.g.h 定义了类的其他内容。这个文件没有显示在 Solution Explorer 面板中，因为我们不能修改它。该面板中的内容是从主页的 XAML 中创建的。

Package.appxmanifest 文件定义了部署应用程序时应用的属性。如果在 Solution Explorer 面板中双击文件名，就会显示一个对话面板。在这里可以设置应用程序图标的路径，指定图标的方向以及其他特性。应用程序的默认图标显示在 Solution Explorer 面板的 Assets 列表中。一般需要定义自己的图像文件。可以在 Capabilities 选项卡上设置应用程序的许可，来确定应用程序可以访问哪些硬件和其他资源。这里不介绍修改该文件中设置的细节。应用程序的第一个开发任务是用 XAML 设计并指定游戏的 UI。

18.6.2 定义用户界面

首先必须确定应用程序页面的大概布局——把什么元素放在什么地方。这里有完全的灵活性，所以选择随意布置显然并不好。笔者设置的布局如图 18-4 所示。

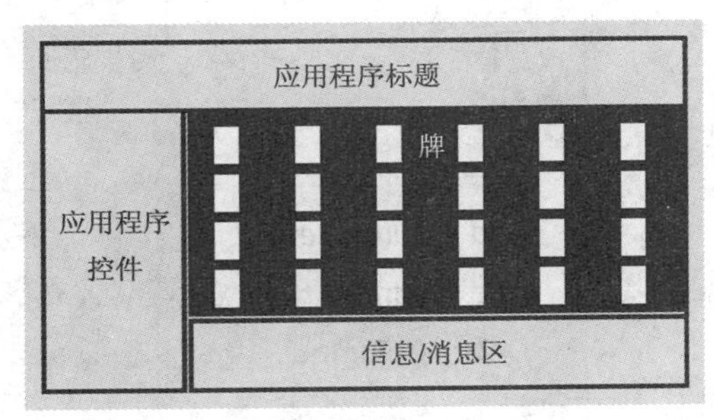

图　18-4

顶部占据 UI 整个宽度的区域是应用程序标题，24 张牌按 4×6 的方式放置在标题右下方的矩形区中。游戏的控件在左边的一列上，信息或消息区在底部。现在可以在页面网格中添加行和列，以实现这个布局。

双击 MainPage.xaml，显示 XAML 和 Design 面板，可以在 Design 面板上单击任何元素，或者单击定义它的 XAML 来选择当前的元素，所以现在选择主页网格，使其属性显示在 Properties 面板上。如果将光标移动到网格顶边上，就会看到一个橙色垂线将网格分为两列。移动光标，该垂线会随之移动，单击以选择一个分隔位置。把鼠标指针放在网格的垂直边界上，执行相同的过程，就可以添加水平线，将网格分隔为多个行。添加两条水平分隔线和一条垂直分隔线，使网格有三行两列，如图 18-5 所示。

图　18-5

可以指定测量行或列尺寸的方式。如果沿着网格顶边把鼠标指针停放在任意列上，就会显示一个弹出窗口，单击弹出窗口的向下箭头，就会显示如图 18-6 所示的菜单。

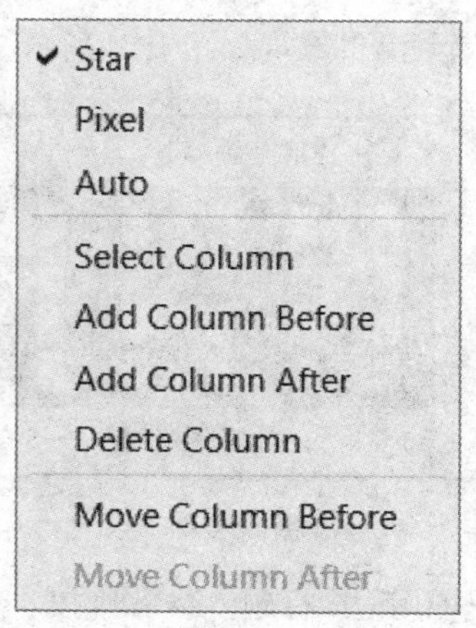

图 18-6

前 3 个菜单项设置测量尺寸的方式，其含义如下：

- Star　选择这个菜单项表示测量是相对的。如果网格有两列，其宽度设置为 4*和 6*，则第一列占据整个网格的 40%，第二列占据整个网格的 60%。如果网格有 3 列，其宽度设置为 2*、3*和 5*，则各列分别占据整个网格的 20%、30%和 50%。为网格的行和列尺寸指定这种测量方式，在重置网格的大小时，列和行的尺寸也会相应重置。
- Pixel　这表示测量是绝对的，单位为像素值。但在显示 UI 时，尺寸可能会调整。
- Auto　使用这个菜单项可以使某列或行占据可用的空间。例如，如果网格有两列，可以把第一列指定为 150 像素，把第二列的宽度指定为 Auto，则第二列的宽度就是剩余的网格宽度。

要修改每一列和行的尺寸测量方式，可以从每个尺寸的弹出菜单中选择，也可以在 XAML 中为行和列的 Height 和 Width 属性使用适当的值。UI 元素不应硬编码为固定的尺寸，给尺寸使用 Star 或 Auto 选项，应用程序就可以适应执行它的屏幕大小。

网格中的行在 XAML 中用 Grid.RowDefinitions 元素来定义，每一行都有一个嵌套的 RowDefinition 元素。网格中的列也以类似的方式定义。要修改网格中的行高和列宽，可以在 XAML 中修改 RowDefinition 和 ColumnDefinition 元素的 Height 和 Width 属性值。图 18-5 中的行高和列宽都修改了，用户也可以试一试。网格的 XAML 现在如下所示：

```
<Grid Background="{ThemeResource ApplicationPageBackgroundThemeBrush}">
   <Grid.RowDefinitions>
      <RowDefinition Height="160"/>
      <RowDefinition Height="*"/>
      <RowDefinition Height="170"/>
   </Grid.RowDefinitions>
   <Grid.ColumnDefinitions>
      <ColumnDefinition Width="350"/>
      <ColumnDefinition Width="*"/>
   </Grid.ColumnDefinitions>
</Grid>
```

在网格的任意单元格中都可以添加 UI 元素，该元素可以包含另一个网格。一个元素也可以跨越一行或一列中的多个单元格。在 Design 面板上添加元素时，该元素会添加为当前选中元素的一个子元素。必须总是确保为新元素选择正确的父元素。在 Design 面板上单击一个元素，或者在 XAML 中单击元素类型名称，就会选择该元素。

用于显示标题的元素应占据整个顶行。通过从 0 开始的索引值可以引用网格中的行和列。本章把特定的单元格称为(row_Index, column_Index)，所以 cell (2,1)是第三行的第二个单元格。

18.6.3 创建标题

在已有的网格中，可以使用一个子 Grid 元素来提供应用程序标题的背景。单击 Visual Studio 应用程序窗口右边的 Toolbox 以显示它。如果它没有显示，可以按下 Ctrl+Alt+X 来显示它。单击列表中的 Grid，单击当前网格顶行中单元格之间的分割线，在该行中添加新的 Grid 元素，移动它，使之位于原网格顶行的内部。再拖动其边界，使其占据原网格顶行的总宽。现在可以编辑新网格的 XAML 了：删除所有属性，但 Grid.ColumnSpan="2"除外。马上把光标放在新网格元素末尾的/>之前，输入一个空格，再输入“Background”。IntelliSense 会显示一个列表，所以可以从列表中选择，而不是输入完整的属性名。在双引号之间输入 B，查看颜色列表——这里选择 Bisque，因为这看起来不错。新属性值 Background="Bisque"设置了网格的背景色。新网格元素的 XAML 应如下所示：

```
<!-- The title for the game -->
 <Grid Grid.ColumnSpan="2" Background="Bisque"/>
```

第一行是添加的一个注释。新网格应填满了原网格的顶行，且背景色很不错。Grid.ColumnSpan 附加属性的值指定该网格覆盖了父网格的两列。由于没有指定尺寸测量方式，因此其大小由父网格顶行的大小决定。

要在 XAML 中为元素输入新属性值，只需要在元素中要放置属性的地方输入一个空格，输入该属性名的前几个字母，IntelliSense 就会显示一个属性名列表，使用箭头键就可以在该列表中选择，如图 18-7 所示。

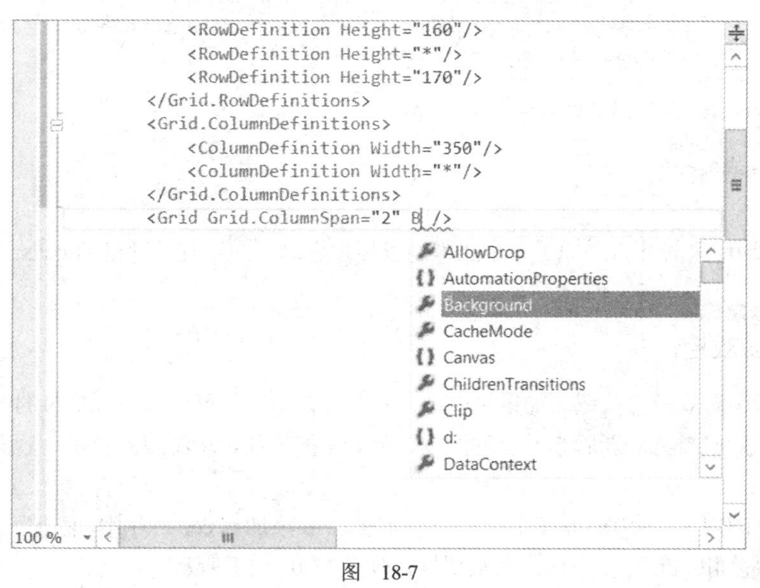

图　18-7

突出显示一个选项后按 Enter 键，就创建了属性，所以只需要输入值即可。值来自于一个预定义的集合时，IntelliSense 也会给出提示。

要显示标题文本，我们要使用 RichTextBlock 元素。这里仅做简单介绍。这是一个非常强大的元素，可显示文本，但我们用简单的方式使用它。它可以显示由 Paragraph 子元素定义的几个独立的文本块，每个文本块都可以有自己的字体和对齐方式。确保单击新网格的 XAML 元素，以选择它。在 Toolbox 面板上单击 RichTextBlock，再单击 Grid 元素内部，新元素会包含一个 Paragraph 元素作为其子元素，如果需要更多的 Paragraph 元素，可以在 XAML 中手工添加它们。编辑 RichTextBlock 及其子元素的 XAML，如下所示：

```
<RichTextBlock FontFamily="Freestyle Script" FontWeight="Bold"
               FontSize="90" TextAlignment="Center" Foreground="Red"
               VerticalAlignment="Center">
   <Paragraph>
      <Run Text="Test Your Memory!"/>
   </Paragraph>
</RichTextBlock>
```

FontFamily 属性值标识字体，这里选择 Freestyle Script 作为应用程序标题的有趣字体，再把 FontWeight 属性值设置为 Bold，FontSize 属性值是 90，因此标题的大小可调整。TextAlignment 属性值是 Center，Foreground 属性值是 Red，所以文本是居中排列，且是红色的。VerticalAlignment 属性值确定 RichTextBlock 元素在其父元素中的对齐方式。Paragraph 元素的 Run 子元素定义了一块有格式或没有格式的文本。Run 元素可以写为：

```
<Run>Test Your Memory!</Run>
```

现在，标题的完整 XAML 如下所示：

```
<!-- The title for the game -->
<Grid Grid.ColumnSpan="2" Background="Bisque">
   <RichTextBlock FontFamily="Freestyle Script" FontWeight="Bold"
               FontSize="90" TextAlignment="Center" Foreground="Red"
               VerticalAlignment="Center">
      <Paragraph>
         <Run Text="Test Your Memory!"/>
      </Paragraph>
   </RichTextBlock>
</Grid>
```

我们在 XAML 块的开头添加了一个注释，以标识它。下面给基础网格的 cells (1,0)和(2,0)添加一些内容。

18.6.4 添加游戏控件

下面添加两个游戏控件按钮。如果希望进一步开发该游戏，就可以添加更多的控件。一个按钮是 Start，用一组随机排列的新牌来重启动游戏，另一个按钮显示玩游戏的指示。后面将添加它们的功能。

首先选择基础网格，从 Toolbox 中把一个子元素 Grid 添加到 cell (1,0)中，添加一个水平分割线，使网格有两个高度相同的行和一列。调整属性，使 XAML 如下所示：

```
<Grid Grid.Row="1" Grid.RowSpan="2" Background="Bisque"
      Margin="0,10,0,0">
```

```
    <Grid.RowDefinitions>
        <RowDefinition Height="1*" />
        <RowDefinition Height="1*" />
    </Grid.RowDefinitions>
</Grid>
```

网格的背景色与包含标题的网格相同。网格行的 height 属性值设置为“1*”，所以这两行的高度相同，并会自动调整，以占据父网格的空间。

现在，在 Grid 元素的顶部单元格中添加一个按钮，其 Content 值设置为“Start”。在 XAML 中，调整该按钮的属性，如下所示：

```
<Button Grid.Row="0" Content="Start" FontSize="32" Foreground="Red"
        Background="Gray" BorderBrush="Black" Height="90" Width="150"
        HorizontalAlignment="Center" VerticalAlignment="Center"/>
```

背景是灰色的，边框是黑色的。按钮的高度和宽度如上所示。HorizontalAlignment 和 VerticalAlignment 属性值确定按钮与其容器(网格的顶行)的相对定位方式。

下面给第二个按钮实现更多的 UI 功能并允许以后添加这些功能，可以把该按钮放在一个 StackPanel 元素中，该 StackPanel 元素位于网格的第二行上。确保选择了包含游戏控件的网格后，单击 Toolbox 面板上的 StackPanel，再单击网格的 cell (1,0)。编辑 StackPanel 的 XAML：

```
<StackPanel x:Name="ButtonPanel" Grid.Row="1"/>
```

x:Name 属性值指定在代码中用于引用 StackPanel 对象的名称。

在底部的单元格中添加 Content 值为“How to Play”的按钮。使该按钮的高度和宽度与 Start 按钮相同。可以把这两个按钮的 Background 属性值都设置为“Gray”，BorderBrush 属性值为“Black”。底部按钮的 FontSize 属性值可以是“20”。游戏控件的 MyXAML 现在如下所示：

```
<!-- Game controls-->
<Grid Grid.Row="1" Grid.RowSpan="2" Background="Bisque" Margin="0,10,0,0">
  <Grid.RowDefinitions>
    <RowDefinition Height="1*" />
    <RowDefinition Height="1*" />
  </Grid.RowDefinitions>
  <Button Grid.Row="0" Content="Start" FontSize="32" Foreground="Red"
        Background="Gray" BorderBrush="Black" Height="90" Width="150"
        HorizontalAlignment="Center" VerticalAlignment="Center"/>
  <StackPanel x:Name="ButtonPanel" Grid.Row="1">
    <Button Content="How to Play" FontSize="20" Foreground="Red"
          Background="Gray" BorderBrush="Black" Height="90" Width="150"
          HorizontalAlignment="Center"/>
  </StackPanel>
</Grid>
```

在 XAML 的左边，有一条带有减号的垂直线，该垂直线与父元素对齐。单击减号会将 XAML 收拢为一行。单击收拢后的父元素的加号，会恢复 XAML 的显示。在处理大量的 XAML 时，这很有帮助。

可以添加另一个名为“messageArea”的 Grid 元素，它覆盖了顶层网格的单元格(2,1)，使 Background 属性值设置为“Bisque”。其 XAML 如下：

```
<!-- Message area -->
<Grid x:Name="messageArea" Grid.Column="1" Grid.Row="2" Margin="10,0,0,0"
     Background="Bisque"/>
```

后面要在这个网格中放置一些元素。通过名为 messageArea 的句柄可以在代码中访问该网格。这里的 Margin 属性值指定为 4 个值，所以左边距是 10，其他边距是 0。

18.6.5 创建包含纸牌的网格

下面在已有网格的单元格(1,1)中放置另一个网格，其中包含纸牌。在 Toolbox 面板的列表中单击 Grid，再单击已有网格的单元格(1,1)，这会在 Design 面板上显示网格元素，并将其定义添加到 MainPage.xaml 中。添加 5 条列分割线和 3 条行分割线，均匀分隔空间，使网格有 4 行 6 列。接着在 MainPage.xaml 中编辑新网格的 XAML：

```
<!-- Grid holding the cards -->
<Grid x:Name="cardGrid" Grid.Row="1" Grid.Column="1" Margin="32">
  <Grid.RowDefinitions>
    <RowDefinition Height="4*"/>
    <RowDefinition Height="4*"/>
    <RowDefinition Height="4*"/>
    <RowDefinition Height="4*"/>
  </Grid.RowDefinitions>
  <Grid.ColumnDefinitions>
    <ColumnDefinition Width="6*"/>
    <ColumnDefinition Width="6*"/>
    <ColumnDefinition Width="6*"/>
    <ColumnDefinition Width="6*"/>
    <ColumnDefinition Width="6*"/>
    <ColumnDefinition Width="6*"/>
  </Grid.ColumnDefinitions>
</Grid>
```

现在就定义了一个保存纸牌的网格，下一步是确定纸牌如何显示。

1. 定义纸牌

纸牌有两面，正面有 3 个图形之一，填充 4 种颜色之一。背面只显示字符串“???”。使用 XAML 表示一张纸牌有许多方式。例如，可以把每张纸牌的正面和背面定义为不同的元素，且带有合适的子元素。这意味着整副纸牌有 48 个元素。另外，还可以把纸牌的正面定义为一个元素，它包含 3 个可能的图形，而背面定义了另一个元素，它有一个子元素来显示字符串。这里采用另一种方法。下面解释具体方式，这样将更容易理解其后的步骤。

每个单元格都需要显示纸牌的正面或背面。如前所述，纸牌的正面可以包含圆、正方形或三角形，它们可以填充 4 种颜色之一：红色、绿色、蓝色和黄色。纸牌的背面仅是字符串“???”。为此，可以创建所有 3 个图形元素 Ellipse、Rectangle 和 Polygon 的实例，再给纸牌的背面添加一个 TextBlock，纸牌放在一个确定其大小的 Grid 元素中。这个 Grid 元素会放在另一个 Grid 元素中，第二个 Grid 元素位于纸牌网格的一个单元格中，并提供纸牌正面和背面的背景色。因此一张纸牌就是一个 Grid 元素，该 Grid 元素包含另一个 Grid 元素，第二个 Grid 元素包含 3 个图形元素和 TextBlock。如果把这些嵌套的 Grid 元素及其子元素放在 cardGrid 的各单元格中，则只要明智地设置内部网格的子元素的 Visibility 属性，就可以显示任何纸牌的正面或背面。首先，可以创建一些元素，它们定义了 cardGrid 中单元格(0,0)的纸牌。

2. 创建纸牌

要在 cardGrid 的单元格(0,0)中创建 Grid 元素，可以选择 cardGrid，在 Toolbox 面板的列表中单击 Grid 控件，再单击 cardGrid 的单元格(0,0)。编辑 XAML，如下所示：

```
<Grid Grid.Row="0" Grid.Column="0" Background="Azure" Margin="5"/>
```

Background 属性值是“Azure”，这是纸牌正面和背面的背景色。如果希望纸牌正面和背面的背景色不同，就可以根据是显示纸牌正面还是背面，用编程方式设置 Background 属性值。Margin 属性值在每张纸牌的边界和它占据的 cardGrid 单元格之间留出 5 像素的空隙。这个元素在所有情况下都可见，因为它表示纸牌正面和背面的背景。

确保选择刚才添加的网格，从 Toolbox 中把另一个 Grid 元素添加进来。它将包含图形和 TextBlock 元素，并决定它们的大小。编辑其属性，如下所示：

```
<Grid Margin="10" Width="50" Height="50"/>
```

这个网格的所有页边距都是 10 像素，高度和宽度都是 50，这确定了子元素的高度和宽度也都是 50 像素。

现在可以在这个内部的 Grid 元素中添加图形，来定义纸牌的正面；添加 TextBlock 元素，来定义纸牌的背面。

1) 创建正方形

使用 XAML 元素 Rectangle 可以定义正方形。对应的 WinRT 类 Rectangle 和其他图形都在 Windows::UI::Xaml::Shapes 名称空间中定义。在 Design 面板上，从 Toolbox 中把一个 Rectangle 元素添加到刚才添加的 Grid 元素内部。定义 Grid 元素的 XAML 现在有起始和结束标记，标记之间包含了 Rectangle 元素。编辑 Rectangle 元素的 XAML，如下所示：

```
<Rectangle Fill="Blue" Stroke="Black" Tapped="Shape_Tapped"/>
```

这个语句定义了一个正方形，因为父元素 Grid 强制 Rectangle 元素的尺寸是 50，边框是黑色的，填充色是蓝色。这里设置什么颜色并不重要，因为在确定把哪张牌放在 cardGrid 的每个单元格中时，要通过编程方式来修改它。Tapped 属性值是矩形上为 Tapped 事件调用的处理函数名称。它现在还不存在，但本章的后面会创建它。用户在触摸屏上触摸了一个元素或用鼠标单击了它，就会触发 Tapped 事件。这里输入这个处理程序名称，是因为这个处理程序要用于处理显示纸牌正面的所有元素的 Tapped 事件。

2) 创建圆

定义圆的元素的 XAML 几乎与定义正方形的元素相同。所以可以直接添加其 XAML。在矩形的 XAML 之后添加：

```
<Ellipse Fill="Red" Stroke="Black" Tapped="Shape_Tapped"/>
```

唯一的区别是元素名和填充色。Ellipse 元素定义了一个圆，因为其大小由父元素 Grid 确定为

50×50 像素。填充色用编程方式设置，与矩形相同。

3) 创建三角形

在 Toolbox 列表中没有定义三角形的控件，而必须输入 XAML 来创建三角形。我们使用 Polygon 元素类型，它允许通过一系列点定义有任意多个顶点的封闭多边形。三角形用 3 个点来定义，而点的坐标用 Points 属性值来定义。这些点用一个字符串定义，该字符串包含一系列用空格或逗号分隔开的整数坐标。显然在该字符串中，坐标数应是偶数，因为每个点都用一个 x,y 对来定义。坐标系统的原点位于元素区域的左上角，正 X 轴方向为从左到右，正 Y 轴方向为从上到下，与窗口类似。在 Grid 元素中添加一个 Polygon 元素，跟在 Ellipse 元素的后面，XAML 应如下所示：

```
<Polygon Fill="Green" Points="0,50 50,50 25,0"
         HorizontalAlignment="Center" VerticalAlignment="Center"
         Stroke="Black" Tapped="Shape_Tapped" />
```

元素属性可以用任意顺序来设置，所以如果元素属性与上述不一致，也没问题。这里使用逗号分隔 Polygon 元素的坐标对中的 x 和 y，坐标对之间用空格来分隔。只要愿意，可以只使用空格或者只使用逗号作为分隔符。如果希望使三角形颠倒显示，可以把 Points 属性值定义为“0,0 50,0 25,50”，Stroke 属性值指定了多边形边框的颜色。

4) 创建纸牌的背面

纸牌的背面用一个 TextBlock 元素来表示，所以在 Toolbox 面板中选择该 TextBlock 元素，把它放在 Design 面板上包含图形的 Grid 元素中。接着编辑 TextBlock 元素的 XAML，如下所示：

```
<TextBlock TextWrapping="Wrap" Text="???" Foreground="Black" FontSize="32"
           FontWeight="Bold"
           VerticalAlignment="Center" HorizontalAlignment="Center"
           Tapped="Cardback_Tapped"/>
```

要显示的文本用 Text 属性值指定。Foreground 属性值确定文本的颜色。字体的大小和宽度用 FontSize 和 FontWeight 属性值定义。TextBlock 没有像 FontStyle 和 FontFamily 这样定义字体特性的属性，但读者可以自己研究。

cardGrid 的单元格(0,0)中纸牌的完整 XAML 如下所示：

```
<Grid Grid.Row="0" Grid.Column="0" Background="Azure" Margin="5">
  <Grid Margin="10" Width="50" Height="50">
    <Rectangle Fill="Blue" Stroke="Black" Tapped="Shape_Tapped" />
    <Ellipse Fill="Red" Stroke="Black" Tapped="Shape_Tapped" />
    <Polygon Fill="Green" Points="0,50 50,50 25,0"
             HorizontalAlignment="Center" VerticalAlignment="Center"
             Stroke="Black" Tapped="Shape_Tapped" />
    <TextBlock TextWrapping="Wrap" Text="???" Foreground="Black"
             FontSize="32" FontWeight="Bold"
             VerticalAlignment="Center" HorizontalAlignment="Center"
             Tapped="Cardback_Tapped" />
  </Grid>
</Grid>
```

保存文件，最好在修改后保存项目文件。创建了一张纸牌的 UI 后，其他纸牌就很容易创建了。

3. 添加事件处理

UI 还没有完成，现在就开始讨论事件处理程序似乎有点早，但因为只有两个事件处理程序，且每个纸牌位置的事件处理程序相同，所以可以现在添加它们。我们要响应每个图形元素和表示纸牌背面的 TextBlock 元素上的 Tapped 事件，但不响应 cardGrid 单元格中 Grid 元素上的事件，所以它们是不活动的。

首先考虑纸牌上的正方形。在 Rectangle 元素的 XAML 中，右击 Tapped 属性值，从上下文菜单中选择 Go To Definition，或者把光标指向 Tapped 属性值，按下 F12，就会显示 MainPage.xaml.cpp 文件的内容，其中已添加了 Shape_Tapped()处理程序的实现代码。返回 XAML，为 TextBlock 元素中 Tapped 处理程序的属性值重复该过程。这就给纸牌添加所有需要的处理程序，以后会给它们添加代码。

玩游戏时，突出显示鼠标指针指向的纸牌是很不错的。为此，一种方式是为外部 Grid 元素的 PointerEntered 和 PointerExited 事件实现处理程序，该 Grid 元素把纸牌的背景色设置为天蓝色。可以实现这些处理程序，这样在鼠标指针进入和退出网格区域时，背景色就会改变。这可以通过 Properties 面板来完成，体验一下。

单击天蓝色的 Grid 元素，显示 Properties 面板。单击 Properties 面板顶部最右端的按钮(把光标指向按钮，就会显示工具提示)，打开该元素的事件处理程序。输入 Card_Entered 作为 PointerEntered 事件的值，按下 Enter 键。这会创建该处理程序的实现代码，并显示它。返回 XAML，为 PointerExited 事件重复这个过程。PointerExited 事件的值可以是 Card_Exited。这两个处理程序都可以处理任意纸牌。

现在可以定义 UI 中的其他纸牌了。

4. 创建所有的纸牌

在 UI 中还有 23 张纸牌要创建。创建完成时，您就会赞叹父元素的 XAML 收拢功能了。重复前面的步骤 23 次是非常枯燥的，但幸好有一种快捷方式。

cardGrid 中单元格(1,0)的内容与单元格(0,0)的内容完全相同，只有 Grid 元素中定义背景色的 Grid.Row 附加属性值不同，它的值是“1”。因此创建 cardGrid 中单元格(1,0)的内容时，可以复制 XAML 元素 Grid，包括其子元素，再把 Grid.Row 的值设置为“1”。新的 Grid 元素是：

```
<Grid Grid.Row="1" Grid.Column="0" Background="Azure" Margin="5"
      PointerEntered="Card_Entered" PointerExited="Card_Exited">
  <Grid Margin="10" Width="50" Height="50">
    <!--
    ... Rectangle, Ellipse, Polygon and TextBlock elements as before...
    -->
  </Grid>
</Grid>
```

子元素完全相同。所有图形的 Tapped 事件都调用 Shape_Tapped()处理程序，从表示纸牌背面的任何 TextBlock 元素中触发的 Tapped 事件都由 Cardback_Tapped()函数处理。Card_Entered()和 Card_Exited()处理函数会处理两个 Grid 元素中的事件。

当然，可以用相同的方式创建 cardGrid 单元格(2,0)和(3,0)的 XAML；只需要把它们的 Grid.Row 属性值改为“2”和“3”即可。完成后，就会发现在 Design 面板上，网格的第一列填充了纸牌。

cardGrid 中第二列纸牌的 XAML 与第一列相同，但 Grid 元素中的 Grid.Column 附加属性值是“1”。因此，要为第二列创建 XAML，只需要复制定义了第一列纸牌的 4 个 Grid 元素，再把每个 Grid 元素的 Grid.Column 附加属性值设置为“1”。于是可推论出，如何填充 cardGrid 中剩余的列。完成后，Design 面板上就有 24 个 Grid 元素，每个都带有相同的子元素，还有 24 张相同的纸牌。现在编译并执行 MemoryTest，查看 UI 的外观。应用程序默认直接在 Windows 8 环境下执行，也可以用 Simulator 执行程序，这会更有帮助。选择工具栏上下拉列表中的 Simulator，而不是 Local Machine，模拟器中的应用程序窗口如图 18-8 所示。

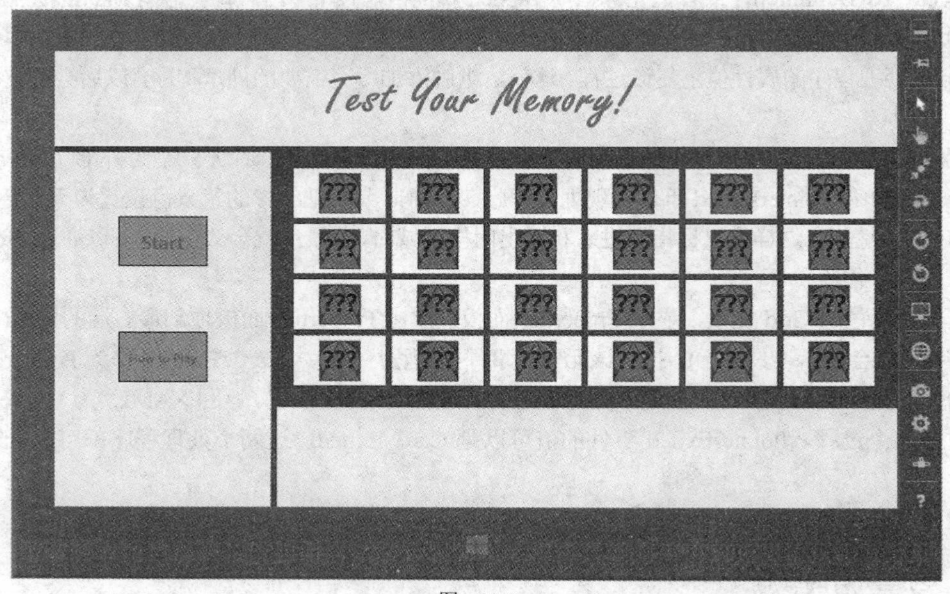

图 18-8

把光标指向模拟器窗口右边的按钮，就能了解它们的作用。要终止模拟器，只需在 Windows 任务栏上右击模拟器窗口图标，选择 Close。

Visual Studio 的高级功能允许定义可以在 XAML 中用作模板的资源，这样就可以在一个资源中定义纸牌的特性，再使用该资源来定义 UI 中的每张纸牌。因此，如果以后需要修改纸牌，就只需要修改该资源。但资源模板的讨论超出了本书的范围。

18.6.6 实现游戏的操作

必须把现有的框架放在 MainPage 类中，才能使游戏按照希望的那样执行。我们需要几个附加的数据成员和一些附加函数。要在类中添加成员，可以手工完成，或者使用熟悉的类视图(Class View)中的功能。这里假定直接把代码添加到 MainPage 类的.h 或.cpp 文件中，但如果愿意，也可以使用类视图的功能。

首先必须确定要做什么，以及如何去做。我们必须在 cardGrid 的每个单元格中建立元素，使它们表示特定的纸牌。为此，需要访问每个单元格中的 Grid 元素，它包含的 Grid 元素，定义每张纸牌正面的子图形元素，以及定义每张纸牌背面的 TextBlock 元素。我们常常要引用定义纸牌的元素，所以不希望每次都提取它们。它们都没有名字，所以必须用某种方式找到并存储对它们的引用。

访问子元素的途径是使用父元素的 Children 属性值。cardGrid 的 Children 属性值是其子元素的集合，这些子元素是单元格中为纸牌提供背景色的 Grid 元素。可以从集合中提取对这些 Grid 对象的引用，作为 cardGrid 的 Children 属性值。以类似的方式提取每个 Grid 元素的子元素，就会获得包含图形和 TextBlock 的 Grid 元素的引用。如果存储所提取的引用，就可以在以后使用它们，而无须重复提取过程。要存储所提取的引用，数组可能是最好的选择，因为每种类型都有 24 个引用。

在 MainPage 中需要以下成员函数：

- SetUpUIState()成员函数　会建立数组，来存储对 cardGrid 中子元素的引用，并设置它们的初始状态。
- InitializeCardPack()成员函数　会创建一副 24 张纸牌。这种方法最容易把一副纸牌的定义与表示 UI 中纸牌的 XAML 元素分隔开。这意味着还需要定义一个 Card 类来表示纸牌。
- InitializeGame()成员函数建立一个新游戏，其中的纸牌是洗过的。
- 在 MainPage 类中还需要几个离散的操作，每个操作都需要一个成员函数。

可能还需要一些辅助函数，使函数的代码有合理的行数。MainPage 构造函数也必须扩展，以初始化自己的数据成员。还需要实现所有的事件处理程序。在开始扩展 MainPage 类之前，先定义 Card 类。

1. 定义 Card 类

在定义纸牌时，需要在纸牌的正面指定图形的类型和颜色，在纸牌的背面定义 TextBlock 对象。可以把这个类定义为 ref 类类型，体验一下。在 MemoryTest 项目中添加一个名为 Card.h 的头文件。按下 Ctrl+Shift+A，可以打开执行这个操作的对话框。给类添加如下基本定义：

```
#pragma once
namespace MemoryTest
{
  ref class Card
  {
    // Members to be defined...
  };
}
```

这个类必须在项目的名称空间 MemoryTest 中定义，可以把它定义为 public，将它放在.winmd 文件中，但这不是必须的。

Card 对象要用两种方式来使用。首先，纸牌的图形要有给定的类型和颜色，第二，它要用于在 cardGrid 的特定单元格中表示该张纸牌。因此，一个包含 24 个 Card 对象的数组可以定义一副纸牌，并在 UI 中标识出对应这些纸牌的对象。

Card 对象会记录图形的类型及其颜色。可以把图形的类型存储为一个 String 对象的句柄，该 String 对象是图形的类类型名称 Ellipse、Rectangle 或 Polygon。而颜色可以存储为 SolidColorBrush 对象的一个句柄。这是一个很好的选择，因为图形的 Background 属性值是 Brush^类型，而 Brush 是 SolidColorBrush 的基类。cardGrid 中对特定图形对象的引用可以是这 3 种图形中的任意一个，所以把它存储为一个图形基类类型的句柄，该基类类型是 Windows::UI::Xaml::Shapes 名称空间中的 Shape 类型。cardGrid 中纸牌背面的元素句柄可以是 Windows::UI::Xaml::Controls::TextBlock 对象的句柄。

如果把这些声明为类的 public 属性，它们就很容易访问。下面是完整的 Card 类定义：

```
#pragma once
namespace MemoryTest
{
  public ref class Card sealed
  {
  public:
    Card() {}

    // Copy constructor
    Card(Card^ card)
    {
      Type = card->Type;
      Color = card->Color;
      Shape = card->Shape;
      Back = card->Back;
    }

  public:
    property Platform::String^ Type;                            // Shape type
    property Windows::UI::Xaml::Media::SolidColorBrush^ Color;  // Color
    property Windows::UI::Xaml::Shapes::Shape^ Shape;           // Shape handle
    property Windows::UI::Xaml::Controls::TextBlock^ Back;      // Card back
  };
}
```

这个类必须指定为 sealed，因为它定义了公共构造函数。如果没有把它定义为 sealed，代码就不能编译。不需要定义除默认构造函数和复制构造函数之外的成员函数。复制构造函数要用于创建相同纸牌的对子。

2. 给 MainPage 类添加数据成员

可以把添加到 MainPage 类中的所有成员都声明为 private。第一个添加到 MainPage 中的数据成员用于存储纸牌数：

```
size_t cardCount;                          // The number of cards
```

在 MainPage 构造函数中会初始化这个数据成员。接着可以添加数组，把 cardGrid 中图形的句柄存储到 MainPage 类定义中：

```
Platform::Array<Windows::UI::Xaml::Controls::Grid^>^ grids;
Platform::Array<Windows::UI::Xaml::Shapes::Ellipse^>^ circles;
Platform::Array<Windows::UI::Xaml::Shapes::Rectangle^>^ squares;
Platform::Array<Windows::UI::Xaml::Shapes::Polygon^>^ triangles;
Platform::Array<Windows::UI::Xaml::Controls::TextBlock^>^ cardBacks;
```

这些数组都包含 cardCount 个元素。

还需要一个 Card 对象数组：

```
Platform::Array<Card^>^ cardPack;                    // The pack of cards
```

这需要把 Card.h 的#include 指令添加到 MainPage.xaml.h 中。我们将在 MainPage 构造函数中用

cardCount 个元素创建数组，每个数组都存储 Card 对象的句柄。在这个数组中要洗牌，用于新游戏，因为这个数组是游戏使用的纸牌。

可以添加一些成员，它们是 String 对象的句柄，这些 String 对象存储了 cardGrid 中子元素的类型名称：

```
// Type names for card elements
Platform::String^ typeCircle;
Platform::String^ typeSquare;
Platform::String^ typeTriangle;
```

这些会在 MainPage 构造函数中初始化。通过比较 Shape^句柄与这些成员，以确定句柄引用的 Shape 对象的类型。在实现事件处理程序时，还要添加其他数据成员，但现在不必再添加了。

3. 添加成员函数

添加前面提及的 3 个成员函数：

```
private:
  // Game functions
  void InitializeCardPack(); // Initialize cardPack to two of each card
  void SetUpUIState();       // Initialize the child elements of cardGrid
  void InitializeGame();     // Set up a game with a shuffled cardPack
```

如果把这些函数的定义框架放在 MainPage.xaml.cpp 中，应用程序就可以编译：

```
// Initialize the pack of cards so it contains 12 different pairs
void MainPage::InitializeCardPack()
{
  // Code to be added here...
}

// Set up the initial UI state and stores elements in grid cell order
void MainPage::SetUpUIState()
{
  // Code to be added here...
}

// Shuffle the cards and deal
void MainPage::InitializeGame()
{
  // Code to be added here...
}
```

游戏的基本初始化在 MainPage 构造函数中完成，下面就看看这个构造函数。

18.6.7　初始化 MainPage 对象

游戏的所有基本初始化都在 MainPage 类构造函数中完成。其默认的实现代码包括调用 InitializeComponent()函数，来建立 UI 组件。确保把引用 UI 组件对象的代码放在这个函数调用的后面。该构造函数的定义可以改为：

```
MainPage::MainPage()
{
```

```
    InitializeComponent();

    // cardCount is number of rows x number of columns in cardGrid
    cardCount =
          cardGrid->ColumnDefinitions->Size*cardGrid->RowDefinitions->Size;

    // Initialize type names for card elements
    typeCircle = Ellipse::typeid->FullName;
    typeSquare = Rectangle::typeid->FullName;
    typeTriangle = Polygon::typeid->FullName;

    // Create arrays to store element handles for the cards
    // Each type is in a separate array and will be stored in card sequence
    circles = ref new Array<Ellipse^>(cardCount);
    triangles = ref new Array<Polygon^>(cardCount);
    squares = ref new Array<Rectangle^>(cardCount);
    cardBacks = ref new Array<TextBlock^>(cardCount);
    grids = ref new Array<Grid^>(cardCount);
    InitializeCardPack();
    SetUpUIState();
    InitializeGame();
  }
```

把 cardCount 初始化为 cardGrid 中的单元格数(行数和列数的乘积)后，就初始化存储图形类型名称的成员。Ellipse::typeid 表达式会得到 Platform::Type 类型的句柄，它标识了 Ellipse 类型。Type 对象的 FullName 属性值是一个 String 对象的句柄，该 String 对象包含类型的名称。每个 WinRT 对象都从 Object 基类中继承了 GetType()函数，它返回 Type 对象类型的句柄。因此调用其继承的 GetType()成员，并访问它返回的对象的 FullName 属性值，就可以获得通过 Shape^句柄引用的图形对象的类型名。

保存 cardGrid 中 Grid 对象的句柄的数组，和保存 Grid 对象中子元素的数组都有 cardCount 元素。在构造函数中进行基本的数据初始化后，调用类的 3 个新函数成员，来初始化一副纸牌，设置 UI 元素的状态，用一副洗过的纸牌初始化游戏。

要使用图形类型名称，而不必用名称空间名限定它们，需要在 MainPage.xaml.cpp 的开头添加如下 using 指令：

```
using namespace Windows::UI::Xaml::Shapes;
```

18.6.8 初始化一副纸牌

下面要创建 cardCountCard 对象，并在 cardPack 数组中存储句柄。Card 对象必须包含 12 对相同的对象。12 张不同的纸牌构成了一副纸牌，它们分别具有 3 种不同的图形和 4 种不同的颜色。要创建它们，可以在一个循环中迭代图形颜色，在内部循环中迭代图形的类型。代码如下：

```
void MainPage::InitializeCardPack()
{
  // Create arrays of the shape types and colors
  Array<String^>^ shapeTypes {typeCircle, typeSquare, typeTriangle};
  Array<SolidColorBrush^>^ colors {
                        ref new SolidColorBrush(Windows::UI::Colors::Red),
                        ref new SolidColorBrush(Windows::UI::Colors::Green),
                        ref new SolidColorBrush(Windows::UI::Colors::Blue),
                        ref new SolidColorBrush(Windows::UI::Colors::Yellow)
```

```
                        };
  // Initialize the card pack
  cardPack = ref new Array<Card^>(cardCount);
  size_t packIndex {};                              // Index to cardPack array
  Card^ card;
  for(auto color : colors)
  {
    for(auto shapeType : shapeTypes)
    {
      card = ref new Card();                        // Create a card...
      card->Type = shapeType;                       // with the current type...
      card->Color = color;                          // ... and color
      card->Shape = nullptr;                        // we will find the shape...
      card->Back = nullptr;                         // ...and back later.
      cardPack[packIndex++] = card;                 // Store the card and...
      cardPack[packIndex++] = ref new Card(card);   // ...a copy in the pack.
    }
  }
}
```

首先创建数组，来存储可能的颜色和图形类型。用每个 Card 的两个副本来初始化 cardPack 数组中的元素，其中 Card 表示具有给定图形、给定颜色的纸牌。执行这个函数后，cardPack 数组就包含按顺序排列的 24 张纸牌。必须给它们洗牌，才能用于游戏。

18.6.9 建立 cardGrid 的子元素

SetUpUIState()方法在 cardGrid 的每个单元格中设置元素，所以只有纸牌的背面是可见的。这表示，把 cardGrid 中每个单元格的子图形元素设置为不可见。元素是否可见由其 Visibility 属性值确定。该 Visibility 属性有两个值 Visible 和 Collapsed，这些值由 Windows::UI::Xaml 名称空间中的 Visibility 枚举类定义。

该方法还在 grids 数组中存储 Grid 元素的句柄，这些 Grid 元素是 Grid 数组中 cardGrid 的子元素；同时存储图形的句柄，这些图形是对应图形类型的数组中 Grid 子元素的子元素。作为 TextBlock 句柄的子元素存储在 cardBacks 数组中。数组中的所有元素应以它们在 cardGrid 中出现的顺序存储对图形、纸牌背面和网格的句柄。下面是代码：

```
void MainPage::SetUpUIState()
{
  // Handle to the collection of grids in cardGrid
  auto elements = cardGrid->Children;

  size_t index {};                    // Index to shape arrays
  size_t rowLength(cardGrid->ColumnDefinitions->Size);// Length of a grid row

  // Iterate over the child elements to cardGrid and store
  // the Grid^ handles in the grids array in sequence
  for(UIElement^ element : elements)
  {
    String^ elementType = element->GetType()->FullName; // Get element type
    if(Grid::typeid->FullName == elementType)           // Make sure it's a Grid
    {
      auto grid = safe_cast<Grid^>(element);
      auto row = cardGrid->GetRow(grid);                // Get the grid row
      auto column = cardGrid->GetColumn(grid);          // and column location.
```

```
        index = row*rowLength + column;                      // Index for row/column
        grids[index] = grid;                                 // Save the grid
        // A grid in each cell contains another grid as child.
        // We know that's always the case so get the child-grid:
        grid = safe_cast<Grid^>(grid->Children->GetAt(0));
        auto shapes = grid->Children;                        // Get the child shapes
        // Iterate over the child elements to the current Grid and store
        // the shape element handles in the array for their type in sequence
        for(UIElement^ element : shapes)
        {
          elementType = element->GetType()->FullName;       // Get element type

          // Store a circle in circles array & do the same for the other elements
          // Only card backs will be visible - all other shapes collapsed.
          if(typeCircle == elementType)
          {
            circles[index] = safe_cast<Ellipse^>(element);
            element->Visibility = Windows::UI::Xaml::Visibility::Collapsed;
          }
          else if(typeSquare == elementType)
          {
            squares[index] = safe_cast<Rectangle^>(element);
            element->Visibility = Windows::UI::Xaml::Visibility::Collapsed;
          }
          else if(typeTriangle == elementType)
          {
           triangles[index] = safe_cast<Polygon^>(element);
            element->Visibility = Windows::UI::Xaml::Visibility::Collapsed;
          }
          else if(TextBlock::typeid->FullName == elementType)
          {
            cardBacks[index] = safe_cast<TextBlock^>(element);
            element->Visibility = Windows::UI::Xaml::Visibility::Visible;
          }
        }
      }
    }
  }
```

要访问父元素的子元素，应从父元素的 Children 属性值中获取子元素集合的句柄，接着在集合中迭代元素，将得到的 UIElement^句柄转换为实际存储的元素类型。对于 cardGrid 的子元素，这是很简单的，因为句柄都是 Grid^类型，每个句柄都有一个 Grid 子元素。有了这些 Grid 对象的子元素，就必须做一些工作，来确定类型。

外部基于范围的 for 循环迭代 cardGrid 中的 Grid 子元素集合。对于传递为实参的句柄所引用的子元素，Grid 对象的 GetRow()和 GetColumn()函数分别返回行和列索引。对应每个内部的 Grid 元素，我们迭代其子元素集合。比较每个子元素的类型名和图形类的类型名，就可以确定句柄引用的元素类型，并把句柄存储在相应的数组中。子元素句柄的类型转换使用 safe_cast 进行，如果转换无效，它会抛出异常，说明出了问题。

18.6.10　初始化游戏

玩游戏时，要翻开两张纸牌，看看它们是否相同。所以我们需要记录两张翻开的纸牌，找到的纸牌对的个数，以及找到的纸牌对中 Card 对象的句柄。给 MainPage 类添加下面的私有成员：

```
// Game records
Card^  card1Up;                                         // 1st card turned up
Card^  card2Up;                                         // 2nd card turned up
size_t pairCount;                                       // Number of pairs found
Platform::Collections::Vector<Card^>^ pairsFound; // Cards in pairs found
```

card1Up 和 card2Up 都存储了翻开的纸牌的句柄。pairCount 记录了找到的纸牌对的个数，当这个数字达到 12 时，游戏结束。pairsFound 记录纸牌对中 Card 对象的句柄。我们要使用这些成员管理什么纸牌会触发事件。

可以在构造函数中初始化这些成员：

```
MainPage::MainPage() : card1Up {}, card2Up {}, pairCount {}
{
  InitializeComponent();
  // cardCount is number of rows x number of columns in cardGrid
  cardCount =
        cardGrid->ColumnDefinitions->Size*cardGrid->RowDefinitions->Size;
  pairsFound = ref new Platform::Collections::Vector<Card^>(cardCount);

  // Code as before...
}
```

初始化游戏需要洗牌，所以可以在 MainPage 类定义中添加一个私有的函数成员 ShuffleCards()：

```
void ShuffleCards();
```

可以给 MainPage.xaml.cpp 添加一个没有具体内容的定义，18.6.11 小节将完成其内容：

```
void MainPage::ShuffleCards()
{
  // Code to be added later...
}
```

InitializeGame()函数必须给 cardPack 中的纸牌洗牌，接着建立 cardGrid 中的元素，来反映 cardPack 中纸牌的顺序。它还确保 UI 元素仅显示纸牌的背面。下面是代码：

```
void MainPage::InitializeGame()
{
  card1Up = card2Up = nullptr;                         // No cards up
  pairCount = 0;                                       // No pairs found
  pairsFound->Clear();                                 // Clear pairs record
  // Null the handles to UI elements
  for(auto card : cardPack)
  {
    card->Shape = nullptr;
    card->Back = nullptr;
  }
  ShuffleCards();                                      // Shuffle cardPack

  // Set the shapes in the Grid elements to represent the cards dealt
  for(size_t i {}; i < cardCount; ++i)
  {
```

```
        cardPack[i]->Back = cardBacks[i];
        if(cardPack[i]->Type == typeCircle)
        {
          circles[i]->Fill = cardPack[i]->Color;
          cardPack[i]->Shape = circles[i];
        }
        else if(cardPack[i]->Type == typeSquare)
        {
          squares[i]->Fill = cardPack[i]->Color;
          cardPack[i]->Shape = squares[i];
        }
        else if(cardPack[i]->Type == typeTriangle)
        {
          triangles[i]->Fill = cardPack[i]->Color;
          cardPack[i]->Shape = triangles[i];
        }
        cardPack[i]->Shape->IsTapEnabled = true;

        // Set up UI to show card backs & enable events
        cardBacks[i]->Visibility = Windows::UI::Xaml::Visibility::Visible;
        cardBacks[i]->IsTapEnabled = true;
        // Ensure background grids are hit test visible & opaque
        grids[i]->IsHitTestVisible = true;
        grids[i]->Opacity = 1;
        // Ensure all shapes are invisible & opaque
        circles[i]->Visibility = Windows::UI::Xaml::Visibility::Collapsed;
        squares[i]->Visibility = Windows::UI::Xaml::Visibility::Collapsed;
        triangles[i]->Visibility = Windows::UI::Xaml::Visibility::Collapsed;
        circles[i]->Opacity = 1;
        squares[i]->Opacity = 1;
        triangles[i]->Opacity = 1;
      }
    }
```

重置了游戏记录后，第一个循环清空图形的句柄，并显示 Card 对象中纸牌的背面。第二个循环把每个 Card 对象的 shape 属性值设置为某个图形数组中相应图形的句柄。它还把 back 属性值设置为对应 cardback 元素的句柄。这个循环也把网格、纸牌背面和图形重新设置为其初始状态。Opacity 属性为 1 表示完全不透明。把元素的 IsHitTestVisible 属性值设置为 true，就允许在元素区域上进行测试。这意味着鼠标指针停放在该元素上，系统会检测到。把该值设置为 false，就禁止鼠标指针位于元素占据的区域上时触发事件。

18.6.11 洗牌

使用 STL 算法头文件中定义的 random_shuffle()函数可以处理存储在 Platform::Array 对象中的元素。该函数有两个版本。简单的版本带有两个迭代器实参，它们指定了要洗牌的序列中的第一项和最后一项后面的项。要获得纸牌数组的起始和结束迭代器，必须使用 Windows::Foundations::Collections 名称空间中 begin()和 end()函数的特殊版本。

random_shuffle()函数默认使用一个内部的随机数生成器，并用一个固定值作为种子，因此结果总是相同的，这可以用于测试，但不是我们希望的。可以把一个表示随机数生成器的函数对象提供为 random_shuffle()函数的第三个实参，所提供的函数对象必须接受一个实参 n，且返回一个 0～n-1

之间的随机值。

第 10 章提到，头文件 random 提供了许多随机数生成器，这里使用的一个可以创建用于 random_shuffle()的随机数生成器。可以定义一个 std::uniform_int_distribution 类对象，它表示随机整数在指定范围内的平均分布。平均分布的每个值之间的间隔都是相同的。可以为从 1 到 n 的整数定义一个对象，如下所示：

```
size_t n {52};
std::uniform_int_distribution<int> distribution(1, n);
```

distribution 是一个函数对象，所以要从它表示的分布中获得一个随机数，应调用它的 operator()() 成员函数，并把一个随机数生成器作为实参。下面是一个示例：

```
std::random_device gen;                  // Random number source
size_t value {distribution(gen)};         // Random value from 1 to n
```

第 10 章介绍了 random_device 类型。这种类型的对象是一个函数对象，会生成 1～2^{32} 的随机数。传递给 distribution 函数对象的 gen 对象确保，每次调用它时，都从均匀分布的整数中选择一个随机数，并返回它。

可以在一个 lambda 表达式中使用 uniform_int_distribution 对象，把该 lambda 表达式传递给 random_shuffle()函数，作为随机数生成器，给纸牌排序。

实现 ShuffleCards()函数，生成一副洗过的纸牌，如下所示：

```
void MainPage::ShuffleCards()
{
  std::random_device gen;                  // Random number source
  std::random_shuffle(begin(cardPack), end(cardPack),
    [&gen](size_t n) {
                  std::uniform_int_distribution<int> distribution(1, n);
                  return distribution(gen)-1;  });
}
```

这些语句把 cardPack 数组中的 Card 对象引用弄乱。它使用传递给 random_shuffle()的 begin()和 end()函数创建 cardPack 数组的迭代器，第三个实参是一个 lambda 表达式，其唯一的参数是 n，返回 0～n-1 之间的一个值，它就是 random_shuffle()函数替换默认随机数生成器所需要的值。distribution 函数对象返回的随机数在 1～n 的范围内。给它减 1 就得到了 0～n-1 之间的值。

给 MainPage.xaml.cpp 添加如下指令：

```
#include <algorithm>
#include <random>
```

algorithm 头文件提供了 random_shuffle()，random 头文件提供了 random_device 和 uniform_int_distribution 类型。

18.6.12　突出显示 UI 纸牌

当鼠标指针停放在一张纸牌上时突出显示它，是通过 Card_Entered()和 Card_Exited()处理程序实现的。要突出显示一张纸牌，只需要修改其颜色，这表示在 Card_Entered()处理程序中修改 Grid 对象的 Background 属性值：

```
void MemoryTest::MainPage::Card_Entered(Platform::Object^ sender,
              Windows::UI::Xaml::Input::PointerRoutedEventArgs^ e)
{
  safe_cast<Grid^>(sender)->Background = steelBrush;
}
```

sender 必须是 Grid 类型对象的句柄，所以把它转换为 Grid^类型。Background 属性值设置为由 steelBrush 对象引用的 SolidColorBrush 对象所提供的颜色。可以把这个句柄和表示原颜色的 SolidColorBrush 句柄添加为类成员，以避免每次调用处理程序时都要创建对象。

在 MainPage 类中添加如下私有成员：

```
Windows::UI::Xaml::Media::SolidColorBrush^ steelBrush;  // Card highlighted
Windows::UI::Xaml::Media::SolidColorBrush^ azureBrush;  // Card normal
```

这些可以在 MainPage 构造函数中初始化：

```
MainPage::MainPage() : card1Up {}, card2Up {}, pairCount {}
{
  InitializeComponent();
  // Brushes for card colors
  steelBrush = ref new SolidColorBrush(Windows::UI::Colors::SteelBlue);
  azureBrush = ref new SolidColorBrush(Windows::UI::Colors::Azure);

  // Rest of the code as before...
}
```

通过 Card_Exited()处理程序把纸牌返回为其原颜色：

```
void MemoryTest::MainPage::Card_Exited(Platform::Object^ sender,
           Windows::UI::Xaml::Input::PointerRoutedEventArgs^ e)
{
  safe_cast<Grid^>(sender)->Background = azureBrush;
}
```

如果重新编译并执行应用程序，就可以看到纸牌突出显示了。

18.6.13 处理翻牌事件

单击纸牌的背面就会翻开该纸牌，这是由 MainPage 的 Cardback_Tapped()成员处理的。如果这是翻开的第一张纸牌，就在 card1Up 中记录纸牌，成员函数执行完毕。如果另一张纸牌已翻开，这由 card1Up 标记为 non-null 来表示，则触发当前 Tapped 事件的纸牌就是第二张纸牌。此时，函数必须检查两张纸牌是否相同。如果相同，就找到了一个对子，所以函数应更新 pairCount，并禁用已翻开纸牌的事件。它还要把纸牌对子的句柄存储到 pairsFound 矢量中，并使纸牌淡显，表示它们不再参与游戏。

如果两张纸牌不相同，玩家必须单击已翻开的纸牌，使其背面朝上，然后尝试找出下一个对子。为了确保这个操作，函数应禁用所有其他背面朝上的纸牌的事件。单击对子中一张纸牌的正面时，会调用 Shape_Tapped()处理程序，它应翻转两张纸牌，使其背面朝上，然后恢复所有其他纸牌的事件。

下面是 Cardback_Tapped()的代码：

```
void MemoryTest::MainPage::Cardback_Tapped(Platform::Object^ sender,
                        Windows::UI::Xaml::Input::TappedRoutedEventArgs^ e)
{ // There may be 0 or 1 cards already turned over
  // If there is 1, the card handle will be in card1Up
  TextBlock^ cardBack = safe_cast<TextBlock^>(sender); // Always a card back handle
  cardBack->Visibility = Windows::UI::Xaml::Visibility::Collapsed; // Hide the back
  // Find the card for the back so the shape can be made visible
  Card^ theCard;
  for(auto card : cardPack)
  {
    if(cardBack == card->Back)
    { // We have found the card so show the front
      card->Shape->Visibility = Windows::UI::Xaml::Visibility::Visible;
      theCard = card;
      break;
    }
  }
  if(!card1Up)
  {
    card1Up = theCard;
  }
  else
  {
    card2Up = theCard;
    if(card1Up->type == card2Up->type && card1Up->Color == card2Up->Color)
    { // We have a pair!
      pairsFound->Append(card1Up);
      pairsFound->Append(card2Up);
      DisableCard(card1Up);
      DisableCard(card2Up);
      card1Up = card2Up = nullptr;
      if(++pairCount == cardCount/2)
        GameOver();
    }
    else
    { // Two cards up but no pair so we now want a Tapped event on either
      // Disable Tapped event for card backs and PointerEntered
      // and PointerExited events for other cards
      for(size_t i {}; i < cardBacks->Length; ++i)
      {
        if(cardBacks[i] == card1Up->Back || cardBacks[i] == card2Up->Back)
          continue;
        cardBacks[i]->IsTapEnabled = false;
        grids[i]->IsHitTestVisible = false;
      }
    }
  }
}
```

翻转纸牌需要隐藏纸牌的背面，显示其正面。函数把触发事件的纸牌的 Visibility 属性设置为 Collapsed，使其背面朝上之后，就搜索 cardPack，查找带有这个背面图案的 Card 对象。接着将该纸牌的 Visibility 属性值设置为 Visible，显示该纸牌的正面。之后检查一张或两张纸牌，如本节开头所述。如果 pairCount 达到这副纸牌的半数，就找到了所有的对子，所以调用 GameOver()函数，结束游戏。把这个函数添加为 MainPage 类的私有成员：

```
void GameOver();
```

在.cpp 文件中添加该函数的代码框架：

```
void MainPage::GameOver()
{
  // Code to be added later...
}
```

Cardback_Tapped()函数还调用了一个辅助函数 DisableCardUp()，所以把下面这个函数添加为 MainPage 类的私有成员：

```
void DisableCardUp(Card^ card);
```

MainPage.xaml.cpp 中的实现代码如下：

```
void MainPage::DisableCard(Card^ card)
{
  card->Shape->IsTapEnabled = false;      // Disable Tapped event...
  card->Shape->Opacity = 0.5;

  // Get the parent Grid for shape
  auto grid = safe_cast<Grid^>(card->Shape->Parent);
  grid = safe_cast<Grid^>(grid->Parent);
  grid->IsHitTestVisible = false;          // Disable hit test
  grid->Background = azureBrush;           // Make sure of color
}
```

这会禁用实参引用的 Card 对象的 Tapped 事件，并把其 Opacity 属性设置为 0.5，使其半透明。背景色可能是突出显示颜色，所以确保把背景色设置为正常色。

18.6.14 处理图形事件

Shape 对象的 Tapped 事件发生时，至少会有一张纸牌的正面朝上，否则该事件就不会发生，也可能有两张纸牌的正面朝上。如果只有一张纸牌的正面朝上，Tapped 事件处理程序就只是翻转该纸牌，使其背面朝上，这允许玩家对第一个选择改变主意。如果有两张纸牌的正面朝上，它们就表示选择对子的操作失败，所以禁用其他背面朝上的纸牌的 Tapped 事件。因此在两张纸牌的正面朝上时，处理程序必须翻转纸牌，然后启用其他不成对的背面朝上的纸牌的 Tapped 事件。

下面是 Shape_Tapped()的代码：

```
void MemoryTest::MainPage::Shape_Tapped(Platform::Object^ sender,
                Windows::UI::Xaml::Input::TappedRoutedEventArgs^ e)
{
  // With this event there is always at least one card up but could be two.
  // If only one card is up, the handle is in card1Up
  Shape^ shape = safe_cast<Shape^>(sender);
  if(card1Up && card2Up)
  { // Two cards up so turn over both cards
    card1Up->Shape->Visibility = Windows::UI::Xaml::Visibility::Collapsed;
    card1Up->Back->Visibility = Windows::UI::Xaml::Visibility::Visible;
    card2Up->Shape->Visibility = Windows::UI::Xaml::Visibility::Collapsed;
```

```
      card2Up->Back->Visibility = Windows::UI::Xaml::Visibility::Visible;

      // Enable events for all card backs and background grids
      for(size_t i {}; i < cardBacks->Length; ++i)
      {
        if(IsFound(cardBacks[i]))
          continue;
        cardBacks[i]->IsTapEnabled = true;
        grids[i]->IsHitTestVisible = true;
      }
      card1Up = card2Up = nullptr;  // Reset both handles to cards up
    }
    else
    {  // only one card up and it was clicked so turn over the card
      card1Up->Shape->Visibility = Windows::UI::Xaml::Visibility::Collapsed;
      card1Up->Back->Visibility = Windows::UI::Xaml::Visibility::Visible;
      card1Up = nullptr;
    }
  }
```

这个函数还调用了一个辅助函数 IsFound()，它用于检查某纸牌是否属于前面已找到的对子。把下面的代码添加到 MainPage 类的私有部分：

```
bool IsFound(Windows::UI::Xaml::Controls::TextBlock^ back);
```

该函数的实现代码如下：

```
bool MainPage::IsFound(TextBlock^ back)
{
  for(auto cardFound : pairsFound)
  {
    if(cardFound  && cardFound->Back == back) return true;
  }
  return false;
}
```

这个函数迭代 pairsFound 矢量中的纸牌。若纸牌的 back 属性值与实参匹配，函数就返回 true。如果没有找到纸牌，就返回 false。现在可以试着运行游戏。找到所有的对子时，什么都不会发生，也不能启动新游戏。

18.6.15　确认赢家

找到所有的对子后，会调用 GameOver()函数。赢家应以某种方式确认。可以在消息区显示一个消息，来确认赢家。返回 MainPage.xaml，在游戏网格底部的 messageAreaGrid 元素中添加一个 RichTextBlock 控件。可以使用 Paragraph 元素指定其文本，就像指定游戏的标题一样。messageArea 元素的 XAML 如下所示：

```
<Grid x:Name="messageArea" Grid.Column="1" Grid.Row="2" Margin="10,0,0,0"
        Background="Bisque">
  <RichTextBlock x:Name="winMessage" Opacity="0" FontFamily="Freestyle Script"
        FontWeight="Bold" FontSize="90" TextAlignment="Center" Foreground="Red">
    <Paragraph>
      <Run Text="YOU WIN!!!"/>
```

```
    </Paragraph>
  </RichTextBlock>
</Grid>
```

注意，RichTextBlock 元素的 Opacity 属性值是 0，所以文本是不可见的。找到所有的对子后，会调用 GameOver()函数，该函数可以把 winMessage 元素的 Opacity 属性值设置为 1.0，显示它的内容：

```
void MainPage::GameOver()
{
  winMessage->Opacity = 1.0;                              // Show the win message
}
```

在消息区中还可以有其他消息，所以最好准备隐藏显示在这里的其他消息。为此，可以给 MainPage 类添加另一个私有的辅助函数，其实现代码如下：

```
void MainPage::HideMessages()
{
  auto messageCollection = messageArea->Children;
  for(UIElement^ element : messageCollection)
  {
    element->Opacity = 0;
  }
}
```

这个函数获取 Grid 元素 messageArea 的子元素集。它在派生于 UIElement 的 FrameworkElement 类中定义。该函数迭代集合中的所有子元素，并将每个子元素的 Opacity 属性值设置为 0。

可以在 GameOver()函数中调用这个辅助函数：

```
void MainPage::GameOver()
{
  HideMessages();                                  // Hide any other messages
  winMessage->Opacity = 1.0;                       // Show the win message
}
```

找到所有的对子后，赢家消息就会神奇地显示出来。

18.6.16 处理游戏控件的按钮事件

在 cardGrid 左边的 Grid 元素中只有两个 Button 元素，它们是游戏的控件。通过 Properties 面板给这些元素添加 Tapped 事件处理程序，其名称分别是 Start_Tapped 和 Show_How_Tapped。

下面先实现 Start 按钮的处理程序。发生 Start 按钮的事件时，游戏应重置其初始状态，隐藏所有的消息，洗牌后启动一个新游戏。这不是很麻烦：

```
void MemoryTest::MainPage::Start_Tapped(Platform::Object^ sender,
Windows::UI::Xaml::Input::TappedRoutedEventArgs^ e)
{
  HideMessages();                                      // Clear the message area
  InitializeGame();                                    // Reset the game
}
```

我们已经完成了必须的工作。调用 HideMessages()清空消息区，调用 InitializeGame()在 cardGrid

中建立纸牌和元素，以开始新游戏。

Show_How_Tapped()处理程序只需要在消息区中显示指令。第一步是把另一个 RichTextBlock 元素添加为 messageArea 网格的子元素，可以在 Design 面板中完成这个任务。确保把 RichTextBlock 元素添加到 Grid 元素中，而不是 RichTextBlock 元素的子元素(用于报告赢家消息)。可以使用 Paragraph 元素指定内容，如下所示：

```
<RichTextBlock x:Name="playMessage" Opacity="0" Margin="10 0 0 0">
   <Paragraph FontFamily="Verdana" FontSize="30" FontWeight="Bold"
            Foreground="Green">
     <Run Text="How to Play:"/>
   </Paragraph>
  <Paragraph FontFamily="Verdana" FontSize="20" FontWeight="Normal"
            Foreground="Black">
     <Run Text="The idea is to find all the pairs of matching cards "/>
     <Run Text="by turning up two at a time."/>
  </Paragraph>
  <Paragraph FontFamily="Verdana" FontSize="20" FontWeight="Normal"
                                                   Foreground="Black">
     <Run Text="If you find a pair, they will fade "/>
     <Run Text="and you can try for another pair."/>
  </Paragraph>
  <Paragraph FontFamily="Verdana" FontSize="20" FontWeight="Normal"
                                                   Foreground="Black">
     <Run Text=
      "If two cards don't match, click either to turn them back over."/>
  </Paragraph>
  <Paragraph FontFamily="Verdana" FontSize="20" FontWeight="Normal"
            Foreground="Black">
     <Run Text="Click the Start button for a new game."/>
  </Paragraph>
</RichTextBlock>
```

当然，这些元素都出现在 messageAreaGrid 元素的结束标记之前。Margin 属性值从网格的左边界开始把文本插入 Paragraph 元素中。从中可以看出，可以为每个 Paragraph 元素设置独立的文本特性。第一个 Paragraph 元素的 FontSize 属性值是“30”，而其他 Paragraph 元素用 20-point 字体显示文本。在每个 Paragraph 元素中都可以设置任意文本属性，包括文本的颜色。每个 Paragraph 元素都新起一行。如果 Paragraph 元素的内容在父元素的一行中放不下，这些内容就会自动溢出。RichTextBlock 元素的 Opacity 属性是 0，所以它最初是不可见的。所有 Paragraph 子元素的 FontFamily 属性值都相同时，就可以把它设置为父元素 RichTextBlock 的 FontFamily 属性值。接着可以在 Paragraph 子元素中忽略该属性设置。

不能把 Text 属性值的字符串分放在跨两行或多行的 Run 元素中，但可以把文本放在多个 Run 元素中，如前面的代码所示。

调用 Show_How_Tapped()事件处理程序时，只需显示 playMessage 元素：

```
void MemoryTest::MainPage::Show_How_Tapped(Platform::Object^ sender,
```

```
Windows::UI::Xaml::Input::TappedRoutedEventArgs^ e)
{
  HideMessages();                                    // Clear the message area
  playMessage->Opacity = 1;                          // Show the instructions
}
```

现在就有了一个完整的有效游戏。图 18-9 显示了正在运行的游戏。

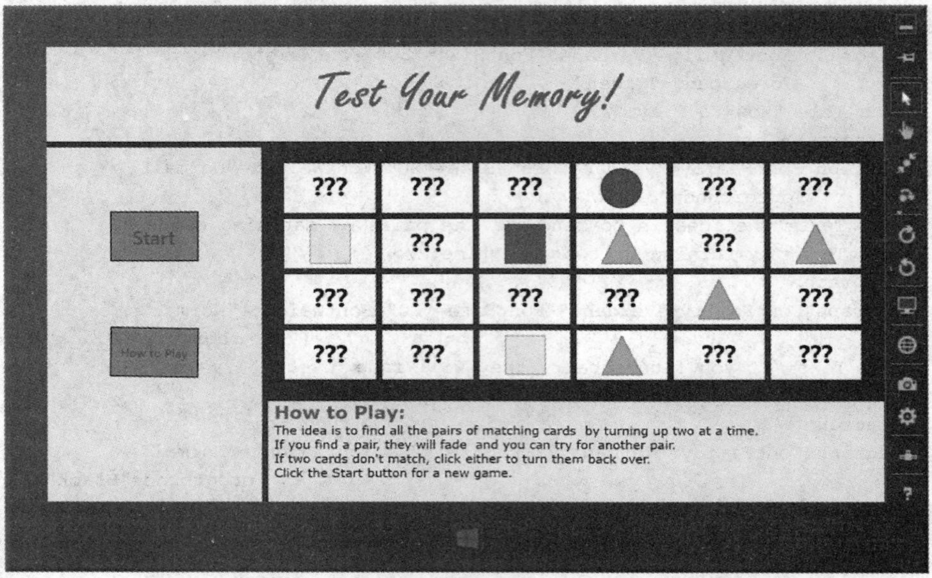

图 18-9

元素的 Height 或 Width 属性值不一定是这里指定的值，在显示过程中它们可能会调整，可以把自己的值用作推荐值，以满足需要。元素的 ActualHeight 和 ActualWidth 属性是显示出来的高度和宽度。如果调整模拟器窗口，就会看到这一点；可以使用鼠标拖动一角，应用程序中的所有元素都会调整大小。

18.7 缩放 UI 元素

创建整个页面，显示 UI 元素时，会触发根元素 Page 的 Load 事件。如果应用程序重置了大小，也会调用它。纸牌外部的 Grid 元素是尺寸固定的内部 Grid 元素的父元素，外部 Grid 元素的大小根据运行环境而变化。调用 Load 事件处理程序时，会确定其 ActualHeight 和 ActualWidth 属性值。

每张纸牌都是一个带有背景色的 Grid 元素，它有一个正方形的 Grid 子元素，用于包含纸牌的内容。用于纸牌的外部 Grid 元素的尺寸由 cadrGrid 自动确定。可以根据外部 Grid 元素的 ActualHeight 和 ActualWidth 属性值定义每个内部 Grid 元素的高度和宽度。因此可以在 Page 元素的 Loaded 事件处理程序中计算包含形状的正方形 Grid 元素的尺寸。

在 Page 元素的 XAML 中添加 Loaded 属性，其值是"Page_Loaded"，代码如下：

```
<Page
    xmlns="http://schemas.microsoft.com/winfx/2006/xaml/presentation"
    xmlns:x="http://schemas.microsoft.com/winfx/2006/xaml"
```

```
    xmlns:local="using:MemoryTest"
    xmlns:d="http://schemas.microsoft.com/expression/blend/2008"
    xmlns:mc="http://schemas.openxmlformats.org/markup-compatibility/2006"
    x:Class="MemoryTest.MainPage"

    mc:Ignorable="d"
    Loaded="Page_Loaded">
        <!-- All the UI elements -->
</Page>
```

把光标指向这个处理程序名，按下 F12 键，进入其代码。该处理程序可以实现为：

```
void MemoryTest::MainPage::Page_Loaded(Platform::Object^ sender,
                                        Windows::UI::Xaml::RoutedEventArgs^ e)
{
  // Scale all card shapes so they squarely fit their grid cells.
  // Iterate over all children of the cardGrid grid.
  for (size_t i {}; i < cardGrid->Children->Size; ++i)
  {
    // Get the small grid in each cell.
    Grid^ grid = safe_cast<Grid^>(cardGrid->Children->GetAt(i));

    // Get the small grid inside the small grid.
    Grid^ childGrid = safe_cast<Grid^>(grid->Children->GetAt(0));

    // Calculate the scaling factor to keep everything square.
    double scale = 1.0;
    if (grid->ActualWidth >= grid->ActualHeight)
    { // Landscape mode
      scale = 0.8*grid->ActualHeight / childGrid->ActualHeight;
    }
    else
    { // Portrait mode
      scale = 0.8*grid->ActualWidth / childGrid->ActualWidth;
    }

    // Apply scaling factor.
    auto scaleTransform = ref new ScaleTransform();
    scaleTransform->ScaleX = scale;
    scaleTransform->ScaleY = scale;
    childGrid->RenderTransformOrigin = Point(0.5, 0.5);     // Center of object
    childGrid->RenderTransform = scaleTransform;
  }
}
```

这个函数会迭代 cardGrid (外部 Grid 元素)的所有子元素。包含图形的内部 Grid 元素的高宽比应不同，这取决于游戏是横向还是纵向显示。把内部元素的高度和宽度分别设置为外部 Grid 元素的 80%和内部 Grid 元素的高度，用于横向显示；在纵向显示时，就把内部元素的宽度和高度分别设置为外部 Grid 元素的 80%和内部 Grid 元素的宽度。缩放功能使用 ScaleTransform 对象来实现。ScaleTransform 类在 Windows::UI::Xaml::Media 名称空间中定义。ScaleX 和 ScaleY 属性值指定 x 和 y 方向上应用的缩放因子。应用缩放变换时，把 childGrid 的 RenderTransform 属性值定义为已创建的 ScaleTransform 对象。RenderTransform 属性值指定显示 childGrid 及其子元素时要应用的变换。变换相对于 RenderTransformOrigin 属性值指定的原点来应用，其中(0,0)值是元素的左上角点，(1,1)是右下角点。

RenderTransform 属性从 UIElement 中继承，所以把 UIElement 作为基类的任何元素类型都可以定义一个变换，在显示该元素时，该变换会应用于该元素及其所有子元素。变换还可以对元素执行其他操作。例如，把 ScaleX 设置为-1，会绕显示变换原点翻转元素。如果再次执行游戏，切换到横向模式，效果就不好。为了改进这一点，可以把左列的 Width 属性值改为 200：

```
<Grid.ColumnDefinitions>
   <ColumnDefinition Width="200"/>
   <ColumnDefinition Width="*"/>
</Grid.ColumnDefinitions>
```

当然，还有许多方式来改进这个游戏。下面再介绍一个可以在 Windows Store 应用程序中进行的改进，作为结束。

18.8 平移

平移是为 UI 元素提供动画效果的元素。平移元素的 WinRT 类型在 Windows::UI::Xaml::Media::Animation 名称空间中。这里仅在 MemoryTest 中介绍两个动画效果。

18.8.1 应用程序的启动动画

EntranceThemeTransition 元素为控件第一次显示时提供动画效果。把它应用于带 cardGrid 等子元素的父元素时，子元素会依次出现，而不是同时出现。这会使游戏窗口的初始显示更好看。下面说明如何为 cardGrid 子元素实现 EntranceThemeTransition：

```
<Grid x:Name="cardGrid" Grid.Row="1" Grid.Column="1" Margin="32">
  <Grid.RowDefinitions>
     <!-- Elements defining the rows... -->
  </Grid.RowDefinitions>

  <Grid.ColumnDefinitions>
     <!-- Elements defining the columns... -->
  </Grid.ColumnDefinitions>

  <!-- Animate the display of the cards -->
  <Grid.ChildrenTransitions>
     <TransitionCollection>
        <EntranceThemeTransition/>
     </TransitionCollection>
  </Grid.ChildrenTransitions>

  <!-- Child elements defining the cards... -->
</Grid>
```

Grid.ChildrenTransitions 是 Grid 元素的一个附加属性，它继承自 Panel 类，它的属性值是 TransitionCollection 类型，表示一个或多个平移效果的集合。平移是把 Transition 作为基类的对象。Transition 类在 Windows::UI::Xaml::Media::Animation 名称空间中。在 cardGrid 的 TransitionCollection

中只有一个元素，即 EntranceThemeTransition。这个平移使元素在第一次显示时依次出现。cardGrid 有了这些附加元素后，应用程序启动时，纸牌会依次出现。可以把这个元素应用于任何元素或元素集，使它们在应用程序第一次显示时依次出现。

18.8.2　故事板动画

希望这里介绍的第二个平移效果能为您打开探索更多可能性的大门。这个平移效果要应用于显示如何玩游戏的按钮。它比 cardGrid 的平移效果复杂多了，因为它引入了几个元素，以定义平移效果。下面要使用的平移效果将一个变换应用于一个按钮，该按钮在游戏控件网格的 StackPanel 元素上。Content 值为“How to Play”的 Button 元素有一个子元素指定了变换。该按钮的 XAML 如下：

```
<Button Content="How to Play" FontSize="20" Foreground="Red"
        Background="Gray" BorderBrush="Black" Height="90" Width="150"
        HorizontalAlignment="Center" Tapped="Show_How_Tapped">

  <!-- This defines a transform that applies to the button -->
  <Button.RenderTransform>
    <RotateTransform x:Name="buttonRotate" />
  </Button.RenderTransform>

</Button>
```

Button.RenderTransform 是一个附加属性，其值是 RotateTransform 类型。内容可以是把 Transform 作为基类的任何元素，这包括 ScaleTransform、SkewTransform 或 TranslateTransform。变换元素可以连续改变变换的一个属性。对于 RotateTransform，要进行动画的属性值是 Angle，该值是应用变换的元素(这里是按钮)的旋转角度。

对 RotateTransform 元素的 Angle 属性值(这个变换应用于按钮)进行动画时，其机制由一个 StoryBoard 元素提供，该元素控制着其子元素指定的一个或多个动画。StoryBoard 元素定义为 StackPanel 的一个资源，StackPanel 是按钮的父元素。把它定义为 StackPanel.Resource 元素的一个子元素，StackPanel.是 StackPanel 元素的一个附加属性。

作为 StackPanel 元素的附加属性值，Resource 元素是本地的，但还可以给应用程序定义全局级别的资源。

StoryBoard 元素有子元素，每个子元素都定义了一个动画。StoryBoard 元素可以通过 Duration 和 BeginTime 属性值控制动画(其子元素)的起始时间和持续时间，其子元素也可以单独指定这些属性。下面要使动画非常简单，所以只应用一个动画。它是一个 DoubleAnimation 元素，只要属性值是 double 类型，它就可以连续改变该属性值。动画会在两个值之间线性改变属性值。使用 From 和 To 属性为 DoubleAnimation 元素指定值的范围。使用元素的 Duration 属性值可以指定变化的持续时间。Duration 的值采用“hh:mm:ss[.fractional seconds]”形式，其中 hh 表示 0~23 小时，mm 表示 0~59 分钟，ss 表示 0~59 秒，也可以指定几分之一秒。BeginTime 值用相同的方式指定。BeginTime 的值是动画开始前要延迟的时间。

下面是包含按钮的 Grid 元素的完整 XAML，包括动画：

```
<!-- Game controls-->
<Grid Grid.Row="1" Grid.RowSpan="2" Background="Bisque" Margin="0,10,0,0">
  <Grid.RowDefinitions>
    <RowDefinition Height="1*" />
    <RowDefinition Height="1*" />
  </Grid.RowDefinitions>

  <Button Grid.Row="0" Content="Start" FontSize="32" Foreground="Red"
          Background="Gray" BorderBrush="Black" Height="90" Width="150"
          HorizontalAlignment="Center" VerticalAlignment="Center"
          Tapped="Start_Tapped"/>

  <StackPanel x:Name="ButtonPanel" Grid.Row="1">

  <!-- This Child element contains resources that can be used in the panel
    -->
    <StackPanel.Resources>
      <!-- This defines one or more animations as a resource.
           The value for x:Name is the name you use in C++ to start
           the animation.
        -->

      <Storyboard x:Name="playButtonTurn">
        <!-- This defines an animation that will start 5 seconds after
             the animation is initiated. The animation and its reverse
             will each last 3 seconds.
          -->
          <DoubleAnimation From="1" To="90"
                           Duration="00:00:3" BeginTime="00:00:5"
                           Storyboard.TargetName="buttonRotate"
                           Storyboard.TargetProperty="Angle"
                           AutoReverse="True">

      <!-- The easing function determines how the animation operates.
           This particular easing function defines an elastic animation
           by its springiness and the number of oscillations.
        -->
           <DoubleAnimation.EasingFunction>
            <!-- This function specifies how the Angle property value
                 changes.
              -->
              <ElasticEase Oscillations="5" Springiness="1"
                           EasingMode="EaseOut"/>
           </DoubleAnimation.EasingFunction>

          </DoubleAnimation>
      </Storyboard>
    </StackPanel.Resources>

    <Button Content="How to Play" FontSize="20" Foreground="Red"
            Background="Gray" BorderBrush="Black" Height="90" Width="150"
            HorizontalAlignment="Center" Tapped="Show_How_Tapped">
```

```
        <!-- This defines a transform that applies to the button -->
          <Button.RenderTransform>
             <RotateTransform x:Name="buttonRotate" />
          </Button.RenderTransform>

      </Button>
    </StackPanel>
  </Grid>
```

在 C++中启动动画时，应调用 StoryBoard 对象的 Begin()函数，StoryBoard 对象可以通过句柄 playButtonTurn 来引用。在 DoubleAnimation 元素中，StoryBoard.TargetName 附加属性的值会标识子动画所应用的变换。这是按钮的 RotateTransform 名称。在 DoubleAnimation 元素中，From 和 To 属性值指定了动画连续改变 RotateTransform 的 Angle 属性的范围，这里的范围是 0°~90°。Angle 属性由 StoryBoard.TargetProperty 附加属性的值标识。把 DoubleAnimation 元素的 AutoReverse 指定为“True”，会使动画向前执行，再反向执行。Duration 属性值应用于这两次执行。

DoubleAnimation 应用于连续改变的属性的算法由一个缓动函数定义。有几个元素定义了缓动函数，对应的 WinRT 类型在 Windows::UI::Xaml::Media::Animation 名称空间中。这里选择了 ElasticEase 函数。它的 Springiness 属性确定动画的弹性。这个属性的值越大，动画的弹性就越大。Oscillations 属性值是动画的振荡次数。其他缓动函数元素包括 BounceEase、CubicEase、QuarticEase、QuinticEase 和 SineEase。

单击 How to Play 按钮时，可以启动动画：

```
void MemoryTest::MainPage::Show_How_Tapped(Platform::Object^ sender,
                                Windows::UI::Xaml::Input::TappedRoutedEventArgs^ e)
{
  HideMessages();                                    // Clear the message area
  playButtonTurn->Begin();                           // Start the animation
  playMessage->Opacity = 1;                          // Show the instructions
}
```

如果正确输入了 XAML 和代码，则在单击按钮后的 5 秒就会看到有趣的效果。

18.9　小结

如开头所述，本章简要介绍了 Windows Store 应用程序的编程，省略了许多细节，仅讨论了刚开始编写 Windows Store 应用程序时需要理解的内容。本章的目标是说明尽管开发 Windows Store 应用程序并不容易，但也并不困难。这涉及许多代码，但把它们分解开，它们就很容易管理了。希望读者能继续深入了解 Windows Store 应用程序的编写。

18.10　本章主要内容

本章主要内容如表 18-2 所示。

表 18-2

主　题	概　念
Windows Store 应用程序	Windows Store 应用程序面向运行 Windows 8 的平板电脑或桌面 PC，在沙箱中执行，以限制对运行环境中资源的访问
Windows Runtime (WinRT)	WinRT 是 Windows Store 应用程序的 Windows API。它是面向对象、独立于语言的 API，WinRT 对象是 COM 对象。WinRT 对象要计数其引用
C++/CX	C++/CX 是对标准 C++的一组 Microsoft 专用扩展，以方便 WinRT 的处理。C++/CX 允许定义与 WinRT 兼容的类类型，定义可存储 ref 类对象句柄的句柄类型
XAML	XAML 是在 Windows Store 应用程序中指定用户界面的语言。编译应用程序时，生成的代码会创建由 XAML 定义的 UI 元素
XAML 元素	XAML 元素用起始标记和结束标记定义，或者由起始-结束标记定义。XAML 元素可以包含其他元素(称为子元素)。XAML 元素的起始标记和结束标记不能重叠。子元素的起始和结束标记必须位于父元素的起始和结束标记之间
XAML 文件	XAML 文件包含一组嵌套的 XAML 元素和一个根元素。Windows Store 应用程序中 UI 的每个页面都由一个独立的 XAML 文件定义